Ingenieur-Mathematik

Lehrbuch der höheren Mathematik für die technischen Berufe

von

Dr. ing. Dr. phil. Heinz Egerer

Diplom-Ingenieur, vorm. Professor für Ingenieur-Mechanik und Materialprüfung an der Technischen Hochschule Drontheim

Zweiter Band

Differential- und Integralrechnung — Reihen und Gleichungen — Kurvendiskussion — Elemente der Differentialgleichungen — Elemente der Theorie der Flächen und Raumkurven — Maxima und Minima.

Mit 477 Textabbildungen und über 1000 vollständig gelösten Beispielen und Aufgaben

Springer-Verlag Berlin Heidelberg GmbH

1922

Ursprünglich erschienen bei Julius Springer in Berlin 1922
Softcover reprint of the hardcover 1st edition 1922

ISBN 978-3-662-34868-0 ISBN 978-3-662-35198-7 (eBook)
DOI 10.1007/978-3-662-35198-7

Vorwort.

Wesentlich später als beabsichtigt kann ich den zweiten Band der Ingenieur-Mathematik vorlegen. Die Kriegszeiten an sich und die Erfüllung meiner Militärpflichten zu Hause und im Feld ließen mir wenig von jener Ruhe, die für ein liebevolles Aus- und Durcharbeiten des ganzen Werkes notwendig sind. Den Schlußband hoffe ich in Jahresfrist bringen zu können.

Die Beurteilungen des ersten Bandes nehme ich dankbar als Zeugnis, daß ich bei der Abfassung und Umgrenzung den richtigen Weg eingeschlagen habe. Es waren nur zwei Stimmen, die größere Einwände erhoben, die der „Zeitschrift des Vereins Deutscher Ingenieure“ und des „Ingeniören“; ich komme auf sie weiter unten zu sprechen. Zuvor will ich noch einmal das Programm des Buches festlegen und hoffe damit auch gleichzeitig kleinere Einwendungen zu beseitigen.

Die Frage nach dem Umfang und der Methode einer Ingenieur-Mathematik ist und bleibt Streitfrage, solange es Ingenieure mit verschiedener Berufsvorbildung und verschiedenen Berufsbedürfnissen gibt. Aber darüber wird wohl Einigkeit sein, daß für den seinen Namen zu Recht tragenden Ingenieur, der nicht nur rein handwerksmäßig arbeitet, eine gründliche mathematische Ausbildung die Grundlage späteren Schaffens ist. Nach meinem Dafürhalten soll diese gründliche Ausbildung soweit aber nur soweit gehen, daß er auch in späteren Jahren, wenn er der meisten mathematischen Formeln sich kaum mehr erinnert, doch noch soviel mathematisches Denken und Fühlen sich gerettet haben muß, daß er imstande ist, an ihn herantretende wissenschaftliche Probleme im Bedarfsfall noch mathematisch zu erfassen. Daß es also ihm nicht schwer fallen darf, einmal angeeignete Kenntnisse wieder aufzufrischen.

Eine solche gründliche Ausbildung erwirbt er sich aber nicht durch eine etwas weitherzige Behandlung des Stoffes, die möglichst schnell der Technik zueilt und vielleicht durch den größeren Umfang rein technischer Aufgaben und Beispiele blendet. Selbstverständlich auch nicht durch eine streng wissenschaftliche, mit vollständiger Beweisführung nicht geizende. Meines Erachtens ist ein Beweis in der Ingenieurmathematik nur dann erforderlich, wenn er wesentlich ist für das Verständnis der vorliegenden Aufgabe, wenn er diese vereinfacht, wenn er ihren Gedankengang bloßlegt. Der Ingenieur muß im Punkt Beweisführung dem Mathematiker vom Fach ein gewisses unbegrenztes Vertrauen entgegenbringen, er darf nicht in den Widerspruch verfallen, auf der einen Seite den oft unzulänglich aufgestellten Koeffizienten der Praxis schlechtweg zu vertrauen und auf der anderen Seite der wissenschaftlich so exakt genauen Arbeit der Mathematiker zu mißtrauen. Durch die erste Art von Mathematikunterricht lernt der Ingenieur vielfach verständnislose Anwendung von Formeln, meist nur für einen bestimmten Einzelfall, durch die zweite Art kann ihm die Mathematik gründlich verleidet werden.

Warum geht der mathematische Unterricht immer noch so wenig auf den Wunsch des Anfängers ein, zu wissen: wozu brauche ich das alles? Freilich ein solches Eingehen macht den Unterricht breit. Aber sicherlich auch erfreulich, falls er die richtige Antwort gibt. Weiter wünscht der Anfänger und zwar mit vollem Recht viele Beispiele. Auch sie machen den Unterricht oder das Lehrbuch breit. Wenn nun noch hinzukommt, daß ich an vielen Stellen von vornherein unrichtige Auffassungen gar nicht erst aufkommen lassen will, daß ich dort also weiter ausholen muß, dann wird man es wohl begreiflich finden, daß insbesondere im Anfang der Unterricht ausführlich zu halten war. Ich kann mir durch diese Breite im Anfang an späteren Stellen recht wesentliche Kürzungen gestatten. Der Leser wird das bereits in der zweiten Hälfte des vorliegenden Bandes merken, wenn er die zahlreichen Beispiele in Abrechnung bringt.

Zu einem zweiten Einwand muß ich mich noch erklären. Vielfach herrscht die meines Erachtens irrige Ansicht, als ob ein Lehrbuch der Ingenieur-Mathematik seinen Stoff nur dem Gebiete der Technik entnehmen müßte. Ich spreche aber von Ingenieur-Mathematik nur in dem Sinne, daß sie einen für den Ingenieur besonders geeigneten Lehrgang einschlägt. Läßt man die der eigentlichen Technik angehörigen Aufgaben überwiegen, so läuft man entweder Gefahr, recht umfangreiche Erklärungen abgeben zu müssen, falls man die Aufgabe mit Verständnis gelöst haben will; oder man muß für die Lösung schon bestimmte oft weitgehende technische Kenntnisse voraussetzen. Man wird es daher wohl verstehen, warum der erste Band verhältnismäßig wenig Beispiele aus der eigentlichen Ingenieurpraxis bringen konnte, der zweite aber wesentlich mehr. Der dritte Band wird vorwiegend praktisch interessierende Beispiele bringen. Als Grundsatz leitete mich bei der Auswahl des Stoffes für die Aufgaben und Beispiele: Die Ingenieur-Mathematik soll der Technik nicht zu viel vorgreifen, sondern sie mehr vom mathematischen Ballast befreien. Das Hauptgewicht habe ich darauf gelegt, daß der Studierende Sicherheit in der Behandlung der Begriffe Kraft, Resultante, Arbeit, Moment, Massenmoment, Trägheitsmoment, Schwerpunkt usw. erlangt, ebenso in der Behandlung von Bewegungsaufgaben, um den Wert der Vektorenrechnung zu erkennen.

Die stoffliche Begrenzung des zweiten Bandes war durch die Überlegung gegeben, daß er im Verein mit dem ersten Band das bieten soll, was der Ingenieur für den gewöhnlichen Fall der Praxis benötigt. Daß er also eine mathematische Formel mit Verständnis anwenden kann, sich klar ist über den Giltigkeitsbereich einer solchen Formel, über ihre graphische Darstellung, ihre Verwertung usw. Der dritte Band soll ihm erst notwendig werden, wenn er wissenschaftlich weiterarbeitet. Er wird ihm unter anderem das bringen, was man als „praktische Mathematik" bezeichnet. Den Schluß bildet eine Formelsammlung des ganzen Gebietes.

Für den Gebrauch bemerke ich noch, daß die Hinweise sich entweder auf den ersten Band beziehen, dann sind sie etwa durch „I 75" oder „I Beisp. 250a)" bezeichnet; oder auf meine im gleichen Verlag erschienene Ingenieur-Mechanik, dann lautet der entsprechende Hinweis etwa „Mech. I 73" usw.

München, 1. Mai 1921.

H. Egerer.

Inhaltsverzeichnis.

Erster Abschnitt.

Differentialrechnung I.

Seite

Zweiter Abschnitt.

Differentialrechnung II.

Dritter Abschnitt.

Integralrechnung I.

Vierter Abschnitt.

Technische Aufgaben I.

Fünfter Abschnitt.

Reihen.

Sechster Abschnitt.

Gleichungen, Partialbruchzerlegung, unbestimmte Formen.

A. Gleichungen.

B. Partialbruchzerlegung.

C. Unbestimmte Formen.

Siebenter Abschnitt.

Differentialrechnung III.

A. Differentiation von Funktionen mehrerer Veränderlicher.

B. Verschiedene Formen der Abhängigkeit zwischen zwei Veränderlichen.

C. Taylorsche Reihe für Funktionen von mehreren Veränderlichen.

Achter Abschnitt.

Kurvendiskussion I.

A. Allgemeine Sätze zur Diskussion und Konstruktion von Kurven.

B. Annäherungskurven.

C. Krümmungsverhältnisse.

Neunter Abschnitt.

Kurvendiskussion II und Differentialgleichungen I.

A. Integralgleichung und Differentialgleichung von Kurvensystemen.

B. Ausgezeichnete Kurven und ihre Eigenschaften.

Zehnter Abschnitt.

Integralrechnung II.

A. Integrale rationaler Funktionen.

B. Integrale irrationaler Funktionen.

C. Integrale transzendenter Funktionen.

D. Verschiedene Sätze über Integrale.

Elfter Abschnitt.

Technische Aufgaben II.

Zwölfter Abschnitt.

Hauptsätze der Raumgeometrie.

Dreizehnter Abschnitt.

Hauptwerte (Maxima und Minima).

A. Hauptwerte der Funktion einer einzigen Veränderlichen.

B. Hauptwerte der Funktion von mehreren Veränderlichen.

Erster Abschnitt.

Differentialrechnung I.

1. Funktionen und Diagramme. Den analytischen Inhalt des Funktionsbegriffes hat der erste Band durch Nummer 43 bereits behandelt, so daß nur mehr eine Besprechung in graphischer Hinsicht nachzuholen ist. Zu diesem Zweck werde zunächst die Funktion mit einer einzigen Veränderlichen untersucht.

Um die Beziehung zwischen zwei voneinander abhängigen Größen x und $f(x)$ möglichst sinnfällig und gedächtnisfest darzustellen, bedient man sich in jeder rechnenden Wissenschaft der Diagramme oder Schaulinien. Man trägt auf einer meist wagrechten Geraden in einem passend gewählten Maßstab von einem festen Punkt aus (dem „Nullpunkt") die unabhängige oder willkürliche Größe, Argument haben wir sie auch genannt, als Abszisse x ab und in ihrem Endpunkt senkrecht zu ihr wieder in einem passend gewählten Maßstab als Ordinate die abhängige Größe, die zugehörige Funktion $f(x)$. Den unendlich vielen Wertepaaren $x \mid f(x)$, oder wenn man y statt $f(x)$ als Symbol setzen will, den unendlich vielen Wertepaaren $x \mid y$ entsprechen dann die unendlich vielen Punkte mit den Koordinaten $x \mid y$. In ihrer Gesamtheit bilden sie die Schaulinie oder das Diagramm der untersuchten Beziehung. Dabei ist es zunächst ganz belanglos, ob der Zusammenhang zwischen den beiden untersuchten Größen gesetzmäßig oder nur erfahrungsgemäß bekannt ist; einzige Bedingung ist, daß man für hinreichend viele der unabhängigen Größen die davon abhängigen kennt. Für die zeitlichen Vorgänge des täglichen Lebens, wie etwa die Erzeugung und Förderung von Naturprodukten oder das Wachstum gewerblicher oder industrieller Betriebe oder die vom menschlichen Wirken nicht beeinflußten Äußerungen der Naturkräfte wie Niederschlagsmengen in einem bestimmten Gebiet, Flußwassermenge, Flußhöhe usw. im Lauf eines Jahres usw. kann man durch eine hinreichende Zahl von Beobachtungen auch für die wissenschaftliche Verwertung Gesetze aufstellen, eben durch die graphische Darstellung dieser Vorgänge.

Beispiel a) Es soll der Zusammenhang zwischen der Siedetemperatur und dem Siededruck von Wasser untersucht werden. Man weiß, daß beim Luftdruck von 760 mm das Wasser bei 100° C siedet, daß die Siedetemperatur aber steigt mit zunehmendem Druck und sinkt mit abnehmendem Druck. Die analytische Form des gesetzmäßigen Zusammenhanges ist noch unbekannt. Durch eine hinreichende Zahl von Versuchen hat man ihn freilich bereits derart ermittelt, daß man zu jedem Druck genau genug die zugehörige Siedetemperatur angeben kann. Nach diesen Versuchen entspricht den jedesmal in mm Quecksilberhöhe gemessenen Drucken

$p = 760,\ 684,\ 608,\ 532,\ 456,\ 380,\ 304,\ 228,\ 152,\ 76$

jeweils die Siedetemperatur in Celsiusgraden

$t = 100,\ 97{,}1,\ 93{,}9,\ 90{,}3,\ 86{,}3,\ 81{,}7,\ 76{,}3,\ 69{,}5,\ 60{,}5,\ 46{,}2.$

Trägt man vom festen Nullpunkt O einer Geraden die Siededrucke p nach rechts ab, indem man etwa den Maßstab so wählt, daß 1 mm

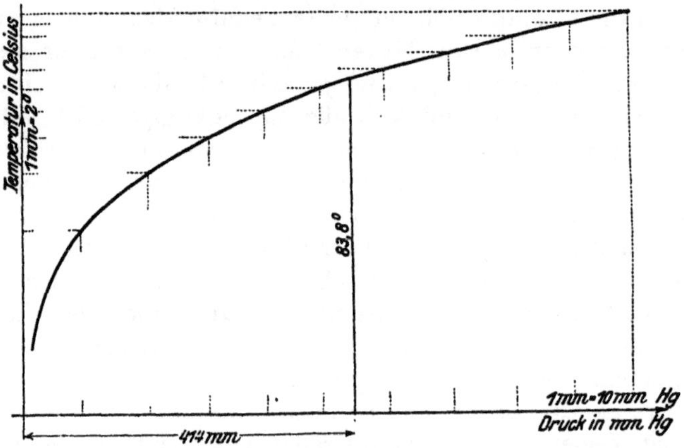

Abb. 1.

auf der Geraden einem Druck von 10 mm Quecksilber entspricht, und je im Endpunkt der aufgetragenen Strecke die Siedetemperatur t, etwa im Maßstab 1 mm = 2° C, so erhält man das Diagramm der Abb. 1. Man wird ihm beispielsweise entnehmen, daß auf einer Bergeshöhe von 5000 m, wo der normale Luftdruck nur mehr 414 mm ist, das Wasser bereits bei 83,8° C zu sieden beginnt.

Beispiel b) Eine Lebensversicherungsbank hat aus 50 jährigen Beobachtungen die durch Abb. 2 ausgedrückten Sterblichkeits-Schaulinien aufgestellt. Die erste gibt an, wieviel von 1 Million 25 jähriger Menschen nach t Jahren noch am Leben sind. Wenn die Beobachtungen der Bank für alle Menschen zuträfen, dann müßten von dieser Million etwa nach 25 Jahren noch rund 800000 am Leben sein. Oder nach 40 Jahren noch rund 500000 und nach 50 Jahren noch rund 225000 Menschen.

Die zweite Linie, aus der ersten hervorgegangen, gibt die mittlere Lebensdauer für jedes Lebensalter von 25 ∼ 100 Jahren an. Dar-

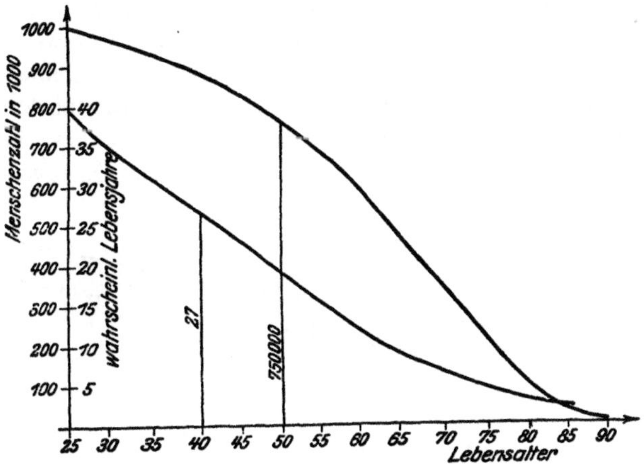

Abb. 2.

nach würde etwa ein 40jähriger Mensch im Durchschnitt noch rund 27 Jahre zu leben haben, ein 60jähriger noch 12 Jahre, ein 80jähriger noch rund 3 Jahre.

Beispiel c) Ein Eisenstab, Länge 40 cm, Querschnitt 1 cm², wird einem Zugversuch ausgesetzt. Um die Längenänderungen

0,1, 0,2, 0,3, 0,4, 0.5, 0,6. 0,7, 0,8, 0,9, 1,0,

gemessen in Millimetern, hervorzurufen, mußte man die Zugbelastungen

1, 2, 3, 4, 4,8, 5,1, 5,4, 5,5, 5,55, 5,60,

gemessen in 1000 kg, angreifen lassen. Durch die Abb. 3 wird die Abhängigkeit zwischen Längenänderung und Zugkraft graphisch zum Ausdruck gebracht. Man entnimmt der Schaulinie, daß Längenänderung und Zugkraft verhältnisgleich sind, solange diese einen bestimmten Betrag nicht überschreitet. Von

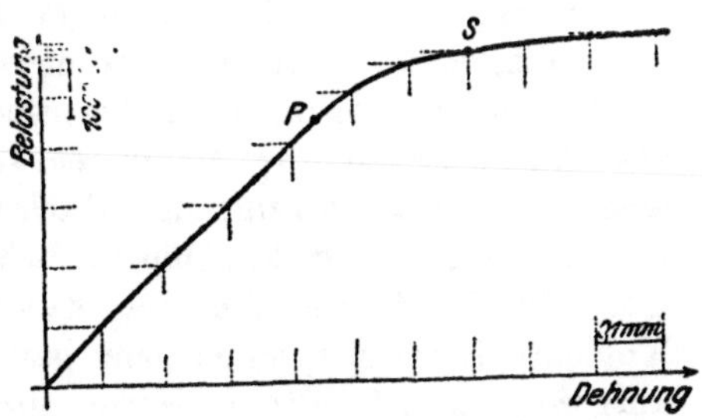

Abb. 3.

der Zugbelastung 4800 kg ab, in der Abbildung von der Stelle P ab, wächst die Dehnung des Stabes schneller als die Belastung. Weiter gibt die Schaulinie zu erkennen, daß jede über 5400 kg hinausgehende Belastung ganz unverhältnismäßig größere Dehnung hervorruft; in der Sprache der Materialprüfung sagt man: Das Material beginnt zu „fließen“.

Beispiel d) Der Zusammenhang zwischen dem Eigengewicht einer gepflasterten Stadtstraßenbrücke und ihrer Stützweite ist durch die Schaulinie der Abb. 4 graphisch zum Ausdruck gebracht. Diese Schaulinie stützt sich auf Erfahrungswerte von ausgeführten Brückenbauten. Die eine der beiden Linien setzt die Brücke als Balkenträger, die andere als Bogenträger voraus. Die Stützweite l ist in

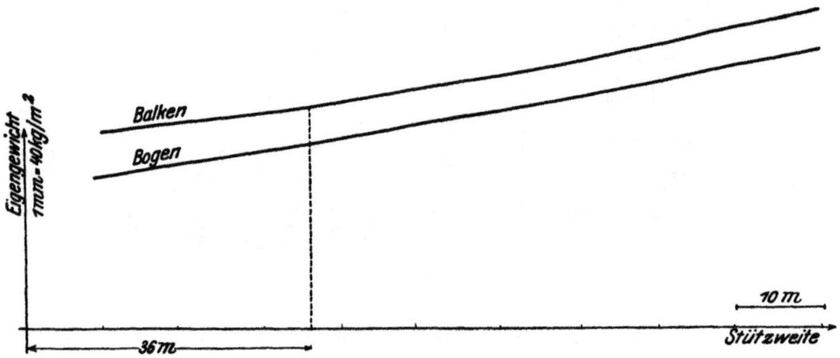

Abb. 4.

m gegeben, das Eigengewicht in kg/m². Für die Konstruktion einer 36 m lang geplanten gepflasterten Stadtstraßenbrücke entnimmt man dem Diagramm ein Eigengewicht von 941 kg/m², wenn die Brücke als Bogenträger ausgebildet wird, und 1031 kg/m², wenn sie als Balkenträger konstruiert wird. Bei einer Breite von 12 m und demnach einer Fläche von 432 m² würde das Gesamtgewicht der Brücke im ersten Fall rund 400 t, im zweiten Fall rund 450 t sein.

Beispiel e) Die beiden Schaulinien der Abb. 5 vergleichen zwei verschiedene Turbinengattungen L und P hinsichtlich der Kosten einer Pferdekraftstunde. Dabei sind alle Umstände berücksichtigt, also Anlagekosten für Maschinenhaus und Kesselanlage sowie die Maschine selbst, Verzinsung, Abschreibung und Reperaturen für Gebäude, Kessel und Maschinen, Löhne, Schmier- und Putzmaterial. Der für die Ökonomie der Maschine natürlich sehr wesentliche Kohlenpreis ist für einen ganz bestimmten Ort gedacht. Die stark ausgezogenen Schaulinien setzen voraus, daß die Maschine das ganze Jahr ununterbrochen tätig ist, die gestrichelt gezeichneten Linien eine Betriebszeit von 300 Tagen zu je 10 Stunden. Auf der Wagrechten sind die normalen Nutzleistungen in Pferdestärken angegeben, als Ordinaten die Kosten einer effektiven Pferdekraftstunde in Pfennigen.

Wenn also beispielsweise eine Fabrik eine Turbine von 200 PS in der normalen Arbeitszeit von 300 Tagen zu je 10 Stunden benötigt, so wird sie bei der Wahl der Maschinengattung L auf eine Ausgabe von 3,2 Pfennig für die Pferdekraftstunde oder von 6,4 Mk. in der Stunde für die gewünschte Leistung von 200 PS, also von 64 Mk. täglich kommen; die Wahl der Gattung P der Maschine erhöht diese Kosten auf 3,35 Pfennig bezw. 6,7 Mk. und 67 Mk. Läßt man die Maschine das ganze Jahr ununterbrochen laufen, etwa

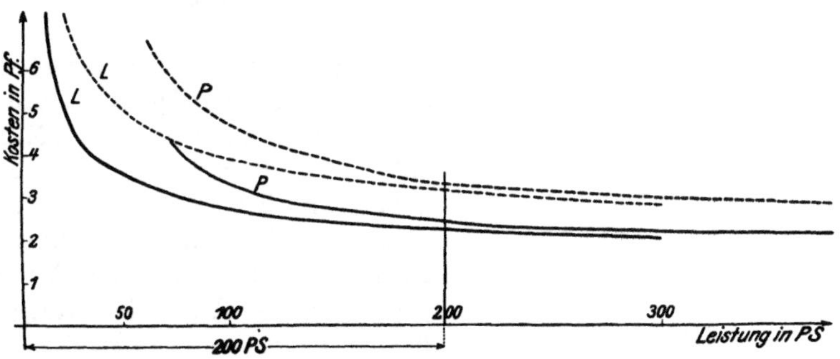

Abb. 5.

für eine Lichtanlage, verbunden mit einer Kraftanlage, sonach 365 Tage zu je 24 Stunden, so werden die entsprechenden Kosten für die Maschine L sein 2,3 Pfennig, bezw. 4,6 Mk. und 110,4 Mk. Bei der Gattung P sind die entsprechenden Zahlen 2,45 Pfennig, 4,9 Mk. und 117,6 Mk. (Siehe hierzu Barth: Zweckmäßigste Betriebskraft, Sammlung Göschen.) Selbstverständlich spielen bei der endgültigen Wahl der Maschine auch noch andere Umstände mit, beispielsweise ihre Ökonomie, wenn man sie auf kürzere oder längere Zeit wesentlich über ihre normale Leistung beansprucht.

2. Fortsetzung. Die Definition einer Kurvengleichung als eine Aussage über die Eigenschaft der Kurve ist bereits im ersten Band durch 80 und die nachfolgenden Nummern behandelt.

Man kann das Wesen einer Kurvengleichung noch von einem anderen Gesichtspunkt aus erörtern. Gegeben sei die Gleichung $x - 2y - 6 = 0$ zwischen zwei Unbekannten x und y, die von ∞^1 zusammengehörigen Wertepaaren x, y erfüllt wird. Man findet letztere, indem man für y alle möglichen Werte einsetzt und dann die zugehörigen x ermittelt. Läßt man etwa y immer um die Einheit wachsen, so erhält man die Wertepaare

y	....	-4	-3	-2	-1	0	1	2	3	4 ....
x	....	-2	0	2	4	6	8	10	12	14 ....

;

oder wenn man y immer um 0,1 fortschreiten läßt,

y	....	1,0	1,1	1,2	1,3	1,4	1,5	1,6	1,7 ....
x	....	8	8,2	8,4	8,6	8,8	9,0	9,2	9,4 ....

.

Bei dem gewählten besonderen Beispiel kann man die y und ebenso die x **kontinuierlich** oder **stetig** aufeinander folgen lassen, also derart, daß man den Unterschied zwischen zwei aufeinanderfolgenden x oder y beliebig klein machen kann; beim Durchlaufen eines gewählten Bereiches nehmen sie dann jeden möglichen Zahlenwert dieses Bereiches an. [Näher auf den Begriff „stetig" oder „kontinuierlich" einzugehen, bleibt späteren Nummern vorbehalten.] Definiert man nun jedes Wertepaar $x \mid y$ der obigen Gleichung als Koordinatenpaar eines Punktes, so gibt diese Gleichung ∞^1 Punkte an, die innerhalb des durch die Zeichnung festgelegten und betrachteten Bereiches stetig aufeinanderfolgen und somit eine Kurve bilden; sie ist der vorgegebenen Gleichung zugeordnet. Man nennt dann wieder wie früher $x - 2y - 6 = 0$ die Gleichung der so konstruierten Kurve. Abb. 6 gibt mit Benützung der Tabelle der gefundenen Zahlenpaare diese Kurve wieder.

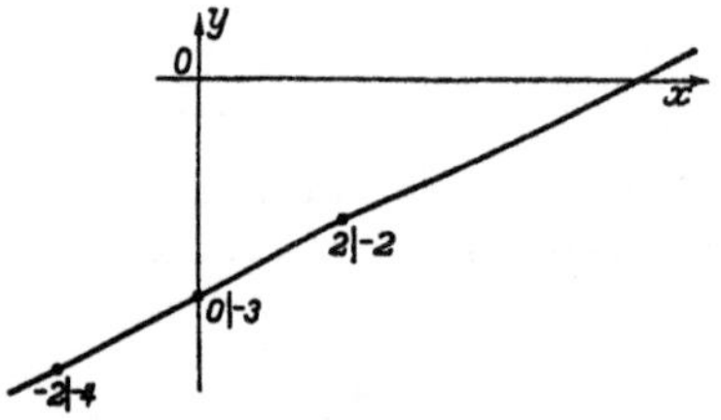

Abb. 6.

Die vorausgehende Entwicklung verliert aber keineswegs an Allgemeinheit, wenn sie auf eine beliebige andere Gleichung zwischen x und y angewandt wird. Man kann immer schließen: Für jede Gleichung zwischen zwei veränderlichen Größen x und y gibt es ∞^1 Wertepaare, die ihr Genüge leisten; die einzelnen Wertepaare folgen (mit Ausnahmen, die an anderer Stelle noch zu besprechen sind) stetig aufeinander. Definiert man jedes der so erhaltenen Wertepaare als Koordinatenpaar eines Punktes, so erhält man unendlich viele stetig aufeinanderfolgende Punkte, die dann in ihrer Gesamtheit eine Kurve bilden. Die gegebene Gleichung nennt man die **Gleichung der Kurve**, die so gefunden wurde.

Die Ermittlung von Beziehungen zwischen veränderlichen Größen, oder mit anderen Worten die Untersuchung von Funktionen, ist nun der Hauptinhalt ebensowohl der höheren Mathematik im besonderen, wie aller rechnenden Wissenschaften im allgemeinen. Wenn wir wieder auf die graphische Darstellung solcher Abhängigkeiten eingehen: Weiß man, daß von einer Größe x eine andere y abhängt, so daß also $y = f(x)$, dann trägt man auf einer (meist wagrechten) Geraden die unabhängige Größe, d. i. das Argument x als Abszisse

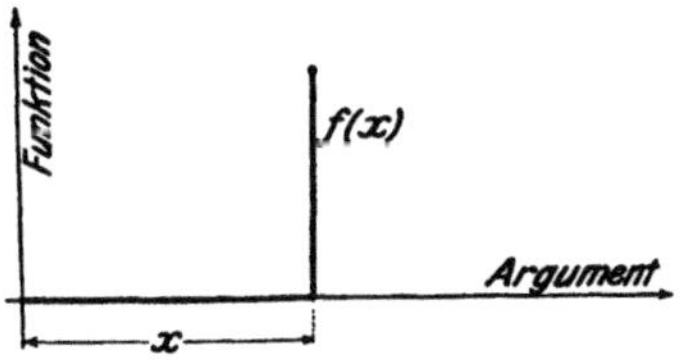

Abb. 7.

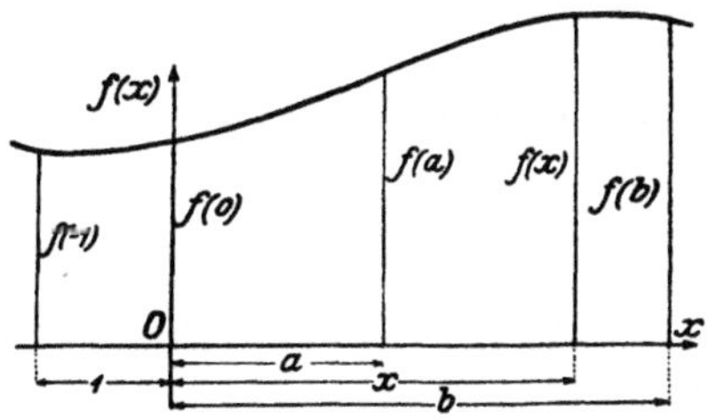

Abb. 8.

ab, im Endpunkt dieser Abszisse die Abhängige oder Funktion $f(x)$ als Ordinate. Dabei ist es nun zunächst gleichgültig, ob man die genaue Art der Abhängigkeit schon kennt oder nicht. Es gehört also zum Argument x als Abszisse die Funktion $f(x)$ als Ordinate, ebenso zum Argument a die Größe $f(a)$ als Ordinate, zur Abszisse 2 z. B. die Ordinate $f(2)$, zur Abszisse 0 die Ordinate $f(0)$ usw.

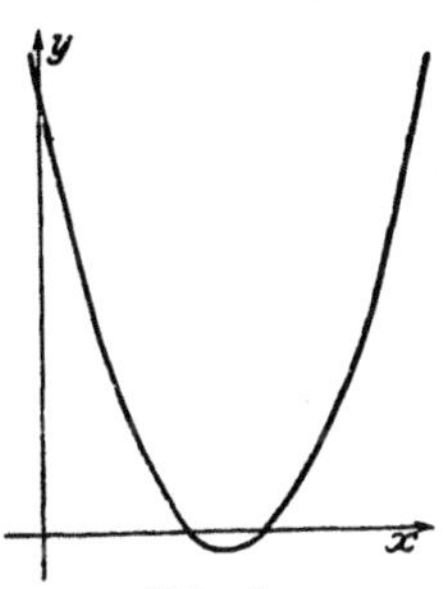

Abb. 9.

Beispiel a) Man stelle die durch

$$y = x^2 - 5x + 6$$

gegebene Abhängigkeit zwischen y und x oder mit anderen Worten die Funktion $f(x) = x^2 - 5x + 6$ graphisch dar.

Man berechnet zusammengehörige Paare von Argumenten x und Funktionen $f(x)$, etwa so wie in nachfolgender Tabelle zusammengestellt:

x	-5	-4	-3	-2	-1	0	$+1$	$+2$	$+2{,}5$	$+3$	$+4$	$+5$	....
$f(x)$	56	42	30	20	12	6	2	0	$-0{,}25$	0	$+2$	6	....

und findet mit deren Hilfe die Kurve der Abb. 9 als Bild der Funktion.

Beispiel b) Gegeben ist

$$u(x) = \sin x - 1, \qquad v(x) = x + e^x,$$

man bilde die neuen Funktionen

$$u(x-1), \qquad u(e^x) + v(\sin x), \qquad u(\omega t) \cdot v(t).$$

Es wird

$$u(x-1)=\sin(x-1)-1,$$
$$u(e^x)+v(\sin x)=\sin e^x-1+\sin x+e^{\sin x},$$
$$u(\omega t)\cdot v(t)=(\sin\omega t-1)(t+e^t).$$

Beispiel c) Man gebe das Diagramm der allgemeinsten linear gebrochenen Funktion y von x.

Sie wird im allgemeinsten Fall unecht gebrochen und deswegen nach I 46 von der Form

$$\frac{a_0 x + a_1}{b_0 x + b_1} \tag{a}$$

sein. Bezeichnet man die Funktion selbst mit y, so wird durch die Gleichung

$$y=\frac{a_0 x + a_1}{b_0 x + b_1}$$

oder

$$y(b_0 x + b_1) = a_0 x + a_1 \quad \text{oder} \quad b_0 xy - a_0 x + b_1 y - a_1 = 0$$

ein Kegelschnitt bestimmt und zwar eine Hyperbel mit dem Mittelpunkt $M = -b_1 : b_0 \mid + a_0 : b_0$ und den Asymptoten parallel den Koordinatenachsen nach I 168, 170, 172. Abb. 10 gibt die Zeichnung für den besonderen Fall

$$y=\frac{2x-3}{x-3}$$

oder

$$a_0 = 2, \quad a_1 = -3, \quad b_0 = 1, \quad b_1 = -3.$$

Jenen Wert von x, der eine Funktion $y=f(x)$ zu Null macht, oder in der graphischen Sprechweise, jenes x oder jene Stelle, wo die Ordinate y zu Null wird, nennt man eine Nullstelle; entsprechend jenes x, das der Funktion einen unendlich großen Wert gibt, eine Unendlichkeitsstelle. Die vorausgehend besprochene linear gebrochene Funktion (a) wird zu Null, wenn ihr Zähler zu Null wird und gleichzeitig der Nenner von Null verschieden ist; es ist sonach $x = -a_1 : a_0$ eine Nullstelle der Funktion, N in der Abbildung. Sie erreicht den Wert ∞, wenn der Nenner zu Null wird, aber dabei gleichzeitig der Zähler von Null verschieden ist; also ist $x = -b_1 : b_0$ eine Unendlichkeitsstelle der Funktion, U in der Abbildung.

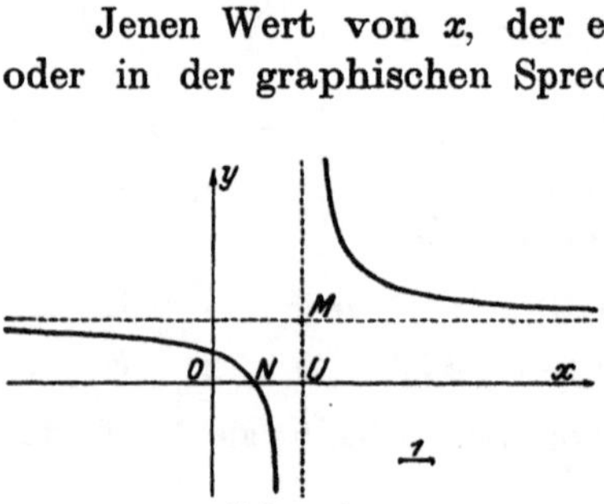

Abb. 10.

3. Sinus und Kosinus. Zu den wichtigsten Funktionen der Ingenieur-Mathematik gehören die trigonometrischen oder goniometrischen Funktionen, auch Kreisfunktionen genannt, weil ihre Eigenschaften in einfachster Weise mit dem Kreis in Beziehung stehen. Es sind das der Sinus, Kosinus, Tangens, Kotangens eines Bogens. Ihre grundliegenden Eigenschaften werden als bekannt vorausgesetzt, es ist daher nur ihr Zusammenhang sowie eine Ergänzung zu bringen. Zu diesem Zweck geht man vom Einheitskreis aus, siehe Abb. 11, und rechnet den Winkel oder Bogen von der Wagrechten aus linksum. Der Winkel x wird gemessen durch den zugehörigen Bogen x am Einheitskreis, so daß also in der Zeichnung x eine doppelte Bedeutung hat; in der Rechnung darf x selbstverständlich nur als Bogen betrachtet werden. Irgend ein Punkt P auf dem Einheitskreis hat dann nach I 66 die Koordinaten $\cos x \mid \sin x$. Will man die Beziehung zwischen dem Bogen x und dem zugehörigen $\sin x$

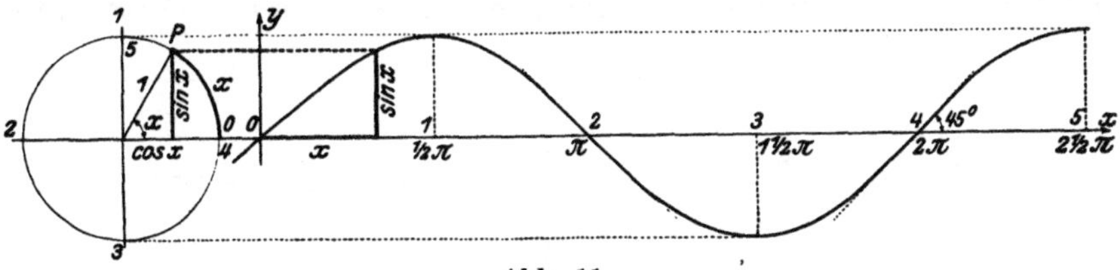

Abb. 11.

graphisch darstellen, durch die Sinuskurve, so wird man den Bogen x zu einer geraden Strecke ausbiegen und dann als Abszisse auf einer Wagrechten von einem festen Nullpunkt 0 aus abtragen und als zugehörige Ordinate den Wert $\sin x$ errichten, am einfachsten so, wie Abb. 11 angibt. Man beachte nur immer, daß ja x ein Bogen, also eine Länge ist. Wenn man den Einheitskreis einmal umläuft, hat man den Weg 2π oder 6,28 ... Wegeinheiten zurückgelegt. Die Bögen

$$\widehat{01},\ \widehat{02},\ \widehat{03},\ \widehat{04},\ \widehat{05}\ \ldots$$

oder
$$1\cdot\frac{\pi}{2},\quad 2\cdot\frac{\pi}{2},\quad 3\cdot\frac{\pi}{2},\quad 4\cdot\frac{\pi}{2},\quad 5\cdot\frac{\pi}{2}\ \ldots$$

erscheinen auf der Abszissenachse als geradlinige Wegstücke 01, 02, 03, 04, 05 ... Einer genauen Konstruktion kann man folgende **Eigenschaften der Sinusfunktion** ablesen:

Für reelle Werte x ist $\sin x$ stets ein eindeutiger reeller echter Bruch mit den Extremwerten ± 1. (a)

Der Sinus ist eine periodische Funktion, ihre Periode ist 2π; wenn k eine ganze Zahl ist, gilt

$$\sin(x + 2k\pi) = \sin x. \tag{b}$$

Der Sinus ist eine ungerade Funktion,

$$\sin(-x) = -\sin x. \qquad \text{(c)}$$

Der Sinus ist im ersten und zweiten Quadranten positiv, im dritten und vierten negativ. Er nimmt im ersten Quadranten von 0 an zu bis zum Größtwert $+1$, im zweiten und dritten ab vom Größtwert $+1$ bis zum Kleinstwert -1, im vierten wieder zu vom Kleinstwert -1 bis zum Wert 0. (d)

Die Sinuskurve schneidet die Abszissenachse mit der Richtung $+1$ oder -1, d. h. mit den Richtungswinkeln 45^0 oder 135^0. (e)

Die Sinuskurve hat bei $\frac{1}{2}\pi$, $\frac{3}{2}\pi$, $\frac{5}{2}\pi$, ... Horizontalstellen und verläuft an diesen sehr flach. (f)

Da die Sinuskurve als Grundkurve für alle Schwingungserscheinungen und Schwingungsdarstellungen in graphischer Form sehr

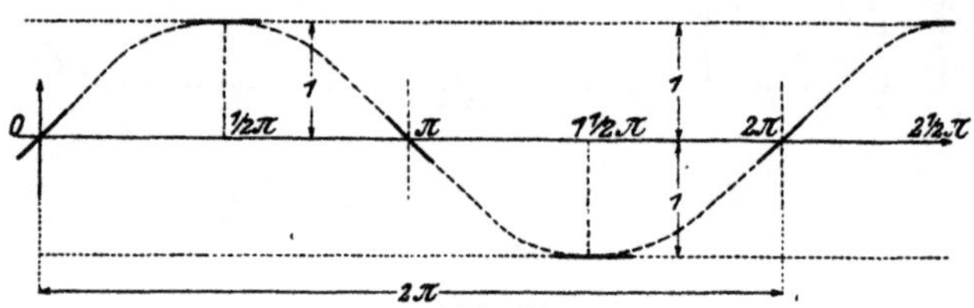

Abb. 12.

wichtig ist und deswegen recht oft gezeichnet werden muß, verlohnt es, eine Regel anzugeben, wie sie mit einfachen Mitteln schnell und dabei ziemlich genau konstruiert werden kann. Die Skizze der Abb. 12 ist gleichzeitig die Anleitung: Man trägt vom Nullpunkt O aus die Bögen $\frac{1}{2}\pi$, π, $1\frac{1}{2}\pi$, 2π, $2\frac{1}{2}\pi$, ... als geradlinige Stücke ab; in den Punkten $0 \mid 0$, $\frac{1}{2}\pi \mid +1$, $\pi \mid 0$, $1\frac{1}{2}\pi \mid -1$, $2\pi \mid 0$, $2\frac{1}{2}\pi \mid +1$ ... der Sinuskurve zeichnet man die Richtung ein, in der Abbildung stark ausgezogen; dann kann man freihändig die Kurve einzeichnen, so wie die leicht gestrichelte Linie angibt. Die Abweichung dieser Skizze von der genau konstruierten Kurve ist sehr klein.

Beispiel a) Was lehrt die Gestalt der Sinuskurve für sehr kleine Bögen?

Für Bögen, die von 0 wenig verschieden sind, ist die Abszisse x wenig von der Ordinate $\sin x$ verschieden. Man kann daher mit mehr oder minder großer Genauigkeit setzen

$$\sin x \approx x \quad \text{für sehr kleine Bögen } x. \qquad \text{(g)}$$

Beispielsweise gehört zum Winkel 3^0 oder zum entsprechenden

Bogen arc $3^0 = 0{,}05236$ der Sinus $0{,}05234$, beide sind nur um $0{,}00002$ verschieden, man begeht somit einen Fehler von nur $0{,}04\,^0/_0$, wenn man $\sin 3^0 = \text{arc}\, 3^0$ setzt.

Beispiel b) Man entwickle mit Hilfe der Sinuskurve einige der bekannten Formeln über die Sinusfunktion.

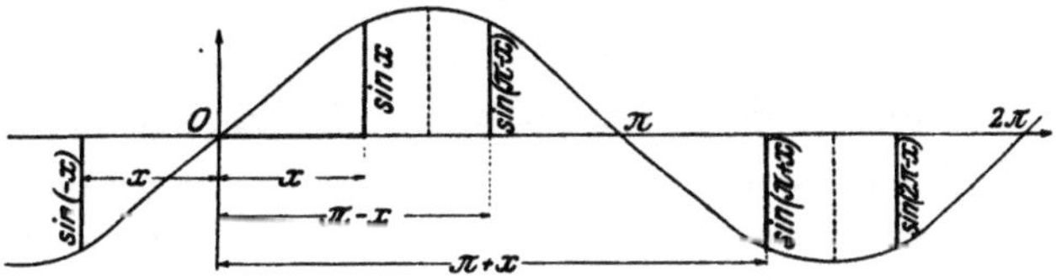

Abb. 13.

Man kann der Abb. 13 unmittelbar entnehmen, daß

$\sin(\pi - x) = \sin x, \quad \sin(-x) = -\sin x, \quad \sin(\pi + x) = -\sin x$ usw.

Beispiel c) In der Praxis wird es zuweilen notwendig, einen Kurvenbogen als deformierte Sinuskurve anzusprechen. Wenn man beispielsweise vom Bogen der Abb. 14 den Biegungspfeil f und die Sehne s kennt, wie heißt dann die Gleichung jener deformierten Sinuskurve, die diesen Bogen in der Annäherung ersetzt?

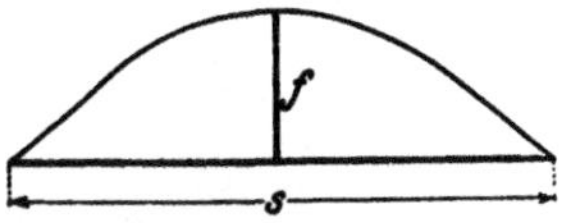

Abb. 14.

Die Kurve $y = \sin x$ hat an der Stelle $x = \frac{1}{2}\pi$ die größte Ordinate 1. Wenn man sie in der y-Richtung f-mal dehnt und in der x-Richtung $s:\pi$ mal, dann geht sie in eine Kurve über, deren Gleichung nach I 106 lautet

$$y : f = \sin\left(x \cdot \frac{\pi}{s}\right) \quad \text{oder} \quad y = f \sin \frac{\pi x}{s}. \tag{h}$$

Man sieht, an der Stelle $x = s$ wird $y = 0$, an der Stelle $x = \frac{1}{2}s$ wird $y = f$.

Die graphische Darstellung der Kosinusfunktion durch die Kosinuskurve kann ebenfalls von Abb. 11 ausgehen, indem man zu jedem x als Abszisse das zugehörige $\cos x$ als Ordinate abträgt. Einfacher wird man die Formel $\sin x = \cos(x - \frac{1}{2}\pi)$ zugrunde legen. Sie sagt aus: An der Stelle x ist der Sinus ebenso groß wie der Kosinus an der Stelle $x - \frac{1}{2}\pi$, d. h. die Kosinuskurve geht aus der Sinuskurve durch Verschiebung in der x-Richtung um $-\frac{1}{2}\pi$ hervor. Die Kosinuskurve läßt dann recht einfach die folgenden Eigenschaften der Kosinusfunktion ablesen, Abb. 15.

Für reelle Werte x ist $\cos x$ stets ein eindeutiger reeller echter Bruch mit den Extremwerten ± 1. (i)

Der Kosinus ist eine periodische Funktion, ihre Periode ist 2π; wenn k eine ganze Zahl ist, gilt

$$\cos(x + 2k\pi) = \cos x. \tag{k}$$

Der Kosinus ist eine gerade Funktion,

$$\cos(-x) = \cos x, \tag{l}$$

das Vorzeichen des Argumentes x ist sonach belanglos.

Der Kosinus ist im ersten und vierten Quadranten positiv, im zweiten und dritten negativ. Er nimmt im ersten und zweiten Quadranten vom Größtwert $+1$ ab bis zum Kleinstwert -1, im dritten und vierten nimmt er vom Kleinstwert -1 zu bis wieder zum Größtwert $+1$. (m)

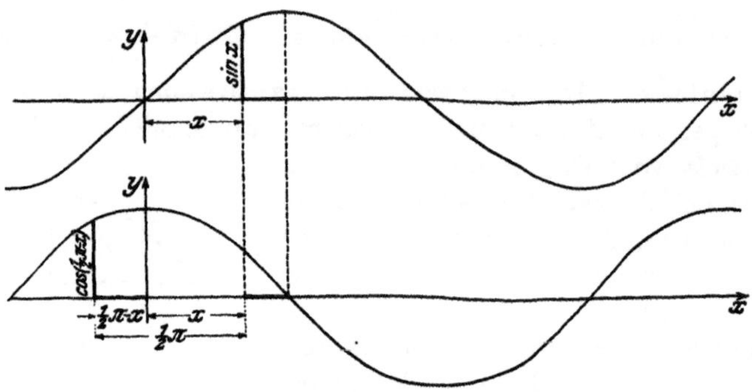

Abb. 15.

Die Kosinuskurve schneidet die Abszissenachse mit der Richtung $+1$ oder -1, d. h. mit den Richtungswinkeln 45^0 oder 135^0. (n)

Die Kosinuskurve hat bei 0, π, 2π, 3π ... Horizontalstellen und verläuft in diesen sehr flach. (o)

4. Harmonische Schwingung. Die einfachste Bewegung eines materiellen Punktes ist eine gleichförmige Schiebung oder gleichförmige Translation: Der Punkt bewegt sich geradlinig mit stets gleichbleibender Geschwindigkeit. In der Sprechweise der Mechanik kann man auch sagen, er ist im Gleichgewicht oder Beharrungszustand, oder er folgt seinem Trägheitsbestreben, oder seine Beschleunigung oder Geschwindigkeitsänderung ist Null. Das bezeichnende Merkmal dieser Bewegung ist also die nach Zahlenwert und Richtung gleichbleibende Geschwindigkeit. Wenn sie mit v bezeichnet wird, die Zeitdauer der Bewegung mit t, und der dabei vom Augenblick der Zeitzählung an zurückgelegte Weg mit s, so gilt als Formel für die gleichförmige oder gleichmäßige Bewegung

$$s = v \cdot t. \tag{a}$$

Eine andere Bewegung des materiellen Punktes von gleich einfacher Art ist die gleichförmige Drehung oder gleichförmige Rotation: Der Punkt dreht sich mit stets gleichbleibender Winkelgeschwindigkeit um eine feste Achse, d. h. er legt in gleichen Zeiten immer den gleichen Winkel oder Bogen zurück. (Von einem Gleichgewicht kann natürlich keine Rede sein, da zur Ausführung der beschriebenen Bewegung in jedem Augenblick eine Kraft notwendig ist.) Das bezeichnende Merkmal der gleichförmigen Drehung ist die gleichbleibende Winkelgeschwindigkeit. Bezeichnet man sie mit ω, die Zeitdauer wieder mit t und den in dieser Zeit zurückgelegten Winkelweg, d. h. den Bogen auf dem Einheitskreis mit φ, so gilt

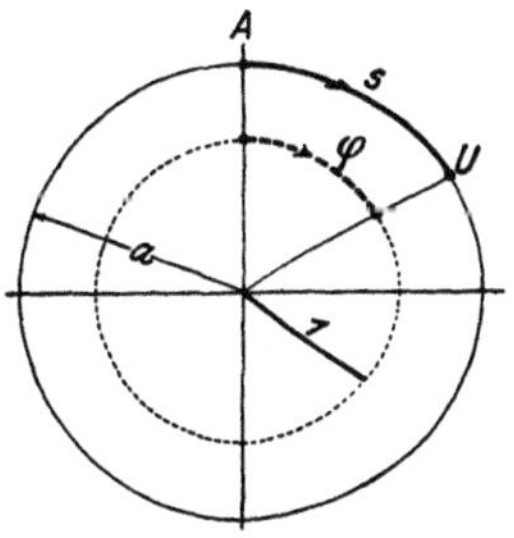

Abb. 16.

$$\varphi = \omega \cdot t. \tag{b}$$

Der wahre Weg s ist natürlich, Abb. 16,

$$s = a\varphi \quad \text{oder} \quad s = a \cdot \omega t, \tag{c}$$

der wahre Weg ist gleich Halbmesser mal Winkelweg.

Beispiel a) Wie werden die vorausgehenden Formeln, wenn man unter s und φ den von einem beliebigen Anfangspunkt A aus gezählten Weg versteht?

Man wird freilich meist den Weg im gleichen Augenblick zu zählen beginnen, wenn man die Zeit zu zählen beginnt. Zuweilen kommt es aber vor, daß der bewegte Punkt bereits einen gewissen Weg s_0 zurückgelegt hat, wenn er an jene Stelle A kommt, von wo aus man die Zeit zu zählen beginnt. Der Weg von A aus ist vt und sonach der Weg von O aus, Abb. 17,

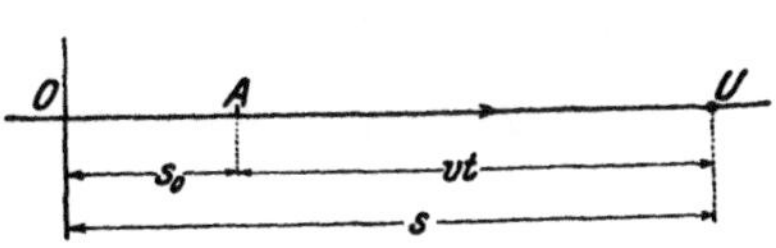

Abb. 17.

$$s = s_0 + vt. \tag{d}$$

Entsprechend hat man bei der Drehbewegung für den Winkelweg φ die Formel

$$\varphi = \varphi_0 + \omega t, \tag{e}$$

wenn φ_0 der Weg ist, den der bewegte Punkt bereits zurückgelegt hatte, als man die Zeit zu zählen begann, Abb. 19.

Wenn die gleichförmige Drehung von einem in der Bewegungsebene unendlich weit entfernten Ort aus betrachtet wird, erscheint sie als geradlinige harmonische Schwingung, auch Sinusschwingung genannt. Dieser Beschauer nimmt nichts von einer Drehbewegung wahr, sondern eine zur (in der Abb. 18 durch den Pfeil bezeichneten)

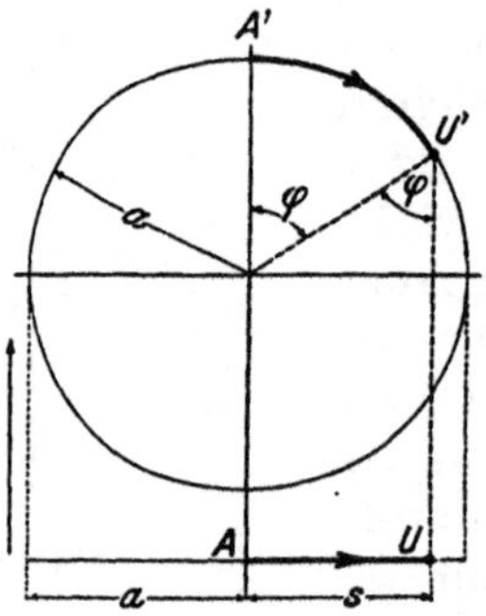

Abb. 18.

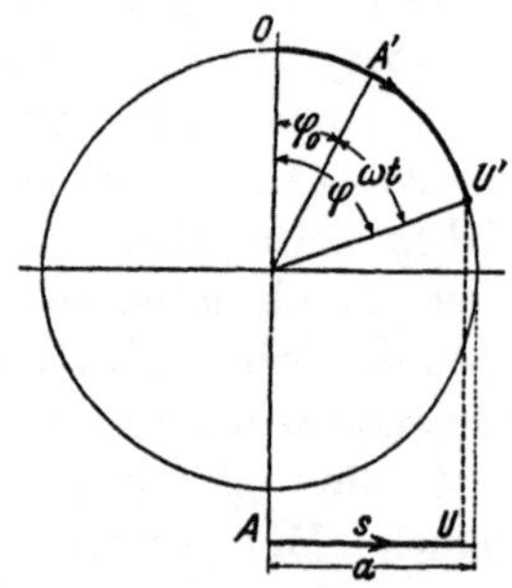

Abb. 19.

Schaurichtung senkrecht vor sich gehende schwingende Bewegung. Das Merkmal der harmonischen Schwingung ist sonach:

Die harmonische Schwingung ist die Projektion einer gleichförmigen Drehung. (f)

Wenn man Zeit und Weg vom gleichen Anfangspunkt aus zählt, so wie Abb. 18 zeigt, wird

$$\varphi = \omega t \quad \text{und damit} \quad s = a \cdot \sin \varphi$$

oder

$$s = a \sin \omega t. \tag{g}$$

Im allgemeinsten Fall wird der bewegte Punkt bereits einen Winkel φ_0 zurückgelegt haben, wenn man die Zeit t zu zählen beginnt, so daß nach Abb. 19

$$\varphi = \varphi_0 + \omega t \quad \text{wird und deswegen} \quad s = a \sin \varphi$$

zu

$$s = a \sin (\varphi_0 + \omega t). \tag{h}$$

Folgende Benennungen sind bei der harmonischen Schwingung zu merken: s wird der jeweilige Schwingungsausschlag genannt a ist der größtmögliche Schwingungsausschlag oder die Amplitude der Schwingung, denn $\sin(\varphi_0 + \omega t)$ kann höchstens den Wert 1 annehmen und deswegen s höchstens den Wert a; ω ist die Winkelgeschwindigkeit jener gleichförmigen Drehung, von der die harmonische Schwingung die Projektion ist; φ_0 ist der Voreilwinkel oder Phasenverschiebungswinkel, den der bewegte Punkt zur Zeit $t = 0$ gegenüber der Anfangslage O hatte.

Die harmonische Schwingung ist eine periodische Bewegung; jedesmal wenn der Bogen ωt und damit auch der Bogen $\varphi_0 + \omega t$ um 2π sich geändert hat, ist die Bewegung genau wieder die gleiche, da ja die Sinusfunktion die Periode 2π hat. Es ist sonach die Schwingungsdauer T bestimmt durch

$$\omega T = 2\pi \quad \text{oder} \quad T = \frac{2\pi}{\omega}. \tag{i}$$

Beispiel b) Man beweise, daß auch die Bewegung

$$s = A \sin \alpha t + B \cos \alpha t \tag{k}$$

eine harmonische Schwingung ist.

Es muß sich schreiben lassen

$$A \sin \alpha t + B \cos \alpha t = a \sin(\varphi_0 + \omega t),$$

oder

$$A \sin \alpha t + B \cos \alpha t = a \cos \varphi_0 \cdot \sin \omega t + a \sin \varphi_0 \cdot \cos \omega t.$$

Diese Identität muß für jeden Wert von t gelten, man findet

$$\alpha = \omega, \quad A = a \cos \varphi_0, \quad B = a \sin \varphi_0,$$

oder

$$\omega = \alpha, \quad a = \sqrt{A^2 + B^2}, \quad \varphi_0 = \operatorname{arctg} \frac{B}{A}. \tag{l}$$

5. Tangens und Kotangens. Die Konstruktion der Tangenskurve, die graphische Darstellung der Tangensfunktion, geht aus von der Definition I 66 und wählt die Punkte P, deren Abszissen und Ordinaten anzugeben sind, alle auf einer lotrechten Tangente an den Einheitskreis, Abb. 20. Da für diese Punkte die Abszisse jedesmal den Wert 1 hat, stellt wegen

$$\operatorname{tg} x = \text{Ordinate} : \text{Abszisse} = \text{Ordinate} : 1$$

die Ordinate der Punkte P unmittelbar den Tangens des Bogens x vor. Dadurch erklärt sich ohne weiteres die Konstruktion der Tangenskurve. Will man sie schnell, aber doch genau genug skizzieren, so beachte man, daß sie die Achse jedesmal mit der Richtung $+1$, also mit einem Richtungswinkel von 45^0 schneidet, daß sie an den Stellen $\frac{1}{4}\pi$, $\frac{3}{4}\pi$, $1\frac{1}{4}\pi$, ... die Ordinate $+1$ oder -1 hat, und daß sie weiter die Lotrechten an den Stellen $\frac{1}{2}\pi$, $1\frac{1}{2}\pi$, $2\frac{1}{2}\pi$, ... zu Asymptoten hat.

In entsprechender Weise konstruiert man auch die Kotangenskurve, die im Zusammenhang mit der Tangenskurve durch die gestrichelte Linie der Abb. 21 wiedergegeben ist. Weiter ist für eine

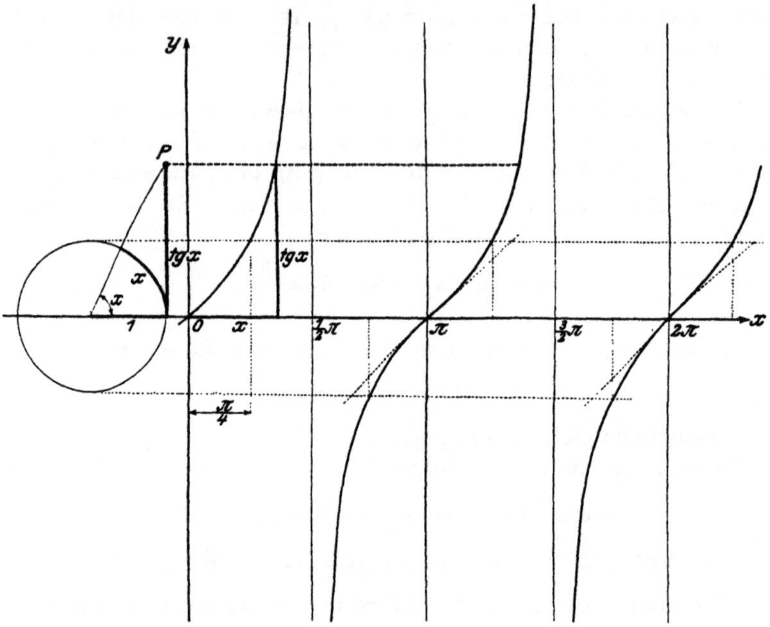

Abb. 20.

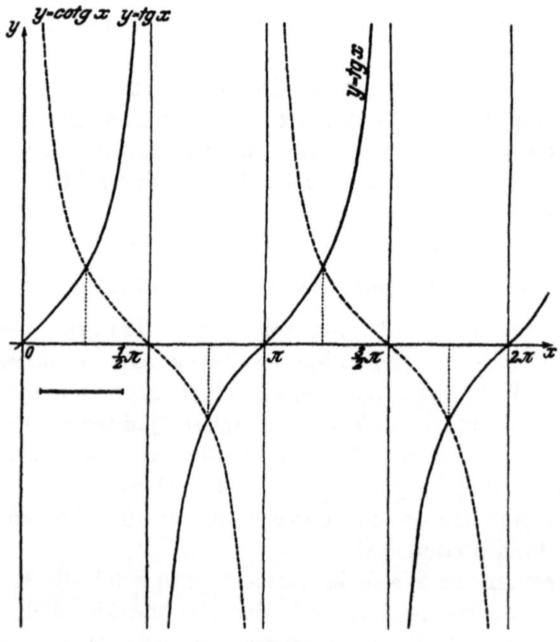

Abb. 21.

Skizze der beiden Kurven von Vorteil die Beachtung der nachstehenden Eigenschaften der Tangens- und Kotangensfunktion:

Für reelle Werte x ist $\operatorname{tg} x$ und $\operatorname{cotg} x$ eindeutig und reell. (a)

Tangens und Kotangens sind periodische Funktionen, ihre Periode ist π; wenn k eine ganze Zahl ist, gilt

$$\operatorname{tg}(x+k\pi)=\operatorname{tg} x, \qquad \operatorname{cotg}(x+k\pi)=\operatorname{cotg} x. \tag{b}$$

Tangens und Kotangens sind ungerade Funktionen, d. h.

$$\operatorname{tg}(-x)=-\operatorname{tg} x, \qquad \operatorname{cotg}(-x)=-\operatorname{cotg} x. \tag{c}$$

Tangens und Kotangens sind im ersten Quadranten positiv, im zweiten negativ, im dritten positiv usw. Tangens nimmt stets zu, Kotangens stets ab. (d)

***6. Die umgekehrten Kreisfunktionen,** auch zyklometrische Funktionen genannt, erhält man, wenn man in den bereits besprochenen Kreisfunktionen die Unabhängige zur Abhängigen macht und umgekehrt. In der Gleichung $y=\sin x$ ist x ein Bogen; man weiß von ihm, daß sein Sinus y ist. Diese Tatsache schrieb man früher $x=\operatorname{arc}(\sin=y)$, also wörtlich „$x$ ist ein Bogen, dessen Sinus gleich ist y"; die jetzige Schreibweise $x=\arcsin y$ sagt das Nämliche. Die beiden Gleichungen

$$y=\sin x \qquad \text{oder} \qquad x=\arcsin y \tag{a}$$

sind also nur der Form nach verschieden.

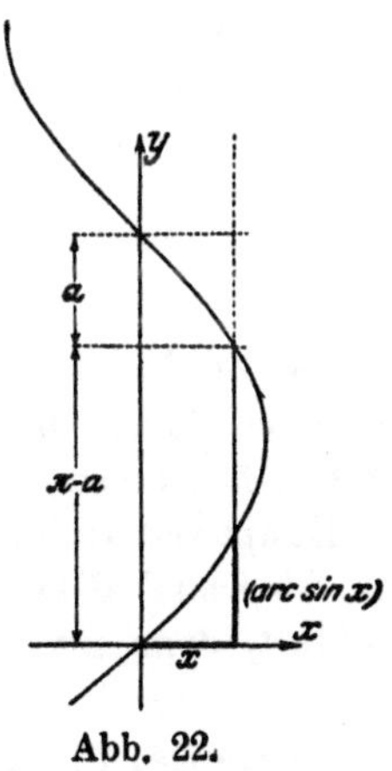

Abb. 22.

Die Arkussinusfunktion $y=\arcsin x$ ist demnach die Umkehr der Funktion $x=\sin y$; dann ist sie aber nicht neu, ihre Eigenschaften und die zur Gleichung gehörige Kurve ergeben sich unmittelbar aus den Eigenschaften der Sinusfunktion. Man hat nur die Veränderliche x mit y oder geometrisch gesprochen die x- mit der y-Achse zu vertauschen.

$\arcsin x$ hat unendlich viele Werte, wie entweder Abb. 22 ersehen läßt oder auch die periodischen Eigenschaften der Sinusfunktion. Jenen Wert, der zwischen $-\frac{1}{2}\pi$ und $+\frac{1}{2}\pi$ liegt, mit Einschluß dieser Endwerte selbst, bezeichnet man als Hauptwert. Wird er mit α bezeichnet, dann hat $\arcsin x$ die Werte

$$\alpha, \quad \pi-\alpha, \quad 2\pi+\alpha, \quad 3\pi-\alpha, \quad 4\pi+\alpha \ldots$$

Wenn man k als ganze Zahl einführt und die Beziehung benützt, daß $(-1)^k$ den Wert $+1$ oder -1 erhält, je nachdem k gerad- oder ungeradzahlig ist, kann man diese unendlich vielen Werte zusammenfassen zu

$$\arcsin x = (-1)^k \alpha + k\pi. \tag{b}$$

Beispiel a) Die Frage nach arcsin 0,5 lautet in anderer Form: Von welchem Bogen hat der Sinus den Wert 0,5. Der Abb. 23 ent-

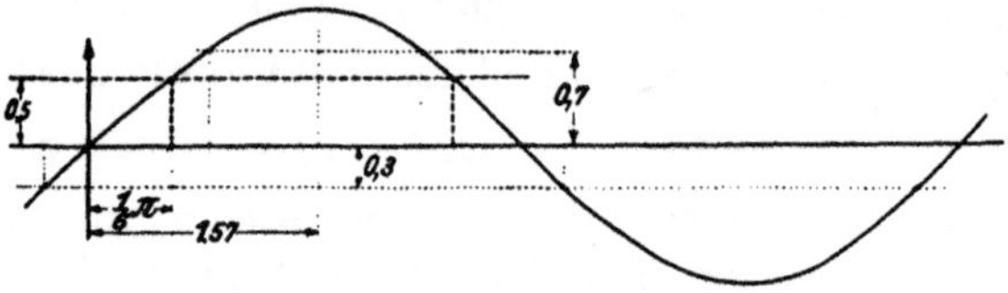

Abb. 23.

nimmt man die Werte 30^0 oder $\frac{1}{6}\pi$, weiter noch $\frac{5}{6}\pi$, $\frac{13}{6}\pi$, ... Der Hauptwert ist $\frac{1}{6}\pi$. Dann ist

$$\arcsin 0{,}5 = (-1)^k \cdot \tfrac{1}{6}\pi + k\pi.$$

Beispiel b) Man ermittle mit Hilfe der Sinuskurve angenähert die Werte arcsin 0,7, arcsin 1,2, arcsin (— 0,3), arcsin (— 0,1).

Die erste Frage lautet: Wo hat der Sinus den Wert 0,7? Man trägt demnach 0,7 als Ordinate in Abb. 23 ab und findet als Hauptwert die zugehörige Abszisse 0,8; es ist daher

$$\arcsin 0{,}7 = (-1)^k \cdot 0{,}8 + k\pi.$$

arcsin 1,2 ist keine reelle Zahl, da für eine solche der Sinus stets ein echter Bruch sein muß.

arcsin (— 0,3) hat nach Zeichnung den Hauptwert — 0,31, also ist

$$\arcsin(-0{,}3) = (-1)^k \cdot -0{,}31 + k\pi.$$

$$\arcsin(-1) = (-1)^k \cdot -\tfrac{1}{2}\pi + k\pi.$$

Arkuskosinusfunktion. Entsprechend wird $\arccos x$ definiert als jener Bogen, dessen Kosinus x ist. Für jeden gegebenen Einzelwert x hat $\arccos x$ unendlich viele Werte. Wenn man unter ihnen als Hauptwert α jenen Bogen bezeichnet, der zwischen 0 und π liegt, mit Einschluß dieser beiden Endwerte, und wieder k als ganze Zahl einführt, dann ist

$$\arccos x = \pm\alpha + 2k\pi. \tag{c}$$

Beispiel c) Man ermittle mit Hilfe der Kosinuskurve die Werte

$$\arccos 0{,}5, \qquad \arccos(-0{,}5), \qquad \arccos(-1).$$

Die erste Frage lautet: Wo hat der Kosinus den Wert 0,5? Oder graphisch: Wo hat die Kosinuskurve die Ordinate 0,5? Die

Abb. 24 gibt als Hauptwert $\alpha = 60^0$ oder $\frac{1}{3}\pi$; die anderen Werte sind $-\frac{1}{3}\pi$, $2\pi - \frac{1}{3}\pi$, $2\pi + \frac{1}{3}\pi$, ... Es ist also

$$\arccos 0{,}5 = \pm \tfrac{1}{3}\pi + 2k\pi.$$

Der gleichen Abbildung entnimmt man ebenso durch Abgreifen

$$\arccos(-0{,}5) = \pm \tfrac{2}{3}\pi + 2k\pi, \qquad \arccos(-1) = +\pi + 2k\pi.$$

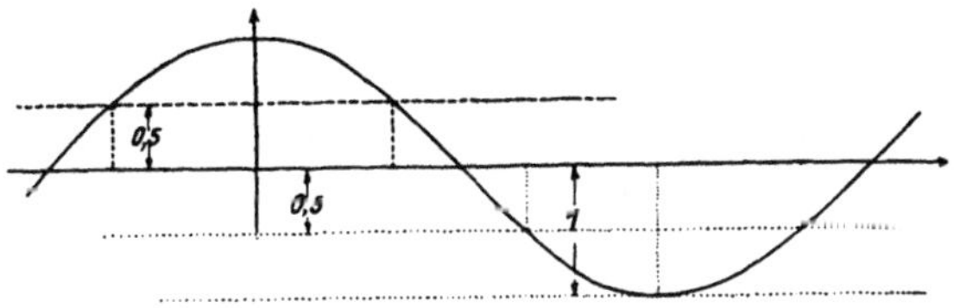

Abb. 24.

Die **Arkustangensfunktion** $\operatorname{arctg} x$ ist nach Definition jener Bogen, dessen Tangens x ist. Für jeden gegebenen Einzelwert x hat $\operatorname{arctg} x$ unendlich viele Werte. Wenn von ihnen der **Hauptwert** α zwischen $-\frac{1}{2}\pi$ und $+\frac{1}{2}\pi$ liegt, mit Einschluß dieser beiden Endwerte, und k eine ganze Zahl ist, dann wird

$$\operatorname{arctg} x = \alpha + k\pi. \tag{d}$$

Ebenso ist die **Arkuskotangensfunktion** $\operatorname{arccotg} x$ jener Bogen, dessen Kotangens x ist. $\operatorname{arccotg} x$ hat für jedes einzelne x unendlich viele Werte; wenn der Hauptwert α von $\operatorname{arccotg} x$ der Bogen zwischen 0 und π ist, mit Einschluß beider Zahlen, und k eine ganze Zahl, dann wird

$$\operatorname{arccotg} x = \alpha + k\pi. \tag{e}$$

***7. Fortsetzung.** Der Ingenieur kommt recht oft in die Lage, trigonometrische Zusammenhänge zwischen den von ihm betrachteten Größen zu untersuchen, oder gewünschte Größen aus trigonometrischen Gleichungen zu ermitteln. Mit Hilfe der ihm zu Gebot stehenden Tabellen wird ihm die Lösung solcher Aufgaben freilich keine allzu große Schwierigkeit bereiten. Tabellen haben aber immer den Nachteil, daß der Überblick verloren geht. Vielfach ist nun im praktischen Fall nicht eine genaue rechnerische Ermittlung der interessierenden Größen notwendig, sondern nur eine ungefähre Abschätzung, ein angenäherter Überblick über die betrachteten Größen. Für solche rasche Abschätzungen sind die Kurven der trigonometrischen Funktionen das einfachste Hilfsmittel. Weiter ist noch zu überlegen, daß die Tabellen immer nur die Hauptwerte der gesuchten Winkel und Bogen angeben, während doch aus trigonometrischen Gleichungen sich neben den Hauptwerten noch andere gleichberechtigte Lösungen ergeben. Für deren Ermittlung sind die trigonometrischen Kurven das einfachste Mittel. Die nachfolgenden Beispiele sind eine Übung im schnellen Abschätzen unbekannter durch trigonometrische Beziehungen festgelegter Größen. Diese sollen daher nur angenähert angegeben werden. Beim Übergang vom Winkelmaß zum Bogenmaß oder umgekehrt beachte man nach I 55 die Gleichheiten

$$\text{Bogen } 1 \approx \text{Winkel } 57{,}3^0,$$

$$\text{Winkel } 1^0 \approx \text{Bogen } 0{,}018.$$

Beispiel a) bis d) Man berechne auf eine Dezimalstelle die trigonometrischen Funktionen von a) 70^0, b) 140^0, c) 280^0, d) 560^0.

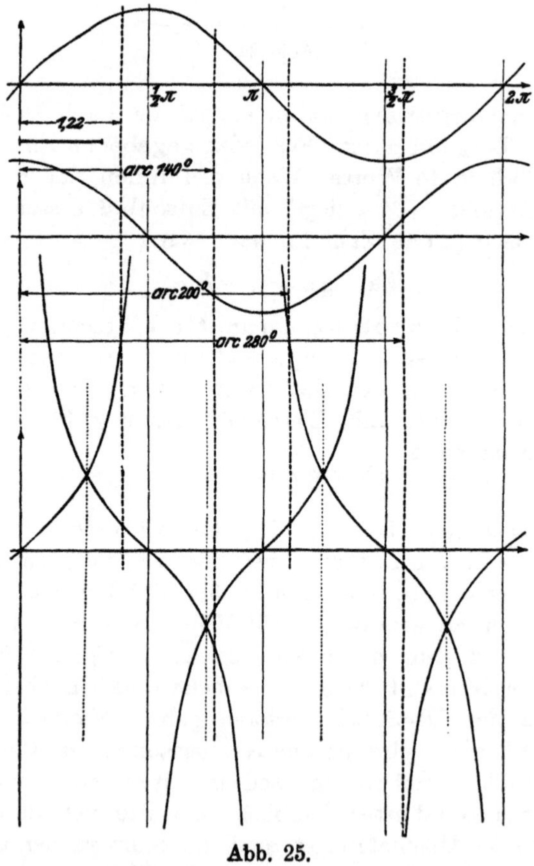

Abb. 25.

Man erhält im Fall

a) $\text{arc } 70^0 \approx 1{,}22$. Der Abb. 25 entnimmt man

$\sin 70^0 \approx 0{,}9$, $\cos 70^0 \approx 0{,}3$, $\text{tg } 70^0 \approx 3$, $\text{cotg } 70^0 \approx 0{,}4$.

b) Mit $\text{arc}\,140^0 \approx 2{,}45$ werden die gesuchten Werte rund

$$0{,}6; \quad -0{,}8; \quad -0{,}8; \quad -1{,}2.$$

c) Die trigonometrischen Funktionen von 280^0 sind die gleichen wie die von $280^0 - 360^0 = -80^0$; also rund

$$-1; \quad 0{,}2; \quad -5{,}5; \quad -0{,}2.$$

d) $f(560^0) = f(560^0 - 360^0) = f(200^0)$; die gesuchten Werte sind rund

$$-0{,}3; \quad -0{,}9; \quad 0{,}4; \quad 2{,}8.$$

Beispiel e) bis h) Man berechne auf eine Dezimalstelle die trigonometrischen Funktionen des Bogens x, wenn x den Wert hat e) 1, f) 2, g) 4, h) -8.

e) Im Winkelmaß wären diese Bogen rund 57^0, 115^0, 230^0, -460^0. Man wird aber selbstverständlich mit dem Bogenmaß arbeiten.

$$\sin 1 \approx 0{,}8; \quad \cos 1 \approx 0{,}5; \quad \text{tg}\,1 \approx 1{,}5; \quad \text{cotg}\,1 \approx 0{,}6.$$

f) $\quad 0{,}9; \quad -0{,}4; \quad -2{,}1; \quad -0{,}5.$

g) $\quad -0{,}8; \quad -0{,}6; \quad +1{,}2; \quad +0{,}8.$

h) $\quad f(-8) = f(4\pi - 8) \approx f(4{,}56).$

$$-1; \quad -0{,}2; \quad +5{,}6; \quad +0{,}2.$$

Beispiel i) bis m) Man berechne die übrigen trigonometrischen Funktionen von α, wenn gegeben ist

i) $\sin\alpha = 0{,}5$; k) $\cos\alpha = 0{,}2$; l) $\text{tg}\,\alpha = 2$; m) $\text{cotg}\,\alpha = -3$.

i) Der Sinuskurve entnimmt man, daß der Sinus an zwei Stellen den Wert 0,5 hat. Man projiziert zu den anderen Kurven hinab, und findet,

$$\sin\alpha = 0{,}5; \quad \cos\alpha \approx \pm 0{,}9; \quad \text{tg}\,\alpha \approx \pm 0{,}6; \quad \text{cotg}\,\alpha \approx \pm 1{,}7.$$

k) $\quad \sin\alpha \approx \pm 1; \quad \text{tg}\,\alpha \approx \pm 4{,}7; \quad \text{cotg}\,\alpha \approx \pm 0{,}2.$

l) $\quad \sin\alpha \approx \pm 0{,}9; \quad \cos\alpha \approx \pm 0{,}4; \quad \text{cotg}\,\alpha \approx 0{,}5.$

m) $\quad \sin\alpha \approx \pm 0{,}3; \quad \cos\alpha \approx \mp 0{,}9; \quad \text{tg}\,\alpha \approx -0{,}3.$

8. Logarithmus- und Exponentialfunktion. Die Logarithmusfunktion $y = \log x$ findet durch die fein gestrichelte Linie der Abb. 26 ihre graphische Darstellung. Die Werte log 1, log 2, log 3, ... log 0,1, log 0,2, ... sind einer Logarithmentabelle entnommen. Die Logarithmusfunktion $y = \lg x$, der natürliche Logarithmus von x, ist mit dem Briggschen Logarithmus durch die Beziehung I 19

$$\lg x = M \log x, \quad \text{wo} \quad M = 2{,}302\ldots, \tag{a}$$

verbunden. Für die graphische Darstellung bedeutet diese Beziehung: Die Ordinaten der Kurve $y = \lg x$ sind M-mal oder 2,302 ...-mal so groß wie jene der Kurve $y = \log x$. Wenn man vom Logarithmus schlechtweg spricht, meint man in der höheren Mathematik immer den natürlichen Logarithmus; desgleichen die Kurve $y = \lg x$, wenn man ohne nähere Bezeichnung von der Logarithmuskurve spricht. Diese geht sonach aus der Kurve $y = \log x$ durch homogene Deformation hervor, in Abb. 26 ist sie durch die stark ausgezogene Linie dargestellt. Sie gibt die gerade für den Ingenieur wichtigsten Eigenschaften der Logarithmusfunktion anschaulich wieder. An der Stelle 1 hat der Logarithmus den Wert 0; wenn der Numerus von 1 an zunimmt, dann auch der Logarithmus, aber viel langsamer, d. h. die Logarithmuskurve geht vom Schnittpunkt mit der Abszissenachse flach weg; wenn der Numerus von 1 an abnimmt, dann auch

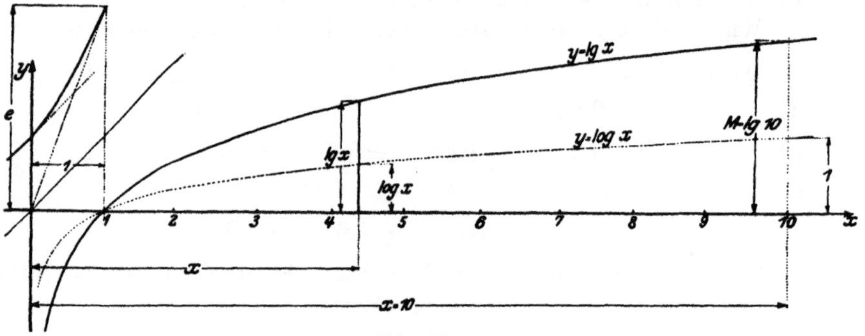

Abb. 26.

der Logarithmus, aber viel schneller, d. h. die Logarithmuskurve geht vom Schnittpunkt mit der Abszissenachse sehr schnell an die Ordinatenachse, ihre Asymptote heran; für einen negativen Numerus ist der Logarithmus imaginär.

Nächst der Funktion $\sin x$ arbeitet der Ingenieur am meisten mit der **Exponentialfunktion** $y = e^x$; sie ist die Umkehr der Logarithmusfunktion; $x = \lg y$ und $y = e^x$ stellen die nämliche Beziehung zwischen x und y vor und sind nur in verschiedener Form gegeben. Ihre graphische Darstellung geht in recht einfacher Weise aus der Logarithmuskurve hervor. Wenn man in der Logarithmusfunktion $y = \lg x$ die beiden Veränderlichen vertauscht, geht sie über in $x = \lg y$; geometrisch heißt das, man hat die beiden Koordinatenachsen vertauscht, das Koordinatensystem um die Mediane gedreht, so daß diese die Symmetriegerade oder Spiegelgerade für die beiden Kurven $y = e^x$ und $y = \lg x$ ist, Abb. 26. Die Exponentialfunktion ist auch für den Ingenieur die wichtigste aller Funktionen. Es empfiehlt sich deswegen, ihre Eigenschaften, am einfachsten an Hand ihrer graphischen Darstellung, der **Exponentialkurve**, sich einzuprägen. Diese selbst ist für praktische Bedürfnisse rasch hinreichend genau gezeichnet, wenn man beachtet, daß sie für $x = 0$ die Ordinate 1 und an der Stelle $x = 1$ die Ordinate $e = 2,71\ldots$ hat. An späterer Stelle wird noch gezeigt, daß sie die y-Achse mit der Richtung $+1$ schneidet, also unter einem Richtungswinkel von 45^0; und daß die Tangente an der Stelle $x = 1$ durch den Nullpunkt geht. Von der y-Achse aus geht sie rasch sehr steil weg, für $x = 2, 3, 4\ldots$ sind beispielsweise die Ordinaten rund 7, 20, 55, ...; umgekehrt schmiegt sie sich nach links auch ebenso rasch an ihre Asymptote, die x-Achse an, Abb. 27; für $x = -1, -2, -3, -4, \ldots$ sind beispielsweise die rasch abnehmenden Ordinaten rund 0,4, 0,1, 0,05, 0,02.

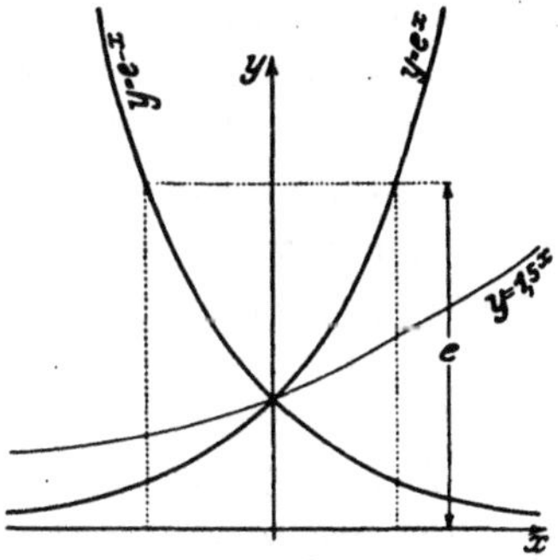

Abb. 27.

Beispiel a) Man vergleiche die beiden Kurven $y = e^x$ und $y = x^{10}$ miteinander bezüglich ihres Verlaufs rechts von der Ordinatenachse.

Auch die Kurve $y = x^{10}$ ist sehr steil; beispielsweise hat an den Stellen $x = 2, 3, 4\ldots$ die Ordinate die Werte rund 1 000, 60 000, 1 000 000 ... Scheinbar ist also diese Kurve viel steiler als die Exponentialkurve. Scheinbar; denn wenn man größere Werte wählt, etwa $x = 100$, so erhält für diesen Wert die Exponentialfunktion e^x den Wert e^{100}, d. i. eine Zahl mit 44 Stellen, und die Potenz x^{10} den Wert $100^{10} = 10^{20}$, also eine Zahl mit nur 20 Stellen. Was im vorliegenden Fall für die Potenz x^{10} gilt, gilt ebenso für jede beliebige Potenzfunktion x^m, solange m endlich ist:

> Für sehr große Werte x ist e^x immer noch größer als x^m. (b)

Beispiel b) Man zeichne die Kurve $y = e^{-x}$.

Aus der Funktion e^x geht die untersuchte Funktion dadurch hervor, daß man x mit $-x$ vertauscht, geometrisch also die Kurve $y = e^{-x}$ aus der Kurve $y = e^x$, daß man die positive und die negative x-Achse vertauscht, s. Abb. 27.

Beispiel c) In der Mechanik hat man oft mit Bewegungsgleichungen von der Form

$$s = c e^{-\frac{kt}{m}} \quad \text{oder} \quad s = c\left(1 - e^{-\frac{kt}{m}}\right)$$

oder ähnlichen zu rechnen, wo t die Zeit ist. Für die Anwendung solcher Formeln ist besonders bezeichnend das äußerst schnelle Verschwinden des Gliedes $e^{-\frac{kt}{m}}$ mit fortschreitender Zeit t. Wenn man x statt $-\frac{kt}{m}$ setzt und y statt $\frac{s}{c}$, dann findet die Funktion $s = ce^{-\frac{kt}{m}}$ durch die Kurve $y = e^{-x}$ der Abb. 27 ihre graphische Darstellung. Wie man sieht, wird die Ordinate y und damit s rasch sehr klein, wenn t und damit x zunimmt.

Beispiel d) Man zeichne die Kurve $y = a^x$.

Man setzt $a = e^{\lg a}$ und deswegen $y = e^{x \lg a}$. Die zu zeichnende Kurve geht also aus der Exponentialkurve $y = e^x$ durch homogene Deformation in der x-Richtung hervor, Abb. 27, wo $a = 1{,}5$ gewählt ist.

Beispiel e) Man vergleiche die drei Funktionen $y = \lg x$, $y = x^m$ und $y = e^x$ miteinander.

Die Kurve $y = e^x$ geht am schnellsten ins Unendliche, weniger schnell die Kurve $y = x^m$, aber diese immer noch schneller als $y = \lg x$ (siehe auch die nächsten Nummern über „Grenzwerte").

Daß für komplexe Exponenten z die Exponentialfunktion e^z oder a^z verwandt ist mit den periodischen Funktionen Sinus und Kosinus, (c)

daß sie dann selbst periodisch wird, wird ein späterer Abschnitt noch bringen und soll nur der Ergänzung wegen hier schon angegeben werden.

9. Grenzwert. Sein Begriff und sein Inhalt soll an einigen Beispielen klar gemacht werden.

Wenn man eine veränderliche Zahl x größer und größer werden läßt, so daß sie schließlich größer wird als jede beliebig groß vorgeschriebene Zahl, so sagt man,

x nähert sich dem Wert ∞,

oder

x konvergiert gegen ∞.

Wenn andrerseits x immer kleiner und kleiner wird, kleiner als jede noch so klein vorgeschriebene Zahl, so sagt man wieder entsprechend,

x konvergiert gegen 0,

oder

x nähert sich dem Wert 0.

In Gedanken trifft man dabei die Voraussetzung, daß x den Wert Null selbst nicht erreichen darf. Man denke sich etwa x so veränderlich, daß es der Reihe nach die Werte

$$\frac{1}{2}, \frac{1}{4}, \frac{1}{8}, \frac{1}{16}, \frac{1}{32}, \ldots$$

annimmt, und diese Zahlenfolge fortgesetzt, also derart, daß jede ihrer Zahlen, sei sie auch noch so klein, immer noch dadurch eine Fortsetzung findet, daß man sie weiter durch 2 teilt. Abb. 28 stellt diese einzelnen Zahlen graphisch durch die verschieden schraffierten Teile der Kreisfläche vor. Man kann dann eine Zahl ε beliebig klein vorschreiben, es wird dann in der obigen Zahlenfolge immer noch eine Zahl geben, die noch kleiner ist als diese vorgeschriebene Zahl ε. Andrerseits kann aber in der vorgeschriebenen Zahlenfolge der Wert 0 selbst nicht erreicht werden.

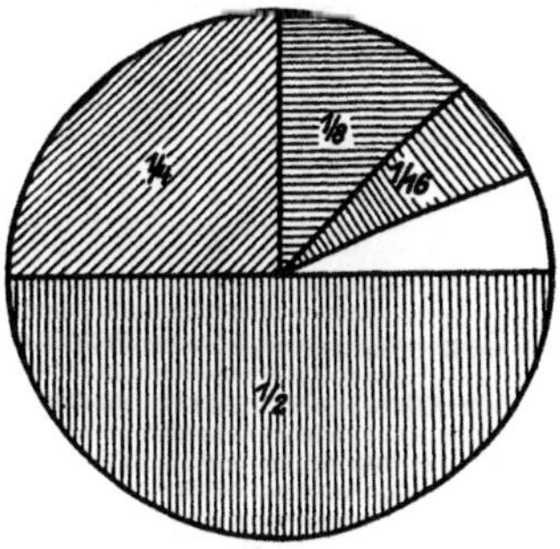

Abb. 28.

Von der Elementarmathematik her ist bekannt, daß man den echten Bruch $\frac{1}{3}$ als periodischen Dezimalbruch 0,333 333 ... anschreibt, wo die Punkte bedeuten, daß je nach dem verlangten Grad der Genauigkeit noch mehr oder weniger Ziffern 3 anzuhängen sind. Das heißt, $\frac{1}{3}$ und 0,333 333 ... sind nicht gleich, sondern die Werte 0,3 oder 0,33 oder 0,333 usw. sind Näherungswerte; oder um mit der neuen Sprechweise zu reden, der Bruch 0,333 ... nähert sich dem Wert $\frac{1}{3}$, er konvergiert nach $\frac{1}{3}$, und zwar nähert er sich ihm um so mehr, je mehr Ziffern man hinzunimmt. Man gibt dieser Beziehung mathematisches Gewand durch die Schreibweise („lim" ist Abkürzung von Limes, d. h. Grenzwert)

$$\lim_{n=\infty}\left(\frac{3}{10}+\frac{3}{10^2}+\frac{3}{10^3}+\cdots+\frac{3}{10^n}+\cdots\right)=\frac{1}{3}, \tag{a}$$

und spricht: Der Klammerausdruck nähert sich dem Wert $\frac{1}{3}$, wenn sich n dem Wert ∞ nähert, d. h. der Unterschied zwischen dem Klammerausdruck und dem Wert $\frac{1}{3}$ kann beliebig klein gemacht werden, wenn man entsprechend viele Glieder in dem Klammerausdruck summiert. Oder spricht auch: der Klammerausdruck konvergiert nach $\frac{1}{3}$, wenn n gegen ∞ konvergiert. Oder: Der Grenzwert des Klammerausdruckes ist $\frac{1}{3}$ für $n=\infty$. Wohlgemerkt nicht der Wert des Klammerausdruckes ist $\frac{1}{3}$, sondern der Grenzwert, d. h. der Klammerausdruck **ist** nicht $\frac{1}{3}$ und wird auch nicht $\frac{1}{3}$, so viel Glieder man auch wählen mag, sondern er nähert sich dem Wert $\frac{1}{3}$.

Natürlich beliebig genau; sogar vorgeschrieben genau, wenn man n entsprechend wählt. Wenn beispielsweise verlangt wird, daß der beim Abbrechen des Dezimalbruchs gemachte Fehler kleiner sein soll als $\varepsilon = 0{,}1^{20}$, muß man 20 Glieder der Klammer addieren.

Beispiel a) Die Summe der Zahlenreihe

$$\frac{1}{2} + \frac{1}{4} + \frac{1}{8} + \frac{1}{16} + \frac{1}{32} + \dots$$

nähert sich, wie Abb. 28 ohne weiteren Beweis angibt, um so mehr dem Wert 1, je mehr Summanden man in dieser Reihe hinzufügt; die gesamte Kreisfläche ist gleich 1 vorausgesetzt.

Beispiel b) Den Umfang und die Fläche eines regelmäßigen n-Eckes gibt die Geometrie an zu

$$U = 2\, r n \sin \frac{180^0}{n} \quad \text{bzw.} \quad F = \frac{1}{2}\, n r^2 \sin \frac{360^0}{n}.$$

Läßt man die Zahl n der Seiten mehr und mehr dem Wert ∞ sich nähern, so nähert sich das Vieleck einem Kreis, es wird $U = 2\, r\pi$ und $F = r^2\pi$, es muß sonach sein

$$\pi = \lim_{n=\infty} \left[n \sin \frac{180^0}{n} \right] \quad \text{bzw.} \quad 2\,\pi = \lim_{n=\infty} \left[n \sin \frac{360^0}{n} \right].$$

Beispiel c) soll zeigen, warum man mit solchen Grenzwerten operieren muß. Für $x = 0$ wird auch $\sin x = 0$, die oft gebrauchte Funktion $\frac{\sin x}{x}$ würde für $x = 0$ zu $0:0$ und somit einen unbestimmten Wert annehmen. Man betrachte einmal die Werte von $\frac{\sin x}{x}$ für Werte x, die immer kleiner und kleiner werden. Es ist für

$x =$	0,5	0,4	0,3	0,2	0,1	0,01	0,001	0,0001
$\sin x =$	0,47920	0,38939	0,29543	0,19862	0,09961	0,01000	0,00100	0,00010
$\frac{\sin x}{x} =$	0,9584	0,9745	0,9848	0,9931	0,9961	1,0000	1,0000	1,0000

Man sieht aus diesen Zahlen, je mehr sich x dem Wert 0 nähert, desto mehr nähert sich der Quotient $\frac{\sin x}{x}$ dem Wert 1. Man hat also vorerst noch zu unterscheiden: Für $x = 0$ selbst erhält $\frac{\sin x}{x}$ nach den bisherigen elementaren Rechnungsregeln den unbestimmten Wert $0:0$; dagegen nähert sich die Funktion $\frac{\sin x}{x}$ mehr und mehr dem Wert 1, je mehr x dem Wert 0 sich nähert.

10. Fortsetzung. Die Funktion $\frac{\sin x}{x}$ soll auch noch graphisch untersucht werden. Zu diesem Zweck zeichnet man die Mediane $y = x$ und die Sinuskurve $y = \sin x$, siehe die beiden fein gestrichelten Linien der Abb. 29. An der Stelle x hat die erste Kurve die Ordinate x und die zweite die Ordinate $\sin x$. Die Kurve $y = \frac{\sin x}{x}$ hat an der nämlichen Stelle x die Ordinate $\frac{\sin x}{x}$, das ist der Quotient der Ordinaten der beiden erstgezeichneten Kurven. Es geht sonach die zu untersuchende Kurve, die graphische Darstellung der Funktion $\frac{\sin x}{x}$, dadurch aus den beiden gegebenen einfachen Kurven hervor, daß man an jeder Stelle die Ordinate der Sinuskurve durch die Ordinate der Mediane dividiert. An der Konstruktionsstelle der Abbildung ist beispielsweise rund

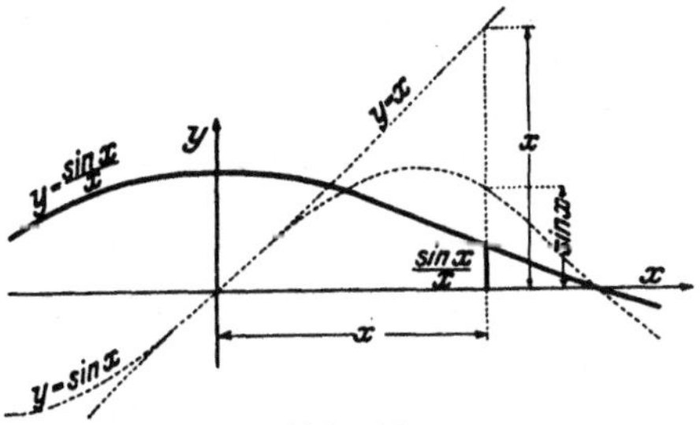

Abb. 29.

$$\sin x = 0{,}85, \quad x = 2{,}2, \quad \text{also} \quad \frac{\sin x}{x} = \frac{0{,}85}{2{,}2} = 0{,}4$$

die Ordinate der untersuchten Kurve. Wollte man die nämliche Konstruktion an der Stelle $x = 0$ vornehmen, so hätte man für die beiden Ausgangskurven an dieser Stelle die Ordinaten 0, der Quotient $0:0$ gäbe für die Ordinate der untersuchten Kurve einen unbestimmmten Wert. Diese Beziehung darf aber nicht so aufgefaßt werden, als ob an dieser Stelle die gesuchte Ordinate jeden beliebigen Wert haben könnte; sondern: durch die angewandte Konstruktion kann an der Stelle $x = 0$ die gesuchte Ordinate nicht bestimmt werden. Im Sinne der vorausgehenden Erklärungen wird man deswegen an die Stelle $x = 0$ gar nicht herangehen, sondern sich ihr nur nähern. Man beachte das Gemeinsame der beiden Ausgangskurven: Je mehr man sich dem Nullpunkt von links oder rechts her nähert, desto mehr werden die beiden Ordinaten $\sin x$ und x einander gleich; wir wissen von 3, daß die Sinuskurve durch den Nullpunkt mit der Richtung $+1$ hindurchgeht, ebenso wie die Mediane; beide Kurven werden sich also um so mehr einander anschmiegen, je mehr sie sich dem Nullpunkt nähern, im Nullpunkt selbst werden beide sich berühren; es wird somit der Wert $\frac{\sin x}{x}$ um so mehr dem Wert 1 sich nähern, je mehr man an den Nullpunkt herangeht, d. h. je mehr x sich dem Wert 0 nähert; also in der neuen Schreib- und Sprechweise

$$\lim_{x=0} \frac{\sin x}{x} = 1. \tag{a}$$

Man beachte aber wieder: Für $x = 0$ selbst sind zwar die beiden Ordinaten x und $\sin x$ gleich groß, nämlich $x = 0 = \sin x$, aber wir haben deswegen noch kein formales Recht, den Quotienten der beiden Ordinaten gleich 1 anzunehmen, sondern nur angenähert für alle Stellen x in der Nachbarschaft von $x = 0$, und zwar um so mehr, je näher man an $x = 0$ herangeht. Man wird daher auch lesen: limes von $\frac{\sin x}{x}$ ist 1, wenn x dem Wert 0 sich nähert. [Genauer müßte man demnach schreiben

$$\lim_{\lim x = 0} \frac{\sin x}{x} = 1].$$

Durch die vorausgehenden etwas breiten Erklärungen soll schon auf den Weg hingedeutet werden, den die Ermittlung von scheinbar nicht zu bestimmenden Ausdrücken, wie der eben entwickelte, einschlägt. Man urteilt: Abgesehen von Ausnahmefällen haben wir keinen Grund, anzunehmen, daß ein von uns untersuchter Vorgang in seiner bisherigen Entwicklung sich plötzlich oder sprungweise ändert; wenn daher in der Umgebung der Stelle $x = 0$ die Funktion $\frac{\sin x}{x}$ sich dem Wert 1 nähert und dem Wert 1 sogar sich beliebig genau nähert, je mehr man an $x = 0$ herankommt, dann ist nicht einzusehen, warum an der Stelle $x = 0$ selbst die Funktion $\frac{\sin x}{x}$ einen anderen Wert annehmen sollte. Noch mehr Beweiskraft hat eine solche Überlegung (Grenzbetrachtung genannt), als sie ebensosehr für die rechte wie auch für die linke Umgebung der Stelle $x = 0$ gilt. Ob man von rechts oder von links her an die Stelle $x = 0$ herangeht, in beiden Fällen läßt Abb. 29 ersehen, daß die beiden Ordinaten $\sin x$ und x um so mehr einander gleich werden, je näher man an $x = 0$ herankommt, daß also um so mehr der Quotient $\frac{\sin x}{x}$ sich dem Wert 1 nähert. Man setzt daher fest: Die Kurve $y = \frac{\sin x}{x}$ wird an der Stelle $x = 0$ die Ordinate 1 als Grenzwert haben, in analytischer Ausdrucksweise:

$$\lim \frac{\sin x}{x} = 1 \quad \text{für} \quad \lim x = 0, \quad \text{oder kürzer} \quad \lim_{x=0} \frac{\sin x}{x} = 1.$$

Wenn man die Rechnung zu Hilfe nimmt, wird man überlegen: Man kann den Unterschied zwischen dem Wert $\frac{\sin x}{x}$ und 1 kleiner machen als jede beliebig kleine Zahl ε, wenn man nur x entsprechend kleiner macht. Wenn beispielsweise dieser Unterschied höchstens 0,01 betragen soll, dann hat man nur x kleiner als 0,2 zu machen, weil nach der vorausgehenden Tabelle die betrachtete Funktion für $x = 0{,}2$ den Wert 0,9931 hat.

11. Fortsetzung. Die Elementarmathematik läßt die Funktion $\frac{\sin x}{x}$ für $x = 0$ unbestimmt, da sie an dieser Stelle den Wert $0:0$ annimmt. In der beiderseitigen Umgebung dieser Stelle aber, sowohl nach rechts wie nach links, hat die Funktion einen ganz bestimmten Wert. Hier empfindet unser Denken einen Widerspruch, weil es eine Stetigkeit der Erscheinungen verlangt. Diesen Widerspruch verschuldet nur die Elementarmathematik, die nicht genügende Mittel für die Bestimmung der untersuchten Funktion hat. Sie hat hier tatsächlich eine Lücke, da der Wert $0:0$ für sie stets unbestimmbar bleibt. Der Grenzwert und seine Definition sollen diese Lücke schließen und jene verlangte Stetigkeit schaffen.

Gegeben sei eine Funktion $f(x)$, die im untersuchten Bereich für jeden von a verschiedenen Wert x einen bestimmten Wert hat; ob man den Wert $f(a)$, d. h. den Wert der Funktion $f(x)$, an der Stelle $x = a$ auch angeben kann, sei unbekannt. Beispielsweise hat die Funktion $\sin x : x$ im Bereich endlicher Zahlen für jeden von Null verschiedenen Wert x einen bestimmten Wert; welchen Wert $\sin 0 : 0$, d. h. die Funktion an der Stelle $x = 0$ hat, sei zunächst unbekannt; bekannt ist jedenfalls, daß die Elementarmathematik diesen Wert nicht angeben kann. Durch die Schreibweise $\lim x = a$ wollen wir ausdrücken, daß der Unterschied zwischen x und a seinem absoluten Wert nach kleiner gemacht werden kann als jede beliebig klein vorgeschriebene von Null verschiedene Zahl h. In diesem Zusammenhang heißt a dann auch die Grenze von x; entsprechend erklärt sich die Sprechweise, „man geht zur Grenze $x = a$ über“. Ebenso sollen auch die oft angewandten Sprechweisen „x nähert sich dem Wert a“ oder „x konvergiert nach a“ nichts anderes aussagen, als was durch die Formel $\lim x = a$ ausgedrückt ist. Wenn sich dann ein Wert G finden läßt, dem sich die Funktion $f(x)$ mehr und mehr nähert, je mehr man x dem Wert a sich nähern läßt, dann nennt man G den Grenzwert der Funktion $f(x)$ an der Stelle $x = a$ und schreibt

$$\lim_{x=a} f(x) = G.$$

Dieser Grenzwert G ersetzt dann den wahren Wert der Funktion $f(x)$ an der Stelle $x = a$.

Beispiel a) Die Funktion $a^2 - 4ax + x^2$ nähert sich dem Wert a^2, wenn sich x dem Wert 0 nähert. Man wird dafür schreiben

$$\lim_{x=0} [a^2 - 4ax + x^2] = a^2.$$

Die Differentialrechnung wird später recht einfache Wege zeigen, um Grenzwerte aufzufinden. Ein Vertrautsein mit dem Grenzbegriff aber und ein Eindringen in ihn wird recht wesentlich durch die Anwendung elementarer Mittel gefördert. Die nachfolgenden Grenzwerte sind alle mit Hilfe der Elementarmathematik aufzusuchen.

Beispiel b) Die Funktion $\frac{\sqrt{x} - \sqrt{2}}{x - 2}$ hat im Bereich endlicher Zahlen für jedes von 2 verschiedene x einen bestimmten Wert. An der Stelle $x = 2$ bestimmt die Elementarmathematik den Wert der Funktion nicht. Es ist sonach noch der Grenzwert an dieser Stelle zu ermitteln. Man formt die gegebene Funktion um, vorausgesetzt, daß x von 2 verschieden ist,

$$\frac{\sqrt{x} - \sqrt{2}}{x - 2} \cdot \frac{\sqrt{x} + \sqrt{2}}{\sqrt{x} + \sqrt{2}} = \frac{x - 2}{(x - 2)(\sqrt{x} + \sqrt{2})} = \frac{1}{\sqrt{x} + \sqrt{2}}$$

und erhält, da ja x nicht gleich 2 ist, sondern dem Wert 2 sich nur nähert, $\lim\limits_{x=2} \frac{\sqrt{x} - \sqrt{2}}{x - 2} = \lim\limits_{x=2} \frac{1}{\sqrt{x} + \sqrt{2}} = \frac{1}{2\sqrt{2}}$.

Beispiel c) Ermittle den Grenzwert $\lim\limits_{x=a} \frac{x^2 - a^2}{x - a}$.

Die gegebene Funktion nimmt an der Stelle $x = a$ den unbestimmten Wert $0 : 0$ an; man muß deshalb an dieser Stelle zur Grenze übergehen, d. h. eine Grenzbetrachtung vornehmen. Elementar wird

$$\lim_{x=a} \frac{x^2 - a^2}{x - a} = \lim_{x=a} \frac{(x + a)(x - a)}{x - a} = \lim_{x=a} (x + a) = 2a.$$

Man beachte wohl, daß $(x - a) : (x - a)$ **nicht** gleich 1 ist, wenn $x = a$ wäre; im vorliegenden Fall ist eben x nicht gleich a, sondern hat nur die Grenze a; und nicht $x - a$ ist Null, sondern der Grenzwert von $x - a$.

12. Differenzenquotient. In der Naturwissenschaft, insbesonders in der Mechanik, fragt man selten nach Absolutwerten, sondern, da man fast stets mit abhängigen Größen zu tun hat, nach den Beziehungen, die eintreten, wenn die unabhängigen Größen sich ändern, allgemein nach der gegenseitigen Beeinflussung veränderlicher Größen. Wenn etwa x eine Unabhängige, ein Argument darstellt, und y die davon Abhängige, die Funktion, dann fragt man: Wie ändert sich y, wenn sich x ändert? Oder genauer: Wie verhält sich die Änderung der Funktion zur Änderung des Argumentes? Fast alle Fragen der Naturwissenschaft sind solche nach Verhältnissen, also nach Quotienten.

Sei in Zukunft jede Änderung einer Größe durch ein vorgehängtes Δ bezeichnet, z. B. die Änderung von x durch Δx, die der Zeit t durch Δt, des Weges s durch Δs, der Funktion $f(x)$ durch $\Delta f(x)$, eines Vektors $\mathfrak{M}$ durch $\Delta \mathfrak{M}$, die Änderung von $\sqrt{x^2 - a^2}$ entsprechend durch $\Delta \sqrt{x^2 - a^2}$, wobei zu beachten ist, daß Δ keine eigene Zahlengröße, sondern nur ein Operationszeichen, wie $\sqrt{}$ oder log usw. ist.

Wenn etwa ein materieller Punkt m sich gradlinig bewegt, dann hat er zur Zeit t, d. h. im untersuchten Augenblick, einen Weg s zurückgelegt, seine augenblickliche Geschwindigkeit ist v und seine Beschleunigung b. Nach Ablauf einer weiteren Zeit Δt ist der von ihm zurückgelegte Weg $s + \Delta s$, die Geschwindigkeit ist zu $v + \Delta v$ geworden, die Beschleunigung zu $b + \Delta b$.

Im vorliegenden Fall, wo mit den Größen x und $f(x)$ operiert wird, wird von Wichtigkeit sein der Ausdruck $\frac{\Delta f(x)}{\Delta x}$, der eben nichts anderes enthält als die Frage: Wie ändert sich die Funktion $f(x)$, wenn sich das Argument x ändert? Spricht man Differenz statt Änderung, so ist damit definiert:

Der Differenzenquotient $\frac{\Delta f(x)}{\Delta x}$ ist das Verhältnis der Funktionsänderung zur entsprechenden Argumentänderung.

$$\frac{\Delta f(x)}{\Delta x} = \frac{\textbf{Funktionsänderung}}{\textbf{zugehörige Argumentänderung}}. \tag{a}$$

Es sei kurz darauf hingewiesen, daß im gewöhnlichen Sprachgebrauch „Änderung" und „Differenz" sich wesentlich unterscheiden. Der Name „Differenz" statt Änderung ist nicht glücklich gewählt. Da man sich nun damit abfinden muß, so bleibt noch zu erklären, daß in Zukunft unter „Änderung" einer Größe G zu verstehen ist die Differenz:

Neue Größe $G + \Delta G$ minus ursprüngliche Größe G. (b)

Hat etwa ein bewegter Punkt zur Zeit $t_0 = 10$ sek die Geschwindigkeit $v_0 = 15$ m/sek und die Beschleunigung $b_0 = 0{,}4$ m/sek^2, zur Zeit $t = 15$ sek aber die Geschwindigkeit $v = 17$ m/sek und die

Beschleunigung $b = 0{,}3$ m/sek², so wird in der Zeitänderung $\Delta t = 5$ sek die Geschwindigkeitsänderung sein $\Delta v = v - v_0 = 2$ m/sek und die Beschleunigungsänderung $\Delta b = b - b_0 = -0{,}1$ m/sek².

Dementsprechend ist dann, wenn das alte Argument x und die Argumentänderung Δx ist, das neue Argument $x + \Delta x$, also:

Die veränderte oder neue Größe ist gleich der ursprünglichen Größe plus Änderung der Größe. (c)

Zum Argument x gehört die Funktion oder Abhängige $f(x)$, zu a ist sie $f(a)$, zu $a + b$ wäre sie $f(a + b)$, zu $x^2 - x$ wäre sie $f(x^2 - x)$, zum neuen Argument $x + \Delta x$ ist also die entsprechende neue Funktion $f(x + \Delta x)$ und damit die Funktionsänderung $\Delta f(x)$ gleich:

$$f(x + \Delta x) - f(x), \tag{d}$$

d. h. neue Funktion minus ursprüngliche Funktion. Bezeichnet wird diese Funktionsänderung mit $\Delta f(x)$, so daß der

Argumentänderung Δx

entspricht die

Funktionsänderung $\Delta f(x) = f(x + \Delta x) - f(x)$.

Anmerkung. Man beachte, daß $\Delta f(x)$ nur die Bezeichnung, eine Abkürzung, ein Symbol für die Funktionsänderung ist, während $f(x + \Delta x) - f(x)$ den Wert dieser Änderung darstellt. Gerade in der Differentialrechnung ist streng zu unterscheiden zwischen Bezeichnung, Benennung, Symbol oder wie man es sonst nennen mag, und dem Wert der durch diese Symbole dargestellten Größen.

Beispiel a) Gesucht ist der Differenzenquotient für die Funktion $x^2 - 4x + 5$.

Setzt man $f(x)$ als Symbol für diese Funktion, so wird sich der Differenzenquotient nach (a) anschreiben lassen entweder

$$\frac{\Delta(x^2 - 4x + 5)}{\Delta x} \quad \text{oder} \quad \frac{\Delta f(x)}{\Delta x}.$$

Dem ursprünglichen x entspricht die Funktion

$$f(x) \quad \text{oder} \quad x^2 - 4x + 5,$$

dem neuen $x + \Delta x$ entspricht die Funktion

$$f(x + \Delta x) \quad \text{oder} \quad (x + \Delta x)^2 - 4(x + \Delta x) + 5.$$

Der Argumentänderung Δx entspricht also die Funktionsänderung

$$f(x + \Delta x) - f(x)$$

oder $[(x + \Delta x)^2 - 4(x + \Delta x) + 5] - [x^2 - 4x + 5]$

oder ausgerechnet $2x \cdot \Delta x + \Delta^2 x - 4\Delta x$,

wenn man $\Delta^2 x$, $\Delta^3 x \ldots$ setzt statt $(\Delta x)^2$, $(\Delta x)^3 \ldots$

Damit ist dann für die gegebene Funktion der Differenzenquotient

$$\frac{\Delta f(x)}{\Delta x} = \frac{[(x+\Delta x)^2 - 4(x+\Delta x) + 5] - [x^2 - 4x + 5]}{\Delta x}$$

$$= \frac{2x\Delta x + \Delta^2 x - 4\Delta x}{\Delta x} = 2x + \Delta x - 4.$$

Der ganze Rechnungsvorgang kann auch geometrisch veranschaulicht werden. Man denke sich die Kurve vom Ort $P = x \mid y$ oder ohne Symbol $P = x \mid f(x)$ aus nach rechts durchlaufen, so daß also x sich vergrößert und damit die Änderung Δx positiv wird. Ist die neue Abszisse $x + \Delta x$ erreicht, so wird die entsprechende neue

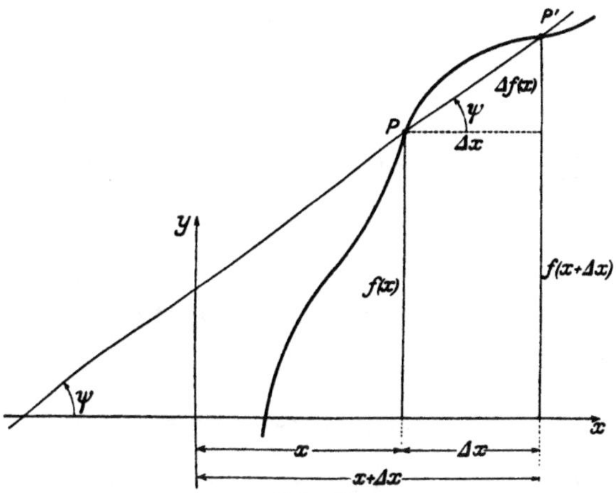

Abb. 30.

Ordinate sein $f(x + \Delta x)$, sonach ihre Änderung $f(x + \Delta x) - f(x)$ oder abgekürzt geschrieben $\Delta f(x)$. Der Quotient

$$\frac{\Delta f(x)}{\Delta x} \quad \text{oder unabgekürzt} \quad \frac{f(x+\Delta x) - f(x)}{\Delta x},$$

der Differenzenquotient der Funktion $f(x)$, ist dann nach Abb. 30 gleich $\operatorname{tg}\psi$, also gleich der Richtung der Sekante durch P und P'.

Beispiel b) bis e) Man gebe den Differenzenquotient von

b) u^3 c) v^4 d) $y^3 - y^2$. e) x^m

für positive und ganzzahlige m an.

Man bildet aus der gegebenen oder ursprünglichen Funktion die geänderte oder neue Funktion, indem man statt des ursprünglichen Argumentes x das geänderte oder neue Argument $x + \Delta x$ setzt; alsdann die Funktionsänderung als Differenz „neue Funktion minus ursprüngliche Funktion", und dann schließlich den Differenzenquotient als das Verhältnis der Funktionsänderung zur entsprechenden Argumentänderung. Man führt der Übersichtlichkeit wegen für die gegebenen Funktionen Symbole ein, für die erste $f(u)$ und für die drei anderen etwa $\varphi(v)$, $F(y)$ und $g(x)$. Dann wird

b) $f(u) = u^3, \qquad f(u + \Delta u) = (u + \Delta u)^3$

$$\Delta f(u) = f(u + \Delta u) - f(u) = (u + \Delta u)^3 - u^3$$
$$= 3u^2 \cdot \Delta u + 3u \cdot \Delta^2 u + \Delta^3 u,$$
$$\frac{\Delta f(u)}{\Delta u} = \frac{3u^2 \Delta u + 3u\Delta^2 u + \Delta^3 u}{\Delta u} = 3u^2 + 3u\Delta u + \Delta^2 u.$$

c) $\varphi(v) = v^4, \qquad \varphi(v + \Delta v) = (v + \Delta v)^4,$

$$\Delta \varphi(v) = \varphi(v + \Delta v) - \varphi(v) = (v + \Delta v)^4 - v^4$$
$$= 4v^3 \Delta v + 6v^2 \Delta^2 v + 4v\Delta^3 v + \Delta^4 v,$$
$$\frac{\Delta \varphi(v)}{\Delta v} = 4v^3 + 6v^2 \Delta v + 4v\Delta^2 v + \Delta^3 v.$$

d) $F(y) = y^3 - y^2, \qquad F(y + \Delta y) = (y + \Delta y)^3 - (y + \Delta y)^2,$

$$\Delta F(y) = F(y + \Delta y) - F(y) = [(y + \Delta y)^3 - (y + \Delta y)^2] - [y^3 - y^2]$$
$$= 3y^2 \Delta y + 3y\Delta^2 y + \Delta^3 y - 2y\Delta y - \Delta^2 y.$$
$$\frac{\Delta F(y)}{\Delta y} = 3y^2 - 2y + 3y\Delta y - \Delta y + \Delta^2 y.$$

e) $g(x) = x^m, \qquad g(x + \Delta x) = (x + \Delta x)^m,$

$$\Delta g(x) = g(x + \Delta x) - g(x) = (x + \Delta x)^m - x^m$$
$$= (x + \Delta x - x)\left[(x + \Delta x)^{m-1} + (x + \Delta x)^{m-2} x + \ldots + (x + \Delta x) x^{m-2} + x^{m-1}\right],$$
$$\frac{\Delta g(x)}{\Delta x} = (x + \Delta x)^{m-1} + (x + \Delta x)^{m-2} x + (x + \Delta x)^{m-3} x^2 + \ldots + x^{m-1}.$$

13. Stetigkeit. Im Nachfolgenden werden wir, solange nicht anders angegeben, nur solche Funktionen behandeln, die an jeder Stelle oder wenigstens im Untersuchungsbereich endlich sind.

Aber wir verlangen noch eine zweite wichtige Eigenschaft von unseren Veränderlichen, sowohl vom Argument wie auch von der Funktion, daß sie nämlich an jeder Stelle stetig oder kontinuierlich sind. Vom Argument x, also von der unabhängigen Veränderlichen, sagen wir, sie ist im gegebenen Bereich stetig veränderlich, wenn sie in diesem Bereich alle Werte ohne Unterbrechung durchläuft. Nach Abb. 31 durchschreitet beispielsweise x alle Werte von x_1 bis x_2 ohne Unterbrechung, es ist sonach x im Bereich von x_1 bis x_2

stetig. Wenn man aber für eine Veränderliche z der Reihe nach ihre Werte als ganze Zahlen von 10 bis 1000 annimmt, dann ist z im Bereich von 10 bis 1000 nicht stetig, sondern sprungweise oder unstetig oder diskontinuierlich veränderlich. Wenn zu jedem Wert eines stetigen unabhängigen Argumentes x eine Funktion y gehört, die im Funktionsbereich ebenfalls alle Zahlen ohne Unterbrechung durchläuft, so heißt y eine stetige Funktion von x in diesem Bereich.

Man kann auch anders vorgehen: Es sei betrachtet die Kurve der Abb. 31 im Gegensatz zur Kurve der Abb. 32, beide Male an der

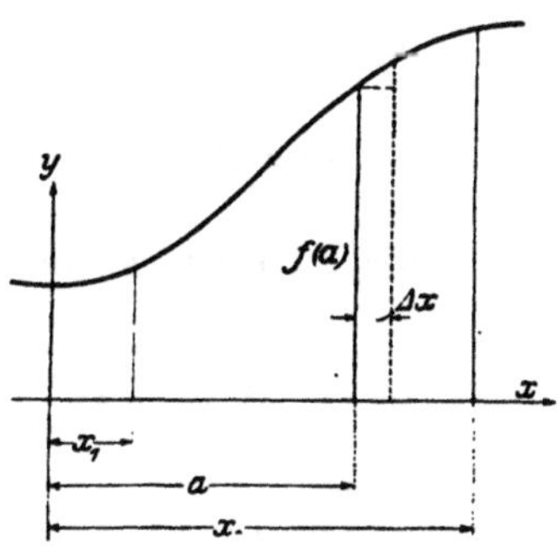

Abb. 31.

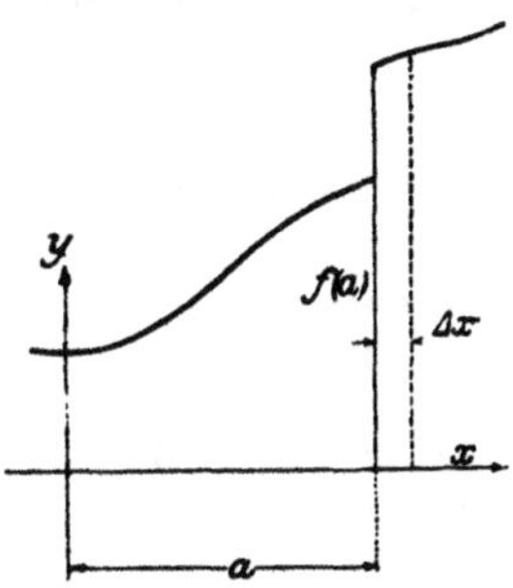

Abb. 32.

Stelle $x = a$. Die erste Kurve ist dort stetig, die zweite nicht. Letztere hat, wie man sagt, bei $x = a$ eine Unstetigkeits- oder Diskontinuitätsstelle. Geht man in beiden Fällen von dieser Stelle x aus etwas nach rechts, so wird im ersten Fall einer nach 0 konvergierenden Änderung Δx von x auch eine nach 0 konvergierende Änderung $\Delta f(x)$ der Ordinate $f(x)$ entsprechen. Oder in einer neuen Sprechweise, wenn man sagt „unendlich klein" statt „nach 0 konvergierend": Einer unendlich kleinen Änderung Δx der Abszisse x muß eine unendlich kleine Änderung $\Delta f(x)$ der Ordinate $f(x)$ entsprechen. In analytischer Darstellung

$$\lim_{\Delta x = 0} \Delta f(x) = 0$$

oder

$$\lim_{\Delta x = 0} [f(x + \Delta x) - f(x)] = 0. \qquad \text{(a)}$$

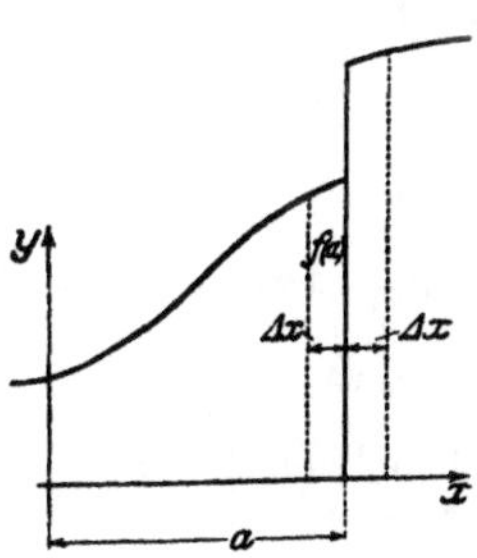

Abb. 33.

Damit ist aber der Bedingung für Stetigkeit noch nicht genügt. Denn es kann, wie aus Abb. 33 ersichtlich, an der Stelle $x = a$ die obige Bedingung erfüllt und doch diese Stelle eine Unstetigkeitsstelle sein. Man kann folgendermaßen aussagen: Es muß einer unendlich kleinen Änderung der Abszisse x sowohl nach links wie nach rechts eine unendlich kleine Änderung der Ordinate $f(x)$ entsprechen.

Nun ist die Änderung der Ordinate nach rechts und links

$$f(x+\Delta x)-f(x) \quad \text{bzw.} \quad f(x-\Delta x)-f(x).$$

Es müssen also die zwei nachstehenden Bedingungen gemeinsam erfüllt sein, wenn die Kurve an der untersuchten Stelle x stetig sein soll,

$$\lim_{\Delta x=0}[f(x+\Delta x)-f(x)]=0 \quad \text{mit} \quad \lim_{\Delta x=0}[f(x-\Delta x)-f(x)]=0.$$

Beide kann man zusammenfassen

$$\lim_{\Delta x=0}[f(x+\Delta x)-f(x-\Delta x)]=0.$$

Diese Bedingung sei in Zukunft für die Stetigkeit der Kurve vorausgesetzt.

Und weil die Kurve nur das Bild einer Funktion ist, hat man entsprechend:

Die Funktion $f(x)$ ist an der Stelle x stetig, wenn dort gilt

$$\lim_{\Delta x=0}[f(x+\Delta x)-f(x-\Delta x)]=0. \qquad \text{(b)}$$

Und weiter:

Die Funktion ist in einem gegebenen Bereich stetig, wenn sie an jeder Stelle dieses Bereiches stetig ist. (c)

Beispiel a) Es soll die Funktion $f(x)=\frac{x}{x+1}$ bezüglich ihrer Stetigkeit untersucht werden, und zwar zunächst im Bereich von $x=0$ bis $x=\infty$, d. h. für alle positiven x.

Dann muß in diesem Bereich die Bedingung (b) erfüllt sein. Nun ist

$$f(x+\Delta x)=\frac{x+\Delta x}{x+\Delta x+1} \quad \text{und} \quad f(x-\Delta x)=\frac{x-\Delta x}{x-\Delta x+1}$$

also

$$f(x+\Delta x)-f(x-\Delta x)=\frac{(x+\Delta x)(x+1-\Delta x)-(x-\Delta x)(x+1+\Delta x)}{(x+1+\Delta x)(x+1-\Delta x)},$$

so daß

$$\lim_{\Delta x=0}[f(x+\Delta x)-f(x-\Delta x)]=\lim_{\Delta x=0}\frac{2\,\Delta x}{(x+1)^2-\Delta^2 x}=\frac{0}{(x+1)^2}=0,$$

da der Nenner stets größer als 1 bleibt. Die Funktion ist also im Bereich von $x=0$ bis $x=\infty$ stetig.

Beispiel b) Weiter fragt man: Ist diese Funktion für alle endlichen x, d. h. im Bereich von $-\infty$ bis $+\infty$, stetig?

Solange x von -1 verschieden ist, wird

$$\lim_{\Delta x = 0} [f(x + \Delta x) - f(x - \Delta x)] = \lim_{\Delta x = 0} \frac{2\,\Delta x}{(x+1)^2 - \Delta^2 x}$$

stets 0 sein. Nur in dem Fall $x = -1$ oder $x + 1 = 0$ wird dieser Grenzwert den unbestimmten Wert $0:0$ annehmen. Man hat sonach:

Die Funktion $\frac{x}{x+1}$ ist für alle endlichen x stetig, ausgenommen für $x = -1$, wo sie eine Unstetigkeitsstelle hat. Dort hat die Funktion auch gleichzeitig eine Unendlichkeitsstelle.

Beispiel c) In welchem Bereich ist die Funktion $\sin x$ endlich und stetig?

Die zeichnerische Darstellung der Funktion $\sin x$ in 4 erweist die Funktion als endlich, solange x endlich ist. Die Untersuchung der Stetigkeit entwickelt

$$\lim_{\Delta x = 0} [\sin(x + \Delta x) - \sin(x - \Delta x)] = \lim_{\Delta x = 0} [2 \cos x \sin \Delta x]$$
$$= 2 \cos x \lim_{\Delta x = 0} \sin \Delta x = 0$$

und zeigt damit, daß die Funktion $\sin x$ für jedes endliche x stetig ist.

14. Fortsetzung. Ein recht anschauliches Beispiel für die Verwendung von Stetigkeitsbedingungen in der Praxis liefert die Scherkraft. Die Lehre von den Tragkonstruktionen rechnet meist mit den vier Grundgrößen: Auflagerkraft, Auflagermoment, Scherkraft und Biegungsmoment. Die Abb. 34 stellt einen sog. Balkenträger vor, abgekürzt gewöhnlich Balken genannt. An ihm greifen die ge-

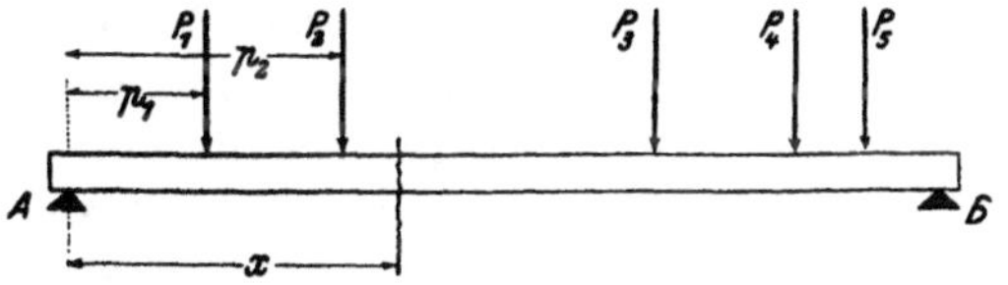
Abb. 34.

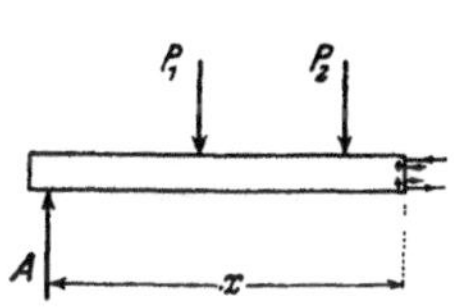
Abb. 35.

gebenen Nutzlasten $P_1, P_2 \ldots$ an, sowie die beiden durch die Nutzlasten und das Balkengewicht hervorgerufenen Auflagerkräfte A und B. Meist wird, wie gleich im folgenden Beispiel, das Balkengewicht vernachlässigt. Wenn man sich den Balken an der Stelle x entzweigeschnitten denkt, dann greifen am linken Teil an: die äußeren Kräfte P_1, P_2, A und die durch die äußeren Kräfte im Querschnitt hervorgerufenen inneren Kräfte, nämlich Schubspannungen und Biegungsspannungen, Abb. 35. Die Schub- oder Scherspannungen sind in der Hauptsache bestimmt durch die „Scherkraft an der Stelle x“, die man folgendermaßen definiert:

Scherkraft V an der Stelle x ist die Resultierende aller am linken (abgeschnitten gedachten) Teil angreifenden äußeren Kräfte. (a)

Die äußeren Kräfte, nämlich das Balkengewicht, die Nutzlasten und die Auflagerkräfte, werden senkrecht zum Balken vorausgesetzt, so daß die Scherkraft gleich der Summe der äußeren Kräfte ist. Dabei werden nach zweckmäßigen aber sonst willkürlichen Festsetzungen die nach aufwärts gehenden Kräfte als positiv und die nach abwärts gehenden als negativ eingeführt. Man bestimmt nach den Regeln der Statik die Auflagerkräfte und findet im Fall der Abb. 34 nach Mech. I 44, wenn

$P_1 = 400\,\text{kg}$, $P_2 = 200\,\text{kg}$, $P_3 = 500\,\text{kg}$, $P_4 = 100\,\text{kg}$. $P_5 = 600\,\text{kg}$

ist, und der Balken als gewichtslos vorausgesetzt wird,

$$A = 700\,\text{kg}, \qquad B = 1\,100\,\text{kg}.$$

Die Scherkraft V ist von Ort zu Ort veränderlich, sie ist eine Funktion von x. Im vorliegenden Fall greifen nur Einzelkräfte am Balken an, es ist daher im Bereich zwischen zwei benachbarten Einzelkräften nach Definition die Scherkraft konstant, beim Überschreiten einer Angriffsstelle einer Einzellast ändert sich die Scherkraft sprungweise. Abb. 36 gibt das sog. **Scherkraftdiagramm** für den vorliegenden Belastungsfall. Im Bereich von $x = 0$ bis $x = p_1$, also im Raum zwischen dem Angriffspunkt der linken Auflagerkraft A und der ersten Nutzlast P_1 ist die Scherkraft konstant gleich der Auflagerkraft A, also

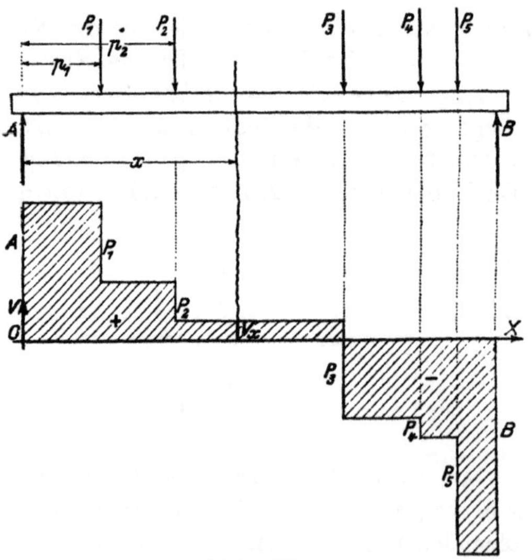

Abb. 36.

$V = 700\,\text{kg}$; denn wenn man sich in diesem Bereich einen Querschnitt durch den Balken gelegt denkt, greift am abgeschnitten gedachten linken Teil nur eine einzige äußere Kraft an, die Auflagerkraft A. Im Bereich von $x = p_1$ bis $x = p_2$ greifen an dem linken Teil als äußere Kräfte nur A und P_1 an, es ist sonach in diesem Bereich $V = A - P_1 = 300$ kg. Entsprechend ist im Bereich von $x = p_2$ bis $x = p_3$ die Scherkraft, so wie sie auch im Diagramm im Kräftemaßstab 1 mm = 40 kg gezeichnet ist, $V = A - P_1 - P_2 = 100$ kg. Die Stellen $x = p_1$ und $x = p_2$ usw. sind Unstetigkeitsstellen; wie die späteren Zeilen angeben, dürfen an diesen Stellen keine Überlegungen angewandt werden, die sich auf Differentialrechnung stützen.

Freilich, in der Natur gibt es keine Unstetigkeiten; in Wahrheit greifen eben die Nutzlasten nicht in einzelnen Punkten an, sondern verteilen sich über eine wenn auch sehr kleine Stelle, so daß die Scherkraft beim Überschreiten der Angriffsstelle $x = p_1$ sich nicht sprungweise, sondern auch noch stetig ändert. Man rechnet aber in der Technik mit Bildern, die der Wirklichkeit mehr oder minder nahe kommen, wenn sie nur in ihren Ergebnissen zu keinem Widerspruch mit der Wirklichkeit führen. Jedenfalls aber sind durch das eingeführte Bild der Scherkraft Unstetigkeiten an gewissen Stellen des Balkens bestimmt, die bei der Anwendung der Differentialrechnung zu beachten sind, etwa wenn man mit den gewöhnlichen Formeln der Differentialrechnung die extremen Werte der Scherkraft bestimmen will.

***15. Rechnung mit Grenzwerten.** Es sei $y = F[u]$ eine Funktion von u und u selbst wieder eine Funktion $f(x)$, also $y = F[f(x)]$. Beispielsweise $u = \sin x$ oder $f(x) = \sin x$ und $F[u] = \sqrt{1+u}$ oder $y = \sqrt{1+\sin x}$. Wenn $f(x)$ und $F(u)$ im Untersuchungsbereich endlich und stetig sind, dann liefern allgemeine Betrachtungen von der gleichen Art, wie sie für die Entwicklung des Grenzwertes einer Funktion geführt wurden,

$$\lim F[f(x)] = F[\lim f(x)]. \tag{a}$$

Beispielsweise wird

$$\lim_{x=0} \lg (1+x)^{\frac{1}{x}} = \lg \lim_{x=0} (1+x)^{\frac{1}{x}}.$$

Der Satz gilt ebenso auch für mehrere Funktionen und für Funktionen von mehreren Veränderlichen:

$$\lim F[u(x),\ v(x),\ \ldots] = F[\lim u(x),\ \lim v(x) \ldots]. \tag{b}$$

Im besonderen gilt:

Der Grenzwert einer Funktion, die sich rational aus anderen stetigen Funktionen $u, v, w, \ldots$ zusammensetzt, ist gleich der entsprechenden rationalen Funktion der Grenzwerte der einzelnen Funktionen $u, v, w, \ldots$, solange sie endlich und stetig bleiben. (c)

Sonderfälle sind

$$\lim [u(x) + v(x) + \ldots] = \lim u(x) + \lim v(x) + \ldots, \tag{d}$$

$$\lim [u(x) \cdot v(x) \ldots] = \lim u(x) \cdot \lim v(x) \cdot \ldots \tag{e}$$

$$\lim [u(x) : v(x)] = \lim u(x) : \lim v(x). \tag{f}$$

Mit Hilfe dieser Sätze läßt sich weiter entwickeln:

Eine ganze rationale Funktion ist im Endlichen überall stetig. (g)

Sind zwei Funktionen im Untersuchungsbereich stetig, so ist ihre Summe und ebenso ihr Produkt in diesem Bereich auch stetig. (h)

Beispiel a) Entwickle den Grenzwert $G = \lim \frac{1 - \cos x}{x}$.

Man formt elementar um

$$\frac{1 - \cos x}{x} = \frac{\sqrt{2 \sin^2 \frac{1}{2} x}}{x} = \sqrt{2}\,\frac{\sin \frac{1}{2} x}{x} = \sqrt{2}\,\frac{\sin y}{2 y},$$

wenn man $x = 2y$ setzt. Dann wird

$$G = \lim_{y=0} \left[\frac{1}{\sqrt{2}} \cdot \frac{\sin y}{y}\right] = \frac{1}{\sqrt{2}} \lim_{y=0} \frac{\sin y}{y} = \frac{1}{\sqrt{2}},$$

denn wenn sich x dem Wert 0 nähert, dann auch $y = \frac{1}{2} x$.

Beispiel b) Man beweise, daß $\lim\limits_{x=0} \frac{\operatorname{tg} x}{x} = 1$. (i)

Es wird

$$G = \lim_{x=0} \left[\frac{1}{\cos x} \cdot \frac{\sin x}{x}\right] = \lim_{x=0} \frac{1}{\cos x} \cdot \lim_{x=0} \frac{\sin x}{x} = 1 \cdot 1.$$

Beispiel c) Beweise, daß $\lim\limits_{x=0} \frac{\arcsin x}{x} = 1$. (k)

Man setzt $\arcsin x = u$ oder $x = \sin u$ und erhält, da mit x auch $\arcsin x$ gegen 0 konvergiert,

$$G = \lim_{u=0} \frac{u}{\sin u} = \lim_{u=0} \left[1 : \frac{\sin u}{u}\right] = 1 : 1.$$

16. Differentialquotient und Ableitung. Wir kehren wieder zu der in 14 gestellten Frage zurück: Wie verhalten sich die Änderungen zweier in Beziehung gebrachter Größen? Oder wenn man diese mit x und $f(x)$ bezeichnet: Welches Verhältnis bilden die voneinander abhängigen Änderungen $\Delta f(x)$ und Δx? Dieses Verhältnis ist einmal abhängig von der untersuchten Stelle x und ferner noch abhängig von der Größe der einen der Änderungen, etwa der Größe von Δx. Wenn man in dem Differenzenquotienten $\frac{\Delta f(x)}{\Delta x}$ die Argumentänderung gegen Null konvergieren läßt, so wird damit auch die Funktionsänderung gegen Null konvergieren. Der Quotient $\frac{\Delta f(x)}{\Delta x}$ wird sich dann einem bestimmten Wert nähern, seinem Grenzwert, und diesen nennen wir die Ableitung oder die abgeleitete Funktion der gegebenen Funktion $f(x)$, die dann die Stammfunktion heißt. Statt Ableitung und Stammfunktion findet man zuweilen auch die Bezeichnung „Derivation" oder „Derivierte" bzw. „Primitivfunktion". Als Symbol für diese Ableitung ist eingeführt $f'(x)$, wenn $f(x)$ die Stammfunktion ist. Die Tätigkeit selbst nennt man ableiten oder derivieren. In mathematischer Darstellung ist

$$f'(x) = \lim_{\Delta x = 0} \frac{\Delta f(x)}{\Delta x}$$

oder ausgeführt $$f'(x) = \lim_{\Delta x = 0} \frac{f(x + \Delta x) - f(x)}{\Delta x}. \qquad \text{(a)}$$

Wählt man die neue Sprechweise „eine Größe wird unendlich klein“ statt „sie konvergiert gegen Null“, so kann man sagen: Wird die Argumentänderung unendlich klein, so wird auch die entsprechende Funktionsänderung unendlich klein. Wenn noch von Differentialen statt von unendlich kleinen Größen gesprochen wird, so kann man die Ableitung auch bezeichnen als Differentialquotient. Schreibt man in kurzer Ausdrucksweise dx für eine Größe x, die gegen Null konvergiert, so kann man die Ableitung auch schreiben

$$\frac{df(x)}{dx} \quad \text{statt} \quad \lim_{\Delta x = 0} \frac{\Delta f(x)}{\Delta x}.$$

Meist spricht man „$df(x)$ nach dx“ statt „$df(x)$ durch dx“. Selbstverständlich ist dx eine einzige Größe, das d vor dem x also keine Zahl, sondern ein Operationszeichen wie etwa sin oder $\sqrt{\ }$. Statt ableiten sagt man dann differenzieren.

Anmerkung. Sehr oft trifft man folgende Unterscheidung zwischen dem Differentialquotienten und der Ableitung einer Funktion. Man soll zu einem Wert dx der Unabhängigen x einen entsprechenden Wert dy der Funktion so bestimmen, daß

$$\frac{dy}{dx} = f'(x)$$

ist. Dann nennt man dx und dy Differentialien und $\frac{dy}{dx}$ nach Leibniz den Differentialquotienten der Funktion. Jedenfalls ist nach dieser Erklärung der Differentialquotient gleich der Ableitung und nur in der Definition von ihr verschieden. Der nächste Abschnitt wird auf diesen Unterschied noch einmal zurückkommen.

Selbstverständlich kann man eine Funktion nur nach ihrem Argument differenzieren, also $f(x)$ nur nach x, $\varphi(y)$ nur nach y, $u(z)$ nur nach z usw.

Beispiel a) Die Funktion $f(x) = x^2 - 4x + 5$ hatte nach Beispiel 12a) den Differenzenquotienten

$$\frac{\Delta f(x)}{\Delta x} = 2x + \Delta x - 4.$$

Wenn nun Δx gegen 0 konvergiert, dann auch die rechte Gleichungsseite gegen $2x-4$, d. h. $2x-4$ ist **der** Grenzwert des Differenzenquotienten, oder in mathematischer Darstellung

$$\lim_{\Delta x=0}\frac{\Delta f(x)}{\Delta x}=2x-4 \quad \text{oder} \quad f'(x)=2x-4.$$

Beispiel b) Man differenziere die Funktion $f(y)=y^3-y^2$. Sie hat das Argument y, ihr Differenzenquotient ist nach Beispiel 12d)

$$\frac{\Delta f(y)}{\Delta y}=3y^2-2y+3y\Delta y-\Delta y+\Delta^2 y.$$

Die Ableitung $f'(y)$ ist der Grenzwert dieses Differenzenquotienten, also

$$f'(y)=\lim_{y=0}\frac{\Delta f(y)}{\Delta y}=\lim_{y=0}[3y^2-2y+3y\Delta y-\Delta y+\Delta^2 y]$$
$$=3y^2-2y.$$

Man hätte natürlich mit Einführung des Differentialquotienten statt $f'(x)$ auch schreiben können

$$\frac{df(y)}{dy}=3y^2-2y \quad \text{oder} \quad \frac{d(y^3-y^2)}{dy}=3y^2-2y.$$

Beispiel c) Man ermittle die Ableitung der Potenzfunktion $f(x)=x^m$ für positive ganze Zahlen m.

Den Differenzenquotienten dieser Funktion hat Beispiel 12e) schon angegeben mit

$$\frac{\Delta x^m}{\Delta x}=(x+\Delta x)^{m-1}+(x+\Delta x)^{m-2}x+(x+\Delta x)^{m-3}x^2+\ldots+x^{m-1}.$$

Der Grenzwert dieser Summe ist gleich der Summe der Grenzwerte der Einzelsummanden, deren es m sind.

$$f'(x)=\lim_{\Delta x=0}(x+\Delta x)^{m-1}+\lim_{\Delta x=0}(x+\Delta x)^{m-2}x+\ldots+\lim_{\Delta x=0}x^{m-1}$$
$$=x^{m-1}+x^{m-1}+\ldots+x^{m-1}=mx^{m-1}$$

sonach
$$\frac{dx^m}{dx}=mx^{m-1} \tag{b}$$

Beispiel d) Unterscheidet sich der Differentialquotient $\frac{dy}{dx}$ von einem gewöhnlichen Quotienten?

Gar nicht, nur daß der Zähler und Nenner zusammengehören. daß also y von x abhängig ist. [Wenn nämlich y von x unabhängig ist. dann ändert sich ja y gar nicht. wenn x sich ändert, also ist $dy=0$ und deswegen auch $\frac{dy}{dx}=0$.] Es gilt sonach unter diesem Vorbehalt, daß man mit Differentialen und Differentialquotienten genau so wie mit gewöhnlichen Zahlen rechnet.

Beispiel e) Man gebe die physikalische Bedeutung des Differentialquotienten durch einige Beispiele an.

Wenn man einem Körper vom Gewicht 1 kg eine Wärmemenge Q zuführen muß, um seine Temperatur um T^0 zu erhöhen, so trifft im Durchschnitt auf die Erhöhung um 1^0 eine Wärmemenge $Q:T$. Wenn zu gleichen Temperaturerhöhungen auch gleiche Wärmemengen notwendig wären, dann wäre $Q:T$ die sogenannte Wärmedichte oder bezogene oder auch spezifische Wärme des untersuchten Stoffes. Es ist aber nicht einzusehen, daß gleichen Temperaturerhöhungen auch gleiche Wärmezufuhren entsprechen. Sicher aber kann man einen Grenzübergang vornehmen wie bei der Bildung der Ableitung und sagen: innerhalb der unendlich kleinen Temperaturerhöhung dT kann man diese Proportionalität zwischen dT und der zugeführten Wärmemenge dQ annehmen und erhält dann als Definition der Wärmedichte $c = \frac{dQ}{dT}$.

Wenn eine physikalische Größe A sich im Verlauf einer bestimmten Zeit t um ΔA ändert, dann ist $\Delta A : t$ die durchschnittliche Änderung dieser Größe. Man denke etwa an die Änderung ΔZ der Zugkraft Z einer Lokomotive vom Beginn des Anfahrens bis zur Erreichung der höchsten Geschwindigkeit; hier wäre $\Delta Z : t$ die durchschnittliche Änderung im Verlauf dieser Bewegung; selbstverständlich wird sich Z während dieser Bewegung verschieden ändern je nach den Steigungen, die der Zug überwinden muß, d. h. die Änderung ist in jedem Augenblick eine andere. Man wird wieder die Änderung innerhalb einer unendlich kleinen Zeit untersuchen und $\frac{dZ}{dt}$, die zeitliche Änderung der Zugkraft, einführen, die eine Funktion der Zeit ist.

Auf die gleiche Weise erhält man die später noch ausführlich besprochene zeitliche Änderung der Geschwindigkeit, das ist die Beschleunigung $b = \frac{dv}{dt}$.

Wenn ein Fluß auf einer Strecke s einen Höhenunterschied h überwindet, dann nennt man $s:h$ das durchschnittliche Gefäll des Flusses auf dieser Strecke. Das wahre Gefäll ist natürlich an jeder Stelle der Strecke im allgemeinen vom Durchschnitt verschieden. Man führt wieder das wahre Gefäll ein, das an jeder Stelle den Wert $\frac{ds}{dh}$ hat. In der gleichen Weise spricht man im Maschinenbau von einem Wärmegefäll, in der Elektrizitätslehre von einem Potentialgefäll usw.

Die Ausdehnung eines stabförmigen Körpers unter dem Einfluß der Temperaturänderung geht aus von der Temperaturausdehnungszahl $\frac{dl}{dT}$ usw.

17. Differentialquotient und Differential der einfachen Funktionen. Es wäre natürlich möglich, aber freilich sehr mühsam, wollte man von allen möglichen Funktionen die Ableitung mit Hilfe der Definition ermitteln. Es wird, wie auch sonst in der Mathematik, der übliche Gang der sein, daß man von der Definition ausgehend eine Reihe von Sätzen aufstellt und mit deren Hilfe die vorgelegten Funktionen differenziert.

Zunächst sei die Frage entschieden, wie sich die Ableitung ändert, wenn zu einer gegebenen Funktion $f(x)$ noch eine Additionskonstante hinzutritt, wenn also die neue Funktion $\varphi(x)$ mit der ursprünglichen durch die Beziehung

$$\varphi(x) = f(x) + C$$

verbunden ist. Nach ihr ist beispielsweise

$$\varphi(a) = f(a) + C, \qquad \varphi(a+b) = f(a+b) + C,$$
$$\varphi(x+x^2) = f(x+x^2) + C \text{ usw.},$$

also
$$\varphi(x+\Delta x) = f(x+\Delta x) + C,$$
folglich
$$\frac{\Delta\varphi(x)}{\Delta x} = \frac{\varphi(x+\Delta x) - \varphi(x)}{\Delta x} = \frac{[f(x+\Delta x)+C] - [f(x)+C]}{\Delta x}$$
$$= \frac{f(x+\Delta x) - f(x)}{\Delta x} = \frac{\Delta f(x)}{\Delta x},$$

und somit auch $\varphi'(x) = f'(x)$ bzw. $\frac{d\varphi(x)}{dx} = \frac{df(x)}{dx}$,

oder
$$\frac{d[f(x)+C]}{dx} = \frac{df(x)}{dx},$$

d. h. eine Additionskonstante verschwindet beim Differenzieren. (a)

Wenn die beiden Funktionen $\varphi(x)$ und $f(x)$ verbunden sind durch die Beziehung

$$\varphi(x) = C \cdot f(x),$$

wo also diesmal C eine Multiplikationskonstante ist, so wird wieder gelten

$$\varphi(a) = C \cdot f(a), \qquad \varphi(u) = C \cdot f(u) \text{ usw.}$$

also
$$\varphi(x+\Delta x) = C \cdot f(x+\Delta x),$$

folglich

$$\frac{\Delta \varphi(x)}{\Delta x} = \frac{\varphi(x+\Delta x) - \varphi(x)}{\Delta x} = \frac{[C \cdot f(x+\Delta x)] - [C \cdot f(x)]}{\Delta x}$$

$$= C \frac{f(x+\Delta x) - f(x)}{\Delta x} = C \cdot \frac{\Delta f(x)}{\Delta x},$$

und somit auch $\varphi'(x) = C \cdot f'(x)$ bzw. $\frac{d\varphi(x)}{dx} = C \cdot \frac{df(x)}{dx}$,

oder
$$\frac{d\,[C \cdot f(x)]}{dx} = C \cdot \frac{df(x)}{dx},$$

d. h. eine **Multiplikationskonstante bleibt beim Differenzieren erhalten.** (b)

Um die Funktion $\sin x$ abzuleiten, bildet man zunächst den Differenzenquotienten

$$\frac{\Delta \sin x}{\Delta x} = \frac{\sin(x+\Delta x) - \sin x}{\Delta x}.$$

Würde man sofort zur Grenze übergehen, so würden Zähler und Nenner beide nach 0 konvergieren, der Wert der Ableitung könnte nicht bestimmt werden, Man formt deswegen den Zähler $\sin(x+\Delta x) - \sin x$ mit Benützung der Formel für $\sin\alpha - \sin\beta$ um,

$$\frac{\Delta \sin x}{\Delta x} = \frac{2 \sin \frac{1}{2}(x+\Delta x - x) \cos \frac{1}{2}(x+\Delta x + x)}{\Delta x};$$

und erhält, wenn man 2δ statt Δx setzt,

$$\frac{\Delta \sin x}{\Delta x} = \frac{2 \sin\delta \cdot \cos(x+\delta)}{2\delta} = \frac{\sin\delta}{\delta} \cdot \cos(x+\delta).$$

Konvergiert nun Δx und damit auch δ nach 0, so konvergiert $\sin\delta : \delta$ nach 1 und $\cos(x+\delta)$ nach $\cos x$; in der Schreibweise der Differentialrechnung wird

$$\frac{d \sin x}{dx} = \lim_{\Delta x = 0} \frac{\Delta \sin x}{\Delta x} = \lim_{\delta = 0} \left[\frac{\sin\delta}{\delta} \cdot \cos(x+\delta)\right]$$

$$= \lim_{\delta = 0} \frac{\sin\delta}{\delta} \cdot \lim_{\delta = 0} \cos(x+\delta)$$

oder
$$\frac{d \sin x}{dx} = \cos x. \qquad \text{(c)}$$

Der gleiche Weg entwickelt die Ableitung der Funktion $\cos x$ und liefert

$$\frac{d \cos x}{dx} = -\sin x. \qquad \text{(d)}$$

Beispiel a) bis h) Man gebe die Ableitung von

a) x^{12} b) $4y^6$ c) $3z^2+8$ d) x e) $4x$ f) $x+4$

g) $a\sin v$ h) $b\cos w+c$.

Man beachte wieder, daß man eine Funktion nur nach ihrem Argument differenzieren kann, also die erste Funktion nur nach x, die zweite nur nach y, die dritte nur nach z usw. Nach den vorausgehenden Formeln und Sätzen wird dann

a) $\frac{dx^{12}}{dx}=12\cdot x^{11}$ b) $\frac{d\,4y^6}{dy}=4\cdot 6\,y^5$

c) $\frac{d(3z^2+8)}{dz}=3\cdot 2z+0$ d) $\frac{dx}{dx}=1$ e) $\frac{d\,4x}{dx}=4$

f) $\frac{d(x+4)}{dx}=1$ g) $\frac{d\,a\sin v}{dv}=a\cos v$ h) $\frac{d(b\cos w+c)}{dw}=-b\sin w$.

Beispiel i) Man beweise unmittelbar aus dem Begriff der Ableitung, daß die Ableitung einer Konstanten nach einer Veränderlichen verschwindet, daß also

$$\frac{dC}{dx}=0. \tag{e}$$

Die Konstante C ändert sich nicht, wie auch x sich ändern mag, also ist $dC=0$ und deswegen auch der obige Quotient.

18. Fortsetzung. Es soll nun eine neue Bezeichnung für die Ableitung eingeführt werden. Schreibt man für die jeweils behandelte Funktion ein Symbol, beispielsweise y statt $f(x)$, oder etwa U statt $F(z)$ usw., so wird man folgerichtig auch die Ableitung und den Differentialquotienten in dieser neuen Schreibweise passend bezeichnen. Man schreibt dementsprechend auch

$$\frac{dy}{dx} \quad \text{statt} \quad \frac{df(x)}{dx} \quad \text{und} \quad y' \quad \text{statt} \quad f'(x).$$

Der Leser sei aber recht vorsichtig im Gebrauch dieser Abkürzungen und vermeide sie im Anfang. Die Gefahr, Sache und Benennung zu verwechseln, ist zu leicht gegeben. Aus diesem Grunde wurde bisher auch vermieden, entgegen dem herrschenden Gebrauch, diese Abkürzungen zu verwenden. Wenn man also hat

$$y=\sin x,$$

so kann man schreiben $\frac{dy}{dx}=\cos x$ statt $\frac{d\sin x}{dx}=\cos x$.

Es wird später, besonders bei der Integralrechnung, eine andere Formulierung der Ableitungsgesetze sich als notwendig oder wenigstens praktisch erweisen. Bekanntlich ist

$$\frac{df(x)}{dx} = f'(x), \quad \text{also} \quad \boldsymbol{df(x) = f'(x) \cdot dx},$$

oder mit Worten:

Das Differential einer Funktion ist gleich der Ableitung der Funktion multipliziert mit dem Differential des Argumentes. (a)

Damit wird z. B.

$$d \sin x = \cos x \cdot dx.$$

Entsprechend nehmen die vorausgehenden Sätze die Form an

$$dx^m = m x^{m-1}\, dx$$
$$d\,[f(x) + C] = df(x)$$
$$d\,[C \cdot f(x)] = C \cdot df(x).$$

Beispiel a) bis d) Gesucht ist das Differential von

a) u^4 b) $3z^2 - 8z + 5$ c) $3 \sin x + 4 \cos x$ d) $y + 2$.

Man differenziert jedesmal die Funktion nach ihrem Argument und wendet den Satz vom Differential an,

a) $du^4 = 4u^3 \cdot du;$

b) $d(3z^2 - 8z + 5) = (6z - 8) \cdot dz;$

c) $d(3 \sin x + 4 \cos x) = (3 \cos x - 4 \sin x) \cdot dx;$

e) $d(y + 2) = 1 \cdot dy.$

19. Fortsetzung. Von allen Grenzwerten ist der wichtigste

$$\lim_{\omega = \infty} \left(1 + \frac{1}{\omega}\right)^{\omega} = e, \tag{a}$$

wo e die bereits aus dem ersten Band bekannte Basis der natürlichen Logarithmen ist.

Der Anfänger ist leicht geneigt, einen elementaren Fehler zu begehen und zu sagen, dieser Grenzwert ist 1, indem er unberechtigt $1 : \omega = 0$ und ebenso $1^\omega = 1$ setzt, s. später 136. Man wird sich über den untersuchten Grenzwert rasch einigermaßen klar, wenn man der Reihe nach verschiedene Werte $\omega = 1, 2, 3 \ldots$ setzt. Es wird rund

$(1 + 1)^1 = 2,$ $(1 + \frac{1}{2})^2 = 2{,}25,$

$(1 + \frac{1}{3})^3 = 2\frac{10}{27} = 2{,}37,$ $(1 + \frac{1}{4})^4 = 2\frac{113}{256} = 2{,}44$ usw.

Durch einige Überlegungen arithmetischer Art kann man leicht zeigen, daß der obige Grenzwert e zwischen den Zahlen 2 und 3 liegen muß. Die nachfolgende Betrachtung ermittelt den genaueren Wert e.

*Es sei zunächst ω als endliche positive und ganze Zahl vorausgesetzt, dann wird nach dem binomischen Lehrsatz

$$\left(1+\frac{1}{\omega}\right)^{\omega}=1+\binom{\omega}{1}\frac{1}{\omega}+\binom{\omega}{2}\frac{1}{\omega^2}+\cdots+\binom{\omega}{n}\frac{1}{\omega^n}+\cdots \tag{b}$$

Die Summe aller Glieder, die auf das $(n+1)$te Glied folgen, sei mit R bezeichnet. n ist natürlich kleiner als ω vorausgesetzt. Sicher weiß man, daß

$$R=\binom{\omega}{n+1}\frac{1}{\omega^{n+1}}+\binom{\omega}{n+2}\frac{1}{\omega^{n+2}}+\cdots+\frac{1}{\omega^{\omega}}$$

positiv ist, da alle seine Summanden positiv sind. Wegen

$$\binom{\omega}{n+k}=\frac{\omega(\omega-1)\ldots(\omega-n+1)(\omega-n)(\omega-n-1)\ldots(\omega-n-k+1)}{1\cdot 2\quad\cdot\quad n\cdot(n+1)\cdot(n+2)\ldots\quad(n+k)}$$

$$=\binom{\omega}{n}\frac{(\omega-n)(\omega-n-1)\ldots(\omega-n-k+1)}{(n+1)(n+2)\ldots(n+k)}$$

kann man aus R den gemeinsamen Faktor $\binom{\omega}{n}$ aller Summanden ausscheiden und schreiben

$$R=\binom{\omega}{n}\frac{1}{\omega^n}\left[\frac{\omega-n}{\omega(n+1)}+\frac{(\omega-n)(\omega-n-1)}{\omega^2(n+1)(n+2)}+\cdots+\frac{(\omega-n)\ldots(\omega-\omega+1)}{\omega^{\omega-n}(n+1)\ldots\omega}\right]$$

$$=\binom{\omega}{n}\frac{1}{\omega^n}\cdot K.$$

wenn K den Klammerausdruck vorstellt. Setzt man bei den einzelnen Klammersummanden statt $\omega-n,\ \omega-n-1,\ \omega-n-2,\ \ldots$ in den Zählern überall ω, statt $n+2,\ n+3,\ n+4,\ \ldots$ in den Nennern immer $n+1$, dann werden alle Zähler größer, alle Nenner kleiner, alle Brüche also größer, die Klammer K geht in eine neue über, die sicher größer ist als K; oder umgekehrt ist

$$K<\left[\frac{1}{n+1}+\frac{1}{(n+1)^2}+\frac{1}{(n+1)^3}+\cdots+\frac{1}{(n+1)^{\omega-n}}\right].$$

Diese neue Klammer ist eine geometrische Progression, man weiß, daß ihre Summe dem Wert $\frac{1}{n}$ sich nähert, es ist also

$$K<\frac{1}{n}\quad\text{und damit}\quad R<\binom{\omega}{n}\frac{1}{\omega^n}\cdot\frac{1}{n}. \tag{c}$$

Man rechnet weiter

$$R = \binom{\omega}{n} \frac{1}{\omega^n} \cdot K$$

$$= \frac{\omega(\omega-1)(\omega-2)\ldots(\omega-n+1)}{1 \cdot 2 \cdot 3 \ldots n} \cdot \frac{1}{\omega^n} K$$

$$= \frac{1 \cdot \left(1-\frac{1}{\omega}\right)\left(1-\frac{2}{\omega}\right)\ldots\left(1-\frac{n-1}{\omega}\right)}{n!} \cdot K.$$

Da n eine endliche positive ganze Zahl kleiner als ω ist, sind alle Klammern $1-\frac{1}{\omega}$, $1-\frac{2}{\omega}$, ... echte Brüche, das Produkt im Zähler daher auch ein echter Bruch, der mit ϑ bezeichnet werden soll, so daß das Restglied den Wert

$$R = \frac{\vartheta}{n!} K \text{ annimmt oder wegen } K < \frac{1}{n} \qquad R < \frac{\vartheta}{n \cdot n!}. \qquad \text{(d)}$$

Andererseits weiß man, daß $R > 0$ sein muß. Man kann n beliebig groß wählen und deswegen R beliebig klein machen, vorausgesetzt $n \leqq \omega$, d. h. $\lim\limits_{n=\infty} R = 0$. Damit wird dann

$$\lim_{\omega=\infty}\left(1+\frac{1}{\omega}\right)^{\omega} = \lim_{\substack{\omega=\infty \\ n=\infty}}\left[1+\binom{\omega}{1}\frac{1}{\omega}+\binom{\omega}{2}\frac{1}{\omega^2}+\ldots+\binom{\omega}{n}\frac{1}{\omega^n}\right]+\lim R$$

$$= \lim_{\substack{\omega=\infty \\ n=\infty}}\left[1+\frac{1}{1!}+\frac{1-\frac{1}{\omega}}{2!}+\frac{\left(1-\frac{1}{\omega}\right)\left(1-\frac{2}{\omega}\right)}{3!}\right.$$

$$\left.+\ldots\frac{\left(1-\frac{1}{\omega}\right)\ldots\left(1-\frac{n-1}{\omega}\right)}{n!}\right]+\lim R$$

$$= 1+\frac{1}{1!}+\frac{1}{2!}+\frac{1}{3!}+\ldots+\frac{1}{n!}+\lim R,$$

da die Brüche $\frac{1}{\omega}$, $\frac{2}{\omega}$, $\frac{3}{\omega}$, ... dem Wert Null sich nähern. n ist beliebig groß vorausgesetzt; je größer man n wählt, desto genauer erhält man dann den Grenzwert

$$e = 1+\frac{1}{1!}+\frac{1}{2!}+\frac{1}{3!}+\ldots+\frac{1}{n!}+\lim R. \qquad \text{(e)}$$

Aus (b) und (c) läßt sich entnehmen, daß der Rest R, den man vernachlässigt, wenn man nach dem $n+1$ten Glied abbricht, kleiner ist als der $n$te Teil des $n+1$ten Gliedes, so daß man im voraus angeben kann, wo man bei einer vorgeschriebenen Genauigkeit abbrechen darf. Es ist beispielsweise auf 12 Stellen berechnet

$$e = 2{,}718\;281\;828\;459. \tag{f}$$

Dabei hat man nach dem 16ten Glied $1:15!$ abgebrochen, der vernachlässigte Rest R ist sonach kleiner als $1:(15\cdot 15!)$.

Der Beweis der Formel (a) für beliebige ω nimmt zunächst ω noch als positive, sonst aber beliebige Zahl an und schließt sie zwischen zwei ganze Zahlen g und $g+1$ ein. Auf diesem Beweis gründet sich dann wieder jener für die Gültigkeit einer beliebigen positiven oder negativen Zahl ω.

Wenn man $\delta = \dfrac{1}{\omega}$ einführt, wo dann δ eine unendlich kleine Zahl ist, nimmt die Formel (a) die vielfach gebrauchte Gestalt an

$$\lim_{\delta=0}(1+\delta)^{\frac{1}{\delta}} = e. \tag{g}$$

Beispiel a) Beweise $\lim\limits_{n=\infty}\left(1+\dfrac{x}{n}\right)^n = e^x.$ (h)

Man setzt $\dfrac{x}{n} = \delta$ oder $n = \dfrac{1}{\delta}\cdot x$,

dann wird, falls x endlich ist,

$$G = \lim_{\delta=0}(1+\delta)^{\frac{1}{\delta}\cdot x} = \lim_{\delta=0}\left[(1+\delta)^{\frac{1}{\delta}}\right]^x = \left[\lim_{\delta=0}(1+\delta)^{\frac{1}{\delta}}\right]^x = e^x.$$

20. Fortsetzung. Die Ableitung der Logarithmusfunktion $\lg x$ entwickelt sich wie folgt:

$$\frac{\Delta \lg x}{\Delta x} = \frac{\lg(x+\Delta x) - \lg x}{\Delta x} = \frac{1}{\Delta x}\cdot \lg\left(1+\frac{\Delta x}{x}\right)$$
$$= \frac{1}{x\cdot\delta}\lg(1+\delta) = \frac{1}{x}\lg(1+\delta)^{\frac{1}{\delta}},$$

wenn gesetzt wird $\Delta x = x\cdot\delta.$

Man erinnert sich nach dieser Umformung an den bekannten Grenzwert (19g) und setzt dementsprechend fort, wenn man noch überlegt, daß unter der Voraussetzung eines endlichen x mit Δx auch δ gegen Null konvergiert,

$$\frac{d\lg x}{dx} = \lim_{\Delta x=0}\frac{\Delta \lg x}{\Delta x} = \lim_{\delta=0}\left[\frac{1}{x}\lg(1+\delta)^{\frac{1}{\delta}}\right]$$
$$= \lim_{\delta=0}\frac{1}{x}\cdot\lim_{\delta=0}\lg(1+\delta)^{\frac{1}{\delta}} = \frac{1}{x}\cdot\lg\lim_{\delta=0}(1+\delta)^{\frac{1}{\delta}} = \frac{1}{x}\lg e$$

oder

$$\frac{d \lg x}{dx} = \frac{1}{x} \tag{a}$$

und in der andern Schreibweise

$$d \lg x = \frac{dx}{x}. \tag{b}$$

Den Logarithmus zu einer beliebigen Basis wandelt man in einen Logarithmus für die Basis e um,

$$\overset{a}{\log} x = \frac{\lg x}{\lg a}.$$

Beim Differenzieren beachte man, daß $1 : \lg a$ eine Multiplikationskonstante ist; dann wird

$$\frac{d \overset{a}{\log} x}{dx} = \frac{1}{\lg a} \cdot \frac{d \lg x}{dx} = \frac{1}{\lg a} \cdot \frac{1}{x}.$$

$$\frac{d \overset{a}{\log} x}{dx} = \frac{1}{x \lg a} \tag{c}$$

oder

$$d \overset{a}{\log} x = \frac{dx}{x \lg a}. \tag{d}$$

Beispiel a) bis c) Man gebe die Ableitung der Funktionen

a) $a \lg x$ b) $b \lg u + c$ c) $\lg 4 z^3$.

a) $\frac{d [a \lg x]}{dx} = a \cdot \frac{1}{x}$; b) $\frac{d [b \lg u + c]}{du} = \frac{b}{u}$,

c) $\frac{d [\lg 4 z^3]}{dz} = \frac{d [\lg 4 + 3 \lg z]}{dz} = 3 \cdot \frac{1}{z}$,

weil $\lg 4$ eine Additionskonstante ist.

Beispiel d) bis f) Man bilde das Differential der Funktionen

d) $\lg \sqrt{x}$ e) $3 \cos u$ f) $\log u$.

d) $d \lg \sqrt{x} = d \tfrac{1}{2} \lg x = \tfrac{1}{2} d \lg x = \frac{1}{2x} \cdot dx$;

e) $d [3 \cos u] = 3 d \cos u = -3 \sin u \cdot du$;

f) $d \lg u = \frac{du}{u \lg 10}$.

21. Fortsetzung. Aus den zwei Funktionen $u(x)$ und $v(x)$ kann man neue Funktionen bilden, indem man beide nach irgendeinem

Rechnungsgesetz verknüpft; im einfachsten Fall wird man von den beiden Funktionen bilden die Summe, das Produkt und den Quotienten. Die Ableitung der neuen Funktionen ist auf diejenigen der gegebenen Funktionen $u(x)$ und $v(x)$ zurückzuführen. Meist wird man der Abkürzung wegen u statt $u(x)$ schreiben und v statt $v(x)$, dementsprechend dann auch die Ableitung u' und v' statt $u'(x)$ und $v'(x$ und ebenso die Differentiale du und dv statt $du(x)$ und $dv(x)$. Man vergesse bei dieser Abkürzung niemals, daß u und v Funktionen sind und daß man das Argument nur der kürzeren Schreibweise halber weggelassen hat.

Im Fall einer Summe

$$f(x) = u(x) + v(x)$$

wird
$$\frac{df(x)}{dx} = \lim_{\Delta x = 0} \frac{f(x + \Delta x) - f(x)}{\Delta x}$$
$$= \lim_{\Delta x = 0} \frac{[u(x + \Delta x) + v(x + \Delta x)] - [u(x) + v(x)]}{\Delta x},$$

oder wenn man trennt,

$$\frac{df(x)}{dx} = \lim_{\Delta x = 0} \frac{u(x + \Delta x) - u(x)}{\Delta x} + \lim_{\Delta x = 0} \frac{v(x + \Delta x) - v(x)}{\Delta x}$$
$$= \frac{du(x)}{dx} + \frac{dv(x)}{dx}$$

also
$$\frac{d[u(x) + v(x)]}{dx} = \frac{du(x)}{dx} + \frac{dv(x)}{dx};$$

oder in abkürzender Schreibweise

$$\frac{d(u + v)}{dx} = \frac{du}{dx} + \frac{dv}{dx}, \tag{a}$$

d. h. eine Summe wird differenziert, indem man jeden Summanden differenziert.

Selbstverständlich ist der Satz für eine Differenz in dem vorausgehenden schon mitenthalten.

Rechnet man mit Differentialen, so wird

$$d[u(x) + v(x)] = du(x) + dv(x)$$

oder in abkürzender Schreibweise

$$d[u + v] = du + dv, \tag{b}$$

d. h. das Differential einer Summe ist gleich der Summe der Differentiale der Einzelsummanden.

Beispiel a) und b) Man bilde die Ableitung der Funktionen

a) $F(u) = 3u^3 - 6u^2 + 9u + 10$ b) $G(z) = a\sin z + b\cos z$.

$$\frac{dF}{du} = 9u^2 - 12u + 9 \qquad \frac{dG}{dz} = a\cos z - b\sin z.$$

Beispiel c) bis e) Man bilde die Differentiale von

c) $3\lg y + 2\overset{2}{\log} y$ d) $(1 + 3u)^2$ e) $d[a\log bz^4]$.

Man führt abkürzende Symbole für die Funktionen ein, $\varphi(y)$, $\psi(u)$, $\chi(z)$, dann wird

c) $d\varphi(y) = \left[\frac{3}{y} + 2\frac{1}{y\lg 2}\right]dy;$

d) $d\psi(u) = d[1 + 6u + 9u^2] = [6 + 18u]du;$

e) $d\chi(z) = a\cdot d[\log b + 4\log z] = \frac{4a}{z}\frac{dz}{\lg 10}.$

22. Fortsetzung. Die Funktion x^m wird für beliebige m am einfachsten mit Hilfe des Logarithmus differenziert. Führt man y als Symbol für x^m ein, also $y = x^m$, und logarithmiert beiderseits,

$$\lg y = m\lg x,$$

so erhält man der Reihe nach

$$d\lg y = d[m\lg x],$$

$$\frac{dy}{y} = m\,d\lg x = m\frac{dx}{x}, \qquad dy = m\frac{y}{x}dx,$$

oder wegen $y = x^m$

$$dx^m = m x^{m-1}dx \quad \text{bzw.} \quad \frac{dx^m}{dx} = m x^{m-1}. \tag{a}$$

Beispiel a) Recht häufig benötigt man die Ableitung von $\sqrt{x}$. Man setzt $\sqrt{x} = x^{\frac{1}{2}}$ und erhält

$$\frac{d\sqrt{x}}{dx} = \frac{dx^{\frac{1}{2}}}{dx} = \frac{1}{2}x^{-\frac{1}{2}},$$

oder

$$\frac{d\sqrt{x}}{dx} = \frac{1}{2\sqrt{x}} \quad \text{bzw.} \quad d\sqrt{x} = \frac{dx}{2\sqrt{x}}. \tag{b}$$

Beispiel b) Ebenso entwickelt man

$$\frac{d\frac{1}{x}}{dx} = \frac{dx^{-1}}{dx} = -1\cdot x^{-2}$$

oder

$$\frac{d\frac{1}{x}}{dx} = -\frac{1}{x^2} \quad \text{bzw.} \quad d\frac{1}{x} = -\frac{dx}{x^2}. \tag{c}$$

Beispiel c) bis e) Man gebe die Differentiale an von

$$\text{c)}\ \sqrt{x^3}+\sqrt[3]{x^2} \qquad \text{d)}\ \left(\sqrt[4]{y}+\sqrt{y}\right)\sqrt{y} \qquad \text{d)}\ \frac{\sqrt{u}+\sqrt[3]{u}}{\sqrt[4]{u}}.$$

Man beachte, daß man das Produkt und den Quotienten in eine Summe verwandeln kann; man erhält

$$\text{c)}\quad d\left[x^{\frac{3}{2}}+x^{\frac{2}{3}}\right]=\left[\frac{3}{2}x^{\frac{1}{2}}+\frac{2}{3}x^{-\frac{1}{3}}\right]dx;$$

$$\text{d)}\quad d\left[y^{\frac{3}{4}}+y\right]=\left[\frac{3}{4}y^{-\frac{1}{4}}+1\right]dy;$$

$$\text{e)}\quad d\left[u^{\frac{1}{4}}+u^{\frac{1}{12}}\right]=\left[\frac{1}{4}u^{-\frac{3}{4}}+\frac{1}{12}u^{-\frac{11}{12}}\right]du.$$

23. Fortsetzung. Von der zusammengesetzten Funktion

$$y=u(x)\cdot v(x),\quad \text{oder abgekürzt}\quad y=u\cdot v$$

findet man die Ableitung entweder nach Definition oder einfacher. wenn man logarithmiert und von beiden Gleichungsseiten das Differential nimmt, also

$$\lg y=\lg u+\lg v,$$

$$d\lg y=d\lg u+d\lg v,$$

$$\frac{dy}{y}=\frac{du}{u}+\frac{dv}{v},\qquad dy=y\left(\frac{du}{u}+\frac{dv}{v}\right),$$

oder wegen $y=uv$

$$\boldsymbol{d(uv)=v\cdot du+u\cdot dv;} \tag{a}$$

unabgekürzt

$$d[u(x)\cdot v(x)]=v\cdot du(x)+u\cdot dv(x).$$

Dieser Satz läßt sich mit Vorteil in Worten aussprechen:

D a s D i f f e r e n t i a l e i n e s P r o d u k t e s i s t g l e i c h e i n e r S u m m e: Zweiter Faktor mal Differential des ersten plus erster Faktor mal Differential des zweiten.

Und wenn man mit dem Differential des Argumentes, mit dx, dividiert,

$$\frac{d[uv]}{dx}=v\frac{du}{dx}+u\frac{dv}{dx}\quad \text{oder}\quad \boldsymbol{\frac{d(uv)}{dx}=v\cdot u'+u\cdot v'}, \tag{b}$$

ohne Abkürzung

$$\frac{d[u(x)\cdot v(x)]}{dx}=v(x)\cdot\frac{du(x)}{dx}+u(x)\cdot\frac{dv(x)}{dx},$$

d. h. d i e A b l e i t u n g e i n e s P r o d u k t e s i s t g l e i c h e i n e r S u m m e: Zweiter Faktor mal Ableitung des ersten plus erster Faktor mal Ableitung des zweiten.

Entsprechend entwickelt man die Ableitung bzw. das Differential des Quotienten $u(x):v(x)$, indem man abkürzend schreibt $y=u:v$ und logarithmiert, alsdann auf beiden Seiten das Differential nimmt,

$$\lg y = \lg u - \lg v, \qquad \frac{dy}{y} = \frac{du}{u} - \frac{dv}{v},$$

oder wegen $y = u:v$

$$d\frac{u}{v} = \frac{u}{v}\left(\frac{du}{u} - \frac{dv}{v}\right) \quad \text{oder} \quad d\frac{u}{v} = \frac{v\cdot du - u\cdot dv}{v^2}; \tag{c}$$

unabgekürzt

$$d\frac{u(x)}{v(x)} = \frac{v(x)\cdot du(x) - u(x)\cdot dv(x)}{[v(x)]^2}$$

d. h. das **Differential eines Quotienten** ist wieder ein **Quotient oder ein Bruch**: Unten steht das Quadrat des Nenners, oben Nenner mal Differential des Zählers minus Zähler mal Differential des Nenners.

Und wenn man (c) mit dx dividiert,

$$\frac{d\frac{u}{v}}{dx} = \frac{v\frac{du}{dx} - u\frac{dv}{dx}}{v^2} \quad \text{oder} \quad \frac{d\frac{u}{v}}{dx} = \frac{vu' - uv'}{v^2}; \tag{d}$$

unabgekürzt, wenn man die Schreibweise

$$\frac{d}{dx}F \quad \text{statt} \quad \frac{dF}{dx}$$

benützt,

$$\frac{d}{dx}\frac{u(x)}{v(x)} = \frac{v(x)\cdot u'(x) - u(x)\cdot v'(x)}{v^2}$$

d. h. die **Ableitung eines Quotienten** ist wieder ein **Quotient oder Bruch**: unten steht das Quadrat des Nenners, oben Nenner mal Ableitung des Zählers minus Zähler mal Ableitung des Nenners.

Mit diesem Satz bildet man die Ableitung von $\operatorname{tg} x$ und $\operatorname{cotg} x$. Es ist $\operatorname{tg} x = \sin x : \cos x$ ein Quotient zweier Funktionen; man setzt also

$$u = \sin x, \qquad v = \cos x,$$

dann wird

$$u' = \cos x, \qquad v' = -\sin x,$$

$$\frac{d\operatorname{tg} x}{dx} = \frac{d}{dx}\frac{\sin x}{\cos x} = \frac{\cos x\cdot\cos x - \sin x\cdot -\sin x}{\cos^2 x}$$

oder

$$\frac{d\operatorname{tg} x}{dx} = \frac{1}{\cos^2 x} \quad \text{bzw.} \quad d\operatorname{tg} x = \frac{dx}{\cos^2 x}. \tag{e}$$

Genau so ermittelt man

$$\frac{d \operatorname{cotg} x}{dx} = -\frac{1}{\sin^2 x} \quad \text{bzw.} \quad d \operatorname{cotg} x = -\frac{dx}{\sin^2 x}. \tag{f}$$

Beispiel a) bis f) Man differenziere die Funktionen

a) $u = x \cdot \lg x$ b) $v = \lg y \cdot \sin y$ c) $w = \lg(z\sqrt{5z})$

d) $U = \frac{u}{\lg u}$ e) $V = \frac{\lg v}{\sin v}$ f) $W = \frac{w^2}{3 + 4w}$.

Es empfiehlt sich, den Satz von der Ableitung eines Produktes oder eines Quotienten durch den Wortlaut einzuprägen, nicht durch die Formel. Einmal bleibt er auf diese Weise eher im Gedächtnis, vor allem aber läßt er sich leichter anwenden. Im Fall a) ist x der erste Faktor, seine Ableitung 1, der zweite Faktor ist $\lg x$, seine Ableitung $1 : x$. Man erhält so

a) $\frac{du}{dx} = \lg x \cdot 1 + x \cdot \frac{1}{x} = \lg x + 1$, b) $\frac{dv}{dy} = \sin y \cdot \frac{1}{y} + \lg y \cdot \cos y$.

c) $w = \frac{3}{2} \lg z + \frac{1}{2} \lg 5$; $\frac{dw}{dz} = \frac{3}{2z} + 0$.

Beim Beispiel d) ist der Zähler u, seine Ableitung 1, der Nenner $\lg u$, seine Ableitung $1 : u$, demnach wird

$$\text{d)} \quad \frac{dU}{du} = \frac{\lg u \cdot 1 - u \cdot \frac{1}{u}}{(\lg u)^2} = \frac{\lg u - 1}{(\lg u)^2};$$

$$\text{e)} \quad \frac{dV}{dv} = \frac{\sin v \cdot \frac{1}{v} - \lg v \cdot \cos v}{\sin^2 v}; \qquad \text{f)} \quad \frac{dW}{dw} = \frac{(3 + 4w) \cdot 2w - w^2 \cdot 4}{(3 + 4w)^2}.$$

Beispiel g) und h) Gesucht ist das Differential von

$$\text{g)} \quad \frac{2 + \cos z}{2 - \cos z} \qquad \text{h)} \quad \frac{\sin u}{1 + \operatorname{tg} u}.$$

Man setzt für die beiden Funktionen Symbole ein, etwa $f(z)$ und $g(u)$, dann wird

$$\text{g)} \quad df(z) = \frac{(2 - \cos z) \cdot -\sin z - (2 + \cos z) \cdot \sin z}{(2 - \cos z)^2} dz = \frac{-4 \sin z \, dz}{(2 - \cos z)^2};$$

$$\text{h)} \quad dg(u) = \frac{(1 + \operatorname{tg} u) \cos u - \sin u \cdot \frac{1}{\cos^2 u}}{(1 + \operatorname{tg} u)^2} du = \frac{\cos^3 u - \sin^3 u}{(\cos u + \sin u)^2} du.$$

Beispiel i) Gesucht ist die Ableitung und das Differential von

$$y = uvw,$$

wenn u, v, w Funktionen von x sind. Man logarithmiert,

$$\lg y = \lg u + \lg v + \lg w,$$

damit ist das Differential beiderseits

$$\frac{dy}{y} = \frac{du}{u} + \frac{dv}{v} + \frac{dw}{w},$$

oder wenn man mit y beiderseits multipliziert und gleichzeitig für y die vertretene Funktion uvw einsetzt,

$$d(uvw) = du \cdot vw + dv \cdot wu + dw \cdot uv; \tag{g}$$

wenn man noch mit dx dividiert, erhält man

$$\frac{d(uvw)}{dx} = u' \cdot vw + v' \cdot wu + w' \cdot uv. \tag{h}$$

24. Fortsetzung. Für die Exponentialfunktion a^x führt man ein Symbol y ein, $y = a^x$. Man weiß aus der Elementarmathematik: unbequeme Exponenten beseitigt man durch Logarithmieren. Man wird demnach die Gleichung logarithmieren und auf beiden Seiten das Differential nehmen,

$$\lg y = x \lg a, \qquad \frac{dy}{y} = \lg a \cdot dx,$$

$$dy = y \lg a \cdot dx;$$

oder wenn man wieder a^x für das Symbol y setzt,

$$da^x = a^x \lg a \cdot dx \quad \text{bzw.} \quad \frac{da^x}{dx} = a^x \lg a. \tag{a}$$

Im besonderen Fall eines natürlichen Logarithmus wird $a = e$ und $\lg a = 1$, somit

$$de^x = e^x dx \quad \text{bzw.} \quad \frac{de^x}{dx} = e^x. \tag{b}$$

Die Exponentialfunktion e^x bleibt sonach beim Differenzieren unverändert. Im allgemeinsten Fall kommt diese Eigenschaft der Funktion Ce^x zu, denn

$$\frac{dCe^x}{dx} = Ce^x. \tag{c}$$

Die inversen Funktionen zu den Kreisfunktionen werden am einfachsten differenziert, indem man nach Einführung eines Symbols wieder auf die ursprünglichen Kreisfunktionen zurückgeht, deren Ableitungen ja bekannt sind. Ist also $\arcsin x$ zu differenzieren, so führt man für diese Funktion ein Symbol y ein und hat

$$y = \arcsin x \quad \text{oder} \quad x = \sin y.$$

Man nimmt von beiden Seiten das Differential, dann wird der Reihe nach

$$dx = \cos y \cdot dy \quad \text{oder} \quad dx = \sqrt{1-\sin^2 y} \cdot dy \quad \text{oder} \quad dx = \sqrt{1-x^2} \cdot dy,$$

oder wenn man für das Symbol y wieder die Funktion $\arcsin x$ setzt,

$$d \arcsin x = \frac{dx}{\sqrt{1-x^2}} \quad \text{bzw.} \quad \frac{d \arcsin x}{dx} = \frac{1}{\sqrt{1-x^2}}. \tag{d}$$

Genau so findet man

$$d \arccos x = \frac{-dx}{\sqrt{1-x^2}} \quad \text{bzw.} \quad \frac{d \arccos x}{dx} = -\frac{1}{\sqrt{1-x^2}}; \tag{e}$$

$$d \operatorname{arctg} x = \frac{dx}{1+x^2} \quad \text{bzw.} \quad \frac{d \operatorname{arctg} x}{dx} = \frac{1}{1+x^2}; \tag{f}$$

$$d \operatorname{arccotg} x = \frac{-dx}{1+x^2} \quad \text{bzw.} \quad \frac{d \operatorname{arccotg} x}{dx} = -\frac{1}{1+x^2}. \tag{g}$$

Beispiel a) mit c) Gesucht ist die Ableitung von

$$\text{a)}\ \frac{e^x + e^{-x}}{2} \qquad \text{b)}\ \frac{1+\arcsin u}{1+\arccos u} \qquad \text{c)}\ \frac{e^z + e^{-z}}{e^z - e^{-z}}.$$

Die erste Funktion kann man als Quotienten betrachten, wenn man will. Einfacher sagt man, $\frac{1}{2}$ ist eine Multiplikationskonstante; statt e^{-x} setzt man $(e^{-1})^x = a^x$, wo also $a = e^{-1}$ und $\lg a = -1$ ist. Damit wird, wenn man noch Symbole X, U, Z für die drei gegebenen Funktionen setzt,

$$\text{a)}\ \frac{dX}{dx} = 0{,}5\,(e^x + e^{-x} \cdot -1) = \frac{e^x - e^{-x}}{2};$$

$$\text{b)}\ \frac{dU}{du} = \frac{(1+\arccos u)\dfrac{1}{\sqrt{1-u^2}} - (1+\arcsin u)\dfrac{-1}{\sqrt{1-u^2}}}{(1+\arccos u)^2}$$

$$= \frac{2+\arccos u + \arcsin u}{\sqrt{1-u^2}\,(1+\arccos u)^2};$$

$$\text{c)}\ \frac{dZ}{dz} = \frac{(e^z - e^{-z})(e^z - e^{-z}) - (e^z + e^{-z})(e^z + e^{-z})}{(e^z - e^{-z})^2} = \frac{-4}{(e^z - e^{-z})^2}.$$

25. Geometrische Deutung des Differentialquotienten. Wenn die Funktion $f(x)$ vorliegt und in der bekannten Weise durch die Kurve $y = f(x)$ dargestellt wird, so ist an jeder durch die Abszisse x gegebenen Stelle P — wir nennen sie die „untersuchte Stelle" — die zugehörige Ordinate $f(x)$. Ein benachbarter Punkt P' hat die Koordinaten $x + \Delta x$ und $f(x + \Delta x)$. In 12 war bereits klar gelegt, daß $\frac{\Delta f(x)}{\Delta x}$ gleich ist $\operatorname{tg} \psi$, also gleich der Richtung der Sekante durch die beiden Nachbarpunkte P und P', Abb. 37,

$$\operatorname{tg} \psi = \frac{\Delta f(x)}{\Delta x}. \tag{a}$$

Rückt man nun den Punkt P' immer näher und näher heran an P,

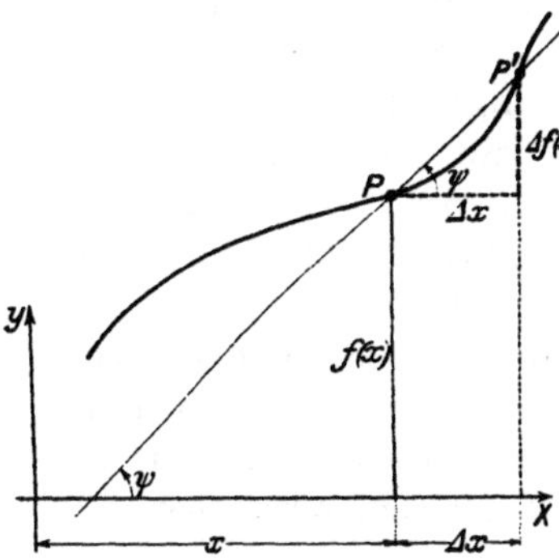

Abb. 37.

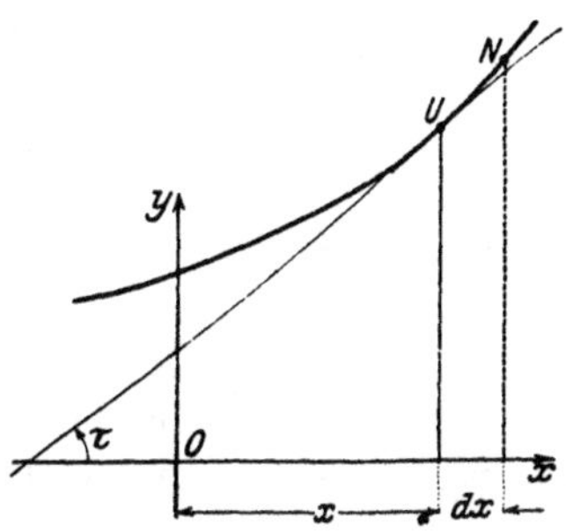

Abb. 38.

so wird x immer kleiner, es konvergiert gegen 0, statt Δx schreiben wir also dx und drücken dies aus in der Sprechweise: die beiden Punkte sind unendlich benachbart. Wir schreiben in diesem Fall, so wie Abb. 38 zeigt, in Zukunft immer U und N, wo U den untersuchten, N den unendlich benachbarten Punkt vorstellen soll.

Damit geht die Sekante PP' über in die Tangente UN, der Sekantenwinkel ψ in den Tangentenwinkel τ, die Sekantenrichtung $\operatorname{tg} \psi$ in die Tangentenrichtung $\operatorname{tg} \tau$, so daß die Ableitung

$$f'(x) = \operatorname{tg} \tau \tag{b}$$

gleich ist der Richtung $\operatorname{tg} \tau$ der Tangente und damit auch gleich der Richtung der Kurve $y = f(x)$ an der untersuchten Stelle.

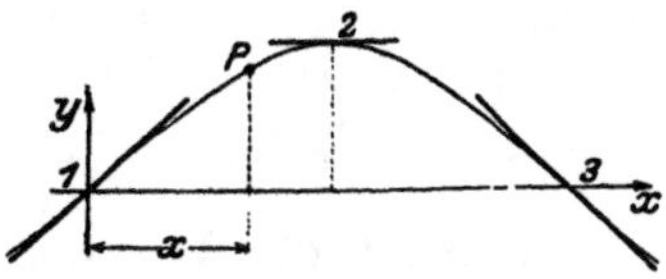

Abb. 39.

Beispiel a) Die Kurve $y = \sin x$ ist als bekannt vorausgesetzt. Die Ableitung von $\sin x$ an der untersuchten Stelle x, nämlich $y' = \cos x$, ist die

Richtung der Sinuskurve an der Stelle x. An den Stellen 1, 2, 3 mit den Abszissen 0, $\frac{1}{2}\pi$, π sind also die zugehörigen Richtungen

$$\cos 0 = 1, \qquad \cos\tfrac{1}{2}\pi = 0, \qquad \cos\pi = -1,$$

welche Werte uns aus (3) bereits bekannt sind.

Beispiel b) Die Funktion e^x hat als Ableitung wieder e^x; geometrisch gesprochen heißt das, bei der Exponentialkurve $y = e^x$ hat an der untersuchten Stelle x die Richtung den Wert e^x oder y; oder wenn man die Richtung als Quotient anschreibt, den Wert $y:1$. An der Stelle $x=0$, im Schnittpunkt der Kurve mit der y-Achse, hat die Richtung den Wert e^0 oder 1, die Kurve schneidet sonach die y-Achse mit der Richtung 1 oder mit dem Richtungswinkel 45°. An der Stelle $x=1$ ist die Richtung gleich e, d. h. die Tangente an dieser Stelle geht durch den Nullpunkt, s. Abb. 40. Hält man beide Eigenschaften zusammen mit den aus früheren Untersuchungen schon bekannten, so ist man in der Lage, mit einer schnell gezeichneten Skizze der Exponentialkurve für Abschätzungszwecke noch ziemlich genaue Zahlen anzugeben.

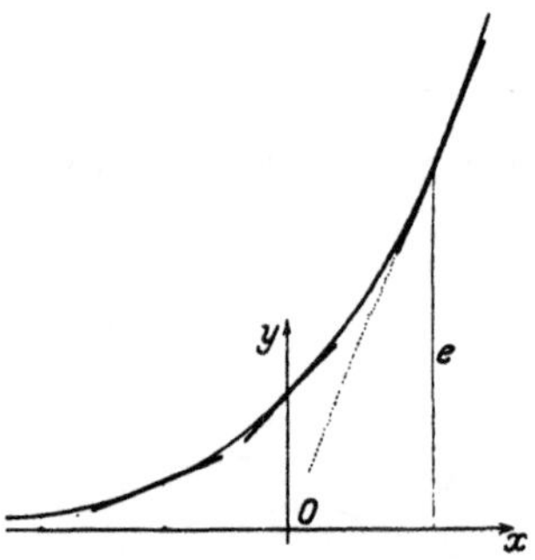

Abb. 40.

Beispiel c) Welche Fortschreitungsrichtung $\operatorname{tg}\tau$ hat die Parabel $y = cx^2$ im Punkt P mit der Abszisse x? Nach welchem Gesetz ändert sich die Richtung? Man gebe für einzelne besondere Punkte die Richtung an. In welchen Punkten hat die Parabel die Richtung 0 bzw. 1,2, -1, 10?

Es ist $\operatorname{tg}\tau = y' = 2cx$ an der Stelle x. Die Richtung der Kurve ist proportional der Abszisse, ändert sich sonach im gleichen Verhältnis wie diese. An der Stelle $x=0$ und damit $y=0$ oder im Punkt $0|0$ ist auch $y'=0$, die Parabel läuft im Nullpunkt horizontal; im Punkt $1|c$ ist die Fortschreitungsrichtung $2c$. Die vorgeschriebene Richtung y_0' hat die Kurve wegen $y_0' = 2cx_0$ an der Stelle $x_0 = y_0' : 2c$ oder im Punkt $\frac{y_0'}{2c}\Big|\frac{y_0'^2}{4c}$; demnach die Richtungen 0, 1, 2, -1, 10 in den Punkten $0|0$, $\frac{1}{2c}\Big|\frac{1}{4c}$, $\frac{1}{c}\Big|\frac{1}{c}$, $-\frac{1}{2c}\Big|\frac{1}{4c}$, $\frac{5}{c}\Big|\frac{25}{c}$.

Beispiel d) Die dem Ingenieur bekannten Kurven, die Aufschluß über die Formänderung geben, im besonderen über die Durchbiegung wagrecht liegender Stäbe, sind meist sehr flach. Welcher rechnerische Schluß läßt sich daraus ziehen?

Der Richtungswinkel τ ist sehr klein, sonach auch die Richtung $\operatorname{tg}\tau$. Bei sehr flachen Kurven mit wagrechter Sehne ist die Richtung an jeder Stelle ein echter, meist sehr kleiner Bruch.

Beispiel e) Welche Richtung hat die Gerade

$$Ax + By + C = 0?$$

Man löst nach y auf und erhält

$$y = -\frac{A}{B}x - \frac{C}{B} \quad \text{und daraus} \quad y' = -\frac{A}{B}$$

als Richtung der Geraden (s. I 85).

26. Fortsetzung. In 13 war vorausgesetzt, daß die zu differenzierenden Funktionen im untersuchten Bereich endlich und stetig sind. Für die Fälle der Praxis ist aber noch eine zweite Forderung nötig, daß nämlich auch die Ableitung im untersuchten Bereich endlich und stetig ist. Wenn die zu untersuchende Funktion beiden Voraussetzungen genügt, dann sagen wir, sie genügt der Hauptforderung:

> die Funktion ist im Untersuchungsbereich nicht nur selbst endlich und stetig, sondern sie hat in diesem Bereich auch eine endliche und stetige Ableitung. (a)

Ein Beispiel für die Zweckmäßigkeit dieser Hauptforderung bietet die Rechnung mit Biegungsmomenten. In 14 war bereits angegeben, daß in der Lehre von den Tragkonstruktionen die Auflagerkräfte, Auflagermomente, Scherkräfte und Biegungsmomente die wichtigsten Elemente der Rechnung und auch der Konstruktion sind. Dort war angegeben, daß im Querschnitt eines Balkens an der Stelle x Schub- und Biegungsspannungen auftreten und daß die Schubspannungen in der Hauptsache durch die „Scherkraft an der Stelle x" bedingt sind. Die Festigkeitslehre gibt an, daß die an der Stelle x (d. h. im Querschnitt an dieser Stelle x) auftretende größte Biegungsspannung proportional ist dem Biegungsmoment an der Stelle x. Die Definition dieses Biegungsmomentes denkt sich ebenso wie die Definition der Scherkraft den Balken an der Stelle x entzwei geschnitten und betrachtet nur den abgeschnitten gedachten linken Teil, s. Abb. 34 und 35. An ihm greifen als äußere Kräfte an das Eigengewicht, die Nutzlasten P_1, P_2 und die Auflagerkraft und als innere Kräfte die Spannungen im gedachten Querschnitt. Die äußeren Kräfte sind alle in der nämlichen Ebene liegend vorausgesetzt, in der lotrechten Symmetrieebene des Balkens. Denkt man sich im untersuchten Querschnitt die zur Kräfteebene senkrecht stehende Schwerachse *DD* als Drehachse, Abb. 41, so werden die äußeren Kräfte den linken abgeschnittenen Teil um diese Achse zu drehen suchen; damit Gleichgewicht ist, müssen die in den unendlich

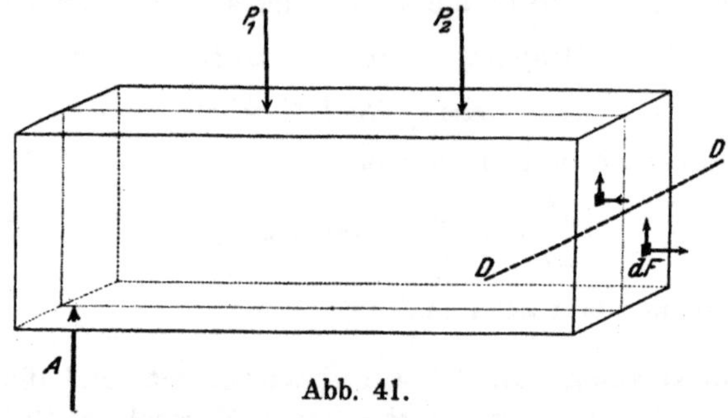

Abb. 41.

vielen Flächenteilchen dF des Querschnittes auftretenden Spannungen ebenfalls eine Drehwirkung haben, die derjenigen der äußeren Kräfte entgegengesetzt ist. Diese Drehwirkung der äußeren Kräfte nennt man das Biegungsmoment an der Stelle x. Die nachfolgende Definition wird daher verständlich sein:

Biegungsmoment M_x an der Stelle x (oder im Querschnitt an der Stelle x) ist das Moment aller am linken abgeschnitten gedachten Teil angreifenden äußeren Kräfte für die im untersuchten Querschnitt senkrecht zur Kräfteebene stehende Schwerachse. (b)

Der Freiträger (so genannt, weil er frei auf zwei Stützen aufliegt) der Abb. 34 oder 42 ist nach Beispiel 14 gewichtslos, ferner ist

$P_1 = 400$ kg,
$P_2 = 200$ kg,
$P_3 = 500$ kg,
$P_4 = 100$ kg,
$P_5 = 600$ kg,
$A = 700$ kg,
$B = 1100$ kg.

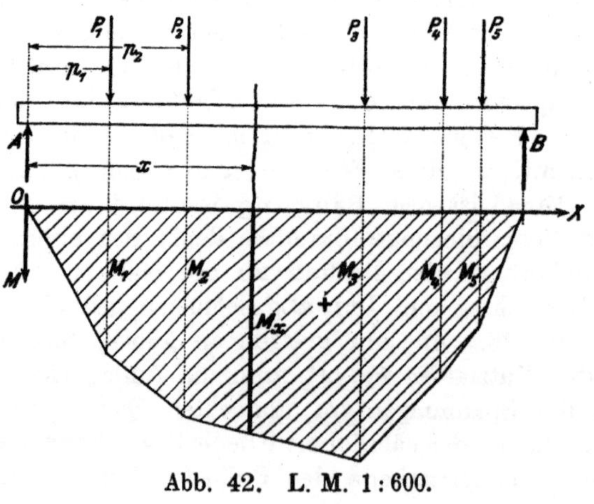

Abb. 42. L. M. 1 : 600.

Das Biegungsmoment am linken Auflager ist 0; denn wenn man dort einen Querschnitt gelegt denkt, so greift am linken abgeschnittenen

Teil keine äußere Kraft an (oder wenn man etwa die Auflagerkraft noch als zum linken Teil gehörig betrachtet, dann hat sie kein Moment, weil ihr Dreharm Null ist). Die nämliche Begründung liefert $M = 0$ für das rechte Auflager. Legt man den Querschnitt an die Stelle x der Abbildung, so greifen am linken Teil des Balkens an die Nutzlasten P_1, P_2 und die Auflagerkraft A mit den Dreharmen $x - p_1$, $x - p_2$, x; ihre Momente für die im Querschnitt gedachte Drehachse sind sonach $-P_1(x - p_1)$, $-P_2(x - p_2)$, $+Ax$; P_1 und P_2 suchen den abgeschnitten gedachten Teil linksum zu drehen, sie haben sonach ein negatives Moment, dagegen A ein positives. Das gesamte Moment von ihnen, das Biegungsmoment an der Stelle x, ist

$$M_x = -P_1(x - p_1) - P_2(x - p_2) + Ax. \qquad \text{(c)}$$

Man sieht, das Biegungsmoment ist eine Funktion von x.

Recht wesentlich ist nun, daß diese in der Ingenieur-Praxis wohl am meisten angewandte Funktion die Hauptforderung sehr oft nicht erfüllt. Um das ersichtlich zu machen, sei eingeführt die Momentenlinie, d. i. die graphische Darstellung des Biegungsmomentes. Man trägt an jeder Stelle x des Balkens das zugehörige Biegungsmoment M_x als Ordinate auf; und zwar, wie das in der Ingenieurmechanik meist geschieht, die positiven Ordinaten nach abwärts. Wenn nun Einzellasten am Träger angreifen, wie im Fall der Abb. 34, so setzt sich das Diagramm nach (c) aus Geradenstücken zusammen, denn M ist linear von x abhängig. Man braucht daher nur an jenen Stellen die Biegungsmomente aufstellen, wo Einzelkräfte angreifen. Man findet für den Träger der Abb. 42, wenn M_i das Biegungsmoment an der Stelle i bezeichnet,

$$M_1 = Ap_1 = 700\,\text{kg} \cdot 1\,\text{m} = 700\,\text{mkg},$$

$$M_2 = Ap_2 - P_1(p_2 - p_1) = 1000\,\text{mkg},$$

$$M_3 = 1200\,\text{mkg}, \qquad M_4 = 800\,\text{mkg}, \qquad M_5 = 550\,\text{mkg}.$$

In Abb. 42 sind diese Biegungsmomente im Momentenmaßstab 1 mm = 40 mkg abgetragen und bestimmen so das Momentendiagramm. Dieses Diagramm läßt nun ersehen, daß zwar die Funktion M_x, d. h. das Biegungsmoment, an jeder Stelle endlich und stetig ist, nicht aber seine Ableitung. Immer zwischen zwei Angriffspunkten von Einzellasten ist die Richtung des Momentendiagramms konstant, beim Überschreiten einer solchen Angriffsstelle ändert sich die Richtung aber sprungweise, und die Richtung der Momentenkurve ist ja die Ableitung. Sonach erfüllt also die Funktion M_x die Hauptforderung nicht. Oder genauer: M_x erfüllt die Hauptforderung nicht, wenn man als Untersuchungsbereich die ganze Trägerlänge wählt.

Solange man die Untersuchung auf den Bereich zwischen zwei benachbarten Lastangriffspunkten beschränkt, ist natürlich M_x ebenso wie seine Ableitung endlich und stetig.

Beispiel a) und b) Man zeichne für den Belastungsfall der Abb. 43 das Scherkraft- und Momentendiagramm.

$$P_1 = 400\,\text{kg}, \quad P_2 = 600\,\text{kg}, \quad P_3 = 300\,\text{kg}, \quad P_4 = 500\,\text{kg}.$$

Die Scherkraft ist in den einzelnen Abschnitten zwischen je zwei Lastangriffspunkten konstant, das Diagramm setzt sich sonach aus lauter wagrechten Geradenstücken zusammen. Im Raum zwischen den Lastangriffspunkten 1 und 2 ist $V = -P_1 = -400\,\text{kg}$, im Raum von 2 nach 3 wird $V = -P_1 + P_2 = +200\,\text{kg}$, im Raum von 3 nach 4 nimmt $V = \Sigma P$ den Wert $-P_1 + P_2 - P_3 = -100$ kg an und im Raum von 4 nach 5 den Wert -600 kg. Entsprechend diesen Werten ist das Scherkraftdiagramm eingezeichnet, so wie Abb. 44 angibt.

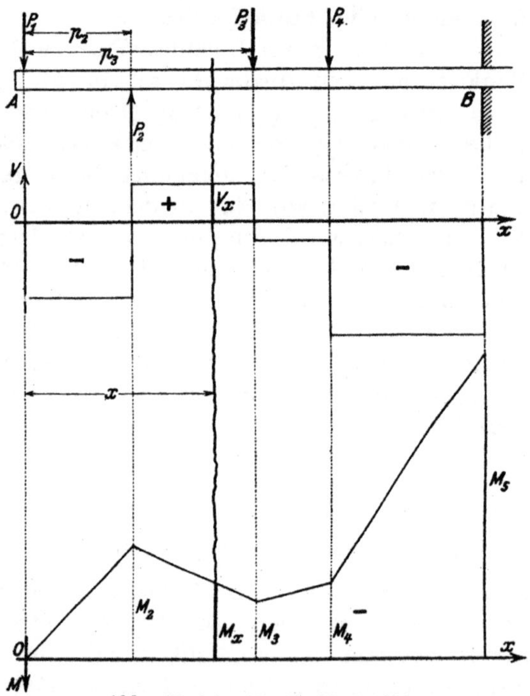

Abb. 43 bis 45. L. M. 1 : 100.

Das Momentendiagramm besteht aus Geradenstücken, weil nur Einzellasten angreifen. Man braucht sonach nur an jener Stelle den Wert des Biegungsmomentes aufsuchen, wo die Einzellasten angreifen. Im Punkt 1 ist $M_1 = 0$, weil links von dieser Stelle keine äußere Kraft angreift; zum Biegungsmoment an der Stelle 2 leistet nur P_1 einen Beitrag und zwar einen negativen, es ist

$$M_2 = -P_1\,p_2 = -400\,\text{kg} \cdot 1{,}5\,\text{m} = -600\,\text{mkg},$$
$$M_3 = -P_1\,p_3 + P_2\,(p_3 - p_2) = -300\,\text{mkg};$$
$$M_4 = -P_1\,p_4 + P_2\,(p_4 - p_2) - P_3\,(p_4 - p_3) = -400\,\text{mkg},$$
$$M_5 = -P_1\,p_5 + P_2\,(p_5 - p_2) - P_3\,(p_5 - p_3) - P_4\,(p_5 - p_4)$$
$$= -1600\,\text{mkg}.$$

Beispiel c) Man entwickle den allgemein gültigen Zusammenhang

$$V = \frac{dM}{dx} \qquad \text{(d)}$$

zwischen Scherkraft V und Biegungsmoment M für den durch Abb. 36 und 42 gegebenen besonderen Belastungsfall. Die Formel ist noch zu diskutieren.

Hier ist an der Stelle x

$$V = A - P_1 - P_2 \qquad M = Ax - P_1(x - p_1) - P_2(x - p_2).$$

Die angegebene Formel ergibt sich sonach unmittelbar, wenn man M nach x differenziert. Sie sagt aus, daß die Richtung der Momentenkurve an jeder Stelle durch den Zahlenwert der Scherkraft gegeben ist. Die Formel und alle aus ihr sich ergebenden Folgerungen sind natürlich an den Angriffspunkten der Einzellasten nicht mehr gültig, weil dort V sich sprungweise ändert.

27. Fortsetzung. Wenn die Gleichung einer Kurve in Polarkoordinaten $r = f(\varphi)$ gegeben ist, dann ist nach der geometrischen Bedeutung der Ableitung $\frac{dr}{d\varphi}$ von r nach φ gefragt. Man vergesse nämlich nicht, daß die vorausgehende Betrachtung nur für rechtwinkelige Koordinaten gilt. Jedenfalls wird man wieder vom untersuchten Punkt U aus zu einem unendlich benachbarten Punkt N übergehen, Abb. 46. Dabei wird sich der vom Nullpunkt ausgehende

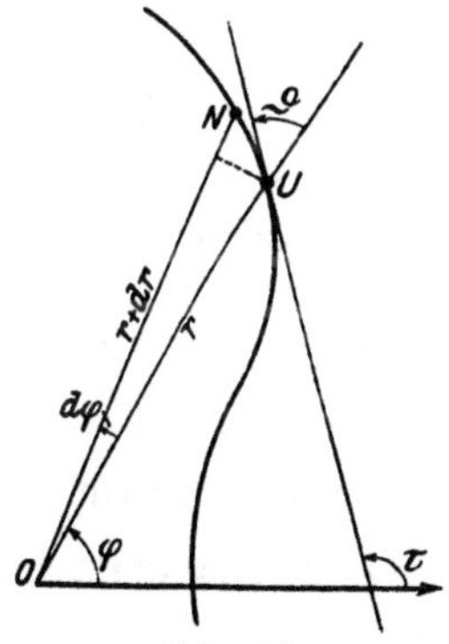

Abb. 46.

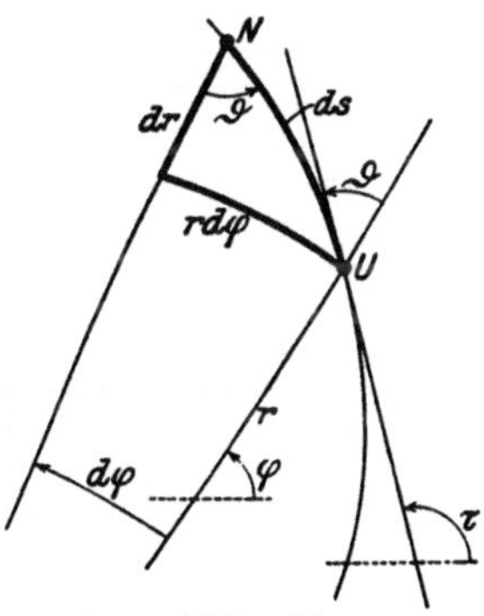

Abb. 47.

Radiusvektor r um dr ändern und in $r + dr$ übergehen, ebenso wird der vom Nullstrahl aus gezählte Winkelweg φ um $d\varphi$ sich ändern und zu $\varphi + d\varphi$ werden. Selbstverständlich können dr und $d\varphi$ auch negativ sein. Bei Polarkoordinaten fehlt der Begriff des Richtungswinkels ebensowohl wie derjenige der Richtung. Alle Beziehungen, die sich auf dem Richtungsverhältnis aufbauen, gehen bei Polarkoordinaten aus von dem Winkel ϑ, der vom Radiusvektor aus zur Tangente linksum gezählt wird. Die Skizze der Abb. 47, die gleichzeitig die Umgebung des untersuchten Kurvenpunktes P noch einmal in Vergrößerung wiedergibt, entwickelt die Hauptformel für alle Richtungsfragen bei Polarkoordinaten durch

$$\operatorname{tg}\vartheta = r\,d\varphi : dr = r : \frac{dr}{d\varphi}$$

oder

$$\operatorname{tg}\vartheta = \frac{r}{r'}, \quad \text{wenn} \quad r' = \frac{dr}{d\varphi} \tag{a}$$

zur Abkürzung eingeführt wird. Man beachte wohl, daß der Winkel ϑ vom Radiusvektor aus zur Tangente hin gezählt wird.

Will man auch noch die Richtung $\operatorname{tg}\tau$ der Kurve an der untersuchten Stelle angeben, so setzt man nach Abb. 46

$$\tau = \vartheta + \varphi \tag{b}$$

oder

$$\operatorname{tg}\tau = \frac{\operatorname{tg}\vartheta + \operatorname{tg}\varphi}{1 - \operatorname{tg}\vartheta\operatorname{tg}\varphi}; \quad \text{mit } \operatorname{tg}\vartheta = r : r' \text{ wird} \quad \operatorname{tg}\tau = \frac{r + r'\operatorname{tg}\varphi}{r' - r\operatorname{tg}\varphi}. \tag{c}$$

Beispiel a) Durch Abb. 48 ist die Kurve

$$r = 2a(1 + \cos\varphi)$$

gegeben. Man bestimme an den Stellen

$$\varphi = 0, \quad \varphi = \tfrac{1}{4}\pi; \quad \varphi = \tfrac{1}{3}\pi,$$
$$\varphi = \tfrac{1}{2}\pi, \quad \varphi = \tfrac{2}{3}\pi, \quad \varphi = \pi$$

die Werte r, r', $\operatorname{tg}\vartheta$ und daraus die Richtung der Kurve in diesen Punkten.

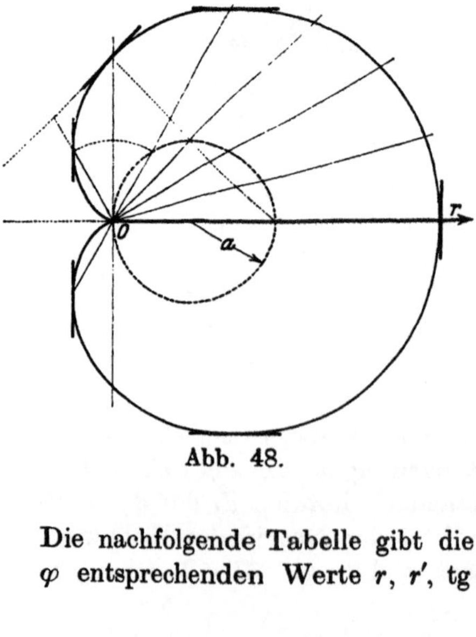

Abb. 48.

Mit

$$r = 2a(1 + \cos\varphi)$$

wird $\quad r' = -2a\sin\varphi;$

$\operatorname{tg}\vartheta = r : r'$ und $\operatorname{tg}\tau$ erhalten die Werte

$$\operatorname{tg}\vartheta = -\frac{1 + \cos\varphi}{\sin\varphi} = -\operatorname{cotg}\frac{\varphi}{2};$$

$$\operatorname{tg}\tau = -\frac{\cos\varphi + \cos 2\varphi}{\sin\varphi + \sin 2\varphi}.$$

Die nachfolgende Tabelle gibt die den vorgeschriebenen Werten von φ entsprechenden Werte r, r', $\operatorname{tg}\vartheta$ und $\operatorname{tg}\tau$. Der Punkt mit der

Winkelentfernung $\varphi = 0$ hat vom Nullpunkt die Entfernung $r = 4a$; an dieser Stelle hat die Ableitung den Wert $r' = 0$. Daraus ergibt sich $\operatorname{tg}\vartheta = \infty$, oder $\vartheta = \frac{1}{2}\pi$, d. h. der Winkel ϑ vom Radiusvektor zur Tangente ist ein rechter. $\operatorname{tg}\tau = \infty$ sagt aus, daß die Stelle $\varphi = 0$ eine Vertikalstelle ist.

φ	0	$\frac{1}{4}\pi$	$\frac{1}{3}\pi$	$\frac{1}{2}\pi$	$\frac{2}{3}\pi$	π
r	$4a$	$a(2+\sqrt{2})$	$3a$	$2a$	a	0
r'	0	$-a\sqrt{2}$	$-a\sqrt{3}$	$-2a$	$-a\sqrt{3}$	0
$\operatorname{tg}\vartheta$	∞	$-(1+\sqrt{2})$	$-\sqrt{3}$	-1	$-\frac{1}{3}\sqrt{3}$	0
$\operatorname{tg}\tau$	∞	$1-\sqrt{2}$	0	$+1$	∞	0

28. Horizontal- und Vertikalstellen einer Kurve.

I. Vorausgesetzt sind rechtwinklige Koordinaten, die x-Achse soll wagrecht sein. An einer Horizontalstelle ist die Tangente parallel zur x-Achse, sonach die Richtung $\operatorname{tg}\tau = 0$ oder $y' = 0$. An einer Vertikalstelle ist die Tangente senkrecht zur x-Achse, sonach die Richtung $\operatorname{tg}\tau = \infty$ oder $y' = \infty$. Somit ist die Bedingung für eine

$$\text{Horizontalstelle: } y' = 0 \tag{a}$$

$$\text{Vertikalstelle: } y' = \infty. \tag{b}$$

Beispiel a) bis c) Man gebe die Horizontal- und Vertikalstellen der nachfolgenden Kurven an.

a) $y = x(x-1)$ b) $y = x + e^x$ c) $y = x + \cos x$.

a) $y' = 2x - 1$. Die Horizontalstelle verlangt $y' = 0$ oder $2x - 1 = 0$ oder $x = 0{,}5$ und damit $y = -0{,}25$; der Punkt $0{,}5 \mid -0{,}25$ ist also eine Horizontalstelle. Vertikal verläuft die Kurve an jener Stelle, wo $y' = \infty$, also an der Stelle $\infty \mid \infty$.

b) $y' = 1 + e^x$; die Horizontalstelle bedingt $y' = 0$ oder $e^x = -1$, was für reelle Werte von x ausgeschlossen ist; diese Kurve hat sonach keine reelle Horizontalstelle. Ihre Vertikalstelle ist reell, denn $y' = \infty$ oder $x = \infty$ gilt an der Stelle $\infty \mid \infty$, also im unendlich fernen Punkt der Kurve.

c) $y' = 1 - \sin x$; Horizontalstellen erhält man für $1 - \sin x = 0$ oder $\sin x = 1$ oder $x = \frac{1}{2}\pi + k\pi$. Eine Vertikalstelle verlangt $1 - \sin x = \infty$; da $\sin x$ stets ein echter Bruch mit den Grenzwerten ± 1 ist, kann $1 - \sin x$ für reelle Zahlen x nie den Wert ∞ annehmen, die vorgegebene Kurve hat sonach keine reelle Vertikalstelle.

II. Bei Polarkoordinaten ist der Anfangsstrahl wagrecht vorausgesetzt. An einer Horizontalstelle gilt

$$\tau = 0 \quad \text{oder genauer} \quad \tau = k\pi$$

und deswegen $\varphi + \vartheta = k\pi$ nach (27b), oder mit Verwendung der Tangensfunktion $\operatorname{tg}(\varphi + \vartheta) = 0$. Man rechnet aus und erhält als Bedingung für eine

$$\text{Horizontalstelle:} \qquad \operatorname{tg}\vartheta = -\operatorname{tg}\varphi. \tag{c}$$

An einer Vertikalstelle gilt

$$\tau = \tfrac{1}{2}\pi \quad \text{oder genauer} \quad \tau = \tfrac{1}{2}\pi + k\pi$$

und deswegen

$$\varphi + \vartheta = \tfrac{1}{2}\pi + k\pi \quad \text{oder} \quad \operatorname{cotg}(\varphi + \vartheta) = 0.$$

Man rechnet aus und erhält als Bedingung für eine

$$\text{Vertikalstelle:} \qquad \operatorname{tg}\vartheta = \operatorname{cotg}\varphi. \tag{d}$$

Beispiel d) Man ermittle die Horizontal- und Vertikalstellen der Kurve $r = 2a(1 + \cos\varphi)$.

Nach Beispiel 27a) wird $\operatorname{tg}\vartheta = -\dfrac{1+\cos\varphi}{\sin\varphi}$; eine Horizontalstelle verlangt $\operatorname{tg}\vartheta = -\operatorname{tg}\varphi$ oder hier

$$-\frac{1+\cos\varphi}{\sin\varphi} = -\frac{\sin\varphi}{\cos\varphi} \quad \text{oder} \quad 2\cos^2\varphi + \cos\varphi - 1 = 0.$$

Man setzt $\cos\varphi = u$ und erhält aus der quadratischen Gleichung $2u^2 + u - 1 = 0$ die beiden Werte $\cos\varphi = -1$ und $\cos\varphi = 0.5$ oder $\varphi = \pi$ und $\varphi = \pm\frac{1}{3}\pi$. Die Tabelle des Beispiels 27a) bestimmt diese Werte. Eine Vertikalstelle verlangt $\operatorname{tg}\vartheta = \operatorname{cotg}\varphi$ oder hier

$$-\frac{1+\cos\varphi}{\sin\varphi} = \frac{\cos\varphi}{\sin\varphi} \quad \text{oder} \quad 2\cos\varphi + 1 = 0 \quad \text{sowie} \quad \sin\varphi = 0.$$

Der Forderung wird genügt durch $\varphi = \pm\frac{2}{3}\pi$ sowie $\varphi = 0$. Die durch $\varphi = \pi$ bestimmte Stelle ist eine singuläre Stelle, siehe darüber später.

29. Tangente und Normale. Von der Tangente an eine Kurve $y = f(x)$ an der Stelle $P_0 = x_0 \,|\, y_0$ kennt man den Punkt $P_0 = x_0 \,|\, y_0$, ferner nach dem Vorausgehenden die Richtung $\operatorname{tg}\tau_0 = y_0'$ (wo y_0' die Richtung an der Stelle x_0 bedeuten soll, daß man also x_0 statt x in die Ableitung y' einzusetzen hat). Damit wird die Gleichung der Tangente nach I 84(d)

$$y - y_0 = \operatorname{tg}\tau_0 \cdot (x - x_0) \quad \text{oder} \quad \boldsymbol{y - y_0 = y_0' \cdot (x - x_0)}. \tag{a}$$

Die Normale in P_0 hat nach I 73(e) die Richtung $-\operatorname{cotg}\tau_0$ oder $-1:y_0'$, also die Gleichung

$$y-y_0=-\operatorname{cotg}\tau_0\cdot(x-x_0) \quad \text{oder} \quad y-y_0=-\frac{1}{y_0'}\cdot(x-x_0). \tag{b}$$

Beispiel a) Man suche die Gleichung von Tangente und Normale in den Punkten $x=0$, $x=\frac{1}{4}\pi$, $x=\frac{1}{2}\pi$, $x=\frac{3}{4}\pi$, $x=\pi$, $x=2\pi$ der Kurve $y=\sin x$.

Im erzeugenden Kurvenpunkt $P_0=x_0 \mid y_0$ hat die Sinuskurve $y=\sin x$ die Richtung $\operatorname{tg}\tau_0=y_0'=\cos x_0$ und damit die Tangente bzw. Normale

$$y-y_0=\cos x_0\cdot(x-x_0) \quad \text{bzw.} \quad (y-y_0)\cos x_0+(x-x_0)=0.$$

x_0	0	$\frac{1}{4}\pi$	$\frac{1}{2}\pi$	$\frac{3}{4}\pi$	π	$\frac{3}{2}\pi$	2π
y_0	0	$\frac{1}{2}\sqrt{2}$	1	$\frac{1}{2}\sqrt{2}$	0	-1	0
y_0'	1	$\frac{1}{2}\sqrt{2}$	0	$-\frac{1}{2}\sqrt{2}$	-1	0	1

An den vorgeschriebenen Stellen gibt die Tabelle die Werte der Ordinate und der Richtung. Dann wird beispielsweise im Punkt $\frac{1}{4}\pi \mid \frac{1}{2}\sqrt{2}$ die Gleichung der Tangente und Normale

$$y-\tfrac{1}{2}\sqrt{2}=\tfrac{1}{2}\sqrt{2}(x-\tfrac{1}{4}\pi) \quad \text{bzw.} \quad (y-\tfrac{1}{2}\sqrt{2})\tfrac{1}{2}\sqrt{2}+x-\tfrac{1}{4}\pi=0,$$

oder wenn man ordnet

$$4x\sqrt{2}-8y+\sqrt{2}(4-\pi)=0 \quad \text{bzw.} \quad 4x+2y\sqrt{2}-(2+\pi)=0.$$

In der gleichen Weise stellt man die anderen gewünschten Gleichungen mit Hilfe der Tabelle auf.

30. Bogenelement, Tangenten- und Normalenabschnitt, Subtangente, Subnormale. Oft sind noch andere die Gestalt einer Kurve bestimmende Elemente verlangt.

Statt des unendlich kleinen krummlinigen Bogenstückes ds von U nach N, kurz Bogenelement genannt, kann man die geradlinige Strecke UN selbst setzen, s. Abb. 49, so daß unter der Voraussetzung rechtwinkliger Koordinaten

$$ds=\sqrt{(dx)^2+(dy)^2}, \qquad \sin\tau=\frac{dy}{ds}, \qquad \cos\tau=\frac{dx}{ds}. \tag{a}$$

Will man nicht mit den Differentialen, sondern nur mit der Ableitung $y'=\operatorname{tg}\tau$ rechnen, so wird man

$$ds=dx\sqrt{1+\left(\frac{dy}{dx}\right)^2} \quad \text{oder} \quad \boldsymbol{ds=dx\sqrt{1+y'^2}} \tag{b}$$

setzen und damit erhalten

$$\sin\tau = \frac{y'}{\sqrt{1+y'^2}}, \qquad \cos\tau = \frac{1}{\sqrt{1+y'^2}}. \tag{c}$$

Bisweilen werden in praktischen Fällen die in Abb. 49 mit t, n, s_t, s_n bezeichneten Strecken benötigt, der Tangentenabschnitt t d. i. das Stück der Tangente zwischen der x-Achse und dem untersuchten Punkt U, der Normalenabschnitt n, d. i. das Stück der Normalen zwischen der x-Achse und dem Kurvenpunkt U, die Subtangente s_t, d. i. die Projektion des Tangentenabschnittes auf die x-Achse, und die Subnormale s_n, d. i. die Projektion des Normalenabschnittes auf die x-Achse.

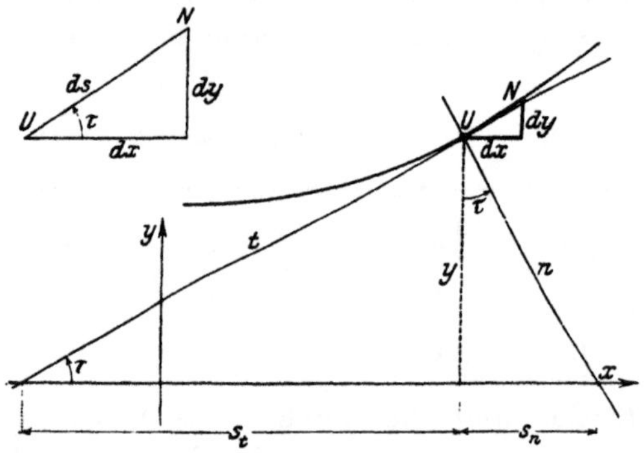

Abb. 49.

Man kann unmittelbar ablesen, daß

$$t = \frac{y}{\sin\tau} = \frac{y}{y'}\sqrt{1+y'^2}, \qquad s_t = y\,\mathrm{cotg}\,\tau = \frac{y}{y'}. \tag{d}$$

$$n = \frac{y}{\cos\tau} = y\sqrt{1+y'^2}, \qquad s_n = y\,\mathrm{tg}\,\tau = yy'. \tag{e}$$

Beispiel a) Gegeben ist von dem an einem Balken angreifenden Kräftesystem die Schaulinie des Biegungsmomentes M. Wie findet man nach den Lehren der Differentialrechnung Zahlenwert, Richtung und Lage der Scherkraft V an jeder Stelle x des Balkens?

Zahlenwert: Er wird nach 26 (d) durch

$$V = \frac{dM}{dx}$$

als Wert der Kurvenrichtung an der betreffenden Stelle x gefunden. Beispielsweise hat an der Stelle U der Abb. 50 die Kurvenrichtung den aus dem punktierten Dreieck mit den Seiten 7,5 mm und 10 mm zu entnehmenden Wert

$$\mathrm{tg}\,\tau = V = +(7{,}5 \cdot 40\ \mathrm{mkg}) : +(10 \cdot 0{,}1\ \mathrm{m}) = +300\ \mathrm{kg},$$

wenn man den angegebenen Längen- und Momentenmaßstab berücksichtigt. Zu beachten ist dabei, daß die Ordinate M nach abwärts positiv gerechnet wird.

Richtung: V ist senkrecht zum Balken gerichtet, da ja nur senkrechte Kräfte an ihm angreifen.

Lage: Nach Definition ist M das Moment aller links von der untersuchten Stelle angreifenden äußeren Kräfte, und da V nach Definition deren Mittelkraft ist, ist M das Moment von V, bezogen

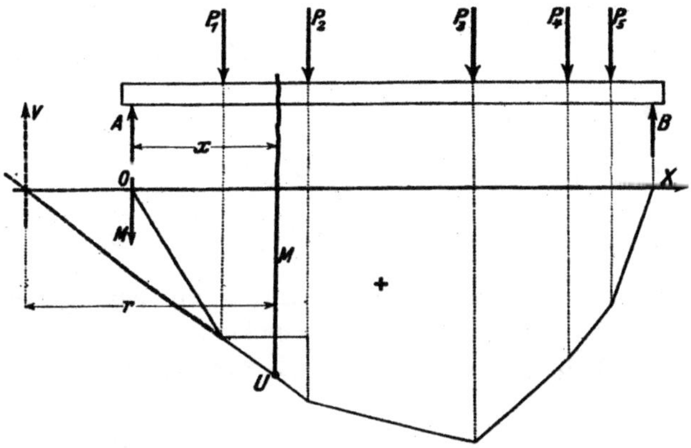

Abb. 50. L. M. 1 : 100, M. M. 1 mm = 40 mkg.

auf die gleiche gedachte Drehachse, die Schwerachse des Querschnittes an der Stelle x; also

$$M = V \cdot r \qquad \text{oder} \qquad r = \frac{M}{V} = M : \frac{dM}{dx}, \tag{f}$$

d. h. r ist die Subtangente der M-Linie. Im Fall der Abb. 50 ist an der Stelle U

$$r = (22 \cdot 40 \text{ mkg}) : 300 \text{ kg} = 2{,}93 \text{ m},$$

was sich auch durch unmittelbares Ausmessen von r als nichtig erweist.

Beispiel b) Man bestimme im Punkt $x_0 \mid y_0$ der Exponentialkurve $y = e^x$ den Tangenten- und Normalenabschnitt, die Subtangente und Subnormale.

Es ist

$$y = e^x, \qquad y' = e^x$$

an der allgemeinen Stelle x und

$$y_0 = e^{x_0}, \qquad y_0' = e^{x_0}$$

an der untersuchten Stelle $x_0 \mid y_0$. Mit diesen Werten wird

$$t = \sqrt{1 + y_0'^2} = \sqrt{1 + e^{2x_0}}, \qquad s_t = 1, \tag{g}$$

$$n = e^{x_0}\sqrt{1 + e^{2x_0}}. \qquad s_n = e^{2x_0}. \tag{h}$$

Beispiel c) Man bestimme von der Parabel $y^2 = 2\,px$ im Punkt $P = x \mid y$ die Strecken t, n, s_t, s_n.

Es ist

$$y = \sqrt{2\,px} = \sqrt{2\,p} \cdot \sqrt{x}$$

und somit

$$y' = \frac{\sqrt{2\,p}}{2\sqrt{x}} = \frac{p}{\sqrt{2\,px}} = \frac{p}{y} \quad \text{und} \quad \frac{y}{y'} = \frac{y^2}{p} = \frac{2\,px}{p} = 2\,x.$$

Mit diesen Werten wird

$$t = 2\,x\sqrt{1 + p^2 : y^2} = \sqrt{2\,x\,(2\,x + p)}, \qquad s_t = 2\,x, \tag{i}$$

$$n = y\sqrt{1 + p^2 : y^2} = \sqrt{p\,(2\,x + p)}, \qquad s_n = p. \tag{k}$$

Den vorausgehenden Formeln können die entsprechenden für Polarkoordinaten zur Seite gestellt werden. An der untersuchten Stelle gilt nach Abb. 47 für das Bogenelement ds und den Winkel ϑ

$$ds = \sqrt{(r\,d\varphi)^2 + (dr)^2}, \qquad \sin\vartheta = \frac{r\,d\varphi}{ds}, \qquad \cos\vartheta = \frac{dr}{ds}, \tag{l}$$

oder wenn man mit $r' = \frac{dr}{d\varphi}$ rechnet,

$$ds = d\varphi\sqrt{r^2 + \left(\frac{dr}{d\varphi}\right)^2} \qquad \text{oder} \qquad \boldsymbol{ds = d\varphi\sqrt{r^2 + r'^2}}, \tag{m}$$

$$\sin\vartheta = \frac{r}{\sqrt{r^2 + r'^2}}, \qquad \cos\vartheta = \frac{r'}{\sqrt{r^2 + r'^2}}. \tag{n}$$

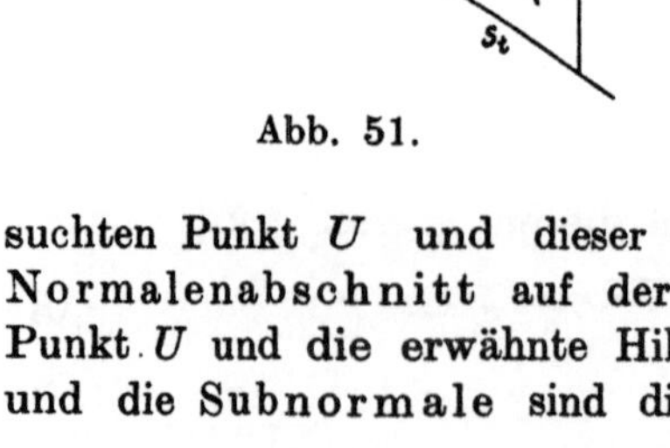

Abb. 51.

Auch die Größen t, n, s_t, s_n kann man für polare Koordinaten einführen, wenn sie auch anders zu definieren sind. Man errichtet im Nullpunkt O eine zum Radiusvektor nach U senkrechte Hilfsachse und behandelt sie genau so, wie die x-Achse bei rechtwinkligen Koordinaten. Dann ist der Tangentenabschnitt t das Stück der Tangente zwischen dem untersuchten Punkt U und dieser Hilfsachse, entsprechend wird der Normalenabschnitt auf der Normalen durch den untersuchten Punkt U und die erwähnte Hilfsachse begrenzt; die Subtangente und die Subnormale sind die Projektionen des Tangenten- bzw.

Normalenabschnittes auf die Hilfsachse. Nach dieser Festsetzung wird

$$t = \frac{r}{\cos\vartheta} = \frac{r}{r'}\sqrt{r^2 + r'^2}, \qquad s_t = r \operatorname{tg}\vartheta = \frac{r^2}{r'}, \tag{o}$$

$$n = \frac{r}{\sin\vartheta} = \sqrt{r^2 + r'^2}, \qquad s_n = r \operatorname{cotg}\vartheta = r'. \tag{p}$$

Beispiel d) Man ermittle von der Kurve $r = 2a(1 + \cos\varphi)$ im Punkt $P_0 = r_0 \,|\, \varphi_0$ den Tangenten- und Normalenabschnitt, die Subtangente und Subnormale; für den Wert $\varphi_0 = \frac{1}{2}\pi$ gebe man noch die Zahlenwerte an.

Die Kurve ist bereits in den Beispielen 27a) und 28d) besprochen. Es ist

$$r' = -2a\sin\varphi \quad \text{und} \quad r_0' = -2a\sin\varphi_0,$$

$$\frac{r_0}{r_0'} = -\frac{1+\cos\varphi_0}{\sin\varphi_0} = -\operatorname{cotg}\frac{\varphi_0}{2}, \qquad \sqrt{r_0^2 + r_0'^2} = 4a\cos\frac{\varphi_0}{2}$$

und damit an der Stelle φ_0

$$t = -4a\operatorname{cotg}\frac{\varphi_0}{2}\cos\frac{\varphi_0}{2}, \qquad s_t = -4a\operatorname{cotg}\frac{\varphi_0}{2}\cos^2\frac{\varphi_0}{2},$$

$$n = 4a\cos\frac{\varphi_0}{2}, \qquad s_n = -2a\sin\varphi_0.$$

Für den besonderen Fall $\varphi_0 = \frac{1}{2}\pi$ oder $\frac{1}{2}\varphi_0 = \frac{1}{4}\pi$ erhält man und Abb. 48 bestätigt:

$$t = n = 2a\sqrt{2}, \qquad s_t = s_n = 2a.$$

31. Wiederholungs-Aufgaben. 1) Für welche Werte C und γ sind die beiden Bewegungen

$$s = A\sin(\omega t + \alpha) + B\sin(\omega t + \beta) \quad \text{und} \quad s = C\sin(\omega t + \gamma)$$

identisch?

2) Beweise $\arcsin x + \arccos x = \frac{1}{2}\pi, \quad \operatorname{arctg} x + \operatorname{arccotg} x = \frac{1}{2}\pi.$ (a)

3) Beweise $\operatorname{arctg} x \pm \operatorname{arctg} y = \operatorname{arctg}\frac{x \pm y}{1 \mp xy}.$ (b)

4) bis 6) Man berechne x aus den Gleichungen

$$\sin x = \operatorname{tg} x, \qquad \sin x + \cos x = 1{,}2, \qquad \operatorname{tg} x - \sin x = 1 - \cos x.$$

7) bis 9) Die Variablen u und v sind durch die nachfolgenden Gleichungen in Zusammenhang gebracht; man gebe den algebraischen Zusammenhang zwischen u und v an.

7) $u = \cos\arcsin v$ 8) $\arccos u = 2\arcsin v$ 9) $u = \cos\operatorname{arctg}\frac{\sqrt{1-v^2}}{v}$

10) Beweise $2\operatorname{arctg}\sqrt{\frac{a-b}{a+b}} = \arccos\frac{b}{a}.$

11) bis 13) Man berechne x aus den Gleichungen

11) $\cos x = \frac{3}{8}\sin^2 x$ 12) $\sin x + \sqrt{1+\sin^2 x} = 2 : \sin x$ 13) $\cos x = \cos \frac{1}{2} x$.

14) bis 16) Die Integrale trigonometrischer Funktionen von x lassen sich sehr oft durch die Substitution $\operatorname{tg} \frac{1}{2} x = t$ auf bekannte Integrale rationaler Funktionen von t zurückführen. Welche Form nehmen durch diese Substitution die nachfolgenden Funktionen an?

$$\frac{1}{1+\cos x}, \qquad \frac{1}{\sin x + \cos x}, \qquad \frac{2+\cos x}{2-\cos x}.$$

17) Man entwickle geometrisch mit Hilfe des Einheitskreises den Grenzwert von $\sin x : x$ an der Stelle $x = 0$.

18) bis 21) Man ermittle den Grenzwert G von

$$\lim_{x=a}\frac{x^3-a^3}{x^2-a^2}, \qquad \lim_{x=0}\frac{\sin x}{\sqrt{1-\cos x}}, \qquad \lim_{x=1}\frac{\sin 1 - \sin x}{\cos 1 - \cos x}, \qquad \lim_{x=9}\frac{\sqrt{x}-3}{(x-8)^2-1}.$$

22) Beweise
$$\lim_{n=\infty}\frac{x^n}{n!} = 0. \qquad \text{(c)}$$

23) bis 28) Man differenziere die nachstehenden Funktionen

23) $u = x^4 - 0{,}6\,x^5 + \frac{1}{3}\,x^6 + \frac{1}{7}\,x^7 + C$ 24) $v = x^9 - 8\,x^{-2} + \frac{1}{3}\,x^{-5} + 1$

25) $w = 1 + x^{\frac{1}{3}} + 3\,x^{\frac{4}{3}} - 5\,x^{-\frac{5}{2}}$ 26) $z = 3 + \frac{3}{x} + 4\sqrt[4]{x^3} + 3 : \sqrt[3]{x^{-2}}$

27) $x = \frac{1}{a-bv} - \frac{1}{a+bv}$ 28) $z = \frac{3-4u}{3u-2u^2}$.

29) bis 31) Gesucht ist das Differential von

29) $f = e^u u^5$ 30) $g = v \sin v - e^v \cos v$ 31) $h = e^w w \sin w$.

32. Lösungen. 1) Man setzt die beiden Bewegungen gleich und rechnet auf beiden Gleichungsseiten wie im Beispiel 4b) aus. Die Identität muß für jeden Wert von t gelten, für die besonderen Werte $t = 0$ und $t = \frac{1}{2}\pi$ erhält man
$$A \sin\alpha + B \sin\beta = C \sin\gamma, \qquad A\cos\alpha + B\cos\beta = C\cos\gamma,$$
woraus sich ergibt
$$C^2 = A^2 + B^2 + 2\,AB\cos(\alpha-\beta)$$
und
$$\operatorname{tg}\gamma = (A\sin\alpha + B\sin\beta) : (A\cos\alpha + B\cos\beta).$$

2) Entweder unmittelbar durch Definition, indem man sich an die Formel $\sin\varphi = \cos(\frac{1}{2}\pi - \varphi)$ erinnert.

Oder man setzt
$$\arcsin x = \alpha, \quad \arccos x = \beta, \quad \text{also} \quad \sin\alpha = x, \quad \cos\beta = x.$$
Daraus wird
$$\sin\alpha = \cos\beta \quad \text{und wegen} \quad \sin\alpha = \cos(\tfrac{1}{2}\pi - \alpha),$$
$$\beta = \tfrac{1}{2}\pi - \alpha \quad \text{oder} \quad \alpha + \beta = \tfrac{1}{2}\pi.$$
Ebenso wird die zweite Formel bewiesen.

3) Der Bruch auf der rechten Seite erinnert an die Formel

$$\operatorname{tg}(\alpha \pm \beta) = \frac{\operatorname{tg}\alpha \pm \operatorname{tg}\beta}{1 \mp \operatorname{tg}\alpha \operatorname{tg}\beta}.$$

Man setzt

$$\operatorname{arctg} x = \alpha, \qquad \operatorname{arctg} y = \beta \qquad \text{oder} \qquad x = \operatorname{tg}\alpha, \qquad y = \operatorname{tg}\beta,$$

dann wird

$$\operatorname{tg}(\alpha \pm \beta) = \frac{x \pm y}{1 \mp xy} \qquad \text{oder} \qquad \alpha \pm \beta = \operatorname{arctg}\frac{x \pm y}{1 \mp xy}.$$

4) Gefragt ist: An welcher Stelle haben die Sinus- und die Tangenskurve die nämliche Ordinate?

Abb. 25 zeigt, daß $x = 0$, $x = \pi$, $x = 2\pi$ oder allgemein $x = k\pi$, wo k jede beliebige ganze Zahl.

5) Man fragt: An welcher Stelle haben die Ordinaten der Sinus- und Kosinuskurve die Summe $+1{,}2$? Der Abb. 25 entnimmt man mit grober Annäherung x zu $0{,}2 \approx 0{,}3$. Die Rechnung liefert, wenn man die gegebene Gleichung quadriert und vereinfacht,

$$\sin 2x = 0{,}44 \qquad \text{oder} \qquad x = 0{,}5 \arcsin 0{,}44 \cong 0{,}2.$$

6) Man formt die Gleichung um,

$$\sin x\,(1 - \cos x) = \cos x\,(1 - \cos x),$$

und hat zwei Lösungen $1 - \cos x = 0$ und $\sin x = \cos x$. Der Abb. 25 entnimmt man, wenn k eine ganze Zahl,

$$x = 2k\pi \qquad \text{und} \qquad x = \tfrac{1}{4}\pi + k\pi.$$

7) Die trigonometrischen Funktionen müssen beseitigt werden. Man setzt

$$\arcsin v = x \qquad \text{oder} \qquad v = \sin x;$$

die gegebene Gleichung wird $u = \cos x$; beide Gleichungen geben

$$u^2 + v^2 = 1.$$

8) Man setzt

$$\arccos u = x \qquad \text{oder} \qquad u = \cos x, \qquad \arcsin v = y \qquad \text{oder} \qquad v = \sin y.$$

Die gegebene Gleichung wird $x = 2y$ und deswegen zu

$$u = \cos 2y, \quad v = \sin y \qquad \text{oder} \qquad u = 1 - 2\sin^2 y \qquad \text{oder} \qquad u = 1 - 2v^2.$$

9) Man setzt $\qquad u = \cos x,$

also

$$\operatorname{arctg}\frac{\sqrt{1 - v^2}}{v} = x \qquad \text{oder} \qquad \operatorname{tg} x = \frac{\sqrt{1 - v^2}}{v};$$

zwischen $\operatorname{tg} x$ und $\cos x$ besteht die trigonometrische Beziehung

$$\cos^2 x\,(1 + \operatorname{tg}^2 x) = 1, \qquad \text{hier} \qquad u^2\left(1 + \frac{1 - v^2}{v^2}\right) = 1 \qquad \text{oder} \qquad u^2 = v^2.$$

10) Man setzt

$$u = 2\operatorname{arctg}\sqrt{\frac{a - b}{a + b}} \qquad \text{und} \qquad v = \arccos\frac{b}{a},$$

dann ist

$$\sqrt{\ } = \operatorname{tg}\frac{u}{2} \qquad \text{oder} \qquad \frac{a - b}{a + b} = \operatorname{tg}^2\frac{u}{2}, \qquad \frac{b}{a} = \cos v,$$

$$\operatorname{tg}^2\frac{u}{2} = \frac{1 - b : a}{1 + b : a} = \frac{1 - \cos v}{1 + \cos v} = \frac{2\sin^2\frac{v}{2}}{2\cos^2\frac{v}{2}} = \operatorname{tg}^2\frac{v}{2}$$

oder

$$u = v.$$

11) Man setzt $\cos x = u$ und formt die Gleichung um, $8u = 3(1 - u^2)$ oder $3u^2 + 8u - 3 = 0$. $u_1 = -3$ oder $\cos x_1 = -3$ liefert keinen reellen Wert von x; $u_2 = \frac{1}{3}$ oder $\cos x_2 = \frac{1}{3}$ liefert $x_2 \cong \pm 1{,}3 + 2k\pi$, wo k eine ganze Zahl.

12) Man setzt $\sin x = u$ und erhält
$u^2 + u\sqrt{1+u^2} = 2$ oder $u^2 + u^4 = 4 - 4u^2 + u^4$ oder $5u^2 = 4$. $u = \pm\sqrt{0{,}8}$ oder $\sin x = \pm 0{,}89$ liefert $x = \pm 1{,}17 + k\pi$, wo k eine ganze Zahl.

13) Man setzt $\cos \frac{1}{2}x = u$ und erhält $2u^2 - 1 = u$. $u_1 = 1$ oder $\cos\frac{1}{2}x = 1$ liefert $\frac{1}{2}x = 2k\pi$; $u_2 = -0{,}5$ oder $\cos\frac{1}{2}x = -0{,}5$ liefert $\frac{1}{2}x = \pm\frac{2}{3}\pi + 2k\pi$.

14) bis 16) Nach Aufgabe I 13b) wird

$$\sin\frac{x}{2} = t : \sqrt{1+t^2}, \quad \cos\frac{x}{2} = 1 : \sqrt{1+t^2}$$

und deswegen

$$\sin x = \frac{2t}{1+t^2}, \quad \cos x = \frac{1-t^2}{1+t^2}, \quad \operatorname{tg} x = \frac{2t}{1-t^2}, \quad \operatorname{cotg} x = \frac{1-t^2}{2t}.$$

Mit diesen Werten nehmen die gegebenen Funktionen die nachfolgenden Formen an:

$$\frac{1+t^2}{2}, \quad \frac{1+t^2}{1+2t-t^2}, \quad \frac{3+t^2}{1+3t^2}.$$

17) Auf dem Einheitskreis der Abbildung schneidet man den Bogen x ab, den zugehörigen Zentriwinkel kann man dann, im Winkelmaß natürlich, auch mit x bezeichnen. Dann erhalten die Einzelseiten der Dreiecke die in der Skizze eingeschriebenen Werte.

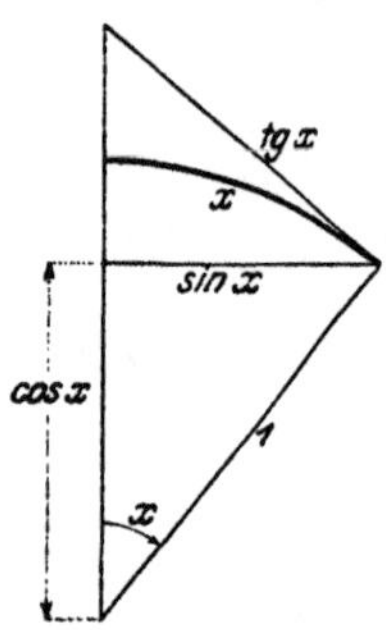

Abb. 52.

Daß der Sektor vom Bogen x größer oder höchstens gleich ist dem rechtwinkligen Dreieck mit den Katheten $\sin x$ und $\cos x$ und kleiner oder höchstens gleich dem großen mit den Katheten 1 und $\operatorname{tg} x$, schreibt man an

$$\tfrac{1}{2}\sin x \cos x \leqq \tfrac{1}{2}x \leqq \tfrac{1}{2}\operatorname{tg} x;$$

das Gleichheitszeichen würde natürlich für den Fall gelten, daß alle drei Flächen verschwinden. Die Gleichung kann man noch schreiben, indem man mit $\frac{1}{2}\sin x$ dividiert,

$$\cos x \leqq \frac{x}{\sin x} \leqq \frac{1}{\cos x}.$$

Läßt man x mehr und mehr dem Null sich nähern, so wird aus dieser Beziehung

$$\lim_{x=0}\cos x \leqq \lim_{x=0}\frac{x}{\sin x} \leqq \lim_{x=0}\frac{1}{\cos x} \quad \text{oder} \quad 1 \leqq \lim_{x=0}\frac{x}{\sin x} \leqq 1,$$

so daß

$$\lim_{x=0}\frac{x}{\sin x} = 1 \quad \text{und damit auch} \quad \lim_{x=0}\frac{\sin x}{x} = 1.$$

18) $G = \lim\limits_{x=a}\frac{(x^2 + xa + a^2)(x-a)}{(x+a)(x-a)} = 1{,}5\,a;$

19) $G = \lim\limits_{x=0} \frac{2 \sin \frac{1}{2} x \cos \frac{1}{2} x}{\sqrt{2 \sin^2 \frac{1}{2} x}} = \lim\limits_{x=0} \sqrt{2} \cos \frac{1}{2} x = \sqrt{2};$

20) $G = \lim\limits_{x=1} \frac{2 \cos \frac{1+x}{2} \sin \frac{1-x}{2}}{-2 \sin \frac{1+x}{2} \sin \frac{1-x}{2}} = \lim\limits_{x=1} \left[-\operatorname{cotg} \frac{1+x}{2}\right] = -\operatorname{cotg} 1;$

21) $$G = \lim_{x=9} \frac{(\sqrt{x}-3)(\sqrt{x}+3)}{(x-8-1)(x-8+1)(\sqrt{x}+3)}$$

$$= \lim_{x=9} \frac{x-9}{(x-9)(x-7)(\sqrt{x}+3)} = \lim_{x=9} \frac{1}{(x-7)(\sqrt{x}+3)} = \frac{1}{12}.$$

22) Solange x ein echter Bruch bleibt, ist die Formel ohne weiteres einzusehen, weil sich der Zähler dem Wert 0 und der Nenner dem Wert ∞ nähert. Ist der Absolutwert von x größer als 1, so nähern sich Zähler und Nenner dem Wert ∞, der Quotient $x^n : n!$ hat sonach für $n = \infty$ einen unbestimmten Wert $\infty : \infty$, nicht aber sein Grenzwert! Man kann die positiv vorausgesetzte Zahl x, wenn sie nicht selbst eine ganze Zahl ist, jedenfalls immer zwischen zwei ganzen Zahlen k und $k+1$ einschließen, etwa $x = 1\,240{,}3$ zwischen 1 240 und 1 241. Man zerlegt

$$\frac{x^n}{n!} = \frac{x \cdot x \cdot x \ldots x}{1 \cdot 2 \cdot 3 \ldots k} \cdot \frac{x \cdot x \ldots x}{(k+1) \cdot (k+2) \ldots n} = E \cdot B.$$

Der erste Bruch E ist sicher eine endliche Zahl, da Zähler und Nenner endlich sind. Der zweite Bruch B ist sicher positiv; er wird jedenfalls größer, wenn man alle Einzelnenner gleich $k+1$ setzt, also

$$B < \frac{x \cdot x \ldots x}{(k+1)(k+1) \ldots (k+1)} \quad \text{oder} \quad B < \left(\frac{x}{k+1}\right)^{n-k}.$$

Dann wird $\lim\limits_{n=\infty} \frac{x^n}{n!} = E \cdot \lim B = E \cdot 0$, denn der echte Bruch $\frac{x}{k+1}$ wird $(n-k)$ mal, also unendlich oft mit sich selbst multipliziert und hat sonach als Grenze 0, sonach erst recht B, da es ja positiv sein muß. Wenn x negativ ist, so ändert sich nur das Vorzeichen des Quotienten, also gilt die zu beweisende Formel auch für negative x.

23) $\frac{du}{dx} = x^3 (4 - 3x + 2x^2 + x^3).$

24) $\frac{dv}{dx} = 9x^8 + 16x^{-3} - \frac{5}{3} x^{-6}.$

25) $\frac{dw}{dx} = \frac{1}{3} x^{-\frac{2}{3}} + 4x^{\frac{1}{3}} + \frac{25}{2} x^{-\frac{7}{2}}.$

26) $z = 3 + 3x^{-1} + 4x^{\frac{3}{4}} + 3x^{\frac{2}{3}},$

$\frac{dz}{dx} = -3x^{-2} + 3x^{-\frac{1}{4}} + 2x^{-\frac{1}{3}}.$

27) $$\frac{dx}{dv} = \frac{(a - bv)\cdot 0 - 1\cdot - b}{(a - bv)^2} - \frac{(a + bv)\cdot 0 - 1\cdot b}{(a + bv)^2}$$
$$= b\left[\frac{1}{(a - bv)^2} + \frac{1}{(a + bv)^2}\right].$$

28) $$\frac{dz}{du} = \frac{(3u - 2u^2)\cdot - 4 - (3 - 4u)(3 - 4u)}{(3u - 2u^2)^2} = -\frac{9 - 12u + 8u^2}{(3u - 2u^2)^2}.$$

29) $df = e^u (u^5 + 5u^4)\,du = e^u u^4 (u + 5)\,du.$

30) $$dg = [\sin v + v\cos v - \cos v \cdot e^v - e^v \cdot - \sin v]\,dv$$
$$= [\sin v + v\cos v + e^v (\sin v - \cos v)]\,dv.$$

31) $$dh = [e^w \cdot w \sin w + 1 \cdot e^w \sin w + \cos w \cdot e^w w]\,dw$$
$$= e^w [w \sin w + \sin w + w \cos w]\,dw.$$

Zweiter Abschnitt.

Differentialrechnung II.

33. Ableitung der Funktion einer Funktion. An die Spitze der folgenden Überlegungen stellen wir die schon öfter erwähnte Selbstverständlichkeit: Man kann nach x nur eine Funktion von x differenzieren, nach u nur eine Funktion von u usw. Es hat also die Ableitung von $f(x)$ nach u, wenn x unabhängig von u ist, den Wert Null, da $f(x)$ sich eben nicht ändert, wenn u sich ändert.

Sei untersucht die Funktion $F(u)$, wo u wieder eine Funktion $u(x)$ von x ist. Man kann also hier differenzieren $F(u)$ nach u, und u selbst wieder nach x, aber ebenso auch $F(u)$ nach x, da natürlich $F(u)$ oder in anderer Schreibweise $F[u(x)]$ dann auch eine Funktion von x ist.

Im Sonderfall:

$$\sqrt{x^2-a^2} \quad \text{oder} \quad \sqrt{u}, \quad \text{wo} \quad u = x^2 - a^2,$$

soll nach x differenziert werden. Man kann $\sqrt{u}$ differenzieren nach u, ebenso u nach x; man erhält

$$\frac{d\sqrt{u}}{du} = \frac{1}{2\sqrt{u}}, \qquad \frac{du}{dx} = 2x.$$

Multipliziert man beide Gleichungen, so hat man

$$\frac{d\sqrt{u}}{dx} = \frac{d\sqrt{u}}{du} \cdot \frac{du}{dx} = \frac{2x}{2\sqrt{u}},$$

oder wenn man für u seinen Wert $x^2 - a^2$ setzt,

$$\frac{d}{dx}\sqrt{x^2-a^2} = \frac{x}{\sqrt{x^2-a^2}},$$

womit der gesuchte Differentialquotient ermittelt ist.

Man versuche, sich von diesem rein mechanischen Vorgehen freizumachen, und überlege folgendermaßen: Man kann $\sqrt{x}$ nach x differenzieren und erhält $1:2\sqrt{x}$, ebenso kann man $\sqrt{y}$ nach y differenzieren und erhält $1:2\sqrt{y}$; so kann man auch $\sqrt{R}$ nach R

differenzieren und erhält $1:2\sqrt{R}$. Hier ist R eine Abkürzung statt „Radikand", so daß sich auch die Sprechweise empfiehlt: man kann $\sqrt{\text{Radikand}}$ nach dem Radikanden differenzieren und erhält $\frac{1}{2\sqrt{\text{Radikand}}}$. Man denke eben daran, daß x oder y oder R Bezeichnungen, Abkürzungen, Symbole für irgendwelche veränderliche Größen sind, es kann also x oder y oder R etwa bedeuten eine Last, eine Kraft, einen Weg usw. Es kann R ein Symbol für jede beliebige Funktion sein usw.

Beispielsweise: man kann $\sqrt{x^2-a^2}$ nach x^2-a^2 differenzieren und erhält $1:2\sqrt{x^2-a^2}$. Oder $\sqrt{\log u}$ kann nach $\log u$ differenziert werden und gibt $1:2\sqrt{\log u}$. Ebenso ist $\sqrt{e^x+e^{-x}}$ nach e^x+e^{-x} zu differenzieren und liefert $1:2\sqrt{e^x+e^{-x}}$.

Entsprechend würde es heißen müssen: Man kann $\lg x$ nach x differenzieren und erhält $1:x$; oder man kann $\lg(a+bx)$ nach $a+bx$ differenzieren und erhält $1:(a+bx)$.

Um bei unserm Beispiel zu bleiben: $\sqrt{x^2-a^2}$ kann nach x^2-a^2 differenziert werden und liefert

$$\frac{d\sqrt{x^2-a^2}}{d(x^2-a^2)}=\frac{1}{2\sqrt{x^2-a^2}}.$$

Nun soll aber die Wurzel nicht nach x^2-a^2, sondern nach x differenziert werden; zu diesem Zweck denkt man daran, daß

$$\frac{dy}{dx}=\frac{dy}{du}\,\frac{du}{dx}$$

ist. Kann man also nicht unmittelbar nach dem Argument, hier x, differenzieren, so differenziert man mittelbar, d. h. zuerst nach einem Hilfsargument, hier $dy:du$, und dann dieses Hilfsargument selbst nach dem Argument, hier $du:dx$. Oder wenn wir bei unserm Beispiel bleiben: $\sqrt{x^2-a^2}$ ist zunächst von x^2-a^2 abhängig und x^2-a^2 selbst wieder von x; es ist x^2-a^2 das nächste Argument oder Hilfsargument von $\sqrt{x^2-a^2}$ und x erst das Schlußargument; man wird also die Funktion $\sqrt{x^2-a^2}$ nach dem nächsten Argument x^2-a^2 differenzieren und dann dieses Argument selbst wieder nach dem Schlußargument x; das Produkt der beiden Differentialquotienten gibt

$$\frac{d\sqrt{x^2-a^2}}{dx}=\frac{d\sqrt{x^2-a^2}}{d(x^2-a^2)}\cdot\frac{d(x^2-a^2)}{dx}$$

$$=\frac{1}{2\sqrt{x^2-a^2}}\cdot 2x=\frac{x}{\sqrt{x^2-a^2}}.$$

Man sieht, der Rechnungsvorgang spielt sich, wenn man diese Hilfsargumente gar nicht erst näher bezeichnet, logischer und konsequenter ab, als durch Einführung von Buchstaben u, v, usw.

Beispiel a) $\lg \sin(a+bx^2)$ soll nach x differenziert werden.

Man überlegt: $\lg \sin(a+bx^2)$ kann nach dem nächsten Argument $\sin(a+bx^2)$ differenziert werden und gibt $1 : \sin(a+bx^2)$; weiter kann man $\sin(a+bx^2)$ nach $a+bx^2$ differenzieren und erhält $\cos(a+bx^2)$; zuletzt wird man $a+bx^2$ noch nach x differenzieren und $2\,bx$ erhalten; man rechnet

$$\frac{d \lg \sin(a+bx^2)}{dx} = \frac{d \lg \sin(a+bx^2)}{d \sin(a+bx^2)} \cdot \frac{d \sin(a+bx^2)}{d(a+bx^2)} \cdot \frac{d(a+bx^2)}{dx}$$

$$= \frac{1}{\sin(a+bx^2)} \cdot \cos(a+bx^2) \cdot 2\,bx$$

$$= 2\,bx \operatorname{cotg}(a+bx^2).$$

Beispiel b) $\sqrt{\cos(x^2-x)}$ soll nach x differenziert werden.

Man kann $\sqrt{\cos(x^2-x)}$ zunächst nach $\cos(x^2-x)$ differenzieren [NB! Man scheue sich nicht zu sagen, wie auch hier geschrieben steht, $\sqrt{\cos \text{Klammer}}$ kann nach „cos Klammer" differenziert werden und liefert $\dfrac{d\sqrt{\cos \text{Klammer}}}{d \cos \text{Klammer}} = \dfrac{1}{2\sqrt{\cos \text{Klammer}}}$ oder $\dfrac{1}{2\sqrt{\cos(\ \ )}}$] und erhält $1 : 2\sqrt{\cos(x^2-x)}$. Man hat nach dem nächsten Argument $\cos(x^2-x)$ differenziert und muß dieses Argument selbst wieder differenzieren. $\cos(\ \ )$ kann wieder nach dem nächsten Argument $(\ \ )$ differenziert werden und gibt $-\sin(\ \ )$. Man hat nach der Klammer x^2-x differenziert und muß nun diese Klammer selbst differenzieren; x^2-x nach dem letzten Argument x differenziert gibt $2x-1$. Die drei Ableitungen müssen schließlich multipliziert werden. Was soeben etwas breiter durch Worte ausgeführt wurde, läßt sich wieder kürzer analytisch darstellen:

$$\frac{d\sqrt{\cos(x^2-x)}}{dx} = \frac{d\sqrt{\cos(x^2-x)}}{d\cos(x^2-x)} \cdot \frac{d\cos(x^2-x)}{d(x^2-x)} \cdot \frac{d(x^2-x)}{dx}$$

$$= \frac{1}{2\sqrt{\cos(x^2-x)}} \cdot -\sin(x^2-x) \cdot (2x-1)$$

$$= \frac{\sin(x^2-x) \cdot (1-2x)}{2\sqrt{\cos(x^2-x)}}.$$

Die angegebene Art und Weise, Funktionen einer Funktion zu differenzieren, läßt sich zusammenfassen zur Regel

$$\frac{dF[f(x)]}{dx}=\frac{dF[f(x)]}{df(x)}\cdot\frac{df(x)}{dx}, \tag{a}$$

in Worten:

Die Funktion $F[f(x)]$ einer Funktion wird differenziert, indem man sie nach dem nächsten Argument $f(x)$ differenziert und dieses Argument $f(x)$ selbst wieder nach dem letzten Argument x, alsdann beide Differentialquotienten multipliziert.

Die Regel wird sinngemäß erweitert, wenn man mehr als ein Hilfsargument einführen muß.

34. Fortsetzung. Beispiel a)

$$\frac{d(2+5u^2)^3}{du}=\frac{d(\ )^3}{d(\ )}\cdot\frac{d(\ )}{du}$$

$$=3(\ )^2\cdot 10u=30u(2+5u^2)^2$$

Beispiel b)

$$\frac{de^{\sin\varphi}}{d\varphi}=\frac{de^{\sin\varphi}}{d\sin\varphi}\cdot\frac{d\sin\varphi}{d\varphi}=e^{\sin\varphi}\cdot\cos\varphi.$$

Beispiel c)

$$\frac{d(a\sin^2 z+b\cos^2 z)^4}{dz}=\frac{d(\ )^4}{d(\ )}\cdot\frac{d(\ )}{dz}$$

$$=4(\ )^3\cdot\left[a\frac{d\sin^2 z}{d\sin z}\cdot\frac{d\sin z}{dz}+b\frac{d\cos^2 z}{d\cos z}\cdot\frac{d\cos z}{dz}\right]$$

$$=4(\ )^3\cdot[a\cdot 2\sin z\cdot\cos z+b\cdot 2\cos z\cdot-\sin z]$$

$$=4(a-b)\sin 2z\cdot(a\sin^2 z+b\cos^2 z)^3.$$

Beispiel d) Das durch Tangente und Normale in einem beliebigen Punkt der Kurve

$$y=c\lg(c-\sqrt{c^2-x^2})+\sqrt{c^2-x^2}$$

auf der y-Achse ausgeschnittene Stück hat die konstante Länge $2c$. Beweis!

Man sucht zuerst die Richtung und dann die Gleichung der Tangente und der Normalen im beliebigen Punkt $x_0|y_0$ auf; sind die Abschnitte der beiden Geraden auf der y-Achse b_1 und b_2, so muß abgesehen vom Vorzeichen $b_1-b_2=2c$ sein unabhängig von der Wahl der Koordinaten x_0, y_0. Man beachte noch, daß man y_0

beseitigen kann, da ja die Ordinate durch die Wahl der Abszisse x_0 schon mitbestimmt ist.

$$y' = c\frac{1}{(\ )}\cdot\frac{-1}{2\sqrt{}}\cdot -2x + \frac{-2x}{2\sqrt{}} = \frac{x}{\sqrt{}}\left(\frac{c}{c-\sqrt{}} - 1\right)$$

$$= \frac{x}{\sqrt{}}\cdot\frac{\sqrt{}}{c-\sqrt{}} = \frac{x}{c-\sqrt{}} = \frac{x(c+\sqrt{})}{(c-\sqrt{})(c+\sqrt{})} = \frac{c+\sqrt{}}{x}.$$

Mit diesem Wert $y_0' = \operatorname{tg}\tau_0$ im Punkt P_0 wird die Gleichung der Tangente nach 29

$$(y - y_0)\left(c - \sqrt{c^2 - x_0^2}\right) = x_0 (x - x_0);$$

sie hat

$$b_1 = \frac{-x_0^2}{c - \sqrt{}} + y_0 = \frac{x_0^2(\sqrt{} + c)}{-x_0^2} + y_0 = -\sqrt{} - c + y_0$$

als Abschnitt auf der y-Achse. Entsprechend erhält man die Gleichung der Normalen

$$(y - y_0)x_0 = \left(\sqrt{c^2 - x_0^2} - c\right)(x - x_0) \quad \text{und} \quad b_2 = y_0 + c - \sqrt{c^2 - x_0^2}$$

als Abschnitt auf der y-Achse. Damit wird

$$b_1 - b_2 = -\sqrt{} - c - c + \sqrt{} = -2c.$$

35. Höhere Differentialquotienten und Differentiale. Sei $f'(x)$ die Ableitung einer vorliegenden Funktion $f(x)$. In diesem Zusammenhang bezeichnet man dann, wie bereits mitgeteilt, $f(x)$ als Stammfunktion und $f'(x)$ als Ableitung. Natürlich ist $f'(x)$ auch wieder eine Funktion von x und kann sonach selbst nach x abgeleitet werden. Man nennt dann $f'(x)$ auch die erste Ableitung der Funktion $f(x)$; und zweite Ableitung die Ableitung der ersten Ableitung $f'(x)$. Man kann so weiter fahren und die dritte, vierte, ... $n$te Ableitung aus $f(x)$ bilden. Man definiert:

Zweite Ableitung einer Funktion $f(x)$ ist die Ableitung der ersten Ableitung aus $f'(x)$; (a)

allgemein:

$n$te Ableitung einer Funktion $f(x)$ ist die Ableitung der $(n-1)$ten Ableitung dieser Funktion $f(x)$. (b)

Sei einen Augenblick statt $y' = f'(x)$ geschrieben $z = \varphi(x)$, so ist die zweite Ableitung oder der zweite Differentialquotient zu schreiben

$$\frac{d\varphi(x)}{dx} \quad \text{oder} \quad \varphi'(x) \quad \text{oder} \quad \frac{dz}{dx} \quad \text{oder} \quad z',$$

oder wenn man wieder die ursprünglichen Bezeichnungen einführt,

$$\frac{df'(x)}{dx} \quad \text{oder} \quad f''(x) \quad \text{oder} \quad \frac{dy'}{dx} \quad \text{oder} \quad y'',$$

oder wenn man $f'(x)=\frac{df(x)}{dx}$ und $y'=\frac{dy}{dx}$ beachtet,

$$\frac{d\frac{df(x)}{dx}}{dx} \quad \text{oder} \quad \frac{d\frac{dy}{dx}}{dx} \quad \text{oder} \quad \frac{d}{dx}\,\frac{df(x)}{dx} \quad \text{oder} \quad \frac{d}{dx}\,\frac{dy}{dx},$$

wofür man schreibt, wenn d^2y soviel wie $d(dy)$ bedeutet [man liest gewöhnlich „d zwei y" statt „d von dy"],

$$\frac{d^2 f(x)}{dx^2} \quad \text{oder} \quad \frac{d^2 y}{dx^2}.$$

Gebräuchlich sind nur die Schreibweisen

$$f''(x) \quad \text{oder} \quad y'' \quad \text{oder} \quad \frac{d^2 f(x)}{dx^2} \quad \text{oder} \quad \frac{d^2 y}{dx^2}.$$

Entsprechend schreibt man gewöhnlich für die dritte Ableitung

$$f'''(x) \quad \text{oder} \quad y''' \quad \text{oder} \quad \frac{d^3 f(x)}{dx^3} \quad \text{oder} \quad \frac{d^3 y}{dx^3},$$

auch

$$f^{(3)}(x) \quad \text{oder} \quad y^{(3)},$$

und für die $n$te Ableitung

$$f^{(n)}(x) \quad \text{oder} \quad y^{(n)} \quad \text{oder} \quad \frac{d^n f(x)}{dx^n} \quad \text{oder} \quad \frac{d^n y}{dx^n}.$$

Die Gleichheit der $n$ten Ableitung und des $n$ten Differentialquotienten,

$$\boldsymbol{\frac{d^n f(x)}{dx^n} = f^{(n)}(x),} \tag{c}$$

gibt auch die Formel für das $n$te Differential einer Funktion

$$\boldsymbol{d^n f(x) = f^{(n)}(x) \,.\, dx^n.} \tag{d}$$

d. h. das $n$te Differential einer Funktion ist gleich dem Produkt der $n$ten Ableitung dieser Funktion mal der $n$ten Potenz des Differentials der Unabhängigen.

So sind etwa die verschiedenen Differentiale der Sinusfunktion

$$d\sin x = \cos x\cdot dx, \qquad d^2\sin x = -\sin x\cdot dx^2,$$

$$d^3\sin x = -\cos x\cdot dx^3, \qquad d^4\sin x = \sin x\cdot dx^4 \text{ usw.}$$

Beispiel a) bis c) Man gebe die zweite Ableitung an von

a) $x \cdot \sin x$ b) $u \cdot e^u$ c) $\lg \sin \varphi$.

Man setzt Symbole für die Funktionen ein, etwa X bzw. U, Φ, dann wird

$$\text{a)}\quad \frac{dX}{dx} = \sin x + x \cdot \cos x,$$

$$\frac{d^2X}{dx^2} = \cos x + \cos x \cdot 1 + x \cdot - \sin x = 2\cos x - x \sin x;$$

$$\text{b)}\quad \frac{dU}{du} = e^u \cdot 1 + u e^u, \qquad \frac{d^2U}{du^2} = 2e^u + u e^u;$$

$$\text{c)}\quad \frac{d\Phi}{d\varphi} = \operatorname{cotg} \varphi, \qquad \frac{d^2\Phi}{d\varphi^2} = \frac{-1}{\sin^2\varphi}.$$

Beispiel d) Man gebe die höheren Ableitungen von $y = x \cdot \sin x$. Man geht von Beispiel a) aus und differenziert weiter,

$$y' = +1 \sin x + x \cdot \cos x, \qquad y'' = +2 \cos x - x \cdot \sin x,$$

$$y''' = -3 \sin x - x \cdot \cos x, \qquad y^{(4)} = -4 \cos x + x \cdot \sin x,$$

$$y^{(5)} = +5 \sin x + x \cdot \cos x \text{ usw.}$$

Beispiel e) Man stelle eine Formel für die nte Ableitung von $x \sin x$ auf.

Man setzt $y = x \sin x$ und erhält

$$y' = \sin x + x \cos x, \quad y'' = 2 \cos x - x \sin x \quad \text{oder} \quad y'' = 2 \cos x - y,$$

$$y''' = -2 \sin x - y', \qquad y^{(4)} = -2 \cos x - y''.$$

Setzt man aus der ersten Gleichung den Wert für $2 \cos x$ ein, so wird

$$y^{(4)} = -y'' - y - y'' \quad \text{oder} \quad y^{(4)} = -2y'' - y,$$

$$y^{(5)} = -2y''' - y', \qquad y^{(6)} = -2y^{(4)} - y'' \text{ usw.}$$

$$\text{oder} \quad y^{(n)} = -2y^{(n-2)} - y^{(n-4)}.$$

Man führt die $n$te Ableitung auf vorhergehende Ableitungen zurück, hier auf die $n-2$te und $n-4$te, und erhält eine Rekursions- oder Reduktionsformel. Wie der Name sagt, wird die $n$te Ableitung auf die entsprechenden früheren Ableitungen zurückgeführt.

36. Fortsetzung. Beispiel a) Beweise den Satz:

Bei der Bildung der höheren Ableitungen einer Funktion $f(x)$ ist das Differential dx der unabhängigen Veränderlichen wie eine Konstante zu behandeln. (a)

Der erste Differentialquotient oder die erste Ableitung $f'(x)$ ist das Verhältnis der Funktionsänderung $df(x)$ zur zugehörigen unendlich kleinen Änderung dx der Unabhängigen. Der zweite Differentialquotient oder die zweite Ableitung $f''(x)$ ist das Verhältnis der Ableitungsänderung $df'(x)$ zur zugehörigen unendlich kleinen Änderung dx der Unabhängigen. Genau wieder so definiert man den Differentialquotienten oder die Ableitung dritter Ordnung $f'''(x)$ als das Verhältnis $df''(x)$ zu dx usw. Man sieht, bei der Bildung der höheren Ableitungen hat man stets die gleiche Änderung dx der Unabhängigen, es ist sonach dx bei diesen Ableitungen als konstant zu betrachten. Wenn man diese Sätze auf die Bildung der Differentiale höherer Ordnung anwendet, als Kontrolle etwa für die Formel (35d), geht man von

$$df(x) = f'(x) \cdot dx$$

aus; auf der rechten Seite steht ein Produkt; man hat sonach die Formel (23a) anzuwenden,

$$\begin{aligned} d^2 f(x) &= d\,[df(x)] = d\,[f'(x) \cdot dx] \\ &= dx \cdot f''(x)\,dx + f'(x) \cdot d\,(dx) = f''(x) \cdot dx^2 + f'(x) \cdot 0 \\ &= f''(x) \cdot dx^2. \end{aligned}$$

Beispiel b) bis d) Gesucht die erste und zweite Ableitung von

$$\text{b)}\ \frac{x\sqrt{a^2+x^2}}{b}, \qquad \text{c)}\ a^{b+\lg u}, \qquad \text{d)}\ \lg\frac{\sqrt{1+z^2}}{\sqrt{1-z^2}}.$$

Wenn man für jede der drei Funktionen eine Abkürzung einführt, X bzw. U, Z, so ist

$$\text{b)}\ \frac{dX}{dx} = \frac{1}{b}\left(\sqrt{} + x\frac{x}{\sqrt{}}\right) = \frac{a^2+2x^2}{b\sqrt{}};$$

$$\frac{d^2X}{dx^2} = \frac{1}{b}\,\frac{\sqrt{} \cdot 4x - (a^2+2x^2)\dfrac{x}{\sqrt{}}}{\sqrt{}^{\,2}} = \frac{3a^2x+2x^3}{b\sqrt{}^{\,3}}.$$

$$\text{c)}\ \frac{dU}{du} = a^{b+\lg u}\lg a \cdot \frac{1}{u} = \frac{a^{b+\lg u}}{u}\lg a;$$

$$\frac{d^2U}{du^2} = \lg a\,\frac{u \cdot a^{b+\lg u}\lg a \cdot \dfrac{1}{u} - a^{b+\lg u}}{u^2}$$

$$= \frac{a^{b+\lg u}\lg a\,(\lg a - 1)}{u^2}.$$

$$\text{d)}\quad Z = \tfrac{1}{2}\lg(1+z^2) - \tfrac{1}{2}\lg(1-z^2);$$

$$\frac{dZ}{dz} = \frac{1}{2}\,\frac{2z}{1+z^2} - \frac{1}{2}\,\frac{-2z}{1-z^2} = \frac{2z}{1-z^4};$$

$$\frac{d^2Z}{dz^2} = 2\,\frac{1-z^4-z\cdot -4z^3}{(1-z^4)^2} = \frac{2(1+3z^4)}{(1-z^4)^2}.$$

37. Unentwickelte Funktion. Betrachtet sei die Gleichung $F(x,y)=0$, wo $F(x,y)$ irgendeine Funktion von x und y ist, also ein Ausdruck, der irgendwie x und y enthält. Als Gleichung betrachtet, enthält sie zwei Unbekannte x und y, kann also keinen bestimmten Wert von x und y ermitteln lassen. Erst wenn man einen bestimmten Wert für x in diese Gleichung einsetzt, kann man einen entsprechenden bestimmten Wert von y dazu ermitteln, bzw. mehrere bestimmte Werte von y je nach dem Grad der Gleichung. Jedem der unendlich vielen Werte, die man für x substituieren kann, entsprechen bestimmte Werte von y. Dann stellt aber diese Gleichung nichts anderes als eine Funktion von x dar, denn das ist ja das Bezeichnende der Funktion, daß jedem Wert des Argumentes bestimmte Werte der Funktion entsprechen. Man nennt deshalb $F(x,y)=0$ die implizite oder unentwickelte Form einer Funktion, oder auch kürzer implizite Funktion oder „unentwickelte Funktion" y von x, im Gegensatz zur expliziten oder entwickelten Funktion $y=f(x)$.

Natürlich kann man in der Darstellung $F(x,y)=0$ auch y als Argument und x als Funktion betrachten, so daß diese Form ebensogut auch als unentwickelte Funktion von y betrachtet werden kann.

Beispielsweise sei betrachtet die unentwickelte Funktion $x^2+y^2-r^2=0$; man kann y auflösen und erhält dann die entwickelte Funktion

$$y=\sqrt{r^2-x^2},$$

oder wenn man nach x auflöst und damit die inverse oder umgekehrte Funktion zu dieser aufstellt,

$$x=\sqrt{r^2-y^2}.$$

Soll man die Ableitung einer unentwickelten Funktion ermitteln, so scheint es auf den ersten Blick einfacher, die Funktion zu entwickeln und dann nach den bisherigen Regeln zu differenzieren. Nun gibt es aber unentwickelte Funktionen, die sich gar nicht in entwickelter Form darstellen lassen; und selbst wenn sie eine solche Funktion geben, so kann diese Darstellung recht schwierig sein. Es ist aber diese Umformung in den meisten Fällen gar nicht notwendig. Die Benützung des Satzes: jede Funktion kann man nach ihrem Argument differenzieren, gibt ohne Schwierigkeit die Ableitung einer unentwickelten Funktion. Da zwischen x und y die Beziehung $F(x,y)=0$ besteht, ist y als von x abhängig erkannt, deswegen ist auch $F(x,y)$ eine Funktion von x, die man dann nach x differenzieren kann.

Man beachte wohl den Unterschied, ob es heißt: $F(x,y)=0$ oder aber $F(x,y)$ ist nach x zu differenzieren; letztere Aufgabe ist an sich nicht zu lösen, weil ja noch nicht gesagt ist, daß y von x abhängig ist. Erst die Tatsache $F(x, y) = 0$ macht y und damit auch die linke Gleichungsseite zu einer Funktion von x.

Um auf das obige Beispiel zurückzugehen: die Funktion $x^2 + y^2 - r^2$ kann man nicht nach x differenzieren. Sie ist ja in dieser Form nicht als eine Funktion von x, sondern als eine Funktion von x und y dargestellt; erst durch die Beziehung $x^2 + y^2 - r^2 = 0$ oder eine andere Beziehung zwischen x und y wird y als eine Funktion von x und damit auch der ganze Ausdruck $x^2 + y^2 - r^2$ als eine Funktion von x erkannt, die man dann nach x differenzieren kann. Man erhält also wegen $x^2 + y^2 - r^2 = 0$ auch

$$\frac{d(x^2 + y^2 - r^2)}{dx} = 0 \quad \text{oder} \quad 2x + 2y\frac{dy}{dx} = 0,$$

wenn man jeden Summanden differenziert. Man kann nämlich y^2 nicht unmittelbar nach x differenzieren, folglich wird man nach 33 zuerst y^2 nach dem nächsten Hilfsargument y differenzieren und dann y selbst nach x. Wenn man auflöst, erhält man die gesuchte Ableitung

$$\frac{dy}{dx} = -\frac{x}{y}.$$

Das Gleiche müßte man natürlich auch erhalten, wenn man zuvor die Funktion entwickelt,

$$y = \sqrt{r^2 - x^2},$$

und dann differenziert,

$$\frac{d}{dx}\sqrt{r^2 - x^2} = \frac{1}{2\sqrt{}} \cdot -2x = \frac{-x}{\sqrt{r^2 - x^2}} = -\frac{x}{y}.$$

In genau der gleichen Weise findet man auch die zweite und erforderlichenfalls auch die weiteren höheren Ableitungen. Beispielsweise von der unentwickelten Funktion $x^2 + y^2 - r^2 = 0$. Die erste Ableitung ist bereits gegeben durch

$$x + yy' = 0 \quad \text{oder} \quad y' = -\frac{x}{y}.$$

Jede dieser beiden Gleichungen kann man nach x differenzieren, da ja auch y' ebenso wie y eine Funktion von x ist. Man erhält

$$1 + y' \cdot y' + y \cdot y'' = 0 \quad \text{oder} \quad y'' = -\frac{1 + y'^2}{y};$$

und wenn man die zweite Gleichung differenziert,

$$y'' = -\frac{y \cdot 1 - xy'}{y^2}.$$

Nur scheinbar sind beide Ergebnisse verschieden; man prüft, indem man in beiden den Wert von y' einsetzt.

Beispiel a) bis c) Gesucht ist die Ableitung der nachstehenden unentwickelten Funktionen,

$$\text{a) } 4x^3 - y^2 = 0, \qquad \text{b) } y(1-x) - x^3 = 0,$$

$$\text{c) } \sin y \cdot \cos x = x + \sin x.$$

$$\text{a) } 12x^2 - 2y\frac{dy}{dx} = 0 \quad \text{oder} \quad \frac{dy}{dx} = 6\frac{x^2}{y};$$

$$\text{b) } (1-x)\frac{dy}{dx} + y(-1) - 3x^2 = 0 \quad \text{oder} \quad \frac{dy}{dx} = \frac{3x^2 + y}{1-x};$$

$$\text{c) } \cos x \cdot \cos y \cdot y' + \sin y \cdot - \sin x = 1 + \cos x$$

$$\text{oder} \qquad y' = \frac{1 + \cos x + \sin x \sin y}{\cos x \cos y}.$$

38. Fortsetzung. Beispiel a) Man suche die Gleichung von Tangente und Normale in den Punkten $x = 1$, $x = 2$ der Kurve $y^2(2-x) = x^2 - 1$.

Durch $x_1 = 1$ ist die Ordinate $y_1 = 0$, also der Punkt $1 | 0$ bestimmt. An dieser Stelle ergibt sich die Ableitung oder Kurvengleichung aus

$$(2-x)2yy' + y^2 \cdot - 1 = 2x \qquad \text{oder} \qquad y' = \frac{2x + y^2}{2y(2-x)}$$

zu

$$y_1' = \operatorname{tg} \tau_1 = \infty,$$

wenn man $x_1 = 1$, $y_1 = 0$ einsetzt. Die Stelle $1 | 0$ ist somit eine Vertikalstelle, die Gleichung der Tangente also $x = 1$ und die der Normalen $y = 0$.

Für $x_2 = 2$ wird entsprechend $y_2 = \infty$, $y_2' = \operatorname{tg} \tau_2 = \infty$ (man kann in der obigen Formel für die Ableitung das endliche Glied $2x$ auf der rechten Seite gegen den Summanden ∞ vernachlässigen und daraus y_2' ermitteln). Also auch $2 | 0$ ist eine Vertikalstelle, die Gleichung der Tangente ist $x = 2$, die der Normalen $y = \infty$.

Beispiel b) und c) Gesucht ist die erste und zweite Ableitung von

$$\text{b) } ye^x = e^y \qquad \text{c) } x^2 - 3xy = x - y.$$

Die erste Gleichung wird man vorteilhaft zuvor logarithmieren, alsdann beide Gleichungsseiten nach x differenzieren,

$$\lg y + x = y \quad \text{oder} \quad \frac{1}{y}y' + 1 = y' \quad \text{oder} \quad y'(y-1) = y$$

$$\text{oder} \quad y' = \frac{y}{y-1}.$$

Die vorletzte Gleichung differenziert man noch einmal nach x und erhält

$$(y-1)\cdot y'' + y'\cdot y' = y' \quad \text{oder} \quad y''(y-1) + y'^2 = y'.$$

Man setzt für y' den vorher erhaltenen Wert ein und findet

$$y''(y-1)^3 + y = 0 \quad \text{oder} \quad y'' = -\frac{y}{(y-1)^3}.$$

Ebenso verfährt man bei der zweiten Gleichung und erhält der Reihe nach

$$2x - 3y - 3x\cdot y' = 1 - y' \quad \text{oder} \quad 2x - 3y - 1 = y'(3x-1)$$

$$\text{oder} \quad y' = \frac{2x-3y-1}{3x-1}.$$

Man differenziert die vorletzte Gleichung wieder nach x,

$$2 - 3y' = (3x-1)\cdot y'' + y'\cdot 3 \quad \text{oder} \quad y''(3x-1) + 6y' - 2 = 0$$

$$\text{oder} \quad y'' = 2\,\frac{2+9y-3x}{(3x-1)^2}.$$

Beispiel d) bis f) Gesucht ist die Ableitung der Funktionen

d) $u = x^x$ e) $v = (\sin x)^{\lg x}$ f) $w = \sin x^{\lg x}$.

Man wird in den beiden ersten Fällen am einfachsten zuvor logarithmieren und dann auf beiden Seiten das Differential nehmen, im dritten Fall w zuerst nach $x^{\lg x}$ differenzieren und dann wie bei den beiden anderen Beispielen vorgehen.

d) $\lg u = x \lg x$, also $d \lg u = d(x \lg x)$,

$$\text{oder} \quad \frac{du}{u} = \left(\lg x + x\cdot\frac{1}{x}\right)dx \quad \text{oder} \quad \frac{du}{dx} = (1+\lg x)\cdot x^x.$$

e) $\lg v = \lg x \lg \sin x$, also $d \lg v = d(\lg x \lg \sin x)$

$$\text{oder} \quad \frac{dv}{v} = \left(\lg \sin x\cdot\frac{1}{x} + \lg x\cdot\frac{1}{\sin x}\cdot\cos x\right)dx$$

$$\text{oder} \quad \frac{dv}{dx} = \left(\frac{1}{x}\lg\sin x + \operatorname{cotg} x\cdot\lg x\right)\cdot(\sin x)^{\lg x}.$$

f) $w = \sin z$, $z = x^{\lg x}$ oder $\lg z = (\lg x)^2$,

$$\text{also} \quad dw = \cos z\, dz, \quad \frac{dz}{z} = 2\lg x\cdot\frac{dx}{x}$$

$$\text{oder} \quad dw = \cos x^{\lg x}\cdot 2\lg x\,\frac{dx}{x}\cdot x^{\lg x}$$

$$\text{oder} \quad \frac{dw}{dx} = \frac{2\lg x}{x}\, x^{\lg x}\cos x^{\lg x}.$$

***39. Hyperbolische Funktionen.** Bei Rechnungen über Seile und Ketten treten sehr oft Funktionen von der Form

$$h\cdot\left(e^{\frac{x}{h}}\pm e^{-\frac{x}{h}}\right)$$

auf. Man wird daher für sie ein Symbol, eine Abkürzung einführen und ihnen gleichzeitig einen Namen geben. Man definiert den Sinus hyperbolicus von x, geschrieben $\operatorname{Sin} x$, und den Kosinus hyperbolicus von x, geschrieben $\operatorname{Cos} x$, durch die Formeln

$$\mathbf{Sin}\, x=\frac{e^{x}-e^{-x}}{2},\qquad \mathbf{Cos}\, x=\frac{e^{x}+e^{-x}}{2}. \tag{a}$$

Weiter noch Tangens hyperbolicus und Kotangens hyperbolicus durch die Formel

$$\mathbf{Tg}\, x=\frac{\mathbf{Sin}\, x}{\mathbf{Cos}\, x},\qquad \mathbf{Cotg}\, x=\frac{\mathbf{Cos}\, x}{\mathbf{Sin}\, x}. \tag{b}$$

Die Benennung läßt erwarten, einmal daß Eigenschaften dieser Funktion Ähnlichkeit mit denen der trigonometrischen Funktionen haben werden, und ferner daß sie auch mit der Hyperbel in Verbindung gebracht werden können.

Zunächst ergibt sich

$$\operatorname{Cos}^2 x=\frac{e^{2x}+e^{-2x}+2}{4},\qquad \operatorname{Sin}^2 x=\frac{e^{2x}+e^{-2x}-2}{4}$$

und damit

$$\operatorname{Cos}^2 x-\operatorname{Sin}^2 x=1; \tag{c}$$

weiter wird wegen Definition (b)

$$\operatorname{Tg} x\cdot\operatorname{Cotg} x=1. \tag{d}$$

Ebenso wird

$$1-\operatorname{Tg}^2 x=\frac{\operatorname{Cos}^2 x-\operatorname{Sin}^2 x}{\operatorname{Cos}^2 x},\qquad 1-\operatorname{Cotg}^2 x=\frac{\operatorname{Sin}^2 x-\operatorname{Cos}^2 x}{\operatorname{Sin}^2 x}$$

oder

$$1-\operatorname{Tg}^2 x=\frac{1}{\operatorname{Cos}^2 x},\qquad 1-\operatorname{Cotg}^2 x=\frac{-1}{\operatorname{Sin}^2 x}. \tag{e}$$

Auch die Formeln, die man durch Differenzieren erhält, werden jenen der gewöhnlichen trigonometrischen Funktionen ähnlich. Es wird

$$\frac{d\operatorname{Sin} x}{dx}=\frac{1}{2}\,\frac{d\,(e^{x}-e^{-x})}{dx}=\frac{e^{x}+e^{-x}}{2}$$

oder

$$\frac{d\operatorname{Sin} x}{dx}=\operatorname{Cos} x\qquad\text{und ebenso}\qquad\frac{d\operatorname{Cos} x}{dx}=\operatorname{Sin} x. \tag{f}$$

Weiter erhält man

$$\frac{d\,\mathrm{Tg}\,x}{dx}=\frac{d\,(\mathrm{Sin}\,x:\mathrm{Cos}\,x)}{dx}=\frac{\mathrm{Cos}^2 x-\mathrm{Sin}^2 x}{\mathrm{Cos}^2 x}=\frac{1}{\mathrm{Cos}^2 x},$$

und ebenso die Ableitung von $\mathrm{Cotg}\,x$, zusammen

$$\frac{d\,\mathrm{Tg}\,x}{dx}=\frac{1}{\mathrm{Cos}^2 x},\quad \frac{d\,\mathrm{Cotg}\,x}{dx}=-\frac{1}{\mathrm{Sin}^2 x}. \tag{g}$$

Beispiel a) und b) Man bilde die Ableitung der Funktionen

$$\text{a) } \tfrac{1}{2}h\left(e^{\frac{x}{h}}+e^{-\frac{x}{h}}\right) \qquad \text{b) } \left(e^{\frac{x}{h}}-e^{-\frac{x}{h}}\right):\left(e^{\frac{x}{h}}+e^{-\frac{x}{h}}\right).$$

Man kann für die erste Form schreiben $h\,\mathrm{Cos}\,\frac{x}{h}$ und erhält

$$\frac{d}{dx}\left(h\,\mathrm{Cos}\,\frac{x}{h}\right)=h\,\mathrm{Sin}\,\frac{x}{h}\cdot\frac{1}{h}=\mathrm{Sin}\,\frac{x}{h}.$$

Die zweite Funktion kann man schreiben $\mathrm{Tg}\,\frac{x}{h}$; ihre Ableitung ist

$$\frac{d}{dx}\mathrm{Tg}\,\frac{x}{h}=\frac{1}{\mathrm{Cos}^2\,\frac{x}{h}}\cdot\frac{1}{h}=\frac{1}{h\,\mathrm{Cos}^2\,\frac{x}{h}}.$$

Beispiel c) Man bilde die umgekehrte Funktion zu $y=h\,\mathrm{Cos}\,\frac{x}{h}$.

Man setzt $e^{\frac{x}{h}}=u$, also $e^{-\frac{x}{h}}=\frac{1}{u}$ und erhält

$$y=\frac{h}{2}\left(u+\frac{1}{u}\right) \quad \text{oder} \quad h u^2-2\,uy+h=0$$

oder

$$u=\frac{y\pm\sqrt{y^2-h^2}}{h}=e^{\frac{x}{h}}, \quad \text{also} \quad x=h\lg\frac{y\pm\sqrt{y^2-h^2}}{h}. \tag{h}$$

Beispiel d) Man führe hyperbolische Funktionen negativer Werte auf die entsprechenden Funktionen der positiven Werte zurück.

$$\mathrm{Sin}\,(-\alpha)=\tfrac{1}{2}(e^{-\alpha}-e^{\alpha})=-\tfrac{1}{2}(e^{\alpha}-e^{-\alpha})=-\mathrm{Sin}\,\alpha; \tag{i}$$

$$\mathrm{Cos}\,(-\alpha)=\tfrac{1}{2}(e^{-\alpha}+e^{\alpha})=\tfrac{1}{2}(e^{\alpha}+e^{-\alpha})=+\mathrm{Cos}\,\alpha; \tag{k}$$

$$\mathrm{Tg}\,(-\alpha)=\mathrm{Sin}\,(-\alpha):\mathrm{Cos}\,(-\alpha)=-\mathrm{Tg}\,\alpha; \tag{l}$$

$$\mathrm{Cotg}\,(-\alpha)=\mathrm{Cos}\,(-\alpha):\mathrm{Sin}\,(-\alpha)=-\mathrm{Cotg}\,\alpha. \tag{m}$$

***40. Fortsetzung.** Beispiel a) Man entwickle Formeln für

$$\mathrm{Sin}(\alpha \pm \beta) \quad \text{und} \quad \mathrm{Cos}(\alpha \pm \beta).$$

Man vermutet, daß die Formeln jenen für die gewöhnlichen trigonometrischen Funktionen ähnlich sein werden und bildet

$$\mathrm{Sin}\,\alpha \cdot \mathrm{Cos}\,\beta + \mathrm{Sin}\,\beta \cdot \mathrm{Cos}\,\alpha$$

$$= \tfrac{1}{2}(e^{\alpha} - e^{-\alpha}) \cdot \tfrac{1}{2}(e^{\beta} + e^{-\beta}) + \tfrac{1}{2}(e^{\beta} - e^{-\beta}) \cdot \tfrac{1}{2}(e^{\alpha} + e^{-\alpha})$$

$$= \tfrac{1}{4}\left[e^{\alpha+\beta} + e^{\alpha-\beta} - e^{-\alpha+\beta} - e^{-\alpha-\beta} + e^{\alpha+\beta} + e^{-\alpha+\beta} - e^{\alpha-\beta} - e^{-\alpha-\beta}\right]$$

$$= \tfrac{1}{2}(e^{\alpha+\beta} - e^{-\alpha-\beta}) = \mathrm{Sin}(\alpha + \beta)$$

oder umgekehrt

$$\mathrm{Sin}(\alpha + \beta) = \mathrm{Sin}\,\alpha \cdot \mathrm{Cos}\,\beta + \mathrm{Sin}\,\beta \cdot \mathrm{Cos}\,\alpha. \tag{a}$$

In der gleichen Weise entwickelt man die übrigen Formeln, indem man von der rechten Gleichungsseite ausgeht,

$$\mathrm{Sin}(\alpha - \beta) = \mathrm{Sin}\,\alpha \cdot \mathrm{Cos}\,\beta - \mathrm{Sin}\,\beta \cdot \mathrm{Cos}\,\alpha \tag{b}$$

$$\mathrm{Cos}(\alpha + \beta) = \mathrm{Cos}\,\alpha \cdot \mathrm{Cos}\,\beta + \mathrm{Sin}\,\alpha \cdot \mathrm{Sin}\,\beta \tag{c}$$

$$\mathrm{Cos}(\alpha - \beta) = \mathrm{Cos}\,\alpha \cdot \mathrm{Cos}\,\beta - \mathrm{Sin}\,\alpha \cdot \mathrm{Sin}\,\beta. \tag{d}$$

Beispiel b) Man entwickle $\mathrm{Sin}\,2x$ und $\mathrm{Cos}\,2x$.

Die Formeln (a) und (c) gehen über in

$$\mathrm{Sin}\,2x = 2\,\mathrm{Sin}\,x\,\mathrm{Cos}\,x \tag{e}$$

$$\mathrm{Cos}\,2x = \mathrm{Cos}^2 x + \mathrm{Sin}^2 x \tag{f}$$

$$= 1 + 2\,\mathrm{Sin}^2 x = 2\,\mathrm{Cos}^2 x - 1 \tag{g}$$

nach (39c).

Beispiel c) $r = \lg(\mathrm{Cos}\,\varphi \pm \mathrm{Sin}\,\varphi)$ ist nach φ zu differenzieren.

Es ist hier unpraktisch, sofort die Formeln der Differentialrechnung anzuwenden. Man rechnet zuerst die Klammerwerte aus und erhält

$$\mathrm{Cos}\,x \pm \mathrm{Sin}\,x = \frac{e^{x} + e^{-x}}{2} \pm \frac{e^{x} - e^{-x}}{2}$$

oder

$$\mathrm{Cos}\,x \pm \mathrm{Sin}\,x = e^{\pm x}. \tag{h}$$

Es wird dann

$$r = \lg(\mathrm{Cos}\,\varphi \pm \mathrm{Sin}\,\varphi) = \lg e^{\pm\varphi} = \pm\varphi,$$

also

$$\frac{dr}{d\varphi} = \pm 1.$$

Beispiel d) Man untersuche die beiden Kurven

$$\left.\begin{aligned} x &= a\cos\varphi \\ y &= b\sin\varphi \end{aligned}\right\} \quad \text{und} \quad \left.\begin{aligned} x &= a\,\mathrm{Cos}\,\varphi \\ y &= b\,\mathrm{Sin}\,\varphi \end{aligned}\right\}. \tag{i}$$

Was wird aus beiden Kurven für den Sonderfall $a = b$?

Die erste Gleichung ist uns als jene der Ellipse bekannt. Die Beseitigung von φ liefert die gewöhnliche Ellipsengleichung

$$\frac{x^2}{a^2}+\frac{y^2}{b^2}-1=0, \quad \text{und} \quad x^2+y^2-a^2=0$$

für den Sonderfall $a=b$, den Kreis, oder die gleichseitige Ellipse, wie man sie auch nennen kann.

Die zweite Gleichung kann man wie im vorausgehenden Beispiel umformen

$$\left.\begin{aligned} 2\frac{x}{a} &= e^{\varphi}+e^{-\varphi} \\ 2\frac{y}{b} &= e^{\varphi}-e^{-\varphi} \end{aligned}\right\} \quad \text{oder} \quad \left.\begin{aligned} \frac{x}{a}+\frac{y}{b} &= e^{\varphi} \\ \frac{x}{a}-\frac{y}{b} &= e^{-\varphi} \end{aligned}\right\},$$

oder wenn man multipliziert,

$$\frac{x^2}{a^2}-\frac{y^2}{b^2}-1=0, \quad \text{und} \quad x^2-y^2-a^2=0$$

im Sonderfall $b=a$. Man sieht: mit Einführung der hyperbolischen Funktionen erhält man für die Hyperbel die ganz gleiche Parameterdarstellung wie für die Ellipse, nur daß man hyperbolische statt der Kreisfunktionen hat. Der Sonderfall $a=b$ läßt wieder wie so oft ersehen, daß die gleichseitige Ellipse, d. h. der Kreis, und die gleichseitige Hyperbel viele gemeinschaftliche Eigenschaften haben.

Beispiel e) Man zeichne die Kurven

$$y=\operatorname{Cos} x, \quad y=\operatorname{Sin} x, \quad y=\operatorname{Tg} x, \quad y=\operatorname{Cotg} x.$$

Die Ordinate der Kurve

$$y=\operatorname{Cos} x \quad \text{oder} \quad y=\tfrac{1}{2}(e^x+e^{-x})$$

ist an jeder Stelle x das arithmetische Mittel der Koordinaten der Kurven

$$y_I=e^x \quad \text{und} \quad y_{II}=e^{-x},$$

so daß also

$$y=\tfrac{1}{2}(y_I+y_{II}),$$

s. Abb. 53. Entsprechend konstruiert man die Ordinaten der Kurve $y=\operatorname{Sin} x$ als die halbe Differenz der Ordinaten der Kurven $y_I=e^x$ und $y_{II}=e^{-x}$. Die Ordinate der Kurve $y=\operatorname{Tg} x$ ist der Quotient der Ordinaten der vorausgehenden Kurven. Entsprechend wird die Kurve $y=\operatorname{Cotg} x$ konstruiert.

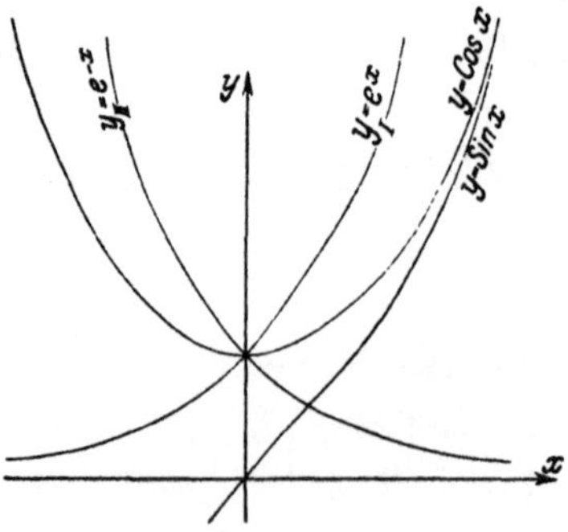

Abb. 53.

41. Positive und negative Biegung oder Krümmung, Wendestellen. Geht man vom untersuchten Punkt $U = x \mid y$ zum unendlich benachbarten Punkt N weiter, so ändern sich alle von x abhängigen Größen um ein Differential; wenn also die Abszisse x übergeht in $x + dx$, dann die Ordinate y in $y + dy$, ebenso der Richtungswinkel τ in $\tau + d\tau$ und die Richtung y' in $y' + dy'$ usw. D. h. die Ordinate y hat sich um dy geändert, ebenso der Richtungswinkel τ um $d\tau$ und die Richtung $y' = \operatorname{tg} \tau$ selbst um $dy' = d \operatorname{tg} \tau$. Letztere Änderung wird der Reihe nach

$$dy' = d \operatorname{tg} \tau = \frac{d\tau}{\cos^2 \tau} = d\tau \cdot (1 + \operatorname{tg}^2 \tau) = d\tau (1 + y'^2). \qquad \text{(a)}$$

Nun kann man im vorliegenden Fall, Abb. 54, urteilen: Ist die Kurve nach oben gebogen, negativ ausgebogen, wie der Ingenieur sagt, so wird (abgesehen von noch später zu besprechenden Ausnahmefällen wie Flachstellen usw.) mit zunehmendem x, also positivem dx, der Richtungswinkel τ und damit die Richtung $y' = \operatorname{tg} \tau$ selbst kleiner, somit dy' negativ; und deswegen die zweite Ableitung $y'' = \frac{dy'}{dx} = \frac{-}{+} = -$ auch negativ; die entsprechenden Beziehungen lassen sich entwickeln, wenn die Kurve nach unten gebogen ist. Demnach gilt, wenn man wie in der Ingenieurpraxis eine nach unten ausgebogene Kurve positiv gebogen heißt und entsprechend negativ, wenn sie nach oben ausgebogen ist:

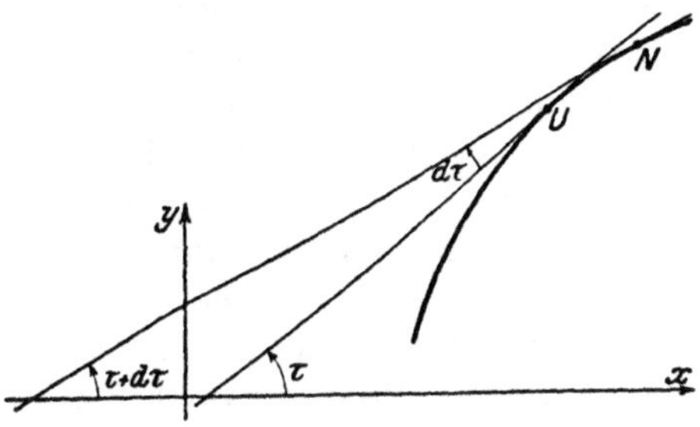

Abb. 54.

> Die Kurve $F(x, y) = 0$ ist an der untersuchten Stelle negativ (positiv) ausgebogen, wenn die zweite Ableitung an dieser Stelle negativ (positiv) ist. (b)

Nun darf man aber nicht ohne weiteres die Umkehr bilden und etwa sagen, wenn die Kurve an der Stelle x negativ ausgebogen sein soll, muß die zweite Ableitung an dieser Stelle negativ sein, s. spätere Erörterungen beim Wendepunkt und Flachpunkt.

Wenn die Kurve $F(x, y) = 0$ an der untersuchten Stelle mit zunehmendem x von der positiven Biegung in die negative oder umgekehrt übergeht, so muß an dieser Stelle die zweite Ableitung das Vorzeichen wechseln und sonach den Wert 0 oder ∞ annehmen.

Man beachte, daß die Umkehr dieses Satzes nicht immer richtig ist: Es kann nämlich $f''(x)$ den Wert 0 oder ∞ annehmen, ohne daß deswegen die Kurve aus der positiven Krümmung in die negative übergeht (s. die später zu besprechenden **Flachstellen**).

Der Wechsel der Biegungsart findet mit zunehmendem x vor allem statt beim **Wendepunkt** oder Inflexionspunkt; die diesem Wendepunkt entsprechende Stelle x nennt man auch **Wendestelle**, die zugehörige Tangente auch **Wendetangente**, s. Abb. 55 bis 57.

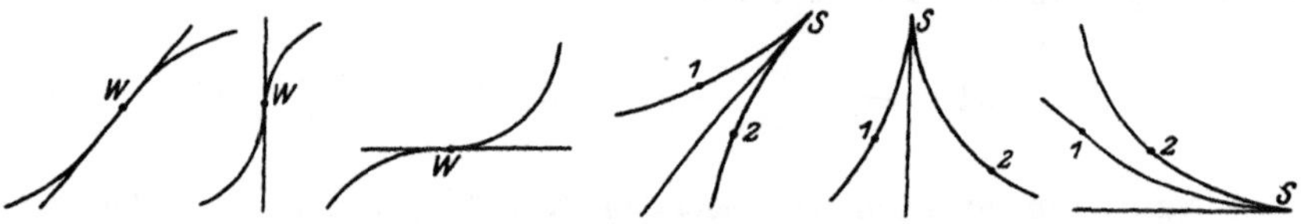

Abb. 55 bis 60.

Die Stelle ist dadurch ausgezeichnet, daß die Tangente die Kurve im Wendepunkt durchsetzt, daß die Kurve also in der nächsten Umgebung des Wendepunktes zu beiden Seiten der Tangente liegt. Soll die Stelle x einen Wendepunkt angeben, so ist $f''(x) = 0$ eine notwendige, aber noch nicht hinreichende Bedingung (s. die späteren Erklärungen zum Wendepunkt in 176).

Durch Abb. 58 ist die **Spitze** einer Kurve dargestellt. An der Stelle S findet zwar auch ein Wechsel der Krümmungsart statt, wenn man von der Stelle 1 zur Stelle 2 geht, aber nicht mit zunehmendem x. Die Abszisse x nimmt von der Stelle 1 bis S zu, von S bis 2 wieder ab. Durch Abb. 59 ist eine Spitze mit vertikaler Richtung gegeben; auch sie stellt keinen Wendepunkt vor, es durchsetzt zwar die Tangente die Kurve, aber es findet kein Biegungswechsel statt, wenn x zunimmt. Schließlich ist noch zu erwähnen eine Vertikalstelle, Abb. 61, bei der wieder ein Wechsel der Krümmungsart stattfindet, aber nicht mit zunehmendem x; auch durchsetzt die Tangente in der Umgebung der Vertikalstelle nicht die Kurve. In allen diesen angegebenen Fällen kann $f''(x) = 0$ an der untersuchten Stelle x sein, ohne daß deswegen ein Wendepunkt vorhanden wäre. Als Merkmal eines Wendepunktes ist anzugeben:

Abb. 61.

In einem Wendepunkt durchsetzt die Tangente die Kurve; mit zunehmendem x wechselt die Krümmungsart.

Notwendige aber noch nicht hinreichende Bedingung für einen Wendepunkt der Kurve $y = f(x)$ an der Stelle x ist $f''(x) = 0$. (c)

Beispiel a) Die Kurve $f(x) = \sin x$ hat die Ableitungen $f'(x) = \cos x$ und $f''(x) = -\sin x$. Für alle Stellen $0 < x < \pi$ ist $\sin x$ positiv und somit die zweite Ableitung negativ, in diesem Bereich ist also die Sinuskurve negativ gebogen, d. h. nach oben. Im Bereich $\pi < x < 2\pi$ ist $\sin x$ negativ und deswegen $f''(x) = -\sin x$ selbst positiv, die Kurve ist in diesem zweiten Bereich nach unten gebogen. Die den Werten $x = 0, \pi, 2\pi \ldots$ entsprechenden Punkte sind Wendepunkte.

Beispiel b) Für den Kreis $x^2 + y^2 - c^2 = 0$ sind die Ableitungen

$$f'(x) = -\frac{x}{y}, \qquad f''(x) = -\frac{c^2}{y^3} \quad \text{oder} \quad f''(x) = -\frac{c^2}{(c^2 - x^2)^{\frac{3}{2}}}.$$

An der Stelle $x = c$ oder $y = 0$ wird $f'(0) = \infty$, was einer Vertikalstelle entspricht; und $f''(0) = -\infty$, was einen Wechsel der Krümmungsart anzeigt. Ein Wendepunkt ist diese Vertikalstelle, ebenso wie jene der Abb. 61 aber nicht.

Beispiel c) Für die semikubische Parabel $y^2 = x^3$ ist

$$f'(x) = 1{,}5\sqrt{x} \qquad \text{und} \qquad f''(x) = 3 : 4\sqrt{x}.$$

An der Stelle $x = 0$ wird

$$f(0) = 0, \qquad f'(0) = 0, \qquad f''(0) = \infty.$$

Man hat eine Horizontalstelle mit Krümmungswechsel; aber keinen Wendepunkt, sondern eine Spitze mit horizontaler Richtung, Abb. I 147.

Beispiel d) Die Kurve $y^2 = x^5$ hat an der allgemeinen Stelle x die Ableitungen

$$f'(x) = \tfrac{5}{2} x^{\frac{3}{2}} \qquad \text{und} \qquad f''(x) = \tfrac{15}{4}\sqrt{x}.$$

An der Stelle $x = 0$ wird wieder $f'(0) = 0$, $f''(0) = 0$, die Kurve hat dort auch eine Spitze mit horizontaler Richtung, Abb. 60.

Beispiel e) Die semikubische Parabel $y^3 = x^2$ oder $y = \sqrt[3]{x^2}$ hat die Ableitungen

$$f'(x) = 2 : 3\sqrt[3]{x}, \qquad f''(x) = -2 : 9\sqrt[3]{x^4},$$

die im Nullpunkt $0 \mid 0$ die Werte $f'(0) = \infty$, $f''(0) = \infty$ annehmen. Der Nullpunkt ist sonach eine Vertikalstelle, in ihr findet ein Krümmungswechsel statt. Ein Wendepunkt ist der Nullpunkt aber nicht, die Kurve ist in der linken und rechten Umgebung des Nullpunktes nach oben gekrümmt, der Nullpunkt ist eine Spitze mit lotrechter Richtung.

42. Hauptstellen oder Extremstellen. Die durch die Gleichung $y = f(x)$ oder $F(x,y) = 0$ dargestellte Kurve erreicht an der untersuchten Stelle ein Maximum, heißt: An dieser Stelle hat die Ordinate y größere Werte als in der beiderseitigen Umgebung der Stelle. Entsprechend ist ein Minimum definiert: An einer Minimumstelle erreicht die Ordinate kleinere Werte als in der beiderseitigen Umgebung.

Wenn man von einem Maximum der Kurve oder einem Maximum oder Minimum der Ordinate spricht, so braucht diese noch nicht die größte bezw. kleinste unter allen möglichen Ordinaten der Kurve sein, beispielsweise hat die Kurve der Abb. 62 an den Stellen 1 und 3 maximale Ordinaten, von denen diejenige des Punktes 3 die absolut größte ist; das Maximum an der Stelle 1 bezieht sich nur auf deren Umgebung. Entsprechend hat die Kurve an der Stelle 2 nur ein relatives Minimum, d. h. ein Minimum in der Umgebung, während das Minimum in Punkt 4 ein absolutes ist.

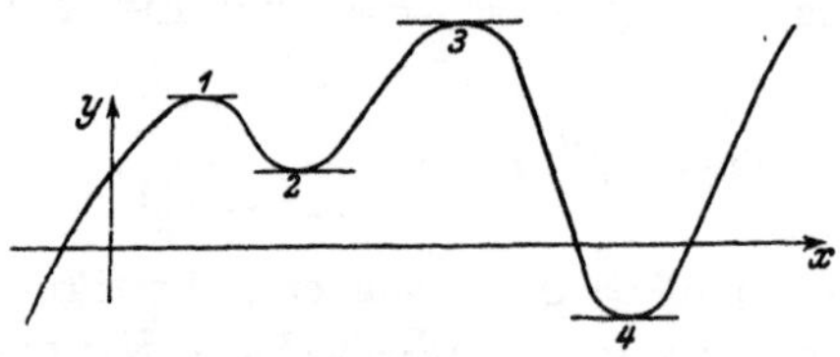

Abb. 62.

Sieht man von der geometrischen Darstellung einer Funktion $y = f(x)$ oder $F(x,y) = 0$ ab, so ist ein Extremwert oder Hauptwert der Funktion zu definieren: y oder $f(x)$ erreicht ein Maximum (Minimum) an der Stelle x_0, wenn an dieser Stelle die Funktion einen größeren (kleineren) Wert hat als in der beiderseitigen Umgebung, wenn also gilt

$$\left.\begin{array}{l} f(x_0) > f(x_0 + h) \quad \text{und} \\ \quad f(x_0) > f(x_0 - h) \\ \text{bzw.} \\ f(x_0) < f(x_0 + h) \quad \text{und} \\ \quad f(x_0) < f(x_0 - h) \end{array}\right\} \quad \text{(a)}$$

Die Hauptstellen einer Kurve sind noch zu unterscheiden als einfache Hauptstellen und Hauptstellen höherer Ordnung. Um diese Unterscheidung klar zu machen, sei als Beispiel die Kurve $y = (x^2 - a^2)(x^2 - b^2)$ oder $y = x^4 - x^2(a^2 + b^2) + a^2b^2$ untersucht. Sie hat zwei Minimum-

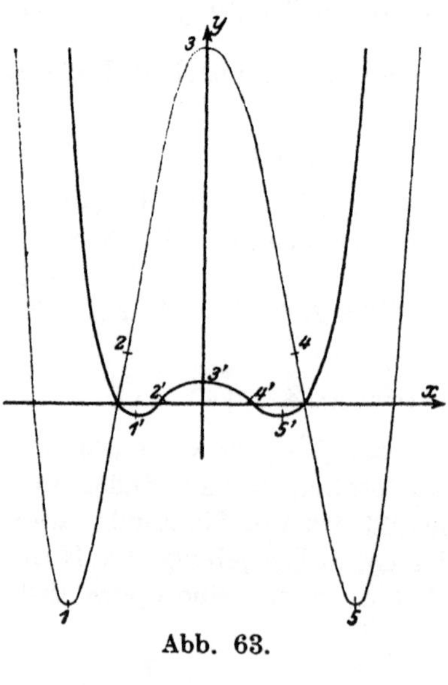

Abb. 63.

stellen 1 und 5, eine Maximumstelle 3, sowie zwei Wendestellen 2 und 4. Die fein gezeichnete Linie der Abb. 63 stellt die Kurve für den Fall $a = 1$, $b = 2$ vor. Die Kurve ist von der vierten Ordnung, d. h. sie wird von jeder Geraden in vier Punkten geschnitten. Nun läßt man aus dieser gezeichnet vorliegenden Kurve durch die homogene Deformation

$$x = 2\xi,\ y = 16\eta \text{ eine neue Kurve } 16\eta = (4\xi^2 - 1)(4\xi^2 - 4)$$
$$\text{oder } \eta = (\xi^2 - \tfrac{1}{4})(\xi^2 - 1)$$

entstehen, siehe die stark ausgezogene Kurve; bei ihr ist also $a = 0{,}5$ und $b = 1$. (Die Abszissen und Ordinaten der neuen Kurve sind 2 mal bezw. 16 mal so klein wie jene der alten Kurve.) Die Maximum- und Minimumstellen sowie Wendepunkte der neuen Kurve sind ganz nahe zusammengerückt; die Kurve ist in der Nähe des Nullpunktes sehr flach geworden. Man kann diese Deformation weiter treiben, etwa durch die Wahl $a = 0{,}1$, $b = 0{,}2$, so daß diese ausgezeichneten Stellen einander immer näher rücken. Für den Fall $a = 0$, $b = 0$ geht die Kurvengleichung über in $y = x^4$; bei dieser Kurve fallen die fünf Punkte zusammen, man nennt die betreffende Stelle einen Flachpunkt, oder eine Flachstelle, Abb. 64. Für die Umgebung verhält sie sich genau so wie eine Hauptstelle, die dann als Hauptstelle höherer Ordnung zu bezeichnen wäre.

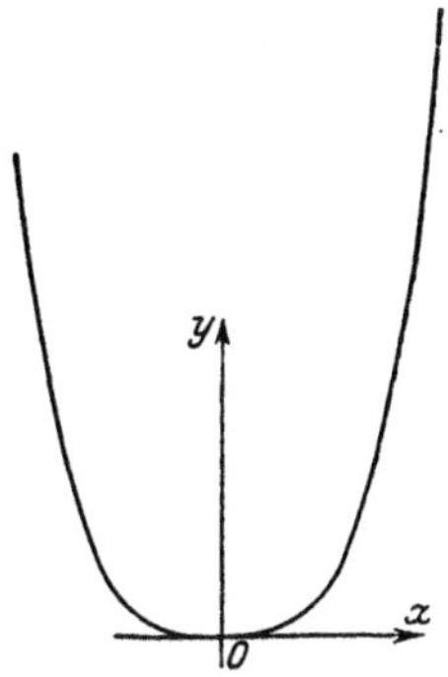

Abb. 64.

Die Bedingungen dafür, daß eine Kurve $y = f(x)$ oder $F(x, y) = 0$ an der Stelle x einen Hauptwert erreicht, sind leicht einzusehen. Jedenfalls ist die Stelle x eine Horizontalstelle, so daß die erste Ableitung der Kurvengleichung an dieser Stelle den Wert Null haben muß. Um zwischen einem Maximum und einem Minimum zu unterscheiden, überlege man, daß im ersten Fall die Kurve negativ gekrümmt ist und im zweiten Fall positiv, daß also für ein Maximum die zweite Ableitung negativ wird und für ein Minimum umgekehrt positiv. Man faßt zusammen:

Die Funktion $f(x)$ erreicht an der Stelle x_0 einen einfachen Hauptwert, wenn an dieser Stelle $f'(x) = 0$ und gleichzeitig $f''(x) \gtrless 0$, und zwar ein einfaches

Maximum, / **Minimum,** wenn $f'(x) = 0$ und $f''(x) \begin{matrix} < \\ > \end{matrix} 0.$ (b)

Beispiel a) Man gebe die Hauptstellen der Sinuskurve an. Es ist

$$y = \sin x, \quad y' = \cos x, \quad y'' = -\sin x.$$

$$y' = 0 \quad \text{oder} \quad \cos x = 0 \quad \text{oder} \quad x = \tfrac{1}{2}\pi + k\pi$$

gibt die Horizontalstellen an, wenn k eine ganze Zahl ist. Für $k = 0, \pm 2, \pm 4, \ldots$, also für ein gradzahliges k wird die zweite Ableitung $-\sin x$ stets negativ, somit erreicht die Sinuskurve an den Stellen $x = \frac{1}{2}\pi$, $\frac{1}{2}\pi \pm 2\pi, \ldots$ maximale Werte. Dagegen wird für ungeradzahlige k die zweite Ableitung stets positiv, so daß die Stellen $\frac{1}{2}\pi \pm \pi$, $\frac{1}{2}\pi \pm 3\pi \ldots$ Minimalstellen der Sinuskurve sind.

Beispiel b) Man gebe die Beziehungen zwischen einer Kurve $y = f(x)$ und ihrer Differentialkurve $y = f'(x)$ an.

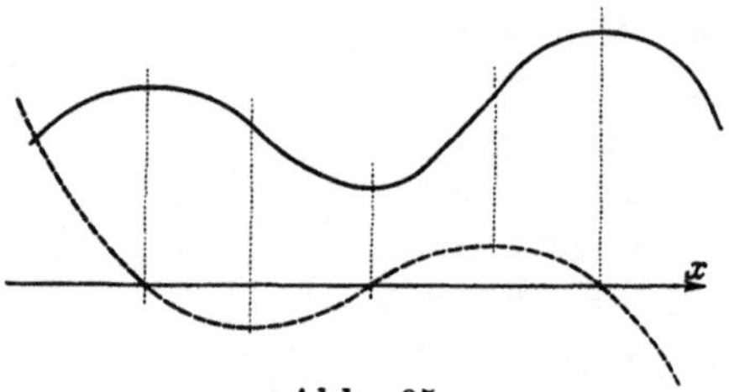

Abb. 65.

An der Stelle x hat die gegebene Kurve die Ordinate $f(x)$ und ihre Differentialkurve, in Abb. 65 gestrichelt, die Ordinate $f'(x)$. Wo also letztere die Ordinate 0 hat, $f'(x) = 0$, hat die gegebene Kurve eine Horizontalstelle. Wo die Ordinate der Differentialkurve unendlich groß wird, hat die gegebene Kurve eine Vertikalstelle. An der Stelle, wo die Differentialkurve horizontal wird, also $f''(x) = 0$, wechselt die gegebene Kurve die Krümmung usw.

Beispiel c) Von der Kurve

$$15y = 3x^5 - 25x^3 + 60x$$

gebe man die Hauptstellen und Wendepunkte an, sowie die ungefähre Gestalt. Schließlich zeichne man noch die Differentialkurve der gegebenen Kurve ein und ermittle den Zusammenhang beider Kurven.

Die erste und zweite Ableitung der Kurvengleichung ist

$$y' = x^4 - 5x^2 + 4 \quad \text{oder} \quad y' = (x^2 - 1)(x^2 - 4),$$

$$y'' = 4x^3 - 10x \quad \text{oder} \quad y'' = 2x(2x^2 - 5).$$

An den Stellen $x = -2$, -1, $+1$, $+2$ ist die Kurve horizontal; und zwar sind die Stellen $x = -2$ und $x = +1$ Maximumstellen, weil die zweite Ableitung dort negativ wird, die Stellen $x = -1$ und $x = +2$ aber Minimumstellen, weil dort y'' positiv wird. Es erreicht sonach in den Punkten $-2 \mid -\frac{16}{15}$ und $+1 \mid \frac{38}{15}$

die Kurve ein Maximum und in den Punkten $-1 \mid -\frac{38}{15}$ und $+2 \mid \frac{16}{15}$ ein Minimum. Im Wendepunkt ist $y'' = 0$, die gesuchten Wendestellen sind sonach durch
$2x(2x^2 - 5) = 0$ oder $x_1 = 0$, $x_{2,3} = \pm\sqrt{2{,}5}$ bestimmt. Die Skizze der Abb. 66 gibt an, daß diese drei Punkte wirkliche Wendepunkte sind. Die nachfolgende Tabelle gibt eine Reihe von Punkten der Kurve samt Richtung und gestattet eine genauere Zeichnung der Kurve.

Die Gleichung der Differentialkurve ist $y = (x^2 - 1)(x^2 - 4)$, d. i. die schon besprochene Kurve der Abb. 63. Die Hauptstellen der gegebenen Kurve sind da, wo ihre Differentialkurve die x-Achse schneidet; und ihre Wendepunkte liegen an der gleichen Stelle wie die Hauptstellen ihrer Differentialkurve.

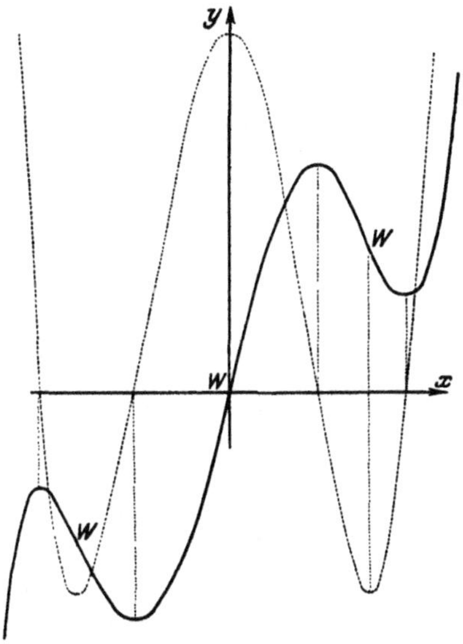

Abb. 66.

x	-3	-2	-1	0	$+1$	$+2$	$+3$	$+\sqrt{2{,}5}$	$-\sqrt{2{,}5}$
$15y$	-234	-16	-38	0	$+38$	$+16$	$+234$	$+24{,}87$	$-24{,}87$
y'	40	0	0	4	0	0	40	$-2{,}25$	$-2{,}25$
y''	-78	-12	6	0	-6	$+12$	$+78$	0	0

43. Krümmung und Krümmungshalbmesser. Für die Art der Krümmung einer Kurve ist die zweite Ableitung der Kurvengleichung ein recht einfaches Kennzeichen. Aufzustellen bleibt nur mehr ein Maß für die Krümmung einer Kurve an der untersuchten Stelle. Man erinnert sich, daß bei einem Kreis, Abb. 67, die Bogenlänge b zwischen zwei Punkten P_1 und P_2 gegeben ist durch

$$b = r\varphi, \qquad \text{(a)}$$

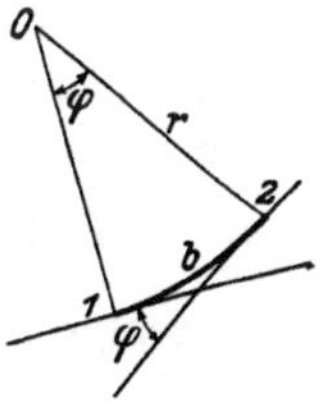

Abb. 67.

φ natürlich im Bogenmaß ausgedrückt. r ist der Halbmesser; je kleiner r wird, desto mehr ist der Kreis gekrümmt. Man könnte als Maß für die Krümmung direkt nehmen den reziproken Wert des Krümmungshalbmessers r, also den Wert $\varphi : b$ und diesen Wert passend benennen. Weiter beachte man noch, daß zu den beiden Kreispunkten P_1

und P_2 Tangenten gehören, die den gleichen Winkel φ einschließen. wie die entsprechenden Halbmesser OP_1 und OP_2.

Man nennt **Biegungswinkel** zwischen zwei Punkten P_1 und P_2 einer Kurve (in der Praxis vielleicht eines gebogenen Stabes) den Winkel τ, den die beiden Tangenten in den Punkten P_1 und P_2 miteinander bilden, Abb. 68. Die Biegung oder Krümmung dieses Bogenstückes $P_1 P_2$ mißt man durch den Winkel τ. Es wird diese Krümmung verhältnisgleich mit τ sich ändern. Vorausgesetzt ist natürlich, daß zwischen P_1 und P_2 kein Wendepunkt liegt. Den Biegungswinkel $d\tau$ zweier unendlich benachbarter Punkte oder eines unendlich kleinen Bogenstückes ds nennt man den **Kontingenzwinkel**, er ist also gleich dem Winkel, den die beiden unendlich benachbarten Tangenten miteinander bilden; und damit auch gleich dem Winkel, den die beiden Normalen in den Endpunkten des Bogenstückes ds miteinander bilden. Wenn man eine Kurve an der Stelle $U = x \mid y$ untersucht, Abb. 69, so betrachtet man den unendlich kleinen Kurvenbogen ds an dieser Stelle als einen Kreisbogen und definiert:

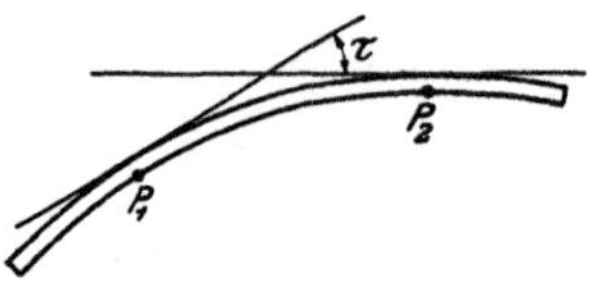

Abb. 68.

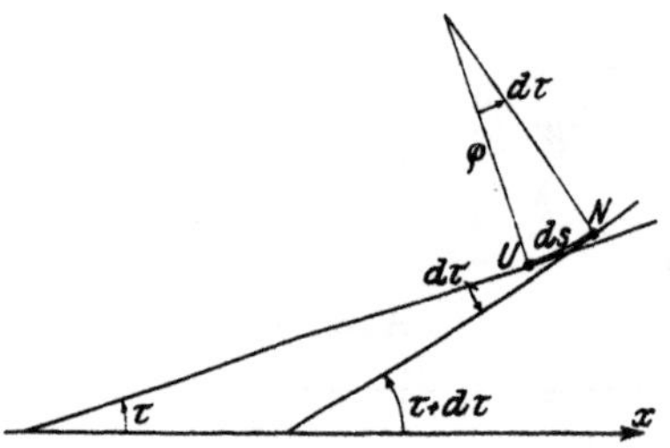

Abb. 69.

Biegung oder **Krümmung** oder auch **Krümmungsmaß** der Kurve an der untersuchten Stelle ist das Verhältnis $\dfrac{d\tau}{ds}$. (b)

Für einen Kreis ist die Krümmung konstant, sie ist gleich dem reziproken Wert des Halbmessers. Den Halbmesser jenes Kreises, der die gleiche Krümmung hat wie die Kurve an der untersuchten Stelle, nennt man den Krümmungshalbmesser an dieser Stelle, also gilt:

Krümmungshalbmesser an der Stelle U ist der reziproke Wert der Krümmung, $\varrho = \dfrac{ds}{d\tau}$. (c)

Für den Krümmungshalbmesser läßt sich unschwer eine Formel aufsuchen; wenn man nämlich ausgeht von der einfachen Beziehung $\operatorname{tg}\tau = y'$ und auf beiden Seiten nach dem Argument x differenziert,

$$\frac{1}{\cos^2\tau} \cdot \frac{d\tau}{dx} = \frac{dy'}{dx}$$

oder nach (30a) $\left(\frac{ds}{dx}\right)^2 \cdot \frac{ds:\varrho}{dx} = y''$ oder $\left(\frac{ds}{dx}\right)^3 \cdot \frac{1}{\varrho} = y''$

und damit $$\varrho = \frac{(ds:dx)^3}{y''} = \frac{\sqrt{1+y'^2}^{\,3}}{y''}$$

oder $$\varrho = \frac{(1+y'^2)^{\frac{3}{2}}}{y''}. \tag{d}$$

Man wählt nur das positive Vorzeichen der Wurzel, so daß ϱ das gleiche Vorzeichen hat wie y''; wenn also ϱ negativ wird, ist die Kurve negativ gekrümmt, d. h. nach oben.

Beispiel a) Gesucht ist der Krümmungshalbmesser der Sinuskurve $y = \sin x$, zuerst an der allgemeinen Stelle x_0, alsdann an der Stelle $x_0 = \frac{1}{2}\pi$.

Aus
$$y = \sin x, \quad y' = \cos x, \quad y'' = -\sin x$$
ergibt sich an der Stelle x $\quad \varrho = \frac{(1+\cos^2 x)^{\frac{3}{2}}}{-\sin x}$;

an der Stelle $x_0 = \frac{1}{2}\pi$ wird $\varrho = -1$.

Beispiel b) Man gebe von der Parabel $y^2 = 2px$ an der allgemeinen Stelle den Krümmungshalbmesser ϱ an. Welche geometrische Deutung hat in diesem Zusammenhang der Parameter p?

An der allgemeinen Stelle x ist nach Beisp. 30c
$$y^2 = 2px, \qquad y' = \frac{p}{y}, \qquad y'' = -\frac{p}{y^2}y' = -\frac{p^2}{y^3}.$$

Mit diesen Werten ergibt sich nach den vorausgehenden Formeln
$$\varrho = \frac{-(y^2+p^2)^{\frac{3}{2}}}{p^2} \quad \text{oder} \quad \varrho = \frac{(p+2x)^{\frac{3}{2}}}{\sqrt{p}};$$
für den Scheitel mit den Koordinaten $x_0 = 0$, $y_0 = 0$ wird $\varrho = p$.

Beispiel c) Welche geometrische Deutung hat die zweite Ableitung y'' einer Kurvengleichung $F(x, y) = 0$ bei einem sehr flachen Bogen mit wagerechter Sehne, Abb. 70.

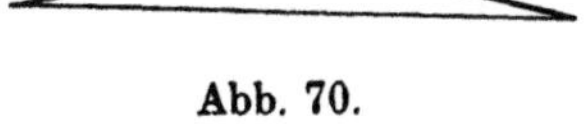

Abb. 70.

An der beliebigen allgemeinen Stelle U hat die erste Ableitung y' einen kleinen wenig von 0 verschiedenen Wert. Dann ist aber y'^2 erst recht klein, so daß man es in der Summe $1+y'^2$

gegenüber 1 vernachlässigen kann. Man erhält dann für den Krümmungshalbmesser

$$\varrho = \frac{(1+y'^2)^{\frac{3}{2}}}{y''} \approx \frac{(1+0)^{\frac{3}{2}}}{y''} = 1 : y''$$

oder

$$y'' \approx 1 : \varrho,$$

d. h. y'' stellt unter der angegebenen Voraussetzung die Biegung des flachen Bogens vor. Solche flache Bögen bilden beispielshalber die elastischen Linien von gebogenen Balken.

44. Erste und zweite Annäherung. Bewegungsgesetze. Die vorausgehenden Nummern haben die Gleichheit der Ableitung und des Differentialquotienten als Unterlage; deswegen sprechen wir abwechselnd und nach Belieben einmal von der Ableitung und dann wieder vom Differentialquotienten. Diese Gleichheit und ihre Ergebnisse sollen noch graphisch betrachtet werden. Es seien U und N zwei unendlich benachbarte Punkte der Kurve $y = f(x)$; ihre Abszissenänderung von U nach N ist dx, der Richtungswinkel τ hat sich von U nach N um $d\tau$ geändert; im Falle der Abb. 71 ist $d\tau$ negativ.

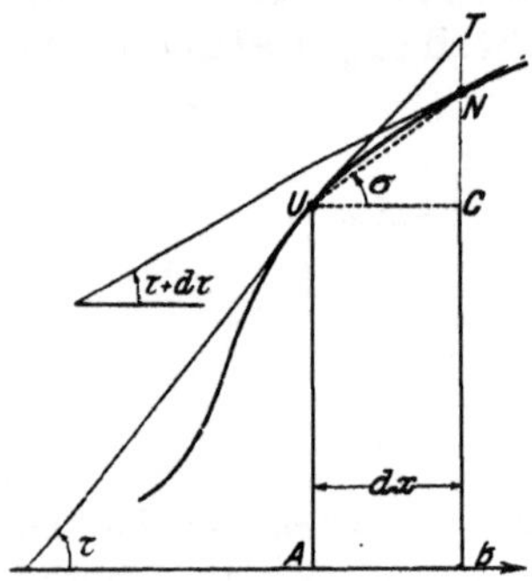

Abb. 71.

Was ist nun eigentlich dy?

Geht man von der üblichen Darstellung aus, der auch wir folgen und bereits gefolgt sind, daß auf dem Wege von U nach N die Ordinate y sich um dy geändert hat, dann ist $dy = CN$. Dann wäre

$$\frac{dy}{dx} = \operatorname{tg} \sigma,$$

also der Differentialquotient gleich der Richtung der Sehne UN und somit von der Tangentenrichtung $\operatorname{tg} \tau = f'(x)$ verschieden. Denn wir sind ja eben davon ausgegangen, daß sich auch τ um $d\tau$ ändert.

Man kann auch den umgekehrten Weg einschlagen und dy so definieren, daß

$$\frac{dy}{dx} = \operatorname{tg} \tau = f'(x).$$

Nach dieser Festsetzung muß $dy = CT$ sein, also verschieden von der Ordinatenänderung auf dem Wege von U nach N. Dieser Widerspruch ist uns bisher nicht aufgefallen, weil wir davon ausgingen, daß „im Grenzfall" auf dem Weg vom untersuchten Kurvenpunkt U zum unendlich benachbarten Punkt N Tangente und Sehne und Kurve zusammenfallen, daß $\sigma = \tau$. Aber bei der Bildung des zweiten Differentialquotienten oder der zweiten Ableitung muß man den Unterschied der Richtungen in den Punkten U und N berücksichtigen, man muß von einer Änderung $d\tau$ ausgehen und wieder den Wert von

$$\frac{d\tau}{dx} \quad \text{oder genauer von} \quad \frac{d\,\mathrm{tg}\,\tau}{dx} = \frac{d f'(x)}{dx} = f''(x)$$

„im Grenzfall" ermitteln. Der Widerspruch wird in der höheren Mathematik freilich geklärt durch sehr scharfe Definitionen.

Der Ingenieur verwendet einfachere Hilfsmittel. Er arbeitet mit Bildern und kann nur mit Bildern arbeiten, die mehr oder minder genau an die Wirklichkeit herankommen. Im allgemeinen ist seine Arbeitsweise die folgende: Er verschafft sich von einem Vorgang zunächst ein erstes Bild, eine erste Annäherung an die Wahrheit. Sind ihm die Ergebnisse für die praktische Anwendung genügend, so hat er keinen Anlaß, weiter zu gehen. In recht vielen Fällen kommt er mit solch einem einfachen Bild vollständig aus, in noch mehr Fällen wäre er froh, wenn er solch eine erste Annäherung überhaupt hätte.

Nun ist ja das Merkmal der Tätigkeit des heutigen Ingenieurs, daß er an jeder Stelle sparen und deswegen mehr als je rechnen muß. Es wird ihm in vielen Fällen nicht mehr eine erste Annäherung genügen, er wird sich ein genaueres mehr an die Wirklichkeit herankommendes Bild zu verschaffen suchen.

Wenn man bei der Untersuchung der Funktion $f(x)$ an der Stelle x nur ein erstes Bild oder eine erste Annäherung haben will, dann sagt man:

> Auf dem Wege von U nach N ist die Richtung $\mathrm{tg}\,\tau$ der Kurve $y = f(x)$ konstant; auf diesem Weg kann man Kurve, Tangente und Sehne als zusammenfallend betrachten. (a)

Eine zweite Annäherung urteilt:

> Auf dem Wege von U nach N ändert sich der Richtungswinkel τ um $d\tau$ oder die Richtung $\mathrm{tg}\,\tau$ um $d\,\mathrm{tg}\,\tau$; aber das Verhältnis $\frac{d\,\mathrm{tg}\,\tau}{dx} = f''(x)$ bleibt auf dem Wege von U nach N konstant. (b)

Eine dritte Annäherung wird wieder sagen:

> Auf dem Wege von U nach N ändert sich das Verhältnis $f''(x)$ um $d f''(x)$ usw.

Die Begriffe Geschwindigkeit und Beschleunigung geben ein gutes Beispiel für diese erste und zweite Annäherung. Die Geschwindigkeit v ist definiert als der in der Zeiteinheit zurückgelegte Weg. Wenn sie konstant ist, wird in der Zeit 1 der Weg v zurückgelegt, in der Zeit 2 der Weg $2v$, in der Zeit t der Weg

$$s = vt. \tag{c}$$

Diese Formel setzt also eine gleichförmige Bewegung voraus, eine Bewegung mit konstant bleibender Geschwindigkeit v. Im allgemeinen Fall wird aber ein bewegter Punkt seine Geschwindigkeit wechseln; auch auf dem Weg vom untersuchten Punkt U zum unendlich benachbarten Punkt N. Abb. 72. Sie wird im untersuchten Punkt v und im unendlich benachbarten Punkt $v + dv$ sein.

Abb. 72.

Um im allgemeinen Fall eine Formel für die Geschwindigkeit zu erhalten, wird man in erster Annäherung sagen: Auf dem unendlich kleinen Weg ds von U nach N, den der bewegte Punkt in der unendlich kleinen Zeit dt zurückgelegt, kann man die Bewegung als gleichförmig und deswegen die Geschwindigkeit v als konstant betrachten, so daß die obige Formel (c)

$$ds = v\,dt \quad \text{oder} \quad v = \frac{ds}{dt} \tag{d}$$

gilt.

Muß man aber auch die Geschwindigkeitsänderung berücksichtigen, so führt man die Beschleunigung b ein, das ist die Geschwindigkeitsänderung in der Zeiteinheit. Man kommt hier mit der ersten Annäherung nicht mehr aus, nimmt vielmehr als Grundlage, daß sich auf dem Weg von U nach N die Geschwindigkeit v um dv geändert hat. Es gibt unendlich viele Möglichkeiten, wie sie sich geändert hat, die einfachste Annahme ist die, daß sie sich gleichmäßig ändert. Man nimmt sonach in zweiter Annäherung an, daß in der unendlich kleinen Zeit dt die Geschwindigkeitsänderung oder Beschleunigung konstant ist. Unter dieser Voraussetzung gleichmäßiger Beschleunigung gilt: In der Zeit 1 ist nach Definition die Beschleunigung b, d. h. die Geschwindigkeit hat sich in der Zeit 1 um b geändert; in 2 Zeiteinheiten hat sich die Geschwindigkeit um $2b$ geändert, in der Zeit t um bt. Sonach gilt von der Geschwindigkeitsänderung Δv im Fall der gleichmäßigen Beschleunigung

$$\Delta v = bt. \tag{e}$$

Nach der Annahme der **zweiten Annäherung** ist auf dem Weg ds, der in der Zeit dt zurückgelegt wird, die Beschleunigung b konstant, so daß die letzte Formel übergeht in

$$dv = b\,dt \qquad \text{oder} \qquad b = \frac{dv}{dt}. \tag{f}$$

Beispiel a) Welchen Einfluß hat der Maßstab und der Umfang des Untersuchungsbereiches auf die zeichnerische Darstellung?

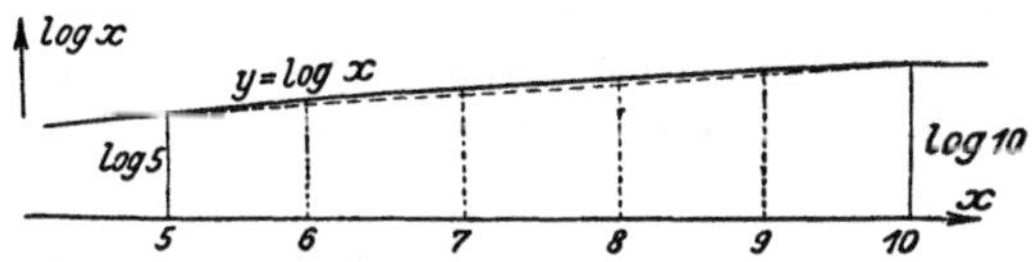

Abb. 73.

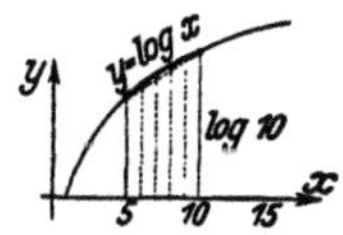

Abb. 74.

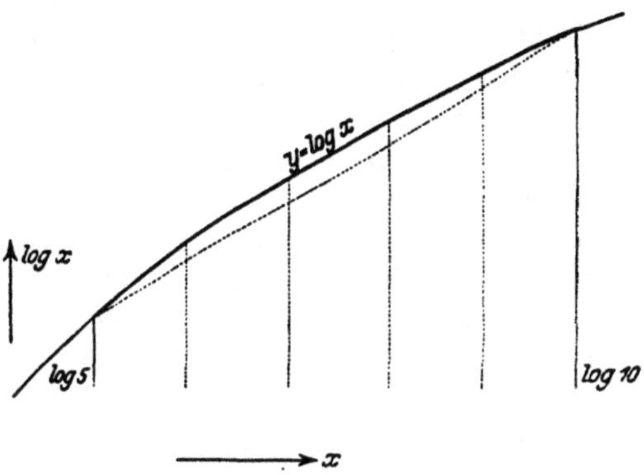

Abb. 75.

Die Abb. 73, 74 und 75 stellen alle den Bogen der Logarithmuskurve im Bereich von $x = 5$ bis $x = 10$ dar, jedesmal durch die starkgezogene Linie. Bei der ersten Abbildung ist die Längeneinheit in wagrechter und lotrechter Richtung durch 1 cm wiedergegeben, bei der zweiten die wagrechte Längeneinheit durch 0,1 cm und die lotrechte durch 1 cm, bei der dritten die wagrechte durch 1 cm und die lotrechte durch 10 cm. Im ersten Fall macht das Kurvenstück den Eindruck eines Geradenstückes, so daß man bei einer ersten groben Annäherung urteilen wird: die Änderungen von x und $f(x)$ sind proportional. Wenn also der Untersuchungsbereich einer Funktion eng gewählt wird, dann ruft eine graphische Darstellung bei ungünstiger Wahl des Maßstabes leicht den Eindruck hervor, als ob die Funktion linear sei, in der Abbildung fällt dann das untersuchte Kurvenstück fast ganz mit seiner Tangente zusammen.

Beispiel b) Wie wird die Formel (d) und (f) für den Fall einer krummlinigen Bewegung?

Wenn man auf die Richtung keine Rücksicht nimmt, erhält man die gleichen Formeln. Will man aber die Richtung mitberücksichtigen, dann wird man entweder die auftretenden Größen Weg, Geschwindigkeit, Beschleunigung jedesmal in Komponenten parallel zu den zwei oder drei Achsen eines rechtwinkligen Koordinatensystems zerlegen; oder man führt Vektoren ein, Abb. 76. Ein günstig ausgewählter Punkt wird zum Bezugspunkt O gemacht; man kann ihn auch das Vektorkoordinatensystem nennen. Der bewegte Punkt soll eine beliebige räumliche Bewegung haben. A ist der A n f a n g s p u n k t der Bewegung; Anfangspunkt genannt, weil man die Zeit zu zählen anfängt, wenn der bewegte Punkt an der Stelle A ist. Nach t Zeiteinheiten ist er an der allgemeinen oder untersuchten Stelle U, von U aus kommt er in der Zeit dt in die unendlich benachbarte Lage N.

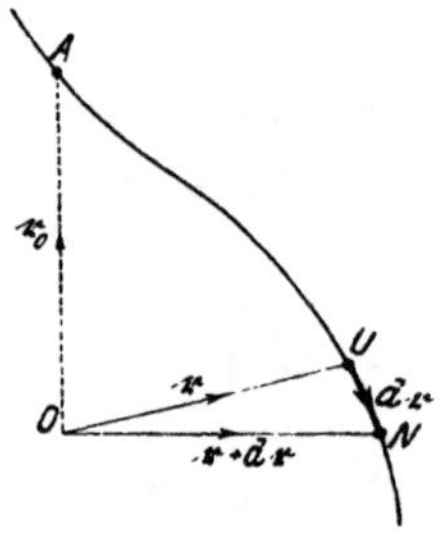

Abb. 76.

Den Vektor von O aus nach A bezeichnet man mit $\mathfrak{r}_0$, nach U mit $\mathfrak{r}$, der Vektor $\mathfrak{r} + d\mathfrak{r}$ nach N unterscheidet sich nach Zahlenwert und Richtung unendlich wenig von $\mathfrak{r}$. Es ändert sich also in der Zeit dt sowohl die Richtung wie auch der Zahlenwert des Vektors unendlich wenig.

Innerhalb der unendlich kleinen Zeit dt kann man die Bewegung von U nach N als eine geradlinige betrachten. Dann ist das Differential $d\mathfrak{r}$ der beiden unendlich benachbarten Vektoren nach U und N auch gleichzeitig der Weg von U nach N, es gilt also von $d\mathfrak{r}$ das Gleiche wie vorher von ds. Man erhält sonach die Geschwindigkeit und Beschleunigung durch die Formeln

$$\mathfrak{v} = \frac{d\mathfrak{r}}{dt}, \quad \mathfrak{b} = \frac{d\mathfrak{v}}{dt} \quad \text{oder} \quad \mathfrak{b} = \frac{d^2\mathfrak{r}}{dt^2}. \tag{g}$$

***45. Differential und Differentialquotient von Vektoren. Bewegungsgesetze.** Der Vektor $\mathfrak{r}$ sei nur von der Zeit t abhängig. Etwa wie im vorausgehenden Beispiel, wenn ein materieller Punkt eine räumliche Bewegung hat. Dann wird der vom gewählten Bezugspunkt O aus zum bewegten Punkt U hin gezogene Vektor $\mathfrak{r}$ eine Funktion der Zeit t sein. Umgekehrt wird durch den Endpunkt eines solchen von der Zeit t abhängigen Vektors $\mathfrak{r}$ eine räumliche Bewegung bestimmt.

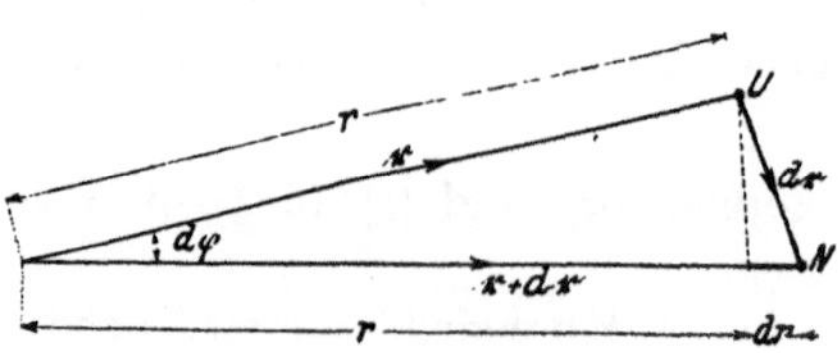

Abb. 77.

Beim Übergang von U nach N wird sich $\mathfrak{r}$ unendlich wenig ändern, Abb. 77, und zwar ebenso der Richtung nach wie hinsichtlich des Zahlenwertes. Bevor die Betrachtung fortgesetzt wird, soll auf einen Fehler aufmerksam gemacht werden, der bei der Vektorenrechnung vom Anfänger oft gemacht wird: daß er nämlich den Zusammenhang zwischen der wirklichen Änderung $d\mathfrak{r}$ des Vektors $\mathfrak{r}$ und der Änderung dr des Zahlenwertes r vergißt. Er ist nämlich gewöhnt, den Zahlenwert des Vektors $\mathfrak{r}$ mit r zu bezeichnen, den von $\mathfrak{A}$ mit A usw., und schließt nun falsch, daß dr der Zahlenwert von $d\mathfrak{r}$ sei. Er merke sich und behalte die Abbildung in der Erinnerung:

dr ist die Projektion von $d\mathfrak{r}$ auf $\mathfrak{r}$. (a)

Der Zahlenwert von $d\mathfrak{r}$ ist

$$[d\mathfrak{r}] = \sqrt{(r\,d\varphi)^2 + (dr)^2} = d\varphi \sqrt{r^2 + \left(\frac{dr}{d\varphi}\right)^2} \tag{b}$$

wenn $d\varphi$ der Winkel vom Vektor $\mathfrak{r}$ zum Vektor $\mathfrak{r} + d\mathfrak{r}$ ist.

***46. Fortsetzung.** Wenn man alle Einheitsvektoren des Raumes vom nämlichen Punkt O' aus abträgt, so bilden die Endpunkte eine Kugelfläche, die Einheitskugel. Wenn man von einem solchen Einheitsvektor $\mathfrak{r}'$ zu einem unendlich benachbarten $\mathfrak{r}' + d\mathfrak{r}'$ übergeht, so beschreibt der Endpunkt von $\mathfrak{r}'$ auf dieser Einheitskugel die unendlich kleine Änderung $d\mathfrak{r}'$ senkrecht zu $\mathfrak{r}'$. Der Winkel von $\mathfrak{r}'$ nach $\mathfrak{r}' + d\mathfrak{r}'$ ist $d\varphi$, Abb. 78. Weil jeder Einheitsvektor den Zahlenwert 1 hat, $[\mathfrak{r}'] = 1$, so wird nach (43a)

$$[d\mathfrak{r}'] = d\varphi. \tag{a}$$

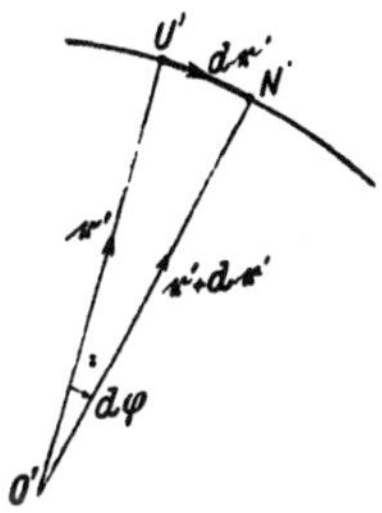

Abb. 78.

Gleichzeitig merke man für die Anwendung:

Das Differential $d\mathfrak{r}'$ eines Einheitsvektors $\mathfrak{r}'$ steht senkrecht zu $\mathfrak{r}'$. (b)

Die Ableitung eines beliebigen vom Parameter t abhängigen Vektors $\mathfrak{r}$ ist wie in (16):

$$\frac{d\mathfrak{r}(t)}{dt} = \lim_{\Delta t = 0} \frac{\mathfrak{r}(t + \Delta t) - \mathfrak{r}(t)}{\Delta t}. \tag{c}$$

Wenn $\mathfrak{u}$ und $\mathfrak{v}$ veränderliche Vektoren sind, die von einem Parameter t abhängen, und λ eine gleichfalls von t abhängige ungerichtete Größe, beweist man mit Hilfe der Nummern 198 bis 203 des ersten Bandes genau so wie in den vorausgehenden Zeilen die Formeln

$$\frac{d(\mathfrak{u}+\mathfrak{v})}{dt}=\frac{d\mathfrak{u}}{dt}+\frac{d\mathfrak{v}}{dt} \quad \text{und} \quad d(\mathfrak{u}+\mathfrak{v})=d\mathfrak{u}+d\mathfrak{v}, \tag{d}$$

$$\frac{d(\lambda\mathfrak{u})}{dt}=\mathfrak{u}\frac{d\lambda}{dt}+\lambda\frac{d\mathfrak{u}}{dt} \quad \text{und} \quad d(\lambda\mathfrak{u})=\mathfrak{u}\,d\lambda+\lambda\,d\mathfrak{u}, \tag{e}$$

$$\frac{d(\mathfrak{u}\mathfrak{v})}{dt}=\mathfrak{v}\frac{d\mathfrak{u}}{dt}+\mathfrak{u}\frac{d\mathfrak{v}}{dt} \quad \text{und} \quad d(\mathfrak{u}\mathfrak{v})=\mathfrak{v}\,d\mathfrak{u}+\mathfrak{u}\,d\mathfrak{v}, \tag{f}$$

$$\frac{d[\mathfrak{u}\mathfrak{v}]}{dt}=\left[\mathfrak{u}\frac{d\mathfrak{v}}{dt}\right]+\left[\frac{d\mathfrak{u}}{dt}\mathfrak{v}\right] \quad \text{und} \quad d[\mathfrak{u}\mathfrak{v}]=[\mathfrak{u}\,d\mathfrak{v}]+[d\mathfrak{u}\cdot\mathfrak{v}]$$

oder wegen $[\mathfrak{A}\mathfrak{B}]=-[\mathfrak{B}\mathfrak{A}]$,

$$\frac{d[\mathfrak{u}\mathfrak{v}]}{dt}=-\left[\mathfrak{v}\frac{d\mathfrak{u}}{dt}\right]+\left[\mathfrak{u}\frac{d\mathfrak{v}}{dt}\right] \quad \text{und} \quad d[\mathfrak{u}\mathfrak{v}]=-[\mathfrak{v}\,d\mathfrak{u}]+[\mathfrak{u}\,d\mathfrak{v}] \tag{g}$$

Bezeichnet man den veränderlichen Zahlenwert des Vektors $\mathfrak{r}$ mit r und den gleichfalls veränderlichen Einheitsvektor mit $\mathfrak{r}'$, so wird

$$\mathfrak{r}=r\mathfrak{r}'$$

und deswegen nach (23b)

$$\frac{d\mathfrak{r}}{dt}=\frac{d(r\mathfrak{r}')}{dt}=\mathfrak{r}'\frac{dr}{dt}+r\frac{d\mathfrak{r}'}{dt}. \tag{h}$$

Genau so gilt auch

$$d\mathfrak{r}=\mathfrak{r}'dr+r\,d\mathfrak{r}'. \tag{i}$$

Durch die vorausgehenden beiden Formeln wird $d\mathfrak{r}:dt$ oder $d\mathfrak{r}$ in zwei Komponenten zerlegt. Ihre Richtung ist, da r, dr und dt richtungslose Größen sind, bestimmt durch $\mathfrak{r}'$ und $d\mathfrak{r}'$. Es hat sonach die erste Komponente die Richtung von $\mathfrak{r}'$, die zweite jene von $d\mathfrak{r}'$. Die erste Komponente ist parallel zu $\mathfrak{r}$, die zweite senkrecht zu $\mathfrak{r}$, siehe auch Abb. 79. Man kann sagen, daß durch die Anwendung der Differentialrechnung der Vektor $d\mathfrak{r}$ oder $d\mathfrak{r}:dt$ auf eine natürliche Weise in zwei zueinander senkrechte Komponenten zerlegt wird.

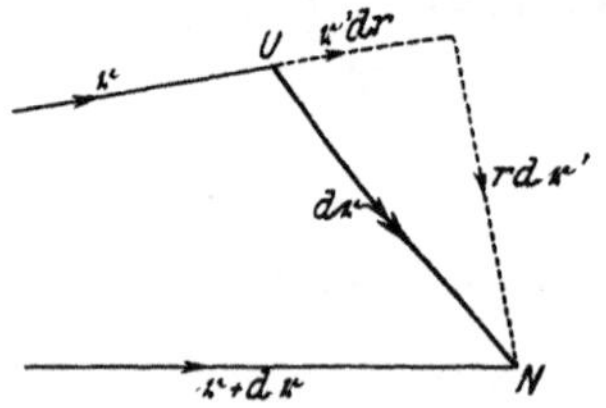

Abb. 79.

Die Zahlenwerte der beiden Komponenten von $d\mathfrak{r}$ sowie von $d\mathfrak{r}$ selbst sind, da $\mathfrak{r}'$ den Zahlenwert 1 und $d\mathfrak{r}'$ den Zahlenwert $d\varphi$ hat, wegen (45b)

$$[\mathfrak{r}'dr]=dr, \quad [r\,d\mathfrak{r}']=r\,d\varphi, \quad [d\mathfrak{r}]=d\varphi\sqrt{r^2+\left(\frac{dr}{d\varphi}\right)^2}. \tag{k}$$

Siehe auch Abb. 80, eine Wiederholung der Abb. 79, nur daß statt der Vektoren die absoluten Zahlenwerte eingezeichnet sind.

Beispiel a) Man zerlege die Geschwindigkeit $\mathfrak{v}$ eines bewegten materiellen Punktes mit Hilfe der Differentialrechnung in ihre zwei natürlichen Komponenten.

Es ist nach (h)

$$\mathfrak{v} \text{ oder } \frac{d\mathfrak{r}}{dt} = \mathfrak{r}' \frac{dr}{dt} + r \frac{d\mathfrak{r}'}{dt} \quad \text{oder} \quad \mathfrak{v} = \mathfrak{v}_p + \mathfrak{v}_s.$$

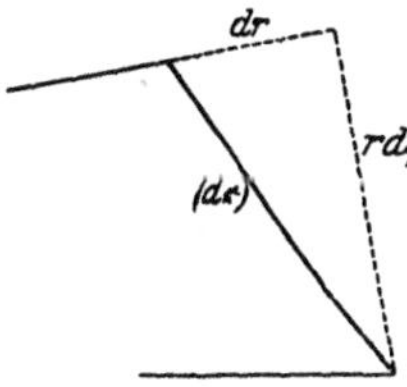

Abb. 80.

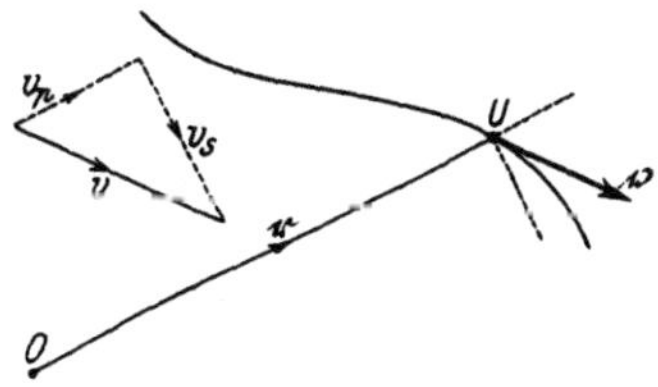

Abb. 81.

Es ist also $\mathfrak{v}$ in zwei Komponenten zerlegt, deren erste die Richtung von $\mathfrak{r}$ hat, während die zweite dazu senkrecht steht, Abb. 81. Nach den vorausgehenden Formeln sind die Zahlenwerte der beiden Komponenten

$$v_p = \frac{dr}{dt}, \qquad v_s = r\frac{d\varphi}{dt} \tag{l}$$

Beispiel b) Man zerlege die Geschwindigkeit $\mathfrak{v}$ eines bewegten materiellen Punktes und seine Beschleunigung $\mathfrak{b}$ in Komponenten parallel den drei Grundrichtungen eines räumlichen Koordinatensystems.

Es ist

$$\mathfrak{r} = \mathfrak{i}_1 x + \mathfrak{i}_2 y + \mathfrak{i}_3 z, \qquad \mathfrak{v} = \frac{d\mathfrak{r}}{dt}, \qquad \mathfrak{b} = \frac{d\mathfrak{v}}{dt},$$

wo x, y, z ebenso wie $\mathfrak{r}$ selbst Funktionen der Zeit t sind. Dann ersieht man ohne weiteres, daß

$$\mathfrak{v} = \frac{d\mathfrak{r}}{dt} \qquad = \mathfrak{i}_1 \frac{dx}{dt} + \mathfrak{i}_2 \frac{dy}{dt} + \mathfrak{i}_3 \frac{dz}{dt} \tag{m}$$

$$\mathfrak{b} = \frac{d\mathfrak{v}}{dt} = \frac{d^2\mathfrak{r}}{dt^2} = \mathfrak{i}_1 \frac{d^2x}{dt^2} + \mathfrak{i}_2 \frac{d^2y}{dt^2} + \mathfrak{i}_3 \frac{d^2z}{dt^2} \tag{n}$$

Beispiel c) Man deute geometrisch die erste und zweite Ableitung des veränderlichen Vektors $\mathfrak{r}$ nach dem von seinem Endpunkt U zurückgelegten Weg s.

Das Differential $d\mathfrak{r}$ des Wegvektors hat den Zahlenwert ds und ist tangential gerichtet, Abb. 82. Wenn daher $\mathfrak{t}$ der Einheitsvektor parallel zur Tangente in U ist, dann ist, Abb. 83,

$$d\mathfrak{r} = ds \cdot \mathfrak{t} \quad \text{oder} \quad \frac{d\mathfrak{r}}{ds} = \mathfrak{t}. \tag{o}$$

Die Ableitung hat also den Zahlenwert 1, was ja selbstverständlich ist. Die zweite Ableitung wird, wenn man den Einheitsvektor senkrecht zu $\mathfrak{t}$ mit $\mathfrak{n}$ bezeichnet,

$$\frac{d^2\mathfrak{r}}{ds^2} = \frac{d\mathfrak{t}}{ds} = \frac{d\tau \cdot \mathfrak{n}}{ds} = \frac{\mathfrak{n}}{\varrho}, \tag{p}$$

denn vom Differential $d\mathfrak{t}$ des Einheitsvektors $\mathfrak{t}$ gilt Formel (a) und (b).

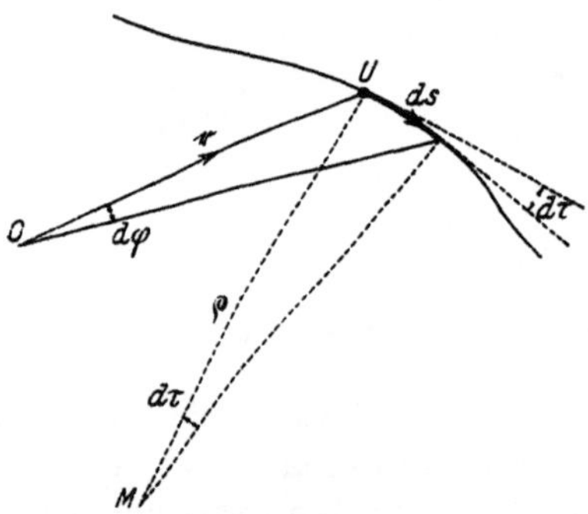

Abb. 82.

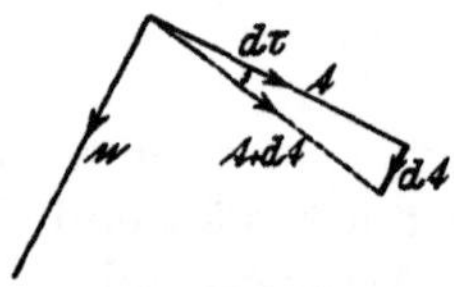

Abb. 83.

***47. Fortsetzung.** Die natürliche Zerlegung eines Vektors in zwei Komponenten mit Hilfe der Differentialrechnung führt zu wichtigen Formeln, wenn man sie auf die Beschleunigung anwendet. Es ist

$$\mathfrak{b} = \frac{d\mathfrak{v}}{dt} \quad \text{oder} \quad \mathfrak{b} = \frac{d(v\mathfrak{v}')}{dt},$$

wenn v der Zahlenwert und $\mathfrak{v}'$ der Einheitsvektor der Geschwindigkeit ist. v und $\mathfrak{v}'$ sind Funktionen der Zeit t, man erhält also genau wie (46h)

$$\frac{d(v\mathfrak{v}')}{dt} = \mathfrak{v}' \frac{dv}{dt} + v \frac{d\mathfrak{v}'}{dt} \tag{a}$$

oder

$$\mathfrak{b} = \mathfrak{b}_t + \mathfrak{b}_n. \tag{b}$$

Es ist $\mathfrak{v}'$ der Einheitsvektor der Geschwindigkeit, $d\mathfrak{v}'$ sein Differential, sonach ist die erste Komponente b_t gleichgerichtet mit der Geschwindigkeit, tangential gerichtet. Die zweite Komponente b_n hat die Richtung von $d\mathfrak{v}'$, sie geht zum Krümmungsmittelpunkt M, Abb. 84. Nach (46a) ist der Zahlenwert der Normalkomponente, wenn man den unendlich kleinen Weg von U nach N mit ds bezeichnet und $ds = \varrho\, d\tau$ berücksichtigt, Abb. 85,

$$b_n = v \frac{d\tau}{dt} = \frac{v}{\varrho} \frac{ds}{dt} = \frac{v^2}{\varrho}.$$

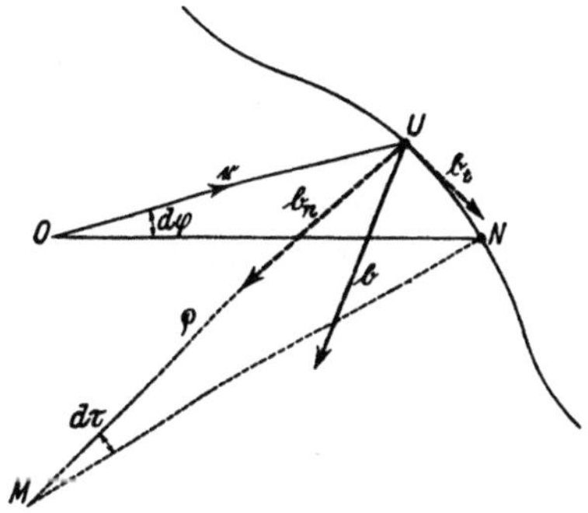

Abb. 84.

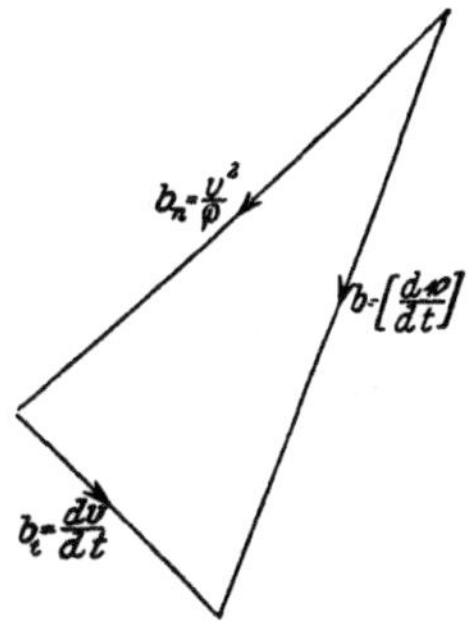

Abb. 85.

Die Tangentialkomponente b_t der Beschleunigung wird

$$b_t = \frac{dv}{dt}.$$

Man kann noch die Winkelgeschwindigkeit u einführen und behandelt zu diesem Zweck die Bewegung auf dem Weg von U nach N wie eine Bewegung auf dem Kreis um den augenblicklichen Krümmungsmittelpunkt M. Es gilt dann entsprechend (4c): die wahre Geschwindigkeit ist gleich Halbmesser mal Winkelgeschwindigkeit, hier

$$v = \varrho u. \tag{c}$$

Es darf aber nicht vergessen werden, daß ϱ in jedem Augenblick einen andern Wert hat. Mit dieser Formel erhält man dann für die

Normalkomponente $\quad b_n = \dfrac{v^2}{\varrho} \quad$ oder $\quad b_n = u^2 \varrho, \quad$ (d)

Tangentialkomponente $\quad b_t = \dfrac{dv}{dt} \quad$ oder $\quad b_t = \dfrac{d(u\varrho)}{dt}. \quad$ (e)

Man hüte sich wieder vor dem Fehler, der aus den Formeln für die geradlinige Bewegung leicht hervorgehen kann, daß man dv mit $[d\mathfrak{v}]$, d. i. der Zahlenwert von $d\mathfrak{v}$, verwechselt. Oder entsprechend $b_t = dv:dt$ mit $[\mathfrak{b}] = [d\mathfrak{v}:dt]$. Der Zahlenwert von $\mathfrak{b}$ ist

$$[\mathfrak{b}] = \sqrt{b_n^2 + b_t^2} = \sqrt{(u^2\varrho)^2 + \left(\frac{dv}{dt}\right)^2}. \tag{f}$$

Die Mechanik gibt den Zusammenhang zwischen einer am materiellen Punkt mit der Masse m angreifenden Kraft P und der erzeugten Geschwindigkeitsänderung b durch die dynamische Grundgleichung

$$P = mb \quad \text{oder} \quad \mathfrak{P} = m\mathfrak{b}. \tag{g}$$

Greifen mehrere Kräfte am materiellen Punkt an, dann ist P ihre Mittelkraft. Durch die natürliche Zerlegung der Beschleunigung in eine Normal- und Tangentialkomponente ist auch die Zerlegung der Kraft P in die zwei entsprechenden natürlichen Komponenten gegeben. Aus (d, e) erhält man durch Multiplizieren mit der Masse m die beiden Komponenten P_n und P_t, oder wie man sie gewöhnlich bezeichnet, die

Zentripetalkomponente,

$$C = \frac{mv^2}{\varrho} \quad \text{oder} \quad C = mu^2\varrho, \tag{h}$$

und die Tangentialkomponente

$$T = m\frac{dv}{dt} \quad \text{oder} \quad T = m\frac{d(u\varrho)}{dt}. \tag{i}$$

Man gewinnt aus den vorstehenden Untersuchungen den Satz:

Bei jeder krummlinigen Bewegung ist eine die Bewegungsänderung hervorrufende Kraft

$$\mathfrak{P} = \mathfrak{C} + \mathfrak{T}$$

vorhanden, deren Normal- oder Zentripetalkomponente $C = \frac{mv^2}{\varrho}$ oder $C = mu^2\varrho$ immer von Null verschieden ist, (k)

denn die drei Größen m, v und ϱ sind bei einer krummlinigen Bewegung immer von Null verschieden. Die Tangentialkomponente T kann gleich Null sein, wenn nämlich v konstant ist. Wenn beispielsweise der materielle Punkt sich auf einem Kreis mit konstanter Geschwindigkeit bewegt, wie etwa bei der Bewegung des Mondes um die Erde, dann ist v konstant und deswegen die Tangentialkomponente $T = 0$, also:

Bei der gleichförmigen Kreisbewegung ist die den materiellen Punkt bewegende Kraft P (oder falls es mehrere Kräfte sind, deren Mittelkraft) stets zum Kreismittelpunkt gerichtet und hat den Wert $mu^2\varrho$. (l)

Beispiel a) Man ermittle die Fadenspannung beim Zentrifugal- oder konischen Fadenpendel, Abb. 86.

Das Pendel ist als materieller Punkt vorausgesetzt. Konisches oder Kegelpendel heißt es, weil der materielle Punkt längs eines wagrecht liegenden Kreises um den Mittelpunkt M sich bewegt, so daß der Faden einen Kegel erzeugt. Am Pendel greifen an das Gewicht

$G = mg$, und die gesuchte Fadenspannung F. Beide haben eine Mittelkraft P, die nach dem vorausgehenden Satz nach dem Krümmungsmittelpunkt M gerichtet sein muß, weil das Pendel mit einer gleichförmigen Winkelgeschwindigkeit u schwingt. Unbekannt sind also nur mehr die Zahlenwerte F und P. Durch die Tatsache, daß P die Mittelkraft aus G und F ist, bestimmt sich das Kräftedreieck der Abb. 87, woraus sich ergibt

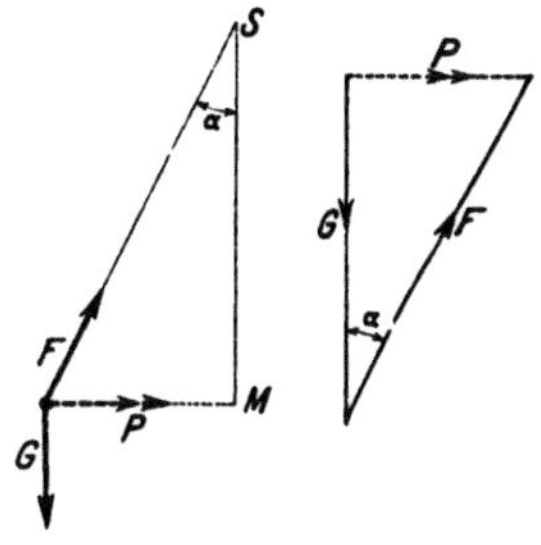

Abb. 86 u. 87.

$$F = \frac{G}{\cos\alpha}. \tag{m}$$

***48. Zentrifugalkraft.** Dem Zahlenwert nach der Zentripetalkraft gleich aber entgegengesetzt gerichtet ist die Zentrifugalkraft, die in zwei ihrem Wesen nach grundsätzlich verschiedenen Formen auftritt. Zunächst ist zu beachten, daß eine Zentripetalkraft oder Zentripetalkomponente nur bei einer krummlinigen Bewegung vorhanden sein kann. Damit eine solche krummlinige Bewegung des materiellen Punktes möglich ist, muß von einem Körper her auf den bewegten Punkt ein Bewegungszwang ausgeübt werden.

Man denke etwa an die Eisenbahnschienen, die den Wagen zwingen, in einer bestimmten Kurve zu laufen. Um bei diesem Beispiel zu bleiben: Vom Eisenbahnwagen, der seinem Trägheitsbestreben folgend geradlinig sich weiter begeben will, wird ein Druck N auf die Schiene ausgeübt, die wieder mit dem gleichen Gegendruck N auf den Wagen antwortet. Nun ist zu beachten: am bewegten Punkt, hier am Eisenbahnwagen, greift die Zentripetalkraft oder Zentripetalkomponente an, an der Schiene dagegen die Zentrifugalkraft oder die Zentrifugalkomponente. In diesem Fall ist die Zentrifugalkraft, wenn sie also die Gegenkraft zur Zentripetalkraft ist, physikalisch existierend, d. h. sinnlich wahrnehmbar. Oder ein anderes Beispiel: Wenn man einen an einer Schnur befindlichen Stein im Kreise schwingt, dann greift am Stein, wenn man von seinem Gewicht absieht, die Zentripetalkraft an und erzeugt als Gegenzug an der Hand, die den Stein führt, die physikalisch existierende Zentrifugalkraft.

Wenn die Zentrifugalkraft physikalisch existiert, dann ist sie immer die Gegenkraft oder Gegenkomponente zur Zentripetalkraft oder Zentripetalkomponente. In diesem Fall greift sie nie am bewegten Punkt an. (a)

Spricht man aber von der am bewegten Punkt angreifenden Zentrifugalkraft oder Zentrifugalkomponente, dann ist sie immer nur eine gedachte Kraft, die, wenn sie vorhanden wäre, die Zentripetalkraft oder Zentripetalkomponente im Gleichgewicht halten würde.

Beispiel a) In welcher Form tritt die Zentrifugalkraft im Beispiel 47a auf?

Entweder in der Form, wie Abb. 88 zeigt, dann ist die Zentrifugalkraft P eine gedachte Kraft, die im Gleichgewicht mit F und G wäre, wenn sie angreifen würde, siehe das Krafteck der Abb. 89.

Oder aber sie greift an der Auflagerstelle S an, von wo aus der Bewegungszwang auf den bewegten Punkt ausgeübt wird, wie Abb. 90 zeigt, dann ist sie eine Komponente der wirklich vorhandenen Gegenkraft F, die aber nicht am untersuchten Pendel, sondern am Träger des Pendels wirkt.

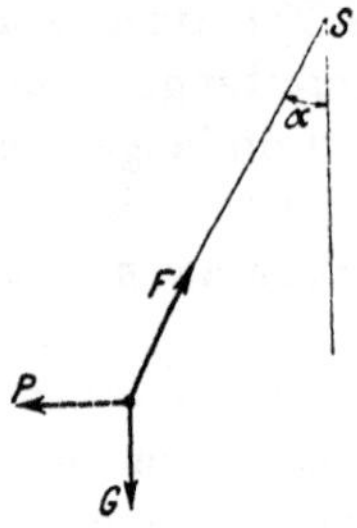

Abb. 88.

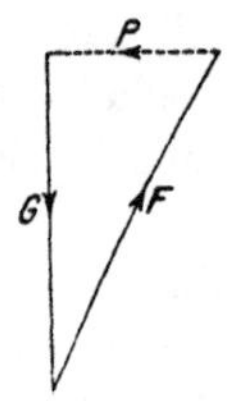

Abb. 89.

Abb. 90.

Beispiel b) In welcher Form tritt die Zentrifugalkraft bei der Mondbewegung auf?

Der Mond bewegt sich mit gleichförmiger Winkelgeschwindigkeit um die Erde. Nach (47 l) ist also die ihn bewegende Kraft stets zum Erdmittelpunkt hin gerichtet, es ist die Zentripetalkraft C, die Erdanziehung. Die entgegengesetzt gleiche Gegenkraft C greift an der Erde an, sie ist die wirklich vorhandene, die physikalisch existierende Zentrifugalkraft. Würde am Mond die Zentrifugalkraft angreifen, dann wäre sie im Gleichgewicht mit der Erdanziehung, der Mond also auch im Gleichgewicht, er würde sich mit gleichförmiger Geschwindigkeit geradlinig weiter bewegen.

Beispiel c) In welcher Weise tritt beim Kreispendel die Zentrifugalkraft auf?

Wenn man schlechtweg von einem Kreispendel spricht, meint man das in lotrechter Ebene schwingende. An ihm greifen das

Gewicht G und die Fadenspannung F an, Abb. 91. Beide haben eine Mittelkraft P, die man wieder in zwei andere Komponenten zerlegen kann, in T und C, Abb. 92. Letztere, die Zentripetalkomponente, geht zum Krümmungsmittelpunkt M. Ihr Wert ergibt sich aus dem Resultantensatz bzw. dessen graphischer Darstellung in der Abb. 93 durch

$$C = F - G \cos \tau .$$

Entgegengesetzt mit ihr greift am Auflager M die Zentrifugalkomponente C an, gleichfalls als ein Teil des Gegenzuges F. Wenn man aber von der am Pendel angreifenden Zentrifugalkomponente spricht, dann meint man eine gedachte Kraft, die wenn sie vorhanden wäre, die Zentripetalkomponente C aufheben würde.

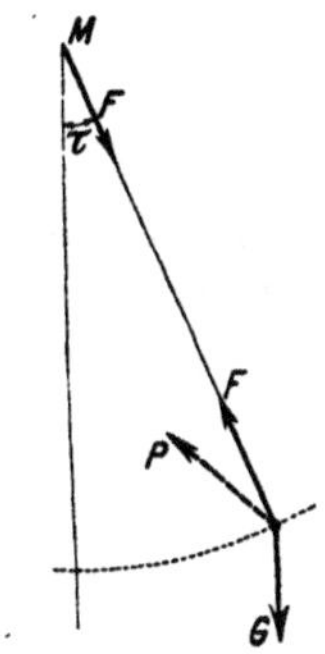

Abb. 91.

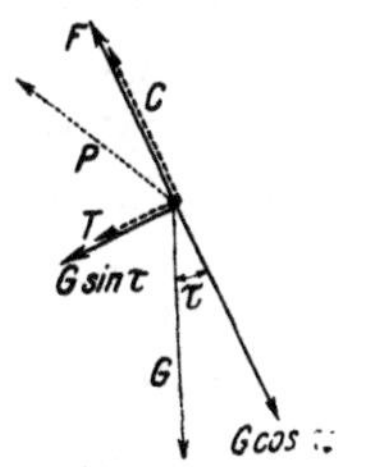

Abb. 92.

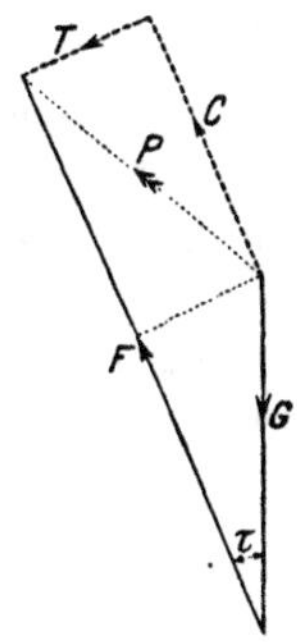

Abb. 93.

49. Wiederholungsaufgaben. **1)** bis **4)** Man differenziere nach ihrem Argument die Funktionen

1) $(a + b x)^2$ 2) $\sqrt{a^2 - u^2}$ 3) $\lg \sin \varphi$ 4) $\lg \operatorname{tg} z$.

5) bis **8)** Man bilde die Differentiale der Funktionen

5) $\lg \sqrt{\dfrac{1+x}{1-x}}$ 6) $\dfrac{1}{2a} \lg \dfrac{x-a}{x+a}$ 7) $(\sqrt{ax+b})^3$ 8) $\arcsin \dfrac{x}{a}$.

9) bis **11)** Man differenziere nach ihrem Argument die Funktionen

9) $\lg \dfrac{a + \sqrt{a^2 - u^2}}{u}$ 10) $z \arcsin z + \sqrt{1 - z^2}$ 11) $\operatorname{arctg}\left(\operatorname{tg} \varphi \cdot \sqrt{1 - a^2}\right)$.

12) bis **14)** Man ermittle die Ableitungen der Funktionen

12) $\sqrt{x} + \sqrt{y} = \sqrt{a}$ 13) $(x^2 + y^2)^2 = 2 a x^3$ 14) $xy + 2 y^2 = 4 x \sqrt{y}$.

15) bis **17)** Man gebe die erste, zweite und dritte Ableitung an von

15) $e^x x^2$ 16) $e^{\sin u}$ 17) $\frac{1}{4} z^2 (\lg z^2 - 1)$.

18) und **19)** Man gebe das erste und zweite Differential der Funktionen

18) $\frac{1}{2} x (\sin \lg x - \cos \lg x)$ 19) $\frac{1}{4}\left[\arcsin y \cdot (2 y^2 - 1) + y \sqrt{1 - y^2}\right]$.

20) bis **26)** Gesucht sind die Differentiale der nachstehenden Funktionen

20) $y = \lg \frac{a + bx}{a - bx}$ 21) $z = \lg \sqrt{\frac{1+x}{1-x}}$ 22) $u = \lg(x + \sqrt{x^2 \pm a^2})$

23) $v = x\sqrt{x^2 \pm a^2} \pm a^2 \lg(x + \sqrt{x^2 \pm a^2})$ 24) $w = x\sqrt{a^2 - x^2} + a^2 \arcsin \frac{x}{a}$.

25) $r = \arcsin x \cdot (2x^2 - 1) + x\sqrt{1 - x^2}$ **26)** $s = e^{ax}(a \cos bx + b \sin bx)$.

27) und **28)** Man differenziere nach x bezw. φ.

27) $x + y^2 = x \sin y$ 28) $r e^{\varphi} + \varphi = r\varphi$.

Zum Vergleich entwickle man noch die beiden Funktionen nach einer der Veränderlichen und suche daraus die Ableitung.

29) Gesucht sind die Horizontal- und Vertikalstellen der Kurve $y^2 = x(1 - x)$. Man kontrolliere die erhaltenen Werte, indem man sich ein Bild über die Gestalt der Kurve verschafft.

30) Man beweise, daß sich die Kurven $(x-1)^2 + y^2 - 1 = 0$ und $(x-2)^2 + y^2 - 4 = 0$ im Nullpunkt berühren.

31) Man beweise, daß das durch die Koordinatenachsen abgeschnittene Stück jeder Tangente an die Kurve $x^{2/3} + y^{2/3} = a^{2/3}$ die konstante Länge a hat.

32) Man löse das bei Untersuchungen über Ketten und Seile auftretende Gleichungssystem

$$uSs \qquad - vCc \qquad = -d(c - s),$$
$$u(Sc + Cs) + v(Cs - Sc) = 2cd$$

nach den beiden Unbekannten u und v, wenn

$$s = \sin x, \qquad c = \cos x, \qquad S = \mathrm{Sin}\, x, \qquad C = \mathrm{Cos}\, x.$$

33) Die Zustandsgleichungen der Gase und Dämpfe benützen auch die Kurve $y = x^2(x - b)$, wo $b = 0{,}0023$. Man gebe deren ungefähre Gestalt.

34) bis **38)** Man differenziere nach x die Funktionen

34) $u = 2 \operatorname{arc\,tg}(\mathrm{Sin}\, x + \mathrm{Cos}\, x)$ 35) $v = \lg \mathrm{Tg}\, x$

36) $w = \lg \mathrm{Tg} \frac{x}{2}$ 37) $y = x + \mathrm{Sin}\, x \,\mathrm{Cos}\, x$ 38) $z = x\, \mathrm{Cos}\, x - \mathrm{Sin}\, x$.

50. Lösungen. 1) bis **4)** Im ersten Fall ist das nächste Argument die Klammer, im zweiten der Radikand R, im dritten $\sin\varphi$, im vierten $\operatorname{tg} z$.

1) $$\frac{d(a+bx)^2}{dx} = \frac{d(\;)^2}{d(\;)} \cdot \frac{d(\;)}{dx} = 2(\;) \cdot b = 2b(a + bx);$$

2) $$\frac{d\sqrt{\;}}{du} = \frac{d\sqrt{\;}}{dR} \cdot \frac{dR}{du} = \frac{1}{2\sqrt{R}} \cdot -2u = \frac{-u}{\sqrt{a^2 - u^2}};$$

3) $$\frac{d \lg \sin\varphi}{d\varphi} = \frac{d \lg \sin\varphi}{d \sin\varphi} \cdot \frac{d \sin\varphi}{d\varphi} = \frac{1}{\sin\varphi} \cdot \cos\varphi = \operatorname{cotg}\varphi;$$

4) $$\frac{d \lg \operatorname{tg} z}{dz} = \frac{d \lg \operatorname{tg} z}{d \operatorname{tg} z} \cdot \frac{d \operatorname{tg} z}{dz} = \operatorname{cotg} z \cdot \frac{1}{\cos^2 z} = \frac{1}{\sin z \cos z}.$$

5) bis 8) Man unterlasse nie, eine Vereinfachung vorzunehmen, in den ersten beiden Fällen etwa den Logarithmus auszuführen.

$$5)\quad d[\lg\sqrt{\ }] = d\left[\frac{1}{2}\lg\frac{1+x}{1-x}\right] = \frac{1}{2}d[\lg(1+x)-\lg(1-x)]$$

$$= \frac{1}{2}\left[\frac{1}{1+x}\cdot 1 - \frac{-1}{1-x}\right]dx = \frac{dx}{1-x^2};$$

$$6)\quad d\left[\frac{1}{2a}\lg\frac{x-a}{x+a}\right] = \frac{1}{2a}d[\lg(x-a)-\lg(x+a)]$$

$$= \frac{1}{2a}\left[\frac{1}{x-a}-\frac{1}{x+a}\right]dx = \frac{dx}{x^2-a^2};$$

$$7)\quad d\sqrt{\ }^3 = d(ax+b)^{\frac{3}{2}} = \frac{3}{2}(ax+b)^{\frac{1}{2}}a\cdot dx = 1{,}5a\sqrt{ax+b}\cdot dx;$$

$$8)\quad d\arcsin\frac{x}{a} = \frac{1}{\sqrt{1-\left(\frac{x}{a}\right)^2}}\,\frac{1}{a}\,dx = \frac{dx}{\sqrt{a^2-x^2}}.$$

9) bis 11) Man führt Symbole ein für die gegebenen Funktionen, etwa $f(u)$, $F(z)$, $u(\varphi)$. Die erste Funktion kann man durch Ausführung des Logarithmus erst noch vereinfachen,

$$f(u) = \lg(a+\sqrt{\ }) - \lg u,$$

so daß

$$9)\quad f'(u) = \frac{1}{a+\sqrt{\ }}\cdot\frac{-u}{\sqrt{\ }} - \frac{1}{u} = \frac{-u^2-(a+\sqrt{\ })\sqrt{\ }}{(a+\sqrt{\ })u\sqrt{\ }} = \frac{-a}{u\sqrt{\ }};$$

$$10)\quad F'(z) = \arcsin z\cdot 1 + z\cdot\frac{1}{\sqrt{\ }} + \frac{-2z}{2\sqrt{\ }} = \arcsin z;$$

$$11)\quad u'(\varphi) = \frac{1}{1+(\ )^2}\cdot\frac{\sqrt{\ }}{\cos^2\varphi} = \frac{\sqrt{\ }}{\cos^2\varphi+\sin^2\varphi\cdot(1-a^2)} = \frac{\sqrt{1-a^2}}{1-a^2\sin^2\varphi}.$$

12) bis 14) Es ist unpraktisch nach y aufzulösen, im dritten Fall wäre diese Auflösung auch recht schwierig und am ehesten noch durch die Auflösung nach x zu ersetzen.

$$12)\quad \frac{1}{2\sqrt{x}} + \frac{1}{2\sqrt{y}}\cdot y' = 0 \quad\text{oder}\quad y' = -\sqrt{\frac{x}{y}};$$

$$13)\quad 2(\ )\cdot(2x+2y\cdot y') = 2a\cdot 3x^2$$

oder

$$y' = x\,[3ax : 2(\ ) - 1] : y;$$

$$14)\quad y\cdot 1 + x\cdot y' + 4y\cdot y' = 4\left(\sqrt{y}\cdot 1 + x\cdot\frac{1}{2\sqrt{y}}\cdot y'\right)$$

oder

$$y' = y\,(4-\sqrt{y}) : (x\sqrt{y}+4y\sqrt{y}-2x).$$

15) bis 17) Man führt die Symbole $f(x)$, $g(u)$, $h(z)$ ein und erhält im Fall

$$15)\quad f'(x) = x^2e^x + e^x\,2x = e^x(x^2+2x),$$

$$f''(x) = e^x(x^2+4x+2), \qquad f'''(x) = e^x(x^2+6x+6);$$

$$16)\quad g'(u) = e^{\sin u}\cos u, \qquad g''(u) = e^{\sin u}(\cos^2 u - \sin u),$$

$$g'''(u) = e^{\sin u}(\cos^3 u - 3\sin u\cdot\cos u - \cos u);$$

$$17)\quad h'(z) = z\lg z, \qquad h''(z) = 1+\lg z, \qquad h'''(z) = \frac{1}{z}.$$

18) und 19) Man setzt im ersten Fall u und im zweiten Fall v als Symbol für die Funktionen, dann wird

$$18)\quad du = \left[\frac{1}{2}(\;) + \frac{1}{2}x\left(\cos\lg x\cdot\frac{1}{x} + \sin\lg x\cdot\frac{1}{x}\right)\right]\cdot dx$$

$$= \sin\lg x\cdot dx;\qquad d^2u = \frac{1}{x}\cos\lg x\cdot dx^2;$$

$$19)\quad dv = \frac{1}{4}\left[(2y^2-1)\frac{1}{\sqrt{1-y^2}} + \arcsin y\cdot 4y + \sqrt{\;} + y\cdot\frac{-2y}{2\sqrt{\;}}\right]dy$$

oder $\qquad dv = y\arcsin y\cdot dy,\qquad d^2v = [\arcsin y + y:\sqrt{1-y^2}]\,dy^2.$

$$20)\quad dy = d\,[\lg(a+bx) - \lg(a-bx)] = \frac{2ab}{a^2-b^2x^2}dx;$$

$$21)\quad dz = \frac{1}{2}d\,[\lg(1+x) - \lg(1-x)] = \frac{dx}{1-x^2};$$

$$22)\quad du = \frac{1}{x+\sqrt{\;}}\left(1+\frac{x}{\sqrt{\;}}\right)dx = \frac{dx}{\sqrt{x^2\pm a^2}};$$

$$23)\quad dv = \left[\sqrt{\;}\cdot 1 + x\frac{x}{\sqrt{\;}} + a^2\cdot\frac{1}{\sqrt{\;}}\right]dx = 2\sqrt{x^2+a^2}\cdot dx;$$

$$24)\quad dw = \left[\sqrt{\;} - x\cdot\frac{x}{\sqrt{\;}} + a^2\frac{1}{\sqrt{1-\frac{x^2}{a^2}}}\cdot\frac{1}{a}\right]dx = 2\sqrt{a^2-x^2}\cdot dx;$$

$$25)\quad dr = \left[(2x^2-1)\frac{1}{\sqrt{1-x^2}} + \arcsin x\cdot 4x + \sqrt{1-x^2} - x\frac{x}{\sqrt{\;}}\right]dx$$

$$= 4x\arcsin x\,dx;$$

$$26)\quad ds = [(a\cos bx + b\sin bx)\,e^{ax}\cdot a + e^{ax}(-a\sin bx\cdot b$$
$$+ b\cos bx\cdot b)]\,dx = (a^2+b^2)\,e^{ax}\cos bx\,dx.$$

$$27)\quad 1 + 2yy' = \sin y + x\cos y\cdot y' \quad\text{oder}\quad \frac{dy}{dx} = \frac{\sin y - 1}{2y - x\cos y}.$$

Oder man löst nach x auf, $x = y^2:(\sin y - 1)$ und differenziert

$$\frac{dx}{dy} = \frac{(\sin y-1)\,2y - y^2\cos y}{(\sin y-1)^2}\quad\text{oder}\quad\frac{dy}{dx} = \frac{(\sin y-1)^2}{2y(\sin y-1) - y^2\cos y}.$$

Daß die beiden Ausdrücke für die Ableitung gleich sind, ergibt sich, wenn man in der ersten Lösung für x den Wert $y^2:(\sin y - 1)$ setzt.

$$28)\quad e^{\varphi}\frac{dr}{d\varphi} + re^{\varphi} + 1 = \varphi\frac{dr}{d\varphi} + r\quad\text{oder}\quad\frac{dr}{d\varphi} = \frac{re^{\varphi}+1-r}{\varphi - e^{\varphi}}.$$

Oder man löst nach r auf,

$$r = \frac{\varphi}{\varphi - e^{\varphi}},\qquad\text{und erhält}\qquad\frac{dr}{d\varphi} = \frac{e^{\varphi}(\varphi-1)}{(\varphi-e^{\varphi})^2}.$$

Wenn man in der ersten Lösung $r = \varphi:(\varphi - e^{\varphi})$ einsetzt, kommt man zur zweiten Lösungsform.

29) Die umgeformte Gleichung $x^2 + y^2 - x = 0$ gibt unmittelbar die Lösung, denn die Kurve ist ein Kreis, der die y-Achse im Nullpunkt berührt. Will man die Differentialrechnung anwenden, dann überlegt man: die Horizontalstellen sind bedingt durch $y' = 0$, hier durch $2x - 1 = 0$ wegen $2x + 2yy' - 1 = 0$. Aus der Abszisse $x = 0{,}5$ ergibt sich durch die Gleichung $y^2 = \frac{1}{4}$ oder $y = \pm 0{,}5$; man hat zwei Horizontalstellen $0{,}5 \mid 0{,}5$ und $0{,}5 \mid -0{,}5$. Die Vertikalstelle verlangt $y' = \infty$ und somit $y = 0$ wegen $y' = (1 - 2x) : 2y$. Man erhält zwei Vertikalstellen $0 \mid 0$ und $1 \mid 0$.

30) Aus beiden Gleichungen ersieht man unmittelbar (nach I 109 ebenso wie bei der vorigen Aufgabe), daß sie Kreise vorstellen, die die y-Achse im Nullpunkt berühren.

Will man die Hilfsmittel der Differentialrechnung verwenden, so muß man beweisen, daß beide Kurven im Nullpunkt die gleiche Richtung haben. Natürlich liegt der Nullpunkt auf jeder der beiden Kurven. Die beiden Richtungen ergeben sich aus den Ableitungen

$$2(x-1) + 2yy' = 0 \quad \text{bzw.} \quad 2(x-2) + 2yy' = 0$$

zu

$$y' = (1 - x) : y \quad \text{bzw.} \quad y' = (2 - x) : y$$

an der allgemeinen Stelle $x \mid y$; im Nullpunkt nehmen beide Richtungen die Werte ∞ an, beide Kurven haben sonach im Nullpunkt lotrechte Richtung.

31) Man ermittelt die Gleichung der Tangente an der allgemeinen Stelle $x_0 \mid y_0$ und bringt sie auf die Abschnittsgleichung $\frac{x}{a} + \frac{y}{b} - 1 = 0$, dann muß das durch die beiden Koordinatenachsen abgeschnittene Stück $s = \sqrt{a^2 + b^2}$ unabhängig von den Zahlen x_0 und y_0 den konstanten Wert c haben, Abb. 94. Die Richtung ergibt sich aus der Ableitung

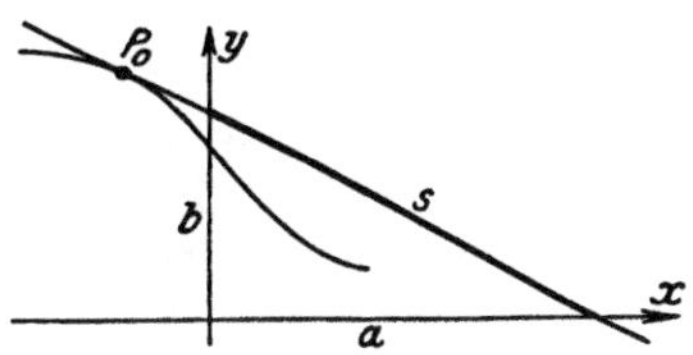

Abb. 94.

$$\tfrac{2}{3} x_0^{-\frac{1}{3}} + \tfrac{2}{3} y_0^{-\frac{1}{3}} y_0' = 0 \quad \text{zu} \quad y_0' = -(y_0 : x_0)^{\frac{1}{3}}.$$

Die Gleichung der Tangente wird

$$(y - y_0)\, x_0^{\frac{1}{3}} + (x - x_0)\, y_0^{\frac{1}{3}} = 0$$

oder

$$x y_0^{\frac{1}{3}} + y x_0^{\frac{1}{3}} - (x_0 y_0)^{\frac{1}{3}} (x_0^{\frac{2}{3}} + y_0^{\frac{2}{3}}) = 0;$$

weil mit Berücksichtigung der Kurvengleichung die letzte Klammer zu $c^{\frac{2}{3}}$ wird, wird die Abschnittsgleichung

$$\frac{x}{a} + \frac{y}{b} - 1 = 0 \quad \text{oder} \quad \frac{x}{c^{\frac{2}{3}} x_0^{\frac{1}{3}}} + \frac{y}{c^{\frac{2}{3}} y_0^{\frac{1}{3}}} - 1 = 0,$$

woraus sich wegen

$$s^2 = a^2 + b^2 = c^{\frac{4}{3}} (x_0^{\frac{2}{3}} + y_0^{\frac{2}{3}}) = c^2$$

wieder $s = c$ ergibt.

32) Mit Hilfe der Determinanten oder auch auf elementarem Weg findet man

$$u:v:1 = \begin{vmatrix} Ss & -Cc & d(c-s) \\ Sc+Cs & Cs-Sc & -2cd \end{vmatrix}$$

$$= d\,[2Cc^2 + (c-s)(Sc-Cs)] : d\,[2Scs + (c-s)(Sc+Cs)]$$
$$: [Ss(Cs-Sc) + Cc(Sc+Cs)]$$
$$= d\,[C(c^2+s^2) + (C+S)\,c\,(c-s)] : d\,[cs(C+S) + Sc^2 - Cs^2]$$
$$: [CS(c^2+s^2) + cs(C^2-S^2)].$$

Man berücksichtigt nach 39 und 40

$$c^2+s^2=1, \qquad C+S=e^x, \qquad C-S=e^{-x}, \qquad C^2-S^2=1$$

und erhält

$$u:v:1 = \frac{d}{2}\,[e^x + e^{-x} + 2e^x(\cos^2 x - \sin x\cos x)]$$
$$: \frac{d}{2}\,[e^x(\cos^2 x - \sin^2 x) - e^{-x} + 2e^x \sin x \cos x]$$
$$: \tfrac{1}{2}\,[2CS + 2cs]$$
$$= d e^x\,[1 + e^{-2x} + 2\cos^2 x - 2\sin x \cos x]$$
$$: d e^x\,[\cos 2x - e^{-2x} + \sin 2x]$$
$$: [\mathfrak{Sin}\,2x + \sin 2x]$$
$$= d e^x\,[\cos 2x - \sin 2x + 2 + e^{-2x}] : d e^x\,[\cos 2x + \sin 2x - e^{-2x}]$$
$$: [\mathfrak{Sin}\,2x + \sin 2x].$$

33) Man zeichnet die beiden Grundkurven $y = x^2$ und $y = x - b$, die erste eine gewöhnliche Parabel, die zweite eine Gerade. An jeder Stelle x ist die Ordinate der gesuchten Kurve das Produkt der Ordinaten der beiden Grundkurven. Das sehr kleine b erschwert die Zeichnung, man nimmt deswegen zunächst willkürlich $b = 0{,}6$ und findet damit die Gestalt, so wie Abb. 95 zeigt. Die gestrichelte Kurve dieser Abbildung ist die Parabel $y = x^3$. Die Kurve hat im Nullpunkt ein Maximum, unmittelbar rechts davon ein Minimum und weiter unmittelbar rechts wieder ihren Schnittpunkt mit der x-Achse. Die drei Punkte, nämlich das Maximum, das Minimum und der Schnittpunkt mit der x-Achse fallen derart nahe zusammen, daß sie selbst bei der Wahl $b = 0{,}6$ in der Zeichnung schwer zu unterscheiden sind. Für die Wahl $b = 0{,}002\,3$ werden diese drei Punkte noch näher zusammenrücken, die beiden Kurven

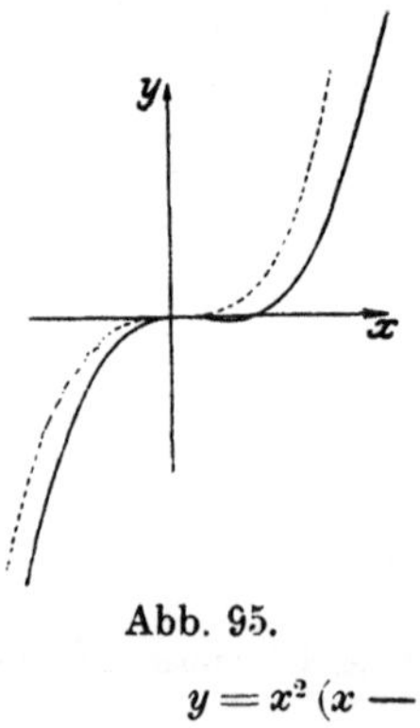

Abb. 95.

$$y = x^2(x-0) \qquad \text{oder} \qquad y = x^3 \qquad \text{und} \qquad y = x^2(x-b)$$

sind für diesen Wert in der Zeichnung nicht zu unterscheiden. Durch Rechnung kann man die Extremstellen natürlich ebenfalls auffinden. $y' = 3x^2 - 2bx$ muß verschwinden, oder $x(3x - 2b) = 0$ ist die Bedingung für ein Extremum. $x = 0$ liefert das Maximum und $x = \frac{2}{3}b = 0{,}001\,5$ das Minimum. Der Schnittpunkt mit der x-Achse ist durch $y = 0$ oder $x^2(x-b) = 0$ bestimmt; im Nullpunkt berührt die Kurve die x-Achse, rechts davon im Abstand $x = 0{,}002\,3$ schneidet sie diese.

34) Nach (40h) wird $u = 2 \operatorname{arctg} e^x$, also

$$\frac{du}{dx} = 2\frac{e^x}{1 + e^{2x}} = \frac{2}{e^{-x} + e^x} = \frac{1}{\operatorname{Cos} x}.$$

35) $$\frac{dv}{dx} = \operatorname{Cotg} x \cdot \frac{1}{\operatorname{Cos}^2 x} = \frac{1}{\operatorname{Cos} x \cdot \operatorname{Sin} x}.$$

36) $$\frac{dw}{dx} = \operatorname{Cotg}\frac{x}{2} \cdot \frac{1}{\operatorname{Cos}^2 \frac{x}{2}} \cdot \frac{1}{2} = \frac{1}{2 \operatorname{Cos}\frac{x}{2} \operatorname{Sin}\frac{x}{2}} = \frac{1}{\operatorname{Sin} x}.$$

37) $$\frac{dy}{dx} = 1 + \operatorname{Cos} x \cdot \operatorname{Cos} x + \operatorname{Sin} x \operatorname{Sin} x = 1 + \operatorname{Cos}^2 x + \operatorname{Sin}^2 x = 2 \operatorname{Cos}^2 x.$$

38) $$\frac{dz}{dx} = \operatorname{Cos} x \cdot 1 + x \operatorname{Sin} x - \operatorname{Cos} x = x \operatorname{Sin} x.$$

Dritter Abschnitt.

Integralrechnung I.

51. Unbestimmtes Integral. Die Funktion

$$\int f(x)\,dx,$$

genannt das unbestimmte Integral aus der Funktion $f(x)$, ist definiert als diejenige Funktion, deren Ableitung $f(x)$ ist. (a)

Oder in anderer Sprechweise:

$\int f(x)\,dx$ ist definiert als jene Funktion, deren Differential $f(x)\,dx$ ist. (b)

Damit ist die gegebene Funktion $f(x)$ als Ableitung der gesuchten Funktion, diese selbst als Stammfunktion zur gegebenen charakterisiert.

Eine Reihe von unbestimmten Integralen lassen sich unmittelbar aus der Definition ermitteln. Beispielsweise ist $\cos x$ die Ableitung von $\sin x$; daraus folgt

$$\int \cos x\,dx = \sin x\,.$$

Man fragt: ist denn $\sin x$ die einzige Lösung, d. h. gibt es vielleicht noch andere Funktionen, die als Ableitung $\cos x$ haben. Nun wissen wir in der Tat, daß auch $\sin x + 3$, oder $\sin x + 8$, allgemein $\sin x + C$, wo C eine Additionskonstante ist, als Ableitung $\cos x$ haben. Mit andern Worten: die Aufgabe, zu einer gegebenen Funktion die Stammfunktion zu finden, ist unbestimmt, sie hat unendlich viele Lösungen. Zur gegebenen Funktion $\cos x$ ist also die gesuchte Stammfunktion $\sin x + C$, oder in mathematischer Darstellung

$$\int \cos x\,dx = \sin x + C\,.$$

Wenn man sonach weiß, daß

$$\int f(x)\,dx = \varphi(x)$$

ist, so kann man daraus schließen, daß allgemein

$$\int f(x)\,dx = \varphi(x) + C \tag{c}$$

ist; bei jedem unbestimmten Integral kommt demnach eine Additionskonstante zum Vorschein, woraus sich der Name „unbestimmtes Integral" erklärt. Die Konstante C heißt man auch „Integrationskonstante".

Die vorausgehenden Definitionen und Entwicklungen haben das unbestimmte Integral als eine Umkehrung der Differentialrechnung hingestellt. Dementsprechend geht der Satz „eine Additionskonstante verschwindet beim Differenzieren" über in:

beim Integrieren kommt eine Integrationskonstante zum Vorschein. (d)

Auch die anderen einfachen Differentialformeln lassen sich umkehren. So geht

$$d\,[C \cdot f(x)] = C \cdot df(x)$$

über in

$$\int C \cdot f(x)\,dx = C \int f(x)\,dx,$$

eine Multiplikationskonstante kommt vor das Integral. (e)

Ebenso

$$d\,[u(x) + v(x) + \ldots] = du(x) + dv(x) + \ldots$$

über in

$$\int [u(x) + v(x) + \ldots]\,dx = \int u(x)\,dx + \int v(x)\,dx + \ldots,$$

eine Summe wird integriert, indem man jeden Summanden integriert. (f)

Weiterhin wird

$$\frac{dx^n}{dx} = n x^{n-1}, \quad \text{also} \quad \int x^{n-1}\,dx = \frac{x^n}{n} + C,$$

oder wenn man $n - 1 = m$ setzt,

$$\int x^m\,dx = \frac{x^{m+1}}{m+1} + C, \tag{g}$$

Es stehen sich weiter entsprechend die nachfolgenden Differential- und Integralformeln gegenüber:

$$d\sqrt{x} = \frac{dx}{2\sqrt{x}} \qquad \int \frac{dx}{\sqrt{x}} = 2\sqrt{x} + C;$$

$$d \sin x = \cos x\, dx \qquad \int \cos x\, dx = \sin x + C; \tag{i}$$

$$d \cos x = -\sin x\, dx \qquad \int \sin x\, dx = -\cos x + C; \tag{k}$$

$$d \operatorname{tg} x = \frac{dx}{\cos^2 x} \qquad \int \frac{dx}{\cos^2 x} = \operatorname{tg} x + C; \tag{l}$$

$$d \operatorname{cotg} x = \frac{-dx}{\sin^2 x} \qquad \int \frac{dx}{\sin^2 x} = -\operatorname{cotg} x + C; \tag{m}$$

$$d \lg x = \frac{dx}{x} \qquad \int \frac{dx}{x} = \lg x + C; \tag{n}$$

$$d e^x = e^x dx \qquad \int e^x dx = e^x + C; \tag{o}$$

$$d a^x = a^x \lg a\, dx \qquad \int a^x dx = \frac{a^x}{\lg a} + C; \tag{p}$$

$$\begin{aligned} d \operatorname{arc} \sin x &= \frac{dx}{\sqrt{1-x^2}} \\ d \operatorname{arc} \cos x &= \frac{-dx}{\sqrt{1-x^2}} \end{aligned} \qquad \left.\begin{aligned} \int \frac{dx}{\sqrt{1-x^2}} &= \operatorname{arc} \sin x + C \\ &= -\operatorname{arc} \cos x + C'; \end{aligned}\right\} \tag{q}$$

$$\begin{aligned} d \operatorname{arc} \operatorname{tg} &= \frac{dx}{1+x^2} \\ d \operatorname{arc} \operatorname{cotg} x &= \frac{-dx}{1+x^2} \end{aligned} \qquad \left.\begin{aligned} \int \frac{dx}{1+x^2} &= \operatorname{arc} \operatorname{tg} x + C \\ &= -\operatorname{arc} \operatorname{cotg} x + C'. \end{aligned}\right\} \tag{r}$$

Wenn der Anfänger ein Integral dieser oder der nachfolgenden Nummern selbständig löst, so wird er zuweilen scheinbar ein anderes Ergebnis erhalten als das im Buch angegebene. Er wird beispielsweise als Lösung vielleicht $\cos x$ erhalten, das Buch aber $2\cos^2 \frac{x}{2}$. Beide Lösungen sind nur scheinbar verschieden, wenn man beachtet, daß ein unbestimmtes Integral immer mit einer Konstanten versehen ist. Die beiden scheinbar verschiedenen Lösungen $\cos x + C$ und $2\cos^2 \frac{x}{2} + C'$ sind aber tatsächlich identisch, wenn man $C = 1 + c$ und $C' = c$ setzt, da bekanntlich

$$1 + \cos x = 2\cos^2 \frac{x}{2}.$$

Man beachte wohl, daß diese scheinbar verschiedenen Lösungen nur bei unbestimmten Integralen auftreten können; bei den später zu besprechenden bestimmten Integralen sind auch scheinbare Verschiedenheiten unmöglich (siehe etwa Beispiel 57 f).

Beispiel a) Wie erklären sich die beiden scheinbar verschiedenen Lösungen (q) und (r)?

Man weiß aus (31 a), daß

$$\operatorname{arc}\sin x + \operatorname{arc}\cos x = \tfrac{1}{2}\pi, \qquad \operatorname{arc}\operatorname{tg} x + \operatorname{arc}\operatorname{cotg} x = \tfrac{1}{2}\pi.$$

Man kann also auch schreiben

$$\operatorname{arc}\sin x + C = -\operatorname{arc}\cos x + C',$$

wenn man $C' - C = \frac{1}{2}\pi$ setzt.

Beispiel b) In welchem Zusammenhang stehen die beiden Formeln (g) und (n)?

Man könnte die Formel (g) auch auf das Integral (n) anwenden und erhielte

$$\int \frac{dx}{x} = \int x^{-1}\, dx = \frac{x^0}{0} + C' = \infty + C'.$$

Diese Lösung wäre zwar nicht unrichtig, aber für die weitere Rechnung wertlos.

Beispiel c) bis p) Man ermittle die nachstehenden Integrale:

c) $\int 5x^4 dx$ d) $\int \frac{3}{5} x^5 dx$ e) $\int \frac{dx}{x^3}$ f) $\int \frac{4\,dx}{x}$

g) $\int a\,dx$ h) $\int (x^2 + x + 1)\,dx$ i) $\int 3e^x dx$

k) $\int (a \sin x + b \cos x + c)\,dx$

l) $\int \left(\sqrt{x} + \sqrt[3]{x}\right) dx$ m) $\int \left(\frac{1}{\sqrt{x}} + \frac{1}{\sqrt[3]{x}}\right) dx$

n) $\int (2x + 20 + \frac{5}{7}x - x^8 - 7 : x^2 - x^2)\,dx$

o) $\int \Big[\sqrt[3]{x^2} + x : \sqrt[5]{x} - x\sqrt{x} : \sqrt[3]{x}$
$- \sqrt{x}(x-1) : x^3 - (x^3+1) : \sqrt{x}\Big]\,dx$

p) $\int \left[\frac{(1-x)(x-2)}{x} - \frac{\sqrt{x} + \sqrt[3]{x}}{\sqrt[4]{x}} + (x-1)^3\right] dx.$

Man wendet die vorausstehenden Sätze an und beachtet noch, daß man die vorkommenden Wurzeln als Potenzen mit gebrochenen Exponenten und die auftretenden Produkte und Quotienten als Summen anschreibt; dann wird

c) $\int 5x^4\,dx = 5\int x^4\,dx = 5\cdot\frac{1}{5}x^5 + C = x^5 + C;$

d) $\int \frac{3}{5}x^5\,dx = \frac{3}{5}\cdot\frac{1}{6}x^6 + C = \frac{1}{10}x^6 + C;$

e) $\int \frac{dx}{x^3} = \int x^{-3}\,dx = \frac{x^{-2}}{-2} + C;$

f) $\int \frac{4\,dx}{x} = 4\int \frac{dx}{x} = 4\lg x + C;$

g) $\int a\,dx = a\int dx = ax + C;$

h) $\int = \int x^2\,dx + \int x\,dx + \int dx = \frac{1}{3}x^3 + \frac{1}{2}x^2 + x + C;$

i) $\int = 3\int e^x\,dx = 3e^x + C;$

k) $\int = a\int \sin x\,dx + b\int \cos x\,dx + c\int dx = -a\cos x + b\sin x$
$+ cx + C;$

l) $\int = \int x^{\frac{1}{2}}\,dx + \int x^{\frac{1}{3}}\,dx = \frac{x^{\frac{3}{2}}}{{}^3/_2} + \frac{x^{\frac{4}{3}}}{{}^4/_3} + C = \frac{2}{3}x\sqrt{x} + \frac{3}{4}x\sqrt[3]{x}^{\,4} + C;$

m) $\int = \int x^{-\frac{1}{2}}\,dx + \int x^{-\frac{1}{3}}\,dx = 2x^{\frac{1}{2}} + \frac{3}{2}x^{\frac{2}{3}} + C;$

n) $\int = 2\int x\,dx + 20\int dx + \frac{5}{7}\int x\,dx - \int x^8\,dx - 7\int x^{-2}\,dx$
$- \int x^2\,dx = x^2 + 20x + \frac{5}{14}x^2 - \frac{1}{9}x^9 + 7 : x - \frac{1}{3}x^3 + C;$

o) $\int = \int x^{\frac{2}{3}}\,dx + \int x^{\frac{4}{5}}\,dx - \int x^{\frac{7}{6}}\,dx - \int x^{-\frac{3}{2}}\,dx + \int x^{-\frac{5}{2}}\,dx$
$- \int x^{\frac{5}{2}}\,dx - \int x^{-\frac{1}{2}}\,dx = \frac{3}{5}x^{\frac{5}{3}} + \frac{5}{9}x^{\frac{9}{5}} - \frac{6}{13}x^{\frac{13}{6}} + 2x^{-\frac{1}{2}}$
$- \frac{2}{3}x^{-\frac{3}{2}} - \frac{2}{7}x^{\frac{7}{2}} - 2\sqrt{x} + C;$

p) $\int = \int dx - 2\int \frac{dx}{x} - \int x\,dx + 2\int dx - \int x^{\frac{1}{4}}\,dx - \int x^{\frac{1}{12}}\,dx$
$+ \int x^3\,dx - 3\int x^2\,dx + 3\int x\,dx - \int dx = x - 2\lg x - \frac{1}{2}x^2$
$+ 2x - \frac{4}{5}x^{\frac{5}{4}} - \frac{12}{13}x^{\frac{13}{12}} + \frac{1}{4}x^4 - x^3 + \frac{3}{2}x^2 - x + C.$

52. Fortsetzung. Welche geometrische Bedeutung hat

$$\varphi(x) = \int f(x)\,dx?$$

Nach Definition ist

$$f(x) = \frac{d\varphi(x)}{dx} \quad \text{und sonach} \quad d\varphi(x) = f(x)\cdot dx,$$

d. h. die Änderung der Funktion $\varphi(x)$ ist gleich einer Fläche, gleich dem in Abb. 96 schraffiertem Rechteck aus den Seiten $f(x)$ und dx. Wenn aber die Funktionsänderung $d\varphi(x)$ eine Fläche ist, muß die Funktion $\varphi(x)$ selbst auch eine Fläche sein; es ist sonach $\int f(x)\,dx$ die aus den unendlich vielen aufeinanderfolgenden Rechtecken $f(x)\,dx$ zusammengesetzte Fläche, gezählt von einer nicht angegebenen linken Begrenzung bis zur Stelle x. Sie ist also gleich jener Fläche, die durch die Abszissenachse und die Kurve $y = f(x)$ gebildet und links durch eine noch nicht näher angegebene Ordinate sowie rechts durch die Ordinate an der Stelle x begrenzt wird. Das unbestimmte Integral ist sonach doppelt veränderlich, es hat ∞^2 Werte, wegen der unbestimmt gelassenen Begrenzung links und der veränderlich gedachten rechten Begrenzung bei x. Dieser Tatsache entspricht auch die Gleichung

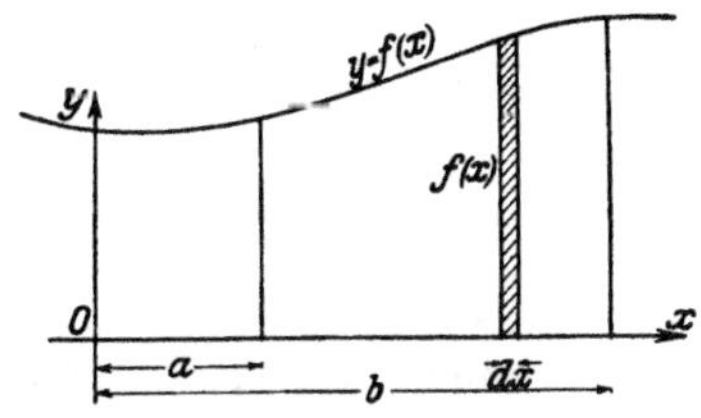

Abb. 96.

$$\int f(x)\,dx = \varphi(x) + C,$$

weil die Integrationskonstante C ebenso wie die Ordinate x zunächst willkürliche Veränderliche sind. Man muß diese Beziehungen beachten, wenn man von einem unbestimmten Integral spricht. Wir fassen zusammen:

> Das unbestimmte Integral $\int f(x)\,dx$ ist in rechtwinkligen Koordinaten geometrisch durch jene Fläche F dargestellt, die durch Abszissenachse und die Kurve $y = f(x)$ gebildet und durch eine linke Anfangsordinate sowie rechts durch die Ordinate bei x begrenzt wird. Wegen der Veränderlichkeit beider begrenzenden Ordinaten ist das unbestimmte Integral $\int f(x)\,dx$ als eine Funktion der Veränderlichen x und C zu betrachten. (a)

Wenn man von dem durch die Fläche F dargestellten Integral die linke und rechte Grenze kennt, oder wie man gewöhnlich sagt, die **untere** und **obere Grenze**, $x = a$ und $x = b$ nach Abb. 96, so erhält man für die Fläche F oder für das Integral $\int f(x)\,dx$ einen ganz bestimmten Wert, das **bestimmte Integral zwischen den Grenzen** $x=a$ und $x=b$, bezeichnet mit

$$\int\limits_{x=a}^{x=b} f(x)\,dx \quad \text{oder abgekürzt} \quad \int\limits_a^b f(x)\,dx,$$

gesprochen: Integral aus $f(x)$ von $x=a$ bis $x=b$.

Man faßt zusammen:

> Das bestimmte Integral $\int\limits_a^b f(x)\,dx$ wird in rechtwinkligen Koordinaten durch jene Fläche dargestellt, die durch die Abszissenachse und die Kurve $y=f(x)$ gebildet und durch die Ordinaten $x=a$ und $x=b$ begrenzt wird. (b)

Das bestimmte Integral wird aus dem unbestimmten durch die sogenannten **Grenzbedingungen** oder **Anfangsbedingungen** ermittelt. Jedenfalls ist

$$\int\limits_a^x f(x)\,dx = \varphi(x) + C,$$

wo sich die Integrationskonstante C nach der unteren Grenze a durch folgende Überlegung ausdrücken läßt: Sicher gilt die eben angeschriebene Formel an jeder Stelle x, also auch wenn man beide Grenzen zusammenfallen läßt oder $x=a$ wählt; in diesem Falle verschwindet die Fläche F, durch die das bestimmte Integral hergestellt wird, es ist

$$F=0 \quad \text{oder} \quad 0=\varphi(a)+C \quad \text{oder} \quad C=-\varphi(a).$$

Damit wird

$$\int\limits_a^x f(x)\,dx = \varphi(x) - \varphi(a). \tag{c}$$

Wenn man die in dieser Formel veränderlich gedachte obere Grenze x konstant macht, also $x=b$ setzt, dann erhält man das bestimmte Integral

$$\boldsymbol{\int\limits_a^b f(x)\,dx = \varphi(b) - \varphi(a).} \tag{d}$$

Man hat dafür auch die Schreibweise

$$\int_a^b f(x)\,dx = \left[\int f(x)\,dx\right]_a^b = \Big[\varphi(x)\Big]_a^b. \tag{e}$$

$\varphi(x)$ ist das unbestimmte Integral, $\varphi(a)$ und $\varphi(b)$ sind seine Werte an der unteren bezw. oberen Stelle; $\varphi(b)-\varphi(a)$ ist die Änderung des unbestimmten Integrals beim Übergang von der Stelle $x = a$ zur Stelle $x = b$. Man hat sonach

Das bestimmte Integral $\int_a^b f(x)\,dx$ ist gleich der Änderung des unbestimmten Integrals beim Übergang von der unteren Grenze $x = a$ zur oberen Grenze $x = b$. (f)

Beispiel a) bis f) Um die nachstehenden bestimmten Integrale auszuwerten, gibt man zuerst die unbestimmten Integrale an und setzt dann die Grenzen ein. Dabei ist es nicht notwendig, die Konstante zum unbestimmten Integral hinzuzunehmen, wie das erste Beispiel zeigt.

a) $$\int x^2\,dx = \tfrac{1}{3}x^3 + C;$$

$$\int_1^2 x^2\,dx = \left[\tfrac{1}{3}x^3\right]_1^2 = \tfrac{1}{3}(2^3 - 1^3) = \tfrac{7}{3};$$

oder $$\int_1^2 x^2\,dx = \left[\tfrac{1}{3}x^2 + C\right]_1^2 = \left[\tfrac{1}{3}\cdot 2^3 + C - \tfrac{1}{3}\cdot 1^3 - C\right] = \tfrac{7}{3};$$

b) $$\int_0^2 (x^2 + x + 1)\,dx = \left[\tfrac{1}{3}x^3 + \tfrac{1}{2}x^2 + x\right]_0^2$$

$$= \left[\tfrac{8}{3} + \tfrac{4}{2} + 2 - 0 - 0 - 0\right] = 6\tfrac{2}{3};$$

c) $$\int_{-1/2\pi}^{+1/2\pi} a\cos x\,dx = a\left[\sin x\right]_{-1/2\pi}^{+1/2\pi} = a\left[1 - (-1)\right] = 2a;$$

d) $$\int_0^1 \frac{dx}{\sqrt{1 - x^2}} = \left[\operatorname{arc\,sin} x\right]_0^1 = \operatorname{arc\,sin} 1 - \operatorname{arc\,sin} 0 = \tfrac{1}{2}\pi;$$

oder $$= \left[-\operatorname{arc\,cos} x\right]_0^1 = -\operatorname{arc\,cos} 1 + \operatorname{arc\,cos} 0 = \tfrac{1}{2}\pi;$$

e) $$\int_1^2 10^x\,dx = \left[10^x \lg 10\right]_1^2 = \lg 10\left[10^2 - 10^1\right] = 90 \lg 10;$$

f) $$\int_a^b \frac{dx}{x} = \left[\lg x\right]_a^b = \lg b - \lg a = \lg\frac{b}{a}.$$

Beispiel g) Was wird aus dem bestimmten Integral, wenn man die Grenzen vertauscht?

Wenn
$$\int f(x)\,dx = \varphi(x) + C,$$
wird
$$\int_a^b f(x)\,dx = \varphi(b) - \varphi(a) \quad \text{und} \quad \int_b^a f(x)\,dx = \varphi(a) - \varphi(b)$$
somit
$$\int_a^b = -\int_b^a . \tag{g}$$

Beispiel h) Man beweise
$$\int_a^c = \int_a^b + \int_b^c . \tag{h}$$

Selbstverständlich ist jedes Integralzeichen auf die nämliche zu integrierende Funktion anzuwenden. Wenn diese $f(x)$ und ihr Integral $\varphi(x)$ ist, dann wird
$$\int_a^b f(x)\,dx + \int_b^c f(x)\,dx = [\varphi(b) - \varphi(a)] + [\varphi(c) - \varphi(b)]$$
$$= \varphi(c) - \varphi(a) = \int_a^c f(x)\,dx .$$

Beispiel i) Man definiere die Integralkurve zu einer gegebenen Kurve $y = f(x)$ und gebe einige Eigenschaften von ihr an.

Wenn
$$\varphi(x) = \int f(x)\,dx, \quad \text{dann ist} \quad \eta = \varphi(x)$$
die Gleichung der Integralkurve. Ihre Ordinate η stellt sonach die von der gegebenen Kurve $y = f(x)$ mit der x-Achse gebildete Fläche vor. $d\eta = f(x)\,dx$ ist das Flächenelement der Kurve $y = f(x)$. Diese selbst ist die Differentialkurve gegenüber der Kurve $\eta = \varphi(x)$, Abb. 97.

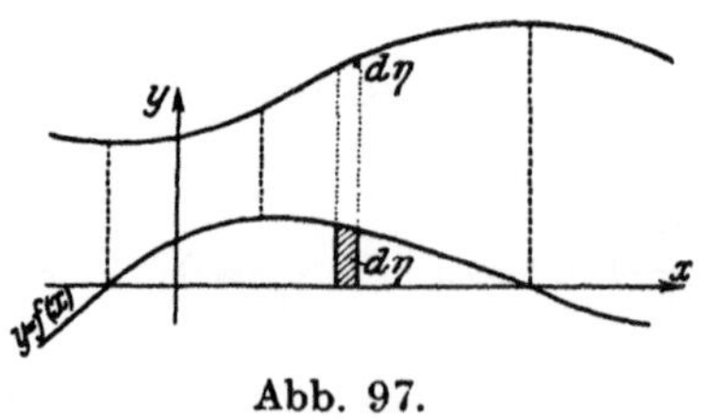

Abb. 97.

Der Zusammenhang zwischen der gegebenen Kurve und ihrer Integralkurve ist geometrisch leicht ersichtlich. Wenn die gegebene Kurve $y = f(x)$ die x-Achse schneidet, wechselt das Flächenelement $d\eta$ das Vorzeichen, es muß sonach die Integralkurve $\eta = \varphi(x)$ an dieser Stelle einen Hauptwert haben. Wenn umgekehrt die gegebene Kurve einen Hauptwert hat, dann bedeutet dies, daß die Zu- oder

Abnahme der Fläche von dieser Stelle an schneller oder langsamer vor sich geht, es wird daher die Integralkurve an dieser Stelle einen Wendepunkt haben. Analytisch ergibt sich:

$$\frac{d\eta}{dx} = y \quad \text{und} \quad \frac{d^2\eta}{dx^2} = \frac{dy}{dx};$$

wenn also $y = 0$, dann ist auch $\eta' = 0$, d. h. wo die gegebene Kurve die x-Achse schneidet, hat die Integralkurve einen Hauptwert; und wenn $y' = 0$, dann ist $\eta'' = 0$, d. h. an einer Hauptstelle der gegebenen Kurve hat die Integralkurve einen Wendepunkt. Wenn die gegebene Kurve die x-Achse berührt, dann ist gleichzeitig $y = 0$ und $y' = 0$, also für die Integralkurve $\eta' = 0$ mit $\eta'' = 0$, d. h. an der gleichen Stelle hat diese einen Wendepunkt mit wagrechter Tangente. (Über die Konstruktion und Verwendung der Differentialkurve und Integralkurve zu einer gegebenen Kurve folgt Weiteres im dritten Band.)

53. Integration von Vektoren. Bewegungsgesetze. Der Zusammenhang zwischen der Zeit t und den von ihr abhängigen Größen s, v und b wird bei der geradlinigen Bewegung eines materiellen Punktes recht anschaulich durch die Weg-Schaulinie dargestellt. Man trägt die Zeit t als Unabhängige auf die Abszissenachse und die Geschwindigkeit v als Ordinate an, siehe Abb. 98. Durch zwei unendlich benachbarte Ordinaten v und $v + dv$ wird ein unendlich kleines Flächenstück vdt abgegrenzt, das wegen der Beziehung $ds = vdt$ den unendlich kleinen Weg ds vorstellt, der vom bewegten Punkt in der Zeit dt zurückgelegt wird. Dann ist der Weg

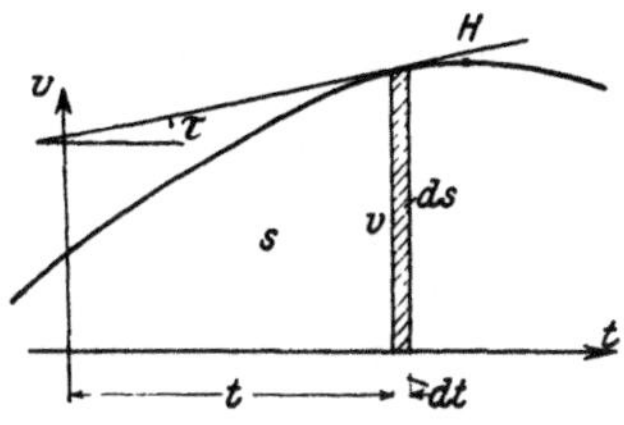

Abb. 98.

$$s = \int_{t=0}^{t=t} v\,dt$$

durch die Fläche dargestellt, die durch die v-Kurve und die Abszissenachse sowie die Ordinaten bei $t = 0$ und $t = t$ abgegrenzt wird.

Die Tangente an die Kurve an der untersuchten Stelle t hat die Richtung

$$\operatorname{tg}\tau = \frac{dv}{dt} \quad \text{oder} \quad \operatorname{tg}\tau = b, \tag{a}$$

es wird sonach auch die Beschleunigung an jeder Stelle graphisch dargestellt und zwar durch die Richtung der v-Kurve. Es ist beispielsweise an der Stelle H die Geschwindigkeit am größten, von da ab wird sie kleiner, d. h. bis zur Stelle H war die Beschleunigung positiv, von da ab ist sie negativ, die Bewegung wird verzögert.

Mit Hilfe der Weg-Schaulinie lassen sich recht einfach die bekannten Gesetze für die gleichförmige und die gleichförmig beschleunigte Bewegung entwickeln. Bei der ersteren ist die Geschwindigkeit konstant, der Weg wird durch ein Rechteck dargestellt, Abb. 99, so daß

$$b = 0, \quad v = v_0, \quad s = vt \tag{b}$$

das Bewegungsgesetz für die gleichförmige Bewegung ist.

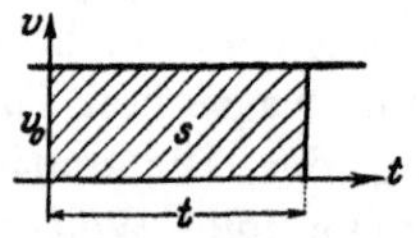

Abb. 99.

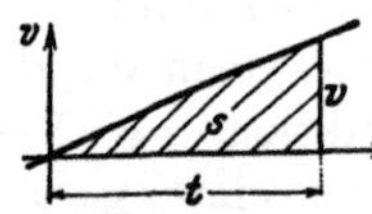

Abb. 100.

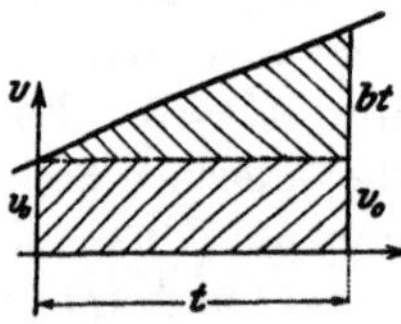

Abb. 101.

Bei der gleichförmig beschleunigten Bewegung ist die Beschleunigung b, d. h. die Richtung der v-Kurve, konstant, diese muß eine Gerade sein, Abb. 100. Ist die Anfangsgeschwindigkeit $v_0 = 0$, so wächst die Geschwindigkeit proportional mit der Zeit t, es ist $v = bt$; der Weg s wird durch das Dreieck mit den Seiten t und v dargestellt, so daß

$$b = b_0, \quad v = bt, \quad s = \tfrac{1}{2} vt \quad \text{oder} \quad s = \tfrac{1}{2} bt^2 \tag{c}$$

das Bewegungsgesetz für die gleichförmig beschleunigte Bewegung ohne Anfangsgeschwindigkeit ist.

Ist eine Anfangsgeschwindigkeit v_0 vorhanden, dann wird der Weg s durch ein Trapez dargestellt, das sich aus einem Rechteck $v_0 t$ und einem Dreieck $\frac{1}{2} bt^2$ zusammensetzt, Abb. 101, so daß

$$b = b_0, \quad v = v_0 + bt, \quad s = v_0 t + \tfrac{1}{2} bt^2 \tag{d}$$

das Bewegungsgesetz für eine beliebige gleichförmig beschleunigte Bewegung ist. Wenn b negativ ist, kann man auch von einer gleichförmig verzögerten Bewegung sprechen.

Beispiel a) Von den eine beliebige gleichförmig beschleunigte Bewegung bestimmenden Größen t, b, v, v_0, s dürfen zwei unbekannt sein, weil man ja die zwei Bewegungsgleichungen (d) zur Verfügung hat. Für die Ermittlung von v und s sind sie aber nicht einfach genug. Man soll sie so umwandeln, daß man auch andere von den Größen t, b, v, v_0, s schnell ermitteln kann.

Mit Elementarrechnung findet man, wenn man b oder t oder v_0 aus den aufgestellten Bewegungsgleichungen beseitigt,

$$2s = t(v_0 + v) \quad \text{bzw.} \quad 2bs = v^2 - v_0^2 \quad \text{und} \quad 2s = t(2v - bt). \tag{e}$$

Beispiel b) Eine Kugel verläßt den 80 cm langen Lauf eines Gewehres mit einer Geschwindigkeit von 400 m/sek. In welcher Zeit hat das Geschoß den Lauf durcheilt, wenn man die Mittelkraft aus Pulvergasdruck und Reibung konstant annimmt?

Wenn die bewegende Kraft konstant ist, dann auch die Beschleunigung, die Bewegung ist also gleichförmig beschleunigt und zwar ohne Anfangsgeschwindigkeit. Die erste der Gleichungen (e) liefert

$$2 \cdot 0{,}8\,\mathrm{m} = t(0 + 400\,\mathrm{m/sek}) \quad \text{oder} \quad t = 0{,}004\,\mathrm{sek}.$$

Beispiel c) Zwei materielle Punkte m_1 und m_2 fallen senkrecht die Höhe h hinab; der zweite beginnt seine Bewegung, wenn der erste bereits den Weg δ zurückgelegt hat. Wenn der zweite Punkt den Weg h zurückgelegt hat, um wieviel ist ihm dann der erste Punkt an Weg und Geschwindigkeit voraus? Man wende die Lösung auf den Fall an, daß zwei Wassertropfen aus einer Höhe $h = 100$ m herunterfallen und daß bei Beginn der Bewegung der erste um den Abstand $\delta = 1$ mm ihrer Mittelpunkte voraus ist, Abb. 102.

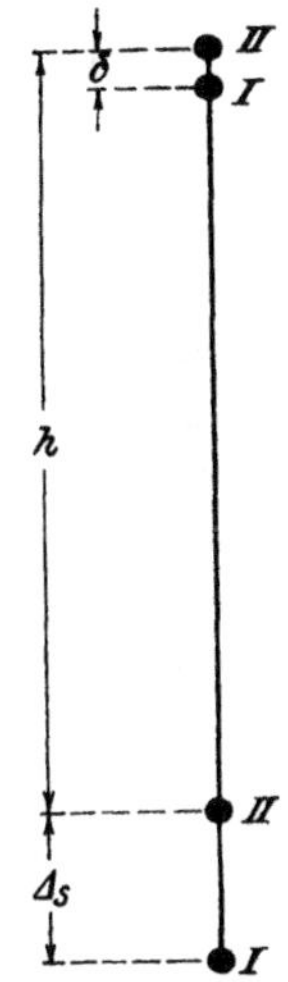

Abb. 102.

Beide Punkte haben eine gleichförmig beschleunigte Bewegung, der erste hat schon eine Anfangsgeschwindigkeit v_1 bei Beginn der Zählung, also ist zur Zeit t

$$v_I = v_1 + gt, \qquad s_I = v_1 t + \tfrac{1}{2} g t^2 + \delta$$
$$v_{II} = gt, \qquad s_{II} = \tfrac{1}{2} g t^2 = h.$$

Damit wird der Geschwindigkeits- und Wegunterschied

$$\Delta v = v_I - v_{II} = v_1, \qquad \Delta s = s_I - s_{II} = v_1 t + \delta.$$

Mit (e) $\quad v_1 = \sqrt{2 g \delta} \quad$ und $\quad t = \sqrt{\dfrac{2h}{g}}$

wird $\quad \Delta v = \sqrt{2 g \delta} \quad$ und $\quad \Delta s = 2\sqrt{h\delta} + \delta.$

Bei der Anwendung auf den Fall der beiden Wassertropfen ist $\delta = 0{,}001$ m, $h = 100$ m, $g \approx 10\,\mathrm{m/sek^2}$, also

$$\Delta v \approx \sqrt{2 \cdot 10 \cdot 0{,}001} \approx 0{,}14\,\mathrm{m/sek}, \qquad \Delta s = 2\sqrt{100 \cdot 0{,}001} \approx 0{,}63\,\mathrm{m},$$

denn den zweiten Summanden δ kann man gegenüber $v_1 t$ vernachlässigen.

54. Fortsetzung. Nach der dynamischen Grundgleichung ist die Beschleunigung oder Bewegungsänderung eines materiellen Punktes proportional der an ihm angreifenden Kraft. Die Voraussetzung einer ganz beliebigen gleichförmig beschleunigten Bewegung, d. h. einer konstanten Beschleunigung, ist sonach

$$\mathfrak{b} = \mathfrak{b}_0 \quad \text{und damit} \quad \mathfrak{P} = \mathfrak{P}_0, \quad \text{d. h.} \quad \mathfrak{P} = \text{const.} \qquad \text{(a)}$$

Durch die vektorielle Schreibweise wird ausgedrückt, daß man eine krummlinige Bewegung des materiellen Punktes erwartet. In der Tat, wenn die am materiellen Punkt angreifende Kraft P eine andere Richtung hat wie die gleichzeitige Geschwindigkeit, so wird P eine Änderung von v sowohl dem Zahlenwert wie der Richtung nach hervorrufen. Etwa wenn ein Geschoß die Mündung des Rohres verläßt und dann unter dem Einfluß der Erdanziehung nicht mehr die Anfangsgeschwindigkeit v_0 beibehält, sondern eine krummlinige Bahn beschreibt.

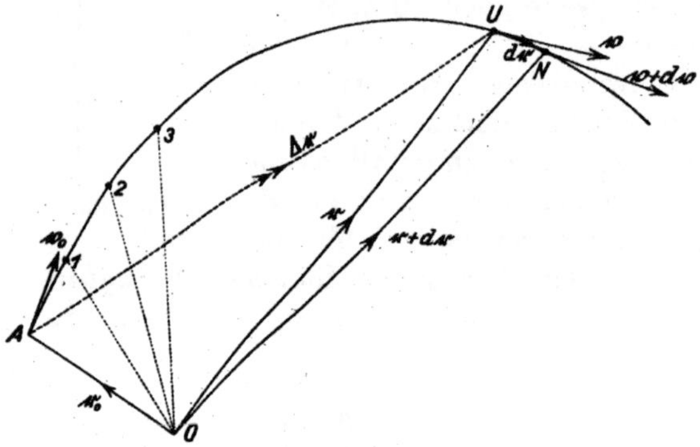

Abb. 103.

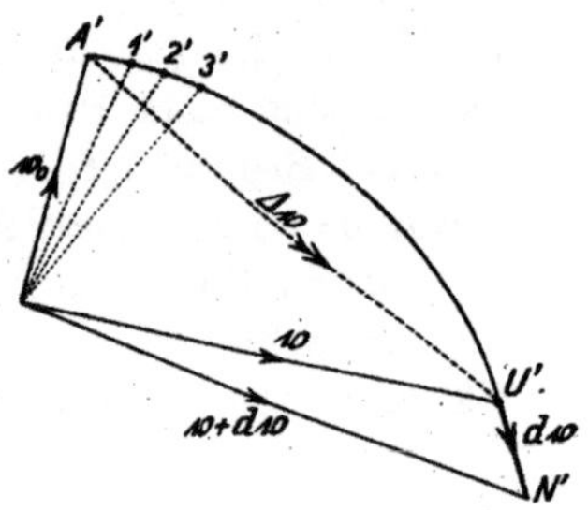

Abb. 104.

Gefragt ist nach den Bewegungsgesetzen der allgemeinen gleichförmig beschleunigten Bewegung. Von (44g) ausgehend erhält man

$$d\mathfrak{v} = \mathfrak{b}_0\, dt. \qquad \text{(b)}$$

Das Integral $\mathfrak{v}$ kann man entweder ohne besondere Überlegung nach den Gesetzen der Integralrechnung auswerten oder man fragt nach der physikalischen Bedeutung dieses Integrals. $d\mathfrak{v}$ stellt die Änderung der Geschwindigkeit beim Übergang von der untersuchten Stelle U zur unendlich benachbarten Stelle N vor. Will man einen Zusammenhang zwischen der Geschwindigkeit v_0 zur Zeit $t = 0$ und der Geschwindigkeit v an der untersuchten Stelle, so wird man überlegen: Die gesamte Geschwindigkeitsänderung $\Delta\mathfrak{v}$ ist die graphische Summe aller der unendlich vielen unendlich kleinen Geschwindigkeitsänderungen $d\mathfrak{v}$, siehe Abb. 104. Es ist sonach

$$\mathfrak{v} = \mathfrak{v}_0 + \Delta\mathfrak{v} \qquad \text{oder} \qquad \mathfrak{v} = \mathfrak{v}_0 + \int_0^t \mathfrak{b}_0\, dt$$

oder

$$\mathfrak{v} = \mathfrak{v}_0 + \mathfrak{b}_0 t, \tag{c}$$

weil ja $\mathfrak{b}_0$ als Konstante vor das Integral kommt.

Will man mehr analytisch, ohne Zuhilfenahme einer bildlichen Darstellung arbeiten, dann geht man vom Differential (b) über zum Integral

$$\mathfrak{v} = \int \mathfrak{b}_0 dt \quad \text{oder} \quad \mathfrak{v} = \mathfrak{b}_0 t + \mathfrak{C}.$$

Es darf ja nicht übersehen werden, daß die Integrationskonstante im vorliegenden Fall ein Vektor ist und auch durch die Schreibweise als solcher gekennzeichnet werden muß. Die Konstante C bestimmt man aus Anfangsbedingungen: Die Formel für v gilt an jeder Stelle, also auch im Anfangspunkt; dort ist $t = 0$ und $v = v_0$, so daß

$$\mathfrak{v}_0 = \mathfrak{b}_0 \cdot 0 + \mathfrak{C} \quad \text{oder} \quad \mathfrak{C} = \mathfrak{v}_0$$

ist. Damit wird die Formel für v genau so wie oben.

Die Ermittlung der augenblicklichen Stellung des bewegten Punktes geht von (44 g) aus und setzt

$$d\mathfrak{r} = \mathfrak{v}\, dt. \tag{d}$$

Man beachte, daß $d\mathfrak{r}$ sowohl der unendlich kleine Weg von U nach N ist, siehe Abb. 103, wie auch das Differential des Wegvektors $\mathfrak{r}$ vom Bezugspunkt O aus zur untersuchten Stelle U. Es darf aber nicht übersehen werden, daß das Integral des unendlich kleinen Weges $d\mathfrak{r}$ nichts mit dem Weg zu tun hat, den der materielle Punkt in einer endlichen Zeit zurücklegt. Das Integral oder die Summe aller der unendlich vielen kleinen $d\mathfrak{r}$ im Verlauf der untersuchten Bewegung, also von der Zeit $t = 0$ bis zur Zeit $t = t$, ist durch den Vektor $\Delta\mathfrak{r}$ ausgedrückt, siehe Abb. 103. Es besteht daher zwischen den Wegvektoren r_0 und r der Zusammenhang

$$\mathfrak{r} = \mathfrak{r}_0 + \Delta\mathfrak{r} \quad \text{oder} \quad \mathfrak{r} = \mathfrak{r}_0 + \int_0^t \mathfrak{v}\, dt$$

oder wegen (c)

$$\mathfrak{r} = \mathfrak{r}_0 + \int_0^t (\mathfrak{v}_0 + \mathfrak{b} t)\, dt$$

oder

$$\mathfrak{r} = \mathfrak{r}_0 + \mathfrak{v}_0 t + \tfrac{1}{2} \mathfrak{b} t^2. \tag{e}$$

Meist wählt man den Anfangspunkt A auch gleichzeitig zum Bezugspunkt, dann wird $r_0 = 0$ und

$$\mathfrak{r} = \mathfrak{v}_0 t + \tfrac{1}{2} \mathfrak{b} t^2. \tag{f}$$

Die Formel ist die gleiche wie (53d), nur daß r nicht den Weg, sondern den Wegvektor, hier den Vektor vom Anfangspunkt A zum jeweils untersuchten Punkt U vorstellt.

Rein rechnerisch wird man überlegen: Die Integration von (d) ist

$$\mathfrak{r} = \int \mathfrak{v}\, dt \quad \text{oder} \quad \mathfrak{r} = \int (\mathfrak{v}_0 + \mathfrak{b}t)\, dt$$

oder

$$\mathfrak{r} = \mathfrak{v}_0 t + \tfrac{1}{2}\mathfrak{b}t^2 + \mathfrak{C}'.$$

Die Integrationskonstante C' ist natürlich als ein Summand einer Vektorgleichung ebenfalls ein Vektor. Sie wird bestimmt aus der Anfangsbedingung: Die entwickelte Formel gilt für jedes t, also auch zur Zeit $t = 0$, wo der bewegte Punkt an der Stelle A war; läßt man den Bezugspunkt O mit dem Anfangspunkt A zusammenfallen, dann ist $r = 0$ zur Zeit $t = 0$, also

$$0 = \mathfrak{v}_0 \cdot 0 + \tfrac{1}{2}\mathfrak{b} \cdot 0 + \mathfrak{C}' \quad \text{oder} \quad \mathfrak{C}' = 0,$$

so daß die Formel für r genau wie oben unter (f) wird.

Die erhaltenen Formeln, im Zusammenhang aufgestellt,

$$\mathfrak{P} = \mathfrak{P}_0, \quad \mathfrak{b} = \mathfrak{b}_0, \quad \mathfrak{v} = \mathfrak{v}_0 + \mathfrak{b}t, \quad \mathfrak{r} = \mathfrak{v}_0 t + \tfrac{1}{2}\mathfrak{b}t^2, \qquad \text{(g)}$$

geben eine Vorschrift für die Lösung von Aufgaben über die allgemeine gleichförmig beschleunigte Bewegung. Ist diese geradlinig, dann sind alle Vektoren parallel, nämlich in der Geraden der Bewegung enthalten, die Vektorschreibweise ist dann überflüssig; der Wegvektor r geht in diesem Sonderfall über in den Weg s.

Beispiel a) Man beweise, daß bei jeder gleichförmig beschleunigten Bewegung der materielle Punkt eine Parabel beschreibt, deren Achse parallel ist der treibenden Kraft.

Man geht von der vektoriellen Darstellung über zur analytischen, indem man den Anfangspunkt A, der ja zugleich auch Bezugspunkt ist, zum Nullpunkt eines rechtwinkligen Koordinatensystemes macht. Die Richtung der y-Achse wählt man entgegengesetzt zur Richtung der am materiellen Punkt angreifenden Kraft P, so daß die x-Achse senkrecht zu P steht, s. Abb. 105. Der Übergang zur analytischen Darstellung geschieht nach dem Projektionssatze (I 70e), indem man die Gleichungen (g) auf beide Koordinatenachsen projiziert. Die Projektionen der Kraft P auf die beiden Achsen bezeichnet man mit X und Y, die der Beschleunigung mit b_x und b_y, der Geschwindigkeit mit v_x und v_y, die des Wegvektors sind x und y. Die Anfangsgeschwindigkeit v_0 hat den Richtungswinkel α, so daß ihre Projektionen $v_0 \cos\alpha$ und $v_0 \sin\alpha$ sind. Die Projektionen von P_0 und damit auch von b_0 auf die x-Achse sind 0, auf die y-Achse projizieren sie sich in wahrer Größe, nur sind die Vorzeichen entsprechend der getroffenen Festsetzungen negativ. Dann gehen die Gleichungen (g) über in

$$X = 0, \quad b_x = 0 \quad v_x = v_0 \cos\alpha \quad x = v_0 \cos\alpha \cdot t,$$
$$Y = -P, \quad b_y = -b, \quad v_y = v_0 \sin\alpha - bt, \quad y = v_0 \sin\alpha \cdot t - \tfrac{1}{2} bt^2. \quad \text{(h)}$$

Man sieht zunächst, die „Projektion" der gleichförmig beschleunigten Bewegung auf die zur Kraft senkrechte Richtung ist eine gleichförmige Bewegung, auf die zur Kraft parallele Richtung „projiziert" sie sich als eine geradlinige gleichförmig beschleunigte Bewegung.

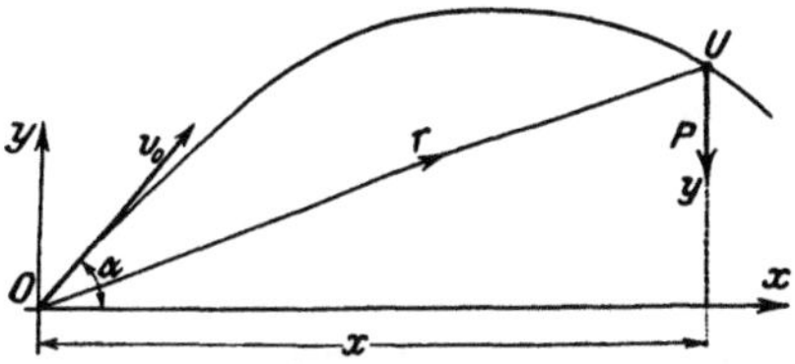

Abb. 105.

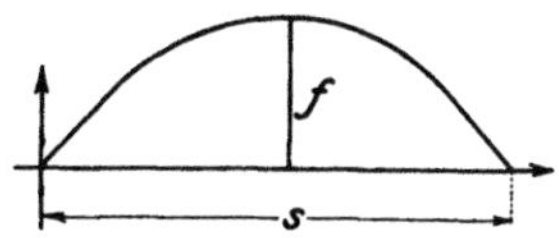

Abb. 106.

Wenn man aus den beiden Gleichungen für x und y den Parameter t, hier die Zeit, beseitigt, erhält man

$$y = v_0 \sin\alpha \cdot \frac{x}{v_0 \cos\alpha} - \tfrac{1}{2} b \cdot \frac{x^2}{v^2_0 \cos^2\alpha}$$

oder

$$bx^2 - xv^2_0 \sin 2\alpha + 2yv^2_0 \cos^2\alpha = 0, \quad \text{(i)}$$

nach (I 169a) eine Parabel, deren Achse parallel der y-Achse, also parallel der treibenden Kraft P ist. Die Sehne s dieser Parabel erhält man für $y = 0$ zu

$$s = \frac{v^2_0 \sin 2\alpha}{b}, \quad \text{während} \quad f = \frac{v^2_0 \sin^2\alpha}{2b} \quad \text{(k)}$$

der Biegungspfeil der Parabel an der Stelle $x = \frac{1}{2}s$ ist, Abb. 106.

Beispiel b) Man diskutiere die Bewegung beim schiefen Wurf, wenn der Luftwiderstand vernachlässigt und das Gewicht als konstant betrachtet wird.

Der schiefe Wurf ist eine krummlinige gleichförmig beschleunigte Bewegung, weil die am materiellen Punkt angreifende Kraft, sein Gewicht, konstant ist. Hier ist $P = G$ und die Beschleunigung b gleich der Schwerbeschleunigung g. Daher lauten die Formeln für den schiefen Wurf:

$$\mathfrak{P} = \mathfrak{G}, \quad \mathfrak{b} = \mathfrak{g}, \quad \mathfrak{v} = \mathfrak{v}_0 + \mathfrak{g}t, \quad \mathfrak{r} = \mathfrak{v}_0 t + \tfrac{1}{2}\mathfrak{g}t^2. \quad \text{(l)}$$

Geht man zur analytischen Darstellung über, so erhält man wie beim vorausgehenden Beispiel

$$v_x = v_0 \cos\alpha, \qquad x = v_0 t \cos\alpha$$
$$v_y = v_0 \sin\alpha - gt, \qquad y = v_0 t \sin\alpha - \tfrac{1}{2} g t^2. \tag{m}$$

Die Wurfweite s und die Wurfhöhe f wird nach (k)

$$s = \frac{v_0^2 \sin 2\alpha}{g} \quad \text{und} \quad f = \frac{v_0^2 \sin^2\alpha}{2g}. \tag{n}$$

Aus (m) gewinnt man noch die Zeit, nach welcher der bewegte Punkt die Wurfhöhe f oder die Wurfweite s erreicht. Aus

$$\tfrac{1}{2} s = v_0 T \cos\alpha$$

erhält man

$$T = \frac{v_0 \sin\alpha}{g}. \tag{o}$$

Die Wurfweite s wird in der doppelten Zeit $2T$ erreicht.

Wurfweite s und Wurfhöhe f wie auch die Zeit t kann man übrigens auch recht einfach den Abb. 108 und 109 entnehmen; beide sind Sonderfälle des Weg- und Geschwindigkeitsdreiecks der Abb. 107.

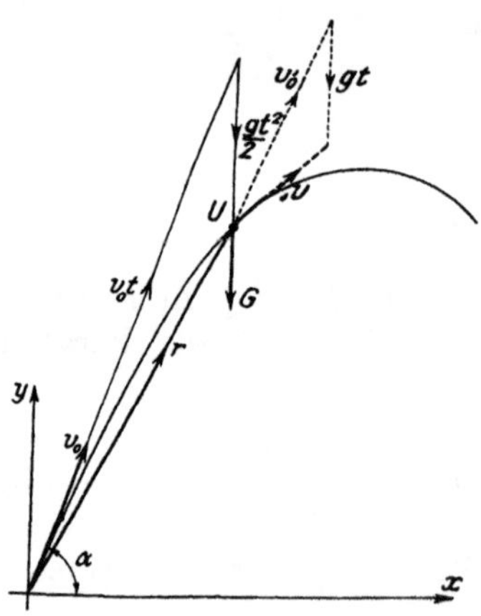

Abb. 107.

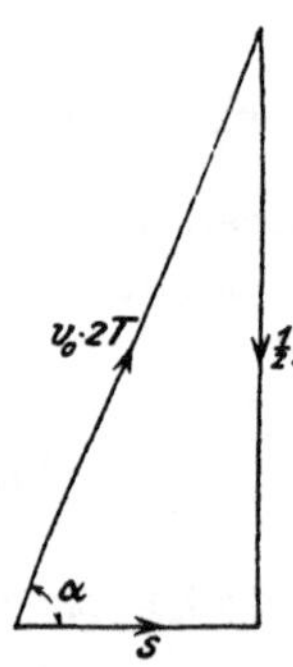

Abb. 108.

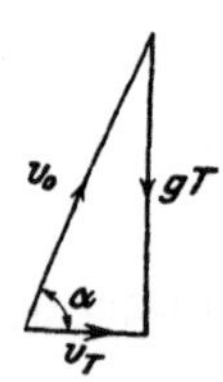

Abb. 109.

55. Integration durch Substitution. Die nachfolgenden Integrationsverfahren haben die in 51 aufgestellten Grundformeln als Grundlage.

I. Erstes Integrationsverfahren. Man geht aus von der Formel

$$\int \frac{dx}{x} = \lg x + C \quad \text{oder} \quad \int \frac{dN}{N} = \lg N + C, \tag{a}$$

und beachtet, daß der Zähler des unter dem Integral stehenden Bruches das Differential des Nenners ist. Wenn dies zutrifft, so ist das unbestimmte Integral immer gleich dem natürlichen Logarithmus des Nenners. N kann dabei jede beliebige Funktion sein, beispielsweise $N = x^2 + x$, dann ist der Zähler $dN = (2x + 1)\,dx$; damit wäre

$$\int \frac{(2x+1)\,dx}{x^2+x} = \lg(x^2+x) + C.$$

Man kann auch schreiben

$$\int \frac{f'(x)\,dx}{f(x)} = \lg f(x) + C; \tag{b}$$

man substituiert nämlich

$$f(x) = N, \quad \text{so daß} \quad f'(x)\,dx = dN.$$

und kommt auf die angegebene Formel.

Es soll nicht unerwähnt bleiben, daß von den in der Ingenieurpraxis vorkommenden Integralen aus einer gebrochenen Funktion sich die allermeisten auf die angegebene Weise lösen lassen, also nach der Formel

$$\int \frac{dN}{N} = \lg N + C = \lg cN, \tag{c}$$

wenn man nämlich die Integrationskonstante C in der Form $\lg c$ schreibt. Somit:

Das Integral aus einer gebrochenen Funktion ist gleich dem natürlichen Logarithmus des Nenners, wenn der Zähler des Bruches gleich ist dem Differential des Nenners.

Beispiel a) bis h) Bei den nachfolgenden Beispielen ist der Zähler der zu integrierenden gebrochenen Funktion das Differential des Nenners; oder es läßt sich die zu integrierende Funktion so umformen, daß der Zähler gleich wird dem Differential des Nenners.

a) $$\int \frac{dx}{x+a} = \lg(x+a) + C = \lg c(x+a). \tag{d}$$

b) $$\int \frac{dx}{ax+b} = \frac{1}{a}\int \frac{a\,dx}{ax+b} = \frac{1}{a}\lg(ax+b) + C. \tag{e}$$

c) $$\int \frac{2x\,dx}{x^2+4} = \lg(x^2+4) + C.$$

d) $$\int \frac{x\,dx}{x^2 \pm a^2} = \frac{1}{2}\int \frac{2x\,dx}{x^2 \pm a^2} = \frac{1}{2}\lg(x^2 \pm a^2) + C$$
$$= \lg \sqrt{x^2 \pm a^2} + C.$$

e) $$\int \operatorname{tg} x\,dx = -\int \frac{-\sin x\,dx}{\cos x} \tag{f}$$
$$= -\lg\cos x + C = \lg(c:\cos x).$$

f) $$\int \operatorname{cotg} x\,dx = \int \frac{\cos x\,dx}{\sin x} \tag{g}$$
$$= \lg\sin x + C = \lg(c\sin x).$$

g) $$\int \frac{\sin x\,dx}{a + b\cos x} = -\frac{1}{b}\int \frac{-b\sin x\,dx}{a + b\cos x}$$
$$= -\frac{1}{b}\lg(a + b\cos x) + C. \tag{h}$$

h) $$\int \frac{dx}{\sin x\cos x} = \int \frac{dx:\cos^2 x}{\operatorname{tg} x} \tag{i}$$
$$= \lg\operatorname{tg} x + C = \lg(c\cdot\operatorname{tg} x);$$
$$= -\int \frac{-dx:\sin^2 x}{\operatorname{cotg} x} = -\lg\operatorname{cotg} x + C'. \tag{k}$$

Beispiel i) Gesucht ist $\int \frac{dx}{\sqrt{x^2 \pm a^2}}$.

Die anzuwendende Substitution, auf die der Anfänger allerdings schwerlich selbst kommen wird, ist

$$x + \sqrt{x^2 \pm a^2} = u \quad \text{oder} \quad \left(1 + \frac{x}{\sqrt{}}\right)dx = du$$

oder $$\frac{\sqrt{} + x}{\sqrt{}}\,dx = du \quad \text{oder} \quad \frac{dx}{\sqrt{}} = \frac{du}{u}$$

und führt das Integral über in

$$\int \frac{dx}{\sqrt{}} = \int \frac{du}{u} = \lg u + C$$

oder $$\int \frac{dx}{\sqrt{x^2 \pm a^2}} = \lg(x + \sqrt{x^2 \pm a^2}) + C. \tag{l}$$

56. Fortsetzung. II. Zweites Integrationsverfahren. Man wird die Substitution mit Vorteil auch dann anwenden, wenn sich das vorliegende Integral durch sie auf ein bekanntes Integral zurückführen läßt. Auf welches, wird man im Zweifelsfall daraus ersehen, daß die zu integrierende Funktion und jene, deren Integral man schon kennt, sich nur durch Multiplikations- oder Additionskonstante unterscheiden, also beispielshalber $ax + b$ und x oder $ax^2 + b$ und $x^2 + 1$ usw.

Beispiel a) $\int (ax + b)^m dx$

läßt sich auf das bekannte Integral $\int x^m dx$ zurückführen. Man substituiert

$$ax + b = u, \quad \text{also} \quad a\,dx = du,$$

und erhält

$$\int (ax + b)^m dx = \int u^m \frac{du}{a} = \frac{1}{a}\int u^m du = \frac{1}{a}\frac{u^{m+1}}{m+1} + C$$

und mit $u = ax + b$

$$\int (ax + b)^m dx = \frac{(ax + b)^{m+1}}{a(m+1)} + C. \tag{a}$$

Beispiel b) Durch die gleiche Substitution erhält man

$$\int \frac{dx}{ax + b} = \frac{1}{a}\lg(ax + b) + C. \tag{b}$$

Beispiel c) $\int \frac{dx}{a^2 + x^2}$

läßt sich auf $\int \frac{dx}{1 + x^2}$ zurückführen, wenn man a^2 aus dem Nenner als Faktor aussetzt, so daß

$$a^2 + x^2 = a^2\left[1 + \left(\frac{x}{a}\right)^2\right].$$

Man substituiert

$$x : a = u \quad \text{oder} \quad x = au \quad \text{und damit} \quad dx = a\,du$$

und erhält fortlaufend

$$\int = \frac{1}{a^2}\int \frac{dx}{1 + \left(\frac{x}{a}\right)^2} = \frac{1}{a^2}\int \frac{a\,du}{1 + u^2} = \frac{1}{a}\operatorname{arc\,tg} u + C$$

und wegen $u = x : a$

$$\int \frac{dx}{a^2 + x^2} = \frac{1}{a}\operatorname{arc\,tg}\frac{x}{a} + C. \tag{c}$$

Beispiel d) $$\int \frac{dx}{a+bx^2}$$

läßt sich wie das vorausgehende Integral behandeln, wenn man a aus dem Nenner als Faktor aussetzt und

$$x\sqrt{b:a}=u \qquad \text{oder} \qquad dx=du\sqrt{a:b}$$

substituiert. Man erhält

$$\int = \frac{1}{a}\int \frac{dx}{1+(x\sqrt{b:a})^2} = \frac{1}{a}\int \frac{du\sqrt{a:b}}{1+u^2} = \frac{1}{\sqrt{ab}}\operatorname{arc\,tg} u + C$$

oder

$$\int \frac{dx}{a+bx^2} = \frac{1}{\sqrt{ab}}\operatorname{arc\,tg}\left(x\sqrt{\frac{b}{a}}\right)+C. \tag{d}$$

Beispiel e) $$\int \frac{dx}{(x+a)^2+b^2}$$

läßt sich ebenso wie das vorausgehende Integral ermitteln, wenn man b^2 aus dem Nenner als Faktor ausscheidet und

$$(x+a):b=u \qquad \text{oder} \qquad dx=b\,du$$

setzt; man erhält

$$\int = \frac{1}{b^2}\int \frac{dx}{1+\left(\frac{x+a}{b}\right)^2} = \frac{1}{b^2}\int \frac{b\,du}{1+u^2} = \frac{1}{b}\operatorname{arc\,tg} u + C$$

oder

$$\int \frac{dx}{(x+a)^2+b^2} = \frac{1}{b}\operatorname{arc\,tg}\frac{x+a}{b}+C. \tag{e}$$

57. Fortsetzung. III. Integrationsverfahren. In einem dritten Fall wird sich die Substitution noch empfehlen, wenn nämlich in dem gesuchten Integral außer einer Funktion nur mehr deren Differential vorkommt. Wenn diese Funktion $f(x)$ ist, so darf also die Variable x außer in $f(x)$ nur mehr in deren Differential $f'(x)\,dx$ auftreten, so daß das zu ermittelnde Integral von der Form

$$\int F[f(x)]\cdot f'(x)\,dx$$

sein muß. Man substituiert

$$f(x)=u \qquad \text{oder} \qquad f'(x)\,dx=du,$$

dann geht das vorliegende Integral über in

$$\int F[f(x)]\cdot f'(x)\,dx = \int F[u]\,du \tag{a}$$

und erhält so eine einfachere Form.

Beispiel a) $\int e^{\sin x}\cos x\,dx$

enthält das Argument x außer in der Funktion $\sin x$ nur mehr in deren Differential $\cos x\,dx$. Man setzt hier

$$\sin x = u \qquad \text{oder} \qquad \cos x\,dx = du,$$

und hat

$$\int e^{\sin x}\cos x\,dx = \int e^u\,du = e^u + C = e^{\sin x} + C.$$

Beispiel b) $\int \frac{(1+\lg x)\,dx}{x}$?

Hier kommt unter dem Integral das Argument x außer in der Funktion $\lg x$ nur noch im Differential $dx : x$ dieser Funktion vor. Man setzt

$$\lg x = u \qquad \text{oder} \qquad \frac{dx}{x} = du$$

und hat

$$\int (1+\lg x)\frac{dx}{x} = \int (1+u)\,du = u + \tfrac{1}{2}u^2 + C = \tfrac{1}{2}\lg x\,(2+\lg x) + C.$$

Beispiel c) $\int \frac{x\,dx}{\sqrt{1-x^4}}$?

Man beachtet, daß $2x\,dx$ das Differential von x^2 ist und substituiert demgemäß

$$x^2 = v \qquad \text{oder} \qquad 2x\,dx = dv;$$

man erhält
$$\int = \tfrac{1}{2}\int \frac{2x\,dx}{\sqrt{1-(x^2)^2}} = \tfrac{1}{2}\int \frac{dv}{\sqrt{1-v^2}}$$
$$= \tfrac{1}{2}\arcsin v + C = \tfrac{1}{2}\arcsin x^2 + C.$$

Beispiel d) Durch die Substitution

$$\cos x = z \qquad \text{oder} \qquad -\sin x\,dx = dz$$

wird

$$\int \cos^2 x \sin^3 x\,dx = \int \cos^2 x\,(1-\cos^2 x)\sin x\,dx = -\int z^2(1-z^2)\,dz$$
$$= \int (z^4 - z^2)\,dz = \tfrac{1}{5}z^5 - \tfrac{1}{3}z^3 + C$$
$$= \tfrac{1}{5}\cos^5 x - \tfrac{1}{3}\cos^3 x + C.$$

Beispiel e) $\int \sin x \cos x\,dx$?

Es ist

$$\cos x\,dx = d\sin x, \qquad \text{man setzt also} \qquad \sin x = u$$

und erhält
$$\int = \int u\,du = \tfrac{1}{2}u^2 + C$$

oder

$$\int \sin x \cos x\,dx = \tfrac{1}{2}\sin^2 x + C. \tag{b}$$

Oder man benützt die Beziehung

$$\sin x \cos x = \tfrac{1}{2}\sin 2x; \quad \text{mit} \quad 2x = u \quad \text{oder} \quad 2\,dx = du$$

wird $\int = \int \tfrac{1}{2}\sin 2x \cdot \tfrac{1}{2}d(2x) = \tfrac{1}{4}\int \sin u\,du = -\tfrac{1}{4}\cos u + C'$

oder

$$\int \sin x \cos x\,dx = -\tfrac{1}{4}\cos 2x + C'. \tag{c}$$

Beispiel f) Mit Hilfe der letzten beiden Formeln ermittle man

$$\int_{\frac{1}{6}\pi}^{\frac{1}{3}\pi} \sin x \cos x\,dx.$$

Nach (b) wird $\int_{\frac{1}{6}\pi}^{\frac{1}{3}\pi} = \tfrac{1}{2}\left[\sin^2 x\right]_{\frac{1}{6}\pi}^{\frac{1}{3}\pi} = \tfrac{1}{2}\left[\tfrac{3}{4} - \tfrac{1}{4}\right] = \tfrac{1}{4};$

und nach (c) $\int_{\frac{1}{6}\pi}^{\frac{1}{3}\pi} = -\tfrac{1}{4}\left[\cos 2x\right]_{\frac{1}{6}\pi}^{\frac{1}{3}\pi} = -\tfrac{1}{4}\left[-\tfrac{1}{2} - \tfrac{1}{2}\right] = \tfrac{1}{4}.$

Beispiel g)

$$\int \frac{x\,dx}{\sqrt{x^2 \pm a^2}} \quad \text{und} \quad \int \frac{x\,dx}{\sqrt{a^2 - x^2}}?$$

Man beachtet, daß $2x\,dx$ das Differential von x^2 oder auch von $x^2 \pm a^2$ ist, und setzt demgemäß, damit gleichzeitig die Wurzel im Nenner verschwindet,

$$x^2 \pm a^2 = v^2 \quad \text{oder} \quad x\,dx = v\,dv.$$

Man erhält für das erste Integral

$$\int = \int \frac{v\,dv}{v} = \int dv = v = \sqrt{x^2 \pm a^2}.$$

Beim zweiten Integral wird man entsprechend $a^2 - x^2 = v^2$ setzen; zusammen erhält man

$$\int \frac{x\,dx}{\sqrt{x^2 \pm a^2}} = \sqrt{x^2 \pm a^2} + C, \tag{d}$$

$$\int \frac{x\,dx}{\sqrt{a^2 - x^2}} = -\sqrt{a^2 - x^2} + C. \tag{e}$$

58. Fortsetzung. Es sei hier aufmerksam gemacht, daß bei den bestimmten Integralen die Substitution sich natürlich auch auf die Grenzen zu beziehen hat.

Beispiel a) $\int_{x=-b:a}^{x=0} (ax + b)^m\,dx?$

Man substituiert $ax + b = u$ oder $a\,dx = du$,

für $x = 0$ wird $u = b$, für $x = -b:a$ wird $u = 0$;

also

$$\int\limits_{x=-b:a}^{x=0}(ax+b)^m\,dx=\frac{1}{a}\int\limits_{u=0}^{u=b}u^m\,du+C=\frac{1}{a(m+1)}\left[u^{m+1}\right]_{u=0}^{u=b}$$

$$=\frac{1}{a(m+1)}(b^{m+1}-0)=\frac{b^{m+1}}{a(m+1)}.$$

Oder wenn man sich vorbehält, zur ursprünglichen Veränderlichen x zurückzukehren,

$$\int\limits_{x=-b:a}^{x=0}(ax+b)^m\,dx=\frac{1}{a}\int\limits_{x=-b:a}^{x=0}u^m\,du=\frac{1}{a(m+1)}\left[u^{m+1}\right]_{x=-b:a}^{x=0}$$

$$=\frac{1}{a(m+1)}\left[(ax+b)^{m+1}\right]_{x=-b:a}^{x=0}=\frac{b^{m+1}}{a(m+1)}$$

wie im oberen Fall.

Anmerkung. Man achte auf die Schreibweise bei den Grenzbezeichnungen. Es ist jedenfalls identisch

$$\int\limits_0^b u^m\,du \quad \text{mit} \quad \int\limits_{u=0}^{u=b} u^m\,du \qquad \text{oder} \qquad \left[u^{m+1}\right]_0^b \quad \text{mit} \quad \left[u^{m+1}\right]_{u=0}^{u=b},$$

weil sich die Grenzen auf das gleiche Argument u beziehen. Entsprechend ist identisch

$$\int\limits_{-b:a}^{0}(ax+b)^m\,dx \quad \text{mit} \quad \int\limits_{x=-b:a}^{x=0}(ax+b)^m\,dx.$$

Dagegen muß die Bezeichnung der Grenzen genau sein, wenn sie sich nicht auf das Argument der zu integrierenden Funktion beziehen. Es wird sonach

$$\int\limits_{x=-b:a}^{x=0}u^m\,du \quad \text{nicht gleichwertig} \quad \int\limits_{-b:a}^{0}u^m,$$

weil im ersten Fall die Grenzen sich auf die Veränderliche x beziehen, im zweiten Fall auf die Veränderliche u.

Beispiel b) Gesucht ist das bestimmte Integral $\int\frac{dx}{x^2+a^2}$ zwischen den Grenzen $x=0$ und $x=\frac{1}{4}a\pi$.

Man geht auf Beisp. 56c zurück und substituiert $x=au$ oder $dx=a\,du$. Die Grenzen der Veränderlichen u ergeben sich aus jenen der Veränderlichen x und zwar durch die vorgenommene Substitution; es wird

$$x=\tfrac{1}{4}a\pi \quad \text{zu} \quad u=\tfrac{1}{4}\pi \qquad \text{und} \qquad x=0 \quad \text{zu} \quad u=0.$$

Man erhält $\int\limits_0^{\frac{1}{4}a\pi} \frac{dx}{x^2+a^2} = \frac{1}{a}\int\limits_0^{\frac{1}{4}\pi} \frac{du}{1+u^2} = \frac{1}{a}\left[\operatorname{arc\,tg} u\right]_0^{\frac{1}{4}\pi}$

$$= \frac{1}{a}\operatorname{arc\,tg}\frac{\pi}{4} = \frac{1}{a};$$

wenn man aus irgendwelchen Gründen zur ursprünglichen Veränderlichen x zurückkehren will, so schreibt man

$$\int\limits_0^{\frac{1}{4}a\pi} \frac{dx}{x^2+a^2} = \frac{1}{a}\left[\operatorname{arc\,tg} u\right]_{x=0}^{x=\frac{1}{4}a\pi} = \frac{1}{a}\left[\operatorname{arc\,tg}\frac{x}{a}\right]_0^{\frac{1}{4}a\pi} = \frac{1}{a}.$$

Beispiel c) Gesucht ist $\int\limits_0^{\sqrt{ab}} \frac{dx}{a+\frac{x^2}{b}}$.

Man geht auf Beisp. 56d zurück; es ist nur b durch $1:b$ zu ersetzen. Dann wird

$$\int\limits_0^{\sqrt{ab}} \frac{dx}{a+\frac{x^2}{b}} = \sqrt{\frac{b}{a}}\left[\operatorname{arc\,tg}\frac{x}{\sqrt{ab}}\right]_0^{\sqrt{ab}} = \sqrt{\frac{b}{a}}\operatorname{arc\,tg} 1 = \frac{\pi}{4}\sqrt{\frac{b}{a}}.$$

Beispiel d) $\int\limits_0^{\frac{1}{4}\pi} \operatorname{tg} x\,dx = -\left[\lg\cos x\right]_0^{\frac{1}{4}\pi} = -\left[\lg\frac{1}{\sqrt{2}} - \lg 1\right]$

$$= \lg\sqrt{2}.$$

59. Teilweise Integration. IV. Viertes Integrationsverfahren. Man geht aus von der Beziehung

$$d(uv) = v\,du + u\,dv,$$

wo u und v Funktionen des Argumentes x sind; man integriert beiderseits und erhält

$$uv = \int v\,du + \int u\,dv$$

oder umgestellt

$$\int u\,dv = uv - \int v\,du. \tag{a}$$

Nach dieser Formel ist also das Integral $\int u\,dv$ auf ein anderes $\int v\,du$ zurückgeführt. Von diesem neuen Integral hofft man entweder, daß es einfacher als das ursprüngliche ist, oder daß es in einem einfachen Zusammenhang mit jenem steht.

Beispiel a) In dem Integral

$$\int x e^x \, dx$$

kann man u und damit dv auf verschiedene Weise wählen: die richtige Wahl ergibt sich aus der Überlegung, daß das neue Integral $\int v\,du$ einfacher oder doch wenigstens nicht schwieriger sein soll als das gegebene $\int u\,dv$. Eine erste Wahl

$$u = x e^x \quad \text{und deswegen} \quad dv = dx$$

ist zu verwerfen, wie ohne weiteres einzusehen; eine zweite

$$u = e^x \quad \text{und somit} \quad dv = x\,dx$$

würde das neue Integral schwieriger machen, da $v = \frac{1}{2}x^2$ wäre; die letzte Möglichkeit

$$u = x \quad \text{und damit} \quad dv = e^x dx$$

liefert

$$du = dx \quad \text{und} \quad v = e^x;$$

man sieht, das neue Integral wird einfacher, nämlich

$$\int x e^x dx = x e^x - \int e^x dx = x e^x - e^x + C$$
$$= e^x(x-1) + C. \tag{b}$$

Als praktische Regel für die Wahl von u und dv läßt sich etwa aufstellen: u und dv sind so auszuwählen, daß weder du noch v eine schwierigere oder allgemeinere Funktion liefert als u und dv selbst. (Das Differential dx des Argumentes zählt natürlich bei dieser Beurteilung nicht mit).

Beispiel b) $\int x \sin x \, dx$?

Die Wahl $\quad u = \sin x \quad$ somit $\quad dv = x\,dx$

würde liefern $\quad du = \cos x \quad$ und $\quad v = \frac{1}{2}x^2$,

so daß also die Funktion v allgemeiner ist als diejenige dv, nämlich $x\,dx$. Man wählt

$$u = x \quad \text{und} \quad dv = \sin x \, dx,$$

so daß $\quad du = dx \quad$ und $\quad v = -\cos x$

wird, und damit

$$\int x \sin x \, dx = -x \cos x + \int \cos x \, dx$$
$$= -x \cos x + \sin x + C. \tag{c}$$

In vielen Fällen wird das neue Integral zwar nicht einfacher sein, aber mit dem gesuchten in einem einfachen Zusammenhang stehen.

Beispiel c) Bei $\int \sin^2 x\,dx$ oder $\int \sin x \sin x\,dx$ wählt man

$u = \sin x$, $dv = \sin x\,dx$, so daß $du = \cos x\,dx$, $v = -\cos x$,

und erhält

$$\int \sin^2 x\,dx = -\sin x \cdot \cos x + \int \cos^2 x\,dx.$$

Zwischen dem neuen und dem ursprünglichen Integral besteht der einfache Zusammenhang

$$\sin^2 x + \cos^2 x = 1.$$

Addiert man also die Gleichung

$$\int \sin^2 x\,dx = \int \sin^2 x\,dx$$

zur letzten Gleichung hinzu, so erhält man

$$2\int \sin^2 x\,dx = -\sin x \cos x + \int (\cos^2 x + \sin^2 x)\,dx$$
$$= -\sin x \cos x + \int dx = -\sin x \cos x + x$$

und damit

$$\int \sin^2 x\,dx = -\frac{\sin x \cos x}{2} + \frac{x}{2} + C. \qquad \text{(d)}$$

Beispiel d) $\int e^x \sin x\,dx$?

Man wählt $u = e^x$, $dv = \sin x\,dx$,

so daß $du = e^x dx$, $v = -\cos x$,

und erhält

$$\int e^x \sin x\,dx = -e^x \cos x + \int e^x \cos x\,dx.$$

Das neue Integral ist zwar nicht einfacher als das ursprüngliche, aber man sieht, daß die Wiederholung der Rechnung auf dieses zurückführen wird; man setzt also beim neuen Integral diesmal

$$u = e^x, \quad dv = \cos x\,du,$$

so daß $du = e^x dx$, $v = \sin x$,

und erhält

$$\int e^x \cos x\,dx = e^x \sin x - \int e^x \sin x\,dx.$$

Addiert man beide die Integrale enthaltende Gleichungen, so fällt das neue Integral beiderseits hinaus und man hat

$$\int e^x \sin x\,dx = -e^x \cos x + e^x \sin x - \int e^x \sin x\,dx$$

oder

$$\int e^x \sin x\,dx = \tfrac{1}{2} e^x (\sin x - \cos x) + C. \qquad \text{(e)}$$

Wenn man dagegen die untere Gleichung subtrahiert, erhält man als Nebenresultat

$$\int e^x \cos x\,dx = \tfrac{1}{2} e^x (\sin x + \cos x) + C. \qquad \text{(f)}$$

Beispiel e) $\int\sqrt{x^2 \pm a^2}$ und $\int\sqrt{a^2 - x^2}\,dx$?

Zuvor schafft man die Wurzel in den Nenner,

$$\int\sqrt{x^2 \pm a^2}\,dx = \int\frac{x^2 \pm a^2}{\sqrt{\ }}\,dx = \int\frac{x^2\,dx}{\sqrt{\ }} \pm a^2\int\frac{dx}{\sqrt{\ }}.$$

Das zweite Integral ist bereits durch Beisp. 55i gelöst, im ersten Integral setzt man

$$u = x, \quad dv = \frac{x\,dx}{\sqrt{\ }}, \quad \text{so daß} \quad du = dx, \quad v = \sqrt{\ },$$

und erhält
$$\int\frac{x^2\,dx}{\sqrt{\ }} = x\sqrt{\ } - \int\sqrt{\ }\,dx,$$

womit man zum Ausgangsintegral zurückgekehrt ist. Addiert man die beiden Gleichungen, in denen dieses Integral auftritt, so wird

$$2\int\sqrt{\ }\,dx = x\sqrt{\ } \pm a^2\int\frac{dx}{\sqrt{\ }}$$

und nach Benutzung der Formel (55l)

$$\int\sqrt{x^2 \pm a^2}\,dx = \tfrac{1}{2}x\sqrt{x^2 \pm a^2} \pm \tfrac{1}{2}a^2 \lg\left(x + \sqrt{x^2 \pm a^2}\right) + C. \qquad \text{(g)}$$

Auf die gleiche Weise, Zerlegung und dann partielle Integration, findet man

$$\int\sqrt{a^2 - x^2}\,dx = \tfrac{1}{2}x\sqrt{a^2 - x^2} + \tfrac{1}{2}a^2 \arcsin\frac{x}{a} + C. \qquad \text{(h)}$$

60. Andere Integrationsverfahren. V. Fünftes Integrationsverfahren. Zerlegung in Summanden. Ein Integral läßt sich sehr oft dadurch lösen, daß man es in zwei oder mehrere Summanden zerlegt.

Beispiel a) $$\int \operatorname{tg}^2 x\,dx = \int\frac{\sin^2 x\,dx}{\cos^2 x} = \int\frac{1 - \cos^2 x}{\cos^2 x}\,dx$$
$$= \int\frac{dx}{\cos^2 x} - \int dx = \operatorname{tg} x - x + C.$$

Beispiel b) $$\int\cos^2\frac{x}{2}\,dx = \int\frac{1 + \cos x}{2}\,dx = \tfrac{1}{2}\int dx + \tfrac{1}{2}\int\cos x\,dx$$
$$= \tfrac{1}{2}(x + \sin x) + C.$$

Beispiel c) $$\int\frac{dx}{\sin^2 x\cos^2 x} = \int\left(\frac{1}{\sin^2 x} + \frac{1}{\cos^2 x}\right)dx$$
$$= \int\frac{dx}{\sin^2 x} + \int\frac{dx}{\cos^2 x}$$
$$= -\operatorname{cotg} x + \operatorname{tg} x + C.$$

Insbesonders wird die Zerlegung in Summanden auf die Integration rationaler gebrochener Funktionen angewandt. Ist eine solche unecht gebrochen, so zerlegt man sie in eine ganze plus einer echt gebrochenen Funktion.

Beispiel d)
$$\int \frac{x^2\,dx}{x-1} = \int \frac{x^2 - x + x - 1 + 1}{x-1}\,dx$$
$$= \int \left(x + 1 + \frac{1}{x-1}\right) dx$$
$$= \int x\,dx + \int dx + \int \frac{dx}{x-1}$$
$$= \tfrac{1}{2}x^2 + x + \lg(x-1) + C.$$

Ist die zu integrierende Funktion echt gebrochen, so wird sie (wenn nicht auf andere Weise leichter integrierbar) nach der Methode der Partialbruchzerlegung, d. i. ebenfalls eine Zerlegung in Summanden, durchzuführen sein. Es wird dieses Verfahren im sechsten Abschnitt besprochen.

Beispiel e) Besonders häufig benötigt man die Zerlegung

$$\frac{1}{(x+a)(x+b)} = \frac{1}{b-a}\left[\frac{1}{x+a} - \frac{1}{x+b}\right], \tag{a}$$

deren Richtigkeit mit elementarer Rechnung zu ersehen ist. Man erhält mit Hilfe dieser Formel

$$\int \frac{dx}{(x+a)(x+b)} = \frac{1}{b-a}\int\left(\frac{dx}{x+a} - \frac{dx}{x+b}\right)$$
$$= \frac{1}{b-a}\left[\lg(x+a) - \lg(x+b)\right]$$

oder

$$\int \frac{dx}{(x+a)(x+b)} = \frac{1}{b-a}\lg\frac{x+a}{x+b} + C \tag{b}$$

Beispiel f) Mit Hilfe der letzten Formel erhält man, wenn man $b = -a$ setzt, und die Formel $-\lg B = \lg(1:B)$ berücksichtigt,

$$\int \frac{dx}{x^2 - a^2} = \frac{1}{2a}\lg\frac{x-a}{x+a} + C. \tag{c}$$

Beispiel g) Gesucht $Y = \int \frac{\sqrt{a^2 - y^2}}{y}\,dy.$

Wenn man Zähler und Nenner mit $2y$ multipliziert, tritt unter dem Integral nur die Veränderliche y^2 und deren Differential $2y\,dy$ auf. Wenn man

$$a^2 - y^2 = u^2 \quad \text{oder} \quad -2y\,dy = 2u\,du$$

einsetzt, erhält man der Reihe nach

$$Y = \frac{1}{2}\int \frac{\sqrt{a^2 - y^2}\,2y\,dy}{y^2} = \int \frac{u \cdot u\,du}{u^2 - a^2} = \int \frac{u^2 - a^2 + a^2}{u^2 - a^2}\,du$$

$$= \int \left(1 + \frac{a^2}{u^2 - a^2}\right) du = u + a^2 \int \frac{du}{u^2 - a^2} = u + \frac{a}{2}\lg\frac{u - a}{u + a} + C$$

nach (c). Man formt noch um

$$Y = u - \frac{a}{2}\lg\frac{u + a}{u - a} + C = u - \frac{a}{2}\lg\frac{(u + a)(u + a)}{(u - a)(u + a)} + C$$

$$= \sqrt{a^2 - y^2} - \frac{a}{2}\lg\frac{(\surd + a)^2}{-y^2} + C$$

$$= \surd - a\lg\frac{a + \surd}{y} - \frac{a}{2}\lg(-1) + C$$

oder

$$\int \frac{\sqrt{a^2 - y^2}}{y}\,dy = \sqrt{a^2 - y^2} - a\lg\frac{a + \sqrt{a^2 - y^2}}{y} + D, \qquad \text{(d)}$$

wenn man die beiden letzten Summanden, die frei von der Veränderlichen sind, zu einer neuen Konstanten D zusammenfaßt.

VI. Sechstes Integrationsverfahren durch Reihenentwicklung. Wenn die vorausgehend angegebenen sowie die für besondere Funktionen an späterer Stelle noch zu gebenden Integrationsverfahren versagen, so bleibt noch übrig, die zu integrierende Funktion in eine Reihe zu verwandeln und jedes Glied einzeln zu integrieren.

VII. Ein siebentes Integrationsverfahren durch Näherung ist für jedes bestimmte Integral möglich nach einem der in 66 noch anzugebenden Verfahren.

VIII. Besondere Integrationsregeln für die rationalen Funktionen, ebenso für die irrationalen und ebenso auch für transzendente Funktionen liefert der zehnte Abschnitt.

61. Unendlich kleine Größen verschiedener Ordnung. Verfahren bei der Anwendung der Integrale auf Geometrie. Die Integralrechnung dient in der Geometrie hauptsächlich zur Lösung folgender Aufgaben:

1. Quadratur von Kurven, d. h. Ermittlung der Fläche zwischen einer ebenen Kurve und gegebenen festen Geraden oder anderen Kurven der nämlichen Ebene.

2. Kubatur, d. h. Ermittlung des **Rauminhaltes** eines Körpers, begrenzt durch eine Fläche und feste Ebenen oder durch mehrere Flächen.
3. Rektifikation von Kurven, d. h. Ermittlung der **Bogenlänge** einer (ebenen oder räumlichen) Kurve zwischen zwei Punkten P_1 und P_2.
4. Komplanation, d. h. Ermittlung der **Oberfläche** eines Körpers.

Die Lösung dieser Aufgaben geht aus von ihren **Elementen**, also vom Flächenelement dF als unendlich kleinem Teil der gesuchten Fläche F, vom Volumenelement dV als unendlich kleinem Teil eines Volumens V, vom Bogenelement ds, vom Oberflächenelement dO. Den Zusammenhang dieser Elemente im besonderen und von unendlich kleinen Größen im allgemeinen wird das nachfolgende Beispiel klar legen.

Beispiel a) Es seien zwischen zwei als starr und unnachgiebig vorausgesetzten Mauern zwei gleichlange Stäbe eingeschaltet, die mit der Mauer und unter sich durch reibungsfreie Gelenke verbunden sind, so wie Abb. 110 zeigt. Die Stäbe sind gewichtslos und in der Anfangslage horizontal gedacht. Unter dem Einfluß eines in der Mitte angreifenden Gewichtes oder auch einer Temperaturänderung wird der Mittelknoten um den „Biegungspfeil" f sinken, und dabei jeder Stab eine Längenänderung Δl erfahren. Dann sagt die Erfahrung und auch eine einfache Rechnung, daß schon eine recht kleine Längenänderung Δl ziemlich große f hervorrufen kann. Es besteht zwischen den Formänderungen f und Δl die Beziehung

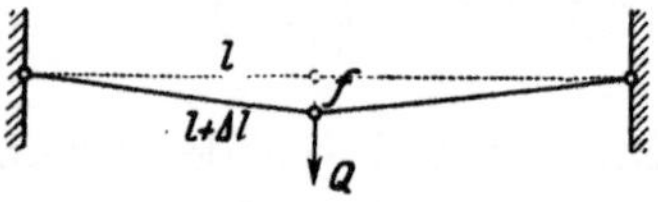

Abb. 110.

$$(l + \Delta l)^2 = f^2 + l^2 \quad \text{oder} \quad 2\,l \cdot \Delta l + (\Delta l)^2 = f^2,$$

oder wenn man auf der linken Gleichungsseite den sehr kleinen Summanden $(\Delta l)^2$ gegenüber $2\,l \cdot \Delta l$ vernachlässigt,

$$2\,l \cdot \Delta l = f^2. \tag{a}$$

Die Formel sagt: Wenn f sehr klein ist, dann ist $\Delta l = f^2 : 2\,l$ erst recht klein. Bei der Annahme $l = 1$ m und $f = 1$ cm wäre beispielsweise

$$\Delta l = 1\ \text{cm}^2 : 200\ \text{cm} = 0{,}005\ \text{cm}, \quad \text{also} \quad f = 200\,\Delta l.$$

Bei der Annahme $l = 1$ m und $f = 0{,}1$ cm wäre

$$\Delta l = 0{,}01\ \text{cm}^2 : 200\ \text{cm} = 0{,}000\,05\ \text{cm}, \quad \text{also} \quad f = 2\,000\,\Delta l.$$

Wenn also f klein ist, dann ist Δl erst recht klein; das Verhältnis $\Delta l : f$ kann bei passender Wahl von f beliebig klein gemacht werden. Die Differentialrechnung hat dafür die Sprechweise:

Wenn das Verhältnis $\alpha:\beta$ von zwei unendlich kleinen Größen α und β für jede Wahl von α oder β eine endliche von Null verschiedene Zahl ist, dann nennt man α und β unendlich kleine Größen gleicher Ordnung; (b)

Wenn das Verhältnis $\alpha:\beta$ der beiden unendlich kleinen Größen α und β den Grenzwert 0 erreicht; dann nennt man α unendlich klein höherer Ordnung als β, oder umgekehrt β unendlich klein niedriger Ordnung als α; (c)

Wenn das Verhältnis $\alpha:\beta^n$ der beiden unendlich kleinen Größen α und β eine endliche von 0 verschiedene Zahl ist, dann nennt man α unendlich klein von der $n$ten Ordnung gegenüber β. (d)

Im obigen Fall der beiden durchgebogenen Stäbe wäre Δl eine sehr kleine Größe, klein zweiter Ordnung gegenüber f.

Beispiel b) Für jeden Kreisbogen gilt die Formel

$$b = r\varphi, \tag{e}$$

der Bogen ist gleich Halbmesser mal Mittelpunktwinkel.

Weil nun für sehr kleine Winkel, Abb. 111,

$$\sin\varphi \approx \varphi \approx \operatorname{tg}\varphi, \quad \varphi \text{ sehr klein}, \tag{f}$$

gilt, kann man unter dieser Voraussetzung die drei Strecken UA, UB, UC als gleich groß annehmen. Denn es ist

$$UA = r\sin\varphi, \qquad \widehat{UB} = r\varphi,$$
$$UC = r\operatorname{tg}\varphi.$$

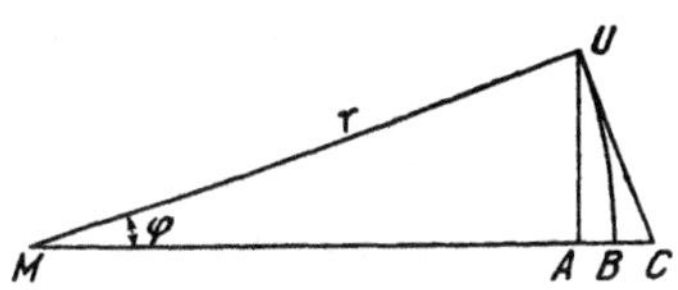

Abb. 111.

Beispiel c) Ein wagrecht eingespannter Stab von der Länge l erhält unter den Einfluß einer am Ende angreifenden Last P am freien Ende eine Senkung f und einen Biegungswinkel $\Delta\varphi$, die nach den Gesetzen der Festigkeitslehre, Abb. 112,

$$f = \frac{Pl^3}{3EJ} \quad \text{und} \quad \Delta\varphi = \frac{Pl^2}{2EJ}$$

sind. Die Werte E und J sind über den ganzen Stab konstant.

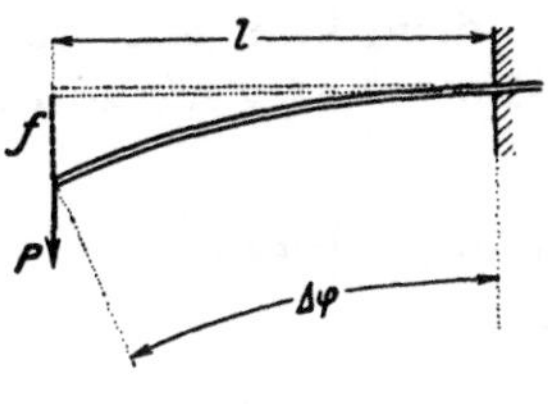

Abb. 112.

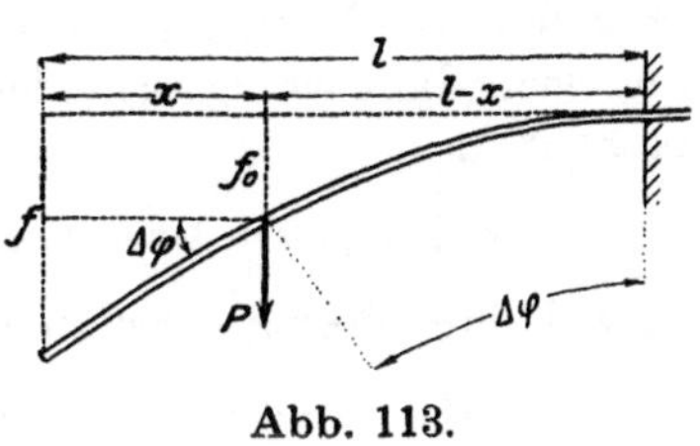

Abb. 113.

Welches ist die Durchsenkung am freien Ende, wenn die Last P im Abstand x vom linken Ende angreift?

Der Stab selbst ist als gewichtslos vorausgesetzt, so daß das über die Belastung hinausgehende Balkenende nicht gebogen wird und deswegen geradlinig bleibt. Dann ist

$$f = f_0 + x\varDelta\varphi,$$

wo f_0 der Biegungspfeil unter dem Lastangriffspunkt und $\varDelta\varphi$ die Ausbiegung des belasteten Querschnittes gegenüber dem eingespannten Querschnitt ist. Denn das über den belasteten Querschnitt hinausgehende Ende des Stabes bleibt ja ungebogen, Abb. 113. Mit

$$f_0 = \frac{P(l-x)^3}{3EJ} \quad \text{und} \quad \varDelta\varphi = \frac{P(l-x)^2}{2EJ}$$

wird

$$f = \frac{P(l-x)^3}{3EJ} + \frac{xP(l-x)^2}{2EJ} = \frac{P(l-x)^2(2l+x)}{6EJ}. \tag{g}$$

Die gleichen Beziehungen gelten, wenn α und β unendlich groß sind; man unterscheidet auch wieder zwischen unendlich großen Zahlen gleicher oder höherer bzw. niedriger Ordnung. Ergeben sich damit die Sätze:

Wenn α unendlich klein oder unendlich groß ist, so ist $n\alpha$ von der gleichen Ordnung unendlich klein bzw. unendlich groß, falls n eine endliche von Null verschiedene Zahl ist. (h)

Die Summe $\alpha_1 + \alpha_2 + \dots + \alpha_n$ einer endlichen Zahl unendlich kleiner Summanden ist ebenfalls unendlich klein und zwar von der gleichen Ordnung wie der Summand niedrigster Ordnung. (i)

Der Grenzwert der Summe $\alpha_1 + \alpha_2 + \dots + \alpha_n$ der unendlich kleinen α_i ändert sich nicht, wenn man zu jedem α_i noch eine unendlich kleine Größe ε_i höherer Ordnung als α_i hinzufügt. (k)

Beispiel d) Wenn in der Funktion $z = xy$ die Veränderlichen x und y beide von t abhängig sind, dann kann man für die zu einem unendlich wenig veränderten t, also $t + dt$, gehörige Funktion anschreiben

$$xy + d(xy) \quad \text{oder auch} \quad (x + dx)(y + dy).$$

Wenn man beide Werte entwickelt, erhält man

$$xy + y\,dx + x\,dy \quad \text{bzw.} \quad xy + x\,dy + y\,dx + dx\,dy,$$

woraus sich der Gleichheit wegen

$$dx\,dy = 0$$

ergibt, d. h. dieses Produkt hat als unendlich kleines Differential von der zweiten Ordnung im Verhältnis zu den Differentialen erster Ordnung den Grenzwert 0. Anschaulich wird diese Beziehung durch Abb. 114.

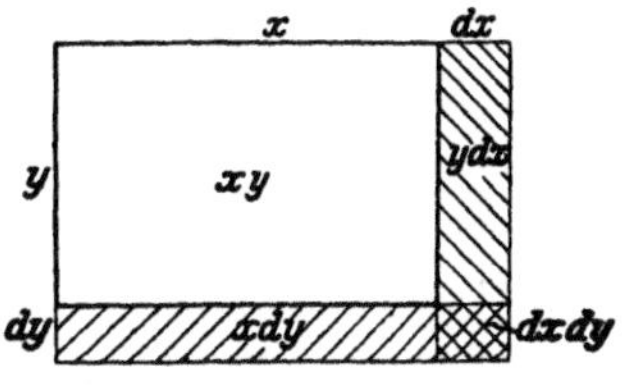

Abb. 114.

Beispiel e) Man gebe die Näherungswerte der Summe

$$S = a_0 + a_1 x + a_2 x^2 + \ldots + a_n x^n$$

für sehr kleine Werte von x an wie auch für sehr große.

Wenn x unendlich klein wäre, dann könnte man in erster. zweiter, dritter, ... Annäherung setzen

$$S = a_0, \quad S = a_0 + a_1 x, \quad S = a_0 + a_1 x + a_2 x^2, \ldots$$

die gleiche Beziehung gilt auch noch angenähert, wenn x zwar nicht unendlich klein, aber sehr klein ist.

Wenn umgekehrt x unendlich groß wäre, dann könnte man setzen

$$S = x^n \left(\frac{a_0}{x^n} + \frac{a_1}{x^{n-1}} + \ldots + \frac{a_{n-1}}{x} + a_n\right).$$

Die einzelnen Summanden der Klammer sind alle bis auf a_n unendlich klein, aber verschiedener Ordnung; man kann daher in erster, zweiter, ... Annäherung setzen

$$S = a_n x^n, \quad S = a_{n-1} x^{n-1} + a_n x^n, \ldots$$

Die gleiche Beziehung gilt auch noch angenähert, wenn x sehr große Werte annimmt, es ist dann der Summand höchster Dimension ausschlaggebend.

So erreicht etwa die Summe $S = x^3 - 75x - 250$ für die Zahlen

$$x = 0, \quad 1, \quad 2, \quad 5, \quad 10, \quad 20, \quad 100, \quad 1000$$

die Werte

$$S = -250, \ -324, \ -392, \ -500, \ 0, \ 6250, \ 992\,250, \ 999\,924\,750,$$

d. h. je größer x wird, desto mehr nähert sich S dem Wert x^3.

Das Bogenelement ds der Kurve der Abb. 115 zwischen den beiden unendlich benachbarten Punkten U und N ist unendlich klein; unendlich klein sind auch die Änderungen dx der Abszisse und dy der Ordinate, unendlich klein ist auch das Flächenelement dF, d. i. die Fläche $U'UNQ'$, sowie das Flächenteilchen UNQ. Die Größen dx, dy, ds sind unendlich klein von der gleichen Ordnung.

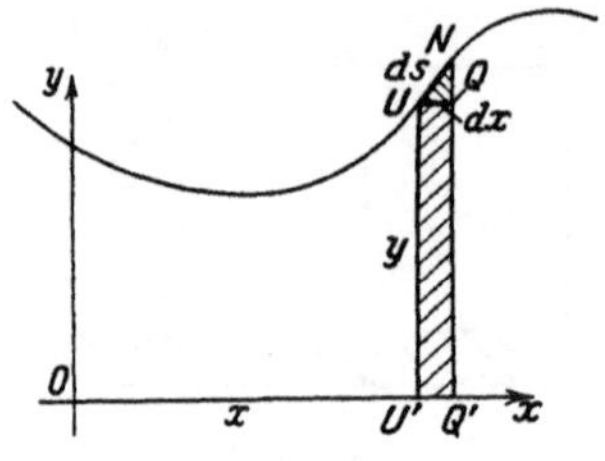

Abb. 115.

Dagegen ist das Flächenteilchen UNQ unendlich klein höherer Ordnung als das Flächenelement dF; das erste hat den Wert $\frac{1}{2}dx\,dy$, wenn man das Bogenelement ds als geradlinig betrachtet, dF den Wert $y\,dx$ (da man das unendlich kleine Flächenstück $\frac{1}{2}dx\,dy$ als unendlich klein höherer Ordnung gegenüber $y\,dx$ vernachlässigen kann).

Läßt man die Kurve um die x-Achse rotieren, so erzeugt das Flächenelement dF einen Drehkörper vom Volumen dV, dessen Oberfläche dO durch das Bogenelement ds erzeugt wird. Das Volumelement dV ist eigentlich ein abgestumpfter Kegel; er kann aber gleich dem durch das Rechteck $U'UQQ'$ erzeugten Kreiszylinder gesetzt werden, so daß $dV = y^2\pi dx$; denn durch das Flächenstück UNQ wird bei der Drehung ein Körper erzeugt, der unendlich klein von höherer Ordnung ist als dieser Kreiszylinder und somit ihm gegenüber vernachlässigt werden darf.

Dagegen wäre es falsch, wenn man als Oberflächenelement dO den Mantel des Kreiszylinders betrachten würde; dieser Zylindermantel und der Mantel des Kegelstumpfes sind beide unendlich klein von der gleichen Ordnung und auch die Vernächlässigung wäre unendlich klein von der gleichen Ordnung und somit unzulässig.

62. Flächenermittlung. Bezeichnet man den unendlich kleinen Flächenstreifen dF zwischen den Abszissen x und $x + dx$ als Flächenelement,

$$dF = y\,dx, \tag{a}$$

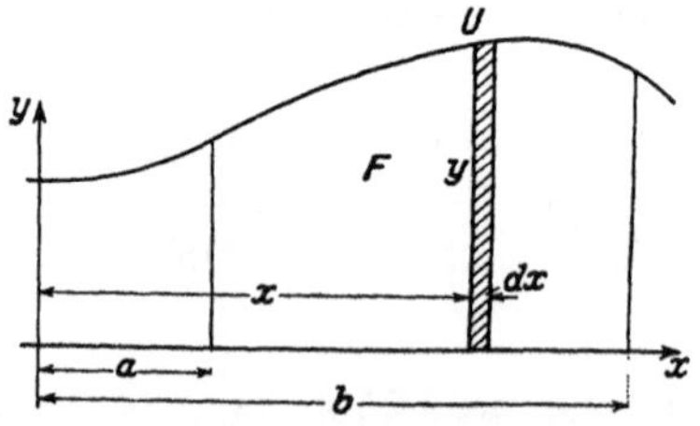

Abb. 116.

so ist die gesamte Fläche F zwischen der Kurve, der x-Achse und den beiden Ordinaten bei $x = a$ und $x = b$ gleich der Summe der unendlich vielen Flächenelemente, Abb. 116,

$$F = \int_a^b y\,dx = \int_a^b f(x)\,dx. \tag{b}$$

Beispiel a) Die Fläche der Sinuskurve $y = \sin x$ zwischen den Abszissen $x = 0$ und $x = \frac{1}{2}\pi$ ist

$$\int_0^{\frac{1}{2}\pi} \sin x\,dx = -\left[\cos x\right]_0^{\frac{1}{2}\pi} = -\left[\cos\tfrac{1}{2}\pi - \cos 0\right] = 1.$$

Beispiel b) Wie groß wird die Fläche, die durch eine ganze Welle der Sinuskurve und die x-Achse begrenzt wird.

Eine solche Welle, Abb. 117, beginnt bei $x = 0$ und endigt bei $x = 2\pi$, sonach ist

$$F = \int_0^{2\pi} \sin x\, dx = -\left[\cos x\right]_0^{2\pi} = -(1-1) = 0.$$

Man hätte fehlerhaft erwarten können, daß entsprechend dem vorausgehenden Beispiel $F = 4$ wäre. Man vergesse aber nicht, daß eine Fläche, die unterhalb der x-Achse liegt, durch die Formel (b) ein negatives Vorzeichen erhält.

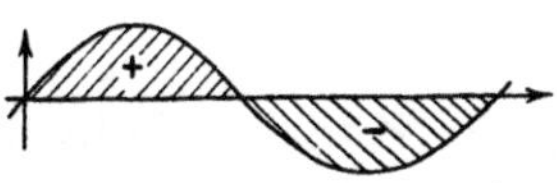

Abb. 117.

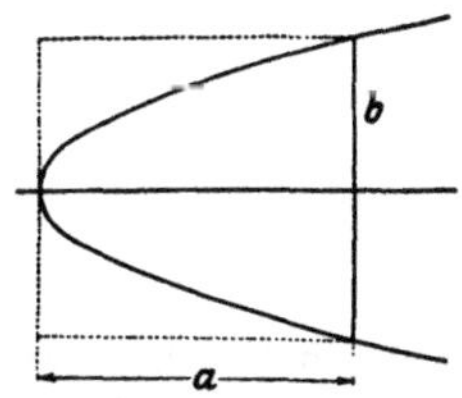

Abb. 118.

Beispiel c) Man berechne den Inhalt des von der Parabel $y^2 = 2px$ durch die Sehne $x = a$ bestimmten Abschnittes, Abb. 118.

Die gesuchte Fläche F ermittelt man als das Zweifache der oberen Abschnittshälfte, die sonach durch den oberen Ast der Parabel, durch die x-Achse und die beiden begrenzenden Geraden $x = 0$ und $x = a$ eingeschlossen ist. Die zur Abszisse a gehörige Ordinate b wird durch die Beziehung $b^2 = 2pa$ bestimmt.

$$F = 2\int_0^a \sqrt{2px}\, dx = 2 \cdot \sqrt{2p} \cdot \tfrac{2}{3}\left[x^{\frac{3}{2}}\right]_0^a = \tfrac{4}{3}\sqrt{2p} \cdot a\sqrt{a}$$
$$= \tfrac{4}{3}\sqrt{2pa} \cdot a = \tfrac{4}{3}ab. \qquad \text{(c)}$$

Der gesuchte Abschnitt ist sonach zweidrittelmal so groß wie das begrenzende Rechteck $a \cdot 2b$.

Beispiel d) Man ermittle den Inhalt einer durch zwei verschiedene Kurven oder durch zwei verschiedene Kurvenäste begrenzten Fläche.

Die beiden Kurven bzw. Kurvenäste haben die Gleichungen $y = f_I(x)$ und $y = f_{II}(x)$; dann ist an der Stelle x das Flächenelement

$$dF = dF_I - dF_{II} = [y_I - y_{II}]\, dx$$

und damit

$$F = \int_a^b [y_I - y_{II}]\, dx = \int_a^b [f_I(x) - f_{II}(x)]\, dx, \qquad \text{(d)}$$

wo $x = a$ und $x = b$ die beiderseits begrenzenden Ordinaten sind.

Wenn im besonderen die beiden Kurvenäste sich auf beiden Seiten schließen, Abb. 120, und nach der ganzen zwischen den beiden Kurvenästen eingeschlossenen Fläche gefragt wird, dann werden die begrenzenden Ordinaten $x=a$ und $x=b$ zu lotrechten Tangenten der Kurve, die natürlich erst aufzusuchen sind.

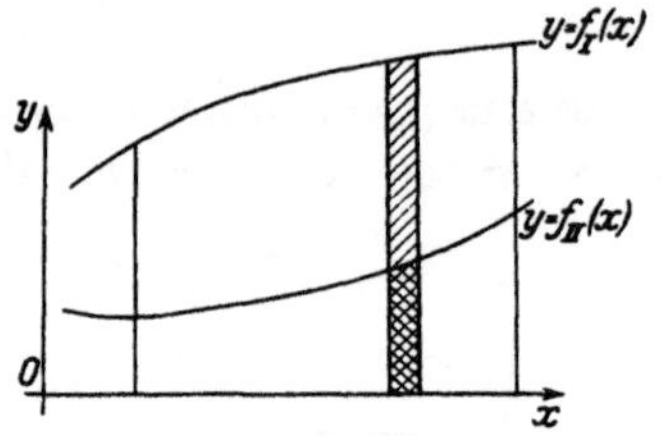

Abb. 119.

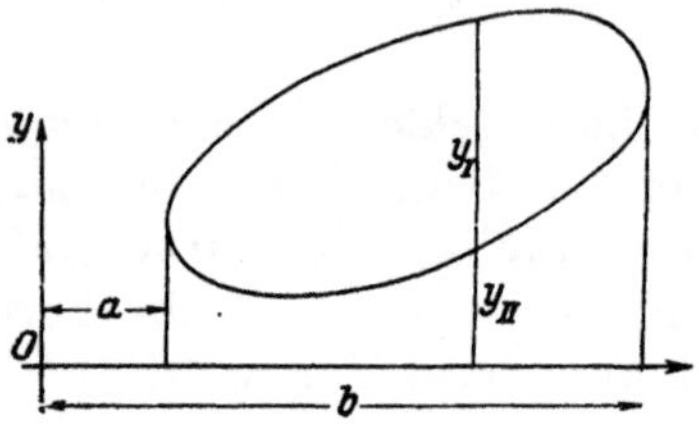

Abb. 120.

63. Fortsetzung. Ist die Gleichung der Kurve in Polarkoordinaten gegeben, so wird nach Abb. 121 und 122 das Flächenelement

$$dF = \tfrac{1}{2} r^2 d\varphi. \qquad \text{(a)}$$

Dabei betrachtet man die Fläche zwischen den Radienvektoren bei φ und $\varphi + d\varphi$ als einen Kreissektor, läßt also den Unterschied zwischen der wahren Fläche dF und diesem Sektor, nämlich das in Abb. 122 schraffierte Dreieck

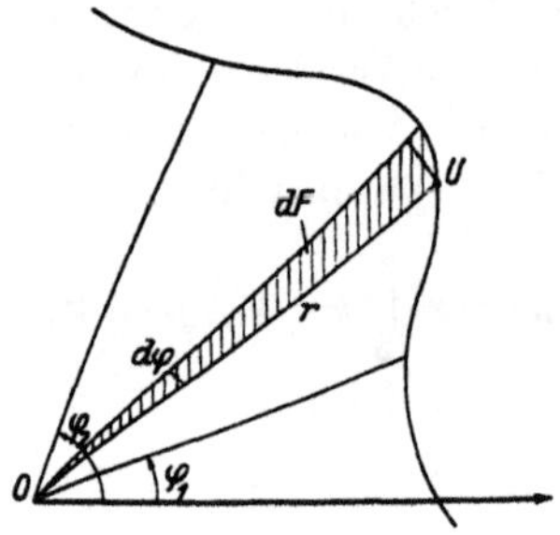

Abb. 121.

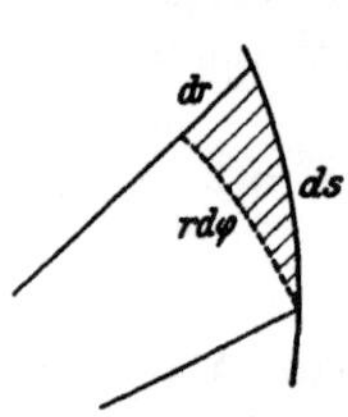

Abb. 122.

$\tfrac{1}{2}\, dr \cdot r d\varphi$, gegen Null konvergieren gegenüber dem Sektor. Dann ist die Fläche F zwischen der Kurve und den beiden Fahrstrahlen unter φ_1 und φ_2 gegeben durch

$$F = \tfrac{1}{2} \int_{\varphi_1}^{\varphi_2} r^2 \, d\varphi. \qquad \text{(b)}$$

Entsprechend wie unter 62 wird man die Fläche, wenn sie durch zwei Kurven $r = f_I(\varphi)$ und $r = f_{II}(\varphi)$ und die beiden Fahrstrahlen bei φ_1 und φ_2 begrenzt ist, ermitteln zu

$$F = \tfrac{1}{2} \int_{\varphi_1}^{\varphi_2} (r_I{}^2 - r_{II}{}^2)\, d\varphi = \tfrac{1}{2} \int_{\varphi_1}^{\varphi_2} [f^2{}_I(\varphi) - f^2{}_{II}(\varphi)]\, d\varphi. \qquad \text{(c)}$$

Beispiel a) Durch die schon aus früheren Beispielen bekannte Kurve $r = 2a(1 + \cos\varphi)$ der Abb. 123 und den Kreis mit dem Halbmesser a sowie die Geraden $\varphi = 0$ und $\varphi = \frac{1}{2}\pi$ werden die durch verschiedene Schraffierungen gekennzeichneten Flächen F_1, F_2, F_3 gebildet. Man ermittle diese und gebe ferner eine Kontrolle für die Richtigkeit der Lösung an.

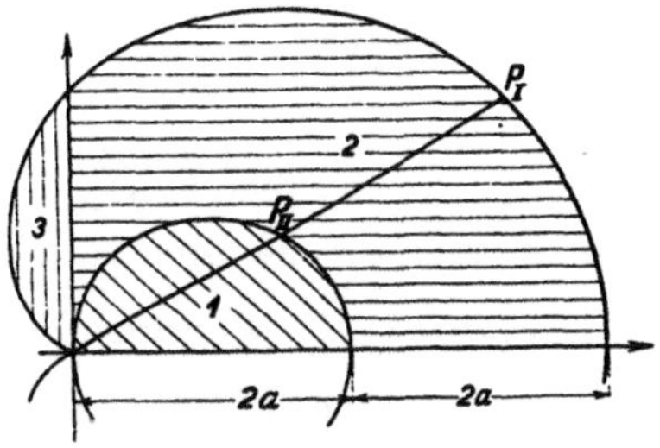

Abb. 123.

Es ist $F_1 = \frac{1}{2}a^2\pi$; die Fläche $F_1 + F_2$ ist begrenzt durch die Kurve und die beiden Radienvektoren unter $\varphi_1 = 0$ und $\varphi_2 = \frac{1}{2}\pi$; die Fläche $F_1 + F_2 + F_3$ ist durch die Kurve und die Fahrstrahlen unter $\varphi_1 = 0$ und $\varphi_2 = \pi$ begrenzt.

$$F_1 + F_2 = \frac{1}{2}\int_0^{\frac{1}{2}\pi} 4a^2(1 + \cos\varphi)^2\,d\varphi = 2a^2\int_0^{\frac{1}{2}\pi}[1 + 2\cos\varphi + \cos^2\varphi]\,d\varphi$$
$$= 2a^2\left[\varphi + 2\sin\varphi + \frac{1}{2}\sin\varphi\cos\varphi + \frac{1}{2}\varphi\right]_0^{\frac{1}{2}\pi}$$
$$= 2a^2\left[\frac{3}{4}\pi + 2\right] = \frac{1}{2}a^2(3\pi + 8).$$

$$F_1 + F_2 + F_3 = 2a^2\left[\varphi + 2\sin\varphi + \frac{1}{2}\sin\varphi\cos\varphi + \frac{1}{2}\varphi\right]_0^{\pi}$$
$$= 3a^2\pi.$$

Damit ergibt sich auch

$$F_2 = a^2(\pi + 4), \qquad F_3 = \frac{1}{2}a^2(3\pi - 8).$$

Eine erste Kontrolle, die man immer anwenden soll, ist die durch angenäherten Flächenvergleich. Im vorliegenden Fall ist die Kreisfläche $a^2\pi$; gefunden ist $F_2 \approx a^2(3{,}14 + 4)$, das ist mehr als die doppelte Kreisfläche, was ungefähr stimmt; ebenso ist $F_3 \approx \frac{1}{2}a^2(9{,}42 - 8) = 0{,}71\,a^2$, also nicht ganz der vierte Teil der Kreisfläche, was nach der Zeichnung auch stimmt.

Als genauere Kontrolle kann man noch die Fläche F_2 unmittelbar bestimmen, sie ist begrenzt durch die Kurve und den Kreis, sowie die beiden Fahrstrahlen unter $\varphi_1 = 0$ und $\varphi_2 = \frac{1}{2}\pi$. Man hat somit

$$F_2 = \frac{1}{2}\int_0^{\frac{1}{2}\pi}(r_I^2 - r_{II}^2)\,d\varphi = 2a^2\int_0^{\frac{1}{2}\pi}[(1 + \cos\varphi)^2 - \cos^2\varphi]\,d\varphi$$
$$= 2a^2\int_0^{\frac{1}{2}\pi}[1 + 2\cos\varphi]\,d\varphi = 2a^2[\varphi + 2\sin\varphi]_0^{\frac{1}{2}\pi}$$
$$= a^2(\pi + 4).$$

64. Fortsetzung. Wenn die Kurve in der Parameterdarstellung gegeben ist,

$$x = u(t), \qquad y = v(t),$$

dann wird wegen $dx = u'(t)\,dt$ der Flächeninhalt

$$F = \int_{x=x_1}^{x=x_2} y\,dx = \int_{t=t_1}^{t=t_2} v(t) \cdot u'(t)\,dt; \tag{a}$$

natürlich müssen die Grenzen t_1 und t_2 aus x_1 und x_2 bestimmt werden.

Beispiel a) Für den Fall der Ellipse wird

$$x = a\cos\varphi, \quad y = b\sin\varphi, \quad dx = -a\sin\varphi\,d\varphi$$

und somit

$$F = -\int_{\varphi_1}^{\varphi_2} b\sin\varphi \cdot a\sin\varphi\,d\varphi = -ab\int_{\varphi_1}^{\varphi_2}\sin^2\varphi\,d\varphi$$
$$= \frac{ab}{2}\left[\sin\varphi\cos\varphi - \varphi\right]_{\varphi_1}^{\varphi_2}.$$

Will man die von der Ellipse eingeschlossene Fläche ermitteln, dann hat man als Grenzen $\varphi_1 = 0$ und $\varphi_2 = \frac{1}{2}\pi$ zu wählen und erhält den vierten Teil der gesuchten Fläche, so daß

$$F = 4 \cdot \frac{ab}{2}\left[\sin\varphi\cos\varphi - \varphi\right]_0^{\frac{1}{2}\pi} = -ab\pi. \tag{b}$$

Das Minuszeichen entspricht der Tatsache, daß die Fläche von rechts nach links gezählt worden ist.

Beispiel b) Man ermittle die durch die Kurve (Zykloide)

$$x = a(t - \sin t), \qquad y = a(1 - \cos t)$$

und die x-Achse sowie die Ordinaten $x = 0$ und $x = x$ gebildete Fläche. Alsdann speziell die Fläche, die durch den ganzen Kurvenbogen und die x-Achse begrenzt wird. Die Gestalt der Kurve ist durch Abb. 357 gegeben.

$$F = \int_0^x y\,dx = \int_0^t a(1 - \cos t) \cdot a(1 - \cos t)\,dt$$
$$= a^2 \int_0^t (1 - 2\cos t + \cos^2 t)\,dt$$
$$= a^2\left[t - 2\sin t + \tfrac{1}{2}\sin t\cos t + \tfrac{1}{2}t\right]_0^t$$
$$= a^2\left[\tfrac{3}{2}t - 2\sin t + \tfrac{1}{4}\sin 2t\right].$$

Der Abbildung entnimmt man für die ganze Fläche zwischen Kurve und x-Achse die Grenzen $x = 0$ und $x = 2a\pi$, oder $t = 0$ und $t = 2\pi$; dann wird

$$F = a^2[3\pi - 0 + 0] = 3a^2\pi. \tag{c}$$

*Bei der Parameterdarstellung verwendet man oft den Übergang von rechtwinkligen zu Polarkoordinaten. Wenn beispielsweise die Kurve der Abb. 124 in der Parameterdarstellung

$$x = u(t), \qquad y = v(t)$$

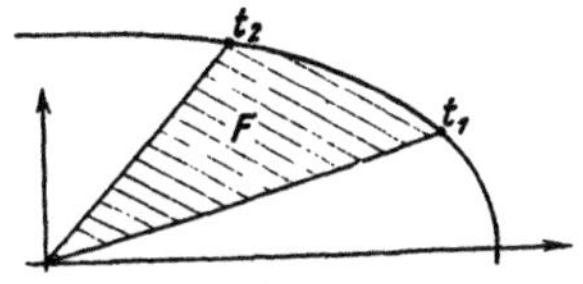

Abb. 124.

gegeben ist, und die Fläche F durch die beiden Radienvektoren mit den Parametern t_1 und t_2 begrenzt wird, geht man von der Formel (63a) für die Fläche aus. Mit

$$\left.\begin{aligned} x &= r\cos\varphi \\ y &= r\sin\varphi \end{aligned}\right\} \quad \text{oder} \quad \left.\begin{aligned} dx &= \cos\varphi\, dr - r\sin\varphi\, d\varphi \\ dy &= \sin\varphi\, dr + r\cos\varphi\, d\varphi \end{aligned}\right\}$$

wird

$$x\,dy - y\,dx = r^2 d\varphi \tag{d}$$

und somit die Sektorfläche

$$F = \frac{1}{2}\int_{\varphi_1}^{\varphi_2} r^2 d\varphi = \frac{1}{2}\int_{t_1}^{t_2}\left(x\frac{dy}{dt} - y\frac{dx}{dt}\right)dt$$

oder wenn man $\quad \dfrac{dx}{dt} = u'(t), \quad \dfrac{dy}{dt} = v'(t)$

setzt,

$$F = \tfrac{1}{2}\int_{t_1}^{t_2}(xv' - yu')\,dt. \tag{e}$$

Beispiel c) Mit Hilfe der eben entwickelten Formel berechnet man den durch zwei Parameter φ_1 und φ_2 begrenzten Ausschnitt der Ellipse, sowie die ganze von ihr umschlossene Fläche.

In der Parameterdarstellung

$$x = a\cos\varphi, \qquad y = b\sin\varphi$$

hat der Parameter φ natürlich nichts zu tun mit dem Bogen φ bei Polarkoordinaten; er ist genau das, was der Parameter t in der vorausstehenden Formel ist. Man erhält sonach

$$u' = \frac{dx}{d\varphi} = -a\sin\varphi, \qquad v' = \frac{dy}{d\varphi} = b\cos\varphi$$

und $\quad F = \tfrac{1}{2}\displaystyle\int_{\varphi_1}^{\varphi_2}(a\cos\varphi \cdot b\cos\varphi - b\sin\varphi \cdot -a\sin\varphi)\,d\varphi$

$$= \tfrac{1}{2}ab\int_{\varphi_1}^{\varphi_2} d\varphi = \tfrac{1}{2}ab(\varphi_2 - \varphi_1).$$

Ein Viertelbogen der Ellipse ist begrenzt durch die Parameter $\varphi_1 = 0$ und $\varphi_2 = \frac{1}{2}\pi$, so daß die ganze Ellipsenfläche

$$4 \cdot \tfrac{1}{2} ab (\tfrac{1}{2}\pi - 0) \quad \text{oder} \quad ab\pi$$

wird.

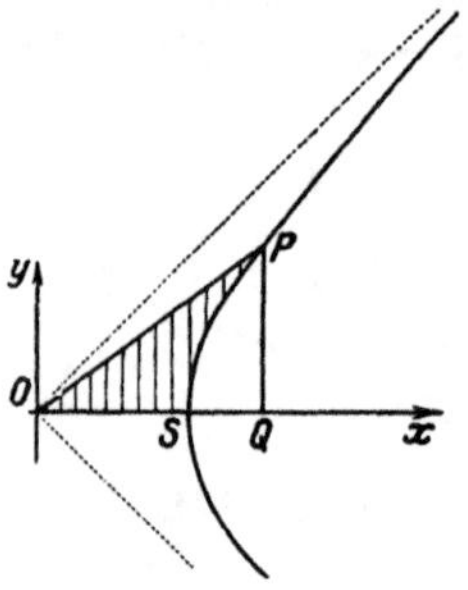

Abb. 125.

Beispiel d) Man ermittle die Fläche $\frac{1}{2}z$ jenes Sektors, in Abb. 125 schraffiert gezeichnet, der durch die gleichseitige Hyperbel $x^2 - y^2 = 1$, die x-Achse und den Radiusvektor OP begrenzt wird. Alsdann stelle man die Koordinaten des Hyperbelpunktes P als Funktionen dieser Sektorfläche dar.

Die Fläche SPQ ist nach (59g)

$$F = \int_0^x y\,dx = \int_0^x \sqrt{x^2 - 1}\,dx = \frac{x}{2}\sqrt{x^2-1} - \tfrac{1}{2}\lg(x + \sqrt{x^2-1})$$

oder

$$F = \tfrac{1}{2}[xy - \lg(x+y)].$$

Dann ist die Sektorfläche die Differenz der Flächen OPQ und SPQ.

$$\tfrac{1}{2}z = \tfrac{1}{2}xy - F = \tfrac{1}{2}\lg(x+y)$$

oder

$$z = \lg(x+y) \quad \text{oder} \quad x + y = e^z. \tag{f}$$

Da $x|y$ ein Hyperbelpunkt, bestehen zwischen den drei Größen x, y, z die Beziehungen

$$x^2 - y^2 = 1 \quad \text{und} \quad x + y = e^z,$$

aus denen man x und y als Funktion von z darstellen kann. Man formt um,

$$(x-y)(x+y) = 1 \quad \text{oder} \quad x - y = e^{-z}$$

oder $$x = \tfrac{1}{2}(e^z + e^{-z}) \quad \text{und} \quad y = \tfrac{1}{2}(e^z - e^{-z})$$

oder nach (39a)

$$x = \operatorname{Cos} z, \qquad y = \operatorname{Sin} z. \tag{g}$$

Damit ist dann die Benennung „Sinus und Kosinus hyperbolicus" teilweise erklärt.

65. Die Parabel als Ersatzkurve. Die Parabel schmiegt sich an gegebene Kurven inniger an als der Berührungskreis [in späteren Teilen wird von der „oskulierenden Parabel" oder „Schmiegungsparabel" noch weiter zu sprechen sein] und findet deshalb bei Konstruktionszeichnungen vielfache Verwendung. Es soll nun eine Kurve, von der man die in Abb. 126 eingezeichneten Größen h, y_r, y_{r+1},

y_{r+2} kennt, durch eine Parabel ersetzt werden, deren Achse parallel der y-Achse ist, und dann die Fläche $P_r P_{r+1} P_{r+2} Q_{r+2} Q_{r+1} Q_r P_r$ ermittelt werden.

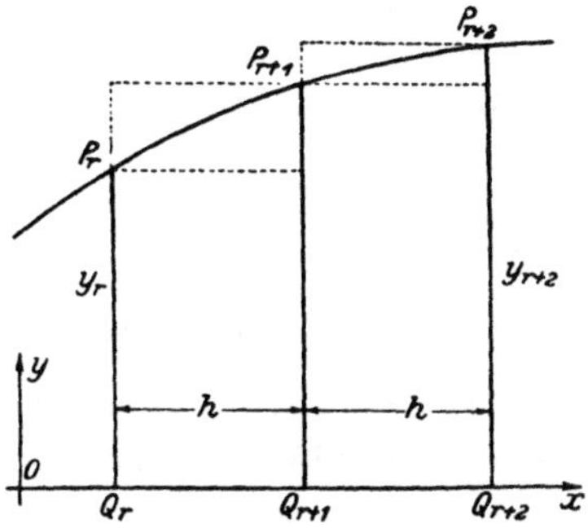

Abb. 126.

Die Parabel hat die Gleichung

$$y = ax^2 + bx + c;$$

die unbekannten Koeffizienten a, b, c bestimmt man aus der Bedingung, daß die Punkte P_r, P_{r+1}, P_{r+2} dieser Gleichung genügen müssen. Macht man den Punkt Q_{r+1} zum Nullpunkt, so sind die Koordinaten der gegebenen Punkte

$$P_r = -h \,|\, y_r \qquad P_{r+1} = 0 \,|\, y_{r+1} \qquad P_{r+2} = h \,|\, y_{r+2},$$

so daß gelten muß

$$y_r = ah^2 - bh + c, \qquad y_{r+1} = c, \qquad y_{r+2} = ah^2 + bh + c,$$

woraus sich

$$2\,ah^2 = y_r - 2\,y_{r+1} + y_{r+2}, \qquad 2\,bh = y_{r+2} - y_r, \qquad c = y_{r+1}$$

ergibt. Die zu ermittelnde Fläche ist

$$F = \int_{-h}^{+h} (ax^2 + bx + c)\,dx$$

$$= \tfrac{1}{6}\left[2\,ax^3 + 3\,bx^2 + 6\,cx\right]_{-h}^{+h} = \tfrac{1}{6}\left[4\,ah^3 + 12\,ch\right]$$

oder

$$F = \frac{h}{3}(y_r + 4\,y_{r+1} + y_{r+2}). \tag{a}$$

Beispiel a)

Die Fläche $Q_1 P_1 P_2 P_3 Q_3 Q_2 Q_1$ der Abb. 127 soll man angenähert angeben. Die Fläche ist begrenzt durch einen Bogen der Sinuskurve; zu den Abszissen $x_1 = 0{,}7$, $x_2 = 1{,}0$, $x_3 = 1{,}3$ hat man die Ordinaten $y_1 = 0{,}64$, $y_2 = 0{,}84$, $y_3 = 0{,}96$ berechnet. In der zeichnerischen Darstellung wähle man 1 dm als Längeneinheit.

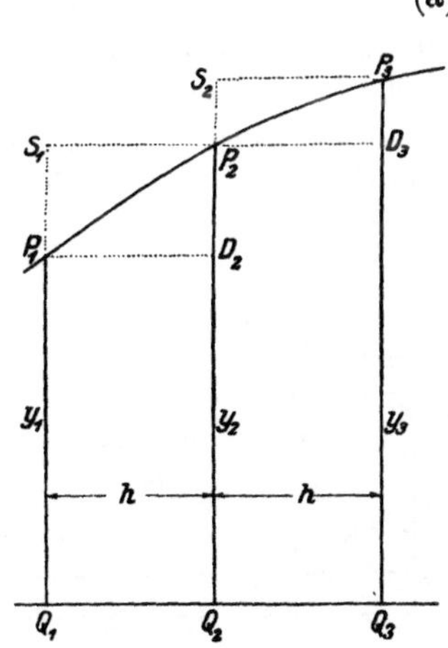

Abb. 127.

Man kann mit erster grober Annäherung die beiden Teilflächen durch die Rechtecke $Q_1 P_1 D_2 Q_2$ und $Q_2 P_2 D_3 Q_3$ ersetzen, oder auch durch die beiden

Rechtecke $Q_1 S_1 P_2 Q_2$ und $Q_2 S_2 P_3 Q_3$. Man wird im ersten Fall einen zu kleinen Wert F_1 finden und im zweiten Fall einen zu großen F_2, nämlich

$$F_1 = 0,3\,(0,64 + 0,84) = 0,444 \text{ Flächeneinheiten,}$$

und im zweiten Fall

$$F_2 = 0,3\,(0,84 + 0,96) = 0,54 \text{ Flächeneinheiten.}$$

Wesentlich genauer wird die Lösung, wenn man beide Teilflächen als Trapeze $Q_1 P_1 P_2 Q_2$ und $Q_2 P_2 P_3 Q_3$ betrachtet, dann wird

$$F_3 = \tfrac{1}{2} \cdot 0,3\,[(0,64 + 0,84) + (0,84 + 0,96)] = 0,492.$$

Noch genauer wird nach (a) die Fläche ermittelt zu

$$F_4 = \tfrac{1}{3} \cdot 0,3\,[(0,64 + 4 \cdot 0,84 + 0,96)] = 0,496.$$

Die Kurve ist ein Teil der Sinuskurve, so daß es möglich ist, den Wert der Fläche so genau anzugeben, als gewünscht wird. Es ist

$$F = \int_{0,7}^{1,3} \sin x\,dx = -[\cos x]_{0,7}^{1,3} = \cos 0,7 - \cos 1,3$$
$$= 0,765 - 0,267 = 0,498.$$

Man beachte die Genauigkeit der gefundenen Werte F_1, F_2, F_3, F_4 gegenüber F. Selbst wenn man die einzelnen Flächen als Trapeze betrachtet, wird die Genauigkeit schon sehr groß, im vorliegenden Fall 0,492 statt 0,498, also rund 1 % Fehler nur.

Diese große Genauigkeit ist freilich durch die geringe Biegung der Kurve bedingt.

66. Näherungsrechnung bei Flächenermittlung. Den Flächeninhalt, den eine Kurve mit der x-Achse einschließt, kann man auch mit Näherungsverfahren ermitteln.

Sei etwa die Fläche der Abb. 128 gesucht, die begrenzt ist durch die Kurve $y = f(x)$, die x-Achse und die beiden Ordinaten bei $x = x_0$ und $x = x_n$. Man teilt den Bereich $x_n - x_0$ in n gleiche Teile, deren jeder also

$$h = \frac{x_n - x_0}{n}.$$

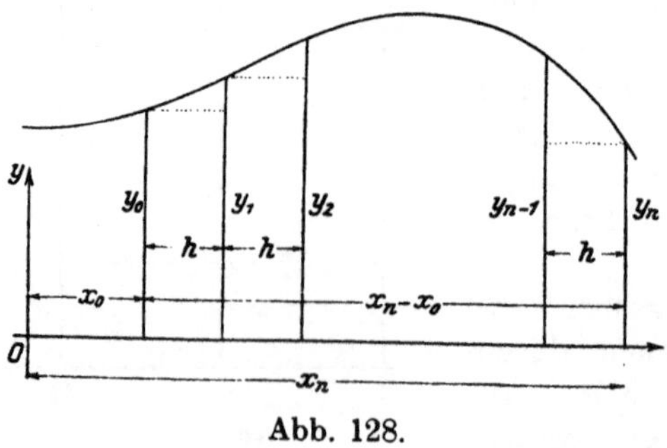

Abb. 128.

Sind die Ordinaten in den einzelnen Endpunkten der Reihe nach mit y_0, y_1, y_2, ..., y_{n-1}, y_n bezeichnet, und betrachtet man jeden der durch diese Ordinaten und die Kurve begrenzten Flächenstreifen als Rechteck, so erhält man, wenn man immer die linke Ordinate als Rechteckseite wählt, als Fläche (Rechtecksformel)

$$F = hy_0 + hy_1 + \dots + hy_{n-1}$$
$$= h(y_0 + y_1 + y_2 + \dots + y_{n-1}),$$

und wenn man stets die rechten Ordinaten bei jedem Einzelstreifen als Rechteckseiten wählt, entsprechend

$$F = h(y_1 + y_2 + \dots + y_{n-1} + y_n).$$

Wäre die Kurve im Bereich $b - a$ stets steigend, so würde die erste Formel einen zu kleinen, die zweite Formel einen zu großen Näherungswert erhalten. Man kann korrigieren, indem man aus beiden Werten das Mittel wählt, so daß also (Trapezformel)

$$F = h(y_0 + 2y_1 + 2y_2 + \dots + 2y_{n-1} + y_n). \qquad \text{(a)}$$

Natürlich hätte man das gleiche Ergebnis auch erhalten, wenn man jeden Streifen als Trapez betrachten würde, so daß also

$$F = \tfrac{1}{2}h(y_0 + y_1) + \tfrac{1}{2}h(y_1 + y_2) + \dots + \tfrac{1}{2}h(y_{n-1} + y_n),$$

daher auch der Name dieser Formel.

Die genaueste Annäherung mit einfachen Mitteln gestattet die Simpsonsche Regel, die entsprechend der vorausgehenden Nummer die einzelnen Kurvenbögen durch Parabelbögen ersetzt. Zu diesem Zweck wird der Bereich $x_n - x_0$ in eine gerade Anzahl, also $2n$ gleiche Teilbereiche eingeteilt, so daß jetzt $h = (x_n - x_0) : 2n$ ein solcher Teilbereich ist. Faßt man dann immer zwei solcher Teilbereiche zusammen, so ist nach (65a)

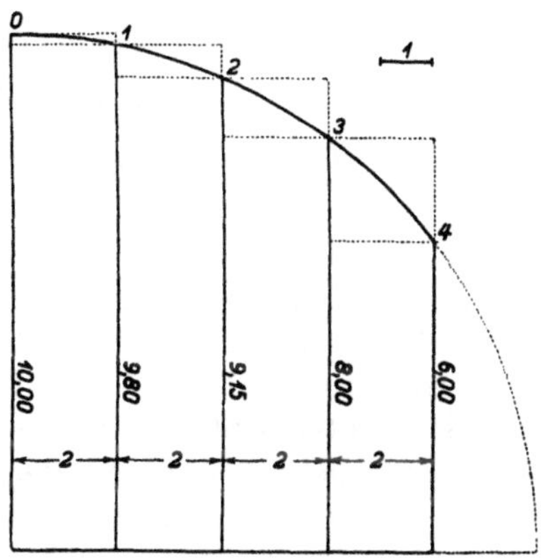

Abb. 129.

$$F = \frac{h}{3}(y_0 + 4y_1 + y_2) + \frac{h}{3}(y_2 + 4y_3 + y_4) + \dots$$
$$\dots + \frac{h}{3}(y_{n-2} + 4y_{n-1} + y_n)$$
$$= \frac{h}{3}(y_0 + 4y_1 + 2y_2 + 4y_3 + 2y_4 + \dots + 4y_{n-1} + y_n) \qquad \text{(b)}$$

Beispiel a) Durch Abb. 129 ist die Teilfläche eines Kreises mit dem Halbmesser 10 cm gegeben. Sie ist begrenzt durch die

Ordinaten bei $x = 0$ und $x = 8$. Man ermittle diese Fläche näherungsweise.

Man wählt $h = 2$ und erhält so vier neue Teilflächen. Ihre Begrenzungsordinaten liest man aus einer Zeichnung mit $r = 10$ cm ab zu

$$y_0 = 10{,}00 \quad y_1 = 9{,}80 \quad y_2 = 9{,}15 \quad y_3 = 8{,}00 \quad y_4 = 6{,}00.$$

Mit diesen Werten liefert die Rechtecksformel

$$F_1 = 2\ (10 + 9{,}8 + 9{,}15 + 8)\ \text{cm}^2 = 73{,}9\ \text{cm}^2$$

bzw. $$F_2 = 2\ (9{,}8 + 9{,}15 + 8 + 6)\ \text{cm}^2 = 65{,}9\ \text{cm}^2.$$

Die Trapezformel liefert

$$F_3 = \tfrac{1}{2}(F_1 + F_2) = 69{,}9\ \text{cm}^2$$

und die Simpsonsche Regel

$$F_4 = \tfrac{1}{3}\cdot 2\,(10 + 4\cdot 9{,}8 + 2\cdot 9{,}15 + 4\cdot 8 + 6)\ \text{cm}^2 = 70{,}33\ \text{cm}^2.$$

Den wahren Wert gibt (59h) mit

$$F = \int_0^8 y\,dx = \int_0^8 \sqrt{100 - x^2}\,dx =$$

$$= \tfrac{1}{2}\left[x\sqrt{100 - x^2} + 100 \arcsin\frac{x}{10}\right]_0^8$$

$$= \tfrac{1}{2}[8\cdot 6 + 100 \arcsin 0{,}8] = \tfrac{1}{2}(48 + 92{,}78)$$

$$= 70{,}39\ \text{cm}^2\ \text{rund}.$$

Die durch die Zeichnung allein erhaltene Genauigkeit ist sonach sehr groß.

Beispiel b) Wenn man beim vorausgehenden Beispiel für die Fläche F nach der Simpsonschen Regel wegen eines Rechenfehlers etwa 69,39 cm² erhalten hätte, warum hätte man diesen Fehler bemerken müssen?

Die untersuchte Kurve hat an jeder Stelle negative Biegung, also muß die Simpsonsche Regel für jede einzelne Teilfläche einen etwas höheren Wert liefern als die Trapezformel, siehe Abbildung.

67. Bogenlänge. Ihre Ermittlung bei Voraussetzung kartesischer Koordinaten geht aus vom Bogenelement

$$\boldsymbol{ds = \sqrt{dx^2 + dy^2}} = dx\sqrt{1 + \left(\frac{dy}{dx}\right)^2} = dx\sqrt{1 + y'^2} \tag{a}$$

und liefert durch Integration

$$s = \int_{x_1}^{x_2} \sqrt{1 + \left(\frac{dy}{dx}\right)^2}\cdot dx, \tag{b}$$

wenn der Bogen durch zwei Punkte mit den Abszissen x_1 und x_2 begrenzt wird.

Bei Polarkoordinaten ist das Bogenelement

$$ds = \sqrt{(dr)^2 + (r\,d\varphi)^2} = d\varphi \sqrt{r^2 + \left(\frac{dr}{d\varphi}\right)^2} = d\varphi \sqrt{r^2 + r'^2}, \qquad \text{(c)}$$

siehe (301), und damit die Bogenlänge s der Kurve

$$s = \int_{\varphi_1}^{\varphi_2} \sqrt{r^2 + \left(\frac{dr}{d\varphi}\right)^2} \cdot d\varphi, \qquad \text{(d)}$$

wenn der Bogen durch zwei Fahrstrahlen mit den Winkeln φ_1 und φ_2 begrenzt wird.

Wenn die Kurve in Parameterform gegeben ist,

$$x = u(t), \quad y = v(t),$$

dann wird $ds = \sqrt{(dx)^2 + (dy)^2} = dt \sqrt{\left(\frac{dx}{dt}\right)^2 + \left(\frac{dy}{dt}\right)^2}$

$$s = \int_{t_1}^{t_2} \sqrt{\left(\frac{dx}{dt}\right)^2 + \left(\frac{dy}{dt}\right)^2} \cdot dt, \qquad \text{(e)}$$

wo den beiden Parametern t_1 und t_2 die begrenzenden Punkte des Bogens s entsprechen.

Beispiel a) Man berechne die Bogenlänge s der semikubischen Parabel $y^2 = 4x^3$.

Aus $y = 2x^{\frac{3}{2}}$ und $y' = 3\sqrt{x}$ ergibt sich nach (56a)

$$s = \int_{x_1}^{x_2} \sqrt{1 + 9x} \cdot dx = \frac{2}{27} \left[(\sqrt{1 + 9x})^3 \right]_{x_1}^{x_2}$$

$$= \frac{2}{27} \left[(1 + 9x_2)^{\frac{3}{2}} - (1 + 9x_1)^{\frac{3}{2}} \right].$$

Läßt man den Bogen im Nullpunkt beginnen, also bei $x_1 = 0$, und an der Stelle $x_2 = x$ aufhören, dann wird

$$s = \frac{2}{27} \left[(1 + 9x)^{\frac{3}{2}} - 1 \right]$$

Beispiel b) Man ermittle von der Kurve $r = 2a(1 + \cos\varphi)$ den Bogen der oberhalb der x-Achse verlaufenden Kurve.

Ihre Gestalt ist aus 28 und 30 schon bekannt; man hat daher eine Kontrolle für die Richtigkeit der Lösung. Es wird $r' = -2a \sin\varphi$ und damit

$$s = 2a \int_0^{\pi} d\varphi \sqrt{2 + 2\cos\varphi} = 2a\sqrt{2} \int_0^{\pi} d\varphi \sqrt{2\cos^2 \frac{\varphi_2}{2}}$$

$$= 4a \int_0^{\pi} \cos\frac{\varphi}{2}\, d\varphi = 8a \left[\sin\frac{\varphi}{2} \right]_0^{\pi} = 8a.$$

Beispiel c) Man stelle eine Näherungsformel für die Bogenlänge auf und zwar an einer Stelle, wo die Kurve sehr flach ist und eine nahezu wagrechte Sehne hat, desgleichen an einer Steilstelle.

In der Technik hat man vielfach mit flachen Kurven zu arbeiten, besonders flach sind beispielsweise die elastischen Linien von Trägern. An einer solchen flachen Stelle hat die Richtung $\operatorname{tg}\tau = y'$ einen kleinen Wert, so daß man meist 1 statt $1 + y'^2$ setzt. Dann würde die Formel (b) werden

$$ds = dx \quad \text{oder} \quad s = x,$$

d. h. wenn die Kurve sehr flach ist, kann man statt des Kurvenbogens s ihre Projektion x nehmen.

Wenn man eine größere Genauigkeit haben will, so setzt man, wie später die Reihenlehre unter 112 zeigt,

$$\sqrt{1 + y'^2} \cong 1 + \tfrac{1}{2} y'^2$$

oder noch genauer $\sqrt{1 + y'^2} \cong 1 + \tfrac{1}{2} y'^2 - \tfrac{1}{8} y'^4$

und erhält $s = \int dx \sqrt{1 + y'^2}$

in erster oder zweiter Annäherung zu

$$s \approx x + \tfrac{1}{2}\int dx\, y'^2 \quad \text{bezw.} \quad s \approx x + \tfrac{1}{2}\int dx\, y'^2 - \tfrac{1}{8}\int dx\, y'^4 \tag{f}$$

Wenn die Kurve steil ist, wird man setzen

$$ds = \sqrt{dx^2 + dy^2} = dy\sqrt{1 + \left(\frac{dx}{dy}\right)^2}.$$

$dx : dy$ ist für steile flache Kurven ein kleiner echter Bruch, sein Quadrat erst recht klein; man wird daher in erster roher Annäherung, die aber für recht viele praktische Fälle zulässig ist, $s = y$ setzen. Eine bessere Annäherung erreicht man, wenn man die Wurzel ausrechnet wie oben angegeben und setzt

$$s \approx y + \frac{1}{2}\int dy \left(\frac{dx}{dy}\right)^2 \quad \text{bzw.} \quad s \approx y + \frac{1}{2}\int dy \left(\frac{dx}{dy}\right)^2 - \frac{1}{8}\int dy \left(\frac{dx}{dy}\right)^4. \tag{g}$$

Beispiel d) Man ermittle die ungefähre Länge eines Parabelbogens, Abb. 130, wenn man die Länge $2a$ der Sehne kennt, sowie den Pfeil f.

Die Parabelgleichung ist $a^2 y = f x^2$; damit wird nach (f) in erster Annäherung

$$\frac{s}{2} = \left[x + \frac{1}{2}\int dx \cdot y'^2\right]_0^a = \left[x + \frac{1}{2}\int dx \cdot \frac{4x^2 f^2}{a^4}\right]_0^a$$

$$= a + \frac{2f^2}{a^4} \cdot \frac{a^3}{3} = a + \frac{2}{3} f \cdot \left(\frac{f}{a}\right)$$

oder

$$s = 2a + \frac{4f^2}{3a} = 2a\left[1 + \frac{2}{3}\left(\frac{f}{a}\right)^2\right]. \tag{h}$$

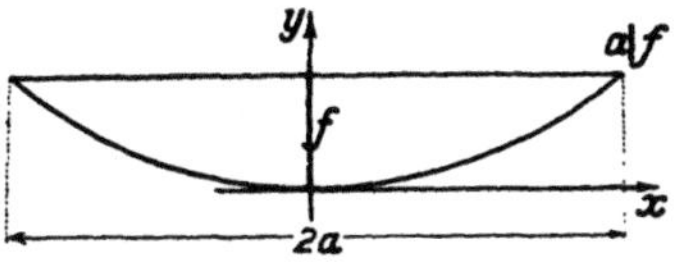

Abb. 130.

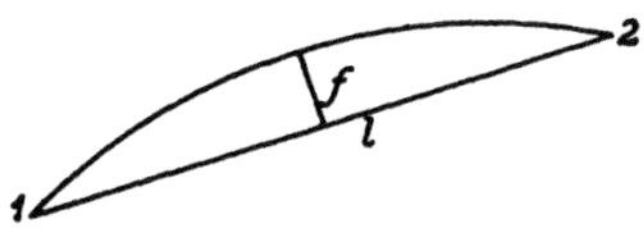

Abb. 131.

Beispiel e) Man gebe eine Näherungsformel an für die Länge eines flachen Bogens $P_1 P_2$, wenn man die Sehnenlänge l kennt, sowie den Abstand des Bogenmittelpunktes M von der Sehne, Abb. 131.

Nach Beisp. d) wird $b = l\left[1 + \frac{8}{3}\left(\frac{f}{l}\right)^2\right]$ wegen $2a = l$.

68. Oberfläche. Dreht sich ein Stück der Kurve $y = f(x)$ um die x-Achse, so erzeugt es eine Drehfläche, die als Integral der Oberflächenelemente dO gefunden wird. Solch ein Oberflächenelement dO entsteht durch Drehung des Bogenelementes ds, bildet also einen Kegelstumpfmantel von unendlich kleiner Höhe. Aufgeschnitten und in einer Ebene abgerollt, stellt sich dO als Stück eines Kreisringes von der Breite ds und der Länge $2y\pi$ dar, Abb. 132, so daß

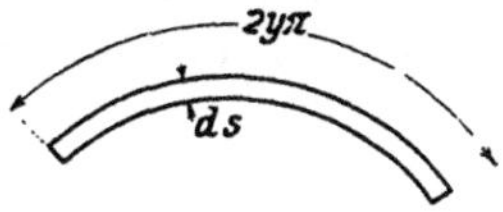

Abb. 132.

$$dO = 2y\pi\, ds \tag{a}$$

und damit

$$O = 2\pi\int y\, ds = 2\pi\int_{x_1}^{x_2} y\, dx \sqrt{1 + \left(\frac{dy}{dx}\right)^2} \quad (x\text{-Achse}). \tag{b}$$

Rotiert die Kurve um die y-Achse, so wird entsprechend

$$dO = 2x\pi\, ds \tag{c}$$

und die gesamte Oberfläche O, die durch den zwischen den Grenzen x_1 und x_2 rotierenden Bogen s entsteht,

$$dO = 2\pi\int x\, ds = 2\pi\int_{x_1}^{x_2} x\, dx \sqrt{1 + \left(\frac{dy}{dx}\right)^2} \quad (y\text{-Achse}). \tag{d}$$

Bei Verwendung von Polarkoordinaten werden die beiden Oberflächenelemente, je nachdem die Kurve um die x- oder y-Achse sich dreht,

$$dO = 2\pi r \sin\varphi\, ds \quad \text{bezw.} \quad dO = 2\pi r \cos\varphi\, ds \tag{e}$$

und die Oberfläche selbst, wenn der gedrehte Bogen durch Fahrstrahlen mit den Winkeln φ_1 und φ_2 begrenzt ist,

$$O = 2\pi \int_{\varphi_1}^{\varphi_2} r \sin\varphi \sqrt{r^2 + \left(\frac{dr}{d\varphi}\right)^2}\, d\varphi \quad (x\text{-Achse}) \tag{f}$$

$$O = 2\pi \int_{\varphi_1}^{\varphi_2} r \cos\varphi \sqrt{r^2 + \left(\frac{dr}{d\varphi}\right)^2}\, d\varphi \quad (y\text{-Achse}) \tag{g}$$

Beispiel a) Welche Oberfläche erzeugt der Bogen der Sinuskurve $y = \sin x$ zwischen $x = 0$ und $x = \pi$, wenn er um die x-Achse rotiert? Die Rechnung ist auf eine Dezimalstelle genau zu führen.

Es wird $$O = 2\pi \int_0^{\pi} \sin x \sqrt{1 + \cos^2 x}\, dx.$$

Die Substitution $\cos x = u$ und damit $-\sin x\, dx = du$

führt die Grenzen $x_1 = 0$ und $x_2 = \pi$ über in $u_1 = +1$ und $u_2 = -1$ und liefert mit Benützung von (59g)

$$\begin{aligned} O &= -2\pi \int_{+1}^{-1} \sqrt{1+u^2}\, du = -\pi\,[u\sqrt{\ } + \lg(u + \sqrt{\ })]_{+1}^{-1} \\ &= -\pi\,[-\sqrt{2} + \lg(-1+\sqrt{2}) - \sqrt{2} - \lg(1+\sqrt{2})] \\ &= \pi\,(2\sqrt{2} - \lg 0{,}1716) = \pi\,(2{,}83 + 1{,}62) \\ &\approx 14 \text{ Flächeneinheiten.} \end{aligned}$$

Beispiel b) Jene Oberfläche ist gesucht, die durch Drehung der Kurve $r = 2a(1+\cos\varphi)$ um den Anfangsstrahl erzeugt wird. Das Integral wird durch die Anwendung der Formel $1 + \cos\varphi = 2\cos^2\frac{\varphi}{2}$ vereinfacht. Man erhält, da $\sqrt{r^2 + r'^2} = 4a\cos\frac{\varphi}{2}$ nach Beisp. 30d,

$$\begin{aligned} O &= 2\pi \int_0^{\pi} 2a(1+\cos\varphi)\sin\varphi\, 4a\cos\frac{\varphi}{2}\, d\varphi. \\ &= 2\pi \int_0^{\pi} 2a \cdot 2\cos^2\frac{\varphi}{2} \cdot 2\sin\frac{\varphi}{2}\cos\frac{\varphi}{2} \cdot 4a\cos\frac{\varphi}{2}\, d\varphi \\ &= 64a^2\pi \int_0^{\pi} \cos^4\frac{\varphi}{2}\sin\frac{\varphi}{2}\, d\varphi. \end{aligned}$$

Die Substitution

$$\cos\frac{\varphi}{2} = u \quad \text{und damit} \quad -\sin\frac{\varphi}{2} \cdot \tfrac{1}{2}\, d\varphi = du$$

führt die Grenzen $\varphi_1 = 0$ und $\varphi_2 = \pi$ über in $u_1 = 1$ und $u_2 = 0$, so daß

$$O = -64a^2\pi\int_1^0 u^4\cdot 2\,du = -128\,a^2\cdot\tfrac{1}{5}\left[u^5\right]_1^0$$
$$= 25{,}6\,a^2\pi.$$

Kontrolle: Man wird die erzeugte Fläche in roher Abschätzung einer Kugel vom Durchmesser $5a$ gleichsetzen; diese Kugel hat die Oberfläche $4\cdot(5a:2)^2\pi = 25a^2\pi$.

69. Rauminhalt. Wenn die Kurve $y = f(x)$ sich um die x-Achse dreht, so erzeugt die durch die Ordinaten x_1 und x_2 begrenzte Fläche F einen Drehkörper, dessen Rauminhalt V als Integral der Raumelemente dV gefunden wird. dV ist als ein unendlich dünner Kreiszylinder von der Höhe dx und dem Radius y zu betrachten, Abb. 116. Es ist

$$\boldsymbol{dV = y^2\pi\,dx} \quad \text{und} \quad V = \pi\int_{x_1}^{x_2} y^2\,dx \quad (x\text{-Achse}). \tag{a}$$

Entsprechend wird bei der Drehung um die y-Achse das Raumelement und der Rauminhalt

$$dV = x^2\pi\,dy \quad \text{bzw.} \quad V = \pi\int_{x_1}^{x_2} x^2\,dy \quad (y\text{-Achse}). \tag{b}$$

Bei Verwendung von Polarkoordinaten erzeugt die Fläche F der Kurve $r = f(\varphi)$, wenn sie zwischen den durch φ_1 und φ_2 gegebenen Fahrstrahlen und der Kurve selbst liegt, bei Drehung um den Anfangsstrahl oder um die x-Achse das Raumelement und den Rauminhalt

$$dV = \tfrac{2}{3}\pi r^3\sin\varphi\,d\varphi \quad \text{und} \quad V = \tfrac{2}{3}\pi\int_{\varphi_1}^{\varphi_2} r^3\sin\varphi\,d\varphi. \tag{c}$$

Wird die Fläche F um die y-Achse gedreht, so ist

$$dV = \tfrac{2}{3}\pi r^3\cos\varphi\,d\varphi \quad \text{und} \quad V = \tfrac{2}{3}\pi\int_{\varphi_1}^{\varphi_2} r^3\cos\varphi\,d\varphi. \tag{d}$$

Hat man das Volumen eines beliebigen Körpers zu ermitteln, so wird es sehr oft möglich sein, den Körper in lauter Scheiben parallel zu einer passend ausgewählten Ebene, die man etwa x-Ebene nennt, so zu zerlegen, daß man die Fläche F dieser Einzelscheiben an der Stelle x als Funktion dieses Argumentes x darstellen kann, Abb. 133. Dann ist mit

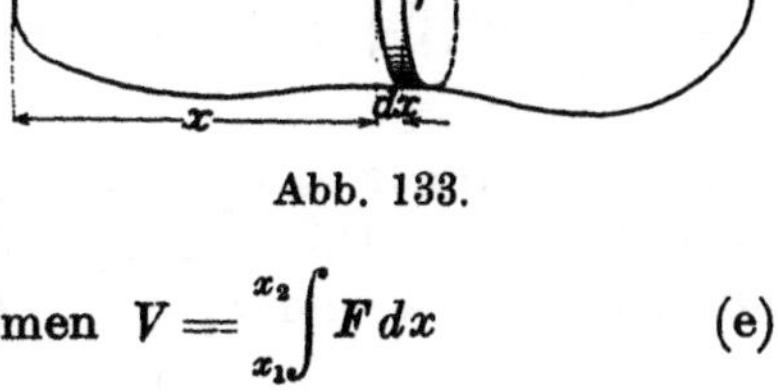

Abb. 133.

$$dV = F\cdot dx \quad \text{das Volumen} \quad V = \int_{x_1}^{x_2} F\,dx \tag{e}$$

als nur von den x-Grenzen abhängig zu ermitteln.

Beispiel a) Gesucht ist der Rauminhalt des Drehkörpers, der durch Drehung des Bogens der Sinuskurve $y = \sin x$ um die x-Achse entsteht, wenn dieser Bogen durch die Ordinaten bei 0 und π begrenzt wird.

Es ist $$V = \pi \int_0^\pi \sin^2 x \, dx = \tfrac{1}{2} \pi \left[x - \sin x \cos x\right]_0^\pi = \tfrac{1}{2} \pi^2.$$

Beispiel b) und c) Man lasse das durch die Sekante $x = a$ begrenzte Stück der Parabel $y^2 = 2px$ einmal um die x-Achse und dann um die y-Achse sich drehen und berechne jedesmal den Rauminhalt des entstehenden Drehkörpers, Abb. 118.

Im ersten Fall wird

$$V_1 = \pi \int_0^a 2px \, dx = \pi p a^2 \quad \text{oder} \quad V_1 = \tfrac{1}{2} a b^2 \pi, \tag{f}$$

wenn man die zur Abszisse a gehörige Ordinate b einführt und $b^2 = 2ap$ berücksichtigt.

Im zweiten Fall wird die Formel (b) mit

$$\frac{1}{2} V_2' = \pi \int_0^a x^2 \, dy = \pi \int_0^a x^2 \cdot \frac{p \, dx}{\sqrt{2px}} = \pi \sqrt{\frac{p}{2}} \left[\frac{2}{5} x^{\frac{5}{2}}\right]_0^a$$

oder

$$V_2' = \tfrac{2}{5} \pi \sqrt{2ap} \cdot a^2 = \tfrac{2}{5} \pi a^2 b$$

jenen doppelkegelförmigen Körper liefern, der gebildet wird, wenn sich die Fläche zwischen y-Achse und Parabel um die y-Achse dreht. Der gesuchte Körper ist dann die Differenz aus dem Zylinder $a^2 \pi \cdot 2b$ und dem gefundenen Körper V_2', also

$$V_2 = 2a^2 b \pi - \tfrac{2}{5} a^2 b \pi = \tfrac{8}{5} a^2 b \pi. \tag{g}$$

Beispiel d) Man berechne den Rauminhalt des Körpers, der durch Drehung der Kurve $r = 2a(1 + \cos\varphi)$ um den Anfangsstrahl entsteht.

Mit Benützung der Formel $1 + \cos\varphi = 2\cos^2 \dfrac{\varphi}{2}$ wird nach (c)

$$V = \frac{2}{3} \pi \int_0^\pi 8a^3 (1 + \cos\varphi)^3 \sin\varphi \, d\varphi = \frac{16}{3} \pi a^3 \int_0^\pi 8 \cos^6 \frac{\varphi}{2} \cdot 2 \sin\frac{\varphi}{2} \cos\frac{\varphi}{2} \, d\varphi.$$

Man substituiert $\cos\tfrac{1}{2}\varphi = u$ oder $-\sin\tfrac{1}{2}\varphi \cdot \tfrac{1}{2} d\varphi = du$ und geht auch von den Grenzen $\varphi_1 = 0$ und $\varphi_2 = \pi$ über zu den neuen Grenzen $u_1 = 1$ und $u_2 = 0$. Dann wird

$$V = -\tfrac{512}{3} a^3 \pi \int_1^0 u^7 \, du = -\tfrac{512}{3} a^3 \pi \left[\tfrac{1}{8} a^8\right]_1^0 = \tfrac{64}{3} a^3 \pi.$$

70. Aufgaben. Bei den nachstehenden Aufgaben darf von allen bereits entwickelten Integralformen Gebrauch gemacht werden.

1) bis 25) Man ermittle

1) $\int \frac{dz}{z-4}$ 2) $\int \frac{2z\,dz}{z^2+4}$ 3) $\int (z-4)^2\,dz$

4) $\int \frac{dz}{z^2+4}$ 5) $\int \frac{dx}{\sqrt{ax+b}}$ 6) $\int \sqrt{ax+b}\,dx$

7) $\int \frac{dx}{\sqrt{a^2-x^2}}$ 8) $\int \frac{x\,dx}{\sqrt{a^2-x^2}}$ 9) $\int \cos 3u\,du$

10) $\int \frac{du}{\cos^2(au+b)}$ 11) $\int \sin^3 u \cos u\,du$ 12) $\int \cos^2(au+b)\,du$

13) $\int e^{y-a}\,dy$ 14) $\int e^{y^2}\,y\,dy$ 15) $\int \frac{a^{\lg y}\,dy}{y}$

16) $\int \frac{\arcsin y\,dy}{\sqrt{1-y^2}}$ 17) $\int \varphi \cdot \lg \varphi\,d\varphi$ 18) $\int \arcsin x\,dx$

19) $\int \lg \varphi\,d\varphi$ 20) $\int \sin(\lg x)\,dx$ 21) $\int \operatorname{tg} x\,(1+\operatorname{tg}^2 x)\,dx$

22) $\int \operatorname{tg} x \cdot \sqrt{1+\operatorname{tg}^2 x}\,dx$ 23) $\int \frac{dx}{\sin x}$ 24) $\int \frac{dx}{\cos x}$

25) $\int (a \sin\varphi + b \operatorname{tg}\varphi) \sin\varphi\,d\varphi$.

26) bis 40) Man berechne die bestimmten Integrale

26) $\int_0^1 \frac{dx}{\sqrt{1-x^2}}$ 27) $\int_0^1 \frac{x\,dx}{\sqrt{1-x^2}}$ 28) $\int_0^{\frac{\pi}{4}} \operatorname{tg} x\,dx$

29) $\int_0^{\frac{\pi}{2}} x \sin x\,dx$ 30) $\int_0^{\frac{\pi}{2}} \sin^2 x\,dx$ 31) $\int_0^{\frac{\pi}{2}} \sin ax\,dx$

32) $\int_0^{\frac{\pi}{2}} \frac{dx}{\sin x}$ 33) $\int_0^{\frac{\pi}{2}} \frac{dx}{1+\cos x}$ 34) $\int_0^{\frac{\pi}{2}} \frac{\sin x\,dx}{1+\cos x}$

35) $\int_0^{\sqrt{a\,b}} \frac{dx}{a+bx^2}$ 36) $\int_0^a \frac{du}{\sqrt{a^2-u^2}}$ 37) $\int_0^{\frac{\pi}{4}} \operatorname{tg}^2\varphi\,d\varphi$

38) $\int_0^{\frac{1}{2}} \frac{dv}{\sqrt{1+v^2}}$ 39) $\int_0^{\sqrt{a:b}} \frac{dx}{\sqrt{a-bx^2}}$ 40) $\int_{-1}^0 \frac{x^2\,dx}{x-1}$.

41) Man beweise, daß auch gilt

$$\int \frac{dx}{x} = \lg(-x) + C'.$$

42) Man ermittle durch Zerlegung in Summanden

$$\int \frac{dx}{\sin x \cos x}.$$

43) Gesucht ist der Inhalt jener Fläche, die begrenzt wird durch die Kurve

$$y = \frac{1}{1 + x^2}$$

und die x-Achse, sowie die Ordinaten bei $x = -a$ und $x = +a$.

44) Man gebe die Länge des Bogens der Parabel $y^2 = 2px$ vom Scheitel bis zum Punkt $P = x \mid y$ an und zwar sowohl als Funktion von x wie auch von y.

45) Man berechne den Umfang der

$$\text{Sternkurve } x^{\frac{2}{3}} + y^{\frac{2}{3}} = a^{\frac{2}{3}}.$$

46) Gesucht ist der Bogen der

$$\text{Zykloide} \begin{cases} x = a(t - \sin t) \\ y = a(1 - \cos t) \end{cases}$$

vom Nullpunkt bis zum Punkt mit dem Parameter t, alsdann der ganze Bogen oberhalb der x-Achse.

47) Gesucht ist die Oberfläche des Drehparaboloides, gemessen vom Scheitel bis zu einer Ebene senkrecht zur Achse.

48) Gesucht ist die Fläche, die von der Kurve $y = x^3 - x$ mit der x-Achse gebildet und durch die Ordinaten bei $x = -1$ und $x = +1$ begrenzt wird. Man bespreche das Ergebnis.

49) Man weiß von einer Spannung τ, daß sie sich über eine Strecke h symmetrisch nach einem parabolischen Gesetz verteilt, Abb. 134. Wie groß ist die mittlere Spannung?

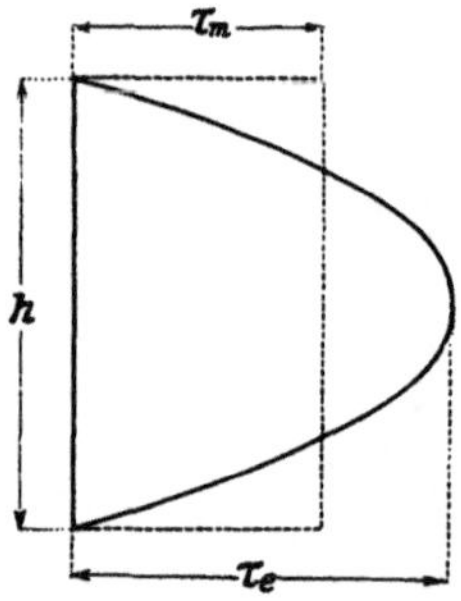

Abb. 134.

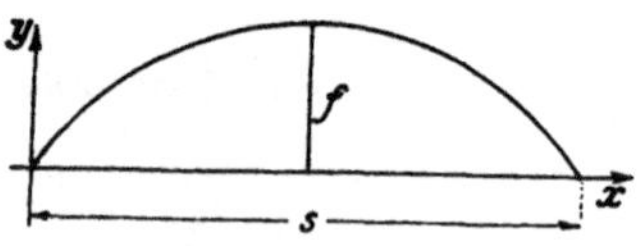

Abb. 135.

50) Man betrachte den Bogen der Abb. 135 einmal als Bogen einer Parabel, dann als solchen einer Sinuskurve und berechne für beide Fälle den durch den Bogen und die Sehne gebildeten Flächeninhalt. Wie groß ist der Unterschied? Gegeben ist die Pfeilhöhe f und die Sehnenlänge s.

51) Die gleiche Aufgabe löse man für die Länge des durch die Sehne s begrenzten Bogens b. Dabei ist der Bogen als sehr flach vorausgesetzt.

52) In einem tiefen Schacht hört man einen Stein nach 10 Sekunden aufschlagen? Wie tief ist der Schacht? Die Schallgeschwindigkeit ist 333 m, der Luftwiderstand ist zu vernachlässigen.

71. Lösungen.

1) $\lg(z-4)+C$ oder $\lg c(z-4)$ nach (55c).

2) $\lg(z^2+4)+C$ oder $\lg c(z^2+4)$ nach (55c).

3) $\frac{1}{3}(z-4)^3+C$ nach (56a).

4) $\frac{1}{2}\operatorname{arc\,tg}\frac{z}{2}$ nach (56c).

5) $\frac{2}{a}\sqrt{ax+b}$ durch die Substitution $ax+b=u^2$.

6) $\frac{2}{3a}\sqrt{ax+b^3}$ durch die Subst. $ax+b=u^2$.

7) $\arcsin\frac{x}{a}+C$ oder $-\arccos\frac{x}{a}+C'$ nach (51q) durch die Subst. $x=au$.

8) $-\sqrt{a^2-x^2}+C$ nach (57) durch die Subst. $a^2-x^2=u^2$.

9) $\frac{1}{3}\sin 3u+C$ nach (56) durch die Subst. $3u=x$.

10) $\frac{1}{a}\operatorname{tg}(au+b)$ nach (56) durch die Subst. $au+b=x$.

11) $\frac{1}{4}\sin^4 u+C$ nach (57) durch die Subst. $\sin u=x$.

12) $\frac{1}{2a}\sin(au+b)\cos(au+b)+\frac{1}{2a}(au+b)+C$ wie im Beisp. 59c durch die Subst. $au+b=x$.

13) $e^{y+a}+C$ nach (56) durch die Subst. $y+a=x$ oder auch wegen $e^{y+a}=e^y\cdot e^a$.

14) $\frac{1}{2}e^{y^2}+C$ nach (57) durch die Subst. $y^2=x$.

15) $a^{\lg y}:\lg a+C$ nach (57) durch die Subst. $\lg y=x$.

16) $\frac{1}{2}(\arcsin y)^2+C$ durch die Subst. $\arcsin y=x$.

17) $\frac{1}{4}\varphi^2(2\lg\varphi-1)+C$ durch teilweise Integration; $u=\lg\varphi$, $dv=\varphi\,d\varphi$.

18) $x\arcsin x+\sqrt{1-x^2}+C$ durch teilweise Integration und nach Aufgabe 8); man setzt

$$u=\arcsin x,\quad dv=dx\quad\text{oder}\quad du=\frac{dx}{\sqrt{1-x^2}},\quad v=x.$$

19) $\varphi(\lg\varphi-1)+C$ durch teilweise Integration; man setzt

$$u=\lg\varphi,\quad dv=d\varphi\quad\text{oder}\quad du=\frac{d\varphi}{\varphi},\quad v=\varphi.$$

20) $\frac{1}{2}x(\sin\lg x-\cos\lg x)+C$ durch teilweise Integration; man setzt

$$u=\sin\lg x,\quad dv=dx\quad\text{oder}\quad du=\cos\lg x\cdot\frac{dx}{x},\quad v=x.$$

Das neue Integral wird auf die gleiche Weise behandelt, indem man setzt

$$u_1=\cos\lg x,\quad v_1=dx\quad\text{oder}\quad du_1=-\sin\lg x\cdot\frac{dx}{x},\quad v_1=x.$$

21) $\int \operatorname{tg} x \cdot \frac{1}{\cos^2 x}\, dx = \int u\, du = \frac{1}{2} u^2 + C = \frac{1}{2} \operatorname{tg}^2 x + C.$

22) $\int \operatorname{tg} x \frac{1}{\cos x}\, dx = \int \frac{\sin x\, dx}{\cos^2 x} = \int \frac{-du}{u^2} = \frac{1}{\cos x} + C.$

23) $\lg \operatorname{tg} \frac{x}{2} + C$ nach (55i) durch die Subst. $x = 2u$.

24) $\lg \operatorname{cotg} \frac{\pi - 2x}{4} + C$ nach (55i) durch die Subst. $x = \frac{1}{2}\pi - 2u$.

25) $$\int \left(a \sin^2 \varphi + \frac{b \sin^2 \varphi}{\cos \varphi}\right) d\varphi = a \int \sin^2 \varphi\, d\varphi + b \int \frac{1 - \cos^2 \varphi}{\cos \varphi}\, d\varphi$$
$$= \frac{a}{2}(-\sin \varphi \cos \varphi + \varphi) + b \lg \operatorname{cotg} \frac{\pi - 2\varphi}{4} - b \sin \varphi + C$$
nach (59d) und Aufgabe 24).

26) $[\arcsin x]_0^1 = \arcsin 1 - \arcsin 0 = \frac{\pi}{2}$ nach (51).

27) $-[\sqrt{1 - x^2}]_0^1 = -[0 - \sqrt{1}] = 1$ nach Aufgabe 8).

28) $-[\lg \cos x]_0^{\frac{\pi}{4}} = -\left[\lg \frac{1}{\sqrt{2}} - \lg 1\right] = \frac{1}{2} \lg 2$ nach (55f).

29) $[-x \cos x + \sin x]_0^{\frac{\pi}{2}} = [-0 + 1 - 0 - 0] = 1$ nach (59c).

30) $\frac{1}{2}[-\sin x \cos x + x]_0^{\frac{\pi}{2}} = \frac{1}{2}\left[0 + \frac{\pi}{2} - 0 - 0\right] = \frac{\pi}{4}$ nach (59d).

31) Mit $ax = u$ wird das Integral
$$\frac{1}{a}\int_0^{\frac{1}{2}a\pi} \sin u\, du = -\frac{1}{a}[\cos u]_0^{\frac{1}{2}a\pi} = \frac{1}{a}[\cos u]_{\frac{1}{2}a\pi}^0 = \frac{1}{a}\left[1 - \cos \frac{a\pi}{2}\right].$$

32) $\left[\lg \operatorname{tg} \frac{x}{2}\right]_0^{\frac{\pi}{2}} = \lg 1 - \lg 0 = -\infty$ nach Aufgabe 23).

33) Mit $x = 2u$ wird das Integral $\int_0^{\frac{\pi}{4}} \frac{du}{\cos^2 u} = [\operatorname{tg} u]_0^{\frac{\pi}{4}} = 1.$

34) $-[\lg(1 + \cos x)]_0^{\frac{\pi}{2}} = -[\lg(1 + \cos \frac{1}{2}\pi) - \lg(1 + \cos 0)] = \lg 2$ nach (55c).

35) $\frac{1}{\sqrt{ab}}\left[\operatorname{arc\,tg}\left(x\sqrt{\frac{b}{a}}\right)\right]_0^{\sqrt{a:b}} = \frac{1}{\sqrt{ab}}[\operatorname{arc\,tg} 1 - \operatorname{arc\,tg} 0] = \frac{\pi}{4\sqrt{ab}}$ nach (56d).

36) $\left[\arcsin\frac{x}{a}\right]_0^a = \arcsin 1 - \arcsin 0 = \frac{\pi}{2}$ nach Aufgabe 7).

37) $[\operatorname{tg}\varphi - \varphi]_0^{\frac{\pi}{4}} = \left[1 - \frac{\pi}{4} - 0 + 0\right] = 1 - \frac{\pi}{4}$ nach Beispiel 60a).

38) $[\lg(v + \sqrt{1+v^2})]_0^{\frac{1}{2}} = \lg(\frac{1}{2} + \sqrt{1+\frac{1}{4}}) - \lg(0 + \sqrt{1+0}) = \lg\frac{1+\sqrt{5}}{2}$ nach (55l).

39) Man formt die Wurzel um zu $\sqrt{a}\sqrt{1 - \left(x\sqrt{\frac{b}{a}}\right)^2}$ und setzt $x\sqrt{b} = u\sqrt{a}$; dann wird das Integral

$$\int\limits_0^1 \frac{du}{\sqrt{b}\sqrt{1-u^2}} = \frac{1}{\sqrt{b}}[\arcsin u]_0^1 = \frac{1}{\sqrt{b}}\left[\frac{\pi}{2} - 0\right] = \frac{\pi}{2\sqrt{b}}.$$

40) $$[\tfrac{1}{2}x^2 + x + \lg(x-1)]_{-1}^0 = [0 + 0 + \lg(-1) - \tfrac{1}{2} + 1 - \lg(-2)]$$
$$= \tfrac{1}{2} + \lg\tfrac{1}{2} \quad \text{nach Beisp. 60d).}$$

41) Man geht aus von (55a) und bedenkt, daß man die Konstante C in jeder beliebigen Form schreiben kann, also auch $C = \lg(-A)$. Dann erhält man

$$\int\frac{dx}{x} = \lg x + C = \lg x + \lg(-A) = \lg(-Ax)$$
$$= \lg(-x) + \lg A$$
$$= \lg(-x) + C'.$$

42) Man benützt die Beziehung $dx = dx(\sin^2 x + \cos^2 x)$ und erhält

$$\int\frac{dx}{\sin x\cos x} = \int\left(\frac{\cos x}{\sin x} + \frac{\sin x}{\cos x}\right)dx$$
$$= \lg\sin x - \lg\cos x + C$$
$$= \lg\operatorname{tg} x + C$$

wie unter (55i).

43) $F = \int\limits_{-a}^{+a}\frac{dx}{1+x^2} = [\operatorname{arctg} x]_{-a}^{+a} = \operatorname{arctg} a - \operatorname{arctg}(-a) = 2\operatorname{arctg} a.$

44) Die Differentiale der beiden Gleichungsseiten sind gleich,

$$y\,dy = p\,dx, \qquad \text{woraus} \qquad y' = \frac{p}{y} \qquad \text{und} \qquad dx = \frac{y\,dy}{p}.$$

Damit wird

$$1 + y'^2 = \frac{y^2 + p^2}{y^2} \qquad \text{oder auch} \qquad 1 + y'^2 = \frac{2x + p}{2x}, \tag{a}$$

und weiterhin

$$ds = dx\sqrt{1 + y'^2} = dx\sqrt{\frac{2x+p}{2x}}$$

oder auch

$$ds = \frac{y\,dy}{p}\sqrt{\frac{y^2+p^2}{y^2}} = \frac{dy\sqrt{y^2+p^2}}{p}.$$

Man kann jeden der beiden Ausdrücke weiter benützen; für den zweiten wird nach (59g)

$$ps = \int_0^y dy\sqrt{y^2+p^2} = \tfrac{1}{2}\left[y\sqrt{\;} + p^2 \lg (y+\sqrt{\;})\right]_0^y$$
$$= \tfrac{1}{2}\left[y\sqrt{y^2+p^2} + p^2 \lg (y+\sqrt{y^2+p^2}) - p^2 \lg p\right]$$

oder

$$s = \frac{1}{2p}\left[y\sqrt{y^2+p^2} + p^2 \lg \frac{y+\sqrt{y^2+p^2}}{p}\right] \tag{b}$$

Wenn man $y = \sqrt{2px}$ substituiert, erhält man

$$s = \tfrac{1}{2}\left[\sqrt{2x(p+2x)} + p \lg \frac{\sqrt{2px}+\sqrt{p^2-2px}}{p}\right]. \tag{c}$$

45) Die Kurve ist nach Abb. 368 symmetrisch zu beiden Achsen, der ganze Umfang sonach das Vierfache des Bogens zwischen der positiven x- und y-Achse. Man nimmt das Differential der Kurvengleichung

$$\frac{2}{3}x^{-\frac{1}{3}}dx + \frac{2}{3}y^{-\frac{1}{3}}dy = 0 \qquad \text{oder} \qquad y' = -\left(\frac{y}{x}\right)^{\frac{1}{3}},$$

und daraus

$$ds = dx\sqrt{1+\left(\frac{y}{x}\right)^{\frac{2}{3}}} = dx\sqrt{\frac{x^{\frac{2}{3}}+y^{\frac{2}{3}}}{x^{\frac{2}{3}}}} = a^{\frac{1}{3}}x^{-\frac{1}{3}}dx.$$

Der ganze Umfang wird

$$s = 4a^{\frac{1}{3}}\int_0^a x^{-\frac{1}{3}}dx = 6a^{\frac{1}{3}}\left[x^{\frac{2}{3}}\right]_0^a = 6a.$$

46) Die Gestalt der Kurve ist durch Abb. 357 gegeben. Mit

$$dx = a(1-\cos t)\,dt \qquad \text{und} \qquad dy = a \sin t$$

wird

$$ds = \sqrt{a^2(1-\cos t)^2 + a^2\sin^2 t}\,dt = a\sqrt{2-2\cos t}\,dt$$
$$= 2a\sin\frac{t}{2}\,dt$$

und

$$s = \int_0^t ds = 2a\int_0^t \sin\frac{t}{2}\,dt = -4a\left[\cos\frac{t}{2}\right]_0^t$$
$$= 4a(1-\cos\tfrac{1}{2}t).$$

Der ganze Bogen, begrenzt durch $t=0$ und $t=2\pi$, ist

$$s_g = 4a(1-\cos\pi) = 8a.$$

47) Die Oberfläche entsteht, wenn sich die Parabel um ihre Achse dreht. Nach Abb. 136 wird die Parabelgleichung

$$y^2 = 2px, \quad \text{woraus} \quad yy' = p \quad \text{und} \quad 1+y'^2 = 1+p:2x$$

hervorgeht. Die Grenzen der Oberfläche sind $x=0$ und $x=x$. Dann ist die Oberfläche nach (68a)

$$O = 2\pi\int_0^x y\,ds = 2\pi\int y\sqrt{1+y'^2}\,dx = 2\pi\int_0^x \sqrt{2px+p^2}\,dx$$

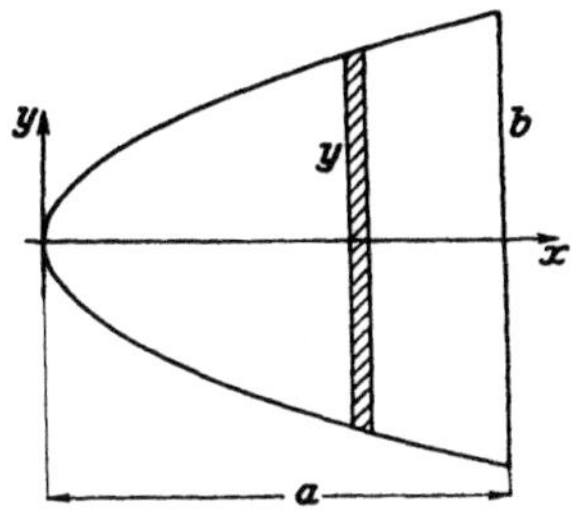

Abb. 136.

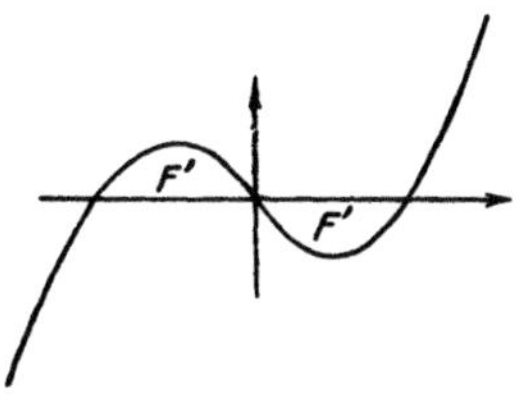

Abb. 137.

oder nach Aufg. 6)

$$O = 2\pi \cdot \frac{2}{3 \cdot 2p}\left[y^3\right]_0^x = \frac{2\pi}{3p}\left[(2px + p^2)^{\frac{3}{2}} - p^3\right]$$

oder

$$O = \tfrac{2}{3}\pi\sqrt{p}\left[(2x+p)^{\frac{3}{2}} - p^{\frac{3}{2}}\right]. \tag{d}$$

Wenn man noch die beiden Zahlen a und b einführt, erhält man wegen $b^2 = 2pa$ für den Körper der Abbildung

$$O = \frac{2\pi b}{3\sqrt{2a}}\left[\left(2a + \frac{b^2}{2a}\right)^{\frac{3}{2}} - \frac{b^3}{(2a)^{\frac{3}{2}}}\right]$$

oder

$$O = \frac{b\pi}{6a^2}\left[(4a^2 + b^2)^{\frac{3}{2}} - b^3\right].$$

48) $$F = \int_{-1}^{+1}(x^3 - x)\,dx = \tfrac{1}{4}\left[x^4 - 2x^2\right]_{-1}^{+1} = 0.$$

Die Fläche setzt sich jedenfalls aus zwei einzelnen Teilen zusammen, deren einer unterhalb der x-Achse liegt, der andere oberhalb, Abb. 137; beide Teile F' haben ohne Berücksichtigung des Vorzeichens gleichen Inhalt. Die Kurve schneidet die x-Achse an den Stellen -1, 0 und $+1$. Dann ist

$$F' = \int_0^1 (x^3 - x)\,dx = \tfrac{1}{4}\left[x^4 - 2x^2\right]_0^1 = -\tfrac{1}{4}.$$

49) Die wirkliche Schaulinie hat nach (62c) die Fläche $\frac{2}{3}h\tau_e$, die gleich sein muß der Fläche der Schaulinie bei Annahme einer durchschnittlichen Verteilung der Spannung, also gleich $h\tau_m$. Man erhält daraus

$$\tau_m = \tfrac{2}{3}\tau_e \quad \text{oder} \quad \tau_e = 1{,}5\,\tau_m.$$

50) Als Parabel betrachtet hat die Kurve die Gleichung

$$y = \frac{4fx}{s}\left(1 - \frac{x}{s}\right); \qquad F = \tfrac{2}{3}fs = 0{,}6667\,fs.$$

Als Sinuskurve angesehen ist ihre Gleichung

$$y = f\sin\frac{\pi x}{s} \quad \text{und} \quad F = -f\frac{s}{\pi}\left[\cos\frac{\pi x}{s}\right]_0^s = \frac{2}{\pi}\cdot fs = 0{,}6368\,fs.$$

Auf letzteren Wert bezogen ist der erstere rund $4\frac{1}{2}\,\%$ größer.

51) Nach (67 f) ist

$$b \approx x + \tfrac{1}{2}\int dx \cdot y'^2 = x + \frac{f^2 \pi^2}{2 s^2}\int \cos^2 \frac{\pi x}{s}\, dx,$$

die Kurve als allgemeine Sinuskurve vorausgesetzt. Mit

$$2 \cos^2 x = 1 + \cos 2x \quad \text{und mit} \quad 2 \pi x = s u$$

wird das Integral

$$\frac{1}{2}\int\left(1 + \cos \frac{2 \pi x}{s}\right) dx = \frac{1}{2}\int (1 + \cos u) \frac{s\, du}{2 \pi} = \frac{s}{4 \pi}(u + \sin u)$$

und damit

$$b \approx \left[x + \frac{f^2 \pi}{8 s}\left(\frac{2 \pi x}{s} + \sin \frac{2 \pi x}{s}\right)\right]_0^s = s\left(1 + \frac{\pi^2}{4}\frac{f^2}{s^2}\right).$$

Setzt man die Kurve als Parabel voraus, dann wird nach (67 h)

$$b = s\left(1 + \frac{8}{3}\frac{f^2}{s^2}\right).$$

Mit $8 : 3 = 2{,}6667$ und $\pi^2 : 4 = 2{,}4674$ wird der Unterschied, auf letzteren Wert bezogen, rund 8 %.

52) Der Stein braucht t_1 Sekunden bis zum Grunde des Schachtes, der Schall t_2 Sekunden vom Grund bis zur Oberfläche. Wenn man die Fallbeschleunigung rund 10 m/sek² setzt, hat man die Gleichungen

$$t_1 + t_2 = 10, \quad s = 0{,}5 \cdot 10\, t_1^2, \quad s = 333\, t_2$$

zur Ermittlung von s. Man vereinfacht, wenn man noch $333 \cdot 3 \approx 1000$ setzt,

$$15\, t_1^2 = 10^3\, t_2 \quad \text{oder} \quad 3\, t_1^2 = 200\,(10 - t_1)$$

oder

$$3\, t_1^2 + 200\, t_1 - 2\,000 = 0.$$

Von den beiden Wurzeln $t_1 = \frac{1}{3}(-100 \pm 100\sqrt{1{,}6})$ ist nur die eine $t_1 = 8{,}83$ sek brauchbar. Dann wird $t_2 = 1{,}17$ sek und $s = 390$ m.

Vierter Abschnitt.

Technische Aufgaben I.

72. Vorbemerkungen zum statischen Moment. Gewichtsdichte γ eines Stoffes ist das Gewicht der Raumeinheit. Wenn also der Raum 1 das Gewicht γ hat, dann ist $V\gamma$ das Gewicht eines Körpers vom Rauminhalt V, vorausgesetzt natürlich, daß γ über den ganzen Körper gleich groß ist. Entsprechend ist $dG = \gamma dV$ das Gewicht des Raumteilchens dV. Statt Gewichtsdichte spricht man vielfach noch vom spezifischen oder bezogenen Gewicht, nämlich auf die Raumeinheit bezogen. Als Raumeinheit wählt man in der technischen Mechanik 1 m^3, als Gewichtseinheit 1 kg. Beispielsweise ist dann $\gamma = 7800$ kg/m^3 die Gewichtsdichte von Eisen, oder 1000 kg/m^3 die Gewichtsdichte von Wasser, oder 1,293 kg/m^3 die Gewichtsdichte von Luft beim Druck von 760 mm *Hg* und bei der Temperatur 0^0.

Massendichte μ (auch bezogene oder spezifische Masse genannt) eines Körpers ist die Masse auf die Raumeinheit, so daß das Raumteilchen dV die Masse μdV hat.

Wenn nicht anders angegeben, gelten in diesem Abschnitt alle Formeln unter der Voraussetzung homogener Körper, bei denen also die Masse M sich gleichmäßig über den ganzen Raum verteilt. μ ist dann über den ganzen Raum konstant, die Gesamtmasse ist $M = \mu V$. Bei den mathematischen Körpern, zu denen auch Linien und Flächen gezählt werden, setzt man $\mu = 1$.

Momente von Massen nennt man in der Mechanik alle Produkte aus Massen und Abständen, also Produkte von der Form

$$mr, \quad mx, \quad mx^2, \quad mxy, \quad mxyz, \quad m(x^2 + y^2) \quad \text{usw.}$$

Je nach der Dimension, in der die Abstände auftreten, unterscheidet man Momente erster, zweiter, ... Ordnung. Die Massenmomente erster Ordnung nennt man auch statische Massenmomente oder auch schlechtweg nur Massenmomente oder noch kürzer einfach Momente.

Beispielsweise hat das Massenteilchen m des Körpers der Abb. 138 das Gewicht mg und dieses für die durch den Schwerpunkt S gehende und senkrecht zur Abbildung stehende Achse, die man sich als Drehachse vorstellen kann, das Moment $mg \cdot r$. Hier ist also mrg das Moment einer Kraft. Der Faktor mr dieses Kraftmomentes ist ein Massenmoment; r ist der Abstand des Massenteilchens m von einer durch den Schwerpunkt gelegten Ebene, die senkrecht zur Ebene der Abbildung und parallel dem Körpergewicht G geht. Man beachte also den Unterschied

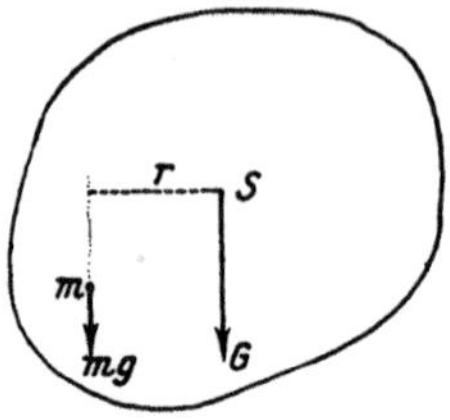

Abb. 138.

> $mg \cdot r$ ist das statische Moment des **Gewichtes** mg des Massenteilchens für die Schwerachse oder für die oben angegebene Ebene, mr ist das statische Massenmoment des **Massenteilchens** m für die nämliche Ebene.

Selbstverständlich sind die Massenmomente verschieden von den Momenten von Kräften, wenn sie auch in Zusammenhang mit ihnen stehen.

Wenn nicht anders angegeben, sind r, x, y, z usw. die Abstände von fest gegebenen oder gewählten Bezugsebenen. Wählt man eine beliebige Ebene r als Bezugsebene, so haben die einzelnen Massenteilchen $m_1, m_2, \ldots m_n$ von ihr die Abstände $r_1, r_2, \ldots r_n$ und damit die Massenmomente $m_1 r_1, m_2 r_2, \ldots m_n r_n$. Das **Massenmoment** D **des Körpers** ist immer als die Summe der Momente seiner einzelnen Teilchen definiert, so daß D oder D_r, wenn man noch die jeweilige Bezugsebene bezeichnen will,

$$\boldsymbol{D_r = \Sigma m r} \quad \text{bzw.} \quad D_r = \int \mu \, dV r, \tag{a}$$

falls die Massenteilchen unendlich klein sind; in letzterem Falle wird die Summe zu einem bestimmten Integral, das sich über den ganzen gegebenen Körper erstreckt. Wenn man mit rechtwinkligen Koordinaten rechnet, werden meist die drei Ebenen des räumlichen Koordinatensystems die Bezugsebenen sein, dann hat das Massensystem für diese drei Ebenen die Momente

$$\boldsymbol{D_x = \Sigma m x, \quad D_y = \Sigma m y, \quad D_z = \Sigma m z;} \tag{b}$$

oder wenn die Massenteilchen unendlich klein sind,

$$D_x = \int x \mu \, dV, \quad D_y = \int y \mu \, dV, \quad D_z = \int z \mu \, dV. \tag{c}$$

Nach I 209 wird der Schwerpunkt eines Körpers gefunden mit Hilfe des Schwerpunktsatzes

$$\boldsymbol{M\varrho = \Sigma m r} \quad \text{oder} \quad M\varrho = D_r \tag{d}$$

wo ϱ der Abstand des Schwerpunktes von der vorgeschriebenen oder gewählten Bezugsebene ist. Mit Verwendung eines räumlichen Koordinatensystems wird diese Formel

$$\boldsymbol{M}\xi = \boldsymbol{D}_x, \qquad \boldsymbol{M}\eta = \boldsymbol{D}_y, \qquad \boldsymbol{M}\zeta = \boldsymbol{D}_z. \tag{e}$$

Jede durch den Schwerpunkt gehende Gerade heißt Schwerlinie, jede durch ihn gehende Ebene eine Schwerebene; von dieser hat naturgemäß der Schwerpunkt den Abstand $\varrho = 0$, so daß

$$\Sigma m r = 0 \tag{f}$$

die Bedingung für eine Schwerebene ist.

Zu beachten ist bei der Ermittlung des Schwerpunktes der ohne weitere Erklärung ersichtliche Satz:

Jede Symmetriegerade des Massensystems ist eine Schwerlinie, jede Symmetrieebene eine Schwerebene. (g)

Beispiel a) Unter welcher Voraussetzung ist der Schwerpunkt oder Massenmittelpunkt gleichzeitig der Punkt mittlerer Abstände?

Bei n gegebenen Punkten ist der Punkt mittleren Abstandes von einer gewählten Ebene bestimmt durch

$$s = \frac{1}{n} \Sigma r.$$

Damit er bei einem beliebig verteilten System von n Massenpunkten zum Massenmittelpunkt wird, muß $s = \varrho$ werden, also

$$n\varrho = \Sigma r \quad \text{oder} \quad n \Sigma m r = M \Sigma r \tag{h}$$

werden. Sicher fallen bei einem homogenen Körper beide Punkte zusammen; denn man kann sich den Körper in n gleiche Teile zerlegt denken,

$$m_1 = m_2 = m_3 = \ldots = m_n = m,$$

so daß $M = n \cdot m$ wird und damit der Schwerpunktsatz

$$M\varrho = \Sigma m r \quad \text{übergeht in} \quad n m \varrho = m \Sigma r \quad \text{oder}$$

$$\varrho = \frac{1}{n} \Sigma r.$$

Beispiel b) Man beweise den Satz:

Der Schwerpunkt liegt stets auf der Mittellinie des Körpers. (i)

Vorausgesetzt sind natürlich symmetrische Körper. Dann läßt sich zu einem Massenteilchen immer ein zweites finden, das mit ihm gleiche Masse und entgegengesetzt gleichen Abstand von der Mittellinie hat. Der Schwerpunkt dieses Paares liegt auf der Mittellinie, also auch der Gesamtschwerpunkt.

Beispiel c) Was sagt die Formel $M\varrho = \Sigma m r$ aus, wenn man eine neue Verteilung der Massenteilchen wählt?

Solange jedes Massenteilchen seinen Abstand r von der Bezugsebene beibehält, bleibt der Ausdruck $\Sigma m r$ erhalten. Da auch M konstant bleibt, ist auch s unabhängig von der angegebenen Verteilung konstant. Man kann also die einzelnen Massenteilchen im Raum beliebig verschieben, ohne daß sich ihr Schwerpunkt ändert, wenn nur ihre Abstände von der Bezugsebene gleichbleiben.

73. Statisches Moment und Schwerpunkt linearer Massensysteme. Hat man homogene linienförmige Körper und gerad- oder krummlinige stabförmige, deren konstante Dicke als unendlich dünn betrachtet werden kann, zu untersuchen, dann wählt man als Raumteilchen den durch zwei unendlich benachbarte Querschnitte begrenzten Körper $dV = F ds$, wo F der über die ganze Stab- oder Linienlänge s konstante Querschnitt ist. Das Bogenelement ds hat sonach die Masse

$$m = \mu F ds \quad \text{oder} \quad m = \mu' \cdot ds; \tag{a}$$

die Gesamtmasse ist

$$M = \mu F s \quad \text{oder} \quad M = \mu' \cdot s, \tag{b}$$

wo μ' die lineare Massendichte, d. h. die Masse auf die Längeneinheit ist. In der Geometrie setzt man gewöhnlich $\mu' = 1$ und deswegen $M = s$.

Das Massenmoment des Bogens für die Bezugsebene r ist nach (72a)

$$D_r = \Sigma m r \quad \text{bzw.} \quad D_r = \int \mu' r ds, \tag{c}$$

falls die Massenteilchen unendlich klein sind. Der Schwerpunkt hat von der Bezugsebene den Abstand ϱ, bestimmt nach (72d) durch

$$M\varrho = D_r. \tag{d}$$

Meist wird man nur ebene Bogen zu untersuchen haben, die Bezugsebenen wählt man dann gewöhnlich senkrecht zur Ebene des Bogens. Dann liegen alle Bogenteilchen in der Bogenebene, hier diejenige der Abb. 139. Man wird dann nicht mehr mit der Bezugsebene arbeiten, sondern mit jener Geraden, die aus ihr von der Bogenebene ausgeschnitten wird, also etwa mit der Geraden rr der Abbildung und von einer Bezugsachse sprechen. Dann gehen die obigen Formeln über in

$$D_x = \int \mu' y ds \quad \text{bzw.} \quad D_y = \int \mu' x ds \tag{e}$$

und

$$\mu' s \cdot \xi = D_y \quad \text{bzw.} \quad \mu' s \cdot \eta = D_x \tag{f}$$

je nachdem man die x- oder y-Achse als Bezugsachse wählt, Abb. 140.

Ist von der Linie, deren Schwerpunkt man sucht, die Gleichung in kartesischen Koordinaten gegeben, so wird

$$D_x = \int_{x_1}^{x_2} \mu' y \sqrt{1 + \left(\frac{dy}{dx}\right)^2}\, dx \quad \text{und} \quad D_y = \int_{x_1}^{x_2} \mu' x \sqrt{1 + \left(\frac{dy}{dx}\right)^2}\, dx, \tag{g}$$

wenn der Bogen durch die Ordinaten bei x_1 und x_2 begrenzt wird.

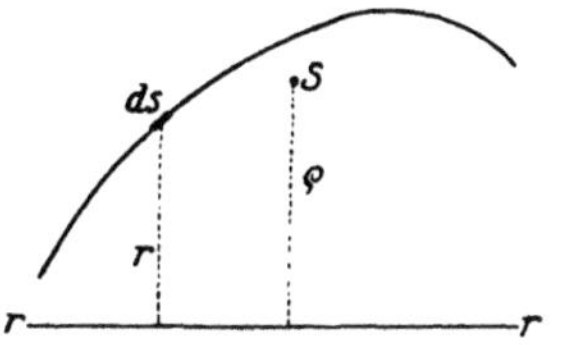

Abb. 139.

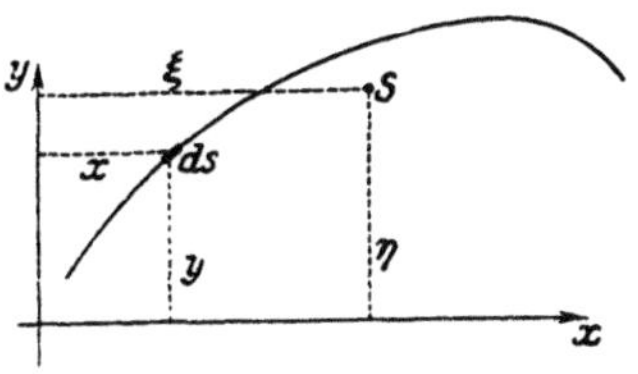

Abb. 140.

Ist die Gleichung in Polarkoordinaten gegeben, so wird

$$D_x = \int_{\varphi_1}^{\varphi_2} \mu' r \sin\varphi \sqrt{r^2 + \left(\frac{dr}{d\varphi}\right)^2}\, d\varphi$$

und

$$D_y = \int_{\varphi_1}^{\varphi_2} \mu' r \cos\varphi \sqrt{r^2 + \left(\frac{dr}{d\varphi}\right)^2}\, d\varphi, \tag{h}$$

wenn φ_1 und φ_2 die Winkel der begrenzenden Fahrstrahlen sind.

Man beachte den Zusammenhang zwischen dem Moment $y\,ds$ eines Bogenelementes und dem Oberflächenelement $dO = y\,ds \cdot 2\pi$ jener Fläche, die durch Drehung dieses Bogens entsteht. Es ist, wenn man $\mu' = 1$ setzt,

$$s\eta = \int y\,ds \quad \text{oder} \quad s \cdot 2\pi\eta = \int dO$$

oder

$$O = s \cdot 2\pi\eta, \tag{i}$$

die Oberfläche, die durch den rotierenden Bogen s entsteht, ist gleich dem Produkt aus der Bogenlänge mal dem Weg des Bogenschwerpunktes. (Erste Guldinsche Regel.)

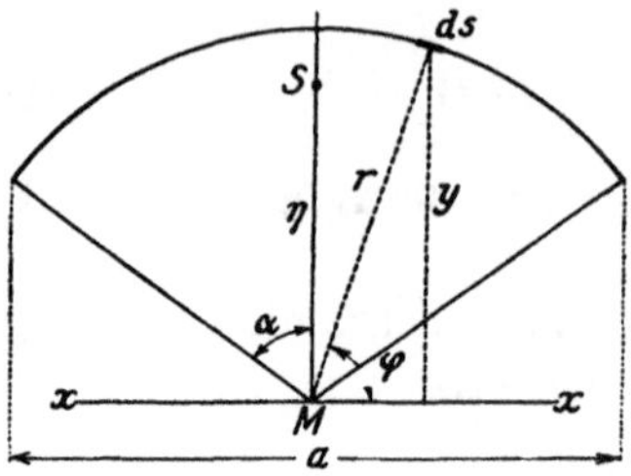

Abb. 141.

Beispiel a) Man gebe von einem Kreisbogen mit dem Mittelpunktswinkel 2α die Lage des Schwerpunktes an, Abb. 141.

Jedenfalls liegt er auf der Symmetriegeraden; der Abstand η von der x-Achse ist gegeben durch (f); man setzt $\mu' = 1$. s ist hier die Länge des Kreisbogens, a die Sehne.

$$\eta = D_x : \mu' s = \int y\,ds : 2r\alpha$$

$$= \int r\,d\varphi\, r \sin\varphi : 2r\alpha = \frac{r}{2\alpha}\left[-\cos\varphi\right]_{1/2\pi-\alpha}^{1/2\pi+\alpha}$$

$$= \frac{r\sin\alpha}{\alpha} = \frac{ar}{s}, \tag{k}$$

da $\qquad 2r\sin\alpha = a \quad$ und $\quad s = 2r\alpha$.

Beim Halbkreisbogen wird $\alpha = \frac{1}{2}\pi$, somit

$$\eta = \frac{2r}{\pi} \approx 0{,}64\,r. \tag{l}$$

Beispiel b) Vom Gesamtumfang des Kreisausschnittes des vorausgehenden Beispiels ist der Schwerpunkt gesucht.

Er liegt auf der Symmetriegeraden; sein Abstand η_1 von der x-Achse ist gegeben durch

$$M\eta_1 = \Sigma my,$$

hier

$$M\eta_1 = m_1 y_1 + m_2 y_2 + m_3 y_3;$$

dabei ist $m_1 = s$ die Masse des Bogens, $m_2 = m_3 = r$ sind die Massen der beiden Seiten, $y_1 = \eta$ ist aus dem vorigen Beispiel bekannt, $y_2 = y_3 = 0{,}5\,r\cos\alpha$ sind die Abstände der Seitenschwerpunkte. Damit wird

$$\eta_1 = \frac{s\eta + 2\cdot r\,0{,}5\,r\cos\alpha}{s + 2r} = \frac{ar + r^2\cos\alpha}{2r\alpha + 2r} = \frac{a + r\cos\alpha}{2(\alpha + 1)}.$$

74. Statisches Moment und Schwerpunkt ebener Massensysteme. Bei homogenen ebenen und solchen scheibenförmigen oder allgemein dünnwandigen Körpern (Hohlkugel, Hohlzylinder usw.), deren konstante Stärke h als unendlich dünn betrachtet werden kann, wählt man als Raumteilchen eine durch das unendlich kleine Flächenelement dF bestimmte Säule $dV = h\,dF$. Auf das Flächenelement dF kommt sonach die Masse

$$m = \mu h\,dF \qquad \text{oder} \qquad m = \mu' dF; \tag{a}$$

die Gesamtmasse ist

$$M = \mu F h \qquad \text{oder} \qquad M = \mu' F, \tag{b}$$

wo μ' die auf die Flächeneinheit bezogene Masse ist. In der Geometrie setzt man gewöhnlich $\mu' = 1$ und deswegen $M = F$.

Wählt man irgendeine Ebene r als Bezugsebene, so hat die Fläche F für sie das Drehmoment

$$D_r = \Sigma m r \qquad \text{bzw.} \qquad D_r = \int \mu' r \, dF, \tag{c}$$

wenn die Massenteilchen m unendlich klein sind. Der Schwerpunkt S hat den Abstand ϱ von der Bezugsebene, bestimmt nach (72d) durch

$$M \varrho = D_r. \tag{d}$$

Meist wird man freilich mit ebenen oder scheibenförmigen Körpern zu tun haben, dann wählt man gewöhnlich die Bezugsebene senkrecht zur Ebene dieses Körpers. Wenn die Ebene der Abb. 142 gleichzeitig jene des untersuchten Körpers ist, dann projiziert sich die Bezugsebene in dieser Ebene zu einer Geraden, die man Bezugsachse nennt. Wie bei der Untersuchung des Bogens wird dann die Formel zur Bestimmung des Schwerpunktes

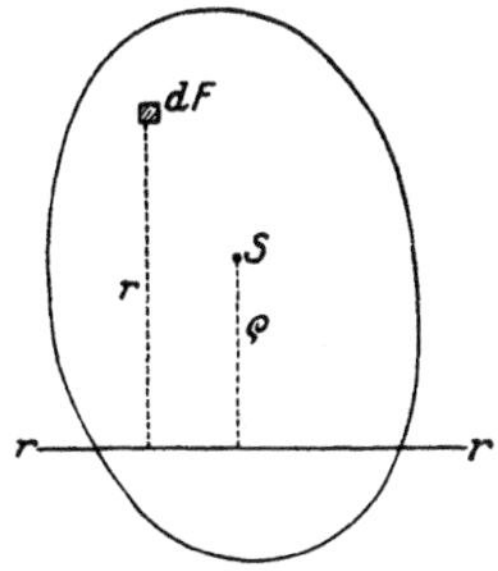

Abb. 142.

$$D_x = \int \mu' dF y \qquad \text{bzw.} \qquad D_y = \int \mu' dF x \tag{e}$$

und

$$\mu' F \cdot \xi = D_y \qquad \text{bzw.} \qquad \mu' F \cdot \eta = D_x, \tag{f}$$

je nachdem man die x- oder y-Achse als Bezugsachse wählt. Man beachte aber wohl, daß in dieser Formel das Element $\mu' dF$ statt eines Massenteilchens gesetzt wurde und r sein Abstand von der Bezugsachse ist; $\mu' dF$ muß also jedenfalls so bemessen sein, daß es einen materiellen Punkt vertreten kann. Andernfalls stellt r nicht mehr den Abstand des Massenteilchens dF vor, sondern seinen mittleren Abstand, d. h. den Abstand seines Schwerpunktes.

Ist die Fläche, deren statisches Moment oder Schwerpunkt gesucht ist, begrenzt durch eine in kartesischen Koordinaten gegebene Kurve und eine Koordinatenachse, so wählt man als Flächenelement einen unendlich dünnen Streifen $dF = y\,dx$; wenn man $\mu' = 1$ setzt, wird das Moment des durch dF bestimmten Massenteilchens für die x- und y-Achse, Abb. 116,

$$dD_x = y\,dx \cdot \tfrac{1}{2} y \qquad \text{und} \qquad dD_y = y\,dx \cdot x,$$

sonach

$$D_x = \tfrac{1}{2}\int_{x_1}^{x_2} y^2 dx \quad \text{und} \quad D_y = \int_{x_1}^{x_2} xy\,dx \tag{g}$$

und

$$F\xi = D_y \quad \text{bzw.} \quad F\eta = D_x, \tag{h}$$

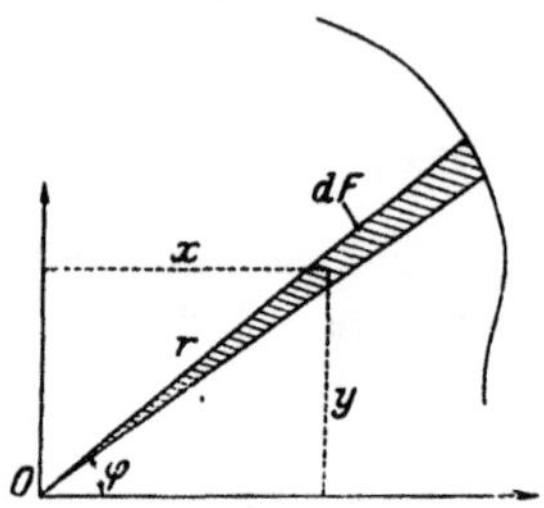

Abb. 143.

wenn die Fläche, deren Moment gesucht ist, durch die beiden Ordinaten bei x_1 und x_2 begrenzt ist.

Ist die Fläche durch eine in **Polarkoordinaten** gegebene Kurvengleichung sowie durch zwei Fahrstrahlen mit den Winkeln φ_1 und φ_2 begrenzt, so wählt man als Flächenteilchen ein durch die Winkel φ und $\varphi + d\varphi$ eingeschlossenes Dreieck $dF = \frac{1}{2} r^2 d\varphi$, dessen Schwerpunkt den Abstand $\frac{2}{3} r$ vom Anfangspunkt hat, Abb. 143. Dann ist

$$dD_x = \tfrac{1}{2} r^2 d\varphi \cdot \tfrac{2}{3} r \sin\varphi \quad \text{und} \quad dD_y = \tfrac{1}{2} r^2 d\varphi \cdot \tfrac{2}{3} r \cos\varphi, \tag{i}$$

so daß die statischen Momente der untersuchten Fläche für die x- und y-Achse

$$D_x = \tfrac{1}{3}\int_{\varphi_1}^{\varphi_2} r^3 \sin\varphi\, d\varphi \quad \text{und} \quad D_y = \tfrac{1}{3}\int_{\varphi_1}^{\varphi_2} r^3 \cos\varphi\, d\varphi \tag{k}$$

sind; der Schwerpunkt ergibt sich wieder aus dem Schwerpunktssatz su

$$F\xi = D_y \quad \text{und} \quad F\eta = D_x. \tag{l}$$

Der **Schwerpunkt einer Rotationsfläche** liegt auf der Symmetrieachse; macht man sie zur x-Achse eines Koordinatensystems, so hat von der zu ihr senkrechten x-Ebene das Oberflächenelement $dO = 2y\pi ds$, d. i. ein Kegelstumpfmantel, den Abstand x; das statische Moment von dO hat den Wert

$$dO = 2y\pi ds \cdot x,$$

somit wird das statische Moment der ganzen Oberfläche, wenn sie durch zwei zur x-Ebene parallele Ebenen in den Abständen x_1 und x_2 begrenzt wird,

$$D = 2\pi\int_{x_1}^{x_2} xy\,ds = 2\pi\int_{x_1}^{x_2} xy\sqrt{1+\left(\frac{dy}{dx}\right)^2}. \tag{m}$$

Der Abstand ξ des Schwerpunktes ist dann bestimmt durch

$$O\xi = D, \tag{n}$$

wenn O die Oberfläche ist.

Zwischen dem Moment $\frac{1}{2}y^2dx$ eines ebenen Flächenelementes $dF = ydx$ und dem Volumenelement $dV = y^2\pi dx$ jenes Drehkörpers, der durch Drehung der Fläche um die x-Achse entsteht, besteht nach (g) und (h) wieder der Zusammenhang

$$F \cdot 2\pi\eta = 2\pi\int \tfrac{1}{2}y^2dx = \int y^2\pi dx = \int dV$$

oder

$$V = F \cdot 2\pi\eta, \tag{o}$$

das Volumen des Körpers, der durch eine rotierende Fläche F entsteht, ist gleich dem Produkt aus dieser Fläche mal dem Weg des Flächenschwerpunktes. (Zweite Guldinsche Regel.)

Beispiel a) Gesucht ist der Schwerpunkt der Fläche des durch Abb. 141 gegebenen Kreisausschnittes.

Er liegt auf der Symmetrieachse im Abschnitt η von der x-Achse; am einfachsten wird die Rechnung, wenn man die Fläche aus unendlich kleinen Teilkreisausschnitten sich zusammengesetzt denkt, deren jeder den Schwerpunkt im Abstand $\frac{2}{3}r$ vom Kreismittelpunkt M hat. Diese unendlich vielen Schwerpunkte bilden einen Kreisbogen vom Radius $\varrho = \frac{2}{3}a$; der gesuchte Schwerpunkt ist somit der Schwerpunkt dieses Kreisbogens, hat also vom Kreismittelpunkt nach (73k) den Abstand

$$\eta = \frac{2r\sin\alpha}{3\alpha} = \frac{2ar}{3s}. \tag{p}$$

Darnach der Schwerpunkt der Halbkreisfläche vom Kreismittelpunkt den Abstand

$$\eta = \frac{4r}{3\pi} \approx 0{,}42\,r. \tag{q}$$

Beispiel b) Gesucht ist das Volumen einer Kugel vom Halbmesser r.

Sie entsteht durch Drehung einer Halbkreisfläche vom Radius r; nach dem zweiten Guldinschen Satz wird sonach wegen (q)

$$V = F \cdot 2\pi\eta = \tfrac{1}{2}r^2\pi \cdot 2\pi \cdot \frac{4r}{3\pi} = \tfrac{4}{3}r^3\pi.$$

Beispiel c) Gesucht ist der Schwerpunkt der Fläche des Parabelabschnittes der Abb. 118.

Er liegt auf der Parabelachse im Abstand ξ vom Scheitel; will man für ξ die Formel (h) anwenden, so sucht man nur den Schwerpunkt der oberen Hälfte des Segmentes durch

$$F\xi = \int_0^a xydx = \int_0^a x\sqrt{2px}\,dx = \tfrac{2}{5}\sqrt{2ap}\cdot a^2;$$

mit $F=\frac{2}{3}ab$ und $b^2=2ap$ wird $\xi=0{,}6\,a$. Den gleichen Abstand hat natürlich auch der Schwerpunkt des ganzen Abschnittes.

Beispiel d) Durch Drehung der Fläche des vorausgehenden Beispiels um die y-Achse entsteht ein Körper, dessen Volumen gesucht ist.

Nach der Guldinschen Regel wird

$$V=F\cdot 2\pi\xi=\tfrac{4}{3}ab\cdot 2\pi\xi=1{,}6\,a^2b\pi, \tag{r}$$

wie auch Beispiel 69c) angibt.

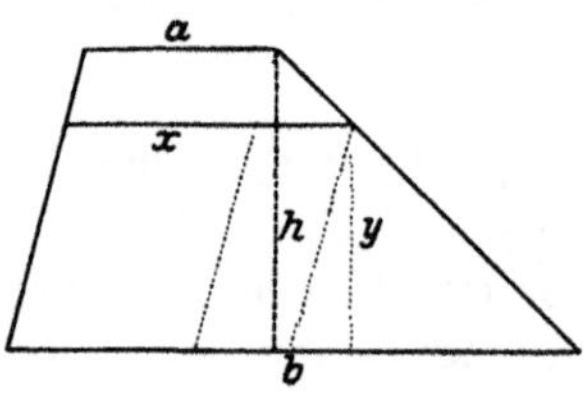

Abb. 144.

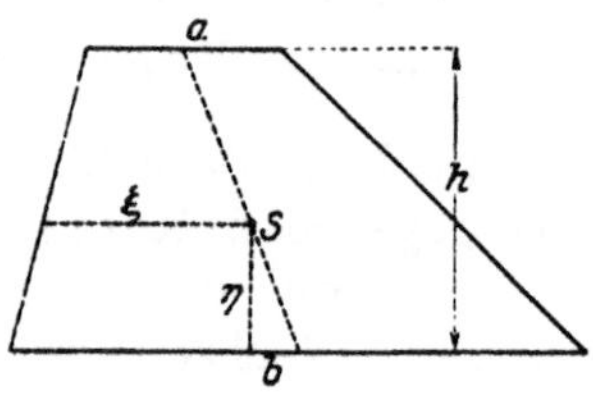

Abb. 145.

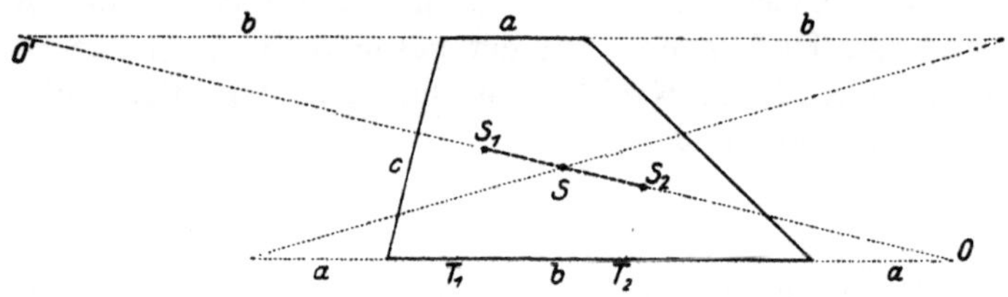

Abb. 146.

75. Fortsetzung. Beispiel a) Gesucht ist der Schwerpunkt einer Trapez-Fläche.

Die Fläche ist nach Abb. 144

$$F=\tfrac{1}{2}(a+b)\,h.$$

Legt man im Abstand y von der Grundlinie eine Sehne parallel zu ihr, so ist deren Länge x bestimmt durch die Ähnlichkeit der beiden Dreiecke, die man nach Abbildung konstruieren kann. Es wird

$$(b-x):(b-a)=y:h$$

oder

$$x=b+\frac{a-b}{h}\,y. \tag{a}$$

Das Flächenelement ist der Streifen

$$dF=x\,dy \quad \text{oder} \quad dF=\left(b+\frac{a-b}{h}\,y\right)dy.$$

mit dem Abstand y von der Grundlinie b, die man als Bezugsachse wählt. Es wird

$$F\eta = \int dF \cdot y = \int_0^h \left(b + \frac{a-b}{h}\,y\right) y\,dy$$

$$= \left[\frac{by^2}{2} + \frac{a-b}{h}\frac{y^3}{3}\right]_0^h = \frac{h^2}{6}(2a+b).$$

Der Schwerpunkt liegt sonach im Abstand

$$\eta = \frac{h}{3}\,\frac{2a+b}{a+b} \tag{b}$$

von der Grundlinie. Da die Schwerpunkte der einzelnen Flächenstreifen dF alle auf der Mittellinie des Trapezes liegen, liegt auch der Schwerpunkt der Gesamtfläche auf dieser Mittellinie und zwar nach (a) im Abstand

$$\xi = \tfrac{1}{2}\left(b + \frac{a-b}{h}\,\eta\right) \quad \text{oder} \quad \xi = \tfrac{1}{3}\,\frac{a^2+ab+b^2}{a+b}. \tag{c}$$

Elementar kann man den Schwerpunkt S des Trapezes dadurch finden, daß man es in ein Parallelogramm und ein Dreieck teilt, und deren Schwerpunkte S_1 und S_2 aufsucht, Abb. 146. Dann muß der Schwerpunkt S auf der Geraden $S_1 S_2$ liegen und von dieser läßt sich nachweisen, daß ihre Schnittpunkte O und O' mit den Parallelseiten in den Abständen a bezw. b von den Trapezecken liegen. Denn es ist

$$S_1 T_1 : S_2 T_2 = \frac{c}{2} : \frac{c}{3} = \frac{h}{2} : \frac{h}{3} = 3:2$$

und ebenso

$$OT_1 : OT_2 = \left[a + b - \frac{a}{2}\right] : \left[a + \tfrac{2}{3}(b-a)\right] = 3:2.$$

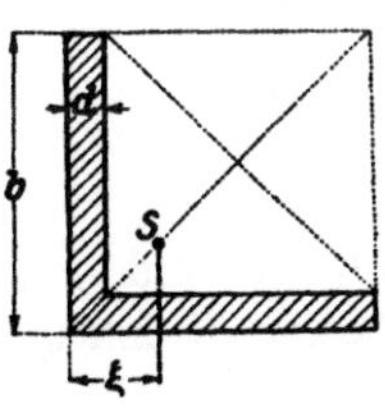

Abb. 147.

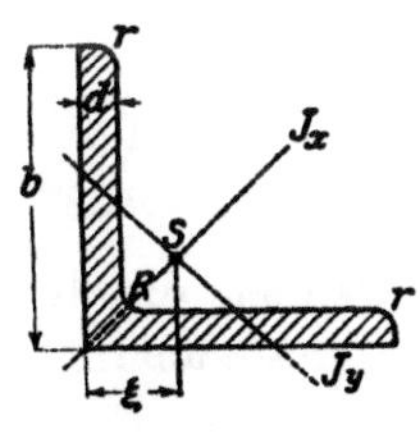

Abb. 148.

Beispiel b) Gesucht ist der Schwerpunkt des durch Abb. 147 bzw. 148 gegebenen **gleichschenkligen Winkeleisens.**

Die Fläche F kann man schreiben

$$F = F_1 + F_2 \quad \text{oder} \quad F = b^2 - (b-d)^2 = d(2b-d).$$

Man hat sich also hier die Fläche F aus einer positiven F_1 und einer negativen F_2 zusammengesetzt gedacht. Der Schwerpunkt S liegt auf der Symmetriegeraden und hat von der lotrechten Bezugsgeraden den Abstand ξ, bestimmt durch

$$F\xi = F_1 x_1 + F_2 x_2 \quad \text{oder} \quad d(2b - d)\xi = b^2 \cdot \tfrac{1}{2} b - (b-d)^2 \cdot \tfrac{1}{2}(b+d)$$

oder
$$\xi = \frac{b^2 + bd - d^2}{2(2b-d)}.$$

Für den Fall $b = 10$, $d = 1{,}2$ würde sich ergeben

$$\xi = \frac{10^2 + 10 \cdot 1{,}2 - 1{,}2^2}{2(2 \cdot 10 - 1{,}2)} = 2{,}94.$$

Die von den deutschen Walzwerken gelieferten Winkeleisen werden alle nach einheitlichen Normen hergestellt (Normalprofile) und durch Zahlen benannt. Die Profilnummer 10 (abgekürzt N.P. 10) bezeichnet ein Winkeleisen, dessen Schenkellänge $b = 10$ cm ist; die Stärke d kann bei diesem Normalprofil zu 1 cm oder 1,2 cm oder 1,4 cm gewählt werden. Für diese Normalprofile sind Tabellen aufgestellt, denen alle sich auf den Querschnitt beziehende Zahlen zu entnehmen sind. Man findet so in diesen Tabellen angegeben $\xi = 29{,}0$ mm. Der kleine Unterschied rührt von der Abrundung des Winkeleisens her.

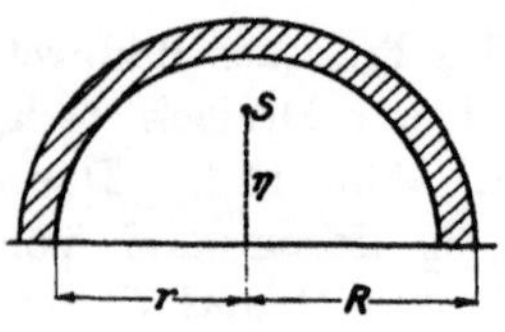

Abb. 149.

Beispiel c) Gesucht ist der Schwerpunkt des halben Kreisringes der Abb. 149.

Man kann die Fläche F als Differenz von zwei Kreisflächen betrachten und nach Beisp. 74a) schreiben

$$\tfrac{1}{2}(R^2\pi - r^2\pi)\,\eta = \tfrac{1}{2} R^2 \pi \cdot \frac{4R}{3\pi} - \tfrac{1}{2} r^2 \pi \cdot \frac{4r}{3\pi}$$

oder
$$\eta = \frac{4(R^3 - r^3)}{3\pi(R^2 - r^2)} = \frac{4(R^2 + Rr + r^2)}{3\pi(R + r)}.$$

Oder man wendet die Guldinsche Regel an und gibt die durch Drehung der untersuchten Fläche entstehende Hohlkugel an mit

$$\tfrac{4}{3}\pi(R^3 - r^3) = \eta\pi \cdot (R^2 - r^2)\pi,$$

woraus sich η genau so ergibt.

76. Statisches Moment und Schwerpunkt räumlicher Massensysteme. Bei eigentlichen Körpern, d. h. solchen von drei Dimensionen, wird man als Massendichte μ die Masse auf die Raumeinheit definieren, demgemäß als Masse des Raumelementes dV erhalten $m = \mu\, dV$. Verteilt sich die Masse M gleichförmig über den Raum V, so ist $M = \mu V$. In der Geometrie setzt man auch bei Körpern $\mu = 1$, so daß also $M = V$. Für irgendeine Bezugsebene r ist dann das Massenmoment des Körpers

$$D_r = \Sigma\, m r \quad \text{bzw.} \quad D_r = \int \mu\, r\, dV, \tag{a}$$

wenn die Massenteilchen unendlich klein sind. Man beachte wieder, daß in diesen Formeln das Raumteilchen dV einen materiellen Punkt ersetzt und r dessen Abstand von der Bezugsebene ist; dV muß also jedenfalls so dimensioniert sein, daß es einen materiellen Punkt vertreten kann, andernfalls stellt r nicht mehr den Abstand des Raumteilchens dV, sondern seinen mittleren Abstand, d. h. den Abstand seines Schwerpunktes vor.

Den Schwerpunkt S selbst ermittelt man nach (72d) wieder durch seinen Abstand ϱ von der Bezugsebene

$$M \varrho = D_r. \tag{b}$$

Meist empfiehlt es sich, ebenso wie bei der Raumberechnung den Körper in parallele unendlich dünne Scheiben zu zerlegen. Wenn ein solches Raumelement $dV = Q dx$ ist, so hat es von der zu ihm parallelen Bezugsebene den Abstand x und deswegen das Moment $\mu Q x dx$. Das Moment des ganzen Körpers ist dann

$$D = \int \mu Q x dx, \tag{c}$$

wo Q eine Funktion des Abstandes x ist.

Wenn eine Kurve, deren Gleichung in kartesischen Koordinaten gegeben ist, um die x-Achse rotiert, so ist das Raumelement des erzeugten Körpers $dV = y^2 \pi\, dx$, somit unter der Voraussetzung $\mu = 1$

$$D = \pi \int_{x_1}^{x_2} y^2 x dx \quad \text{und} \quad V \xi = D; \tag{d}$$

dabei ist der Körper durch zwei parallele Ebenen in den Abständen x_1 und x_2 von der Bezugsebene begrenzt, ξ ist der Abstand des Schwerpunktes von ihr.

Beispiel a) Man ermittle den Schwerpunkt einer Pyramide von der Höhe h und der Grundfläche F.

Die Pyramide hat die Grundfläche F und die Höhe h. Die Bezugsebene wählt man parallel der Grundfläche durch die Spitze, als Raumelement eine unendlich dünne Scheibe im Abstand x von ihr, dann ist

$$dV = Q dx = F \frac{x^2}{h^2} dx \quad \text{und} \quad dD = \frac{F}{h^2} x^3 dx,$$

$$D = \frac{F}{h^2} \int_0^h x^3 dx = \tfrac{1}{4} F h^2 = \tfrac{3}{4} h \cdot \tfrac{1}{3} F h = \tfrac{3}{4} V h.$$

Der Schwerpunkt ergibt sich aus $V\xi = D$ oder

$$V\xi = \tfrac{3}{4} Vh \quad \text{zu} \quad \xi = \tfrac{3}{4} h, \tag{e}$$

d. h. der Schwerpunkt der Pyramide hat den Abstand $\frac{3}{4} h$ von der Spitze. Er liegt ferner auf der Mittellinie der Pyramide.

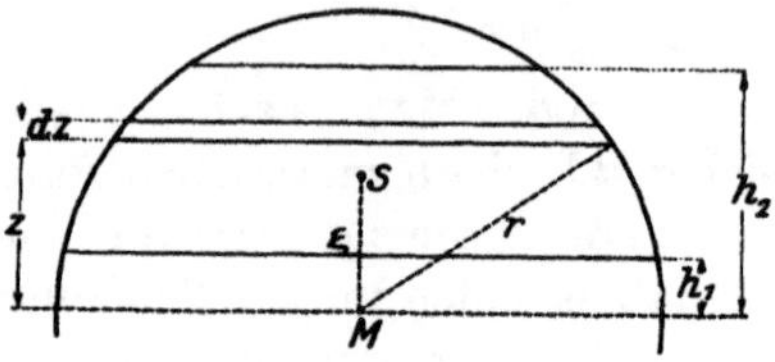

Abb. 150.

Beispiel b) Gesucht ist der Schwerpunkt einer Kugelschicht.

Als Raumelement dV wählt man eine Platte im Abstand z vom Kugelmittelpunkt, Abb. 150. Dann ist der Rauminhalt

$$V = \int dV = \int_{h_1}^{h_2} (r^2 - z^2)\,\pi\, dz = \pi \left[r^2 z - \tfrac{1}{3} z^3\right]_{h_1}^{h_2}$$
$$= \pi r^2 (h_2 - h_1) - \tfrac{1}{3}\pi (h^3_2 - h^3_1).$$

Der Schwerpunktssatz liefert

$$V\zeta = \int dV \cdot z = \int_{h_1}^{h_2} (r^2 - z^2)\,\pi\, dz \cdot z = \pi \left[\frac{r^2 z^2}{2} - \frac{z^4}{4}\right]_{h_1}^{h_2}$$
$$= \tfrac{1}{2}\pi r^2 (h^2_2 - h^2_1) - \tfrac{1}{4}\pi (h^4_2 - h^4_1)$$

oder

$$\zeta = \frac{3}{4} \, \frac{2 r^2 (h^2_2 - h^2_1) - (h^4_2 - h^4_1)}{3 r^2 (h_2 - h_1 - (h^3_2 - h^3_1)}. \tag{f}$$

Für den Fall einer Kugelhaube gilt die gleiche Formel, wenn man setzt

$$h_2 = r \quad \text{und} \quad h_2 - h_1 = h \quad \text{oder} \quad h_1 = r - h.$$

Für die Halbkugel wird $h_2 = r$ und $h_1 = 0$ und deswegen

$$\xi = \tfrac{3}{8} r. \tag{g}$$

Die statischen Momente und Schwerpunkte von beliebigen krummflächigen Massensystemen oder von Körpern, die von beliebigen Flächen begrenzt sind, bringt die Flächentheorie.

77. Vorbemerkungen zum Trägheitsmoment. Von der Massendichte μ gilt das in den vorigen Nummern angegebene. Auch hier werden, wenn nicht anders bemerkt, stets homogene Körper vorausgesetzt, bei denen also die Masse proportional dem Rauminhalt ist. Bei den mathematischen Körpern, zu denen auch begrenzte Linien und Flächen gezählt werden, setzt man $\mu = 1$.

Man beachte, daß das statische Moment eines Massensystems immer von einer gegebenen Bezugsebene ausgeht, wenn nicht anders angegeben, und eine Bezugsachse nur unter der Voraussetzung gewählt werden konnte, daß sie mit dem untersuchten linearen oder ebenen Massensystem in der nämlichen Ebene lag. Es war eben dann der Abstand r des Massenteilchens m von der Bezugsachse auch gleichzeitig der Abstand von der zur gemeinsamen Ebene senkrechten Bezugsebene durch die Bezugsachse. Die Definition des Trägheitsmomentes mr^2 eines materiellen Punktes oder Σmr^2 eines Körpers geht, wenn nicht anders bemerkt, immer von einer gegebenen Bezugsachse (als gedachter oder wirklicher Drehachse) aus, die ganz beliebig liegen kann. Beispielsweise wird man für einen Kreisbogen als Bezugsachse sehr oft die durch den Kreismittelpunkt senkrecht zum Kreisbogen stehende Gerade wählen. Es ist r immer der Abstand des einzelnen Massenteilchens von der Bezugsachse, die einzelnen r_i sind im allgemeinen Fall nicht parallel, sie können auch windschief sein, beispielsweise wenn man das Trägheitsmoment einer Strecke für eine zu ihr windschiefe Gerade sucht. Weiter ist zu beachten, daß r in der Formel mr^2 der Abstand eines materiellen Punktes ist, daß also das Massenteilchen m jedenfalls so dimensioniert sein muß, daß es einen materiellen Punkt vertreten kann. Andernfalls ist r nicht mehr der Abstand des Massenteilchens m, sondern wie aus früheren Betrachtungen (I 102, 179, 180) hervorgeht und in den nächsten Nummern noch einmal besprochen wird, der Trägheitshalbmesser für die Bezugsachse.

Anm. Außer dem gewöhnlichen Trägheitsmoment mr^2 eines materiellen Punktes oder Σmr^2 eines Körpers für eine vorgeschriebene oder willkürlich gewählte feste Bezugsachse gibt es auch noch Trägheitsmomente für einen festen Bezugspunkt, polare Trägheitsmomente, und solche für eine feste Bezugsebene, planare Trägheitsmomente. Wenn nicht anders angegeben, versteht man unter Trägheitsmomenten immer nur solche für eine feste Bezugsachse, axiale Trägheitsmomente. An dieser Stelle sollen nur axiale Trägheitsmomente besprochen werden.

78. Trägheitsmoment linearer Massensysteme. Man setzt die auf die Längeneinheit bezogene Masse μ' genau so fest wie in 73 und gebraucht auch die nämlichen Bezeichnungen. Mit $\mu' = 1$ wird $M = s$, gleich der Bogenlänge. Das Trägheitsmoment eines linearen Gebildes ist

$$J = \Sigma mr^2, \tag{a}$$

wo die Summierung sich über das ganze Gebilde erstreckt. Im Fall das Massenteilchen unendlich klein ist, $m = \mu' ds$, geht die Summe in ein bestimmtes Integral über,

$$J = \int \mu' ds\, r^2. \tag{b}$$

Beispiel a) Man berechne das Trägheitsmoment einer Strecke von der Länge l für eine durch ihren Endpunkt gehende Achse, Abb. 151.

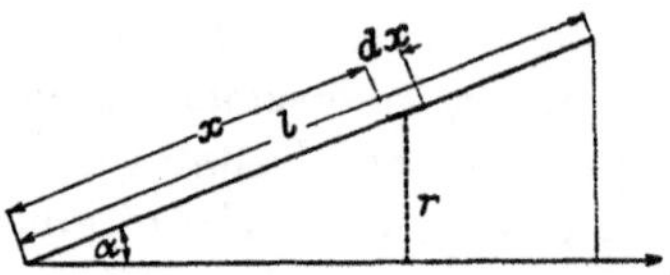

Abb. 151.

Das Linienelement dx mit der Masse $m = \mu\, dx$ hat das Trägheitsmoment

$$dJ = mr^2 = \mu'\, dx\, r^2.$$

Wenn nicht anders bemerkt, ist die Masse über die ganze Strecke gleichförmig verteilt, so daß also $M = \mu' l$. Dann wird

$$J = \int_0^l \mu'\, dx\, r^2 = \mu' \int_0^l x^2 \sin^2 \alpha\, dx$$

oder

$$J = \tfrac{1}{3} \mu' l^3 \sin^2 \alpha = \tfrac{1}{3} M l^2 \sin^2 \alpha. \tag{c}$$

Steht im Sonderfall die Bezugsachse senkrecht zur Strecke, dann ist mit $\alpha = \frac{1}{2}\pi$

$$J = \tfrac{1}{3} M l^2. \tag{d}$$

Beispiel b) Von der letzten Formel macht man Gebrauch, wenn etwa das Trägheitsmoment eines unendlich dünnen rechteckigen Flächenstreifens für eine zu ihm senkrechte Bezugsachse gesucht ist, s. Abb. 152. Der Streifen kann als lineares Gebilde betrachtet werden, man hat dann wegen $M = \mu'\, dF$

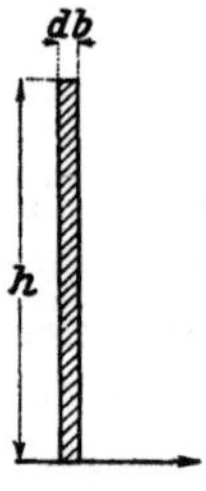

Abb. 152.

$$J = \tfrac{1}{3} \mu'\, dF\, h^2 = \tfrac{1}{3} \mu'\, db\, h^3. \tag{e}$$

Beispiel c) Man berechne das Trägheitsmoment des Bogens einer ebenen Kurve, deren Gleichung in kartesischen oder polaren Koordinaten gegeben ist, für die x- und y-Achse, Abb. 153.

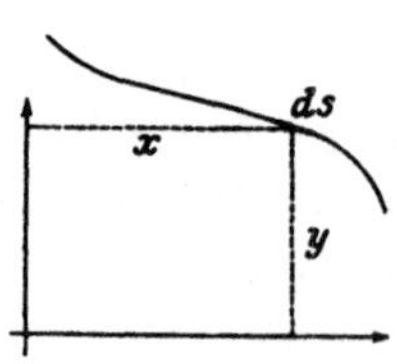

Abb. 153.

Das Massenelement $\mu'\, ds$ hat für beide Achsen die Trägheitsmomente

$$dJ_x = \mu'\, ds \cdot y^2 \quad \text{und} \quad dJ_y = \mu'\, ds \cdot x^2.$$

Die Beziehung $x = r \cos \varphi$, $y = r \sin \varphi$ leitet zu polaren Koordinaten hinüber. Wenn der Bogen durch die beiden Ordinaten bei x_1 und x_2 oder bei Polarkoordinaten durch die beiden Fahrstrahlen mit den Winkeln φ_1 und φ_2 begrenzt wird, ist

$$J_x = \mu' \int_{x_1}^{x_2} y^2 \sqrt{1 + \left(\frac{dy}{dx}\right)^2} dx \quad \text{und} \quad J_y = \mu' \int_{x_1}^{x_2} x^2 \sqrt{1 + \left(\frac{dy}{dx}\right)^2} dx \tag{f}$$

bzw.

$$J_x = \mu' \int_{\varphi_1}^{\varphi_2} r^2 \sin^2\varphi \sqrt{r^2 + \left(\frac{dr}{d\varphi}\right)^2}\, d\varphi$$

und

$$J_y = \mu' \int_{\varphi_1}^{\varphi_2} r^2 \cos^2\varphi \sqrt{r^2 + \left(\frac{dr}{d\varphi}\right)^2}\, d\varphi. \tag{g}$$

Die Gerade der Strecke des Beisp. a) hat als Gleichung $y = x \operatorname{tg} \alpha$, wenn man die Bezugsachse zur x-Achse macht; begrenzt ist sie durch $x_1 = 0$ und $x_2 = l \cos \alpha$, so daß nach der obigen Formel

$$J_x = \mu' \int_0^{l \cos \alpha} x^2 \operatorname{tg}^2 \alpha \sqrt{1 + \operatorname{tg}^2 \alpha}\, dx = \mu' \frac{\sin^2 \alpha}{\cos^3 \alpha} \tfrac{1}{3} \left[x^3\right]_0^{l \cos \alpha}$$
$$= \tfrac{1}{3} \mu' l^3 \sin^2 \alpha = \tfrac{1}{3} M l^2 \sin^2 \alpha .$$

Der Trägheitsradius oder Trägheitshalbmesser eines Massensystems ist bereits in I 102 definiert. Wir wiederholen und erweitern: Reduziert man das ganze Massensystem auf den gleichen Abstand i, d. h. denkt man sich alle Massenteilchen des Systems im gleichen Abstand i von der Bezugs- oder Drehachse angebracht, und gleichzeitig diesen Abstand i so gewählt, daß das ursprüngliche Massensystem und das reduzierte das nämliche Trägheitsmoment J haben, so nennt man diesen Abstand i den Trägheitshalbmesser oder Trägheitsradius des Massensystems für die vorgeschriebene Bezugsachse. Dann ist i bestimmt durch

$$J = \Sigma m i^2 = m_1 i^2 + m_2 i^2 + \ldots + m_n i^2$$

also

$$\boldsymbol{J = M i^2} \quad \text{oder} \quad i^2 = J : M. \tag{h}$$

So hat die Strecke des vorausgehenden Beispiels, wenn sie senkrecht zur Bezugsachse steht, den Trägheitshalbmesser $i = l : \sqrt{3}$.

79. Trägheitsmoment ebener Massensysteme. Die nachfolgenden Überlegungen bauen auf den Nummern 102, 179 und 180 des ersten Bandes auf. Weiter gelten wieder die allgemeinen Bemerkungen wie in 74. Die Bezugsachsen liegen entweder in der Ebene des Massensystems, dann unterscheidet man sie als äquatoriale Dreh- oder Bezugsachsen von den polaren, die zur Ebene des Massensystems senkrecht stehen. Entsprechend unterscheidet man die zugehörigen Trägheitsmomente als äquatoriale und polare Trägheitsmomente.

Beispiel a) Gesucht ist das Trägheitsmoment des unendlich dünnen rechteckigen Streifens der Abb. 154 für eine zum Streifen parallele Bezugsachse.

Alle Massenteilchen $\mu' dF$ des Streifens haben den gleichen Abstand r von der Bezugsachse, somit ist

$$J = \Sigma m r^2 = \Sigma \mu' dF \cdot r^2 = \mu' r^2 \Sigma dF = \mu' F \cdot r^2$$

oder

$$J = M r^2, \tag{a}$$

wo $M = \mu' F$ die Masse des Streifens oder im Fall $\mu' = 1$ dessen Fläche ist.

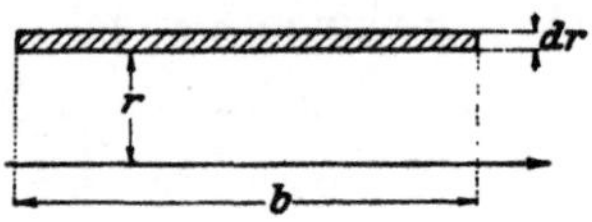

Abb. 154.

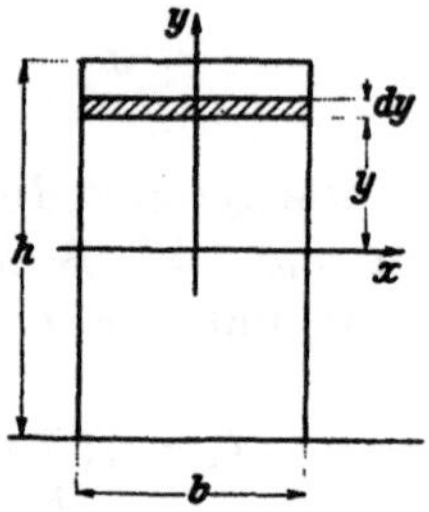

Abb. 155.

Beispiel b) Gesucht ist das Trägheitsmoment des Rechteckes der Abb. 155 für die Symmetrieachsen als Bezugsachsen.

Als Massenelement wählt man einen unendlich dünnen Streifen $b\,dy$, dessen Trägheitsmoment für die x-Achse nach dem vorausgehenden Beispiel $dJ = \mu' b\,dy \cdot y^2$ ist. Das gesuchte Trägheitsmoment ist gleich dem doppelten Trägheitsmoment der oberen Hälfte, also

$$J_x = 2\,\mu' \int_0^{\frac{1}{2}h} b y^2\,dy = \tfrac{1}{12}\mu' b h^3 = \tfrac{1}{12} M h^2. \tag{b}$$

Beispiel c) Durch zwei unendlich benachbarte Fahrstrahlen von der Größe r wird ein unendlich dünnes Dreieck gebildet, s. Abb. 156, dessen Trägheitsmoment für eine durch die Spitze des Dreiecks gehende Bezugsachse gesucht ist.

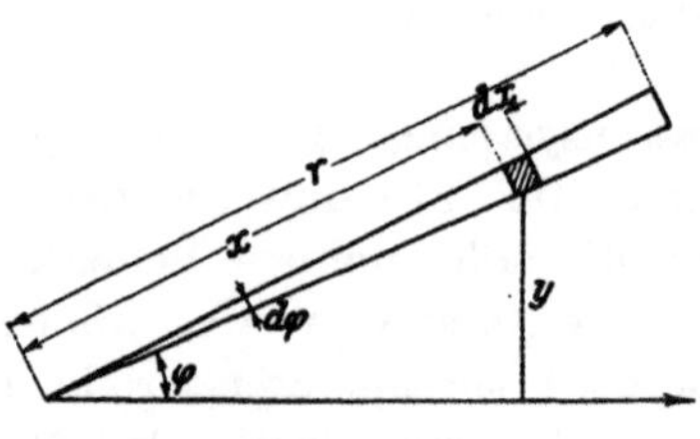

Abb. 156.

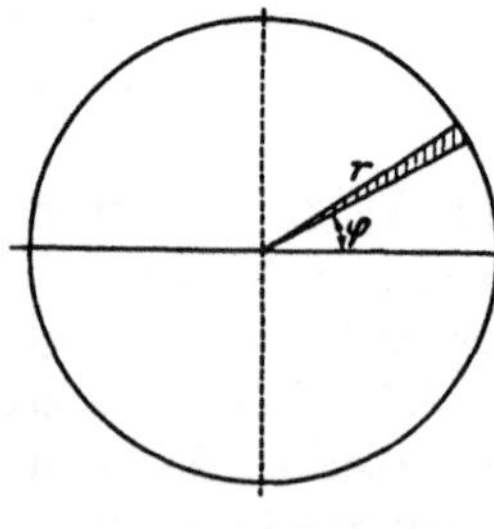

Abb. 157.

Als Massenteilchen wählt man das durch Schraffierung hervorgehobene Rechteck $dF = x\,d\varphi \cdot dx$; sein Abstand von der Bezugsachse ist $y = x \sin\varphi$. Dann ist mit $\mu' = 1$

$$dJ = \int_0^r x\,d\varphi\,dx \cdot x^2 \sin^2\varphi = \sin^2\varphi\,d\varphi \int_0^r x^3\,dx$$

oder

$$dJ = \tfrac{1}{4} r^4 \sin^2\varphi\, d\varphi = M \cdot \tfrac{1}{2}(r\sin\varphi)^2, \tag{c}$$

wo $M = \frac{1}{2} r^2 d\varphi$ der unendlich kleine Flächeninhalt des Dreiecks ist.

Beispiel d) Man wende die eben gefundene Formel auf die Berechnung des Trägheitsmomentes einer kreisförmigen Scheibe für einen Durchmesser als Bezugsachse an, Abb. 157.

Das durch zwei unendlich benachbarte Halbmesser begrenzte Dreieck hat das Trägheitsmoment

$$dJ = \tfrac{1}{2} m r^2 \sin^2\varphi = \tfrac{1}{2}\cdot\tfrac{1}{2} r^2 d\varphi \cdot r^2 \sin^2\varphi,$$

so daß das Trägheitsmoment $\frac{1}{4}J$ einer Viertelscheibe

$$\tfrac{1}{4}J = \tfrac{1}{4} r^4 \int_0^{\frac{\pi}{2}} \sin^2\varphi\, d\varphi = \tfrac{1}{8} r^4 \left[-\sin\varphi\cos\varphi + \varphi\right]_0^{\frac{\pi}{2}}$$

$$= \tfrac{1}{8} r^4 \cdot \frac{\pi}{2} = \tfrac{1}{16} M r^2$$

wird, wenn M die Masse der ganzen Scheibe. Damit ist

$$J = \tfrac{1}{4} M r^2. \tag{d}$$

Beispiel e) Man ermittle das Trägheitsmoment einer durch eine Kurve begrenzten ebenen Fläche für die x- und y-Achse, wenn die Kurvengleichung in rechtwinkligen und polaren Koordinaten gegeben ist?

Als Massenteilchen wählt man bei rechtwinkligen Koordinaten einen Streifen $dF = y\,dx$, setzt also $\mu' = 1$; dessen Trägheitsmoment ist nach (78e)

$$dJ_x = \tfrac{1}{3} dx\, y^3, \quad \text{während} \quad dJ_y = y\,dx \cdot x^2$$

aus (a) hervorgeht. Damit wird

$$J_x = \tfrac{1}{3}\int_{x_1}^{x_2} y^3 dx \quad \text{und} \quad J_y = \int_{x_1}^{x_2} x^2 y\, dx. \tag{e}$$

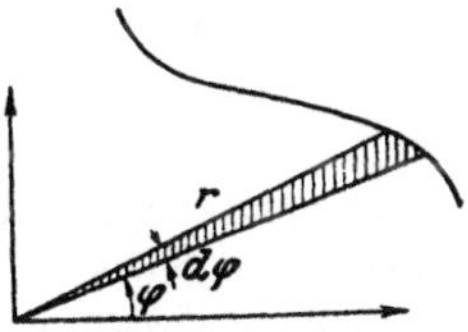

Abb. 158.

Bei polaren Koordinaten geht man von (c) aus und wählt als Massenteilchen ein durch zwei unendlich benachbarte Fahrstrahlen begrenztes Dreieck, Abb. 158. Es wird

$$J_x = \tfrac{1}{4}\int_{\varphi_1}^{\varphi_2} r^4 \sin^2\varphi\, d\varphi$$

und

$$J_y = \tfrac{1}{4}\int_{\varphi_1}^{\varphi_2} r^4 \cos^2\varphi\, d\varphi \tag{f}$$

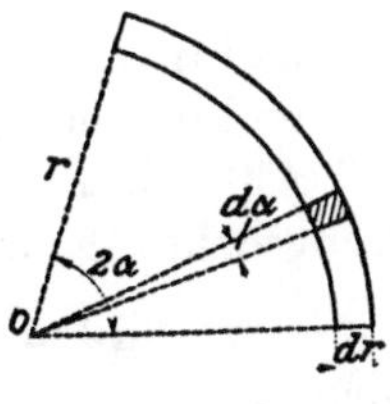

Abb. 159.

Beispiel f) Gesucht ist das Trägheitsmoment des unendlich dünnen Kreisringstückes der Abb. 159, für eine im Kreismittelpunkt O senkrecht zur Abbildung stehende Achse.

Alle Massenteilchen $\mu' dF$ haben den gleichen Abstand r von der Achse, somit gilt wie beim Beispiel a)

$$dJ = \Sigma m r^2 = \Sigma \mu' dF\, r^2 = M r^2 \qquad \text{(g)}$$

wo $M = \mu' \cdot 2 r \alpha dr$ die unendlich kleine Masse des Kreisringstückes oder für $\mu' = 1$ die Fläche selbst ist.

Beispiel g) Gesucht ist das Trägheitsmoment einer unendlich dünnen Kreisscheibe für eine im Kreismittelpunkt zur Scheibe senkrechte Achse, Abb. 157.

Nach (g) gilt für einen unendlich dünnen Kreisring

$$dJ = m x^2,$$

wo $m = \mu \cdot 2 x \pi dx$ die unendlich kleine Masse des Kreisringes mit dem Halbmesser x ist. Damit wird das gesuchte Trägheitsmoment der ganzen Scheibe

$$J = \int_0^r \mu 2 x \pi dx \cdot x^2 = \tfrac{1}{2} \mu \pi r^4$$

oder

$$J = \tfrac{1}{2} M r^2, \qquad \text{(h)}$$

wo $M = \mu r^2 \pi$ die Masse der Scheibe oder für $\mu = 1$ die Fläche der Scheibe ist.

80. Trägheitsmomente räumlicher Massensysteme. Wenn man als Massenteilchen $m = \mu dV$ und sonach als dessen Trägheitsmoment $dJ = \mu dV \cdot r^2$ setzt, dann ist r der Abstand des als materieller Punkt gedachten Raumteilchens dV; es muß also dV jedenfalls so dimensioniert sein, daß es einen materiellen Punkt vorstellen kann; wählt man aber beispielsweise als Raumteilchen eine Scheibe, wie es meist geschieht, dann ist r nicht wie bei der Ermittlung des statischen Momentes sein mittlerer Abstand, d. h. der Abstand seines Schwerpunktes von der Bezugsachse, sondern sein Trägheitshalbmesser i. Weiter ist noch zu beachten, daß es bei räumlichen Massensystemen keine polaren Trägheitsmomente gibt.

Beispiel a) Gesucht ist das Trägheitsmoment eines unendlich dünnen kreisförmigen Hohlzylinders vom Halbmesser r und der Höhe h.

Alle Massenteilchen μdV haben gleichen Abstand r von der Bezugsachse, somit ist

$$dJ = \Sigma m r^2 = \Sigma \mu dV \cdot r^2 = \mu r^2 \Sigma dV = \mu V \cdot r^2$$

oder

$$dJ = M r^2,$$

wo $M = \mu\, 2 r \pi\, d r h$ die unendlich kleine Masse oder für $\mu = 1$ der unendlich kleine Rauminhalt des Hohlzylinders ist.

Beispiel b) Gesucht ist das Trägheitsmoment eines Kreiszylinders vom Halbmesser r und der Höhe h für die Symmetrieachse.

Man zerlegt den Zylinder in unendlich dünne Scheiben senkrecht zur Achse. Jede einzelne Scheibe hat nach (79 h) das Trägheitsmoment $dJ = \frac{1}{2} m r^2$, wo m die Masse einer solchen Scheibe, somit ist

$$J = \tfrac{1}{2} \int m r^2 = \tfrac{1}{2} r^2 \int m$$

oder

$$\boldsymbol{J = \tfrac{1}{2} M r}, \tag{a}$$

wenn $M = \mu r^2 \pi h$ die Masse oder im Fall $\mu = 1$ der Rauminhalt des Zylinders ist. Man hätte natürlich J auch als Summe der Trägheitsmomente von unendlich dünnen Hohlzylindern finden können, ausgehend vom vorigen Beispiel.

Beispiel c) Gesucht ist das Trägheitsmoment eines Hohlzylinders mit r_1 als äußerem und r_2 als innerem Halbmesser.

$$\begin{aligned} J &= J_1 - J_2 = \tfrac{1}{2} M_1 r^2_1 - \tfrac{1}{2} M_2 r^2_2 \\ &= \tfrac{1}{2} \mu \pi h (r^4_1 - r^4_2) = \tfrac{1}{2} \mu \pi h (r^2_1 - r^2_2)(r^2_1 + r^2_2) \end{aligned}$$

oder

$$J = \tfrac{1}{2} M (r^2_1 + r^2_2), \tag{b}$$

wo

$$M = \mu \pi h (r_1^2 - r_2^2)$$

die Masse des Hohlzylinders ist.

Beispiel d) Man stelle eine allgemeine Formel für das Trägheitsmoment eines Drehkörpers für die Drehachse auf.

Man macht die Achse zur x-Achse und zerlegt den Körper in unendlich dünne Scheiben senkrecht zu ihr. Jede solche Scheibe hat nach (79 h) das Trägheitsmoment $dJ = \frac{1}{2} m y^2 = \mu \frac{1}{2} y^4 \pi\, dx$. Für den ganzen Körper wird

$$J = \frac{\mu \pi}{2} \int y^4 dx. \tag{c}$$

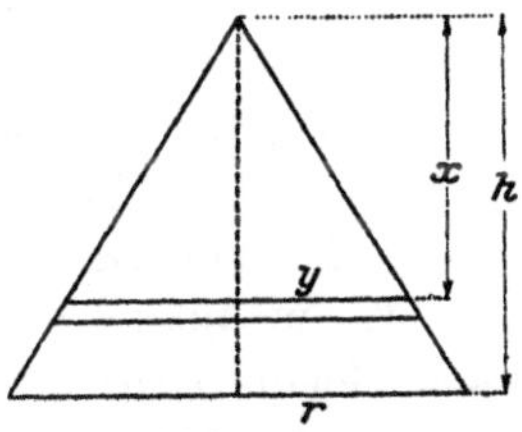

Abb. 160.

Für einen Kreiskegel vom Radius r und der Höhe h wird nach Abb. 160 beispielsweise $y : r = x : h$, also

$$J = \frac{\mu \pi}{2} \int_0^h \frac{r^4 x^4}{h^4} dx \quad \text{oder} \quad J = \frac{\mu \pi r^4 h}{10} = \mu \cdot \tfrac{1}{3} r^2 \pi h \cdot \tfrac{3}{10} r^2$$

oder

$$J = 0{,}3\, M r^2, \tag{d}$$

wo $M = \mu \cdot \frac{1}{3} r^2 \pi h$ die Masse oder für $\mu = 1$ der Rauminhalt des Kegels ist.

81. Fortsetzung. Die Sätze und Formeln der Nummern 102, 179 und 180 des ersten Bandes über Trägheitsmomente sollen hier noch einmal für den Gebrauch zusammengestellt werden.

$$i > \varrho, \tag{a}$$

der Trägheitshalbmesser i eines Massensystems für irgendeine Bezugsachse ist stets größer als der Abstand ϱ des Schwerpunktes dieses Systems von der Achse, wenn die einzelnen Massenpunkte verschiedenen Abstand von der Bezugsachse haben.

$$J = J_s + Ma^2, \tag{b}$$

das Trägheitsmoment eines Massensystems M für irgendeine Bezugsachse ist immer um Ma^2 größer als das Trägheitsmoment für die parallele Schwerachse, wenn a der Abstand der beiden Achsen ist.

Der Satz gilt ebenso für polare wie für äquatoriale Trägheitsmomente. Man kann ihm noch die Form geben:

Unter allen parallelen Achsen tritt für die Schwerachsen das kleinste Trägheitsmoment auf.

$$J'_p = J_x + J_y, \tag{c}$$

das polare Trägheitsmoment einer Scheibe ist gleich der Summe der Trägheitsmomente für ein äquatoriales Achsenkreuz durch den nämlichen Scheibenpunkt.

Beispiel a) Man gebe von der rechteckigen Scheibe der Abb. 161 die Trägheitsmomente für die eingezeichneten Achsen, sowie die polaren Trägheitsmomente für die Punkte S und O an.

Wenn man die Masse der Scheibe mit M bezeichnet, so ist nach Beisp. 79b)

$$J_x = \tfrac{1}{12} b h^3 = \tfrac{1}{12} M h^2 \quad \text{und} \quad J = \tfrac{1}{12} h b^3 = \tfrac{1}{12} M b^2.$$

Nach (b) wird $\quad J_\xi = J_x + M \cdot \dfrac{h^2}{4}$

oder $\quad J_\xi = \tfrac{1}{3} b h^3 = \tfrac{1}{3} M h^2 \quad$ und $\quad J_\eta = \tfrac{1}{3} h b^3 = \tfrac{1}{3} M b^2.$

Nach (c) wird

$$J'_S = J_x + J_y = \tfrac{1}{12} b h (b^2 + h^2) = \tfrac{1}{12} M (b^2 + h^2) \tag{d}$$

$$J'_O = J_\xi + J_\eta = \tfrac{1}{3} b h (b^2 + h^2) = \tfrac{1}{3} M (b^2 + h^2). \tag{e}$$

Beispiel b) Man gebe von der kreisförmigen Scheibe der Abb. 162 die Trägheitsmomente für die eingezeichneten Achsen sowie die polaren Trägheitsmomente für die Punkte S und O an, schließlich noch die Trägheitshalbmesser.

Der Symmetrie wegen ist $J_x = J_y$, also $J'_S = 2\,J_x$. Nach Beispiel 79g) ist

$$J'_S = \tfrac{1}{2} r^4 \pi = \tfrac{1}{2} M r^2 \quad \text{und} \quad i'_S = r\sqrt{\tfrac{1}{2}} \tag{f}$$

somit, wie auch schon im Beisp. 79d) gefunden,

$$J_x = J_y = \tfrac{1}{4} r^4 \pi = \tfrac{1}{4} M r^2, \quad \text{und} \quad i_x = i_y = \tfrac{1}{2} r.$$

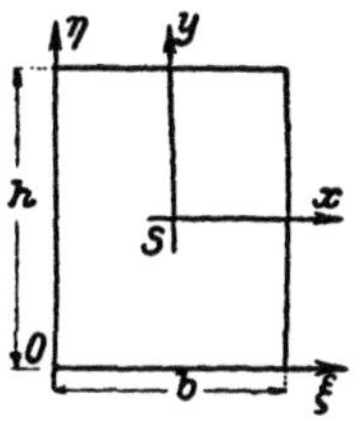

Abb. 161.

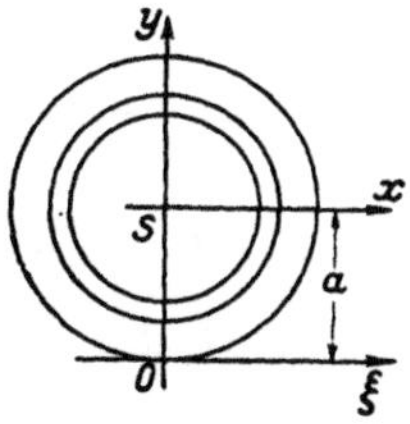

Abb. 162.

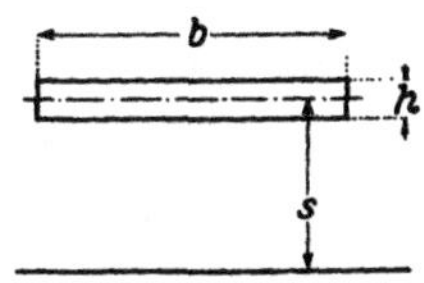

Abb. 163.

Nach (b) findet man noch, in der Abbildung steht a statt r,

$$J_\xi = J_x + M r^2 = \tfrac{5}{4} M r^2, \qquad i_\xi = \tfrac{1}{2} r\sqrt{5},$$

$$J'_O = J_\xi + J_y = \tfrac{3}{2} M r^2, \qquad i'_O = \tfrac{1}{2} r\sqrt{6}.$$

Oder auch

$$J'_O = J'_S + M r^2 = \tfrac{3}{2} M r^2.$$

Wenn die einzelnen Massenpunkte des Systems M alle weit genug aber gleichweit entfernt sind von der Bezugsachse, hat man als

$$\text{Näherungsformel} \quad J \approx M s^2, \tag{g}$$

wo s der Abstand des Schwerpunktes von der Bezugsachse ist.

Beispiel c) Welche Lage muß der rechteckige Streifen bh der Abb. 163 von der Bezugsachse haben, wenn die Näherungsformel nur einen Fehler von $3\,^0/_0$ geben soll?

Die genaue Formel liefert nach (79b)

$$J = J_s + M s^2 = \tfrac{1}{12} M h^2 + M s^2,$$

der Fehler bei Anwendung der Näherungsformel ist sonach $\frac{1}{12} M h^2$. Die Forderung bedingt, daß höchstens

$$\tfrac{1}{12} M h^2 = \tfrac{3}{100} M s^2$$

oder

$$100\,h^2 = 36\,s^2 \qquad \text{oder} \qquad h = 0{,}6\,s.$$

Wenn etwa $b = 12$, $h = 2$, $s = 5$ ist, dann würde genau

$$J = \tfrac{1}{12} \cdot 24 \cdot 4 + 24 \cdot 25 = 24\,(\tfrac{1}{3} + 25)$$

und angenähert

$$J \approx 24 \cdot 25,$$

der Fehler sonach nur $1^1/_3\,^0/_0$ sein. In praktischen Fällen, bei der Ermittlung der Trägheitsmomente von Trägerquerschnitten im Brückenbau, wird der Fehler bei Anwendung der Näherungsformel ganz bedeutend kleiner.

Beispiel d) Bei welchem Verhältnis $h:r$ der Kreisringfläche der Abb. 164 wird der Fehler höchstens $1\,^0/_0$, wenn man statt des polaren Trägheitshalbmessers i den mittleren Halbmesser r setzt?

Die Kreisringfläche ist der Unterschied von zwei Kreisflächen, deren Halbmesser

$$r_1 = r + 0{,}5\,h \qquad \text{und} \qquad r_2 = r - 0{,}5\,h$$

sind. Dann wird der genaue Wert des polaren Trägheitsmomentes

$$J' = J_1' - J_2' = \tfrac{1}{2} r^4{}_1 \pi - \tfrac{1}{2} r^4{}_2 \pi$$
$$= \tfrac{1}{2}\pi\,(r^2{}_1 - r^2{}_2)(r^2{}_1 + r^2{}_2) = \tfrac{1}{2} M\,(r^2{}_1 + r^2{}_2),$$

wo M die Kreisringfläche ist. Mit den obigen Werten r_1 und r_2 wird

$$J' = M\,(r^2 + \tfrac{1}{4} h^2).$$

Die Näherungsformel liefert $J' \approx M r^2$.

Wenn der Fehler $\Delta = \tfrac{1}{4} M h^2$ genau $1\,^0/_0$ ist, dann gilt

$$\tfrac{1}{4} h^2 = \tfrac{1}{100} r^2 \qquad \text{oder} \qquad h = 0{,}2\,r.$$

Wenn also $h < 0{,}2\,r$, dann ist der Fehler der Näherungsformel kleiner als $1\,^0/_0$. In den praktischen Fällen des Maschinenbaues ist h aber viel kleiner als $0{,}2\,r$ oder $0{,}1\,d$, wenn d der Durchmesser des Ringes ist.

Beispiel e) Man berechne das Trägheitsmoment eines Schwungrades, Abb. 165.

Das Trägheitsmoment der Nabe ist verschwindend klein gegenüber dem Trägheitsmoment der Arme und des Ringes und wird deswegen vernachlässigt. Die Anzahl n der Arme wird gewöhnlich mit $6 \div 8$ angenommen. Da im praktischen Fall die Stärke des Ringes $h < 0{,}2\,r$ ist, wird das Trägheitsmoment des Ringes

$$J_R = M r^2,$$

wo M die Masse des Ringes ist. Nimmt man $l = h$ auch als Stärke der Arme an, so wird das Trägheitsmoment eines einzelnen Armes nach (78e) angenähert

$$J_A = \tfrac{1}{3} m r^2,$$

wo m seine Masse ist. Damit wird das gesamte Trägheitsmoment des Schwungrades

$$J = J_R + n \cdot J_A = r^2 (M + \tfrac{1}{3} n m).$$

Die Massen m und M verhalten sich rund wie $r : 2r\pi$ oder $1 : 2\pi$ oder $\approx 1 : 6$, also wird

$$J \approx r^2 (M + \tfrac{1}{3} n \cdot \frac{M}{6}) = M r^2 \left(1 + \frac{n}{18}\right).$$

Im praktischen Maschinenbau setzt man den zweiten Summanden der Klammer gewöhnlich gleich $\frac{1}{3}$ und erhält dann

$$J \approx \tfrac{4}{3} M r^2, \tag{h}$$

man setzt also näherungsweise das gesamte Trägheitsmoment der Arme gleich einem Drittel des Trägheitsmomentes des Ringes, auch für den Fall $n = 8$, weil ja in Wahrheit der einzelne Arm nicht die Länge r, sondern $r - 0{,}5\,h \approx 0{,}9\,r$ hat.

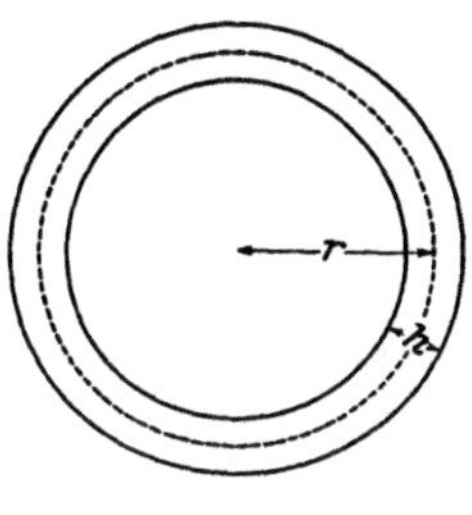

Abb. 164.

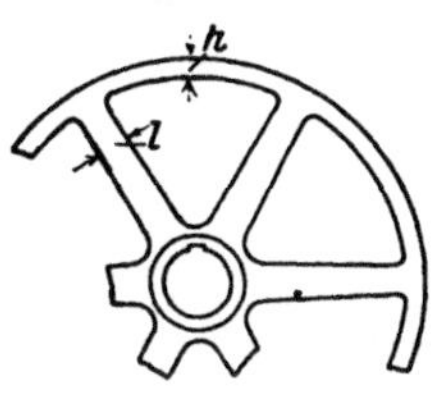

Abb. 165.

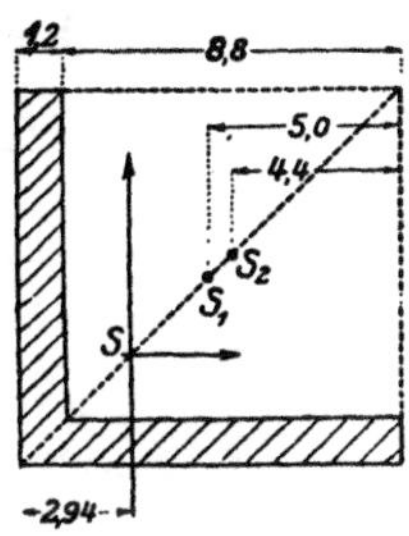

Abb. 166.

Beispiel f) Gesucht ist das Trägheitsmoment des gleichschenkligen Winkeleisens der Abb. 147 für die durch den Schwerpunkt gehende lotrechte Achse unter der Annahme $b = 10$, $d = 1{,}2$.

Man setzt wie beim Beispiel 75b) die Gesamtfläche $F = F_1 - F_2$. Das große Quadrat $F = 10^2$ hat für die durch seinen Schwerpunkt S_1 gehende lotrechte Achse das Trägheitsmoment $\frac{1}{12} \cdot 10^4$, sonach für die vorgeschriebene Achse, s. Abb. 166,

$$J_1 = \tfrac{1}{12} \cdot 10^4 + 2{,}06^2 \cdot 10^2$$

nach (b). Entsprechend findet man J_2 und dann

$$J = J_1 - J_2 = \left(\frac{10^4}{12} + 2{,}06^2 \cdot 10^2\right) - \left(\frac{8{,}8^4}{12} + 2{,}66^2 \cdot 8{,}8^2\right)$$

$$= \frac{100}{12}(100 + 50{,}92) - \frac{77{,}44}{12}(77{,}44 + 84{,}91) = 210.$$

82. Fortsetzung. Beispiel a) Gesucht ist das Trägheitsmoment eines Quaders mit den Kanten $2a$, $2b$, $2c$ für die durch den Schwerpunkt gehenden Symmetriegeraden sowie für die Kanten, Abb. 167.

Um das Trägheitsmoment für die durch den Schwerpunkt gehende Symmetriegerade zu finden, die zur Kante $2c$ parallel ist, zerlegt man den Quader in unendlich dünne Scheiben senkrecht zu dieser Kante. Jede solche Scheibe hat für die Symmetriegerade das Trägheitsmoment [in Beisp. 81a) als polares Trägheitsmoment J_s' bezeichnet]

$$dJ_z = \tfrac{1}{12}\cdot 4\,ab\,dz\,\mu\cdot(4a^2+4b^2) = \tfrac{4}{3}ab(a^2+b^2)\,\mu\,dz,$$

so daß
$$J_z = 2\cdot\int_0^c \tfrac{4}{3}ab(a^2+b^2)\,\mu\,dz = \tfrac{8}{3}abc\,\mu(a^2+b^2)$$

oder
$$J_z = \tfrac{1}{3}M(a^2+b^2). \tag{a}$$

Entsprechend findet man

$$J_x = \tfrac{1}{3}M(b^2+c^2) \quad \text{und} \quad J_y = \tfrac{1}{3}M(c^2+a^2).$$

Das Trägheitsmoment $J_{z'}$ kann man auf die gleiche Weise mit Benützung von Beisp. 81a) ermitteln; oder nach (81b)

$$J_{z'} = J_z + M(a^2+b^2) = \tfrac{4}{3}M(a^2+b^2). \tag{b}$$

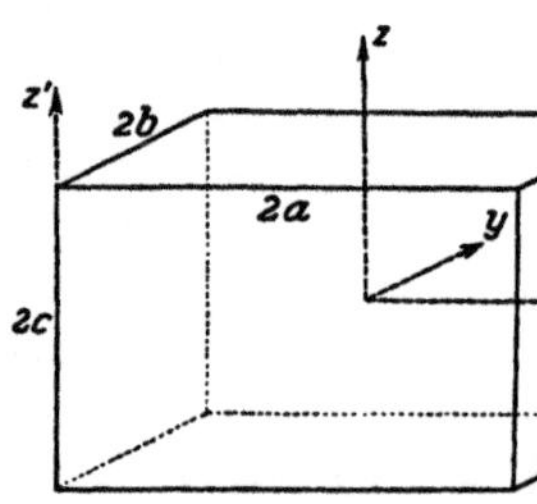

Abb. 167.

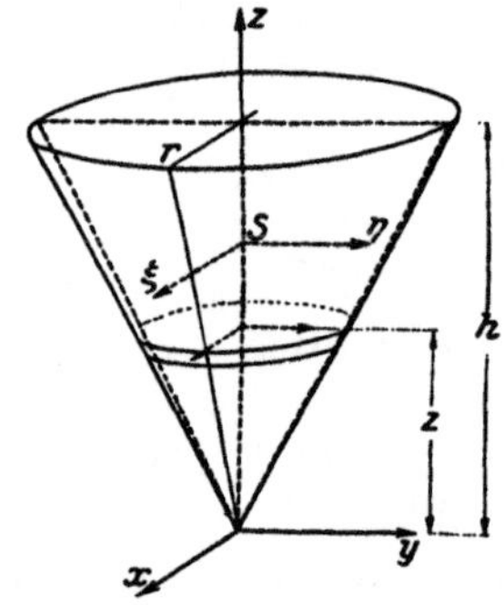

Abb. 168.

Beispiel b) Gesucht ist das Trägheitsmoment eines Kreiskegels für eine Gerade durch die Spitze senkrecht zur Symmetrieachse, sowie für eine Schwerlinie senkrecht zur Symmetrieachse.

Mit Einführung eines räumlichen Koordinatensystems kann man die erstere nach Abb. 168 zur x-Achse, letztere zur ξ-Achse machen. Man zerlegt den Kegel in unendlich kleine Scheiben, deren jede die Masse $m = \mu\cdot x^2\pi\,dz$ und für jede in der Scheibe liegende, also äquatoriale, Achse das Trägheitsmoment $\frac{1}{4}mx^2$ hat, also für die um z entfernte x-Achse nach (81b) das Trägheitsmoment

$$dJ_x = \tfrac{1}{4}mx^2 + mz^2 = \tfrac{1}{4}\mu\pi x^2(x^2+4z^2)\,dz.$$

Wegen $x:z=r:h$ erhält man

$$J_x=\tfrac{1}{4}\mu\pi\int_0^h z^2\frac{r^2}{h^2}\left(z^2\frac{r^2}{h^2}+4z^2\right)dz=\tfrac{1}{20}\mu\pi r^2 h(r^2+4h^2)$$
$$=\tfrac{3}{20}\cdot\tfrac{1}{3}r^2\pi h\mu\cdot(r^2+4h^2)$$
$$=\tfrac{3}{20}M(r^2+4h^2). \qquad (c)$$

Zwischen J_x und J_ξ besteht nach (81b) die Beziehung

$$J_x=J_\xi+M\cdot\tfrac{9}{16}h^2,$$

woraus sich ergibt

$$J_\xi=\tfrac{3}{80}M(4r^2+h^2). \qquad (d)$$

Beispiel c) Man ermittle das Trägheitsmoment des Blechbalkenträgerquerschnittes der Abb. 169 für die wagrechte Symmetrieachse und zwar ohne Berücksichtigung der Verschwächung durch die Niete. In der Abbildung ist die untere Hälfte des symmetrischen Querschnittes weggelassen. Er ist zusammengesetzt aus einem Stehblech von den Abmessungen $100\cdot1{,}2$, vier gleichschenkligen Gurtwinkeln N.P. 10 mit der Stärke $d=1{,}2$ und vier Gurtplatten von den Abmessungen $36\cdot1$. Alle Längen sind in cm gegeben, die notwendigen Angaben entnimmt man Nachschlagetabellen.

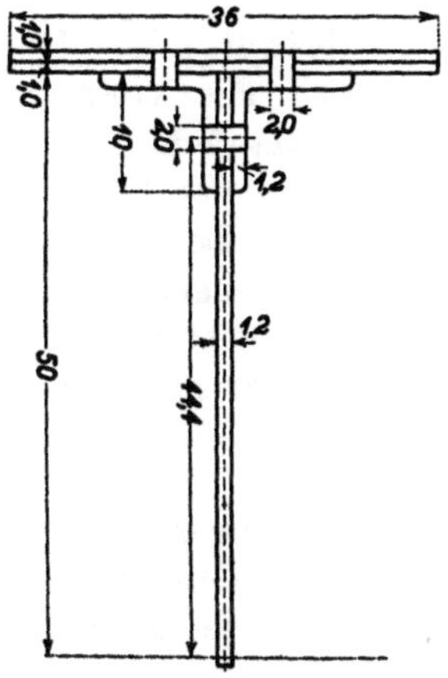

Abb. 169.

Man setzt das Trägheitsmoment des Querschnittes zusammen aus den Trägheitsmomenten von Rechtecken, die alle symmetrisch zur x-Achse sind. J_1 ist für das umgrenzende Rechteck $104\cdot36$ genommen, J_2 für das nach rechts oben schraffierte Rechteck $100\cdot7{,}4$, J_3 für das nach rechts unten schraffierte Rechteck $97{,}6\cdot8{,}8$ und J_4 für das wieder nach rechts oben schraffierte Rechteck $80\cdot1{,}2$. Dann ist

$$J'=J_1-2(J_2+J_3+J_4)$$
$$=\tfrac{1}{12}[36\cdot104^3-14{,}8\cdot100^3-17{,}6\cdot97{,}6^3-2{,}4\cdot80^3]\,\text{cm}^4$$
$$\approx 675\,000\ \text{cm}^4.$$

Beispiel d) Das vorausgehende Beispiel soll mit Berücksichtigung der Nietverschwächung (Nietdurchmesser $d=2$ cm) durchgeführt werden.

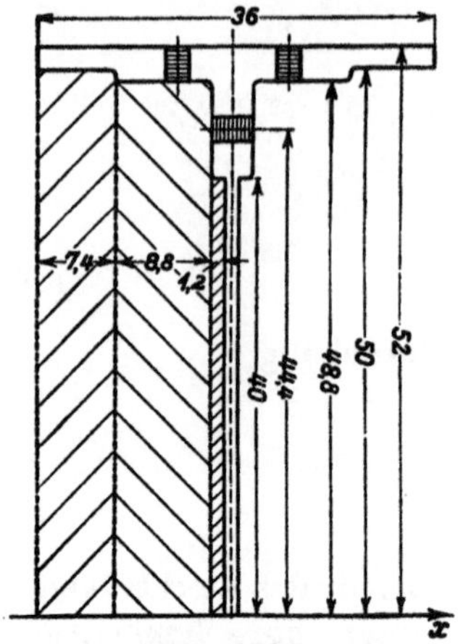

Abb. 170.

Es kommen in Wegfall, Abb. 170, vier Rechtecke $3{,}2 \cdot 2$ im mittleren Abstand 50,4 und zwei Rechtecke $3{,}6 \cdot 2$ im mittleren Abstand 44,4 von der x-Achse. Die Annäherungsformel $J = M s^2$ ist hinreichend genau. Dann sind die Nietverschwächungen durch die Trägheitsmomente

$$\Delta J = [4 \cdot 6{,}4 \cdot 50{,}4^2 + 2 \cdot 7{,}2 \cdot 44{,}4^2]\ \mathrm{cm}^4$$
$$= [65000 + 28000]\ \mathrm{cm}^4 = 93000\ \mathrm{cm}^4$$

berücksichtigt und das geschwächte Trägheitsmoment des gesamten Querschnittes ist nach dem vorigen Beispiel

$$J = J' - \Delta J \approx 582\,000\ \mathrm{cm}^4.$$

Beispiel e) Man berechne das Trägheitsmoment des Querschnittes der vorausgehenden Beispiele mit Berücksichtigung der Nietverschwächungen auf die Weise, daß man es aus den Trägheitsmomenten der einzelnen Teile zusammensetzt.

Diese Berechnungsart ist zwar weniger einfach wie die vorausgehend angegebene, man wird sie aber dann verwenden, wenn man über den Beitrag der einzelnen Querschnitteile zum gesamten Trägheitsmoment im klaren sein will. Man hat dann

$$J = J_S + 4\,J_W + 2\,J_P,$$

wo die Zeiger S, W und P sich auf das Stehblech, die 4 Winkel und die 4 Gurtplatten beziehen. Man wird die beiden Platten oben und unten je als ein zusammengehöriges Rechteck betrachten. Es ist

$$J_S = [\tfrac{1}{12} \cdot 1{,}2 \cdot 100^3 - 2 \cdot 2 \cdot 1{,}2 \cdot 44{,}4^2]\ \mathrm{cm}^4 \approx 90\,000\ \mathrm{cm}^4.$$

Die Fläche und das Trägheitsmoment des Winkels entnimmt man aus Tabellen zu $F = 22{,}7\ \mathrm{cm}^2$ und $J_\xi = 207\ \mathrm{cm}^4$, desgleichen den Schwerpunktabstand von der x-Achse zu $(50 - 2{,}9)\ \mathrm{cm} = 47{,}1\ \mathrm{cm}$, dann ist

$$J_W = [207 + 22{,}7 \cdot 47{,}1^2 - 2 \cdot 1{,}2 \cdot 44{,}4^2 - 2 \cdot 1{,}2 \cdot 49{,}4^2]\ \mathrm{cm}^4$$
$$\approx 40\,000\ \mathrm{cm}^4.$$

Für das Trägheitsmoment der Platten wendet man die Näherungsformel $J = M s^2$ an und berücksichtigt, daß wegen der Nietverschwächung die Breite $36 - 2 \cdot 2 = 32$ ist,

$$J_P = 32 \cdot 2 \cdot 51^2\ \mathrm{cm}^4 \approx 166\,000\ \mathrm{cm}^4,$$

damit wird

$$J \approx 582\,000\ \mathrm{cm}^4.$$

Die Trägheitsmomente von **krummflächigen Körpern** oder von Körpern, die durch beliebige Flächen begrenzt sind, bringt die Flächentheorie.

***83. Zentrifugalmoment.** An dieser Stelle sollen nur ebene Massensysteme untersucht werden, Abb. 171. Das Massenteilchen m hat von den Achsen des gewählten oder vorgeschriebenen Koordinatensystems die Abstände x und y. Das Produkt mxy heißt das Zentrifugal- oder Deviationsmoment des Massenteilchens für das xy-System. Dann ist das Zentrifugalmoment der ganzen Scheibe, Abb. 171, das mit Φ_{xy} bezeichnet werden soll,

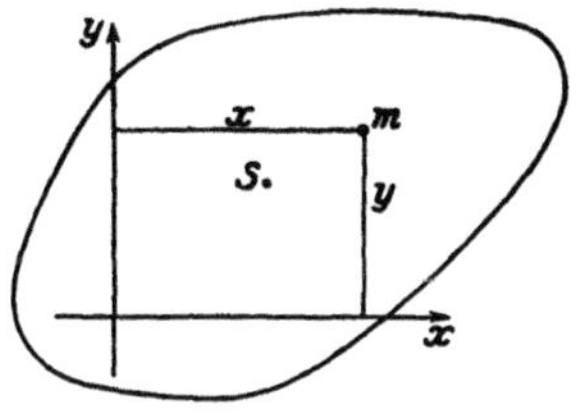

Abb. 171.

$$\Phi_{xy} = \Sigma mxy. \qquad \text{(a)}$$

Es tritt bei der Bestimmung von Zentrifugalkräften auf, besonders wenn ihre Lage in Betracht kommt. Einige leicht einzusehende Sätze sollen von ihm angegeben werden.

Durch das Achsenkreuz wird die Scheibe in vier Teile oder Quadranten geteilt, vorausgesetzt, daß der Nullpunkt innerhalb der Fläche liegt. Im ersten und dritten Quadranten haben x und y gleiche Vorzeichen, beide liefern sonach, da ja m stets positiv ist, einen positiven Beitrag zum Zentrifugalmoment. Umgekehrt liefern der zweite und vierte Quadrant einen negativen Beitrag, weil x und y ungleiche Vorzeichen haben.

> Wenn eine der beiden Achsen eine Symmetrieachse der Scheibe ist, dann ist das Zentrifugalmoment 0, gleichgültig wie die andere Achse liegt, solange sie nur senkrecht zur Symmetrieachse ist. (b)

Es heben sich ja die Beiträge des ersten und zweiten Quadranten gegenseitig auf, ebenso wie jene des dritten und vierten, Abb. 172.

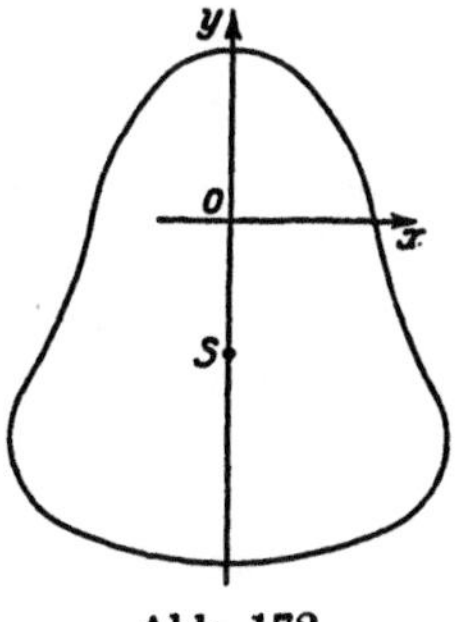

Abb. 172.

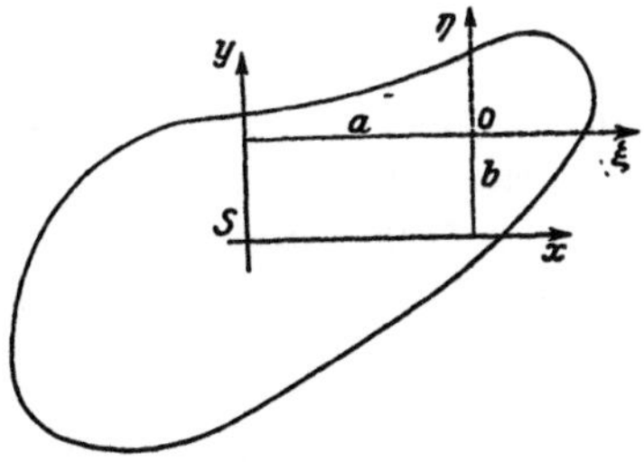

Abb. 173.

Geht man vom System zweier rechtwinkliger Schwerachsen $x|y$ über zu einem andern parallelen Koordinatensystem $\xi|\eta$, so besteht zwischen den Zentrifugalmomenten Φ_{xy} und $\Phi_{\xi\eta}$ ein ähnlicher Zusammenhang wie beim Trägheitsmoment. Es ist nach Abb. 173

$$\begin{aligned}\Phi_{\xi\eta} &= \Sigma m\xi\eta = \Sigma m(x-a)(y-b)\\ &= \Sigma mxy - a\Sigma my - b\Sigma mx + ab\Sigma m\\ &= \Sigma mxy + ab\,M,\end{aligned}$$

weil die statischen Momente Σmx und Σmy für die x- und y-Achse, die ja Schwerachsen sind, verschwinden. Es ist also

$$\Phi_{\xi\eta} = \Phi_{xy} + ab\,M. \tag{c}$$

Beispiel a) Gesucht ist das Zentrifugalmoment eines Rechteckes bh, wenn zwei der Kanten das Achsenkreuz bilden, Abb. 174.

Das Zentrifugalmoment für das Kreuz der beiden zu den vorgeschriebenen Achsen parallelen Schwerachsen ist Null, also gilt

$$\Phi_{xy} = 0 + \frac{b}{2}\cdot\frac{h}{2}\cdot bh$$

oder

$$\Phi_{xy} = \tfrac{1}{4}(bh)^2. \tag{d}$$

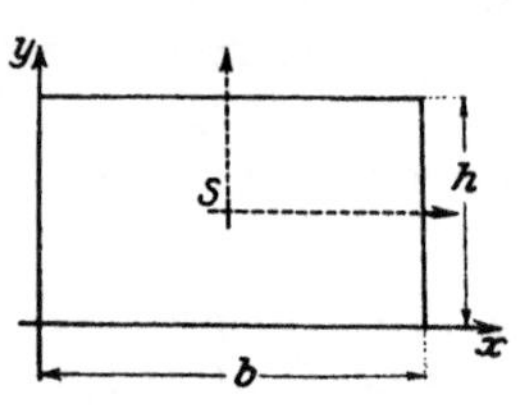

Abb. 174.

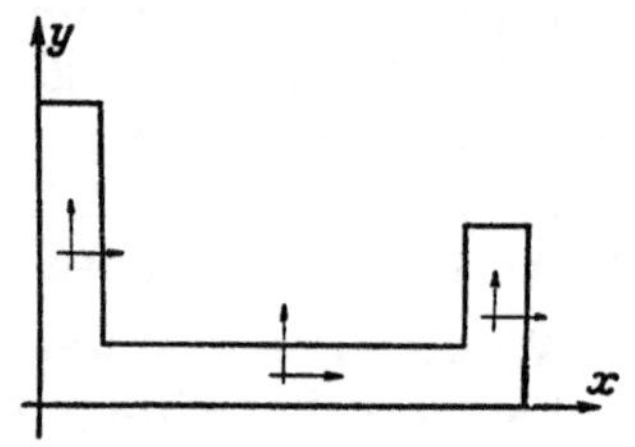

Abb. 175. L.M. 1 : 100.

Beispiel b) Welche Beziehung besteht zwischen den Zentrifugalmomenten Φ_1 und Φ_2 einer Scheibe für zwei beliebige parallele Achsenkreuze dieser Scheibe?

Nach (c) ist

$$\Phi_1 = \Phi + a_1 b_1 M, \qquad \Phi_2 = \Phi + a_2 b_2 M,$$

wenn Φ das Zentrifugalmoment für das parallele Achsenkreuz durch den Schwerpunkt ist, und $a_1|b_1$ bzw. $a_2|b_2$ der Nullpunkt des ersten bzw. zweiten Achsenkreuzes bezogen auf das Koordinatensystem der Schwerachsen. Aus beiden Gleichungen ermittelt man

$$\Phi_1 - a_1 b_1 M = \Phi_2 - a_2 b_2 M. \tag{e}$$

Beispiel c) Man ermittle das Zentrifugalmoment des durch Abb. 175 gegebenen Querschnittes für das $x|y$-Kreuz.

Es ergibt sich, als Summe der Zentrifugalmomente von drei Rechtecken, nach (c), und weil das Zentrifugalmoment für die zu den vorgeschriebenen Achsen parallelen Schwerachsen dieser Rechtecke, in der Abbildung fein gestrichelt eingezeichnet, jedesmal 0 ist,

$$\Phi = \Phi_1 + \Phi_2 + \Phi_3$$
$$= (2 \cdot 10 \cdot 80 + 16 \cdot 2 \cdot 96 + 30 \cdot 6 \cdot 48)\,\mathrm{cm}^4 = 13\,312\ \mathrm{cm}^4,$$

wenn man die Fläche als Masse nimmt.

***84. Zentrifugalkräfte.** Es soll nur der einfachste Fall betrachtet werden, daß ein ebenes Massensystem um eine zur Ebene senkrechte Achse sich dreht. Gesucht ist die Mittelkraft der einzelnen Zentrifugalkräfte nach Zahlenwert, Richtung und Lage.

An irgendeinem der unendlich klein gedachten Massenteilchen m greift bei der Drehung um die in O zur Scheibe senkrecht stehende Drehachse die Zentrifugalkraft, Abb. 176,

$$dC = mu^2 r$$

an, wenn u die augenblickliche Winkelgeschwindigkeit der Drehung ist. [dC ist entsprechend seiner Darstellung in der Abbildung nicht als wirkliche, sondern als gedachte, als Hilfskraft anzusehen.]

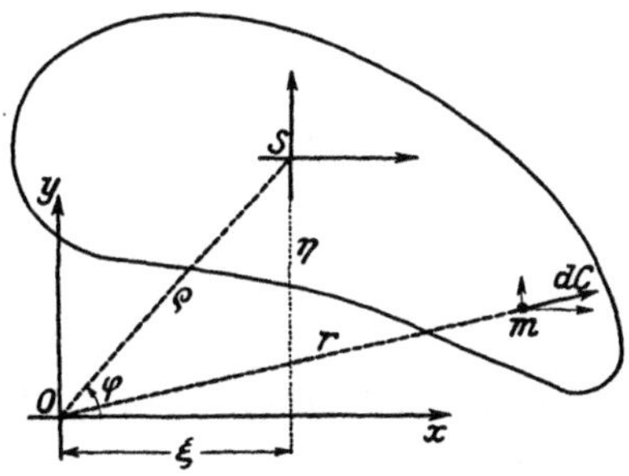

Abb. 176.

Wenn man durch O ein x-y-System passend legt oder wenn ein solches vorgeschrieben ist, dann hat dC in Richtung der beiden Achsen die Komponenten

$$dX = mu^2 x \quad \text{und} \quad dY = mu^2 y.$$

Wenn man für jedes Massenteilchen die gleiche Zerlegung der Zentrifugalkraft vornimmt, erhält man als Mittelkraft der in die x- bzw. y-Richtung fallenden Komponenten

$$X = \int mu^2 x = u^2 \int mx$$

oder nach 74

$$X = u^2 M \xi, \quad \text{und ebenso} \quad Y = u^2 M \eta,$$

wo $\xi \mid \eta$ der Schwerpunkt der Scheibe für das $x \mid y$-System ist. Aus beiden Gleichungen erhält man den Zahlenwert und die Richtung von C, nämlich

$$C = u^2 M \sqrt{\xi^2 + \eta^2}$$

oder nach Abbildung

$$C = u^2 M \varrho, \quad \operatorname{tg} \varphi = \eta : \xi. \tag{a}$$

Es hat sonach die Zentrifugalkraft eines ebenen Massensystems den gleichen Wert und die gleiche Richtung, wie wenn die ganze Masse im Schwerpunkt vereinigt wäre (vorausgesetzt Drehung um eine zur Scheibe senkrecht stehende Achse). (b)

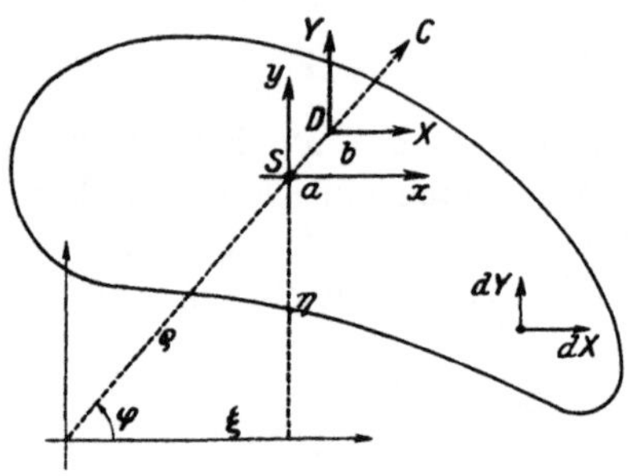

Abb. 177.

Es bleibt nurmehr der Angriffspunkt von C zu bestimmen. Man bezieht ihn praktisch auf den Schwerpunkt S, legt also ein neues Koordinatensystem parallel zum früheren durch ihn, Abb. 177. Es ist X die Mittelkraft aller dX, man wendet den Momentensatz an (Mech. I 25) und erhält, wenn man die Momentenachse senkrecht zur Scheibe durch den Schwerpunkt S wählt,

$$Xb = \int m u^2 x \cdot y = u^2 \int m x y = u^2 \Phi_{xy},$$

und damit

$$\xi b = \Phi : M.$$

Entsprechend erhält man auch die Lage von Y durch a, zusammengestellt

$$\eta a = \frac{\Phi}{M} = \xi b. \tag{c}$$

85. Hydrostatischer Druck. Darunter versteht man den Druck einer Flüssigkeit auf ein wirkliches oder gedachtes Flächenstück. Dieses sei zunächst als unendlich klein vorausgesetzt, so daß es als eben betrachtet werden kann. Gefragt ist, in welcher Weise hängt der hydrostatische Druck vom Ort und von der Neigung dieses Flächenelementes ab.

1) Einfluß der Neigung des gedrückten Flächenelementes. Um sie anzugeben, wird man am untersuchten Ort U eine unendlich kleine gerade Säule herausgreifen, Abb. 178, begrenzt durch drei Rechtecke von den Abmessungen $ds \cdot dz$, $dx \cdot dz$, $dy \cdot dz$. Da die ganze Flüssigkeit im Gleichgewicht vorausgesetzt wird, ist es nach den Lehren der Statik auch jeder ihrer einzelnen Teile. Die Säule muß

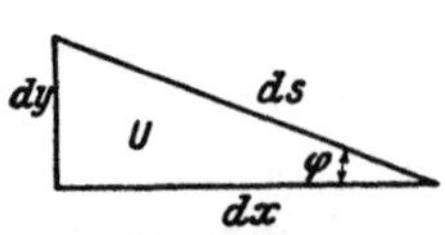

Abb. 178.

sonach im Gleichgewicht sein unter dem Einfluß der an ihr angreifenden sechs äußeren Kräfte. Das sind: das Gewicht der Säule im Betrag $\frac{1}{2}\gamma\, dx\, dy\, dz$, wo γ die Gewichtsdichte ist, und die Flüssigkeitsdrücke auf die fünf unendlich kleinen Flächen. Der Flüssigkeitsdruck ist eine Funktion des Ortes, aber innerhalb des Bereiches der unendlich kleinen Säule kann er als unabhängig vom Ort bezeichnet werden und nur mehr abhängig von der Neigung der einzelnen gedrückten Flächen. Es heben sich dann jedenfalls die senkrecht zur Abbildung stehenden Drücke auf die obere und untere begrenzende Dreieckfläche auf; im Gebiet eines jeden der drei unendlich kleinen Rechtecke ist die Druckdichte als konstant anzunehmen, so daß die resultierenden Drücke je in der Mitte dieser Rechtecke angreifen, Abb. 179, und die Werte

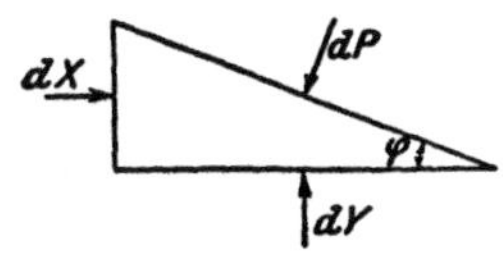

Abb. 179.

$$dP = p\,ds\,dz, \qquad dX = p_1\,dy\,dz, \qquad dY = p_2\,dx\,dz$$

haben. Man sieht, daß sie unendlich klein von der zweiten Ordnung sind, so daß ihnen gegenüber das Gewicht $\frac{1}{2}\gamma\,dx\,dy\,dz$ den Grenzwert 0 hat. Sonach sind die drei Kräfte dP, dX, dY im Gleichgewicht. Das Krafteck der Abb. 180 gibt an

$$dX : dY : dP = \sin\varphi : \cos\varphi : 1$$

oder mit Einsetzung der Werte

$$p_1\,dy : p_2\,dx : p\,ds = \sin\varphi : \cos\varphi : 1.$$

Wegen $\quad dx = ds\cos\varphi, \qquad dy = ds\sin\varphi$

erhält man noch $\quad p_1 : p_2 : p = 1 : 1 : 1$

oder

$$p_1 = p_2 = p,$$

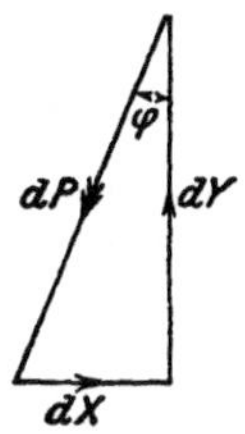

Abb. 180.

das heißt:

Der Flüssigkeitsdruck an einer bestimmten Stelle ist unabhängig von der Neigung oder Richtung der gedrückten Fläche. (a)

2) Einfluß der Lage. Wie unterscheidet sich der Druck auf ein Flächenteilchen dF am Ort U_1 von jenem am Ort U_2?

Man wird die beiden untersuchten Flächenteilchen dF, da ja der Druck unabhängig von der Neigung der gedrückten Fläche ist, parallel zur Flüssigkeitsoberfläche legen, Abb. 181. Die durch beide gebildete schiefe Säule hat die Höhe h. Als ein Teil der im Gleichgewicht vorausgesetzten Flüssigkeit ist sie selber auch im Gleichgewicht. An ihr greifen an die Kräfte: Das Gewicht der Säule im Betrag $dG = \gamma h\,dF$, die Flüssigkeitsdrücke dP_1

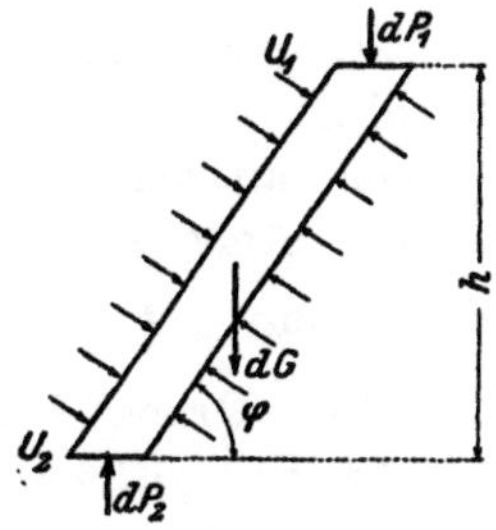

Abb. 181.

oben und dP_2 unten und die Flüssigkeitsdrücke auf die Mantelfläche. Die Gleichgewichtsbedingung in Richtung der Säulenachse liefert

$$dP_1 \sin\varphi + dG \sin\varphi = dP_2 \sin\varphi$$

oder

$$p_1\, dF + \gamma h\, dF = p_2\, dF$$

oder

$$p_2 - p_1 = \gamma h, \tag{b}$$

der Unterschied der Druckdichte an zwei verschiedenen Orten U_1 und U_2 einer Flüssigkeit ist gleich dem Gewicht jener Flüssigkeitssäule, die die Grundfläche 1 und den Höhenunterschied h der beiden Orte als Höhe hat.

Wenn der Höhenunterschied der beiden Orte dx ist, dann geht die letzte Formel über in

$$dp = \gamma\, dx. \tag{c}$$

Ist die Druckdichte an der Flüssigkeitsoberfläche p_0, so ist sie nach (b) in der Tiefe x

$$p = p_0 + \gamma x, \tag{d}$$

diese Formel geht auch aus der Differentialformel (c) durch Integration hervor, Abb. 182. In Worten lautet sie:

Die Druckdichte nimmt verhältnisgleich mit der Tiefe x der Flüssigkeit zu.

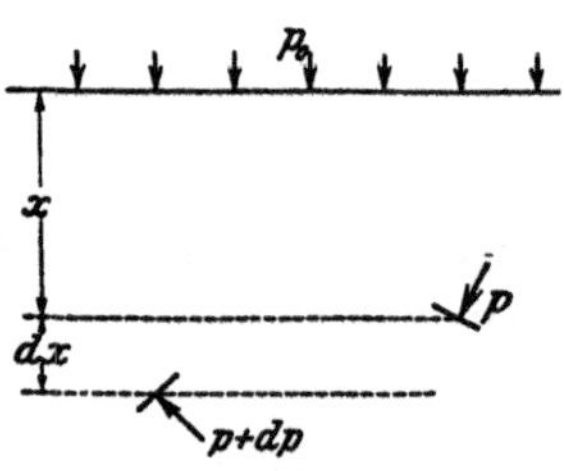

Abb. 182.

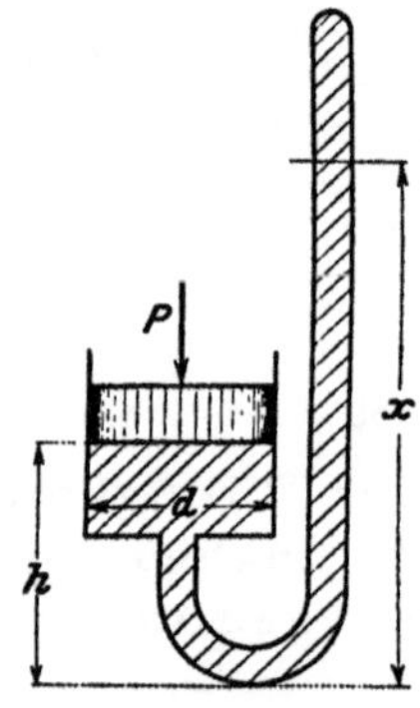

Abb. 183.

Beispiel a) In dem erweiterten zylindrischen Ansatze des mit Wasser gefüllten Glasgefäßes der Abb. 183 wird vermittels eines luftdicht den Wänden anliegenden Kolbens ein Druck P auf das Wasser ausgeübt. Wie groß ist die Druckdichte in dem Glasrohr an der Stelle x?

$d = 20$ cm, $h = 1$ m, $x = 3$ m, $\gamma = 1000\ \mathrm{kg/m^3}$, $P = 1000$ kg.

Der Druck $P = 1000$ kg verteilt sich gleichmäßig über eine Fläche $F = \frac{1}{4} d^2 \pi = 0{,}01\, \pi\, m^2$, so daß

$$p_0 = P : F = (1000 : 0{,}01\,\pi)\,\mathrm{kg/m^2} \approx 32000\ \mathrm{kg/m^2}.$$

Da eine Wassersäule von 1 m Höhe auf ihre Unterlage einen Druck von 1000 kg/m² ausübt, kann man auch schreiben

$$p_0 = 32 \text{ m Wassersäule}, \qquad \text{abgekürzt} \qquad p_0 = 32 \text{ m W. S.}$$

Oder auch, da man unter 1 Atm. Druck in der Maschinentechnik den Druck von 10000 kg/m² versteht,

$$p_0 = 3{,}2 \text{ Atm.} = 32 \text{ m W. S.}$$

Dann ist an der Stelle x

$$p - p_0 = (h - x)\,\gamma$$

oder

$$p = 3{,}2 \text{ Atm.} - 2 \text{ m} \cdot 1000 \text{ kg/m}^3 = (3{,}2 - 0{,}2) \text{ Atm.} = 3 \text{ Atm.}$$

Einfacher hätte man auch sagen können, der Druck an der Stelle x ist um 2 m W. S. kleiner als an der Stelle h, also ist

$$h = (32 - 2) \text{ m W. S.} = 30 \text{ m W. S.}$$

Beispiel b) Man diskutiere die vorausgehenden Sätze für die Anwendung auf den Dampfdruck.

Da Dampf eine Flüssigkeit ist, gelten für den Dampfdruck die gleichen Gesetze wie für eine tropfbare Flüssigkeit. Besonders maßgebend für die Anwendung der vorausgehenden Gesetze ist der geringe Wert von γ für einen gewöhnlichen Dampf. Während die Gewichtsdichte γ für Wasser den Wert 1000 kg/m³ hat, erreicht sie beispielsweise bei Wasserdampf nur den Wert 1 kg/m³ bei 15°. Nach dem letzten Gesetze (d) würde bei einem gegebenen $p_0 = 10$ Atm. $= 100000$ kg/m² ein Höhenunterschied von

$$x = \frac{(10{,}01 - 10) \text{ atm.}}{1 \text{ kg/m}^3} = \frac{0{,}01 \cdot 10000 \text{ kg/m}^2}{1 \text{ kg/m}^3} = 100 \text{ m}$$

notwendig sein, um den Dampfdruck um 0,01 Atm. zu steigern. In der Praxis setzt man daher den Dampfdruck an jeder Stelle konstant $p = p_0$, vernachlässigt also das Glied γx der Formel (d).

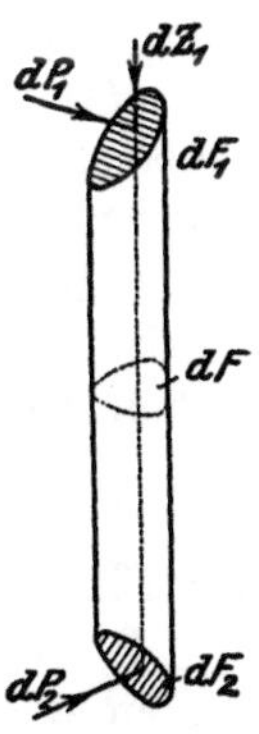

Abb. 184.

86. Fortsetzung. Wenn in dem untersuchten Raum die Druckdichte konstant, also unabhängig vom Ort ist, dann läßt sich ein für praktische Fälle oft anwendbares Gesetz ableiten. Zunächst beweist man:

In einem Raum mit konstanter Druckdichte bilden die an einem beliebigen Körper angreifenden Druckkräfte ein Gleichgewichtssystem. (a)

Man legt der Untersuchung ein passend gewähltes rechtwinkliges räumliches Koordinatensystem zugrunde. Auf das beliebige Flächenteilchen dF_1 mit dem Neigungswinkel γ_1 gegen die z-Ebene wirkt der Flächendruck $dP_1 = p dF_1$, dessen Komponente in der z-Richtung

$$dZ_1 = p dF_1 \cdot \cos\gamma = p \cdot dF_1 \cos\gamma = p dF$$

ist. dF ist der Querschnitt einer unendlich dünnen Säule in der z-Richtung, die aus dem unteren Teil der Oberfläche des Körpers das Flächenelement dF_2 herausschneidet. Auf dieses wirkt der Flächendruck $p dF_2$, dessen z-Komponente gleichfalls den Wert $p dF$ hat und der ersten entgegengesetzt gerichtet, mit ihr also im Gleichgewicht ist. Genau so halten sich immer paarweise von allen übrigen Flächendrücken die z-Komponenten im Gleichgewicht. Die gleiche Betrachtung gilt für die x- und für die y-Komponenten, dann sind aber alle am Körper angreifenden Druckkräfte im Gleichgewicht.

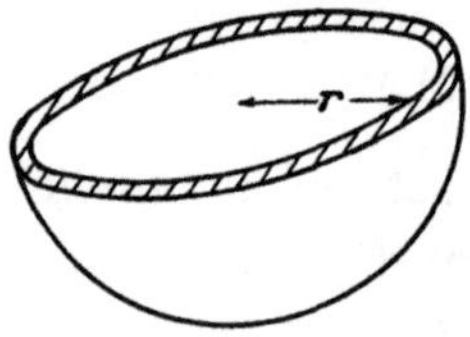

Abb. 185.

Dann müssen auch die an einem beliebigen Teil der Oberfläche des Körpers angreifenden Druckkräfte im Gleichgewicht sein mit jenen, die an dem Rest der Oberfläche angreifen, so daß aus dem obigen Satz wird:

> Schneidet man von einem Körper, an dem Druckkräfte mit konstanter Druckdichte angreifen, durch eine Ebene einen Teil ab, so ist die Mittelkraft der an der äußeren Fläche des abgeschnittenen Teiles angreifenden Druckkräfte ebenso groß wie wenn diese Druckkräfte im Schnitt selbst angreifen würden. (b)

Beispiel a) Eine Hohlkugel vom Halbmesser r steht unter einem inneren Überdruck von p atm. Wie groß ist die Mittelkraft der an einer Kugelhälfte, Abb. 185, angreifenden Druckkräfte?

Man denkt sich die Hohlkugel in zwei Hälften geteilt. Dann haben die an der inneren Fläche der halben Hohlkugel angreifenden Druckkräfte die gleiche Mittelkraft wie die in der Kreisfläche angreifenden. Diese verteilen sich auf die Kreisfläche $r^2\pi$ und haben sonach die Mittelkraft $r^2\pi \cdot p$, die auch die Mittelkraft der an der halben Hohlkugel angreifenden Druckkräfte ist.

87. Fortsetzung. Gesucht ist Zahlenwert, Richtung und Lage des Flüssigkeitsdruckes P auf eine ebene Fläche F.

P ist die Mittelkraft aller an den einzelnen Flächenteilchen dF angreifenden Druckkräfte dP. Da diese alle senkrecht zur gedrückten Fläche sind, ist auch P senkrecht zu F.

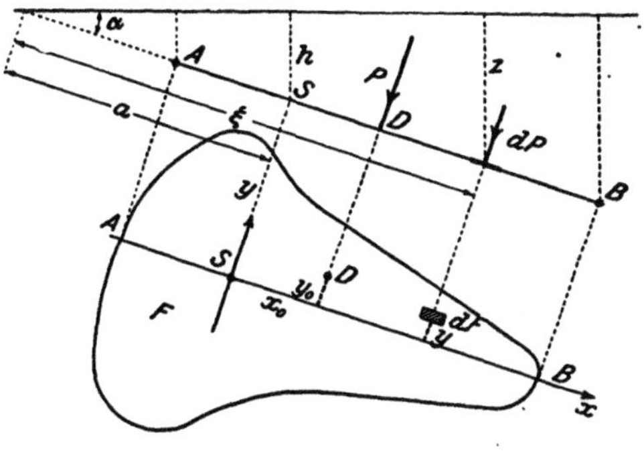

Abb. 186.

Die Ebene der Abb. 186 steht senkrecht zur untersuchten Fläche F und senkrecht zur Oberfläche der Flüssigkeit; die Fläche F projiziert sich in die Bildebene als Strecke AB, sie ist auch noch umgeklappt gezeichnet. In der Umklappung hat man ein rechtwinkliges Koordinatensystem durch den Schwerpunkt S eingeführt. Dieser hat von der Oberfläche den Abstand h, irgendein Flächenteilchen dF den Abstand z. In der Umklappung hat letzteres die Koordinaten $x|y$. Dann ist nach (85b)

$$dP = \gamma z\, dF.$$

Der Abbildung entnimmt man

$$z:h = \xi:a, \qquad \text{so daß} \qquad dP = \frac{\gamma h}{a}\cdot \xi\, dF$$

und deswegen

$$P = \frac{\gamma h}{a}\int \xi\, dF \qquad \text{wird oder nach 74} \qquad P = \frac{\gamma h}{a} F a$$

oder

$$P = \gamma h F, \tag{a}$$

der Flüssigkeitsdruck über einer ebenen Fläche F, deren Schwerpunkt den Abstand h von der Flüssigkeitsoberfläche hat, ist gleich dem Gewicht der senkrecht über dieser Fläche F errichteten Flüssigkeitssäule von der Höhe h. (b)

Die Flüssigkeitsdrücke dP sind im allgemeinen Fall verschieden groß je nach ihrem Abstande z von der Oberfläche. Der Flüssigkeitsdruck P wird daher im allgemeinen Fall nicht im Schwerpunkt S angreifen. Sein Angriffspunkt D, der Druckmittelpunkt, hat gegen das eingeführte Koordinatensystem die Koordinaten $x_0|y_0$. Zu seiner Ermittlung wendet man den Momentensatz an (Mech. I 25) und wählt zuerst die x- und dann die y-Achse als gedachte Drehachse. Man erhält

$$P y_0 = \int dP\cdot y = \gamma \int y z\, dF, \quad P x_0 = \int dP\, x = \gamma \int x z\, dF.$$

Oder mit $P = \gamma h F$

$$x_0 = \frac{\int x z\, dF}{F h}, \quad y_0 = \frac{\int y z\, dF}{F h}, \tag{c}$$

Die beiden Integrale kann man noch vereinfachen und zwar durch Einführung des Trägheitsmomentes der Fläche für die y-Achse und des Zentrifugalmomentes der Fläche für das Achsenkreuz. Der Abbildung entnimmt man

$$z - h = x \sin \alpha,$$

und erhält

$$\int y z\, dF = \int y (x \sin \alpha + h)\, dF = \sin \alpha \int x y\, dF + h \int y\, dF$$
$$= \sin \alpha \int x y\, dF = \sin \alpha \cdot \Phi_{xy},$$

weil das Integral $\int y\, dF$ als statisches Moment der Fläche für die Schwerachse verschwindet. Entsprechend wird

$$\int x z\, dF = \int x (x \sin \alpha + h)\, dF = \sin a \int x^2 dF + h \int x\, dF$$
$$= \sin \alpha \int x^2\, dF = \sin \alpha \cdot J_y.$$

Damit wird, wenn man noch $h = a \sin \alpha$ berücksichtigt,

$$x_0 = \frac{J_y}{F a}, \quad y_0 = \frac{\Phi_{xy}}{F a}. \tag{d}$$

88. Statischer Auftrieb von Luftschiffen. Der statische Auftrieb steht im Gegensatz zum dynamischen. Dieser kommt in der Hauptsache bei Flugzeugen vor und wird durch die Motore erzeugt, ersterer bei Luftschiffen und entsteht durch Verwendung eines Füllgases, das leichter als Luft ist. Beim Flugzeug ist der tragende Teil die Fläche, gegen die ein natürlicher oder künstlicher Luftstrom eine Komponente nach oben wirken läßt, bei den Luftschiffen der Ballon oder ein System von Ballonen. Wir wollen den eigentlich tragenden Teil des Ballons, die mit dem Füllgas versehene geschlossene Haut die „Zelle" nennen. Auf jedes Oberflächenteilchen dF der Zelle wirkt, Abb. 187, von außen der Luftdruck $p\,dF$, von innen der Druck $g\,dF$ des Füllgases. Die Mittelkraft $n\,dF$ aus beiden wollen wir mit Zelldruck bezeichnen, so daß an jeder Stelle gilt

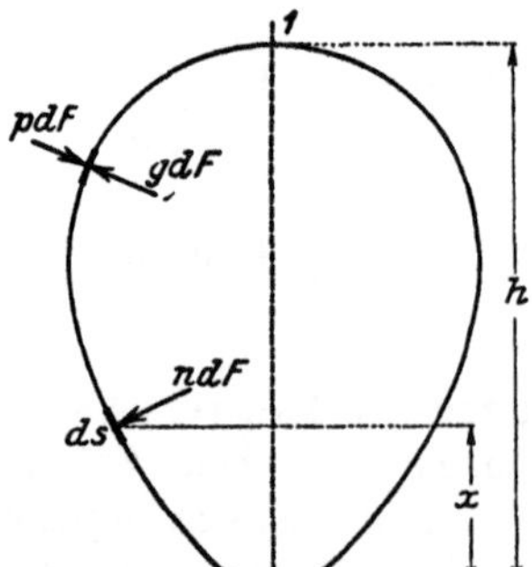

Abb. 187.

$$n = g - p \tag{a}$$

p, g und n sind auf die Flächeneinheit bezogen, wir bezeichnen diese Größen wieder als Druckdichten.

p und g und damit auch n sind unabhängig von der Richtung des gedrückten Flächenelementes dF und nur abhängig von seiner Lage. Die Form der Zelle, so wie sie der lotrechte Schnitt der Abbildung angibt, kann entweder eine freie sein (beim sogenannten Prallballon) oder durch ein Gerüst erzwungen (beim starren Luftschiff). Es soll der gebräuchliche Fall untersucht werden, daß das Luftschiff im mittleren Teil zylindrische Gestalt hat. Und insbesondere soll für die Untersuchung ein Stück betrachtet werden, das durch zwei im Abstand 1 befindliche Querschnitte begrenzt ist. Als Flächenteilchen dF wählt man dann einen Streifen von den Abmessungen $1 \cdot ds$.

Die Luft sowohl wie das Füllgas ändern ihren Druck mit der Höhe x; ihre Gewichtsdichten γ_0 und γ sind zwar auch mit der Höhe veränderlich, innerhalb der beschränkten Höhe h des Luftschiffes aber kann man in erster Annäherung beide als konstant betrachten. Es sei mit den Zeigern 1 und 2 die höchste bzw. tiefste Stelle des Luftschiffes bezeichnet, so daß p_1, g_1, n_1 die Druckdichten an der höchsten Stelle und p_2, g_2, n_2 jene an der tiefsten Stelle angeben. p, g und n sind die entsprechenden Größen an der allgemeinen Stelle x. Dann gilt

$$g_1 = p_1 + n_1, \quad g_2 = p_2 + n_2, \quad g = p + n \tag{b}$$

und

$$p_2 = p_1 + h\gamma_0, \quad g_2 = g_1 + h\gamma$$

oder allgemein

$$p = p_1 + (h - x)\gamma_0, \quad g = g_1 + (h - x)\gamma. \tag{c}$$

Daraus folgt

$$n_2 = g_2 - p_2 = g_1 - p_1 + h(\gamma - \gamma_0),$$

allgemein

$$n = g - p \quad \text{oder} \quad n = g_1 - p_1 + (h - x)(\gamma - \gamma_0). \tag{d}$$

Wenn man noch für den Unterschied $\gamma_0 - \gamma$ der Gewichtsdichten die Abkürzung α einführt, werden beide Gleichungen

$$n_2 = g_1 - p_1 - \alpha h$$
$$n = g_1 - p_1 + \alpha(x - h),$$

oder wenn man beide Gleichungen subtrahiert,

$$n = n_2 + \alpha x. \tag{e}$$

Je nach dem Füllungsgrad der Zelle wird der Zelldruck n_2 an der tiefsten Stelle verschiedenen Wert haben. Als **Normalfüllung** sei jene bezeichnet, bei der $n_2 = 0$ ist, wenn also an der tiefsten Stelle des Ballons der Innen- und Außendruck gleich groß ist. Füllt man stärker, so wird n_2 größer, man spricht dann von einem Überdruck im Füllgas. Mißt man diesen Überdruck

$$n_2 = w$$

in Millimetern einer Wassersäule, so ist diese Benennung die gleiche wie die bisherige von αx, nämlich kg/m².

Beispiel a) Der dem Ballon bei Fahrtbeginn gegebene Überdruck ist 20 mm W. S. Auf 1 m² kommt also eine Wassermenge von 1 m²·2 cm = 0,02 m³ mit einem Gewicht von 20 kg. Diese 20 kg treffen auf 1 m², so daß sich entsprechen

20 mm W. S. und 20 kg/m².

Statt n_2 kann man auch schreiben αa, Abb. 191, so daß

$$n = \alpha (x + a) \tag{f}$$

das Gesetz für den Zelldruck ist. Wie oben schon angegeben, ist die Form des Ballonquerschnittes belanglos. Die Gestalt der Zelle der Abbildung kann man sich beispielsweise durch ein Gerüst hervorgerufen denken, an das sich die Zellhaut anlegt.

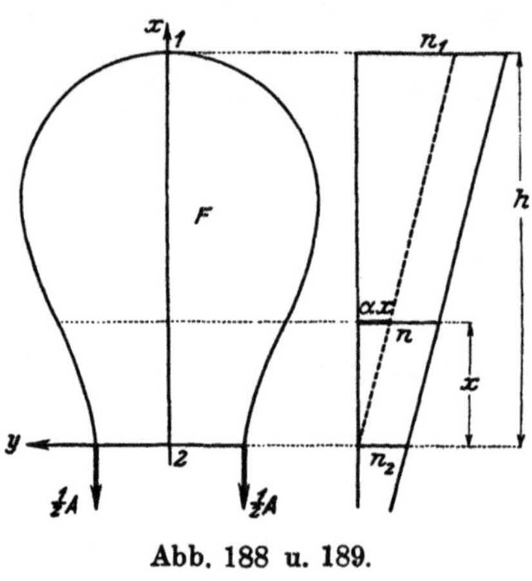

Abb. 188 u. 189.

Die Schaulinie für den Zelldruck ist sonach eine Gerade, er befolgt das gleiche Gesetz wie der Flüssigkeitsdruck, Abb. 189. Die Folge des Zelldruckes, der vom Innern des Zellkörpers nach außen wirkt, ist die gleiche wie beim Flüssigkeitsdruck, nämlich ein Auftrieb nach oben. Dieser statische Auftrieb ist gleich dem Unterschied des Gewichtes der durch die Zelle verdrängten Luft von dem Gewicht des Füllgases. Wenn sonach V der Rauminhalt des Füllgases ist, so wird der Auftrieb, Abb. 188,

$$A = V\gamma_0 - V\gamma = V(\gamma_0 - \gamma)$$

oder

$$A = \alpha V. \tag{g}$$

In der Abbildung ist die Fläche des Zellquerschnittes F, die Stärke des untersuchten Zellkörpers 1, so daß $V = F \cdot 1$ und damit $A = \alpha F$. In der Abbildung ist die Zelle im Gleichgewicht vorausgesetzt, so daß A durch die beiden eingezeichneten Kräfte $\frac{1}{2}A$ im Gleichgewicht gehalten wird. Beide Kräfte ersetzen das Eigengewicht des untersuchten Körpers sowie das Nutzgewicht.

89. Fortsetzung. Für eine beliebige Gestalt der zylindrisch vorausgesetzten Zellhaut sind die lot- und wagrechten Seitenkräfte des Zelldruckes gesucht.

Da im praktischen Fall die Zelle natürlich immer symmetrisch zur lotrechten Mittelebene ist, braucht man nur die eine Hälfte der Zelle zu untersuchen. Als Flächenelement wählt man einen Streifen parallel zur Zylinderachse, ein Rechteck mit den Seiten 1 und ds. Auf dieses wirkt der Zelldruck nds. Die Druckdichte ist, Abb. 190,

$$n = \alpha(x + a),$$

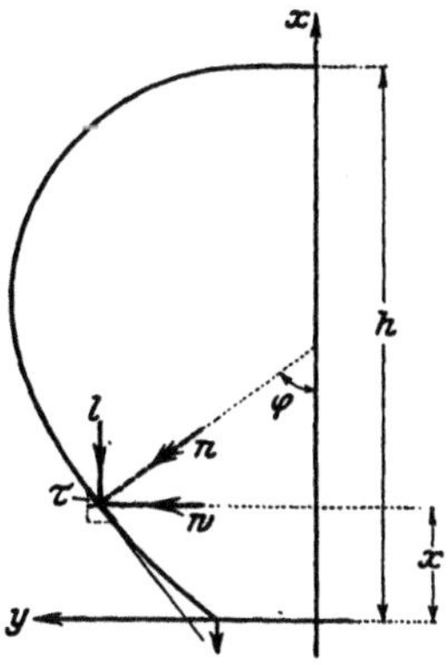

Abb. 190.

ihre beiden Seitenkräfte sind

lotrecht $l = -n\cos\varphi = -n\sin\tau$, (a)

wagrecht $w = +n\sin\varphi = +n\cos\tau$. (b)

Auf das Flächenelement $1\cdot ds$ wirkt der Zelldruck

$$dN = nds \quad \text{oder} \quad dN = \alpha(x + a)\,ds, \tag{c}$$

seine beiden Seitenkräfte sind

$$\text{lotrecht} \quad dL = l\,ds = -n\sin\tau\,ds = -n\,dy,$$
$$\text{wagrecht} \quad dW = w\,ds = +n\cos\tau\,ds = +n\,dx.$$

Mit Einführung von $n = \alpha(x + a)$ wird

$$dL = -\alpha(x + a)\,dy, \tag{d}$$
$$dW = +\alpha(x + a)\,dx. \tag{e}$$

Ohne Berücksichtigung des Vorzeichens ist dL das α-fache des in Abb. 191 schraffiert gezeichneten Flächenstreifens von den Abmessungen $x + a$ und dy. Dann ist

$$L = -\alpha\int_0^x (x + a)\,dy \quad \text{oder} \quad L = -\alpha F_x \tag{f}$$

das α-fache der in der Abbildung mit F_x gekennzeichneten schraffierten Fläche. Man beachte die aus der Formel ersichtliche Definition von L [ähnlich wie bei der Biegung die Scherkraft V und das Biegungsmoment an der Stelle x] als die lotrechte Komponente des am abgeschnitten gedachten unteren Teil angreifenden Zelldruckes R. Entsprechend ist W an der Stelle x definiert.

Das „—" gibt an, daß L nach abwärts gerichtet ist. dL bleibt negativ, bis x den Wert f erreicht hat, wo die Zellkurve genau lotrechte Richtung hat, von da an wird dL positiv. An dieser Stelle $x = f$ hat L den größten negativen Wert erreicht, von da nähert sich L wegen des positiven Zuwachses dL mehr und mehr dem Wert 0, den es an einer Stelle $x = g$ erreicht. Von da an ist L positiv und erreicht im First des Ballons, an der Stelle $x = h$, seinen größten Wert

$$L_1 = \tfrac{1}{2} \alpha F, \tag{g}$$

das ist der durch (88g) gegebene Wert des Gesamtauftriebes. Er greift, wie aus der ganzen Entwicklung hervorgeht, im Schwerpunkt S der halben Zellquerschnittsfläche F_1 an.

Abb. 192 gibt die Schaulinie für L wieder.

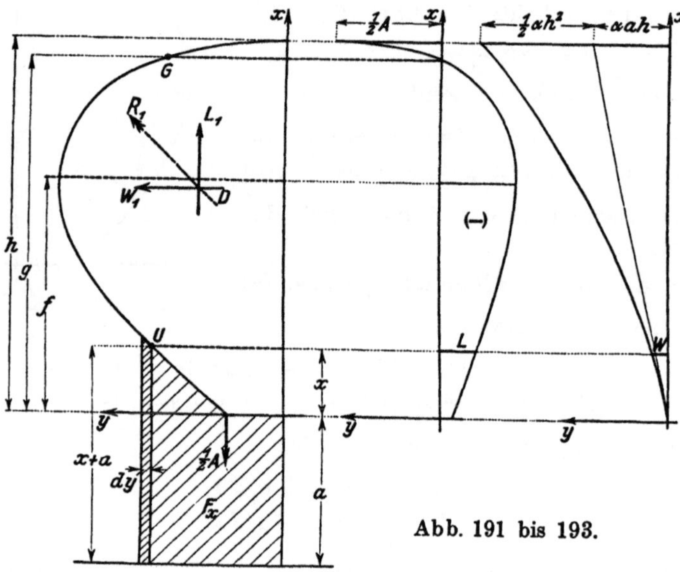

Abb. 191 bis 193.

Während diese Kraft wesentlich durch die Form des Zellquerschnittes bedingt wird, ist

$$W_x = \alpha \int_0^x (x + a)\, dx = \tfrac{1}{2} \alpha \left[(x + a)^2\right]_0^x$$

oder

$$W = \tfrac{1}{2} \alpha (x^2 + 2ax) \tag{h}$$

von der Zellform unabhängig und einzig durch x bedingt. W wächst von $x = 0$ an immer fort bis zu $x = h$, wo es den Wert

$$W_1 = \tfrac{1}{2} \alpha (h^2 + 2ah) \tag{i}$$

erreicht. Abb. 193 gibt die Schaulinie für W, eine gewöhnliche Parabel.

W ist die nämliche Größe wie der durch (87) gegebene Flüssigkeitsdruck.

90. Scherkraft und Biegungsmoment. Ihre Definition brachte bereits 14 und 26. Sie sind beide für Tragkonstruktionen wichtige Größen, insbesonders das Biegungsmoment. Wie der Name angibt, spielt das Biegungsmoment M eine wichtige Rolle bei allen mit Biegungserscheinungen zusammenhängenden Aufgaben. Es ist für einen gegebenen Träger ein unmittelbares Maß für die Biegungsbeanspruchung. Unter dem Einfluß der an einem solchen Träger angreifenden Lasten und der von ihnen hervorgerufenen Auflagerkräfte wird in ihm an jeder Stelle x eine bestimmte Biegungsbeanspruchung vorhanden sein, im allgemeinen natürlich an jeder Stelle eine andere. Für den einfachsten Fall der Biegung eines homogenen Stabes, so wie er unten näher beschrieben ist, gilt für die an der Stelle x auftretende größte Biegungsspannung, die sogenannte Randspannung, nach den Lehren der Mechanik die Formel

$$\sigma = \frac{M}{J} e. \tag{a}$$

Dieser einfachste Fall der Biegung hat folgende vier Voraussetzungen:

1. der Stab muß gerade sein,
2. die am Stab angreifenden Kräfte müssen alle senkrecht zur Stabachse sein,
3. sie müssen alle in der nämlichen Ebene liegen und
4. diese Ebene muß eine Symmetrieebene des Stabes sein.

Wie weit die Formel noch gilt, wenn eine von diesen vier Voraussetzungen nicht mehr zutrifft, lehrt die Festigkeitslehre.

In der Formel ist M das an der Stelle x auftretende Biegungsmoment, sonach eine Funktion von x; J ist das Trägheitsmoment des Querschnittes an der Stelle x (oder des untersuchten Querschnittes, wie man gewöhnlich sagt) und zwar für die Nullinie des Querschnittes, d. h. für die zur Kräfteebene senkrechte Schwerlinie des Querschnittes, e ist die Randentfernung, d. h. der größte Abstand, den ein Querschnittspunkt von der Nullinie haben kann. Im allgemeinen sind auch J und e von x abhängig, gewöhnlich wird aber beim einfachsten Fall der Biegung der Träger konstanten Querschnitt über die ganze Trägerlänge haben, und sonach J und e konstant sein. J ist das Trägheitsmoment einer Fläche und hat deswegen die Dimension Fi^2, also cm^4, da man die Masse der Fläche gleich dieser Fläche setzt und bei Biegungsaufgaben 1 cm als Längeneinheit wählt.

Beispiel a) Man gebe eine Formel für das Biegungsmoment bei dem durch Abb. 194 gegebenen Belastungsfall.

Man beachte, daß in jedem Abschnitt zwischen den Angriffspunkten der Lasten die Formel für das Biegungsmoment eine andere ist, daß man sonach vier Abschnitte I, II, III, IV und für jeden Abschnitt eine andere Formel für M hat. Liegt der untersuchte Querschnitt im ersten Abschnitt, Abb. 194, so greift am linken Teil nur die Auflagerkraft A an, es ist sonach

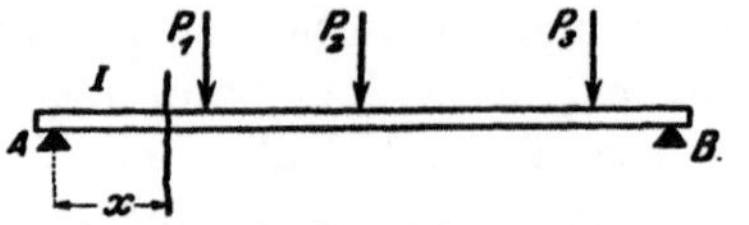

Abb. 194.

$$M_I = Ax.$$

Liegt der untersuchte Querschnitt im Bereich zwischen den Angriffspunkten 1 und 2, also im Abschnitt II, so wird nach Abb. 195

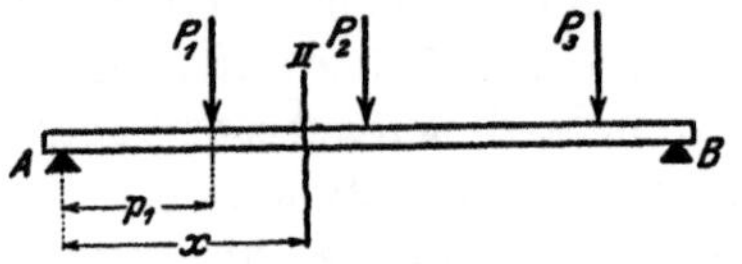

Abb. 195.

$$M_{II} = Ax - P_1(x - p_1).$$

Entsprechend wird für den dritten und vierten Bereich, Abb. 196

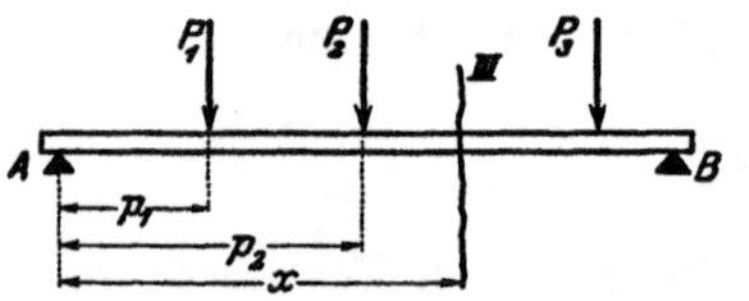

Abb. 196.

$$M_{III} = Ax - P_1(x - p_1) - P_2(x - p_2),$$

$$M_{IV} = Ax - P_1(x - p_1) - P_2(x - p_2) - P_3(x - p_3).$$

Wie man im dritten und vierten Abschnitt die Formel für M einfacher aufstellen kann, zeigt die Mechanik.

Man kann eine allgemeine Formel für das Biegungsmoment aufstellen,

$$M = Ax - \sum_0^x P(x - p),$$

muß aber beachten, daß diese Formel für jeden Abschnitt anders wird, wie ja auch die beiden Grenzen des Summenzeichens ausdrücken.

B e i s p i e l b) Wie groß ist beim Belastungsfall der Abb. 194 die Randspannung an den Angriffspunkten 1, 2 und 3 der Einzellasten? Der hölzerne Träger ist als Stab mit konstantem Rechtecksquerschnitt 20 cm · 30 cm vorausgesetzt, $P_1 = 1000$ kg, $P_2 = 3000$ kg, $P_3 = 2000$ kg, Längenmaßstab der Abbildung 1 : 100.

Man ermittelt zuvor nach den Sätzen der Statik die beiden Auflagerkräfte und findet $A = 2500$ kg, $B = 3500$ kg (Mech. I 39 oder 44). Dann ist, wenn man der Abbildung noch $p_1 = 100$ cm, $p_2 = 200$ cm, $p_3 = 350$ cm entnimmt,

$$M_I = 2\,500 \text{ kg} \cdot x,$$

also an der Stelle 1 $\quad M_1 = 2\,500 \text{ kg} \cdot 100 \text{ cm} = 250\,000 \text{ cmkg};$

$$M_{II} = 2\,500 \text{ kg} \cdot x - 1\,000 \text{ kg } (x - 100 \text{ cm}),$$

also $\quad M_2 = 2\,500 \text{ kg} \cdot 200 \text{ cm} - 1000 \text{ kg} \cdot (200 - 100) \text{ cm}$

$$= 400\,000 \text{ cmkg};$$

$$M_{III} = 2\,500 \text{ kg} \cdot x - 1\,000 \text{ kg} (x - 100 \text{ cm}) - 3000 \text{ kg } (x - 200 \text{ cm}),$$

also $\quad M_3 = 2\,500 \text{ kg} \cdot 350 \text{ cm} - 1\,000 \text{ kg} \cdot 250 \text{ cm} - 3000 \text{ kg} \cdot 150 \text{ cm}$

$$= 175\,000 \text{ cmkg}.$$

Das Trägheitsmoment ist über den ganzen Träger konstant, ebenso e,

$$J = \tfrac{1}{12} b h^3, \quad e = \tfrac{1}{2} h.$$

Mit diesen Werten wird die Biegungsformel (a) für einen rechteckigen Querschnitt

$$\sigma = \frac{6\,M}{b h^2} \quad \text{und hier} \quad \sigma = \frac{M}{3000 \text{ cm}^3}.$$

An den Stellen 1, 2, 3 wird sonach

$$\sigma_1 = 83\tfrac{1}{3} \text{ kg/cm}^2, \quad \sigma_2 = 133\tfrac{1}{3} \text{ kg/cm}^2, \quad \sigma_3 = 58\tfrac{1}{3} \text{ kg/cm}^2.$$

Beispiel c) Der wagrechte eingespannte Stab der Abb. 197 trägt eine über die ganze Länge l verteilte gleichmäßige Belastung Q. Wie groß ist die Scherkraft V und das Biegungsmoment M an der Stelle x? Man zeichne noch das Scherkraft- und Momentendiagramm.

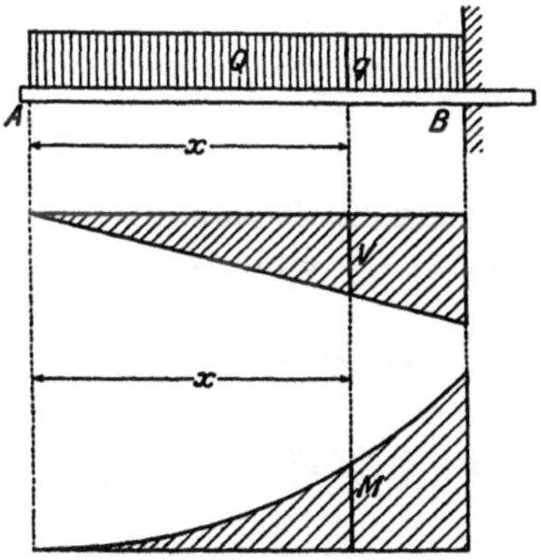

Abb. 197—199.

Man führt die Belastungsdichte q ein, das ist die Belastung auf die Längeneinheit. Auf die Länge 1 trifft also die Belastung q, sonach auf die Länge x des abgeschnitten gedachten linken Teiles des Stabes die Belastung qx, weil ja q konstant. Es ist dann

$$V_x = -qx$$

und

$$M_x = -qx \cdot \tfrac{1}{2} x,$$

weil die Resultierende V in der Mitte von x angreift.

Die V-Kurve ist sonach eine Gerade, die M-Kurve eine Parabel, s. Abb. 198 und 199.

Beispiel d) Die Belastung Q des wagrecht eingespannten Stabes der Abb. 200 nimmt über die ganze Länge l des Stabes von 0 an gleichmäßig zu. Wie groß ist die Belastungsdichte an der Einspannstelle? Wie groß sind die Scherkräfte V und die Biegungsmomente M an der allgemeinen Stelle x und an der Einspannstelle?

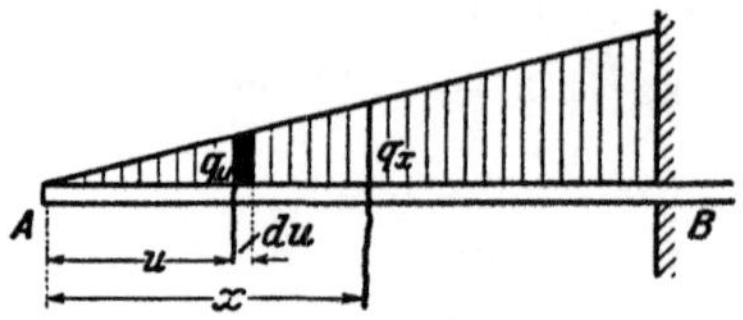

Abb. 200.

Man führt wieder die Belastungsdichte q ein. Auf die Länge dx trifft $q\,dx$, wo $q = cx$, d. h. verhältnisgleich dem Abstand vom linken Ende ist. Den Verhältnisfaktor c findet man aus der Beziehung, daß

$$Q = \int_0^l q\,dx = c\int_0^l x\,dx = \tfrac{1}{2}cl^2.$$

Es wird
$$c = \frac{2Q}{l^2} \quad \text{und} \quad q = x\frac{2Q}{l^2}.$$

An der Einspannstelle $x = l$ wird $q_B = 2Q : l$.

V als Mittelkraft wird ebenso wie nachher M durch Integration gefunden. Diese Summierung erstreckt sich auf alle links von x angreifenden äußeren Kräfte, x spielt also bei der Integration die Rolle einer Konstanten. Um die einzelnen Kräfte links von x zu unterscheiden, muß man noch eine neue Veränderliche u einführen. Dann ist an der Stelle u die Belastungsdichte $q_u = cu$, also V die Mittelkraft aller dieser $q\,du = cu\,du$,

$$V_x = -\int_0^x q\,du = -c\int_0^x u\,du = -\tfrac{1}{2}cx^2 = -Q\frac{x^2}{l^2}.$$

Die Kraft $q\,du$ hat für die Schwerlinie an der Stelle x den Dreharm $x - u$ und sonach das Drehmoment $-cu\,du(x-u)$, so daß

$$M_x = -c\int_0^x u\,du\,(x-u) = -c\left(x\tfrac{1}{2}u^2 - \tfrac{1}{3}u^3\right)_0^x = -\tfrac{1}{6}cx^3$$

oder
$$M_x = -\frac{Qx^3}{3l^2}.$$

An der Einspannstelle wird $x = l$ und demnach

$$V_B = -Q, \quad M_B = -\tfrac{1}{3}Ql.$$

91. Fortsetzung. Beispiel a) Der nach einem Halbkreis gebogene und an der Stelle B eingespannte Stab der Abb. 201 ist an der äußeren Seite einem gleichförmigen Druck ausgesetzt. Die

Belastungsdichte q auf die Längeneinheit wird in kg/cm gemessen. Wie groß ist das Biegungsmoment an der allgemeinen Stelle x und wie groß an der Einspannstelle?

Die Definition des Biegungsmomentes ist natürlich unabhängig davon, ob der Stab gerad- oder krummlinig ist. Bei einem kreisförmig gebogenen Stab empfiehlt sich meist die Rechnung mit Winkeln. Man führt zu diesem Zweck den Winkel φ ein, gemessen vom Anfangspunkt A bis zum untersuchten Punkt U. Als „linker Teil des Stabes" ist der Teil AU zu betrachten.

Die am Stab angreifenden äußeren Kräfte sind die Druckkräfte $q\,ds$ an jedem Bogenelement ds. Da die Druckverteilung eine gleichförmige ist, erinnert man sich an den Satz (86b) und ersetzt das

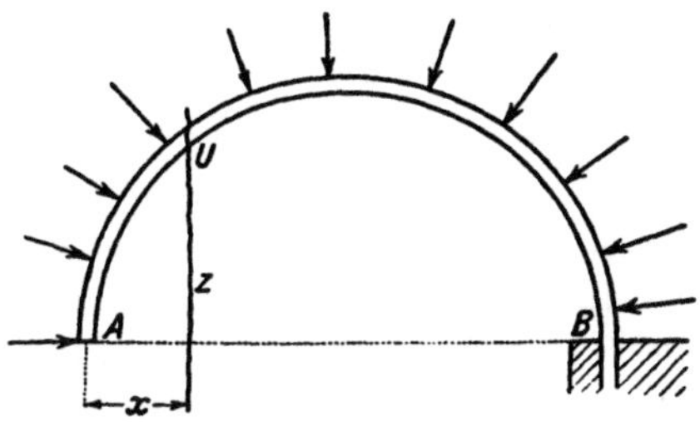

Abb. 201.

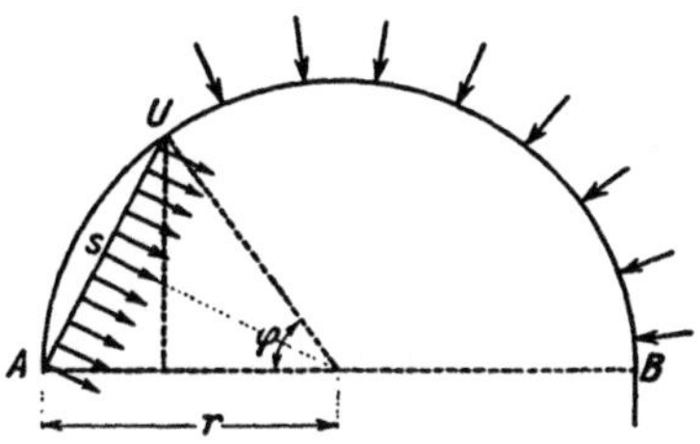

Abb. 202.

System der am Bogen AU angreifenden Druckkräfte durch die an der Sehne AU angreifenden Druckkräfte. Diese haben eine Mittelkraft sq, die in der Mitte angreift. Damit wird das Biegungsmoment an der Stelle U

$$M = -qs \cdot \frac{s}{2} = -\tfrac{1}{2} q s^2 = -2\,q r^2 \sin^2 \frac{\varphi}{2}.$$

An der Einspannstelle B ist $\varphi = \pi$ und deswegen

$$M_B = -2\,q r^2.$$

Beispiel b) Die halbkreisförmig gebogene und beiderseits geschlossene Röhre der Abb. 203 enthält ein Gas vom Druck p_2, der äußere Luftdruck sei p_1. Wie groß ist das Biegungsmoment an der allgemeinen Stelle U, wenn als Drehachse (Nullinie) eine Gerade angenommen wird, die nicht mehr durch den Schwerpunkt des Querschnittes geht, sondern von ihr um den Betrag n entfernt ist? Wie groß ist das Einspannmoment unter der gleichen Voraussetzung?

Die am linken abgeschnitten gedachten Teil angreifenden äußeren Kräfte sind die unendlich vielen Druckelemente $p_1 dF_1$ und $p_2 dF_2$. Statt von ihnen das Moment für die angegebene Drehachse zu nehmen, wird man von ihrer Mittelkraft das Moment nehmen. Man benützt den Satz (86b) und erhält, daß der Außendruck auf die Röhre ersetzt werden kann durch den Druck auf die Begrenzung F_1, daß also $p_1 F_1$ die Mittelkraft des Außendruckes ist. Entsprechend ist $p_2 F_2$ die Mittelkraft des Innendruckes.

Der Unterschied zwischen den Querschnittsflächen F_1 und F_2 ist durch die Stärke der Rohrwand bedingt. Würde man die Null-

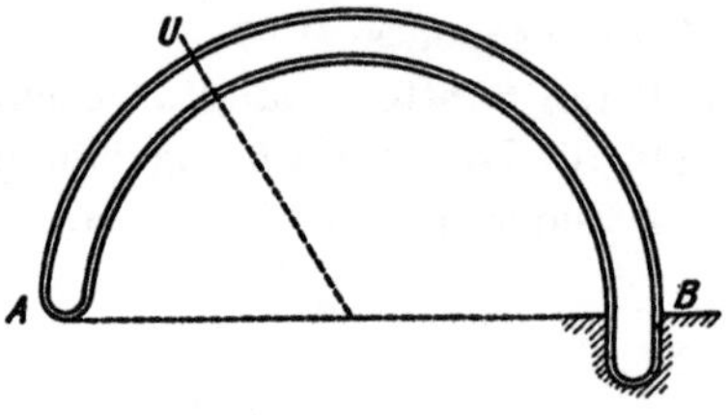

Abb. 203.

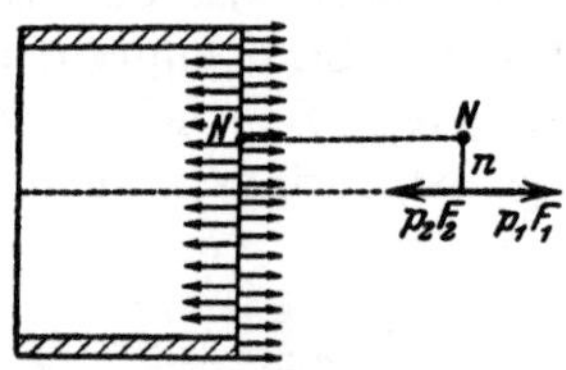

Abb. 204.

linie als Schwerachse des Querschnittes voraussetzen, dann würden beide Mittelkräfte die Nullinie schneiden, das Biegungsmoment wäre sonach 0. Entsprechend der angegebenen Voraussetzung ist aber

$$M_x = (p_2 F_2 - F_1 p_1)\, n.$$

Man sieht, das Biegungsmoment an der allgemeinen Stelle U ist unabhängig von dieser Stelle. Es ist sonach auch

$$M_B = (p_2 F_2 - p_1 F_1)\, n.$$

Umgekehrt kann man, wenn M bekannt ist, aus dieser Gleichung n ermitteln.

***92. Anziehung.** Das Newtonsche Anziehungsgesetz

$$P = c\,\frac{m_1 m_2}{r^2} \tag{a}$$

gibt die Kraft P an, mit der sich zwei Massenteilchen m_1 und m_2 anziehen, wenn sie den Abstand r haben. c ist die Konstante des Gesetzes; ihre physikalische Bedeutung erhält man, wenn man m_1, m_2 und r gleich 1 setzt, dann ist

$$P_0 = c \cdot \frac{1 \cdot 1}{1} \quad \text{oder} \quad c = P_0,$$

d. h. c ist die Kraft, mit der zwei im Abstand 1 befindliche Massenteilchen 1 sich anziehen.

Beispiel a) Anziehung zwischen Strecke und Punkt. Dieser hat die Masse m, erstere die Masse $M = l\mu$, wenn l ihre Länge und μ die lineare Massendichte ist. Der Punkt hat von der Strecke den Abstand a.

Das Linienelement dx der Strecke mit der Masse $m' = \mu dx$ kann man als Massenpunkt betrachten. Es wird vom Massenteilchen m in C angezogen mit der Kraft

$$dP = \frac{c\,m\,m'}{r^2} = c\,\frac{m\,\mu\,dx}{a^2 + x^2}. \quad \text{(b)}$$

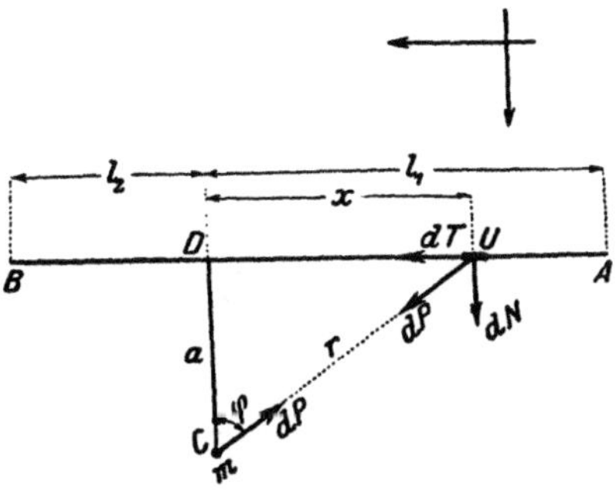

Abb. 205.

Für die rechnerische Ermittlung von P muß man dP in seine Mittelkräfte dN und dT zerlegen. Es ist

$$dN = dP \cdot \frac{a}{r} = a\,c\,m\,\mu\,\frac{dx}{(a^2 + x^2)^{3/2}}, \quad dT = dP \cdot \frac{x}{r} = c\,m\,\mu\,\frac{x\,dx}{(a^2 + x^2)^{3/2}}.$$

Für die Summierung der dT setzt man

$$a^2 + x^2 = r^2 \quad \text{oder} \quad x\,dx = r\,dr$$

und erhält für den einen Teil des Stabes, der die Länge l_1 hat, Abb. 205,

$$T_1 = c\,m\,\mu \int\limits_{x=0}^{x=l_2} \frac{dr}{r^2} = -\,c\,m\,\mu \left[\frac{1}{r}\right]_{x=0}^{x=l_1} = -\,c\,m\,\mu \left[\frac{1}{\sqrt{a^2 + x^2}}\right]_0^{l_1}$$

oder
$$T_1 = c\,m\,\mu \left[\frac{1}{u} - \frac{1}{\sqrt{a^2 + l_1^2}}\right].$$

Genau so wird, nur negativ

$$T_2 = -\,c\,m\,\mu \left[\frac{1}{a} - \frac{1}{\sqrt{a^2 + l_2^2}}\right].$$

Beide zusammen ergeben

$$T = T_1 + T_2 = c\,m\,\mu \left[\frac{1}{\sqrt{a^2 + l_2^2}} - \frac{1}{\sqrt{a^2 + l_1^2}}\right]. \quad \text{(c)}$$

Ein positives T geht nach Abbildung in Richtung des Pfeiles.

Die Summierung der dN erfolgt am einfachsten, wenn man setzt

$$x = a \operatorname{tg} \varphi,$$

also $dx = \frac{a\,d\varphi}{\cos^2\varphi}$ und $a^2 + x^2 = a^2(1 + \mathrm{tg}^2\varphi) = \frac{a^2}{\cos^2\varphi}$

erhält. Dann wird

$$N_1 = a c m \mu \int\limits_{x=0}^{x=l_1} \frac{a\,d\varphi \cos^3\varphi}{\cos^2\varphi\, a^3} = \frac{c m \mu}{a} \int\limits_{x=0}^{x=l_1} \cos\varphi\, d\varphi$$

$$= \frac{c m \mu}{a} \Big[\sin\varphi\Big]_{x=0}^{x=l_1} = \frac{c m \mu}{a} \left[\frac{x}{\sqrt{a^2 + x^2}}\right]_0^{l_1}$$

oder

$$N_1 = \frac{c m \mu}{a} \frac{l_1}{\sqrt{a^2 + l_1^2}}, \quad \text{ebenso} \quad N_2 = \frac{c m \mu}{a} \frac{l_2}{\sqrt{a^2 + l_2^2}}$$

und deswegen

$$N = N_1 + N_2 = \frac{c m \mu}{a} \left[\frac{l_1}{\sqrt{a^2 + l_1^2}} + \frac{l_2}{\sqrt{a^2 + l_2^2}}\right].$$

Beispiel b) Man diskutiere verschiedene Einzelfälle des vorausgehenden Beispiels.

I. Wenn die Strecke AB sich auf beiden Seiten ins Unendliche erstreckt, wird

$$l_1 = \infty = l_2.$$

Man erhält, was ja selbstverständlich ist, $T = O$. Bei der Berechnung von N sieht man, daß die Grenzwerte der beiden Wurzeln l_1 und l_2 sind, so daß der Klammerausdruck den Wert 2 annimmt. Man erhält also

$$T = O \quad \text{und} \quad N = 2\frac{c m \mu}{a}.$$

II. Wenn das Anziehungszentrum C auf der Strecke AB selbst liegt bzw. auf ihrer Verlängerung, Abb. 206 und 207, wird $a = 0$.

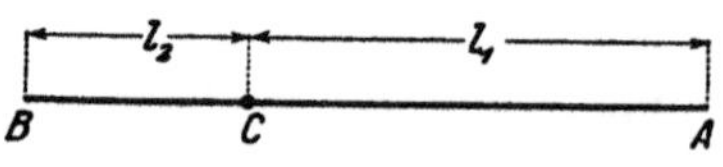

Abb. 206.

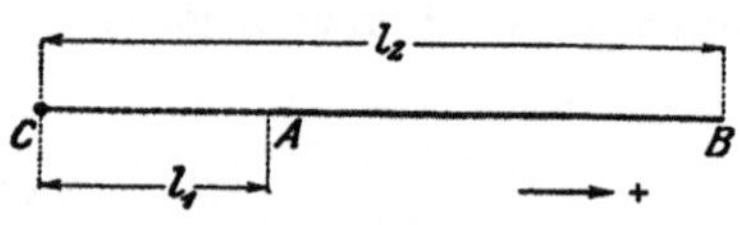

Abb. 207.

Ein N tritt überhaupt nicht auf, es braucht deswegen auch nicht weiter untersucht werden, warum scheinbar N den Wert ∞ annimmt. T wird zu P, so daß man als Anziehungskraft nach (c) hat

$$P = c m \mu \left[\frac{1}{l_2} - \frac{1}{l_1}\right] = c m \frac{\mu l_1 - \mu l_2}{l_1 l_2} \quad \text{oder} \quad P = c \frac{m(M_1 - M_2)}{l_1 l_2}. \qquad \text{(d)}$$

III. Wenn l_2 unendlich groß wird und C auf der Strecke AB liegt, dann

$$P = \frac{-cm\mu}{l_1} = \frac{-cm\cdot\mu l_1}{l_1^2} \quad \text{oder} \quad P = c\frac{mM}{l_1^2}, \tag{e}$$

abgesehen vom Vorzeichen, d. h. die Anziehungskraft einer unendlich langen Strecke, die im Abstand l_1 von dem auf ihrer Fortsetzung liegenden Anziehungszentrum beginnt, ist ebenso groß, wie wenn statt ihrer die Strecke CA, deren Masse im Punkt A vereinigt gedacht ist, angezogen würde.

IV. Wenn die unendlich lange Strecke im Anziehungszentrum C schon beginnt, liefert die Formel wegen $l_1 = 0$ den Wert ∞ für P. In Wirklichkeit aber kann l_1 nicht zu Null werden, denn zwischen dem Anziehungszentrum, das doch physikalisch existieren soll, und dem nächstgelegenen Massenteilchen der Strecke AB muß doch immer eine Entfernung vorhanden sein, Abb. 208.

Abb. 208.

Beispiel c) Anziehung zwischen einem unendlich dünnen Ring und einem auf der Symmetrieachse liegenden Punkt. Der Ring hat den Halbmesser r, der Anziehungsmittelpunkt C von der Ringebene die Entfernung a und die Masse m. Als Massenteilchen nimmt man die auf das Ringelement ds treffende Masse μds. Die anziehende Kraft dP zerlegt man jedesmal in die Beiträge dA in achsialer und dR in radialer Richtung, Abb. 209. Die Komponenten dR heben sich immer paarweise auf so daß die gesamte Anziehung P gleich der Summe aller dA ist, nach (b)

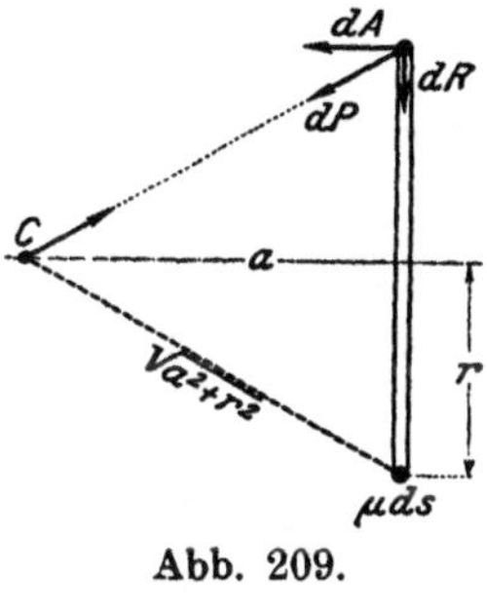

Abb. 209.

$$dA = dP\frac{a}{\sqrt{a^2+r^2}} = \frac{cm\mu ds}{a^2+r^2}\cdot\frac{a}{\sqrt{a^2+r^2}},$$

also $$A = \frac{acm\mu}{(a^2+r^2)^{3/2}}\cdot\int ds \quad \text{oder} \quad A = \frac{2\,acm\mu r\pi}{(a^2+r^2)^{3/2}}$$

oder $$A = \frac{acmM}{(a^2+r^2)^{3/2}}, \tag{f}$$

wenn $M = 2r\pi\cdot\mu$ die Masse des Ringes ist. Die Mittelkraft A liegt in der Symmetrieachse.

93. Fortsetzung. Beispiel a) Anziehung zwischen einer unendlich dünnen homogenen Kreisscheibe und einem Punkt auf ihrer Symmetrieachse. Die Scheibe hat den Halbmesser r; führt man als planare Massendichte μ ein, so ist die Masse der Scheibe $M = r^2 \pi \mu$. Der Anziehungspunkt C liegt im Abstand a von der Scheibe und hat die Masse m, Abb. 210. Der durch die Halbmesser x und $x + dx$ begrenzte Ring der Scheibe hat die Masse $2\pi x dx \mu$, wird also nach (92f) mit einer Kraft

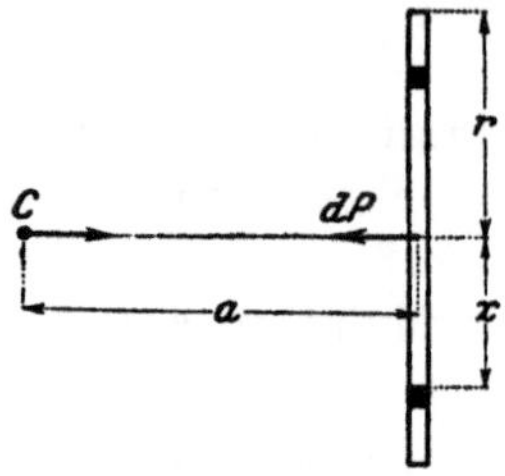

Abb. 210.

$$dP = \frac{acm\, 2\pi x\, dx\, \mu}{(a^2 + x^2)^{3/2}}$$

angezogen. dP liegt in der Symmetrieachse. Dann ist die gesamte Anziehung P gleich der Summe aller dP und liegt gleichfalls in der Symmetrieachse,

$$P = 2\, acm\, \pi \mu \int \frac{x\, dx}{(a^2 + x^2)^{3/2}} = -2\, acm\, \pi \mu \left[\frac{1}{\sqrt{a^2 + x^2}}\right]_0^r$$

wie im Beispiel 92a). Oder

$$P = 2\, acm\, \pi \mu \left[\frac{1}{a} - \frac{1}{\sqrt{a^2 + r^2}}\right]$$

oder

$$P = \frac{2\, cmM}{r^2}\left(1 - \frac{a}{\sqrt{a^2 + r^2}}\right) \tag{a}$$

Beispiel b) Anziehung zwischen einer homogenen Kugel und einem Punkt außerhalb der Kugel.

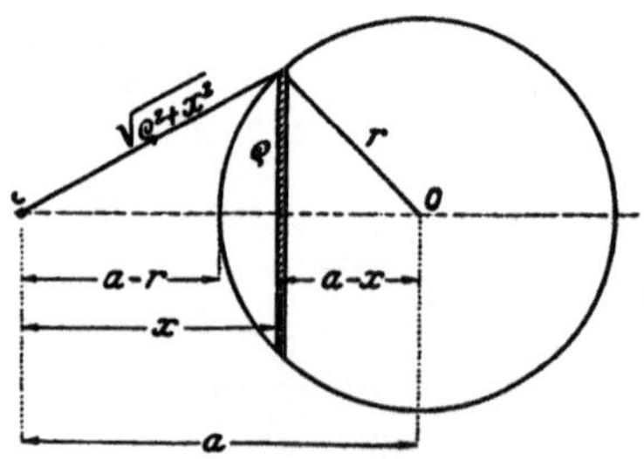

Fig. 211.

Der Anziehungspunkt C hat die Masse m und den Abstand a vom Mittelpunkt O der Kugel. Wenn μ die Massendichte der Kugel, dann ist ihre Masse $M = \frac{4}{3} r^3 \pi \mu$. Man zerlegt die Kugel in unendlich dünne Scheiben senkrecht zur Strecke CO. Jede solche Scheibe hat die Masse $\varrho^2 \pi\, dx\, \mu$ und wird von C mit einer Kraft dP angezogen, die in der Geraden CO liegt und nach (a) den Zahlenwert

$$dP = \frac{2\, cm\, \varrho^2 \pi \mu\, dx}{\varrho^2}\left[1 - \frac{x}{\sqrt{x^2 + \varrho^2}}\right]$$

hat. Wegen

$$r^2 = \varrho^2 + (a - x)^2 \quad \text{oder} \quad x^2 + \varrho^2 = r^2 + 2\,ax - a^2$$

wird
$$P = 2\,cm\pi\mu \int_{a-r}^{a+r} \left[1 - \frac{x}{\sqrt{r^2 - a^2 + 2\,ax}}\right] dx.$$

Mit der Substitution

$$\sqrt{r^2 - a^2 + 2\,ax} = u \quad \text{oder} \quad 2\,ax = u^2 + a^2 - r^2 \quad \text{wird} \quad a\,dx = u\,du;$$

die beiden Grenzen $x_1 = a - r$ und $x_2 = a + r$ werden übergeführt in die neuen Grenzen für u, nämlich $u_1 = r - a$ und $u_2 = r + a$. Dann wird das Integral

$$\int_{u_1}^{u_2} \left(\frac{u}{a} - \frac{u^2 + a^2 - r^2}{2\,a^2}\right) du = \frac{1}{2\,a^2}\left[a u^2 - \tfrac{1}{3} u^3 - (a^2 - r^2)\,u\right]_{u_1}^{u_2}$$
$$= [3\,a\,(a + r)^2 - (a + r)^3 - 3\,(a^2 - r^2)(a + r) - 3\,a\,(a - r)^2 + (a - r)^3 + 3\,(a^2 - r^2)(a - r)] : 6\,a^2$$
$$= [(a + r)^2\,(2\,r - a) + (a - r)^2\,(2\,r + a)] : 6\,a^2 = 2\,r^3 : 3\,a^2.$$

Die Anziehungskraft P hat dann den Wert

$$P = 2\,cm\pi\mu \cdot \frac{2\,r^3}{3\,a^2} = \tfrac{4}{3} r^3 \pi\mu \cdot \frac{cm}{a^2} \quad \text{oder} \quad P = c\,\frac{mM}{a^2}, \tag{b}$$

und liegt in der Geraden CO. a ist der Abstand des Kugelmittelpunktes vom angezogenen Punkt C,

der Punkt wird sonach von der Kugel genau so gezogen, wie wenn ihre ganze Masse im Mittelpunkt vereinigt wäre.

Beispiel c) Anziehung zwischen einer homogenen Kugel und einem Punkt innerhalb dieser Kugel. Man verfährt wie beim vorausgehenden Beispiel und sucht zunächst die Anziehung des Teiles I der Kugel auf, s. Abb. 212. Es wird, wenn man f als Abkürzung für $2\,cm\pi\mu$ setzt, wie oben

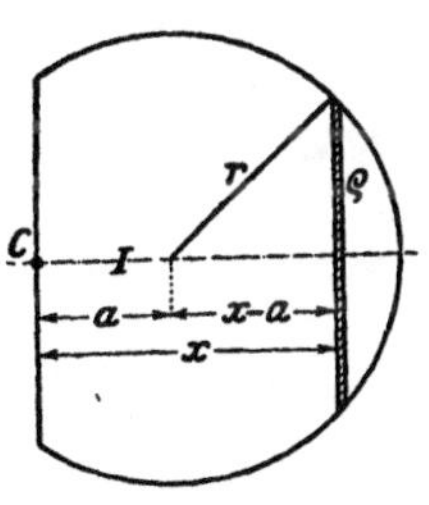

Abb. 212.

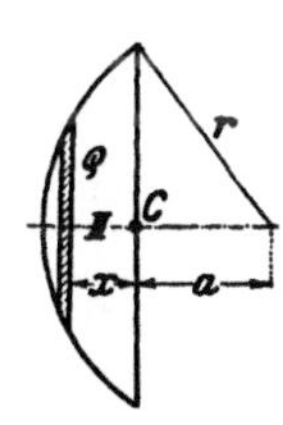

Abb. 213.

$$P_I = f\int\left(1 - \frac{x}{\sqrt{x^2 + \varrho^2}}\right) dx = f\int\left(1 - \frac{x}{\sqrt{r^2 - a^2 + 2\,ax}}\right) dx$$
$$= f\int\left(\frac{u}{a} - \frac{u^2 + a^2 - r^2}{2\,a^2}\right) du = \frac{f}{6\,a^2}\left[3\,a u^2 - u^3 - 3\,u\,(a^2 - r^2)\right]_{u_1}^{u_2}.$$

Die Grenzen sind hier $x_1 = 0$ und $x_2 = a + r$, oder für die neue Veränderliche $u_1 = \sqrt{r^2 - a^2}$ und $u_2 = a + r$; dann nimmt die eckige Klammer den Wert

$$[\ ]_{\sqrt{r^2-a^2}}^{r+a} = \left[(r+a)^2(2r-a) - (r^2-a^2)(3a + 2\sqrt{r^2-a^2})\right]$$

an, so daß

$$P_I = f\left[(r+a)^2(2r-a) - (r^2-a^2)(3a + 2\sqrt{r^2-a^2})\right] : 6a^2.$$

Entsprechend erhält man P_{II}; nur ist hier, wie die Abb. 213 zeigt,

$$r^2 = \varrho^2 + (a+x)^2 \qquad \text{oder} \qquad x^2 + \varrho^2 = r^2 - 2ax - a^2.$$

Mit der Substitution

$$r^2 - a^2 - 2ax = u^2 \qquad \text{oder} \qquad -2ax = u^2 + a^2 - r^2$$

wird

$$a\,dx = -u\,du,$$

und damit

$$P_{II} = f\int\left(1 - \frac{x}{\sqrt{x^2+\varrho^2}}\right)dx = -f\int\left(\frac{u}{a} + \frac{u^2 + a^2 - r^2}{2a^2}\right)du$$

$$= -\frac{f}{6a^2}\left[3au^2 + u^3 + 3u(a^2 - r^2)\right]_{u_1}^{u_2}.$$

Die Grenzen sind diesmal $x_1 = 0$ und $x_2 = r - a$ oder $u_1 = \sqrt{r^2 - a^2}$ und $u_2 = r - a$, so daß die eckige Klammer den Wert

$$[\ ]_{\sqrt{r^2-a^2}}^{r-a} = -\left[(r-a)^2(2r+a) + (r^2-a^2)(3a - 2\sqrt{r^2-a^2})\right]$$

annimmt; dann wird

$$P_{II} = f\left[(r-a)^2(2r+a) + (r^2-a^2)(3a - 2\sqrt{r^2-a^2})\right] : 6a^2.$$

Auf den Punkt m wirken in entgegengesetzter Richtung P_I und P_{II}; beide liegen in der Symmetrieachse, ihre Mittelkraft ist also $P = P_I - P_{II}$. Man rechnet elementar aus und findet, wenn man für f wieder seinen Wert setzt, und die Masse der Kugel mit dem Halbmesser a mit M_a bezeichnet,

$$P = P_I - P_{II} = \frac{2cm\pi\mu}{6a^2}\cdot 4a^3 = \tfrac{4}{3}a^3\pi\mu\cdot m\cdot c\cdot\frac{1}{a^2}$$

oder

$$P = \frac{cmM_a}{a^2}. \tag{c}$$

Man sieht, die Formel ist gleich der vorausgehenden (b), nur daß jetzt M_a die Masse jener Kugel darstellt, deren Oberfläche durch den Punkt C hindurchgeht. Es wird sonach der Punkt C mit der Masse m genau so angezogen, wie wenn die Kugelschicht außerhalb des Punktes C gar nicht vorhanden und die Masse der Kugel mit dem Halbmesser a in ihrem Mittelpunkt vereinigt wäre.

Die Gesamtanziehung, die ein im Mittelpunkt der Kugel befindlicher Punkt C mit der Masse m von den einzelnen Massenteilchen der homogen vorausgesetzten Kugel erhält, ist sonach 0.

Man kann die Formel (c) noch umformen

$$P = \tfrac{4}{3}\pi\mu m c\cdot a \qquad \text{(d)}$$

und aussprechen: Ein Punkt C im Innern oder an der Oberfläche einer Kugel mit homogener Masse wird vom Mittelpunkt der Kugel mit einer Kraft angezogen, die verhältnisgleich dem Abstand a des Punktes C vom Mittelpunk der Kugel ist.

Nach dieser Regel ist die Schwere eines jeden Körpers an der Oberfläche oder im Innern der Erdkugel verhältnisgleich dem Abstand des Körpers vom Erdmittelpunkt.

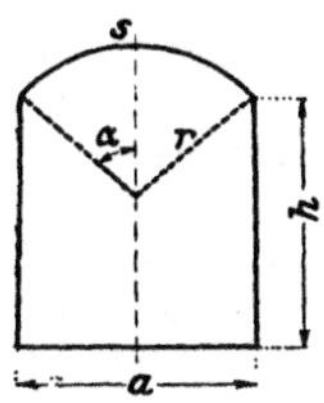

Abb. 214.

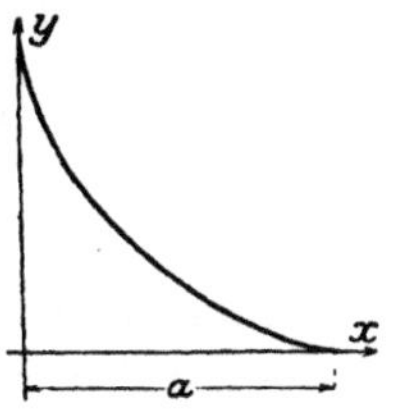

Abb. 215.

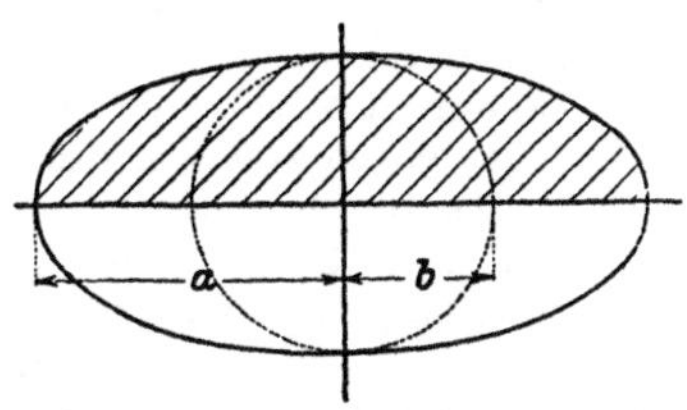

Abb. 216.

94. Aufgaben. 1) Gesucht ist der Schwerpunkt des Umfangs der Fläche der Abb. 214 für den Fall $\alpha = 60^0$.

2) Man ermittle den Schwerpunkt des zwischen den positiven Koordinatenachsen liegenden Bogen (Abb. 215) der

$$\text{Sternkurve} \quad x^{2/3} + y^{2/3} = a^{2/3}.$$

3) Gesucht ist der Schwerpunkt der halben Ellipsenfläche der Abb. 216.

4) Der homogene Körper der Abb. 217 ist aus einer Halbkugel mit dem Halbmesser a und einem Kreiskegel mit der Höhe h und dem Grundkreishalbmesser a zusammengesetzt. Wo liegt sein Schwerpunkt? Wie ist das Verhältnis $h:a$ zu wählen, damit der Körper immer im Gleichgewicht ist, auf welchen Punkt der Kugelfläche man ihn auch aufsetzen mag?

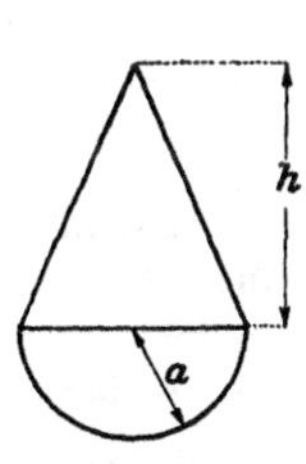

Abb. 217.

5) Gesucht Trägheitsmoment und Trägheitshalbmesser eines Bogenquadranten der

$$\text{Sternkurve} \quad x^{2/3} + y^{2/3} = a^{2/3}$$

für eine der beiden Koordinatenachsen.

6) Gesucht Trägheitsmoment und Trägheitshalbmesser eines Flächenquadranten der Ellipse mit den Halbachsen a und b für die beiden Achsen.

7) Gesucht ist das Trägheitsmoment einer Rotationsoberfläche, die durch Drehung einer Kurve um die x-Achse entsteht.

8) Gesucht ist das Trägheitsmoment eines Ringes mit rechteckigem Querschnitt, Abb. 218.

9) Ebenso jenes eines Ringes mit Kreisquerschnitt, Abb. 219.

10) Wie groß ist der Fehler, den man macht, wenn man bei der Ermittlung des Trägheitsmomentes der Ringe der Abb. 218 und 219 den mittleren Halbmesser r statt des Trägheitshalbmessers i wählt? Es soll der Längenmaßstab 1 : 4 dieser Abbildungen zugrunde gelegt werden.

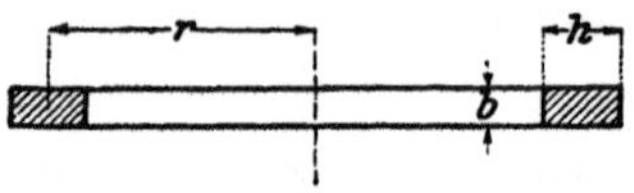

Abb. 218.

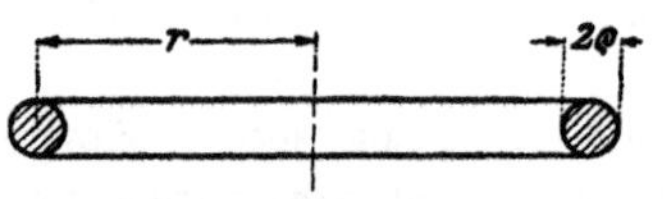

Abb. 219.

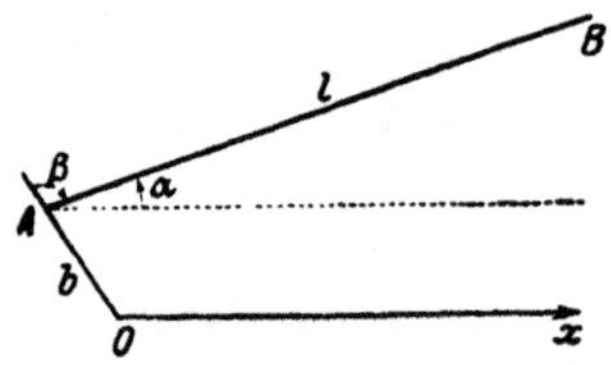

Abb. 220.

11) Eine Stange AB von der Länge l hat gegen die vorgeschriebene zu ihr windschiefe Bezugsachse den Neigungswinkel α. Der Anfangspunkt A der Stange hat von der Bezugsachse die Entfernung $AO = b$, die Stange selbst hat gegen AO den Neigungswinkel β. Gesucht ist das Trägheitsmoment der Stange für die vorgeschriebene Bezugsachse.

12) Der Quader der Abb. 221 ist in Wasser eingetaucht. Man gebe die Verteilung des Wasserdruckes auf die senkrecht zur Abbildung stehenden Flächen durch Schaubilder und ermittle mit ihrer Hilfe Zahlenwert und Lage des Druckes auf jede Fläche. Die Kante $11' = 1$ m des Quaders steht senkrecht zur Bildebene und liegt genau in der Wasseroberfläche. Die gleiche Aufgabe löse man noch analytisch.

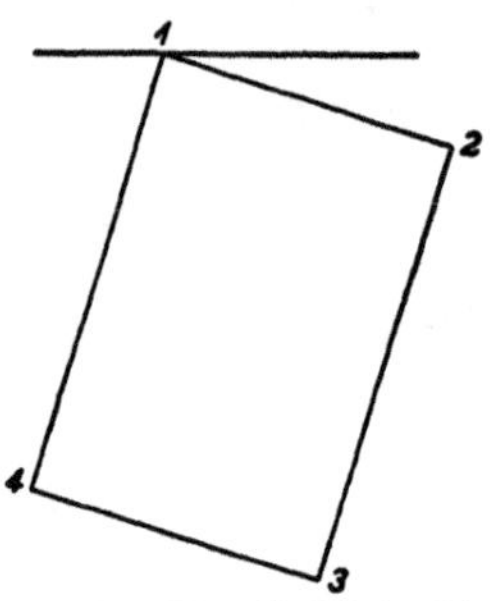

Abb. 221. L. M. 1 : 20.

*13) Die Zelle eines starren Luftschiffes habe kreisförmigen Querschnitt vom Durchmesser 20 m. Diese kreisförmige Gestalt behält sie wegen des starren Gerüstes bei. Durch zwei benachbarte Querschnitte im Abstand 1 m wird ein Stück der Zelle herausgegriffen, für das man bei Normalfüllung mit Wasserstoff den Zelldruck N und die beiden Komponenten L und W sowohl an der allgemeinen Stelle x, wie auch an ausgezeichneten Stellen angeben soll.

95. Lösungen. 1) Der Schwerpunkt liegt auf der Symmetriegeraden, Abb. 222. Man macht eine Wagrechte durch M zur Bezugsachse. Die einzelnen Massen $m_1 = s$, $m_2 = m_3 = h$, $m_4 = a$ haben von ihr die Abstände $y_1 = ar : s$, $y_2 = y_3 = -\frac{1}{2}(h - r)$, $y_4 = -(h - \frac{1}{2}r)$. Dann wird

$$\eta M = \Sigma m y \quad \text{oder} \quad \eta(s + 2h + a) = s \cdot \frac{ar}{s} - 2h \cdot \tfrac{1}{2}(h - r) - a(h - \tfrac{1}{2}r)$$

oder

$$\eta = \frac{2ar - 2h(h - r) - a(2h - r)}{2(s + 2h + a)}.$$

Dabei ist r bestimmt durch die Beziehung $s = 2ar$.

2) Da der Bogen symmetrisch zur Mediane liegt, Abb. 368, benötigt man nur eine der beiden Koordinaten $\xi | \eta$ des Schwerpunktes. Nach (67a) und nach Aufg. 45) von 70 wird

$$\xi = D_y : s = \int_0^a x \sqrt{1 + \left(\frac{y}{x}\right)^{\frac{2}{3}}}\, dx : \tfrac{3}{2} a = \tfrac{2}{3} \int_0^a \left(\frac{x}{a}\right)^{\frac{1}{3}} dx = \tfrac{2}{5} a = \eta. \qquad \text{(a)}$$

3) Die Ellipse mit den Halbachsen a und b kann man sich aus dem Kreis mit dem Halbmesser b durch homogene Deformation hervorgegangen denken, Abb. 223. Der Schwerpunktssatz für die Halbkreisfläche

$$M s = \Sigma m r$$

würde dann für die Halbellipsenfläche lauten

$$n M \cdot s = \Sigma n m \cdot r \quad \text{oder} \quad M s = \Sigma m r,$$

wo $n = a : b$ die Deformation angibt; er führt also zum nämlichen Schwerpunktsabstand $\frac{4b}{3\pi}$ wie bei der Halbkreisfläche.

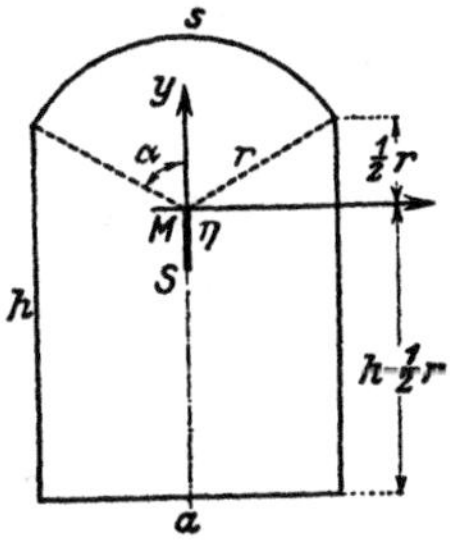

Abb. 222.

4) Die Teilschwerpunkte S_1 und S_2 haben nach (76e, g) von der Kegelgrundfläche die Abstände

$$y_1 = \tfrac{1}{4} h \quad \text{und} \quad y_2 = -\tfrac{3}{8} a.$$

Den Abstand η des gesamten Körpers gibt der Schwerpunktsatz

$$M\eta = \Sigma m y \quad \text{oder} \quad (\tfrac{1}{3} a^2 \pi h + \tfrac{2}{3} a^3 \pi)\, \eta = \tfrac{1}{3} a^2 \pi h \cdot \tfrac{1}{4} h + \tfrac{2}{3} a^3 \pi \cdot - \tfrac{3}{8} a$$

oder

$$\eta = \frac{h^2 - 3a^2}{4(h + 2a)}. \qquad \text{(b)}$$

Damit die Kugel unabhängig von der Auflagerstelle im Gleichgewicht ist, muß der Schwerpunkt mit dem Kugelmittelpunkt zusammenfallen, sonach $\eta = 0$ sein oder

$$h = a\sqrt{3}.$$

5) Siehe hierzu Aufg. 2) $dJ_y = \mu' ds\, x^2 = \mu' x^2 \sqrt{1 + \left(\frac{y}{x}\right)^{\frac{2}{3}}}\, dx$

$$J_y = \mu' \int_0^a x^2 \left(\frac{a}{x}\right)^{\frac{1}{3}} dx = \tfrac{3}{8} \mu' a^3 = \tfrac{1}{4} \cdot \tfrac{3}{2} \mu' a \cdot a^2$$

$$= \tfrac{1}{4} M a^2 \text{ nach Aufg. 45 von Nr. 70,}$$

dann wird

$$i = \tfrac{1}{2} a.$$

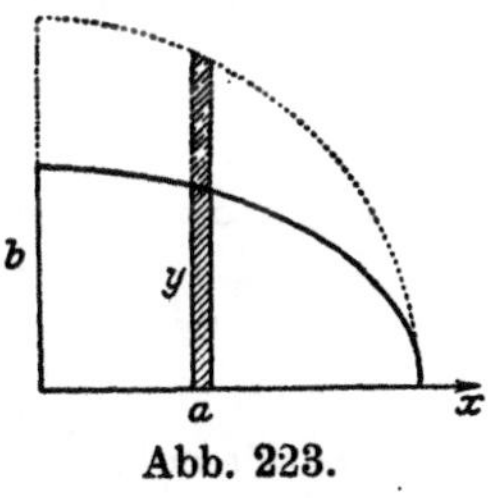

Abb. 223.

6) Jeder Flächenstreifen des umschriebenen Kreises mit dem Halbmesser a hat nach Abb. 223 für die x- oder a-Achse das Trägheitsmoment $dJ = \frac{1}{3} dF \cdot y^2$; der entsprechende Flächenstreifen der Ellipse hat das Trägheitsmoment $dJ_a = \frac{1}{3} dF \frac{b}{a} \cdot \left(y \frac{b}{a}\right)^2 = dJ \cdot \left(\frac{b}{a}\right)^3$. Die ganze Ellipsenfläche hat dann mit Benützung des Beispiels 79d) das Trägheitsmoment

$$J_a = \left(\frac{b}{a}\right)^3 \int dJ = \left(\frac{b}{a}\right)^3 \cdot \tfrac{1}{4} a^4 \pi = \tfrac{1}{4} a b \pi \cdot b^2 = \tfrac{1}{4} M b^2. \qquad \text{(c)}$$

Genau so findet man

$$J_b = \tfrac{1}{4} M a^2 \tag{d}$$

und daraus

$$i_a = \tfrac{1}{2} b \quad \text{und} \quad i_b = \tfrac{1}{2} a. \tag{e}$$

7) Die Oberfläche ist durch zwei Ebenen bei x_1 und x_2 senkrecht zur x-Achse begrenzt gedacht. Zwei unendlich benachbarte Ebenen senkrecht zur x-Achse schneiden nach 68 das Oberflächenelement $dO = 2\pi y ds$ aus, dessen Trägheitsmoment zu entwickeln ist als

$$dJ = my^2 = 2\pi y ds \cdot y^2,$$

wobei $\mu' = 1$. Dann wird

$$J = 2\pi \int_{x_1}^{x_2} y^3 \sqrt{1 + \left(\frac{dy}{dx}\right)^2} dx \quad \text{oder} \quad J = 2\pi \int_{\varphi_1}^{\varphi_2} r^3 \sin^3\varphi \sqrt{r^2 + \left(\frac{dr}{d\varphi}\right)^2} d\varphi, \tag{f}$$

wenn man Polarkoordinaten anwendet.

8) Nach (80b) ist

$$J = \tfrac{1}{2} M (r_1^2 + r_2^2) = \tfrac{1}{2} \mu \pi b (r_1^2 - r_2^2)(r_1^2 + r_2^2)$$

oder wegen

$$r_1 = r + \tfrac{1}{2} h \quad \text{und} \quad r_2 = r - \tfrac{1}{2} h$$

$$J = \tfrac{1}{2} \mu \pi b r h (4r^2 + h^2). \tag{g}$$

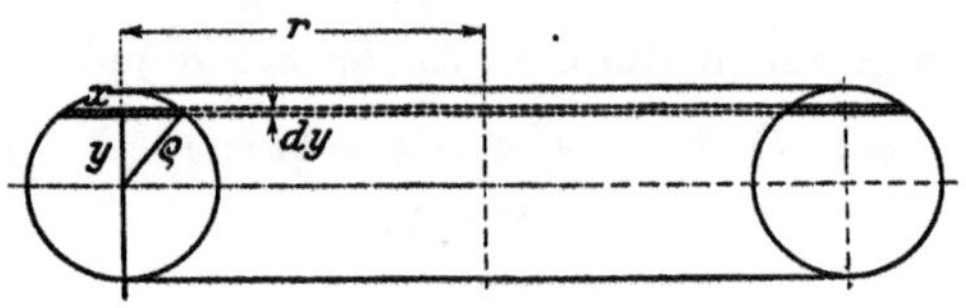

Abb. 224.

9) J ist die Summe der Trägheitmomente der unendlich dünnen Kreisringscheiben. Nach der vorigen Aufgabe ist für die obere Hälfte des Ringes, Abb. 224, wegen

$$b = dy \quad \text{und} \quad h = 2x, \quad \text{sonach} \quad y = \sqrt{\varrho^2 - x^2} \quad \text{und} \quad dy = \frac{-x\,dx}{\sqrt{}},$$

$$dJ = -\frac{4\mu\pi r (r^2 + x^2) x^2 dx}{\sqrt{}},$$

also wegen der Grenzen $y_1 = 0$, $y_2 = \varrho$ oder $x_1 = \varrho$, $x_2 = 0$

$$\tfrac{1}{2} J = 4\mu\pi r \left[\int \frac{r^2 x^2 dx}{\sqrt{}} + \int \frac{x^4 dx}{\sqrt{}}\right]_0^\varrho$$

$$= 4\mu\pi r \left[r^2 \int \frac{x^2 dx}{\sqrt{}} + \tfrac{3}{4} \varrho^2 \int \frac{x^2 dx}{\sqrt{}}\right]_0^\varrho \text{ durch part. Integration und nach (59h)}$$

$$= 2\mu\pi r (r^2 + \tfrac{3}{4}\varrho^2) \left[x\sqrt{\varrho^2 - x^2} + \varrho^2 \arcsin \frac{x}{\varrho}\right]_0^\varrho$$

sonach für den ganzen Ring

$$J = \mu\pi r (r^2 + \tfrac{3}{4}\varrho^2) \varrho^2 \frac{\pi}{2}.$$

10) Mit Verwendung von i wird bei Abb. 218

$$J = M i^2 \approx 2 r \pi \cdot b h \cdot \mu \cdot r^2,$$

andererseits ist gefunden

$$J = 2 r \pi b h \mu (r^2 + \tfrac{1}{4} h^2).$$

Mit $h = 2$, $r = 7$ wird der Fehler $\frac{1}{4} h^2 : (r^2 + \frac{1}{4} h^2) = 1 : 50$ oder $2^0/_0$.

Im Fall der Abb. 219 ist

$$J = M i^2 \approx 2 r \pi \cdot \varrho^2 \pi \cdot \mu \cdot r^2;$$

gefunden wurde

$$J = 2 r \pi \varrho^2 \pi \mu (r^2 + \tfrac{3}{4} \varrho^2).$$

Mit $r = 7\frac{1}{4}$, $\varrho = \frac{3}{4}$ ist der Fehler $\frac{3}{4} \varrho^2 : (r^2 + \frac{3}{4} \varrho^2) \approx 0{,}008$ oder kleiner als $1^0/_0$.

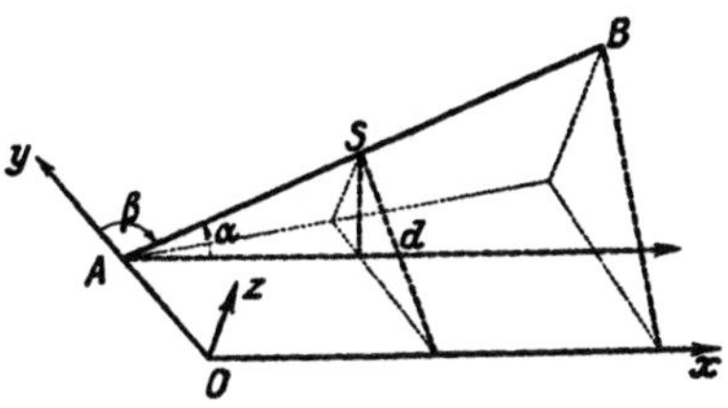

Abb. 225.

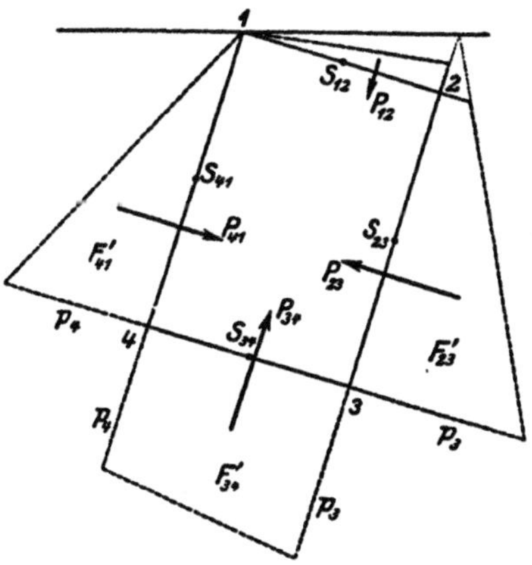

Abb. 226.

11) Man macht die Bezugsachse zur x-Achse eines räumlichen Koordinatensystems, O zum Nullpunkt, die Gerade durch AO zur y-Achse und senkrecht dazu die z-Achse. Dann haben die Endpunkte der Stange und der Schwerpunkt S die Koordinaten

$A = 0 \,|\, b \,|\, 0$, $B = l \cos\alpha \,|\, b + l \cos\beta \,|\, l \cos\gamma$, $S = \frac{1}{2} l \cos\alpha \,|\, b + \frac{1}{2} l \cos\beta \,|\, \frac{1}{2} l \cos\gamma$.

Die Bezugsachse, hier die x-Achse, hat die Gleichung $y = 0$ mit $z = 0$, also nach Math. I 230c) der Schwerpunkt S von ihr den Abstand

$$d = \sqrt{(b + \tfrac{1}{2} l \cos\beta)^2 + (\tfrac{1}{2} l \cos\gamma)^2} = \sqrt{b^2 + b l \cos\beta + \tfrac{1}{4} l^2 \sin^2\alpha}.$$

Von der durch den Anfangspunkt A parallel zur Bezugsachse gezogenen Geraden hat S den Abstand $d' = \frac{1}{2} l \sin\alpha$.

Für die letztere Gerade hat die Stange nach (78c) das Trägheitsmoment $\frac{1}{3} M l^2 \sin^2\alpha$; für eine durch den Schwerpunkt S parallel zur Bezugsachse gezogene Gerade ist das Trägheitsmoment nach (81b)

$$J_s = \tfrac{1}{3} M l^2 \sin^2\alpha - M d'^2 = \tfrac{1}{12} M l^2 \sin^2\alpha. \tag{h}$$

Nach der gleichen Formel findet man das Trägheitsmoment für die vorgeschriebene Bezugsachse

$$J_x = J_s + M d^2 = \tfrac{1}{3} M (l^2 \sin^2\alpha + 3 b^2 + 3 b l \cos\beta). \tag{i}$$

12) Die Punkte 1, 2, 3, 4 haben nach Angabe der Zeichnung von der Wasseroberfläche die Abstände 0 m, 0,12 m, 0,70 m, 0,57 m. An diesen Stellen ist die Druckdichte dementsprechend nach (85d) wegen $p_0 = 0$,

$$p_1 = 0, \qquad p_2 = 120, \qquad p_3 = 700, \qquad p_4 = 570,$$

jedesmal gemessen in kg/m². Die Tatsache, daß der Flüssigkeitsdruck ein Geradliniengesetz befolgt, drückt sich durch die aus Geraden zusammengesetzten

Schaulinien aus. Die Flächen der Schaulinie, Dreiecke bzw. Trapeze, sind ein Maß für die Druckkräfte, diese selbst gehen durch die Schwerpunkte der Flächen hindurch. In der Zeichnung sind die Längen im Maßstab 1 : 20 wiedergegeben, die Druckdichten im Maßstab 1 mm = 40 kg/m². Die Fläche F'_{12} ist beispielsweise in der Zeichnung

$$\tfrac{1}{2}\cdot 20\ \text{mm}\cdot 3\ \text{mm} = 10\cdot 20\ \text{mm}\cdot 3\cdot 40\ \text{kg/m}^2 = 24\ \text{kg/m}.$$

Die Kante 11′ senkrecht zur Abbildung hat die Länge 1 m, so daß

$$P_{12} = 24\ \text{kg/m}\cdot 1\ \text{m} = 24\ \text{kg}$$

ist. Der Druckmittelpunkt D_{12} von P_{12} hat nach Abbildung den Abstand 27 cm von der Kante 11′ oder 7 cm vom Schwerpunkt S_{12} der Kante 12. Entsprechend entnimmt man der Zeichnung für die übrigen Druckkräfte

$$F'_{23} = 307{,}5\ \text{mm}^2, \qquad F'_{34} = 317{,}5\ \text{mm}^2, \qquad F'_{41} = 214\ \text{mm}^2,$$

und dementsprechend wegen des Flächenmaßstabes 1 mm² = 0,8 kg/m und der Stärke 1 m der Kanten senkrecht zur Abbildung

$$P_{23} = 246\ \text{kg}, \qquad P_{34} = 254\ \text{kg}, \qquad P_{41} = 171\ \text{kg}.$$

Die Druckmittelpunkte haben von den entsprechenden Schwerpunkten die Abstände 7 cm, 1 cm, 10 cm.

Analytisch findet man nach (87 b)

$$h_{12} = 0{,}06\ \text{m}, \qquad h_{23} = 0{,}41\ \text{m}, \qquad h_{34} = 0{,}63\ \text{m}, \qquad h_{41} = 0{,}285\ \text{m},$$
$$F_{12} = 0{,}4\ \text{m}^2, \qquad F_{23} = 0{,}6\ \text{m}^2, \qquad F_{34} = 0{,}4\ \text{m}^2, \qquad F_{41} = 0{,}6\ \text{m}^2,$$

und da $\gamma = 1\,000\ \text{kg/m}^3$,

$$P_{12} = 24\ \text{kg}, \qquad P_{23} = 246\ \text{kg}, \qquad P_{3} = 252\ \text{kg}, \qquad P_{41} = 171\ \text{kg}.$$

Die Werte a, J und Φ, die nach (87 d) zur Bestimmung des Druckmittelpunktes notwendig sind, werden der Zeichnung entnommen zu

$$a_{12} = 0{,}2\ \text{m}, \qquad a_{23} = 0{,}425\ \text{m}, \qquad a_{34} = 2{,}1\ \text{m}, \qquad a_{41} = 0{,}3\ \text{m},$$
$$J_{12} = J_{34} = \tfrac{1}{12}\cdot 1\cdot 0{,}4^3 = \tfrac{1}{12}\cdot 0{,}064\ \text{m}^4, \qquad J_{23} = J_{41} = \tfrac{1}{12}\cdot 0{,}216\ \text{m}^4,$$
$$\Phi_{12} = \Phi_{23} = \Phi_{34} = \Phi_{41} = 0.$$

Mit diesen Werten werden alle y_0 zu Null, x_0 erhält in den vier verschiedenen Fällen die Werte

$$0{,}067\ \text{m}, \qquad 0{,}073\ \text{m}, \qquad 0{,}007\ \text{m}, \qquad 0{,}1\ \text{m}.$$

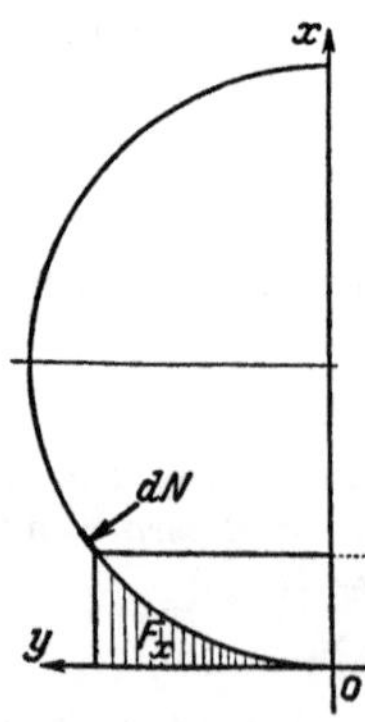

Abb. 227.

Abb. 228.

Abb. 229.

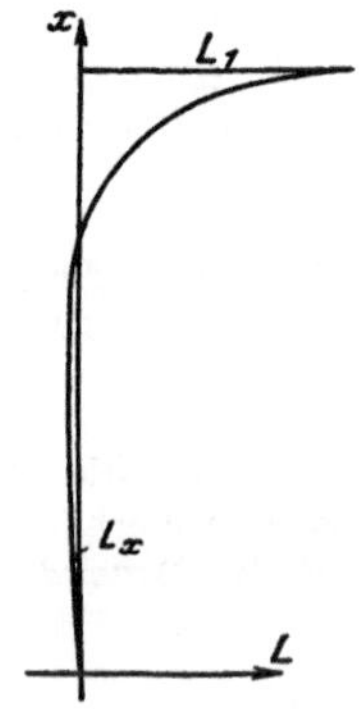

Abb. 230.

13) Bei der Normalfüllung ist der Überdruck $w = 0$; den Unterschied $\alpha = \gamma_0 - \gamma$ der Gewichtsdichten von Luft, $\gamma_0 = 1{,}293\ \mathrm{kg/m^3}$, und von Wasserstoff, $\gamma = 0{,}089\ \mathrm{kg/m^3}$, setzt man im praktischen Fall gewöhnlich gleich $\alpha = 1{,}1\ \mathrm{kg/m^3}$, bei unreinem Wasserstoff oft auch nur $1{,}0\ \mathrm{kg/m^3}$. Mit diesen Werten wird die Dichte des Zelldruckes

$$n = 1{,}1\, x\ \mathrm{kg/m^3}. \tag{k}$$

Im First der Zelle ist die Druckdichte

$$n_1 = 1{,}1 \cdot 20\ \mathrm{m} \cdot \mathrm{kg/m^3} = 22\ \mathrm{kg/m^2}.$$

Abb. 228 gibt die Schaulinie für den Zelldruck oder genauer für die Dichte dieses Druckes. Der wahre Zelldruck N ergibt sich als Mittelkraft aus seinen beiden Seitenkräften L und W; es ist an der Stelle x

$$W = \tfrac{1}{2}\alpha x^2 = 0{,}55\, x^2\ \mathrm{kg/m^3}.$$

An der höchsten Stelle ist

$$W_1 = 0{,}55 \cdot 20^2\ \mathrm{m^2} \cdot \mathrm{kg/m^3} = 220\ \mathrm{kg/m}.$$

An der allgemeinen Stelle x ist nach (89f)

$$L = -\alpha \int x\, dy = -1{,}1\, F_x.$$

Will man L nicht graphisch, nämlich durch Abmessen der Fläche F_x, sondern analytisch ermitteln, so geht man von der Kreisgleichung aus

$$(x-r)^2 + y^2 - r^2 = 0 \quad \text{oder} \quad x^2 - 2rx + y^2 = 0$$

und erhält, wenn man von der linken Gleichungsseite das Differential nimmt,

$$2(x-r)\,dx + 2y\,dy = 0$$

oder

$$dy = -\frac{x-r}{y}\,dx \quad \text{und} \quad y = \sqrt{2rx - x^2}.$$

Damit wird

$$L = \alpha \int_0^x \frac{x \cdot (x-r)\,dx}{\sqrt{2rx - x^2}},$$

oder mit der Substitution

$$x - r = u \quad \text{und} \quad dx = du$$

$$L = \alpha \int \frac{(r+u)\,u\,du}{\sqrt{r^2-u^2}} = \alpha r \int \frac{u\,du}{\sqrt{r^2-u^2}} + \alpha \int \frac{u^2\,du}{\sqrt{r^2-u^2}}$$

$$= \frac{\alpha}{2}\left[r^2 \arcsin\frac{u}{r} - \sqrt{r^2-u^2}\cdot(u+2r)\right] \quad \text{nach 57 und 59}$$

$$= \frac{\alpha}{2}\left[r^2 \arcsin\frac{x-r}{r} - (x+r)\sqrt{2rx-x^2}\right]_0^x,$$

also

$$L = \frac{\alpha}{2}\left[r^2 \arcsin\frac{x-r}{r} - (x+r)\sqrt{2rx-x^2} + r^2\frac{\pi}{2}\right].$$

An der Stelle $x = r$ ist

$$L_3 = \tfrac{1}{2}\alpha\left[-2r^2 + \tfrac{1}{2}r^2\pi\right] = \alpha r^2\left[-1 + \tfrac{1}{4}\pi\right]$$
$$= 1{,}1 \cdot 100\,(-0{,}21)\ \mathrm{kg/m} = -23{,}1\ \mathrm{kg/m}.$$

An der Stelle $x = 2r$ muß natürlich L_1 den Wert $\tfrac{1}{2}A$ haben, wo A der Auftrieb des Zellteils ist. Es muß also dort $L_1 = \tfrac{1}{2}A = \tfrac{1}{2}\alpha r^2\pi$ sein. In der Tat wird

$$L_1 = \tfrac{1}{2}\alpha\left[r^2\cdot\frac{\pi}{2} - 0 + r^2\frac{\pi}{2}\right] = \tfrac{1}{2}\alpha r^2\pi = 172{,}7\ \mathrm{kg/m}.$$

Fünfter Abschnitt.

Reihen.

96. Allgemeines. Reihe heißt jede Summe, deren aufeinanderfolgende Summanden nach einem bestimmten Gesetz gebildet sind. Sie heißt endlich oder unendlich, je nachdem die Anzahl der Summanden eine endliche oder unendlich große ist. Indes ist in der höheren Mathematik, wenn nichts weiter bemerkt ist, eine Reihe immer als eine unendliche vorausgesetzt. Jenes Glied, das an $n$ter Stelle steht und das Gesetz der Reihenbildung erkennen läßt, heißt das allgemeine Glied oder auch das $n$te Glied der Reihe; es ist u_{n-1} in der folgenden Reihe

$$S_n = u_0 + u_1 + u_2 + \dots + u_{n-1} + u_n + \dots$$

Die Punkte nach dem Glied u_n sollen angeben, daß sich die Reihe ins Unendliche fortsetzt und sonach eine unendliche Reihe ist. Bisweilen heißt man $n$tes Glied oder allgemeines Glied der Reihe auch jenes, das den Zeiger n trägt, also im obigen Fall u_n.

Aus der Elementarmathematik ist z. B. bekannt die arithmetrische Reihe

$$S_n = a + (a + d) + (a + 2d) + \dots + (a + [n - 1] d),$$

deren letztes oder $n$tes Glied

$$z = a + (n - 1) d$$

und deren Summe

$$S = \tfrac{1}{2} n (a + z)$$

ist. Das Bildungsgesetz ist hier sehr einfach; das allgemeine Glied ist

$$u_n = a + (n - 1) d,$$

das nächstfolgende Glied immer um d größer.

Das Bildungsgesetz einer Reihe ist aus einer gewissen Zahl von Gliedern meist recht einfach zu ersehen. Vielfach gibt man es aber nur durch das allgemeine Glied u_n an. Dabei kann u_n entweder als Funktion des Zeigers n gegeben sein, wie eben bei der arithmetischen Reihe

$$u_n = a + (n - 1) \mathrm{d},$$

oder als Funktion des vorausgehenden Gliedes oder ganz allgemein der vorausgehenden Glieder. Man könnte also bei der arithmetischen Reihe auch schreiben

$$u_n = u_{n-1} + d.$$

Man hat dafür die Sprechweise: im ersten Fall ist das Glied in „independenter“ Form gegeben, im zweiten Fall in „rekurrierender“.

Beispiel a) Wie heißt die Reihe, deren $n$tes Glied $1:\sqrt{n}$ ist?

Hier ist $u_n = \frac{1}{\sqrt{n+1}}$, also $u_0 = \frac{1}{\sqrt{1}}$, $u_1 = \frac{1}{\sqrt{2}}, \ldots$

so daß die Reihe

$$S = 1 + \frac{1}{\sqrt{2}} + \frac{1}{\sqrt{3}} + \frac{1}{\sqrt{4}} + \ldots + \frac{1}{\sqrt{n}} + \ldots$$

Beispiel b) Gesucht sind die 6 ersten Glieder der Reihe mit dem Bildungsgesetz

$$u_{n-2} - x u_{n-1} + u_n = 0.$$

Die ersten beiden Glieder können beliebig sein, etwa $u_0 = a$ und $u_1 = b$; dann wird

$$\begin{aligned} u_2 &= x u_1 - u_0 = bx - a \\ u_3 &= x u_2 - u_1 = bx^2 - ax - b \\ u_4 &= x u_3 - u_2 = bx^3 - ax^2 - 2bx + a \\ u_5 &= x u_4 - u_3 = bx^4 - ax^3 - 3bx^2 + 2ax + b. \end{aligned}$$

Was Summe einer endlichen Reihe bedeutet, bedarf keiner weiteren Erklärung. Aber Summe einer unendlichen Reihe? Von letzterer sei zunächst vorausgesetzt, daß ihre Glieder stets abnehmen, daß also $\lim_{n=\infty} u_n = 0$. Läßt man nun die Gliederzahl der Reihe mehr und mehr wachsen, so wird die Summe der Glieder allmählich gegen einen bestimmten Wert konvergieren, den man die Summe der Reihe nennt.

Beispiel c) Man weiß aus der Elementarmathematik, daß $^1/_3$ durch den periodischen Dezimalbruch 0,333 ... dargestellt wird: wir schreiben an

$$S_n = \frac{3}{10} + \frac{3}{10^2} + \frac{3}{10^3} + \frac{3}{10^4} + \ldots$$

und haben damit eine unendliche Reihe. Das erste Glied 0,3 ist um $^1/_{30}$ kleiner als $^1/_3$; die Summe der beiden ersten Glieder ist 0,33 und nur mehr um $^1/_{300}$ kleiner als $^1/_3$; fügt man das dritte Glied hinzu, so wird die Summe dieser drei Glieder sich noch mehr

$^1/_3$ nähern, nämlich nur mehr um $^1/_{3000}$ kleiner sein. Je mehr Glieder man zusammenzählt, desto mehr wird sich die Summe dieser Glieder dem Wert $^1/_3$ nähern, oder in der neuen Sprechweise, desto mehr wird die Summe gegen den Wert $^1/_3$ konvergieren. Vorausgesetzt, daß diese Gesetzmäßigkeit weiter geht, sagt man dann, die Summe der obigen Reihe ist $^1/_3$.

Beispiel d) Man veranschauliche geometrisch die Reihe

$$S_n = 1 + \tfrac{1}{2} + \tfrac{1}{4} + \tfrac{1}{8} + \ldots + \tfrac{1}{2}n + \ldots$$

und bilde ihre Summe S.

Am einfachsten werden die Reihe und ihre Glieder durch einen rechteckigen Streifen dargestellt, Abb. 231. Wenn dieser 2 Flächeneinheiten enthält, so ist das erste Reihenglied gleich der Hälfte der Fläche, die man geometrisch durch Schraffieren veranschaulicht. Das zweite ist vom Flächenrest wieder die Hälfte, man wird auch diese

Abb. 231.

schraffieren, so daß die Fläche $\frac{1}{2}$ restiert. Das dritte Glied ist vom neuen Rest wieder die Hälfte, auch sie wird durch Schraffieren hervorgehoben, so daß nur mehr die Fläche $\frac{1}{4}$ übrig bleibt. Man fährt so fort und findet, daß jedes neu hinzutretende Glied den Unterschied zwischen der Summe der Reihe und dem Zahlenwert 2 immer kleiner werden läßt, die Summe der Glieder konvergiert also gegen 2, oder in der neuen Sprechweise: die Summe der Reihe ist 2.

97. Fortsetzung. Es bedeute S den Grenzwert der Summe aller Glieder einer Reihe, die Summe der Reihe, so daß also

$$S_n = u_0 + u_1 + u_2 + \ldots + u_n + \ldots$$

und

$$S = \lim_{n=\infty} S_n = \lim_{n=\infty} [u_0 + u_1 + \ldots + n_n + \ldots].$$

Wenn nun diese Summe eine bestimmte endliche Zahl ist, so heißt man die Reihe konvergent; man nennt sie divergent, wenn diese Summe unendlich groß ist; und unbestimmt, wenn man diese Summe nicht angeben kann. Ein Sonderfall der unbestimmten Reihe ist z. B. die oszillierende, sogenannt, wenn ihre Summe periodisch verschiedene Werte annimmt, z. B.

$$(-1)^0 + (-1)^1 + (-1)^2 + (-1)^3 + \ldots + (-1)^n + \ldots$$

Ein gutes Beispiel für die Unterscheidung liefert die von der Elementarmathematik her bekannte geometrische Reihe,

$$S_n = 1 + x + x^2 + \dots + x^n + \dots,$$

deren Summe, unabhängig von n

$$S = \frac{x^n - 1}{x - 1}. \qquad \text{(a)}$$

Man sieht unmittelbar aus der Reihe selbst, daß schon für $x = 1$, somit erst recht für $x > 1$ die Summe S unendlich groß wird. Ist x ein echter Bruch, also $+1 > x > -1$, oder in anderer Ausdrucksweise, $|x| < 1$, so ergibt die Formel für S den Wert $1:(1-x)$ unter der Voraussetzung, daß n gegen Unendlich konvergiert. Für $x = -1$ wird die Summe S zwischen den Werten $+1$ und -1 periodisch schwanken, sie oszilliert. Für $x < -1$ liefert die Formel den Wert ∞ für S. Es wird also diese geometrische Reihe

divergent		$x \geqq +1$
konvergent	für	$+1 > x > -1$
unbestimmt		$x = -1$
divergent		$x < -1$.

Eine andere Reihe, die harmonische Reihe,

$$S_n = 1 + \frac{1}{2} + \frac{1}{3} + \frac{1}{4} + \dots + \frac{1}{n} + \dots$$

zeigt sich als divergent. Daß die Glieder abnehmen, daß $\lim_{n=\infty} u_n = 0$, ist natürlich noch kein Kennzeichen für die Konvergenz. Daß die Reihe mindestens verdächtig ist, ist ohne weiteres ersichtlich. Wollte man z. B. den Wert der Summe auf sechs Stellen genau rechnen, dürfte man keinesfalls Glieder über 0,000005 vernachlässigen, man dürfte also nicht vor dem fünfmillionten Glied, welches eben 0,000005 ist, abbrechen. Die Divergenz der Reihe ist elementar recht leicht zu erweisen. Man schreibe die Reihe in folgender Ordnung

$$S_n = 1 + \tfrac{1}{2} + (\tfrac{1}{3} + \tfrac{1}{4}) + (\tfrac{1}{5} + \tfrac{1}{6} + \tfrac{1}{7} + \tfrac{1}{8}) + (\tfrac{1}{9} + \dots + \tfrac{1}{16}) + \dots$$

Jeder der unendlich vielen Klammerwerte, die man so bilden kann, ist größer als $\frac{1}{2}$, so daß wegen

$$S_n > n \cdot \tfrac{1}{2} \quad \text{und} \quad n = \infty$$

die Reihe tatsächlich divergent ist.

98. Reihenrest und Reihenvergleich. Wenn eine Reihe konvergent ist, so nähert sich nach Definition die Summe der ersten n Glieder einem bestimmten Wert, der Summe der Reihe. Um ein Beispiel zu nehmen,

$$S_n = 1 + \tfrac{1}{2} + \tfrac{1}{4} + \tfrac{1}{8} + \tfrac{1}{16} + \dots$$

Es ist die Summe der ersten zwei bzw. drei, vier, fünf Glieder bzw. $\frac{7}{4}$, $\frac{15}{8}$, $\frac{31}{16}$. Man sieht die Summe dieser zwei bzw. drei, vier, fünf Zahlen nähert sich schon ziemlich dem Wert 2, der Summe der Reihe. Bricht man nach dem zweiten bzw. dritten, vierten, fünften Glied ab, so begeht man einen Fehler, hier $\frac{1}{2}$ bzw. $\frac{1}{4}$, $\frac{1}{8}$, $\frac{1}{16}$. Der Fehler wird immer kleiner, je später man abbricht. Natürlich kann man so spät abbrechen, daß dieser Fehler kleiner ist als irgendeine beliebig klein vorgeschriebene Zahl.

Bricht man allgemein in einer Reihe nach dem $n$ten Glied ab, so vernachlässigt man einen Rest R_n, den man den Reihenrest nennt. Das ist nun das Kennzeichen einer konvergenten Reihe:

> Man kann an so später Stelle abbrechen, daß der Reihenrest R_n unter jede noch so kleine Zahl sinkt, daß also $\lim\limits_{n=\infty} R_n = 0$ wird. (a)

Natürlich kann man dieses Kennzeichen, das charakteristisch ist für eine konvergente Reihe, auch als ihre Definition benützen:

> Wenn der Rest der Reihe unter jede noch so kleine Zahl gebracht werden kann, so ist die Reihe konvergent. (b)

Es wäre freilich sehr mühsam, wollte man bei jeder Reihe mit solch elementaren Mitteln wie bei der harmonischen Reihe sich Gewißheit verschaffen, ob die Reihe konvergent oder divergent ist. Ebenso wird es nur in recht seltenen Fällen möglich sein, für eine vorgelegte Reihe, wie bei der geometrischen, eine Formel für die Summe der n ersten Glieder zu finden. Der Reihenrest R_n als Kennzeichen ist im allgemeinen auch schwer zu verwerten. Man wird sich also neue Hilfsmittel verschaffen müssen, um auf möglichst einfache Weise die Konvergenz oder Divergenz einer Reihe entscheiden zu können. Solche — Konvergenzkriterien genannt — gewinnt man durch den Reihenvergleich.

Sei etwa

$$V_n = v_0 + v_1 + v_2 + \dots + v_n + \dots$$

die zu untersuchende Reihe. Alle Summanden seien positiv. Angenommen sei, daß von einer bestimmten endlichen Stelle ab, also etwa ab v_r, die Glieder dieser Reihe alle kleiner sind als die entsprechenden Glieder einer bekannten konvergenten Reihe

$$U_n = u_0 + u_1 + \dots + u_r + u_{r+1} + \dots + u_n + \dots,$$

so daß also

$$v_r < u_r, \quad v_{r+1} < u_{r+1} \dots, \quad v_n < u_n, \dots$$

Bricht man in beiden Reihen gerade vor dem Glied u_r bzw. v_r ab, und nennt den Reihenrest der konvergierenden Reihe U_r, den der untersuchten V_r, so ist nach Voraussetzung sicher

$$V_r < U_r.$$

Nun muß aber U_r eine endliche Zahl sein, also erst recht V_r; nach Voraussetzung kann es ja nicht negativ werden. Da man aber an endlicher Stelle abgebrochen hat, so ist auch die Summe

$$V = v_0 + v_1 + v_2 + \ldots + v_{r-1} + V_r,$$

d. h. die Summe der Reihe endlich, diese ist also konvergent. Man hat somit den Satz:

> Sind von einer bestimmten endlichen Stelle ab die Glieder der zu untersuchenden Reihe stets kleiner (größer) als die entsprechenden Glieder einer bekannten konvergenten (divergenten) Reihe, so ist auch die zu untersuchende Reihe konvergent (divergent). (c)

Denn genau wie oben beweist man den entsprechenden Satz für divergente Reihen.

Natürlich wäre dieser Reihenvergleich in den einzelnen Fällen mehr oder weniger umständlich, wenn man ihn in dieser Form anwenden würde. Man wird ihm deshalb noch eine brauchbare Form geben müssen.

Beispiel a) Man untersuche die Konvergenz der Reihe

$$V_n = \frac{1}{\sqrt{1}} + \frac{1}{\sqrt{2}} + \frac{1}{\sqrt{3}} + \ldots + \frac{1}{\sqrt{n}} + \ldots$$

Man denkt an die harmonische Reihe und vergleicht mit ihr. Das $n$te Glied der vorliegenden Reihe $1:\sqrt{n}$ ist sicher größer als das entsprechende Glied $1:n$ der harmonischen. Die zu untersuchende Reihe ist divergent, weil von der zweiten Stelle ab ihre Glieder alle größer sind als die entsprechenden Glieder der harmonischen Reihe, die als divergent bekannt ist.

99. Konvergenzkennzeichen. Bei der geometrischen Reihe:

$$1 + x + x^2 + \ldots + x^n + \ldots$$

ist jedes Glied gleich dem x-fachen des vorhergehenden; die Reihe konvergiert, wenn x ein echter Bruch ist. Wenn nun das, was bei der geometrischen Reihe zutrifft, nämlich

$$\frac{u_{n+1}}{u_n} = x < 1,$$

auch für die zu untersuchende Reihe

$$V_n = v_0 + v_1 + v_2 + \ldots + v_n + \ldots$$

von einem bestimmten Glied v_r ab zutrifft, daß nämlich

$$\frac{v_{r+1}}{v_r} \leqq k,$$

k als echter Bruch vorausgesetzt, so ist zu erwarten, daß diese Reihe auch konvergent ist. Schreibt man nämlich die angegebene Bedingung in der Form

$$v_{r+1} \leqq k \cdot v_r,$$
$$v_{r+2} \leqq k\, v_{r+1} \leqq k^2 v_r,$$
$$v_{r+3} \leqq k v_{r+2} \leqq k^3 v_r,$$

so wird obige Reihe übergehen in

$$V = v_0 + v_1 + \ldots + v_{r-1} + R,$$

wo

$$R \leqq v_r (1 + k + k^2 + \ldots + k^{n-r} + \ldots),$$

also in eine konvergente Reihe, da ja die Summe der ersten r-Glieder endlich ist und ebenso das Restglied R nach (97a).

Nun könnte aber die Bedingung

$$\frac{v_{n+1}}{v_n} \leqq k$$

falsch gedeutet werden. Bei der harmonischen Reihe ist beispielsweise

$$v_n = + \frac{1}{n}, \qquad v_{n+1} = \frac{1}{n+1},$$

also

$$\frac{v_{n+1}}{v_n} = \frac{n}{n+1},$$

welcher Quotient für **endliche** n tatsächlich ein echter Bruch ist nicht aber für unendlich große n. An der Stelle $n = \infty$ wird dieser Wert, wenn man zur Grenze übergeht,

$$\lim_{n=\infty} \frac{n}{n+1} = \lim_{n=\infty} \frac{1}{1 + \frac{1}{n}} = 1,$$

also kein echter Bruch. Die obige Bedingung muß aber für jedes n gelten, also auch für $n = \infty$. Man wird daher vorsichtiger sagen, und die Mathematik beweist: Die Reihe

$$U_n = u_0 + u_1 + u_2 + \ldots + u_n + \ldots$$

ist **konvergent**, wenn

$$\lim_{n=\infty} \frac{u_{n+1}}{u_n} < 1. \qquad \text{(a)}$$

Und entsprechend: sie ist divergent, wenn

$$\lim_{n=\infty} \frac{u_{n+1}}{u_n} > 1. \qquad \text{(b)}$$

In Worten:

Wenn in der zu untersuchenden Reihe der Grenzwert des Verhältnisses $\frac{u_{n+1}}{u_n}$ für $n = \infty$ kleiner (größer) ist als 1, so ist die Reihe konvergent (divergent), (erstes Konvergenzkennzeichen). (c)

Für den Fall, daß der Grenzwert des Verhältnisses $u_{n+1} : u_n$ gleich 1 ist, bleibt es unbestimmt, ob die Reihe konvergent oder divergent ist; das erste Kennzeichen reicht sonach für manche Fälle nicht aus. Für sie hat der Mathematiker neue Kennzeichen aufgestellt, die aber für den Ingenieur nicht belangreich sind.

Beispiel a) bis c) Man gebe das $n$te und $(n+1)$te Glied der nachfolgenden Reihen an und untersuche diese auf ihre Konvergenz.

$$\text{a)}\quad U_n = \frac{1}{1\cdot 3} + \frac{1}{5\cdot 7} + \frac{1}{9\cdot 11} + \cdots$$

$$\text{b)}\quad V_n = \frac{1}{2} + \frac{5}{4} + \frac{9}{8} + \frac{13}{16} + \cdots$$

$$\text{c)}\quad W_n = \frac{2}{1} + \frac{2\cdot 3}{1\cdot 4} + \frac{2\cdot 3\cdot 4}{1\cdot 4\cdot 7} + \frac{2\cdot 3\cdot 4\cdot 5}{1\cdot 4\cdot 7\cdot 10} + \cdots$$

Die Anfangsglieder dieser Reihe seien mit u_0, v_0, w_1 bezeichnet. Bei der ersten Reihe ist

$$u_n = \frac{1}{(4n+1)(4n+3)} \quad \text{und} \quad u_{n+1} = \frac{1}{(4n+5)(4n+7)}.$$

Man verwendet das erste Kennzeichen;

$$\lim_{n=\infty} \frac{u_{n+1}}{u_n} = \lim_{n=\infty} \frac{(4n+1)(4n+3)}{(4n+5)(4n+7)} = \lim_{n=\infty} \frac{\left(4+\frac{1}{n}\right)\left(4+\frac{3}{n}\right)}{\left(4+\frac{5}{n}\right)\left(4+\frac{7}{n}\right)} = 1;$$

es ist sonach noch unbestimmt, ob die Reihe konvergent oder divergent ist; die Entscheidung gibt Beispiel 100a).

Von der zweiten Reihe ist

$$v_n = \frac{4n+1}{2^{n+1}} \quad \text{und} \quad v_{n+1} = \frac{4n+5}{2^{n+2}},$$

sonach $$\lim_{n=\infty}\frac{v_{n+1}}{v_n}=\lim_{n=\infty}\frac{4n+5}{(4n+1)\,2}=\lim_{n=\infty}\frac{4+\frac{5}{n}}{\left(4+\frac{1}{n}\right)2}=\tfrac{1}{2};$$

die Reihe ist sonach konvergent.

Von der dritten Reihe ist

$$w_n=\frac{2\cdot3\cdot4\ldots(n+1)}{1\cdot4\cdot7\ldots(3n-2)}\quad\text{und}\quad w_{n+1}=\frac{2\cdot3\cdot4\ldots(n+1)(n+2)}{1\cdot4\cdot7\ldots(3n-2)(3n+1)},$$

sonach $$\lim_{n=\infty}\frac{w_{n+1}}{w_n}=\lim_{n=\infty}\frac{n+2}{3n+1}=\lim_{n=\infty}\frac{1+\frac{2}{n}}{3+\frac{1}{n}}=\frac{1}{3};$$

auch diese Reihe ist konvergent.

100. Fortsetzung. Bisher waren alle Glieder einer Reihe positiv vorausgesetzt. Daß sie stets abnahmen, war zwar eine notwendige, aber noch nicht hinreichende Bedingung für die Konvergenz einer Reihe. Beispiel: die harmonische Reihe.

Nun sollen die einzelnen Glieder verschiedenes Vorzeichen haben und zwar von einer endlichen Stelle ab periodisch wechselnd. Im einfachsten Fall etwa in der Reihenfolge $+-+-$. Es läßt sich leicht zeigen, daß eine solche Reihe immer konvergent sein muß. Die Reihe heiße

$$\begin{aligned}U_n&=(u_0+u_1+u_2+\ldots)+u_r-u_{r+1}+u_{r+2}-u_{r+3}+\cdots\\&=U'+u_r-u_{r+1}+u_{r+2}-u_{r+3}+\cdots\end{aligned}$$

Dann kann man die Reihe in zwei verschiedenen Formen schreiben:

$$U_n=U'+(u_r-u_{r+1})+(u_{r+2}-u_{r+3})+(\ \ )+\cdots$$

und

$$U_n=U'+u_r-(u_{r+1}-u_{r+2})-(u_{r+3}-u_{r+4})-(\ \ )-\cdots$$

Die Klammern sind naturgemäß alle positiv, da die Glieder stets abnehmen. Die erste Form sagt, daß die Summe der Reihe größer als U' ist, die zweite, daß sie kleiner als $U'+u_r$ ist, sie liegt also zwischen U' und $U'+u_r$, d. h. die Reihe ist konvergent. Sonach:

> Eine Reihe mit stets abnehmenden Gliedern ist konvergent, wenn von einer endlichen Stelle ab die Vorzeichen periodisch wechseln. (a)

Man kann nämlich in der entsprechenden Weise wie oben auch bei anderem periodischen Wechsel die Glieder so zusammenstellen, daß sich die Konvergenz unmittelbar ersehen läßt.

Beispiel a) Im Beispiel 99a) konnte nicht entschieden werden, ob die Reihe

$$U_n = \frac{1}{1 \cdot 3} + \frac{1}{5 \cdot 7} + \frac{1}{9 \cdot 11} + \dots$$

konvergent oder divergent ist. Durch einen Kunstgriff

$$\frac{2}{n(n+2)} = \frac{1}{n} - \frac{1}{n+2}$$

formt man sie um zu

$$2\,U_n = \frac{1}{1} - \frac{1}{3} + \frac{1}{5} - \frac{1}{7} + \frac{1}{9} - \frac{1}{11} + - \dots$$

und erkennt sie jetzt sofort als konvergent.

101. Potenzreihe, Methode der unbestimmten Koeffizienten. Von allen Reihen werden uns diejenigen besonders interessieren, deren einzelne Summanden von der Form

$$u_n = a_n x^n$$

sind, wobei a_n ein gesetzmäßig gebildeter Koeffizient ist; man heißt sie Potenzreihen und definiert sie als Reihen, die nach ganzen Potenzen von x (oder einer andern Veränderlichen) fortschreiten.

x ist also hier eine Veränderliche und somit die Reihe

$$S_n = a_0 + a_1 x + a_2 x^2 + \dots + a_n x^n + \dots$$

eine Funktion von x. Eine der Hauptaufgaben der Analysis ist es, von solchen Potenzreihen zu entscheiden, ob sie divergent oder konvergent sind, und in letzterem Fall ihre Summe S als Funktion von x anzugeben. Notwendige Bedingung für ihre Konvergenz ist selbstverständlich, daß die Glieder stets abnehmen. Wenn die Vorzeichen periodisch wechseln, dann ist die Reihe nach (100 a) sicher konvergent. Es werden daher in der Potenzreihe alle Summanden als positiv vorausgesetzt; ist die Reihe mit positiven Summanden konvergent, dann erst recht die Reihe bei periodischem Vorzeichenwechsel. Man wendet das erste Konvergenzkennzeichen an; mit

$$u_n = a_n x^n \quad \text{und} \quad u_{n+1} = a_{n+1} x^{n+1}$$

wird

$$\lim_{n=\infty} \frac{u_{n+1}}{u_n} < 1 \quad \text{zu} \quad \lim_{n=\infty} \left| \frac{a_{n+1} x}{a_n} \right| < 1$$

oder

$$|x| < \lim_{n=\infty} \left| \frac{a_n}{a_{n+1}} \right|. \tag{a}$$

Es war vorhin darauf hingewiesen, daß es Aufgabe der Mathematik ist, die Summe konvergenter Reihen

$$S_n = a_0 + a_1 x + a_2 x^2 + \dots + a_n x^n + \dots$$

anzugeben und zwar als Funktion von x. Umgekehrt kann man sich die Aufgabe stellen, eine gegebene Funktion in eine Reihe zu verwandeln. Daß diese Aufgabe überhaupt möglich ist, ist daraus zu ersehen, daß wir später sogar ein Mittel angeben, um jede Funktion in eine Reihe zu verwandeln. Die Frage ist nur, ob man die Funktion nur in *eine* oder in mehrere voneinander verschiedene Reihen verwandeln kann. Die Mathematik weist nach, daß nur *eine* solche Reihe existiert, so daß man hat:

> *Eine Funktion von x kann immer in eine Potenzreihe von der Form*
>
> $$a_0 + a_1 x + a_2 x^2 + \dots + a_n x^n + \dots$$
>
> *verwandelt werden, aber nur in eine einzige.* (b)

Nun ist es ja leicht denkbar, daß man durch zwei verschiedene Verfahren wenigstens auf zwei verschiedene Formen der Reihe kommt, daß also die eine etwa

$$f(x) = a_0 + a_1 x + a_2 x^2 + \dots + a_n x^n + \dots,$$

die andere

$$f(x) = b_0 + b_1 x + b_2 x^2 + \dots + b_n x^n + \dots$$

lautet. Dann ist ein recht einfacher Zusammenhang zu konstatieren: für jeden Wert von x müssen ja beide Reihen den gleichen Funktionswert geben, es muß also

$$a_0 + a_1 x + a_2 x^2 + \dots + a_n x^n + \dots \equiv b_0 + b_1 x + b_2 x^2 + \dots + b_n x^n + \dots$$

für jeden beliebigen Wert von x gelten; das Zeichen $\equiv$ soll eben diese Identität ausdrücken. Für $x = 0$ erhält man so

$$a_0 = b_0,$$

so daß man schreiben kann

$$a_1 x + a_2 x^2 + \dots \equiv b_1 x + b_2 x^2 + \dots;$$

oder wenn man mit x dividiert, wieder

$$a_1 = b_1.$$

Man kann so fortfahren und erhält

$$a_0 = b_0, \qquad a_1 = b_1, \qquad a_2 = b_2, \qquad \dots a_n = b_n, \dots$$

Also:

> *Hat man von einer Funktion zwei verschiedene Entwicklungen nach Potenzreihen, so müssen beide Reihen gliedweise identisch sein, d. h. die*

Koeffizienten a_i und b_i der gleichhohen Potenzen müssen gleich sein (Methode der unbestimmten Koeffizienten). (c)

Um eine Funktion in eine Reihe zu verwandeln, hat man verschiedene Wege: einen, der schon angedeutet, mit Hilfe der Taylorschen Reihe; ein anderer viel gebrauchter Weg benutzt die Methode der unbestimmten Koeffizienten. Man überlegt hierbei: die gesuchte Reihe für $f(x)$ sei

$$f(x) = a_0 + a_1 x + a_2 x^2 + \ldots + a_n x^n + \ldots$$

Um die Koeffizienten a_i zu bestimmen, wird man irgendwie eine analytische Veränderung der Funktionen vornehmen, so zwar, daß auf den Zusammenhang der ursprünglichen und der veränderten Funktion der vorausgehende Satz angewandt werden kann.

Beispiel a) Die Funktion $\cos x$ ist in eine Reihe zu verwandeln.

Man setzt an

$$\cos x = a_0 + a_1 x + a_2 x^2 + \ldots + a_n x^n + \ldots$$

Beachtet man, daß $\cos(-x) = \cos x$, so muß also auch gelten

$$\cos x = a_0 - a_1 x + a_2 x^2 - a_3 x^3 + - \ldots$$

oder, wenn man beide Reihen addiert,

$$\cos x = a_0 + a_2 x^2 + a_4 x^4 + \ldots,$$

d. h. die Glieder ungerader Potenzen fallen hinaus. Um nun die Koeffizienten $a_0, a_2, a_4, \ldots$ zu erhalten, wird man zweimal differenzieren und erhält dann

$$-\cos x = 2 \cdot 1\, a_2 + 4 \cdot 3 \cdot a_4 x^2 + 6 \cdot 5\, a_6 x^4 + \ldots,$$

und wenn man jetzt beide Reihen vergleicht,

$$a_0 + a_2 x^2 + a_4 x^4 + \ldots = -2 \cdot 1\, a_2 - 4 \cdot 3\, a_4 x^2 - 6 \cdot 5\, a_6 x^4 - \ldots$$

Der Vergleich liefert

$$a_2 = -\frac{a_0}{2!}, \qquad a_4 = -\frac{a_2}{4 \cdot 3} = \frac{a_0}{4!}, \qquad a_6 = -\frac{a_4}{6 \cdot 5} = -\frac{a_0}{6!}, \ldots$$

und damit

$$\cos x = a_0 - \frac{a_0}{2!} x^2 + \frac{a_0}{4!} x^4 - \frac{a_0}{6!} x^6 + - \ldots$$

mit a_0 als noch einzigem unbekannten Koeffizienten. Man weiß nun, daß $\cos x = 1$ wird für $x = 0$; also erhält man $1 = a_0$, wenn man auf beiden Gleichungsseiten $x = 0$ setzt, womit die Funktion $\cos x$ endgültig in der Form

$$\cos x = 1 - \frac{x^2}{2!} + \frac{x^4}{4!} - \frac{x^6}{6!} + - \cdots \tag{d}$$

angeschrieben werden kann.

Erwähnt sei, daß das vorausgehende Verfahren, $\cos x$ in eine Reihe zu verwandeln, nicht üblich ist. Aber als Muster für die allgemeine Art, Funktionen in Reihen zu verwandeln, scheint sie wohl empfehlenswert. Zu beachten ist noch, daß die Verwandlung natürlich immer unter der Voraussetzung geschah, daß die Reihe konvergent ist.

Beispiel b) Man entwickle $1:(1+x)$ nach einer Reihe und untersuche ihre Konvergenz.

Man könnte die Reihe auch dadurch sich verschaffen, daß man ausdividiert. Einfacher setzt man nach der Methode der unbestimmten Koeffizienten

$$\frac{1}{1+x} = a_0 + a_1 x + a_2 x^2 + a_3 x^3 + \cdots + a_n x^n + \cdots$$

Den ersten Koeffizienten a_0 kann man sofort angeben, wenn man beiderseits $x = 0$ setzt; man erhält $a_0 = 1$, wobei allerdings die Reihe als konvergent vorausgesetzt ist, da man nur in diesem Fall auf die Reihe die gewöhnlichen Gesetze der Algebra anwenden kann. Man fährt weiter

$$\begin{aligned} 1 &= (1+x)(1 + a_1 x + a_2 x^2 + \cdots) \\ &= 1 + x(1 + a_1) + x^2(a_1 + a_2) + x^3(a_2 + a_3) + \cdots \end{aligned}$$

und erhält durch den Vergleich

$$a_1 = -1, \qquad a_2 = +1, \qquad a_3 = -1, \qquad a_4 = +1, \ \ldots$$

oder

$$\frac{1}{1+x} = 1 - x + x^2 - x^3 + x^4 - + \cdots \tag{e}$$

für $0 < x < 1$ ist die Reihe nach (100a) konvergent.

Beispiel c) Man gebe für $\lg(1+x)$ eine Reihe an und untersuche ihre Konvergenz.

Man setzt

$$\lg(1+x) = a_0 + a_1 x + a_2 x^2 + \cdots + a_n x^n + \cdots$$

Wenn x einen solchen Wert hat, daß die Reihe konvergent wird, kann man beiderseits $x = 0$ setzen und erhält $\lg 1 = a_0$ oder $a_0 = 0$. Unter der gleichen Voraussetzung kann man auf beiden Seiten differenzieren und erhält

$$\frac{1}{1+x} = a_1 + 2\,a_2\,x + 3\,a_3\,x^2 + 4\,a_4\,x^3 + \dots$$

oder mit Benützung von Beisp. b)

$$1 - x + x^2 - x^3 + x^4 - + \dots = a_1 + 2\,a_2\,x + 3\,a_3\,x^2 + 4\,a_4\,x^3 + \dots$$

Der Vergleich liefert

$$a_1 = 1, \qquad a_2 = -\tfrac{1}{2}, \qquad a_3 = +\tfrac{1}{3}, \qquad a_4 = -\tfrac{1}{4}, \dots$$

und damit $\qquad \lg(1+x) = x - \frac{x^2}{2} + \frac{x^3}{3} - \frac{x^4}{4} + - \dots$

Solange x ein echter positiver Bruch oder auch gleich 1 ist, nehmen die Glieder fortwährend ab, gleichzeitig wechseln die Vorzeichen periodisch, die Reihe ist also für $0 \leqq x \leqq 1$ sicher konvergent. Ob sie auch noch für andere x konvergent ist, wird an späterer Stelle noch zu entscheiden sein.

Bemerkt wird, daß für die Entwicklung der Logarithmusreihe das Taylorsche Verfahren üblich ist.

102. Zweck und Wert der Reihen. Es wird an der Zeit sein, die Frage nach dem Wert und dem Zweck der Reihen zu beantworten. Wir wollen einen Augenblick zurückkehren zu den Elementen der niederen Algebra und Analysis. Dort hatten wir aufeinanderfolgend die elementaren Rechenoperationen betrachtet, von der Summe beginnend und mit der Wurzel schließend. Es wurde definiert: Zahlen heißen abgebraisch, wenn sie aus natürlichen Zahlen durch eine endliche Anzahl von Summen, Differenzen, Produkten, Quotienten und Potenzen mit rationalen Exponenten hervorgehen. (Für die algebraischen Zahlen war dann erwiesen, daß für sie die gleichen Regeln gelten wie für die natürlichen Zahlen.)

Entsprechend war definiert: Algebraisch heißt eine Funktion, wenn zu ihrer Bildung sich die Veränderlichen durch eine endliche Anzahl von Summen, Differenzen, Produkten, Quotienten und Potenzen mit rationalen konstanten Exponenten zusammensetzen.

Nun hat man eine beliebige Funktion, wenn man sie in eine Reihe verwandelt, der Form nach in eine ganze rationale Funktion übergeführt, also in die einfachste aller Funktionen. Wenn sonach $f(x)$ auch keine algebraische Funktion ist, so nimmt sie durch die Reihenentwicklung doch wenigstens die Form einer solchen, nämlich

$$f(x) = a_0 + a_1\,x + a_2\,x^2 + \dots$$

an. Wäre $f(x)$ eine ganze rationale Funktion, so würden auch alle Sätze von den rationalen Funktionen für sie gelten. Nun kann man aber den Unterschied zwischen dieser ganzen rationalen Funktion und der untersuchten Funktion $f(x)$ beliebig klein machen. Man schließt dann daraus, daß alle Gesetze, welche für ganze rationale Funktionen gelten, auch für alle Funktionen überhaupt gelten, so lange sie endlich und stetig bleiben.

Damit ist dann der Beweis, daß die Elementarsätze der Analysis, wie sie im ersten Buch entwickelt waren, für alle reellen endlichen Zahlen überhaupt gelten, geschlossen.

103. Mittelwertsätze. Es soll nun nach Taylor ein allgemeines Verfahren entwickelt werden, um beliebig gegebene Funktionen in Reihen zu verwandeln. Der Gedankengang ist recht einfach. Sei die zu untersuchende Funktion $f(x)$ im Untersuchungsbereich endlich und stetig. Wenn man sie in eine Reihe verwandeln kann, muß die Entwicklung lauten

$$f(x) = a_0 + a_1 x + a_2 x^2 + \dots + a_n x^n + \dots$$

Bevor die Ermittlung der Koeffizienten a_i erfolgt, sei zuerst die Funktion $f(x+h)$ betrachtet, wo h irgend eine Zahl vorstellt. Dieser Ausdruck $f(x+h)$ könnte natürlich in der Form

$$f(x+h) = a_0 + a_1 (x+h) + a_2 (x+h)^2 + \dots + a_n (x+h)^n + \dots$$

entwickelt werden, gäbe aber eine recht langwierige Aufgabe. Indes kann man sich diese elementare Entwicklung durchgeführt denken und alle Summanden nach Potenzen von h geordnet, dann ist $f(x+h)$ sicher von der Form

$$f(x+h) = X_0 + X_1 h + X_2 h^2 + X_3 h^3 + \dots + X_n h^n + \dots$$

wo $X_0, X_1, X_2, \dots$ Funktionen von x vorstellen, die jetzt als Koeffizienten der Potenzen von h auftreten.

Es sei zunächst angenommen, daß $f(x)$ eine ganze rationale Funktion ist, also von der Form

$$f(x) = a_0 + a_1 x + a_2 x^2 + \dots + a_n x^n.$$

Dann soll als Zwischenaufgabe ermittelt werden, welche Form die Funktion $f(x+h)$ annimmt. Der einfacheren Beweisführung halber sei ein besonderes Beispiel gewählt,

$$f(x) = 3x^3 + x^2 + 2x + 4.$$

Dann ist

$$f(x+h) = 3(x+h)^3 + 2(x+h)^2 + 2(x+h) + 4.$$

Man kann nun die rechte Seite nach Potenzen von x oder nach Potenzen von h ordnen. Des Beweises wegen wählen wir das letztere, dann wird

$$f(x+h) = (3x^3 + x^2 + 2x + 4) + (9x^2 + 2x + 2)h + (9x+1)h^2 + 3h^3.$$

Oder wenn man für die Klammerausdrücke, die ja Funktionen von x vorstellen, als abkürzende Bezeichnungen

$$X_0 = 3x^3 + x^2 + 2x + 4, \quad X_1 = 9x^2 + 2x + 2,$$
$$X_2 = 9x + 1, \quad X_3 = 3$$

entsprechend den Potenzen von h einführt,

$$f(x+h) = X_0 + X_1 h + X_2 h^2 + X_3 h^3.$$

Natürlich könnte man dieses elementare Verfahren der Entwicklung auch auf die beliebige ganze rationale Funktion $f(x+h)$ vom $n$ten Grad anwenden. Die nachfolgenden Sätze geben aber einfachere Wege für diese Entwicklung an. Man geht aus von dem gleich nachher zu beweisenden ersten Mittelwertsatz:

Genügt die Funktion $f(x)$ im Bereich von x_0 bis $x_0 + h$ der Hauptforderung der Differentialrechnung, so gibt es in diesem Bereich mindestens einen Wert $x = x_0 + \Theta h$, für den

$$f(x_0 + h) - f(x_0) = h \cdot f'(x_0 + \Theta h), \tag{a}$$

wo Θ einen positiven echten Bruch bedeutet.

Zum Beweise deutet man geometrisch die einzelnen Bestandteile dieser Formel. $f(x)$ wird durch die Kurve der Abb. 232 dargestellt. Die Endpunkte P_1 und P_2 des Kurvenbogens haben die Abszissen x_0 und $x_0 + h$ und damit die Ordinaten $f(x_0)$ und $f(x_0 + h)$. Es ist sonach die Richtung der Sehne $P_1 P_2$

$$\operatorname{tg} \sigma = \frac{f(x_0 + h) - f(x_0)}{h}. \tag{b}$$

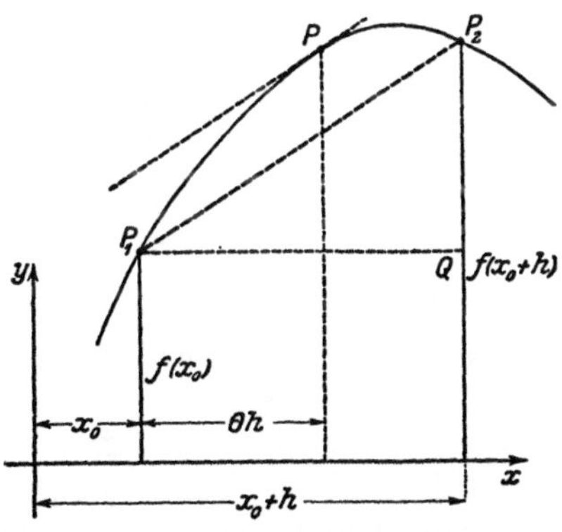

Abb. 232.

Die nämliche Richtung hat die Kurve sicher noch an einem Punkt P auf dem Kurvenbogen $P_1 P_2$. Dessen Abszisse muß jedenfalls größer als x_0 und kleiner als $x_0 + h$ sein. Bezeichnet man sie mit $x_0 + h_1$, dann muß h_1 kleiner als h und größer als 0 d. h. positiv sein. Man drückt diese Beziehung aus durch $h_1 = \Theta h$, wo dann Θ ein positiver echter Bruch sein muß.

Es hat also dieser Punkt P die Abszisse $x_0 + \Theta h$ und damit die Ordinate $f(x_0 + \Theta h)$. Die Richtung der Kurve in diesem Punkt ist

$$\operatorname{tg} \sigma = f'(x_0 + \Theta h). \qquad \text{(c)}$$

Die Formeln (b) und (c) liefern dann den Satz (a). Geometrisch gedeutet heißt sonach der Mittelwertsatz:

Auf jedem begrenzten Bogen einer stetigen Kurve gibt es mindestens einen Punkt, in dem die Tangente parallel ist der Sehne. (d)

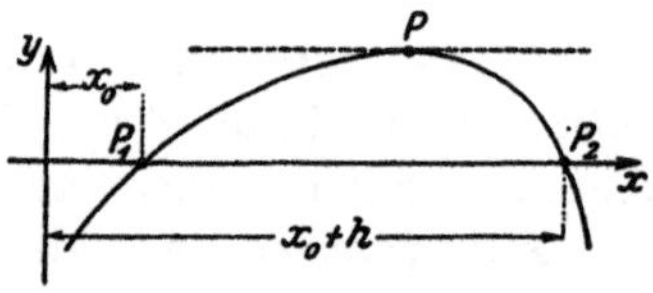

Abb. 233.

Beispiel a) Man wende den Mittelwertsatz auf den besonderen Fall an, daß die Kurve $y = f(x)$ die x-Achse an der Stelle x_0 und $x_0 + h$ schneidet, Abb. 233.

Dort wird $f(x_0) = 0$ und $f(x_0 + h) = 0$, es nimmt dann der Mittelwertsatz die Form $f'(x_0 + \Theta h) = 0$ an, in Worten:

Genügt die Funktion $f(x)$ im Bereich von x_0 bis $x_0 + h$ der Hauptforderung der Differentialrechnung und wird sie für x_0 und $x_0 + h$ zu Null, so gibt es in diesem Bereich mindestens eine Stelle x, an der sie einen Hauptwert annimmt. (Sonderfall des Mittelwertsatzes.) (e)

104. Fortsetzung. Es soll graphisch an einem beliebig gewähltem Beispiel die zweite Form des Mittelwertsatzes entwickelt werden:

Genügen die beiden Funktionen $f(x)$ und $F(x)$ im Bereich von x_0 bis $x_0 + h$ der Hauptforderung der Differentialrechnung, so gibt es in diesem Bereich mindestens eine Stelle x, für die

$$\frac{f(x_0 + h) - f(x_0)}{F(x_0 + h) - F(x_0)} = \frac{f'(x)}{F'(x)}, \qquad \text{(a)}$$

vorausgesetzt, daß $F'(x)$ in diesem Bereich nie Null wird.

Man zeichnet zwei beliebige Kurven in einem Bereich von x_0 bis $x_0 + h$, wo x_0 und h beliebig gewählt werden können, s. Abb. 234. Die erste Kurve habe die Gleichung $y = f(x)$, die zweite $Y = F(x)$. Die in obigen Sätzen auftretenden Größen lassen sich geometrisch veranschaulichen.

Es sind

$$f(x_0 + h) - f(x_0) = s \quad \text{und} \quad F(x_0 + h) - F(x_0) = S$$

die Ordinatenänderungen von der Stelle x_0 bis zur Stelle $x_0 + h$, und

$$f'(x) = t \quad \text{und} \quad F'(x) = T$$

die Richtungen der beiden Kurven an der Stelle x des Bereiches. Man kann auch schreiben: es gibt in dem vorgeschriebenen Bereich mindestens eine Stelle x, an der $t - \varrho T = 0$ ist, wenn man das der Abbildung zu entnehmende Verhältnis $s:S$ der beiden Ordinatenänderungen mit ϱ bezeichnet. Die Größen $t = f'(x)$ und $T = F'(x)$ können nun geometrisch als Ordinaten der Differentialkurven der beiden gegebenen Kurven gedeutet werden. Man zeichnet die beiden Differentialkurven (42) und sucht die Stelle, wo $t = \varrho T$. Am einfachsten nimmt man von der zweiten Differentialkurve $T = F'(x)$ jedesmal die ϱ-fache Ordinate, dann ist die gesuchte Stelle dort, wo sich die beiden Kurven schneiden, nämlich die Differentialkurve zu $y = f(x)$ und die mit ϱ multiplizierte Differentialkurve zu $Y = F(x)$. Eine solche Stelle gibt es in dem gegebenen Bereich jedesmal, wie eben an dem beliebig gegebenen Beispiel gezeigt wurde.

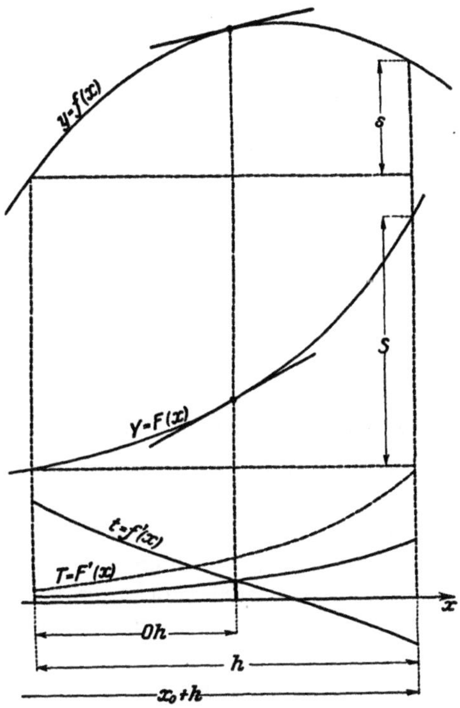

Abb. 234.

Setzt man in (a) wieder $x = x_0 + h_1$ oder $x = x_0 + \Theta h$, wo Θ ein positiver echter Bruch ist, dann nimmt der zweite Mittelwertsatz die Form an

$$\frac{f(x_0 + h) - f(x_0)}{F(x_0 + h) - F(x_0)} = \frac{f'(x_0 + \Theta h)}{F'(x_0 + \Theta h)}. \tag{b}$$

Beispiel a) Man gebe den zweiten Mittelwertsatz für den Fall, daß x_0 und $x_0 + h$ die Abszissen der Schnittpunkte der beiden Kurven $y = f(x)$ und $y = F(x)$ sind, und deute ihn geometrisch.

In diesem Fall, s. Abb. 235, sind die Ordinaten der Schnittpunkte gleich, es wird $s = S$ oder

$$f(x_0 + h) - f(x_0) = F(x_0 + h) - F(x_0).$$

Damit wird also der zweite Mittelwertsatz

$$f'(x_0 + \Theta h) = F'(x_0 + \Theta h),$$

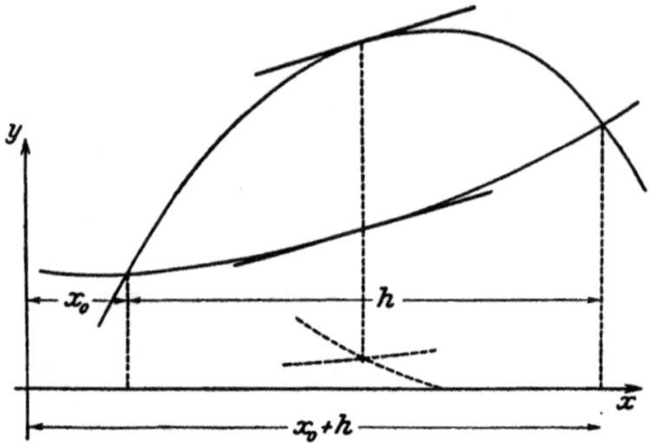

Abb. 235.

d. h. wenn zwei Kurven sich an den Stellen x_0 und x_0+h schneiden, dann gibt es im Bereich von x_0 bis x_0+h mindestens eine Stelle $x=x_0+\Theta h$, wo die beiden Kurven gleiche Richtung haben.

Erste Anwendung des Mittelwertsatzes. Wird $f(x_0)=0$ und $F(x_0)=0$, dann geht (a) über in

$$\frac{f(x_0+h)}{F(x_0+h)}=\frac{f'(x_0+\Theta h)}{F'(x_0+\Theta h)} \quad \text{oder} \quad \frac{f(x_0+h)}{F(x_0+h)}=\frac{f'(x_0+h_1)}{F'(x_0+h_1)} \tag{c}$$

wo h_1 ein positiver echter Bruchteil von h oder Θ ein positiver echter Bruch ist.

Wenn auch die beiden Ableitungen $f'(x)$ und $F'(x)$ und ebenso noch die weiteren aufeinanderfolgenden höheren Ableitungen bis zur $n-1$ten der Hauptforderung der Differentialrechnung genügen, und alle gleichzeitig an den Stellen x_0 zu Null werden, dann kann man fortsetzen

$$\frac{f(x_0+h)}{F(x_0+h)}=\frac{f'(x_0+h_1)}{F'(x_0+h_1)}=\frac{f''(x_0+h_2)}{F''(x_0+h_2)}=\cdots$$
$$=\frac{f^{(n)}(x_0+h_n)}{F^{(n)}(x_0+h_n)} \tag{d}$$

Dabei ist wieder h_2 als ein positiver echter Bruchteil von h_1 vorausgesetzt, ebenso h_3 ein positiver echter Bruchteil von h_2 usw., so daß man $h_n=\Theta h$ setzen kann, wo Θ ein positiver echter Bruch ist. Dann gilt

$$\frac{f(x_0+h)}{F(x_0+h)}=\frac{f^{(n)}(x_0+\Theta h)}{F^{(n)}(x_0+\Theta h)}. \tag{e}$$

Voraussetzung ist dabei, daß die Funktion $f(x)$ und $F(x)$ sowie alle ihre aufeinanderfolgenden höheren Ableitungen einschließlich der $n-1$ten der Hauptforderung genügen und an der Stelle x_0 alle zu 0 werden. Im übrigen sind $f(x)$ und $F(x)$ ganz beliebige Funktionen.

Zweite Anwendung des Mittelwertsatzes. Wenn man im besondern Fall $F(x)=(x-x_0)^n$ setzt, dann wird $F^{(n)}(x)=n!$ und $F(x_0+h)=h^n$ und damit die letzte Formel zu

$$f(x_0+h)=\frac{h^n}{n!}f^{(n)}(x_0+\Theta h), \tag{f}$$

eine neue Form des Mittelwertsatzes, die als Grundlage für die Entwicklung der Taylorschen Reihe dient.

105. Taylorsche Sätze und Reihen. Es sei $f(x)$ eine Funktion, die im Bereich von x_0 bis x_0+h ebenso wie ihre $n-1$ aufeinanderfolgenden Ableitungen der Hauptforderung der Differentialrechnung genügt. Dann hat jedenfalls die Funktion

$$\varphi(x) = f(x_0) + \frac{x-x_0}{1!}\cdot f'(x_0) + \frac{(x-x_0)^2}{2!} f''(x_0) + \cdots$$
$$+ \frac{(x-x_0)^{n-1}}{(n-1)!}\cdot f^{(n-1)}(x_0)$$

die gleiche Eigenschaft. Man bildet die aufeinanderfolgenden Ableitungen [wobei zu beachten ist, daß $f'(x_0)$, $f''(x_0), \ldots$ Konstante sind],

$$\varphi'(x) = f'(x_0) + \frac{x-x_0}{1!}\cdot f''(x_0) + \frac{(x-x_0)^2}{2!}\cdot f'''(x_0) + \cdots$$
$$+ \frac{(x-x_0)^{n-2}}{(n-2)!}\cdot f^{(n-1)}(x_0);$$

$$\varphi''(x) = f''(x_0) + \frac{x-x_0}{1!}\cdot f'''(x_0) + \cdots + \frac{(x-x_0)^{(n-3)}}{(n-3)!}\cdot f^{(n-1)}(x_0),$$

. . . .

$$\varphi^{(n-1)}(x) = f^{(n-1)}(x_0).$$

Für $x = x_0$ gehen alle diese Gleichungen über in

$$\varphi(x_0) = f(x_0), \qquad \varphi'(x_0) = f'(x_0), \ldots \qquad \varphi^{(n-1)}(x_0) = f^{(n-1)}(x_0),$$

d. h. die Funktion

$$\psi(x) = f(x) - \varphi(x)$$

hat die Eigenschaft, daß sie und alle ihre aufeinanderfolgenden $n-1$ Ableitungen an der Stelle $x = x_0$ zu Null werden. Diese Eigenschaft ist Voraussetzung für die Formel (104 f). Man erhält also

$$\psi(x_0 + h) = \frac{h^n}{n!}\psi^{(n)}(x_0 + \Theta h)$$

oder

$$f(x_0+h) - \varphi(x_0+h) = \frac{h^n}{n!}[f^{(n)}(x_0+\Theta h) - \varphi^{(n)}(x_0+\Theta h)].$$

Oder weil die $n$te Ableitung von $\varphi(x)$ zu Null wird,

$$f(x_0+h) = \varphi(x_0+h) + \frac{h^n}{n!} f^{(n)}(x_0+\Theta h).$$

Nimmt man den Wert von $\varphi(x_0+h)$ aus der Ausgangsgleichung, so wird, da x_0+h an Stelle von x zu setzen ist,

$$f(x_0+h)=f(x_0)+\frac{h}{1!}f'(x_0)+\frac{h^2}{2!}f''(x_0)+\cdots$$
$$+\frac{h^{n-1}}{(n-1)!}f^{(n-1)}(x_0)+\frac{h^n}{n!}f^{(n)}(x_0+\Theta h)$$

oder wenn man x_0 durch x setzt,

$$f(x+h)=f(x)+\frac{h}{1!}f'(x)+\frac{h^2}{2!}f''(x)+\cdots$$
$$+\frac{h^{n-1}}{(n-1)!}f^{(n-1)}(x)+R_n, \tag{a}$$

wo

$$R_n=\frac{h^n}{n!}f^{(n)}(x+\Theta h) \tag{b}$$

das Restglied ist. (Erste Form des Taylorschen Satzes.)

Genügt also die Funktion $f(x)$ mit ihren n aufeinanderfolgenden Ableitungen im Bereich von x bis $x+h$ der Hauptforderung der Differentialrechnung, so läßt sich für jedes x in diesem Bereich die Funktion $f(x+h)$ in eine nach Potenzen von h fortschreitende Summe entwickeln, deren Restglied R_n bekannt ist. Ist gleichzeitig $\lim R_n=0$ für $n=\infty$, so geht die Summe über in eine konvergente Reihe, die Taylorsche Reihe

$$f(x+h)=f(x)+\frac{h}{1!}f'(x)+\frac{h^2}{2!}f''(x)+\cdots+\frac{h^n}{n!}f^{(n)}(x)+\cdots \tag{c}$$

Beispiel a) Gegeben ist die Funktion $f(x)=x^4-x^2+3$. Man entwickle $f(x-2)$ nach einer Potenzreihe.

Als ganze rationale Funktion genügt die vorliegende Funktion der Hauptforderung. Man bildet die aufeinanderfolgenden Ableitungen

$$f'(x)=4x^3-2x,\qquad f''(x)=12x^2-2,\qquad f'''(x)=24x,$$
$$f^{(4)}(x)=24,\qquad f^{(5)}(x)=0.$$

Hier ist $h=-2$, also wird

$$f(x-2)=(x^4-x^2+3)+\frac{-2}{1!}(4x^3-2x)+\frac{(-2)^2}{2!}(12x^2-2)$$
$$+\frac{(-2)^3}{3!}24x+\frac{(-2)^4}{4!}24$$
$$=x^4-8x^3+23x^2-28x+15.$$

Man kann auch prüfen und elementar berechnen

$$f(x-2)=(x-2)^4-(x-2)^2+3=x^4-8x^3+23x^2-28x+15.$$

106. Fortsetzung. Die erste Form der Taylorschen Reihe setzt von x und h nichts anderes voraus, als daß x und $x+h$ einem Bereich angehören, innerhalb dessen die Funktion $f(x)$ der Hauptforderung der Differentialrechnung genügt. Man kann also innerhalb dieses Bereiches für x und h alle möglichen Werte einsetzen, also auch h beseitigen und dafür x_0 durch die Beziehung $x+h=x_0$ oder $h=x_0-x$ einführen. Man erhält

$$f(x_0)=f(x)+\frac{x_0-x}{1!}\cdot f'(x)+\frac{(x_0-x)^2}{2!}\cdot f''(x)+\dots$$
$$+\frac{(x_0-x)^{n-1}}{(n-1)!}\cdot f^{(n-1)}(x)+\frac{(x_0-x)^n}{n!}\cdot f^{(n)}[x+\Theta(x_0-x)].$$

Oder wenn man die Bezeichnungen x_0 und x vertauscht,

$$f(x)=f(x_0)+\frac{x-x_0}{1!}\cdot f'(x_0)+\frac{(x-x_0)^2}{2!}\cdot f''(x_0)+\dots$$
$$+\frac{(x-x_0)^{n-1}}{(n-1)!}\cdot f^{(n-1)}(x_0)+R_n, \tag{a}$$

wo

$$R_n=\frac{(x-x_0)^n}{n!}\cdot f^{(n)}[x_0+\Theta(x-x_0)], \tag{b}$$
$$0<\Theta<1.$$

Wenn $\lim R_n=0$ für $n=\infty$, so erhält man wieder eine konvergente Reihe, die zweite Form der Taylorschen Reihe,

$$f(x)=f(x_0)+\frac{x-x_0}{1!}f'(x_0)+\frac{(x-x_0)^2}{2!}f''(x_0)+\dots$$
$$+\frac{(x-x_0)^n}{n!}f^{(n)}(x_0)+\dots \tag{c}$$

Sie hat eine vielfache Anwendung; wir werden sie in Zukunft des öfteren benützen. Charakteristisch an ihr ist die Form: sie ist eine Potenzreihe, die nach Potenzen von $x-x_0$ fortschreitet; man kann sie also auch schreiben

$$f(x)=a_0+a_1(x-x_0)+a_2(x-x_0)^2+\dots+a_n(x-x_0)^n+\dots,$$

wo dann

$$a_1=f(x_0),\qquad 1!\,a_1=f'(x_0),\qquad 2!\,a_2=f''(x_0),\dots$$

Die zweite Form gestattet sonach, eine gegebene Funktion $f(x)$ in eine Reihe zu verwandeln, die nach Potenzen von $x-x_0$ fortschreitet, wo x_0 beliebig gegeben werden kann.

Beispiel a) und b) Man entwickle $3x^3 - 4x$ nach Potenzen von $x + 1$ und $x - 1$.

Man benützt die zweite Form der Taylorschen Reihe und schreibt, da im ersten Fall $x_0 = -1$,

$$f(x) = f(-1) + \frac{x+1}{1!} f'(-1) + \frac{(x+1)^2}{2!} f''(-1) + \ldots$$

Es wird

$$f'(x) = 9x^2 - 4, \quad f''(x) = 18x, \quad f'''(x) = 18, \quad f^{(4)}(x) = 0,$$

sonach

$$f(-1) = 1, \quad f'(-1) = 5, \quad f''(-1) = -18, \quad f'''(-1) = 18,$$

also

$$3x^3 - 4x = 1 + 5(x+1) - 9(x+1)^2 + 3(x+1)^3.$$

Durch elementares Ausrechnen kann man sich von der Richtigkeit überzeugen.

Im zweiten Fall wird $x_0 = 1$ und

$$f(1) = -1, \quad f'(1) = 5, \quad f''(1) = 18, \quad f'''(1) = 18,$$

also

$$3x^3 - 4x = -1 + 5(x-1) + 9(x-1)^2 + 3(x-1)^3.$$

107. Mac-Laurinsche oder Sterlingsche Reihe. Als Sonderfall der zweiten Form erhält man, wenn man $x_0 = 0$ setzt (die Reihe gilt ja für alle Werte von x bis x_0), die dritte Form

$$f(x) = f(0) + \frac{x}{1!} \cdot f'(0) + \frac{x^2}{2!} \cdot f''(0) + \ldots \frac{x^{n-1}}{(n-1)!} \cdot f^{(n-1)}(0) + R_n, \tag{a}$$

wo

$$R_n = \frac{x^n}{n!} \cdot f^{(n)}(\Theta x), \qquad 0 < \Theta < 1. \tag{b}$$

Wenn $\lim R_n = 0$ für unendlich großes n, dann geht die Summenformel wieder über in eine konvergente Reihe, die Mac-Laurinsche oder Sterlingsche Reihe,

$$f(x) = f(0) + \frac{x}{1!} \cdot f'(0) + \frac{x^2}{2!} \cdot f''(0) + \ldots + \frac{x^n}{n!} \cdot f^{(n)}(0) + \ldots \tag{c}$$

Man kann diese Reihe auch aus der ersten Form der Taylorschen Reihe für $x = 0$ erhalten, wenn man in ihr nachträglich noch h durch x ersetzt.

Wenn man die Sterlingsche Reihe noch etwas umformt,

$$f(x) = f(0) + \frac{f'(0)}{1!} \cdot x + \frac{f''(0)}{2!} \cdot x^2 + \ldots + \frac{f^{(n)}(0)}{n!} \cdot x^n + \ldots,$$

dann ist sie als die Reihe gekennzeichnet, die wir aufsuchen: $f(x)$ sollte in eine konvergente Potenzreihe umgewandelt werden, also in eine Reihe

$$f(x) = a_0 + a_1 x + a_2 x^2 + \dots$$

Im vorliegenden Fall ist dann

$$a_0 = f(0), \qquad a_1 = \frac{f'(0)}{1!}, \qquad a_2 = \frac{f''(0)}{2!}, \dots$$

Beispiel a) Wenn man schon weiß, daß $f(x)$ im Bereich $a < x < b$ in eine konvergente Potenzreihe verwandelt werden kann, dann kann man die Mac-Laurinsche Reihe auf einfacherem Weg, allerdings ohne Restglied auffinden. Man setzt

$$f(x) = a_0 + a_1 x + a_2 x^2 + \dots + a_n x^n + \dots$$

und bildet die Ableitungen nach x,

$$f'(x) = a_1 + 2a_2 x + 3a_3 x^2 + \dots + n a_n x^{n-1} + \dots$$
$$f''(x) = 1 \cdot 2 a_2 + 2 \cdot 3 a_3 x + 3 \cdot 4 a_4 x^2 + \dots + (n-1) n a_n x^{n-2} + \dots$$
$$f'''(x) = 1 \cdot 2 \cdot 3 a_3 + 2 \cdot 3 \cdot 4 a_4 x + 3 \cdot 4 \cdot 5 a_5 x^2 + \dots$$

Diese Identitäten gehen, vorausgesetzt daß $x = 0$ im Konvergenzbereich liegt, für $x = 0$ über in

$$f(0) = a_0, \qquad f'(0) = 1 \cdot a_1, \qquad f''(0) = 2!\, a_2, \qquad f'''(0) = 3!\, a_3, \dots$$

oder umgekehrt

$$a_0 = f(0), \qquad a_1 = \frac{1}{1!} f'(0), \qquad a_2 = \frac{1}{2!} f''(0), \qquad a_3 = \frac{1}{3!} f'''(0), \dots$$

Da nunmehr die Koeffizienten der gesuchten Potenzreihe bekannt sind, wird diese

$$f(x) = f(0) + \frac{f'(0)}{1!} \cdot x + \frac{f''(0)}{2!} \cdot x^2 + \dots + \frac{f^{(n)}(0)}{n!} x^n + \dots$$

108. Reihe für e^x und a^x. Die Exponentialfunktion e^x genügt für endliche x der Hauptforderung der Differentialrechnung; alle ihre Ableitungen geben wieder e^x,

$$f(x) = e^x, \qquad f'(x) = e^x, \qquad f''(x) = e^x, \dots, f^{(n)}(x) = e^x,$$

so daß

$$f(0) = 1, \qquad f'(0) = 1, \qquad f''(0) = 1, \dots, f^{(n)}(\Theta x) = e^{\Theta x}.$$

Mit diesen Werten wird die Mac-Laurinsche Reihe (a)

$$e^x = 1 + \frac{x}{1!} + \frac{x^2}{2!} + \frac{x^3}{3!} + \dots + \frac{x^{n-1}}{(n-1)!} + R_n,$$

$$R_n = \frac{x^n}{n!} e^{\Theta x}.$$

Nach Aufg. 22 in Nr. 31 wird für endliche Zahlenwerte x

$$\lim_{n=\infty} R_n = \lim_{n=\infty} \frac{x^n}{n!} \cdot \lim e^{\Theta x} = 0 \cdot e^{\Theta x} = 0,$$

da Θ ein positiver echter Bruch und somit $e^{\Theta x}$ stets eine endliche Zahl ist.

Es ist sonach durch

$$e^x = 1 + \frac{x}{1!} + \frac{x^2}{2!} + \frac{x^3}{3!} + \ldots + \frac{x^n}{n!} + \ldots \tag{a}$$

die Exponentialfunktion e^x in eine konvergente Reihe verwandelt.

Für den besonderen Fall $x = 1$ erhält man

$$e = 1 + \frac{1}{1!} + \frac{1}{2!} + \frac{1}{3!} + \ldots + \frac{1}{n!} + \ldots \tag{b}$$

$$= 1 + 1 + 0{,}5000000 + 0{,}1666667 + 0{,}0416667$$
$$+ 0{,}0083333 + 0{,}0013889 + 0{,}0001984$$
$$+ 0{,}0000248 + 0{,}0000027 + 0{,}0000003 + \ldots$$

oder

$$e = 2{,}718281. \tag{c}$$

Man sieht, die späteren Glieder nehmen sehr rasch ab; will man beispielsweise auf zehn Dezimalstellen genau rechnen, so benötigt man nur drei Glieder mehr. Die Exponentialfunktion a^x läßt sich wegen $a = e^{\lg a}$ anschreiben

$$a^x = e^{x \lg a}$$

und deswegen entwickeln

$$a^x = 1 + \frac{x \lg a}{1!} + \frac{(x \lg a)^2}{2!} + \ldots + \frac{(x \lg a)^n}{n!} + \ldots \tag{d}$$

Beispiel a) Man diskutiere die Reihe

$$S_n = 1 + \frac{x}{2} + \frac{x^2}{2^2\, 2!} + \frac{x^3}{2^3\, 3!} + \ldots$$

Das Bildungsgesetz läßt auf eine Exponentialreihe schließen. In der Tat wird für $x : 2 = y$

$$S_n = 1 + \frac{y}{1} + \frac{y^2}{2!} + \frac{y^3}{3!} + \ldots = e^y$$

oder

$$S_n = e^y = e^{\frac{x}{2}} = \sqrt{e^x}.$$

Die Reihe ist konvergent für endliche Werte x.

109. Reihe für $\sin x$ und $\cos x$. Beide Funktionen sind für endliche x überall endlich und stetig, ebenso auch ihre Ableitungen, man kann sonach jede in eine Reihe entwickeln. Für die Funktion $\sin x$ ist

$$f(x) = \sin x, \quad f'(x) = \cos x, \quad f''(x) = -\sin x, \quad f'''(x) = -\cos x,$$
$$f^{(4)}(x) = \sin x, \ldots$$

so daß

$$f(0) = 0, \quad f'(0) = 1, \quad f''(0) = 0, \quad f'''(0) = -1, \quad f^{(4)}(0) = 0, \ldots$$

und damit

$$\sin x = \frac{x}{1!} - \frac{x^3}{3!} + \frac{x^5}{5!} - \frac{x^7}{7!} + \ldots \tag{a}$$

wird. Die Reihe ist konvergent für endliche x, denn das Restglied hat eine der beiden Formen

$$\pm \frac{x^n}{n!} \cdot \sin(\Theta x) \qquad \text{oder} \qquad \pm \frac{x^n}{n!} \cdot \cos(\Theta x).$$

Die gleiche Überlegung wie bei der Exponentialreihe liefert $\lim R_n = 0$ für $n = \infty$.

In der nämlichen Weise entwickelt man, daß die Kosinusreihe

$$\cos x = 1 - \frac{x^2}{2!} + \frac{x^4}{4!} - \frac{x^6}{6!} + \ldots \tag{b}$$

für alle endliche x konvergent ist.

Die Reihe für $\operatorname{tg} x$ erhält man durch den Ansatz

$$\operatorname{tg} x = a_0 + a_1 x + a_2 x^2 + \ldots$$

nach der Methode der unbestimmten Koeffizienten, indem man $\sin x = \cos x \cdot \operatorname{tg} x$ setzt und für $\sin x$ sowie $\cos x$ die Reihen anschreibt,

$$\frac{x}{1!} - \frac{x^3}{3!} + \frac{x^5}{5!} - \ldots = \left[1 - \frac{x^2}{2!} + \frac{x^4}{4!} - + \ldots\right] \cdot [a_0 + a_1 x + a_2 x^2 + \ldots],$$

zu

$$\operatorname{tg} x = x + \frac{x^3}{3} + \frac{2x^5}{15} + \frac{17x^7}{315} + \ldots \tag{c}$$

Beispiel a) Man beurteile die Näherungsformeln

$$\sin x \approx x \quad \text{und} \quad \operatorname{tg} x \approx x, \quad x \text{ sehr klein,} \tag{d}$$

graphisch und analytisch.

Graphisch wird man die Sinus- und Tangenskurve zeichnen und zwar nur in der Nähe des Nullpunktes, wo also x sehr klein ist. Beide Kurven werden an dieser Stelle von der Mediane berührt. Abb. 236 macht ersichtlich, daß im ersten Quadranten

$$\sin x < x < \operatorname{tg} x$$

ist und weiter, daß $\operatorname{tg} x$ sich von der berührenden Geraden viel schneller entfernt als $\sin x$. Es wird daher der Fehler geringer sein, wenn man sehr kleine Bogen x durch $\sin x$ ersetzt als durch $\operatorname{tg} x$.

Analytisch verwendet man die Sinus- und Tangensreihe. In erster Annäherung liefern beide

$$\sin x \approx x \quad \text{und} \quad \operatorname{tg} x \approx x, \quad x \text{ sehr klein.}$$

In zweiter Annäherung nimmt man noch die dritte Potenz von x hinzu und schreibt

$$\sin x \approx x - \frac{x^3}{6} \quad \text{und} \quad \operatorname{tg} x \approx x + \frac{x^3}{3}, \quad x \text{ sehr klein.} \tag{e}$$

Man erkennt aus dieser Beziehung, daß der Fehler $\sin x \approx x$ für sehr kleine x halb so groß ist, wie bei der Annäherungsformel $\operatorname{tg} x \approx x$.

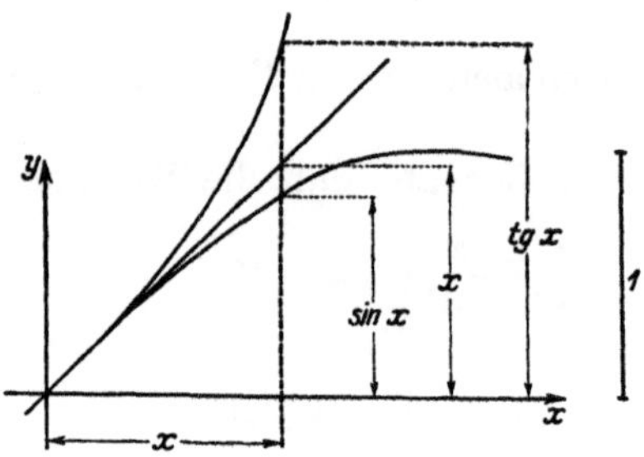

Abb. 236.

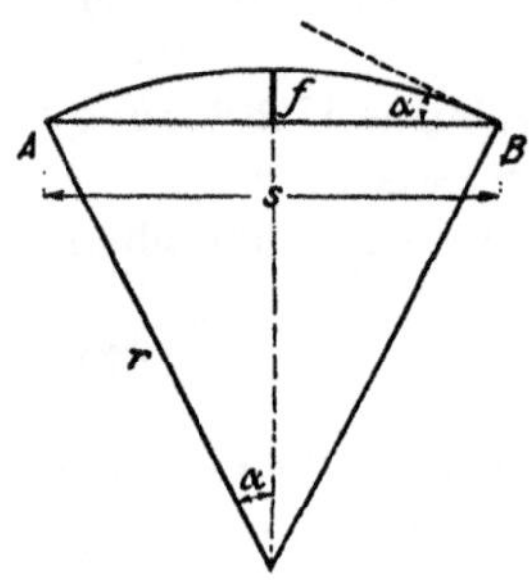

Abb. 237.

Beispiel b) Gesucht ist die erste und zweite Annäherung von

$$x - \sin x,$$

wenn x sehr klein vorausgesetzt wird.

In erster Annäherung wird nach (d)

$$x - \sin x \approx 0, \quad x \text{ sehr klein,}$$

in zweiter nach (e)

$$x - \sin x \approx \tfrac{1}{6} x^3, \quad x \text{ sehr klein.} \tag{f}$$

Beispiel c) Unter dem Einfluß eines Flüssigkeitsdruckes biegt sich die Membrane AB der Abb. 237 zu einem sehr flachen Kreisbogen aus. Man beweise unter dieser Voraussetzung die Formel

$$8 r f \approx s^2, \tag{g}$$

wo 2α der Winkel, r der Halbmesser, f der Biegungspfeil und s die Sehne des Kreisbogens ist.

Für ganz beliebige α gilt

$$r = s : 2\sin\alpha = \frac{s}{4\sin\frac{\alpha}{2}\cdot\cos\frac{\alpha}{2}},$$

$$f = r(1-\cos\alpha) = r\cdot 2\sin^2\frac{\alpha}{2} = \frac{s}{2}\operatorname{tg}\frac{\alpha}{2}.$$

Man multipliziert beide Gleichungen und erhält

$$r f = s^2 : 8\cos^2\frac{\alpha}{2} \qquad \text{oder} \qquad 8 r f \cos^2\frac{\alpha}{2} = s^2.$$

Die Formel gilt für beliebige Winkel α. Wird α sehr klein, dann ist nach (b) in erster Annäherung $\cos\frac{\alpha}{2} \approx 1$, womit die Formel (g) bewiesen ist.

Beispiel d) Unter der gleichen Voraussetzung wie im vorigen Beispiel ist der Biegungspfeil f sowie der Unterschied Δs zwischen dem Bogen b und der Sehne s gesucht.

Nach Abb. 237 ist

$$s = 2 r \sin\alpha, \qquad b = 2 r \alpha$$

und nach dem vorausgehenden Beispiel

$$8 r f \cos^2\frac{\alpha}{2} = s^2 \qquad \text{oder} \qquad 8 r f \cos^2\frac{\alpha}{2} = 16 r^2 \sin^2\frac{\alpha}{2}\cos^2\frac{\alpha}{2}$$

und deswegen
$$f = 2 r \sin^2\frac{\alpha}{2},$$

oder weil in erster Annäherung $\sin\frac{\alpha}{2} \approx \frac{\alpha}{2}$,

$$f \approx \tfrac{1}{2} r \alpha^2. \tag{h}$$

Dann wird

$$\Delta s = b - s = 2 r(\alpha - \sin\alpha).$$

Die erste Annäherung für Δs wäre 0, d. h. man kann in erster Annäherung Bogen und Sehne gleich setzen. Will man aber diesen Unterschied Δs ausdrücken, so nimmt man die zweite Annäherung und erhält nach (f)

$$\Delta s \approx \tfrac{1}{3} r \alpha^3. \tag{i}$$

Wenn man Δs nach der Sehne s und dem Biegungspfeil f ausdrücken will, wird

$$\Delta s \approx \frac{8}{3}\cdot\frac{r^2\alpha^4}{4}\cdot\frac{1}{2 r\alpha} \approx \frac{8}{3} f^2\cdot\frac{1}{b},$$

oder wenn man die Sehne s statt des Bogens b setzt,

$$\Delta s \approx \frac{8 f^2}{3 s}. \tag{k}$$

110. Reihe für $\lg(1+x)$ und $\lg x$. Die Entwicklung der Logarithmusfunktion in eine Reihe soll ausführlicher besprochen werden, um einen Einblick in die Aufstellung von Tabellen zu geben. Da jeder Logarithmus $\overset{a}{\log} x$ für eine beliebige Basis a durch die Formel $\overset{a}{\log} x = \lg x : \lg a$ auf den natürlichen Logarithmus von x zurückgeführt wird, ist nur für $\lg x$ eine Reihe aufzustellen. Soll diese praktisch brauchbar sein, so muß sie folgende zwei Eigenschaften haben: 1. möglichst für alle endlichen Werte x gelten, d. h. konvergent sein, 2. gleichzeitig sehr stark konvergieren, um womöglich schon beim zweiten oder dritten Glied abzubrechen und trotzdem die verlangte Genauigkeit erfüllen zu können.

Man geht aus von der Funktion $f(x) = \lg(1+x)$, dann ist

$$\begin{array}{ll} f(x) = \lg(1+x) & f(0) = 0 \\ f'(x) = \dfrac{1}{1+x} = (1+x)^{-1} & f'(0) = 1 \\ f''(x) = -1!\,(1+x)^{-2} & f''(0) = -1! \\ f'''(x) = +2!\,(1+x)^{-3} & f'''(0) = +2! \\ f^{(4)}(x) = -3!\,(1+x)^{-4} & f^{(4)}(0) = -3! \\ \dots\dots\dots & \dots\dots\dots \end{array}$$

$$f^{(n)}(x) = (-1)^{n-1}(n-1)!\,(1+x)^{-n}$$
$$f^{(n)}(\Theta x) = (-1)^{n-1}(n-1)!\,(1+\Theta x)^{-n},$$

so daß also die Reihe wird

$$\lg(1+x) = 0 + \frac{1}{1!}\cdot x - \frac{1!}{2!}\cdot x^2 + \frac{2!}{3!}\cdot x^3 - + \dots$$
$$+ (-1)^{(n-2)}\cdot\frac{(n-2)!}{(n-1)!}\cdot x^{n-1} + R_n$$

oder

$$\lg(1+x) = \frac{x}{1} - \frac{x^2}{2} + \frac{x^3}{3} - \frac{x^4}{4} + - \dots + (-1)^{n-2}\frac{x^{n-1}}{n-1} + R_n,$$

wo das Restglied

$$R_n = \frac{(-1)^{n-1}}{n}\cdot\left(\frac{x}{1+\Theta x}\right)^n$$

wird. Es muß für $n = \infty$ verschwinden, wenn man auf die Funktion $\lg(1+x)$ die Mac-Laurinsche Reihe anwenden soll, wenn man also schreiben will

$$\lg(1+x) = \frac{x}{1} - \frac{x^2}{2} + \frac{x^3}{3} - \frac{x^4}{4} + \dots \qquad \text{(a)}$$

Man könnte das Restglied untersuchen, praktischer wendet man das erste Konvergenzkennzeichen an und findet, daß die Reihe konvergent ist für alle Werte x, die durch $-1 < x \leqq 1$ begrenzt sind.

Die entwickelte Reihe hat zwei Nachteile: einmal gilt sie nicht für alle endlichen x, weiterhin ist sie auch schwach konvergent für alle x, die sich dem Wert 1 nähern. Setzt man nämlich $x = 1$, wofür ja die Reihe noch konvergent ist, so würde das tausendste Glied noch 0,001 sein, also für eine Genauigkeit selbst auf nur drei Stellen eine überaus große Anzahl von Gliedern zu berücksichtigen sein.

Man braucht nun solche Reihen nicht schlechtweg zu verwerfen, oft führt, wie im vorliegenden Fall, eine Umformung zum gewünschten Ziel. Solange x ein echter Bruch ist, gilt die Reihe, unter dieser Bedingung also auch noch, wenn man $-x$ statt $+x$ setzt, so daß

$$\lg(1-x) = -\frac{x}{1} - \frac{x^2}{2} - \frac{x^3}{3} - \frac{x^4}{4} - \dots$$

Oder wenn man diese Reihe von der ersten subtrahiert und

$$\lg(1+x) - \lg(1+x) = \lg[(1+x):(1-x)]$$

setzt,

$$\lg\frac{1+x}{1-x} = 2\left[\frac{x}{1} + \frac{x^3}{3} + \frac{x^5}{5} + \dots\right].$$

Die neue Reihe hat noch die gleichen Nachteile wie die vorhergehenden: sie konvergiert nur für x gleich einem echten Bruch und dann nur schwach. Setzt man aber zunächst

$$\frac{1+x}{1-x} = z \qquad \text{oder umgekehrt} \qquad x = \frac{z-1}{z+1},$$

so wird für jedes positive z der Bruch x echt und die Reihe sonach konvergent. Es ist also die Reihe

$$\lg z = 2\left[\frac{z-1}{z+1} + \frac{1}{3}\left(\frac{z-1}{z+1}\right)^3 + \frac{1}{5}\left(\frac{z-1}{z+1}\right)^5 + \dots\right] \tag{b}$$

bereits für alle positiven z konvergent, so daß es sich nur mehr darum handelt, sie stark konvergent zu machen. Die Umformung

$$z = u:v \qquad \text{und damit} \qquad (z-1):(z+1) = (u-v):(u+v),$$

wo u und v beliebige Werte sein können, die nur gleiches Vorzeichen haben müssen und damit z positiv machen, verwandelt die Reihe weiter in

$$\lg\frac{u}{v} = 2\left[\frac{u-v}{u+v} + \frac{1}{3}\left(\frac{u-v}{u+v}\right)^3 + \frac{1}{5}\left(\frac{u-v}{u+v}\right)^5 + \dots\right].$$

Die neue Reihe ist solange konvergent, als u und v gleiches Vorzeichen haben. u und v sind als Funktion der nämlichen Variabeln gedacht, am einfachsten wieder von x. Man hat es nun in der Hand, die Reihe stark konvergent zu machen, wenn man den Bruch $(u-v):(u+v)$ möglichst klein macht, also u und v passend wählt.

Eine der vielen möglichen Vorschläge, nämlich

$$u = x^2, \qquad v = x^2 - 1,$$

führt zu einer recht befriedigenden Schlußform der Reihe. Man erhält für diese Wahl

$$\lg \frac{x^2}{x^2-1} = \lg x^2 - \lg(x^2-1) = 2\lg x - \lg(x^2-1)$$

und damit

$$2\lg x = \lg(x^2-1) + 2\left[\frac{1}{2x^2-1} + \frac{1}{3(2x^2-1)^3} + \frac{1}{5(2x^2-1)^5} + \cdots\right].$$

Oder wenn man zur Abkürzung

$$R_x = \frac{1}{2x^2-1} + \frac{1}{3(2x^2-1)^3} + \frac{1}{5(2x^2-1)^5} + \cdots \tag{c}$$

einführt,

$$\lg x = \tfrac{1}{2}\lg(x^2-1) + R_x. \tag{d}$$

Die Reihe R_x ist äußerst konvergent; für $x = 10$ etwa nimmt der Bruch $1:(2x^2-1)$ den Wert $1:199$ an; bei einer verlangten Genauigkeit auf sechs Dezimalstellen brauchte man also das zweite Glied von R_x gar nicht mehr in Rechnung ziehen. Für $x = 2$ wird dieser Bruch den Wert $1:7$ und damit das vierte Glied nur mehr den Wert $1:7^8$ oder $1:5764801$ haben, bei der oben verlangten Genauigkeit also nicht mehr in Betracht kommen.

Beispiel a) Man entwickle die Reihe für $\lg(1+x)$ mit Hilfe der Integralrechnung.

Man kann $\lg(1+x)$ als Integral einer Funktion betrachten, und diese Funktion vor der Integration erst in eine Reihe verwandeln. Man erhält mit Benutzung von (55d) und (101e)

$$\begin{aligned}\lg(1+x) &= \int \frac{dx}{1+x} = \int (1+x)^{-1}\,dx \\ &= \int (1 - x + x^2 - x^3 + x^4 - + \ldots)\,dx \\ &= C + x - \tfrac{1}{2}x^2 + \tfrac{1}{3}x^3 - \tfrac{1}{4}x^4 + - \ldots\end{aligned}$$

Die Konstante ermittelt man aus der Bedingung: die erhaltene Identität gilt für jeden Wert von x, also auch für $x = 0$,

$$\lg(1+0) = 0 = C + 0 \quad \text{oder} \quad C = 0.$$

Somit ist

$$\lg(1+x) = x - \tfrac{1}{2}x^2 + \tfrac{1}{3}x^3 - \tfrac{1}{4}x^4 + - \ldots$$

111. Tafel der natürlichen Logarithmen. Um diese aufzustellen, beginnt man mit lg 2, lg 3 usw., die man mit möglichster Genauigkeit auswertet. Man setzt also für diese Zahlen 2 und 3 nach der gefundenen Formel an

$$\lg 2 = \tfrac{1}{2}\lg 3 + R_2,$$
$$\lg 3 = \tfrac{1}{2}\lg 8 + R_3,$$

und hat so, da $\lg 8 = 3\lg 2$, für die beiden Werte lg 2 und lg 3 zwei Gleichungen. Aufgelöst erhält man

$$\lg 2 = 4\,R_2 + 2\,R_3 \quad \text{und} \quad \lg 3 = 6\,R_2 + 4\,R_3 .$$

Nach Ermittlung von

$$R_2 = \frac{1}{7} + \frac{1}{3\cdot 7^3} + \frac{1}{5\cdot 7^5} + \frac{1}{7\cdot 7^7} + \ldots = 0{,}143\,841\,036\,2$$

$$R_3 = \frac{1}{17} + \frac{1}{3\cdot 17^3} + \frac{1}{5\cdot 17^5} + \frac{1}{7\cdot 17^7} + \ldots = 0{,}058\,891\,517\,8$$

erhält man

$$\lg 2 = 0{,}693\,147\,180\ldots, \quad \lg 3 = 1{,}098\,612\,288\ldots$$

Alle andern Logarithmen lassen sich auf diese beiden zurückführen; so wird

$$\begin{aligned}\lg 5 &= \tfrac{1}{2}\lg 24 + R_5 = \tfrac{3}{2}\lg 2 + \tfrac{1}{2}\lg 3 + R_5\\ &= 1{,}039\,720\,9 + 0{,}549\,306\,1 + 0{,}020\,410\,9\\ &= 1{,}609\,437\,9,\end{aligned}$$

$$\lg 7 = \tfrac{1}{2}\lg 48 + R_7 = 2\lg 2 + \tfrac{1}{2}\log 3 + R_7,$$

$$\lg 11 = \tfrac{1}{2}\lg 120 + R_{11} = \tfrac{3}{2}\lg 2 + \tfrac{1}{2}\lg 3 + \tfrac{1}{2}\lg 5 + R_{11}.$$

Beispiel a) Gesucht log 31 mit Hilfe von Reihen.

Man ermittelt zuerst den natürlichen Logarithmus von 31. Nach (110 d) wird

$$\begin{aligned}\lg 31 &= \tfrac{1}{2}\lg 30 + \tfrac{1}{2}\lg 32 + R_{31}\\ &= \tfrac{1}{2}(\lg 2 + \lg 3 + \lg 5 + 5\lg 2) + R_{31}\\ &= \tfrac{1}{2}(6\lg 2 + \lg 3 + \lg 5) + R_{31}.\end{aligned}$$

$$R_{31} = \frac{1}{2\cdot 31^2 - 1} + \frac{1}{3\,(2\cdot 31^2 - 1)} + \ldots = \frac{1}{1921} + \frac{1}{3\cdot 1921^3} + \ldots$$

Wenn man auf 6 Dezimalstellen genau rechnen will, ist die 7te noch hinzuzunehmen. Man sieht, daß man schon mit dem ersten Glied der Reihe für R_{31} abbrechen darf. Die Logarithmen von 2, 3 und 5 sind oben bereits berechnet, so daß

$$\begin{aligned}\lg 31 &= 0{,}5\,(4{,}158\,883\,1 + 1{,}098\,612\,3 + 1{,}609\,437\,9) + 0{,}000\,520\,6\\ &= 0{,}5\cdot 6{,}866\,933\,3 + 0{,}000\,520\,6 = 3{,}433\,987\,3\end{aligned}$$

und deswegen

$$\log 31 = \lg 31 : \lg 10 = 3{,}433\,987\,3 \cdot 0{,}434\,294\,5$$
$$= 1{,}491\,361.$$

Beispiel b) Man wende die erste Form der Taylorschen Reihe auf $\lg x$ an und diskutiere die erhaltene Reihe auf ihren Wert.

Hier ist

$$f(x) = \lg x, \quad f'(x) = x^{-1}, \quad f''(x) = -x^{-2}, \quad f'''(x) = 2!\,x^{-3},$$
$$f^{(4)}(x) = -3!\,x^{-4}, \ldots$$

Man erhält nach (105c)

$$\lg(x+h) = \lg x + \frac{h}{x} - \frac{1}{2}\left(\frac{h}{x}\right)^2 + \frac{1}{3}\left(\frac{h}{x}\right)^3 - \frac{1}{4}\left(\frac{h}{x}\right)^4 + \ldots \quad \text{(a)}$$

Statt das Restglied der Taylorschen Reihe zu untersuchen, wendet man das erste Konvergenzkennzeichen an,

$$\lim_{n=\infty}\left|\frac{u_{n+1}}{u_n}\right| = \lim_{n=\infty}\frac{h^{n+1} n x^n}{(n+1)\, x^{n+1} h^n} = \frac{h}{x} < 1.$$

Es muß sonach das Verhältnis $h:x$ ein echter Bruch sein, wenn die Reihe konvergent sein soll.

Für den Fall $x = 1$, für den ja die Reihe auch noch konvergent ist, da ihre Vorzeichen periodisch wechseln und gleichzeitig abnehmen, erhält man die schon aufgestellte Form

$$\lg(1+h) = \frac{h}{1} - \frac{h^2}{2} + \frac{h^3}{3} - \frac{h^4}{4} + - \ldots, \quad \text{(b)}$$

nur daß h statt x steht. Das Verhältnis $h:x$ geht für $x = 1$ über in h, das dann ein echter Bruch sein muß, wie ja auch schon bekannt ist.

Für den Fall $h = 1$ erhält man aus (a)

$$\lg(1+x) = \lg x + \frac{1}{x} - \frac{1}{2x^2} + \frac{1}{3x^3} - \frac{1}{4x^4} + - \ldots \quad \text{(c)}$$

das Verhältnis $h:x$ geht für diesen Fall $h = 1$ über in $1:x$. Da es ein echter Bruch sein soll, ergibt sich als Bedingung für die Konvergenz der letzten Reihe, daß x ein unechter Bruch ist.

Die letzte Reihe ist besonders wertvoll, wenn man den Logarithmus einer größeren Zahl schon kennt, und den Logarithmus der um 1 größeren Zahl sucht, siehe Beispiel d) und e).

Beispiel c) Wenn die natürlichen Logarithmen der beiden Zahlen 12420 und 12430 bekannt sind, dann schalte man mit Anwendung der Reihe (a) die Logarithmen der zwischenliegenden ganzen Zahlen ein.

Man wählt in allen Fällen $x = 12\,420$ und h der Reihe nach gleich den Zahlen 1, 2 ... 9, dann wird

$$\lg(12\,420 + 1) = \lg 12\,420 + \frac{1}{12\,420} - \frac{1}{2}\left(\frac{1}{12\,420}\right)^2 + \ldots$$

$$\lg(12\,420 + 2) = \lg 12\,420 + \frac{2}{12\,420} - \frac{1}{2}\left(\frac{2}{12\,420}\right)^2 + \ldots$$

$$\lg(12\,420 + 3) = \lg 12\,420 + \frac{3}{12\,420} - \frac{1}{2}\left(\frac{3}{12\,420}\right)^3 + \ldots$$

usw. Man kann jedesmal schon mit dem zweiten Glied abbrechen, wenn man auf nur 6 Dezimalstellen genau rechnen will.

Beispiel d) Gesucht $\lg 31$ mit Hilfe der Reihe (c).

$$\lg(1 + 30) = \lg 30 + \frac{1}{30} - \frac{1}{2}\cdot\left(\frac{1}{30}\right)^2 + \frac{1}{3}\left(\frac{1}{30}\right)^3 - \frac{1}{4}\left(\frac{1}{30}\right)^4 + \ldots$$

Wenn man auf 5 Dezimalstellen genau rechnen will, kann man mit dem vierten Glied abbrechen und erhält

$$\lg 31 = \lg 2 + \lg 3 + \lg 5 + 0{,}033\,333\,3 - 0{,}000\,555\,6 \\ + 0{,}000\,012\,3 = 3{,}433\,987.$$

Beispiel e) Gegeben

$\lg 100 = 4{,}605\,170\,2$, gesucht $\lg 101$ auf 6 Dezimalstellen genau.

$$\lg 101 = \lg(1 + 100) = \lg 100 + \frac{1}{100} - \frac{1}{2}\left(\frac{1}{100}\right)^2 + \frac{1}{3}\left(\frac{1}{100}\right)^3 - + \ldots$$

Man kann mit dem vierten Glied abbrechen und erhält

$$\lg 101 = 4{,}605\,170\,2 + 0{,}010\,000\,0 - 0{,}000\,050\,0 + 0{,}000\,000\,3 \\ = 4{,}615\,170\,5 - 0{,}000\,050\,0 = 4{,}615\,120\,5.$$

112. Binomialreihe. Man soll die Funktion $(1 + x)^m$ in eine Reihe verwandeln. Zunächst sieht man, daß x beliebige Werte annehmen kann, wenn m eine positive ganze Zahl ist. Es wird eben dann $(1 + x)^m$ nach dem binomischen Lehrsatz entwickelt. Wenn aber m eine beliebige Zahl sein soll, dann muß x bestimmte Bedingungen erfüllen, damit die aufzustellende Reihe gültig ist. Eine Untersuchung darüber erfolgt am Schluß. Mit

$$f(x) = (1 + x)^m$$

wird

$$f'(x) = m(1 + x)^{m-1}, \quad f''(x) = m(m - 1)(1 + x)^{m-2},$$
$$f'''(x) = m(m - 1)(m - 2)(1 + x)^{m-3}, \ldots$$

Oder mit Benützung der Binomialkoeffizienten

$$f'(x) = \binom{m}{1} \cdot 1!(1+x)^{m-1}, \quad f''(x) = \binom{m}{2} \cdot 2!(1+x)^{m-2},$$
$$f'''(x) = \binom{m}{3} \cdot 3!(1+x)^{m-3}, \ldots$$

Damit wird

$$f(0) = 1, \quad f'(0) = \binom{m}{1} \cdot 1!, \quad f''(0) = \binom{m}{2} \cdot 2!, \ldots,$$
$$f^{(n)}(0) = \binom{m}{n} \cdot n!$$

und die Reihe nach der Form von Mac-Laurin

$$(1+x)^m = 1 + \binom{m}{1} x + \binom{m}{2} x^2 + \cdots + \binom{m}{n} x^n + \cdots \tag{a}$$

Sie hat die Form des binomischen Lehrsatzes, nur daß sie eben eine unendliche Reihe ist. Sie ist sicher konvergent, wenn x ein echter Bruch ist. Denn dann müssen von einer bestimmten Stelle ab alle Faktoren $\binom{m}{n}$, sobald nämlich n größer als das gegebene m geworden ist, abnehmen und weiter periodisch das Vorzeichen wechseln, so daß nach (100d) die Reihe konvergent ist. Also ist die *Binomialreihe für beliebige m konvergent, wenn x ein echter Bruch ist.* Zum gleichen Ergebnis führt auch die Untersuchung des Restgliedes.

Man beachte den *Unterschied zwischen dem binomischen Lehrsatz und der Binomialreihe*; ersterer

$$(1+x)^m = 1 + \binom{m}{1} x + \binom{m}{2} x^2 + \cdots \binom{m}{1} x^{m-1} + x^m$$

hat eine endliche Summe von Zahlen und gilt für beliebiges x, aber nur ganzzahliges m; letztere

$$(1+x)^m = 1 + \binom{m}{1} x + \binom{m}{2} x^2 + \cdots \binom{m}{n} x^n + \cdots$$

ist eine unendliche Reihe und gilt für beliebiges m, aber x gleich einem echten Bruch.

Die Binomialreihe hat ein großes Anwendungsgebiet. Wir gebrauchen sie in der Hauptsache zur näherungsweisen Ermittlung von Wurzelwerten. So kann man setzen

$$\sqrt{1 \pm x} = (1 \pm x)^{1/2} = 1 + \binom{1/2}{1}(\pm x) + \binom{1/2}{2} x^2 + \cdots$$
$$= 1 \pm \frac{x}{2} - \frac{x^2}{8} + \cdots$$

Wenn x hinreichend klein ist gegen 1, wird

$$\sqrt{1 \pm x} \approx 1 \pm 0{,}5\,x. \tag{b}$$

Unter der gleichen Voraussetzung wird

$$\sqrt[3]{1 \pm x} \approx 1 \pm \tfrac{1}{3}\,x, \tag{c}$$

$$\frac{1}{\sqrt{1 \pm x}} \approx 1 \mp 0{,}5\,x. \tag{d}$$

Ebenso wird, wenn b klein gegenüber a^2 ist,

$$\sqrt{a^2 \pm b} = a\left[1 \pm \frac{b}{a^2}\right]^{\frac{1}{2}} = a\left[1 \pm \frac{b}{2a^2} - \frac{b^2}{8a^4} + \cdots\right]$$

$$= a \pm \frac{b}{2a} - \frac{b^2}{8a^3} + \cdots$$

oder

$$\sqrt{a^2 \pm b} \approx a \pm \frac{b}{2a}, \tag{e}$$

ebenso

$$\sqrt[3]{a^3 \pm b} \approx a \pm \frac{b}{3a}. \tag{f}$$

Anm. Man betrachte die vorausgehenden Näherungsformeln nur als Faustformeln für eine überschlägige Rechnung; im Maschinenbau werden sie oft verwendet bei Rechnungen, bei denen der Ansatz selbst bereits derart angenähert ist, daß genauere Zahlenrechnungen sinnlos wären.

Wurzeln berechnet der Ingenieur, wenn die angegebenen Näherungsformeln nicht mehr zulässig sind, entweder mit dem Rechenschieber oder schlägt sie unmittelbar aus seinen Handbüchern nach, die ja alle die am meisten gebrauchten zweiten und dritten Wurzeln angeben. Auch eine vierte Wurzel $\sqrt[4]{a} = \sqrt{\sqrt{a}}$ läßt sich noch nachschlagen, entsprechend auch eine sechste oder achte Wurzel usw. Allenfalsige andere Wurzeln werden am einfachsten und schnellsten mit der Logarithmentafel ermittelt.

Beispiel a) Man beurteile graphisch die Annäherungsformel

$$\sqrt{1 + x} \approx 1 + 0{,}5\,x.$$

Man bezeichnet den wahren Wert mit y, den angenäherten mit η; es ist

$$y = \sqrt{1 + x} \quad \text{oder} \quad y^2 = 1 + x \quad \text{und} \quad \eta = 1 + 0{,}5\,x.$$

Beide Gleichungen lassen sich durch Kurven darstellen, die erste durch eine Parabel, die von der zweiten Kurve an der Stelle $x = 0$ berührt wird, Abb. 238. Der Fehler bei dieser Annäherungsformel wird durch die Differenz $\eta - y$ der beiden Ordinaten zum Ausdruck gebracht. Man sieht, daß die Genauigkeit um so größer ist, je weniger x von 0 verschieden ist, vor allem aber, daß der Fehler für positive x viel geringer ist wie für negative. Für $x = 1$ etwa wird $y = \sqrt{2} = 1{,}41$ und $\eta = 1{,}5$, somit $\eta - y = 0{,}09$; für $x = -1$ dagegen würde $y = \sqrt{0} = 0$, der Näherungswert $\eta = 0{,}5$ also unzulässig sein.

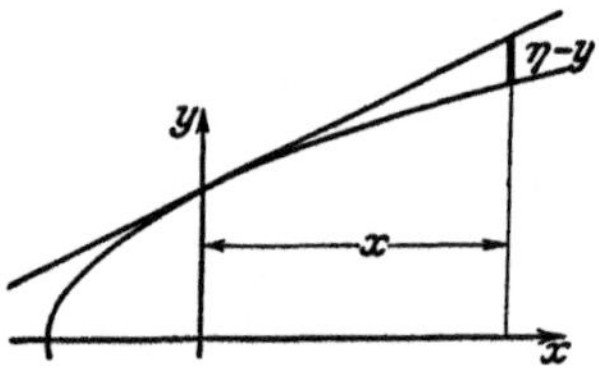

Abb. 238.

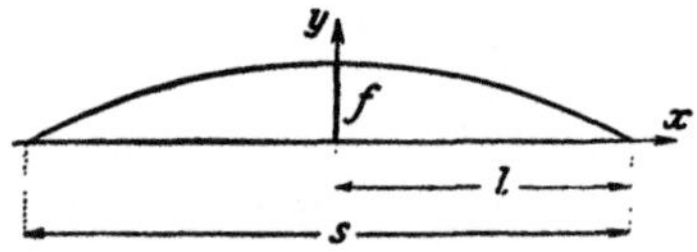

Abb. 239.

Beispiel b) Man stelle mit Hilfe der Binomialreihe eine Formel auf für den durch den Biegungspfeil f und die Sehne s gegebenen sehr flachen Bogen der Parabel der Abb. 239.

Man wählt das Koordinatensystem passend so, wie die Abbildung zeigt, und erhält für es die Abschnittsgleichung der Parabel

$$\frac{x^2}{l^2} + \frac{y}{f} - 1 = 0$$

nach (I 162b). Für den Krümmungshalbmesser p im Scheitel gilt nach (I 162c)

$$p = \frac{l^2}{2f} \quad \text{oder} \quad 8pf = s^2,$$

das ist die gleiche Formel wie (109g) für den Kreisbogen, was ja auch selbstverständlich ist.

Das Bogenelement ds einer beliebigen Kurve ist

$$ds = dx\sqrt{1 + y'^2}.$$

Unter der gegebenen Voraussetzung, daß der Parabelbogen, dessen Sehne ja wagrecht läuft, sehr flach ist, wird y' und damit erst recht y'^2 sehr klein, so daß man nach (b) erhält

$$ds \approx dx\left(1 + \tfrac{1}{2}y'^2\right).$$

Die Ableitung y' ergibt sich aus der obigen Parabelgleichung zu

$$y' = -2fx : l^2,$$

so daß

$$ds \approx dx\left(1 + 2f^2x^2 : l^4\right)$$

und die Bogenlänge $b \approx 2\int\limits_0^l \left(1 + \frac{2f^2x^2}{l^4}\right) dx = 2\left[x + \frac{2f^2x^3}{3l^4}\right]_0^l$

$$\approx 2l\left(1 + \frac{2f^2}{3l^2}\right)$$

wird; oder auch $\qquad b \approx s\left(1 + \frac{8f^2}{3s^2}\right).$ (g)

Man kann noch den Unterschied $\Delta s = b - s$ zwischen der Sehne s und der Bogenlänge b angeben. Er wird

$$\Delta s \approx \frac{8f^2}{3s} \tag{h}$$

genau so wie er bei einem sehr flachen Kreisbogen gefunden wurde. Das ist selbstverständlich, weil man eben einen flachen Kreisbogen in erster Annäherung durch einen Parabelbogen ersetzen kann und auch umgekehrt.

***113. Reihe für arc tg x.** Man beginnt mit der Beziehung

$$\operatorname{arc\,tg} x = \int \frac{dx}{1+x^2} + C$$

und verwandelt den Bruch unter dem Integral in eine Binomialreihe. x muß dabei ein echter Bruch sein.

$$\operatorname{arc\,tg} x = \int (1 - x^2 + x^4 - x^6 + - \ldots)\, dx + C$$
$$= C + x - \frac{x^3}{3} + \frac{x^5}{5} - \frac{x^7}{7} + - \ldots$$

Diese Identität gilt für jeden Wert des Konvergenzbereiches, also auch für $x = 0$; dann ist

$$\operatorname{arc\,tg} 0 = C \qquad \text{oder} \qquad C = 0,$$

so daß die gesuchte Reihe

$$\operatorname{arc\,tg} x = \frac{x}{1} - \frac{x^3}{3} + \frac{x^5}{5} - \frac{x^7}{7} + - \ldots \tag{a}$$

Die Entstehung der Reihe verlangt für die Gültigkeit, daß x ein echter Bruch sein muß; sie ist aber auch noch für $x = 1$ gültig, weil die Reihenglieder abnehmen und gleichzeitig die Vorzeichen periodisch wechseln. Für den Fall $x = 1$ wird $\operatorname{arc\,tg} 1 = \frac{1}{4}\pi$ und die Reihe

$$\frac{\pi}{4} = 1 - \frac{1}{3} + \frac{1}{5} - \frac{1}{7} + \ldots \tag{b}$$

Diese Reihe von Leibniz ist schlecht konvergent. Eine rascher konvergente zur Ermittlung von π erhält man durch die Beziehung (31b)

$$\operatorname{arc\,tg} \tfrac{1}{2} + \operatorname{arc\,tg} \tfrac{1}{3} = \frac{\pi}{4}$$

in der Form

$$\frac{\pi}{4} = \left[\frac{1}{2} - \frac{1}{3\cdot 2^3} + \frac{1}{5\cdot 2^5} - + \cdots\right] + \left[\frac{1}{3} - \frac{1}{3\cdot 3^3} + \frac{1}{5\cdot 3^5} - + \cdots\right]$$

oder

$$\frac{\pi}{4} = \left(\frac{1}{2} + \frac{1}{3}\right) - \frac{1}{3}\left(\frac{1}{2^3} + \frac{1}{3^3}\right) + \frac{1}{5}\left(\frac{1}{2^5} + \frac{1}{3^5}\right) - + \cdots \tag{c}$$

Diese Reihe von Euler konvergiert schon bedeutend stärker wie jene von Leibniz; durch geeignete Kunstgriffe läßt sich nach Machin eine dritte Reihe für $\frac{1}{4}\pi$ aufstellen, die den Vorzug sehr starker Konvergenz hat und mit weniger Gliedern

$$\pi = 3{,}141\,592\,65\ldots \tag{d}$$

liefert.

Beispiel a) Man entwickle eine Reihe für $\arcsin x$.

Man geht aus von der Beziehung

$$\arcsin x = C + \int \frac{dx}{\sqrt{1-x^2}}$$

und verwandelt den Bruch unter dem Integral in eine Binomialreihe. Dabei muß x wieder ein echter Bruch sein. Man erhält

$$\arcsin x = C + \int (1-x^2)^{-0,5}\,dx$$

$$= C + \int \left[1 - \binom{-0{,}5}{1} x^2 + \binom{-0{,}5}{2} x^4 - \binom{-0{,}5}{3} x^6 + \cdots\right] dx$$

$$= C + \int \left[1 + \tfrac{1}{2} x^2 + \frac{1\cdot 3}{2\cdot 4} x^4 + \frac{1\cdot 3\cdot 5}{2\cdot 4\cdot 6} x^5 + \cdots\right] dx$$

oder

$$\arcsin x = x + \frac{1}{2}\cdot\frac{x^3}{3} + \frac{1\cdot 3}{2\cdot 4}\,\frac{x^5}{5} + \frac{1\cdot 3\cdot 5}{2\cdot 4\cdot 6}\,\frac{x^7}{7} + \cdots, \tag{e}$$

nachdem man wie bei der arc tg Reihe $C = 0$ gefunden hat. Die Entstehung der Reihe verlangt, daß x ein echter Bruch ist. Auch sie kann man zur Berechnung von π verwenden, wenn man berücksichtigt

$$\sin\frac{\pi}{6} = 0{,}5 \qquad \text{oder} \qquad \frac{\pi}{6} = \arcsin 0{,}5. \tag{f}$$

114. Aufgaben. 1) und 2) Von den nachfolgenden Reihen gebe man das allgemeine Glied an und untersuche mit dessen Hilfe, ob die Reihen konvergent sind.

$$U = \frac{1}{2} + \frac{5}{4} + \frac{9}{8} + \frac{13}{16} + \ldots,$$

$$V = 1 + \frac{2}{1} + \frac{2\cdot 3}{1\cdot 4} + \frac{2\cdot 3\cdot 4}{1\cdot 4\cdot 7} + \frac{2\cdot 3\cdot 4\cdot 5}{1\cdot 4\cdot 7\cdot 10} + \ldots$$

3) Von der nachfolgenden Reihe ist die Summe mit den Mitteln der Differential- und Integralrechnung anzugeben:

$$U = x + 2x^2 + 3x^3 + 4x^4 + \ldots + nx^n + \ldots$$

4) Man untersuche graphisch, unter welcher Bedingung gilt

$$f(x+h) - f(x) = h\cdot f'(x).$$

5) Man kann h so klein wählen, daß unter der Voraussetzung $f'(x) = 0$

$$f(x+h) - f(x) \qquad \text{und} \qquad f''(x)$$

gleiche Vorzeichen haben, wie man auch h wählen mag, positiv oder negativ. Beweis!

6) Man leite auf die gleiche Weise wie im Beispiel 107a) die Reihe für $f(x+h)$ ab, wenn man weiß, daß diese Reihe im Bereich $a < x < b$ konvergent ist.

7) Man gebe einen Näherungswert für $\sqrt{\frac{1+x}{1-x}}$, falls x ein echter Bruch.

8) Man gebe Näherungswerte für die nachstehenden Ausdrücke, wenn α, β, γ, δ unendlich kleine Größen sind.

$$(1+\alpha)(1+\beta), \qquad (1+\alpha)(1-\beta) \qquad (1+\alpha)^2 \qquad \sqrt{1+\alpha}, \qquad (1+\alpha)^n.$$

9) Die gleiche Aufgabe löse man für

$$\frac{1}{1+\alpha} \qquad \frac{1-\alpha}{1+\alpha} \qquad \frac{(1+\alpha)(1+\beta)}{(1+\gamma)(1+\delta)}.$$

10) Die gleiche Aufgabe löse man für

$$e^{\alpha}, \qquad \lg(1+\alpha), \qquad \sin(x+\alpha).$$

11) Man gebe für die nachfolgenden Ausdrücke die Annäherung zweiten Grades an, wenn δ sehr klein ist

$$\lg(1+\delta), \qquad \lg(x+\delta), \qquad \lg\frac{x+\delta}{x-\delta}.$$

12) $$\sqrt{ab} \approx \tfrac{1}{2}(a+b), \tag{a}$$

wenn a und b sehr wenig verschieden sind. Beweis!

13) Gesucht $\sqrt{70}$ mit Hilfe der Binomialreihe.

*14) Man zeige, wie man die Exponentialreihen zur Ermittlung irrationaler Zahlen verwenden könnte.

115. Lösungen. 1) $u_n = \dfrac{4n+1}{2^{n+1}}, \qquad u_{n+1} = \dfrac{4n+5}{2^{n+2}},$

$$\lim_{n=\infty} \frac{u_{n+1}}{u_n} = \frac{1}{2} \lim_{n=\infty} \frac{4n+5}{4n+1} = \frac{1}{2} \lim_{n=\infty} \frac{4+5:n}{4+1:n} = \frac{1}{2}.$$

Die Reihe ist konvergent.

2) $v_n = \frac{2\cdot3\cdot4\ldots(n+1)}{1\cdot4\cdot7\ldots(3n-2)}$, $v_{n+1} = \frac{2\cdot3\cdot4\ldots(n+1)(n+2)}{1\cdot4\cdot7\ldots(3n-2)(3n+1)}$

$$\lim_{n=\infty} \frac{v_{n+1}}{v_n} = \lim_{n=\infty} \frac{n+2}{3n+1} = \frac{1}{3},$$

also ist die Reihe konvergent.

3) $U : x = 1 + 2x + 3x^2 + 4x^3 + \ldots + nx^{n-1} + (n+1)x^n + \ldots$

$$\int \frac{U}{x} dx = C + x + x^2 + x^3 + \ldots + x^n + \ldots = a + \frac{x^n - 1}{x - 1},$$

wenn $C = a + 1$ gesetzt wird. Dann ist

$$\frac{U}{x} = \frac{d}{dx}\frac{x^n - 1}{x - 1} \quad \text{oder} \quad U = x \cdot \frac{d}{dx}\frac{x^n - 1}{x - 1}.$$

Die Summe läßt sich auch anders entwickeln:

$$\frac{U}{x} - U = 1 + x + x^2 + \ldots + x^n + \ldots = \frac{x^n - 1}{x - 1}$$

oder

$$U = \frac{x(1 - x^n)}{(x - 1)^2}.$$

Damit die Reihe konvergent ist, muß x ein echter Bruch sein; in diesem Fall wird $x^n = 0$ für $n = \infty$ und es stimmen die beiden gefundenen Ausdrücke für U überein.

4) Die linke Gleichungsseite ist die Funktionsänderung auf dem Weg von x nach $x + h$, Abb. 240. Man kann die Frage auch stellen, wann gilt

$$\frac{f(x+h) - f(x)}{h} = f'(x)?$$

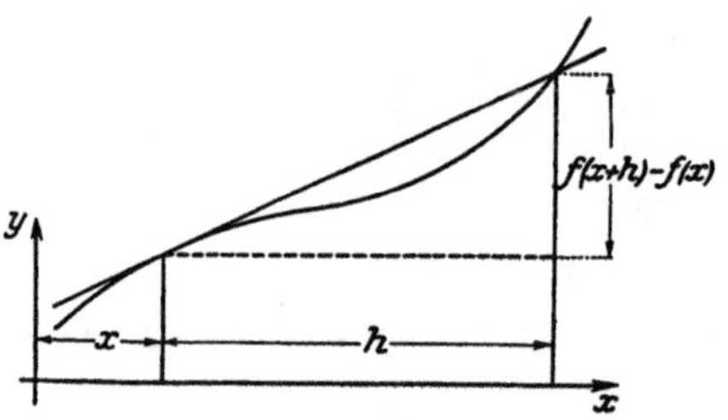

Abb. 240.

Dann ist die linke Gleichungsseite die Richtung der Sehne zwischen den durch x und $x + h$ bestimmten Punkten der Kurve $y = f(x)$. Die rechte Gleichungsseite ist die Richtung der Tangente an der Stelle x. Es muß also an der Stelle x die Tangente mit der Sehne gleichgerichtet sein, wenn man h beliebig groß wählt. Ist aber h unendlich klein, dann trifft die angegebene Beziehung für jeden Wert von x zu, vorausgesetzt, daß x eine Stetigkeitsstelle ist.

5) Unter der Voraussetzung $f'(x) = 0$ wird der Taylorsche Satz

$$f(x+h) = f(x) + \frac{h^2}{2!} f''(x) + \frac{h^3}{3!} f'''(x) + \ldots$$

Wenn man h klein genug wählt, kann man jene Glieder vernachlässigen, die nach dem Summanden mit h^2 folgen, so daß

$$f(x+h) - f(x) = \tfrac{1}{2} h^2 \cdot f''(x).$$

Da h^2 stets positiv ist, hat die linke Gleichungsseite das nämliche Vorzeichen wie $f''(x)$.

6) Auch $f(x+h)$ ist eine Potenzreihe von x, so daß

$$f(x+h) = a_0 + a_1 x + a_2 x^2 + \dots + a_n x^n + \dots,$$

wo die Koeffizienten a_i nach h auszudrücken sind. Man differenziere nach x,

$$f'(x+h) = 1\cdot a_1 + 2\,a_2 x + 3\,a_3 x^2 + \dots + n\,a_n x^{n-1} + \dots$$
$$f''(x+h) = 1\cdot 2\,a_2 + 2\cdot 3\,a_3 x + \dots + (n-1)\,n\,a_n x^{n-2} + \dots$$
$$f'''(x+h) = 1\cdot 2\cdot 3\,a_3 + 2\cdot 3\cdot 4\,a_4 x + \dots$$

Diese Identitäten gehen für $x = 0$, das natürlich dem Konvergenzbereich angehören muß, über in

$$f(h) = a_0, \qquad f'(h) = 1!\,a_1, \qquad f''(h) = 2!\,a_2, \dots$$

so daß die Reihe wird

$$f(x+h) = f(h) + \frac{f'(h)}{1!}x + \frac{f''(h)}{2!}x^2 + \dots + \frac{f^{(n)}(h)}{n!}x^n + \dots$$

Wenn man x mit h vertauscht, erhält man die erste Form der Taylorschen Reihe.

7) $$\sqrt{} = \sqrt{\frac{(1+x)(1-x)}{(1-x)^2}} = \frac{\sqrt{1-x^2}}{1-x} \approx \frac{1-0{,}5\,x^2}{1-x}$$

nach (112b). Oder auch

$$\sqrt{} = \sqrt{\frac{1-x+2x}{1-x}} = \sqrt{1+\frac{2x}{1-x}} \approx 1 + \frac{x}{1-x} = \frac{1}{1-x}.$$

8) Bei den ersten drei Ausdrücken rechnet man elementar aus, bei den anderen Ausdrücken wendet man die Binomialreihe an. Bei einer ersten Annäherung wird man die unendlich kleinen Größen zweiter Ordnung vernachlässigen gegenüber jenen erster Ordnung. Man erhält so

$$(1+\alpha)(1\pm\beta) \approx 1 + \alpha \pm \beta, \tag{a}$$

$$(1+\alpha)^2 \approx 1 + 2\,\alpha, \qquad (1+\alpha)^n \approx 1 + n\alpha, \qquad \sqrt{1+\alpha} \approx 1 + \tfrac{1}{2}\alpha. \tag{b}$$

9) Auf den ersten Ausdruck wendet man die Binomialreihe an, das Ergebnis verwendet man für die beiden anderen Ausdrücke.

$$\frac{1}{1+\alpha} = (1+\alpha)^{-1} \approx 1 - \alpha, \qquad \frac{1-\alpha}{1+\alpha} \approx (1-\alpha)^2 \approx 1 - 2\,\alpha$$

$$\frac{(1+\alpha)(1+\beta)}{(1+\gamma)(1+\delta)} \approx (1+\alpha)(1+\beta)(1-\gamma)(1-\delta) \approx 1 + \alpha + \beta - \gamma - \delta.$$

10) In den beiden ersten Fällen nimmt man die Reihen zu Hilfe, im dritten Fall rechnet man elementar aus

$$e^{\alpha} \approx 1 + \alpha, \qquad \lg(1+\alpha) \approx \alpha, \qquad \sin(x+\alpha) \approx \sin x + \alpha\cos x.$$

11) $\lg(1+\delta) = \delta - \frac{1}{2}\delta^2;$

$$\lg(x+\delta) = \lg\left[x\left(1+\frac{\delta}{x}\right)\right] = \lg x + \lg\left(1+\frac{\delta}{x}\right) \approx \lg x + \frac{\delta}{x} - \frac{\delta^2}{2x^2};$$

$$\lg\frac{x+\delta}{x-\delta} = \lg(x+\delta) - \lg(x-\delta) \approx \lg x + \frac{\delta}{x} - \frac{\delta^2}{2x^2} - \lg x + \frac{\delta}{x} + \frac{\delta^2}{2x^2},$$

oder

$$\lg\frac{x+\delta}{x-\delta} \approx 2\frac{\delta}{x}.$$

12) Sei a die größere von den beiden Zahlen, dann wird

$$a = m + \delta, \qquad b = m - \delta, \qquad \sqrt{ab} = \sqrt{m^2 - \delta^2} = m\sqrt{1 - \left(\frac{\delta}{m}\right)^2}$$

oder

$$\sqrt{ab} \approx m\left(1 - \frac{\delta^2}{2m^2}\right) \approx m = \tfrac{1}{2}(a + b).$$

13) Man formt um

$$\sqrt[3]{70} = \sqrt[3]{64 + 6} = \sqrt[3]{64(1 + 6:64)} = 4\left(1 + \frac{3}{32}\right)^{1/3}$$

und wendet mit $x = \frac{3}{32}$ und $m = \frac{1}{3}$ die Binomialreihe an.
Es wird

$$\binom{m}{1} = \frac{1}{3}, \quad \binom{m}{2} = -\frac{1}{9}, \quad \binom{m}{3} = \frac{5}{81}, \quad \binom{m}{4} = -\frac{10}{243}, \quad \binom{m}{5} = \frac{22}{729}, \ldots$$

$$x = \frac{3}{32}, \quad x^2 = \frac{9}{1024}, \quad x^3 = \frac{27}{32768}, \quad x^4 = \frac{81}{1048576}, \quad x^5 = \frac{243}{33554432}, \ldots$$

$$\left(1 + \frac{3}{32}\right)^{1/3} = 1 + \frac{1}{3}\cdot\frac{3}{32} - \frac{1}{9}\cdot\frac{9}{1024} + \frac{5}{81}\cdot\frac{27}{32768} - \frac{10}{243}\cdot\frac{81}{1048576}$$

$$+ \frac{22}{729}\cdot\frac{243}{33554432} - \ldots$$

$$= 1 + \frac{1}{32} - \frac{1}{1024} + \frac{5}{98304} - \frac{10}{3145728} + \frac{11}{50331648} - \ldots$$

Mehr Glieder benötigt man nicht, wenn man nur die ersten sieben Dezimalstellen genau haben will. Bei einer etwa verlangten Genauigkeit von vier Dezimalstellen kann man mit den ersten vier Gliedern abbrechen und erhält

$$\left(1 + \frac{3}{32}\right)^{1/3} = 1 + 0{,}03125 - 0{,}00098 + 0{,}00005 = 1{,}03032$$

oder

$$\sqrt[3]{70} = 4\left(1 + \frac{3}{32}\right)^{1/3} = 4 \cdot 1{,}03032 = 4{,}1213.$$

14) Wenn etwa $\sqrt[3]{70}$ gesucht ist, dann benützt man die Reihe (108a), indem man

$$\sqrt[3]{70} = \sqrt[3]{e^{\lg 70}} = e^{1/3 \lg 70}$$

umformt. Wenn man $\frac{1}{3} \cdot \lg 70 = b$ setzt, erhält man

$$\sqrt[3]{70} = e^b = 1 + \frac{b}{1!} + \frac{b^2}{2!} + \frac{b^3}{3!} + \cdots + \frac{b^n}{n!} + \cdots$$

lg 70 muß natürlich vorher bekannt sein.

Sechster Abschnitt.

A. Gleichungen.

116. Gleichung nten Grades. Wir knüpfen an die Nummern 51 bis 54 des ersten Bandes an und wiederholen: die allgemeinste Gleichung mit einer Unbekannten x heißt $f(x) = 0$, wo $f(x)$ irgendeine beliebige Funktion von x sein kann. Je nachdem diese Funktion transzendent oder algebraisch ist, unterscheidet man transzendente und algebraische Gleichungen. Letztere kann man stets so umformen, daß die linke Gleichungsseite eine ganze rationale Funktion $n$ten Grades $G(x)$ wird und somit die Gleichung

$$a_0 x^n + a_1 x^{n-1} + a_2 x^{n-2} + \ldots + a_{n-1} x + a_n = 0 \qquad \text{(a)}$$

vom $n$ten Grad. Die Lehre von den Gleichungen will Formeln aufstellen für die Werte der Unbekannten, die einer gegebenen Gleichung genügen sollen. Wenn die Gleichung in der voranstehenden allgemeinen Form gegeben ist, d. h. die Gleichungskoeffizienten a_i sind keine besonderen Zahlenwerte, dann kann man eine solche Formel auf algebraischem Weg nur dann aufstellen, wenn sie höchstens vom vierten Grad ist. Sind die Koeffizienten einer Gleichung gegebene Zahlenwerte, so kann man die reellen Zahlenwerte, die der Gleichung genügen sollen, immer näherungsweise auf graphischem oder analytischem Wege finden, teilweise auch mit Hilfe von Apparaten. Solche Näherungslösungen kommen besonders auch für die transzendenten Gleichungen in Betracht.

Obige allgemeine Gleichung $n$ten Grades in x wird als reell vorausgesetzt, d. h. alle die Koeffizienten a_i sind reell. (Die Wurzeln selbst können aber deswegen doch imaginär sein.) Ferner setzen wir in Zukunft $a_0 = 1$, indem wir uns den etwa bei x^n stehenden Koeffizienten wegdividiert denken.

In der Form (a) heißt die Gleichung $n$ten Grades vollständig, dagegen unvollständig, wenn einzelne der Glieder fehlen. Wenn insbesonders das zweite Glied $a_1 x^{n-1}$ fehlt, also $a_1 = 0$ ist, dann nennt man die Gleichung eine reduzierte. Die Lösung der Gleichung dritten und vierten Grades geht von der reduzierten Gleichung aus;

wenn sie als vollständige gegeben ist, muß sie demnach erst reduziert werden.

Alle jene Werte von x, die der Gleichung $f(x)=0$ genügen, d. h. die linke Gleichungsseite zu Null machen („verschwinden lassen", wie man auch sagt), heißen **Wurzeln** der Gleichung $f(x)=0$. Es ist sonach α eine Wurzel der Gleichung $f(x)=0$, wenn $f(\alpha)=0$.

Entwickelt man $f(x)$ mit dem Taylorschen Satz, nach Potenzen von $x-\alpha$,

$$f(x)=f(\alpha)+\frac{x-\alpha}{1!}f'(\alpha)+\frac{(x-\alpha)^2}{2!}f''(\alpha)+\ldots+\frac{(x-\alpha)^n}{n!}f^{(n)}(\alpha),$$

so läßt sich für den Fall, daß α eine Wurzel ist, wegen $f(\alpha)=0$ schreiben

$$f(x)=(x-\alpha)\left[f'(\alpha)+\frac{x-\alpha}{2!}f''(\alpha)+\ldots+\frac{(x-\alpha)^{n-1}}{n!}f^{(n)}(\alpha)\right],$$

d. h. **$x-\alpha$ ist ein Faktor der Funktion $f(x)$, wenn α eine Wurzel der Gleichung $f(x)=0$ ist.** (b)

Bewiesen ist der Satz durch die vorausgehende Entwicklung nur für algebraische Gleichungen. Für andere als diese kommt er übrigens nicht in Betracht.

Nach dem **Gausschen Fundamentalsatz der Algebra**, den wir ohne Beweis anführen, hat jede Gleichung mindestens **eine** Wurzel. Betrachtet sei eine Gleichung $n$ten Grades $G(x)=0$. Die eine Wurzel, die sie nach dem Fundamentalsatz haben muß, heiße α_1; dann ist nach dem vorhergehenden Satz $x-\alpha_1$ ein Faktor von $G(x)$, so daß man die Gleichung schreiben kann $G_{n-1}(x)\cdot(x-\alpha)=0$, die somit in die Gleichung $x-\alpha=0$ und $G_{n-1}(x)=0$ zerfällt. Letztere Gleichung ist vom $n-1$ten Grad, auf die sich wieder der Fundamentalsatz anwenden läßt. Man kommt, wenn man das Verfahren fortsetzt, zum Schluß auf n Wurzeln $\alpha_1, \alpha_2, \ldots \alpha_n$ der Gleichung oder entsprechend auf n Faktoren $x-\alpha_1, x-\alpha_2, \ldots x-\alpha_n$ der linken Gleichungsseite $G(x)$. Gleichzeitig ist damit der Satz bewiesen:

Eine Gleichung $n$ten Grades hat n Wurzeln. (c)

Beispiel a) und b) Welche kubische Gleichung hat die Wurzel

a) 1, 2 und 3; b) 2, -2 und 1.

Wenn die Gleichung $f(x)=0$ heißt, dann muß sie im ersten Fall die drei linearen Faktoren $x-1$, $x-2$, $x-3$ haben, sie muß also, da sie vom dritten Grad ist, heißen

$$a(x-1)(x-2)(x-3)=0,$$

wo a eine beliebige Zahl sein kann. Am einfachsten wird man freilich a weglassen und schreiben

$$(x-1)(x-2)(x-3)=0 \quad \text{oder} \quad x^3-6x^2+11x-6=0.$$

Im zweiten Fall heißt die Gleichung

$$(x-2)(x+2)(x-1)=0 \quad \text{oder} \quad x^3-x^2-4x+4=0.$$

Beispiel c) Welche Gleichung vierten Grades hat die Wurzel α, β, γ?

Die linke Gleichungsseite muß eine ganze rationale Funktion vierten Grades sein und gleichzeitig die Faktoren $x-\alpha$, $x-\beta$, $x-\gamma$ haben. Sie lautet sonach

$$(x-\alpha)(x-\beta)(x-\gamma)(ax+b)=0.$$

Man kann auch a wegdividieren oder was das gleiche ist, $a=1$ setzen.

Beispiel d) bis f) Man löse die Gleichungen

$$\text{d)}\ x^3+x^2-x-1=0, \qquad \text{e)}\ x^3-4x+3=0,$$
$$\text{f)}\ x^3-4x^2+8=0.$$

Im ersten Fall sieht man unmittelbar, daß der Zahlenwert 1 die Gleichung befriedigt. [Auch wenn man es nicht sofort sieht, so lohnt sich der Versuch, zu prüfen, ob nicht die einfacheren Zahlen $1, -1, 2, -2, \ldots$ der Gleichung genügen.] Man schreibt

$$x(x^2-1)+(x^2-1)=0 \quad \text{oder} \quad (x^2-1)(x+1)=0.$$

Die Gleichung hat sonach die Wurzeln $1, -1, -1$, die Wurzel -1 ist doppelt zu zählen, sie ist eine Doppelwurzel.

Im zweiten Fall findet man durch den Versuch, daß die Zahl 1 der Gleichung genügt, es ist also $x-1$ ein Faktor, den man wegdividiert. Dann löst man noch die verbleibende Gleichung zweiten Grades

$$x^3-4x+3=(x-1)(x^2+x-3).$$

Die drei Wurzeln sind $1, -0{,}5 \pm 0{,}5\sqrt{13}$.

Im dritten Fall findet man durch den Versuch 2 als Wurzel; man zerlegt

$$x^3-4x^2+8=(x-2)(x^2-2x-4)$$

und findet die drei Wurzeln $2, 1\pm\sqrt{5}$.

Beispiel g) und h) Man zerlege in lineare Faktoren

$$\text{g)}\ x^3+3x^2-x-3, \qquad \text{h)}\ x^4-2x^3-4x^2+2x+3.$$

Entweder man sieht unmittelbar, daß man zerlegen kann

$$x^2(x+3)-(x+3)=(x^2-1)(x+3)=(x-1)(x+1)(x+3).$$

Oder man wendet den Satz (b) an und sucht durch Probieren eine Wurzel zu finden, hier 1. Dann ist $x-1$ ein Faktor, die beiden anderen zu ermitteln, macht weiter keine Schwierigkeiten mehr.

Im zweiten Fall findet man durch Probieren 1 als Wurzel und sonach $x-1$ als Faktor; die Funktion läßt sich schreiben

$$(x-1)(x^3-x^2-5x-3).$$

Durch Probieren findet man weiter, daß -1 die Funktion dritten Grades zu Null macht, daß also $x+1$ ein Faktor ist. Man schreibt

$$(x-1)(x+1)(x^2-2x-3)=(x-1)(x+1)(x+1)(x-3).$$

***117. Beziehung zwischen Koeffizienten und Wurzeln.** Die Gleichung

$$x^n+a_1x^{n-1}+\ldots+a_n=0$$

habe die n Wurzeln $\alpha_1, \alpha_2, \ldots \alpha_n$. Dann besteht zwischen den Koeffizienten $a_1, a_2, \ldots a_n$ der Gleichung und den Wurzeln $\alpha_1, \alpha_2, \ldots \alpha_n$ ein ganz einfacher Zusammenhang. Überlegt man nämlich, daß $x-\alpha_1,\ x-\alpha_2, \ldots x-\alpha_n$ nach (116 b) Faktoren der gegebenen Gleichung sein müssen, so kann man diese auch in der Form

$$(x-\alpha_1)(x-\alpha_2)(\ )\ldots(x-\alpha_n)=0$$

anschreiben, oder nach dem allgemeinen binomischen Lehrsatz entwickelt,

$$x^n-x^{n-1}(\alpha_1+\alpha_2+\ldots\alpha_n)+x^{n-2}(\alpha_1\alpha_2+\alpha_1\alpha_3+\ldots+\alpha_{n-1}\alpha_n)$$
$$+x^{n-1}(\ )+\ldots+\alpha_1\alpha_2\ldots\alpha_n=0.$$

Die Gleichung hat damit eine andere Form erhalten. Vergleicht man beide Formen, die letzterhaltene und die gegebene, so wird

$$\begin{aligned}
-a_1 &= \alpha_1+\alpha_2+\ldots+\alpha_n,\\
+a_2 &= \alpha_1\alpha_2+\alpha_1\alpha_3+\ldots+\alpha_{n-1}\alpha_n,\\
-a_3 &= \alpha_1\alpha_2\alpha_3+\ldots+\alpha_{n-2}\alpha_{n-1}\alpha_n \qquad \text{(a)}\\
&\ldots\ldots\ldots\ldots\ldots\\
(-1)^n a_n &= \alpha_1\alpha_2\ldots\alpha_n.
\end{aligned}$$

Dieser wichtige Zusammenhang zwischen den Wurzeln und Koeffizienten einer Gleichung kommt vielfach mit Vorteil zur Anwendung, wie die nachfolgenden Beispiele zeigen.

Beispiel a) Von der Gleichung $x^3+2x^2+cx+d=0$ kennt man zwei Wurzeln $1-i$ und $1+i$. Man gebe die dritte Wurzel mit Hilfe des Satzes (a) an.

Im vorliegenden Fall ist $a_1=2$; wenn man die dritte Wurzel mit γ bezeichnet, dann gilt

$$-2=1-i+1+i+\gamma \quad \text{oder} \quad \gamma=-4.$$

Beispiel b) Eine kubische Gleichung hat die Koeffizienten 1, -6, 11, a und die Wurzeln α, β, γ; diese sowie a sind gesucht, wenn $\alpha = \beta + \gamma$ ist.

Die Gleichung heißt

$$x^3 - 6x^2 + 11x + a = 0.$$

Dann gilt nach (a)

$$6 = \alpha + \beta + \gamma, \quad 11 = \alpha\beta + \alpha\gamma + \beta\gamma, \quad -a = \alpha\beta\gamma$$

oder wegen

$$\alpha = \beta + \gamma$$

$$6 = 2\alpha \quad \text{oder} \quad \alpha = 3 \quad \text{und ebenso} \quad \beta + \gamma = 3,$$

$$11 = \alpha(\beta + \gamma) + \beta\gamma = 9 + \beta\gamma \quad \text{oder} \quad \beta\gamma = 2.$$

Aus beiden Beziehungen erhält man wieder $\beta = 2$, $\gamma = 1$ und daraus $a = -6$.

Beispiel c) Eine Gleichung dritten Grades ist gesucht, deren Wurzeln alle um s größer sind als die Wurzeln von

$$x^3 + px + q = 0.$$

Für die Wurzeln α, β, γ der gegebenen Gleichung gilt

$$\alpha + \beta + \gamma = 0, \quad \alpha\beta + \beta\gamma + \gamma\alpha = p, \quad \alpha\beta\gamma = -q.$$

Die gesuchte Gleichung $x^3 + a_1x^2 + a_2x + a_3 = 0$ hat die Wurzeln $\alpha + s$, $\beta + s$, $\gamma + s$, für die dann gilt

$$\alpha + \beta + \gamma + 3s = -a_1,$$
$$\alpha\beta + \beta\gamma + \gamma\alpha + 2(\alpha + \beta + \gamma) + 3s^2 = a_2,$$
$$\alpha\beta\gamma + s(\alpha\beta + \beta\gamma + \gamma\alpha) + s^2(\alpha + \beta + \gamma) + s^3 = -a_3$$

oder

$$0 + 3s = -a_1, \quad p + 0 + 3s^2 = a_2, \quad -q + ps + 0 + s^3 = -a_3,$$

so daß die gesuchte Gleichung ist

$$x^3 - 3sx^2 + (p + 3s^2)x + (q - ps - s^3) = 0.$$

***118. Mehrfache Wurzel.** Die obige Entwicklung der linken Gleichungsseite nach einer Reihe gibt noch über manche Fragen Aufschluß. Es sei einen Augenblick eine spezielle Gleichung

$$x^3 + x^2 - x - 1 = 0 \quad \text{oder zerlegt} \quad (x-1)(x+1)^2 = 0$$

betrachtet. Die Gleichung hat drei Wurzeln $+1$, -1, -1, also die Wurzel -1 zweimal. Man nennt dann -1 eine Doppelwurzel der Gleichung. Die Gleichung

$$x^3 - 3x^2 + 3x - 1 = 0 \quad \text{oder} \quad (x-1)^3 = 0$$

hat drei Wurzeln, alle vom Wert $+1$; man spricht in diesem Fall von einer dreifachen Wurzel, ebenso wie man von einer r-fachen

Wurzel einer Gleichung reden kann, wenn nämlich r Wurzeln gleich sind.

Man hat ein einfaches Kennzeichen einer **mehrfachen Wurzel**. Entwickelt man wieder

$$f(x) = f(\alpha) + \frac{x-\alpha}{1!} f'(\alpha) + \ldots + \frac{(x-\alpha)^n}{n!} f^{(n)}(\alpha) \tag{a}$$

und setzt $x = \alpha$ als Wurzel voraus, so wird wie früher wegen $f(\alpha) = 0$

$$f(x) = (x-\alpha)\left[f'(\alpha) + \frac{x-\alpha}{2!} f''(\alpha) + \frac{(x-\alpha)^2}{3!} f'''(\alpha) + \ldots\right]. \tag{b}$$

Nun muß aber, da α als Doppelwurzel auftritt, dementsprechend auch $x - \alpha$ als Doppelfaktor auftreten, d. h. die rechte Gleichungsseite muß den Faktor $x - \alpha$ nochmal haben, und das kann sie nur dann, wenn auch $f'(\alpha) = 0$ ist. Sonach:

> α **ist eine Doppelwurzel der Gleichung** $f(x) = 0$, **wenn gleichzeitig** $f(\alpha)$ **und** $f'(\alpha) = 0$ **ist.** (c)

Man kann entsprechend weiterfahren und die Bedingung für eine dreifache Wurzel α der Gleichung $f(x) = 0$ aufsuchen. Dann muß $(x-\alpha)^3$ ein Faktor der Gleichung (a) sein, also in dieser Entwicklung außer $f(\alpha)$ und $f'(\alpha)$ auch noch $f''(\alpha)$ verschwinden, damit $f(x)$ die Form

$$f(x) = (x-\alpha)^3 \left[\frac{1}{3!} f'''(\alpha) + \frac{x-\alpha}{4!} f^{(4)}(\alpha) + \ldots\right] \tag{d}$$

annehmen kann. Damit also α eine dreifache Wurzel der Gleichung $f(x) = 0$ ist, muß gleichzeitig $f(\alpha) = 0$, $f'(\alpha) = 0$, $f''(\alpha) = 0$ sein. Und allgemein:

> Damit α eine **r-fache Wurzel** der Gleichung $f(x) = 0$ ist, muß gleichzeitig gelten
>
> $$f(\alpha) = 0, \quad f'(\alpha) = 0, \quad f''(\alpha) = 0, \ldots f^{(r-1)}(\alpha) = 0. \tag{e}$$

Beispiel a) Hat die Gleichung $x^3 - 13x^2 + 56x - 80 = 0$ eine Doppelwurzel?

Wenn α eine Doppelwurzel ist, muß gleichzeitig gelten

$$\alpha^3 - 13\alpha^2 + 56\alpha - 80 = 0 \quad \text{und} \quad 3\alpha^2 - 26\alpha + 56 = 0.$$

Letztere Gleichung löst man auf und findet die Wurzeln 4 und $4^2/_3$; die Wurzel 4 genügt auch der gegebenen Gleichung, sie ist daher eine Doppelwurzel.

Beispiel b) Die Gleichung $x^4 - x^3 - 3x^2 + a_3x + a_4 = 0$ hat eine dreifache Wurzel; man suche alle Wurzeln.

Wenn die dreifache Wurzel mit α bezeichnet wird und die vierte mit δ, dann gilt

$$\alpha^4 - \alpha^3 - 3\alpha^2 + a_3\alpha + a_4 = 0, \quad 4\alpha^3 - 3\alpha^2 - 6\alpha + a_3 = 0,$$
$$12\alpha^2 - 6\alpha - 6 = 0.$$

Eine von den beiden Wurzeln 1, $-0{,}5$ der letzten Gleichung muß auch die beiden andern erfüllen. Für die Wahl $\alpha = 1$ gilt nach (117a)

$$-a_1 = 3a + \delta, \quad \text{hier} \quad +1 = 3\cdot 1 + \delta \quad \text{oder} \quad \delta = -2.$$

Die vier gesuchten Wurzeln sind also 1, 1, 1, -2.

Für die andere Wahl $\alpha = -0{,}5$ wird entsprechend

$$+1 = -1{,}5 + \delta \quad \text{oder} \quad \delta = 2{,}5,$$

so daß die vier Wurzeln $-0{,}5$, $-0{,}5$, $-0{,}5$, 2,5 sind.

119. Imaginäre Wurzeln. Wenn auch die Koeffizienten einer Gleichung reell sind, so können deswegen doch die Wurzeln alle oder zum Teil komplex sein. Es sei $\alpha + i\beta$ eine solche Wurzel der Gleichung $f(x) = 0$, dann muß $f(\alpha + i\beta) = 0$ sein. Wenn man nämlich die linke Gleichungsseite ausrechnet, wird sie

$$f(\alpha + i\beta) = A + iB = 0, \tag{a}$$

wobei A die Summe aller reellen, B die aller rein imaginären Glieder in dieser Ausrechnung ist. Man kommt nun leicht auf die Vermutung, daß auch $\alpha - i\beta$ eine Wurzel der Gleichung ist, und findet diese Vermutung bestätigt. Zunächst gilt

$$f(\alpha - i\beta) = A - iB, \tag{b}$$

da man ja nur $-i$ statt $+i$ in der oberen Ausrechnung zu setzen hat. Nun kann $A + iB$ nur dann Null werden, wenn sowohl A als auch B Null ist. Trifft dies zu, dann ist aber auch $A - iB = 0$, also $f(\alpha - i\beta) = 0$, d. h. $\alpha - i\beta$ tatsächlich eine Wurzel. Man hat sonach den Satz:

Ist $\alpha + i\beta$ eine Wurzel einer reellen Gleichung, dann auch $\alpha - i\beta$. Oder: die imaginären Wurzeln treten immer nur paarweise konjugiert auf. (c)

Nach diesem Satz müssen also die Wurzeln linearer Gleichungen stets reell sein. Eine Gleichung zweiten Grades kann entweder zwei reelle oder zwei imaginäre Wurzeln haben. Eine Gleichung dritten Grades kann haben: drei reelle, oder eine reelle und zwei imaginäre; eine reelle Wurzel muß sie immer haben. Ganz allgemein gilt:

Eine Gleichung ungeraden Grades hat mindestens eine reelle Wurzel. (d)

Beispiel a) Von der Gleichung $2x^3 - 5x^2 + a_2 x + a_3 = 0$ weiß man, daß sie die Wurzel $1 - i$ hat; wie heißen die beiden anderen Wurzeln?

Mit $1 - i$ ist auch $1 + i$ eine Wurzel; die dritte Wurzel sei δ. Wenn man die Gleichung umformt,

$$x^3 - 2{,}5\,x^2 + \tfrac{1}{2} a_2 x + \tfrac{1}{2} a_3 = 0$$

dann muß nach (117a) gelten

$$-a_1 = \alpha + \beta + \gamma,$$

hier $$+2{,}5 = 1 - i + 1 + i + \delta \quad \text{oder} \quad \delta = \tfrac{1}{2}.$$

***120. Wurzeln 0 und ∞.** Wenn in der Gleichung $n$ten Grades

$$x^n + a_1 x^{n-1} + a_2 x^{n-2} + \ldots + a_{n-1} x + a_n = 0$$

die r letzten Koeffizienten Null werden, die Gleichung also lautet

$$x^n + a_1 x^{n-1} + \ldots + a_{n-r} x^r + 0 \cdot x^{r-1} + \ldots + 0 \cdot x + 0 = 0,$$

so kann man sie auch schreiben

$$x^r (x^{n-r} + a_1 x^{n-r-1} + \ldots + a_{n-r-1} x + a_{n-r}) = 0,$$

d. h. die Gleichung hat dann $r$mal die Wurzel Null, oder in anderer Ausdrucksweise, die $r$fache Wurzel Null. Sonach:

Werden in einer Gleichung $n$ten Grades die r letzten Koeffizienten Null, so tritt $r$mal die Wurzel 0 auf. (a)

Wann nun in der nämlichen Gleichung die r ersten Koeffizienten Null werden, und so die Gleichung

$$0 \cdot x^n + 0 \cdot x^{n-1} + \ldots + a_r \cdot x^{n-r} + a_{r+1} x^{n-r-1} + \ldots + a_{n-1} x + a_n = 0$$

oder

$$a_r x^{n-r} + a_{r+1} x^{n-r-1} + \ldots + a_{n-1} x + a_n = 0$$

lautet, so darf man nicht den falschen Schluß ziehen, daß die Gleichung nun einfach in eine solche $n - r$ten Grades übergegangen ist und demnach nur mehr $n - r$ Wurzeln hat. Denn die Gleichung war tatsächlich $n$ten Grades, hat also nach (116c) unabhängig von den Zahlenwerten der Koeffizienten n Wurzeln. Man geht aus von der ursprünglichen Form und nimmt zunächst an, daß die r ersten Koeffizienten von Null verschieden sind. Dann setzt man $x = 1 : y$ und erhält

$$\frac{a_0}{y^n} + \frac{a_1}{y^{n-1}} + \ldots + \frac{a_{n-1}}{y} + a_n = 0,$$

oder geordnet

$$a_n y^n + a_{n-1} y^{n-1} + \ldots a_2 y^2 + a_1 y + a_0 = 0$$

Geht man jetzt zu der gegebenen Bedingung über, daß nämlich die r ersten Koeffizienten der ursprünglichen Gleichung Null werden, so wird daraus die neue Bedingung, daß die r letzten Koeffizienten der neuen Gleichung Null werden. Nach (a) muß dann die neue Gleichung $r$mal die Wurzel $y=0$ haben und die ursprüngliche Gleichung wegen $x=1:y$ somit $r$mal die Wurzel $x=\infty$. Also:

Werden in der Gleichung $n$ten Grades die r ersten Koeffizienten Null, so hat sie $r$mal die Wurzel ∞. (b)

Beispiel a) Gesucht sind die Schnittpunkte der Parabel $y^2=2\,cx$ mit der Geraden $y=\lambda x+b$ für den Fall $\lambda=0$.

Die Parabel wird von jeder Geraden in zwei Punkten geschnitten; die Koordinaten $\xi|\eta$ des Schnittpunktes müssen beiden Gleichungen genügen, es gilt sonach

$$\eta^2=2c\xi \quad \text{mit} \quad \eta=\lambda\xi+b \quad \text{oder} \quad (\lambda\xi+b)^2=2c\xi.$$

Diese Gleichung

$$\lambda^2\xi^2+2\,\xi(\lambda b-c)+b^2=0$$

hat stets zwei Wurzeln ξ_1 und ξ_2. Für den Fall $\lambda=0$ muß man schreiben

$$0\cdot\xi^2-2c\xi+b^2=0 \quad \text{oder} \quad \xi_1=b^2:2c \quad \text{und} \quad \xi_2=\infty,$$

denn diese Gleichung ist zwar der Form nach linear, in Wahrheit ist sie aber der Sonderfall einer quadratischen Gleichung.

121. Lösung numerischer Gleichungen. Muß man Gleichungen von höherem Grad als vom zweiten auflösen, so empfiehlt sich der Versuch, durch Probieren eine der Wurzeln zu erhalten. Sei beispielsweise gegeben die Gleichung $x^3+2x^2+9=0$. Man probiert der Reihe nach die Zahlen 1, —1, 2, —2, 3, —3 und findet, daß —3 eine Lösung ist. Dann weiß man, daß $x+3$ ein Faktor ist, wird also mit $x+3$ dividieren und erhält eine quadratische Gleichung

$$x^2-x+3=0, \quad \text{deren Wurzeln} \quad x=0{,}5\pm0{,}5\,i\sqrt{11}$$

sind.

Findet man auf diese Weise keine Lösung, dann ist zu unterscheiden, ob die gesuchten Wurzeln genau oder nur angenähert richtig sein sollen.

In letzterem Fall empfiehlt sich meist eine graphische Lösung. Man geht aus von der graphischen Darstellung der Gleichung $f(x)=0$ durch die Kurve $y=f(x)$. Es ist $f(a)=0$ die Bedingung dafür, daß a eine Wurzel der Gleichung $f(x) = 0$ ist; für die Wurzel a muß sonach die Ordinate $f(a)$ der Kurve verschwinden, d. h.

die Wurzeln der Gleichung $f(x) = 0$ sind durch die Schnittpunkte der Kurve $y = f(x)$ mit der x-Achse bestimmt. (a)

Je genauer man die Kurve zeichnet, desto genauer erhält man natürlich auch die Werte der Wurzeln. Wenn im Besonderen die gegebene Gleichung rational und ganz ist, dann stellt die Gleichung

$$y = a_0 x^n + a_1 x^{n-1} + \dots + a_{n-1} x + a_n = 0$$

eine allgemeine Parabel $n$ter Ordnung vor, bei Abb. 241 eine Parabel dritter Ordnung.

Wenn die Zeichnung der Kurve $y = f(x)$ Schwierigkeiten macht, dann wird sich recht oft eine andere Überlegung empfehlen. Man zerlegt die linke Gleichungsseite $f(x)$ in die Form $f(x) = f_1(x) - f_2(x)$ und zeichnet die beiden Kurven $y = f_1(x)$ und $y = f_2(x)$. Soll a eine Wurzel sein, dann muß gelten $f(a) = 0$ oder $f_1(a) = f_2(a)$, d. h. an der Stelle $x = a$ müssen die Ordinaten der beiden Kurven einander gleich sein, an der Stelle $x = a$ müssen sich beide Kurven schneiden.

Man findet so die Wurzeln der Gleichung $f_1(x) = f_2(x)$ als Abszissen der Schnittpunkte der beiden Kurven $y = f_1(x)$ und $y = f_2(x)$. (b)

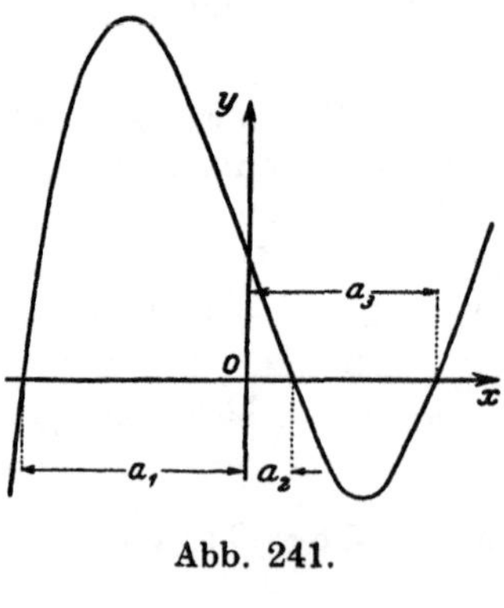

Abb. 241.

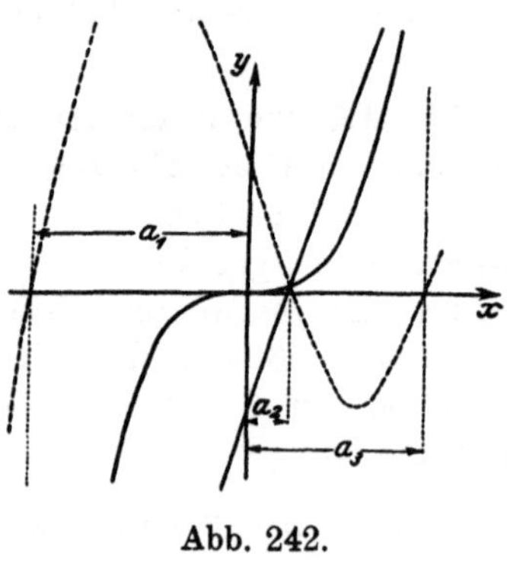

Abb. 242.

Beispiel a) Man ermittle graphisch angenähert die Wurzeln der Gleichung $x^3 - 3x + 1 = 0$.

Entweder zeichnet man die Kurve $y = x^3 - 3x + 1$, eine Parabel dritter Ordnung, und findet die Wurzeln als Abszissen der drei Schnittpunkte dieser Parabel mit der x-Achse, Abb. 241. Oder einfacher: man schreibt die Gleichung an $x^3 = 3x - 1$; hier ist

$f_1(x) = x^3$ die gewöhnliche kubische Parabel und $f_2(x) = 3x - 1$ eine Gerade. Man zeichnet beide Kurven $y = x^3$ und $y = 3x - 1$, Abb. 242; sie schneiden sich in drei Punkten mit den ungefähren Abszissenwerten 0,5, 1,5, —2.

Wenn man noch die genaueren Werte durch eines der nachfolgend angegebenen Verfahren ermitteln will, dann ist es zwecklos, die Genauigkeit der graphischen Darstellung der Gleichung zu übertreiben. In Beisp. 122a wird der genauere Wert der drei obigen Wurzeln noch ermittelt.

Beispiel b) Man löse angenähert die Gleichung $e^x - x - 2 = 0$.

Man zerlegt $e^x = x + 2$ und findet die Wurzeln als Abszissen der Schnittpunkte der beiden Kurven $y = e^x$ und $y = x + 2$; angenähert wird $x_1 = -1{,}8$, $x_2 = 1{,}2$, Abb. 243.

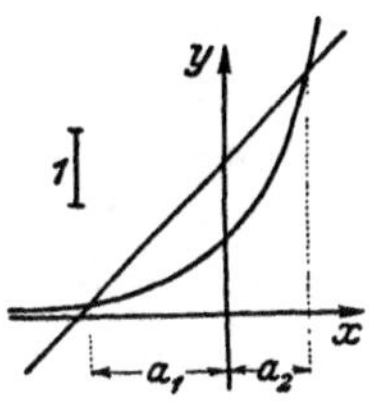

Abb. 243.

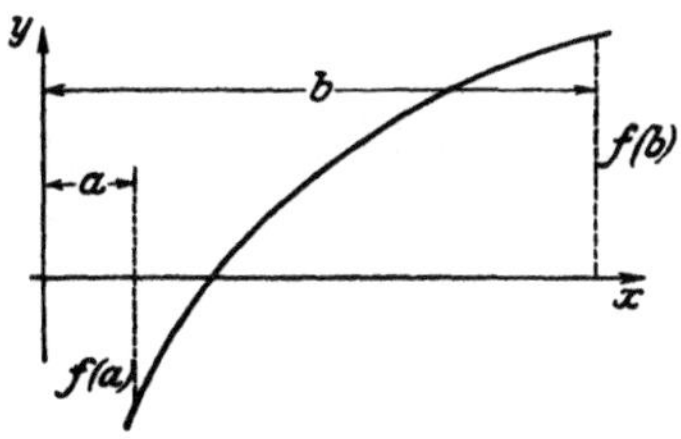

Abb. 244.

Beispiel c) Man entwickle geometrisch, daß die Gleichung $f(x) = 0$ eine Doppelwurzel a hat, wenn gleichzeitig $f(a) = 0$ und $f'(a) = 0$.

Man stellt die Gleichung graphisch durch die Kurve $y = f(x)$ dar. Die Bedingung $f(a) = 0$ sagt aus, daß a eine Wurzel der Gleichung ist; geometrisch sagt $f(a) = 0$, daß die Kurve die x-Achse an der Stelle $x = a$ schneidet. Die Bedingung $f'(a) = 0$ läßt sich geometrisch dahin deuten, daß die Kurve an der Stelle $x = a$ horizontal verläuft. Dann muß sie aber die x-Achse an dieser Stelle berühren, d. h. in zwei zusammenfallenden Punkten schneiden, es ist somit $x = a$ doppelt zu zählen.

Beispiel d) Man entwickle graphisch den Satz:

Zwischen a und b liegt eine ungerade Zahl von Wurzeln der Gleichung $f(x) = 0$, wenn $f(a)$ und $f(b)$ ungleiches Vorzeichen haben. (c)

Man stellt die Gleichung wieder durch die Kurve $y = f(x)$ graphisch dar. $f(a)$ und $f(b)$ sind die Ordinaten dieser Kurve an der Stelle $x = a$ und $x = b$. Wenn also beide ungleiches Vorzeichen haben, Abb. 244, dann liegt an der Stelle b der Kurvenpunkt unterhalb der x-Achse, wenn er an der Stelle a oben liegt, oder umgekehrt; jedenfalls muß also die Kurve zwischen den Stellen $x = a$ und $x = b$ die x-Achse mindestens einmal schneiden, oder dreimal oder fünfmal usw.; vorausgesetzt ist natürlich, daß sie in diesem Bereich endlich und stetig ist. Durch jeden solchen Schnittpunkt ist eine Wurzel bestimmt, womit der Satz bewiesen ist.

Anmerkung. Man nennt die Werte, die der Gleichung $f(x) = 0$ genügen, auch die Nullstellen der Funktion $f(x)$, weil sie die Funktion $f(x)$ zu Null machen. Analytisch sind also die Nullstellen einer Funktion $y = f(x)$ die Wurzeln der Gleichung $f(x) = 0$, graphisch kann man sie als die Schnittpunkte der Kurve $y = f(x)$ mit der x-Achse deuten. Entsprechend nennt man Unendlichkeitsstellen der Funktion $f(x)$ jene Zahlenwerte, die die Funktion $f(x)$ unendlich groß werden lassen. Graphisch sind sie durch die Schnittpunkte der Kurve $y = f(x)$ mit der unendlich fernen Geraden dargestellt. So hat beispielsweise die Funktion

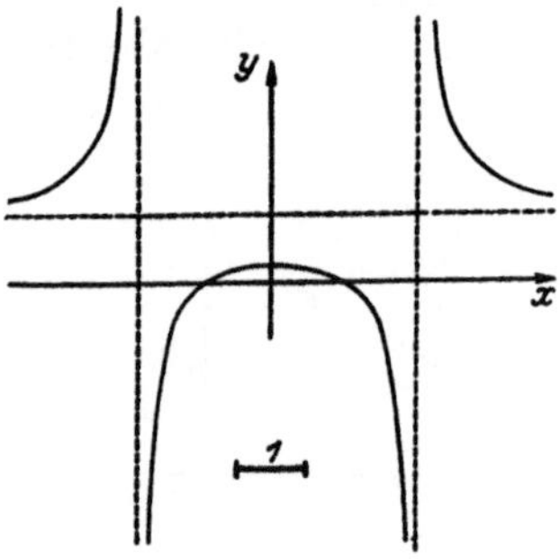

Abb. 245.

$$y = (x^2 - 1) : (x^2 - 4)$$

die Nullstellen $+1$ und -1 und die Unendlichkeitsstellen $+2$ und -2, siehe auch Abb. 245.

122. Fortsetzung. Hat man durch irgendein graphisches oder analytisches Verfahren den ungefähren Wert a einer Wurzel der Gleichung $f(x) = 0$ gefunden, so kommt man nach dem Newtonschen Näherungsverfahren zu einem genaueren Wert. Man denke sich die Kurve $y = f(x)$ ganz genau gezeichnet, dann ist ξ eine Wurzel der Gleichung, wenn die Kurve an der Stelle ξ die x-Achse schneidet. Um nun vom Näherungswert a zum wahren Wert ξ zu kommen oder entsprechend der Abb. 246 vom Kurvenpunkt P zum Schnittpunkt S, ersetzt man nach dem Newtonschen Verfahren an der Stelle $x = a$ den Kurvenbogen durch die Tangente. Die wahre Fortsetzung des Kurvenbogens würde im Schnittpunkt S mit der x-Achse den gesuchten Wert ξ liefern, die Tangente schneidet auf der x-Achse einen Punkt P' aus, dessen Abszisse $a' = a - h$ sich dem gesuchten ξ bedeutend mehr nähert als a. Man entnimmt der Abbildung

$$\operatorname{tg} \tau = f(a) : h, \quad \text{oder weil} \quad \operatorname{tg} \tau = f'(a),$$

$$h = \frac{f(a)}{f'(a)} \quad \text{und} \quad a' = a - h \tag{a}$$

als den genaueren Wurzelwert.

Hat man für eine gesuchte Wurzel ξ zwei Näherungswerte a_1 und a_2, so wird man nach der Regula falsi den durch die beiden Werte a_1 und a_2 begrenzten Kurvenbogen $P_1 P_2$ ersetzen durch die Sehne. Die wahre Fortsetzung des Kurvenbogens würde im Schnittpunkt S mit der x-Achse die gesuchte Wurzel ξ liefern, die Sehne schneidet auf der x-Achse einen Punkt P' aus, dessen Abszisse a' ein bedeutend besserer Näherungswert als a_1 oder a_2 ist. Abb. 247 lehrt, daß

$$f(a_1) : f(a_2) = (a_1 - a') : (a_2 - a'),$$

woraus sich der genauere Näherungswert

$$a' = a_1 + \frac{(a_2 - a_1) f(a_1)}{f(a_1) - f(a_2)} \tag{b}$$

ergibt. Natürlich kann man das Verfahren fortsetzen, um mit Hilfe des gefundenen schon genaueren Wertes a' neue Zahlenwerte aufzufinden, die sich dem wahren Wurzelwert ξ immer noch mehr nähern.

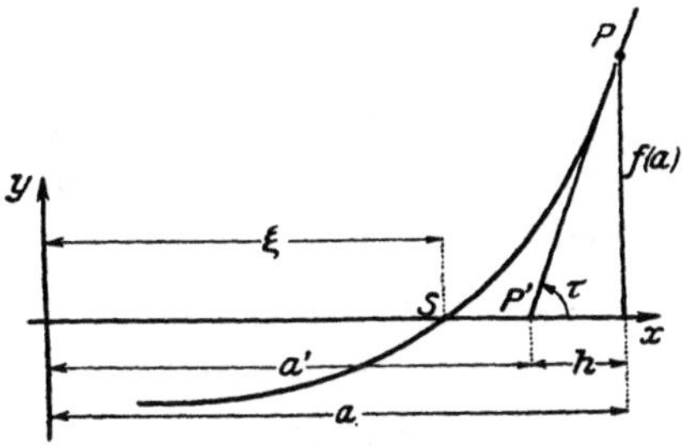

Abb. 246.

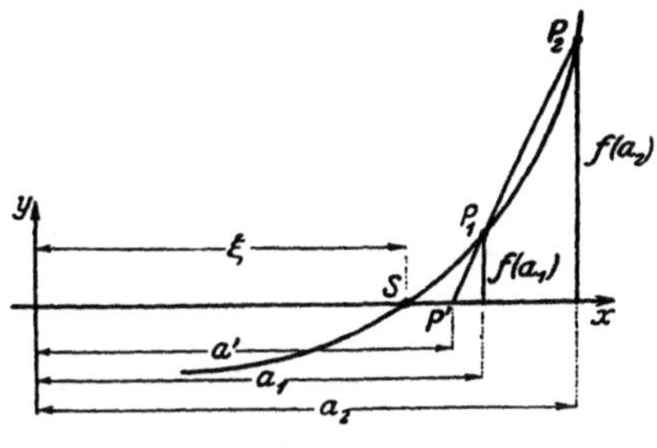

Abb. 247.

Beispiel a) Man ermittle die genaueren Wurzelwerte des Beisp. 121 a).

Es ist $a = 0{,}5$ ein angenäherter Wert; nach dem Newtonschen Verfahren wird

$$f(x) = x^3 - 3x + 1, \quad f(0{,}5) = -\tfrac{3}{8}, \quad f'(x) = 3x^2 - 3, \quad f'(0{,}5) = -\tfrac{9}{4},$$

$$h = -\tfrac{3}{8} : -\tfrac{9}{4} = \tfrac{1}{6} \quad \text{und} \quad a' = \tfrac{1}{2} - \tfrac{1}{6} = \tfrac{1}{3} = 0{,}3333$$

ein genauerer Wert. Man wendet das gleiche Verfahren noch mal an; mit

$$f(\tfrac{1}{3}) = \tfrac{1}{27}, \quad f'(\tfrac{1}{3}) = -\tfrac{8}{3}, \quad h = \tfrac{1}{27} : -\tfrac{8}{3} = -\tfrac{1}{72}$$

$$\text{wird } a'' = \tfrac{1}{3} + \tfrac{1}{72} = \tfrac{25}{72} = 0{,}347$$

sich dem wahren Wurzelwert noch mehr nähern als $\frac{1}{3}$.

Man hätte beim zweiten Mal auch die Regula falsi anwenden können, wenn man $a_1 = \frac{1}{2}$, $a_2 = \frac{1}{3}$ setzt. Dann erhält man einen genaueren Wert a' durch

$$f(\tfrac{1}{2}) = -\tfrac{3}{8}, \quad f(\tfrac{1}{3}) = \tfrac{1}{27}, \quad a_2 - a_1 = -\tfrac{1}{6},$$

und

$$a' = \tfrac{1}{2} + \frac{-\tfrac{1}{6}\cdot -\tfrac{3}{8}}{-\tfrac{3}{8} - \tfrac{1}{27}} = \tfrac{31}{89} = 0{,}3483.$$

Für die zweite Wurzel ist $b = 1{,}5$ ein roher Näherungswert; man hat nach dem ersten Verfahren

$$f(1{,}5) = -\tfrac{1}{8}, \quad f'(1{,}5) = \tfrac{15}{4}, \quad h = -\tfrac{1}{30} \quad \text{und so} \quad b' = 1{,}5333$$

als genaueren Näherungswert.

Für die dritte Wurzel ist wieder $c = -2$ eine erste Annäherung; man hat

$$f(-2) = -1, \quad f'(-2) = 9, \quad h = -\tfrac{1}{9} \quad \text{und so} \quad c' = -1{,}8889$$

als zweite Annäherung.

Beispiel b) Es soll die Genauigkeit der beiden Näherungsverfahren an einem Zahlenbeispiel dargestellt werden.

Die Wurzeln der Gleichung

$$x^2 - 4x + 1 = 0 \quad \text{sind} \quad x = 2 \pm \sqrt{3} = 2 \pm 1{,}73205080;$$

die eine der beiden Wurzeln, $x = 0{,}26794920$ dient zum Vergleich. Man wählt $a = 0$ als ersten Näherungswert, dann ist bei der Anwendung des Newtonschen Verfahrens wegen

$$f(x) = x^2 - 4x + 1 \quad \text{und} \quad f'(x) = 2x - 4$$

$$f(0) = 1, \quad f'(0) = -4, \quad h = -0{,}25, \quad a' = a - h = 0{,}25$$

eine erste Annäherung. Das Verfahren wird wiederholt

$$f(0{,}25) = 0{,}0625, \quad f'(0{,}25) = -3{,}5, \quad h' = -0{,}017857,$$

$$a'' = a' - h' = 0{,}267857.$$

Die Annäherung ist schon groß. Man wiederholt nochmal,

$$f(a'') = 0{,}000319, \quad f'(a'') = -3{,}464286, \quad h'' = -0{,}000092,$$

$$a''' = a'' - h'' = 0{,}267949.$$

Man beachte die große Genauigkeit bei dreimaliger Anwendung des Verfahrens.

Für die Anwendung der regula falsi wählt man die Annäherungswerte $a_1 = 0$, $a_2 = 1$ und erhält

$$f(a_1) = 1, \quad f(a_2) = -2, \quad a' = 0 + \frac{1 \cdot 1}{1 + 2} = 0{,}333.$$

Man würde natürlich schon genauer an den wahren Wert herangekommen sein, wenn man etwa $a_2 = 0{,}5$ gewählt hätte. Man wiederholt das Verfahren und wählt $a_1' = 0$, $a_2' = \frac{1}{3}$.

$$f(a_1') = 1, \quad f(a_2') = -\tfrac{2}{9}, \quad a'' = \tfrac{3}{11} = 0{,}2727.$$

Man wiederholt nochmal und wählt $a_1'' = \frac{3}{11}$ und $a_2'' = \frac{1}{3}$;

$$f(a_1'') = -2:121, \quad f(a_2'') = -2:9, \quad a''' = 7{,}5:28 = 0{,}26785.$$

Man hat bei dreimaliger Anwendung den gleichen Näherungswert, den das Newtonsche Verfahren bei zweimaliger Anwendung lieferte. Man hat ja auch den ersten Näherungswert $a_2 = 1$ sehr grob gewählt.

***123. Simultane Gleichungen für die nämliche Unbekannte** Zwei oder mehrere gleichzeitig bestehende Gleichungen für eine oder mehrere Unbekannte nennt man simultane Gleichungen, d. h. zusammengehörige. Aus I 51 wird von der Resultante die Definition wiederholt:

> Resultante von zwei Gleichungen für die nämliche Unbekannte ist jene Funktion der Koeffizienten beider Gleichungen, deren Verschwinden die Verträglichkeit beider Gleichungen angibt, (a)

sowie der Satz:

> die Resultante zweier Gleichungen für die nämliche Unbekannte ist das Eliminationsergebnis der Unbekannten aus den gegebenen Gleichungen. (b)

Gelten also zwei Gleichungen gleichzeitig, d. h. simultan, dann muß ihre Resultante verschwinden: wenn die gemeinsame Wurzel α ist, dann muß $x - \alpha$ ein Faktor beider Gleichungen sein.

Beispiel a) Die Gleichungen

$$x^2 + 3x - 70 = 0 \quad \text{und} \quad x^3 - 6x^2 - 6x + a = 0$$

haben eine gemeinsame Wurzel; wie heißen die Wurzeln der zweiten Gleichung?

Die erste Gleichung hat die Wurzeln -10 und 7, eine von ihnen muß nach Angabe auch der zweiten Gleichung genügen, entweder 7 oder -10. Im ersten Fall findet man durch Einsetzen in die zweite Gleichung $a = -7$. Sie hat dann $x - 7$ als Faktor und zerfällt in

$$(x-7)(x^2 + x + 1) = 0, \quad \text{so daß} \quad 7, \; -0{,}5 \pm 0{,}5\, i\sqrt{3}$$

ihre Wurzeln sind.

Im zweiten Fall wird $a = 1540$, die Gleichung zerfällt in

$$(x+10)(x^2 - 16x + 154) = 0, \quad \text{so daß} \quad 10, \; 8 \pm i\sqrt{90}$$

ihre Wurzeln sind.

Beispiel b) Man suche die Resultante eines Systems von n linearen Gleichungen.

Damit n lineare homogene Gleichungen mit n Unbekannten oder n lineare unhomogene Gleichungen mit $n-1$ Unbekannten zusammen bestehen können, muß nach I 50 die Determinante des Gleichungssystems verschwinden. Also gilt:

Die Resultante von n linearen homogenen Gleichungen mit n Unbekannten oder von n linearen unhomogenen Gleichungen mit $n-1$ Unbekannten ist gleich der Determinate dieses Gleichungssystems. (c)

Beispiel c) Gesucht ist die Resultante der beiden Gleichungen $n$ten Grades.

$$\left.\begin{aligned} a_0 x^n + a_1 x^{n-1} + \dots + a_{n-1} x + a_n = 0 \\ b_0 x^n + b_1 x^{n-1} + \dots + b_{n-1} x + b_n = 0 \end{aligned}\right\}$$

Man wird genau so verfahren wie beim Aufsuchen der Resultante von zwei quadratischen Gleichungen in I 51: Durch Multiplizieren und Subtrahieren wird man einmal die beiden Glieder $n$ter Ordnung, das zweite Mal die beiden absoluten Glieder beseitigen, und dann noch durch x dividieren; man erhält

$$\left.\begin{aligned} x^{n-1}(a_1 b_0 - a_0 b_1) + x^{n-2}(a_2 b_0 - a_0 b_2) + \dots \\ + (a_n b_0 - a_0 b_n) = 0 \\ x^{n-1}(a_0 b_n - a_n b_0) + x^{n-2}(a_1 b_n - a_n b_1) + \dots \\ + (a_{n-1} b_n - a_n b_{n-1}) = 0. \end{aligned}\right\} \quad \text{(d)}$$

Damit ist die Resultante der beiden Gleichungen $n$ten Grades auf jene von zwei Gleichungen $n-1$ten Grades zurückgeführt. Wenn man so weiterfährt, findet man die gesuchte Resultante schließlich als Resultante von zwei linearen Gleichungen, d. h. als deren Determinante.

***124. Diskriminante.** Damit die beiden Wurzeln der quadratischen Gleichung $ax^2 + bx + c = 0$ gleich sind, müssen nach I 54 die Koeffizienten a, b, c so gewählt werden, daß $b^2 - 4ac = 0$ ist. Der Ausdruck $D = b^2 - 4ac$, oder in der neuen Sprechweise die Funktion D der Gleichungskoeffizienten, war die Diskriminante der quadratischen Gleichung genannt. Damit eine beliebige Gleichung $f(x) = 0$ eine Doppelwurzel hat, muß jedenfalls eine Beziehung zwischen ihren Koeffizienten bestehen, es muß eine aus ihnen gebildete Funktion zu Null werden. Man definiert:

Diskriminante einer Gleichung ist jene Funktion der Gleichungskoeffizienten, deren Verschwinden das Vorhandensein einer mehrfachen Wurzel anzeigt. (a)

Es läßt sich für jede Gleichung eine solche Diskriminante aufstellen: verschwindet sie, wie im obigen besonderen Fall $b^2 - 4ac$, dann hat die Gleichung eine mehrfache Wurzel, also mindestens eine Doppelwurzel; verschwindet sie nicht, so hat die Gleichung keine Doppelwurzel. Wenn eine solche mehrfache Wurzel mit α bezeichnet wird, so muß nach (118c) von ihr gelten $f(\alpha) = 0$ mit $f'(\alpha) = 0$, also werden die Gleichungen $f(x) = 0$ und $f'(x) = 0$ beide gemeinsam von α erfüllt, sie bilden ein Simultansystem für diese Wurzel α. Die Bedingung, daß $f(x) = 0$ eine mehrfache Wurzel hat, ist so zurückgeführt auf die Bedingung, daß $f(x) = 0$ und $f'(x) = 0$ eine gemeinsame Wurzel haben, woraus folgt:

Die Diskriminante einer Gleichung ist die Resultante der Gleichung und ihrer Ableitung. (b)

Beispiel a) Man bestimme in der Gleichung $x^2 + \lambda x + \lambda = \frac{3}{4}$ den Wert λ so, daß die beiden Wurzeln gleich sind.

Es muß die Diskriminante $b^2 - 4ac$, hier $\lambda^2 - 4(\lambda - \frac{3}{4})$, zu Null werden, also

$$\lambda^2 - 4\lambda + 3 = 0 \qquad \text{oder} \qquad \lambda_1 = 3, \quad \lambda_2 = 1.$$

Beispiel b) Man gebe die Diskriminante der sogenannten reduzierten kubischen Gleichung $x^3 + px + q = 0$ an.

Man bildet die Resultante aus dieser Gleichung und ihrer Ableitung $3x^2 + p = 0$ am einfachsten, indem man aus der letzten Gleichung x ausrechnet und in die erste einsetzt; man erhält als Bedingung für das gemeinsame Bestehen

$$\sqrt{-\frac{p}{3}}^{\,3} + p\sqrt{-\frac{p}{3}} + q = 0 \qquad \text{oder} \qquad \tfrac{2}{3}p\sqrt{-\frac{p}{3}} + q = 0$$

oder

$$4p^3 + 27q^2 = 0;$$

also ist $4p^3 + 27q^2$ oder ein Vielfaches davon die gesuchte Diskriminante, in der nachfolgenden Nummer beispielsweise

$$D = \frac{4p^3 + 27q^2}{108} \qquad \text{oder auch} \qquad D = \left(\frac{q}{2}\right)^2 + \left(\frac{p}{3}\right)^3. \tag{c}$$

***125. Gleichungen dritten und vierten Grades.** Man wird immer zuerst den Versuch machen, durch Probieren eine Wurzel zu finden. Im allgemeinen Fall wird man mit dem Näherungsverfahren schneller zum Ziel kommen als mit den untenstehenden Formeln, zudem diese ja auch nur für die sogenannten reduzierten Gleichungen gelten, das sind Gleichungen mit fehlendem zweiten Glied, also von der Form $x^3 + px + q = 0$ oder $x^4 + rx^2 + sx + t = 0$.

Der Gedankengang, der zur Lösung einer beliebigen Gleichung dritten Grades, oder in anderer Benennung einer beliebigen kubischen Gleichung, führt, ist folgender. Diese,

$$z^3 + a_1 z^2 + a_2 z + a_3 = 0,$$

kann man durch Substitution

$$z = x - \frac{a_1}{3} \tag{a}$$

stets auf die wesentlich einfachere reduzierte kubische Gleichung, auf die

Form von Cardano $\quad x^3 + px + q = 0, \qquad$ (b)

bringen. Deren Lösung wieder führt man auf eine mit ihr im Zusammenhang stehende quadratische Gleichung zurück, auf ihre

Resolvente $\quad y^2 + qy - \left(\frac{p}{3}\right)^3 = 0. \qquad$ (c)

Diese Resolvente hat mit der Cardanischen Gleichung nach Beispiel 124b) die

Diskriminante $\quad D = \left(\frac{q}{2}\right)^2 + \left(\frac{p}{3}\right)^3 \qquad$ (d)

gemeinsam.

Wenn u und v die Wurzeln der Resolvente sind,

$$u = -\frac{q}{2} + \sqrt{D}, \qquad v = -\frac{q}{2} - \sqrt{D},$$

ferner ε und ε^2 die konjugiert imaginären Wurzeln von $\sqrt[3]{1}$, also nach (I 29)

$$\varepsilon = -\frac{1}{2} + \frac{i}{2}\sqrt{3}, \qquad \varepsilon^2 = -\frac{1}{2} - \frac{i}{2}\sqrt{3},$$

dann hat die Cardanische Gleichung

$$x^3 + px + q = 0$$

die drei Wurzeln

$$x_1 = \sqrt[3]{u} + \sqrt[3]{v}, \qquad x_2 = \varepsilon\sqrt[3]{u} + \varepsilon^2\sqrt[3]{v}, \qquad x_3 = \varepsilon^2\sqrt[3]{u} + \varepsilon\sqrt[3]{v}. \tag{e}$$

Von diesen drei Wurzeln x_1, x_2, x_3 sind für den Fall

$D > 0$	1 reell und 2 konjugiert imaginär,
$D = 0$	3 reell, davon zwei gleich,
$D < 0$	3 reell und verschieden.

Im letzten Fall, $D < 0$, liefert das Verfahren nach Cardano die drei Wurzeln in imaginärer Form; man nennt diesen Fall den Casus irreducibilis, die Cardanische Formel versagt hier. Um die drei Wurzeln in ihrer reellen Form aufzustellen, verwendet man eine goniometrische Substitution; man setzt im Fall der Gleichung

$$x^3 - px \pm q = 0, \qquad \cos\varphi = \sqrt{\left(\frac{q}{2}\right)^2 : \left(\frac{p}{3}\right)^3} \tag{f}$$

und erhält die drei reellen Wurzeln für $k = 0, 1, 2$ in der Form

$$x = \mp 2\sqrt{\frac{p}{3}} \cdot \cos\frac{\varphi + 2k\pi}{3}. \tag{g}$$

Der Beweis der vorausgehenden Formeln ist mit elementarer Rechnung dadurch zu erbringen, daß man die angegebenen Wurzeln in die Cardanische Gleichung einsetzt.

Beispiel a) Gesucht die Wurzeln der Gleichung

$$x^3 - 3x^2 - 5x - 25 = 0.$$

Will man Formeln anwenden, dann muß die Gleichung zuerst reduziert werden, nach (a) durch die Substitution

$$x = \xi - \tfrac{1}{3}a_1, \qquad \text{hier} \qquad x = \xi + 1.$$

Die Cardanische Gleichung wird

$$(\xi + 1)^3 - 3(\xi + 1)^2 - 5(\xi + 1) - 25 = 0 \quad \text{oder} \quad \xi^3 - 8\xi - 32 = 0,$$

so daß

$$p = -8, \qquad q = -32, \qquad D = 16^2 - \left(\frac{8}{3}\right)^3 = \frac{6400}{27}$$

ist, und die Resolvente mit den Wurzeln u und v

$$y^2 - 32y + \left(\frac{8}{3}\right)^3 = 0.$$

Dann wird die erste Wurzel der Cardanischen Gleichung

$$\xi_1 = \sqrt[3]{16 + \frac{80\sqrt{3}}{9}} + \sqrt[3]{16 - \frac{80\sqrt{3}}{9}}$$

$$= 2\left[\sqrt[3]{2 + \frac{10\sqrt{3}}{9}} + \sqrt[3]{2 - \frac{10\sqrt{3}}{9}}\right]$$

$$= 2\left[\sqrt[3]{3{,}9245} + \sqrt[3]{0{,}0755}\right] = 2\,[1{,}5774 + 0{,}4226] = 4.$$

Die zweite Wurzel ist

$$\xi_2 = \left(-\frac{1}{2} + \frac{i}{2}\sqrt{3}\right)\sqrt[3]{16 + \frac{80\sqrt{3}}{9}} + \left(-\frac{1}{2} - \frac{i}{2}\sqrt{3}\right)\sqrt[3]{16 - \frac{80\sqrt{3}}{9}}$$

$$= -\left[\sqrt[3]{2 + \frac{10\sqrt{3}}{9}} + \sqrt[3]{2 - \frac{10\sqrt{3}}{9}}\right]$$

$$+ i\sqrt{3}\left[\sqrt[3]{2 + \frac{10\sqrt{3}}{9}} - \sqrt[3]{2 - \frac{10\sqrt{3}}{9}}\right]$$

$$= -[1{,}5774 + 0{,}4226] + i\sqrt{3}\,[1{,}5774 - 0{,}4226] = -2 + 2i;$$

nach (119c) wird die dritte $\xi_3 = -2 - 2i$.

Damit werden die Wurzeln $x = \xi + 1$ der gegebenen Gleichung

$$x_1 = 5, \qquad x_2 = -1 + 2i, \qquad x_3 = -1 - 2i.$$

Zur Lösung einer beliebigen Gleichung vierten Grades führt der entsprechende Gedankengang wie bei der kubischen Gleichung. Man wird die allgemeine Gleichung

$$z^4 + a_1 z^3 + a_2 z^2 + a_3 z + a_4 = 0$$

durch die Substitution

$$z = x - \tfrac{1}{4} a_1 \tag{a}$$

reduzieren auf eine einfachere Gleichung von der Form

$$x^4 + r x^2 + s x + t = 0. \tag{b}$$

Deren Lösung führt man wieder auf die Lösung einer mit ihr im Zusammenhang stehenden Gleichung dritten Grades zurück, auf die Resolvente

$$y^3 + \frac{r}{2} y^2 + \frac{y}{4}\left(\frac{r^2}{4} - t\right) - \frac{s^2}{64} = 0. \tag{c}$$

Wenn u, v, w die drei Wurzeln dieser Resolvente sind, dann erscheint die Lösung der reduzierten Gleichung in der Form

a) für positives s

$$\begin{aligned} x_1 &= -\sqrt{u} + \sqrt{v} + \sqrt{w}, & x_2 &= +\sqrt{u} - \sqrt{v} + \sqrt{w}, \\ x_3 &= \sqrt{u} + \sqrt{v} - \sqrt{w}, & x_4 &= -\sqrt{u} - \sqrt{v} - \sqrt{w}, \end{aligned} \tag{d}$$

b) für negatives s

$$\begin{aligned} x_1 &= \sqrt{u} - \sqrt{v} - \sqrt{w}, & x_2 &= -\sqrt{u} + \sqrt{v} - \sqrt{w}, \\ x_3 &= -\sqrt{u} - \sqrt{v} + \sqrt{w}, & x_4 &= \sqrt{u} + \sqrt{v} + \sqrt{w}. \end{aligned} \tag{e}$$

Der Beweis dieser Formeln wird wieder mit elementarer Rechnung dadurch erbracht, daß man die angegebenen Wurzeln in die reduzierte Gleichung einsetzt.

***126. Simultane Gleichungen mit mehreren Unbekannten.** In den einfacheren Fällen werden die aus der Elementarmathematik bekannten Verfahren anzuwenden sein. Zwei Gleichungen mit zwei Unbekannten x und y kann man im allgemeinen Fall folgendermaßen auf eine Gleichung mit einer einzigen Unbekannten zurückführen: man behandelt die eine der Unbekannten, etwa y, wie eine bekannte Größe, dann hat man zwei simultane Gleichungen mit der nämlichen Unbekannten x. Damit beide gleichzeitig bestehen können, muß ihre Resultante verschwinden. Diese enthält dann y als einzige Unbekannte und wird nach y aufgelöst. Ist die erste der Gleichungen vom $m$ten Grad und die zweite vom $n$ten, so wird im allgemeinen die Resultante vom Grad $m \cdot n$ sein; das Gleichungspaar hat dann $m \cdot n$ Wertepaare als Lösungen.

Beispiel a) Das Gleichungspaar

$$\left.\begin{array}{l} a_{11}x^2 + 2a_{12}xy + a_{22}y^2 + 2a_{13}x + 2a_{23}y + a_{33} = 0 \\ b_{11}x^2 + 2b_{12}xy + b_{22}y^2 + 2b_{13}x + 2b_{23}y + b_{33} = 0 \end{array}\right\} \quad (a)$$

oder

$$\begin{array}{l} a_{11}x^2 + 2x(a_{12}y + a_{13}) + (a_{22}y^2 + 2a_{23}y + a_{33}) = 0 \\ b_{11}x^2 + 2x(b_{12}y + b_{13}) + (b_{22}y^2 + 2b_{23}y + b_{33}) = 0 \end{array}$$

oder

$$\left.\begin{array}{l} A_0x^2 + A_1x + A_2 = 0 \\ B_0x^2 + B_1x + B_2 = 0 \end{array}\right\} \quad (b)$$

hat nach I 51 die Resultante

$$R = -(A_0B_2 - A_2B_0)^2 + (A_0B_1 - A_1B_0)(A_1B_2 - A_2B_1). \quad (c)$$

Die Koeffizienten A_1, A_2, B_1, B_2 sind Funktionen von y; nach ihrer Substitution erhält man durch $R = 0$ eine Gleichung vierten Grades in y, die vier Wurzeln liefert. Für jede einzelne dieser Wurzeln erhalten die Koeffizienten A_1, A_2, B_1, B_2 bestimmte bekannte Werte. Das obige Gleichungspaar (b) kann man dann in eine lineare Gleichung überführen, indem man die erste Gleichung mit B_0, die zweite mit A_0 multipliziert und subtrahiert; man erhält

$$x(A_1B_0 - A_0B_1) + (A_2B_0 - A_0B_2) = 0$$

und dadurch für jeden einzelnen Wert von y den zugehörigen Wert von x. Insgesamt erhält man also vier Wertepaare $x \mid y$.

Bei Gleichungen höheren Grades oder bei transzendenten Gleichungen versagt das vorausgehende Verfahren oder wird doch recht mühsam. Dann empfiehlt sich als mehr oder minder grobe Annäherung die graphische Lösung, die jede der beiden Gleichungen durch eine Kurve darstellt und die gesuchten Wertepaare als Koordinaten der Schnittpunkte der beiden Kurven aufsucht. Beim vorangehenden Beispiel stellt jede der beiden Gleichungen einen Kegelschnitt dar; beide schneiden sich in vier Punkten, die die Koordinaten der gesuchten Wertepaare $x \mid y$ geben.

Eine analytische Annäherungslösung entsprechend dem Newtonschen Näherungsverfahren für eine einzige Unbekannte werden wir an späterer Stelle noch nachbringen. Naturgemäß liefert sie genauere Werte als das graphische Verfahren, sogar beliebig genaue.

Beispiel b) Man löse das System

$$\left.\begin{array}{l} x^2 + xy - 2y^2 = 0 \\ x^2 + y^2 - 2y = 0 \end{array}\right\}.$$

Man berechnet aus der zweiten Gleichung x und setzt es in die erste ein,

$$2y - y^2 + y\sqrt{2y - y^2} - 2y^2 = 0 \quad \text{oder} \quad y\sqrt{2y - y^2} = 3y^2 - 2y.$$

Man kann $y_1 = 0$ als Wurzel absondern, muß aber beachten, daß sie eine Doppelwurzel ist. Deutlicher ist diese ihre Eigenschaft zu erkennen, wenn man sie nicht absondert,

$$y^2(2y - y^2) = y^2(3y - 2)^2 \quad \text{oder} \quad y^2(10y^2 - 14y + 4) = 0.$$

Man erhält

$$y_1 = 0, \quad y_2 = 0, \quad y_3 = 1, \quad y_4 = 0{,}4.$$

Für die zugehörigen Werte x benötigt man eine lineare Gleichung; man erhält sie, wenn man die eine der gegebenen Gleichungen von der anderen abzieht,

$$3y^2 - xy - 2y = 0 \quad \text{oder} \quad y(3y - x - 2) = 0 \quad \text{oder} \quad x = 3y - 2.$$

Aber dann werden die zugehörigen Werte teilweise falsch, nämlich -2, -2, 1, $-0{,}8$, wie sich durch Einsetzen in die gegebenen Gleichungen erweist. Das hat seinen Grund darin, daß sich y jedesmal als abzusondernder Faktor abspaltet. Die beiden letzten Werte für x sind richtig, die beiden ersten nicht. Wenn man $y_1 = y_2 = 0$ in die Gleichungen einsetzt, ergibt sich $x_1 = x_2 = 0$. Dann sind die vier Lösungspaare

$$0 \mid 0, \quad 0 \mid 0, \quad 1 \mid 1, \quad -0{,}8 \mid 0{,}4.$$

Am einfachsten wird die Lösung, wenn man sieht, daß die erste Gleichung $x^2 + xy = 2y^2$ homogen ist und in zwei lineare Gleichungen $x = y$ und $x = -2y$ zerfällt. Jede dieser einfachen Gleichungen mit der zweiten gegebenen zusammengenommen liefert auf dem einfachsten Weg die Lösung.

Beispiel c) Ist das System

$$\left.\begin{aligned} x^2 + xy + 2y^2 &= 11 \\ 2x^2 - xy - 5y^2 &= 4 \\ 3x^2 + 4xy + 3y^2 &= 15 \end{aligned}\right\}$$

verträglich?

Wenn ja, dann muß die Resultante des Systems zu Null werden. Aber wie bildet man diese, nachdem man nur eine Regel für die Resultante von zwei Gleichungen mit der nämlichen Unbekannten oder von n linearen Gleichungen mit n Unbekannten hat?

Man kann auf die erste Regel zurückgehen, indem man eine der Unbekannten, etwa x, aus der ersten Gleichung ermittelt und in die beiden anderen einsetzt. Man hat dann nur mehr zwei Gleichungen mit einer Unbekannten y.

Im vorliegenden Fall kann man auch die Produkte x^2, xy, y^2 je als einzelne Unbekannte u, v, w betrachten. Man hat dann für diese drei Unbekannten drei lineare Gleichungen. Wenn die drei gegebenen Gleichungen verträglich sind, muß $uw = v^2$ sein. Man findet

$$u = x^2 = 9, \qquad v = xy = -6, \qquad w = y^2 = 4,$$

so daß die Bedingung $uw = v^2$ tatsächlich erfüllt ist. Das Wertepaar $+3 \mid -2$ oder $-3 \mid +2$ genügt also den drei Gleichungen.

Oder man behandelt in den ersten beiden Gleichungen y wie eine Bekannte und ermittelt die Resultante R_1, so wie das bereits im vorhergehenden Beispiel angegeben wurde. $R_1 = 0$ ist dann eine Gleichung in y. Ebenso wird man die zweite und dritte Gleichung zusammenfassen und eine Gleichung $R_2 = 0$ für y erhalten. Die Resultante R dieser beiden neu gebildeten Gleichungen gibt dann in der Form $R = 0$ auch gleichzeitig die Verträglichkeit des ursprünglichen Systems an.

B. Partialbruchzerlegung.

127. Rationale Funktionen. Die einfachste aller Funktionen ist die ganze rationale (s. auch I 45); wenn sie vom $n$ten Grad in x rational und ganz ist, hat sie die Form

$$G(x) = a_0 x^n + a_1 x^{n-1} + \ldots + a_{n-1} x + a_n. \tag{a}$$

Wegen ihres einfachen Aufbaues bietet die Anwendung der Differential- und Integralrechnung auf sie keine Schwierigkeiten. Sie ist endlich und stetig für alle endlichen Werte x und hat im Bereich endlicher x immer eine endliche und stetige Ableitung. Wenn sie vom ersten Grad ist, also $n = 1$, wird sie durch eine Gerade dargestellt, für den Fall $n = 2$ stellt sie eine gewöhnliche Parabel zweiter Ordnung vor, für beliebige n nennt man die Kurve allgemeine Parabel $n$ter Ordnung. Die Einfachheit der ganzen rationalen Funktion erklärt das Bestreben, andere Funktionen in Reihen zu verwandeln und sie sonach in Annäherung durch eine rationale ganze Funktion zu ersetzen.

Nach der ganzen rationalen Funktion ist die nächst einfache die gebrochene rationale Funktion (s. auch I 46); die allgemeinste rationale Funktion von x ist

$$R(x) = \frac{a_0 x^n + a_1 x^{n-1} + \ldots + a_{n-1} x + a_n}{b_0 x^m + b_1 x^{m-1} + \ldots + b_{m-1} x + b_m}, \tag{b}$$

n und m ganzzahlig vorausgesetzt, somit der Quotient von zwei ganzen rationalen Funktionen. Sie heißt echt gebrochen, wenn der

Grad des Zählers kleiner ist als der Grad des Nenners, und heißt unecht gebrochen, wenn der Grad des Zählers gleich oder größer ist als der Grad des Nenners. Die größere Zahl m oder n gibt dabei den Grad der Funktion überhaupt an; ist sonach $n \geqq m$, so ist sie unecht gebrochen vom Grad n und ist $n < m$, so ist sie echt gebrochen vom Grad m.

Wenn man eine unecht gebrochene Funktion zu behandeln hat, so wird man sie dadurch vereinfachen, daß man sie durch Ausdividieren verwandelt in die Summe einer ganzen Funktion und einer echt gebrochenen Funktion. Die unecht gebrochene Funktion erübrigt sonach eine weitere Besprechung, da sie sich stets auf eine ganz rationale und eine echt gebrochene rationale Funktion zurückführen läßt. Man merke für die Anwendung, insbesondere bei der Integralrechnung:

> Jede unecht gebrochene Funktion kann man durch Ausdividieren in die Summe einer ganzen und einer echt gebrochenen Funktion verwandeln. (c)

Für diese Division wendet man entweder die Regeln der gewöhnlichen Division an. Oder, was meist einfacher, man wandelt den Zähler der unecht gebrochenen Funktion so um, daß jeder einzelne Summand ein Vielfaches des Nenners ist, bis auf den sogenannten Rest. Einige Beispiele werden dieses Verfahren klar machen.

Beispiel a) Die Funktion $\frac{x+1}{x-4}$

ist unecht gebrochen, weil der Nenner nicht vom höheren Grad ist als der Zähler. Man wandelt um

$$\frac{x+1}{x-4} = \frac{(x-4)+5}{x-4} = 1 + \frac{5}{x-4}.$$

Man hat also im Zähler 4 weggenommen und gleichzeitig wieder hinzugefügt.

Beispiel b)

$$\frac{x^2}{x+3} = \frac{(x^2+3x)-3x}{x+3} = \frac{x(x+3)-3x-9+9}{x}$$

oder

$$\frac{x^2}{x+3} = \frac{x(x+3)-3(x+3)+9}{x+3} = x-3+\frac{9}{x+3}.$$

Man hat also $3x$ hinzugefügt und wieder weggenommen, ebenso -9 hinzugefügt und wieder weggenommen.

Beispiel c)

$$\frac{x^3+1}{x-2}=\frac{(x^3-2x^2)+(2x^2-4x)+(4x-8)+8+1}{x-2}$$

$$=x^2+2x+4+\frac{9}{x-2}.$$

Das Hinzufügen der einzelnen Glieder ist natürlich dadurch bestimmt, daß jede einzelne Klammer ein Vielfaches des Nenners $x-2$ wird.

Boispiel d)

$$\frac{3x^4-3x^2+x}{x^2-2x+2}=\frac{3x^2(x^2-2x+2)+6x^3-6x^2-3x^2+x}{x^2-2x+2}.$$

Die erste Klammer beginnt mit $3x^4$, der Nenner mit x^2, also muß die erste Klammer das $3x^2$fache des Nenners sein. Entsprechendes gilt für die anderen Klammern. Man setzt für

$$\frac{3x^4-3x^2+x}{x^2-2x+2}=3x^2+\frac{6x^3-9x^2+x}{x^2-2x+2}$$

$$=3x^2+\frac{6x(x^2-2x+2)+12x^2-12x-9x^2+x}{x^2-2x+2}$$

$$=3x^2+6x+\frac{3x^2-11x}{x^2-2x+2}$$

$$=3x^2+6x+\frac{3(x^2-2x+2)+6x-6-11x}{x^2-2x+2}$$

$$=3x^2+6x+3-\frac{5x+6}{x^2-2x+2}.$$

128. Fortsetzung. Echt gebrochene Funktionen von der Form $\frac{A}{x-a}, \frac{A}{(x-a)^2}\ldots$ nennt man Partialbrüche. Sie sind also echt gebrochene Funktionen von einfachstem Aufbau, deren Behandlung in der Differential- und Integralrechnung deswegen auch recht einfach wird. Wie man nun beliebige Funktionen oft in Reihen verwandelt, um sie für manche Aufgabe einfacher behandeln zu können, so wird man oft eine echt gebrochene Funktion von höherem Grad in eine Summe von Partialbrüchen verwandeln und so mancher Rechnung, insbesonders der Integralrechnung, zugänglicher machen.

Es sei die zu untersuchende echt gebrochene rationale Funktion $R(x)$ als Quotient der ganzen rationalen Funktionen $\varphi(x)$ und $f(x)$ vorausgesetzt; und weiter sei vorausgesetzt, daß man die n Wurzeln der Gleichung $f(x)=0$ alle kennt, somit die Nennerfunktion $f(x)$ in n lineare Faktoren zerlegen kann; und schließlich noch, daß $f(x)$ und $\varphi(x)$ keine Wurzel und damit auch keinen der linearen Faktoren gemeinsam haben. Von den Wurzeln der Gleichung $f(x)=0$ werden einzelne auch mehrfache sein, einzelne auch imaginär. Dementsprechend können die linearen Faktoren im allgemeinen Fall teilweise auch gleich sein, teilweise oder alle auch imaginär; in letzterem Fall ist zu beachten, daß die imaginären Wurzeln immer paarweise konjugiert imaginär auftreten, dementsprechend auch die linearen Faktoren. Ist also $x=a+ib$ eine Wurzel der Gleichung $f(x)=0$ und damit $x-a-ib$ ein Faktor der ganzen rationalen Nennerfunktion $f(x)$, dann ist auch $x-a+ib$ ein Faktor von ihr.

Die Zerlegung einer echt gebrochenen Funktion in Partialbrüche geht am einfachsten von folgender Überlegung aus: einen Bruch, dessen Nenner viele Teiler hat, kann man sich entstanden denken als Summe von Einzelbrüchen, deren jeder einen dieser Teiler als Nenner hatte. Beispielsweise kann man sich entstanden denken

$$\frac{7}{120}=\frac{7}{2^3\cdot 3\cdot 5}=\frac{a}{8}+\frac{b}{4}+\frac{c}{2}+\frac{d}{3}+\frac{e}{5},$$

wo die unbekannten Zähler a, b, c, d, e noch zu ermitteln sind. In der gleichen Weise wird man die Nennerfunktion $f(x)$ in ihre linearen Faktoren zerlegen und als Generalnenner betrachten: man denkt sich dann die gebrochene Funktion $\frac{\varphi(x)}{f(x)}$ entstanden als Summe von mehreren anderen Brüchen, deren Einzelnenner zusammen den Generalnenner $f(x)$ haben.

Beispiel a) Wie kann man sich die Funktion

$$\frac{\varphi(x)}{f(x)}=\frac{x^4-6x^2+1}{(x-1)^2(x+1)^2 x}$$

entstanden denken?

Man stellt sich $f(x)=(x-1)^2\cdot(x+1)^2\cdot x$ als Generalnenner von mehreren Einzelnennern vor; im allgemein möglichen Fall wird $f(x)$ der Generalnenner von den Einzelnennern $(x-1)^2$, $x-1$, $(x+1)^2$, $x+1$, x sein. Daß die Funktion $\varphi(x):f(x)$ auch wirklich so entstanden ist, soll damit nicht gesagt sein, sie kann aber so entstanden sein. Unzulässig wäre es, wenn man etwa auch noch $(x-1)\cdot(x+1)$ als Einzelnenner angeben würde, weil ja dieser Nenner selbst wieder als Generalnenner von $x-1$ und $x+1$ betrachtet werden kann. Hat man so die Einzelnenner angegeben, aus denen sich die Funktion $f(x)$ zusammensetzen kann, so wird man sich entsprechend die gegebene Funktion entstanden denken können als Summe von Partialbrüchen mit diesen Einzelnennern und setzt

$$\frac{x^4-6x^2+1}{x(x-1)^2(x+1)^2}=\frac{A}{x}+\frac{B}{(x-1)^2}+\frac{C}{x-1}+\frac{D}{(x+1)^2}+\frac{E}{x+1},$$

wo die Zähler dieser Partialbrüche noch unbestimmt sind und erst ermittelt werden müssen.

129. Ermittlung der Zähler der Partialbrüche. Erster allgemeiner Weg. Wenn man wie eben angegeben setzt

$$\frac{x^4-6x^2+1}{x(x-1)^2(x+1)^2}=\frac{A}{x}+\frac{B}{(x-1)^2}+\frac{C}{x-1}+\frac{D}{(x+1)^2}+\frac{E}{x+1},$$

so hat man damit eine Identität angeschrieben, die für jeden Wert von x gilt. Man kann also für die Ermittlung der fünf Unbekannten beliebig viele Gleichungen sich verschaffen, indem man für x beliebige Zahlenwerte setzt. Natürlich darf man x nicht so wählen, daß die Werte ∞ auftreten; im vorliegenden Fall beispielsweise darf man nicht x gleich 0, 1, -1, setzen, außer man hat vorher mit den Partialnennern x bzw. $(x-1)^2$ oder $(x+1)^2$ multipliziert. Wenn man etwa $x=2$ ansetzt, erhält man

$$\frac{-7}{18}=\frac{A}{2}+\frac{B}{1}+\frac{C}{1}+\frac{D}{9}+\frac{E}{3},$$

also eine von den fünf notwendigen Gleichungen zur Ermittlung der fünf Unbekannten.

Dieser erste angegebene Weg hat zwar den Vorzug allgemeiner Anwendung, aber die Nachteile umständlicher Rechnung. Man verwendet ihn mit Vorteil in Verbindung mit anderen Verfahren, die nicht alle die unbekannten Zähler angeben. (Am besten in Verbindung mit dem Verfahren von 130).

Zweiter allgemeiner Weg nach der Methode der unbestimmten Koeffizienten. Man multipliziert auf beiden Seiten mit dem Generalnenner, also mit der Funktion $f(x)$, wodurch die linke und rechte Gleichungsseite zu ganzen rationalen Funktionen werden, die identisch sind. Dann wendet man den Koeffizientenvergleich an. Wie das vorhergehende, hat auch dieses Verfahren den Nachteil, daß es mit umständlichen Rechnungen verbunden ist, dafür den großen Vorteil, für alle Fälle anwendbar zu sein.

Die angegebenen zwei allgemeinen Verfahren haben den Vorzug, daß sie bei jeder Form der zu zerlegenden Funktion $\frac{\varphi(x)}{f(x)}$ anwendbar sind. Andrerseits haftet ihnen der Nachteil allgemeiner Verfahren an:

sie sind umständlich und erfordern größere Rechnung, wenn man sie auf besondere Fälle anwendet. Die weiteren Nummern werden einige einfachere Verfahren angeben, die für Sonderfälle anzuwenden sind. Zu diesem Zweck unterscheidet man drei Fälle der Zerlegung in Partialbrüche, je nachdem die linearen Faktoren der Nennerfunktion $f(x)$ alle reell oder imaginär sind, ob sie alle verschieden oder einige auch gleich sind.

Erster und einfachster Fall: die Faktoren sind reell und verschieden; zweiter Fall: die Faktoren sind reell, einzelne auch gleich; dritter Fall: einzelne Faktoren sind auch imaginär.

Wenn die Zerlegung des Nenners $f(x)$ in seine linearen Faktoren nicht auf einfache Weise zu ermöglichen ist, dann verwendet man den Satz, daß $x-a$ ein Faktor von $f(x)$ ist, wenn a eine Wurzel von $f(x)=0$ ist, d. h. man löst die Gleichung $f(x)=0$ auf, jeder Wurzel a entspricht dann ein linearer Faktor $x+a$.

Beispiel a) Man berechne die Zähler der Partialbrüche des vorausgehenden Beispiels mit der Methode der unbestimmten Koeffizienten.

$$\frac{x^4-6x^2+1}{x(x-1)^2(x+1)^2}=\frac{A}{x}+\frac{B}{(x-1)^2}+\frac{C}{x-1}+\frac{D}{(x+1)^2}+\frac{E}{x+1}.$$

Man multipliziert beiderseits mit dem Generalnenner $x(x-1)^2(x+1)^2$ und erhält

$$\begin{aligned}x^4-6x^2+1 &= A(x-1)^2(x+1)^2+Bx(x+1)^2+Cx(x-1)(x+1)^2\\ &\quad +Dx(x-1)^2+Ex(x-1)^2(x+1)\\ &= x^4(A+C+E)+x^3(B+C+D-E)\\ &\quad +x^2(-2A+2B-C-2D-E)\\ &\quad +x(B-C+D+E)+A.\end{aligned}$$

Die Koeffizienten gleich hoher Potenzen müssen auf beiden Seiten gleich sein,

$$1=A+C+E,\quad 0=B+C+D-E,$$
$$-6=-2A+2B-C-2D-E,\quad 0=B-C+D+E,\quad 1=A.$$

Aus diesen Gleichungen findet man

$$A=1,\quad B=-1,\quad C=0,\quad D=1,\quad E=0$$

und somit

$$\frac{x^4-6x^2+1}{x(x-1)^2(x+1)^2}=\frac{1}{x}-\frac{1}{(x-1)^2}+\frac{1}{(x+1)^2}.$$

130. Erster Zerlegungsfall. Alle linearen Faktoren von $f(x)$ sind reell und verschieden. Dann wird

$$\frac{\varphi(x)}{f(x)} = \frac{\varphi(x)}{(x-a)(x-b)(x-c)\ldots}$$
$$= \frac{A}{x-a} + \frac{B}{x-b} + \frac{C}{x-c} + \ldots \qquad \text{(a)}$$

Das einfachste Lösungsverfahren zur Ermittlung der noch unbekannten Zähler $A, B, C\ldots$ multipliziert beiderseits mit dem Nenner $x-a$, wenn es den Zähler A aufsucht, und liefert

$$\frac{\varphi(x)\cdot(x-a)}{f(x)} = \frac{\varphi(x)}{f(x):(x-a)} = A + (x-a)\left[\frac{B}{x-b} + \frac{C}{x-c} + \ldots\right]$$

oder

$$\frac{\varphi(x)}{(x-b)(x-c)(x-d)\ldots} = A + (x-a)\left[\frac{B}{x-b} + \frac{C}{x-c} + \ldots\right].$$

Diese Gleichung ist eine Identität, die für jeden Wert von x gilt, somit auch für $x=0$. Man erhält

$$A = \frac{\varphi(a)}{(a-b)(a-c)(a-d)\ldots}. \qquad \text{(b)}$$

Man beachte wohl, daß $x-a$ ein Faktor von $f(x)$ ist, daß also $f(x):(x-a)$ frei ist von diesem Faktor $x-a$. Man kann daher auch schreiben

$$f(x) = f_1(x)\cdot(x-a),$$

und erhält entsprechend $A = \frac{\varphi(a)}{f_1(a)}$. (c)

Wenn man $f(x) = f_1(x)\cdot(x-a)$ nach x differenziert, erhält man

$$f'(x) = (x-a)\cdot f_1'(x) + f_1(x)\cdot 1 \quad \text{oder} \quad f'(a) = 0 + f_1(a).$$

Somit kann man auch schreiben

$$A = \frac{\varphi(a)}{f'(a)}, \quad \text{ebenso} \quad B = \frac{\varphi(b)}{f'(b)}, \quad C = \frac{\varphi(c)}{f'(c)}, \ldots \qquad \text{(d)}$$

Natürlich kann man die Zähler $A, B, C\ldots$ auch nach einem der früher angegebenen allgemeinen Verfahren ermitteln.

Beispiel a bis c) Man zerlege in Partialbrüche die echt gebrochenen Funktionen

$$\text{a)}\ \frac{x-1}{x(x+1)} \qquad \text{b)}\ \frac{4x-1}{x^2-2x-8} \qquad \text{c)}\ \frac{x+2}{x^3-x}.$$

Im ersten Fall setzt man an

$$\frac{x-1}{x(x+1)} = \frac{A}{x} + \frac{B}{x+1}.$$

Um A zu finden, multipliziert man mit x,

$$\frac{x-1}{x+1} = A + x \cdot \frac{B}{x+1}.$$

Der zweite Summand, der B enthält, stört und muß beseitigt werden; man setzt deswegen $x = 0$ und erhält $A = -1$.

Um B zu erhalten, multipliziert man mit $x+1$,

$$\frac{x-1}{x} = B + (x+1) \cdot \frac{A}{x}.$$

B ist gesucht, also muß A in dieser Gleichung beseitigt werden; man setzt deswegen $x = -1$ und erhält $B = 2$. Damit ist gefunden

$$\frac{x-1}{x(x+1)} = \frac{-1}{x} + \frac{2}{x+1}.$$

Im zweiten Fall hat die Gleichung $f(x) = 0$, hier $x^2 - 2x - 8 = 0$, die Wurzeln 4 und -2, somit der Nenner die Faktoren $x+2$ und $x-4$; man setzt an

$$\frac{4x-1}{x^2-2x-8} = \frac{4x-1}{(x+2)(x-4)} = \frac{A}{x+2} + \frac{B}{x-4}.$$

Um A und B zu erhalten, multipliziert man beiderseits mit $x+2$ bzw. $x-4$,

$$\frac{4x-1}{x-4} = A + (x+2)\frac{B}{x-4}, \quad \frac{4x-1}{x+2} = B + (x-4)\frac{A}{x+2}.$$

Dann setzt man $x = -2$ bzw. $x = 4$ und erhält $A = 1{,}5$ und $B = 2{,}5$, somit

$$\frac{4x-1}{x^2-2x-8} = \frac{1{,}5}{x+2} + \frac{2{,}5}{x-4}.$$

Im dritten Fall wird

$$\frac{x+2}{x^3-x} = \frac{x+2}{x(x-1)(x+1)} = \frac{A}{x} + \frac{B}{x-1} + \frac{C}{x+1}.$$

Um A, B und C zu erhalten, multipliziert man mit x bzw. $x-1$ und $x+1$,

$$\frac{x+2}{x^2-1} = A + x\left[\frac{B}{x-1} + \frac{C}{x+1}\right],$$

$$\frac{x+2}{x^2+x} = B + (x-1)\left[\frac{A}{x} + \frac{C}{x+1}\right],$$

$$\frac{x+2}{x^2-x} = C + (x+1)\left[\frac{A}{x} + \frac{B}{x-1}\right].$$

Dann setzt man $x = 0$ bzw. $x = 1$ und $x = -1$ und erhält

$$A = -2, \quad B = 1{,}5, \quad C = 0{,}5,$$

somit
$$\frac{x+2}{x^3 - x} = \frac{-2}{x} + \frac{1{,}5}{x-1} + \frac{0{,}5}{x+1}.$$

Beispiel d) Man gebe eine Formel für die Zerlegung von $\frac{Px+Q}{(x+a)(x+b)}$ und prüfe sie durch Anwendung auf die Beisp. a) und b).

$$\frac{Px+Q}{(x+a)(x+b)} = \frac{A}{x+a} + \frac{B}{x+b}.$$

Man multipliziert beiderseits mit $x+a$, setzt dann $x = -a$ und erhält daraus

$$A = \frac{-Pa+Q}{b-a}; \quad \text{entsprechend} \quad B = \frac{-Pb+Q}{a-b},$$

wenn man beiderseits mit $x+b$ multipliziert und $x = -b$ setzt. Dann wird

$$\frac{Px+Q}{(x+a)(x+b)} = \frac{1}{b-a}\left[\frac{-Pa+Q}{x+a} + \frac{Pb-Q}{x+b}\right]. \tag{e}$$

Im Beisp. a) ist $P = 1$, $Q = -1$, $a = 0$, $b = 1$, so daß

$$\frac{x-1}{x(x+1)} = \frac{1}{1-0}\left[\frac{-1\cdot 0 + (-1)}{x} + \frac{1\cdot 1 - (-1)}{x+1}\right]$$
$$= \frac{-1}{x} + \frac{2}{x+1}.$$

Im Beisp. b) ist $P = 4$, $Q = -1$, $a = 2$, $b = -4$; mit diesen Werten wird

$$\frac{4x-1}{(x+2)(x-4)} = \frac{1}{-4-2}\left[\frac{-4\cdot 2 - 1}{x+2} + \frac{4\cdot -4 + 1}{x-4}\right]$$
$$= \frac{1}{2}\left[\frac{3}{x+2} + \frac{5}{x-4}\right].$$

131. Zweiter Zerlegungsfall. Alle Faktoren von $f(x)$ sind reell, einzelne sind gleich. Es soll die Gleichung $f(x) = 0$ die einfachen Wurzeln $a, b, c \ldots$ haben, ferner die $\varkappa$-fache Wurzel k, ebenso die λ-fache Wurzel l usw., somit die Nennerfunktion $f(x)$ die einfachen linearen Faktoren $x-a$, $x-b$, $x-c \ldots$ usw., sowie den $\varkappa$-fachen Faktor $x-k$, den λ-fachen Faktor $x-l$ usw. Dann kann man die echt gebrochen vorausgesetzte Funktion schreiben

$$\frac{\varphi(x)}{f(x)} = \frac{\varphi(x)}{(x-a)(x-b)(x-c)\ldots(x-k)^{\varkappa}(x-l)^{\lambda}\ldots}$$

Man geht wieder davon aus, daß die Funktion $f(x)$ der Generalnenner aller Partialbrüche ist, dann ist die allgemein mögliche Zerlegung

$$\begin{aligned}\frac{\varphi(x)}{f(x)} &= \frac{A}{x-a} + \frac{B}{x-b} + \frac{C}{x-c} + \cdots \\ &+ \frac{K_1}{(x-k)^\varkappa} + \frac{K_2}{(x-k)^{\varkappa-1}} + \cdots + \frac{K_\varkappa}{x-k} \\ &+ \frac{L_1}{(x-l)^\lambda} + \frac{L_2}{(x-l)^{\lambda-1}} + \cdots + \frac{L_\lambda}{x-l} \\ &+ \cdots\cdots\cdots\cdots\cdots\cdots \qquad \text{(a)}\end{aligned}$$

Die zu den einfachen linearen Faktoren $x-a$, $x-b$, $x-c, \ldots$ gehörigen Zähler $A, B, C \ldots$ findet man genau so wie in der vorigen Nummer angegeben. Ebenso auch die Zähler $K_1, L_1, \ldots$ zu den Nennern $(x-k)^\varkappa$, $(x-l)^\lambda, \ldots$ Man wird also, um K_1 zu finden, die beiden Seiten der vorausgehenden Identität mit $(x-k)^\varkappa$ multiplizieren und dann $x = k$ setzen:

$$\begin{aligned}\frac{\varphi(x)}{f(x):(x-k)^\varkappa} = K_1 + (x-k)\Big[&\frac{A}{x-a} + \frac{B}{x-b} + \cdots \\ &\cdots + \frac{K_2}{(x-k)^{\varkappa-1}} + \frac{K_3}{(x-k)^{\varkappa-2}} + \cdots\Big]. \qquad \text{(b)}\end{aligned}$$

Setzt man auf beiden Seiten $x = k$, dann wird

$$K_1 = \frac{\varphi(k)}{g(k)}, \quad \text{wo} \quad g(x) = f(x):(x-k)^\varkappa. \qquad \text{(c)}$$

Scheinbar kommt sowohl auf der linken wie rechten Gleichungsseite der Faktor $x-k$ im Nenner vor, so daß also für $x-k$ links und rechts die Zahlenwerte ∞ auftreten würden. Scheinbar! Denn der Generalnenner $f(x)$ enthält ja den Faktor $(x-k)^\varkappa$, er ist von der Form

$$f(x) = g(x)\cdot(x-k)^\varkappa, \quad \text{so daß} \quad f(x):(x-k)^\varkappa = g(x);$$

und in der Klammer der rechten Gleichungsseite kommt beim Ausmultiplizieren überall der Faktor $x-k$ mindestens in der ersten Potenz in den Zähler, so daß tatsächlich die Klammer für $x = k$ verschwindet.

Das gleiche Verfahren läßt sich auf die Berechnung der übrigen Zähler $K_2, L_2, \ldots, K_3, L_3, \ldots$ nicht mehr anwenden, außer wenn man diejenigen Partialbrüche, die bereits ermittelt sind, auf die linke Gleichungsseite geschafft und diese dann vereinfacht hat; das Verfahren ist aber rechnerisch recht umständlich. In den meisten Fällen wird man zur Berechnung der noch unbekannten Zähler das in 129 angegebene erste allgemeine Verfahren zu Hilfe nehmen.

Beispiel a) Man zerlegt

$$\frac{3x^3+3x^2-5x+3}{(x-1)^2(x+1)^2x}=\frac{A}{x}+\frac{B}{(x-1)^2}+\frac{C}{x-1}+\frac{D}{(x+1)^2}+\frac{E}{x+1}.$$

Die Zähler A, B, D ermittelt man in der bisherigen einfachen Weise, daß man mit den zugehörigen Nennern x, $(x-1)^2$, $(x+1)^2$ multipliziert und dann $x=0$ bzw. $x=1$, $x=-1$ setzt. Man erhält

$$\frac{3x^3+3x^2-5x+3}{(x-1)^2(x+1)^2}=A+x\left[\frac{B}{(x-1)^2}+\ldots\right],\qquad A=3$$

$$\frac{3x^3+3x^2-5x+3}{(x+1)^2x}=B+(x-1)^2\left[\frac{A}{x}+\ldots\right],\qquad B=1$$

$$\frac{3x^3+3x^2-5x+3}{(x-1)^2x}=D+(x+1)^2\left[\frac{A}{x}+\ldots\right],\qquad D=-2.$$

Zur Ermittlung von C und E nimmt man das erste allgemeine Verfahren zu Hilfe und setzt in die Ausgangsgleichung $x=2$ und $x=-2$; man erhält

$$\frac{29}{18}=\frac{A}{2}+\frac{B}{1}+\frac{C}{1}+\frac{D}{9}+\frac{E}{3},\qquad \frac{1}{-18}=\frac{A}{-2}+\frac{B}{9}+\frac{C}{-3}+\frac{D}{1}+\frac{E}{-1},$$

also zwei Gleichungen zur Ermittlung von C und E, da ja A, B, D bereits gefunden sind. Sie liefern $C=0{,}5$ und $E=-3{,}5$, so daß

$$\frac{3x^3+3x^2-5x+3}{(x-1)^2(x+1)^2x}=\frac{3}{x}+\frac{1}{(x-1)^2}+\frac{1}{2(x-1)}-\frac{2}{(x+1)^2}$$
$$-\frac{7}{2(x+1)}.$$

Beispiel b) Man behandle das vorausgehende Beispiel nach der Methode der unbestimmten Koeffizienten.

Der Ansatz der gegebenen Funktion für die Zerlegung ist genau der gleiche wie vorher, nur die Bestimmung der Zähler A, B, C, D, E ist eine andere. Dieser Ansatz wird auf beiden Seiten mit dem Generalnenner $(x-1)^2(x+1)^2x$ multipliziert und liefert

$$3x^3+3x^2-5x+3$$
$$=(x-1)^2(x+1)^2x\left[\frac{A}{x}+\frac{B}{(x-1)^2}+\frac{C}{x-1}+\frac{D}{(x+1)^2}+\frac{E}{x+1}\right]$$

oder

$$3x^3+3x^2-5x+3=A(x-1)^2(x+1)^2+B(x+1)^2x$$
$$+C(x-1)(x+1)^2x+D(x-1)^2x+E(x+1)(x-1)^2x$$
$$=x^4(A+C+E)+x^3(B+C+D-E)$$
$$+x^2(-2A+2B-C-2D-E)+x(B-C+D+E)+A.$$

Die Koeffizienten gleich hoher Potenzen müssen auf beiden Seiten gleich sein,

$$0 = A + C + E, \quad 3 = B + C + D - E,$$

$$3 = -2A + 2B - C - 2D - E, \quad -5 = B - C + D + E, \quad 3 = A.$$

Aus diesen Gleichungen findet man

$$A = 3, \quad B = 1, \quad C = 0{,}5, \quad D = -2, \quad E = -3{,}5$$

ebenso wie vorher.

132. Dritter Zerlegunsfall. Einzelne der linearen Faktoren von $f(x)$ sind konjugiert imaginär. Es soll die Gleichung $f(x) = 0$ außer verschiedenen reellen Wurzeln auch noch die Wurzeln $a + ib$, $c + id, \ldots$ haben. Dann hat sie nach (119c) gleichzeitig auch die Wurzeln $a - ib$, $c - id, \ldots$ Somit hat die Nennerfunktion $f(x)$ außer reellen Faktoren auch noch die imaginären $x - a - ib$, $x - a + ib$, $x - c - id$, $x - c + id, \ldots$ Dann kann man zerlegen

$$\begin{aligned}\frac{\varphi(x)}{f(x)} &= \frac{\varphi(x)}{(x-a-ib)(x-a+ib)(x-c-id)(x-c+id)\ldots} \\ &= \frac{A}{x-a-ib} + \frac{B}{x-a+ib} + \frac{C}{x-c-id} \\ &\quad + \frac{D}{x-c+id} + \cdots \end{aligned} \tag{a}$$

Wenn man will, kann man die unbekannten Zähler A, B, C, D, ... genau so wie in 130 ermitteln; sie würden aber ebenso wie die Nenner in imaginärer Form erscheinen. Nun vermeidet man, wenn es geht, das Auftreten imaginärer Größen, das Verfahren wird deswegen recht selten angewendet. Würde man beispielsweise die Formel (130e) anwenden, dann erhielte man für $a = -c - id$ und $b = -c + id$

$$\begin{aligned}\frac{Px+Q}{(x-c-id)(x-c+id)} &= \frac{1}{2id}\left[\frac{P\cdot(c+id)+Q}{x-c-id} + \frac{P(-c+id-Q}{x-c+id}\right] \\ &= \frac{1}{2id}\left[\frac{Pc+Q+iPd}{x-c-id} - \frac{Pc+Q-iPd}{x-c+id}\right].\end{aligned}$$

Man sieht, auch die Zähler der Partialbrüche würden konjugiert imaginär. In dieser Form wären die Partialbrüche sicher recht unbequem. Man wird sie deshalb in eine reelle Form überführen, indem man ihre zwei zusammengehörigen linearen Partialbrüche auf den gemeinschaftlichen Nenner bringt. Im vorliegenden Fall ist dieser

$$[(x-c)-id][(x-c)+id] = (x-c)^2 + d^2.$$

Praktischer läßt man daher die gegebene Funktion unzerlegt, um die imaginären Zahlen zu vermeiden.

Wenn man ebenso im allgemeinen Fall von vornherein jede imaginäre Zahl vermeiden will, setzt man

$$\frac{\varphi(x)}{(x)} = \frac{\varphi(x)}{[(x-a-ib)(x-a+ib)]\,[(x-c-id)(x-c+id)]\ldots}$$

$$= \frac{\varphi(x)}{[(x-a)^2+b^2]\,[(x-c)^2+d^2]\ldots}$$

$$= \frac{Ax+B}{(x-a)^2+b^2} + \frac{Cx+D}{(x-c)^2+d^2} + \ldots \qquad \text{(b)}$$

Zu beachten ist, daß der Zähler eine lineare Funktion ersten Grades wird, wenn man die Zerlegung des Nenners in die beiden imaginären Faktoren unterläßt. Die gesuchten Zahlen A, B, C, D, ... in den Zählern berechnet man am einfachsten nach der Methode der unbestimmten Koeffizienten.

Beispiel a) bis c) Man zerlege in Partialbrüche

$$\text{a)}\ \frac{1-x^2}{x(1+x^2)} \qquad \text{b)}\ \frac{x+1}{x^4+x^2} \qquad \text{c)}\ \frac{x^2-2}{x(x^2+4)(x^2+2)};$$

Im ersten Fall setzt man an, da die Zerlegung von x^2+1 in zwei lineare Faktoren imaginäre Zahlen liefern würde, nämlich $x^2+1=(x+i)(x-i)$,

$$\frac{1-x^2}{x(x^2+1)} = \frac{A}{x} + \frac{Bx+C}{x^2+1},$$

und multipliziert beiderseits mit dem Generalnenner $x(x^2+1)$,

$$1-x^2 = A(x^2+1)+(Bx+C)x = x^2(A+B)+Cx+A.$$

Der Vergleich der beiden Identitäten liefert

$$A+B=-1,\ C=0,\ A=1, \quad \text{oder} \quad A=1,\ B=-2,\ C=0$$

und damit

$$\frac{1-x^2}{x(x^2+1)} = \frac{1}{x} - \frac{2x}{x^2+1}.$$

Im zweiten Fall wird gesetzt

$$\frac{x+1}{x^2(x^2+1)} = \frac{A}{x^2} + \frac{B}{x} + \frac{Cx+D}{x^2+1},$$

oder wenn man beiderseits mit dem Generalnenner multipliziert und ordnet,

$$x+1 = A(x^2+1)+Bx(x^2+1)+(Cx+D)x^2 = x^3(B+C)$$
$$+x^2(A+D)+Bx+A.$$

Der Vergleich liefert

$$B+C=0,\quad A+D=0,\quad B=1,\quad A=1$$

oder

$$A=1,\quad B=1,\quad C=-1,\quad D=-1.$$

Auch im dritten Fall läßt man die beiden quadratischen Faktoren x^2+4 und x^2+2 unzerlegt, da die linearen Faktore beide Male imaginär würden, und setzt an

$$\frac{x^2-2}{x(x^2+4)(x^2+2)}=\frac{A}{x}+\frac{Bx+C}{x^2+4}+\frac{Dx+E}{x^2+2}.$$

Wieder wird mit dem Generalnenner beiderseits multipliziert und dann geordnet,

$$x^2-2=x^4(A+B+D)+x^3(C+E)+x^2(6A+2B+4D)$$
$$+x(2C+4E)+8A.$$

Der Vergleich liefert

$$A+B+D=0,\quad C+E=0,\quad 6A+2B+4D=1.$$
$$C+4E=0,\quad 8A=-2$$

oder

$$A=-\tfrac{1}{4},\quad B=-\tfrac{3}{4},\quad C=0,\quad D=1,\quad E=0.$$

C. Unbestimmte Formen.

133. $\frac{0}{0}$. Die Zahlenausdrücke $\infty-\infty$, $0\cdot\infty$, $0:0$, $\infty:\infty$, 0^0, ∞^0, 1^∞ wurden in I als unbestimmte Ausdrücke, oder auch unbestimmte Zahlen erklärt, d. h. solche, deren Wert nach den Definitionen und Sätzen der Elementarmathematik nicht bestimmt werden kann. Wenn eine Funktion an einer gewissen Stelle $x=a$ die Form eines dieser unbestimmten Ausdrücke annimmt, dann sagt man: die Funktion erscheint an dieser Stelle $x=a$ in unbestimmter Form. Mit den Mitteln der Elementarmathematik kann man den Wert der Funktion an dieser Stelle $x=a$ nicht ermitteln, wohl aber unter Mithilfe eines Grenzübergangs, wenn man nämlich definiert:

Nimmt eine Funktion $F(x)$ an einer Stelle $x=a$ eine unbestimmte Form an, so ist als Wert der Funktion an dieser Stelle $x=a$ der Wert $\lim\limits_{x=a} F(x)$ erklärt. (a)

Solche Grenzwerte wird man in recht vielen Fällen elementar berechnen, insbesonders wenn man an bekannte Grenzwerte anknüpfen kann. Nummer 11 brachte eine Reihe von Beispielen dafür. Die Differentialrechnung gibt eine allgemeine Regel für die Berechnung der unbestimmten Formen, und zwar dadurch, daß sie diese alle auf die unbestimmte Form $\frac{0}{0}$ zurückführt.

Sei $f(a)=0$ und $\varphi(a)=0$, so erscheint der Quotient $\frac{f(x)}{\varphi(x)}$ an der Stelle $x=a$ in unbestimmter Form $\frac{0}{0}$. Sein Wert an dieser Stelle $x=a$ ist

$$\lim_{x=a}\frac{f(x)}{\varphi(x)}=\lim_{x=a}\frac{f'(x)}{\varphi'(x)}, \tag{b}$$

wie gleich bewiesen werden soll.

Es wird nach dem Mittelwertsatz (104c), da $f(a)=0$ und $\varphi(a)=0$,

$$\frac{f(a+h)}{\varphi(a+h)}=\frac{f'(a+\Theta h)}{\varphi'(a+\Theta h)}, \quad \text{wo} \quad 0\leqq\Theta\leqq1.$$

Konvergiert h gegen 0, dann auch Θh, man hat also

$$\lim_{x=a}\frac{f(x)}{\varphi(x)}=\lim_{x=a}\frac{f'(x)}{\varphi'(x)}.$$

Wenn auch $f'(x)$ und $\varphi'(x)$ an der Stelle $x=a$ zu Null werden, also neben $f(a)=0$, $\varphi(a)=0$ auch noch $f'(a)=0$ und $\varphi'(a)=0$, dann kann man den Mittelwertsatz von neuem anwenden; unter dieser Voraussetzung gilt

$$\lim_{x=a}\frac{f(x)}{\varphi(x)}=\lim_{x=a}\frac{f''(x)}{\varphi''(x)}. \tag{c}$$

Wenn auch neuerdings sowohl $f''(x)$ wie $\varphi''(x)$ an der Stelle $x=a$ zu Null wird, wiederholt man das Verfahren wieder usw. Man erhält als Erweiterung von (b)

Wenn an der Stelle $x=a$ die Funktionen $f(x)$ und $\varphi(x)$ nebst ihren n ersten Ableitungen verschwinden und erst $\varphi^{(n+1)}(x)$ an dieser Stelle von 0 verschieden ist, dann gilt

$$\lim_{x=a}\frac{f(x)}{\varphi(x)}=\lim_{x=a}\frac{f^{(n+1)}(x)}{\varphi^{(n+1)}(x)}. \tag{d}$$

Beispiel a) bis d) Man ermittle den Wert der unbestimmten Formen

a) $\frac{\arcsin x}{x}$, b) $\frac{\sin x \;\arcsin x}{x^2}$, c) $\frac{1-\cos x}{\sin x}$, d) $\frac{\operatorname{arc\,tg} x}{x}$

an der Stelle $x=0$.

Im ersten Fall erinnert man sich an den Grenzwert $\lim\limits_{x=0} \frac{\sin x}{x} = 1$ und setzt $\operatorname{arc} \sin x = y$ oder $x = \sin y$; dann wird

$$\lim_{x=0} \frac{\operatorname{arc} \sin x}{x} = \lim_{y=0} \frac{y}{\sin y} = 1.$$

Nach (b) hätte man erhalten

$$\lim_{x=0} \frac{\operatorname{arc} \sin x}{x} = \lim_{x=0} \frac{1 : \sqrt{1-x^2}}{1} = 1.$$

Im zweiten Fall setzt man

$$\lim_{x=0} \frac{\sin x \operatorname{arc} \sin x}{x^2} = \lim_{x=0} \frac{\sin x}{x} \cdot \lim_{x=0} \frac{\operatorname{arc} \sin x}{x} = 1 \cdot 1 = 1$$

Die Ermittlung des Grenzwertes mit Hilfe der Differentialrechnung wäre umständlicher.

Im dritten Fall setzt man

$$\lim_{x=0} \frac{1-\cos x}{\sin x} = \lim_{x=0} \frac{2 \sin^2 \frac{x}{2}}{2 \sin \frac{x}{2} \cos \frac{x}{2}} = \lim_{x=0} \operatorname{tg} \frac{x}{2} = 0;$$

einfacher wird nach (b)

$$\lim_{x=0} \frac{1-\cos x}{\sin x} = \lim_{x=0} \frac{\sin x}{\cos x} = 0.$$

Im vierten Fall kann man setzen $x = \operatorname{tg} y$ oder $\operatorname{arc} \operatorname{tg} x = y$. Mit $x = 0$ wird auch $y = 0$; dann wird

$$\lim_{x=0} \frac{\operatorname{arc} \operatorname{tg} x}{x} = \lim_{y=0} \frac{y}{\operatorname{tg} y} = \lim_{y=0} \left(\frac{y}{\sin y} \cos y \right)$$

$$\lim_{y=0} \frac{y}{\sin y} \cdot \lim_{y=0} \cos y = 1 \cdot 1 = 1.$$

Nach (b) hätte man erhalten

$$\lim_{x=0} \frac{\operatorname{arc} \operatorname{tg} x}{x} = \lim_{x=0} \frac{1 : (1+x^2)}{1} = \lim_{x=0} \frac{1}{1+x^2} = 1.$$

Beispiel e) Man berechne den Grenzwert

$$\lim_{x=0} \frac{x^3 - \sin^3 x}{x^3}$$

auf möglichst viele Arten.

Der Anfänger wird meist die Formel versuchen, also

$$G = \lim_{x=0} \frac{f'(x)}{\varphi'(x)} = \lim_{x=0} \frac{3x^2 - 3 \sin^2 x \cos x}{3x^2}.$$

Auch der neue Quotient nimmt die Formel $0:0$ an, also wird

$$G=\lim_{x=0}\frac{f''(x)}{\varphi''(x)}=\lim_{x=0}\frac{6x-6\sin x\cos^2 x+3\sin^3 x}{6x}.$$

Auch dieser Quotient erhält die Form $0:0$, folglich

$$G=\lim\frac{f'''(x)}{\varphi'''(x)}=\lim_{x=0}\frac{6-6\cos^3 x+12\sin^2 x\cos x+9\sin^2 x\cos x}{6}$$
$$=\frac{0}{6}=0.$$

Weitaus einfacher erhält man nach (10a)

$$G=\lim_{x=0}\left[1-\left(\frac{\sin x}{x}\right)^3\right]=1-1=0.$$

Auch dadurch, daß man $\sin x$ nach einer Reihe entwickelt, kann man die Aufgabe lösen,

$$G=\lim_{x=0}\frac{x^3-\left(x-\frac{x^3}{3!}+\frac{x^5}{5!}-+\ldots\right)^3}{x^3}$$
$$=\lim_{x=0}\left[1-\left(1-\frac{x^2}{3!}+\frac{x^4}{5!}-\frac{x^6}{7!}+\ldots\right)^3\right]=0.$$

Beispiel f) Berechne auf die einfachste Weise

$$G=\lim_{x=0}\frac{x^3-\sin^3 x}{x^2}.$$

Mit Zuhilfenahme des vorausgehenden Beispieles wird

$$G=\lim_{x=0}\left[x\cdot\frac{x^3-\sin^3 x}{x^3}\right]=\lim_{x=0}\left[x\cdot\left\{1-\left(\frac{\sin x}{x}\right)^3\right\}\right]=0.$$

134. $\frac{\infty}{\infty}$. Wenn $f(a)=\infty$ und $\varphi(a)=\infty$, dann nimmt an der Stelle $x=a$ der Quotient $\frac{f(x)}{\varphi(x)}$ die unbestimmte Form $\frac{\infty}{\infty}$ an. Er hat an dieser Stelle den Wert

$$\lim_{x=a}\frac{f(x)}{\varphi(x)}=\lim_{x=a}\frac{f'(x)}{\varphi'(x)}. \tag{a}$$

Zum Beweis setzt man den gesuchten Grenzwert

$$G=\lim_{x=a}\frac{f(x)}{\varphi(x)}=\lim_{x=a}\frac{1:\varphi(x)}{1:f(x)}=\lim_{x=a}\frac{\Phi(x)}{F(x)}.$$

Werden die Funktionen $f(x)$ und $\varphi(x)$ an der Stelle $x=a$ unendich groß, dann verschwinden ihre reziproken Werte $F(x)$ und $\Phi($

an dieser Stelle, es erhält durch die Einführung der reziproken Werte der zu untersuchende Quotient die Form $\frac{0}{0}$. Man hat demnach

$$G = \lim_{x=a} \frac{\Phi'(x)}{F'(x)}.$$

Oder weil $\Phi = 1 : \varphi$ und $F = 1 : f$ und deswegen

$$\frac{d\Phi}{dx} = \frac{-1}{\varphi^2} \cdot \frac{d\varphi}{dx} \quad \text{und} \quad \frac{dF}{dx} = \frac{-1}{f^2} \cdot \frac{df}{dx}$$

ist,

$$G = \lim_{x=a} \frac{\varphi'(x) \cdot [f(x)]^2}{f'(x) \cdot [\varphi(x)]^2} = \lim_{x=a} \left[\frac{f(x)}{\varphi(x)}\right]^2 \cdot \lim_{x=a} \frac{\varphi'(x)}{f'(x)}.$$

Dann wird

$$G = G^2 \cdot \lim_{x=a} \frac{\varphi'(x)}{f'(x)} \quad \text{oder umgekehrt} \quad G = \lim_{x=a} \frac{f'(x)}{\varphi'(x)}.$$

Der Beweisgang setzt den Grenzwert G zunächst freilich als von 0 und ∞ verschieden voraus. Durch eine Erweiterung der geführten Betrachtungen kann man aber die Formel (a) auch für jene Fälle noch mitbeweisen, daß G den Wert 0 oder ∞ annehmen kann.

Beispiel a) Für $x = \infty$ wird $\lg x$ und ebenso x^n unendlich groß. An dieser Stelle erscheint sonach der Quotient $\lg x : x^n$ in unbestimmter Form. Der Wert des Quotienten an dieser Stelle wird

$$\lim_{x=\infty} \frac{\lg x}{x^n} = \lim_{x=\infty} \frac{1 : x}{n x^{n-1}} = \lim_{x=\infty} \frac{1}{n x^n} = 0; \tag{b}$$

das Ergebnis kann man in die Worte fassen:

Jede Potenz x^n wird viel früher unendlich groß als der Logarithmus. (c)

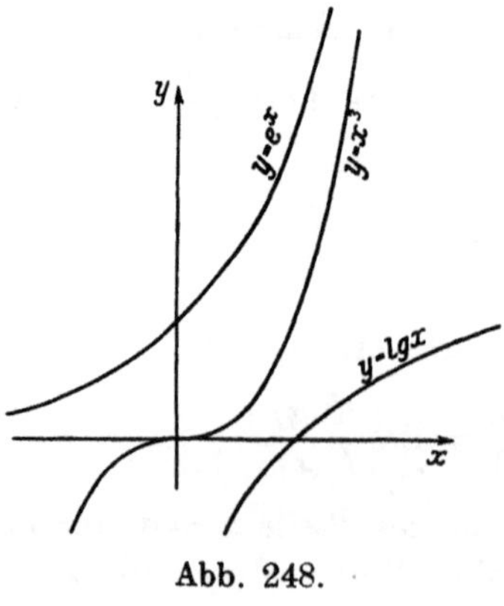

Abb. 248.

Geometrisch kann man sich dieses Ergebnis an Hand der Logarithmuskurve leicht verständlich machen, Abb. 248. Die Logarithmuskurve $y = \lg x$ schneidet bei $x = 1$ die x-Achse und geht dann in recht flachem Lauf ins Unendliche.

Beispiel b) Für $x = \infty$ wird a^x und x^n unendlich groß. Dieses Großwerden erfolgt in beiden Fällen in verschiedener Weise, wie am einfachsten der Verlauf der beiden

Kurven $y = a^x$ und $y = x^n$ lehrt, Abb. 248. Die erste Kurve, die Exponentialkurve, schneidet an der Stelle $y = 1$ die y-Achse und verläuft dann überaus steil in das Unendliche. Sicher bedeutend steiler als jede Parabel $y = x^n$. Man kann dann auch sprechen:

Die Exponentialfunktion a^x wird viel früher unendlich als jede Potenz x^n. (d)

Analytisch beweist man diesen Satz durch den Grenzwert des Quotienten $a^x : x^n$ an der Stelle $x = \infty$. An dieser Stelle nimmt der Quotient die unbestimmte Form $\infty : \infty$ an, man erhält

$$\lim_{x=\infty} \frac{a^x}{x^n} = \lim_{x=\infty} \frac{a^x \lg a}{n x^{n-1}}.$$

Da auch der neue Quotient die unbestimmte Form $\infty : \infty$ annimmt, wiederholt man das Verfahren n mal und findet schließlich

$$\lim_{x=\infty} \frac{a^x}{x^n} = \lim_{x=\infty} \frac{a^x (\log a)^n}{n!} = \infty. \tag{e}$$

Die Sätze (c) und (d) kann man noch zusammenfassen und durch Abb. 248 darstellen:

die Exponentialfunktion a^x wird viel früher unendlich als jede Potenz x^n und diese wieder viel früher unendlich als der Logarithmus $\lg x$. (f)

135. $0 \cdot \infty$, $\infty - \infty$. Man führt diese Formen auf die unbestimmte Form $0:0$ oder $\infty : \infty$ zurück, indem man mit ihren Reziproken rechnet, die zu 0 oder ∞ werden.

I. Wenn $f(a) = 0$ und $\varphi(a) = \infty$, dann nimmt das Produkt $f(x) \cdot \varphi(x)$ an der Stelle $x = a$ die unbestimmte Form $0 \cdot \infty$ an. Mit Einführung von

$$\Phi(x) = \frac{1}{\varphi(x)} \quad \text{wird} \quad \lim_{x=a} [f(x) \cdot \varphi(x)] = \lim_{x=a} \frac{f(x)}{1 : \varphi(x)} = \lim_{x=a} \frac{f(x)}{\Phi(x)}.$$

Dieser Quotient nimmt an der Stelle $x = a$ die Form $0:0$ an und wird nach den vorausgehenden Regeln weiter behandelt.

II. Wenn $f(a) = \infty$ und $\varphi(a) = \infty$, dann nimmt die Differenz $f(x) - \varphi(x)$ an der Stelle $x = a$ die unbestimmte Form $\infty - \infty$ an. Man führt wieder die reziproken Werte

$$F(x) = \frac{1}{f(x)} \quad \text{und} \quad \Phi(x) = \frac{1}{\varphi(x)}$$

ein und erhält

$$\lim_{x=a} [f(x) - \varphi(x)] = \lim_{x=a} \left[\frac{1}{F(x)} - \frac{1}{\Phi(x)}\right] = \lim_{x=a} \frac{\Phi(x) - F(x)}{F(x)\, \Phi(x)},$$

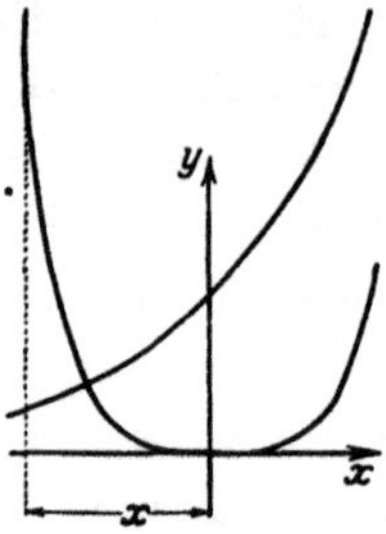

Abb. 249.

welcher Quotient nach den vorausgehenden Regeln weiter behandelt wird.

Beispiel a) Für $x = -\infty$ wird a^x zu Null und x^n unendlich groß. Das Produkt $a^x \cdot x^n$ nimmt an dieser Stelle $x = -\infty$ die unbestimmte Form $0 \cdot \infty$ an. Geometrisch kann man sich über den Wert $a^x \cdot x^n$ für $x = -\infty$ ein Bild verschaffen, wenn man überlegt: Die Exponentialkurve $y = a^x$ geht überaus rasch an die negative x-Achse heran, wird also sehr rasch zu Null, die allgemeine Parabel $y = x^n$ wird zwar für negative x recht bald steil, aber nicht in dem Maß steil als die Exponentialkurve flach wird, Abb. 249. Man schließt:

Die Exponentialfunktion a^x wird für negative x viel früher Null als die Potenz x^n unendlich wird. (a)

Den analytischen Beweis führt man durch die Ermittlung des Wertes von $a^x x^n$ an der Stelle $x = -\infty$ durch $n$malige Anwendung der Formel (134a)

$$\lim_{x=-\infty} [a^x x^n] = \lim_{x=-\infty} \frac{x^n}{a^{-x}} = \lim_{x=-\infty} \frac{n x^{n-1}}{-a^{-x} \lg a} = \lim_{x=-\infty} \frac{n!}{(-1)^n a^{-x} (\lg a)^n}$$

oder

$$\lim_{x=-\infty} [a^x x^n] = 0. \tag{b}$$

Beispiel b) mit d) Man ermittle den Wert der unbestimmten Formen

b) $\lim\limits_{x=0} [\lg x \operatorname{tg} x]$, c) $\lim\limits_{x=0} \left(\frac{1}{x^2} - \operatorname{cotg} x\right)$, d) $\lim\limits_{x=0} \left(\frac{1}{x^2} - \frac{\cos x}{x \sin x}\right)$.

Für $x = 0$ nimmt das Produkt $\lg x \operatorname{tg} x$ die unbestimmte Form $\infty \cdot 0$ an, man schreibt

$$\lim_{x=0} [\lg x \operatorname{tg} x] = \lim_{x=0} \frac{\lg x}{\operatorname{cotg} x} = \lim_{x=0} \frac{1 : x}{-1 : \sin^2 x} = -\lim_{x=0} \frac{\sin^2 x}{x}.$$

Für $x = 0$ wird auch der Quotient unter dem Limes unbestimmt; man wird entweder nochmal die Regel anwenden oder man erinnert sich an den bekannten Grenzwert (10a) und setzt

$$\lim_{x=0} \frac{\sin^2 x}{x} = \lim_{x=0} \frac{\sin x}{x} \cdot \lim_{x=0} \sin x = 1 \cdot 0 = 0.$$

Im zweiten Fall nimmt die Differenz für $x = 0$ die unbestimmte Form $\infty - \infty$ an; man schreibt

$$\lim_{x=0}\left(\frac{1}{x^2}-\frac{\cos x}{\sin x}\right)=\lim_{x=0}\frac{\sin x - x^2\cos x}{x^2\sin x}$$

$$=\lim_{x=0}\frac{\cos x - 2x\cos x + x^2\sin x}{2x\sin x + x^2\cos x}=\frac{1}{0}=\infty.$$

Im dritten Fall wird man genau so vorgehen,

$$\lim_{x=0}\left(\frac{1}{x^2}-\frac{\cos x}{x\sin x}\right)=\lim_{x=0}\frac{\sin x - x\cos x}{x^2\sin x}=\lim_{x=0}\frac{x\sin x}{2x\sin x + x^2\cos x}$$

$$=\lim_{x=0}\frac{\sin x}{2\sin x + x\cos x}=\lim_{x=0}\frac{\cos x}{3\cos x - x\sin x}=\frac{1}{3}.$$

136. 0^0, ∞^0, 1^∞. Man wird die Funktionen, die an der Stelle $x=a$ die unbestimmte Form 0^0 oder ∞^0 oder 1^∞ annehmen, logarithmieren und so auf die Form $0\cdot\infty$ bringen.

Wenn beispielsweise $f(a)=0$, $\varphi(a)=0$, so erscheint die Funktion $f(x)^{\varphi(x)}$ für $x=a$ in der unbestimmten Form 0^0. Man bestimmt den Grenzwert G an der Stelle $x=a$, indem man setzt

$$G=\lim_{x=a}[f(x)^{\varphi(x)}]$$

oder

$$\lg G=\lg\lim_{x=a}[f(x)^{\varphi(x)}]=\lim_{x=a}[\varphi(x)\cdot\lg f(x)]. \tag{c}$$

Wenn man $\lg G$ bestimmt hat, wird man noch delogarithmieren, um G zu erhalten.

Beispiel a) bis e) Man ermittle die Werte der unbestimmten Formen

$$\text{a) } \lim_{x=0} x^x,\qquad \text{b) } \lim_{x=0} x^{\sin x},\qquad \text{c) } \lim_{x=0}(x^{\lg x})^x,$$

$$\text{d) } \lim_{x=\infty}(x^{1:x}),\qquad \text{e) } \lim_{x=0}(e^x)^{\lg x}.$$

Im Fall a) ist $G=\lim\limits_{x=0} x^x$ und somit

$$\lg G=\lim_{x=0}[x\lg x]=\lim_{x=0}\frac{\lg x}{x^{-1}}=\lim_{x=0}\frac{1:x}{-1:x^2}=-\lim_{x=0}x=0$$

oder

$$G=\lim_{x=0}x^x=1.$$

$$\text{b) }\lg G=\lim_{x=0}[\sin x\lg x]=\lim_{x=0}\frac{\lg x}{1:\sin x}=\lim_{x=0}\frac{1:x}{(-1:\sin^2 x)\cos x}$$

$$=\lim_{x=0}\frac{-\sin^2 x}{x\cos x}=\lim_{x=0}\frac{-2\sin x\cos x}{\cos x - x\sin x}=0$$

oder

$$G=\lim_{x=0}x^{\sin x}=1.$$

c) $$\lg G = \lim_{x=0}[x \lg^2 x] = \lim_{x=0} \frac{\lg^2 x}{x^{-1}} = \lim_{x=0} \frac{2 \lg x : x}{-1 : x^2}$$
$$= -2 \lim_{x=0}[x \lg x] = -2 \cdot 0$$

nach Beispiel a), oder $G = \lim_{x=0} (x^{\lg x})^x = 1$.

d) $$\lg G = \lim_{x=\infty}\left[\frac{1}{x}\lg x\right] = \lim_{x=0}\frac{\lg x}{x} = \lim_{x=0}\frac{1:x}{1} = \infty,$$

so daß $$G = \lim_{x=\infty}[x^{1:x}] = \infty.$$

e) $$(e^x)^{\lg x} = (e^{\lg x})^x = x^x,$$

so daß nach Beispiel a) $\lim_{x=0}[(e^x)^{\lg x}] = 1$.

137. Wiederholungsaufgaben. 1) bis 3) Man löse die Gleichungen

1) $x^3 - x^2 + 6x - 6 = 0$, 2) $x^4 + 2x^3 - x - 2 = 0$,

3) $x^4 - 2x^3 - 4x^2 + 8x = 0$.

4) Die Gleichung $x^3 + ax^2 + b^2 x + c^3 = 0$ hat drei Wurzeln, α, β, γ, von denen gilt $\alpha^2 = \beta\gamma$. Welcher Zusammenhang besteht zwischen a, b, c?

5) und **6)** Die Wurzeln der reduzierten kubischen Gleichung $x^3 + px + q = 0$ sollen a) eine arithmetische, b) eine geometrische Reihe bilden. Welche Beziehung gilt für p und q?

***7)** Wenn die Gleichung $x^3 + px + q = 0$ die Wurzeln α, β, γ hat, welche Gleichung hat die Wurzeln $\alpha + \beta$, $\beta + \gamma$, $\gamma + \alpha$?

***8)** Von den Wurzeln der Gleichung $x^4 - 3x^3 + x^2 + 3x + a_4 = 0$ sind zwei entgegengesetzt gleich; gesucht sind alle Wurzeln.

9) Die Gleichung $x^4 - 4x^3 + 2x^2 + a_3 x + a_4 = 0$ hat eine Wurzel $2 + i$; gesucht sind die übrigen Wurzeln sowie a_3 und a_4.

***10)** Wie müssen die Koeffizienten F_{11}, F_{12}, F_{22} beschaffen sein, damit die Funktion $U = u^2 F_{11} + 2u F_{12} + F_{22}$ für reelle u nie ihr Vorzeichen wechselt?

11) Von der Gleichung $x \log x - 17 = 0$ suche man zuerst einen rohen Näherungswert, alsdann den genaueren mit Anwendung sowohl des Newtonschen Verfahrens wie auch der „regula falsi“.

12) Man bestimme a und b in der Gleichung

$$x^4 + x^3 - 3x^2 + ax + b = 0$$

so, daß sie eine dreifache Wurzel hat.

***13)** Man verwende den Satz (123c) zur Aufstellung der Resultante von zwei simultanen Gleichungen $f(x) = 0$ und $\varphi(x) = 0$ beliebigen Grades und gebe ein Beispiel dafür an.

14) Von der Gleichung $x - \cos x = 0$ suche man zuerst graphisch einen rohen Näherungswert, dann mit Hilfe des Newtonschen Verfahrens eine erste Annäherung.

***15)** Man löse graphisch die Gleichung

$$e^x - e^{-x} - 2{,}392\, x = 0.$$

16) Man behandle Beispiel 127c) nach der Methode der unbestimmten Koeffizienten.

***17)** und **18)** Man gebe von den nachfolgenden Reihen das allgemeine Glied an und untersuche mit dessen Hilfe auf dem Weg der Partialbruchzerlegung, ob die Reihen konvergent sind.

$$U = \frac{1}{1\cdot 3} + \frac{1}{3\cdot 5} + \frac{1}{5\cdot 7} + \frac{1}{7\cdot 9} + \dots$$

$$V = \frac{1}{x(x+1)} + \frac{1}{(x+1)(x+2)} + \frac{1}{(x+2)(x+3)} + \dots$$

19) bis **21)** Die drei Integrale

$$\int \frac{x-2}{x^3-x}\,dx, \qquad \int \frac{x-2}{x^3-x^2}\,dx, \qquad \int \frac{x^2-2x-2}{x^3-1}\,dx$$

sind mit Hilfe der Partialbruchzerlegung aufzufinden.

22) Man zerlege $\dfrac{Px^2+Qx+R}{(x+a)(x+b)(x+c)}$ in Partialbrüche und wende die gefundene Formel auf Beispiel 130c) an.

23) $\displaystyle\int \frac{x^6+1}{x^3-x}\,dx$ mit Hilfe der Partialbruchzerlegung zu ermitteln.

24) und **25)** Man zerlege in Partialbrüche

$$\frac{z^2-z}{(z^2+1)^2} \quad \text{und} \quad \frac{z^2}{(z^2+1)^2}.$$

26) bis **29)** Gesucht der Wert von

$$\lim_{x=0} \frac{\sin x - x}{x \sin x}, \qquad \lim_{x=0} \frac{e^x - e^{\sin x}}{x - \sin x}, \qquad \lim_{x=2} \frac{\lg(x^2-3)}{\sqrt{x^2-2x}}, \qquad \lim_{n=\infty}\left[n \sin \frac{a\pi}{n}\right].$$

30) Man zeige an der Aufgabe 26, daß auch eine Reihenentwicklung den Wert der unbestimmten Form ermittelt.

***31)** Bei lotrechtem Wurf wird bei Berücksichtigung des Luftwiderstandes die Steigzeit T und die Steighöhe X des geworfenen Körpers

$$T = \frac{v_0}{g}\sqrt{\frac{G}{W_0}}\cdot \operatorname{arc\,tg}\sqrt{\frac{W_0}{G}} \quad \text{und} \quad X = \frac{v_0^2\, G}{2g\,W_0}\cdot \lg\left(1+\frac{W_0}{G}\right),$$

wo v_0 die gegebene Anfangsgeschwindigkeit, g die Erdbeschleunigung, G das Gewicht und W_0 der Luftwiderstand bei Beginn der Bewegung ist. Wie groß ist die Steigzeit und die Steighöhe, wenn der Luftwiderstand vernachlässigt wird?

32) bis **34)** Gesucht der Wert von

$$\lim_{a=0} \frac{1}{a} \lg \frac{a+\sqrt{a^2+x^2}}{x}, \qquad \lim_{x=0} \frac{x - \operatorname{tg} x}{x - \sin x}, \qquad \lim_{x=0} (\lg x)^x.$$

35) Gesucht sind die Grenzwerte von

$$a\left[\cos\left(\varphi + \frac{R\varphi}{a}\right) - \cos\varphi\right] \quad \text{und} \quad a\left[\sin\left(\varphi + \frac{R\varphi}{a}\right) - \sin\varphi\right],$$

wenn a gegen ∞ konvergiert.

***36)** Für das Integral $\int \frac{dx}{a+b\cos x}$ findet man zwei verschiedene Formeln

$$J_1 = \frac{2}{\sqrt{a^2-b^2}} \operatorname{arc\,tg}\left(\sqrt{\frac{a-b}{a+b}}\,\operatorname{tg}\frac{x}{2}\right), \quad \text{wenn} \quad a^2 > b^2.$$

$$J_2 = \frac{1}{\sqrt{b^2-a^2}} \lg \frac{b + a\cos x + \sin x \cdot \sqrt{b^2-a^2}}{a + b\cos x}, \quad \text{wenn} \quad a^2 < b^2.$$

Man zeige, daß beide den gleichen Wert für $a = b$ annehmen.

***37)** In der Festigkeitslehre ist noch unbekannt das Elastizitätsgesetz, das den Zusammenhang zwischen der Spannung σ und der durch sie hervorgerufenen Dehnung ε gibt. Der Elastizitätsmodul E ist auch noch nicht genügend definiert. Eine der Definitionen gibt E als den Grenzwert an, den $\frac{d\sigma}{d\varepsilon}$ für unendlich kleine σ annimmt. Man ermittle nach dieser Festsetzung E für die nachfolgend vorgeschlagenen Elastizitätsgesetze

a) $\varepsilon = \alpha\sigma$, b) $\varepsilon = \alpha\sigma + \beta\sigma^2$, c) $\varepsilon = \alpha\sigma^m$,

d) $\varepsilon = \alpha\sigma + \beta\sigma\sqrt{\sigma}$, e) $C\varepsilon = \lg K - \lg(K-\sigma)$.

38) Gesucht ist die Richtung der Kurve $y = \lg(1+x) : x$ an der Stelle $x = 0$.

138. Lösungen. 1) Im ersten Fall kann man die Zerlegung vornehmen

$$x^2(x-1) + 6(x-1) = 0 \quad \text{oder} \quad (x-1)(x^2+6) = 0$$

und erhält die drei Wurzeln $1, \pm i\sqrt{6}$.

2) Ebenso zerlegt man im zweiten Fall

$$x^3(x+2) - (x+2) = (x+2)(x^3-1) = (x+2)(x-1)(x^2+x+1)$$

und erhält die vier Wurzeln $-2, +1, -0{,}5 \pm 0{,}5\,i\sqrt{3}$.

3) Die Wurzeln sind $0, 2, 2, -2$, weil man zerlegen kann

$$x^3(x-2) - 4x(x-2) = (x-2)x(x^2-4).$$

4) Gegeben ist $\alpha^2 = \beta\gamma$. Nach (117a) wird

$$-a = \alpha + \beta + \gamma, \qquad b^2 = \alpha\beta + \beta\gamma + \alpha\gamma = \alpha(\alpha+\beta+\gamma) = -a\alpha,$$
$$-c^3 = \alpha\beta\gamma = \alpha^3.$$

$$\alpha^3 = -c^3 \quad \text{und} \quad \alpha = -b^2 : a \quad \text{oder} \quad \alpha^3 = -b^6 : a^3.$$

Daraus folgt $$a^3c^3 = b^6.$$

5) $\alpha = a, \qquad \beta = a + d, \qquad \gamma = a + 2d.$

Nach (117a) wird $3a + 3d = 0$ oder $\beta = 0$, die drei Wurzeln sind also $\alpha, 0, -\alpha$; dann wird $p = -\alpha^2, \quad q = 0$.

6) $\alpha = a, \qquad \beta = a\varrho, \qquad \gamma = a\varrho^2.$

Nach (117a) wird $a(1+\varrho+\varrho^2) = 0, \quad a^2\varrho(1+\varrho+\varrho^2) = p, \quad a^3\varrho^3 = -q$. Entweder $a = 0$, dann auch $\alpha = \beta = \gamma = 0$ und $p = q = 0$. Oder $1 + \varrho + \varrho^2 = 0$, dann wird

$$p = 0, \qquad \varrho = -\frac{1}{2}(1 \pm i\sqrt{3}), \qquad q = -a^3.$$

7) Für die Wurzeln der gegebenen Gleichung gilt nach (117a)

$$\alpha+\beta+\gamma=0, \qquad \alpha\beta+\beta\gamma+\gamma\alpha=p, \qquad \alpha\beta\gamma=-q.$$

Wenn die gesuchte Gleichung $x^3+ax^2+bx+c=0$ ist, dann gilt für ihre Koeffizienten a, b, c nach (117a), und wenn man gleichzeitig die für α, β, γ geltenden Beziehungen benützt,

$$2(\alpha+\beta+\gamma)=-a=0, \qquad \alpha\beta+\beta\gamma+\gamma\alpha=b, \qquad -\alpha\beta\gamma=-c$$

oder $a=0$, $b=p$, $c=-q$, so daß die gesuchte Gleichung $x^3+px-q=0$ ist.

8) Die Wurzeln α, β, γ, $-\gamma$ erfüllen die Beziehungen (117a), hier

$$\alpha+\beta=3, \qquad \alpha\beta-\gamma^2=1, \qquad \gamma^2(\alpha+\beta)=3, \qquad \alpha\beta\gamma^2=-a_4$$

oder $$\alpha+\beta=3, \qquad \gamma^2=1, \qquad \alpha\beta=2$$

oder $$\gamma=\pm 1, \qquad \alpha=2, \qquad \beta=1,$$

so daß die vier Wurzeln sind 2, 1, 1, -1.

9) Nach (119c) sind die vier Wurzeln α, β, $2+i$, $2-i$. Von ihnen gilt (117a)

$$\alpha+\beta+4=4, \quad \alpha\beta+4(\alpha+\beta)+5=2 \quad \text{oder} \quad \alpha+\beta=0, \quad \alpha\beta=-3,$$

woraus sich $\alpha=\sqrt{3}$, $\beta=-\sqrt{3}$ ergibt. Dann wird

$$-a_3=4\alpha\beta+5(\alpha+\beta)=-12 \quad \text{und} \quad a_4=5\alpha\beta=-15.$$

10) Beim Vorzeichenwechsel müßte $U=0$ sein; die Lösung dieser Gleichung nach u gäbe

$$u=(-F_{12}\pm\sqrt{F_{12}^2-F_{11}F_{22}}):F_{11}.$$

Damit dieser Vorzeichenwechsel nur für imaginäre u eintreten kann, muß der Radikand negativ sein, also

$$F_{11}F_{22}>F_{12}^2. \tag{a}$$

11) Nach (121c) setzt man die Versuchswerte in die Gleichung $f(x)=0$ ein.

$$f(1)=-17, \quad f(10)=-7, \quad f(20)=9, \quad f(15)\approx 0{,}64, \quad f(14)\approx -0{,}95,$$

also liegt zwischen 14 und 15 eine Wurzel. Man betrachtet 14 als erste rohe Annäherung.

$$f(14)=14\cdot 1{,}146-17=16{,}044-17=-0{,}956,$$
$$f'(x)=\log x+1:\lg 10=\log x+\log e=\log x+0{,}43429,$$
$$f'(14)=1{,}146+0{,}434=1{,}580.$$

Der genauere Wert ist nach (122a)

$$14-\frac{-0{,}956}{1{,}580}=14{,}6.$$

Eine größere Genauigkeit, als sie der Rechenschieber gewährt, war bisher nicht notwendig. Die nächste Annäherung wird schon genauer rechnen müssen.

$$f(14{,}6)=14{,}6\cdot 1{,}16435-17=-0{,}0005,$$
$$f'(14{,}6)=1{,}16435+0{,}43429=1{,}59864.$$

Der genauere Wert der Wurzel ist dann

$$14{,}6-\frac{-0{,}0005}{1{,}59864}=14{,}6003.$$

Nach der „regula falsi“ wird man von den beiden Näherungswerten $a_1=14$ und $a_2=15$ ausgehen und erhält als genaueren Wert

$$14+\frac{(15-14)\cdot -0{,}956}{-0{,}956-0{,}641}=14+\frac{0{,}956}{1{,}597}=14+0{,}6=14{,}6.$$

Als noch genaueren, wenn man $a_1 = 14{,}6$ und $a_2 = 15$ wählt,

$$14{,}6 + \frac{0{,}4 \cdot - 0{,}0005}{-0{,}0005 - 0{,}6414} = 14{,}6 + 0{,}0003 = 14{,}6003.$$

12) Es muß für diese dreifache Wurzel auch die erste und zweite Ableitung der Gleichung verschwinden, also

$$4x^3 + 3x^2 - 6x + a = 0 \quad \text{und} \quad 12x^2 + 6x - 6 = 0.$$

Die letzte Gleichung hat die Wurzeln -1 und $\frac{1}{2}$; eine von beiden kann die dreifache Wurzel sein. Sie muß dann auch noch den beiden anderen Gleichungen genügen. Im ersten Fall erhält man
$1 - 1 - 3 - a + b = 0, \quad -4 + 3 + 6 + a = 0$ oder $a = -5, \quad b = -2.$
Und im zweiten $a = 1\frac{3}{4}, \quad b = -\frac{5}{16}$.

13) Man multipliziert jede der beiden Gleichungen fortlaufend mit $x, x^2, x^3, \ldots$ und setzt $x^2 = y$, $x^3 = z$, $x^4 = u, \ldots$, bis man eine Gleichung mehr hat als Unbekannte vorhanden sind. Dann ist die Resultante der gegebenen Gleichungen gleich der Determinante des neu erhaltenen Gleichungssystems (Verfahren nach Sylvester).

Nach diesem Verfahren bildet man beispielsweise aus den beiden simultanen Gleichungen

$$x^3 + px + q = 0 \quad \text{und} \quad ax^2 + bx + c = 0$$

das neue Gleichungssystem

$$\left.\begin{aligned} ay + bx + c &= 0 \\ az + by + cx &= 0 \\ z + px + q &= 0 \\ au + bz + cy &= 0 \\ u + py + qx &= 0 \end{aligned}\right\}, \text{ von dem } R = \begin{vmatrix} 0 & 0 & a & b & c \\ 0 & a & b & c & 0 \\ 0 & 1 & 0 & p & q \\ a & b & c & 0 & 0 \\ 1 & 0 & p & q & 0 \end{vmatrix}$$

die Resultante ist. Man rechnet aus und findet R als den $a$ten Teil jenes Ausdruckes, der in Aufgabe I 51 b für die Resultante gefunden wurde.

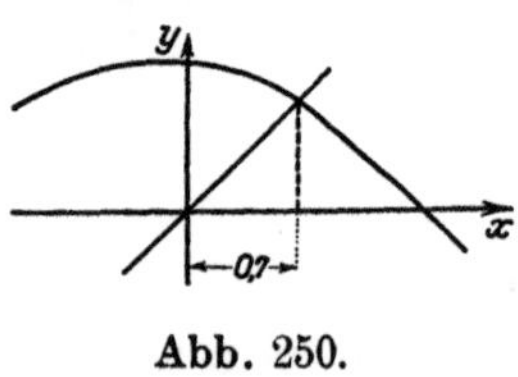

Abb. 250.

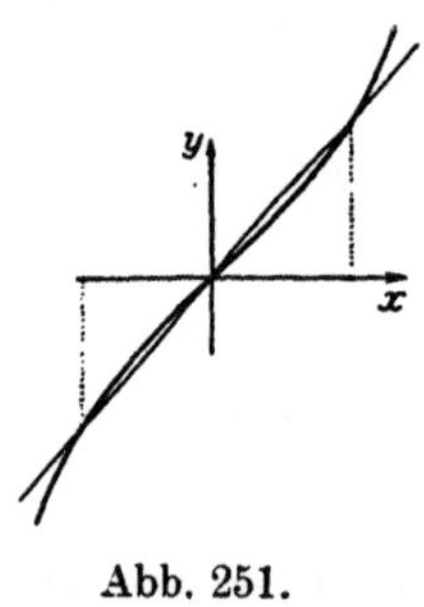

Abb. 251.

14) Die Wurzel verlangt $x = \cos x$, man zeichnet die Kurven $y = x$ und $y = \cos x$; wo beide sich schneiden, haben sie gleiche Ordinaten, dort ist $x = \cos x$. Man findet $x = 0{,}7$ als rohe Annäherung. Eine bessere erste Annäherung ist $x = 0{,}7 + h$. $0{,}7$ ist im Bogenmaß gemessen, der entsprechende Winkel ist $40^\circ\, 6'$. Mit

$$f(x) = x - \cos x, \qquad f'(x) = 1 + \sin x$$

wird $$h = -\frac{f(0{,}7)}{f'(0{,}7)} = -\frac{0{,}7 - \cos 0{,}7}{1 + \sin 0{,}7} = -\frac{0{,}7 - 0{,}765}{1 + 0{,}644} = 0{,}04.$$

Oder die erste bessere Annäherung $x = 0{,}7 + 0{,}04 = 0{,}74$.

15) Man denkt an

$$\operatorname{Sin} x = \frac{1}{2}(e^{x} - e^{-x}), \quad \text{so daß} \quad \operatorname{Sin} x = 1{,}196\, x$$

die Gleichung wird. Die Abszissen des Schnittpunkte der Kurven $y = \operatorname{Sin} x$ und $y = 1{,}196\, x$ sind die gesuchten Wurzeln. Man erhält mit Hilfe der Abb. 251 $x_1 = 0$, $x_2 \approx 1{,}0$, $x_3 \approx -1{,}0$.

16) $$\frac{x^3+1}{x-2} = A x^2 + B x + C + \frac{D}{x-2},$$

oder wenn man beide Gleichungsseiten mit dem Nenner $x - 2$ multipliziert und ordnet,

$$x^3 + 1 = A x^3 + x^2 (B - 2A) + x (C - 2B) + (D - 2C).$$

Der Vergleich liefert

$$A = 1, \quad B - 2A = 0, \quad C - 2B = 0, \quad D - 2C = 1$$

oder $A = 1, \quad B = 2, \quad C = 4, \quad D = 9.$

17) $$u_n = \frac{1}{(2n+1)(2n+3)}, \qquad u_{n+1} = \frac{1}{(2n+3)(2n+5)},$$

woraus

$$\lim_{n=\infty} \frac{u_{n+1}}{u_n} = \lim_{n=\infty} \frac{(2n+1)(2n+3)}{(2n+3)(2n+5)} = \lim_{n=\infty} \frac{(2+1:n)}{(2+5:n)} = 1.$$

Das Konvergenzkennzeichen versagt. Man zerlegt vorschlagsgemäß

$$u_n = \frac{1}{(2n+1)(2n+3)} = \frac{1}{2}\left(\frac{1}{2n+1} - \frac{1}{2n+3}\right),$$

dann lautet die Reihe

$$2U = \frac{1}{1} - \frac{1}{3} + \frac{1}{3} - \frac{1}{5} + \frac{1}{5} - \frac{1}{7} + \frac{1}{7} - \frac{1}{9} + - \ldots = 1.$$

18) $$v_n = \frac{1}{(x+n)(x+n+1)}, \qquad \lim_{n=\infty} \frac{v_{n+1}}{v_n} = \lim_{n=\infty} \frac{x+n}{x+n+2} = 1.$$

Man zerlegt $$v_n = \frac{1}{x+n} - \frac{1}{x+n+1},$$

also wird die Reihe

$$V = \frac{1}{x} - \frac{1}{x+1} + \frac{1}{x+1} - \frac{1}{x+2} + \frac{1}{x+2} - \frac{1}{x+3} + \ldots = \frac{1}{x}.$$

Die Reihe ist für alle Werte x, ausgenommen $x = 0$, konvergent.

19) $$\frac{x-2}{x^3-x} = \frac{x-2}{x(x-1)(x+1)} = \frac{A}{x} + \frac{B}{x-1} + \frac{C}{x+1}.$$

Wie im Beispiel 130c) wird

$$\frac{x-2}{x^2-1} = A + x(\;), \qquad \frac{x-2}{x^2+x} = B + (x-1)(\;),$$

$$\frac{x-2}{x^2-x} = C + (x+1)(\;).$$

Daraus $A = 2, \quad B = -0{,}5, \quad C = -1{,}5.$

$$\int \frac{x-2}{x^3-x}\,dx = \int \frac{2\,dx}{x} + \int \frac{-0{,}5\,dx}{x-1} + \int \frac{-1{,}5\,dx}{x+1}$$

$$= 2 \lg x - 0{,}5 \lg(x-1) - 1{,}5 \lg(x+1) + \lg C = \lg \frac{C x^2}{\sqrt{(x-1)(x+1)^3}}$$

20) $$\frac{x-2}{x^3-x^2} = \frac{x-2}{x^2(x-1)} = \frac{A}{x^2} + \frac{B}{x} + \frac{C}{x-1}.$$

A und C ermittelt man nach 130,

$$\frac{x-2}{x-1} = A + x^2(\ ), \qquad \frac{x-2}{x^2} = C + (x-1)(\ )$$

oder $$A = 2, \qquad C = -1.$$

B findet man am einfachsten nach dem ersten allgemeinen Verfahren; für $x = -1$ wird

$$\frac{-1-2}{1\cdot(-1-1)} = \frac{2}{1} + \frac{B}{-1} + \frac{-1}{-1-1} \quad \text{oder} \quad B = 1.$$

$$\int \frac{x-2}{x^3-x^2}\,dx = 2\int\frac{dx}{x^2} + \int\frac{dx}{x} - \int\frac{dx}{x-1}$$
$$= -\frac{2}{x} + \lg x - \lg(x-1) + \lg C = \lg\frac{Cx}{x-1} - \frac{2}{x}.$$

21) $$\frac{x^2-2x-2}{x^3-1} = \frac{x^2-2x-2}{(x-1)(x^2+x+1)} = \frac{A}{x-1} + \frac{Bx+C}{x^2+x+1},$$

weil die beiden linearen Faktoren von x^2+x+1 imaginär sind. Nach der Methode der unbestimmten Koeffizienten wie in 132 wird

$$x^2-2x-2 = A(x^2+x+1) + (Bx+C)(x-1)$$
$$= x^2(A+B) + x(A-B+C) + (A-C).$$

Der Vergleich liefert

$$A+B=1, \qquad A-B+C=-2, \qquad A-C=-2$$

oder $$A=-1, \qquad B=2, \qquad C=1.$$

$$\int\frac{x^2-2x-2}{x^3-1}\,dx = -\int\frac{dx}{x-1} + \int\frac{2x+1}{x^2+x+1}\,dx$$
$$= -\lg(x-1) + \lg(x^2+x+1) - \lg C = \lg\frac{x^2+x+1}{C(x-1)}.$$

22) $$\frac{Px^2+Qx+R}{(x+a)(x+b)(x+c)} = \frac{A}{x+a} + \frac{B}{x+b} + \frac{C}{x+c}.$$

Um A zu finden, multipliziert man beiderseits mit $x+a$ und setzt dann $x=-a$; dann erhält man

$$A = \frac{Pa^2-Qa+R}{(b-a)(c-a)}.$$

Die Zähler B und C erhält man durch zyklische Vertauschung: a wird durch b ersetzt, b durch c, c durch a, A durch B usw.,

$$\frac{Px^2+Qx+R}{(x+a)(x+b)(x+c)} = \frac{Pa^2-Qa+R}{(b-a)(c-a)(x+a)} + \frac{Pb^2-Qb+R}{(c-b)(a-b)(x+b)}$$
$$+ \frac{Pc^2-Qc+R}{(a-c)(b-c)(x+c)}. \qquad \text{(b)}$$

Im Beispiel c) ist $P=0$, $Q=1$, $R=2$, $a=0$, $b=-1$, $c=1$, so daß

$$\frac{x+2}{x(x-1)(x+1)} = \frac{-2}{x} + \frac{3}{2(x-1)} + \frac{1}{2(x+1)}.$$

23) Die zu integrierende Funktion ist unecht gebrochen. Statt sie in die Summe einer ganzen und einer echt gebrochenen Funktion zu zerlegen und letztere dann in Partialbrüche nach einem der in Betracht kommenden Verfahren, kann man diese Zerlegung auf einmal vornehmen; man muß nur beachten, daß die ganze Funktion vom dritten Grad ist.

$$\frac{x^6+1}{x(x-1)(x+1)} = A x^3 + B x^2 + C x + D + \frac{E}{x} + \frac{F}{x-1} + \frac{G}{x+1}.$$

Man multipliziert mit dem Generalnenner, ordnet und vergleicht nach der Methode der unbestimmten Koeffizienten,

$$\begin{aligned} x^6+1 &= (A x^3 + B x^2 + C x + D)(x^3 - x) + E(x^2-1) + F(x^2+x) + G(x^2-x) \\ &= A x^6 + B x^5 + x^4(C-A) + x^3(D-B) + x^2(-C+E+F+G) \\ &\quad + x(-D+F-G) - E. \end{aligned}$$

Aus dem Vergleich

$$1 = A, \quad 0 = B, \quad 0 = C - A, \quad 0 = D - B, \quad 0 = E + F + G - C,$$
$$0 = F - G - D, \quad 1 = -E$$

ergibt sich

$$A = 1, \quad B = 0, \quad C = 1, \quad D = 0, \quad E = -1, \quad F = 1, \quad G = 1.$$

$$\begin{aligned} \int \frac{x^6+1}{x^3-x}\,dx &= \int x^3\,dx + \int x\,dx - \int \frac{dx}{x} + \int \frac{dx}{x-1} + \int \frac{dx}{x+1} \\ &= \frac{1}{4}x^4 + \frac{1}{2}x^2 - \lg x + \lg(x-1) + \lg(x+1) - \lg C \\ &= \frac{1}{4}x^4 + \frac{1}{2}x^2 + \lg\frac{x^2-1}{C x}. \end{aligned}$$

24)
$$\frac{z^2-z}{(z^2+1)^2} = \frac{A z + B}{(z^2+1)^2} + \frac{C z + D}{z^2+1}.$$
$$z^2 - z = A z + B + (C z + D)(z^2+1);$$

durch Vergleich findet man $A = -1$, $B = -1$, $C = 0$, $D = 1$.

25) Man kann wie im vorausgehenden Fall das Verfahren der unbestimmten Koeffizienten anwenden. Für manche Fälle, bei denen die gegebene Aufgabe vorkommt, ist es zweckmäßiger, weil z immer nur im Quadrat vorkommt, $z^2 = u$ zu setzen; dann ist zu zerlegen

$$\frac{u}{(u+1)^2} = \frac{A}{(u+1)^2} + \frac{B}{u+1}.$$

Durch den Vergleich nach dem Verfahren der unbestimmten Koeffizienten findet man $A = -1$, $B = +1$ und deswegen

$$\frac{u}{(u+1)^2} = \frac{z^2}{(z^2+1)^2} = \frac{-1}{(z^2+1)^2} + \frac{1}{z^2+1}.$$

26)
$$G = \lim_{x=0} \frac{f'(x)}{\varphi'(x)} = \lim_{x=0} \frac{\cos x - 1}{\sin x + x\cos x}.$$

Für $x = 0$ nimmt auch dieser Quotient die unbestimmte Form $0:0$ an; man berechnet

$$G = \lim_{x=0} \frac{f''(x)}{\varphi''(x)} = \lim_{x=0} \frac{-\sin x}{2\cos x - x\sin x} = 0.$$

27) $$G = \lim_{x=0} \frac{f'(x)}{\varphi'(x)} = \lim_{x=0} \frac{e^x - e^{\sin x} \cdot \cos x}{1 - \cos x}.$$

Für $x = 0$ nimmt dieser Quotient wieder die unbestimmte Form $0:0$ an; man wiederholt

$$G = \lim_{x=0} \frac{f''(x)}{\varphi''(x)} = \lim_{x=0} \frac{e^x + e^{\sin x}(\sin x - \cos^2 x)}{\sin x}$$

$$= \lim_{x=0} \frac{f'''(x)}{\varphi'''(x)} = \lim_{x=0} \frac{e^x + e^{\sin x} \sin x \cos x (3 + \cos x)}{\cos x}.$$

Man mußte das Verfahren dreimal anwenden, weil auch $f''(0)$ und $\varphi''(0)$ zu Null werden. Da $f'''(0) = 1$ und $\varphi'''(0) = 1$, ist der gesuchte Wert $G = 1$.

28) $$\frac{f'(x)}{\varphi'(x)} = \frac{2x : (x^2 - 3)}{(x-1) : \sqrt{}} = \frac{2x\sqrt{x^2 - 2x}}{(x-1)(x^2-3)}.$$

Für $x = 2$ wird dieser Quotient zu Null, d. i. der gesuchte Wert.

29) Für $\frac{a\pi}{n} = \delta$ wird der gesuchte Grenzwert

$$G = \lim_{\delta=0} \left[a\pi \cdot \frac{\sin \delta}{\delta} \right] = a\pi.$$

30) Man wird Zähler und Nenner der unbestimmten Form $0:0$ in eine nach Potenzen von x steigende Reihe verwandeln und erhält für $x = 0$

$$\lim_{x=0} \frac{\sin x - x}{x \sin x} = \lim_{x=0} \frac{x - \frac{x^3}{3!} + \frac{x^5}{5!} - + \ldots - x}{x\left(x - \frac{x^3}{3!} + \frac{x^5}{5!} - + \ldots\right)}$$

$$= \lim_{x=0} \frac{x^3\left(-\frac{1}{3!} + \frac{x^2}{5!} - + \ldots\right)}{x^2\left(1 - \frac{x^2}{3!} + \frac{x^4}{5!} - + \ldots\right)} = 0.$$

*31) Dann ist $W_0 = 0$, die Formeln für T und X können unbestimmte Werte liefern, man wird daher den Grenzwert suchen.

$$T = \frac{v_0}{g} \lim_{W_0=0} \left[\sqrt{\frac{G}{W_0}} \operatorname{arc\,tg} \sqrt{\frac{W_0}{G}} \right] = \frac{v_0}{g} \lim_{W_0=0} \frac{\operatorname{arc\,tg} \sqrt{W_0 : G}}{\sqrt{W_0 : G}}$$

oder nach Beispiel 133d) $T = \frac{v_0}{g}$.

Entsprechend wird

$$X = \frac{v_0^2}{2g} \lim_{W_0=0} \left[\frac{G}{W_0} \lg\left(1 + \frac{W_0}{G}\right) \right] = \frac{v_0^2}{2g} \lim_{W_0=0} \lg\left(1 + \frac{W_0}{G}\right)^{G:W_0}$$

$$= \frac{v_0^2}{2g} \lg \lim_{W_0=0} \left(1 + \frac{W_0}{G}\right)^{G:W_0} = \frac{v_0^2}{2g} \lg e$$

nach (19g), wenn man $W_0 : G = \delta$ setzt. Oder $X = \frac{v_0^2}{2g}$.

32) $G = \lim\limits_{a=0} \frac{\lg(a+\sqrt{a^2+x^2}) - \lg x}{a} = \lim\limits_{a=0} \frac{1+\frac{a}{\sqrt{a^2+x^2}}}{a+\sqrt{a^2+x^2}} = \frac{1}{x}$.

Man beachte, daß man Zähler und Nenner nach a differenzieren muß, also x die Rolle einer Konstanten spielt.

33) $G = \lim\limits_{x=0} \frac{x - \operatorname{tg} x}{x - \sin x} = \lim\limits_{x=0} \frac{1 - 1 : \cos^2 x}{1 - \cos x} = \lim\limits_{x=0} \frac{\cos^2 x - 1}{\cos^2 x\,(1-\cos x)}$

$$= \lim_{x=0} \frac{\sin^2 x}{(\cos x - 1)\cos^2 x} = \frac{0}{0} = \lim_{x=0} \frac{2 \sin x \cos x}{-\cos^2 x \sin x + 2(1-\cos x)\cos x \sin x}$$

$$= \lim_{x=0} \frac{2}{2 - 3\cos x} = -2 .$$

Man hätte auch nach Beispiel 109a) schreiben können

$$\lim \frac{x - \operatorname{tg} x}{x - \sin x} = \lim_{x=0} \frac{-x^3 : 3}{x^3 : 6} = -2 .$$

34) $\lg G = \lim\limits_{x=0} [x \cdot \lg(\lg x)] = \lim\limits_{x=0} \frac{\lg(\lg x)}{x^{-1}} = \lim\limits_{x=0} \frac{1 : x \lg x}{-x^{-2}}$

$$= -\lim_{x=0} \frac{x}{\lg x} = 0, \quad \text{also} \quad G = 1 .$$

35) Man setzt $R\varphi : a = \varepsilon$ oder $a = R\varphi : \varepsilon$, dann wird der erste Grenzwert

$$\lim_{\varepsilon=0} \frac{R\varphi}{\varepsilon} [\cos(\varphi+\varepsilon) - \cos\varphi] = R\varphi \lim_{\varepsilon=0} \frac{\cos(\varphi+\varepsilon) - \cos\varphi}{\varepsilon}$$

$$= R\varphi \lim_{\varepsilon=0} \frac{-\sin(\varphi+\varepsilon)}{1} = -R\varphi \sin\varphi .$$

Der zweite Grenzwert wird

$$\lim_{\varepsilon=0} \frac{R\varphi}{\varepsilon} [\sin(\varphi+\varepsilon) - \sin\varphi] = R\varphi \lim_{\varepsilon=0} \frac{\cos(\varphi+\varepsilon)}{1} = R\varphi \cos\varphi .$$

36) Für $a = b$ wird $\sqrt{a^2 - b^2} = 0$ und $\operatorname{arc\,tg}(\;) = 0$, der Bruch unter dem Logarithmus wird 1 und deswegen der Logarithmus auch 0. Die beiden Ausdrücke J_1 und J_2 erscheinen dann für $a = b$ in der unbestimmten Form $0:0$. Man wird daher in beiden Fällen zur Grenze übergehen und dabei a als veränderlich betrachten. Die Rechnung wird umständlich, beim ersten Ausdruck läßt sie sich vereinfachen, wenn man

$$\sqrt{\frac{a-b}{a+b}} \operatorname{tg} \frac{x}{2} = u \quad \text{oder} \quad \sqrt{a-b} = u \operatorname{cotg} \frac{x}{2} \cdot \sqrt{a+b}$$

setzt; dann wird

$$J_1 = \frac{2}{\sqrt{a-b}\,\sqrt{a+b}} \operatorname{arc\,tg} u = \frac{2 \operatorname{arc\,tg} u \cdot \operatorname{tg} \frac{x}{2}}{u\,(a+b)}$$

und

$$\lim J_1 = 2 \operatorname{tg} \frac{x}{2} \cdot \lim_{u=0} \frac{\operatorname{arc\,tg} u}{u} \cdot \lim_{a=b} \frac{1}{a+b} = \frac{1}{b} \operatorname{tg} \frac{x}{2} .$$

Den zweiten Ausdruck wird man zuvor noch etwas umformen und erhält

$$\lim J_2 = \lim_{a=b} \frac{\lg\left(b + a\cos x + \sin x \cdot \sqrt{b^2 - a^2}\right) - \lg\left(a + b\cos x\right)}{\sqrt{b^2 - a^2}}$$

$$= \lim_{a=b} \left[\left(\frac{\cos x - \sin x \dfrac{a}{\sqrt{b^2 - a^2}}}{b + a\cos x + \sin x \cdot \sqrt{b^2 - a^2}} - \frac{1}{a + b\cos x} \right) : \frac{-a}{\sqrt{b^2 - a^2}} \right]$$

$$= \lim_{a=b} \frac{1}{a} \left[\frac{-\cos x \cdot \sqrt{b^2 - a^2} + a \sin x}{b + a\cos x + \sin x \cdot \sqrt{b^2 - a^2}} + \frac{\sqrt{b^2 - a^2}}{a + b\cos x} \right]$$

$$= \frac{\sin x}{b(1 + \cos x)} = \frac{1}{b} \operatorname{tg} \frac{x}{2} .$$

37) Es ist immer

$$E = \lim_{\sigma=0} \frac{d\sigma}{d\varepsilon} \quad \text{oder auch} \quad E = \lim_{\sigma=0} \left[1 : \frac{d\varepsilon}{d\sigma} \right] .$$

a) $\dfrac{d\varepsilon}{d\sigma} = \alpha$ oder $E = \dfrac{1}{\alpha}$;

b) $\dfrac{d\varepsilon}{d\sigma} = \alpha + 2\beta\sigma$ oder $E = \lim\limits_{\sigma=0} \dfrac{1}{\alpha + 2\beta\sigma} = \dfrac{1}{\alpha}$;

c) $\dfrac{d\varepsilon}{d\sigma} = \alpha m \sigma^{m-1}$ oder $E = \lim\limits_{\sigma=0} \dfrac{1}{\alpha m \sigma^{m-1}} = \dfrac{\infty}{0}$,

je nachdem $m > 0$ oder $m < 0$ ist; für $m = 1$ wird $E = 1 : \alpha$;

d) $\dfrac{d\varepsilon}{d\sigma} = \alpha + 1{,}5\beta\sqrt{\sigma}$ oder $E = \lim\limits_{\sigma=0} \dfrac{1}{\alpha + 1{,}5\beta\sqrt{\sigma}} = \dfrac{1}{\alpha}$;

e) $\dfrac{d\varepsilon}{d\sigma} = \dfrac{1}{C(K - \sigma)}$ oder $E = C \lim\limits_{\sigma=0} (K - \sigma) = C K$.

38) $y' = \dfrac{x - (1 + x)\lg(1 + x)}{x^2(1 + x)}$ wird $\dfrac{0}{0}$ für $x = 0$.

Man kann entweder nach der Regel verfahren und erhält

$$y' = \lim_{x=0} \frac{-\lg(1 + x)}{3x^2 + 2x} = \frac{0}{0} = \lim_{x=0} \frac{-1}{(6x + 2)(1 + x)} = -\frac{1}{2} .$$

Oder man wird die Funktion y in eine Reihe entwickeln (110 a),

$$y = 1 - \frac{x}{2} + \frac{x^2}{3} - \frac{x^3}{4} + \ldots, \qquad y' = -\frac{1}{2} + \frac{2}{3}x - \frac{3}{4}x^2 + \ldots$$

Die Reihe gilt für $x \leqq 1$, also auch an der Stelle $x = 0$, dort ist $y' = -\dfrac{1}{2}$.

Siebenter Abschnitt.

Differentialrechnung III.

A. Differentiation von Funktionen mehrerer Veränderlicher.

139. Partielle Ableitung. Durch die Schreibweise $z = f(x, y)$ soll die Funktion z oder $f(x, y)$ sowohl von x wie auch von y abhängig dargestellt werden. Wenn keine weiteren Angaben gemacht sind, müssen die beiden Veränderlichen x und y als voneinander unabhängig gelten. Durch die einfache Angabe $z = \sin x + \sin y - a$ ist beispielsweise z als Funktion von x und y dargestellt, zwischen x und y besteht keine Beziehung, es kann sich x unabhängig von y ändern, umgekehrt kann y alle möglichen Werte annehmen, ohne daß x sich irgendwie ändern muß.

Anders dagegen, wenn man von einer gegebenen Gleichung $\sin x + \sin y - a = 0$ ausgeht und im Lauf der Rechnung die linke Gleichungsseite der Abkürzung wegen mit $f(x, y)$ oder noch kürzer mit z bezeichnet; dann ist zwar auch wieder $z = \sin x + \sin y - a$ eine Funktion von x und y, aber in diesem Fall sind die beiden Veränderlichen x und y voneinander nicht mehr unabhängig. Es gehört wegen der gegebenen Gleichung zu jedem x ein bestimmtes y, es wird sich mit x auch y in einer bestimmten Weise ändern; durch diese Gleichung ist eine unentwickelte Funktion y von x gegeben. Es kann daher z ebensowohl als Funktion von x wie auch von y betrachtet werden; z ist der Form nach zwar eine Funktion von zwei Veränderlichen, in Wirklichkeit aber eine Funktion einer einzigen.

Wir haben als selbstverständlich aufgestellt: jede Funktion kann man nach ihrem Argument differenzieren (vorausgesetzt natürlich, daß sie der Hauptforderung der Differentialrechnung genügt), und dabei immer nur an Funktionen einer einzigen Veränderlichen gedacht. Die dabei erhaltenen Differentialquotienten und Differentiale wollen wir als gewöhnliche Differentialquotienten und

Differentiale bezeichnen. Wenn z aber eine Funktion der beiden voneinander unabhängigen Veränderlichen x und y ist, dann kann man diese gewöhnlichen Differentialquotienten und Differentiale nicht mehr bilden. Es wird sich z schon ändern, wenn nur x oder nur y sich ändert, und ebenso auch, wenn x und y gleichzeitig sich ändern. In den ersten beiden Fällen spricht man von einer teilweisen oder partiellen Änderung, im letzten Fall von einer vollständigen oder totalen Änderung. Einer Änderung Δx allein entspricht eine Änderung $\Delta_x z$, die durch den Zeiger x oder auf andere Weise als partielle Änderung gekennzeichnet wird; einer Änderung Δy allein die partielle Änderung $\Delta_y z$. Mit Δz soll die vollständige Änderung bezeichnet werden, die den gleichzeitigen Änderungen Δx und Δy entspricht.

Beispiel a) Das Volumen v eines Gases ist eine Funktion sowohl der Temperatur wie auch des Druckes p, unter dem das Gas steht. Es wird sich v schon ändern, wenn man nur die Temperatur oder nur den Druck ändert. Die Abhängigkeit des Volumens von Temperatur und Druck ist durch die Gleichung $pv = RT$, die sogenannte Zustandsgleichung der Gase, zum Ausdruck gebracht, wo v das Volumen der Gewichtseinheit, p die Druckdichte, R eine Konstante und T die absolute Temperatur ist. Man kann beispielsweise die Temperatur konstant halten, dann ist durch die Gleichung $pv = C$ der partielle Zusammenhang zwischen Druck und Volumen gegeben. Dieses Mariottesche Gesetz $pv = C$ oder $pv = p_0 v_0$ setzt also konstante Temperatur voraus, wie auch der nicht gerade glücklich gewählte Name Isotherme angeben soll. Graphisch wird dieser partielle Zusammenhang zwischen Druck und Volumen durch eine gleichseitige Hyperbel ($xy = C$, wenn man $v = x$ und $p = y$ setzt) zum Ausdruck gebracht, durch eine Mariottesche Kurve, wie man für die gleichseitige Hyperbel auch sagt.

Das Gesetz von Gay-Lussac gibt den partiellen Zusammenhang zwischen dem Volumen v und der Temperatur T bei konstantem Druck in der Form $v = cT$ oder $v = v_0(1 + \alpha t)$, wenn man die Celsius-Temperatur t einführt. In der Schreibweise $v = RT : p$ ist das Volumen v als eine Funktion sowohl der Temperatur T wie auch des Druckes p dargestellt, als eine Funktion der beiden voneinander unabhängigen Argumente p und T.

140. Fortsetzung. Wenn man die Funktion $z = f(x, y)$ untersucht und für die Dauer der Untersuchung nur x sich ändern läßt, dann ist y für diese Dauer wie eine Konstante zu betrachten, also ist z eine nur von x abhängige Funktion, auf die man alle die bisherigen Definitionen und Sätze anwenden kann. Es wird dann die partielle Änderung $\Delta_x z$ oder $\Delta_x f(x,y)$

$$\Delta_x z = f(x + \Delta x, y) - f(x,y)$$

und der partielle Differenzenquotient

$$\frac{\Delta_x f(x,y)}{\Delta x} \quad \text{oder} \quad \frac{\Delta_x z}{\Delta x} = \frac{f(x+\Delta x, y) - f(x,y)}{\Delta x}.$$

Unter der Voraussetzung, daß die Funktion $z = f(x, y)$ in einem Bereich

$$a_1 < x < a_2, \qquad b_1 < y < b_2$$

endlich und stetig ist, bezeichnet man den Grenzwert dieses Differenzenquotienten, falls er selbst einen bestimmten endlichen Wert hat, als partiellen Differentialquotienten von z nach x. Wenn man zur Unterscheidung von den bisherigen gewöhnlichen und den nachfolgenden totalen Differentialen ∂ statt d schreibt, wird

$$\frac{\partial z}{\partial x} = \frac{\partial f(x,y)}{\partial x} = \lim_{\Delta x = 0} \frac{f(x + \Delta x, y) - f(x,y)}{\Delta x}. \tag{a}$$

Entsprechend ist

$$\frac{\partial z}{\partial y} = \frac{\partial f(x,y)}{\partial y} = \lim_{\Delta y = 0} \frac{f(x, y + \Delta y) - f(x,y)}{\Delta y}. \tag{b}$$

Man hat bei den partiellen Ableitungen die Zeiger x und y weggelassen, weil durch den hinzugekommenen Nenner der Unterschied hinreichend gekennzeichnet ist; es ist aber wohl zu beachten, daß der Zähler ∂z in jedem der beiden Differentialquotienten eine andere Bedeutung hat.

Als Abkürzungen dieser partiellen Ableitungen gebraucht man oft

$$\frac{\partial f(x,y)}{\partial x} = f_x'(x,y) = f_1(x,y), \qquad \frac{\partial f(x,y)}{\partial y} = f_y'(x,y) = f_2(x,y); \tag{c}$$

oder noch kürzer

$$\frac{\partial f}{\partial x} = f_x' = f_1 \quad \text{und} \quad \frac{\partial f}{\partial y} = f_y' = f_2. \tag{d}$$

Die partiellen Differentiale werden nach (a) gebildet; zur Unterscheidung gibt man ihnen jetzt wieder die Zeiger x und y und erhält

$$\partial_x f(x,y) = f_x'(x,y) \cdot dx, \qquad \partial_y f(x,y) = f_y'(x,y) \cdot dy. \tag{e}$$

Natürlich hätte man auch $d_x f(x,y)$ statt $\partial_x f(x,y)$ schreiben können, da ja die partielle Änderung durch den Zeiger x schon kenntlich ist.

Die vorausgehenden Betrachtungen gelten ohne weiteres für eine Funktion von mehr als zwei Veränderlichen.

Beispiele b) bis d) Man gebe die partielle Ableitung nach x und y von

b) $e^x - xy + ye^x$. c) $y^x - \sin(xy)$. d) $\lg(x-y) + \lg x - x:y$.

Wenn man partiell nach x differenziert, muß man y wie eine Konstante betrachten. Man kann auch zur etwaigen Erleichterung b statt y setzen und nach Ausführung der Rechnung für b wieder y. Ebenso wird man x wie eine Konstante a behandeln, wenn man nach y partiell differenzien soll.

Man setzt beim ersten Beispiel $F(x,y)$ als Symbol für die zu differenzierende Funktion oder noch kürzer F und erhält

$$F = e^x - xy + ye^x, \quad \frac{\partial F}{\partial x} = e^x - y + ye^x, \quad \frac{\partial F}{\partial y} = -x + e^x.$$

Wenn man im zweiten Fall als Symbol $u(x,y)$ wählt, wird

$$\frac{\partial u(x,y)}{\partial x} = y^x \lg y - \cos(xy)\cdot y, \quad \frac{\partial u(x,y)}{\partial y} = xy^{x-1} - \cos(xy)\cdot x.$$

Im dritten Fall nimmt man als Symbol etwa z und erhält

$$\frac{\partial z}{\partial x} = \frac{1}{x-y} + \frac{1}{x} - \frac{1}{y}, \quad \frac{\partial z}{\partial y} = \frac{-1}{x-y} + 0 + \frac{x}{y^2}.$$

Die Erweiterung der Betrachtung für eine Funktion von mehr als zwei Veränderlichen ist selbst gegeben. Man würde also für eine Funktion $F = F(x,y,z)$ haben

$$\frac{\partial F(x,y,z)}{\partial x} = \lim_{\Delta x = 0} \frac{F(x+\Delta x, y, z) - F(x,y,z)}{\Delta x}$$

und

$$\partial_x F(x,y,z) = \frac{\partial F}{\partial x}\cdot dx \quad \text{usw.}$$

Beispiele e) bis g) Man bilde die partiellen Ableitungen und Differentiale der Funktionen

$$\text{e) } z = x^2 + xy, \quad \text{f) } u = x^2 \sin y + \cos xy,$$
$$\text{g) } v = xyz + x^3 + yz + z.$$

e) $\frac{\partial z}{\partial x} = 2x + y, \quad \frac{\partial z}{\partial y} = x, \quad \partial_x z = (2x+y)\,dx, \quad \partial_y z = x\,dy;$

f) $\frac{\partial u}{\partial x} = 2x\sin y - y\sin xy, \quad \frac{\partial u}{\partial y} = x^2\cos y - x\sin xy,$

$\partial_x u = (2x\sin y - y\sin xy)\,dx, \quad \partial_y u = (x^2\cos y - x\sin xy)\,dy;$

g) $\frac{\partial v}{\partial x}=yz+3x^2, \qquad \frac{\partial v}{\partial y}=xz+z, \qquad \frac{\partial v}{\partial z}=xy+y+1,$

$\partial_x v=(yz+3x^2)\,dx, \quad \partial_y v=(xz+z)\,dy, \quad \partial_z v=(xy+y+1)\,dz.$

141. Fortsetzung. Beispiel a) Die Wärmedichte eines festen Körpers war nach (16) durch die Formel $c=\frac{dQ}{dt}$ bestimmt. Bei den gasförmigen Körpern sind alle Wärmevorgänge wesentlich durch den augenblicklichen Druck p und das augenblickliche Volumen v bestimmt. Um eine Temperaturerhöhung von 1^0 herbeizuführen, wird man eine ganz verschiedene Wärme verbrauchen, je nachdem man den Druck während der Wärmezufuhr konstant erhält oder das Volumen. Im ersten Fall wird das Volumen sich vergrößern, im letzten der Druck. Natürlich könnte man auch noch ein anderes Gesetz für das Verhältnis von p und v während der Wärmezufuhr vorschreiben, uns interessiert aber nur die Wärmemenge c, die man entweder bei konstantem Druck oder bei konstantem Volumen notwendig hat, um eine Temperaturerhöhung von 1^0 zu erzielen. Es werden in beiden Fällen ganz verschiedene Wärmemengen notwendig sein, und man unterscheidet daher die Wärmedichte c_p und c_v; der Zeiger p gibt an, daß p konstant vorausgesetzt ist, entsprechend der Zeiger v. Die für eine notwendige Temperaturerhöhung zuzuführende Wärmemenge Q ist eine Funktion der Temperatur T. Man erhält daher entsprechend der obigen Formel

$$c_p=\left(\frac{dQ}{dT}\right)_p, \qquad c_v=\left(\frac{dQ}{dT}\right)_v. \tag{a}$$

Die Wärmetheorie lehrt, daß zwischen den beiden Größen c_p und c_v ein Zusammenhang

$$c_p=c_v+AR \tag{b}$$

besteht, wo A und R Konstante sind.

Beispiel b) Man gebe die geometrische Deutung der Funktion $z=f(x,y)$ an sowie diejenige der Größen

$$\frac{\partial z}{\partial x}, \quad \frac{\partial z}{\partial y}, \quad \partial_x z, \quad \partial_y z, \quad dz.$$

Nach I 210 ist $z=f(x,y)$ die Gleichung einer Fläche. $x=$ konst., etwa $x=a$, ist die Gleichung einer zur x-Ebene, d. h. zum Aufriß parallelen Ebene. Sobald man also bei Untersuchungen der Funktion $z=f(x,y)$ an ein konstantes x denkt, hat man in der geometrischen Deutung den Schnitt der Fläche $z=f(x,y)$ mit einer zum Aufriß parallelen Ebene im Auge. Verschiebt man das Koordinatensystem in der x-Richtung um a, dann liegt diese Schnittkurve in der yz-Ebene, so wie sie in Abb. 252 dargestellt ist, so daß im Raum $\partial z:\partial y$ gleichwertig mit dem früheren $dy:dx$ in der Ebene wird. Danach sind also

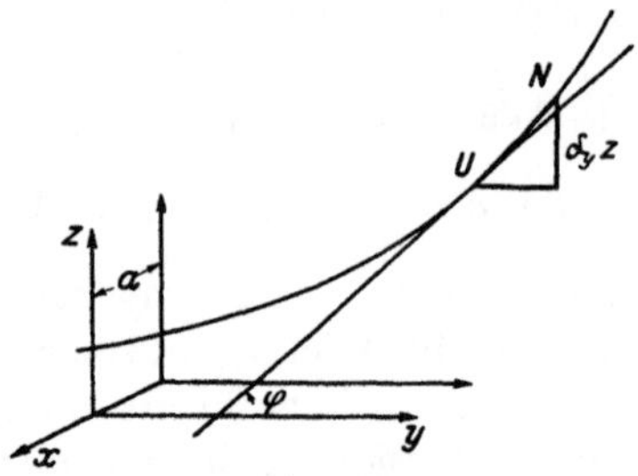

Abb. 252.

$$\frac{\partial z}{\partial y} = \operatorname{tg}\varphi \quad \text{und} \quad \frac{\partial z}{\partial x} = \operatorname{tg}\psi$$

wie in der analytischen Geometrie der Ebene als Richtungen gedeutet. Legt man sonach durch den untersuchten Punkt $U = x\,|\,y\,|\,z$ der Fläche $z = f(x, y)$ eine Ebene parallel zur x-Ebene, zum Aufriß, so schneidet sie eine Kurve aus, deren Richtung $\operatorname{tg}\varphi$ im untersuchten Punkt durch die partielle Ableitung nach y gegeben ist. Entsprechend wird eine Ebene parallel zur y-Ebene, zum Seitenriß, eine Kurve ausschneiden, deren Richtung $\operatorname{tg}\psi$ durch die partielle Ableitung nach x gegeben wird.

Geht man vom untersuchten Punkt $U = x\,|\,y\,|\,z$ der Fläche $z = f(x, y)$ zu einem unendlich benachbarten Punkt N, so werden sich x, y und z unendlich wenig ändern. Hier interessiert nur die Änderung dz. Bei einer ebenen Kurve kann man nur auf eine einzige Weise von einem untersuchten Punkt U zum unendlich benachbarten Punkt N gelangen. Bei einer Fläche dagegen auf unendlich vielfache Weise. Im untersuchten Flächenpunkt gibt es unendlich viele Tangenten, die in ihrer Gesamtheit die Tangentialebene der Fläche im Punkt U bilden. Auf jeder der unendlich vielen Tangenten kann man sich vom untersuchten Punkt U aus weiterbewegen. Wenn man insbesondere parallel zum Aufriß sich weiterbewegt, so daß also $x = a$ konstant bleibt, dann kommt man zu einem Nachbarpunkt N_y, dessen z sich um $d_y z$ oder $\partial_y z$ geändert hat. Die Schreibweise bringt zum Ausdruck, daß während dieser Änderung x konstant geblieben ist. Genau so erhält man die Änderung $d_x z$ oder $\partial_x z$, wenn man vom Punkt U aus derart unendlich wenig weiter geht, daß man stets parallel dem Seitenriß, der y-Ebene bleibt. Während dieser Bewegung ist y konstant geblieben, man gelangt zu einem Punkt N_x. Geht man aber in beliebiger Richtung weiter, so kommt man zum unendlich benachbarten Punkt N, dessen Änderung dz in

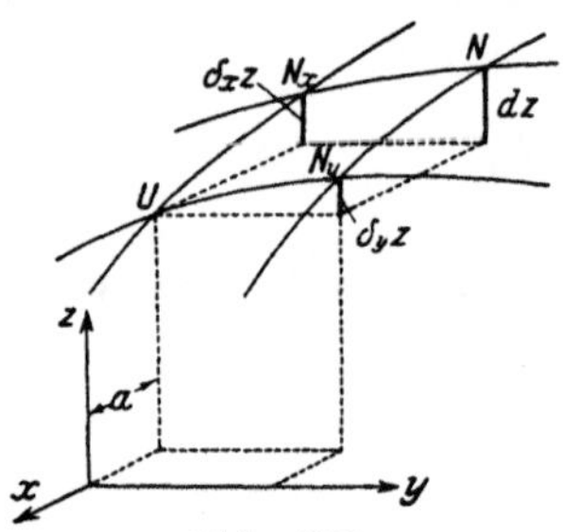

Abb. 253.

einem recht einfachen Zusammenhang mit den Änderungen $d_x z$ und $d_y z$ zu bringen ist. Legt man nämlich durch N zwei Ebenen parallel zum Aufriß und zum Seitenriß, siehe Abb. 253, dann wird durch die Punkte U, N und N_x, N_y ein Parallelogramm gebildet, dessen Gegenseiten also parallel und gleich sind. Damit ergibt sich auf einfache Weise, wie auch in der Abbildung zum Ausdruck gebracht ist, daß

$$dz = d_x z + d_y z \qquad \text{oder} \qquad dz = \partial_x z + \partial_y z, \tag{d}$$

je nachdem man die eine oder die andere Schreibweise anwendet.

142. Vollständiges oder totales Differential. Wenn in der Funktion $z = f(x, y)$ die beiden Argumente x und y voneinander unabhängig sind, dann lassen sich nur die beiden partiellen Ableitungen von z nach x und y bilden und ebenso die beiden entsprechenden partiellen Differentiale $\partial_x z$ und $\partial_y z$. Aus letzteren kann man aber auch noch bilden das totale Differential dz, das einer gleichzeitigen unendlich kleinen Änderung von x und y entspricht. Man überlegt: zu den geänderten Argumenten $x + \Delta x$ und $y + \Delta y$ gehört die geänderte Funktion $f(x + \Delta x, y + \Delta y)$, so daß die Funktionsänderung Δz oder $\Delta f(x, y)$ den Wert

$$\Delta f(x, y) = f(x + \Delta x, y + \Delta y) - f(x, y)$$

hat. Man formt sie um zu

$$\Delta f(x, y) = f(x + \Delta x, y + \Delta y) - f(x, y + \Delta y) + f(x, y + \Delta y) \\ - f(x, y)$$

oder

$$\Delta f(x, y) = \frac{f(x + \Delta x, y + \Delta y) - f(x, y + \Delta y)}{\Delta x} \cdot \Delta x \\ + \frac{f(x, y + \Delta y) - f(x, y)}{\Delta y} \cdot \Delta y.$$

Geht man zur Grenze über, läßt also die beiden Änderungen Δx und Δy gegen 0 konvergieren, so wird

$$df(x, y) = \frac{\partial f(x, y)}{\partial x} dx + \frac{\partial f(x, y)}{\partial y} dy$$

oder

$$df(x, y) = \partial_x f(x, y) + \partial_y f(x, y) \tag{a}$$

das vollständige Differential der Funktion $f(x, y)$.

Die Erweiterung auf eine Funktion von mehr als zwei Veränderlichen ist wieder selbstverständlich. Wenn man eine Funktion $F(x, y, z, \ldots)$ hat, so wird

$$dF(x, y, z \ldots) = \frac{\partial F}{\partial x} \cdot dx + \frac{\partial F}{\partial y} \cdot dy + \frac{\partial F}{\partial z} \cdot dz + \ldots \qquad \text{(b)}$$

wenn man abkürzend F statt $F(x, y, z \ldots)$ schreibt.

Oder wenn man die partiellen Differentiale $\partial_x F, \partial_y F, \partial_z F \ldots$ einführt,

$$dF(x, y, z \ldots) = \partial_x F + \partial_y F + \partial_z F + \ldots, \qquad \text{(c)}$$

d. h.

das vollständige Differential ist gleich der Summe seiner partiellen Differentiale.

Beispiele a) bis c) Man bilde die vollständigen Differentiale der Funktionen

$$\text{a) } z = Ce^{xy}, \quad \text{b) } \varrho = x^3 + xy + y + z.$$

$$\text{c) } F = u \sin v + v \sin w + w \sin u.$$

Man bildet die partiellen Ableitungen nach den einzelnen Veränderlichen und dann das totale Differential. Es wird im Fall

$$\text{a) } \frac{\partial z}{\partial x} = Ce^{xy} y, \quad \frac{\partial z}{\partial y} = Ce^{xy} x,$$

$$dz = Cy\, e^{xy} dx + Cx\, e^{xy} dy \quad \text{oder} \quad dz = Ce^{xy}(y\,dx + x\,dy).$$

$$\text{b) } d\varrho = (3x^2 + y)\,dx + (x + 1)\,dy + 1 \cdot dz.$$

$$\text{c) } dF = \frac{\partial F}{\partial u} du + \frac{\partial F}{\partial v} dv + \frac{\partial F}{\partial w} dw$$

$$= (\sin v + w \cos u)\,du + (u \cos v + \sin w)\,dv + (v \cos w + \sin u)\,dw.$$

Beispiel d) Wenn ein Körper belastet ist, so wird unter dem Einfluß der als bekannt vorausgesetzten Belastung an jeder Stelle $x \mid y \mid z$ im Körper eine Spannungsdichte ϱ entstehen, die von Ort zu Ort verschieden oder wie wir sagen eine Funktion der Stelle $x \mid y \mid z$, also eine Funktion der drei von Ort zu Ort veränderlichen Koordinaten x, y und z ist. Wenn an einer untersuchten Stelle $U = x \mid y \mid z$ diese Spannungsdichte ϱ ist, dann wird sie an einer unendlich benachbarten Stelle $N = x + dx \mid y + dy \mid z + dz$ sich um $d\varrho$ geändert haben, Abb. 254. Diese vollständige oder totale unendlich kleine Änderung $d\varrho$ ist dann gegeben durch die Formel

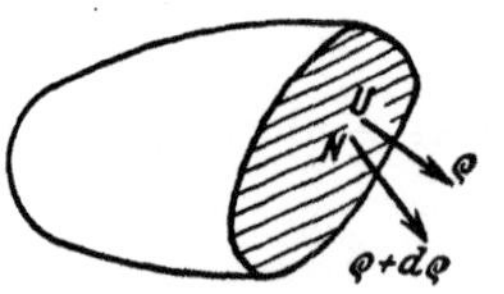

Abb. 254.

$$d\varrho = \frac{\partial \varrho}{\partial x} dx + \frac{\partial \varrho}{\partial y} dy + \frac{\partial \varrho}{\partial z} dz. \qquad \text{(d)}$$

Beispiel e) Bei einer Messung wird der Gesamtfehler das Ergebnis einer Reihe von Einzelfehlern der Einzelmessungen sein. Man gebe ein Beispiel für den Zusammenhang an.

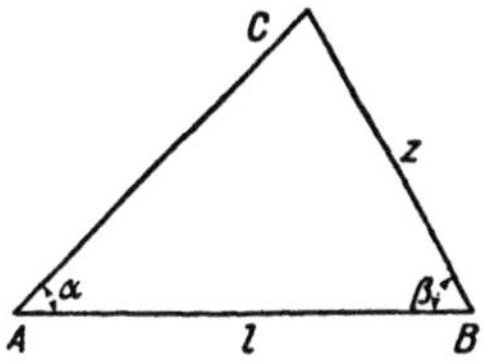

Abb. 255.

Das Ergebnis E wird eine Funktion von gemessenen Größen $x, y, z \ldots$ sein, also $E = f(x, y, z \ldots)$. Wenn die Einzelfehler bei diesen Messungen mit $dx, dy, dz \ldots$ bezeichnet sind, dann ist

$$dE = f_1\,dx + f_2\,dy + f_3\,dz + \ldots$$

So ist beispielsweise die Entfernung z der Punkte B und C bestimmt, wenn man die Länge l und die Winkel α und β kennt, Abb. 255. Es ist

$$z = l\frac{\sin\alpha}{\sin(\alpha+\beta)} \quad \text{oder} \quad \lg z = \lg l + \lg\sin\alpha - \lg\sin(\alpha+\beta),$$

und deswegen, weil l, α und β die unabhängigen Veränderlichen sind,

$$\frac{dz}{z} = \frac{dl}{l} + \operatorname{cotg}\alpha\cdot d\alpha - \operatorname{cotg}(\alpha+\beta)\cdot d(\alpha+\beta),$$

$$\text{oder} \quad dz = l\cdot\frac{\sin\alpha}{\sin(\alpha+\beta)}\left[\frac{dl}{l} + \operatorname{cotg}\alpha\,d\alpha - \operatorname{cotg}(\alpha+\beta)\,d(\alpha+\beta)\right].$$

Eine Diskussion von dz wird ein Urteil über die verschiedenen Messungen und Meßverfahren ergeben.

Beispiel f) Unter welchen Umständen läßt sich das Superpositionsprinzip auf die Differentialrechnung anwenden?

Solange man über die erste Annäherung nicht hinausgeht, dürfen die krummlinigen Linienelemente ds und Flächenelemente dF als geradlinig betrachtet werden. Dann gilt innerhalb dieser Anwendungsmöglichkeit auch das Prinzip nach (Mech. I 63). Ein Sonderfall davon ist der Satz (c), das totale oder resultierende Differential ist gleich der Summe der einzelnen Differentiale.

143. Vollständiges Differential einer Funktion von Funktionen. Die vorausgehenden Sätze über das totale Differential sind auch noch für den Fall gültig, daß die Argumente x, y der Funktion $z = f(x, y)$ selbst von einer dritten Veränderlichen t abhängig sind, wenn also

$$x = u(t), \qquad y = v(t).$$

Man denke sich einmal statt x und y das neue Argument t eingeführt, dann ist z eine Funktion von t allein, die auf die gewöhnliche Weise nach t differenziert werden kann. Wenn sich t um Δt

ändert, dann auch x um Δx und y um Δy und deswegen wieder z um Δz. Dann wird

$$\frac{\Delta f(x,y)}{\Delta t} = \frac{f(x+\Delta x,\, y+\Delta y) - f(x,y)}{\Delta t}$$

$$= \frac{f(x+\Delta x,\, y+\Delta y) - f(x, y+\Delta y)}{\Delta x} \cdot \frac{\Delta x}{\Delta t}$$

$$+ \frac{f(x, y+\Delta y) - f(x,y)}{\Delta y} \cdot \frac{\Delta y}{\Delta t}.$$

Geht man zur Grenze über, indem man Δt gegen 0 konvergieren läßt, dann wird auch Δx und Δy gegen 0 konvergieren, vorausgesetzt, daß die Funktionen $u(t)$ und $v(t)$ der Hauptforderung der Differentialrechnung genügen. Dann wird die gewöhnliche Ableitung

$$\frac{d f(x,y)}{dt} = \frac{\partial f(x,y)}{\partial x} \cdot \frac{dx}{dt} + \frac{\partial f(x,y)}{\partial y} \cdot \frac{dy}{dt} \tag{a}$$

oder. wenn man wieder abkürzend f statt $f(x,y)$ schreibt

$$\frac{d f(x,y)}{dt} = \frac{\partial f}{\partial x} \cdot \frac{dx}{dt} + \frac{\partial f}{\partial y} \cdot \frac{dy}{dt}. \tag{b}$$

Wenn man mit dem Differential dt multipliziert, erhält man wieder das totale Differential

$$d f(x,y) = \frac{\partial f}{\partial x} dx + \frac{\partial f}{\partial y} dy. \tag{c}$$

Beispiel a) In der Funktion $\lg x - \sin y + y \lg x$ sind die Argumente x und y beide von einem dritten Argument t abhängig. Man bilde die Ableitung der Funktion nach t.

Man setzt zur Abkürzung U oder $U(x,y) = \lg x - \sin y + y \lg x$ und erhält

$$\frac{\partial U}{\partial x} = \frac{1}{x} + \frac{y}{x}, \qquad \frac{\partial U}{\partial y} = -\cos y + \lg x,$$

$$\frac{dU}{dt} = \frac{y+1}{x} \cdot \frac{dx}{dt} + (\lg x - \cos y) \cdot \frac{dy}{dt}.$$

Beispiel b) Man bilde die totale Ableitung von $\sqrt{x^2+y^2} + xy - \lg(xy)$ nach x und y, wenn man weiß, daß x und y voneinander abhängig sind.

Man kann entweder nach x oder y total differenzieren. Im ersten Fall setzt man etwa $x = t$ und $y = v(t)$, dann wird, wenn man abkürzend $F = \sqrt{x^2+y^2} + xy - \lg x - \lg y$ setzt,

$$\frac{dF}{dt}=\left[\frac{x}{\sqrt{}}+y-\frac{1}{x}\right]\frac{dx}{dt}+\left[\frac{y}{\sqrt{}}+x-\frac{1}{y}\right]\frac{dy}{dt}$$

oder

$$\frac{dF}{dx}=\left[\frac{x}{\sqrt{}}+y-\frac{1}{x}\right]\cdot 1+\left[\frac{y}{\sqrt{}}+x-\frac{1}{y}\right]\frac{dy}{dx}.$$

Ebenso erhält man im zweiten Fall

$$\frac{dF}{dy}=\left[\frac{x}{\sqrt{}}+y-\frac{1}{x}\right]\frac{dx}{dy}+\left[\frac{y}{\sqrt{}}+x-\frac{1}{y}\right]\cdot 1$$

Beispiele c) bis e) Gesucht sind die Ableitungen der nachstehenden Funktionen

c) x^x d) $(a+bx)^{\sin x}$ e) $(\sin x)^{x^2}$.

Man kann ohne Zuhilfenahme der neuen Formel die Ableitungen bilden, wenn man die unbequemen Exponenten durch Logarithmieren beseitigt; im ersten Fall wird man beispielsweise setzen $z=x^x$ oder $\lg z=x\cdot\lg x$ und dann auf beiden Seiten nach x differenzieren, oder noch einfacher auf beiden Seiten das Differential nehmen. Man erhält

$$\frac{dz}{z}=(\lg x+1)dx \quad \text{oder} \quad dz=z(\lg x+1)=x^x(\lg x+1).$$

Einfacher kommt man zu diesem Ergebnis, wenn man die Funktion setzt $z=x^y$, wo also $y=x$ ist. Man erhält nach (b) wie beim vorausgehenden Beispiel

$$\frac{dz}{dx}=yx^{y-1}\cdot\frac{dx}{dx}+x^y\lg x\cdot\frac{dy}{dx}=x^x+x^x\lg x\cdot 1=x^x(1+\lg x).$$

Ebenso setzt man im zweiten Fall

$F=(a+bx)^y$, wo $y=\sin x$ ist, und wendet Formel (b) an,

$$\begin{aligned}\frac{dF}{dx}&=y(\ )^{y-1}\cdot b+(\ )^y\lg(\ )\cdot\frac{dy}{dx}\\&=(a+bx)^{y-1}[by+(a+bx)\lg(a+bx)\cdot\cos x]\\&=(a+bx)^{\sin x-1}[b\sin x+(a+bx)\lg(a+bx)\cdot\cos x].\end{aligned}$$

Im dritten Fall kann man setzen

$$X=(\sin x)^y, \quad \text{wo also} \quad y=x^2$$

ist, oder man setzt

$$X=u^v, \quad \text{wo} \quad u=\sin x, \quad v=x^2$$

ist, und erhält dann nach (b)

$$\frac{dX}{dx}=\frac{\partial X}{\partial u}\cdot\frac{du}{dx}+\frac{\partial X}{\partial v}\cdot\frac{dv}{dx}=v\,u^{v-1}\cdot\cos x+u^v\lg u\cdot 2x$$
$$=u^{v-1}[v\cos x+2u\lg u\cdot x]$$
$$=(\sin x)^{x^2-1}[x^2\cos x+2x\sin x\lg\sin x].$$

Die Entwicklung bleibt die gleiche, wenn man eine Funktion $F(x,y,z,\ldots)$ von mehr als zwei Veränderlichen hat und diese alle selbst wieder von einer neuen Veränderlichen t abhängen, also von der Form

$$x=u(t),\quad y=v(t),\quad z=w(t),\ldots$$

sind. Man erhält die Erweiterung

$$\frac{dF(x,y,z,\ldots)}{dt}=\frac{\partial F}{\partial x}\frac{dx}{dt}+\frac{\partial F}{\partial y}\frac{dy}{dt}+\frac{\partial F}{\partial z}\frac{dz}{dt}+\cdots, \tag{d}$$

und wenn man mit dem Differential dt multipliziert,

$$dF(x,y,z,\ldots)=\frac{\partial F}{\partial x}dx+\frac{\partial F}{\partial y}dy+\frac{\partial F}{\partial z}dz+\ldots \tag{e}$$

Man beachte die Voraussetzung für die Formel (d): Es sind x, y, $z,\ldots$ alle abhängig von t, es ist somit auch t von x oder y oder z usw. abhängig. Dann ist aber die Funktion $F(x,y,z,\ldots)$ ebensogut auch als Funktion von x oder y oder z usw. zu betrachten. Man kann also von ihr die gewöhnlichen Ableitungen nach $x, y, z,\ldots$ bilden, und zwar mit der Formel

$$\begin{aligned}
\frac{dF}{dx}&=\frac{\partial F}{\partial x}+\frac{\partial F}{\partial y}\frac{dy}{dx}+\frac{\partial F}{\partial z}\frac{dz}{dx}+\ldots\\
\frac{dF}{dy}&=\frac{\partial F}{\partial x}\frac{dx}{dy}+\frac{\partial F}{\partial y}+\frac{\partial F}{\partial z}\frac{dz}{dy}+\ldots\\
\frac{dF}{dz}&=\frac{\partial F}{\partial x}\frac{dx}{dz}+\frac{\partial F}{\partial y}\frac{dy}{dz}+\frac{\partial F}{\partial z}+\ldots\\
&\ldots\ldots\ldots\ldots\ldots
\end{aligned} \tag{f}$$

Beispiel f) Gesucht das vollständige Differential von

$$ax^2+2bxy+cz^2$$

und dann die gewöhnlichen Ableitungen nach x, y und z unter der Voraussetzung, daß x, y, z von einem gemeinsamen neuen Argument abhängen.

Man setzt als abkürzendes Symbol für die gegebene Funktion etwa U und erhält

$$dU = 2(ax + by)\,dx + 2bx\,dy + 2cz\,dz,$$

$$\frac{dU}{dx} = 2(ax + by) + 2bx\frac{dy}{dx} + 2cz\frac{dz}{dx},$$

$$\frac{dU}{dy} = 2(ax + by)\frac{dx}{dy} + 2bx + 2cz\frac{dz}{dx},$$

$$\frac{dU}{dz} = 2(ax + by)\frac{dx}{dz} + 2bx\frac{dy}{dz} + 2cz.$$

144. Fortsetzung. Die Formeln für das totale Differential bleiben auch dann noch gültig, wenn in der Funktion $F(x, y, z, \ldots)$ die Veränderlichen $x, y, z, \ldots$ selbst wieder Funktionen von mehreren neuen Veränderlichen $u, v, w \ldots$ sind, wenn also

$$x = \varphi(u, v, w, \ldots), \quad y = \psi(u, v, w, \ldots), \quad z = \chi(u, v, w, \ldots).$$

Diese neuen Veränderlichen $u, v, w, \ldots$ sind unter sich als ganz unabhängig vorausgesetzt.

Zunächst kann man auf jede einzelne der Funktionen $x, y, z, \ldots$ die Formel vom totalen Differential anwenden,

$$\begin{aligned} dx &= \frac{\partial\varphi}{\partial u}du + \frac{\partial\varphi}{\partial v}dv + \frac{\partial\varphi}{\partial w}dw + \ldots, \\ dy &= \frac{\partial\psi}{\partial u}du + \frac{\partial\psi}{\partial v}dv + \frac{\partial\psi}{\partial w}dw + \ldots, \\ &\ldots\ldots\ldots\ldots\ldots \end{aligned} \tag{a}$$

Denkt man sich die neuen Veränderlichen $u, v, w, \ldots$ in die Funktion F eingesetzt, so wird F eine Funktion der voneinander unabhängigen Veränderlichen $u, v, w, \ldots$, sonach ist nach (142b)

$$dF = \frac{\partial F}{\partial u}du + \frac{\partial F}{\partial v}dv + \frac{\partial F}{\partial w}dw + \ldots \tag{b}$$

Wenn man andererseits von der ursprünglichen Form $F(x, y, z, \ldots)$ ausgeht und sich nur u als Variable, $v, w, \ldots$ dagegen als Konstante denkt, hat man den Fall (143d), ebenso wenn man sich v als Variable denkt, $u, w, \ldots$ aber als Konstante usw. Dann wird nach dieser Formel

$$\begin{aligned} \frac{\partial F}{\partial u} &= \frac{\partial F}{\partial x}\cdot\frac{\partial x}{\partial u} + \frac{\partial F}{\partial y}\cdot\frac{\partial y}{\partial u} + \frac{\partial F}{\partial z}\cdot\frac{\partial z}{\partial u} + \ldots \\ \frac{\partial F}{\partial v} &= \frac{\partial F}{\partial x}\cdot\frac{\partial x}{\partial v} + \frac{\partial F}{\partial y}\cdot\frac{\partial y}{\partial v} + \frac{\partial F}{\partial z}\cdot\frac{\partial z}{\partial v} + \ldots \\ &\ldots\ldots\ldots\ldots\ldots \end{aligned} \tag{c}$$

Wenn man die erste dieser Gleichungen mit du, die zweite mit dv multipliziert usw., und alle Gleichungen addiert, erhält man

$$\frac{\partial F}{\partial u}du+\frac{\partial F}{\partial v}dv+\frac{\partial F}{\partial w}dw+\ldots=\frac{\partial F}{\partial x}\left(\frac{\partial x}{\partial u}du+\frac{\partial x}{\partial v}dv+\frac{\partial x}{\partial w}dw+\ldots\right)$$
$$+\frac{\partial F}{\partial y}\left(\frac{\partial y}{\partial u}du+\frac{\partial y}{\partial v}dv+\frac{\partial y}{\partial w}dw+\ldots\right)+\ldots$$

Die linke Gleichungsseite ist dF nach (b), die einzelnen Klammern sind dx, dy, dz, ... nach (a), somit wird

$$dF=\frac{\partial F}{\partial x}dx+\frac{\partial F}{\partial y}dy+\frac{\partial F}{\partial z}dz+\ldots \tag{d}$$

Es ist also die Formel vom totalen Differential auch für den allgemeinsten Fall erwiesen, daß die Veränderlichen x, y, z, ... der Funktionen $F(x, y, z, \ldots)$ selbst wieder Funktionen neuer Veränderlicher $u, v, w, \ldots$ sind.

Beispiel a) In einer strömenden Flüssigkeit sei an einer bestimmten Stelle $U=x|y|z$ die Geschwindigkeit v gegeben durch ihre Komponenten

$$v_1=xz,\qquad v_2=yz,\qquad v_3=a^2-z^2.$$

Dann kann man dv dadurch ermitteln, daß man von

$$v^2=v_1{}^2+v_2{}^2+v_3{}^2=a^4-2a^2z^2+z^2(x^2+y^2+z^2) \tag{e}$$

ausgeht und auf beiden Gleichungsseiten das totale Differential nimmt, also

$$2\,vdv=2\,v_1\,dv_1+2\,v_2\,dv_2+2\,v_3\,dv_3.$$

Nach (142b) wird

$$dv_1=zdx+xdz,\qquad dv_2=zdy+ydz,\qquad dv_3=-2\,zdz$$

und deswegen

$$vdv=xz(zdx+xdz)+yz(zdy+ydz)+(a^2-z^2)(-2\,z)dz,$$

oder wenn man v aus der obigen Gleichung einsetzt,

$$dv=[xz^2dx+yz^2dy+(x^2z+y^2z+2z^3-2a^2z)\,dz]:v$$
$$=z\frac{xzdx+yzdy+(x^2+y^2+2z^2-2a^2)\,dz}{\sqrt{a^4-2a^2z^2+z^2(x^2+y^2+z^2)}}.$$

Man kann auch unmittelbar von

$$v=\sqrt{a^4-2a^2z^2+z^2(x^2+y^2+z^2)}$$

ausgehen und erhält

$$dv = \frac{\partial v}{\partial x}dx + \frac{\partial v}{\partial y}dy + \frac{\partial v}{\partial z}dz$$

$$= \frac{xz^2}{\sqrt{}}dx + \frac{yz^2}{\sqrt{}}dy + \frac{-2a^2z + z(x^2+y^2+2z^2)}{\sqrt{}}dz$$

$$= z\frac{xzdx + yzdy + (x^2+y^2+2z^2-2a^2)dz}{\sqrt{}}$$

wie oben.

145. Höhere partielle Differentialquotienten und Differentiale. Die verschiedenen möglichen Ableitungen der Funktion $F(x, y, z, \ldots)$ sind im allgemeinen wieder Funktionen von x und y, von denen man auch wieder partielle Ableitungen und partielle und totale Differentiale aufsuchen kann. Für diese höheren Ableitungen hat man die Schreibweisen

$$F_{11} = \frac{\partial F_1}{\partial x} = \frac{\partial \frac{\partial F}{\partial x}}{\partial x} = \frac{\partial^2 F}{\partial x^2}, \quad F_{12} = \frac{\partial F_1}{\partial y} = \frac{\partial \frac{\partial F}{\partial x}}{\partial y} = \frac{\partial^2 F}{\partial x\,\partial y},$$

$$F_{13} = \frac{\partial F_1}{\partial z} = \frac{\partial \frac{\partial F}{\partial x}}{\partial z} = \frac{\partial^2 F}{\partial x\,\partial z}, \ldots$$

$$F_{21} = \frac{\partial F_2}{\partial x} = \frac{\partial \frac{\partial F}{\partial y}}{\partial x} = \frac{\partial^2 F}{\partial y\,\partial x}, \quad F_{22} = \frac{\partial F_2}{\partial y} = \frac{\partial \frac{\partial F}{\partial y}}{\partial y} = \frac{\partial^2 F}{\partial y^2} \text{ usw.}$$

Bei diesen partiellen Ableitungen hat der Zähler $\partial^2 F$ jedesmal eine verschiedene Bedeutung, wie ja auch die Entstehung schon angibt. Wollte man diese Differentiale $\partial^2 F$ jedesmal unterscheiden, so müßte man setzen $\partial^2_{xx} F$, $\partial^2_{xy} F$, $\partial^2_{xz} F$, ... Ihre Werte sind

$$\partial^2_{xx} F = F_{11}\,dx^2, \quad \partial^2_{xy} F = F_{12}\,dx\,dy, \quad \partial^2_{xz} F = F_{13}\,dx\,dy \text{ usw.} \tag{a}$$

Beispiele a) bis c) Man bilde von den nachstehenden Funktionen die höheren partiellen Ableitungen.

a) $x^2 - 4xy + y^2 - 2x + 1$, b) $x^4 - 3x^2y + xy^2$, c) $y \sin x + e^{xz}$.

Man führt Symbole F, G, H für diese Funktionen ein, dann wird

a) $\frac{\partial F}{\partial x} = 2x - 4y - 2, \quad \frac{\partial F}{\partial y} = -4x + 2y$

$$\frac{\partial^2 F}{\partial x^2} = 2, \quad \frac{\partial^2 F}{\partial x\,\partial y} = -4 = \frac{\partial^2 F}{\partial y\,\partial x}, \quad \frac{\partial^2 F}{\partial y^2} = 2.$$

b) $G_1 = 4x^3 - 6xy + y^2, \quad G_2 = -3x^2 + 2xy,$

$G_{11} = 12x^2 - 6y, \quad G_{12} = -6x + 2y = G_{21}, \quad G_{22} = 2x.$

c) $H_1 = y\cos x + ze^{xz}, \quad H_2 = \sin x, \quad H_3 = xe^{xz},$

$H_{11} = -y\sin x + z^2 e^{xz}, \quad H_{12} = \cos x = H_{21},$

$H_{13} = e^{xz} + xze^{xz} = H_{31}$

$H_{22} = 0, \quad H_{23} = 0 = H_{32}, \quad H_{33} = x^2 e^{xz}.$

146. Unabhängigkeit der Reihenfolge bei partiellen Differentiationen. Die vorausgehenden Beispiele haben gezeigt, daß $F_{12} = F_{21}$, $F_{13} = F_{31}$ usw. Man beweist diese Beziehungen mit Hilfe des Mittelwertsatzes. Nach ihm ist

$$f(x+h) - f(x) = h \cdot f'(x + \Theta_1 h),$$

ebenso
$$g(y+k) - g(y) = k \cdot g'(y + \Theta_2 k). \tag{a}$$

Im ersten Fall war das Argument x, es wurde nach x differenziert, im zweiten Fall dagegen nach dem Argument y. Setzt man

$$f(x) = F(x, y+k) - F(x,y),$$
$$g(y) = F(x+h, y) - F(x,y),$$

so gehen die beiden Sätze (a) über in

$$F(x+h, y+k) - F(x+h, y) - F(x, y+k) + F(x,y)$$
$$= h\,[F_1(x + \Theta_1 h, y+k) - F_1(x + \Theta_1 h, y)]$$

und

$$F(x+h, y+k) - F(x, y+k) - F(x+h, y) + F(x,y)$$
$$= k\,[F_2(x+h, y + \Theta_2 k) - F_2(x, y + \Theta_2 k)]$$

Dabei bedeutet der Zeiger 1, daß man nach x partiell differenziert, also y als Konstante betrachtet, und der Zeiger 2, daß F nach y partiell differenziert worden ist.

Von den beiden umgeformten Gleichungen sind die linken Gleichungsseiten gleich, also auch die rechten. Auf beide rechte Gleichungsseiten wendet man neuerdings den Mittelwertsatz an und erhält in beiden Fällen

$$hk\,[F_{12}(x + \Theta_1 h, y + \Theta_3 k)] = kh\,[F_{21}(x + \Theta_4 h, y + \Theta_2 k)]. \tag{b}$$

Dabei bezeichnet $F_{12}(\;)$ die zweimalige partielle Ableitung der Funktion $F(\;)$ und zwar zuerst nach x und dann nach y. Ebenso $F_{21}(\;)$ auch eine zweimalige partielle Ableitung von F, diesesmal aber zuerst nach y und dann nach x. Läßt man in der Gleichung (b) die Werte h und k nach 0 konvergieren, dann wird

$$F_{12} = F_{21}, \tag{c}$$

d. h.

die Reihenfolge bei der Durchführung einer partiellen Ableitung ist belanglos,

es ist also gleichgültig, ob man zuerst nach x und dann nach y partiell differenziert oder umgekehrt zuerst nach y und dann nach x. In der gleichen Weise nämlich, wie man den Satz für eine partielle Ableitung zweiter Ordnung entwickelt, wird der Beweis auch für Ableitungen höherer Ordnung durchgeführt. Und ebenso wird auch der Beweis sich gestalten, wenn man mehr wie zwei Veränderliche hat. Es wird also beispielsweise von der Funktion $F(x, y, z, \ldots)$

$$\frac{\partial^2 F}{\partial x \partial y} = \frac{\partial^2 F}{\partial y \partial x}, \quad \frac{\partial^2 F}{\partial y \partial z} = \frac{\partial^2 F}{\partial z \partial y}, \quad \frac{\partial^2 F}{\partial z \partial x} = \frac{\partial^2 F}{\partial x \partial z}, \ldots$$

oder abgekürzt

$$F_{12} = F_{21}, \quad F_{23} = F_{32}, \quad F_{31} = F_{13},$$

allgemein

$$F_{ik} = F_{ki}. \tag{d}$$

***147. Höheres vollständiges Differential einer Funktion von mehreren unabhängigen Veränderlichen.** Vorausgeschickt soll werden, daß die höheren Differentiale sich wesentlich unterscheiden, je nachdem sie von einer Funktion von unabhängigen Veränderlichen genommen werden oder von einer Funktion, deren Veränderliche selbst wieder Funktionen von neuen Veränderlichen sind. Für das erste totale Differential dF der Funktion $F(x, y, z, \ldots)$ konnte durch (144) nachgewiesen werden, daß es gleichgültig ist, ob diese Veränderlichen $x, y, z, \ldots$ voneinander unabhängig sind oder selbst wieder Funktionen von neuen Veränderlichen $u, v, w, \ldots$ sind. Ein einfaches Beispiel soll diesen Unterschied klarmachen.

Beispiel a) Gegeben sei die Funktion $y = x + x^2$, von der die höheren Differentiale gesucht sind. Mit

$$\frac{dy}{dx} = 1 + 2x, \quad \frac{d^2 y}{dx^2} = 2, \quad \frac{d^3 y}{dx^3} = 0 \quad \text{usw.}$$

wird

$$dy = (1 + 2x)dx, \quad d^2 y = 2\,dx^2, \quad d^3 y = 0 \quad \text{usw.}$$

Dabei wurde stillschweigend vorausgesetzt, daß x willkürlich gewählt werden kann, also nicht selbst von einer weiteren Veränderlichen abhängt. Wenn aber x etwa das Gesetz $x = \sin t$ befolgt, dann ist es selbst wieder von einer neuen Veränderlichen t abhängig. Dann geht $y = x + x^2$ über in $y = \sin t + \sin^2 t$, und dessen Ableitungen sind

$$\frac{dy}{dt} = \cos t + \sin 2t, \qquad \frac{d^2 y}{dt^2} = -\sin t + 2\cos 2t,$$

$$\frac{d^3 y}{dt^3} = -\cos t - 4\sin 2t \quad \text{usw.}$$

Dann werden die Differentiale

$$dy = (\cos t + \sin 2t)\,dt, \qquad d^2 y = (-\sin t + 2\cos 2t)\,dt^2,$$

$$d^3 y = -(\cos t + 4\sin 2t)\,dt^3 \quad \text{usw.}$$

Man betrachte noch einmal die Ableitungen der nämlichen Funktion $f(x)$ oder y, einerseits

$$\frac{dy}{dx}, \quad \frac{d^2 y}{dx^2}, \quad \frac{d^3 y}{dx^3} \quad \text{und} \quad \frac{dy}{dt}, \quad \frac{d^2 y}{dt^2}, \quad \frac{d^3 y}{dt^3}$$

andererseits. Daß beide verschieden sind, ist selbstverständlich. Dann ist aber auch ohne weiteres leicht einzusehen, daß auch die entsprechenden Differentiale dy, d^2y, $d^3y, \ldots$ verschieden sein werden, je nach ihrer Entstehung. Es ist eben beim Differential nicht so wie beim Differentialquotienten in der Schreibweise schon das Argument enthalten, x im einen Fall und t im andern. dy, d^2y, $d^3y, \ldots$ haben in beiden Fällen eine ganz verschiedene Bedeutung, je nachdem x oder t das Argument ist.

Dieser Unterschied wird auch noch klar, wenn man die Bedeutung des Differentiales dx in beiden Fällen erkannt hat. Im ersten Fall, wenn x unabhängig von einer anderen Veränderlichen bleibt, ist dx eine Konstante, im zweiten Fall ist

$$dx = d(\sin t) = \cos t\,dt,$$

also ebenso wie auch x von t abhängig und sonach veränderlich.

Beispiel b) Man gebe eine Formel für das zweite Differential von $y = f(x)$ an, wenn x von einer neuen Veränderlichen abhängig ist.

Es ist $dy = f'(x)\,dx$. Die rechte Seite ist ein Produkt, also wird

$$d^2 y = d[f'(x)\cdot dx] = dx \cdot f''(x)\,dx + f'(x)\cdot d^2 x$$

oder

$$d^2 y = f''(x)\cdot dx^2 + f'(x)\cdot d^2 x. \tag{a}$$

Wäre x unabhängig und somit willkürlich veränderlich, dann dx konstant und somit $d^2 x = 0$. Das zweite Glied der Formel (a) würde dann wegfallen und man hätte wieder die bereits bekannte Formel (35d). Im Fall

$$f(x) = x + x^2 \quad \text{und} \quad x = \sin t$$

geht mit $\quad dx = \cos t\,dt \quad$ und $\quad d^2 x = -\sin t\,dt^2$

die Formel (a) über in

$$\begin{aligned} d^2y &= 2\,(dx)^2 + (1 + 2\,x)\,d^2x \\ &= 2\,(\cos t\,dt)^2 + (1 + 2\sin t)\cdot - \sin t\,dt^2 \\ &= [2\cos^2 t - (1 + 2\sin t)\sin t]\,dt^2 \\ &= [2\cos 2\,t - \sin t]\,dt^2, \end{aligned}$$

wie oben bereits ermittelt.

***148. Fortsetzung.** Wenn eine Funktion $z = f(x, y)$ gegeben ist, so ist deren totales Differential $df(x, y)$ oder dz oder df nach 142.

$$df = \frac{\partial f}{\partial x}dx + \frac{\partial f}{\partial y}dy$$

oder in anderer Schreibweise

$$df = f_1 dx + f_2 dy.$$

Die Veränderlichen x und y sind wieder unabhängig voneinander angenommen, so daß dx und dy konstant sind. Die Größen f_1 und f_2 sind im allgemeinen wieder Funktionen von x und y, so daß nach (142)

$$\left.\begin{aligned} df_1 &= \frac{\partial f_1}{\partial x}dx + \frac{\partial f_1}{\partial y}dy = f_{11}\,dx + f_{12}\,dy \\ df_2 &= \frac{\partial f_2}{\partial x}dx + \frac{\partial f_2}{\partial y}dy = f_{21}\,dx + f_{22}\,dy; \end{aligned}\right\} \tag{a}$$

dann wird

$$\begin{aligned} df &= d\,[df] = d\,[f_1 dx + f_2 dy] \\ &= dx\cdot df_1 + dy\,df_2, \end{aligned}$$

weil dx und dy konstant sind. Man setzt die Werte df_1 und df_2 ein und erhält wegen $f_{12} = f_{21}$

$$d^2 f = f_{11}dx^2 + 2\,f_{12}dx\,dy + f_{22}dy^2.$$

Die rechte Seite dieser Gleichung erinnert an die symbolische Potenz in I 131. Es ist

$$(f_1 dx + f_2 dy)^2 = f_1{}^2 dx^2 + 2\,f_1 f_2 dx\,dy + f_2{}^2 dy^2$$

das wahre Quadrat von $f_1 dx + f_2 dy$. Setzt man f_{ik} statt $f_i f_k$, hier f_{11} statt $f_1{}^2$, $f_{12} = f_{21}$ statt $f_1 f_2$, f_{22} statt $f_2{}^2$, so geht das wahre Quadrat über in das symbolische

$$[f_1 dx + f_2 dy]^{(2)} = f_{11}\,dx^2 + 2\,f_{12}dx\,dy + f_{22}dy^2.$$

Mit dieser Einführung der symbolischen Potenz kann man die Formel für das zweite totale Differential $d^2 f(x, y)$ schreiben

$$d^2 f = [df]^{(2)}$$

oder

$$d^2 f = [f_1 dx + f_2 dy]^{(2)}. \tag{b}$$

Ebenso entwickelt man das dritte totale Differential

$$d^3 f = [df]^{(3)} \quad \text{oder} \quad d^3 f = [f_1 dx + f_2 dy]^{(3)}$$

oder ausgeführt

$$d^3 f = f_{111} dx^3 + 3 f_{112} dx^2 dy + 3 f_{122} dx\, dy^2 + f_{222} dy^3.$$

Die vorausgehenden Betrachtungen werden sinngemäß erweitert auf eine Funktion $F(x, y, z, \ldots)$ der voneinander unabhängigen Veränderlichen $x, y, z, \ldots$ Man erhält

$$\begin{aligned} d^2 F(x, y, z, \ldots) &= [F_1 dx + F_2 dy + F_3 dz + \ldots]^{(2)} \\ &= F_{11} dx^2 + 2 F_{12} dx\, dy + F_{22} dy^2 + 2 F_{13} dx\, dz \\ &\quad + 2 F_{23} dy\, dz + F_{33} dz^2 + \ldots \end{aligned} \tag{c}$$

$$d^n F(x, y, z, \ldots) = [F_1 dx + F_2 dy + F_3 dz + \ldots]^{(n)}. \tag{d}$$

Beispiele a) und b) Man gebe das erste, zweite und dritte Differential an von den Funktionen

$$\text{a)}\ f = x^2 + xy^2, \qquad \text{b)}\ g = x^3 - xy + y.$$

Man bildet zunächst die höheren partiellen Ableitungen und dann die gesuchten Differentiale. Es wird

a) $f_1 = 2x + y^2, \quad f_2 = 2xy, \quad f_{11} = 2, \quad f_{12} = 2y = f_{21},$

$f_{22} = 2x, \quad f_{111} = 0, \quad f_{112} = 0, \quad f_{122} = 2, \quad f_{222} = 0.$

$$\begin{aligned} df &= (2x + y^2)\, dx + 2xy\, dy, \\ d^2 f &= 2dx^2 + 4y\, dx\, dy + 2x\, dy^2, \\ d^3 f &= 6 dx\, dy^2. \end{aligned}$$

b) $g_1 = 3x^2 - y, \quad g_2 = -x + 1, \quad g_{11} = 6x, \quad g_{12} = -1 = g_{21},$

$g_{22} = 0, \quad g_{111} = 6, \quad g_{112} = 0, \quad g_{122} = 0, \quad g_{222} = 0.$

$$\begin{aligned} dg &= (3x^2 - y)\, dx + (1 - x)\, dy, \\ d^2 g &= 6x\, dx^2 - 2\, dx\, dy, \\ d^3 g &= 6 dx^3. \end{aligned}$$

Beispiel c) Man ermittle das erste und zweite Differential von $y \sin x + e^{xz}$.

Die höheren partiellen Ableitungen sind bereits durch Beispiel 145c) aufgestellt und nurmehr in

$$\begin{aligned} dF &= F_1 dx + F_2 dy + F_3 dz, \\ d^2 F &= F_{11} dx^2 + 2 F_{12} dx\, dy + F_{22} dy^2 + 2 F_{13} dx\, dz \\ &\quad + 2 F_{23} dy\, dz + F_{33} dz^2 \end{aligned}$$

einzusetzen. Man erhält

$$dF = (y\cos x + z e^{xz})\,dx + \sin x\,dy + x e^{xz}\,dz,$$

$$d^2F = (-y\sin x + z^2 e^{xz})\,dx^2 + 2\cos x\,dx\,dy$$
$$+ 2e^{xz}(1 + xz)\,dx\,dz + x^2 e^{xz}\,dz^2.$$

***149. Höheres vollständiges Differential einer Funktion von Funktionen.** Wenn die Veränderlichen $x, y, z, \ldots$ der Funktion $F(x, y, z, \ldots)$ selbst wieder Funktionen einer neuen Veränderlichen t sind, dann sind die Differentiale $dx, dy, dz, \ldots$ nicht konstant, sondern auch veränderlich, nämlich Funktionen von t. Dann ist vom ersten Differential

$$dF = \frac{\partial F}{\partial x}dx + \frac{\partial F}{\partial y}dy + \frac{\partial F}{\partial z}dz + \ldots$$

das Differential

$$d^2F = d\left[\frac{\partial F}{\partial x}dx\right] + d\left[\frac{\partial F}{\partial y}dy\right] + d\left[\frac{\partial F}{\partial z}dz\right] + \ldots$$

$$= dx\cdot d\frac{\partial F}{\partial x} + dy\cdot d\frac{\partial F}{\partial y} + dz\cdot d\frac{\partial F}{\partial z} + \ldots$$

$$+ \frac{\partial F}{\partial x}d^2x + \frac{\partial F}{\partial y}d^2y + \frac{\partial F}{\partial z}d^2z + \ldots$$

oder entsprechend (148a)

$$d^2F = [F_1dx + F_2dy + F_3dz + \ldots]^{(2)}$$
$$+ F_1d^2x + F_2d^2y + F_3d^2z + \ldots \qquad \text{(a)}$$

Wenn aber im Sonderfall die Veränderlichen $x, y, z, \ldots$ linear von dem neuen Argument t abhängen, wenn also

$$x = a_0 + a_1t, \qquad y = b_0 + b_1t, \qquad z = c_0 + c_1t, \ldots \qquad \text{(b)}$$

dann wird

$$d^2x = 0, \qquad d^2y = 0, \qquad d^2z = 0, \ldots \qquad \text{(c)}$$

und die Formel (a) geht über in die Formel (148d)

$$d^2F = [F_1dx + F_2dy + F_3dz + \ldots]^{(2)}. \qquad \text{(d)}$$

Unter der Voraussetzung, daß $x, y, z, \ldots$ selbst wieder von t abhängig sind, wird $F(x, y, z, \ldots)$ eine Funktion von t allein, oder auch von x allein oder von y allein usw. Man kann daher von $F(x, y, z, \ldots)$ die gewöhnliche Ableitung nach t oder $x, y, z, \ldots$ bilden und erhält entsprechend (a)

$$\frac{d^2F}{dt^2} = \left[F_1\frac{dx}{dt} + F_2\frac{dy}{dt} + F_3\frac{dz}{dt} + \ldots\right]^{(2)}$$
$$+ F_1\frac{d^2x}{dt^2} + F_2\frac{d^2y}{dt^2} + F_3\frac{d^2y}{dt^2} + \ldots \qquad \text{(e)}$$

Wenn aber $x, y, z, \ldots$ linear von t abhängen, dann verschwindet wieder der zweite Teil der rechten Gleichungsseite und die Formel für den zweiten Differentialquotienten wird entsprechend (d)

$$\frac{d^2 F}{dt^2} = \left[F_1 \frac{dx}{dt} + F_2 \frac{dy}{dt} + F_3 \frac{dz}{dt} + \ldots\right]^{(2)}. \tag{f}$$

Beispiel a) Man bilde den zweiten Differentialquotienten der Funktion $z = x \sin y + y \sin x$ nach t, wenn $x = e^t$ und $y = e^{2t}$.

Statt z kann man auch $f(x, y)$ oder in der Abkürzung f schreiben, dann wird

$$\frac{dx}{dt} = e^t, \quad \frac{dy}{dt} = 2\,e^{2t}, \quad \frac{d^2 x}{dt^2} = e^t, \quad \frac{d^2 y}{dt} = 4\,e^{2t}.$$

$$f_1 = \sin y + y \cos x, \qquad f_2 = x \cos y + \sin x,$$

$$f_{11} = -y \sin x, \qquad f_{12} = \cos y + \cos x = f_{21}, \qquad f_{22} = -x \sin y.$$

Nach (e) wird dann

$$\frac{df}{dt} = (\sin y + y \cos x)\frac{dx}{dt} + (x \cos y + \sin x)\frac{dy}{dt}$$

$$= (\sin y + y \cos x)\,e^t + 2\,(x \cos y + \sin x)\,e^{2t},$$

$$\frac{d^2 f}{dt} = f_{11}\left(\frac{dx}{dt}\right)^2 + 2 f_{12}\frac{dx}{dt}\frac{dy}{dt} + f_{22}\left(\frac{dy}{dt}\right)^2 + f_1 \frac{d^2 x}{dt^2} + f_2 \frac{d^2 y}{dt^2}$$

$$= -y \sin x \cdot e^{2t} + 4\,(\cos x + \cos y)\,e^{3t} - 4x \sin y \cdot e^{4t}$$
$$+ (\sin y + y \cos x)\,e^t + 4\,(x \cos y + \sin x)\,e^{2t}.$$

***150. Sätze über homogene Funktionen.** Eine Funktion heißt in ihren Veränderlichen $x, y, z, \ldots$ homogen, wenn jeder Summand dieser Funktion in den Veränderlichen von der gleichen Dimension ist. Beispielsweise ist die Funktion $ax + by + cz$ homogen vom ersten Grad in den Veränderlichen x, y, z; die Funktion $x^3 - 4x^2 y + y^3$ ist homogen vom dritten Grad in den Veränderlichen x und y; die allgemeinste homogene Funktion zweiten Grades in x, y, z heißt

$$S = a_{11} x^2 + 2 a_{12} xy + a_{22} y^2 + 2 a_{13} xz + 2 a_{23} yz + a_{33} z^2.$$

Setzt man $tx, ty, tz, \ldots$ statt der Veränderlichen $x, y, z, \ldots$ so gehen die angegebenen Funktionen über in:

$$atx + bty + ctz = t\,(ax + by + cz),$$

$$(tx)^3 - 4\,(tx)^2 \cdot ty + (ty)^3 = t^3\,(x^3 - 4x^2 y + y^3),$$

$$a_{11}\,(tx)^2 + 2\,a_{12}\,tx \cdot ty + \ldots = t^2\,(a_{11} x^2 + 2\,a_{12} xy + \ldots).$$

Man benützt diese Eigenschaft unmittelbar zur Definition der homogenen Funktion:

Eine Funktion $F(x, y, z, \ldots)$ heißt homogen vom Grad n, wenn bei Multiplikation aller Veränderlichen mit einem Faktor t die Funktion bis auf den Faktor t^n erhalten bleibt, wenn also

$$F(tx, ty, tz, \ldots) = t^n \cdot F(x, y, z, \ldots). \tag{a}$$

Wenn man $x, y, z, \ldots$ wie Konstante behandelt, dann ist die rechte und linke Seite der Gleichung je eine Funktion von t allein, von der man also die gewöhnliche Ableitung bilden kann. Man setzt

$$\xi = xt, \qquad \eta = yt, \qquad \zeta = zt, \ \ldots \tag{b}$$

so daß

$$F(\xi, \eta, \zeta \ldots) = t^n \cdot F(x, y, z \ldots)$$

wird, und bildet

$$\frac{dF(\xi, \eta, \zeta \ldots)}{dt} = n t^{n-1} \cdot F(x, y, z, \ldots),$$

oder nach (143d)

$$\frac{\partial F}{\partial \xi} \cdot \frac{d\xi}{dt} + \frac{\partial F}{\partial \eta} \cdot \frac{d\eta}{dt} + \ldots = n t^{n-1} \cdot F(x, y, z, \ldots),$$

oder wegen (b)

$$\frac{\partial F}{\partial \xi} \cdot x + \frac{\partial F}{\partial \eta} \cdot y + \ldots = n t^{n-1} \cdot F(x, y, z \ldots).$$

Für den Fall $t = 1$ wird $\xi = x$, $\eta = y, \ldots$ und deswegen

$$\frac{\partial F}{\partial x} x + \frac{\partial F}{\partial y} y + \frac{\partial F}{\partial z} z + \ldots = n F(x, y, z \ldots). \tag{c}$$

(Satz von **Euler**).

Beispiel a) Man beweise die Wahrheit dieses Satzes an dem besonderen Beispiel

$$F(x, y, z) = a_{11} x^2 + 2 a_{12} xy + a_{22} y^2 + a_{33} z^2.$$

In diesem Fall ist $n = 2$. Man bildet

$$\frac{\partial F}{\partial x} = 2 a_{11} x + 2 a_{12} y, \qquad \frac{\partial F}{\partial y} = 2 a_{12} x + 2 a_{22} y, \qquad \frac{\partial F}{\partial z} = 2 a_{33} z$$

und beweist

$$\begin{aligned} & 2(a_{11} x + a_{12} y) x + 2(a_{12} x + a_{22} y) y + 2 a_{33} z \cdot z \\ = {} & 2 \left[a_{11} x^2 + 2 a_{12} xy + a_{22} y^2 + a_{33} z^2\right] \\ = {} & 2 \cdot F(x, y, z). \end{aligned}$$

B. Verschiedene Formen der Abhängigkeit zwischen zwei Veränderlichen.

151. Parameterdarstellung. Zwischen zwei Veränderlichen x und y wird auch dadurch eine Beziehung, eine Abhängigkeit geschaffen, daß man jede von einer neuen dritten Veränderlichen abhängig macht, daß man etwa

$$x = u(t), \qquad y = v(t) \tag{a}$$

setzt, wo u und v ganz beliebige Funktionen sind. In dieser Darstellung heißt die dritte Veränderliche t gewöhnlich Parameter, die Darstellung der Abhängigkeit auch Parameterdarstellung. Sie macht x abhängig von t und damit rückwärts t abhängig von x, also auch y abhängig von x. Durch sie ist sonach y als eine unentwickelte Funktion von x dargestellt.

Wenn beispielsweise

$$x = r\cos\varphi, \qquad y = r\sin\varphi$$

vorgeschrieben ist, dann ist φ der Parameter, seine Beseitigung liefert die Beziehung $x^2 + y^2 = r^2$, eine unentwickelte Funktion zwischen x und y. In diesem besonderen Fall ist die Beseitigung des Parameters recht einfach, in den meisten Fällen aber umständlich, in praktisch vorkommenden Fällen oft auch unmöglich. Die geometrische und mechanische Deutung der Parameterdarstellung werden die nächsten Nummern bringen, soweit sie nicht schon im ersten Band (83) klargemacht wurde.

Die Ermittlung der Ableitungen einer in Parameterdarstellung gegebenen Funktion geht aus von den Differentialen

$$dx = u'(t)\cdot dt, \qquad dy = v'(t)\cdot dt,$$

woraus sich ergibt

$$\frac{dy}{dx} = \frac{v'(t)}{u'(t)} \quad \text{oder} \quad \frac{dy}{dx} = \frac{v'}{u'}, \tag{b}$$

wenn man wieder abkürzend schreibt.

Beispiel a) bis c) Man gebe die Ableitung der in Parameterform gegebenen Funktionen

$$\text{a)} \begin{cases} x = a_1 + b_1 t \\ y = a_2 + b_2 t \end{cases} \qquad \text{b)} \begin{cases} x = r\cos\varphi \\ y = r\sin\varphi \end{cases} \qquad \text{c)} \begin{cases} x = a\cos\varphi \\ y = b\sin\varphi \end{cases}$$

Im ersten Fall wird

$$\left.\begin{aligned} dx &= b_1\,dt \\ dy &= b_2\,dt \end{aligned}\right\} \quad \text{und damit} \quad \frac{dy}{dx} = \frac{b_2}{b_1}.$$

Entsprechend wird für das zweite Beispiel

$$\left.\begin{array}{l} dx = -r\sin\varphi\, d\varphi \\ dy = +r\cos\varphi\, d\varphi \end{array}\right\} \quad \text{und damit} \quad \frac{dy}{dx} = -\operatorname{cotg}\varphi$$

oder

$$\frac{dy}{dx} = -\frac{x}{y}.$$

Im dritten Fall ist

$$\left.\begin{array}{l} dx = -a\sin\varphi\, d\varphi \\ dy = +b\cos\varphi\, d\varphi \end{array}\right\} \quad \text{oder} \quad \frac{dy}{dx} = -\frac{b}{a}\operatorname{cotg}\varphi$$

oder

$$\frac{dy}{dx} = -\frac{b^2 x}{a^2 y}.$$

Will man von einer in Parameterdarstellung gegebenen Funktion $x = u(t)$, $y = v(t)$ die höheren Ableitungen, so geht man von der ersten Ableitung (b) aus und differenziert sie nach x; dabei halte man fest, daß ebenso wie u und v auch u' und v' Funktionen von x sind. Man kann nicht unmittelbar nach x differenzieren, wird also erst nach dem Parameter t und dann diesen Parameter t selbst nach x differenzieren; es wird dabei, wenn man wieder zur Abkürzung die zweite Ableitung von $u(t)$ nach t mit u'' bezeichnet, entsprechend mit v'' die zweite Ableitung von $v(t)$ nach t,

$$\frac{du'}{dx} = \frac{du'}{dt}\cdot\frac{dt}{dx} = \frac{u''}{u'}; \qquad \frac{dv'}{dx} = \frac{dv'}{dt}\cdot\frac{dt}{dx} = \frac{v''}{u'}. \tag{c}$$

Mit diesen Hilfswerten wird

$$\frac{d^2y}{dx^2} = \frac{d}{dx}\left(\frac{dy}{dx}\right) = \frac{d}{dx}\left(\frac{v'}{u'}\right) = \frac{u'\frac{dv'}{dx} - v'\frac{du'}{dx}}{u'^2}$$

oder

$$\frac{d^2y}{dx^2} = \frac{u'v'' - v'u''}{u'^3}. \tag{d}$$

Entsprechend wird man, wenn es sich notwendig erweisen sollte, die dritte Ableitung bilden.

Beispiel d) bis f) Von den Funktionen der Beispiele a) bis c) gebe man noch die zweite Ableitung an.

Im ersten Fall ist die Ableitung $b_1 : b_2$ konstant, die zweite Ableitung sonach 0.

Im zweiten Fall wird man am einfachsten die Ableitung y' zuerst nach dem Hilfsargument φ und dieses selbst dann nach x differenzieren. Man erhält

$$\frac{d^2y}{dx^2} = \frac{d(-\operatorname{cotg}\varphi)}{dx} = \frac{d(-\operatorname{cotg}\varphi)}{d\varphi}\cdot\frac{d\varphi}{dx} = \frac{1}{\sin^2\varphi}\cdot\frac{d\varphi}{-r\sin\varphi\, d\varphi} = \frac{-1}{r\sin^3\varphi}.$$

Das dritte Beispiel wird genau so behandelt:

$$\frac{d^2y}{dx^2} = -\frac{b}{a}\frac{d\operatorname{cotg}\varphi}{dx} = \frac{b}{a\sin^2\varphi}\cdot\frac{d\varphi}{dx}$$

$$= \frac{b\,d\varphi}{a\sin^2\varphi(-a\sin\varphi\,d\varphi)} = \frac{-b}{a^2\sin^3\varphi}.$$

Man hätte auch die Formel (d) anwenden können (der Parameter ist φ statt t):

$$u = a\cos\varphi,\qquad u' = -a\sin\varphi,\qquad u'' = -a\cos\varphi,$$
$$v = b\sin\varphi,\qquad v' = +b\cos\varphi,\qquad v'' = -b\sin\varphi.$$

Dann wird
$$\frac{dy}{dx} = \frac{v'}{u'} = -\frac{b}{a}\operatorname{cotg}\varphi,$$

$$\frac{d^2y}{dx^2} = \frac{-a\sin\varphi\cdot -b\sin\varphi - b\cos\varphi\cdot -a\cos\varphi}{(-a\sin\varphi)^3} = \frac{-b}{a^2\sin^3\varphi}.$$

Beispiel g) Man gebe die erste und zweite Ableitung y' und y'' der in Parameterform gegebenen Funktion

$$x = a(m\cos\varphi - \cos m\varphi),\qquad y = a(m\sin\varphi - \sin m\varphi).$$

Es ist

$$dx = -am(\sin\varphi - \sin m\varphi)\,d\varphi = 2am\cos(m+1)\frac{\varphi}{2}\sin(m-1)\frac{\varphi}{2}\,d\varphi,$$

$$dy = \quad am(\cos\varphi - \cos m\varphi)\,d\varphi = 2am\sin(m+1)\frac{\varphi}{2}\sin(m-1)\frac{\varphi}{2}\,d\varphi.$$

Dann wird, wenn man zur Abkürzung schreibt

$$m+1 = l \quad\text{und}\quad m-1 = n,$$

$$y' = \operatorname{tg}(m+1)\frac{\varphi}{2} = \operatorname{tg}\frac{l\varphi}{2},$$

und

$$y'' = \frac{dy'}{dx} = \frac{dy'}{d\varphi}\cdot\frac{d\varphi}{dx} = \frac{l}{2\cos^2\frac{1}{2}l\varphi}\cdot\frac{1}{2am\cos\frac{1}{2}l\varphi\sin\frac{1}{2}n\varphi}$$

$$= l : 4am\cos^3\frac{l\varphi}{2}\sin\frac{n\varphi}{2}.$$

***152. Der Übergang von rechtwinkligen zu Polarkoordinaten** ist durch die Gleichungen

$$x = r\cos\varphi,\qquad y = r\sin\varphi \tag{a}$$

gegeben. Dabei ist zu beachten, daß sowohl φ wie r veränderlich sind. Wenn y eine (entwickelte oder unentwickelte) Funktion von x

ist, dann auch r eine Funktion von φ. Eine Beziehung $F(x,y)=0$ geht über in $F(r\cos\varphi, r\sin\varphi)=0$ oder $f(r,\varphi)=0$. Im nachfolgenden werden die Abkürzungen $y', y'', y''' \ldots$ für die erste, zweite, dritte ... Ableitung der Unabhängigen y nach x gebraucht, entsprechend auch die Abkürzungen $r', r'', r''' \ldots$ für die verschiedenen Ableitungen von r nach φ. Die Ableitungen y', y'', y''' usw. gehen aus von den Differentialen des Gleichungspaares (a), also von

$$\left.\begin{aligned} dx &= \cos\varphi\, dr - r\sin\varphi\, d\varphi = (r'\cos\varphi - r\sin\varphi)\, d\varphi = N\, d\varphi, \\ dy &= \sin\varphi\, dr + r\cos\varphi\, d\varphi = (r'\sin\varphi + r\cos\varphi)\, d\varphi = Z\, d\varphi. \end{aligned}\right\} \tag{b}$$

Die Symbole N und Z werden als Abkürzung für die Klammern gebraucht; die Bezeichnung rührt davon her, daß sie beide als Zähler und Nenner in der nachfolgenden Formel (f) auftreten. Zwischen beiden besteht ein Zusammenhang

$$N^2 + Z^2 = r^2 + r'^2, \tag{c}$$

wie die Ausrechnung ergibt. N und Z sind beide Funktionen von φ, da ja r selbst von φ abhängt. Man kann bilden

$$\left.\begin{aligned} N' &= \frac{dN}{d\varphi} = r''\cos\varphi - 2r'\sin\varphi - r\cos\varphi \\ Z' &= \frac{dZ}{d\varphi} = r''\sin\varphi + 2r'\cos\varphi - r\sin\varphi \end{aligned}\right\}, \tag{d}$$

und findet durch Ausrechnen den Zusammenhang

$$NZ' - ZN' = N\frac{dZ}{d\varphi} - Z\frac{dN}{d\varphi} = r^2 + 2r'^2 - rr''. \tag{e}$$

Nach diesen Vorbereitungen ergibt sich für den Übergang von den rechtwinkligen zu Polarkoordinaten

$$y' = \frac{dy}{dx} = \frac{Z}{N} \quad \text{oder} \quad \frac{dy}{dx} = \frac{r'\sin\varphi + r\cos\varphi}{r'\cos\varphi - r\sin\varphi}. \tag{f}$$

y' ist wieder eine Funktion von φ, also wird

$$y'' = \frac{dy'}{dx} = \frac{dy'}{d\varphi}\cdot\frac{d\varphi}{dx} = \frac{dy'}{d\varphi} : N$$

$$= \frac{d}{d\varphi}\frac{Z}{N}\cdot\frac{1}{N} = \frac{NZ' - ZN'}{N^3} = (r^2 + 2r'^2 - rr'') : N^3$$

oder
$$\frac{d^2y}{dx^2} = \frac{r^2 + 2r'^2 - rr''}{(r'\cos\varphi - r\sin\varphi)^3}. \tag{g}$$

Beispiel a) Man gebe mit Hilfe der vorstehenden Formeln den Krümmungshalbmesser in Polarkoordinaten an.

Nach (43d) ist

$$\varrho = \frac{(1+y'^2)^{3/2}}{y''} = \frac{\left(1+\frac{Z^2}{N^2}\right)^{3/2}\cdot N^3}{r^2+2r'^2-rr''} = \frac{(N^2+Z^2)^{3/2}}{r^2+2r'^2-rr''}$$

oder

$$\varrho = \frac{(r^2+r'^2)^{3/2}}{r^2+2r'^2-rr''}. \tag{h}$$

(Siehe später auch Kurvendiskussion.)

Beispiel b) Ebenso gebe man die Bedingungen für eine Horizontal- und Vertikalstelle einer Kurve an, die in Polarkoordinaten gegeben ist.

Die Ableitung $y' = \frac{Z}{N}$ nimmt an einer Horizontalstelle den Wert Null an und an einer Vertikalstelle den Wert unendlich. Bei Anwendung von Polarkoordinaten wird die Bedingung für eine

Horizontalstelle:

$$Z = 0 \quad \text{oder} \quad r'\sin\varphi + r\cos\varphi = 0$$

oder

$$\operatorname{tg}\varphi = -\frac{r}{r'} \quad \text{oder} \quad \operatorname{tg}\vartheta = -\operatorname{tg}\varphi,$$

Vertikalstelle:

$$N = 0 \quad \text{oder} \quad r'\cos\varphi - r\sin\varphi = 0$$

oder

$$\operatorname{cotg}\varphi = \frac{r}{r'} \quad \text{oder} \quad \operatorname{tg}\vartheta = \operatorname{cotg}\varphi.$$

Beispiel c) Mit Hilfe der vorstehenden Formeln beweise man den Zusammenhang $\tau = \varphi + \vartheta$ aus (27b).

Man wandelt die Formel (f) für y' um zu

$$y' = \operatorname{tg}\tau = \frac{r'\sin\varphi + r\cos\varphi}{r'\cos\varphi - r\sin\varphi} = \frac{\operatorname{tg}\varphi + \frac{r}{r'}}{1-\operatorname{tg}\varphi\,\frac{r}{r'}} = \frac{\operatorname{tg}\varphi + \operatorname{tg}\vartheta}{1-\operatorname{tg}\varphi\cdot\operatorname{tg}\vartheta}$$

oder

$$\operatorname{tg}\tau = \operatorname{tg}(\varphi+\vartheta) \quad \text{oder} \quad \tau = \varphi + \vartheta.$$

***153. Umkehr einer Funktion.** Wenn man aus irgendwelchen Gründen die Funktion $y = f(x)$ umkehrt, so daß y die Abhängige und x die Funktion wird, also $x = u(y)$, dann wird man meist auch die Ableitungen $\frac{dy}{dx}, \frac{d^2y}{dx^2}, \ldots$ der gegebenen Funktion nach den

Ableitungen $\frac{dx}{dy}, \frac{d^2x}{dy^2}, \ldots$ auszudrücken haben. Am einfachsten geht man aus von der Parameterdarstellung $x = u(t)$, $y = v(t)$ der Nummer 151, die für den Fall $y = t$ sich zu

$$x = u(t), \qquad y = t$$

vereinfacht. Für diesen Fall wird

$$u' = \frac{dx}{dt} = \frac{dx}{dy}, \qquad v' = \frac{dy}{dt} = 1 \qquad u'' = \frac{d^2x}{dt^2} = \frac{d^2x}{dy^2}, \qquad v'' = \frac{d^2y}{dt^2} = 0,$$

und deswegen nach (151b) $\quad \frac{dy}{dx} = \frac{v'}{u'} = \frac{1}{u'}$,

also

$$\frac{dy}{dx} = 1 : \frac{dx}{dy}. \tag{a}$$

Ferner nach (151d)

$$\frac{d^2y}{dx^2} = \frac{u'v'' - v'u''}{u'^3} = \left[\frac{dx}{dy} \cdot 0 - 1 \cdot \frac{d^2x}{dy^2}\right] : \left(\frac{dx}{dy}\right)^3$$

oder

$$\frac{d^2y}{dx^2} = -\frac{d^2x}{dy^2} : \left(\frac{dx}{dy}\right)^3. \tag{b}$$

Beispiel a) Von der Umkehr der Funktion $y = x \sin x$ gebe man die erste und zweite Ableitung $\frac{dx}{dy}$ und $\frac{d^2x}{dy^2}$ an.

Es wird $\quad y' = \sin x + x \cos x, \qquad y'' = 2\cos x - x \sin x.$

Die vorausgehenden Formeln

$$\frac{dx}{dy} = \frac{1}{y'} \quad \text{und} \quad \frac{d^2x}{dy^2} = -\frac{y''}{y'^3}$$

liefern $\quad \frac{dx}{dy} = \frac{1}{\sin x + x\cos x} \quad$ und $\quad \frac{d^2x}{dy^2} = -\frac{2\cos x - x\sin x}{(\sin x + x\cos x)^3}$.

Einfacher hätte man ohne diese Formeln die Gleichung $x \sin x - y = 0$ zweimal nach y differenziert. Man erhält

$$(\sin x + x\cos x)\frac{dx}{dy} - 1 = 0$$

und $\quad \frac{dx}{dy} \cdot (2\cos x - x\sin x)\, \frac{dx}{dy} + (\sin x + x\cos x)\frac{d^2x}{dy^2} = 0$

und damit die gleichen Werte für die gesuchten beiden Ableitungen.

Beispiel b) Man gebe von der Funktion

$$x = a \lg \frac{y + \sqrt{y^2 - a^2}}{a}$$

die erste und zweite Ableitung $\frac{dy}{dx}$ und $\frac{d^2y}{dx^2}$ an.

Man könnte sich eine entwickelte Funktion $y = f(x)$ verschaffen, wenn man die gegebene Gleichung nach y auflöst. Im vorliegenden Fall ist diese Aufgabe noch möglich, in den meisten anderen Fällen aber nicht mehr. Diese Auflösung ist aber nicht notwendig, wenn man unmittelbar nach x oder y differenziert. Aus

$$x = a \lg (y + \sqrt{y^2 - a^2}) - a \lg a$$

erhält man

$$dx = \frac{1 + y : \surd}{y + \surd} dy = a \frac{dy}{\surd}$$

oder

$$a \frac{dy}{dx} = \sqrt{y^2 - a^2}.$$

Man differenziert auf beiden Seiten nach x und erhält

$$a \frac{d^2y}{dx^2} = \frac{d\sqrt{y^2 - a^2}}{dy} \cdot \frac{dy}{dx} = \frac{y}{\surd} \cdot \frac{\surd}{a} = \frac{y}{a}$$

oder

$$a^2 \frac{d^2y}{dx^2} = y.$$

154. Unentwickelte Funktionen $F(x, y) = 0$. Durch diese Gleichung ist ein Zusammenhang zwischen x und y gegeben, somit die rechte Gleichungsseite $F(x, y)$ eine Funktion von x allein, die man sich in der Gleichung y nach x ausgedrückt denken kann. Wenn man auf diese Funktion die Formel von 143 anwendet, erhält man

$$\frac{\partial F}{\partial x} + \frac{\partial F}{\partial y} \cdot \frac{dy}{dx} = 0$$

oder

$$\frac{dy}{dx} = -\frac{F_1}{F_2}, \quad \text{unabgekürzt} \quad \frac{dy}{dx} = -\frac{\partial F}{\partial x} : \frac{\partial F}{\partial y} \qquad \text{(a)}$$

als gewöhnliche Ableitung der unentwickelten Funktion $F(x, y) = 0$. Im allgemeinen Fall sind F_1 und F_2 und damit auch y' unentwickelte Funktionen von x, die sonach eine vollständige Ableitung nach x zulassen. Es wird nach (143)

$$\frac{dF_1}{dx} = \frac{\partial F_1}{\partial x} + \frac{\partial F_1}{\partial y} \cdot \frac{dy}{dx} = F_{11} + F_{12} \frac{dy}{dx}$$

$$\frac{dF_2}{dx} = \frac{\partial F_2}{\partial x} + \frac{\partial F_2}{\partial y} \cdot \frac{dy}{dx} = F_{21} + F_{22}\frac{dy}{dx}.$$

Die zweite Ableitung y'' findet man als Ableitung der ersten Ableitung zu

$$y'' = \frac{d(-F_1 : F_2)}{dx} = -\frac{F_2 \frac{dF_1}{dx} - F_1 \frac{dF_2}{dx}}{F_2^2}$$

oder mit Benützung der vorher entwickelten Werte

$$y'' = -\frac{F_2(F_{11} + F_{12}y') - F_1(F_{21} + F_{22}y')}{F_2^2}$$

$$= -\frac{F_1^2 F_{22} - F_1 F_2 (F_{12} + F_{21}) + F_2^2 F_{11}}{F_2^3}.$$

Benützt man noch die Formel $F_{12} = F_{21}$, so wird

$$\frac{d^2y}{dx^2} = -\frac{F_1^2 F_{22} - 2F_1 F_2 F_{12} + F_2^2 F_{11}}{F_2^3}. \qquad \text{(b)}$$

Beispiel a) Durch die Gleichung $x^4 + xy + y^3 = 0$ ist y als eine unentwickelte Funktion von x dargestellt. Man könnte freilich y nach x entwickeln, da aber die gegebene Gleichung vom dritten Grad in y ist, so wäre die Rechnung recht umständlich. Sind von dieser Funktion die erste und zweite Ableitung gesucht, so kann man entweder unmittelbar nach x differenzieren, so wie in 37 gelehrt wurde,

$$4x^3 + y \cdot 1 + xy' + 3y^2y' = 0$$

und

$$12x^2 + y' + y' \cdot 1 + xy'' + 3y' \cdot 2yy' + 3y^2y'' = 0,$$

und aus der ersten Gleichung zunächst y' aufsuchen, aus der zweiten alsdann y''.

Einfacher wendet man die oben stehenden Formeln an. Man sucht zunächst die partiellen Ableitungen auf:

$$F_1 = 4x^3 + y, \qquad F_2 = x + 3y^2;$$

$$F_{11} = 12x^2, \qquad F_{12} = 1 = F_{21}, \qquad F_{22} = 6y.$$

Mit diesen Werten wird

$$\frac{dy}{dx} = -\frac{F_1}{F_2} = -\frac{4x^3 + y}{x + 3y^2};$$

$$\frac{d^2y}{dx^2} = -\frac{(4x^3 + y)^2 \cdot 6y - 2(4x^3 + y)(x + 3y^2) \cdot 1 + (x + 3y^2)^2 \cdot 12x^2}{(x + 3y^2)^3}.$$

Beispiel b) Solange in der Geradengleichung

$$y = \lambda x + b$$

die Zahlenwerte λ und b endlich sind, hat die erste Ableitung y' den Wert λ und die zweite y'' den Wert 0. Welche Werte nehmen y' und y'' für eine zur y-Achse parallele Gerade an?

Für eine solche wäre die Richtung $\lambda = \infty$, die Darstellung $y = \lambda x + b$ eignet sich daher nicht für die Rechnung. Man kehrt die Funktion um und erhält

$$x = (y - b) : \lambda \quad \text{oder} \quad x = \mu y + a,$$

wo also $\mu = 1 : \lambda$; dann ist

$$\frac{dx}{dy} = \mu \quad \text{und} \quad \frac{d^2 x}{dy^2} = 0,$$

also

$$\frac{dy}{dx} = \frac{1}{\mu} \quad \text{und} \quad \frac{d^2 y}{dx^2} = 0 : \mu^3.$$

Für den Wert $\lambda = \infty$ oder $\mu = 0$ wird also $y' = \infty$ und y'' unbestimmt.

Oder man wendet die Gleichungsform $Ax + By + C = 0$ an, wo also $A = \lambda$, $B = -1$, $C = b$, und erhält

$$F_1 = A, \quad F_2 = B, \quad F_{11} = 0, \quad F_{12} = 0, \quad F_{22} = 0$$

und deswegen nach (a) und (b), solange λ endlich,

$$\frac{dy}{dx} = -\frac{A}{B} = \lambda, \quad \frac{d^2 y}{dx^2} = \frac{0}{B^3} = 0.$$

Beispiel c) Gesucht die erste und zweite Ableitung der Gleichung der

$$\text{Astroide} \quad x^{2/3} + y^{2/3} = a^{2/3}. \tag{c}$$

Man wird entweder so, wie in 37 angegeben, nach x differenzieren,

$$\tfrac{2}{3} x^{-1/3} + \tfrac{2}{3} y^{-1/3} \cdot \frac{dy}{dx} = 0, \quad \text{woraus} \quad y' = \frac{dy}{dx} = -\left(\frac{y}{x}\right)^{1/3},$$

$$\frac{d^2 y}{dx^2} = \frac{dy'}{dx} = -\frac{1}{3}\left(\frac{y}{x}\right)^{-2/3} \frac{xy' - y \cdot 1}{x^2} = -\frac{x^{2/3}\left[-x\left(\frac{y}{x}\right)^{1/3} - y\right]}{3\, y^{2/3} x^2}$$

$$= \tfrac{1}{3} x^{-4/3} y^{-1/3} \left[x^{2/3} + y^{2/3}\right] = \tfrac{1}{3} x^{-4/3} y^{-1/3} a^{2/3}.$$

Oder man wendet die Formeln (a) und (b) an. Es ist

$$F_1 = \tfrac{2}{3} x^{-1/3}, \quad F_2 = \tfrac{2}{3} y^{-1/3},$$

$$F_{11} = -\tfrac{2}{9} x^{-4/3}, \quad F_{12} = 0, \quad F_{22} = -\tfrac{2}{9} y^{-4/3}.$$

Dann wird

$$y' = -\tfrac{2}{3} x^{-1/3} : \tfrac{2}{3} y^{-1/3} = -\left(\frac{y}{x}\right)^{1/3}; \tag{d}$$

$$y'' = \tfrac{1}{3}\left(x^{-2/3} y^{-4/3} + y^{-2/3} x^{-4/3}\right) y = \tfrac{1}{3} a^{2/3} x^{-4/3} y^{-1/3}. \tag{e}$$

155. Fortsetzung. Eine unentwickelte Funktion y von x kann auch durch mehrere simultane Gleichungen gegeben sein, durch

$$F(x,y,z) = 0 \quad \text{mit} \quad G(x,y,z) = 0 \tag{a}$$

oder

$$F(x,y,z,t) = 0 \quad \text{mit} \quad G(x,y,z,t) = 0 \quad \text{und} \quad H(x,y,z,t) = 0. \tag{b}$$

Im ersten Fall (a) kann man sich z als Funktion von x und y aus der ersten Gleichung berechnet und in die zweite eingesetzt denken. Man hat dann eine einzige Gleichung zwischen x und y, die eine unentwickelte Funktion y von x wie in der vorigen Nummer darstellt. Ebenso kann man aus der zweiten Gleichung y als Funktion von x und z ermittelt und in die erste eingesetzt denken. Die neue Gleichung stellt dann eine unentwickelte Funktion z von x vor. Es ist daher von jeder der beiden gegebenen Gleichungen (a) die linke Gleichungsseite, die wir abkürzend mit F und G bezeichnen, ebensowohl eine Funktion von x allein wie auch von y oder z allein. Man kann daher F und G total nach x (oder y oder z) differenzieren und erhält

$$0 = \frac{\partial F}{\partial x} + \frac{\partial F}{\partial y}\frac{dy}{dx} + \frac{\partial F}{\partial z}\frac{dz}{dx}$$

und

$$0 = \frac{\partial G}{\partial x} + \frac{\partial G}{\partial y}\frac{dy}{dx} + \frac{\partial G}{\partial z}\frac{dz}{dx} = 0.$$

Für die beiden gesuchten Ableitungen $dy:dx$ und $dz:dx$ hat man so zwei Gleichungen. Oder man nimmt von den beiden gegebenen Gleichungen das totale Differential und erhält, wenn man für die partiellen Ableitungen die Abkürzungen F_1, F_2, F_3 und G_1, G_2, G_3 einführt

$$0 = F_1 dx + F_2 dy + F_3 dz$$

und

$$0 = G_1 dx + G_2 dy + G_3 dz.$$

Aus beiden Gleichungen ermittelt man nach (I 50)

$$dx : dy : dz = \begin{vmatrix} F_1 & F_2 & F_3 \\ G_1 & G_2 & G_3 \end{vmatrix} = \begin{vmatrix} F_2 & F_3 \\ G_2 & G_3 \end{vmatrix} : \begin{vmatrix} F_3 & F_1 \\ G_3 & G_1 \end{vmatrix} : \begin{vmatrix} F_1 & F_2 \\ G_1 & G_2 \end{vmatrix} \tag{c}$$

oder

$$\frac{dy}{dx} = \frac{F_3 G_1 - F_1 G_3}{F_2 G_3 - F_3 G_2} \quad \text{und} \quad \frac{dz}{dx} = \frac{F_1 G_2 - F_2 G_1}{F_2 G_3 - F_3 G_2}. \tag{d}$$

Im zweiten Fall (b) kann man sich eine einzige Gleichung verschafft denken, die nur die beiden Veränderlichen x und y enthält. Man hätte dann wieder y als unentwickelte Funktion vom x, könnte also die Ableitung $dy:dx$ bilden. Jedenfalls sind die linken Gleichungsseiten F, G, H des Systems (b) als Funktionen nur von x oder ebensogut nur von y oder nur von z oder nur von t zu denken und können deswegen nach x oder y oder z oder t total differenziert werden. Man erhält, wenn man das totale Differential einer jeden Gleichung bildet,

$$\frac{\partial F}{\partial x}dx+\frac{\partial F}{\partial y}dy+\frac{\partial F}{\partial z}dz+\frac{\partial F}{\partial t}dt=0,$$

$$\frac{\partial G}{\partial x}dx+\frac{\partial G}{\partial y}dy+\frac{\partial G}{\partial z}dz+\frac{\partial G}{\partial t}dt=0,$$

$$\frac{\partial H}{\partial x}dx+\frac{\partial H}{\partial y}dy+\frac{\partial H}{\partial z}dz+\frac{\partial H}{\partial t}dt=0.$$

Aus den drei Gleichungen wird man wieder das Verhältnis $dx:dy:dz:dt$ mit den Formeln der Determinanten ermitteln.

C. Taylorsche Reihe für Funktionen von mehreren Veränderlichen.

***156. Taylorsche und Mac-Laurinsche Reihe für zwei Veränderliche.** Die Funktion $z=f(x,y)$ soll in eine nach Potenzen von x und y steigende Reihe verwandelt werden. Man wird zunächst für den Ausdruck $f(x+h, y+k)$ eine Reihe aufsuchen. Zu diesem Zweck geht man aus von der Funktion

$$f(x+ht, y+kt)=F(t),$$

indem man x und y als Konstante betrachtet. Auf sie wendet man den Mac-Laurinschen Satz (107) an und erhält

$$F(t)=F(0)+\frac{t}{1!}F'(0)+\frac{t^2}{2!}F''(0)+\ldots+\frac{t^{n-1}}{(n-1)!}F^{(n-1)}(0)+R,$$

wo

$$R=\frac{t^n}{n!}F^{(n)}(\Theta t)$$

das Restglied ist. Dabei ist der Koeffizient $F^{(n)}(0)$ die $n$te Ableitung der Funktion $F(t)$ an der Stelle $t=0$, also

$$F^{(n)}(0)=\left[\frac{d^n F(t)}{dt^n}\right]_{t=0}.$$

Die einzelnen Koeffizienten $F(0)$, $F'(0)$, $F''(0)$ sind noch zu ermitteln.

Da man x und y als konstant betrachtet, ist die Ausgangsfunktion, wenn man

$$x+ht=u, \qquad y+kt=v$$

setzt,

$$f(x+ht, y+kt) \quad \text{oder} \quad f(u,v) \quad \text{oder} \quad F(t),$$

nur von t abhängig. Man kann also mit (148) die verschiedenen höheren Ableitungen nach t bilden:

$$\frac{dF}{dt}=\frac{\partial F}{\partial u}\frac{du}{dt}+\frac{\partial F}{\partial v}\frac{dv}{dt},$$

$$\frac{d^2F}{dt^2}=\left[\frac{\partial F}{\partial u}\frac{du}{dt}+\frac{\partial F}{\partial v}\frac{dv}{dt}\right]^{(2)},$$

$$\cdots\cdots\cdots\cdots$$

$$\frac{d^nF}{dt^n}=\left[\frac{\partial F}{\partial u}\frac{du}{dt}+\frac{\partial F}{\partial v}\frac{dv}{dt}\right]^{(n)}.$$

Wegen $\qquad \frac{du}{dt}=h, \quad \frac{dv}{dt}=k, \quad \frac{\partial F}{\partial u}=\frac{\partial F}{\partial x}, \quad \frac{\partial F}{\partial v}=\frac{\partial F}{\partial y}$

wird $\qquad \frac{d^nF}{dt^n}=\left[\frac{\partial F}{\partial x}h+\frac{\partial F}{\partial y}k\right]^{(n)}.$

Die Koeffizienten $F(0)$, $F'(0)$, $F''(0)\ldots$ der oben angeschriebenen Reihe sind die Ableitungen der Funktion F nach t an der Stelle $t=0$. Unter der Voraussetzung $t=0$ wird

$$F(0)=f(x,y),$$

$$F'(0)=\frac{\partial f}{\partial x}h+\frac{\partial f}{\partial y}k,$$

$$\cdots\cdots\cdots\cdots$$

$$F^{(n)}(0)=\left[\frac{\partial f}{\partial x}h+\frac{\partial f}{\partial y}k\right]^{(n)},$$

und deswegen die Reihe

$$f(x+ht,y+kt)=f(x,y)+\frac{t}{1!}\left[\frac{\partial f}{\partial x}h+\frac{\partial f}{\partial y}k\right]+\frac{t^2}{2!}\left[\frac{\partial f}{\partial x}h+\frac{\partial f}{\partial y}k\right]^{(2)}+$$

$$\ldots+\frac{t^{n-1}}{(n-1)!}\left[\frac{\partial f}{\partial x}h+\frac{\partial f}{\partial y}k\right]^{(n-1)}+R_n,$$

wo

$$R_n=\frac{t^n}{n!}F^{(n)}(\Theta t)=\frac{t^n}{n!}\left[\frac{\partial f}{\partial x}h+\frac{\partial f}{\partial y}k\right]^{(n)}_{x+h\Theta t,\ y+k\Theta t},$$

d. h. man hat zur Bildung des Restgliedes R_n in dem Ausdruck $F^{(n)}(t)$ die Veränderliche t durch Θt, also $x+ht$ durch $x+h\Theta t$ und $y+kt$ durch $y+k\Theta t$ zu ersetzen. Θ ist ein positiv echter Bruch.

Die für den Ausdruck $f(x+h, y+k)$ gesuchte Reihe geht aus der letzten hervor, wenn man $t=1$ setzt, man erhält also

$$f(x+h, y+k)=f(x,y)+\frac{1}{1!}\left[\frac{\partial f}{\partial x}h+\frac{\partial f}{\partial y}k\right]+\frac{1}{2!}\left[\frac{\partial f}{\partial x}h+\frac{\partial f}{\partial y}k\right]^{(2)}+$$

$$\ldots+\frac{1}{(n-1)!}\left[\frac{\partial f}{\partial x}h+\frac{\partial f}{\partial y}k\right]^{(n-1)}+R_n, \tag{a}$$

wo

$$R_n=\frac{1}{n!}\left[\frac{\partial f}{\partial x}h+\frac{\partial f}{\partial y}k\right]^{(n)}_{x+\Theta h,\ y+\Theta k}. \tag{b}$$

Die Reihe wird zur **Taylorschen Reihe für zwei Veränderliche**, wenn $\lim R_n=0$.

Unter dieser Voraussetzung und wenn ferner im Untersuchungsbereich die einzelnen Funktionen und ihre Ableitungen alle endlich und stetig sind, gilt die Reihe für jeden Wert x, y, h, k, also auch für

$$x+h=x_0,\quad y+k=y_0 \quad \text{oder} \quad h=x_0-x \quad \text{und} \quad k=y_0-y.$$

Mit diesen Werten geht die Reihe, wenn man noch x mit x_0 und ebenso y mit y_0 vertauscht, über in

$$\begin{aligned} f(x,y)=f(x_0,y_0)&+\frac{1}{1!}[(x-x_0)\cdot f_1+(y-y_0)\cdot f_2] \\ &+\frac{1}{2!}[(x-x_0)\cdot f_1+(y-y_0)\cdot f_2]^{(2)} \\ &+\ \cdot\ \cdot\ \cdot\ \cdot\ \cdot\ \cdot\ \cdot\ \cdot\ \cdot\ \cdot\ \cdot\ \cdot\ \cdot \\ &+\frac{1}{(n-1)!}[(x-x_0)\cdot f_1+(y-y_0)\cdot f_2]^{(n-1)}+R_n\ldots, \end{aligned} \tag{c}$$

(**zweite Form der Taylorschen Reihe**). f_1, f_2, f_{11}, f_{12} usw. sind die partiellen Ableitungen der Funktion $f(x, y)$ an der Stelle x_0, y_0.

Diese zweite Form geht dann noch für den besonderen Wert $x_0=0$, $y_0=0$ über in die **Mac-Laurinsche Reihe** für zwei Veränderliche

$$\begin{aligned} f(x,y)=f(0,0)&+\frac{1}{1!}[x\cdot f_1+y\cdot f_2]+\frac{1}{2!}[x\cdot f_1+y\cdot f_2]^{(2)}+\ldots \\ &+\frac{1}{(n-1)!}[x\cdot f_1+y\cdot f_2]^{(n-1)}+\ldots \end{aligned} \tag{d}$$

***157. Taylorsche und Mac-Laurinsche Reihe für n Veränderliche.** Um für eine Funktion $F(x,y,z,\ldots)$ von beliebig vielen Veränderlichen $x,y,z,\ldots$ diese Reihen zu entwickeln, wird man genau so vorgehen wie in der vorigen Nummer. Man erhält zunächst den Satz von Taylor

$$
\begin{aligned}
&F(x+h, y+k, z+l, \ldots)\\
&= F(x,y,z,\ldots) + \frac{1}{1!}\left[\frac{\partial F}{\partial x}h + \frac{\partial F}{\partial y}k + \frac{\partial F}{\partial z}l + \ldots\right]\\
&\quad + \frac{1}{2!}\left[\frac{\partial F}{\partial x}h + \frac{\partial F}{\partial y}k + \frac{\partial F}{\partial z}l + \ldots\right]^{(2)}\\
&\quad + \ldots\ldots\ldots\ldots\\
&\quad + \frac{1}{(n-1)!}\left[\frac{\partial F}{\partial x}h + \frac{\partial F}{\partial y}k + \frac{\partial F}{\partial z}l + \ldots\right]^{(n-1)} + R_n, \qquad \text{(a)}
\end{aligned}
$$

wo

$$
R_n = \frac{1}{n!}\left[\frac{\partial F}{\partial x}h + \frac{\partial F}{\partial y}k + \frac{\partial F}{\partial z}l + \ldots\right]^{(n)}_{x+\Theta h,\, y+\Theta k,\, z+\Theta l, \ldots} \qquad \text{(b)}
$$

das Restglied ist. Die einzelnen Klammern sind alle symbolische Potenzen der ersten Klammer, im Restglied sind die einzelnen partiellen Ableitungen an der Stelle $x+\Theta h$, $y+\Theta k$, $z+\Theta l, \ldots$ zu nehmen. Unter der Voraussetzung, daß $\lim R_n = 0$ ist, liefert dieser Satz die erste Form der Taylorschen Reihe.

Die Reihe gilt für jeden Wert von x, y, z, ... also auch für $x+h=x_0$, $y+k=y_0, \ldots$ oder $h=x_0-x$, $k=y_0-y, \ldots$ Mit diesen neuen Werten geht die Reihe, wenn man noch x mit x_0, y mit y_0, ... vertauscht, über in

$$
\begin{aligned}
&F(x,y,z,\ldots) = F(x_0, y_0, z_0, \ldots)\\
&+ \frac{1}{1!}[(x-x_0)\cdot F_1 + (y-y_0)\cdot F_2 + (z-z_0)\cdot F_3 + \ldots]\\
&+ \frac{1}{2!}[(x-x_0)\cdot F_1 + (y-y_0)\cdot F_2 + (z-z_0)\cdot F_3 + \ldots]^{(2)}\\
&+ \ldots\ldots\ldots\ldots\\
&+ \frac{1}{(n-1)!}[(x-x_0)F_1 + (y-y_0)\cdot F_2 + (z-z_0)\cdot F_3 + \ldots]^{(n-1)} + \ldots
\end{aligned}
$$

zweite Form der Taylorschen Reihe. $F_1, F_2, F_3, \ldots, F_{11}, F_{12}, \ldots$ sind die partiellen Ableitungen der Funktion $F(x,y,z,\ldots)$ an der Stelle x_0, y_0, z_0, ...

Wenn man noch speziell $x_0=0$, $y_0=0$, $z_0=0$ setzt, erhält man die Mac-Laurinsche Reihe für beliebig viele Veränderliche.

$$F(x, y, z, \ldots) = F(0, 0, 0, \ldots)$$
$$+ \frac{1}{1!}[x \cdot F_1 + y \cdot F_2 + z \cdot F_3 + \ldots]$$
$$+ \frac{1}{2!}[x \cdot F_1 + y \cdot F_2 + z \cdot F_3 + \ldots]^{(2)}$$
$$+ \quad . \quad . \quad . \quad . \quad . \quad . \quad . \quad . \quad . \quad . \quad . \quad .$$
$$+ \frac{1}{(n-1)!}[x \cdot F_1 + y \cdot F_2 + z \cdot F_3 + \ldots]^{(n-1)} + \ldots \qquad \text{(d)}$$

158. Aufgaben. 1) Gesucht ist die Ableitung der Funktion

$$f(x) = u_1 \cdot u_2 \cdot u_3 \ldots u_n,$$

wo $u_1, u_2, \ldots$ Funktionen von x sind.

2) und 3) Gesucht die partiellen und vollständigen Differentiale von

$$G = xy \sin z^2 \quad \text{und} \quad H = z e^{xy} + \sqrt{xyz}.$$

4) In einer strömenden Flüssigkeit wird an einer bestimmten Stelle $U = x|y|z$ eine Untersuchung vorgenommen. Zu diesem Zweck betrachtet man einen unendlich kleinen Raum der Flüssigkeit und gibt an, wieviel Flüssigkeit in ihn während der Zeit 1 hinein- und herausströmt. Den Raum denkt man

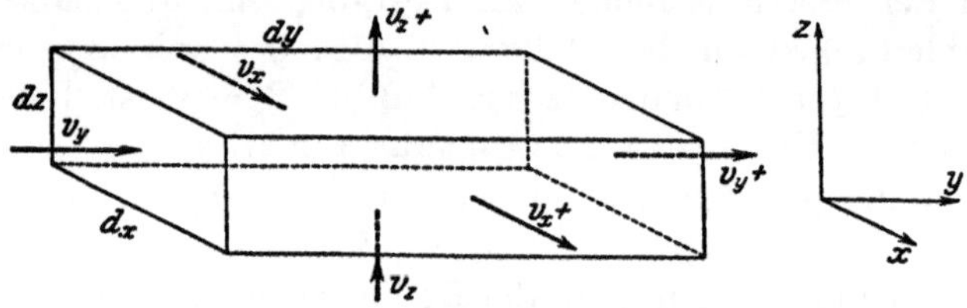

Abb. 256.

sich am einfachsten als Quader $dx\,dy\,dz$, so daß also seine Kanten parallel den Koordinatenrichtungen sind. Wenn dieser Raum einer „Quellstelle" angehört, wird mehr Flüssigkeit aus ihm strömen als hineinfließen, und umgekehrt wird man von einer „Sinkstelle" sprechen, wenn mehr Flüssigkeit hineinströmt als heraus. Man gebe ein analytisches Merkmal dafür an, ob man eine Quellstelle oder eine Sinkstelle hat, oder ob die gleiche Flüssigkeitsmenge herausströmt wie hinein.

5) bis 7) Von den in Parameterform gegebenen Funktionen

$$\left.\begin{array}{l} x = a\cos^5 t \\ y = a\sin^5 t \end{array}\right\} \qquad \left.\begin{array}{l} x = a(t - \sin t) \\ y = a(1 - \cos t) \end{array}\right\} \qquad \left.\begin{array}{l} x = a\sin t + b\cos t \\ y = a\cos t \end{array}\right\}$$

gebe man die Größen dx, dy, ydx, y', y'' als Funktion des Parameters t an, die beiden Ableitungen y' und y'' auch als Funktionen der Koordinaten $x|y$.

8) Gesucht die Ableitungen $\frac{dy}{dx}$ und $\frac{d^2y}{dx^2}$ der unentwickelten Funktion

$$x = a \lg \frac{a + \sqrt{a^2 - y^2}}{y} - \sqrt{a^2 - y^2}.$$

9) und **10)** Gesucht die Ableitungen $\frac{dy}{dx}$ und $\frac{d^2y}{dx^2}$ aus

$$y^2 a^2 = x^2 (a + x)(b - x) \quad \text{und} \quad (y - b)^2 - x^2 = c^3 : y.$$

***11) 12)** Gesucht ist das vollständige Differential der Funktionen

$$U = \overset{x}{\log}(x + y) \quad \text{und} \quad V = \overset{xy}{\log}(xy + x^{xy}).$$

159. Lösungen. 1) Nach (143d) wird

$$\frac{df(x)}{dx} = \frac{\partial f}{\partial u_1}\cdot\frac{du_1}{dx} + \frac{\partial f}{\partial u_2}\cdot\frac{du_2}{dx} + \dots + \frac{\partial f}{\partial u_n}\cdot\frac{du_n}{dx}$$

$$= \frac{f}{u_1}u_1' + \frac{f}{u_2}u_2' + \dots + \frac{f}{u_n}u_n'$$

oder

$$\frac{d[u_1\cdot u_2 \dots u_n]}{dx} = u_1 u_2 \dots u_n\left[\frac{u_1'}{u_1} + \frac{u_2'}{u_2} + \dots + \frac{u_n'}{u_n}\right]. \tag{a}$$

2) $\quad d_1G = y \sin z^2 \cdot dx, \quad d_2G = x \sin z^2 \cdot dy, \quad d_3G = xy \cos z^2\, 2z \cdot dz,$

$$dG = y \sin z^2\, dx + x \sin z^2\, dy + 2\,xyz \cos z^2\, dz.$$

3) $\quad d_1H = [yz\,e^{xy} + \tfrac{1}{2}\sqrt{yz:x}]\,dx, \quad d_2H = [xz\,e^{xy} + \tfrac{1}{2}\sqrt{xz:y}]\,dy,$

$$d_3H = [e^{xy} + \tfrac{1}{2}\sqrt{xy:z}]\,dz, \qquad dH = d_1H + d_2H + d_3H.$$

4) Man kann entweder vektoriell arbeiten oder analytisch. In diesem Fall wird man die Geschwindigkeit v in ihre Komponenten v_x, v_y, v_z in Richtung der drei Koordinatenachsen betrachten. Durch die Öffnung $dydz$, in der Abb. 256 auf der Rückseite des Quaders gelegen, strömt die Flüssigkeit mit der Geschwindigkeit v_x hinein und durch die gleich große Öffnung auf der gegenüberliegenden Seite mit der Geschwindigkeit $v_x + dv_x$ wieder heraus. In der Abbildung ist der Übersichtlichkeit wegen nur $v_x +$ statt $v_x + dv_x$ geschrieben. Der Geschwindigkeit v_x entspricht eine Einflußmenge $v_x \cdot dydz$ in der Zeiteinheit. Vorausgesetzt ist natürlich, daß an der untersuchten Stelle die Strömungsverhältnisse unabhängig von der Zeit sind. Entsprechend wird die Ausflußmenge $(v_x + dv_x)\,dydz$. Es strömt also durch diese Öffnung $dv_x\,dydz$ mehr aus als ein, falls dv_x positiv ist. Entsprechend wird für die beiden Öffnungen senkrecht zur y-Richtung der Mehrausfluß sein $dv_y\,dz\,dx$ und für die beiden letzten Öffnungen $dv_z\,dx\,dy$. Insgesamt strömt also aus dem untersuchten Raum

$$dM = dv_x\,dydz + dv_y\,dzdx + dv_z\,dxdy$$

mehr aus als ein. Man wird die Differentiale der Geschwindigkeitskomponenten noch umformen. Es ist allgemein

$$dv_x = \frac{\partial v_x}{\partial x}dx + \frac{\partial v_x}{\partial y}dy + \frac{\partial v_x}{\partial z}dz.$$

Im Bereich des untersuchten Raumes ist v_x nur von x abhängig, seine partiellen Ableitungen nach y und x verschwinden also, so daß

$$dv_x = \frac{\partial v_x}{\partial x}dx, \qquad dv_y = \frac{\partial v_y}{\partial y}dy, \qquad dv_z = \frac{\partial v_z}{\partial z}dz. \tag{b}$$

Die beiden anderen Formeln werden genau so entwickelt. Damit wird der

Überschuß der ausfließenden über die einfließenden Mengen

$$dM = \left(\frac{\partial v_x}{\partial x} + \frac{\partial v_y}{\partial y} + \frac{\partial v_z}{\partial z}\right) dx\,dy\,dz\,. \tag{c}$$

Der zweite Faktor der rechten Gleichungsseite ist der Inhalt des untersuchten Raumes. Maßgebend für die Untersuchung ist der Ausdruck

$$\frac{\partial v_x}{\partial x} + \frac{\partial v_y}{\partial y} + \frac{\partial v_z}{\partial z}\,.$$

Ist er positiv, dann gehört die untersuchte Stelle einer Quellstelle an; ist er negativ, dann liegt sie in einer Sinkstelle. In der Hydrodynamik nimmt man die „ideale“ Flüssigkeit als nicht zusammendrückbar an. Von einer Quellstelle kann dann ebensowenig die Rede sein wie von einer Sinkstelle, so daß aus dem untersuchten Raum $dx\,dy\,dz$ die gleiche Flüssigkeitsmenge herausströmen muß wie in ihn hineingeströmt ist. Diese Bedingung, die „Kontinuitätsbedingung“, wird dann analytisch durch

$$\frac{\partial v_x}{\partial x} + \frac{\partial v_y}{\partial y} + \frac{\partial v_z}{\partial z} = 0 \tag{d}$$

zum Ausdruck gebracht.

5) $\sin t = \sqrt[5]{y:a}, \quad \cos t = \sqrt[5]{x:a}, \quad \operatorname{tg} t = \sqrt[5]{y:x}.$

$$dx = -5a\cos^4 t \sin t\,dt, \quad dy = 5a \sin^4 t \cos t\,dt, \quad y\,dx = -5a^2 \sin^6 t \cos^4 t\,dt\,.$$

$$y' = -\operatorname{tg}^3 t = -\sqrt[5]{y^3 : x^3}\,,$$

$$y'' = -3\operatorname{tg}^2 t\,\frac{1}{\cos^2 t}\frac{dt}{dx} = \frac{3\sin t}{5a\cos^8 t} = \frac{3}{5a}\sqrt[5]{\frac{a^7 y}{x^8}}\,.$$

6) Mit $1 - \cos t = \frac{y}{a}$ wird $\sin t = \sqrt{1-\cos^2 t} = \frac{\sqrt{2ay - y^2}}{a}$.

$$dx = a(1-\cos t)\,dt, \quad dy = a\sin t\,dt, \quad y\,dx = a^2(1-\cos t)^2\,dt\,.$$

$$y' = \frac{\sin t}{1-\cos t} = \frac{\sqrt{2ay-y^2}}{y}\,,$$

$$y'' = \frac{(1-\cos t)\cos t - \sin t\cdot\sin t}{(1-\cos t)^2}\cdot\frac{dt}{dx} = \frac{-1}{a(1-\cos t)^2} = \frac{-a}{y^2}\,.$$

7) Mit $\cos t = \frac{y}{a}$ und $\sin t = \frac{ax - by}{a^2}$ wird

$$dx = (a\cos t - b\sin t)\,dt, \quad dy = -a\sin t\,dt, \quad y\,dx = a\cos t\,(a\cos t - b\sin t)\,dt.$$

$$y' = \frac{-a\sin t}{a\cos t - b\sin t} = \frac{a(by - ax)}{y(a^2+b^2) - abx},$$

$$y'' = \frac{-(a\cos t - b\sin t)\,a\cos t - a\sin t\,(a\sin t + b\cos t)}{(a\cos t - b\sin t)^2}\cdot\frac{dt}{dx}$$

$$= \frac{-a^2}{(a\cos t - b\sin t)^3} = -a^8 : [y(a^2+b^2) - abx]^3.$$

8) Man formt die Gleichung um,

$$x = a\lg(a + \sqrt{}) - a\lg y - \sqrt{}$$

und differenziert nach y,

$$\frac{dx}{dy} = \frac{a}{a+\surd} \cdot \frac{-y}{\surd} - \frac{a}{y} + \frac{y}{\surd} = \frac{-ay^2 - a\surd(a+\surd) + y^2(a+\surd)}{y(a+\surd)\surd}$$

$$= \frac{a^2 - y^2 + a\surd}{-y(a+\surd)} = \frac{\surd(a+\surd)}{-y(a+\surd)} = \frac{\sqrt{a^2-y^2}}{-y},$$

oder

$$y' = \frac{dy}{dx} = \frac{-y}{\sqrt{a^2-y^2}}.$$

Die zweite Ableitung könnte man auch nach (153) bilden; einfacher wird

$$\frac{d^2y}{dx^2} = \frac{dy'}{dx} = \frac{dy'}{dy} \cdot \frac{dy}{dx} = -\frac{\surd + y^2 : \surd}{\surd^2} \cdot \frac{-y}{\surd}$$

$$= \frac{(\surd^2 + y^2)\,y}{\surd^4} = \frac{a^2 y}{(a^2-y^2)^2}.$$

9) Man könnte nach y auflösen und auf die gewöhnliche Weise differenzieren. Einfacher wendet man die Formeln (154) an; man wird ausmultiplizieren und alle Summanden auf die linke Gleichungsseite bringen,

$$x^4 + x^3(a-b) - x^2ab + y^2a^2 = 0.$$

Es wird

$$F_1 = 4x^3 + 3x^2(a-b) - 2xab, \quad F_2 = 2ya^2,$$

$$F_{11} = 12x^2 + 6x(a-b) - 2ab, \quad F_{12} = 0, \quad F_{22} = 2a^2,$$

also

$$\frac{dy}{dx} = -\frac{4x^3 + 3x^2(a-b) - 2abx}{2a^2y},$$

$$\frac{d^2y}{dx^2} = -\frac{[4x^3 + 3x^2(a-b) - 2xab]^2\,2a^2 + 4y^2a^4\,[12x^2 + 6x(a-b) - 2ab]}{8y^3a^6}.$$

10) Man verfährt ebenso,

$$y\,[(y-b)^2 - x^2] = c^3 \quad \text{oder} \quad x^2y - y^3 + 2by^2 - b^2y + c^3 = 0.$$

$$F_1 = 2xy, \quad F_2 = x^2 - 3y^2 + 4by - b^2,$$

$$F_{11} = 2y, \quad F_{12} = 2x, \quad F_{22} = -6y + 4b.$$

$$\frac{dy}{dx} = \frac{-2xy}{x^2 - 3y^2 + 4by - b^2};$$

mit der Abkürzung $F_2 = x^2 - 3y^2 + 4by - b^2 = (\;)$ wird

$$\frac{d^2y}{dx^2} = \frac{4x^2y^2(4b-6y) - 2\cdot 2xy(\;)\,2x + (\;)^2\,2y}{(x^2 - 3y^2 + 4by - b^2)^3}$$

$$= 2y\,\frac{3x^4 + 6x^2y^2 - 2b^2x^2 - 9y^4 + 24by^3 - 22b^2y^2 + 8b^3y - b^4}{(x^2 - 3y^2 + 4by - b^2)^3}.$$

11) Nach den elementaren Formeln (I 18e) wird $U = \frac{\lg(x+y)}{\lg x}$, also

$$dU = \frac{\lg x \cdot \frac{1}{x+y} - \lg(x+y)\cdot\frac{1}{x}}{\lg^2 x}\,dx + \frac{1}{\lg x}\cdot\frac{1}{x+y}\,dy$$

$$= \frac{[x\lg x - (x+y)\lg(x+y)]\,dx + x\lg x\,dy}{x(x+y)\lg^2 x}.$$

12) Man setzt

$$V = \overset{w}{\log}(u + x^v) = \frac{\lg(u + x^v)}{\lg w}$$

und erhält V der Form nach von den 4 Veränderlichen x, u, v, w abhängig. Bei der Rechnung ist dann nur noch zu beachten, daß

$$u = v = w = xy \quad \text{oder} \quad du = dv = dw = y\,dx + x\,dy\,.$$

$$dV = \frac{1}{\lg w} \cdot \frac{v x^{v-1}}{u + x^v}\,dx + \frac{1}{\lg w} \cdot \frac{1}{u + x^v}\,du + \frac{1}{\lg w} \cdot \frac{x^v \lg x}{u + x^v}\,dv$$

$$- \frac{\lg(u + x^v)}{w \lg^2 w}\,dw$$

$$= \frac{u^2 x^{u-1} \lg u \cdot dx + [(1 + x^u \lg x)\, u \lg u - (u + x^u) \lg(u + x^u)]\,(y\,dx + x\,dy)}{u\,(u + x^u) \lg^2 u},$$

wo noch $u = xy$ zu setzen ist.

Achter Abschnitt.

Kurvendiskussion I.

A. Allgemeine Sätze zur Diskussion und Konstruktion von Kurven.

160. Kurvengleichung. Im wesentlichen behandelt die Kurvendiskussion die beiden Aufgaben:

1. die Gleichung einer Kurve aufzustellen, wenn eine ihrer Eigenschaften angegeben ist,
2. aus der angegebenen Kurvengleichung Eigenschaften der Kurve abzulesen.

Die erste Aufgabe stützt sich auf den Satz:

Gleichung einer Kurve ist der analytische Ausdruck für die Eigenschaften des (die Kurve) erzeugenden Punktes, (a)

s. I 80. Als Kurvengleichungen kommen für uns nur in Betracht die Formen

$$F(x, y) = 0 \qquad \text{und ihr Sonderfall} \qquad y = f(x)$$

oder die Parameterdarstellung

$$x = u(t) \qquad \text{mit} \qquad y = v(t)$$

sowie die Gleichung in Polarkoordinaten

$$r = f(\varphi).$$

Wenn nicht eine besondere Angabe mitfolgt, dann gelten die kommenden Abmachungen und Sätze nur für die in rechtwinkligen Koordinaten gegebenen Kurvengleichungen $F(x, y) = 0$ und $y = f(x)$.

Zur Parameterdarstellung $x = u(t)$, $y = v(t)$ ist noch zu bemerken, daß jedem Parameter t ein bestimmtes x und ein bestimmtes y und somit ein bestimmter Punkt $x | y$ zugewiesen ist. Die Parameterdarstellung kommt besonders häufig bei Bewegungsaufgaben vor, wo dann t meist die Zeit ist. In solchen Fällen bietet sie mehr als eine gewöhnliche Kurvengleichung $F(x, y) = 0$; sie bestimmt nicht nur die Kurve als solche, sondern gibt auch noch auf der Kurve selbst die Bewegung des erzeugenden Punktes an, schreibt für jeden Augenblick eine ganz bestimmte Lage $x \mid y$ des Punktes vor.

Bei der Parameterdarstellung sind die Koordinaten x und y meist durch trigonometrische Beziehungen mit dem Parameter t verbunden; man kann dann, wenn es verlangt wird, mit Hilfe der trigonometrischen Formeln, etwa $\sin^2\varphi + \cos^2\varphi = 1$ oder verwandte, den Parameter t beseitigen und zur gewöhnlichen Darstellung $F(x, y) = 0$ übergehen. Der Übergang von der gewöhnlichen Darstellung $F(x, y) = 0$ zur Parameterdarstellung ist oft empfehlenswert. Der Übergang ist jedenfalls immer möglich; man kann beispielsweise $x = t$ setzen, dann ist aus $F(t, y) = 0$ auch y als eine Funktion von t bestimmt.

Beispiel a) OA ist der Durchmesser eines gegebenen Kreises, AS Tangente in A, Abb. 257. Man ziehe durch O beliebige Strahlen und halbiere auf jedem das Stück RS. Gesucht ist der Ort der Halbierungspunkte P.

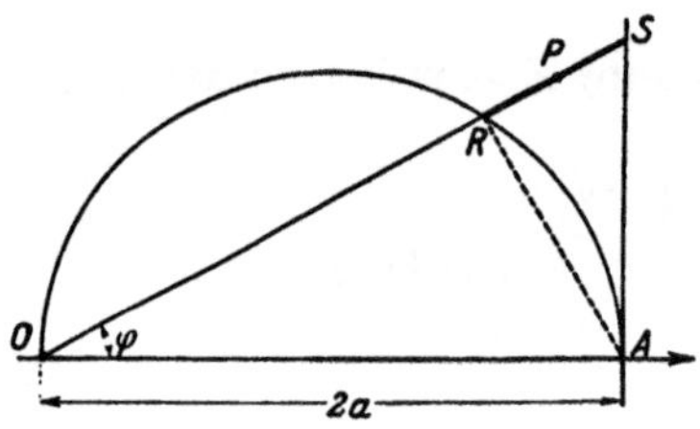

Abb. 257.

Am einfachsten wird die Lösung bei Verwendung von Polarkoordinaten. Wenn der Halbmesser mit a bezeichnet wird, dann ist

$$OR = 2a\cos\varphi, \quad OS = 2a : \cos\varphi,$$

also $r = OP = \frac{1}{2}(OR + OS)$

oder

$$r = \frac{a(1 + \cos^2\varphi)}{\cos\varphi}.$$

Man kann noch zu rechtwinkligen Koordinaten übergehen und erhält

$$r\cos\varphi = a(1 + \cos^2\varphi) \qquad \text{oder} \qquad x = a(1 + x^2 : r^2)$$

oder

$$x(x^2 + y^2) = a(2x^2 + y^2).$$

Beispiel b) Gegeben ist die Gleichung

$$x = a\sin t, \qquad y = a\sin 2t$$

einer Kurve in der Parameterdarstellung. Man gehe zur gewöhnlichen Darstellung $F(x, y) = 0$ über und ebenso zur Darstellung $G(r, \varphi) = 0$ in Polarkoordinaten.

Man setzt in

$$y^2 = 4a^2\sin^2 t\cos^2 t \qquad \text{oder} \qquad y^2 = 4a^2\sin^2 t(1 - \sin^2 t)$$

den Wert von $\sin t = x : a$ ein und erhält

$$y^2 = 4a^2 \frac{x^2}{a^2}\left(1 - \frac{x^2}{a^2}\right) \quad \text{oder} \quad a^2 y^2 = 4x^2(a^2 - x^2).$$

Der Übergang zu Polarkoordinaten gibt

$$a^2 \sin^2\varphi = 4\cos^2\varphi\,(a^2 - r^2\cos^2\varphi),$$

oder wenn man nach r auflöst,

$$r = \frac{a}{\cos\varphi}\sqrt{1 - \tfrac{1}{4}\operatorname{tg}^2\varphi}.$$

161. Vektorkoordinaten. Die Parameterdarstellung einer Kurvengleichung hat den nämlichen Sinn wie die Darstellung in Vektorkoordinaten, Abb. 258,

$$\mathfrak{r} = f(t),$$

wo t der Parameter ist. Denn für jeden Wert t erhält man einen nach Zahlenwert und Richtung bestimmten Vektor r, dessen Endpunkt der erzeugende Punkt P ist. Durch die Beziehung

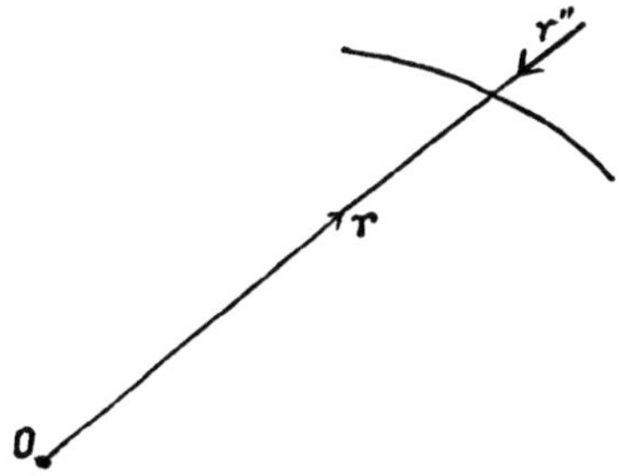

Abb. 258.

$$\mathfrak{r} = \mathfrak{i}_1 x + \mathfrak{i}_2 y$$

kann man von der gewöhnlichen Parameterdarstellung übergehen zur vektoriellen Darstellung und umgekehrt.

Beispiel a) Durch die beiden simultanen Gleichungen

$$x = a_1 + b_1 t, \qquad y = a_2 + b_2 t$$

wird eine Gerade dargestellt. Man gebe den Beweis durch den Übergang zu vektoriellen Koordinaten.

$$\mathfrak{r} = \mathfrak{i}_1 x + \mathfrak{i}_2 y = \mathfrak{i}_1(a_1 + b_1 t) + \mathfrak{i}_2(a_2 + b_2 t)$$
$$= (\mathfrak{i}_1 a_1 + \mathfrak{i}_2 a_2) + t(\mathfrak{i}_1 b_1 + \mathfrak{i}_2 b_2)$$

oder

$$\mathfrak{r} = \mathfrak{a} + \mathfrak{b}\,t, \tag{a}$$

wenn a die graphische Summe der beiden Vektoren a_1 und a_2 und ebenso b die graphische Summe von b_1 und b_2 ist. Wenn man den Parameter t als Zeit betrachtet, dann stellt (a) die Bewegungsgleichung eines materiellen Punktes vor und zwar eine gleichförmige, der Punkt muß sich also auf einer Geraden bewegen.

Der Beweis auf die gewöhnliche analytische Weise ist allerdings bedeutend einfacher. Man beseitigt t aus den gegebenen Gleichungen und erhält eine Gleichung ersten Grades, die immer eine Gerade vorstellt.

Beispiel b) Man gehe von der Parameterdarstellung

$$x = a_1 + b_1 t + c_1 t^2, \qquad y = a_2 + b_2 t + c_2 t^2 \tag{b}$$

zur vektoriellen über und bespreche die durch diese Darstellung gegebene Kurve.

Wie beim vorigen Beispiel erhält man

$$\mathfrak{r} = \mathfrak{i}_1 x + \mathfrak{i}_2 y$$

oder

$$\mathfrak{r} = \mathfrak{a} + \mathfrak{b} t + \mathfrak{c} t^2, \tag{c}$$

wo $\mathfrak{a}$, $\mathfrak{b}$ und $\mathfrak{c}$ Vektoren mit den Projektionen a_1, a_2 bzw. b_1, b_2 und c_1, c_2 sind. Wenn man diese neue Gleichung differenziert,

$$\frac{d\mathfrak{r}}{dt} = \mathfrak{b} + 2\,\mathfrak{c}\,t, \qquad \frac{d^2\mathfrak{r}}{dt^2} = 2\,\mathfrak{c},$$

und den Parameter t als Zeit auffaßt, dann sieht man, daß die zweite Ableitung, die Beschleunigung, konstant ist. Man hat also eine gleichförmig beschleunigte Bewegung, Beisp. 54a, bei der der bewegte Punkt immer eine Parabel beschreibt. Man sieht sonach, daß die beiden Darstellungen (b) und (c) eine Parabel bestimmen, deren Achse parallel dem Vektor c ist.

Beispiel c) Welche Kurve ist durch die Parameterdarstellung

$$x = a_1 \sin \varphi t + b_1 \cos \varphi t, \qquad y = a_2 \sin \varphi t + b_2 \cos \varphi t$$

gegeben? Man gehe wieder zur vektoriellen Darstellung über.

Wie bei den vorausgehenden Beispielen erhält man

$$\mathfrak{r} = \mathfrak{a} \sin \varphi t + \mathfrak{b} \cos \varphi t\,.$$

Man kann wieder t als die Zeit auffassen, die Gleichung sonach als die Bewegungsgleichung eines materiellen Punktes. Wenn man den Vektor r zweimal nach t differenziert, erhält man

$$\mathfrak{r}' = \varphi\,\mathfrak{a} \cos \varphi t - \varphi\,\mathfrak{b} \sin \varphi t,$$

$$\mathfrak{r}'' = -\varphi^2\,\mathfrak{a} \sin \varphi t - \varphi^2\,\mathfrak{b} \cos \varphi t = -\varphi^2 (\mathfrak{a} \sin \varphi t + \mathfrak{b} \cos \varphi t)$$

oder

$$\mathfrak{r}'' = -\varphi^2\,\mathfrak{r}\,.$$

Mit Berücksichtigung des „—" sagt die letzte Formel aus, daß die Beschleunigung r'' entgegengesetzt gerichtet ist dem Vektor r, also stets zum Bezugspunkt O hingerichtet, Abb. 258. Die Dynamik nennt eine solche Bewegung, bei der die Kraft stets zum nämlichen Punkt hingerichtet ist, eine Zentralbewegung (der Punkt O ist das Zentrum) und beweist, daß bei jeder Zentralbewegung eine Ellipse beschrieben wird. Die zu besprechende Kurve ist also eine Ellipse.

Beispiel d) Man zeige, daß durch die Vektorengleichung

$$\mathfrak{r} = \mathfrak{a}\, t + \frac{\mathfrak{b}}{t} \qquad \text{(d)}$$

eine Hyperbel dargestellt wird. Welche geometrische Deutung haben die Konstanten a und b?

Man geht durch Projektion auf die beiden Koordinatenachsen zur gewöhnlichen Parameterdarstellung über; am einfachsten wird die Lösung, wenn man schiefwinklige Koordinaten wählt, und zwar die ξ-Achse in Richtung des Vektors a, die η-Achse in Richtung von b. Dann muß man natürlich schief projizieren, das eine Mal in Richtung von b auf die ξ-Achse, das andere Mal in Richtung von a auf die η-Achse. Die „Projektion" der gegebenen Gleichungen wird dann

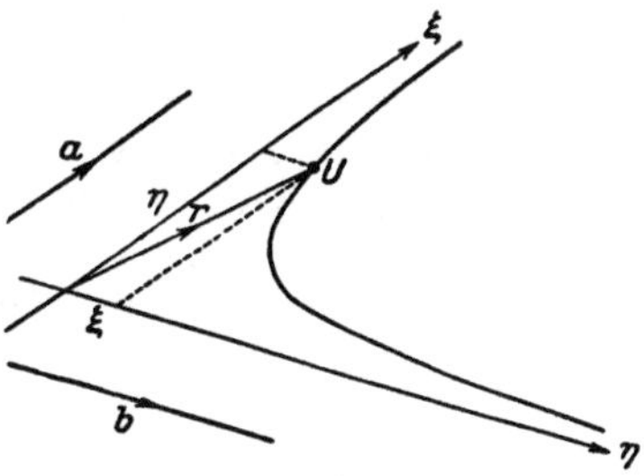

Abb. 259.

$$\xi = a\, t\,, \quad \eta = b : t\,.$$

Durch Beseitigung des Parameters t erhält man

$$\xi\, \eta = a\, b$$

als Kurvengleichung, die tatsächlich eine Hyperbel vorstellt. Gleichzeitig ist zu ersehen, daß die Vektoren a und b die Richtungen der Asymptoten angeben, denn die vorstehende Gleichung ist nach (I 158) die Hyperbelgleichung, bezogen auf die Asymptoten als Koordinatenachsen, Abb. 259.

162. Unterscheidung der Kurven. Die Entwicklungen der Nummern 103 bis 108 des ersten Bandes sollen erweitert werden. Um die Sätze über Kurvendiskussion und Kurvenkonstruktion im Zusammenhang zu haben, wird eine Reihe von Definitionen und Sätzen aus diesem Band wiederholt.

Wir wissen, jede Gleichung $F(x, y) = 0$ stellt eine Kurve vor; und zwar eine transzendente Gleichung eine transzendente Kurve und eine algebraische Gleichung eine algebraische Kurve. Um letzte diskutieren zu können, wird man ihre Gleichung meist rational und ganz machen. Notwendig wird diese Umformung, wenn man verschiedene Definitionen anwenden will, etwa wenn man nach der Ordnung der Kurve fragt.

Beispiel a) Die trigonometrischen Kurven $y = \sin x$, $y = \cos x$ usw., wie auch die Arkuskurven $y = \operatorname{arc}\sin x$ usw. sind transzendent, ebenso die Exponentialkurve $y = a^x$ und die Logarithmuskurve $y = \overset{a}{\log}\, x$.

Beispiel b) Die Gleichung $r = c\varphi$ ist zwar algebraisch, stellt aber keineswegs eine algebraische Kurve vor, r und φ sind polare Koordinaten; beim Übergang zu rechtwinkligen würde die Gleichung lauten $\sqrt{x^2 + y^2} = c \operatorname{arc\,tg} \frac{y}{x}$, sie ist transzendent und stellt somit eine transzendente Kurve vor (Archimedische Spirale, s. 214).

Beispiel c) Die Gleichung $r = a\sqrt{\cos 2\varphi}$ ist zwar transzendent in den Polarkoordinaten r und φ, stellt aber deswegen doch eine algebraische Kurve vor. Denn der Übergang zu rechtwinkligen Koordinaten x und y liefert

$$\sqrt{x^2 + y^2} = a\sqrt{\cos^2\varphi - \sin^2\varphi} \quad \text{oder} \quad x^2 + y^2 = a^2\left(\frac{x^2}{r^2} - \frac{y^2}{r^2}\right)$$

oder

$$(x^2 + y^2)^2 = a^2(x^2 - y^2),$$

somit eine algebraische Kurve und zwar von der vierten Ordnung (Lemniskate, s. 197).

Anmerkung. Der Mathematiker unterscheidet die Kurven nach ihrer Ordnung, aber auch nach ihrer Klasse, und definiert:

Eine Kurve ist von der $n$ten Klasse, wenn es von jedem Punkt aus an sie n reelle oder imaginäre Tangente gibt. (a)

Nach dieser Definition sind die Kegelschnitte Kurven zweiter Klasse.

Der Vollständigkeit halber sei noch unbewiesen ein Satz angegeben:

Eine Kurve $m$ter Ordnung schneidet eine Kurve $n$ter Ordnung in $m \cdot n$ Punkten.

Darnach schneiden sich zwei Kegelschnitte, etwa zwei Ellipsen, in vier Punkten, die alle oder teilweise reell oder imaginär sein können. Auch zwei Kreise schneiden sich stets in vier Punkten; von ihnen sind zwei stets imaginär, die beiden anderen können reell oder imaginär sein.

Nach I 103 ist definiert:

eine Kurve heißt von der $n$ten Ordnung, wenn sie von jeder Geraden in n (reellen oder imaginären) Punkten geschnitten wird, (b)

und der Satz aufgestellt:

eine Gleichung $n$ten Grades in Parallelkoordinaten stellt eine Kurve $n$ter Ordnung dar. (c)

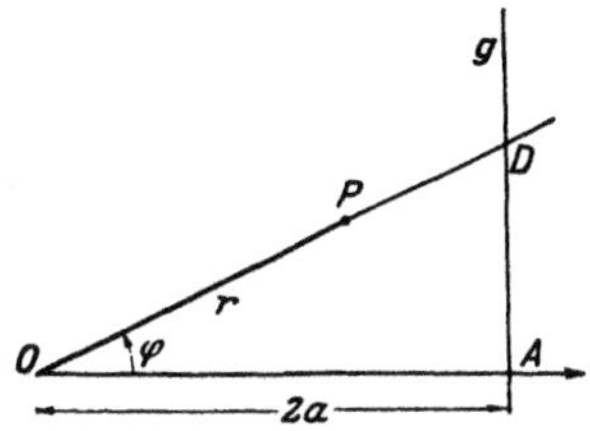

Abb. 260.

Beispiele d) bis f) Gegeben ist eine feste Gerade g und ein fester Punkt O im Abstand $OA = 2a$ von ihr, Abb. 260. Durch O zieht man alle möglichen Strahlen, deren Schnitte mit der festen Geraden D sind. Gesucht ist der geometrische Ort des Punktes P auf der Strecke OD oder deren Verlängerung, wenn von ihm gilt:

d) er teilt die Strecke OD in zwei Abschnitte, deren Produkt gleich c^2 ist;

e) man trägt von D aus das Stück DA vorwärts oder rückwärts auf DO ab, P ist der Endpunkt;

f) Punkt P teilt die Strecke DO im Verhältnis λ, wenn $\lambda = AD$.

Man gebe von jeder der erhaltenen Kurven die Ordnung an. Zur Lösung werden Polarkoordinaten empfohlen.

Es ist stets

$$OP = r, \quad OA = 2a, \quad OD = 2a : \cos\varphi, \quad AD = 2a \operatorname{tg}\varphi.$$

Im ersten Fall ist die Eigenschaft des erzeugenden Punktes

$$OP \cdot PD = c^2 \quad \text{oder} \quad r(OD - r) = c^2 \quad \text{oder} \quad r\left(\frac{2a}{\cos\varphi} - r\right) = c^2$$

oder

$$r(2a - r\cos\varphi) = c^2 \cos\varphi.$$

Beim Übergang zu rechtwinkligen Koordinaten erhält man, wenn man den Punkt O als Nullpunkt und die Gerade OA als x-Achse wählt,

$$r^2(2a - r\cos\varphi) = c^2 \cdot r\cos\varphi \quad \text{oder} \quad (x^2 + y^2)(2a - x) = c^2 x,$$

die Kurve ist sonach von der dritten Ordnung.

Im zweiten Fall gilt vom erzeugenden Punkt

$$DP = DA \quad \text{oder} \quad OP = OD - DA \quad \text{oder} \quad r = \frac{2a}{\cos\varphi} - 2a \operatorname{tg}\varphi$$

oder

$$r\cos\varphi = 2a(1 - \sin\varphi).$$

Der Übergang zu rechtwinkligen Koordinaten geschieht durch

$$x = 2a(1 - y : r) \quad \text{oder} \quad (x - 2a)r = -2ay$$

oder

$$(x - 2a)^2(x^2 + y^2) = 4a^2y^2,$$

die Kurve ist also von der vierten Ordnung.

Im dritten Fall gilt für den erzeugenden Punkt

$$\lambda = PD : PO \quad \text{oder} \quad AD \cdot PO = OD - OP;$$

oder wenn man noch beachtet, daß $PO = -OP = -r$,

$$2a \operatorname{tg}\varphi \cdot -r = \frac{2a}{\cos\varphi} - r \quad \text{oder} \quad -2ar\sin\varphi = 2a - r\cos\varphi .$$

In rechtwinkligen Koordinaten ist die Kurvengleichung

$$-2ay = 2a - x \quad \text{oder} \quad x - 2ay - 2a = 0$$

und stellt demnach eine Gerade vor.

163. Analytische Merkmale für Kurveneigenschaften. Nach I 104 bis 106 gilt:

Ist in der Gleichung einer Kurve das Vorzeichen von x belanglos, so ist die Kurve symmetrisch zur y-Achse. (a)

Ist in der Gleichung einer Kurve das Vorzeichen von y belanglos, so ist die Kurve symmetrisch zur x-Achse. (b)

Die Kurve $F(y, x) = 0$ geht aus der Kurve $F(x, y) = 0$ durch Vertauschung der x- und y-Achse hervor. Beide Kurven liegen gegenseitig symmetrisch bezüglich der Mediane $y = x$. (c)

Eine in den Veränderlichen x und y symmetrische Gleichung (d. h. x und y sind vertauschbar, ohne daß sich die Gleichung ändert) stellt eine zur Mediane symmetrische Kurve dar. (d)

Genügt mit $+a, +b$ auch $-a, -b$ der Kurvengleichung, so ist der Nullpunkt Mittelpunkt der Kurve. (e)

Ist die Kurvengleichung $F(x, y) = 0$ homogen $n$ten Grades bezüglich der Veränderlichen, so stellt sie n Gerade durch den Nullpunkt dar, und umgekehrt muß eine Gleichung, die Gerade durch den Nullpunkt darstellen soll, homogen sein (f)

Fehlt in einer Kurvengleichung x bzw. y, so stellt sie eine endliche Zahl von Parallelen zur x- bzw. y-Achse vor. (g)

Die Kurve $F(x, y + c) = 0$ geht aus der Kurve $F(x, y) = 0$ hervor, indem man letztere in der y-Richtung um $-c$ verschiebt. (h)

Die Kurve $F(x + c, y) = 0$ geht aus der Kurve $F(x, y) = 0$ hervor, indem man letztere in der x-Richtung um $-c$ verschiebt. (i)

Die Kurve $F(x + a, y + b) = 0$ geht aus der Kurve $F(x, y) = 0$ hervor, indem man letztere in der x-Richtung um $-a$, in der y-Richtung um $-b$ verschiebt. (k)

Die Kurve $F(x, cy) = 0$ geht aus der Kurve $F(x, y) = 0$ hervor, indem man diese in der y-Richtung $\frac{1}{c}$ mal homogen deformiert, d. h. c mal verkürzt oder preßt. (l)

Die Kurve $F(cx, y) = 0$ geht aus der Kurve $F(x, y) = 0$ hervor, indem man diese in der x-Richtung $\frac{1}{c}$ mal homogen deformiert, d. h. c mal verkürzt oder preßt. (m)

Die Kurve $F(ax, by) = 0$ geht aus der Kurve $F(x, y) = 0$ hervor, indem man diese in der x-Richtung $\frac{1}{a}$ mal und in der y-Richtung $\frac{1}{b}$ mal homogen deformiert. (n)

Die Kurve $F(cx, cy) = 0$ geht aus der Kurve $F(x, y) = 0$ durch eine Ähnlichkeitstransformation (mit dem Nullpunkt als Ähnlichkeitszentrum) hervor. (o)

Wenn die Kurvengleichung in ganzer und rationaler Form gegeben ist, dann nennt man das von den Veränderlichen freie Glied das absolute Glied.

Wenn das absolute Glied fehlt, geht die Kurve durch den Nullpunkt, (p)

denn dieser genügt mit seinen Koordinaten 0, 0 der Kurvengleichung.

Beispiel a) Der Gleichung $x^2 + y^2 - 2ax = 0$ entnimmt man sofort, daß sie einen Kreis vorstellt (I 109b); weil das absolute Glied Null ist, geht er durch den Nullpunkt, ferner ist er symmetrisch zur x-Achse (b). Er berührt sonach die y-Achse im Nullpunkt.

Beispiel b und c) Man gebe von den durch die Gleichungen

b) $x^2 - y^2 + 2xy^2 = 0$, c) $x^2y^2 = x^2 + y^2 - 4$

gegebenen Kurven möglichst viele Eigenschaften an.

Die erste Kurve ist symmetrisch zur x-Achse, weil das Vorzeichen von y belanglos ist; sie geht durch den Nullpunkt, weil das absolute Glied fehlt, sie ist von der dritten Ordnung, wird also von jeder Geraden in drei reellen oder imaginären Punkten geschnitten.

Die zweite Kurve ist symmetrisch zur x- und y-Achse, weil sowohl das Vorzeichen von x wie auch von y belanglos ist. Die Kurve ist ferner symmetrisch zur Mediane, weil die Gleichung in den Variablen x und y symmetrisch ist. Die Kurve ist vierter Ordnung, wird also von jeder Geraden in vier reellen oder imaginären Punkten geschnitten.

Beispiel d) Man gebe für die Kurve

$$[(x-d)^2+y^2]\,x^2=c^4$$

eine Konstruktion, indem man sich die einzelnen Teile der Gleichung geometrisch veranschaulicht.

$\sqrt{(x-d)^2+y^2}$ ist eine Entfernung und zwar die des erzeugenden Punktes $P=x\,|\,y$ von einem festen Punkt $A=d\;0$. Bezeichnet man sie mit r, so kann man die Gleichung der Kurve auch schreiben

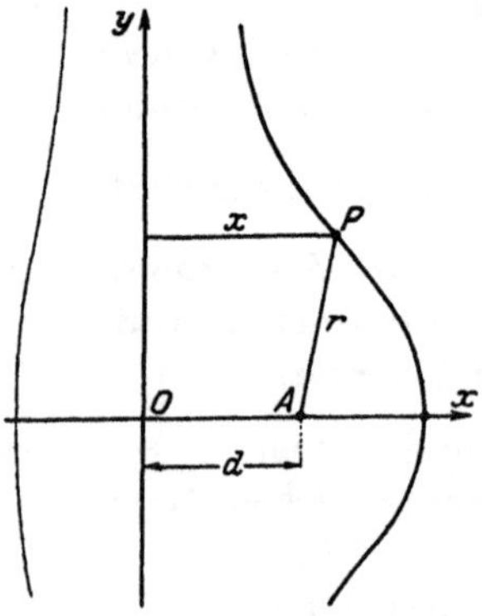

Abb. 261.

$$r^2x^2=c^4 \quad \text{oder} \quad \pm r\,x=c^2.$$

r ist die Entfernung des erzeugenden Punktes vom festen Punkt A und x seine Entfernung von der festen y-Achse, er hat also die Eigenschaft, daß diese beiden Entfernungen ein konstantes Produkt haben.

Die Kurve, Abb. 261, wurde teilweise schon in Aufg. I 128a) besprochen. Man kann noch hinzufügen, daß sie symmetrisch zur x-Achse und von der vierten Ordnung ist. Aus der letzten Bedingung ergibt sich, daß sie aus zwei Ästen besteht, weil der in der Abbildung stark ausgezogene Ast nicht mit jeder Geraden vier Schnittpunkte geben würde.

In Polarkoordinaten hat die Kurve die Gleichung

$$r^2\cos\varphi=\pm c^2 \qquad \text{oder} \qquad r=\frac{c}{\sqrt{\pm\cos\varphi}};$$

dabei ist der feste Punkt A als Anfangspunkt gewählt.

164. Reelle und imaginäre Gebiete einer Kurve lassen sich sehr oft aus einer Kurvengleichung ablesen. So kann die durch $y=x^2+x^4$ gegebene Kurve nur oberhalb der x-Achse verlaufen, da y für reelle x und damit für reelle Punkte nie negativ sein kann. Ebenso entnimmt man der Gleichung $y=x^3$ der kubischen Parabel, daß y immer das gleiche Vorzeichen haben muß wie x, daß also die Kurve nur im ersten und dritten Quadranten verlaufen kann; oder in anderer Sprechweise, daß die Kurve im zweiten und vierten Quadranten nur imaginäre Äste hat.

Beispiel a) Welche Eigenschaften kann man für die durch $y=x\sqrt{1-x}$ gegebene Kurve aus der Gleichung ablesen?

Rechts von $x=1$ wird die Kurve imaginär, weil in diesem Bereich $1-x$ negativ und damit $\sqrt{1-x}$ imaginär würde. Wenn man die Gleichung quadriert, $y^2=x^2(1-x)$, sieht man zunächst, daß die Kurve von der dritten Ordnung ist und sonach von jeder Geraden in drei reellen oder imaginären Punkten geschnitten wird, und ferner, daß das Vorzeichen von y belanglos ist und somit die Kurve symmetrisch zur x-Achse verläuft, Abb. 262. Die weitere Diskussion der Kurve bringen die Beispiele 165a) und 167b).

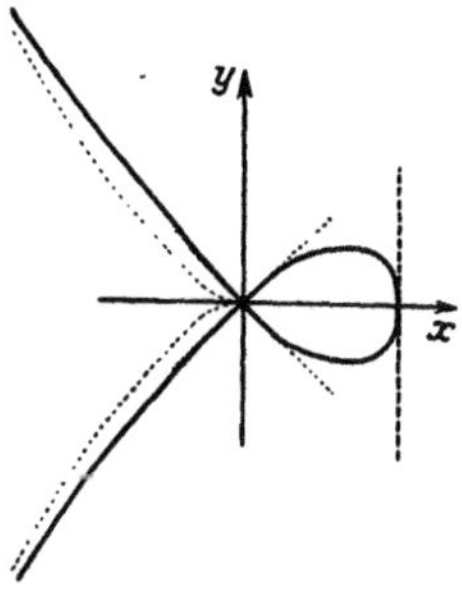

Abb. 262.

Beispiel b und c) Man untersuche die beiden Kurven der Beispiele 163b) und 163c) auf ihre imaginären Gebiete.

b) Die erste Kurvengleichung kann man anschreiben $x^2=y^2(1-2x)$. Die linke Gleichungsseite ist für positive x reell, also muß es auch die rechte sein, also auch die Klammer, d. h. $x<0{,}5$. Das ganze Gebiet rechts von der Geraden $x=0{,}5$ ist somit imaginär. Zum gleichen Ergebnis wäre man gekommen, wenn man nach y aufgelöst hätte.

c) Wenn x und y reell ist, muß die linke Gleichungsseite x^2y^2 der Kurvengleichung positiv sein, also auch die rechte, also muß x^2+y^2 größer sein als 4; oder wenn man $r^2=x^2+y^2$ berücksichtigt: der Fahrstrahl r eines jeden Kurvenpunktes muß größer als 2 sein, d. h. innerhalb eines Kreises vom Halbmesser 2 liegt kein reeller Punkt.

165. Das Verhalten der Kurve in der Nähe des Nullpunktes und im Unendlichen kann recht oft der Kurvengleichung unmittelbar entnommen werden. Voraussetzung ist natürlich im ersten Fall, daß sie durch den Nullpunkt hindurchgeht.

Die Kurve $y=x^2+x^4$ etwa verhält sich in der Umgebung des Nullpunktes wie die Kurve $y=x^2$; für sehr kleine x nämlich, etwa $\gtreqless 0{,}1$, wird $x^2 \gtreqless 0{,}01$ und $x^4 \leqq 0{,}0001$. Man wird daher nur einen sehr kleinen Fehler machen, wenn man unter der Voraussetzung kleiner Werte von x den zweiten Summanden x^4 gegenüber x^2 vernachlässigt.

In entsprechender Weise ergibt sich recht häufig auch das Verhalten der Kurve im Unendlichen. Die obige Kurve $y=x^2+x^4$ hat für große x und damit auch für große y, also weit weg vom Nullpunkt, fast den gleichen Verlauf wie $y=x^4$; weil man unter dieser Voraussetzung x^2 gegenüber x^4 vernachlässigen kann. Wenn x etwa gleich 10 ist, wird x^2 schon 100 und x^4 gleich 10000; man macht daher nur einen Fehler von 1 %, wenn man 100 gegenüber 10000 streicht.

Beispiel a) Welchen Verlauf hat die durch $y = x\sqrt{1-x}$ gegebene Kurve in der Nähe des Nullpunktes und weit weg von diesem Punkt?

Nach Beispiel 164a) wird die Kurvengleichung $y^2 = x^2 - x^3$. Sie geht durch den Nullpunkt und verläuft in ihm genau so, wie die Kurve $y^2 = x^2$ oder $y = \pm x$, denn man kann x^3 gegenüber x^2 vernachlässigen, wenn x sehr klein ist. Für große Werte von x und damit auch y kann man umgekehrt x^2 gegenüber x^3 streichen und sagen: weit weg vom Nullpunkt verläuft die Kurve genau so, wie $y^2 = -x^3$, d. h. wie die semikubische Parabel. Mit den für die Kurve bisher angegebenen Eigenschaften läßt sie sich so zeichnen, wie Abb. 262 angibt. S. auch noch Beispiel 167b).

Beispiel b) In einem zylindrisch gestalteten Luftschiff, Abb. 263, mit kreisförmigem Querschnitt ist bei der Normalstellung, wenn also die Schiffsachse wagrecht liegt, die wagrechte Komponente w der Druckdichte p durch eine Schaulinie dargestellt, deren Gleichung

$$c\,y^2 = x^3\,(2\,a - x)$$

ist (89b). c ist eine stets positive Konstante. Man zeichne die Schaulinie.

Man entnimmt zunächst der Gleichung, daß sie eine Kurve vierter Ordnung vorstellt; daß sie ferner symmetrisch zur x-Achse

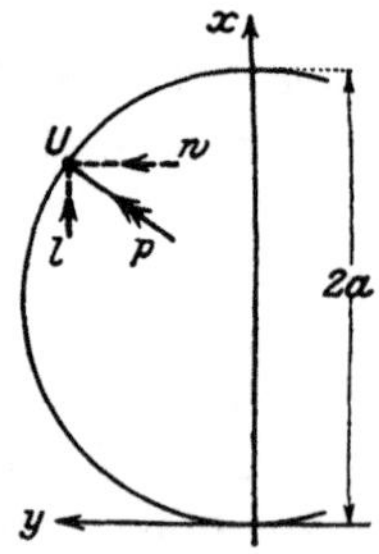

Abb. 263.

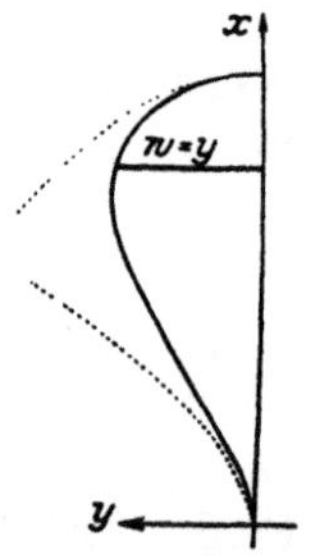

Abb. 264.

ist, was einfach der Tatsache entspricht, daß auf der linken und rechten Seite des Luftschiffes die Druckverhältnisse symmetrisch sind.

Die linke Seite ist stets positiv, also auch die rechte; es muß sonach $x \overline{\overline{<}}\, 2\,a$ sein. Aus dem gleichen Grunde kann x auch nicht negativ werden, also liegt die Kurve im Bereich von $x = 0$ bis $x = 2\,a$, was ja auch selbstverständlich ist. In der Nähe von $x = 0$ kann man x gegenüber $2a$ vernachlässigen, für sehr kleines x kann man sonach die Schaulinie durch die Kurve $cy^2 = 2ax^3$ ersetzen, durch eine semikubische Parabel, wie sie in Abb. 264 durch die gestrichelte Linie angedeutet ist. Um die Gestalt der Kurve in der Nähe des Firstes, wo $x = 2a$ ist, zu beurteilen, wird man das Koordinatensystem verschieben, so daß der Nullpunkt im First liegt. Für dieses neue Koordinatensystem lautet die Gleichung der Kurve $cy^2 = -x(x+2a)^3$. In der Nähe des Firstes ist nun x sehr klein, die Schaulinie läßt sich sonach durch die Kurve $cy^2 = -8a^3x$ ert setzen, durch eine gewöhnliche Parabel, wie sie gleichfalls gestrichel- eingezeichnet ist. Beide Annäherungen genügen, um die Schaulinie in ihrer ungefähren Gestalt (birnförmig) wiederzugeben.

Beispiel c) Man zeige, daß die Kurve des vorausgehenden Beispieles durch die in Abb. 265 gegebene Konstruktion mit Hilfe eines Kreises vom Halbmesser a entsteht. Dabei geben die Buch-

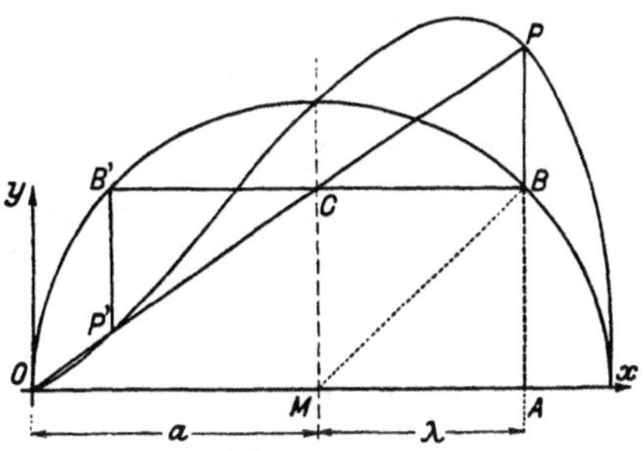

Abb. 265.

staben A, B, C, O, P die Reihenfolge der Konstruktionseinzelheiten an, wenn man einmal den Parameter λ gewählt hat.

Aus $MA = \lambda$ ergibt sich

$$AB = MC = \sqrt{a^2 - \lambda^2} \quad \text{und} \quad AP : MC = OA : OM$$

oder

$$y : \sqrt{a^2 - \lambda^2} = (a + \lambda) : a .$$

Mit

$$OA = x = a + \lambda \quad \text{oder} \quad \lambda = x - a$$

wird

$$ya = x\sqrt{a^2 - (x-a)^2} \quad \text{oder} \quad y^2a^2 = x^3(2a - x) .$$

Setzt man noch $a^2 = c$, so erhält man die Gleichung der Kurve wie im vorausgehenden Beispiel. Läßt man nun a konstant und verändert c, so erhält man als Deformation Kurven von der Form der Abb. 264.

166. Konstruktion der Kurven. Im ersten Band wurde bereits gezeigt, wie man eine Kurve oft mit großem Vorteil konstruiert und teilweise auch diskutiert, indem man sie auf einfachere oder bekannte Kurven zurückführt. Etwa indem man diese verschiebt oder deformiert oder gleichzeitig verschiebt und deformiert. Die entsprechenden Sätze, die gleichzeitig die Konstruktion angeben, sind durch (163 g bis o) gegeben.

Beispiel a) Man zeichne die Kurve $y = \sin^2 x$.

Man geht aus von der Hilfskurve $y = \sin x$, in Abb. 266 gestrichelt eingezeichnet. An der Stelle x ist die Ordinate dieser Kurve $\sin x$, die Ordinate der gesuchten Kurve soll sein $\sin^2 x$, es ist somit die Ordinate der neuen Kurve an jeder Stelle gleich dem Quadrat der Ordinate der Hilfskurve. Wie die Abbildung zeigt, gehört zur Ordinate 0,9 der Hilfskurve die Ordinate $0{,}9^2 \approx 0{,}8$ der gesuchten Kurve. Die Ordinate der Sinuskurve ist immer ein echter Bruch mit den Grenzwerten ± 1, die Ordinate der gesuchten Kurve muß daher an jeder Stelle kleiner oder höchstens gleich sein der Ordinate der Hilfskurve.

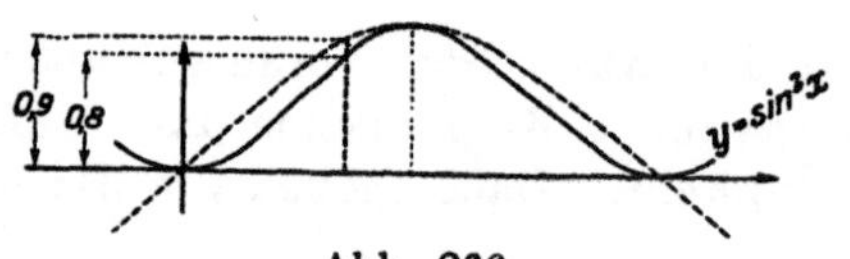

Abb. 266.

Beispiel b) Man zeichne die Kurve $y^2 = \sin x$.

Man geht wieder aus von der Hilfskurve $y = \sin x$, in Abb. 267 gestrichelt eingezeichnet. An der Stelle x ist ihre Ordinate $\sin x$, dagegen soll die Ordinate der gesuchten Kurve sein $\sqrt{\sin x}$, also an jeder Stelle gleich der Wurzel aus der Ordinate der Hilfskurve. Die Abbildung zeigt, wie zur Ordinate 0,25 der Hilfskurve die Ordinate $\sqrt{0{,}25} = 0{,}5$ der gesuchten Kurve konstruiert ist. Die Ordinaten der gesuchten Kurven müssen an jeder Stelle größer oder mindestens gleich sein den Ordinaten der Hilfskurve, dabei sind sie aber stets echte Brüche. Das Vorzeichen von y ist belanglos, somit ist die Kurve symmetrisch zur x-Achse. Im Bereich von $x = \pi$ bis $x = 2\pi$ hat die Kurve $y^2 = \sin x$ keinen reellen Punkt, weil die Ordinaten der Hilfskurve in diesem Bereich negativ sind.

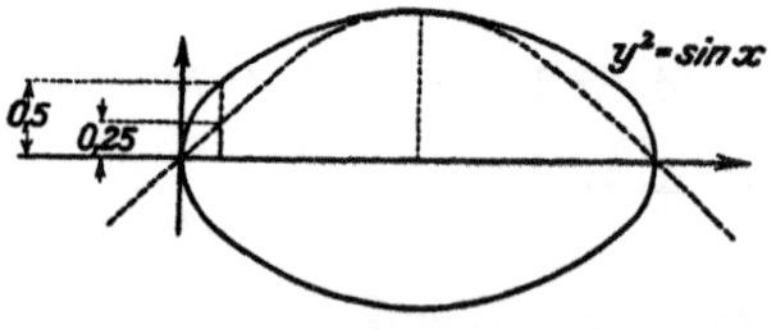

Abb. 267.

Beispiel c) Man gebe zuerst die ungefähre Gestalt der in der Festigkeitslehre auftretenden Kurve

$$y = b(1 - e^{-ax})$$

und dann die genauere für die Werte $a = 200$, $b = 6000$.

Die Kurve $y = e^x$ geht über in jene $y = e^{-x}$, wenn man sie eine halbe Drehung um die y-Achse ausführen läßt; und diese wieder in jene $y = -e^{-x}$, wenn man sie ebenso um die x-Achse dreht. Verschiebt man die letzterhaltene um $+1$ in der y-Richtung, so erhält man die Kurve

$$y = 1 - e^{-x}.$$

Aus dieser geht die vorgeschriebene Kurve nach (163n) durch homogene Deformation in der x- und y-Richtung hervor, Abb. 268.

Für den angegebenen Sonderfall wird die Kurve

$$y : 6000 = 1 - e^{-200x};$$

um sie zu erhalten, wird man die letztkonstruierte Kurve homogen so deformieren, daß die neuen Abszissen 200 mal so klein und die neuen Ordinaten 6000 mal so groß werden. Man kann die Kurve aber nur in einem verzerrten Maßstab zeichnen: in der Abb. 269 sind

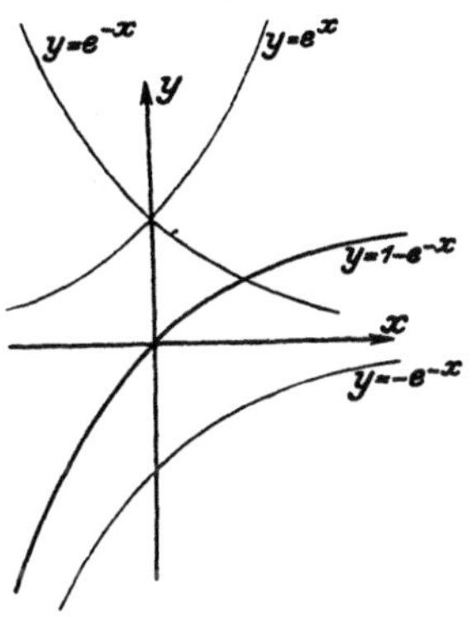

Abb. 268.

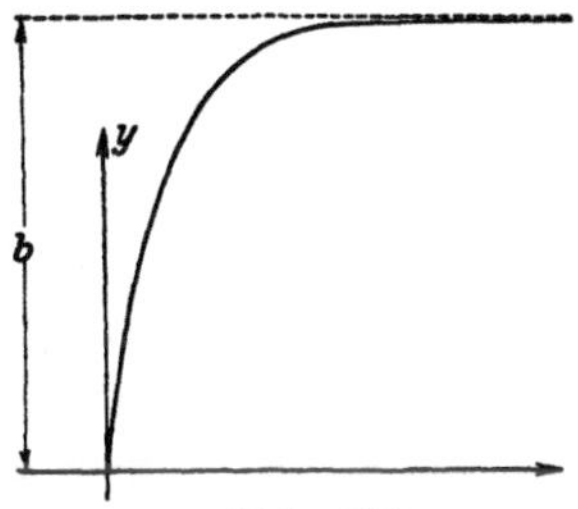

Abb. 269.

2000 lotrechte Längeneinheiten durch die Strecke 1 dargestellt und 0,005 wagrechte Längeneinheiten gleichfalls durch die Strecke 1.

Beispiel d) und e) Man gebe die ungefähre Gestalt der Kurven der Beisp. 163b und c), indem man von den Kegelschnitten

$$x^2 - y + 2xy = 0 \quad \text{bezw.} \quad xy = x + y - 4$$

ausgeht.

Im ersten Fall zeichnet man zuvor den Kegelschnitt, nach den Lehren des ersten Bandes eine Hyperbel mit dem Mittelpunkt $M = 0{,}5 \,|\, -0{,}5$ und den Asymptotenrichtungen $\operatorname{tg}\varphi_1 = \infty$, $\operatorname{tg}\varphi_2$

$= -0{,}5$, in Abb. 270 die fein gezeichnete Kurve. Diese Hyperbel

$$x^2 - y + 2xy = 0 \quad \text{wird zur Kurve} \quad x^2 - y^2 + 2xy^2 = 0$$

deformiert, indem man überlegt, daß für ein bestimmtes x bei der neuen Kurve y^2 den gleichen Wert hat wie y bei der Hyperbel. Oder umgekehrt, das neue y ist die Wurzel des alten y. Man wird also an jeder Stelle von den alten Ordinaten die Wurzeln nehmen und erhält so die stark ausgezogene neue Kurve. Dabei ist nicht zu vergessen, daß die Wurzel immer zwei verschiedene Vorzeichen hat. Der untere Ast der Hyperbel kommt nicht in Betracht, weil sein y stets negativ, die Wurzel daraus also imaginär ist.

Im zweiten Fall verfährt man genau so: Man zeichnet zuvor den Kegelschnitt, eine gleichseitige Hyperbel mit dem Mittelpunkt

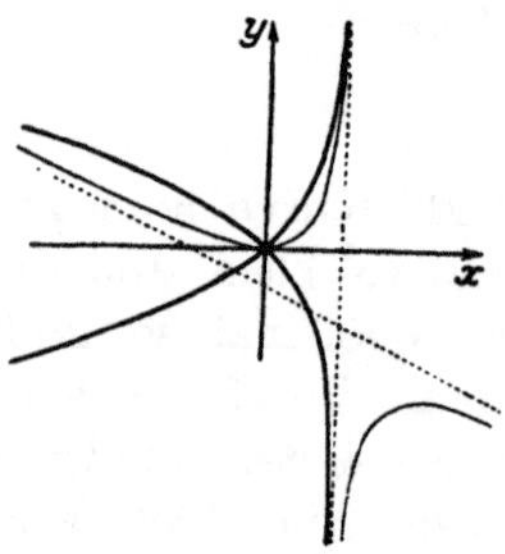

Abb. 270.

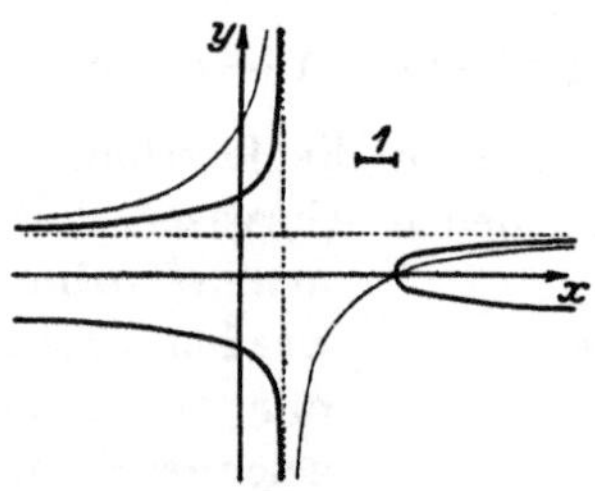

Abb. 271.

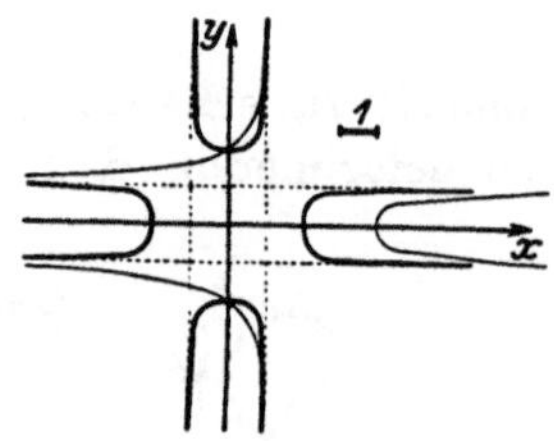

Abb. 272.

1 1 und den Asymptoten $x = 1$, $y = 1$, in Abb. 271 fein gezeichnet. Diese Hyperbel

$$xy = x + y - 4 \quad \text{wird zur Kurve} \quad xy^2 = x + y^2 - 4$$

genau so wie im vorausgehenden Fall deformiert. Die Kurve ist in Abb. 271 stark ausgezogen, in Abb. 272 aber fein gezeichnet. Von ihr geht man zur vorgeschriebenen Kurve über, indem man das gleiche Konstruktionsverfahren noch einmal anwendet, nur daß man an jeder Stelle die Wurzel aus x nimmt; wieder darf das doppelte Vorzeichen der Wurzel nicht vergessen werden. In Abb. 272 ist die Kurve stark ausgezogen gezeichnet.

Beispiel f) Man gebe die ungefähre Gestalt der Wahrscheinlichkeitskurve $y = ce^{-x^2}$.

Man läßt sie aus der Exponentialkurve $y = e^x$ hervorgehen, indem man diese öfter deformiert, Abb. 273. Die Reihenfolge der Änderungen ihrer Gestalt ergibt sich durch folgenden Übergang

$$y = e^x, \quad y = e^{-x}, \quad y = ce^{-x}, \quad y = ce^{-x^2}.$$

Man geht also aus von der Kurve $y = e^x$; läßt man sie eine halbe

Umdrehung um die y-Achse machen, so wird sie zur Kurve $y=e^{-x}$, s. Abb. 268; und macht man deren Ordinaten alle c mal so groß, zur Kurve $y=ce^{-x}$; um zur gewünschten Kurve zu gelangen, überlegt man noch, daß x^2 in ihr den nämlichen Wert hat wie x in der letzten Hilfskurve, d. h. die Abszisse der gesuchten Kurve ist an jeder Stelle gleich der Wurzel der letzten Hilfskurve $y=ce^{-x}$.

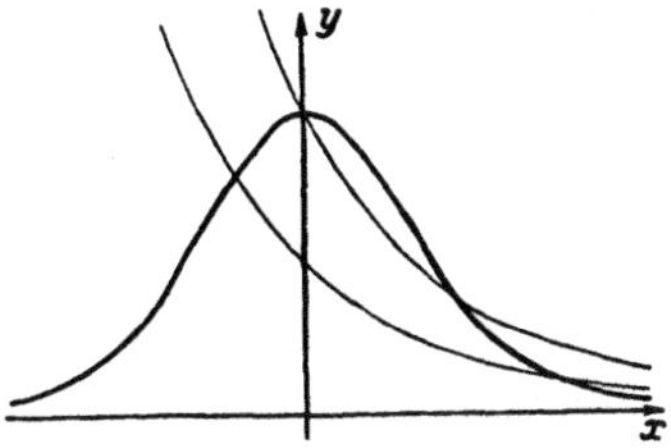

Abb. 273.

167. Fortsetzung. Recht häufig läßt sich eine Kurve unschwer mit Hilfe von anderen einfacheren Hilfskurven konstruieren, indem man die Ordinaten der gesuchten Kurve an jeder Stelle als Summen oder Produkte oder auch Quotienten von Ordinaten anderer Kurven erhält. Die nachfolgenden Konstruktionsangaben sind ohne weiteres einzusehen.

Die Ordinate der Kurve $y=u(x)+v(x)$ ist an jeder Stelle x gleich der Summe der Ordinaten der Kurven $y=u(x)$ und $y=v(x)$ an dieser Stelle. (a)

Die Ordinate der Kurve $y=u(x)\cdot v(x)$ ist an jeder Stelle x gleich dem Produkt der Ordinaten der Kurven $y=u(x)$ und $y=v(x)$ an dieser Stelle. (b)

Beispiel a) Die Kurve $y=x+\cos x$ geht aus den Hilfskurven $y_I=x$ und $y_{II}=\cos x$ hervor, indem man an jeder Stelle x ihre Ordinaten als Summe der Ordinaten der beiden Hilfskurven darstellt, $y=y_I+y_{II}$, Abb. 274.

Beispiel b) Die Kurve $y=x\sqrt{1-x}$ geht aus den beiden Hilfskurven $y_I=x$ und $y_{II}=\sqrt{1-x}$ oder $y_{II}^2=1-x$ hervor; die erste Kurve ist die Mediane, die andere Kurve eine Parabel symmetrisch zur x-Achse mit dem Scheitel im Punkt $1\,|\,0$, siehe die beiden fein gestrichelt

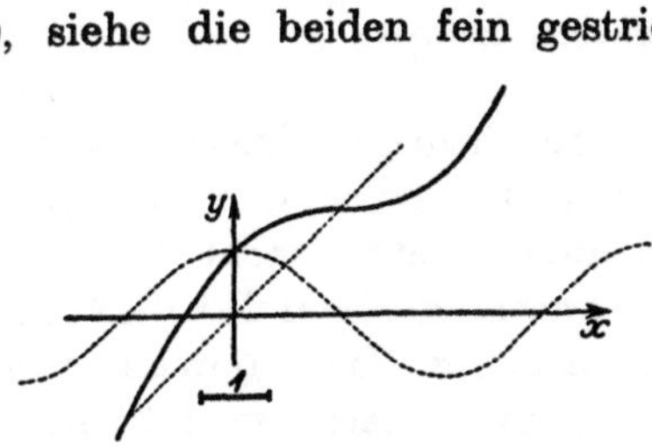

Abb. 274.

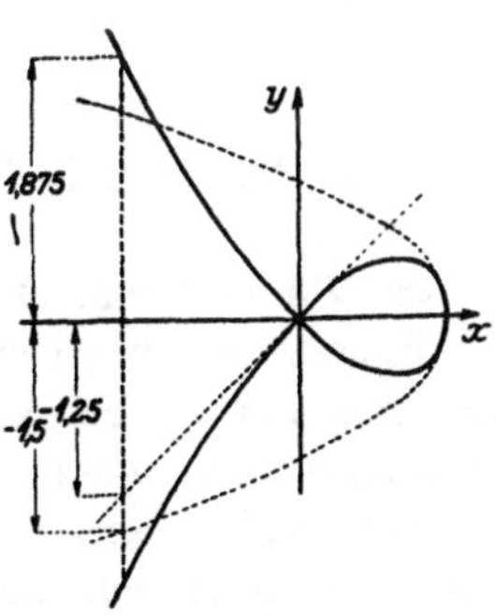

Abb. 275.

eingezeichneten Kurven der Abb. 275. Wie diese zeigt, sind an der Stelle $x = -1{,}25$ die Ordinaten der beiden Hilfskurven $-1{,}25$ und $\pm 1{,}5$, somit die Ordinaten der untersuchten Kurve $-1{,}25 \cdot \pm 1{,}5 \approx \pm 1{,}9$. Man wird bei der Konstruktion der Kurve auf die angegebene Weise sich mit einer ganz geringen Zahl von Punkten genügen, mit so vielen eben, daß man ein Bild von der ungefähren Gestalt der Kurve hat. Die bereits in Beisp. 164a) und 165a) angegebenen Eigenschaften der Kurve tragen ja auch recht wesentlich zur Konstruktion der Kurve bei.

Beispiel c) Man zeichne die Kurve $y = x \sin x$.

An jeder Stelle x ist die Ordinate der gesuchten Kurve das Produkt der Ordinaten der Kurven $y_I = x$ und $y_{II} = \sin x$, Abb. 276.

Beispiel d) Man zeichne die Kurve

$$y = \frac{a}{2}\left(e^{\frac{x}{a}} + e^{\frac{-x}{a}}\right).$$

Man geht aus von der Kurve

$$y = \tfrac{1}{2}(e^{x} + e^{-x}).$$

deren Koordinaten an jeder Stelle x das Mittel der Koordinaten der

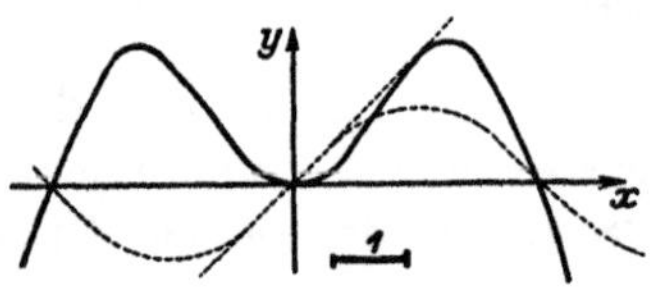

Abb. 276.

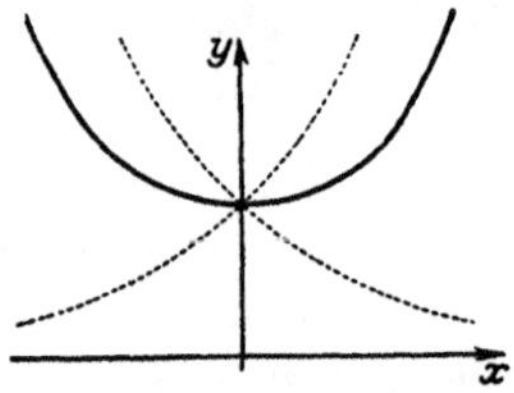

Abb. 277.

beiden Kurven $y = e^{x}$ und $y = e^{-x}$ sind, Abb. 277. Aus ihr geht die zu zeichnende Kurve

$$(y : a) = \tfrac{1}{2}(e^{x:a} + e^{-x:a})$$

durch eine Ähnlichkeits-Transformation hervor.

168. Fortsetzung. Eine Reihe von wichtigen Kurven lassen sich nur mühsam mit kartesischen Koordinaten behandeln, wogegen ihre Diskussion beim Übergang zu Polarkoordinaten recht einfach wird. Oder umgekehrt, wenn sich bei Verwendung von Polarkoordinaten die Eigenschaften einer Kurve in einfacher Form darstellen lassen, so wäre es natürlich töricht, würde man kartesische Koordinaten verwenden.

Beispiel a) Die Archimedische Spirale hat in Polarkoordinaten die Gleichung $r = c\,\varphi$, die eine recht einfache Konstruktionsvorschrift für die Kurve gibt. Zu jedem Bogen φ hat der zugehörige Radiusvektor r den Wert $c\,\varphi$. Wenn r nur positive Werte annehmen soll, so beginnt die Kurve im Nullpunkt und geht in immer größer werdendem Bogen unendlich oftmal um den Nullpunkt herum. Läßt man r auch negativ werden, dann erhält man die gestrichelt gezeichnete Linie, Abb. 278.

Beispiel b) Man diskutiere die Kurve $r = a\cos\varphi$.

Wenn man an die Formel $x = r\cos\varphi$, $y = r\sin\varphi$ für den Übergang von rechtwinkligen zu polaren Koordinaten denkt, kommt man zur Vermutung, ob nicht hier der Übergang zu rechtwinkligen Koordinaten am Platze sei. Man setzt $r \cdot r = a \cdot r\cos\varphi$ und erhält

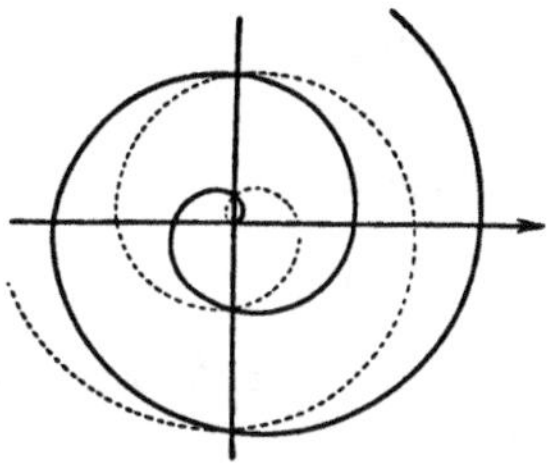

Abb. 278.

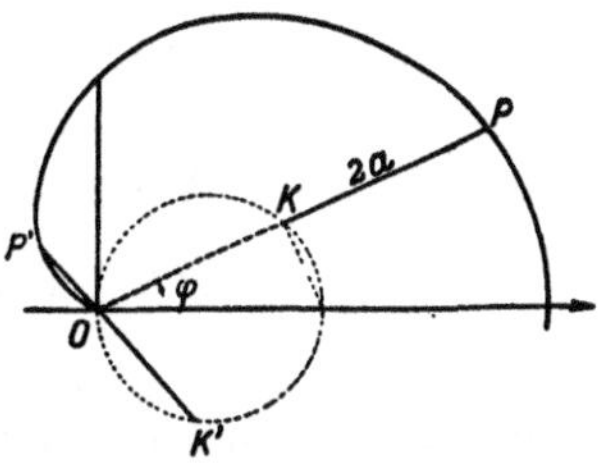

Abb. 279.

$x^2 + y^2 = ax$, d. i. die Gleichung eines Kreises, der die y-Achse im Nullpunkt berührt.

Auch bei polaren Koordinaten wird sich in vielen Fällen die Herleitung der zu untersuchenden Kurve aus einfacheren Hilfskurven durch Deformation empfehlen, oder aus mehreren einfacheren Hilfskurven, indem man deren Fahrstrahlen addiert oder multipliziert usw.

Beispiel c) Man gebe die ungefähre Gestalt der Kurve $r = 2a(1 + \cos\varphi)$.

Man zerlegt $r = 2a\cos\varphi + 2a$ und sagt: Der Fahrstrahl der gesuchten Kurve ist an jeder Stelle φ um $2a$ größer als jener der Hilfskurve $r = 2a\cos\varphi$. Letztere ist nach dem vorausgehenden Beispiel ein Kreis mit dem Durchmesser $2a$ durch den Nullpunkt, so wie in Abb. 279 dargestellt. In ihr ist nur die obere Symmetriehälfte der Kurve eingezeichnet.

Beispiel d) Eine veränderliche Tangente an den Kreis $x^2 + y^2 = c^2$ schneidet die Koordinatenachsen in den Punkten P_1 und P_2. Gesucht ist der geometrische Ort des Punktes P auf dieser Tangente, der die Strecke $P_1 P_2$ im Verhältnis λ teilt. Für den Sonderfall $\lambda = -1$ gebe man noch die ungefähre Gestalt des Ortes an und seine Beziehung zum gegebenen Kreis, Abb. 280.

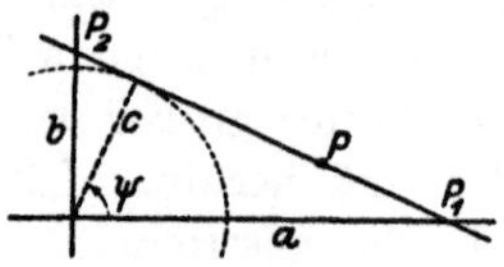

Abb. 280.

Es ist

$$P_1 = a \,|\, 0, \quad P_2 = 0 \,|\, b,$$
$$P = x \,|\, y, \quad \lambda = PP_1 : PP_2.$$

Dann wird
$$x = \frac{\lambda \cdot 0 - a}{\lambda - 1}, \quad y = \frac{\lambda b - 0}{\lambda - 1}$$

oder
$$a = x(1 - \lambda), \quad \lambda b = y(\lambda - 1).$$

Andrerseits ist
$$\cos\psi = c : a \quad \text{und} \quad \sin\psi = c : b$$

also
$$\frac{c^2}{a^2} + \frac{c^2}{b^2} = 1 \quad \text{oder} \quad c^2(a^2 + b^2) = a^2 b^2.$$

Oder wenn man die Werte für a und b einsetzt,

$$c^2[\lambda^2 x^2 + y^2] = x^2 y^2 (\lambda - 1)^2.$$

Für den Fall $\lambda = -1$, d. h. wenn P jedesmal der Mittelpunkt der Strecke $P_1 P_2$ ist, wird die Kurvengleichung

$$c^2(x^2 + y^2) = 4x^2 y^2.$$

Die Kurve ist vierter Ordnung, symmetrisch zur x- und y-Achse wie auch zur Mediane. Wenn man zu Polarkoordinaten übergeht, erhält man

$$c^2 r^2 = 4r^4 \cos^2\varphi \quad \text{oder} \quad \pm c = 2r\sin\varphi\cos\varphi$$

als Gleichung des Ortes, oder

$$r = \pm\frac{c}{\sin 2\varphi}.$$

Ihr entnimmt man, daß für $\varphi = 0$, $\frac{1}{2}\pi$, $\frac{3}{2}\pi$, 2π, der Fahrstrahl r unendlich groß wird. Die Gestalt der Kurve läßt sich mit Hilfe eines Kreises erkennen, wenn man ihre Gleichung umformt,

$$c^2\left(\frac{1}{y^2} + \frac{1}{x^2}\right) = 4 \quad \text{oder} \quad \frac{1}{x^2} + \frac{1}{y^2} = \frac{4}{c^2}.$$

Die neue Gleichung geht aus der Kreisgleichung

$$x^2 + y^2 = 4 : c^2$$

hervor, wenn man x durch $1 : x$ und y durch $1 : y$ ersetzt.

169. Fortsetzung. Ist die Kurvengleichung in Parameterdarstellung

$$x = u(t), \qquad y = v(t)$$

gegeben, so wird man in vielen Fällen eine Reihe von Eigenschaften und auch einfache Konstruktionsmöglichkeiten gewinnen, wenn man

Abb. 281.

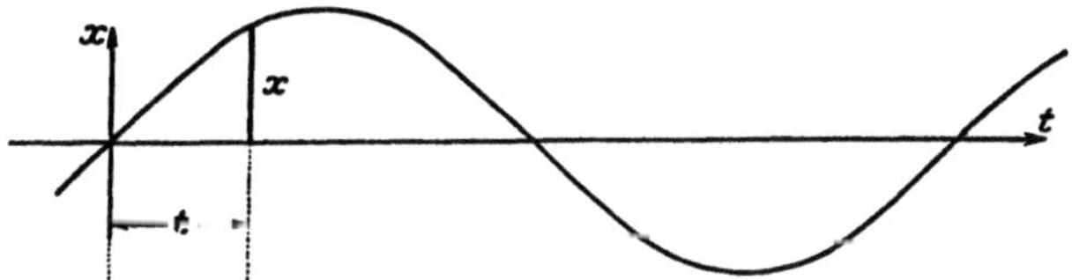

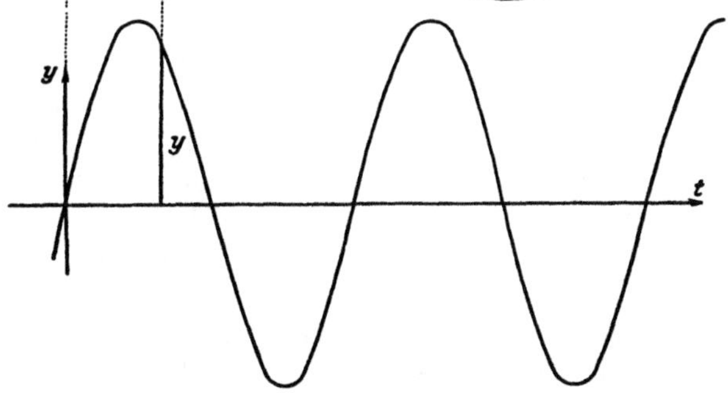

Abb. 282.

den Parameter t eliminiert und eine Gleichung $F(x, y) = 0$ herstellt. Ist eine solche Gleichung nicht zu erzielen, oder nur mit Schwierigkeiten, dann ermöglicht sich eine Konstruktion dadurch, daß man jede der beiden Parametergleichungen einzeln graphisch darstellt, so wie Abb. 281 bis 283 zeigt. Für jeden Parameter t liefern die beiden Hilfskurven ein zugehöriges Wertepaar $x \mid y$ und damit einen Punkt der gesuchten Kurve. Natürlich läßt sich noch eine praktischere Anordnung der Konstruktion geben, etwa derart, daß man t als dritte Veränderliche im Raum betrachtet, vielleicht auch z dafür setzt. Dann stellt $x = u(t)$ mit $y = v(t)$ eine Raumkurve vor, und von ihr wieder $x = u(t)$ den Seitenriß und $y = v(t)$ den Aufriß. Aus beiden wird die gesuchte Kurve als zugehöriger Grundriß gefunden. Die Konstruktion wird zwar bequemer, dafür aber nicht mehr übersichtlich, siehe später 276.

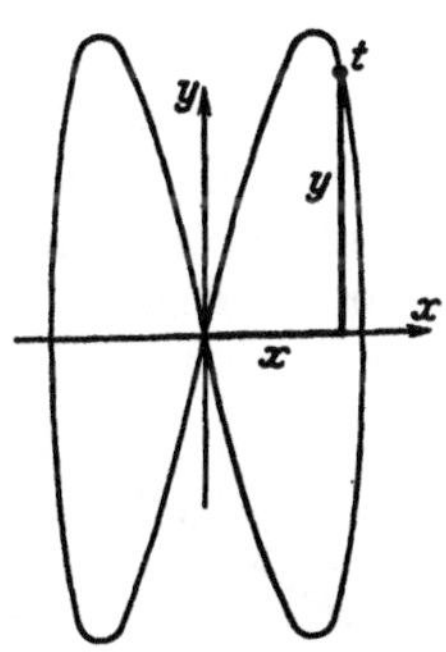

Abb. 283.

Beispiel a) Man gebe eine ungefähre Zeichnung der Kurve

$$x = a \sin t, \qquad y = b \sin 2t.$$

Man kann zur gewöhnlichen Darstellung übergehen, wenn man den Parameter t beseitigt. Mit

$$\sin t = x : a, \qquad \text{also} \qquad \cos t = \sqrt{a^2 - x^2} : a,$$

wird die zweite der beiden Gleichungen

$$y = 2b \frac{x}{a} \cdot \frac{\sqrt{a^2 - x^2}}{a} \qquad \text{oder} \qquad a^4 y^2 = 4b^2 x^2 (a^2 - x^2).$$

Für die Zeichnung der Kurve lassen sich aus dieser Gleichung einige Eigenschaften ablesen: sie ist eine Kurve vierter Ordnung; sie ist symmetrisch zur x- und zur y-Achse; der Nullpunkt ist Mittelpunkt; sie geht durch den Nullpunkt; im Nullpunkt verhält sie sich wie die Kurve $a^4 y^2 = 4a^2 b^2 x^2$ (weil man x^2 gegenüber a^2 vernachlässigen kann) oder wie $ay = \pm 2bx$, d. h. der Nullpunkt ist ein Doppelpunkt mit den beiden Tangenten $ay = \pm 2bx$. Den gegebenen Parametergleichungen entnimmt man noch: x schwankt zwischen den Werten $+a$ und $-a$ und y zwischen den Werten $+b$ und $-b$. Wenn man noch die Schnittpunkte mit den Achsen, vielleicht noch die Richtung in einzelnen Punkten aufsucht, so werden diese Angaben schon hinreichen, um die ungefähre Gestalt der Kurve anzugeben. Ziemlich genau findet man die Gestalt nach dem oben angegebenen Verfahren. Abb. 281 bis 283 gibt die Entstehung der Kurve und ihre Gestalt für die Werte $a = 1$, $b = 2$.

B. Annäherungskurven.

170. Grad der Annäherung. Wenn man eine in Blei gezeichnete Kurve ausziehen will, so wird man je nach der gewünschten Genauigkeit verschiedene Hilfsmittel benützen. Man wird ein sehr kleines Stück b eines flachen Bogens noch recht gut durch ein Geradenstück ersetzen, ohne daß die gewünschte Genauigkeit verletzt wird, s. Abb. 284. Dieses Geradenstück hat dann die Richtung der Sekante zwischen dem Anfangs- und Endpunkt des Bogenstückes und fällt um so mehr mit den Tangenten in den einzelnen Punkten des Bogenstückes zusammen, je kleiner das Bogenstück ist.

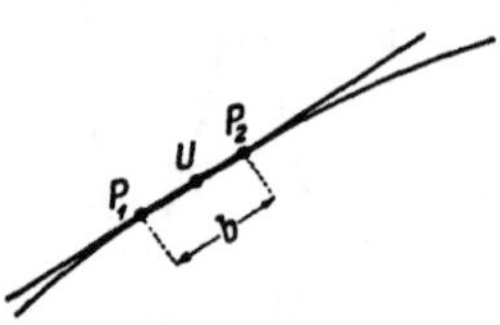

Abb. 284.

Es ist nur eine andere Sprechweise, wenn wir von dem „kleinen Bogenstück“ b sprechen, statt von der „Umgebung des Kurvenpunktes U“.

Die Tangente im untersuchten Kurvenpunkt U ist die Annäherung ersten Grades an die Kurve in der Umgebung dieses Punktes.

Größere Annäherung erhält man, wenn man die Kurve in der Umgebung von U durch eine Kurve zweiter Ordnung, durch einen Kegelschnitt ersetzt. Dabei ist zu beachten, daß ein Kreis durch drei Punkte bestimmt ist, eine Parabel durch vier und eine Ellipse oder Hyperbel durch fünf. Durch die drei als unendlich benachbart anzunehmenden Punkte P_1, P_2 und U der Umgebung des Punktes U ist jedenfalls ein Kreis bestimmt, der später noch zu besprechende Krümmungskreis. Wie man mit solchen aufeinanderfolgenden Annäherungskreisen die Kurve zeichnet, s. Abb. 285, ist bekannt. Eine genauere Annäherung als dieser Kreis sie bietet, wird jedenfalls die Annäherungsparabel bringen, die man durch vier unendlich benachbarte Punkte legt. Die vom Ingenieur gebrauchten Kurvenlineale sind in der Hauptsache aus Parabelbögen zusammengesetzt und gestatten deswegen auch für größere Bogenstücke noch eine ziemlich genaue Annäherung. Den Ersatz der Umgebung des untersuchten Punktes durch einen Kegelschnitt nennen wir eine Annäherung zweiten Grades. Zu ihr gehört auch der Ersatz des Bogenstückes in der Nähe eines Doppelpunktes durch ein Geradenpaar, Abb. 286, durch einen zerfallenden Kegelschnitt also. Will man eine noch größere Annäherung, so wird man die Kurve in der Umgebung des untersuchten Punktes durch eine Kurve dritter oder vierter Ordnung ersetzen: Annäherung dritten, vierten Grades usw.

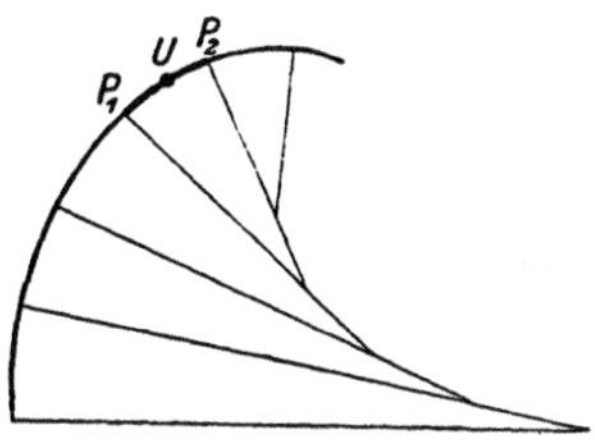

Abb. 285.

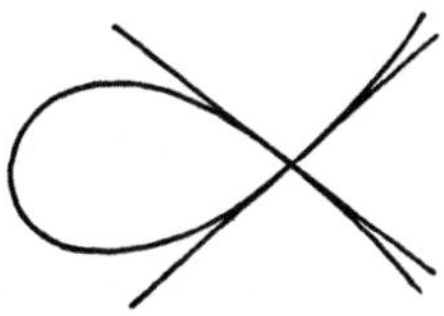
Abb. 286.

171. Tangente und Normale im Kurvenpunkt P_0. In den nachfolgenden Nummern werden einer einfacheren Schreibweise wegen die Koordinaten des erzeugenden Punktes oft mit $\xi \mid \eta$ bezeichnet, und die Koordinaten des untersuchten Punktes U mit $x \mid y$. Man hat also nur in den früheren Formeln $x \mid y$ durch $\xi \mid \eta$ und $x_0 \mid y_0$ durch $x \mid y$ zu ersetzen.

Wenn die Gleichung der zu besprechenden Kurve in rechtwinkligen Koordinaten gegeben ist, dann ist nach (29a) an der untersuchten Stelle $U = x \mid y$ die Gleichung der

$$\text{Tangente} \quad \eta - y = y'(\xi - x) \tag{a}$$

$$\text{Normalen} \quad \eta - y = -\frac{1}{y'}(\xi - x). \tag{b}$$

Dabei ist y' die gewöhnliche Ableitung der Kurvengleichung an der Stelle $x|y$. Wenn diese Ableitung aus der Gleichung $F(x,y)=0$ nach (154) ermittelt wird, dann ist

$$y' = -\frac{\partial F}{\partial x} : \frac{\partial F}{\partial y} \qquad \text{oder} \qquad y' = -\frac{F_1}{F_2}.$$

Mit diesen Werten wird die Gleichung der

$$\text{Tangente} \quad (\xi - x) F_1 + (\eta - y) F_2 = 0, \tag{c}$$

$$\text{Normalen} \quad \frac{\xi - x}{F_1} = \frac{\eta - y}{F_2}. \tag{d}$$

Ist die Gleichung der Kurve in der Parameterform $\xi = u(t)$ mit $\eta = v(t)$ gegeben, so ist nach (151)

$$y' = v' : u'.$$

Es wird die Gleichung der

$$\text{Tangente} \quad (\xi - x) v' - (\eta - y) u' = 0, \tag{e}$$

$$\text{Normalen} \quad (\xi - x) u' + (\eta - y) v' = 0. \tag{f}$$

Bei Anwendung von Polarkoordinaten wird eine etwa gewünschte Tangente oder Normale oder die Kurvenrichtung im Punkt P_0 ermittelt mit der Beziehung (27b)

$$\tau = \varphi + \vartheta \qquad \text{oder} \qquad \operatorname{tg} \tau = \frac{r + r' \operatorname{tg} \varphi}{r' - r \operatorname{tg} \varphi}. \tag{g}$$

Tangentenstück, Normalenstück, Subtangente, Subnormale siehe 30.

Beispiel a) Gesucht sind die Gleichungen der Tangente und Normalen der Kurve

$$x = a \sin t, \qquad y = b \sin 2t$$

zuerst an der allgemeinen Stelle $x|y$, dann im Punkt mit dem Parameter $t = {}^1/_3\,\pi$.

Hier ist $\qquad u' = a \cos t, \qquad v' = 2b \cos 2t,$

also sind nach (e) und (f) die gesuchten Gleichungen

$$(\xi - a \sin t)\, 2b \cos 2t - (\eta - b \sin 2t)\, a \cos t = 0,$$

$$(\xi - a \sin t)\, a \cos t + (\eta - b \sin 2t)\, 2b \cos 2t = 0.$$

Für $t = {}^1/_3\pi$ wird

$$x = a\cdot 0{,}5\sqrt{3}, \qquad y = b\cdot 0{,}5\sqrt{3}, \qquad u' = 0{,}5a, \qquad v' = -b,$$

obige Gleichungen gehen über in

$$4b\xi + 2a\eta - 3ab\sqrt{3} = 0 \quad \text{und} \quad 2a\xi - 4b\eta + \sqrt{3}(2b^2 - a^2) = 0.$$

Beispiel b) Die Gleichung der Kurve

$$x = a\sin t, \qquad y = b\sin 2t$$

gebe man in der gewöhnlichen Darstellung $F(x, y) = 0$ und suche dann die Gleichung von Tangente und Normale an der Stelle $x = 0{,}5a\sqrt{3}$.

Man findet nach Beisp. 169a) als Kurvengleichung

$$4b^2x^2(a^2 - x^2) - a^4y^2 = 0.$$

Es ist $\qquad F_1 = 8b^2x(a^2 - 2x^2), \qquad F_2 = -2a^4y.$

Für $x = 0{,}5a\sqrt{3}$ wird

$$y = 0{,}5b\sqrt{3}, \qquad F_1 = -2a^3b^2\sqrt{3}, \qquad F_2 = -a^4b\sqrt{3}$$

und somit die Gleichung der Tangente und Normalen nach (c) und (d) wieder wie im vorigen Beispiel.

172. Tangente von einem Punkt P_0 aus an die Kurve. Wenn der Berührungspunkt $P = x \mid y$ bekannt wäre, dann würde nach der vorausgehenden Nummer die Tangente sein

$$\eta - y = y'(\xi - x).$$

Für die beiden unbekannten Koordinaten $x \mid y$ hat man zwei Gleichungen. Die Koordinaten des gesuchten Punktes müssen einmal der gegebenen Kurvengleichung genügen, und zweitens muß die eben angeschriebene Tangente durch den gegebenen Punkt P_0 hindurchgehen.

Beispiel a) Gesucht sind die Gleichungen der Tangente an die Kurve $y = e^x(x^3 - x^2)$ vom Punkt $P_0 = 1 \mid 0$ aus.

Der gesuchte Berührungspunkt $P = x \mid y$ liegt auf der Kurve, also gilt für ihn

$$1) \quad y = e^x(x^3 - x^2).$$

In dieser Gleichung ist jetzt x nicht eine Veränderliche, sondern eine konstante aber unbekannte Koordinate. Die Kurve hat an der Stelle x die Richtung

$$\operatorname{tg}\tau = y' = e^x(x^3 + 2x^2 - 2x),$$

also ist die Tangente im Punkt $x \mid y$

$$\eta - y = e^x (x^3 + 2x^2 - 2x)\cdot(\xi - x).$$

Sie muß durch den vorgeschriebenen Punkt $1 \mid 0$ gehen,

$$2)\quad 0 - y = e^x (x^3 + 2x^2 - 2x)(1 - x),$$

Aus den beiden Gleichungen 1) und 2) wird

$$e^x (x^3 - x^2) = e^x (x^3 + 2x^2 - 2x)(x - 1)$$

oder
$$e^x x (x - 1)^2 (x + 2) = 0.$$

Die einzelnen Wurzeln dieser Gleichung sind $x_1 = -\infty$, $x_2 = 0$, $x_3 = x_4 = 1$, $x_5 = -2$. Vom gegebenen Punkt $1 \mid 0$ aus sind sonach fünf Tangente möglich. Für $x_1 = -\infty$ wird $y_1 = 0$, die x-Achse ist Tangente, ihre Gleichung ist $y = 0$; sie berührt die Kurve im unendlich fernen Punkt, sie ist eine Asymptote. Für $x_2 = 0$ wird $y_2 = 0$, die Gerade von P_0 aus zum Nullpunkt ist auch eine Tangente, ihre Gleichung ist $y = 0$. Die Wurzeln $x_3 = x_4 = 1$ entsprechen der Tatsache, daß der vorgeschriebene Punkt P_0 auf der Kurve selbst liegt, also mit dem gesuchten Berührpunkt P_1 zusammenfällt; die Tangente in diesem Punkt ist zweifach zu zählen; ihre Gleichung ist $y = e(x - 1)$. Für $x_5 = -2$ wird $y_5 = -12 : e^2$; die Gleichung der Tangente wird

$$y + 12\,e^{-2} = 4e^{-2}(x + 2) \qquad \text{oder} \qquad 4x - e^2 y - 4 = 0,$$

wo jetzt wieder x und y Koordinaten des erzeugenden Punktes sind.

173. Asymptoten. Aus I 135 wird wiederholt:

Unendlich ferne Punkte einer Kurve sind ihre Schnittpunkte mit der unendlich fernen Geraden. (a)

Eine Kurve n ter Ordnung hat n unendlich ferne Punkte. (b)

Asymptoten einer Kurve sind die Tangenten in ihren unendlich fernen Punkten. (c)

Eine Kurve n ter Ordnung hat n Asymptoten. (d)

Sie können alle oder nur zum Teil imaginär sein. Ist die Kurve ungerader Ordnung, so läßt sich aus dem Satz (119c) von den konjugierten imaginären Wurzeln schließen, daß auch die imaginären Asymptoten immer paarweise konjugiert imaginär auftreten. Dann muß aber eine Kurve dritter, fünfter, siebenter usw. Ordnung mindestens eine reelle Asymptote haben, also:

eine Kurve ungerader Ordnung hat mindestens eine reelle Asymptote. (e)

Wenn die Gleichung der gesuchten Asymptote $y = \lambda x + l$ ist, so ermittelt man zuerst die n Richtungen λ_i, alsdann zu jedem einzelnen λ_i noch das zugehörige l_i.

Die Kurvengleichung $F(x, y) = 0$ läßt sich auch anschreiben $F(x, \lambda x) = 0$, wenn man die Richtung $\lambda = y : x$ des Fahrstrahles zum erzeugenden Punkt einführt. Rückt dieser in das Unendliche, dann wird er zum unendlich fernen Punkt der Kurve und die Tangente in ihm zur Asymptote.

Es ist dann die Richtung λ des Radiusvektors auch gleichzeitig die Richtung der Asymptote. Im allgemeinen Fall wird die Abszisse des unendlich fernen Punktes zu $x = \infty$, aus der Gleichung $F(x, \lambda x) = 0$ bestimmt sich also die Asymptotenrichtung als jener Grenzwert, gegen den λ für $x = \infty$ konvergiert.

Ist λ gefunden, dann wird der Abschnitt l der Asymptote auf der y-Achse aus der Tatsache ermittelt, daß die Abszisse $x = \infty$ sowohl der Gleichung der Asymptote als auch der Gleichung der Kurve genügen muß. Setzt man daher $y = \lambda x + l$ in die Kurvengleichung, so wird diese für $x = \infty$ zu einer Gleichung für l.

Der angegebene Weg liefert nicht die Asymptoten mit der Richtung $\lambda = \infty$, d. h. die zur y-Achse parallelen Asymptoten. Wenn eine solche vorhanden, dann wird man die Gleichung der Asymptote in der Form $x = \mu y + m$ anschreiben und μ und m genau so ermitteln wie vorher λ und l. Man hat nur die Veränderlichen x und y zu vertauschen.

Beispiel a) Gesucht sind die Asymptoten der Kurve

$$6x^2 - 5xy + y^2 = y.$$

Die Gleichung stellt einen Kegelschnitt vor, der sonach zwei Asymptoten hat. Die Richtung λ ist unter der Voraussetzung $x = \infty$ bestimmt durch

$$6x^2 - 5\lambda x^2 + \lambda^2 x^2 = \lambda x \quad \text{oder} \quad 6 - 5\lambda + \lambda^2 = \frac{\lambda}{x}$$

$$\text{oder} \quad 6 - 5\lambda + \lambda^2 = 0.$$

$\lambda_1 = 2$ und $\lambda_2 = 3$ sind die beiden verschiedenen Richtungen. Die beiden Asymptoten sind sonach $y = 2x + l_1$ und $y = 3x + l_2$. Für l_1 gilt wieder unter der Voraussetzung $x = \infty$

$$6x^2 - 5x(2x + l_1) + (2x + l_1)^2 = 2x + l_1$$

oder ausgerechnet $\quad l_1^2 - l_1 = x(l_1 + 2) \quad$ oder $\quad \frac{l_1^2 - l_1}{x} = l_1 + 2$

oder $\quad l_1 = -2.$

Die erste Asymptote ist sonach $y = 2x - 2$.

Für l_2 gilt ebenso unter der Voraussetzung $x = \infty$

$$6x^2 - 5x(3x + l_2) + (3x + l_2)^2 = 3x + l_2$$

oder ausgerechnet $l^2_2 - l_2 = x(-l_2 + 3)$ oder $\frac{l^2_2 - l_2}{x} = -l_2 + 3$ oder $\lambda_2 = 3$. Die zweite Asymptote ist sonach $y = 3x + 3$.

Beispiel b) Gesucht sind die Asymptoten der Kurve

$$x^3 - 3xy^2 = a^3.$$

Die Kurve ist dritter Ordnung, sie hat sonach drei Asymptoten, von denen mindestens eine reell sein muß. Die Richtung λ der Asymptote bestimmt man unter der Voraussetzung $x = \infty$ aus

$$x^3 - 3x\lambda^2x^2 = a^3 \quad \text{oder} \quad 1 - 3\lambda^2 = \frac{a^3}{x^3} \quad \text{oder} \quad 1 - 3\lambda^2 = 0,$$

also $\lambda_1 = \frac{1}{3}\sqrt{3}$, $\lambda_2 = -\frac{1}{3}\sqrt{3}$. Die dritte Richtung ist aus der vorstehenden Gleichung nicht zu ermitteln, weil die entsprechende Asymptote parallel zur y-Achse ist, siehe weiter unten.

Zu $\lambda_1 = \frac{1}{3}\sqrt{3}$ bestimmt sich das zugehörige l_1 unter der Voraussetzung $x = \infty$ aus

$$x^3 - 3x(\tfrac{1}{3}x\sqrt{3} + l_1)^2 = a^3 \quad \text{oder} \quad -2l_1\sqrt{3} = (a^3 + 3xl_1^2) : x^2$$

zu $l_1 = 0$. Ebenso findet man $l_2 = 0$. Die beiden ersten Asymptoten sind sonach

$$y = +\tfrac{1}{3}x\sqrt{3} \quad \text{und} \quad y = -\tfrac{1}{3}x\sqrt{3}.$$

Um die dritte Asymptote in der Form $x = \mu y + m$ zu finden, ermittelt man zuerst μ nach der Voraussetzung $y = \infty$ aus der Gleichung

$$\mu^3y^3 - 3\mu y^3 = a^3 \quad \text{oder} \quad \mu^3 - 3\mu = \frac{a^3}{y^3} \quad \text{oder} \quad \mu(\mu^2 - 3) = 0.$$

Von den drei Wurzeln $\mu_1 = 0$, $\mu_2 = \sqrt{3}$, $\mu_3 = -\sqrt{3}$ entspricht offenbar die erste der gesuchten Asymptoten, die also lautet $x = m_3$; man ermittelt noch m_3 unter der Bedingung $y = \infty$ aus der Gleichung

$$m_3{}^3 - 3m_3y^2 = a^3 \quad \text{oder} \quad 3m_3 = (m^3 - a^3) : y^2$$

zu $m_3 = 0$. Die dritte Asymptote ist sonach $x = 0$.

Beispiel c) Gesucht sind die Asymptoten der Kurve $xy = \sin x$.

Die Richtung λ der Asymptote ist wieder unter der Voraussetzung $x = \infty$ bestimmt durch die Gleichung

$$x \cdot \lambda x = \sin x \quad \text{oder} \quad \lambda = \frac{\sin x}{x^2} \quad \text{oder} \quad \lambda = 0.$$

Die Gleichung der Asymptote ist sonach $y = l$, wo sich l unter der Bedingung $x = \infty$ bestimmt aus

$$x \cdot l = \sin x \quad \text{oder} \quad l = \frac{\sin x}{x} = 0.$$

Die gesuchte Asymptote ist sonach $y = 0$, die x-Achse, Abb. 29.

Beispiel d) Gesucht sind die Asymptoten der Kurve

$$y(x^2 - 4) - x^2 + 1 = 0.$$

Man könnte sie mit Hilfe der Formeln finden, vorteilhafter ist es aber, hier wie oft, wenn man sich zuvor über die ungefähre Gestalt der Kurve klar wird. Wenn man die Gleichung anschreibt

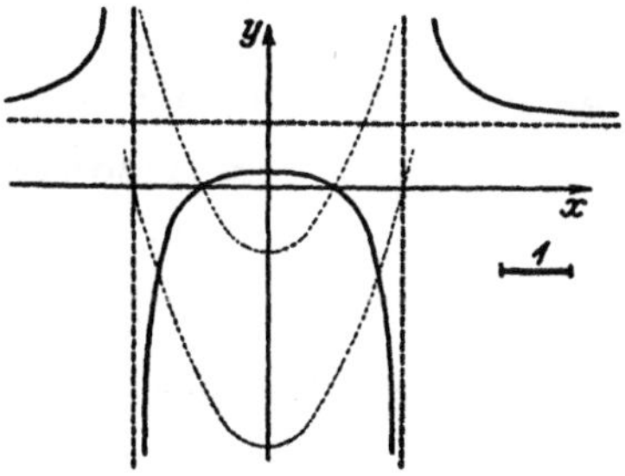

Abb. 287.

$$y = \frac{x^2 - 1}{x^2 - 4} \quad \text{oder} \quad y = \frac{y_I}{y_{II}} \quad \text{mit} \quad y_I = x^2 - 1, \quad y_{II} = x^2 - 4,$$

dann ist schon eine recht einfache Konstruktion der Kurve aus zwei Parabeln gegeben, so wie die Abb. 287 andeutet. Man erkennt unmittelbar, daß die Geraden $x = 2$, $x = -2$, $y = 1$ Asymptoten sind.

174. Horizontal- und Vertikalstellen. Wenn eine Kurvengleichung in rechtwinkligen Koordinaten gegeben ist, erhält man nach 28 als Bedingung für eine

$$\begin{aligned} &\text{Horizontalstelle} \quad y' = 0, \\ &\text{Vertikalstelle} \quad y' = \infty. \end{aligned} \tag{a}$$

Will oder kann man die unentwickelte Form der Kurvengleichung $F(x, y) = 0$ nicht nach y auflösen, so wird man y' nach (154) angeben und erhält als Bedingung für eine

$$\left.\begin{aligned} &\text{Horizontalstelle} \quad \frac{\partial F}{\partial x} = 0, \\ &\text{Vertikalstelle} \quad \frac{\partial F}{\partial y} = 0. \end{aligned}\right\} \tag{b}$$

Für den Fall, daß ein Kurvenpunkt P_0 gleichzeitig den Bedingungen $\frac{\partial F}{\partial x} = 0$ und $\frac{\partial F}{\partial y} = 0$ genügt, hat man einen Doppelpunkt, s. später.

Wenn die Kurvengleichung in der Parameterform $x = u(t)$,

$y = v(t)$ gegeben ist, wird man y' nach (153) angeben und erhält als Bedingung für eine

$$\begin{aligned} &\text{Horizontalstelle} \quad v' = 0, \\ &\text{Vertikalstelle} \quad u' = 0. \end{aligned} \tag{c}$$

Wenn ein Kurvenpunkt P_0 gleichzeitig den Bedingungen $u' = 0$ und $v' = 0$ genügt, dann ist er ein Doppelpunkt, s. später.

Ist die Gleichung der Kurve in Polarkoordinaten gegeben, so wird nach (28) die Bedingung für eine

$$\begin{aligned} &\text{Horizontalstelle} \quad \operatorname{tg}\varphi = -\operatorname{tg}\vartheta, \\ &\text{Vertikalstelle} \quad \operatorname{tg}\varphi = \operatorname{cotg}\vartheta. \end{aligned} \tag{d}$$

175. Berührung von Kurven. Wenn zwei Kurven $y = f(x)$ und $y = g(x)$ einen Punkt P_0 gemeinsam haben, so muß an dieser Stelle $f(x) = g(x)$ sein. Wenn die beiden Kurven sich in P_0 auch noch berühren, so müssen beide in P_0 die Richtung gemeinsam haben, es muß auch noch $f'(x) = g'(x)$ gelten. Die beiden Kurven haben dann in P_0 eine gemeinsame Tangente. Weitere Beziehungen werden im allgemeinen nicht mehr existieren. Wir sagen dann, die Berührung ist erster Ordnung. Wenn an der Berührstelle auch noch $f''(x) = g''(x)$ gilt, dann ist die Berührung eine innigere, denn diese Beziehungen lassen sich auch schreiben

$$\frac{df'(x)}{dx} = \frac{dg'(x)}{dx} \quad \text{oder} \quad \frac{d \operatorname{tg}\tau}{dx} = \frac{d \operatorname{tg} T}{dx},$$

d. h. die Änderung der Tangentenrichtung ist für beide Kurven an der Berührstelle die gleiche. In diesem Fall haben die Kurven eine Berührung zweiter Ordnung. Allgemein sagt man, die beiden Kurven haben an der untersuchten Stelle eine Berührung $n$ter Ordnung, wenn an dieser Stelle gilt

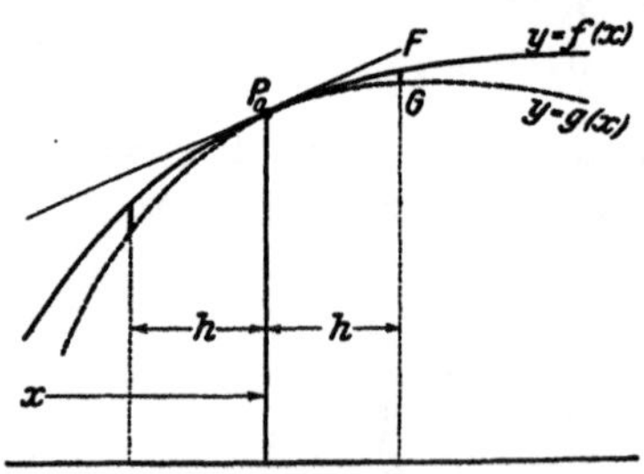

Abb. 288.

$$f(x) = g(x), \quad f'(x) = g'(x),$$
$$f''(x) = g''(x), \ldots \quad f^{(n)}(x) = g^{(n)}(x),$$

dagegen

$$f^{(n+1)}(x) \gtrless g^{(n+1)}(x). \tag{a}$$

Im Berührungspunkt P_0 sind die beiden Ordinaten $f(x)$ und $g(x)$; wenn man um ein Stück h weiter geht, so entsprechen der geänderten Abszisse $x + h$ die Ordinaten $f(x + h)$ und $g(x + h)$. Der Unterschied δ zwischen beiden Ordinaten ist, Abb. 288,

$$\delta = GF = f(x + h) - g(x + h).$$

Wenn man an der untersuchten Stelle die beiden Funktionen $f(x)$ und $g(x)$ nach dem Taylorschen Satz entwickeln darf, wird

$$f(x+h)=f(x)+\frac{h}{1!}f'(x)+\ldots+\frac{h^n}{n!}f^{(n)}(x)+\frac{h^{n+1}}{(n+1)!}f^{(n+1)}(x)+\ldots,$$

$$g(x+h)=g(x)+\frac{h}{1!}g'(x)+\ldots+\frac{h^n}{n!}g^{(n)}(x)+\frac{h^{n+1}}{(n+1)!}g^{(n+1)}(x)+\ldots,$$

und damit unter Berücksichtigung von (a)

$$\delta=\frac{h^{n+1}}{(n+1)!}\left[f^{(n+1)}(x)-g^{(n+1)}(x)\right]+R. \qquad \text{(b)}$$

Wenn also die Abszissenänderung h unendlich klein ist, so wird der Unterschied der Ordinaten beider Kurven unendlich klein von der $(n+1)$ten Ordnung bei einer Berührung $n$ter Ordnung, denn der zweite Summand R ist jedenfalls unendlich klein von einer höheren Ordnung als der erste.

Bei Berührungen ungerader Ordnung verläuft die eine Kurve immer auf der nämlichen Seite der anderen Kurve, bei einer Berührung gerader Ordnung durchsetzen sich beide im Berührpunkt. Man beachte nämlich, daß man h so klein wählen kann, daß in der Formel für δ der zweite Summand R gegenüber dem ersten zum Verschwinden gebracht werden kann, er hat also keinen Einfluß mehr auf das Vorzeichen des ersten Summanden. Wenn man nun $-h$ statt $+h$ wählt, so wird für ungerades n der vor der Klammer stehende Faktor sein Vorzeichen nicht ändern, also auch δ nicht. Umgekehrt wird bei Berührung gerader Ordnung n geradzahlig, also $n+1$ ungeradzahlig; dann wechselt δ das Vorzeichen, wenn man $-h$ statt $+h$ nimmt, die Kurven durchsetzen sich gegenseitig im Berührpunkt.

Beispiel a) Von welcher Ordnung ist die Berührung einer Kurve $y=f(x)$ mit der Tangente in einem allgemeinen Berührpunkt B?

Die Gerade ist $y=\lambda x+l$; der Berührpunkt B muß der Kurve und der Tangente gemeinsam sein, somit gilt $f'(x)=\lambda$. Jedenfalls ist die Berührung zunächst von der ersten Ordnung. Soll sie von höherer Ordnung sein, dann müßte ebenso wie für die Gerade auch für die Kurve an der Stelle B $f''(x)=0$ sein, was für einen beliebigen Berührpunkt im allgemeinen nicht zutrifft. Folglich ist die Berührung zwischen Kurve und Tangente in einem beliebigen Berührpunkt von der ersten Ordnung.

Beispiel b) Gesucht ist die Gleichung jener Parabel, die mit der Kurve $y = xe^x$ an ihrer im Endlichen gelegenen Horizontalstelle eine Berührung möglichst hoher Ordnung hat.

Die Horizontalstelle verlangt $y' = 0$ oder $e^x(1 + x) = 0$; für $x = -\infty$ hat man eine im Unendlichen und für $x = -1$ die im Endlichen gelegene Horizontalstelle $H = -1 \mid -1 : e$. Die Achse der berührenden Parabel in diesem Punkt H ist parallel zur y-Achse, somit deren Gleichung $y = ax^2 + bx + c$. Im vorliegenden Fall ist

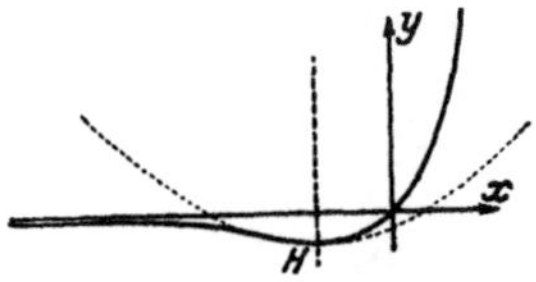

Abb. 289.

$$f(x) = xe^x \quad \text{und} \quad g(x) = ax^2 + bx + c.$$

Für $x = -1$ muß gelten

$$f(x) = g(x), \quad f'(x) = g'(x), \quad f''(x) = g''(x),$$

oder

$$xe^x = ax^2 + bx + c, \quad e^x(x + 1) = 2ax + b, \quad e^x(x + 2) = 2a.$$

Die dritte Ableitung $f'''(x) = e^x(x + 3)$ kann für $x = -1$ nicht mehr gleich $g'''(x) = 0$ sein, die Berührung ist also höchstens von der zweiten Ordnung. Man setzt $x = -1$ ein und erhält

$$-1 : e = a - b + c, \quad 0 = -2a + b, \quad 1 : e = 2a$$

oder

$$2a = 1 : e = b, \quad c = -1 : 2e.$$

Mit diesen Werten wird die gesuchte Parabel, Abb. 289,

$$2ey = x^2 + 2x - 1.$$

176. Wendepunkt. Nach (41) ist die Biegung der Kurve $y = f(x)$ im untersuchten Punkt U

positv		positiv
	wenn an dieser Stelle $f''(x)$	(a)
negativ		negativ.

Im untersuchten Punkt U hat die Kurve die gleiche Richtung $\operatorname{tg}\tau = f'(x)$ wie ihre Tangente. Die zweite Ableitung einer Geradengleichung ist Null, wenn daher an der untersuchten Stelle auch noch gilt $f''(x) = 0$, und gleichzeitig $f'''(x) \gtrless 0$, so hat an dieser Stelle die Kurve mit ihrer Tangente eine Berührung zweiter Ordnung, die Tangente muß also die Kurve in U durchsetzen; oder umgekehrt, die Kurve liegt in der Umgebung von U zu beiden Seiten der Tangente. Wenn noch weiter gilt $f'''(x) = 0$ und gleichzeitig $f^{(4)}(x) \gtrless 0$, so ist die Berührung zwischen Kurve und Tangente von der dritten Ordnung, die Tangente verläuft in der Umgebung des untersuchten Punktes auf der gleichen Seite der Kurve. Wenn zu

$f''(x) = 0$, $f'''(x) = 0$ auch noch gilt $f^{(4)}(x) = 0$ und gleichzeitig $f^{(5)}(x) \gtrless 0$, so durchsetzt die Tangente wieder die Kurve, weil die Berührung vierter Ordnung ist. Wir nennen jene Punkte, in denen die Tangente die Kurve durchsetzt, Wendepunkte der Kurve.

Die notwendige (aber noch nicht hinreichende) Bedingung für einen Wendepunkt der Kurve $y = f(x)$ an der untersuchten Stelle x ist

$$f''(x) = 0.$$

Wenn für diesen Wert die letzte der folgenden verschwindenden Ableitungen gerader Ordnung ist, dann hat man an der Stelle x einen Wendepunkt. Wenn aber diese Ableitung ungerader Ordnung ist, dann ist an der Stelle x kein Wendepunkt. (b)

Die Formel setzt endliche und stetige Werte der Ableitungen voraus.

Beispiel a) Der vorausgehende Satz trifft für eine lotrechte Wendestelle nicht zu, wie sofort an einem Sonderfall zu ersehen ist. Die kubische Parabel $y = x^3$ ist bekannt, sie hat im Nullpunkt einen Wendepunkt mit horizontaler Tangente. Zu ihr ist die kubische Parabel $x = y^3$ symmetrisch bezüglich der Mediane, es muß diese Parabel also im Nullpunkt gleichfalls einen Wendepunkt haben, nur mit lotrechter Tangente, s. Abb. 290. Für diese neue Parabel ist

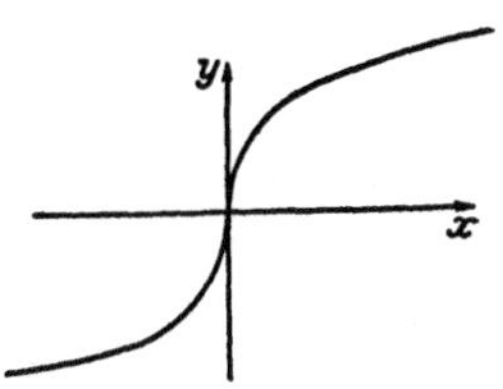

Abb. 290.

$$y = x^{1/3}, \qquad y' = {}^1/_3\, x^{-2/3}, \qquad y'' = -{}^2/_9\, x^{-5/3},$$

also ist im Nullpunkt $y' = \infty$ und $y'' = \infty$.

Beispiel b) Man suche die Wendepunkte der Kurve $y = xe^x$. Notwendige Bedingung ist $f''(0) = 0$, hier $e^x(x+2) = 0$. Die erste Lösung dieser Gleichung $x = -\infty$ bestimmt den unendlich fernen Punkt der Kurve, in dem sie ganz flach wird; als ein eigentlicher Wendepunkt ist er nicht anzusprechen, weil ja auch die folgenden Ableitungen alle für $x = -\infty$ verschwinden. Die zweite Lösung $x = -2$ liefert einen Wendepunkt, denn $f'''(0) = e^x(x+3)$ ist für $x = -2$ von Null verschieden, Abb. 289.

Beispiel c) Die in der Parameterform gegebene Kurve

$$x = u(t), \qquad y = v(t)$$

soll einen Wendepunkt haben. Welche ist die erste Bedingung dafür?

Jedenfalls $\frac{d^2y}{dx^2}=0$, wenn man sie auf die gewöhnliche Form $y=f(x)$ überführt. Will man diese Umwandlung vermeiden, dann benützt man (151d) und erhält als Bedingung

$$u'v''-v'u''=0. \tag{c}$$

Beispiel d) Die gleiche Aufgabe löse man für die in Polarkoordinaten gegebene Kurve

$$r=f(\varphi).$$

Nach (152g) wird $\frac{d^2y}{dx^2}=0$ übergehen in

$$r^2+2rr'-rr''=0. \tag{d}$$

Beispiel e) Man bestimme in der Gleichung der Kurve

$$y=a_0+a_1x+a_2x^2+a_3x^3+a_4x^4+a_5x^5+a_6x^6$$

die Koeffizienten a_i der Gleichung so, daß diese Kurve die x-Achse im Nullpunkt berührt, im Punkt $-1\,|\,1$ eine wagrechte Tangente und im Punkt $1\,|\,1$ eine wagrechte Wendetangente hat.

Man muß sich zunächst klar werden, wieviel Bedingungen für die Kurve vorgeschrieben sind. Sie muß erstens durch den Nullpunkt gehen, d. h. für $x=0$ muß auch $y=0$ sein; zweitens muß sie dort die x-Achse berühren, also für $x=0$ muß $y'=0$ sein; ferner soll sie durch den Punkt $-1\,|\,1$ gehen, also muß für $x=-1$ gelten $y=1$; viertens muß sie dort wagrechte Richtung haben, d. h. für $x=-1$ ist $y'=0$; weiter geht sie durch den Punkt $1\,|\,1$, also gilt: für $x=1$ ist $y=1$; sechstens muß ihre Tangente in diesem Punkt wagrecht sein oder für $x=1$ gelten $y'=0$; schließlich soll diese Tangente eine Wendetangente oder der Punkt $1\,|\,1$ ein Wendepunkt sein, also muß für $x=1$ sein $y''=0$. Man stellt diese 7 Bedingungen zusammen: für

$$x=0,\quad x=0,\quad x=-1,\quad x=-1,\quad x=1,\quad x=1,\quad x=1$$

muß gelten

$$y=0,\quad y'=0,\quad y=1,\quad y'=0,\quad y=1,\quad y'=0,\quad y''=0.$$

Aus diesen 7 Bedingungen kann man die 7 Koeffizienten a_0, $a_1, \ldots a_6$ der Kurvengleichung bestimmen. Man gibt noch die beiden Ableitungen an,

$$y'=a_1+2a_2x+3a_3x^2+4a_4x^3+5a_5x^4+6a_6x^5,$$
$$y''=2a_2+6a_3x+12a_4x^2+20a_5x^3+30a_6x^4.$$

Dann werden die obigen Bedingungen

1) $0 = a_0$,
2) $0 = a_1$,
3) $1 = a_0 - a_1 + a_2 - a_3 + a_4 - a_5 + a_6$,
4) $0 = a_1 - 2a_2 + 3a_3 - 4a_4 + 5a_5 - 6a_6$,
5) $1 = a_0 + a_1 + a_2 + a_3 + a_4 + a_5 + a_6$,
6) $0 = a_1 + 2a_2 + 3a_3 + 4a_4 + 5a_5 + 6a_6$,
7) $0 = 2a_2 + 6a_3 + 12a_4 + 20a_5 + 30a_6$.

Man löst diese Gleichungen mit elementaren Mitteln auf und findet

$$a_0 = 0, \quad a_1 = 0, \quad a_2 = 3, \quad a_3 = 0,$$
$$a_4 = -3, \quad a_5 = 0, \quad a_6 = 1,$$

so daß die Gleichung der gesuchten Kurve ist

$$y = 3x^2 - 3x^4 + x^6.$$

Man entnimmt dieser Gleichung noch, daß die Kurve symmetrisch zur y-Achse ist, daß also auch im Punkt $-1|1$ die Tangente eine Wendetangente ist, Abb. 291.

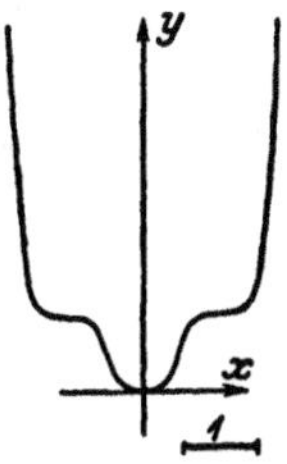

Abb. 291.

177. Näherungsparabel. Gegeben sei die Kurve $y = f(x)$. Die Funktion $f(x)$ kann man nach der zweiten Form der Taylorschen Reihe auch in der Form

$$f(x) = f(x_0) + \frac{x - x_0}{1!} f'(x_0) + \frac{(x - x_0)^2}{2!} f''(x_0) + \cdots$$
$$+ \frac{(x - x_0)^n}{n!} f^{(n)}(x_0) + \cdots$$

schreiben und erhält folgende geometrische Erklärung: wenn man eine Kurve $y = f(x)$ an einer bestimmten Stelle x_0 untersucht, so werden die erste und auch die höheren Ableitungen der Funktion $f(x)$ an dieser Stelle x_0 maßgebend für das Verhalten der Kurve an der Stelle x_0 sein, Abb. 292. x_0 ist die Abszisse des untersuchten Punktes P_0 und x die Abszisse eines Punktes P der Umgebung von P_0. Je kleiner man diesen Umgebungsbereich des Punktes P_0 wählt, desto kleiner wird auch die Abszissenänderung $x - x_0$. $f(x_0)$ ist die Ordinate an der Stelle x_0, sie sei mit y_0 bezeichnet; entsprechend die Ableitung $f'(x_0)$ an der Stelle x_0 mit y_0' usw. Dann kann man die

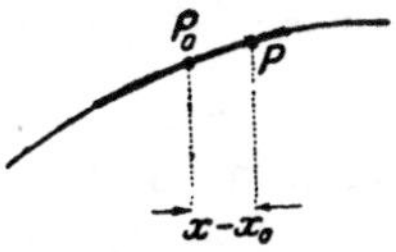

Abb. 292.

Kurvengleichung statt $y=f(x)$ auch in der Form schreiben

$$y=y_0+\frac{x-x_0}{1!}y_0'+\frac{(x-x_0)^2}{2!}y_0''+\dots+\frac{(x-x_0)^n}{n!}y^{(n)}+\dots \quad \text{(a)}$$

Dabei sind also $x_0 | y_0$ die Koordinaten des untersuchten Punktes P_0, x und y die Koordinaten eines Punktes P der Umgebung. Wählt man eine unendlich kleine Umgebung, so wird $x-x_0$ unendlich klein; die auf y_0 folgenden einzelnen Summanden der Reihe werden dann unendlich klein von der ersten, zweiten, dritten ... Ordnung. Wenn man die Reihe nach dem ersten, zweiten, dritten ... Glied abbricht, so wird man einen unendlich kleinen Fehler erster, zweiter, dritter ... Ordnung machen. Man erhält dann statt der gegebenen Kurve $y=f(x)$ eine Annäherungskurve, die sich mit um so größerer Genauigkeit an die gegebene Kurve anschmiegt, je später man die Reihe abbricht. Oder in anderer Sprechweise:

$$y=y_0+\frac{x-x_0}{1!}y_0', \quad \text{(b)}$$

$$y=y_0+\frac{x-x_0}{1!}y_0'+\frac{(x-x_0)^2}{2!}y_0'', \quad \text{(c)}$$

. . . .

$$y=y_0+\frac{x-x_0}{1!}y_0'+\frac{(x-x_0)^2}{2!}y_0''+\dots+\frac{(x-x_0)^n}{n!}y_0^{(n)} \quad \text{(d)}$$

sind die Annäherungen ersten, zweiten, ... $n$ten Grades an die Kurve $y=f(x)$ im untersuchten Punkt P_0, sie sind im untersuchten Punkt P_0 Annäherungskurven erster, zweiter ... $n$ter Ordnung statt der Kurve $y=f(x)$.

Die Annäherung ersten Grades ist uns als Tangente

$$y-y_0=y_0'(x-x_0)$$

bereits bekannt. Die Annäherung zweiten Grades (c)

$$y=y_0+y_0'(x-x_0)+\tfrac{1}{2}y_0''(x-x_0)^2 \quad \text{(e)}$$

stellt eine Parabel vor, die gewöhnliche Näherungsparabel, ihre Achse ist parallel der y-Achse.

Beispiel a) Die Näherungsparabel des Beispiels 175 b) ermittle man nach der Formel.

Die Ableitungen

$$y=xe^x, \qquad y'=e^x(x+1), \qquad y''=e^x(x+2)$$

nehmen an der Stelle $x=-1$ die Werte

$$y_0=-e^{-1}, \qquad y_0'=0, \qquad y_0''=e^{-1}$$

an, also wird nach (e) die gesuchte Parabel

$$y = -e^{-1} + 0 \cdot (x+1) + \tfrac{1}{2}e^{-1}(x+1)^2 \quad \text{oder} \quad 2\,ey = x^2 + 2\,x - 1.$$

Beispiel b) An der Stelle $x = \frac{1}{2}\pi$ ist für die Sinuskurve $y = \sin x$ die Näherungsparabel gesucht.

Die Werte $y = \sin x, \qquad y' = \cos x, \qquad y'' = -\sin x$

nehmen an der Stelle $x = \frac{1}{2}\pi$ die Werte

$$y_0 = 1, \qquad y_0' = 0, \qquad y_0'' = -1$$

an, folglich wird die gesuchte Parabel

$$y = 1 - \tfrac{1}{2}(x - \tfrac{1}{2}\pi)^2 \quad \text{oder} \quad 8\,y = -4\,x^2 + 4\,\pi x + (8 - \pi^2).$$

Beispiel c) Man beurteile die bei technischen Untersuchungen vielfach gebrauchte Annäherungsformel

$$y = a_0 + a_1 x + a_2 x^2.$$

Solche Untersuchungen führt man geometrisch mit Hilfe der Schaulinien. Dann ist durch diese Formel die Annäherungsparabel dargestellt, die die Schaulinie im untersuchten Bereich ersetzen soll. Sie wird um so genauere Ergebnisse liefern, um so mehr die tatsächlichen Verhältnisse treffen, je mehr die Schaulinie in der Umgebung

Abb. 293.

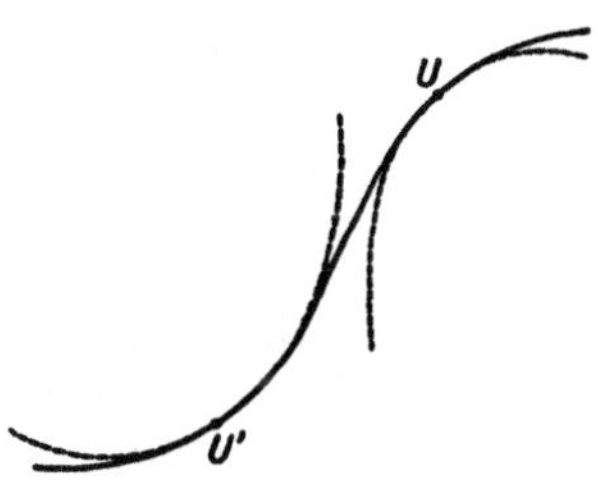

Abb. 294.

der untersuchten Stelle den Charakter einer Parabel hat. Wenn beispielsweise die ausgezogene Kurve der Abb. 293 die Schaulinie der untersuchten Aufgabe ist, dann werden die durch die Näherungsformel bedingten Abweichungen von der Wirklichkeit sehr klein sein. Umgekehrt kann man der Abb. 294 entnehmen, daß die Abweichungen unter Umständen sehr groß sein werden, wenn die Schaulinie des Problems eine Wendestelle hat. Wollte man im ganzen Gebiet der Untersuchung mit Näherungsformeln zweiten Grades arbeiten, so müßte man im letzteren Fall mit zwei verschiedenen Näherungsformeln arbeiten, eine im Gebiet von U und eine andere im Gebiet von U'.

Beispiel d) Unter dem Einfluß einer symmetrischen Belastung wird der wagrecht eingespannte Stab der Abb. 295 durchgebogen; man gebe die Annäherungsparabel für die elastische Linie des Stabes, d. h. für die Kurve, die die Achse des durchgebogenen Stabes bildet.

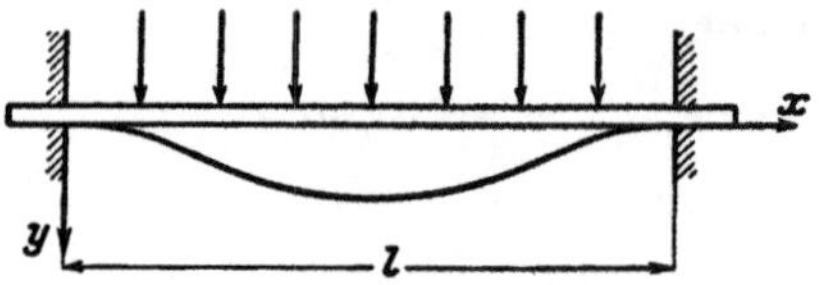

Abb. 295.

Man muß hier beachten, daß der Stab an den Enden eingespannt ist, daß also die Annäherungsparabel an dieser Stelle wagrecht verläuft. Unter Zugrundelegung des durch die Abb. 295 gegebenen Koordinatensystems hat man für die Näherungsparabel folgende Bedingungen: Sie läuft im Nullpunkt wagrecht, ebenso an der Stelle $l|0$ und in der Mitte des Stabes. Insgesamt sind das fünf Bedingungen, die man folgendermaßen anschreiben kann: Für

$$x = 0, \quad x = 0, \quad x = 0{,}5\,l, \; x = l, \quad x = l$$

muß gelten

$$y = 0, \quad \frac{dy}{dx} = 0, \quad \frac{dy}{dx} = 0, \quad y = 0, \quad \frac{dy}{dx} = 0.$$

Die Annäherungsparabel wird also von der vierten Ordnung sein und die Gleichung haben

$$y = a_0 + a_1 x + a_2 x^2 + a_3 x^3 + a_4 x^4.$$

Die fünf Konstanten a_0, a_1, a_2, a_3, a_4 lassen sich aus den gegebenen fünf Bedingungen, auch Anfangsbedingungen genannt, in der gleichen Weise ermitteln wie beim Beispiel 176 e).

Beispiel e) Eine Bahnlinie läuft bis zum Punkt A geradlinig, von da ab geht sie mit einer Kurve über zum Punkt B und verläuft von dort aus wieder geradlinig, Abb. 296. Man soll die Kurve durch eine Näherungsparabel von der Form (d) ersetzen.

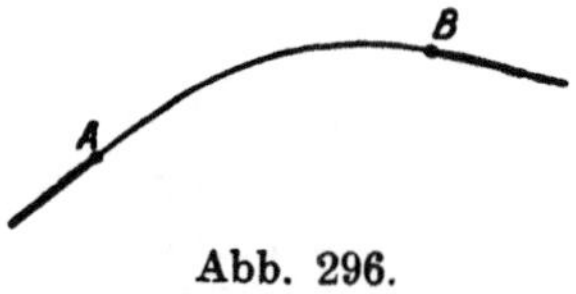

Abb. 296.

Dieser Parabel sind 6 Bedingungen vorgeschrieben; sie soll durch den Punkt A hindurchgehen, dort eine vorgeschriebene Richtung haben und gleichzeitig die Biegung 0, d. h. A soll ein Wendepunkt sein. Das sind an der Stelle A drei Bedingungen und ebenso viele an der Stelle B. Die Parabel ist also von der fünften Ordnung

$$y = a_0 + a_1 x + a_2 x^2 + a_3 x^3 + a_4 x^4 + a_5 x^5.$$

Die 6 unbekannten Koeffizienten a_i ermittelt man aus den gegebenen Bedingungen.

***178. Doppelpunkt.** Wenn die unentwickelte Form $F(x, y) = 0$ einer Kurvengleichung nicht oder nur mit Schwierigkeit in die Form $y = f(x)$ übergeführt werden kann, wird man eine Annäherungskurve in der Umgebung des Punktes $U = x \mid y$ dadurch erhalten, daß man $F(x, y)$ nach der zweiten Form der Taylorschen Reihe entwickelt (156). Natürlich ist vorausgesetzt, daß die Funktion $F(x, y)$ im untersuchten Bereich der Hauptforderung der Differentialrechnung genügt. Die gefundene Reihe gilt dann für jeden Wert von $x \mid y$ oder $x_0 \mid y_0$, es kann also $x_0 \mid y_0$ der untersuchte Kurvenpunkt U_0 sein, Abb. 297, und $x \mid y$ ein Punkt P in der Umgebung des untersuchten Punktes. $U = x_0 \mid y_0$ genügt der Kurvengleichung, also ist $F(x_0, y_0) = 0$ und damit die Entwicklung von $F(x, y)$ in der Umgebung des untersuchten Punktes, wenn man $x \mid y$ durch $\xi \mid \eta$ und $x_0 \mid y_0$ durch $x \mid y$ ersetzt,

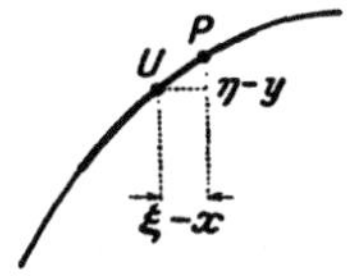

Abb. 297.

$$F(\xi, \eta) = [(\xi - x) F_1 + (\eta - y) F_2] + \frac{1}{2!}[(\xi - x) F_1 + (\eta - y) F_2]^{(2)} + \cdots$$
$$+ \frac{1}{n!}[(\xi - x) F_1 + (\eta - y) F_2]^{(n)} + \cdots \qquad \text{(a)}$$

Es sind also wieder $\xi \mid \eta$ die Koordinaten des erzeugenden Punktes P und $x \mid y$ diejenigen des untersuchten Punktes U. Je kleiner man die Umgebung des Punktes U wählt, desto näher werden P und U sein und desto kleiner die Differenz $\xi - x$ und $\eta - y$; für eine unendlich kleine Umgebung des Punktes P_0 wird $\xi - x$ und $\eta - y$ auch unendlich klein. Wenn man die symbolischen Potenzen in der vorausgehenden Entwicklung ausführt, wird

$$F(\xi, \eta) = [(\xi - x) F_1 + (\eta - y) F_2] + \frac{1}{2!}[(\xi - x)^2 F_{11}$$
$$+ 2(\xi - x)(\eta - y) F_{12} + (\eta - y)^2 F_{22}] + \frac{1}{3!}[\;] + \cdots \qquad \text{(b)}$$

Man beachte, daß in dieser Entwicklung die partiellen Ableitungen F_1, F_2, F_{11} usw. Konstante sind, da sie an einer als gegeben zu betrachtenden Stelle $x \mid y$ genommen sind; die veränderlichen Koordinaten sind ja $\xi \mid \eta$. Es werden die Summanden der ersten Klammer alle unendlich klein von der ersten Ordnung, diejenigen der zweiten Klammer unendlich klein von der zweiten Ordnung usw. Man wird sonach eine Annäherung erster Ordnung erhalten, wenn man nach der ersten Klammer abbricht, also statt $F(\xi, \eta) = 0$ schreibt

$$(\xi - x) F_1 + (\eta - y) F_2 = 0, \qquad \text{(c)}$$

d. i. die uns bereits bekannte Gleichung der Tangente, was ja selbstverständlich ist. Bricht man nach der zweiten Klammer ab, so erhält man statt $F(\xi, \eta) = 0$

$$2(\xi - x)F_1 + 2(\eta - y)F_2 + (\xi - x)^2 F_{11} + 2(\xi - x)(\eta - y)F_{12} + (\eta - y)^2 F_{22} = 0, \qquad \text{(d)}$$

d. i. die Annäherung zweiter Ordnung, der Annäherungskegelschnitt.

In einem Doppelpunkt kann die Kurve nie durch eine einzelne Gerade ersetzt werden, sondern immer nur durch ein Geradenpaar; für einen Doppelpunkt gibt es somit keine Annäherung erster Ordnung, die erste Annäherung ist schon eine solche zweiter Ordnung, das Tangentenpaar. Damit die durch (d) gegebene Annäherung zweiter Ordnung ein Geradenpaar vorstellt, müssen die beiden ersten Summanden verschwinden. Macht man nämlich den untersuchten Punkt $U = x \mid y$ zum Nullpunkt, so geht die Gleichung (d) über in

$$2\xi F_1 + 2\eta F_2 + \xi^2 F_{11} + 2\xi\eta F_{12} + \eta^2 F_{22} = 0,$$

welche Gleichung nach (163f) nur dann ein Geradenpaar vorstellt, wenn die Koeffizienten von ξ und η verschwinden. Es ist sonach das gleichzeitige Bestehen der drei Gleichungen

Abb. 298.

$$\left.\begin{aligned} F &= 0, \\ F_1 &= 0, \\ F_2 &= 0 \end{aligned}\right\} \qquad \text{(e)}$$

die Bedingung dafür, daß der Punkt $U = x \mid y$ ein Doppelpunkt ist. Denn die erste dieser drei Gleichungen ist ja nur die Bedingung, daß der Punkt P auf der gegebenen Kurve $F(\xi, \eta) = 0$ liegt.

Das Tangentenpaar, das die Kurve in einem Doppelpunkt $U = x \mid y$ ersetzt, ist

$$(\xi - x)^2 F_{11} + 2(\xi - x)(\eta - y)F_{12} + (\eta - y)^2 F_{22} = 0. \qquad \text{(f)}$$

Die beiden Geraden dieses Paares können entweder reell und verschieden sein, so wie Abb. 298 zeigt, dann hat man einen eigent-

299 300 301 302 303

Abb. 299—303.

lichen Doppelpunkt, oder sie können beide konjungiert imaginär und verschieden sein, dann ist ihr reeller Schnittpunkt ein isolierter

Punkt, auch „Einsiedler“ genannt, oder sie können schließlich beide zusammenfallen, dann spezialisiert sich der Doppelpunkt zur **Spitze** (auch **Rückkehrpunkt** genannt). Die Abb. 299—303 sollen den Übergang einer Kurve von einem eigentlichen Doppelpunkt D über eine Spitze S zum isolierten Punkt J vorstellen.

Die Diskriminante

$$D = F_{12}^2 - F_{11} \cdot F_{22} \tag{g}$$

der obigen Gleichung entscheidet, welcher der drei Fälle vorhanden ist. Es ist für den Fall

eigentlicher Doppelpunkt	$>$
Spitze	$D = 0$. (h)
isolierter Punkt	$<$

Beispiel a) Die Parabeln dritter Ordnung

$$y = x(x-a)(x-b)$$

sind durch die Abb. 304—307 wiedergegeben. Dabei ist im ersten Fall $a = 1$, $b = 2$ angenommen, im zweiten Fall $a = 0$, $b = 2$, im dritten $a = b = 0$, im vierten $a = b = 2$.

Aus diesen Kurven gehen die neuen Kurven

$$y^2 = x(x-a)(x-b) \quad \text{oder} \quad y = \sqrt{x(x-a)(x-b)}$$

der Abb. 308—311 dadurch hervor, daß an jeder Stelle x die Ordinate der neuen Kurve gleich ist der Wurzel der alten Ordinate.

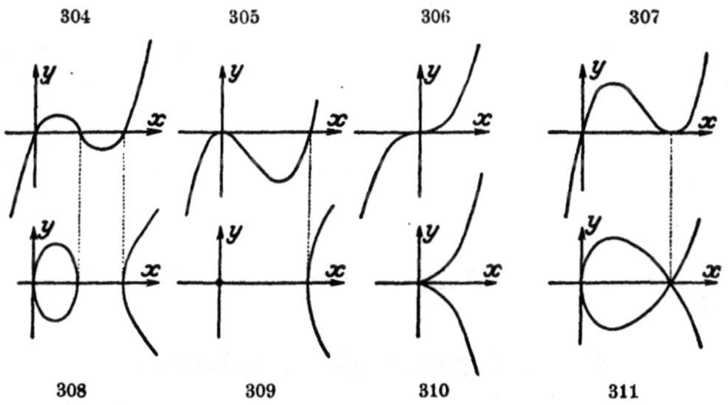

Abb. 304—311.

Man sieht, wie im Fall $a = 0$, $b = 2$ der Nullpunkt ein isolierter Doppelpunkt wird, für den Fall $a = 0 = b$ zu einer Spitze und mit $a = b = 2$ zu einem eigentlichen Doppelpunkt.

Beispiel b) Man suche den Doppelpunkt der Kurve

$$a^4 y^2 = 4\,b^2 x^2 (a^2 - x^2).$$

Man bringt sämtliche Glieder auf die rechte Seite, dann ist

$$F = 4\,b^2 x^2 (a^2 - x^2) - a^4 y^2. \qquad F_1 = 8\,b^2 x (a^2 - 2\,x^2),$$
$$F_2 = -2\,a^4 y.$$

Die drei Gleichungen

$$4\,b^2 x^2 (a^2 - x^2) - a^4 y^2 = 0, \qquad 8\,b^2 x (a^2 - 2\,x^2) = 0,$$
$$-2\,a^4 y = 0$$

bestimmen den Doppelpunkt. Aus den beiden letzten Gleichungen findet man $x = 0$, $y = 0$, welche Werte durch die erste Gleichung erfüllt werden. Um noch die Arten dieses Doppelpunktes zu unterscheiden, bildet man die Ableitungen

$$F_{11} = 8\,b^2 (a^2 - 6x^2), \qquad F_{12} = 0, \qquad F_{22} = -2\,a^4,$$

die für $x = 0$, $y = 0$ zu $F_{11} = 8\,a^2 b^2$, $F_{12} = 0$, $F_{22} = -2\,a^4$ werden. Die Diskriminante D wird dann $D = 0 + 16\,a^6 b^2$. Da D positiv ist, hat man einen eigentlichen Doppelpunkt, Abb. 283.

Beispiel c) Die durch die Gleichung des Beispiels 168 d)

$$4\,x^2 y^2 - c^2 (x^2 + y^2) = 0$$

dargestellte Kurve hat einen Doppelpunkt, der aufzusuchen ist.

Aus den drei Gleichungen $F = 0$, $F_1 = 0$, $F_2 = 0$, hier

$$4\,x^2 y^2 = c^2 (x^2 + y^2), \qquad 8\,x y^2 = 2\,c^2 x, \qquad 8\,x^2 y = 2\,c^2 y,$$

wird der Nullpunkt 0 0 als Doppelpunkt gefunden. [Der Punkt $\pm\frac{1}{2}c \mid \pm\frac{1}{2}c$ genügt zwar auch den Gleichungen $F_1 = 0$ und $F_2 = 0$, nicht aber der Gleichung $F = 0$.] Der Doppelpunkt ist isoliert, denn wegen

$$F_{11} = 8\,y^2 - 2\,c^2, \qquad F_{12} = 16\,xy, \qquad F_{22} = 8\,x^2 - 2\,c^2$$

wird an der Stelle 0 0

$$D = F_{12}{}^2 - F_{11} \cdot F_{22} \quad \text{zu} \quad D = 0 - 4\,c^4,$$

also negativ.

C. Krümmungsverhältnisse.

179. Krümmung und Krümmungshalbmesser. Die Erklärung und Definition der Krümmung oder Biegung und des Krümmungs- oder Biegungshalbmessers brachte 43. Dort ist auch die Formel

$$\varrho = \frac{(1 + y'^2)^{\frac{3}{2}}}{y''} \tag{a}$$

für den Krümmungshalbmesser ϱ an der untersuchten Stelle $U = x \mid y$ der Kurve $y = f(x)$ aufgestellt.

Wenn die Gleichung der Formel in unentwickelter Form $F(x, y) = 0$ gegeben ist, kann man y' und y'' nach (154) ermitteln und erhält dann

$$\varrho = -\frac{(F_1^2 + F_2^2)^{\frac{3}{2}}}{F_1^2 F_{22} - 2 F_1 F_2 F_{12} + F_2^2 F_{11}}. \qquad \text{(b)}$$

Für den Fall der Parameterdarstellung $x = u(t)$, $y = v(t)$ sind die beiden Ableitungen y' und y'' aus (151) bekannt; damit wird

$$\varrho = \frac{(u'^2 + v'^2)^{\frac{3}{2}}}{u' v'' - v' u''}. \qquad \text{(c)}$$

Für den Fall von Polarkoordinaten ist die Formel

$$\varrho = \frac{(r^2 + r'^2)^{\frac{3}{2}}}{r^2 + 2 r'^2 - r r''} \qquad \text{(d)}$$

bereits in 152 entwickelt.

Beispiel a) Man gebe von der Kurve $r = 2a(1 + \cos\varphi)$ den Krümmungshalbmesser zuerst an der allgemeinen Stelle $\varphi = \varphi_0$ an. dann an den besonderen Stellen $\varphi_1 = 0$, $\varphi_2 = \frac{1}{2}\pi$, $\varphi_3 = \frac{1}{3}\pi$.

Mit $r' = -2a\sin\varphi$ und $r'' = -2a\cos\varphi$ wird

$$\varrho = a\,\frac{2\,[2\,(1 + \cos\varphi)]^{\frac{3}{2}}}{3\,(1 + \cos\varphi)} = \tfrac{4}{3}\,a\sqrt{2\,(1 + \cos\varphi)}$$

an der allgemeinen Stelle φ. Für die besonderen Werte 0, $\frac{1}{2}\pi$, $\frac{1}{3}\pi$ wird

$$\varrho_1 = \tfrac{8}{3}a, \qquad \varrho_2 = \tfrac{4}{3}a\sqrt{2}, \qquad \varrho_3 = \tfrac{4}{3}a\sqrt{3}.$$

Beispiel b) Unmittelbar von der Beziehung $\tau = \varphi + \vartheta$ ausgehend stelle man die Formel (d) auf.

$$ds = \varrho\, d\tau \quad \text{geht über in} \quad ds = \varrho\,(d\varphi + d\vartheta).$$

Durch Differenzieren wird die bekannte Beziehung (27a)

$$\operatorname{tg}\vartheta = \frac{r}{r'} \quad \text{zu} \quad \frac{1}{\cos^2\vartheta}\cdot\frac{d\vartheta}{d\varphi} = \frac{r'^2 - r r''}{r'^2}$$

oder
$$d\vartheta = d\varphi\cos^2\vartheta\,\frac{r'^2 - r r''}{r'^2}$$

und damit wegen (30m) zu

$$\varrho = \frac{ds}{d\varphi + d\vartheta} = \frac{d\varphi\sqrt{r^2 + r'^2}}{d\varphi + d\varphi\,\dfrac{r'^2 - r r''}{r^2 + r'^2}} = \frac{(\sqrt{r^2 + r'^2})^3}{r^2 + 2 r'^2 - r r''}$$

oder zu (d).

Beispiel c) Gesucht ist eine allen Kegelschnitten gemeinsame Formel für den Krümmungshalbmesser.

Man geht am besten aus von der allen Kegelschnitten gemeinsamen Gleichung in Polarkoordinaten

$$r = \frac{p}{1 - \varepsilon \cos \varphi}$$

und bildet die beiden Ableitungen

$$r' = \frac{-p\,\varepsilon \sin \varphi}{(1 - \varepsilon \cos \varphi)^2} \quad \text{und} \quad r'' = \frac{p\,\varepsilon(\varepsilon \sin^2 \varphi + \varepsilon - \cos \varphi)}{(1 - \varepsilon \cos \varphi)^3}.$$

Aus ihnen ergibt sich dann ϱ nach (d) zu

$$\varrho = \frac{p\,(1 - 2\,\varepsilon \cos \varphi + \varepsilon^2)^{\frac{3}{2}}}{(1 - \varepsilon \cos \varphi)^3}.$$

Im linken Scheitel des Kegelschnittes ist $\varphi = \pi$ und deswegen

$$\varrho = p\,(1 + 2\,\varepsilon + \varepsilon^2)^{\frac{3}{2}} : (1 + \varepsilon)^3 \quad \text{oder} \quad \varrho = p$$

unabhängig davon, ob der Kegelschnitt eine Ellipse, Hyperbel oder Parabel ist. Für die Parabel ist $\varepsilon = 1$, der Krümmungshalbmesser der Parabel an einer beliebigen Stelle ist daher bestimmt durch die Formel

$$\varrho = \frac{p\,(1 - 2 \cos \varphi + 1)^{\frac{3}{2}}}{(1 - \cos \varphi)^3} \quad \text{oder} \quad \varrho = \frac{2\,p\sqrt{2}}{(1 - \cos \varphi)^{\frac{3}{2}}}.$$

180. Krümmungsmittelpunkt. Man definiert:

Krümmungsmittelpunkt einer Kurve an der untersuchten Stelle ist die Grenze des Schnittpunktes der Normalen in den unendlich benachbarten Punkten U und N. (a)

Seine Koordinaten sind geometrisch aus der Skizze abzulesen. Wenn $x\ y$ die Koordinaten des untersuchten Punktes U und $\xi\ \eta$ die des Krümmungsmittelpunktes M sind und man den Krümmungshalbmesser wie einen Vektor behandelt, ihm also einen Richtungssinn gibt, und zwar den vom Kurvenpunkt U aus zum Krümmungsmittelpunkt M, so ist

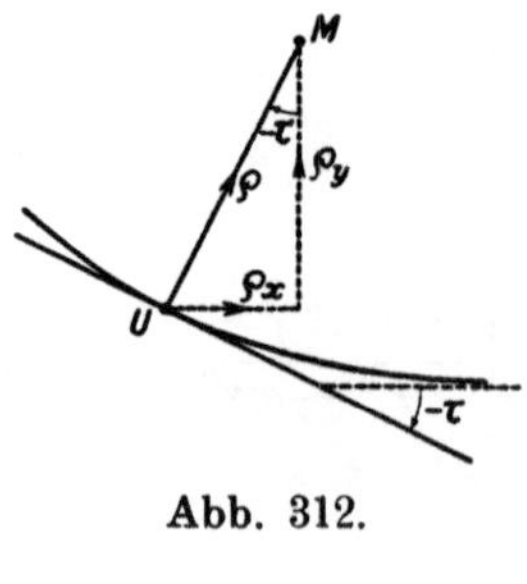

Abb. 312.

$$\varrho = UM; \quad \varrho_x = \xi - x \quad \text{und} \quad \varrho_y = \eta - y$$

sind dann seine Projektionen auf die Koordinatenachsen. Im Fall der Abb. 312 sind beide positiv, man erhält wegen

$$\varrho_x = \varrho \sin(-\tau) \quad \text{und} \quad \varrho_y = \varrho \cos(-\tau)$$

die Koordinaten des Krümmungsmittelpunktes in der Form

$$\xi = x - \varrho \sin \tau \quad \text{und} \quad \eta = y + \varrho \cos \tau \tag{b}$$

oder

$$\xi = x - \varrho \frac{d y}{d s} \quad \text{und} \quad \eta = y + \varrho \frac{d x}{d s}$$

oder nach (30) und (43)

$$\xi = x - y' \frac{1 + y'^2}{y''}, \qquad \eta = y + \frac{1 + y'^2}{y''}. \tag{c}$$

Eine genaue Festlegung des Richtungssinnes der Tangente und des Krümmungshalbmessers wird auch für alle anderen gegenseitigen Lagen von Kurvenpunkt U und Krümmungsmittelpunkt M die gleiche Formel geben.

Im Fall der Parameterdarstellung $x = u(t)$ mit $y = v(t)$ wird man y' und y'' nach (151) ermitteln und erhält

$$\xi = x - v' \frac{u'^2 + v'^2}{u' v'' - v' u''}, \qquad \eta = y + u' \frac{u'^2 + v'^2}{u' v'' - v' u''}. \tag{d}$$

B e i s p i e l a) Man stelle die Gleichung jenes Kreises auf, der im untersuchten Punkt U der Kurve $y = f(x)$ mit ihr eine Berührung von möglichst hoher Ordnung hat.

Seine Gleichung ist $(x - a)^2 + (\eta - b)^2 - c^2 = 0$, wenn man die Ordinate des Kreises an der Stelle x mit η bezeichnet zum Unterschied von der Ordinate der gegebenen Kurve $y = f(x)$. Der Kreis hat drei Konstante a, b, c; man kann also im allgemeinen nur drei Verfügungen über sie treffen oder drei Bedingungsgleichungen aufstellen, denen sie genügen müssen. Diese drei Gleichungen sind: An der Stelle x muß gelten

$$y = \eta, \qquad y' = \eta', \qquad y'' = \eta'',$$

der Kreis hat also im allgemeinen mit der Kurve, die er berührt, nur eine Berührung zweiter Ordnung. Man ersetzt in der Kreisgleichung und ihren zwei Ableitungen, also in

$$(x - a)^2 + (\eta - b)^2 - c^2 = 0,$$
$$(x - a) + (\eta - b)\eta' = 0, \qquad 1 + \eta'^2 + (\eta - b)\eta'' = 0,$$

η, η', η'' bedingungsgemäß durch y, y', y'' der gegebenen Kurve, dann hat man für die gesuchten Konstanten a, b, c die drei Gleichungen

$$(x - a)^2 + (y - b)^2 - c^2 = 0,$$
$$(x - a) + (y - b) y' = 0, \qquad 1 + y'^2 + (y - b) y'' = 0.$$

Man rechnet a, b, c aus und findet

$$c = \frac{(1+y'^2)^{\frac{3}{2}}}{y''}, \qquad a = x - y'\frac{1+y'^2}{y''}, \qquad b = y + \frac{1+y'^2}{y''}$$

genau wie ϱ, ξ, η in (c), d. h.

der berührende Kreis ist der Krümmungskreis. (e)

Beispiel b) Gesucht ist der Krümmungskreis für die Ellipse

$$b^2 x^2 + a^2 y^2 = a^2 b^2.$$

Mit

$$F_1 = 2b^2 x, \quad F_2 = 2a^2 y, \quad F_{11} = 2b^2, \quad F_{12} = 0, \quad F_{22} = 2a^2$$

wird nach (154)

$$y' = -\frac{b^2 x}{a^2 y}, \qquad y'' = -\frac{b^4}{a^2 y^3}, \qquad 1 + y'^2 = \frac{b^4 x^2 + a^4 y^2}{a^4 y^2}$$

und damit

$$\varrho = -\frac{(b^4 x^2 + a^4 y^2)^{\frac{3}{2}}}{a^4 b^4}, \tag{f}$$

$$\xi = x - \frac{x(b^4 x^2 + a^4 y^2)}{a^4 b^2}, \qquad \eta = y - \frac{y(b^4 x^2 + a^4 y^2)}{a^2 b^4};$$

oder wenn man die Klammer mit Hinzunahme der Ellipsengleichung zu

$$b^4 x^2 + a^4 y^2 = a^2(b^4 + e^2 y^2) = b^2(a^4 - e^2 x^2)$$

umformt,

$$\xi = \frac{e^2 x^3}{a^4}, \qquad \eta = -\frac{e^2 y^3}{b^4}. \tag{g}$$

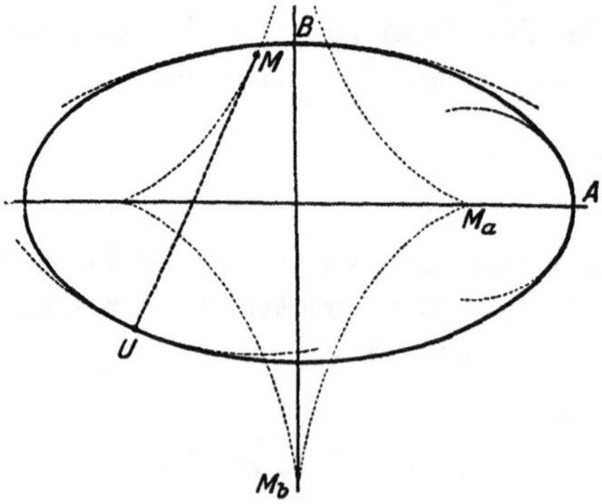

Abb. 313.

Im allgemeinen Fall ist die Berührung zweiter Ordnung, der Krümmungskreis durchsetzt also an der allgemeinen Stelle die Ellipse. Dagegen läßt sich nachweisen, daß in den Scheitelpunkten die Berührung zwischen der Ellipse und dem Krümmungskreis von der dritten Ordnung ist, es wird also im Scheitel der größeren Achse der Krümmungskreis ganz innerhalb der Ellipse verlaufen, und im Scheitel der kleineren Achse der Krümmungskreis ganz außerhalb der Ellipse, Abb. 313.

Im Scheitel $a, 0$ wird $\varrho = b^2 : a$, im Scheitel $0, b$ nimmt ϱ den Wert $a^2 : b$ an.

Beispiel c) Man gebe für die Kurve des Beispieles 179a) die Krümmungsmittelpunkte an den Stellen $\varphi_1 = 0$, $\varphi_2 = \frac{1}{2}\pi$, $\varphi_3 = \frac{1}{3}\pi$ an. Man benütze auch die Ergebnisse der Beispiele 27a) und 179a).

An der Stelle $\varphi_1 = 0$ läuft nach diesen Beispielen die Kurve lotrecht; dort ist $\varphi_1 = 0$, $r_1 = 4a$, somit hat wegen $\varrho_1 = \frac{8}{3}a$ der Krümmungsmittelpunkt vom Nullpunkt die Entfernung $\frac{4}{3}a$.

An der Stelle $\varphi_2 = \frac{1}{2}\pi$ hat die Kurve die Richtung $\operatorname{tg}\tau = 1$, die Normale also den Richtungswinkel 135^0. Man trägt vom Kurvenpunkt aus auf ihr den Krümmungshalbmesser $\varrho_2 = \frac{4}{3}a\sqrt{2}$ ab und kommt zum Krümmungsmittelpunkt.

An der Stelle $\varphi_3 = \frac{1}{3}\pi$ läuft die Kurve wagrecht. Senkrecht unter diesem Kurvenpunkt liegt in der Entfernung $\varrho_3 = \frac{4}{3}a\sqrt{3}$ der Krümmungsmittelpunkt.

Beispiel d) An der allgemeinen Stelle x_0 der Sinuskurve $y = \sin x$ sind Halbmesser und Mittelpunkt des Krümmungskreises anzugeben. Alsdann stelle man die Gleichung des Krümmungskreises an der Stelle $x_0 = \frac{1}{2}\pi$ auf.

Aus $y = \sin x$, $y' = \cos x$, $y'' = -\sin x$ ergibt sich an der Stelle x nach den vorausgehenden Formeln

$$\varrho = \frac{(1 + \cos^2 x)^{\frac{3}{2}}}{-\sin x},$$

$$\xi = x + \operatorname{cotg} x\,(1 + \cos^2 x), \qquad \eta = -2\operatorname{cotg} x \cos x.$$

An der Stelle $x_0 = \frac{1}{2}\pi$ wird

$$\varrho = (-)\,1, \qquad \xi = \tfrac{1}{2}\pi, \qquad \eta = 0$$

und damit die Gleichung des Krümmungskreises

$$(x - \tfrac{1}{2}\pi)^2 - y^2 - 1 = 0.$$

181. Evolute. Die Evolute oder Krümmungsmittelpunktskurve ist der geometrische Ort der Krümmungsmittelpunkte einer Kurve. Zu jedem erzeugenden Kurvenpunkt gehört ein bestimmter Krümmungsmittelpunkt, durchläuft also der erzeugende Punkt die Kurve, dann beschreibt der Krümmungsmittelpunkt die Evolute. Die beiden Gleichungen (180c) geben das Gesetz des Krümmungsmittelpunktes, sie bilden sonach die Gleichung der Evolute, wenn man noch die als unbekannt zu betrachtenden Größen x und y beseitigt; denn die Koordinaten der Evolute sind ja ξ und η als Koordinaten des erzeugenden Krümmungsmittelpunktes.

Beispiel a) Man gebe für die Parabel $y^2 = 2\,p\,x$ den Krümmungshalbmesser und den Krümmungsmittelpunkt an der allgemeinen Stelle x an, alsdann auch noch die Gleichung der Evolute.

Mit

$$y^2 = 2\,p\,x \quad \text{wird} \quad y' = \frac{p}{y}, \quad y'' = -\frac{p^2}{y^3} \quad \text{und} \quad 1 + y'^2 = \frac{p^2 + y^2}{y^2}.$$

Die Formeln (180c) und (179a) geben die Lage des Krümmungsmittelpunktes und den Krümmungshalbmesser,

$$\xi = x + \frac{p^2 + y^2}{p} = p + 3\,x, \qquad \eta = y - \frac{(p^2 + y^2)\,y}{p^2} = -\frac{y^3}{p^2},$$

$$\varrho = \frac{(p^2 + y^2)^{\frac{3}{2}}}{p^2} \quad \text{oder} \quad \varrho = \frac{(p + 2\,x)^{\frac{3}{2}}}{\sqrt{p}}.$$

Die beiden ersten Gleichungen stellen die Evolute dar, wenn man noch die Unbekannten x und y beseitigt. Dazu benötigt man noch die Parabelgleichung $y^2 = 2\,p\,x$. Man ermittelt

$$x = \tfrac{1}{3}(\xi - p), \qquad y = \sqrt[3]{-\eta\,p^2}$$

und setzt in $y^2 = 2\,p\,x$ ein, dann wird

$$\sqrt[3]{\eta^2\,p^4} = 2\,p \cdot \tfrac{1}{3}(\xi - p) \quad \text{oder} \quad 27\,p\,\eta^2 = 8\,(\xi - p)^3 \tag{a}$$

die Gleichung der gesuchten Evolute. Sie ist eine semikubische Parabel, die im Krümmungsmittelpunkt des Scheitels ihre Spitze hat.

Beispiel b) Gesucht ist die Evolute der Ellipse.

Die Koordinaten des erzeugenden Punktes, des Krümmungsmittelpunktes, sind nach (180g)

$$\xi = \frac{e^2\,x^3}{a^4} \quad \text{und} \quad \eta = -\frac{e^2\,y^3}{b^4}.$$

Zu diesen beiden Gleichungen für die Unbekannten x und y kommt noch hinzu die Ellipsengleichung selbst; man rechnet aus den ersten beiden Gleichungen x und y aus und setzt sie in die Ellipsengleichung, dann hat man in

$$\left(b \cdot a \sqrt[3]{\frac{a\,\xi}{e^2}}\right)^2 + \left(a \cdot b \sqrt[3]{-\frac{b\,\eta}{e^2}}\right)^2 = a^2\,b^2$$

oder

$$(a\,\xi)^{\frac{2}{3}} + (b\,\eta)^{\frac{2}{3}} = e^{\frac{4}{3}} \tag{b}$$

die gewünschte Gleichung der Evolute der Ellipse, Abb. 313.

Geht man von dem untersuchten Punkt U der Kurve zum unendlich benachbarten Punkt N, so rückt der Krümmungsmittelpunkt von M nach M', der Krümmungshalbmesser ϱ ändert sich zu $\varrho + d\,\varrho$, die Koordinaten ξ und η des Krümmungsmittelpunktes werden $\xi + d\xi$ und $\eta + d\eta$. Den Abb. 312 und 314 entnimmt man die Beziehung

$$d\xi = d\varrho \sin(-\tau)$$

und

$$d\eta = d\varrho \cos(-\tau)$$

oder

$$d\xi = -d\varrho \sin\tau, \quad d\eta = d\varrho \cos\tau \qquad \text{(c)}$$

und daraus

$$\frac{d\eta}{d\xi} = -\operatorname{cotg}\tau \quad \text{oder} \quad \frac{d\eta}{d\xi} = -\frac{1}{\operatorname{tg}\tau}, \qquad \text{(d)}$$

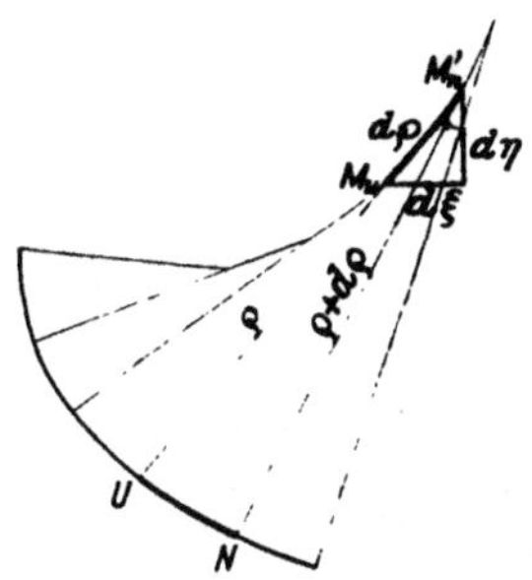

Abb. 314.

d. h. die Tangente der Evolute steht senkrecht zur Tangente im entsprechenden Punkt der gegebenen Kurve; oder in der gewöhnlichen Sprechweise:

die Normalen der gegebenen Kurve sind gleichzeitig Tangenten der Evolute. (e)

Die beiden Gleichungen (c) kann man quadratieren und addieren.

$$d\xi^2 + d\eta^2 = d\varrho^2 \quad \text{oder} \quad d\sigma^2 = d\varrho^2$$

oder

$$d\varrho = d\sigma, \qquad \text{(f)}$$

die unendlich kleine Änderung des Krümmungshalbmessers ϱ einer Kurve ist gleich der entsprechenden unendlich kleinen Änderung des Bogens σ der Evolute.

Wenn man die letzte Gleichung integriert. so wird sie

$$\sigma = \varrho + C,$$

wo die Integrationskonstante C aus der Bedingung zu bestimmen ist, daß diese Gleichung an jeder Stelle gilt, also auch in dem beliebig gewählten Anfangspunkt M_0 der Evolute. Dort ist natürlich $\sigma = 0$, und wenn man den Krümmungshalbmesser in M_0 mit ϱ_0 bezeichnet, gilt dort

$$0 = \varrho_0 + C \quad \text{oder} \quad C = -\varrho_0,$$

so daß

$$\sigma = \varrho - \varrho_0,$$

die Länge des Bogens σ der Evolute, gemessen von einem beliebig gewählten Punkt M_0 aus bis zum erzeugenden Punkt M, ist gleich der Änderung der Krümmungshalbmesser. (g)

182. Evolvente. Die Sätze der vorigen Nummer lassen sich geometrisch darstellen und für praktische Zwecke deuten. Man denke sich um eine gegebene Kurve, in Abb. 315 die Kurve $M_0 M_1 M_2 \ldots$, einen Faden gewickelt, der im Punkt M_0 von der Kurve weggeht, und diesen Faden gleichzeitig straff gespannt, dann muß er offenbar im Punkt M_0 die gegebene Kurve berühren. Nimmt man irgendein Ende P_0 dieses Fadens und wickelt ihn auf, so wird bei dieser Aufwicklung der Punkt P_0 der Reihe nach in die Lagen P_1, P_2, $P_3 \ldots$ übergehen und gleichzeitig der Faden sich in den Punkten M_1, M_2, $M_3 \ldots$ von der Kurve abheben. Offenbar muß dann die gegebene Kurve $M_0 M_1 M_2 \ldots$ die Evolute zu der durch den Punkt P erzeugten Kurve sein. Umgekehrt nennt man die Kurve der Punkte P_i ihrer Entwicklung wegen die Evolvente der gegebenen Kurve $M_0 M_1 M_2 \ldots$ Da der Anfangspunkt P_0 auf dem Faden ganz beliebig gewählt werden kann, so gibt es natürlich zu jeder Kurve unendlich viele Evolventen. Man merke:

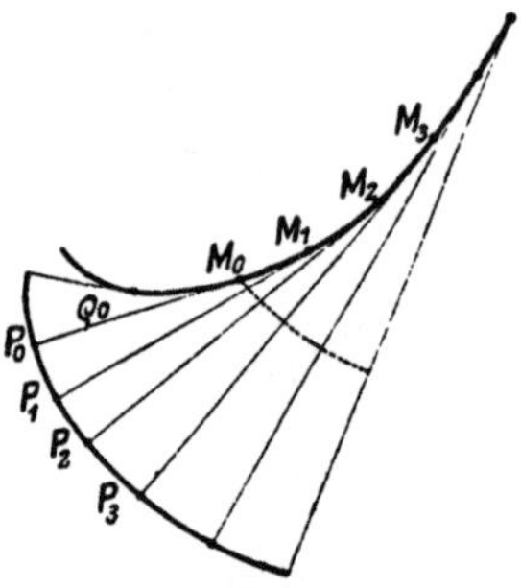

Abb. 315.

zu einer gegebenen Kurve gibt es nur eine einzige Evolute, aber unendlich viele Evolventen. (a)

Beispiel a) Der Geometer, der die Länge eines auf der Karte aufgezeichneten Kurvenbogens abmessen soll, bestimmt diese am einfachsten nach (181 g) und zwar in folgender Weise: Er nimmt eine praktisch, sonst aber beliebig gewählte Zirkelöffnung $P_0 M_0$, Abb. 315, setzt die erste Zirkelspitze im Punkt M_0 ein und läßt die zweite Zirkelspitze mit der Zirkelöffnung $M_0 P_0$ den kleinen Bogen $P_0 P_1$ beschreiben. Dann läßt er die zweite Zirkelspitze im Punkt P_1 ruhen und erweitert die Zirkelöffnung, bis das erste Zirkelende im Punkt M_1 sitzt, und läßt wieder die zweite Zirkelspitze mit der Zirkelöffnung $M_1 P_1$ den kleinen Bogen $P_1 P_2$ beschreiben. Es bleibt wieder die zweite Spitze im Punkt P_2 ruhen, die Zirkelöffnung wird erweitert, so daß die erste Spitze zum Punkt M_2 gelangt usw. Wenn der zu messende Kurvenbogen $M_0 M_i$ ist, dann hat man ihn nach diesem Verfahren aufgewickelt, er ist gleich der Änderung der Zirkelöffnung, also gleich $M_i P_i - M_0 P_0$ oder gleich der Änderung der Krümmungshalbmesser, also gleich $\varrho_i - \varrho_0$.

Die Gleichung der Evolvente siehe unter Orthogonaltrajektorien in 192.

183. Wiederholungs-Aufgaben. **1)** bis **5)** Gegeben ist der feste Durchmesser $AB = 2c$ eines Kreises, Abb. 316. Durch A lege man alle möglichen

Sehnen AC und bestimme die Gleichung des geometrischen Ortes des Punktes P, der folgendermaßen entsteht:

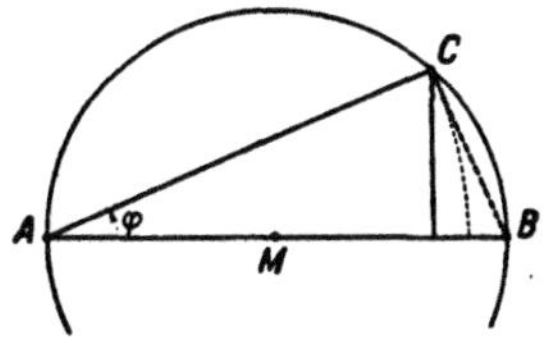

Abb. 316.

1) P ist der Mittelpunkt von AC;
2) P teilt AC im gegebenen Verhältnis λ;
3) P teilt AC so, daß $AP \cdot PC = a^2$;
4) P liegt auf AC so, daß $CP = CB$;
5) P ist die Spitze des gleichschenkligen rechtwinkligen Dreieckes ACP, wobei AC die Grundlinie ist,

Man gebe die Gleichung sowohl in rechtwinkligen wie in Polarkoordinaten an.

6) bis **9)** Man bespreche die in vektorieller Darstellung gegebenen Kurven

$$\mathfrak{r} \cos u t = \mathfrak{a} + \mathfrak{b} \sin u t\,, \qquad \mathfrak{r}\lambda = \mathfrak{a} + \mathfrak{b}\lambda^2,$$

$$\mathfrak{r}\lambda^2 = \mathfrak{a} + \mathfrak{b}\lambda\,, \qquad \mathfrak{r} = \mathfrak{a} + \mathfrak{b}\lambda + \mathfrak{c}\lambda^2.$$

$\mathfrak{a}$, $\mathfrak{b}$, $\mathfrak{c}$, u sind konstante Werte.

10) bis **12)** Man gebe die ungefähre Gestalt der Kurven

10) $y(x^2+1) = x^2$, 11) $y^2 = x(x^2-1)$, 12) $e^y = y\,e^x$.

13) Man gebe für eine in Polarkoordinaten gegebene Kurve die Formel für den Krümmungsmittelpunkt an.

14) Gesucht ist der Krümmungshalbmesser und der Krümmungsmittelpunkt der Archimedischen Spirale $r = a\varphi$.

15) Die Kurve $y = a + bx + cx^2 + dx^3$ soll im Nullpunkt die Richtung $+1$ und die Krümmung 0 haben, ferner soll sie die Gerade $3y = 2$ berühren. Man bestimme aus diesen Bedingungen die Konstanten a, b, c, d.

16) Eine veränderliche Gerade schneidet die x-Achse im Punkt P_1 und die y-Achse im Punkt P_2 so, daß stets $\Delta\, O P_1 P_2 = 2c^2$. Gesucht ist der geometrische Ort des Punktes P auf dieser Geraden, wenn von ihm gilt

a) P ist der Mittelpunkt von $P_1 P_2$;
b) P teilt die Strecke $P_1 P_2$ im gegebenen Verhältnis λ.

17) Unter der nämlichen Voraussetzung suche man die Kurve für P, wenn P der Fußpunkt des Lotes vom Nullpunkt O aus auf die Gerade ist. Von der Kurve, deren Gleichung am einfachsten mit Benutzung von Polarkoordinaten gefunden wird, gebe man an

a) ihre Gleichung in rechtwinkligen Koordinaten;
b) einige Eigenschaften, die man aus beiden Gleichungsformen ablesen kann;
c) die ungefähre Gestalt;
d) an der allgemeinen Stelle den Winkel ϑ vom Fahrstrahl zur Tangente und mit dessen Hilfe die Horizontal- und Vertikalstellen;
e) die von der Kurve im ersten Quadranten umschlossene Fläche.

18) Gegeben ist in Parameterdarstellung die Kurve

$$x = a\,\frac{\lambda^2-1}{\lambda^2+1}\,, \qquad y = \lambda\, a\,\frac{\lambda^2-1}{\lambda^2+1}\,.$$

a) Welche geometrische Bedeutung hat λ?
b) Man gehe durch Beseitigung dieses Parameters zur gewöhnlichen Darstellung $F(x, y) = 0$ der Kurve über.
c) Mit Hilfe beider Darstellungen, aber ohne Benutzung von Differentialrechnung, verschaffe man sich eine Vorstellung von der Gestalt der Kurve und gebe eine Skizze derselben.

d) An den Stellen $x = a$ und $x = -a$ gebe man die Richtung der Kurve an.

e) Man ermittle die Horizontalstellen.

f) Man beweise, daß der Nullpunkt ein Doppelpunkt ist; welche Richtung hat die Kurve dort?

g) Irgend zwei senkrechte Strahlen durch den Nullpunkt schneiden die Kurve in den Punkten P_1 und P_2. Man zeige, daß die Gerade $P_1 P_2$ die y-Achse im Mittelpunkt M von $P_1 P_2$ und die x-Achse im Kurvenpunkt $A = -a \mid 0$ schneidet.

h) Man gehe von der Darstellung in rechtwinkligen Koordinaten zu Polarkoordinaten über.

i) Die Kurve bildet eine Schleife; man ermittle die durch sie begrenzte Fläche mit Hilfe von rechtwinkligen sowohl wie von Polarkoordinaten.

***19)** Man versuche, mit Hilfe vektorieller Darstellung die durch die simultane Darstellung

$$x = a_1 e^{at} + b_1 e^{-at} \quad \text{mit} \quad y = a_2 e^{at} + b_2 e^{-at}$$

gegebene Kurve zu besprechen.

***20)** Man weise nach, daß für die beiden Kurven

$$y = x^2 + x^{1,5} \quad \text{und} \quad y = x^2 + x^{2,5}$$

der Nullpunkt ein Doppelpunkt ist. Welcher Art ist er und wie unterscheidet er sich bei beiden Kurven?

184. Lösungen. 1) Die Lösung wird am einfachsten bei Verwendung von Polarkoordinaten. A macht man zum Anfangspunkt und AB zum Anfangsstrahl. Dann ist

$$AP = PC \quad \text{oder} \quad 2\,AP = AC \quad \text{oder} \quad r = c \cos\varphi .$$

Beim Übergang zu rechtwinkligen Koordinaten erhält man

$$r^2 = c\,r \cos\varphi \quad \text{oder} \quad x^2 + y^2 = c\,x .$$

Wenn man von vornherein rechtwinklige Koordinaten benützt, geht man davon aus, daß die Koordinaten von C doppelt so groß sind wie die von P. Wegen $AC = 2\,c \cos\varphi$ sind erstere $2\,c \cos^2\varphi$ $2\,c \cos\varphi \sin\varphi$. Also ist

$$x = c \cos^2\varphi , \qquad y = c \cos\varphi \sin\varphi$$

die Gleichung des Ortes in Parameterdarstellung. Die Beseitigung von φ liefert die Kurvengleichung wie oben.

2) Auch hier führen Polarkoordinaten am schnellsten zum Ziel.

$$\lambda = PA : PC \quad \text{oder} \quad PA = \lambda\,(AC - AP) \quad \text{oder} \quad -r = \lambda\,(2\,c \cos\varphi - r)$$

oder

$$r\,(\lambda - 1) = 2\,c\,\lambda \cos\varphi .$$

Der Übergang zu rechtwinkligen Koordinaten liefert

$$r^2 (\lambda - 1) = 2\,c\,\lambda \cdot r \cos\varphi \quad \text{oder} \quad (x^2 + y^2)(\lambda - 1) = 2\,c\,\lambda\,x .$$

3) $$AP \cdot PC = a^2 \quad \text{oder} \quad r \cdot (AC - AP) = a^2$$

oder

$$r\,(2\,c \cos\varphi - r) = a^2 .$$

In rechtwinkligen Koordinaten

$$2\,c\,r \cos\varphi - r^2 = a^2 \quad \text{oder} \quad x^2 + y^2 - 2\,c\,x + a^2 = 0 .$$

4) $$CP = CB \quad \text{oder} \quad AP - AC = 2c\sin\varphi$$
oder
$$r = 2c(\sin\varphi + \cos\varphi),$$
in rechtwinkligen Koordinaten
$$x^2 + y^2 = 2c(x + y).$$

5) Der Winkel von AB nach AC ist $\varphi - \frac{1}{4}\pi$, Abb. 317, also wird
$$2r = AC\cdot\sqrt{2}$$
oder
$$r = c\cos\left(\varphi - \frac{1}{4}\pi\right)\sqrt{2}$$
oder
$$r = c(\sin\varphi + \cos\varphi),$$
in rechtwinkligen Koordinaten
$$r^2 = c(r\cos\varphi + r\sin\varphi)$$
oder
$$x^2 + y^2 = c(x + y).$$

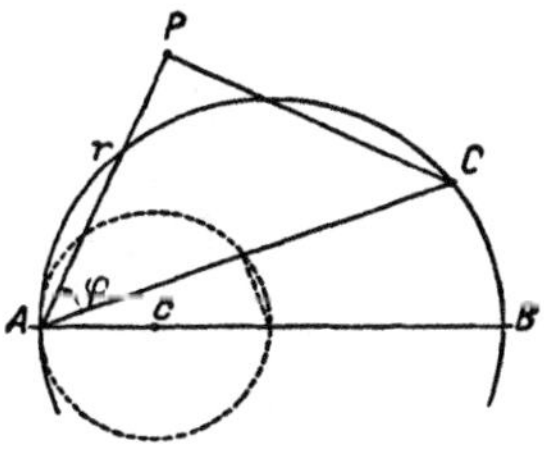

Abb. 317.

6) Man geht zu einem schiefwinkligen Koordinatensystem über, dessen Achsen die Richtung von $\mathfrak{a}$ und $\mathfrak{b}$ haben. Die schiefwinklige Projektion auf diese beiden Achsen liefert
$$\xi\cos ut = a + 0 \quad \text{mit} \quad \eta\cos ut = 0 + b\sin ut,$$
und die Beseitigung des Parameters ut
$$a\eta = b\sqrt{\xi^2 - a^2} \quad \text{oder} \quad b^2\xi^2 - a^2\eta^2 - a^2b^2 = 0,$$
eine Hyperbel, bezogen auf zwei konjungierte Durchmesser.

7) Eine schiefwinklige Projektion wie eben liefert
$$\xi\lambda = a + 0 \quad \text{mit} \quad \eta\lambda = 0 + b\lambda^2 \quad \text{oder} \quad \xi\eta = ab$$
nach Beseitigung des Parameters λ, eine Hyperbel, bezogen auf ihre Asymptoten.

8) Wie eben erhält man
$$\xi\lambda^2 = a + 0 \quad \text{mit} \quad \eta\lambda^2 = 0 + b\lambda \quad \text{oder} \quad a\eta^2 = b^2\xi,$$
eine Parabel nach (I 166).

9) Man führt ein neues Vektorkoordinatensystem ein,
$$\mathfrak{r} - \mathfrak{a} = \mathfrak{s}, \quad \text{und erhält} \quad \mathfrak{s} = \mathfrak{b}\lambda + \mathfrak{c}\lambda^2,$$
nach Beisp. 54a) eine Parabel.

10) Man schreibt
$$y = x^2 : (x^2 + 1) \quad \text{oder} \quad y = y_I : y_{II},$$
wo
$$y_I = x^2 \quad \text{und} \quad y_{II} = x^2 + 1$$
zwei kongruente Parabeln sind. Dann ist die Ordinate der gesuchten Kurve an jeder Stelle x als Verhältnis der beiden Ordinaten y_I und y_{II} zu finden, Abb. 318. Oder man läßt wie bei den Beispielen 166d), e) die Kurve aus $y(x + 1) = x$ hervorgehen.

11) $y = \sqrt{y_I y_{II}}$, wo $y_I = x$ und $y_{II} = x^2 - 1$.

Abb. 319 zeigt, daß an jeder Stelle x die Ordinate der gesuchten Kurve das geometrische Mittel der beiden Ordinaten y_I und y_{II} ist.

12) Man logarithmiert und formt um

$$y = \lg y + x \quad \text{oder} \quad x = y - \lg y \quad \text{oder} \quad x = x_I - x_{II}.$$

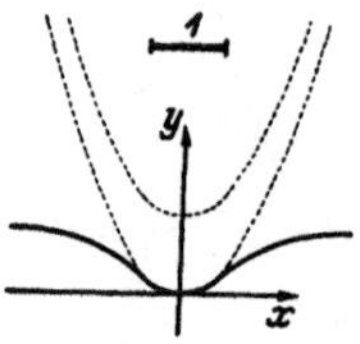

Abb. 318.

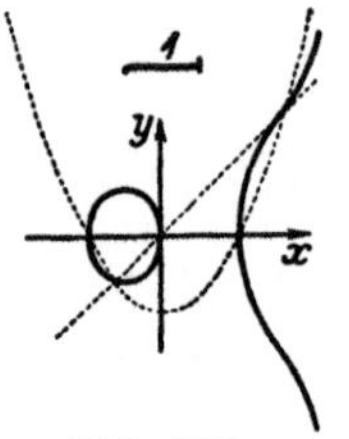

Abb. 319.

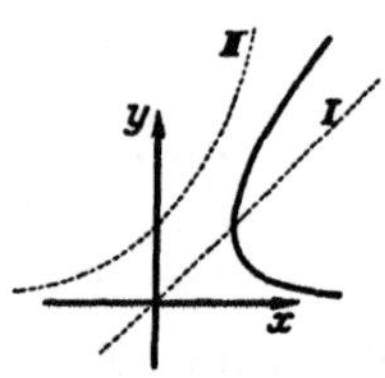

Abb. 320.

Wie auch Abb. 320 angibt, findet man die Abszisse der gesuchten Kurve an jeder Stelle als Unterschied der Abszissen x_I und x_{II} der bekannten Kurven

$$x = y \quad \text{und} \quad x = \lg y \quad \text{oder} \quad y = e^x.$$

13) Mit $\tau = \vartheta + \varphi$ gehen die Formeln (180b) über in

$$\xi = r\cos\varphi - \varrho\sin(\vartheta + \varphi), \qquad \eta = r\sin\varphi + \varrho\cos(\vartheta + \varphi).$$

Mit $\operatorname{tg}\vartheta = r : r'$ wird $\sin\vartheta = r : n$, $\cos\vartheta = r' : n$, wo $n = \sqrt{r^2 + r'^2}$ die Polarsubnormale ist. Dann wird

$$\varrho = n^3 : (n^2 + r'^2 - r r''),$$

$$\sin(\vartheta + \varphi) = (r\cos\varphi + r'\sin\varphi) : n, \quad \cos(\vartheta + \varphi) = (r'\cos\varphi - r\sin\varphi) : n,$$

und deswegen

$$\xi = r\cos\varphi - \frac{n^2(r\cos\varphi + r'\sin\varphi)}{n^2 + r'^2 - r r''}, \tag{a}$$

$$\eta = r\sin\varphi + \frac{n^2(r'\cos\varphi - r\sin\varphi)}{n^2 + r'^2 - r r''}. \tag{b}$$

14) Mit $r' = a$ und $r'' = 0$ wird nach der vorigen Aufgabe

$$n^2 = a^2(1 + \varphi^2), \qquad \varrho = \frac{n^3}{n^2 + a^2},$$

$$\xi = a\varphi\cos\varphi - \frac{a^2(1+\varphi^2)\,a\,(\varphi\cos\varphi + \sin\varphi)}{a^2(2+\varphi^2)}$$

$$= a\,\frac{\varphi\cos\varphi - (1+\varphi^2)\sin\varphi}{2+\varphi^2},$$

$$\eta = a\varphi\sin\varphi + \frac{a^2(1+\varphi^2)\,a\,(\cos\varphi - \varphi\sin\varphi)}{a^2(2+\varphi^2)}$$

$$= a\,\frac{\varphi\sin\varphi + (1+\varphi^2)\cos\varphi}{2+\varphi^2}.$$

15) Gesucht vier Konstante, also müssen vier Bedingungen gegeben sein. Diese sind: die Kurve geht durch den Nullpunkt, d. h. für $x = 0$ ist $y = 0$;

ferner hat sie dort die Richtung $+1$, d. h. für $x=0$ ist $y'=1$; weiter gilt dort noch $\varrho=\infty$ oder $y''=0$ für $x=0$; schließlich noch $y'=0$ für $y=\frac{2}{3}$.

$$y=a+bx+cx^2+dx^3,\qquad y'=b+2cx+3dx^2,\qquad y''=2c+6dx.$$

$$1)\ 0=a+0+0+0,\qquad 2)\ 1=b+0+0,\qquad 3)\ 0=2c+0.$$

Aus diesen ersten drei Bedingungen erhält man $a=0$, $b=1$, $c=0$, und deswegen

$$y=x+dx^3,\qquad y'=1+3dx^2.$$

Die vierte Bedingung ist gegeben durch

$$\frac{2}{3}=x+dx^3\quad\text{mit}\quad 0=1+3dx^2,$$

woraus sich ergibt $d=-1:3$ und die gesuchte Kurve

$$y=x-\frac{1}{3}x^3.$$

16) $P_1=a\mid 0$, $P_2=0\mid b$, Abb. 321; von den beiden Abschnitten a und b weiß

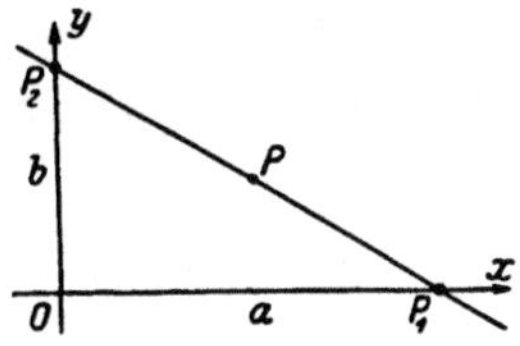

Abb. 321.

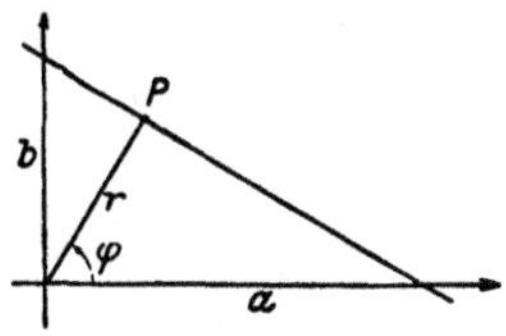

Abb. 322.

man einmal $\frac{1}{2}ab=2c^2$, eine andere Gleichung ist durch die dem erzeugenden Punkt P vorgeschriebene Bedingung gegeben.

a) $$x=\frac{1}{2}a,\qquad y=\frac{1}{2}b,\qquad ab=4c^2,$$

daraus

$$4xy=ab\quad\text{oder}\quad xy=c^2.$$

b) $$x=\frac{\lambda\cdot 0-a}{\lambda-1},\qquad y=\frac{\lambda b-0}{\lambda-1},\qquad ab=4c^2.$$

Man löst die erste Gleichung nach a, die zweite nach b auf und setzt die erhaltenen Werte in die dritte Gleichung ein. Dann wird die Kurvengleichung

$$xy(\lambda-1)^2+4\lambda c^2=0.$$

17) $$r=a\cos\varphi,\qquad r=b\sin\varphi,\qquad ab=4c^2,$$

Abb. 322. Man beseitigt a und b und erhält als gesuchte Kurvengleichung

$$\frac{r}{\cos\varphi}\cdot\frac{r}{\sin\varphi}=4c^2\quad\text{oder}\quad r^2=4c^2\sin\varphi\cos\varphi$$

a) $$r^4=4c^2r\sin\varphi\cdot r\cos\varphi\quad\text{oder}\quad (x^2+y^2)^2=4c^2xy.$$

b) Der ersten Gleichungsform oder auch der Umformung $r=c\sqrt{2\sin 2\varphi}$ entnimmt man, daß die Kure periodisch ist; weiter daß die linke und damit auch die rechte Gleichungsseite stets positiv sein muß, also $\sin\varphi$ und $\cos\varphi$ stets gleiches Vorzeichen haben müssen, d. h. die Kurve verläuft nur im ersten und dritten Quadranten; der Größtwert von r ist $c\sqrt{2}$, er wird bei $\varphi = \frac{1}{4}\pi$ erreicht. Der zweiten Gleichungsform entnimmt man, daß die Kurve symmetrisch ist zur Mediane $y = x$ und auch zur Geraden $y = -x$; daß sie sich in der Nähe des Nullpunktes verhält wie $xy = 0$; Kurve vierter Ordnung.

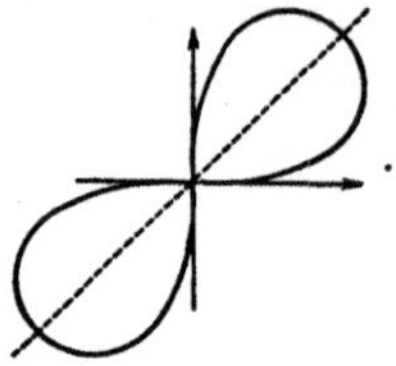

Abb. 323.

c) Die ungefähre Gestalt (Lemniskate) ist durch Abb. 323 gegeben.

d)
$$r^2 = 2c^2 \sin 2\varphi,$$
$$r r' = 2c^2 \cos 2\varphi,$$
$$\operatorname{tg}\vartheta = \frac{r}{r'} = \frac{r^2}{r r'} = \operatorname{tg} 2\varphi$$
oder
$$\vartheta = 2\varphi.$$

Die Horizontalstelle ergibt sich aus $\operatorname{tg}\vartheta = -\operatorname{tg}\varphi$ oder $\operatorname{tg} 2\varphi = -\operatorname{tg}\varphi$ zu

$$\operatorname{tg}\varphi_1 = 0 \quad \text{und} \quad \operatorname{tg}\varphi_2 = \pm\sqrt{3},$$

sonach an den Stellen $k\pi$ und $\frac{1}{3}\pi + k\pi$, wo k eine ganze Zahl ist. Die Vertikalstellen ergeben sich, da die Kurve symmetrisch zur Mediane ist, aus den Horizontalstellen.

e)
$$dF = \frac{1}{2} r^2 d\varphi = c^2 \sin 2\varphi\, d\varphi = \frac{1}{2} c^2 \sin(2\varphi)\cdot d(2\varphi)$$
$$F = -\frac{c^2}{2}\left[\cos 2\varphi\right]_0^{\frac{1}{2}\pi} = c^2.$$

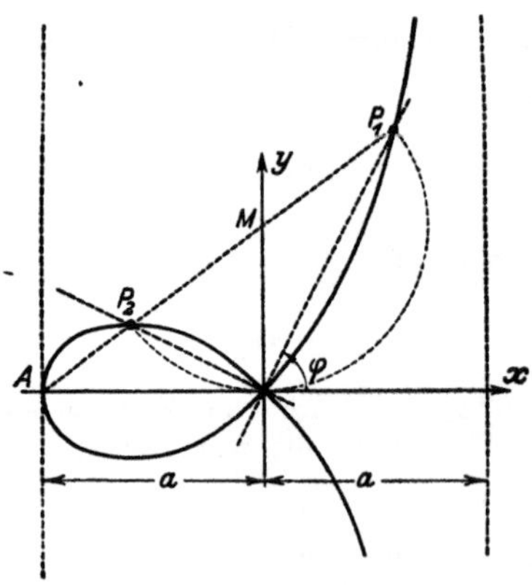

Abb. 324.

18) a) λ ist die Richtung des Fahrstrahles zum Kurvenpunkt, denn $y = \lambda x$.

b) $y = \lambda x$ oder $\lambda = y : x$ eingesetzt in die Gleichung für x gibt

$$x\left(\frac{y^2}{x^2} + 1\right) = a\left(\frac{y^2}{x^2} - 1\right)$$
oder
$$x(y^2 + x^2) = a(y^2 - x)^2$$
oder
$$y^2(x - a) + x^2(x + a) = 0.$$

c) Die Kurve ist von der dritten Ordnung; geht durch den Nullpunkt; ist symmetrisch zur x-Achse; Größtwert von x für $\lambda = \infty$; Kleinstwert von x für $\lambda = 0$; in der Nähe des Nullpunktes verhält sich die Kurve wie

$$-a y^2 + a x^2 = 0 \quad \text{oder} \quad y = \pm x;$$

also ist der Nullpunkt Doppelpunkt. Für $x = +a$ wird $y = \infty$, also ist $x = a$ Asymptote, Abb. 324.

d) Von der Gleichung in der entwickelten Darstellung bildet man die Ableitung und erhält nach elementarer Umformung

$$y' = \frac{a x - x^2 + a^2}{(a - x)\sqrt{a^2 - x^2}}.$$

An der Stelle $x=a$ und $x=-a$ ist $y'=\infty$, also die Kurve dort lotrecht.

e) Für eine Horizontalstelle ist $y'=0$, also

$$x^2-a\,x-a^2=0 \qquad \text{oder} \qquad x=\frac{1}{2}\,a\,(1\pm\sqrt{5})\,.$$

$x_1\approx a\,(0{,}5-1{,}12)=-0{,}62\,a$ ist reelle Horizontalstelle.

f) Es ist

$$F=y^2\,(x-a)+x^2\,(x+a)\,, \qquad F_1=y^2+3\,x^2+2\,a\,x\,, \qquad F_2=(x-a)\,2\,y\,.$$

Für $x=0$, $y=0$ wird $F=0$, $F_1=0$, $F_2=0$.

Im Nullpunkt ist die Fortschreitungsrichtung $y'=\dfrac{a^2}{\pm a^2}=\pm 1$.

g) Die zwei senkrechten Strahlen $y=\lambda\,x$ und $y=-x:\lambda$ schneiden die Punkte $P_1=x_1\,|\,\lambda\,x_1$ und $P_2=x_2\,|\,-x_2:\lambda$ aus. Es ist, wenn man den Quotienten $(\lambda^2-1):(\lambda^2+1)$ mit q bezeichnet,

$$x_1=a\,q\,, \qquad y_1=\lambda\,a\,q\,, \qquad x_2=-a\,q\,, \qquad y_2=a\,q:\lambda\,.$$

Die Gerade $P_1\,P_2$ hat dann die Gleichung

$$\frac{x-a\,q}{-2\,a\,q}=\frac{y-\lambda\,a\,q}{a\,q\,(1:\lambda-\lambda)} \qquad \text{oder} \qquad (x-a\,q)\left(\lambda-\frac{1}{\lambda}\right)=2\,(y-\lambda\,a\,q)$$

oder

$$x\,(\lambda^2-1)-2\,\lambda\,y+a\,(\lambda^2-1)=0\,.$$

Sie schneidet die x-Achse im Punkt $y=0$, $x=-a$ und die y-Achse im Punkt $x=0$, $y=a\,(\lambda^2-1):2\,\lambda$. Die gleichen Koordinaten hat tatsächlich auch der Mittelpunkt M von $P_1\,P_2$, nämlich

$$x=\frac{1}{2}\,(a\,q-a\,q)=0\,, \quad y=\frac{1}{2}\,a\,q\left(\lambda+\frac{1}{\lambda}\right)=a\,q\,(\lambda^2+1):2\,\lambda=a\,(\lambda^2-1):2\,\lambda\,.$$

h) Mit $x=r\cos\varphi$, $y=r\sin\varphi$ geht die Gleichung über in

$$r^2\sin^2\varphi\,(r\cos\varphi-a)+r^2\cos^2\varphi\,(r\cos\varphi+a)=0$$

oder

$$r\cos\varphi+a\cos 2\,\varphi=0\,.$$

i)
$$y=x\sqrt{\frac{a+x}{a-x}}=\frac{x\,(a+x)}{\sqrt{a^2-x^2}}$$

und Verwendung der Integralformeln von 57 und 59, also

$$\frac{1}{2}\,F=\int\limits_0^{-a} y\,d\,x=\left[a\int\frac{x\,d\,x}{\sqrt{a^2-x^2}}+\int\frac{x^2\,d\,x}{\sqrt{a^2-x^2}}\right]_0^{-a}$$

$$=\left[-a\,\sqrt{a^2-x^2}-\frac{x}{2}\,\sqrt{a^2-x^2}+\frac{a^2}{2}\,\text{arc sin}\,\frac{x}{a}\right]_0^{-a}$$

$$=0-0-\frac{a^2}{2}\cdot\frac{\pi}{2}+a^2+0-0$$

oder

$$F=2\,a^2-\frac{1}{2}\,a^2\,\pi\,.$$

Oder in Polarkoordinaten mit Verwendung der Integralformeln aus Beisp. 59c), die begrenzenden Winkel werden als $\varphi_1=\dfrac{3}{4}\,\pi$ und $\varphi_2=\pi$ gefunden,

$$\frac{1}{2}F = \frac{1}{2}\int r^2\,d\varphi = \frac{a^2}{2}\int\left(\frac{\cos 2\varphi}{\cos\varphi}\right)^2 d\varphi = \frac{a^2}{2}\int\left(2\cos\varphi - \frac{1}{\cos\varphi}\right)^2 d\varphi$$

$$= \frac{a^2}{2}\int\limits_{\frac{3}{4}\pi}^{\pi}\left(4\cos^2\varphi - 4 + \frac{1}{\cos^2\varphi}\right)d\varphi$$

$$= \frac{a^2}{2}\left[2\sin\varphi\cos\varphi + 2\varphi - 4\varphi + \operatorname{tg}\varphi\right]_{\frac{3}{4}\pi}^{\pi} = \frac{a^2}{2}\left[\sin 2\varphi - 2\varphi + \operatorname{tg}\varphi\right]_{\frac{3}{4}\pi}^{\pi}$$

$$= \frac{a^2}{2}\left[0 - 2\pi + 0 + 1 + \frac{3\pi}{2} + 1\right]$$

oder
$$F = 2a^2 - \frac{1}{2}a^2\pi\,.$$

19) a_1 und a_2 betrachtet man als die Komponenten eines Vektors a in Richtung der beiden Koordinatenachsen, entsprechend b_1 und b_2 als die Komponenten eines Vektors b. Dann sind die beiden gegebenen Gleichungen die „Projektionen" von

$$\mathfrak{r} = \mathfrak{a}\,e^{at} + \mathfrak{b}\,e^{-at}$$

auf die beiden Koordinatenachsen. Von dieser Darstellung geht man wieder zurück zur gewöhnlichen analytischen, indem man wie bei den vorausgehenden Aufgaben auf zwei schiefwinklige Achsen in Richtung von a und b projiziert,

$$\xi = a\,e^{at} + 0 \quad \text{mit} \quad \eta = 0 + b\,e^{-at} \quad \text{oder} \quad \xi\,\eta = a\,b\,,$$

wie bei Aufg. 7.

***20)** Man macht beide Gleichungen rational,

$$y^2 - 2x^2y + x^4 - x^3 = 0 \quad \text{und} \quad y^2 - 2x^2y + x^4 - x^5 = 0\,.$$

Wie die Ausrechnung am Schluß ergibt, sind die Bedingungen für den Nullpunkt erfüllt; das Entscheidungsmerkmal D für die beiden Kurven wird

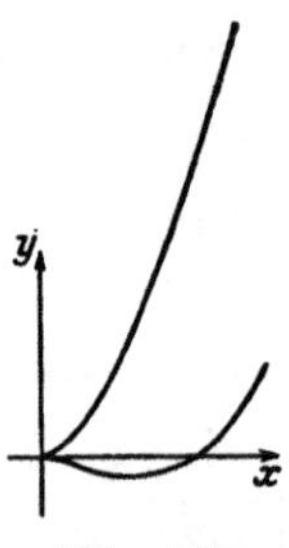

Abb. 325.

Abb. 326.

nach (178g) an der allgemeinen Stelle $x \mid y$ entsprechend der nachfolgenden Berechnung

$$D = 4(2y - 2x^2 + 3x) \quad \text{bzw.} \quad D = 4(2y - 2x^2 + 10x^3)\,;$$

für den Nullpunkt wird in beiden Fällen $D = 0$, so daß er für jede der beiden Kurven eine Spitze ist. Die x-Achse ist gleichzeitig Tangente. Man kann beide Kurven aus einfacheren Kurven zusammensetzen. Die erste superponiert sich aus der gewöhnlichen Parabel $y_I = x^2$ und der semikubischen $y_{II}{}^2 = x^3$, die zweite Kurve aus den Parabeln $y_I = x^2$, $y_{II}{}^2 = x^5$. Die Abb. 325 und 326 geben eine Skizze der beiden Kurven. Wenn man noch zusammenhält, daß die erste Kurve von der vierten Ordnung ist, die zweite von der fünften, dann ergibt sich, daß die x-Achse die erste Kurve im Nullpunkt in drei zusammenfallenden Punkten schneidet, die zweite in vier zusammenfallenden; es wird sonach die zweite Kurve von der Tangente inniger berührt als die erste. Man heißt die Spitze der zweiten Kurve auch eine Schnabelspitze.

$$y = x^2 + x^{1,5},$$
$$(y - x^2)^2 = x^3,$$
$$y^2 - 2x^2 y + x^4 - x^3 = 0,$$
$$F_1 = -4xy + 4x^3 - 3x^2,$$
$$F_2 = 2y - 2x^2,$$
$$F_{11} = -4y + 12x^2 - 6x,$$
$$F_{12} = -4x, \qquad F_{22} = 2,$$
$$D = 16x^2 - 2(-4y + 12x^2 - 6x)$$
$$= 4(2y - 2x^2 + 3x)$$

$$y = x^2 + x^{2,5},$$
$$(y - x^2)^2 = x^5,$$
$$y^2 - 2yx^2 + x^4 - x^5 = 0,$$
$$F_1 = -4xy + 4x^3 - 5x^4,$$
$$F_2 = 2y - 2x^2,$$
$$F_{11} = -4y + 12x^2 - 20x^3,$$
$$F_{12} = -4x, \qquad F_{22} = 2,$$
$$D = 16x^2 - 2(-4y + 12x^2 - 20x^3)$$
$$= 4(2y - 2x^2 + 10x^3).$$

Neunter Abschnitt.

Kurvendiskussion II und Differentialgleichungen I.

A. Integralgleichung und Differentialgleichung von Kurvensystemen.

185. Kurvensystem, Kurvenbüschel. Jede Gleichung $F(x, y) = 0$ stellt eine Kurve vor. Wenn in dieser Gleichung ein Parameter, eine verfügbare Konstante, auftritt, so erhält man für jede Verfügung d. h. für jeden Wert des Parameters eine andere Kurvengleichung und damit auch eine andere Kurve. Es ist daher die Gleichung

$$F(x, y, C) = 0, \tag{a}$$

wo C dieser Parameter ist, die Gleichung eines Kurvensystems, oder einer Kurvenschar. Jedem einzelnen Wert von C entspricht eine andere Kurve, den unendlich vielen Werten, die man C geben kann, entsprechen die unendlich vielen Kurven des Systems.

Man beachte die gemeinsame und die verschiedene Bedeutung des Begriffes „Parameter". Wir hatten den Parameter definiert als eine verfügbare Größe von der Art, daß jedem ihrer Werte ein bestimmtes geometrisches Gebilde zugeordnet ist. Eben sagten wir, daß man für jeden anderen Wert von C auch eine andere Kurve erhält. Wenn man die Gleichung einer Kurve in vektorieller Darstellung gibt,

$$\mathfrak{r} = f(\lambda), \tag{b}$$

dann tritt immer ein solcher Parameter auf, hier mit λ bezeichnet. Man erhält dann für jeden Wert von λ einen bestimmten Vektor r und damit auch einen bestimmten Endpunkt U dieses Vektors, Abb. 327. Hier ist also jedem Wert λ ein bestimmter Kurvenpunkt zugeordnet, die Gesamtheit aller dieser Punkte ist dann die Kurve (b). Wenn man diese Kurvengleichung (b) auf die Koordinatenachsen „projiziert", erhält man zwei Gleichungen

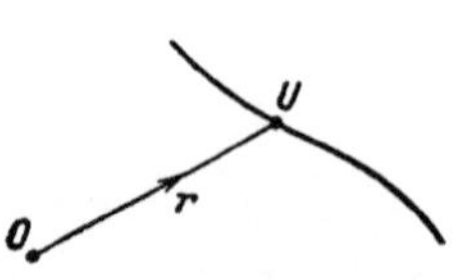

Abb. 327.

$$x = u(\lambda) \quad \text{mit} \quad y = v(\lambda). \tag{c}$$

man spricht dann. die Kurvengleichung ist „in Parameterform“ gegeben. Für jeden Wert von λ erhält man ein bestimmtes Wertepaar x, y und damit einen bestimmten Punkt P.

In all den angegebenen Fällen ist das Gemeinsame, daß man über den Parameter C oder λ willkürlich verfügen, daß man ihm ∞^1 Werte beilegen kann, und daß jedem Wert ein bestimmtes geometrisches Gebilde entspricht, eine Kurve, ein Punkt, oder auch ein anderes Gebilde.

Wenn man von einer Kurve oder Kurvengleichung „in Parameterform“ spricht, dann meint man natürlich die Darstellung der Kurve durch zwei simultane oder zusammengehörige Gleichungen von der Form (c). Spricht man aber von dem Parameter eines Kurvensystems, dann ist an die Darstellung des Kurvensystems in der Form (a) gedacht.

In der Parameterform kann die Gleichung eines Kurvensystems gegeben sein durch

$$x = u(t, C), \qquad y = v(t, C), \tag{d}$$

wo dann C den Parameter des Kurvensystems vorstellen soll; für jeden Wert von C erhält man wieder eine andere Kurve. Eine andere Darstellung eines Kurvensystems geschieht durch

$$F(x, y, a, b) = 0 \quad \text{mit} \quad f(a, b) = 0; \tag{e}$$

die Gleichung enthält zwei Parameter, durch die zweite Gleichung ist aber angegeben, daß man nicht beide willkürlich wählen darf, sondern, daß jedem Wert a des einen Parameters ein ganz bestimmter Wert b des zweiten zugeordnet ist.

Selbstverständlich kann man ein Kurvensystem auch in Polarkoordinaten

$$F(r, \varphi, C) = 0 \tag{f}$$

oder in vektorieller Darstellung

$$\mathfrak{r} = f(t, C) \tag{g}$$

geben. In beiden Fällen soll C den Parameter des Kurvensystems vorstellen, genau so wie bei den zusammengehörigen Gleichungen (d); t ist der Parameter, der den einzelnen Punkt U der Kurve bestimmt.

Ein besonderer Fall des Kurvensystems oder der Kurvenschar ist das Kurvenbüschel. Wenn die verfügbaren Konstanten des Kurvensystems linear auftreten, dann kann man die Gleichung immer auf die Form bringen

$$F(x, y) - \lambda G(x, y) = 0 \quad \text{oder} \quad F - \lambda G = 0,$$

wenn man abkürzend schreibt. λ ist die verfügbare Konstante, der Parameter des Systems. Das Kurvensystem steht in recht einfacher

Weise in Beziehung zu den Kurven $F = 0$ und $G = 0$. Beide Kurven schneiden sich in Punkten, deren einer P_0 sei. Dann müssen seine Koordinaten $x_0 \mid y_0$ sowohl der Gleichung $F = 0$ genügen, wie auch der Gleichung $G = 0$, somit auch der Gleichung $F - \lambda G = 0$, d. h. der Schnittpunkt P_0 der beiden Kurven $F = 0$ und $G = 0$ liegt auch auf allen Kurven $F - \lambda G = 0$, welchen Wert auch λ haben mag; oder umgekehrt, alle Kurven des Systems $F - \lambda G = 0$ gehen durch den Punkt P_0 hindurch. Was von dem einen Schnittpunkt P_0 gilt, gilt ebenso auch für alle anderen, es gehen also alle Kurven des Systems $F - \lambda G = 0$ durch die Schnittpunkte der beiden Kurven $F = 0$ und $G = 0$. Ein solches Kurvensystem nennt man ein Kurvenbüschel, $F - \lambda G = 0$ ist seine Gleichung.

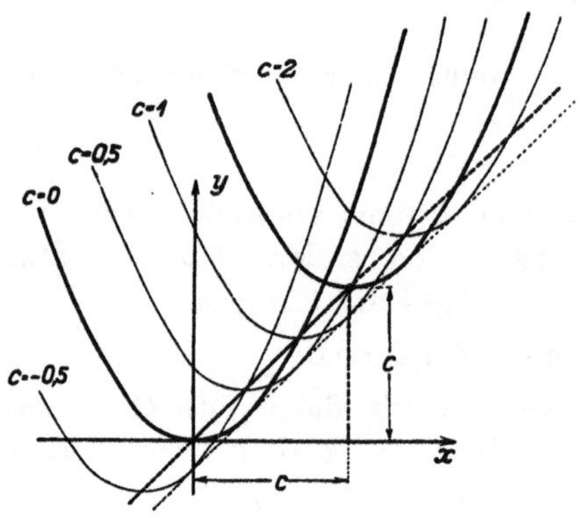

Abb. 328.

Beispiel a) Man diskutiere und zeichne das Kurvensystem

$$2a(y - c) = (x - c)^2,$$

wo c ein veränderlicher Parameter ist.

Man denkt an Satz (163k) und geht aus von der Parabel $2ay = x^2$; das gegebene Kurvensystem entsteht, wenn man diese Parabel in der x-Richtung um c und gleichzeitig in der y-Richtung um c verschiebt, oder was auf das gleiche hinauskommt, wenn man die Parabel in der Richtung der Mediane um $c\sqrt{2}$ verschiebt. Man hat also ein System von kongruenten Parabeln, s. Abb. 328, wo die Zeichnung für $a = 0{,}5$ durchgeführt ist.

Beispiel b) Man diskutiere und zeichne das Kurvensystem

$$x^2 + cy^2 - y = 0,$$

wenn c eine willkürliche Konstante ist.

Die Kurven sind Kegelschnitte, symmetrisch zur y-Achse nach (163a), sie gehen alle durch den Nullpunkt. Sonach haben sie alle ihren Mittelpunkt auf der y-Achse, diese selbst ist für jeden einzelnen Kegelschnitt eine Achse. Alle berühren die x-Achse im Nullpunkt. Wenn man die Kegelschnittsdeterminante aufstellt, wird

$$A_{31} = 0, \quad A_{32} = \tfrac{1}{2}, \quad A_{33} = c, \quad A = -\tfrac{1}{4}.$$

Für alle endlichen Werte c stellt daher die Gleichung wirkliche Kegelschnitte vor und zwar für $c > 0$ Ellipsen, für $c < 0$ Hyperbeln.

$c=0$ gibt die Parabel $y=x^2$. Der Mittelpunkt eines jeden Kegelschnittes hat die Koordinaten $0 \mid 1:2c$. Die halben Achsen a und b jedes einzelnen Kegelschnittes berechnen sich nach I 173 wegen

$$a_{11}=1, \quad a_{12}=0, \quad a_{22}=c, \quad k_1=1, \quad k_2=c, \quad A:A_{33}=-1:4c$$

zu

$$a^2=\frac{1}{4c}, \quad b^2=\frac{1}{4c^2}$$

oder

$$a=\frac{1}{2\sqrt{c}}, \quad b=\frac{1}{2c}.$$

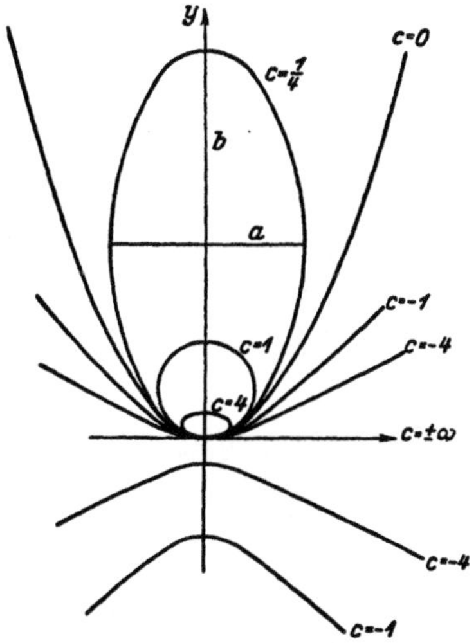

Abb. 329.

Man zeichnet für einige c die Kegelschnitte und ergänzt dann das Kurvensystem, Abb. 329.

Man kann das Kurvensystem auch als Kurvenbüschel anschreiben, nämlich

$$(x^2-y)+c\cdot y^2=0,$$

d. h. alle Kurven gehen durch den Schnittpunkt der Parabel $x^2-y=0$ und des doppelt zählenden Geradenpaares $y=0$; da diese beiden Kurven $x^2-y=0$ und $y^2=0$ sich im Nullpunkt berühren, müssen auch alle Kurven des Büschels dort sich berühren.

186. Geometrische Deutung der Differentialgleichungen. Die ausführliche Behandlung der Differentialgleichungen bleibt dem dritten Band vorbehalten. Hier sollen sie nur soweit behandelt werden. als für die vollständige Diskussion einer Kurve oder eines Kurvensystems notwendig ist.

Jede Gleichung, die ein Differential oder einen Differentialquotienten enthält, ist eine Differentialgleichung. Dann sind auch die bisher gebrauchten Formeln oder Sätze aus dem Gebiet der Differentialrechnung alle Differentialgleichungen. und jedes Integral stellt die Lösung einer Differentialgleichung vor; so ist beispielsweise

$$du=\cos x\,dx$$

eine Differentialgleichung und

$$u=\sin x+C$$

ihre Lösung oder ihr Integral. Freilich werden im allgemeinen Fall weder die Differentialgleichungen noch ihre Lösungen von dieser

Einfachheit sein. Man teilt die Differentialgleichungen für die Behandlung ein in solche erster und solche höherer Ordnung, je nachdem nur Ableitungen bezw. Differentiale höchstens erster Ordnung oder auch Ableitungen bezw. Differentiale höherer Ordnung in der Differentialgleichung vorkommen. So sind beispielweise

$$y' = 3 \quad \text{oder} \quad y' - y + x = 1 \quad \text{oder} \quad x + yy' = 0$$

oder

$$\sin x \cos y \, dx + \cos x \sin y \, dy = 0 \quad \text{oder} \quad r \, d\varphi = 2\varphi \, dr$$

oder

$$y = y' - y'^2 \quad \text{oder} \quad e^{y'} \sin y' = x.$$

besondere Fälle von Differentialgleichungen erster Ordnung. Die allgemeinste Differentialgleichung erster Ordnung zwischen zwei Veränderlichen x und y ist von der Form

$$\Phi(x, y, y') = 0, \tag{a}$$

wo Φ eine beliebige Funktion der drei Veränderlichen x, y, y' ist.

Ebenso sind

$$y'' - 3y' + 2y = 0, \quad xy''' - y'' = \cos x \quad \text{oder} \quad y^{(4)} = 2y'''$$

besondere Differentialgleichungen von der zweiten bezw. dritten und vierten Ordnung. Die allgemeinste Differentialgleichung zweiter Ordnung bezw. dritter usw. in x und y ist von der Form

$$\Phi(x, y, y', y'') = 0, \qquad \Psi(x, y, y', y'', y''') = 0 \quad \text{usw.} \tag{b}$$

Wenn man eine Differentialgleichung $\Phi(x, y, y') = 0$ geometrisch deuten will, wird man x und y als Parallelkoordinaten der Ebene auffassen. Dann ist die erste Ableitung y' oder $\frac{dy}{dx}$ eine Richtung und deswegen eine Differentialgleichung erster Ordnung $\Phi(x, y, y') = 0$ eine Aussage über die Richtung an der Stelle $x \mid y$. Denkt man sich nämlich an jeder Stelle $x \mid y$ die Richtung y' durch ein Linienelement festgelegt, d. h. durch eine unendlich kleine Strecke ds von der Richtung $\operatorname{tg} \tau = y'$, so wird durch die Differentialgleichung $\Phi(x, y, y') = 0$ für jedes Wertepaar $x \mid y$, das man willkürlich einsetzt, ein bestimmter Wert y' festgelegt, vorausgesetzt, daß die Gleichung in y' vom ersten Grad ist, allgemein k bestimmte Werte y', wenn sie in y' vom k ten Grad ist. [Man verwechsle nicht Ordnung und Grad einer Differentialgleichung.] Die Betrachtung wird einfach, wenn man zunächst y' vom ersten Grad in der Differentialgleichung voraussetzt. Dann kann man geometrisch deuten: Durch die Differentialgleichung $\Phi(x, y, y') = 0$ wird jedem Punkt $x \mid y$ der Ebene ein ganz bestimmtes Linienelement zugeordnet, also in der Ebene

∞^2 Linienelemente, etwa so wie Abb. 330 zeigt. Diese Linienelemente stellen in ihrer Gesamtheit ein Kurvensystem vor. Geht man nämlich von einem Punkt $x|y$ der Ebene in der durch das dortige Linienelement vorgeschriebenen Richtung zum unendlich benachbarten Punkt und von dort aus wieder in der angegebenen Richtung weiter, so bewegt man sich auf einer Kurve des Systems. In Abb. 333 ist solch ein Kurvensystem durch feingezeichnete Linien dargestellt.

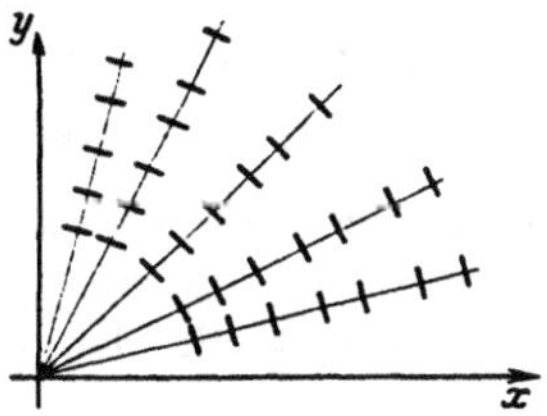

Abb. 330.

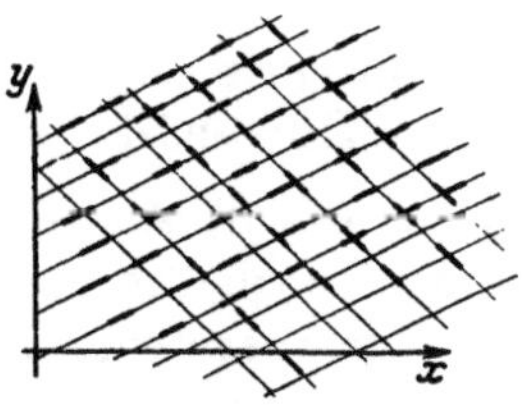

Abb. 331.

[Wenn die Differentialgleichung die Richtung y' vom $k$ten Grad enthält, so werden jedem Punkt $x|y$ der Ebene k Fortschreitungsrichtungen oder k Linienelemente zugeordnet, auch sie bilden in ihrer Gesamtheit ein Kurvensystem. So ist etwa durch Abb. 331 der Fall dargestellt, daß $k = 2$ ist; jedem Punkt $x|y$ sind zwei Linienelemente zugeordnet, durch die Linienelemente dieser Abbildung sind zwei Systeme von parallelen Geraden gebildet.]

Die ganze Betrachtung läßt sich natürlich sinngemäß genau so durchführen, wenn man mit Polarkoordinaten arbeitet. Dann ist das Linienelement ds durch die drei Koordinaten r, φ und r' bestimmt, so daß jede Gleichung $\Phi(r, \varphi, r') = 0$, das heißt jede Differentialgleichung erster Ordnung, ein Kurvensystem vorstellt.

Man kann die Differentialgleichung $\Phi(x, y, y') = 0$ noch von einem andern Gesichtspunkt aus diskutieren. Das Linienelement ds hat in der Ebene drei Freiheitsgrade oder Koordinaten: Es ist vollständig bestimmt, wenn man von ihm die Lage durch zwei Zahlen x und y und seine Richtung y' angibt. Es gibt in der Ebene sonach ∞^3 Linienelemente. Oder in anderer Sprechweise: man kann dem Linienelement in der Ebene drei Bedingungen vorschreiben. Schreibt man ihm nur eine einzige vor, so gibt es noch ∞^2 Linienelemente. Durch die Gleichung $\Phi(x,y,y') = 0$ ist dem Linienelement tatsächlich eine Bedingung gestellt, also muß diese Differentialgleichung ∞^2 Linienelemente vorstellen.

187. Fortsetzung. Die vorausgehenden Betrachtungen lassen sich zusammenfassen:

Durch die Differentialgleichung $\Phi(x, y, y') = 0$ wird jedem Punkt $x|y$ der Ebene eine bestimmte Richtung $\operatorname{tg}\tau = y'$ und damit ein bestimmtes Linienelement zugeordnet [falls sie vom ersten Grad in y' ist, und k bestimmte Linienelemente, falls sie vom $k$ten Grad ist]. Also stellt $\Phi(x, y, y') = 0$ ein Kurvensystem vor. Durch jeden Punkt der Ebene gehen je nach dem Grad eine oder mehrere Kurven des Systems. (a)

[Genauer müßte man sagen: Durch jeden Punkt der Ebene gehen k Kurven oder Kurvenäste, wenn die Gleichung vom $k$ten Grad ist.]

Beisp. a) bis d) Aus den nachfolgenden Differentialgleichungen selbst soll man möglichst viele Eigenschaften der durch die Gleichung bestimmten Kurvensysteme ablesen und womöglich den ungefähren Verlauf der Kurvensysteme skizzieren.

$$\text{a)}\ y' = 3; \quad \text{b)}\ y' = \varphi(x); \quad \text{c)}\ \Phi(y, y') = 0; \quad \text{d)}\ y' = -\frac{x}{y}.$$

a) Am einfachsten ist die Lösung im vorliegenden Fall freilich, wenn man die Gleichung unmittelbar integriert, also

$$dy = 3\,dx \quad \text{setzt und} \quad y = 3x + C$$

erhält. Durch die Lösung ist ein System paralleler Geraden gegeben. Man gewöhne sich aber, genau so wie bei den gewöhnlichen Kurvengleichungen vorzugehen. Die Definition einer Kurvengleichung wird sich bei den Differentialgleichungen geom. gedeutet umformen zu:

Differentialgleichung eines Kurvensystems ist der analytische Ausdruck für die Eigenschaft des erzeugenden Elementes. (b)

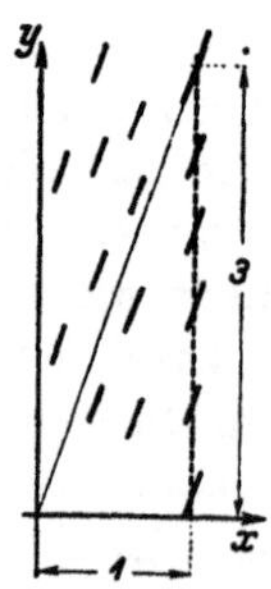

Abb. 332.

Erzeugendes Element kann ebensowohl der Punkt wie auch das Linienelement oder eine Kurve des Systems sein. Für die Diskussion von Differentialgleichungen ist es daher in vielen Fällen recht zweckmäßig, unmittelbar aus der Gleichung Eigenschaften abzulesen. Im vorliegenden Fall wird man sagen: das Linienelement hat an jeder Stelle, also unabhängig von x und y die Richtung 3, die Differentialgleichung stellt sonach ein System paralleler Geraden mit der Richtung $\operatorname{tg}\tau = 3$ vor, Abb. 332.

b) Durch die Gleichung $y' = \varphi(x)$ wird y' abhängig nur von x, also unabhängig von y dargestellt. Ob man $y = 1$, $y = 2$, $y = 3$ usw. wählt, man erhält stets das gleiche Linienelement. Mit anderen Worten: in allen Punkten einer zur y-Achse parallelen Geraden ist das Linienelement das gleiche, Abb. 333. Daher stellt die vorgeschriebene Gleichung ein System von kongruenten Kurven vor, die alle aus einer einzigen durch Verschiebung in der y-Richtung hervorgehen.

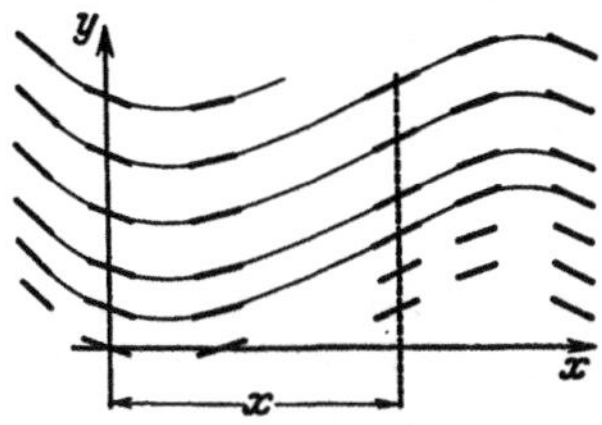

Abb. 333.

c) Man urteilt wie oben: y' ist eine unentwickelte Funktion nur von y; die Differentialgleichung stellt sonach ein System von kongruenten Kurven vor, die alle aus einer einzigen durch Verschiebung in der x-Richtung hervorgehen.

d) $y:x$ ist bekanntlich die Richtung $\operatorname{tg}\varphi$ des Fahrstrahles zu der Stelle $x \mid y$ und $\operatorname{tg}\tau = -x:y$ oder $\operatorname{tg}\tau = -\operatorname{cotg}\varphi$ die dazu senkrechte Richtung. Die vorgegebene Differentialgleichung sagt dann aus: an der Stelle $x \mid y$ soll das Linienelement senkrecht zum Fahrstrahl stehen; sie stellt sonach konzentrische Kreise um den Nullpunkt vor, Abb. 330.

Die erste Ableitung y' einer Kurvengleichung ist gleich der Richtung der Kurve an der Stelle $x \mid y$. Die zweite Ableitung y'' gibt Aufschluß über die Krümmung an dieser Stelle. Wenn man nach (43)

$$y'' = (1 + y'^2)^{3/2} : \varrho$$

setzt, kann man die allgemeinste Differentialgleichung zweiter Ordnung

$$\Phi(x, y, y', y'') = 0 \quad \text{auch} \quad \Phi\left(x, y, y', \frac{(1 + y'^2)^{3/2}}{\varrho}\right) = 0$$

schreiben und erkennt daraus, daß jede Differentialgleichung zweiter Ordnung eine Aussage über Richtungen und Krümmungen ist.

Die Fortsetzung dieser Betrachtungen bringt die Lehre von den Differentialgleichungen im dritten Band.

188. Entstehung der Differentialgleichung eines Kurvensystems aus der Integralgleichung. Wie eben entwickelt, ist die Gleichung eines Kurvensystems

$$\Phi(x, y, y') = 0. \tag{a}$$

Nach (185a) ist seine Gleichung auch

$$F(x, y, c) = 0. \tag{b}$$

Man nennt letztere ihre Integralgleichung, die erste ihre Differentialgleichung. Gefragt ist, wie man von der einen Form zur anderen übergeht, zunächst von der Integralgleichung zur Differentialgleichung.

Scheinbar, indem man die Integralgleichung einfach nach der Unabhängigen x differenziert. Scheinbar! denn im allgemeinen wird die durch Differenzieren erhaltene Gleichung die verfügbare Konstante C noch enthalten, als Ergebnis hätte man sonach eine Differentialgleichung von der Form

$$G(x, y, y', C) = 0. \qquad \text{(c)}$$

Nun stellt jede Differentialgleichung eine Kurvenschar, ein System von ∞^1 Kurven vor, die eben gefundene Differentialgleichung müßte demnach, da sie eine verfügbare Konstante C enthält, ∞^1 Kurvensysteme liefern, nämlich für jeden Wert der Konstanten C ein anderes Kurvensystem. Es kann also im allgemeinen die durch Differenzieren erhaltene Gleichung nicht die Differentialgleichung des vorgegebenen Kurvensystems sein, außer wenn zufällig die Konstante C beim Differenzieren herausfällt.

Um die gesuchte Differentialgleichung zu erhalten, überlege man: die einzelnen Kurven des vorgelegten Kurvensystems müssen der Gleichung (b) genügen, andrerseits aber auch der Gleichung (c); es gilt sonach:

> Wenn $F(x, y, C) = 0$ eine vorgelegte Integralgleichung ist, so findet man ihre Differentialgleichung als Ergebnis der Beseitigung des Parameters C aus der gegebenen Gleichung und ihrer Ableitung nach x, indem man also aus den beiden simultanen Gleichungen
>
> $$F(x, y, C) = 0 \quad \text{und} \quad G(x, y, y', C) = 0$$
>
> die Konstante C beseitigt. (d)

Beispiel a) und b) Man stelle die Differentialgleichungen der durch die nachfolgenden Integralgleichungen gegebenen Kurvensysteme auf.

$$\text{a)}\ 2a(y - c) = (x - c)^2 \qquad \text{b)}\ y^2 = 2c(x - c).$$

a) Man differenziert die Gleichung nach x und beseitigt die Konstante c. Man erhält im Fall

$$\text{a)}\ 2ay' = 2(x - c) \quad \text{oder} \quad x - c = ay'.$$

Beide Gleichungen

$$2a(y - c) = (x - c)^2 \quad \text{und} \quad x - c = ay'$$

sind simultan oder zusammengehörig; man beseitigt c und erhält

$$2a(y - x + ay') = a^2 y'^2$$

als Differentialgleichung des Kurvensystems.

b) Man differenziert wieder nach x und beseitigt c. Es wird

$$2yy' = 2c \quad \text{oder} \quad c = yy'$$

und deswegen die gesuchte Differentialgleichung

$$y^2 = 2yy'(x - yy') \quad \text{oder} \quad y = 2y'(x - yy').$$

Beispiel c) Man stelle die Differentialgleichungen aller Kreise auf, die im Nullpunkt die y-Achse berühren.

Man stellt zuerst die Integralgleichung auf: die Kreise haben alle ihren Mittelpunkt auf der x-Achse, ihr Halbmesser ist gleich der Abszisse des Mittelpunktes, sonach ihre Gleichung

$$(x - a)^2 + y^2 - a^2 = 0 \quad \text{oder} \quad x^2 - 2ax + y^2 = 0.$$

Hier ist a die verfügbare Konstante. Man differenziert nach x,

$$2(x - a) + 2yy' = 0,$$

und beseitigt a. Die gesuchte Differentialgleichung wird dann

$$-2xyy' + y^2 - x^2 = 0 \quad \text{oder} \quad x^2 - y^2 + 2xyy' = 0.$$

189. Entstehung der Integralgleichung eines Kurvensystems aus der Differentialgleichung. Umgekehrt geht man von der Differentialgleichung eines Kurvensystems durch Integration zur Integralgleichung über. Beim Integrieren erscheint eine Integrationskonstante C, woraus sich die Form der Integralgleichung

$$F(x, y, C) = 0 \quad \text{gegenüber} \quad \Phi(x, y, y') = 0 \tag{a}$$

erklärt. Beim Integrieren ist zu beachten: man kann nur von $f(x)dx$ oder von $F(u)du$ usw. das Integral bilden, man muß daher die Differentialgleichung separieren, d. h. alle Funktionen von x zum Differential dx und alle Funktionen von y zum Differential dy bringen, also die Form

$$X dx + Y dy = 0$$

herstellen, wo X eine Funktion nur von x und Y eine Funktion nur von y ist. Es ist freilich nur in den wenigsten Fällen möglich, eine vorgelegte Differentialgleichung ohne Anwendung von Kunstgriffen zu separieren. Die im dritten Band noch folgende eingehende Theorie der Differentialgleichungen beschäftigt sich in der Hauptsache mit den verschiedenen Wegen, eine Differentialgleichung zu integrieren, insbesonders sie zu separieren.

Beispiel a) Man löse die Differentialgleichung

$$\sin x \cos y \, dx + \cos x \sin y \, dy = 0.$$

Man separiert, $\quad \dfrac{\sin x}{\cos x} dx + \dfrac{\sin y}{\cos y} dy = 0,$

und integriert,

$$\int \operatorname{tg} x\,dx + \int \operatorname{tg} y\,dy = C$$

oder

$$-\lg\cos x - \lg\cos y = -\lg c,$$

da man die verfügbare Konstante in jeder beliebigen Form anschreiben kann. Man erhält

$$\lg(\cos x \cos y) = \lg c \quad \text{oder} \quad \cos x \cos y = c$$

als Integralgleichung des Kurvensystems.

Beispiel b) Von welchen Kurven gilt $\frac{n}{t} = y$, wo n das Normalen- und t das Tangentenstück ist.

Nach (30) kann man die Eigenschaften umformen zu

$$y\sqrt{1+y'^2} = y \cdot \frac{y}{y'}\sqrt{1+y'^2}$$

oder

$$y = \frac{dy}{dx}, \quad \text{oder wenn man separiert,} \quad dx = \frac{dy}{y}.$$

Man integriert und erhält

$$x = \lg y - \lg c \quad \text{oder} \quad x = \lg(y:c) \quad \text{oder} \quad y = ce^x$$

als Gleichung der gesuchten Kurven.

Beispiel c) Man diskutiere die Kurven mit der Eigenschaft: die Summe aus der Ordinate und der Subnormalen ist gleich dem Produkt dieser beiden Größen.

Nach (30e) drückt man diese Eigenschaft

$$y + s_n = y \cdot s_n$$

aus durch

$$y + yy' = y \cdot yy' \quad \text{oder} \quad 1 = y'(y-1).$$

Damit ist die Differentialgleichung der zu diskutierenden Kurven gefunden. Man separiert,

$$dx = dy\,(y-1),$$

und integriert,

$$2x = y^2 - 2y + c.$$

Die Kurven sind Parabeln, ihre Achsen parallel zur x-Achse. Nach (163) gehen sie aus einer einzigen Parabel, etwa

$$2x = y^2 - 2y + 1 \quad \text{oder} \quad 2x = (y-1)^2$$

durch Verschiebung in der x-Richtung hervor.

Beispiel d) Von welchen Kurven gilt: Der Fahrstrahl zum Kurvenpunkt P hat die gleiche Richtung wie die Kurve selbst?

Unmittelbar kann man einsehen, daß die zu ermittelnden Kurven nur Gerade durch den Nullpunkt sein können, also die Gleichung $y = Cx$ haben, wo C eine willkürlich wählbare Konstante.

Man kann aber auch die Differentialgleichung für das Kurvensystem aufstellen, nämlich

$$\frac{y}{x} = \frac{dy}{dx}. \quad \text{Man separiert,} \quad \frac{dx}{x} = \frac{dy}{y},$$

und integriert,

$$\lg x + \lg C = \lg y \quad \text{oder} \quad y = Cx.$$

190. Anfangsbedingungen. Wie in 186 bereits erörtert, hat das Linienelement in der Ebene drei Freiheitsgrade. Durch eine Gleichung $\Phi(x, y, y') = 0$ wird ihm ein Freiheitsgrad genommen, so daß diese Gleichung ∞^2 Linienelemente vorstellt, die in ihrer Gesamtheit ein Kurvensystem bilden. Durch eine zweite solche Gleichung $\Psi(x, y, y') = 0$ wird dem Linienelement noch ein weiterer Freiheitsgrad genommen. Der Verein von

$$\Phi(x, y, y') = 0 \quad \text{und} \quad \Psi(x, y, y') = 0 \tag{a}$$

greift sonach unter allen möglichen Linienelementen der Ebene nur ∞^1 heraus, die in ihrer Gesamtheit im allgemeinen Fall eine Kurve bilden. Man kann die Ableitung y' als einen Parameter betrachten oder als eine Unbekannte, die man aus der einen der beiden Gleichungen berechnet und in die andere einsetzt. Das Ergebnis dieser Elimination wird eine Gleichung von der Form $F(x, y) = 0$, die eine einzige Kurve vorstellt.

Beispiel a) Durch die Differentialgleichung

$$x^2 - y^2 + 2xy \cdot y' = 0$$

ist ein System von Kreisen gegeben, s. Beispiel 188c). Wo liegen die Kreispunkte mit gegebener Richtung $\operatorname{tg} \tau = \gamma$?

Die zwei Differentialgleichungen (a) sind hier

$$x^2 - y^2 + 2xy \cdot y' = 0 \quad \text{und} \quad y' = \gamma,$$

aus denen man

$$x^2 - y^2 + 2xy\gamma = 0$$

als Ort der vorgeschriebenen Kreispunkte erhält. Auf jedem einzelnen Kreis gibt es einen oder mehrere Punkte, in denen die Richtung den vorgeschriebenen Wert γ hat; diese aufeinanderfolgenden Punkte bilden dann eine Kurve, deren Gleichung gefunden wurde. Sie stellt ein durch den Nullpunkt gehendes Geradenpaar vor.

Wenn die zweite der Gleichungen (a) eine Aussage nicht für eine allgemeine, sondern für eine bestimmte Stelle ist, also derart, daß sie an der Stelle x_0 ein bestimmtes y_0 oder y_0' vorschreibt, oder an der Stelle y_0 ein bestimmtes x_0 oder y_0', so nennt man sie eine Anfangsbedingung, auch Grenzbedingung.

Durch eine solche Anfangsbedingung wird aus den ∞^1 Kurven des durch die Gleichung $\Phi(x, y, y') = 0$ oder durch deren Integralgleichung $F(x, y, C) = 0$ gegebenen Kurvensystems eine bestimmte Kurve herausgegriffen.

Beispiel b) und c) Man bestimme die Kurven mit der Eigenschaft: Die Differenz aus der Subnormalen und der Ordinaten ist gleich dem Quotienten aus der Subnormalen und der Ordinaten. Dann wähle man aus diesen Kurven jene aus, die durch den Punkt $0 \mid 1$ geht; ferner jene, die die Gerade $x = 1$ berührt. Man zeichne letztere Kurve; wie geht aus ihr das ganze Kurvensystem hervor?

Nach Beisp. 30 c) wird

$$s_n - y = s_n : y \quad \text{zu} \quad y'(y-1) = y$$

als Differentialgleichung des Kurvensystems. Man separiert,

$$\frac{dy\,(y-1)}{y} = dx,$$

und erhält durch Integration

$$y - \lg y = x + a,$$

als Integralgleichung des Kurvensystems.

Die Forderung, daß zur Abszisse $x = 0$ die Ordinate $y = 1$ gehört, ist eine Anfangsbedingung. Aus ihr berechnet sich ein bestimmter Wert der Konstanten a durch

$$1 - \lg 1 = 0 + a, \quad \text{nämlich} \quad a = 1.$$

Die durch den Punkt $0 \mid 1$ gehende Kurve des Systems ist sonach

$$y - \lg y = x + 1.$$

c) Eine andere Anfangsbedingung ist gegeben durch die Forderung, daß eine der Kurven die Gerade $x = 1$ berühren soll. Im Berührpunkt ist $x = 1$ und $y' = \infty$; es ist sonach dem Wert $x = 1$ der bestimmte Wert $y' = \infty$ zugeordnet. Aus der gegebenen Differentialgleichung entnimmt man

$$y = 1 \quad \text{wegen} \quad y' = \frac{y}{y-1} = \infty.$$

Dann geht also die Kurve durch den Punkt $1 \mid 1$, die Integralgleichung des Kurvensystems muß sonach durch diesen Punkt erfüllt werden,

$$1 - \lg 1 = 1 + a \quad \text{oder} \quad a = 0,$$

so daß die zweite gesuchte Kurve die Gleichung

$$y - \lg y = x$$

hat. Ihre Konstruktion ist in Abb. 320 gegeben.

Die Differentialgleichung läßt nach Beisp. 187c) ersehen, daß die Kurven des Systems kongruent sind und aus einer einzigen durch Verschiebung in der x-Richtung hervorgehen. Auch die Integralgleichung sagt nach (163i) das Gleiche aus.

191. Enveloppe oder **Einhüllende.** Jede einzelne Kurve eines Kurvensystems $F(x, y, C) = 0$ ist durch einen bestimmten Parameter C gegeben. Man kann sonach von einer Kurve $C = 1$ oder $C = 4$ usw. sprechen. Wenn man statt eines bestimmten Parameters C einen unendlich wenig geänderten $C + dC$ wählt, so wird die durch diesen Parameter $C + dC$ gegebene Kurve des Systems nach Lage und Gestalt sich unendlich wenig von der Kurve C unterscheiden. Im allgemeinen schneiden sich zwei verschiedene Kurven des Systems unter endlichen Winkeln, zwei unendlich benachbarte C und $C + dC$ aber werden sich unter unendlich kleinen Winkeln schneiden. Der Schnittpunkt S von zwei solchen unendlich benachbarten Kurven C und $C + dC$ muß dann gleichzeitig den beiden Gleichungen

$$F(x, y, C) = 0 \quad \text{und} \quad F(x, y, C + dC) = 0$$

genügen, also auch der Gleichung

$$F(x, y, C + dC) - F(x, y, C) = 0$$

oder der Gleichung

$$\frac{\partial F(x, y, C)}{\partial C} = 0. \tag{a}$$

Definition: E n v e l o p p e oder E i n h ü l l e n d e eines Kurvensystems ist der geometrische Ort der Schnittpunkte unendlich benachbarter Kurven des Systems. (b)

Der erzeugende Punkt S der Einhüllenden muß einmal auf der Kurve $F(x, y, C) = 0$ liegen, ebenso nach der vorausgehenden Erklärung auch der Gleichung (a) genügen, also gelten für ihn gleichzeitig die beiden Gleichungen

$$F(x, y, C) = 0 \quad \text{mit} \quad \frac{\partial F(x, y, C)}{\partial C} = 0. \tag{c}$$

Jedem Einzelpunkt der Einhüllenden ist ein ganz bestimmtes C zugeordnet, folglich ist die Darstellung (c) die Parameterdarstellung der Einhüllenden, es ergibt sich daher ihre gewöhnliche Darstellung, w e n n m a n d e n P a r a m e t e r C a u s d e n b e i d e n G l e i c h u n g e n (c) b e s e i t i g t.

Die Entwicklungen lassen ohne weitere Erklärung den Satz einsehen: d i e E v o l u t e e i n e r K u r v e i s t d i e E i n h ü l l e n d e a l l e r N o r m a l e n, (d) da je zwei unendlich benachbarte Normalen sich im Krümmungsmittelpunkt schneiden.

Beispiel a) Man ermittle die Einhüllende des Kurvensystems des Beispiels 185 a) analytisch.

Die beiden simultanen Gleichungen (c) sind hier

$$(x - c)^2 - 2a(y - c) = 0 \quad \text{mit} \quad x - c - a = 0.$$

Wenn man aus beiden Gleichungen c eliminiert, erhält man die gewöhnliche Gleichung der Einhüllenden

$$x - y - 0{,}5\,a = 0,$$

d. i. eine zur Mediane parallele Gerade, in Abb. 328 fein gestrichelt eingezeichnet.

Beispiel b) Kann ein Kurvenbüschel auch eine Einhüllende haben?

Man kann die Gleichung eines Büschels immer auf die Form $F - \lambda G = 0$ bringen. Man erhielte, wenn man partiell nach dem Parameter λ differenziert,

$$F - \lambda G = 0 \quad \text{mit} \quad G = 0.$$

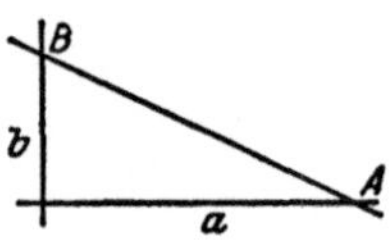

Abb. 334.

Die einzelnen Punkte der Einhüllenden müssen sonach den beiden Bedingungen $F = 0$ und $G = 0$ gleichzeitig genügen, sie kann also nur aus den Schnittpunkten der beiden Kurven $F = 0$ und $G = 0$ bestehen, d. h. sie besteht aus lauter singulären Punkten.

Beispiel c) Zu jenen unendlich vielen Geraden, die zwischen den Koordinatenachsen Dreiecke von stets gleichem Flächeninhalt c^2 abschneiden, ist die Einhüllende gesucht, Abb. 334.

Die Abschnittgleichung $\frac{x}{a} + \frac{y}{b} - 1 = 0$ dieser Geraden geht wegen $ab = 4c^2$, wenn man b beseitigt, über in

$$4c^2x + a^2y - 4ac^2 = 0$$

und bildet die Integralgleichung des Geradensystems; a ist hier der Parameter, denn c soll ja einen vorgeschriebenen Wert haben. Die partielle Ableitung nach a liefert

$$2ay - 4c^2 = 0 \quad \text{oder} \quad a = 2c^2 : y,$$

und die Beseitigung von a aus beiden Gleichungen

$$4c^2x + 4\frac{c^4}{y} - \frac{8c^4}{y} = 0 \quad \text{oder} \quad xy = c^2,$$

das ist eine gleichseitige Hyperbel, die ja nach bekannten Sätzen (I 159) zu erwarten war.

Beispiel d) Gesucht ist zum vorausgehenden Geradensystem die Differentialgleichung.

Man differenziert die oben gefundene Integralgleichung

$$4c^2x + a^2y - 4ac^2 = 0$$

nach der Unabhängigen x,

$$4c^2 + a^2\frac{dy}{dx} = 0,$$

und beseitigt aus beiden Gleichungen den Parameter a. Das Ergebnis,

$$4c^2x - \frac{4c^2y}{y'} - 4c^2\sqrt{\frac{-4c^2}{y'}} = 0 \quad \text{oder} \quad (xy' - y)^2 + 4c^2y' = 0,$$

ist die gesuchte Differentialgleichung des Kurvensystems.

192. Isogonal- und Orthogonaltrajektorien. Wenn zwei Kurvensysteme $F(x, y, C) = 0$ und $G(\xi, \eta, C) = 0$ derart einander zugeordnet sind, daß jede Kurve der einen Schar jede Kurve der andern Schar unter dem gleichen Winkel α schneidet, so nennt man jedes System das System der Isogonaltrajektorien zum andern System. Es ist natürlich das Gleiche, wenn man sagt, im Schnittpunkt von zwei solcher Kurven ist die Winkelentfernung α der beiden Tangenten konstant, Abb. 335.

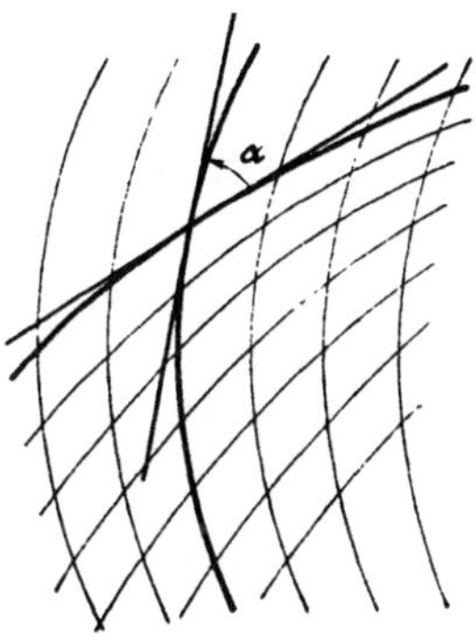

Abb. 335.

Wenn die durch $x|y$ gehende Kurve des ersten Systems in diesem Punkt die Richtung $\operatorname{tg}\tau_I$ hat, so ist die Richtung $\operatorname{tg}\tau_{II}$ der durch den gleichen Punkt gehenden Kurve des zweiten Systems dort gegeben durch die Beziehung

$$\tau_{II} = \tau_I + \alpha \quad \text{oder} \quad \operatorname{tg}\tau_{II} = \frac{\operatorname{tg}\tau_I + \operatorname{tg}\alpha}{1 - \operatorname{tg}\tau_I \operatorname{tg}\alpha}. \tag{a}$$

Ist das erste Kurvensystem in rechtwinkligen Koordinaten gegeben, so geht wegen

$$\operatorname{tg}\tau_I = y_I' \quad \text{und} \quad \operatorname{tg}\tau_{II} = y_{II}'$$

die Gleichung (a) über in

$$y_{II}' = \frac{y_I' + \operatorname{tg}\alpha}{1 - y_I' \operatorname{tg}\alpha}. \tag{b}$$

Im Fall von **Polarkoordinaten** geht wegen (27b) die Beziehung $\tau_{II} = \tau_I + \alpha$ über in

$$\vartheta_{II} + \varphi = \vartheta_I + \varphi + \alpha \quad \text{oder} \quad \vartheta_{II} = \vartheta_I + \alpha$$

oder
$$\operatorname{tg} \vartheta_{II} = \frac{\operatorname{tg} \vartheta_I + \operatorname{tg} \alpha}{1 - \operatorname{tg} \vartheta_I \operatorname{tg} \alpha}; \tag{c}$$

oder wegen (27a) in
$$\left(\frac{r}{r'}\right)_{II} = \frac{r_I + r'_I \operatorname{tg} \alpha}{r'_I - r_I \operatorname{tg} \alpha}. \tag{d}$$

Wenn im besonderen Fall der Winkel α ein rechter wird, dann werden aus den Isogonaltrajektorien die **Orthogonaltrajektorien.** Für diesen besonderen Fall werden die Formeln (b) und (d) für

rechtwinklige Koordinaten: $$y'_{II} = -1 : y'_I, \tag{e}$$

Polarkoordinaten: $$\left(\frac{r}{r'}\right)_{II} = -1 : \left(\frac{r}{r'}\right)_I. \tag{f}$$

Solche Orthogonalsysteme treten in der Technik häufig auf; es sei nur einstweilen erinnert an das System der Kraft- und Niveaulinien, oder an das System der Schicht- und Fallinien bei der Kartendarstellung, oder an die Systeme der Spannungstrajektorien in einem auf Biegung beanspruchten Balken usw.

Ein weiteres Beispiel für solche Orthogonaltrajektorien ist das System der **Evolventen** einer Kurve, deren jede zu jeder Tangente der Kurve senkrecht steht. Man findet daher die Gleichung der Evolventen nach (e) oder (f), indem man sie als Orthogonaltrajektorien des Systems der Tangenten der gegebenen Kurve aufstellt. Wenn man zu einer Kurve die Evolute aufsucht, dann ist umgekehrt die Kurve selbst zur Evolute **eine** der unendlich vielen Evolventen.

Beispiel a) Man bestimme vom Kurvensystem

$$y^2 = 2cx + c^2$$

die gestaltlichen Verhältnisse und die Einhüllende; ferner die Differentialgleichung der Orthogonaltrajektorien und ihre Beziehung zum gegebenen Kurvensystem.

Die Kurven sind Parabeln; durch Umformen erhält man die Abschnittsgleichung

$$\frac{y^2}{c^2} - \frac{2x}{c} - 1 = 0,$$

und entnimmt ihr, daß die Parabeln auf der y-Achse die beiden Abschnitte $+c$ und $-c$ bilden und auf der x-Achse den Abschnitt $-\frac{1}{2}c$. Natürlich kann c positiv wie negativ sein. Abb. 336 gibt eine Skizze des Kurvensystems.

Die Einhüllende ist nach (191) das Ergebnis der Beseitigung des Parameters c aus

$$y^2 = 2cx + c^2 \quad \text{und} \quad 0 = 2x + 2c,$$

ihre Gleichung ist sonach

$$y^2 = -2x^2 + x^2 \quad \text{oder} \quad x^2 + y^2 = 0,$$

d. i. ein Kreis um den Nullpunkt mit dem Halbmesser 0, also ein singulärer Punkt.

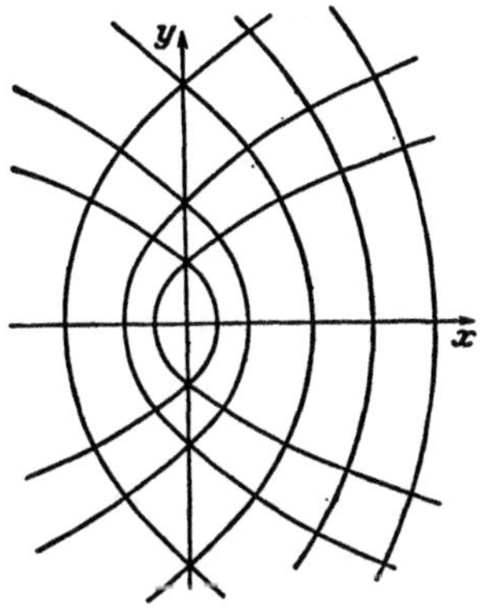

Abb. 336.

Die Differentialgleichung des gegebenen Kurvensystems ist nach (188) das Ergebnis der Beseitigung des Parameters c aus

$$y^2 = 2cx + c^2 \quad \text{und} \quad 2yy' = 2c,$$

ihre Gleichung ist sonach

$$y^2 = 2xyy' + y^2y'^2 \quad \text{oder} \quad y'^2y + 2xy' - y = 0.$$

Daraus gewinnt man die Differentialgleichung der Orthogonaltrajektorien, wenn man $-1 : y'$ statt y' nach (e) setzt,

$$\frac{y}{y'^2} + \frac{2x}{-y'} - y = 0 \quad \text{oder} \quad y'^2y + 2xy' - y = 0.$$

Man sieht, die Differentialgleichung der Orthogonaltrajektorien ist auch die Differentialgleichung der ursprünglichen Kurven, d. h. diese Kurven sind schon, wie auch die Zeichnung ersehen läßt, Orthogonalkurven.

Beispiel b) Man stelle die Gleichung des Systems der Kreise mit dem Halbmesser a und dem Mittelpunkt auf der x-Achse auf; alsdann die Differentialgleichung des Systems, ferner die Differentialgleichung der Orthogonaltrajektorien und die dazu gehörige Integralgleichung; und schließlich noch die Gleichung der Einhüllenden.

Die Integralgleichung des Kreissystems ist, c als Parameter vorausgesetzt,

$$(x - c)^2 + y^2 - a^2 = 0.$$

Man differenziert nach der Unabhängigen x und beseitigt den Parameter c;

$$2(x - c) + 2yy' = 0 \quad \text{oder} \quad x - c = -yy'$$

in die Integralgleichung eingesetzt, liefert die Differentialgleichung

$$y^2y'^2 + y^2 = a^2 \quad \text{oder} \quad \frac{dy}{dx} = \frac{\sqrt{a^2 - y^2}}{y}.$$

Nach (e) hat man nur $\frac{dy}{dx}$ durch $-\frac{dx}{dy}$ zu ersetzen, um die Differentialgleichung der Orthogonaltrajektorien zu erhalten, also

$$-\frac{dx}{dy}=\frac{\sqrt{a^2-y^2}}{y} \quad \text{oder} \quad -dx=\frac{dy\sqrt{a^2-y^2}}{y}.$$

Die Gleichung ist schon separiert; man kann unmittelbar integrieren.

$$-x=\int\frac{\sqrt{a^2-y^2}}{y}\,dy$$

oder nach Beispiel 60g), und wenn man das doppelte Vorzeichen der Wurzel berücksichtigt,

$$\mp x=\sqrt{a^2-y^2}-a\lg\frac{a+\sqrt{a^2-y^2}}{y}+D.$$

Die Gleichung stellt Traktrixkurven vor, s. 200, die alle aus einer einzigen durch Verschiebung in der x-Richtung hervorgehen.

Für die Einhüllende des Kreissystems gelten nach (191c) die beiden Gleichungen

$$(x-c)^2+y^2-a^2=0 \quad \text{und} \quad -2(x-c)=0$$

gemeinsam. Man beseitigt den Parameter c und erhält das Geradenpaar $y-a=0$ und $y+a=0$ als Einhüllende, was ja auch ohne Rechnung hätte angegeben werden können.

B. Ausgezeichnete Kurven und ihre Eigenschaften.

Gerade und **Kegelschnitte** behandelt der erste Band, zweiter und dritter Abschnitt.

193. Parabeln höherer Ordnung. Die durch Gleichungen von der Form

$$y=a_0x^n+a_1x^{n-1}+\dots+a_{n-1}x+a_n \tag{a}$$

dargestellten Kurven nennt man verallgemeinerte Parabeln $n$ter Ordnung; n ist dabei als ganze positive Zahl vorausgesetzt. Wenn auf der rechten Seite nur ein Summand steht, hat man eine Parabel $n$ter Ordnung, also in

$y=a_0x^2$ eine Parabel zweiter Ordnung oder gewöhnliche Parabel,

$y=a_0x^3$ eine Parabel dritter Ordnung oder kubische Parabel,

$y=a_0x^4$ eine Parabel vierter Ordnung usw.

Wenn man von einer Parabel schlechtweg spricht, meint man immer die gewöhnliche Parabel. Natürlich kann man auch die Veränderlichen vertauschen, $x = y^2$, $x = y^3$, $x = y^4$ usw. Den Namen „Parabel" wendet man auch noch an auf Kurven mit der Gleichung $y = cx^n$, wenn n eine gebrochene aber positive Zahl ist; ein besonderer Fall ist die im Vorausgehenden öfter besprochene

Neilsche oder semikubische Parabel $y^2 = x^3$ bzw. $x^2 = y^3$.

Beispiel a) Man bespreche kurz die Gestalt der Parabel $y = x^n$ für die verschiedenen positiven Werte von n.

Je größer n ist, um so flacher ist die Parabel in der Nähe des Nullpunktes und um so steiler verläuft sie auf ihrem Weg in das Unendliche. Für den Fall $n = 1$ hat man die Mediane $y = x$,

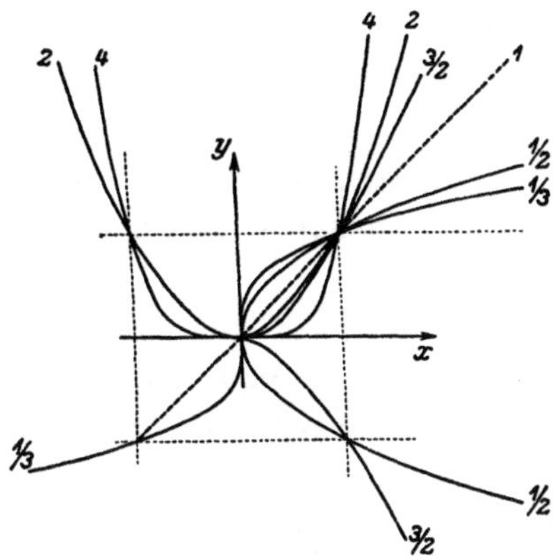

Abb. 337.

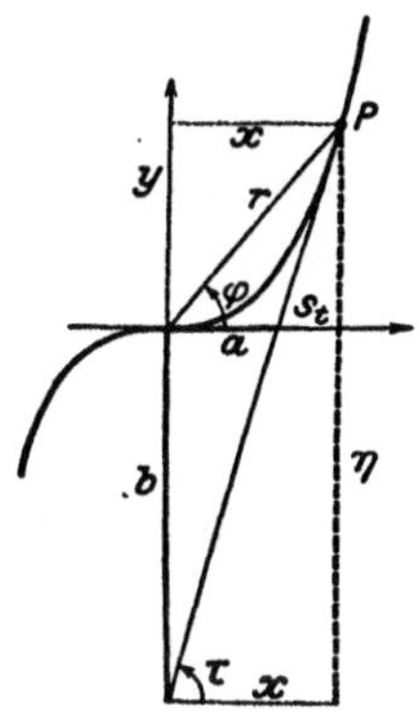

Abb. 338.

die man als Parabel erster Ordnung bezeichnen könnte. Sie trennt die steilen Parabeln von den flachen. In Abb. 337 sind die Parabeln für die Fälle $n = \frac{1}{3}, \frac{1}{2}, 1, \frac{3}{2}, 2, 4$ eingezeichnet. Ist n eine gerade Zahl, dann öffnen sich die Parabeln nach oben, die y-Achse ist Symmetrieachse, der Nullpunkt ist die tiefste Stelle. Ist n eine ungerade Zahl, dann verläuft die Parabel im ersten und dritten Quadranten, der Nullpunkt ist Mittelpunkt der Parabeln. Wenn n eine gebrochene Zahl ist, wird man am einfachsten die Diskussionsregeln der Nummern 163 und 164 anwenden; so ist etwa $y = x^{1,5}$ oder $y^2 = x^3$ eine semikubische Parabel symmetrisch zur x-Achse; $y = x^{2,5}$ oder $y^2 = x^5$ ist eine Parabel fünfter Ordnung symmetrisch zur x-Achse von ungefähr der gleichen Gestalt wie die semikubische, nur daß sie viel steiler in das Unendliche verläuft und im Nullpunkt viel flacher ist.

Die Parabel $y = cx^n$ hat im Punkt $x \mid y$ die **Richtung**

$$\operatorname{tg}\tau = y' = cnx^{n-1} \quad \text{oder} \quad \operatorname{tg}\tau = y' = n\frac{y}{x}. \tag{b}$$

Geometrisch gedeutet: im Punkt $x \mid y$ ist die Richtung der Parabel n mal so groß wie die Richtung des zugehörigen Fahrstrahles oder $\operatorname{tg}\tau = n \cdot \operatorname{tg}\varphi$. Nach Abb. 338 ist

$$\operatorname{tg}\varphi = \frac{y}{x} \quad \text{und} \quad \operatorname{tg}\tau = \frac{\eta}{x}, \quad \text{also} \quad \eta = ny.$$

Diese Beziehung gilt für jedes n.

Die **Tangente** im Punkt $P = x \mid y$ ist, wenn man die veränderlichen Koordinaten mit $\xi \mid \eta$ bezeichnet,

$$\eta - y = n\frac{y}{x}(\xi - x) \quad \text{oder} \quad \frac{n\xi}{(n-1)x} + \frac{\eta}{(1-n)y} - 1 = 0,$$

sie schneidet also auf den Achsen die Stücke

$$a = \frac{n-1}{n}x, \quad b = (1-n)y \tag{c}$$

ab. Unter Umständen kann man für die Bestimmung der gestaltlichen Verhältnisse auch noch die **Subtangente** verwenden; nach (30d) wird

$$s_t = \frac{y}{y'} = \frac{1}{n}x. \tag{d}$$

Die Parabel $y = cx^n$ bildet mit der x-Achse und den Ordinaten bei 0 und x die in Abb. 339 lotrecht schraffierte **Fläche**

$$F = \int_0^x y\,dx = c\int_0^x x^n\,dx = \frac{cx^{n+1}}{n+1}$$

oder

$$F = \frac{xy}{n+1}. \tag{e}$$

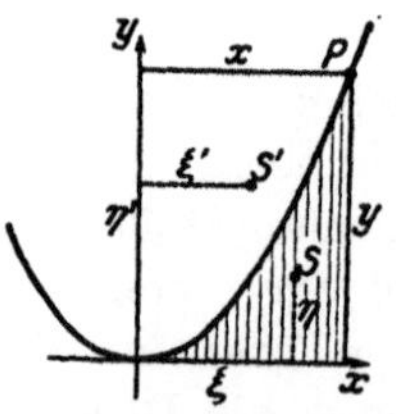

Abb. 339.

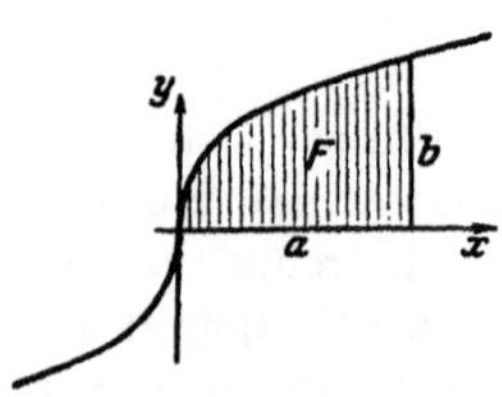

Abb. 340.

194. Fortsetzung. Man verwechsle nicht die Parabeln $y = cx^n$ und $x = cy^m$. Selbstverständlich gelten für beide die gleichen Formeln, nur daß man die letztere zuvor noch umformen muß,

$$y = \sqrt[m]{x : c} \quad \text{oder} \quad y = Cx^{1/m};$$

es ist sonach bei ihr $n = 1 : m$ zu setzen. Weiter ist genau zu beachten, daß die Fläche F begrenzt wird durch den Parabelbogen und die x-Achse sowie die Ordinate bei x.

Die Fläche F hat für die Koordinatenachsen die statischen Momente

$$D_x = \frac{1}{2}\int_0^x y^2\,dx = \frac{1}{2}c^2\int_0^x x^{2n}\,dx = \frac{c^2 x^{2n+1}}{2(2n+1)} = \frac{(cx^n)^2\cdot x}{2(2n+1)}$$

$$= \frac{xy\cdot y}{2(2n+1)} = F\cdot\frac{n+1}{2(2n+1)}y; \tag{f}$$

$$D_y = \int_0^x xy\,dx = c\int_0^x x^{n+1}\,dx = \frac{cx^{n+2}}{n+2} = \frac{cx^n\cdot x^2}{n+2}$$

$$= \frac{xy\cdot x}{n+2} = F\cdot\frac{n+1}{n+2}x. \tag{g}$$

Die Koordinaten des Schwerpunktes sind nach (74)

$$\xi = \frac{D_y}{F} = \frac{n+1}{n+2}x, \qquad \eta = \frac{D_x}{F} = \frac{n+1}{2(2n+1)}y. \tag{h}$$

Nach (79e) wird das Trägheitsmoment der Fläche F für die beiden Koordinatenachsen

$$J_x = \frac{1}{3}\int_0^x y^3\,dx = \frac{c^3}{3}\int_0^x x^{3n}\,dx = \frac{c^3 x^{3n+1}}{3(3n+1)} = \frac{(cx^n)^3 x}{3(3n+1)}$$

$$= \frac{xy\cdot y^2}{3(3n+1)} = F\cdot\frac{n+1}{3(3n+1)}y^2; \tag{i}$$

$$J_y = \int_0^x x^2 y\,dx = c\int_0^x x^{n+2}\,dx = \frac{cx^{n+3}}{n+3} = \frac{cx^n\cdot x^3}{n+3}$$

$$= \frac{xy\cdot x^2}{n+3} = F\cdot\frac{n+1}{n+3}x^2. \tag{k}$$

Beispiel a) Durch die kubische Parabel $x = y^3$, die Abszissenachse und die Gerade $x = a$ wird das in Abb. 340 schraffiert gezeichnete Flächenstück F abgegrenzt. Man ermittle von ihm den Inhalt, das statische Moment für die Koordinatenachsen, den Schwerpunkt und das Trägheitsmoment für die Koordinatenachsen.

Man wendet die eben entwickelten Formeln an. Wegen $y=x^{\frac{1}{3}}$ ist hier

$$n=\tfrac{1}{3},\quad n+1=\tfrac{4}{3},\quad n+2=\tfrac{7}{3},\quad n+3=\tfrac{10}{3},\quad 2n+1=\tfrac{5}{3},$$
$$3n+1=2.$$

Zu $x=a$ gehört als Abszisse $y=b=\sqrt[3]{a}$. Dann wird

$$F=\tfrac{3}{4}ab,\qquad D_x=\tfrac{2}{5}bF,\qquad D_y=\tfrac{4}{7}aF,$$

$$\xi=\tfrac{4}{7}a,\qquad \eta=\tfrac{4}{10}b,\qquad J_x=\tfrac{2}{9}Fb^2,\qquad J_y=\tfrac{2}{5}Fa^2.$$

***195. Konstruktion der Parabeln höherer Ordnung $y=cx^n$.** Die nachfolgende Überlegung gilt zwar für alle n, solange sie reell sind, es soll aber zunächst n als positiv vorausgesetzt werden, weil man beispielsweise für negative n statt $y=cx^{-n}$ besser schreibt $yx^n=c$ und dann von den Hyperbeln höherer Ordnung spricht, siehe die nachfolgende Nummer.

Eine erste Konstruktion durch Deformation, indem man von der Geraden $y=cx$ ausgeht bzw. von der gleichseitigen Hyperbel $xy=c$, und die Ordinate der gesuchten Kurve als $n$te Wurzel der Ordinate der Geraden findet, ist in ihrem Gedankengang zwar recht einfach, bereitet aber rechnerische Schwierigkeit, die man eben vermeiden will.

Eine zweite Konstruktion durch (logarithmische) Deformation verringert die Rechnung ganz erheblich und benötigt nur die Anwendung des Rechenschiebers. Man geht aus von der logarithmierten Gleichung

$$\lg y=\lg c+n\lg x \qquad \text{oder} \qquad \eta=\lg c+n\xi, \tag{a}$$

die eine Gerade vorstellt, wenn man als Koordinaten $\lg x$ und $\lg y$ wählt. Die Koordinaten dieser Geraden und der gegebenen Kurve sind durch die Beziehung

$$\lg y=\eta \quad \text{und} \quad \lg x=\xi \quad \text{oder} \quad y=\operatorname{num}\eta \quad \text{und} \quad x=\operatorname{num}\xi \tag{b}$$

verbunden, zu jedem Punkt $\xi\,|\,\eta$ der Geraden findet man also einen Punkt der Kurve, dessen Abszisse bzw. Ordinate gleich ist dem Numerus der Abszisse bzw. Ordinate des Geradenpunktes.

Eine dritte Konstruktion (mit Hilfe des geometrischen Mittels) beruht auf dem Satz:

Wenn $P_1=x_1\,|\,y_1$ und $P_2=x_2\,|\,y_2$ Punkte der Parabel $y=cx^n$ sind, dann auch $P_m=x_m\,|\,y_m$, wo x_m und y_m die geometrischen Mittel aus x_1 und x_2 bzw. aus y_1 und y_2 sind. (c)

Multipliziert man nämlich die beiden Gleichungen

$$y_1 = c x_1{}^n \quad \text{und} \quad y_2 = c x_2{}^n,$$

so erhält man

$$y_1 y_2 = c^2 \cdot (x_1 x_2)^n \quad \text{oder} \quad \sqrt{y_1 y_2} = c \cdot \sqrt{x_1 x_2}^{\,n}$$

oder

$$y_m = c x_m^n, \tag{d}$$

womit dann tatsächlich der Punkt $P_m = x_m \mid y_m$ als Punkt der Parabel erwiesen ist.

Wenn $P_1 = x_1 \mid y_1$ und $P_2 = x_2 \mid y_2$ gegeben ist, so kann man sofort die Konstruktion beginnen. Ist weiter gegeben $P_1 = x_1 \mid y_1$ und n, so wird man zuvor ein passendes x_2 wählen und das zugehörige y_2 berechnen. Die geometrischen Mittel x_m und y_m sind dann die Koordinaten eines eingeschalteten Punktes. Auf die gleiche Weise kann man noch beliebig viele Punkte einschalten, etwa zwischen $x_1 \mid y_1$ und $x_m \mid y_m$ usw. Abb. 341 gibt die Konstruktion an.

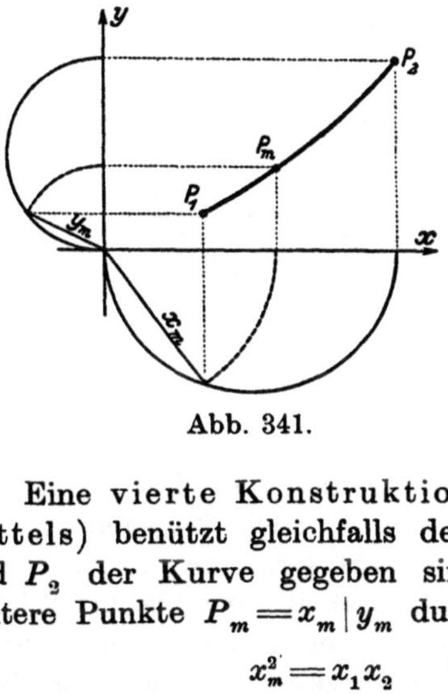

Abb. 341.

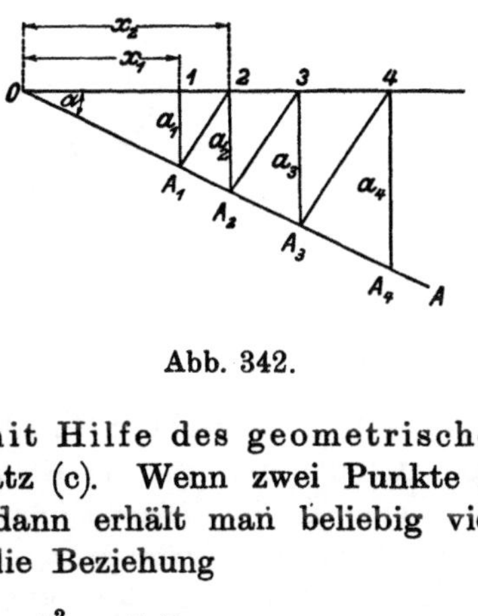

Abb. 342.

Eine vierte Konstruktion (mit Hilfe des geometrischen Mittels) benützt gleichfalls den Satz (c). Wenn zwei Punkte P_1 und P_2 der Kurve gegeben sind, dann erhält man beliebig viele weitere Punkte $P_m = x_m \mid y_m$ durch die Beziehung

$$x_m^2 = x_1 x_2 \quad \text{und} \quad y_m^2 = y_1 y_2,$$

oder in anderer Schreibweise

$$x_1 : x_m = x_m : x_2 \quad \text{und} \quad y_1 : y_m = y_m : y_2. \tag{e}$$

Wenn man nun eine Reihe von Abszissen $x_1, x_2, x_3 \ldots$ so annimmt, daß

$$x_1 : x_2 = x_2 : x_3, \quad x_2 : x_3 = x_3 : x_4, \ldots$$

oder

$$\frac{x_1}{x_2} = \frac{x_2}{x_3} = \frac{x_3}{x_4} = \ldots = \gamma, \tag{f}$$

dann werden die zugehörigen Ordinaten durch die Bedingung

$$y_1 = c x_1^n, \quad y_2 = c x_2^n, \quad y_3 = c x_3^n, \ldots$$

oder
$$\frac{y_1}{y_2} = \frac{y_2}{y_3} = \frac{y_3}{y_4} = \ldots = \left(\frac{x_1}{x_2}\right)^n = \gamma^n \tag{g}$$

bestimmt sein.

Sind nicht die beiden Anfangspunkte P_1 und P_2 gegeben, sondern ein Anfangspunkt P_1 und der Exponent n, so wird man zuvor x_2 passend wählen und aus der Bedingung

$$y_1 : y_2 = (x_1 : x_2)^n = \gamma^n$$

das zugehörige y_2 berechnen. Die beiden Reihenfolgen (f) und (g) lassen sich geometrisch so darstellen, wie Abb. 342 angibt: es ist x_1 gegeben, x_2 hat man beliebig gewählt. Durch den Punkt O ziehe man unter einem beliebigen Winkel α die Hilfsgerade OA; sie

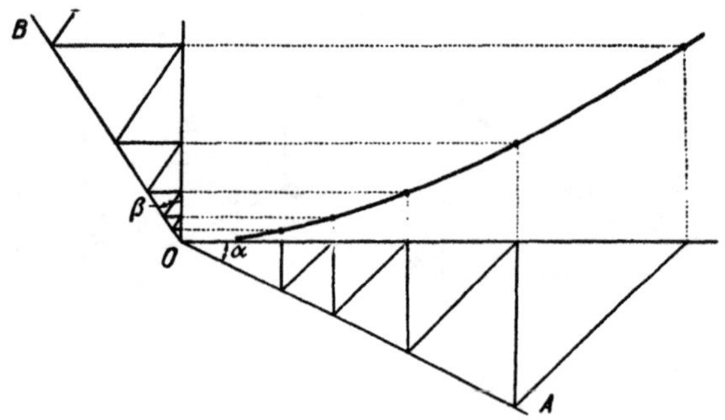

Abb. 343.

schneidet die lotrechten Geraden durch 1 und 2 in den Punkten A_1 und A_2; dadurch ist die Richtung von A_1 nach 2 gegeben; wenn man von A_2 in dieser Richtung aufwärts geht, erhält man einen Punkt 3 mit der Abszisse x_3; man geht nach abwärts bis zum Schnittpunkt A_3, dann von hier aus wieder in der angegebenen Richtung aufwärts bis zum Punkt 4 mit der Abszisse x_4 usw. Die Konstruktion bedingt

$$\frac{x_1}{x_2} = \frac{x_2}{x_3} = \frac{x_3}{x_4} = \ldots,$$

wie oben verlangt. Die zugehörigen $y_2, y_3, y_4 \ldots$ findet man durch die gleiche Konstruktion, wie man die x gefunden hat: y_1 ist gegeben, y_2 hat man berechnet; man zieht eine beliebige Hilfsgerade OB und bestimmt die $y_3, y_4, y_5 \ldots$ ebenso wie man vorher die $x_3, x_4, x_5 \ldots$ ermittelt hat, Abb. 343.

***196. Verallgemeinerte Hyperbel. Gravitationskurve. Polytrope.** Die Gleichung $xy = c$ stellt die gleichseitige Hyperbel vor, in der Wärmetheorie auch Mariottesche Kurve oder Isotherme genannt. Von ihr ausgehend nennt man verallgemeinerte Hyperbel jede Kurve, deren Gleichung $y^m x^n = c$ ist. Wenn man diese Gleichung nach y auflöst $y = Cx^{-n:m}$, dann hat sie die nämliche Gleichung wie die Parabel der vorigen Nummer, kann also auch mit den gleichen Hilfsmitteln behandelt und insbesonders konstruiert werden. Es gelten auch die gleichen Sätze, wenn man n ersetzt durch $-n:m$. Man erhält dann im Punkt $x|y$ nach (193b) die

$$\text{Richtung:} \quad \operatorname{tg}\tau = y' = -\frac{ny}{mx}, \tag{a}$$

$$\text{die Subtangente:} \quad s_t = -\frac{m}{n}x. \tag{b}$$

Die von der Kurve und der x-Achse gebildete Fläche, die durch die Ordinaten bei x_1 und x_2 begrenzt wird, ist nach (193e)

$$F = \frac{m}{m-n}(x_2 y_2 - x_1 y_1). \tag{c}$$

Die Formel verliert ihre Brauchbarkeit für den Fall $m = n$, d. h. bei der gleichseitigen Hyperbel, genau so wie $\int x^m dx = \frac{x^{m+1}}{m+1}$ nicht mehr brauchbar ist für $m = -1$, also für $\int \frac{dx}{x}$.

Ein Sonderfall der verallgemeinerten Hyperbel ist die Gravitationskurve mit der Gleichung

$$yx^2 = c \qquad \text{oder} \qquad y = \frac{c}{x^2},$$

(die Gravitation ist umgekehrt proportional dem Quadrat der Entfernung). Für sie ist $m = 1$, $n = 2$. Die durch die Kurve gebildete Fläche ist

$$F = x_1 y_1 - x_2 y_2, \tag{d}$$

wenn sie von x_1 bis x_2 gemessen wird.

Ein anderer Sonderfall der verallgemeinerten Hyperbel ist die Polytrope

$$yx^n = c.$$

Bei ihrer Anwendung in der Wärmetheorie ist der Exponent n eine gebrochene Zahl, meist zwischen 1 und 1,5 gelegen. Ihre Gestalt wird natürlich von derjenigen der gleichseitigen Hyperbel um so weniger abweichen, je weniger n von 1 verschieden ist. Für positive x und y verläuft sie auch für beliebige n im ersten Quadranten und hat die beiden Koordinatenachsen als Asymptoten. Für $n > 1$ wird sie sich verhältnismäßig früher an die x-Achse als an die y-Achse anschmiegen. Wenn man in den obigen Formeln der verallgemeinerten Hyperbel m durch 1 (oder in den Formeln für die Parabel höherer Ordnung n durch $-n$) ersetzt, erhält man ihre

$$\text{Richtung:}\quad \operatorname{tg}\tau = y' = -n\frac{y}{x}; \tag{e}$$

die Tangente im Kurvenpunkt $P = x \mid y$ schneidet auf den Koordinatenachsen nach (193c) die Stücke

$$a = +\frac{n+1}{n}\cdot x, \qquad b = (1+n)\,y \tag{f}$$

ab. Für die Zeichnung der Kurve kommen noch in Betracht die Werte der Subtangenten und der Subnormalen; es ist

$$s_t = -\frac{x}{n}, \qquad s_n = -\frac{ny^2}{x}, \qquad \text{sonach} \qquad y^2 = s_t s_n. \tag{g}$$

Die Polytrope bildet mit der x-Achse zwischen den Stellen x_1 und x_2 die Fläche

$$F = \frac{x_2 y_2 - x_1 y_1}{1-n}. \tag{h}$$

Die Konstruktion der Polytrope ist die gleiche wie diejenige der Parabel höherer Ordnung $y = x^n$, s. Abb. 341 bis 343.

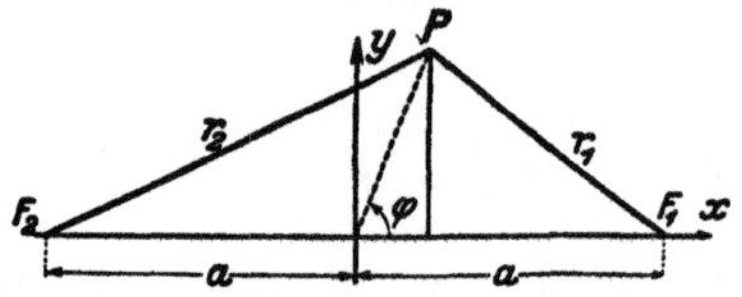

Abb. 344.

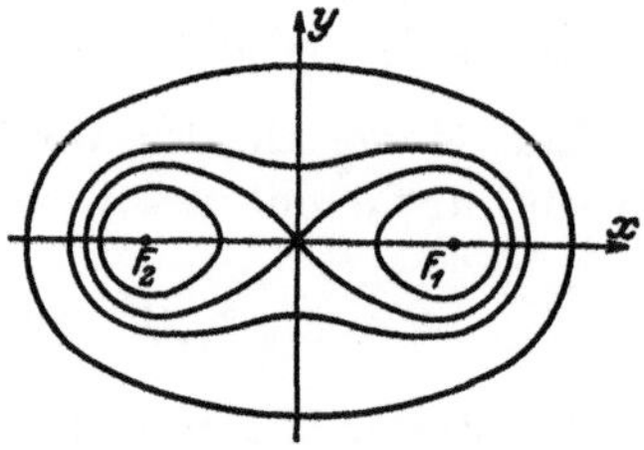

Abb. 345.

197. Cassinische Kurve. Lemniskate. Die Lemniskate ist ein Sonderfall der Cassinischen Kurve. Diese ist der geometrische Ort jener Punkte, deren Abstände $F_1P = r_1$ und $F_2P = r_2$ von zwei festen Punkten (den Brennpunkten) F_1 und F_2 ein konstantes Produkt

$$r_1 r_2 = b^2$$

haben, Abb. 344 und 345.

Man macht die Gerade F_1F_2 zur x-Achse, ihren Mittelpunkt zum Nullpunkt. Mit $F_1F_2 = 2a$ wird $F_1 = a \mid 0$, $F_2 = -a \mid 0$ und $r_1 r_2 = b^2$ geht über in

$$F_1P\cdot F_2P = r^2 \qquad \text{oder} \qquad \sqrt{(x-a)^2+y^2}\cdot\sqrt{(x+a)^2+y^2} = b^2$$

oder

$$(x^2+y^2+a^2-2ax)(x^2+y^2+a^2+2ax)=b^4$$

oder
$$(x^2+y^2)^2+a^4+2a^2(x^2+y^2)-4a^2x^2=b^4$$

oder
$$(x^2+y^2)^2-2a^2(x^2-y^2)=b^4-a^4. \tag{a}$$

Von dieser Gleichung kann man zu Polarkoordinaten übergehen und erhält

$$r^4-2a^2r^2\cos 2\varphi=b^4-a^4 \tag{b}$$

oder
$$r^2=a^2\cos 2\varphi\pm\sqrt{a^4\cos^2 2\varphi+b^4-a^4}$$

$$=a^2\cos 2\varphi\pm\sqrt{b^4-a^4\sin^2 2\varphi}$$

oder

$$r=\sqrt{a^2\cos 2\varphi\pm\sqrt{b^4-a^4\sin^2 2\varphi}} \tag{c}$$

Die Gleichung (a) sagt aus, daß die Kurve symmetrisch zu beiden Koordinatenachsen ist, die Gleichung (c), daß r immer einen endlichen Wert haben muß.

Sonderfälle der Kurve sind:

$a=0$, die Kurve wird zu einem Kreis, wie ja auch $r_1=r_2=r$ aussagt;
$a=b$, die Kurve geht über in die Lemniskate

$$(x^2+y^2)^2=2a^2(x^2-y^2) \tag{d}$$

oder in Polarkoordinaten

$$r^2=2a^2\cos 2\varphi \quad \text{oder} \quad r=a\sqrt{2\cos 2\varphi}. \tag{e}$$

Wenn Fragen beantwortet werden sollen, die mit der Richtung zusammenhängen, so wird man am einfachsten mit Polarkoordinaten arbeiten. Man findet, wenn man noch

$$\cos 2\varphi=r^2:2a^2 \quad \text{und daraus} \quad \sin 2\varphi=\sqrt{4a^4-r^4}:2a^2$$

benützt,

$$rr'=-2a^2\sin 2\varphi \quad \text{oder} \quad rr'=-\sqrt{4a^4-r^4}; \tag{f}$$

weiterhin durch nochmaliges Differenzieren

$$r^3r''=-(4a^4+r^4). \tag{g}$$

Für den Winkel ϑ vom Fahrstrahl zur Tangente ist nach (27a)

$$\operatorname{tg}\vartheta=\frac{r}{r'}=\frac{-r^2}{2a^2\sin 2\varphi}=-\operatorname{cotg} 2\varphi. \tag{h}$$

Man kann auch den Winkel ε vom Fahrstrahl zur Normalen einführen; wegen $\vartheta=\varepsilon+\frac{1}{2}\pi$ wird

$$\operatorname{tg}\varepsilon=-\operatorname{cotg}\vartheta=\operatorname{tg} 2\varphi \quad \text{oder} \quad \varepsilon=2\varphi. \tag{i}$$

Beispiel a) Man gebe die Gleichung der Lemniskate an, bezogen auf die beiden Tangenten im Nullpunkt als Koordinatenachsen, Abb. 346.

Gleichung (e) wird, wenn man die alten Koordinaten mit r' und φ' bezeichnet,

$$r' = a\sqrt{2\cos 2\varphi'}.$$

Die Beziehung $r = r'$, $\varphi = \varphi' + \frac{1}{4}\pi$ führt die Gleichung über in

$$r = a\sqrt{2\cos(2\varphi - \tfrac{1}{2}\pi)} \quad \text{oder} \quad r = a\sqrt{2\sin 2\varphi}. \tag{k}$$

Beim Übergang zur rechtwinkligen Koordinaten erhält man

$$r^2 = 4a^2 \sin\varphi\cos\varphi$$

oder

$$(x^2 + y^2)^2 = 4a^2xy. \tag{l}$$

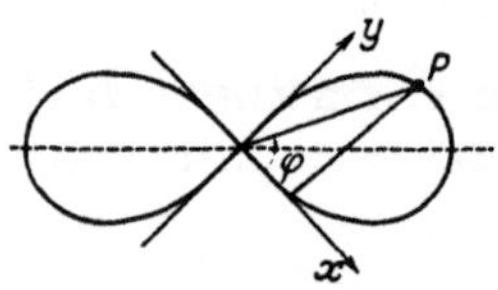

Abb. 346.

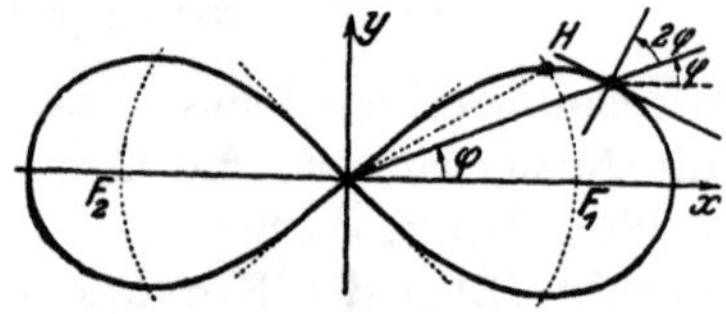

Abb. 347.

Beispiel b) Gesucht sind die Horizontal- und Vertikalstellen der Lemniskate.

Für eine Horizontalstelle gilt $\operatorname{tg}\vartheta = -\operatorname{tg}\varphi$, hier

$$\operatorname{cotg} 2\varphi = \operatorname{tg}\varphi \quad \text{oder} \quad \operatorname{cotg}\varphi - \operatorname{tg}\varphi = 2\operatorname{tg}\varphi \quad \text{oder} \quad \operatorname{cotg}\varphi = 3\operatorname{tg}\varphi.$$

$\operatorname{cotg}\varphi = u$ gibt $u^2 = 3$ oder $u = \pm\sqrt{3}$ oder $\varphi = \pm 30^0 + k\pi$, also vier Horizontalstellen, Abb. 347. Für diese Werte wird $r = a$, d. h. der Kreis um den Nullpunkt durch die Brennpunkte schneidet auf der Kurve die Horizontalstellen aus.

Für eine Vertikalstelle wird $\operatorname{tg}\vartheta = \operatorname{cotg}\varphi$, hier

$$-\operatorname{cotg} 2\varphi = \operatorname{cotg}\varphi \quad \text{oder} \quad \operatorname{cotg}(-2\varphi) = \operatorname{cotg}\varphi \quad \text{oder} \quad -2\varphi = \varphi,$$

welche Gleichung nur für $\varphi = 0$ erfüllt werden kann.

Beispiel c) Man ermittle den Krümmungshalbmesser und den Krümmungsmittelpunkt für den erzeugenden Lemniskatenpunkt, alsdann auch noch die Evolute zur Lemniskate.

Nach (179) wird

$$\varrho = \frac{(r^2 + r'^2)^{3/2}}{r^2 + 2r'^2 - rr''} = \frac{\left(r^2 + \dfrac{4a^4 - r^4}{r^2}\right)^{3/2}}{r^2 + \dfrac{8a^4 - 2r^4}{r^2} + \dfrac{4a^4 + r^4}{r^2}}$$

oder

$$\varrho = \frac{2a^2}{3r}. \tag{m}$$

Die Koordinaten des Krümmungsmittelpunktes sind nach (152) und (180)

$$\xi = r\cos\varphi - \frac{Z(r^2 + r'^2)}{r^2 + 2r'^2 - rr''} = r\cos\varphi - \tfrac{1}{3}Z.$$

$$\eta = r\sin\varphi + \frac{N(r^2 + r'^2)}{r^2 + 2r'^2 - rr''} = r\sin\varphi + \tfrac{1}{3}N.$$

Diese beiden Gleichungen, die man noch umformen kann zu

$$3\xi r = 4a^2\cos^3\varphi, \qquad 3\eta r = -4a^2\sin^3\varphi,$$

stellen in Verbindung mit der Lemniskatengleichung die Evolute vor; φ und r sind als Parameter zu betrachten. Die Beseitigung von r liefert

$$9\xi^2\cos 2\varphi = 8a^2\cos^6\varphi, \qquad 9\eta^2\cos 2\varphi = 8a^2\sin^6\varphi. \tag{n}$$

B e i s p i e l d) Man gebe eine Formel für die von der Lemniskate gebildete Fläche an.

Die von ihr und den beiden Fahrstrahlen unter $\varphi = 0$ und $\varphi = \varphi$ begrenzte Fläche ist

$$F = \tfrac{1}{2}\int_0^\varphi r^2 d\varphi = a^2\int_0^\varphi \cos 2\varphi d\varphi = \tfrac{1}{2}a^2\sin 2\varphi. \tag{o}$$

Das im ersten Quadrant gelegene Flächenviertel ist begrenzt durch $\varphi = 0$ und $\varphi = \frac{1}{4}\pi$ und daher gleich $\frac{1}{2}a^2$, so daß der ganz von der Kurve eingeschlossene rechte oder linke Flächenteil a^2 ist.

198. Kettenlinie. Ein in zwei Punkten aufgehängter gewichtslos gedachter Faden (Kette), dessen Belastung proportional der Bogenlänge ist, biegt sich nach einer Kettenlinie durch. Ihre Gleichung ist

$$y = a\operatorname{Cos}\frac{x}{a} \quad \text{oder} \quad y = \frac{a}{2}\left(e^{\frac{x}{a}} + e^{\frac{-x}{a}}\right). \tag{a}$$

Wenn man die Funktion umkehrt, erhält man nach (39 h) die Gleichung in der Form

$$x = a\lg\frac{y + \sqrt{y^2 - a^2}}{a}. \tag{b}$$

Beisp. 167d) gibt eine Konstruktion für die Kurve. a heißt der P a r a m e t e r der Kettenlinie; er ist die Ordinate des tiefsten Punktes, des S c h e i t e l s der Kettenlinie, Abb. 348.

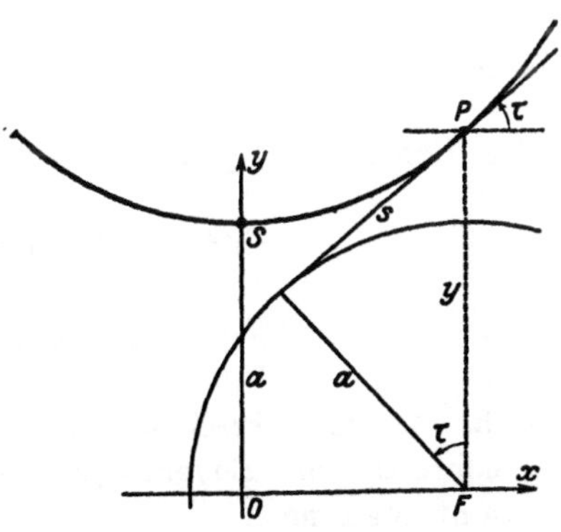

Abb. 348.

Durch Differenzieren erhält man

$$y' = \mathrm{Sin}\,\frac{x}{a} \quad \text{und} \quad y'' = \frac{1}{a}\,\mathrm{Cos}\,\frac{x}{a}. \tag{c}$$

Man kann auch beide Ableitungen als Funktionen von y darstellen, wenn man von (b) ausgeht. Nach Beisp. 153b) ist

$$ay' = \sqrt{y^2 - a^2} \quad \text{und} \quad a^2 y'' = y. \tag{d}$$

Die vorausgehende Gleichung

$$\mathrm{tg}\,\tau = y' = \frac{\sqrt{y^2 - a^2}}{a}$$

muß man geometrisch veranschaulichen, dann gibt sie die Anweisung für die Konstruktion der Tangente: um den Fußpunkt F der Ordinate des Kurvenpunktes P zieht man einen Kreis mit dem Halbmesser a, dann ist die Tangente durch P auch gleichzeitig Tangente an den Kreis.

Die erste der Gleichungen (d) kann man für öfter gebrauchte Beziehungen noch umformen und erhält

$$dx = \frac{a\,dy}{\sqrt{y^2 - a^2}} \quad \text{und} \quad 1 + y'^2 = \frac{y^2}{a^2}. \tag{e}$$

Beispielsweise wird die Bogenlänge s, vom Scheitel aus gemessen durch

$$s = \int_0^x dx\sqrt{1 + y'^2} = \int_a^y \frac{a\,dy}{\sqrt{y^2 - a^2}} \cdot \frac{y}{a} = \int_a^y \frac{y\,dy}{\sqrt{y^2 - a^2}}$$

oder

$$s = \sqrt{y^2 - a^2}. \tag{f}$$

Will man aber die Bogenlänge als Funktion von x, so setzt man

$$s = \int dx \sqrt{1 + \mathrm{Sin}^2\,\frac{x}{a}} = \int dx\,\mathrm{Cos}\,\frac{x}{a}$$

oder

$$s = a\,\mathrm{Sin}\,\frac{x}{a}. \tag{g}$$

Die Bogenlänge, gemessen zwischen zwei Punkten P_1 und P_2, ist

$$s = s_2 - s_1 = a\,\mathrm{Sin}\,\frac{x_2}{a} - a\,\mathrm{Sin}\,\frac{x_1}{a}$$

oder

$$s = a\left(\mathrm{Sin}\,\frac{x_2}{a} - \mathrm{Sin}\,\frac{x_1}{a}\right) \tag{h}$$

Abb. 348 läßt ersehen, daß die Konstruktion der Tangente auch gleichzeitig die Bogenlänge s liefert. Der gleichen Abbildung entnimmt man noch

$$\sin\tau = s : y, \qquad \cos\tau = a : y. \tag{i}$$

Diese Formeln dienen zur Berechnung des Tangentenstückes, des Normalenstückes, der Subtangente und der Subnormale; man erhält nach (30)

$$y' = \frac{s}{a}, \quad t = \frac{y^2}{s}, \quad n = \frac{y^2}{a}, \quad s_t = \frac{a y}{s}, \quad s_n = \frac{y s}{a}. \tag{k}$$

Der Krümmungshalbmesser an der Stelle P ist

$$\varrho = \frac{(1 + y'^2)^{3/2}}{y''} = \frac{y^3 : a^3}{y : a^2} = \frac{y^2}{a}. \tag{l}$$

Im Scheitel ist wegen $y = a$ der Krümmungshalbmesser $\varrho_s = a$. Nach (k) ist gleichzeitig

$$\varrho = n \tag{m}$$

und damit eine einfache Konstruktion für den Krümmungsmittelpunkt der Kettenlinie gegeben.

Die Kurve bildet mit der x-Achse und den beiden Ordinaten bei $x = 0$ und $x = x$ die Fläche

$$F = \int_0^x y\,dx = a \int_0^x \operatorname{Cos}\frac{x}{a}\,dx = a^2 \operatorname{Sin}\frac{x}{a};$$

oder wenn man die Fläche als Funktion der Ordinate haben will, nach (e)

$$F = \int_0^x y\,dx = \int_a^y y \cdot \frac{a\,dy}{\sqrt{y^2 - a^2}} = a\sqrt{y^2 - a^2} = a s. \tag{n}$$

Die Näherungsparabel an einer beliebigen Stelle $P_0 = x_0 \,|\, y_0$ ist nach (197)

$$y = y_0 + (x - x_0)\frac{\sqrt{y_0^2 - a^2}}{a} + \tfrac{1}{2}(x - x_0)^2 \frac{y_0}{a^2}. \tag{o}$$

Im Scheitel wird $x_0 = 0$, $y_0 = a$, $y_0' = 0$, $y_0'' = 1 : a$ und somit dort die Näherungsparabel

$$y = a + \frac{x^2}{2a}$$

oder

$$x^2 = 2a(y - a). \tag{p}$$

Abb. 349 zeigt die große Annäherung der Parabel (fein gestrichelt eingezeichnet) an die Kurve.

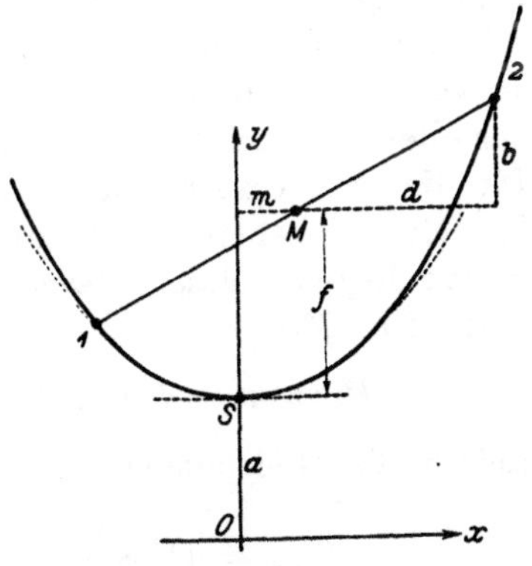

Abb. 349.

199. Fortsetzung. Wenn ein aufgehängtes gewichtslos gedachtes Seil eine Belastung trägt, die an jeder Stelle der Länge ds des Bogenelementes proportional ist, dann bildet es eine Kettenlinie. Denkt man sich das Seil nicht mehr gewichtslos, aber überall gleich stark und von jeder Steifigkeit frei, so hat man den vorausgesetzten Belastungsfall, es wird das Seil, wenn es zwischen zwei Punkten P_1 und P_2 durchhängt, eine Kettenlinie bilden. Wenn es sehr flach ist, dann zeigt die Mechanik, daß man genau genug die Kurve durch eine Parabel ersetzen kann.

Übrigens hat auch die Näherungsparabel (198p) im Scheitel mit der Kettenlinie nicht nur eine Berührung zweiter sondern dritter Ordnung; bezeichnet man die Ordinate der Kettenlinie mit y, die der Näherungsparabel mit η, so wird nach (c)

$$y = a \operatorname{Cos}\frac{x}{a}, \quad y' = \operatorname{Sin}\frac{x}{a}, \quad y'' = \frac{y}{a^2}, \quad y''' = \frac{y'}{a^2}, \quad y^{(4)} = \frac{y''}{a^2}$$

$$\eta = a + \frac{x^2}{2a}, \quad \eta' = \frac{x}{a}, \quad \eta'' = \frac{1}{a}, \quad \eta''' = 0, \quad \eta^{(4)} = 0.$$

Für $x = 0$ ist

$$y = \eta, \quad y' = \eta', \quad y'' = \eta'', \quad y''' = \eta''',$$

dagegen $y^{(4)}$ von $\eta^{(4)}$ verschieden. Man hat also tatsächlich eine Berührung dritter Ordnung.

Im praktischen Fall kennt man von einem durchhängenden Seil meist die Aufhängepunkte und die Seillänge.

Wenn die beiden Aufhängepunkte P_1 und P_2 verschieden hoch liegen, wird ihr Mittelpunkt M vom Scheitelpunkt S eine lotrechte Entfernung f und eine wagrechte m haben. Die beiden Aufhängepunkte P_1 und P_2 selbst haben eine lotrechte Entfernung 2b und eine wagrechte 2d. Die Länge des Seils zwischen P_1 und P_2 ist $2l$. Gefragt ist nach der Durchhängung, die durch die Größe f und m vollständig bestimmt ist. Um die Gleichung der Kettenlinie aufzustellen, benötigt man auch noch den Parameter a, so daß man für die drei Unbekannten a, f, m drei Gleichungen aufstellen muß. Sie sind gegeben durch die Bedingung, daß P_1 und P_2 auf der Kurve liegen müssen, ferner durch die Formel (198h) für die Seillänge $2l$. Mit

$$P_1 = m - d \,|\, a + f - b, \qquad P_2 = m + d \,|\, a + f + b$$

liefern die Gleichungen

$$y = a \operatorname{Cos}\frac{x}{a}, \qquad 2l = a\left(\operatorname{Sin}\frac{x_2}{a} - \operatorname{Sin}\frac{x_1}{a}\right),$$

wenn man $d = \delta a$. $m = \mu a$ einführt,

$$1)\ a + f - b = a \operatorname{Cos}(\mu - \delta) \qquad 2)\ a + f + b = a \operatorname{Cos}(\mu + \delta)$$
$$3)\ 2l = a[\operatorname{Sin}(\mu + \delta) - \operatorname{Sin}(\mu - \delta)].$$

Man rechnet nach (40) aus und findet

$$a + f - b = a(\operatorname{Cos}\mu \operatorname{Cos}\delta - \operatorname{Sin}\mu \operatorname{Sin}\delta).$$
$$a + f + b = a(\operatorname{Cos}\mu \operatorname{Cos}\delta + \operatorname{Sin}\mu \operatorname{Sin}\delta).$$
$$l = a \operatorname{Sin}\delta \operatorname{Cos}\mu. \tag{a}$$

Wenn man die ersten beiden Gleichungen sowohl zusammenzählt wie auch voneinander abzieht, wird

$$a + f = a \operatorname{Cos}\delta \operatorname{Cos}\mu. \tag{b}$$
$$b = a \operatorname{Sin}\delta \operatorname{Sin}\mu. \tag{c}$$

Aus Gleichung (a) und (c) erhält man wegen (39c)

$$l^2 - b^2 = a^2 \operatorname{Sin}^2 \delta$$

oder

$$\delta \sqrt{l^2 - b^2} = d \operatorname{Sin}\delta \tag{d}$$

Aus Gleichung (a) und (b) bezw. (a) und (c) erhält man noch

$$a + f = l \operatorname{Cotg}\delta \quad \text{und} \quad b = l \operatorname{Tg}\mu. \tag{e}$$

Man beachte, daß die Gleichung (d) nur δ als Unbekannte enthält. Man ermittelt aus ihr δ und daraus $a = d:\delta$, aus Gleichung (e) dann noch f bzw. μ und daraus $m = \mu a$. Die zur Bestimmung von δ dienende Gleichung (d) ist transzendent. Ihre Lösung geschieht entweder graphisch, wie in (121) angegeben oder mit Benützung von Tafeln der Werte der hyperbolischen Funktionen.

Wenn die beiden Aufhängepunkte P_1 und P_2 gleichhoch liegen. dann wird $b = 0$, $m = 0$ und die Gleichungen (d) und (e) zur Ermittlung von a und f gehen über in

$$\delta l = d \operatorname{Sin}\delta, \quad d = a\delta, \quad a + f = l \operatorname{Cotg}\delta. \tag{f}$$

Beispiel a) Zwei Punkte P_1 und P_2 haben voneinander die wagrechte Entfernung 40 m, der erste Punkt liegt 6 m, der zweite 10 m über der Erde. Beide Punkte sind verbunden durch einen Draht von 48 m Länge. Man gebe seine Durchhängung an, die als jene einer Kettenlinie vorausgesetzt ist.

Hier ist $l = 24$, $d = 20$, $b = 2$. Mit diesen Werten werden die Gleichungen (d) und (e)

$$\delta \sqrt{24^2 - 2^2} = 20 \operatorname{Sin}\delta, \qquad a = 20:\delta,$$
$$a + f = 24 \operatorname{Cotg}\delta \quad \text{und} \quad 2 = 24 \operatorname{Tg}\mu.$$

Die erste dieser Gleichungen

$$1{,}196\,\delta = \operatorname{Sin}\delta \quad \text{oder} \quad 2{,}392\,\delta = e^{\delta} + e^{-\delta},$$

ist durch Aufg. 15 in 137 bereits gelöst, Abb. 251. Von den drei Wurzeln kommt hier nur $\delta = 1{,}05$ in Betracht. ($\delta = -1{,}05$ würde bedeuten, daß man die Kettenlinie mit ihrem Scheitel auch nach oben durchbiegen könnte.) Dann wird $a = 19{,}05$, $f = 24 \cdot 1{,}277 - 19{,}05 = 11{,}6$. $\operatorname{Tg} \mu = 0{,}083$ liefert $\mu = 0{,}0835$ oder $m = \mu a = 1{,}59$. Wenn man eine Tabelle der Werte der hyperbolischen Funktionen zur Hand hat, wird man die gesuchten Werte schneller mit dieser Tabelle ermitteln.

***200. Die Traktrix** oder **Antifriktionskurve** hat die Gleichung

$$\pm x = a \lg \frac{a + \sqrt{a^2 - y^2}}{y} - \sqrt{a^2 - y^2}; \qquad \text{(a)}$$

das „+“ bezieht sich auf den rechten Teil der Kurve, das „−“ auf den linken Teil.

Ihre Haupteigenschaft, aus der ihre Gleichung mit Hilfe der Sätze der Differentialgleichungen entwickelt wird. ist: das Tangentenstück ist konstant

$$t = a. \qquad \text{(b)}$$

Abb. 350. Bildet man nämlich die erste und zweite Ableitung,

$$y' = \frac{-y}{\sqrt{a^2 - y^2}} \quad \text{und} \quad y'' = \frac{a^2 y}{(a^2 - y^2)^2}. \qquad \text{(c)}$$

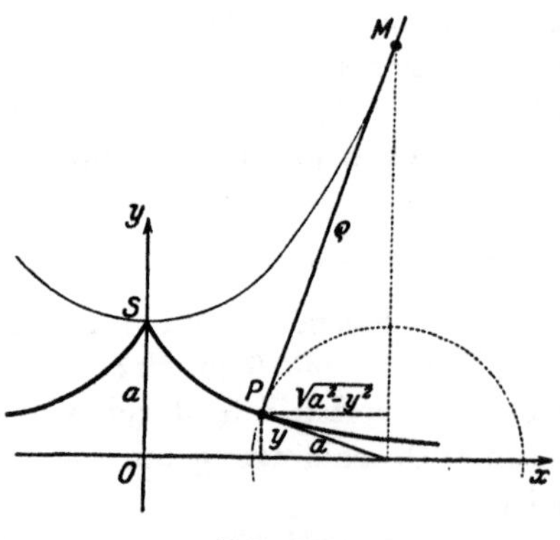

Abb. 350.

und daraus

$$\sqrt{1 + y'^2} = \frac{a}{\sqrt{a^2 - y^2}}, \qquad \text{(d)}$$

so wird

$$t = \frac{y}{y'} \cdot \sqrt{1 + y'^2} = \frac{y \surd \cdot a}{-y \surd} = -a.$$

Eine andere Eigenschaft ist: Die Traktrix ist eine der Evolventen der Kettenlinie. Dann muß die Kettenlinie die Evolute der Traktrix sein. Man bildet nach (180) die Koordinaten ξ, η des erzeugenden Krümmungsmittelpunktes $\boldsymbol{M}$.

$$\xi = x + \frac{y}{\surd} \cdot \frac{a^2 \surd^4}{\surd^2 \cdot a^2 y} = x + \sqrt{a^2 - y^2};$$

$$\eta = y + \frac{a^2 \surd^4}{\surd^2 a^2 y} = y + \frac{a^2 - y^2}{y} = \frac{a^2}{y}.$$

x und y sind als Konstante zu betrachten, die noch verbunden sind durch die Gleichung (a); man muß x und y beseitigen und eine Gleichung in ξ und η bilden. Man formt Gleichung (a) um zu

$$x + \sqrt{a^2 - y^2} = a \lg \frac{a + \sqrt{a^2 - y^2}}{y}$$

oder $\xi = a \lg \dfrac{a + \sqrt{a^2 - (a^2 : \eta)^2}}{a^2 : \eta}$ oder $\xi = a \lg \dfrac{\eta + \sqrt{\eta^2 - a^2}}{a}$,

d. i. die Gleichung (198b) der Kettenlinie.

Die Eigenschaft der Traktrix als Evolvente der Kettenlinie erklärt auch die Konstruktion der Tangente in Abb. 350.

Weitere Eigenschaften der Traktrix: die Orthogonaltrajektorien zu Kreisen mit dem Halbmesser a und den Mittelpunkten auf der x-Achse sind Traktrixkurven, s. Beisp. 192b); wenn man einen Stab von der Länge a, dessen beide Endpunkte die Koordinaten $0 \mid 0$ und $0 \mid a$ haben, vermittels einer unendlich langen Schnur zieht, die im Endpunkt $0 \mid 0$ am Stab angreift und parallel der x-Achse ist, dann beschreibt wegen der Reibung das andere Ende eine Traktrixkurve, daher auch die Benennung.

Beispiel a) Man beweise, daß die Parameterdarstellung

$$\pm x = a(\mathrm{Tg}\,\varphi - \varphi) \quad \text{mit} \quad y = a : \mathrm{Cos}\,\varphi \tag{e}$$

die Traktrix darstellt.

Mit $\mathrm{Cos}\,\varphi = \dfrac{a}{y}$ wird $\mathrm{Sin}\,\varphi = \pm \dfrac{\sqrt{a^2 - y^2}}{y}$, $\mathrm{Tg}\,\varphi = \pm \dfrac{\sqrt{a^2 - y^2}}{a}$

nach (39). φ ermittelt man aus

$$2\,\mathrm{Cos}\,\varphi = e^{\varphi} + e^{-\varphi} \quad \text{oder} \quad 2\,\mathrm{Cos}\,\varphi = u + 1 : u,$$

wenn man $e^{\varphi} = u$ oder $\varphi = \lg u$ setzt. Dann wird

$$u^2 - 2u\,\mathrm{Cos}\,\varphi + 1 = 0 \quad \text{oder} \quad u = \mathrm{Cos}\,\varphi \pm \sqrt{\mathrm{Cos}^2\,\varphi - 1}$$

oder $\quad u = \dfrac{a \pm \sqrt{a^2 - y^2}}{y} \quad$ und $\quad \varphi = \lg \dfrac{a \pm \sqrt{a^2 - y^2}}{y}$.

Damit geht die erste der beiden Parametergleichungen über in

$$\pm x = a\left[\pm \frac{\sqrt{a^2 - y^2}}{a} - \lg \frac{a + \sqrt{a^2 - y^2}}{y}\right]$$

oder in die Gleichung (a), wenn man nur das obere Vorzeichen der Wurzel wählt.

Beispiel b) Man ermittle den Krümmungshalbmesser der Traktrix im Punkt $P = x \mid y$ und gebe eine Konstruktion für ihn an.

$$\varrho = \frac{(1 + y'^2)^{3/2}}{y''} = \frac{a^3 \cdot \sqrt{}^4}{\sqrt{}^3 \cdot a^2 y} = \frac{a}{y} \sqrt{a^2 - y^2}\,. \qquad \text{(f)}$$

Geometrisch ist die Wurzel zu deuten wie Abb. 350 angibt. Dann gibt das Verhältnis

$$\varrho : \sqrt{} = a : y$$

unmittelbar den Krümmungshalbmesser und gleichzeitig den Krümmungsmittelpunkt M.

201. Gleitkurven. Die Scheibe hat in ihrer Ebene drei Freiheitsgrade oder Bewegungsmöglichkeiten (I 59 und Mech. I 18). Wenn man ihr zwei Führungen vorschreibt, hat man ihr zwei Freiheitsgrade genommen, sie hat dann nurmehr einen einzigen Freiheitsgrad, ihre Bewegung ist zwangläufig. Jeder einzelne Punkt U der Scheibe hat dann eine ganz bestimmte Bahn, die naturgemäß von den beiden gegebenen Führungen abhängt. Wenn die beiden vorgeschriebenen Führungen darin bestehen, daß zwei ausgewählte Punkte A und B der Scheibe vorgeschriebene Kurven beschreiben, Bahnkurven genannt, dann nennt man die von jedem beliebigen Scheibenpunkt U erzwungene Kurve eine Gleitkurve, Abb. 351.

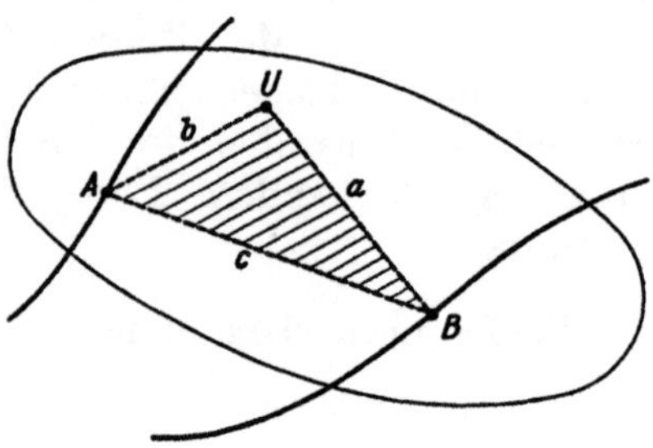

Abb. 351.

Man denke etwa an die Bewegung der Schubstange einer Maschine, Abb. 352. Hier ist die Schubstange die Scheibe, die beiden Endpunkte Z und K der Stange sind die Punkte A und B. Der eine Punkt A, der Kurbelzapfen, bewegt sich auf dem Kurbelkreis, der andere Punkt B, das Kreuzkopfgelenk, auf einer Geraden, die man in der Rechnung mit dem Kreuzkopfschlitten zusammenfallen läßt. Jeder Punkt der Schubstange beschreibt eine Gleitkurve.

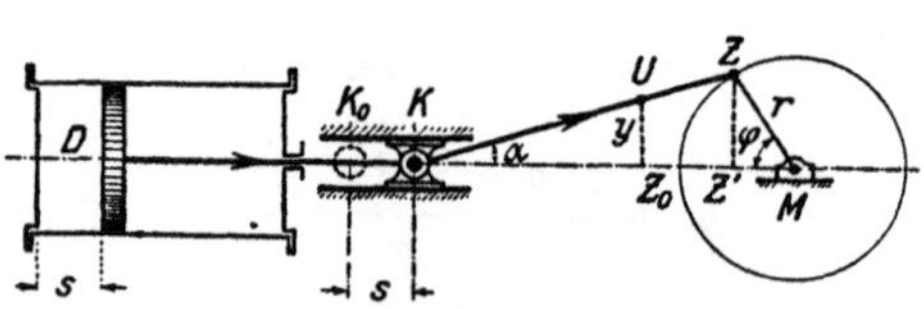

Abb. 352.

Je einfacher die beiden Bahnkurven der Punkte A und B sind, desto einfacher werden selbstverständlich auch die Gleitkurven und ihre Gleichungen. Ein ganz allgemeiner Weg zur Auffindung der Gleitkurven wäre der folgende: Es sei $F(\xi, \eta) = 0$ die Gleichung der ersten Bahnkurve, die also der feste Punkt A beschreibt, dann sind $\xi \mid \eta$ seine veränderlichen Koordinaten, während der Bewegung. Entsprechend setzt man $B = u \mid v$, die von ihm beschriebene Bahnkurve hat die Gleichung $G(u, v) = 0$. Die vom beliebigen Scheibenpunkt $U = x \mid y$ beschriebene Gleitkurve ist dann durch die Bedingung bestimmt, daß die Abstände AB, AU, BU konstant sind, Abb. 351. Man hat also fünf Gleichungen

$$F(\xi, \eta) = 0, \qquad G(u, v) = 0, \qquad c^2 = (\xi - u)^2 + (\eta - v)^2,$$
$$a^2 = (x - u)^2 + (y - v)^2, \qquad b^2 = (x - \xi)^2 + (y - \eta)^2 \qquad \text{(a)}$$

mit vier Unbekannten ξ, η, u, v. Deren Beseitigung gibt in der verbleibenden Schlußgleichung die gesuchte Gleitkurve. Recht häufig wird man mit großem Vorteil einen Parameter einführen, indem man sich erinnert, daß die Bewegung der ganzen Scheibe eine zwangläufige, eine Bewegung mit nur einem einzigen Freiheitsgrad ist. Es muß sonach eine Veränderliche, eben dieser Parameter, hinreichen, um jede Stellung sowohl von A und B wie auch deswegen von U anzugeben. Hier sollen aber nur die einfacheren Fälle besprochen werden, wenn nämlich die beiden Bahnkurven entweder Gerade oder Kreise sind. Statt von der geführten Scheibe kann man auch ebensogut von einem geführten Stab sprechen; man denke sich die Scheibe mit diesem Stab fest verbunden.

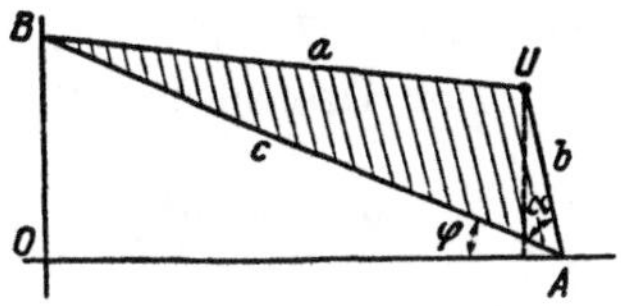

Abb. 353.

I. Beide Bahnkurven sind rechtwinklige Gerade. Beide macht man zu Koordinatenachsen, dann hat der erste Festpunkt A der Scheibe die Koordinaten $\xi \mid 0$, der zweite $0 \mid v$. Dann werden die letzten drei Gleichungen (a), Abb. 353,

$$c^2 = \xi^2 + v^2, \qquad a^2 = x^2 + (y - v)^2, \qquad b^2 = (x - \xi)^2 + y^2.$$

Aus den beiden letzten Gleichungen ermittelt man ξ und v und setzt sie in die erste Gleichung ein, die dann

$$c^2 = (x - \sqrt{b^2 - y^2})^2 + (y - \sqrt{a^2 - x^2})^2$$

wird und die Gleichung der Gleitkurve ist. Man macht sie rational und führt dabei

$$a^2 + b^2 - c^2 = 2d^2$$

als Abkürzung ein. Man erhält der Reihe nach

$$a^2 + b^2 - c^2 = 2x\sqrt{b^2 - y^2} + 2y\sqrt{a^2 - x^2}$$

oder $$d^2 = x\sqrt{b^2 - y^2} + y\sqrt{a^2 - x^2}$$

oder $$d^4 = b^2 x^2 + a^2 y^2 - 2x^2 y^2 + 2xy\sqrt{(a^2 - x^2)(b^2 - y^2)}$$

oder $$[d^4 - (b^2 x^2 + a^2 y^2) + 2x^2 y^2]^2 = 4x^2 y^2 (a^2 - x^2)(b^2 - y^2)$$

oder $$[d^4 - (b^2 x^2 + a^2 y^2)]^2 = 4x^2 y^2 (a^2 b^2 - d^4).$$

Formt man die Konstante auf der rechten Seite noch um,

$$4a^2 b^2 - 4d^4 = (2ab + 2d^2)(2ab - 2d^2)$$
$$= (a + b + c)(a + b - c)(b + c - a)(c + a - b) = 16 f^4,$$

wo nach der Heronischen Formel f^2 der Inhalt des Dreieckes ABU ist, dann erhält man die Gleichung der Gleitkurve

$$[d^4 - (b^2 x^2 + a^2 y^2)]^2 = 16 f^4 x^2 y^2$$

oder $$d^4 - (b^2 x^2 + a^2 y^2) = \pm 4 f^2 xy$$

oder $$b^2 x^2 + a^2 y^2 \pm 4 f^2 xy - d^4 = 0, \tag{b}$$

das sind zwei zusammengehörige Ellipsen mit dem Nullpunkt als Mittelpunkt.

Beispiel a) Wie wird die eben entwickelte Gleichung, wenn der Punkt U auf der Strecke AB selbst liegt?

Der Dreiecksinhalt wird $f^2 = 0$, ferner $d^2 = ab$, also

$$b^2 x^2 + a^2 y^2 - a^2 b^2 = 0 \quad \text{oder} \quad \frac{x^2}{a^2} + \frac{y^2}{b^2} - 1 = 0 \tag{c}$$

die Gleichung der Gleitkurve. Die beiden Ellipsen fallen zu einer einzigen zusammen, die symmetrisch zu beiden Koordinatenachsen ist.

Beispiel b) Wie wird die Gleitkurve, wenn das Dreieck ABU rechtwinklig ist, der rechte Winkel bei U vorausgesetzt?

Hier wird $c^2 = a^2 + b^2$ oder $d^2 = 0$ und $4 f^2 = 2ab$, sonach stellt die Gleichung der Gleitkurve

$$b^2 x^2 + a^2 y^2 \pm 2abxy = 0 \quad \text{oder} \quad (bx + ay)(bx - ay) = 0$$

zwei Gerade durch den Nullpunkt vor (Geradführung).

Beispiel c) Man stelle die Gleichung der Gleitkurve der Abb. 353 in Parameterform auf.

Als Parameter wählt man den Winkel φ; dann sind x und y die Projektionen des Fahrstrahles von O nach U, also die gesuchte Darstellung gegeben durch

$$x = c\cos\varphi - b\cos(\varphi + \alpha) \quad \text{mit} \quad y = b\sin(\varphi + \alpha). \tag{d}$$

Nach umständlicher Beseitigung des Parameters φ gelangt man wieder zur Gleichung (b).

***202. Fortsetzung.** II. Die eine Bahnkurve ist eine Gerade, die andere ein Kreis mit dem Mittelpunkt auf der Geraden. [Der allgemeine Fall wäre natürlich der, daß der Mittelpunkt des Bahnkreises beliebig liegen darf, so wie die Abb. 354 zeigt, wo der Schlitten A sich zwangläufig auf der Geraden AD bewegt, und der Kurbelzapfen B um den Mittelpunkt C des Kurbelkreises.] Wie schon in der vorigen Nummer angegeben, wird im praktischen Fall die Scheibe zur Schubstange KZ; der eine Endpunkt, der Kreuzkopf K, bewegt sich bei einer normalen Maschine auf einer Geraden, der andere Endpunkt, der Kurbelzapfen Z, auf einem Kreis um M. Meist untersucht man die Gleitkurve für einen beliebigen Punkt U auf der Schubstange. Man nennt diese ganze zwangläufige Bewegung, die durch einen einzigen Parameter ausgedrückt werden kann, die Bewegung des Kurbelmechanismus. Als Parameter kann man entweder den Kreuzkopfweg s einführen, gezählt von der Totpunktlage K_0 aus, oder meist praktischer den von der Kurbelstange zurückgelegten Weg φ, berechnet im Bogenmaß von der Lage Z_0 aus. Der Kurbelzapfen Z beschreibt einen Kreisbogen Z_0Z, dessen Projektion Z_0Z' auf die Wagrechte gleich ist $r(1-\cos\varphi)$; der Kreuzkopf K beschreibt einen Weg

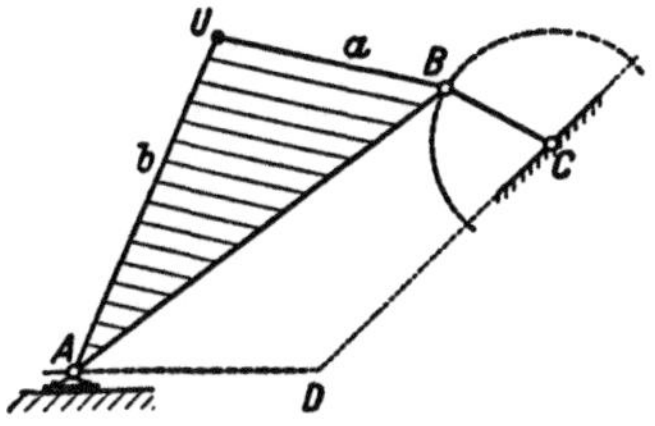

Abb. 354.

$$s = K_0M - KM = (l+r) - (l\cos\alpha + r\cos\varphi)$$

oder

$$s = r(1-\cos\varphi) + l(1-\cos\alpha), \tag{a}$$

wenn l die Länge der Schubstange ist. Zwischen den Winkeln α und φ besteht die Beziehung

$$l\sin\alpha = ZZ' = r\sin\varphi \qquad \text{oder} \qquad \sin\alpha = \frac{r}{l}\sin\varphi\,. \tag{b}$$

Dann sind die Koordinaten des erzeugenden Punktes U, wenn man K_0 als Nullpunkt wählt, gegeben durch

$$x = s + a\cos\alpha\,, \qquad y = a\sin\alpha,$$

wo $KU = a$, oder

$$x = r(1-\cos\varphi) + l + (a-l)\cos\alpha\,, \qquad y = a\sin\alpha\,. \tag{c}$$

Beide Gleichungen zusammen stellen die Gleitkurve in der Parameterform dar, wenn man noch die obige Gleichung (b) berücksichtigt, die den Bogen α nach φ ausdrückt und umgekehrt. Will man zur gewöhnlichen Darstellung übergehen, so setzt man

$$\sin\alpha = \frac{y}{a}, \quad \cos\alpha = \frac{\sqrt{a^2 - y^2}}{a}, \quad \sin\varphi = \frac{l\,y}{r\,a}, \quad \cos\varphi = \frac{\sqrt{r^2 a^2 - l^2 y^2}}{r\,a}$$

in die erste der Gleichungen ein und erhält

$$a\,x = a\,r - \sqrt{r^2 a^2 - l^2 y^2} + a\,l + (a - l)\sqrt{a^2 - y^2}.$$

Wenn man noch die Wurzel beseitigt. erhält man eine Gleichung vierten Grades, die Gleitkurve ist also von der vierten Ordnung.

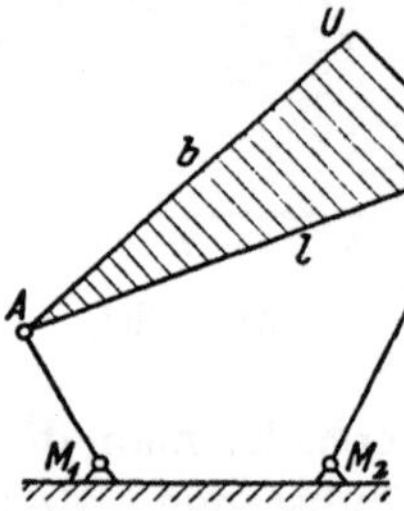

Abb. 355.

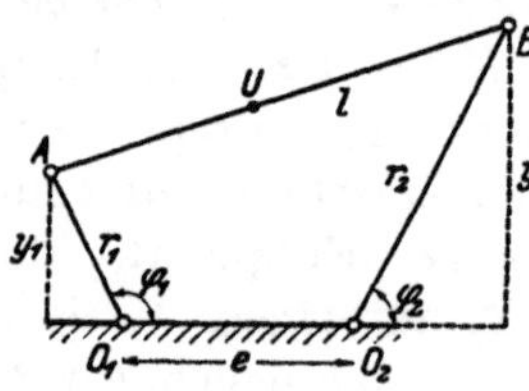

Abb. 356.

III. Die beiden Bahnkurven sind Kreise. Es beschreibt sowohl der Endpunkt A der ersten Kurbel wie auch derjenige B der zweiten Kurbel je einen durch die Lage gegebenen und begrenzten Kreisbogen. Praktisch wichtig ist besonders der Fall, daß die Scheibe nur aus einem Stab besteht, so wie Abb. 356 zeigt; man nennt dann den zwangläufigen Mechanismus ein Gelenkviereck, den in die Gelenke A und B eingehängten Stab AB auch eine Koppel, die von den Punkten U der Koppel beschriebenen Kurven auch Wattsche Kurven.

Wählt man den einen Mittelpunkt O_1 als Nullpunkt des Koordinatensystems, dann haben die Punkte A und B die Koordinaten

$$A = r_1 \cos\varphi_1 \mid r_1 \sin\varphi_1, \qquad B = r_2 \cos\varphi_2 \mid r_2 \sin\varphi_2.$$

Wählt man den einen Bogen φ_1 als Parameter, dann ist durch ihn der andere Bogen φ_2 bestimmt. Es ist die Länge l der Koppel vorgeschrieben, also gilt

$$l^2 = (e + r_2 \cos\varphi_2 - r_1 \cos\varphi_1)^2 + (r_2 \sin\varphi_2 - r_1 \sin\varphi_1)^2. \qquad \text{(d)}$$

Der Punkt U hat eine ganz bestimmte Lage auf der Koppel, es ist sonach sein Teilverhältnis $\lambda = UA : UB$ bekannt; dann sind seine Koordinaten bestimmt durch

$$x = \frac{\lambda(e + r_2 \cos\varphi_2) - r_1 \cos\varphi_1}{\lambda - 1}, \quad y = \frac{\lambda\, r_2 \sin\varphi_2 - r_1 \sin\varphi_1}{\lambda - 1}. \qquad \text{(e)}$$

Beseitigt man aus diesen drei Gleichungen die Unbekannten φ_1 und φ_2, dann erhält man die Gleichung der Gleitkurve in der gewöhnlichen Form $F(x, y) = 0$, sie ist sechsten Grades, die Gleitkurve sonach sechster Ordnung.

203. Zykloide. Eine Kurve soll in der Ebene ihre Lage derart verändern, daß sie stets auf einer festen Kurve rollt, ohne zu gleiten. Jeder Punkt der zur bewegten Kurve gehörigen Ebene erzeugt dann wieder eine Kurve, die man allgemein eine Rollkurve oder zykloidale Kurve, auch Trochoide nennt; in diesem Zusammenhang wird dann die feste Kurve die Basis der Rollkurve genannt.

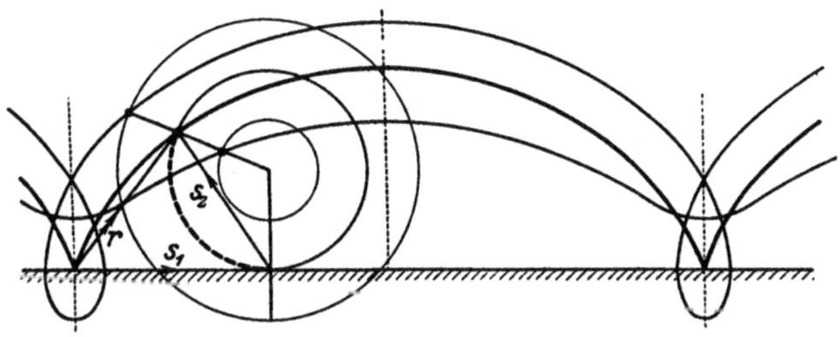

Abb. 357.

Wenn man als bewegliche Kurve einen Kreis wählt und als Basis eine Gerade, dann entsteht die Zykloide, Abb. 357. Sie wird also erzeugt durch die Punkte der Ebene eines Kreises, der auf einer festen Geraden rollt, ohne zu gleiten. Wenn diese Punkte auf dem Kreis selbst liegen, hat man die gemeine Zykloide, liegen sie außerhalb des rollenden Kreises, erzeugen sie die verlängerte Zykloide, und entsprechend die verkürzte Zykloide, wenn sie innerhalb des Kreises liegen.

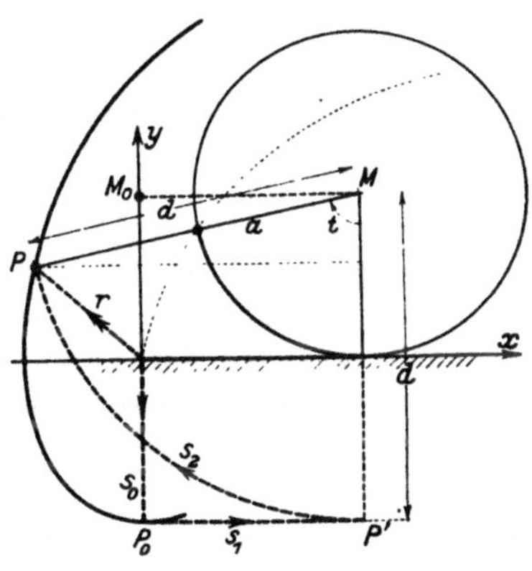

Abb. 358.

Es sei a der Radius des rollenden Kreises, d der Abstand des die Kurve erzeugenden Punktes P vom Mittelpunkt M. Man legt das Koordinatensystem so, daß die Basis zur x-Achse wird und die y-Achse durch die Anfangslage M_0 des Mittelpunktes des rollenden Kreises geht. In Abb. 358 ist die Lage des Kreises angegeben, die er im untersuchten Augenblick hat. Der Weg, um den er sich auf der Geraden abgewälzt hat, der Wälzungsweg, ist stark ausgezogen wiedergegeben. Während dieser Bewegung ist der Wälzungswinkel t zurückgelegt worden, so daß der Wälzungsweg at ist. Man kann die Lage, die der Kreis im untersuchten Augenblick einnimmt, auch dadurch herstellen, daß man den Kreis eine reine Schiebung at wagrecht machen läßt, während deren also alle Punkte der Kreisebene den gleichen Weg at in der x-Richtung zurücklegen; und dann eine Drehung um den festgehaltenen Mittelpunkt M mit dem Winkel t. Während der Schiebung legt der untersuchte Punkt P_0 des Kreises den Weg at in der x-Richtung zurück und gelangt in die Lage P'. Bei der darauffolgenden Drehung macht auch der Punkt P' diese Drehung mit dem Winkel t mit und beschreibt den Bogen $P'P$; dieser Bogenweg hat in den beiden Achsenrichtungen die Projektionen $-d \sin t$ und $d - d \cos t$. Wenn man die Anfangslage P_0 des erzeugenden Kurvenpunktes P durch den Vektor $\mathfrak{s}_0$ wiedergibt, so wird die untersuchte Lage bestimmt durch den Vektor

$$\mathfrak{r} = \mathfrak{s}_0 + \mathfrak{s}_1 + \mathfrak{s}_2 , \tag{a}$$

wo $\mathfrak{s}_1$ und $\mathfrak{s}_2$ den Schiebungs- und Drehweg angeben. Diese Gleichung stellt bereits die Zykloide dar, allerdings in Vektorkoordinaten. Von ihr geht man zur gewöhnlichen Darstellung über, wenn man sie auf beide Koordinatenachsen projiziert. Man erhält

$$x = 0 + at - d \sin t, \qquad y = a - d + 0 + d - d \cos t . \tag{b}$$

Also ist die Gleichung der Zykloide in Parameterdarstellung

$$x = at - d \sin t \quad \text{mit} \quad y = a - d \cos t . \tag{c}$$

Diese Gleichung bzw. die Beschreibung ihrer Entstehung gibt auch gleichzeitig eine Konstruktion für die Zykloide.

Für die gemeine Zykloide ist $d = a$ und somit ihre Gleichung

$$x = a(t - \sin t) \quad \text{mit} \quad y = a(1 - \cos t), \tag{d}$$

oder wenn man den Parameter t entfernt,

$$x = a \arccos \frac{a - y}{a} \mp \sqrt{(2a - y)y} . \tag{e}$$

Wenn man von einer Zykloide schlechtweg spricht, meint man immer die gemeine Zykloide.

Die (gemeine) Zykloide ist in der Dynamik bekannt als Tautochrone: Ein schwerer Punkt wird, auf einem in lotrechter Ebene liegenden Zykloidbogen widerstandsfrei sich bewegend, immer in der nämlichen Zeit zu seinem tiefsten Punkt S gelangen, unabhängig von seiner Anfangslage P_0.

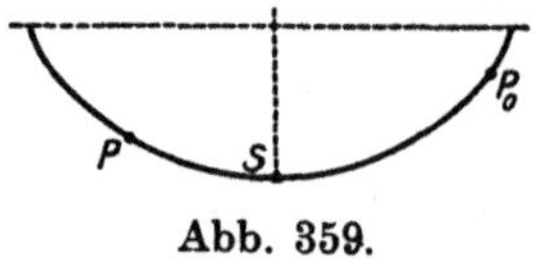

Abb. 359.

Sie ist in der Dynamik ferner bekannt als Brachistochrone: Damit ein schwerer Punkt mit einer gegebenen Anfangsgeschwindigkeit v_0 von einem Punkt P_0 aus in der kürzesten Zeit zu einem andern vorgeschriebenen Punkt P gelangt, Abb. 359, muß er eine Zykloide mit wagrechter Basis beschreiben.

Die Zykloide und ihre Eigenschaften sind für den Maschineningenieur von besonderer Wichtigkeit: sie spielen bei der Herstellung von Zahnrädern eine ebenso wichtige Rolle wie bei der Herstellung von Werkzeugen für die Metallbearbeitung.

204. Fortsetzung. Die erste und zweite Ableitung der Kurvengleichung der Zykloide wird nach Aufg. 6 in 158

$$y' = \frac{\sin t}{1-\cos t} = \sqrt{\frac{2a-y}{y}}, \qquad y'' = \frac{-1}{a(1-\cos t)^2} = \frac{-a}{y^2} \tag{a}$$

und damit
$$1 + y'^2 = \frac{2}{1-\cos t} = \frac{2a}{y}. \tag{b}$$

Nach Gleichung (203a, b) hat der Vektor s_2 die Projektionen $-a\sin t$ und $a(1-\cos t)$. Er steht also nach (a) senkrecht zur Tangente und ist deswegen gleich dem Normalenstück, Abb. 357,

$$n = y\sqrt{1+y'^2} = \sqrt{2ay} = 2a\sin\tfrac{1}{2}t = s_2. \tag{c}$$

Der Krümmungshalbmesser an der Stelle $x|y$ ist nach (179)

$$\varrho = \frac{2a\sqrt{2a}\cdot y^2}{y\sqrt{y}\cdot a} = 2\sqrt{2ay} = 2n = 2s_2. \tag{d}$$

Im Scheitel ist $\varrho = 4a$, im Nullpunkt $\varrho = 0$.

Für den Krümmungsmittelpunkt geben die Formeln (180)

$$\xi = a(t-\sin t) - \frac{\sin t}{1-\cos t}\cdot\frac{2[-a(1-\cos t)^2]}{1-\cos t} = a(t+\sin t),$$

$$\eta = a(1-\cos t) + \frac{2}{1-\cos t}\cdot\frac{a(1-\cos t)^2}{-1} = -a(1-\cos t).$$

Beide Formeln stellen in der Parameterdarstellung

$$\xi = a(t+\sin t), \qquad \eta = -a(1-\cos t) \tag{e}$$

wieder eine Zykloide vor, Abb. 360, d. h.

die Evolute der Zykloide ist eine ihr kongruente Zykloide. (f)

Nach Beispiel 64b) ist die durch den Zykloidebogen und die Basis gebildete Fläche

$$F = 3a^2\pi \tag{g}$$

dreimal so groß wie die Fläche des Rollkreises.

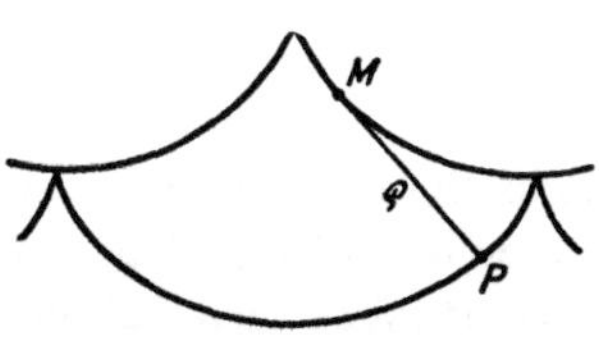

Abb. 360.

Nach Aufg. 46 in 70 ist der ganze oberhalb der Basis gelegene Bogen

$$s = 8\,a \tag{h}$$

achtmal so groß wie der Halbmesser des Rollkreises.

205. Epizykloide. Auch sie ist eine Rollkurve: auf der Außenseite eines festen Kreises (G r u n d k r e i s) rollt, ohne zu gleiten, ein Kreis; jeder Punkt der Ebene dieses bewegten Kreises beschreibt eine Epizykloide, auch Epitrochoide genannt. Die g e m e i n e E p i z y k l o i d e wird von den Umfangspunkten des rollenden Kreises beschrieben, die v e r l ä n g e r t e E p i z y k l o i d e von einem Punkt außerhalb und die v e r k ü r z t e E p i z y k l o i d e von einem Punkt innerhalb des rollenden Kreises, Abb. 361. Wenn man schlechthin von E p i z y k l o i d e spricht, meint man immer die gemeine.

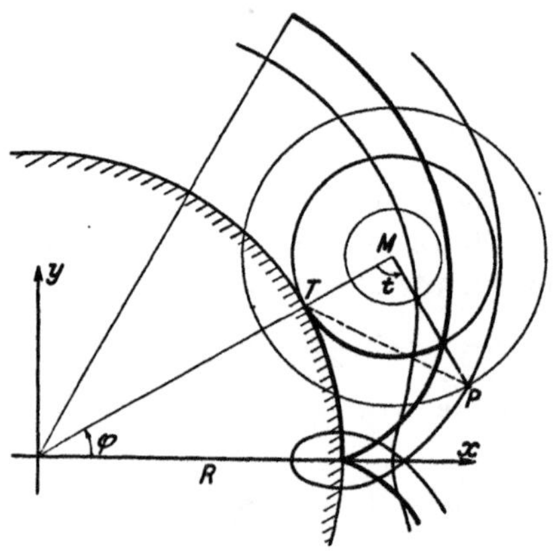

Abb. 361.

Aus einer Anfangslage, gegeben durch $M_0 P_0$ in Abb. 362, kommt der rollende Kreis in eine Lage, die durch MP charakterisiert ist, wo P ein Punkt der Ebene des rollenden Kreises ist. Man kann den Kreis in diese Lage auch dadurch überführen, daß man den Kreis zuerst

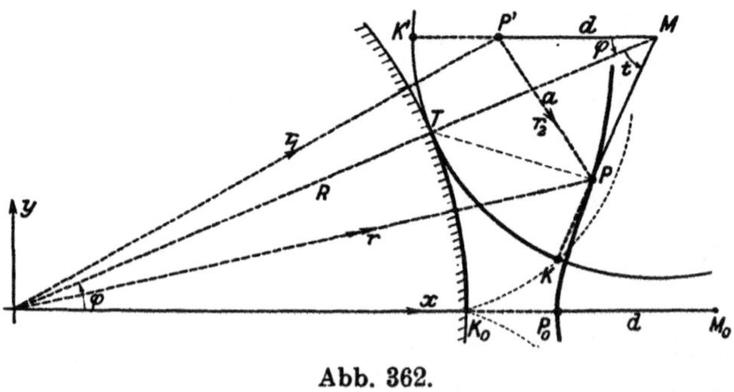

Abb. 362.

eine Schiebung machen läßt, die ihn aus der Anfangslage $M_0 P_0$ in eine Zwischenlage $M P'$ überführt. Bei dieser Schiebung müssen alle Punkte des rollenden Kreises kongruente Bahnen beschreiben und alle seine Geraden sich parallel bleiben. Aus der Zwischenlage MP' kommt der Kreis dann noch durch eine Drehung um M in seine untersuchte Lage MP. Die Drehung ist dadurch bestimmt, daß sich bei der wirklichen Rollbewegung gleiche Stücke des Grundkreises und des rollenden Kreises aufeinander abwälzen. Es müssen also die beiden stark ausgezeichneten Bögen des Grundkreises und des rollenden Kreises gleich sein. Oder

$$R\varphi = a t, \tag{a}$$

wenn φ der Wälzungswinkel des festen und t der Wälzungswinkel des rollenden Kreises ist. R und a sind die Halbmesser beider Kreise.

Als Nullpunkt wählt man den Mittelpunkt des festen Kreises, die x-Achse legt man durch die Anfangslage P_0 des erzeugenden Punktes. Die Aufstellung der Gleichung und auch eine Konstruktion der Epizykloide superponiert den Vektor r vom Nullpunkt zum erzeugenden Punkt P als Summe der beiden Vektoren r_1 und r_2, wo r_1 durch die Schiebung des rollenden Kreises und r_2 durch seine Drehung um M bestimmt ist,

$$\mathfrak{r} = \mathfrak{r}_1 + \mathfrak{r}_2 . \tag{b}$$

Durch die reine Schiebung ergeben sich die Projektionen von r_1 zu

$$x_1 = (R + a)\cos\varphi - d, \qquad y_1 = (R + a)\sin\varphi,$$

wenn d die Entfernung des erzeugenden Punktes P vom Mittelpunkt des rollenden Kreises ist, und durch die reine Drehung die Projektionen von r_2 zu

$$x_2 = d - d\cos(\varphi + t), \qquad y_2 = -d\sin(\varphi + t).$$

Die Projektionen von r, d. h. die Koordinaten des erzeugenden Punktes, sind dann nach (b)

$$x = x_1 + x_2, \qquad y = y_1 + y_2$$

oder

$$\left.\begin{aligned} x &= (R + a)\cos\varphi - d\cos(\varphi + t) \\ y &= (R + a)\sin\varphi - d\sin(\varphi + t) \end{aligned}\right\} \tag{c}$$

Bei der gemeinen Epizykloide liegt der erzeugende Punkt auf dem Umfang des rollenden Kreises, also ist $d = a$ und somit ihre Gleichung wegen (a)

$$\left.\begin{aligned} x &= (R + a)\cos\varphi - a\cos\left(\frac{R + a}{a}\varphi\right) \\ y &= (R + a)\sin\varphi - a\sin\left(\frac{R + a}{a}\varphi\right) \end{aligned}\right\} \tag{d}$$

Wenn man den Halbmesser R des Grundkreises als Vielfaches des Halbmessers des rollenden Kreises angibt, erhält die Gleichung eine einfachere Form; man setzt

$$R = n a, \qquad \text{daher} \qquad t = n\varphi, \qquad \text{ferner} \qquad m = n + 1. \tag{e}$$

und erhält aus Gleichung (c)

$$\left.\begin{aligned} x &= a\,(m \cos\varphi - \cos m\,\varphi) \\ y &= a\,(m \sin\varphi - \sin m\,\varphi) \end{aligned}\right\} \qquad \text{(f)}$$

als neue Gleichung der (gemeinen) Epizykloide.

206. Fortsetzung. Nach Beispiel 151 g) wird für die Epizykloide die erste und zweite Ableitung, wenn man $l = m + 1$ als Abkürzung einführt,

$$y' = \operatorname{tg}\frac{l\varphi}{2}, \qquad y'' = l : 4\,a\,m \cos^3\frac{l\varphi}{2}\sin\frac{n\varphi}{2} \qquad \text{(a)}$$

und damit

$$1 + y'^2 = 1 : \cos^2\frac{l\varphi}{2}.$$

Die Richtung im Punkt P ist demnach

$$\operatorname{tg}\tau = y' = \operatorname{tg}\frac{l\varphi}{2} \quad \text{oder} \quad \tau = \frac{l\varphi}{2}. \qquad \text{(b)}$$

Der Krümmungshalbmesser an der Stelle φ wird nach 179

$$\varrho = \frac{4\,a\,m}{l}\sin\frac{t}{2}. \qquad \text{(c)}$$

Im Scheitel ist $t = \pi$ und damit $\varrho = 4\,a\,m : l$, für den Anfangspunkt A ist $\varrho = 0$. Die Koordinaten des Krümmungsmittelpunktes werden nach 180 berechnet zu

$$\xi = a_1\,(m \cos\varphi + \cos m\,\varphi), \qquad \eta = a_1\,(m \sin\varphi + \sin m\,\varphi), \qquad \text{(d)}$$

wo a_1 bestimmt ist durch $a_1\,l = n\,a$.

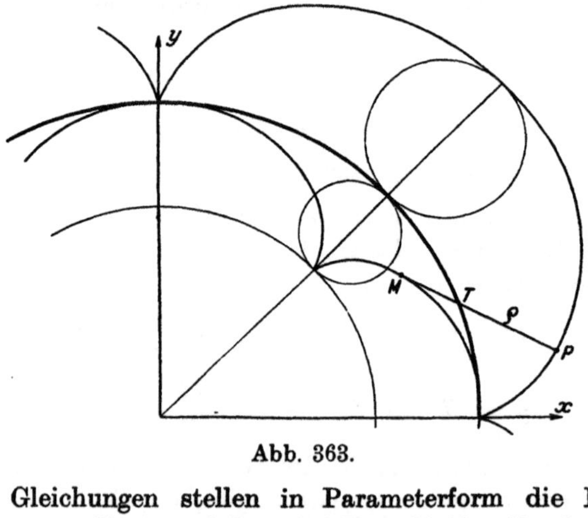

Abb. 363.

Beide Gleichungen stellen in Parameterform die Evolute der Epizykloide vor. Sie ist wieder eine Epizykloide, die der gegebenen ähnlich ist, Abb. 363.

Das Verhältnis $n = R : a$ der Halbmesser des Grundkreises und des rollenden Kreises ist maßgebend für die Art der Kurven. Wenn n eine rationale Zahl ist, werden die Epizykloiden, sowohl die gemeinen wie die verlängerten oder verkürzten, alle zu algebraischen Kurven. Man hat insbesonders für

1. $n = 1$ oder $R = a$ die Pascalsche Schneckenlinie, s. 207. Dabei darf d selbst beliebig sein. Von ihr ist, wie auch später zu ersehen, die Kardioide oder Herzkurve ein Sonderfall.

2. Im Fall $a = \infty$ erhält man die Kreisevolvente, s. 210.

Beispiel a) Abb. 363 gibt eine Epizykloide. Für sie ist

$$R = 4\,, \qquad a = 1\,,$$

also wird

$$n = 4\,, \quad m = 5\,. \quad l = 6\,, \quad m : l = \tfrac{5}{6}\,, \quad n : l = \tfrac{2}{3}\,, \quad a_1 = \tfrac{2}{3} a\,;$$

die kleinere Epizykloide ist die Evolute zur gegebenen.

Beispiel b) Man beweise für alle Rollkurven den Satz:

Die Normale geht stets durch den Berührpunkt des Rollkreises. (e)

Der jemeilige Berührpunkt B des Rollkreises, Abb. 364, hat die Geschwindigkeit 0. Die augenblickliche Bewegung der Scheibe des Rollkreises ist also genau die gleiche, wie wenn sie sich um den Punkt B drehen würde. Es ist daher die Geschwindigkeit eines jeden Scheibenpunktes U senkrecht gerichtet zum Fahrstrahl BU, d. h. die Tangente im Kurvenpunkt U ist senkrecht zu BU oder umgekehrt BU ist die Normale im Kurvenpunkt U.

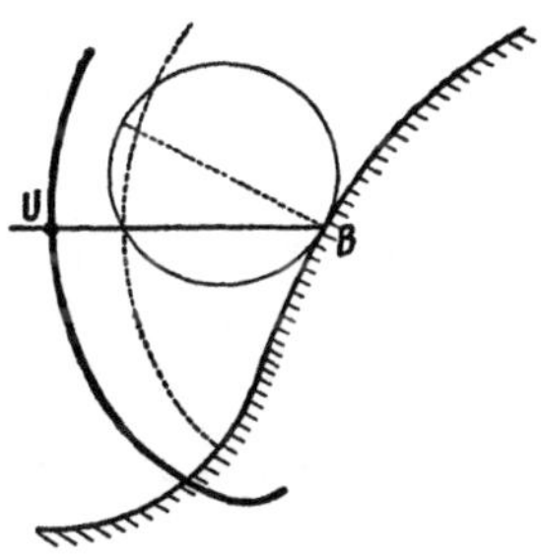

Abb. 364.

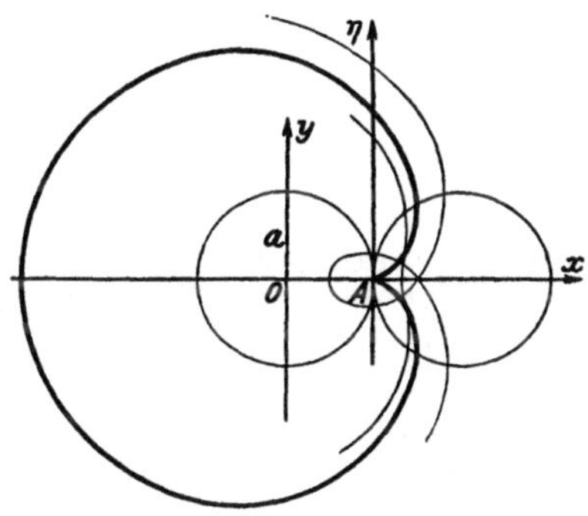

Abb. 365.

207. Pascalsche Linie, Herzkurve. Die Pascalsche Linie, Abb. 365, hat wegen $R = a$ die Gleichung

$$x = 2\,a \cos t - d \cos 2\,t \qquad \text{mit} \qquad y = 2\,a \sin t - d \sin 2\,t\,. \tag{a}$$

Im Sonderfall der **Herzkurve** wird diese Gleichung wegen $d = a$

$$x = a(2\cos t - \cos 2t) \quad \text{mit} \quad y = a(2\sin t - \sin 2t). \tag{b}$$

Macht man den Anfangspunkt A zum Nullpunkt des Koordinatensystems, indem man das alte System um a nach rechts verschiebt, so wird mit $x = \xi + a$ und $y = \eta$ im neuen System die Kurvengleichung

$$\xi + a = a(2\cos t - \cos 2t) \quad \text{mit} \quad \eta = a(2\sin t - \sin 2t). \tag{c}$$

Beide Gleichungen quadriert und addiert geben

$$\xi^2 + \eta^2 + 2a\xi = 4a^2(1 - \cos t).$$

Wenn man beide Parametergleichungen noch umformt,

$$\xi + a = a(2\cos t - 2\cos^2 t + 1) \quad \text{oder} \quad \xi = 2a\cos t(1 - \cos t),$$
$$\eta = a(2\sin t - 2\sin t\cos t) \quad \text{oder} \quad \eta = 2a\sin t(1 - \cos t),$$

erhält man durch Quadrieren und Addieren

$$\xi^2 + \eta^2 = 4a^2(1 - \cos t)^2.$$

Die beiden erhaltenen Gleichungen kann man zusammennehmen und erhält

$$(\xi^2 + \eta^2 + 2a\xi)^2 = 4a^2 \cdot 4a^2(1 - \cos t)^2 = 4a^2(\xi^2 + \eta^2),$$

oder wenn man wieder $x \mid y$ statt $\xi \mid \eta$ setzt,

$$(x^2 + y^2 + 2ax)^2 = 4a^2(x^2 + y^2). \tag{d}$$

Die Herzkurve ist sonach von der vierten Ordnung.

Recht bequem wird die Behandlung der Kurvengleichung, wenn man zu **Polarkoordinaten** übergeht,

$$(r^2 + 2ar\cos\varphi)^2 = 4a^2r^2 \quad \text{oder} \quad r^2 + 2ar\cos\varphi = \pm 2ar$$

oder

$$r = 2a(1 - \cos\varphi).$$

Die Kurve und ihre Eigenschaften sind aus einer Reihe von Beispielen, 27 a), 28 d), 30 d) usw., bereits bekannt. Nur war die Gleichung $r = 2a(1 + \cos\varphi)$, weil die Kurve nach rechts gewendet ist.

Beispiel a) Der Zelldruck in einem kreiszylindrischen Luftschiff war bei der normalen Lage nach 88 gegeben durch $n = n_0 + \alpha x$; man gebe diese Druckdichte n als eine Funktion des Winkels φ, den man von der Lotrechten aus zählt, und zeichne die zugehörige Schaulinie, indem man n einmal vom Kreismittelpunkt aus abträgt, das andere Mal von den Kreispunkten aus nach einwärts. Dabei soll Normalfüllung angenommen, d. h. $n_0 = 0$ vorausgesetzt werden.

Mit $x = c(1 - \cos\varphi)$ und $\alpha c = 2a$ wird

$$n = 2a(1 - \cos\varphi),$$

die Schaulinie also eine Herzkurve, Abb. 366. Anschaulicher wird die Schaulinie, wenn man die Druckdichte n von den Kreispunkten aus gegen den Kreismittelpunkt hin richtet; wählt man den Maßstab der Zeichnung noch so, daß die größte Dichte $n_{\max} = 4a$ im First der Zelle, also bei $\varphi = \pi$, durch den Halbmesser c des Kreises dargestellt wird, dann wird die Gleichung der Schaulinie, Abb. 367,

$$r = c - n = 4a - 2a(1 - \cos\varphi)$$

oder

$$r = 2a(1 + \cos\varphi).$$

Sie stellt gleichfalls eine Herzkurve vor, die nur nach der entgegengesetzten Seite wie die vorige gerichtet ist.

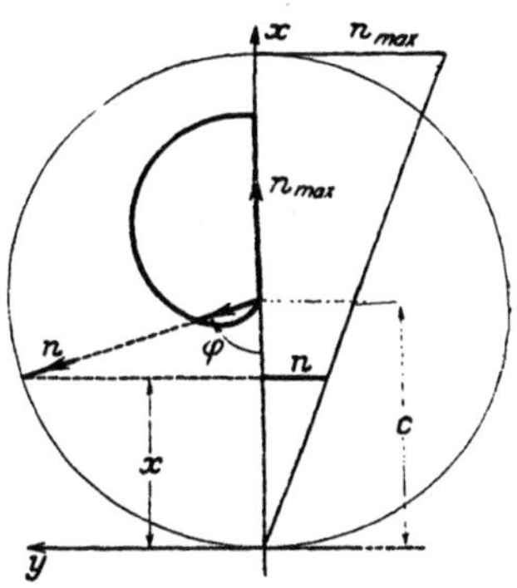

Abb. 366.

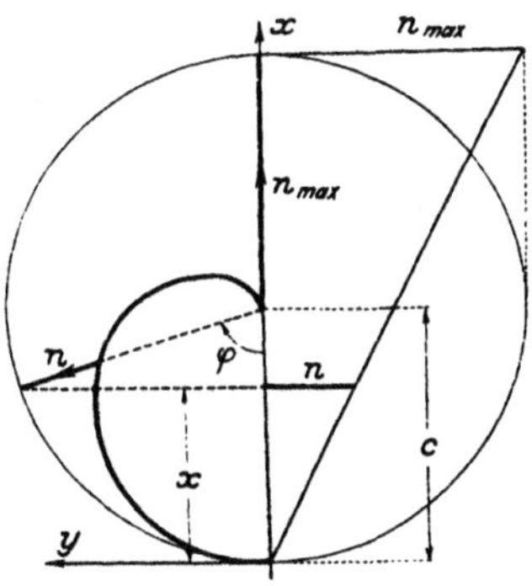

Abb. 367.

208. Hypozykloide. Sie entsteht auf die gleiche Weise wie die Epizykloide, nur daß der rollende Kreis sich auf der Innenseite des Grundkreises abwälzt. Auch bei ihr beschreiben die Umfangspunkte des rollenden Kreises die gemeine Hypozykloide, während die verlängerte bzw. verkürzte von Punkten außer- und innerhalb des rollenden Kreises beschrieben wird, Abb. 368.

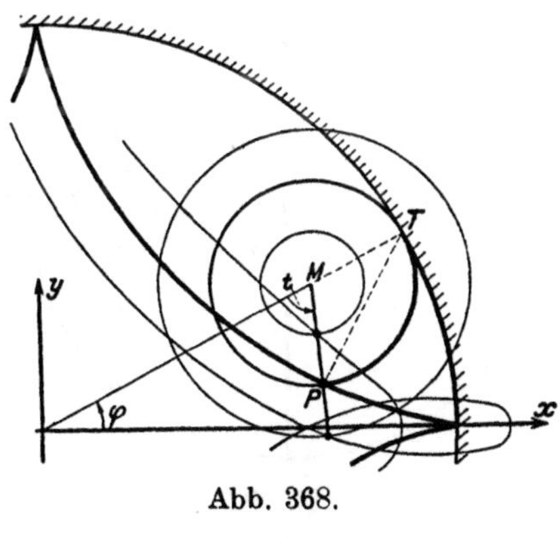

Abb. 368.

Die Gleichung und Konstruktion erfolgt genau so wie bei der Epizykloide, man hat nur $R - a$ statt $R + a$ zu setzen, erhält also die Gleichung der allgemeinen Hypozykloide mit

$$\left.\begin{aligned} x &= (R-a)\cos\varphi + d\cos(t-\varphi) \\ y &= (R-a)\sin\varphi - d\sin(t-\varphi) \end{aligned}\right\}, \quad R\varphi = at. \tag{a}$$

Wenn man schlechtweg von Hypozykloide spricht, meint man immer die gemeine, deren Gleichung also

$$\left.\begin{aligned} x &= (R-a)\cos\varphi + a\cos\frac{R-a}{a}\varphi \\ y &= (R-a)\sin\varphi - a\sin\frac{R-a}{a}\varphi \end{aligned}\right\} \tag{b}$$

mit Einführung von n und m durch

$$R = na, \qquad m = n-1, \qquad l = m-1$$

auch geschrieben werden kann

$$\left.\begin{aligned} x &= a(m\cos\varphi + \cos m\varphi), \\ y &= a(m\sin\varphi - \sin m\varphi). \end{aligned}\right\} \tag{c}$$

Die erste und zweite Ableitung der Kurvengleichung ist

$$y' = -\operatorname{tg}\frac{\varphi(n-2)}{2} = -\operatorname{tg}\frac{l\varphi}{2}, \qquad y'' = l : 4am\sin\frac{n\varphi}{2}\cos^3\frac{l\varphi}{2}. \tag{d}$$

Die Richtung der Hypozykloide im Punkt P ist gegeben durch

$$\operatorname{tg}\tau = y' = -\operatorname{tg}\frac{l\varphi}{2} \quad \text{oder} \quad \tau = -\frac{l\varphi}{2}, \tag{e}$$

die Normale hat die Richtung PT.

Der Krümmungshalbmesser im Punkt P ist

$$\varrho = \frac{4am}{l}\sin\frac{t}{2}; \tag{f}$$

er wird im Scheitel $\varrho = 4am : l$, im Anfangspunkt A wird $\varrho = 0$.

Die Koordinaten des Krümmungsmittelpunktes

$$\xi = a_1(m\cos\varphi - \cos m\varphi), \qquad \eta = a_1(m\sin\varphi + \sin m\varphi), \tag{g}$$

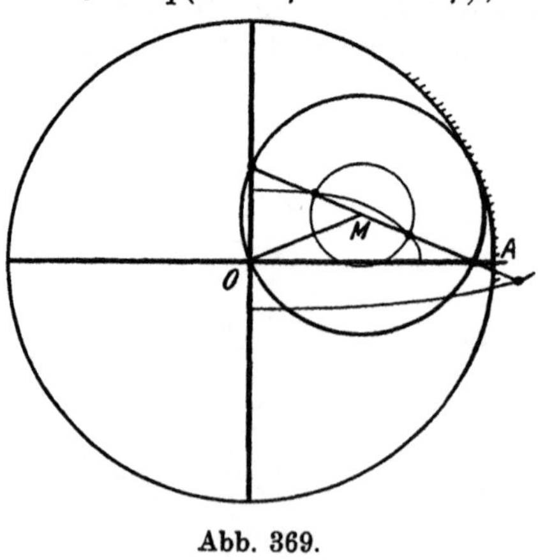

Abb. 369.

wo $a_1 = na : l$ ist, geben als Funktion des Parameters φ betrachtet die Gleichung der Evolute der Hypozykloide. Sie ist wieder eine Hypozykloide, die der gegebenen ähnlich ist.

Wenn das Verhältnis $n = R : a$ der Halbmesser des Grundkreises und des Rollkreises rational ist, wird die Hypozykloide eine algebraische Kurve. Insbesondere wird sie für

1. $R=4a$ und $d=a$ zur Astroide oder Sternkurve, in Abb. 368 die stark ausgezogene Kurve;

2. $R=2a$ und $d=a$ zu einer Geraden AO, in Abb. 369 stark ausgezogen;

3. $R=2a$ und $d \gtrless a$ zur Ellipse, Abb. 369.

209. Astroide oder Sternkurve. Als Sonderfall der Hypozykloide ist ihre Gleichung in Parameterform (208c)

$$x = a(3\cos t + \cos 3t) \quad \text{mit} \quad y = a(3\sin t - \sin 3t); \tag{a}$$

oder wenn man $\sin 3t$ und $\cos 3t$ nach $\sin t$ und $\cos t$ entwickelt und $4a = c$ setzt,

$$x = c\cos^3 t \quad \text{mit} \quad y = c\sin^3 t. \tag{b}$$

Man beseitigt noch t und erhält die gewöhnliche Gleichung

$$x^{2/3} + y^{2/3} = c^{2/3}. \tag{c}$$

Ihre erste und zweite Ableitung erhält man am einfachsten aus der Parameterdarstellung oder nach Beispiel 154c),

$$dx = -3c\cos^2 t \sin t\,dt, \qquad dy = 3c\sin^2 t\cos t\,dt,$$

$$y' = -\operatorname{tg} t = -\sqrt[3]{\frac{y}{x}}, \quad y'' = \frac{1}{3c\cos^4 t\sin t} = \frac{1}{3}\sqrt[3]{\frac{c^2}{x^4 y}}. \tag{d}$$

Damit wird

$$1 + y'^2 = 1 + \operatorname{tg}^2 t = \frac{1}{\cos^2 t} = \sqrt[3]{\left(\frac{c}{x}\right)^2} = c^{2/3} : x^{2/3}. \tag{e}$$

Die Richtung ist bestimmt durch

$$\operatorname{tg}\tau = y' = -\operatorname{tg} t \quad \text{oder} \quad \tau = -t. \tag{f}$$

Der Krümmungshalbmesser ist

$$\varrho = \frac{3c\cos^4 t\sin t}{\cos^3 t} = 3c\sin t\cos t = 3\sqrt[3]{cxy}. \tag{g}$$

Die Koordinaten des Krümmungsmittelpunktes werden nach 180

$$\xi = c\cos t(\cos^2 t + 3\sin^2 t), \qquad \eta = c\sin t(\sin^2 t + 3\cos^2 t)$$

und geben für veränderliche t auch gleichzeitig die Gleichung der Evolute, die wieder eine Astroide ist.

210. Kreisevolvente. Die Punkte einer auf einem Kreis sich abwälzenden Geraden beschreiben Kreisevolventen. Ein jeder solcher Punkt kann auch betrachtet werden als Endpunkt eines gespannten Fadens, der vom Kreis abgewickelt wird. Die beiden Wälzungswege sind in Abb. 370 stark ausgezogen gezeichnet, sie haben den Wert at, wenn a der Kreishalbmesser. Den Kreismittelpunkt macht

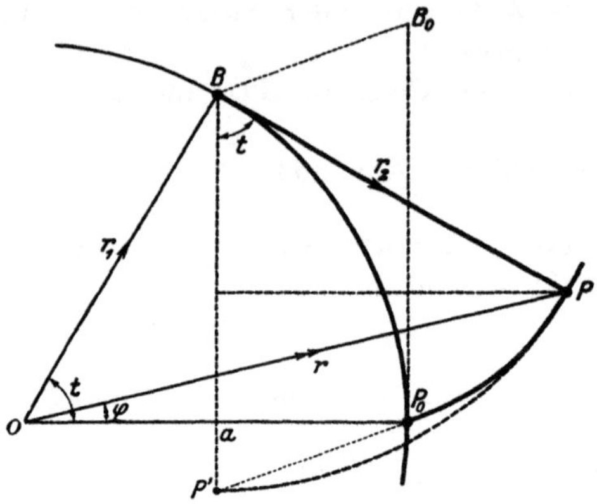

Abb. 370.

man zum Nullpunkt des Koordinatensystems, die x-Achse legt man durch die Anfangslage des erzeugenden Punktes. Die Aufstellung der Gleichung und auch die Konstruktion gelingt durch Superposition (man wird die Gerade zuerst eine reine Schiebung vornehmen lassen, die das Stück B_0P_0 in die Lage BP' bringt, und dann eine Drehung in die Lage BP)

$$\mathfrak{r} = \mathfrak{r}_1 + \mathfrak{r}_2. \tag{a}$$

Die Projektionen dieser Gleichung sind

$$x = x_1 + x_2 = a \cos t + a t \sin t$$
$$y = y_1 + y_2 = a \sin t - a t \cos t,$$

so daß

$$x = a(\cos t + t \sin t) \quad \text{mit} \quad y = a(\sin t - t \cos t) \tag{b}$$

die Parameterdarstellung der Kreisevolvente ist.

Wenn man zu Polarkoordinaten übergeht, führt man den Krümmungshalbmesser ϱ ein, der nach 181 gleich ist dem abgewälzten Weg $r_2 = BP = at$, ebenso a statt r_1. Der Abbildung entnimmt man

$$r^2 = \varrho^2 + a^2 \quad \text{oder} \quad \varrho = \sqrt{r^2 - a^2}. \tag{c}$$

Bezeichnet man den Winkel $t - \varphi$ mit ω, so gilt

$$a\omega + a\varphi = at = \varrho \quad \text{oder} \quad \omega = (\varrho - a\varphi) : a.$$

Die Beziehung $\operatorname{tg} \omega = \varrho : a$ liefert dann die gewünschte Kurvengleichung durch

$$\omega = \operatorname{arc\,tg} \frac{\varrho}{a} = \frac{\varrho - a\varphi}{a} \quad \text{oder} \quad \varphi = \frac{\varrho}{a} - \operatorname{arc\,tg} \frac{\varrho}{a}. \tag{d}$$

Ihre erste und zweite Ableitung ergeben sich nach (b)

$$dx = at \cos t\, dt, \qquad dy = at \sin t\, dt \tag{e}$$

zu

$$y' = \operatorname{tg} t, \qquad y'' = \frac{dy'}{dt} \cdot \frac{dt}{dx} = \frac{1}{at \cos^3 t}. \tag{f}$$

Für die Richtung der Kreisevolvente gilt dann

$$\operatorname{tg} \tau = y' = \operatorname{tg} t \quad \text{oder} \quad \tau = t,$$

d. h. im Kurvenpunkt P ist die Tangente parallel dem entsprechenden Halbmesser OB. (g)

Der Krümmungsmittelpunkt ist nach der Definition der Kreisevolvente der Berührpunkt B; die Evolute zur Kreisevolvente ist der Konstruktionskreis.

Beispiel a) Man ermittle die von der Kurve, der x-Achse und dem Fahrstrahl unter dem Winkel φ eingeschlossene Fläche.

Nach (64d) berechnet man

$$x\,dy - y\,dx = a^2 t^2\,dt$$

und erhält

$$F = \frac{1}{2}\int_0^t r^2\,d\varphi = \frac{a^2}{2}\int_0^t t^2\,dt = \frac{a^2 t^3}{6}. \tag{h}$$

Beispiel b) Man ermittle die Bogenlänge P_0P.

Nach (e) wird

$$ds = dt\sqrt{(at\cos t)^2 + (at\sin t)^2} = a\,t\,dt,$$

also

$$s = a\int_0^t t\,dt = \frac{at^2}{2}. \tag{i}$$

211. Polkurve. Eine Scheibe hat in ihrer Ebene drei Freiheitsgrade oder drei Bewegungsmöglichkeiten. Wie schon in I 59, 93 und 95 erklärt wurde, kann man sie aus einer gegebenen Anfangslage U_0 dadurch in ihre untersuchte Lage U überführen, daß man mit ihr eine Schiebung a in der x-Richtung, eine Schiebung b in der y-Richtung und schließlich noch eine Drehung mit dem Winkel φ vornimmt. a, b, φ kann man dann auch die Koordinaten der Scheibe nennen. Oder indem man sie mit dem Winkel φ um einen Punkt $M = x_0 \mid y_0$ dreht; man kann dann genau so auch x_0, y_0 und φ als Koordinaten der Scheibe ansprechen. Uns interessiert hier besonders die letzte Bewegung der Scheibe. Selbstverständlich wird die Scheibe beim Übergang von der Anfangslage in die untersuchte Lage eine andere Bewegung machen wie die eben als möglich angegebene. Man kann sie aber so wie angegeben aus der Lage U_0 in die Lage U verbringen.

Genau so kann man die Bewegung der Scheibe von einer untersuchten Lage in die unendlich benachbarte ersetzen durch eine Drehung um einen noch zu bestimmenden Punkt M; auch der Drehwinkel $d\varphi$ muß noch bestimmt werden. Man nennt dann diesen Punkt M Drehpunkt der augenblicklichen Bewegung oder auch kurz den Pol der Bewegung, auch Momentanzentrum im untersuchten Augenblick, Abb. 371. Er ist aus der gegebenen Erklärung graphisch leicht zu ermitteln, wenn man die Bahnkurven von zwei ausgewählten Punkten A und B der Scheibe kennt. Denn wenn die Scheibe eine Kreisbewegung hat, dann auch jeder einzelne Punkt, die unendlich kleinen Wege, die A und B beim Übergang zur unendlich benachbarten Lage beschreiben, sind also Kreisbögen, dann ist der Pol M der Schnittpunkt der beiden Normalen in den Bahnpunkten A und B, so wie Abb. 371 zeigt, wo die Scheibe durch das Dreieck ABC vorgestellt wird.

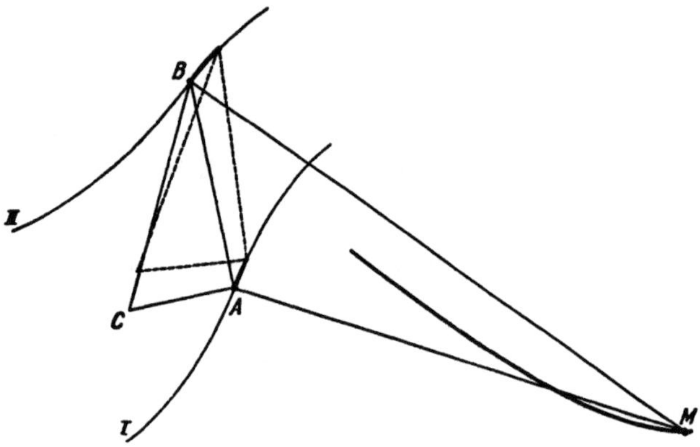

Abb. 371.

Die beiden Punkte A und B wie auch jeder weitere Punkt C der Scheibe bewegen sich zwangläufig, es wird daher für jede Lage von A auch jene von B mitbestimmt sein und damit auch ein bestimmter Pol M. Wiederholt man die Konstruktion des Poles für jede der ∞^1 Lagen der Scheibe, dann bilden die ∞^1 Pole M eine Kurve, die Polkurve der gegebenen Bewegung, auch Rastpolbahn genannt.

Beispiel a) Zwei feste Punkte A und B einer Scheibe bewegen sich auf zwei zueinander senkrechten Geraden so wie in 201 angegeben. Gesucht ist die Polkurve der Bewegung.

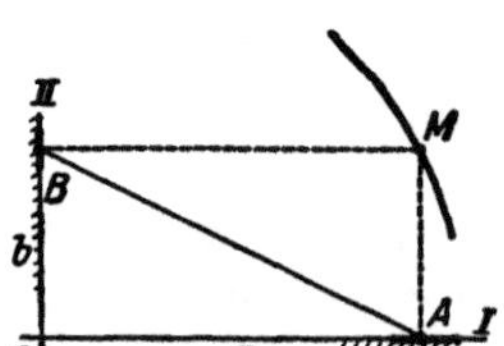

Abb. 372.

Die beiden Bahnnormalen sind die Geraden AM und BM mit den Gleichungen $x = a$ und $y = b$. Der Stab AB hat die konstante Länge c, so daß

$$c^2 = a^2 + b^2 \quad \text{oder} \quad x^2 + y^2 = c^2$$

die Gleichung der Polkurve ist. Sie stellt einen Kreis um den Nullpunkt mit dem Halbmesser c vor, Abb. 372.

Beispiel b) Gesucht ist die Gleichung der Polkurve für den Kurbelmechanismus, so wie er in 202 angegeben wurde.

Der Punkt A bewegt sich auf einer Wagrechten, die Bahnnormale ist sonach jedesmal eine Lotrechte durch A. Der zweite feste Punkt B der Scheibe bewegt sich auf dem Kurbelkreis, die Bahnnormale ist also stets ein Kreisdurchmesser. Graphisch ist sonach die Polkurve leicht zu ermitteln, Abb. 373. Der Stellung B im höchsten Punkt des Kurbelkreises entspricht eine Asymptote der Polkurve.

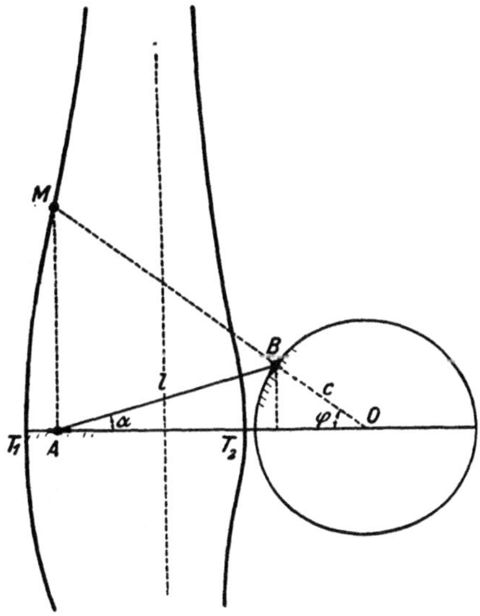

Abb. 373.

Zur Aufstellung der Gleichung verwendet man am einfachsten Polarkoordinaten, indem man den Kreismittelpunkt als Nullpunkt wählt und OA als Anfangsstrahl. Dann ist $r = OM$. Es ist

$$OA = OM \cdot \cos\varphi$$

oder

$$c\cos\varphi + l\cos\alpha = r\cos\varphi.$$

Daneben gilt noch die Beziehung

$$c\sin\varphi = l\sin\alpha,$$

die die Unbekannte α beseitigen läßt. Man quadriert und addiert die beiden Gleichungen

$$l\sin\alpha = c\sin\varphi \quad \text{und} \quad l\cos\alpha = (r-c)\cos\varphi$$

und erhält

$$l^2 = c^2\sin^2\varphi + (r-c)^2\cos^2\varphi$$

oder

$$r = c + \sqrt{\frac{l^2 - c^2\sin^2\varphi}{\cos^2\varphi}} \tag{a}$$

als Gleichung der Polkurve. Man kann von der vorgehenden Gleichung noch zu rechtwinkligen Koordinaten übergehen und erhält

$$l^2 = c^2 + r^2\cos^2\varphi - 2\,rc\cos^2\varphi$$

oder

$$(c^2 + x^2 - l^2)\,r = 2\,cx^2$$

oder

$$(x^2 + y^2)(x^2 + c^2 - l^2)^2 = 4\,c^2x^4. \tag{b}$$

Die Kurve ist von der sechsten Ordnung. Daß sie zu beiden Koordinatenachsen symmetrisch ist, hat darin seine Begründung, daß die mathematische Rechnung auch die Möglichkeit mitberücksichtigt, daß der Kreuzkopf A auch auf der rechten Seite des Kurbelkreises liegen kann.

Für den Fall $c = l$, wenn also die Schubstange und Kurbelstange gleich lang sind, artet die Kurve zu einem Kreis aus,

$$x^2 + y^2 = 4c^2.$$

***212. Fußpunktkurven. Cissoide.** Fußpunktkurve oder Pedalkurve eines festen Poles S bezüglich einer festen Kurve ist der geometrische Ort der Fußpunkte der vom Pol auf die Tangenten der Kurve gefällten Lote.

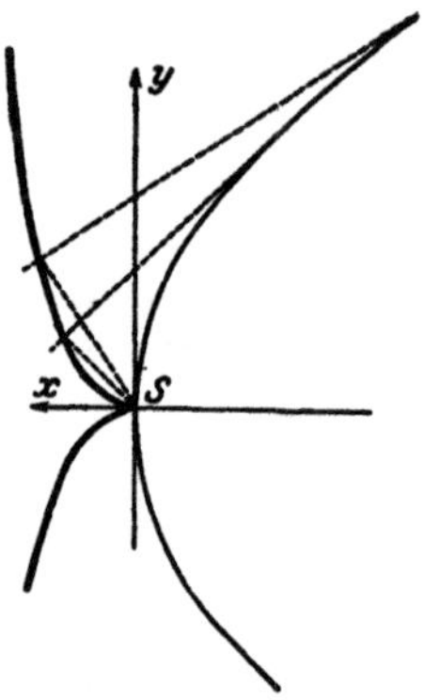

Abb. 374.

Die Cissoide, deren Entstehung I 81 brachte, entsteht als Fußpunktkurve, wenn man als feste Kurve die Parabel wählt und als festen Pol den Scheitel der Parabel, Abb. 374. Die Gleichung der Cissoide ist nach I 80

$$r = 2a\frac{\sin^2\varphi}{\cos\varphi} \tag{a}$$

oder

$$x^3 + y^2(x - 2a) = 0; \tag{b}$$

oder auch, wenn man den Polarwinkel φ als Parameter einführt,

$$x = 2a\sin^2\varphi, \qquad y = 2a\frac{\sin^3\varphi}{\cos\varphi}. \tag{c}$$

Die Gerade $x = 2a$ ist Asymptote der Kurve, der Nullpunkt ist eine Spitze.

Die erste Ableitung der Gleichung kann man nach (c) bilden,

$$dx = 4a\sin\varphi\cos\varphi\,d\varphi, \qquad dy = 2a\frac{\sin^2\varphi(1 + 2\cos^2\varphi)\,d\varphi}{\cos^2\varphi}$$

und damit
$$y' = \frac{\sin\varphi(1 + 2\cos^2\varphi)}{2\cos^3\varphi} = \frac{3x^2 + y^2}{2y(2a - x)}. \tag{d}$$

Den letzteren Wert gewinnt man auch unmittelbar aus (b).

***213. Konchoiden oder Muschellinien.** Sie entstehen aus einem festen Punkt O und einer festen Kurve: Man zieht Strahlen durch O und bringt sie im Punkt S zum Schnitte mit der Kurve; von diesem Schnittpunkt S aus trägt man auf beiden Seiten der Kurve die Strecke $SP = a$ ab, dann bilden die Endpunkte P dieser Strecke eine Konchoide.

Wenn man von Konchoide schlechtweg spricht, meint man jene (Konchoide des Nicomedes), die als feste Kurve eine Gerade hat (I 80); ihre Gleichung ist, wenn d der Abstand des festen Punktes von der festen Geraden ist,

$$r = \frac{d}{\cos\varphi} \pm a; \tag{a}$$

oder in der Parameterdarstellung

$$x = d \pm a \cos\varphi, \qquad y = d \operatorname{tg}\varphi \pm a \sin\varphi; \tag{b}$$

oder in der gewöhnlichen Darstellung

$$(x^2 + y^2)(x - d)^2 = a^2 x^2. \tag{c}$$

Die Kurve ist von der vierten Ordnung. Die feste Gerade ist Asymptote der Kurve. Der Nullpunkt ist ein Doppelpunkt und zwar ein gewöhnlicher für $a > d$, eine Spitze für $a = d$ und ein isolierter für $a < d$.

214. Archimedische Spirale. Jede Funktion $r = f(\varphi)$, die mit zunehmendem φ selbst immer zunimmt oder immer abnimmt, ist eine Spirale. Sie umläuft in unendlich vielen Windungen den Nullpunkt, und zwar liegt im ersten Fall jede neue Windung außerhalb (im zweiten Fall innerhalb) der vorhergehenden. Eine Spirale wird sonach von jeder Geraden in unendlich vielen (imaginären oder reellen) Punkten geschnitten, sie ist also eine transzendente Kurve. Man nennt die Schraubenlinie oder ihr ähnliche räumliche Kurven oft auch Spiralen. Mit den Spiralen der Mathematik haben diese Kurven nichts zu tun.

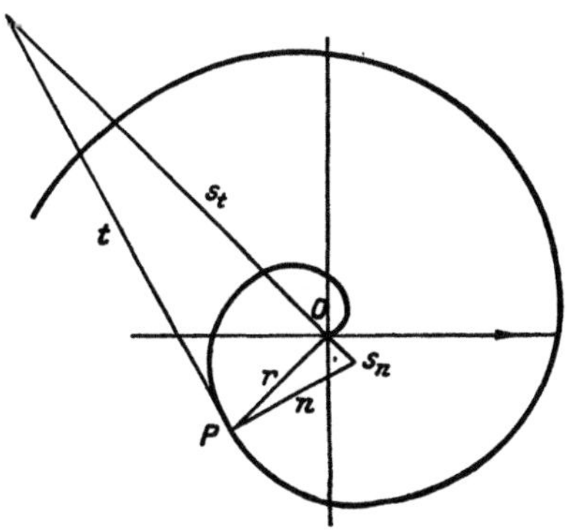

Abb. 375.

Bei der

$$\text{Archimedischen Spirale} \quad r = a\varphi \tag{a}$$

vollführt der Fahrstrahl eine gleichförmige Drehung um den Nullpunkt und gleichzeitig auf ihm der Kurvenpunkt P eine gleichförmige Verschiebung nach außen. Abb. 375 gibt nur den einen Teil der Spirale, der andere zum Anfangsstrahl symmetrische Teil ist nicht eingezeichnet; dieser entspricht der Bewegung des Punktes auf der beweglichen Geraden, die er vor Überschreiten des Nullpunktes hatte. Man nennt a den Parameter der Spirale.

Die erste und zweite Ableitung der Kurve sind

$$r' = a \quad \text{und} \quad r'' = 0; \tag{b}$$

daraus

$$r^2 + r'^2 = a^2(1 + \varphi^2) = a^2 + r^2. \tag{c}$$

Für den Tangentenwinkel ϑ und alle mit ihm zusammenhängenden Fragen verwendet man die Formel (27a), hier

$$\operatorname{tg}\vartheta = \varphi. \tag{d}$$

Nach (30) ermittelt man t, n, s_t, s_n und findet

$$t = r\sqrt{1+\varphi^2} = \frac{r}{a}\sqrt{a^2+r^2}, \quad n = a\sqrt{1+\varphi^2} = \sqrt{a^2+r^2},$$
$$s_t = r^2 : a = a\varphi^2, \quad s_n = a. \tag{e}$$

Die Polar-Subnormale ist sonach konstant und gleich dem Parameter.

Der Krümmungshalbmesser ist bestimmt durch 179 zu

$$\varrho = \frac{(a^2+r^2)^{3/2}}{r^2+2a^2} = \frac{n^3}{a^2+n^2}. \tag{f}$$

Die Koordinaten des Krümmungsmittelpunktes sind nach Aufg. 14 in 183

$$\xi = a\frac{\varphi\cos\varphi - (1+\varphi^2)\sin\varphi}{2+\varphi^2}, \qquad \eta = a\frac{\varphi\sin\varphi + (1+\varphi^2)\cos\varphi}{2+\varphi^2}. \tag{g}$$

Die Fläche, die durch die Kurve, den Anfangsstrahl und den Fahrstrahl unter dem Winkel φ begrenzt wird, ist

$$F = \frac{1}{2}\int_0^\varphi r^2 d\varphi = \frac{a^2}{2}\int_0^\varphi \varphi^2 d\varphi = \frac{a^2\varphi^3}{6} = \frac{r^3}{6a}. \tag{h}$$

Die Länge des Bogens zwischen den Polarwinkeln 0 und φ ist

$$\left.\begin{aligned} s &= \int_0^\varphi d\varphi\sqrt{r^2+r'^2} = a\int_0^\varphi d\varphi\sqrt{1+\varphi^2} \\ &= \tfrac{1}{2}a\left[\varphi\sqrt{1+\varphi^2} + \lg\left(\varphi+\sqrt{1+\varphi^2}\right)\right] \end{aligned}\right\} \tag{i}$$

nach (59g). Wenn der Bogen s aus sehr vielen Windungen besteht. kann man 1 gegen φ^2 vernachlässigen und ebenso auch $\lg 2\varphi$ gegenüber φ^2; dann geht die Formel s über in

$$s \approx \tfrac{1}{2}a\left[\varphi\cdot\sqrt{\varphi^2} + \lg\left(\varphi+\sqrt{\varphi^2}\right)\right] = \tfrac{1}{2}a\left[\varphi^2 + \lg 2\varphi\right]$$

oder

$$s \approx \tfrac{1}{2}a\varphi^2. \tag{k}$$

Beispiel a) Beweise, daß die Archimedische Spirale die Fußpunktkurve des Kreismittelpunktes bezüglich der Kreisevolvente ist.

Nach (210) hat die Tangente im Punkt P der Kreisevolvente die Richtung $\operatorname{tg} t$ und den Abstand $\varrho = at$ vom Mittelpunkt, somit ist ihre Gleichung

$$x\sin t - y\cos t = at.$$

Die dazu senkrechte Gerade durch den Nullpunkt hat die Richtung $-\operatorname{cotg} t$ und damit die Gleichung

$$x\cos t + y\sin t = 0.$$

Beide Gerade schneiden sich im erzeugenden Punkt der Kurve. Weil man die Kurve in Polarkoordinaten haben will, setzt man in beiden Gleichungen $x = r\cos\varphi$ und $y = r\sin\varphi$; sie werden

$$r\sin(t - \varphi) = a t \quad \text{und} \quad r\cos(t - \varphi) = 0,$$

woraus sich

$$t - \varphi = \tfrac{1}{2}\pi \quad \text{und} \quad r = a t$$

und daraus wieder

$$r = a(\varphi + \tfrac{1}{2}\pi) \quad \text{oder} \quad r = a\psi$$

als Gleichung einer Archimedischen Spirale ergibt.

215. Hyperbolische Spirale. Ihre Gleichung ist

$$r\varphi = a \quad \text{oder} \quad r = \frac{a}{\varphi}. \tag{a}$$

Die Benennung erklärt sich aus der Gleichung $xy = a^2$ der gleichseitigen Hyperbel. Eine Konstruktion dieser Spirale ist durch ihre Gleichung gegeben: $a = r\varphi$ ist ein Bogen des Kreises mit dem Halbmesser r um den Nullpunkt; man zieht daher alle möglichen Kreise um den Nullpunkt und trägt auf jedem vom Anfangsstrahl aus den Bogen a ab: der Endpunkt dieses Bogens ist ein Punkt der hyperbolischen Spirale. Da der Bogen a immer gleich bleibt, muß r bei zunehmenden φ abnehmen. Je mehr sich φ dem Wert unendlich nähert, desto kleiner wird r, der Nullpunkt ist daher ein asymptotischer Punkt der Spirale, dem sie sich in unendlich vielen immer kleiner werdenden Windungen mehr und mehr nähert. Je kleiner umgekehrt φ wird, desto größer muß r werden; nach der angegebenen Konstruktion wird der Kreisbogen a immer flacher und flacher, für unendlich kleines φ und damit unendlich großes r wird dieser Kreisbogen senkrecht stehen zum Anfangsstrahl, d. h. die Parallele zum Anfangsstrahl im Abstand a ist eine Asymptote der hyperbolischen Spirale, Abb. 376.

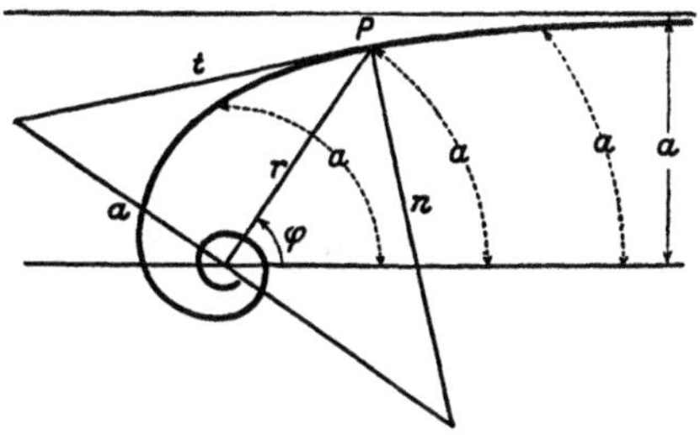

Abb. 376.

Die erste und zweite Ableitung

$$r' = -a\varphi^{-2} = -\frac{r}{\varphi} = -\frac{r^2}{a}, \quad r'' = 2a\varphi^{-3} = \frac{2r}{\varphi^2} = \frac{2r^3}{a^2} \tag{b}$$

liefert

$$r : r' = -a : r = -\varphi \quad \text{und} \quad r^2 + r'^2 = r^2(a^2 + r^2) : a^2. \tag{c}$$

Man erhält nach (30)

$$t = -\sqrt{a^2 + r^2}, \quad n = \frac{r}{a}\sqrt{a^2 + r^2}, \quad s_t = -a, \quad s_n = -\frac{r^2}{a}. \tag{d}$$

Winkelbeziehungen sind durch die Formel

$$\operatorname{tg}\vartheta = \frac{r}{r'} = -\varphi = -\frac{a}{r} \tag{e}$$

gegeben. Der Krümmungshalbmesser wird nach 179, weil $2r'^2 - rr'' = 0$,

$$\varrho = \frac{n^3}{r^2} = \frac{r(a^2 + r^2)^{3/2}}{a^3} = \frac{r}{\sin^3\vartheta}. \tag{f}$$

Die hyperbolische Spirale schließt mit zwei Fahrstrahlen r_1 und r_2 die Fläche

$$F = \tfrac{1}{2}\int_{\varphi^1}^{\varphi_2} r^2\,d\varphi = \tfrac{1}{2}a^2\int_{\varphi_1}^{\varphi_2}\varphi^{-2}\,d\varphi = -\tfrac{1}{2}\left[\frac{a^2}{\varphi}\right]_{\varphi_1}^{\varphi_2}$$

$$= -\tfrac{1}{2}\left[ar\right]_{r_1}^{r_2} = \tfrac{1}{2}a(r_1 - r_2). \tag{g}$$

Der durch zwei Fahrstrahlen r_1 und r_2 begrenzte Bogen ist nach Beispiel 231e)

$$s = \sqrt{a^2 + r_1^2} - \sqrt{a^2 + r_2^2} + a\lg\frac{r_1\left(a + \sqrt{a^2 + r_2^2}\right)}{r_2\left(a + \sqrt{a^2 + r_1^2}\right)}. \tag{h}$$

216. Logarithmische Spirale. Ihre Gleichung ist

$$r = ce^{\alpha\varphi} \quad \text{oder} \quad \varphi = \alpha\lg\frac{r}{c}. \tag{a}$$

Für $\varphi = 0$ wird $r = c$, mit zunehmendem φ nimmt r noch viel rascher zu, mit abnehmendem d. h. negativ werdendem φ nimmt auch r ab und nähert sich dem Wert Null, den es nach unendlich vielen Windungen erreicht. Der Nullpunkt ist demnach ein asymptotischer Punkt der logarithmischen Spirale, Abb. 377.

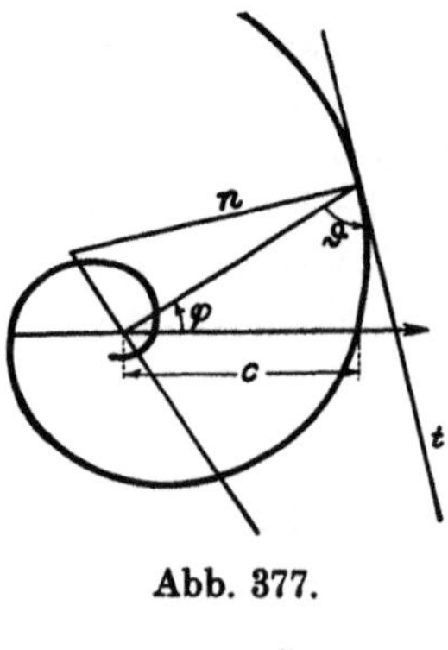

Abb. 377.

Die erste und zweite Ableitung

$$r' = \alpha r \quad \text{und} \quad r'' = \alpha^2 r \tag{b}$$

liefern

$$r : r' = 1 : \alpha \quad \text{und} \quad r^2 + r'^2 = r^2(1 + \alpha^2) \tag{c}$$

und nach (30)

$$t = \frac{r}{\alpha}\sqrt{1 + \alpha^2}, \quad n = r\sqrt{1 + \alpha^2}, \quad s_t = \frac{r}{\alpha}, \quad s_n = \alpha r. \tag{d}$$

Die Winkelbeziehungen gehen aus von der Formel

$$\operatorname{tg} \vartheta = \frac{1}{\alpha}, \tag{e}$$

d. h. die logarithmische Spirale schneidet jeden Fahrstrahl unter konstantem Winkel; sie heißt deshalb auch gleichwinklige Spirale.

Der Krümmungshalbmesser wird nach (179) wegen $r'^2 = rr''$

$$\varrho = \frac{n^3}{n^2} = n = r\sqrt{1+\alpha^2}, \tag{f}$$

d. h. er ist an jeder Stelle gleich der Polarnormalen. Die Koordinaten des Krümmungsmittelpunktes sind nach Aufg. 13 in 183 wegen $r'^2 = rr''$

$$\left.\begin{aligned} \xi &= -r' \sin\varphi = -\alpha r \sin\varphi = -\alpha y \\ \eta &= +r' \cos\varphi = +\alpha r \cos\varphi = +\alpha x \end{aligned}\right\} \tag{g}$$

Sie stellen gleichzeitig die Gleichung der Evolute vor, wenn man sie für alle Punkte der Kurve nimmt. Beseitigt man den Parameter φ, so erhält man in Polarkoordinaten die Gleichung der Evolute,

$$\xi^2 + \eta^2 = \alpha^2 r^2 \quad \text{oder} \quad R = \alpha r, \tag{h}$$

wenn man ihren Fahrstrahl zur Unterscheidung einen Augenblick mit R bezeichnet. Man kann noch umformen

$$R = \alpha c e^{a\varphi} \quad \text{oder} \quad \varphi = \alpha \lg\left[\frac{R}{c}\cdot\frac{1}{\alpha}\right] \quad \text{oder} \quad \varphi = \alpha \lg\frac{R}{c} - \alpha \lg\frac{1}{\alpha},$$

d. h. die Evolute der logarithmischen Spirale ist wieder eine logarithmische Spirale, (i)

die der gegebenen kongruent und nur um einen Winkel gedreht ist.

Die Fläche vom Pol ($\varphi = -\infty$) an ist

$$F = \frac{r^2}{4\alpha} \tag{k}$$

und der Bogen vom Pol an

$$s = t = \frac{r\sqrt{1+\alpha^2}}{\alpha}. \tag{l}$$

Beispiel a) Man mache sich von der gedämpften harmonischen Schwingung

$$x = ce^{-at}\sin\beta t$$

mit Hilfe der logarithmischen Spirale eine ungefähre Vorstellung.

Man schreibe die Gleichung

$$x = r \sin\beta t$$

und stelle sich einen Augenblick lang r als konstant vor. Dann hätte man eine gewöhnliche harmonische Schwingung, die man sich nach 4 am einfachsten als „Projektion“ einer gleichförmigen Kreisbewegung vorstellt; dabei ist $\varphi = \beta t$ der Winkelweg und β die konstante Winkelgeschwindigkeit. Wenn nun dieser Fahrstrahl r nicht konstant ist, sondern entsprechend der Bedingung

$$r = ce^{-at} \quad \text{oder} \quad r = ce^{-a\varphi:\beta} \quad \text{oder} \quad r = ce^{-\gamma\varphi}$$

ist, dann wird sich die Bewegung nur insoweit ändern, als r nach eben diesem Gesetz sich ändert, sonst aber mit der konstanten Winkelgeschwindigkeit β rotiert. Die Veränderlichkeit von r ist durch die letzte Gleichung vorgeschrieben, die eine logarithmische Spirale vorstellt, Abb. 378. Und zwar nimmt r mit fortschreitender Zeit ab. Es dreht sich also dieser Fahrstrahl r mit gleichförmiger Geschwindigkeit um den Nullpunkt und nimmt gleichzeitig nach dem Gesetz der logarithmischen Spirale ab. Die zu untersuchende Gleichung ist dann die „Projektion“ der Bewegung des Endpunktes U auf den wagrechten Durchmesser.

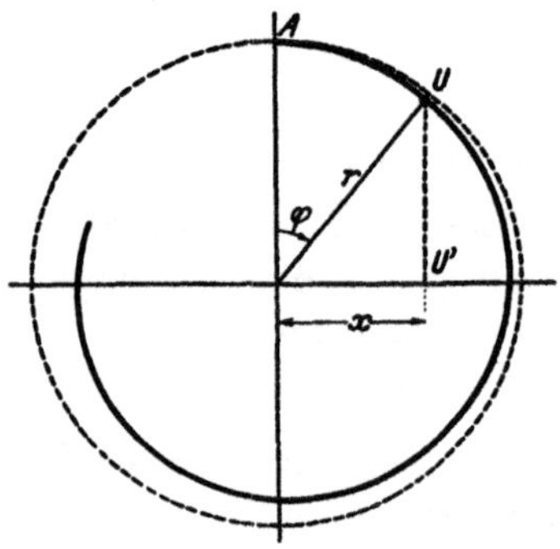

Abb. 378.

217. Allgemeine Spirale. Parabolische Spirale. Die allgemeine Spirale

$$r = a\varphi^n$$

hat als erste und zweite Ableitung

$$r' = n\,a\,\varphi^{n-1} = \frac{n\,r}{\varphi}, \quad r'' = n\,(n-1)\,a\,\varphi^{n-2} = \frac{n\,(n-1)\,r}{\varphi^2}; \tag{a}$$

dann wird

$$r : r' = \varphi : n \quad \text{und} \quad r^2 + r'^2 = r^2\,(n^2 + \varphi^2) : \varphi^2. \tag{b}$$

Die Winkelbeziehungen findet man mit Hilfe der Formel

$$\operatorname{tg}\vartheta = \varphi : n. \tag{c}$$

Nach 30 wird, wenn man die Polarnormale mit n' bezeichnet,

$$t = \frac{r}{n}\sqrt{n^2 + \varphi^2}, \quad n' = \frac{r}{\varphi}\sqrt{n^2 + \varphi^2}, \quad s_t = \frac{r\,\varphi}{n}, \quad s_n = \frac{n\,r}{\varphi}. \tag{d}$$

Der Krümmungshalbmesser wird nach (179)

$$\varrho = \frac{(a\varphi^{n-1}\sqrt{n^2+\varphi^2})^3}{(a\varphi^{n-1}\sqrt{n^2+\varphi^2})^2 + (na\varphi^{n-1})^2 - a\varphi^n \cdot n(n-1)a\varphi^{n-2}}$$

$$= \frac{a\varphi^{n-1}(n^2+\varphi^2)^{3/2}}{n^2+n+\varphi^2} = \frac{r(n^2+\varphi^2)^{3/2}}{\varphi(n^2+n+\varphi^2)}. \tag{e}$$

Die Koordinaten des **Krümmungsmittelpunktes** werden nach Aufg. 13 in 183

$$\xi = nr\frac{\varphi\cos\varphi - (n^2+\varphi^2)\sin\varphi}{\varphi(n^2+n+\varphi^2)}, \quad \eta = nr\frac{\varphi\sin\varphi + (n^2+\varphi^2)\cos\varphi}{\varphi(n^2+n+\varphi^2)} \tag{f}$$

Die durch die Kurve, den Anfangsstrahl und den Strahl unter dem Winkel φ begrenzte **Fläche** ist

$$F = \tfrac{1}{2}\int_0^\varphi r^2\,d\varphi = \tfrac{1}{2}\int_0^\varphi a^2\varphi^{2n}\,d\varphi = \frac{a^2\varphi^{2n+1}}{2(2n+1)} = \frac{r^2\varphi}{2(2n+1)}. \tag{g}$$

Für den Fall $n=1$ erhält man als Sonderfall der allgemeinen Spirale die Archimedische, für $n=-1$ die hyperbolische, und für $n=\frac{1}{2}$ die **parabolische Spirale**

$$r = a\sqrt{\varphi} \quad \text{oder} \quad r^2 = c\varphi, \quad \text{wo } c = a^2. \tag{h}$$

Ihre Benennung hat sie in Anlehnung an die Gleichung $y^2 = cx$ der Parabel. Man erhält alle notwendigen Formeln, wenn man in der allgemeinen Spirale $n=\frac{1}{2}$ setzt, also beispielsweise

$$r' = \frac{r}{2\varphi}, \quad r'' = -\frac{r}{4\varphi^2}, \quad r^2 + r'^2 = r^2\frac{1+4\varphi^2}{4\varphi^2}, \quad \operatorname{tg}\vartheta = 2\varphi,$$

$$t = r\sqrt{1+4\varphi^2}, \quad n = \frac{r}{2\varphi}\sqrt{1+4\varphi^2}, \quad s_t = 2r\varphi, \quad s_n = \frac{r}{2\varphi}.$$

218. Aufgaben. 1) Bei welchen Kurven ist die Subtangente konstant?

2) Bei welchen Kurven gilt

$$s_t = a\sin x\cos x?$$

3) Welche Kurven erfüllen die Eigenschaft: die durch die Kurve und die x-Achse gebildete Fläche, gerechnet vom Nullpunkt an, ist $F = y - b$?

4) Durch die Skizze der Abb. 379 ist ein System von ∞^2 Linienelementen festgelegt. Man

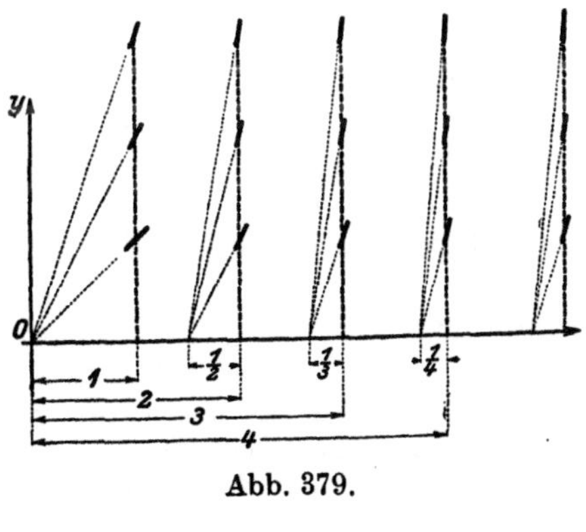

Abb. 379.

suche die dazugehörige Differentialgleichung und integriere diese. Man gebe eine Konstruktion für das gefundene Kurvensystem an.

5) Gesucht die Differential- und Integralgleichung jener Kurven, bei denen der Winkel ϑ vom Fahrstrahl zur Tangente n mal so groß ist wie der Winkel φ von der x-Achse zum Fahrstrahl, Abb. 380? Man suche zum System dieser Kurven noch die Differential- und Integralgleichung der Orthogonaltrajektorien.

6) Wenn der Stab AB von konstanter Länge c sich so bewegt, daß seine Endpunkte A und B stets auf den Koordinatenachsen bleiben, Abb. 381, berührt er immer eine Kurve, deren Gleichung gesucht ist.

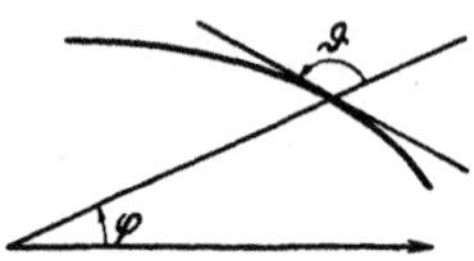

Abb. 380.

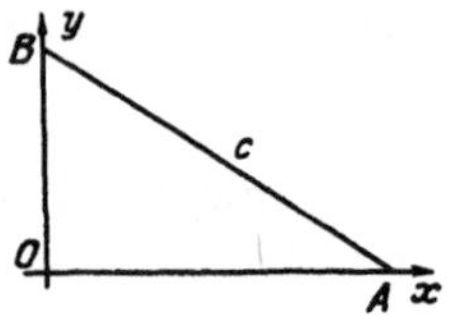

Abb. 381.

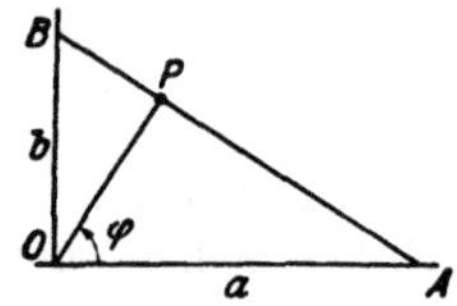

Abb. 382.

7) Man weise nach, daß auch alle Gleitkurven die von den einzelnen Punkten des bewegten Stabes AB beschrieben werden, die Sternkurve der vorigen Aufgabe als Einhüllende haben.

8) Man zeichne die allgemeine Parabel vierter Ordnung

$$y = x(x-1)(x-2)(x-3).$$

9) Mit Hilfe der vorausgehenden Aufgabe ermittle man graphisch die Näherungswerte der Wurzeln der Gleichung

$$\begin{vmatrix} x-1 & x^2-1 & x^3-1 \\ x-2 & x^2-4 & x^3-8 \\ x-3 & x^2-9 & x^3-27 \end{vmatrix} = 1.$$

10) Ein Stab von der Länge l bewegt sich mit seinen Endpunkten A und B auf zwei zueinander senkrechten Geraden; von deren Schnittpunkt O aus fällt man stets das Lot OP auf den Stab, Abb. 382. Gesucht ist die Gleichung des von P erzeugten Ortes; man bespreche sie.

11) Von der Lemniskate beweise man folgende Eigenschaft:

Die zum Fahrstrahl OP senkrechte Sekante durch P schneidet mit den Tangenten im Mittelpunkt ein Dreieck von konstantem Flächeninhalt ab.

12) Ein Kreiszylinder ist in eine Flüssigkeit so eingetaucht, daß er eben noch mit einer Mantellinie die Oberfläche berührt. Man trage an jeder Stelle eines Zylinderquerschnittes den Flüssigkeitsdruck vom Kreisumfang aus nach innen ab. Die Endpunkte bilden eine Kurve, deren Gleichung gesucht ist.

13) Man entwickle die Gleichung der Kreisevolvente aus jener der Epizykloide, indem man $a = \infty$, $d = \infty$ und $a - d = c$ setzt.

14) Welche Kurve wird durch

$$x = a\,e^{-bt}\cos t, \quad y = a\,e^{-bt}\sin t$$

dargestellt?

15) Man gebe möglichst viele Konstruktionen für die Kurve $y = ca^x$.

*16) Man beweise den Satz: Die Tangente an die Einhüllende eines Kurvensystems im Punkt $x \mid y$ ist auch gleichzeitig Tangente jener Kurve des Systems, die mit der Einhüllenden diesen Punkt gemeinsam hat.

219. Lösungen. 1) $s_t = c$ oder nach (30d)

$$\frac{y}{y'} = c \quad \text{oder} \quad dx = c\,\frac{dy}{y}.$$

Die Gleichung ist schon separiert, mit b als Integrationskonstante wird sie

$$b + x = c \lg y \quad \text{oder} \quad e^{(b+x):c} = y \quad \text{oder} \quad y = e^{b:c}\, e^{x:c}$$

oder

$$y = C\,(e^{\frac{1}{c}})^x \quad \text{oder} \quad y = C\,a^x,$$

wenn man $e^{b:c} = C$ und $e^{1:c} = a$ setzt. Die gesuchten Kurven sind sonach Exponentialkurven.

2) Man setzt wie eben $s_t = y : y'$ und erhält

$$y\,\frac{dx}{dy} = a \sin x \cos x \quad \text{oder} \quad \frac{dx}{\sin x \cos x} = a\,\frac{dy}{y}.$$

Diese bereits separierte Differentialgleichung wird nach (55i) integriert,

$$\lg \operatorname{tg} x + \lg C = a \lg y \quad \text{oder} \quad C \operatorname{tg} x = y^a$$

oder

$$y = b\,\sqrt[a]{\operatorname{tg} x},$$

wenn man $\sqrt[a]{C} = b$ setzt.

3) $dF = d(y - b)$ oder $y\,dx = dy$ oder $dx = \frac{dy}{y}$,

wenn man separiert. Das Integral ist

$$x + a = \lg y \quad \text{oder} \quad y = e^{x+a} \quad \text{oder} \quad y = e^a\, e^x$$

oder

$$y = C\,e^x.$$

Die Konstante C ist noch durch die Anfangsbedingung bestimmt, daß die Fläche von $x = 0$ an gerechnet, den Wert $y - b$ hat. Es ist

$$F = \int_0^x y\,dx = C \int_0^x e^x\,dx = C\,[e^x]_0^x = C e^x - C$$
$$= y - C,$$

also muß $C = b$ sein und damit die gesuchte Kurve

$$y = b\,e^x.$$

4) Auf der Geraden $x = 1$ gehen alle Linienelemente durch den Nullpunkt, auf der Geraden $x = 2$ durch den Punkt $2 - \frac{1}{2} \,|\, 0$, auf der Geraden $x = 3$ durch den Punkt $3 - \frac{1}{3} \,|\, 0$ usw., allgemein auf der Geraden $x = a$ durch den Punkt $a - \frac{1}{a} \,\Big|\, 0$. Dann hat das Linienelement an der Stelle $x \,|\, y$ die Richtung, Abb. 383,

$$\operatorname{tg} \tau = y : \frac{1}{x}, \quad \text{so daß} \quad \frac{dy}{dx} = yx$$

die Differentialgleichung des durch die Linienelemente bestimmten Kurvensystems ist. Man separiert und integriert

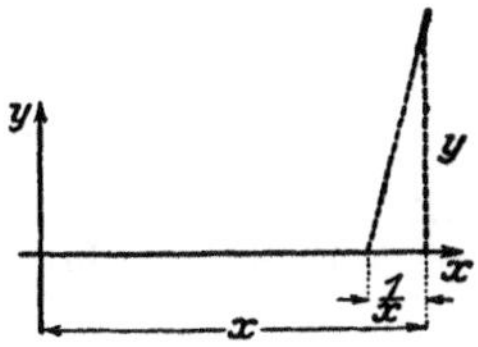

Abb. 383.

$$\frac{dy}{y} = x\,dx \quad \text{oder} \quad \lg\frac{y}{c} = \tfrac{1}{2}x^2$$

oder

$$y = c\,e^{\frac{1}{2}x^2},$$

und hat damit die Integralgleichung des Systems. Es geht aus dem System der Exponentialkurven $y = c e^x$ hervor; man wird dieses in der x-Richtung homogen deformieren und erhält das System $y = c e^{\frac{1}{2}x}$. Wenn man diese neuen Kurven weiter noch so deformiert, daß man an Stelle der Abszisse x deren Wurzel setzt, dann ist die alte Abszisse gleich dem Quadrat der neuen, man muß also für x das Quadrat x^2 setzen und erhält damit die Gleichung des obigen Kurvensystems.

5) $$\vartheta = n\varphi \quad \text{oder} \quad \operatorname{tg}\vartheta = \operatorname{tg} n\varphi$$

oder

$$r\frac{d\varphi}{dr} = \operatorname{tg} n\varphi \text{ nach } 27\,.$$

Diese Differentialgleichung separiert man und integriert sie,

$$d\varphi \operatorname{cotg} n\varphi = \frac{dr}{r} \quad \text{oder} \quad n\,d\varphi\cdot\operatorname{cotg} n\varphi = n\frac{dr}{r}$$

oder

$$\operatorname{cotg}(n\varphi)\cdot d(n\varphi) = n\frac{dr}{r}\,.$$

Nach 55 wird das Integral

$$\lg\sin n\varphi = n\lg r + n\lg C \quad \text{oder} \quad \sin n\varphi = (Cr)^n$$

oder

$$r = a\sqrt[n]{\sin n\varphi},$$

wenn man $1 : C = a^n$ setzt.

Von der Differentialgleichung der Kurven geht man zu den Orthogonaltrajektorien über, indem man $dr : d\varphi$ durch $-d\varphi : dr$ nach (192 f) ersetzt. Man erhält dann ihre Differentialgleichung

$$-r\frac{dr}{d\varphi} = \operatorname{tg} n\varphi\,.$$

Man separiert und integriert wie oben,

$$n\,r\,dr = -\operatorname{tg} n\varphi\cdot d(n\varphi),$$

oder

$$\tfrac{1}{2}nr^2 = \lg\cos n\varphi + \lg C \quad \text{oder} \quad \tfrac{1}{2}nr^2 = \lg(C\cos n\varphi)\,.$$

6) Die Kurve ist die Einhüllende der ∞^1 Geraden AB. Die Gleichung dieser Geraden ist

$$\frac{x}{a} + \frac{y}{b} - 1 = 0 \quad \text{oder} \quad bx + ay = ab\,.$$

Als Parameter wählt man a; die Unbekannte b ist durch die Nebenbedingung $a^2 + b^2 = c^2$ bestimmt. Die partielle Ableitung der Geradengleichung ist

$$x\frac{\delta b}{\delta a} + y\cdot 1 = b\cdot 1 + a\frac{\delta b}{\delta a}, \quad \text{wo noch } 2a + 2b\frac{\delta b}{\delta a} = 0$$

wegen der Nebenbedingung gilt. Man setzt $\frac{\delta b}{\delta a} = -\frac{a}{b}$ aus dieser in die erste Gleichung ein und erhält dann die zusammengehörigen Gleichungen

$$bx + ay = ab, \qquad -ax + by = b^2 - a^2, \qquad a^2 + b^2 = c^2.$$

Aus den beiden ersten Gleichungen ermittelt man elementar $xc^2 = a^3$ und $yc^2 = b^3$ und setzt sie in die Nebenbedingung ein,

$$(xc^2)^{2/3} + (yc^2)^{2/3} = c^2 \quad \text{oder} \quad x^{2/3} + y^{2/3} = c^{2/3}.$$

Damit ist die Einhüllende als die Sternkurve erkannt.

7) Nach (201) haben diese Gleitkurven die Gleichung

$$b^2 x^2 + a^2 y^2 = a^2 b^2, \quad \text{wo} \quad a + b = c$$

die Stablänge ist; hier hat natürlich a und b nichts mit den Achsenabschnitten der vorigen Aufgabe zu tun, Abb. 384. Man wird wie im vorigen Fall vorgehen, also partiell nach a differenzieren,

$$2bx^2(-1) + 2ay^2 = 2ab^2 + 2a^2b(-1), \quad \text{weil} \quad 1 + \frac{\delta b}{\delta a} = 0$$

sich aus der Nebenbedingung ergibt. Man erhält dann die drei zusammengehörigen Gleichungen

$$b^2 x^2 + a^2 y^2 = a^2 b^2, \qquad -bx^2 + ay^2 = ab^2 - a^2 b, \qquad a + b = c.$$

Aus den beiden ersten ermittelt man elementar $x^2 c = a^3$ und $y^2 c = b^3$ und setzt sie in die Nebenbedingung ein,

$$(x^2 c)^{1/3} + (y^2 c)^{1/3} = c \quad \text{oder} \quad x^{2/3} + y^{2/3} = c^{2/3}.$$

Daß die einzelnen Punkte des Stabes AB Kurven beschreiben, die die nämliche Einhüllende haben wie der Stab selbst, war eigentlich selbstverständlich.

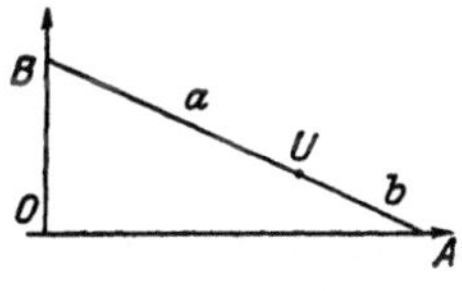

Abb. 384.

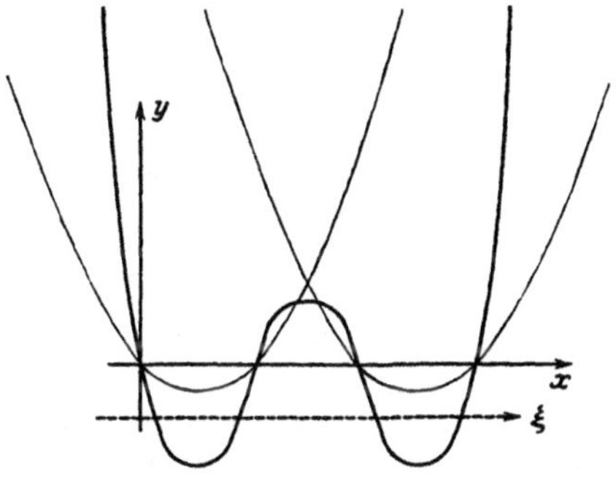

Abb. 385.

8) Man zerlegt

$$y = y_I\, y_{II} \quad \text{wo} \quad y_I = x(x-1) \quad \text{und} \quad y_{II} = (x-2)(x-3),$$

so daß sich die Ordinaten der gesuchten Parabel an der Stelle x als Produkt der Ordinaten der beiden Hilfsparabeln, in Abb. 385 fein gestrichelt eingezeichnet, ergeben.

9) Man wird die verschiedenen Sätze für die Vereinfachung der Determinanten zu Hilfe nehmen. Zunächst kann man aus jeder Zeile einen gemeinsamen Faktor ausschneiden. Man bezeichnet die Determinante mit D und erhält

$$D = (x-1)(x-2)(x-3)\begin{vmatrix} 1 & x+1 & x^2+x+1 \\ 2 & x+2 & x^2+2x+4 \\ 3 & x+3 & x^2+3x+9 \end{vmatrix},$$

oder wenn man das Produkt der drei linearen Faktoren mit p bezeichnet, und von der dritten Zeile die zweite, von der zweiten Zeile die erste abzieht, und dann in der neuen Determinante noch einmal die zweite Zeile von der dritten,

$$D = p\begin{vmatrix} 1 & x+1 & x^2+x+1 \\ 1 & 1 & x+3 \\ 1 & 1 & x+5 \end{vmatrix} = p\begin{vmatrix} 1 & x+1 & x^2+x+1 \\ 1 & 1 & x+3 \\ 0 & 0 & 2 \end{vmatrix}.$$

$$= -2px = -2x(x-1)(x-2)(x-3).$$

Die Gleichung heißt dann

$$-2x(x-1)(x-2)(x-3) = 1 \quad \text{oder} \quad x(x-1)(x-2)(x-3) + 0{,}5 = 0.$$

Man zeichnet das Bild dieser Gleichung, die Kurve

$$y = x(x-1)(x-2)(x-3) + 0{,}5,$$

deren Ordinaten an jeder Stelle um 0,5 größer sind als die Ordinaten der Parabel der vorigen Aufgabe. Um die neue Kurve zu erhalten, hat man nur das Koordinatensystem um $-0{,}5$ in der y-Richtung zu verschieben, so wie das durch die punktierte Linie der Abb. 385 angedeutet ist. Man liest dann die Näherungswerte ab,

$$x_1 \approx 0{,}1, \quad x_2 \approx 0{,}9, \quad x_3 \approx 2{,}1, \quad x_4 \approx 2{,}9.$$

10) Man wählt Polarkoordinaten mit O als Anfangspunkt. Wenn a und b die Stücke sind, die vom Stab auf den Achsen abgeschnitten werden, gilt für jede Lage des Stabes

$$r = a\cos\varphi, \qquad r = b\sin\varphi, \qquad a^2 + b^2 = l^2.$$

Die Unbekannten a und b setzt man aus den ersten beiden Gleichungen in die dritte ein und erhält

$$\frac{r^2}{\cos^2\varphi} + \frac{r^2}{\sin^2\varphi} = l^2 \quad \text{oder} \quad r^2 = l^2\sin^2\varphi\cos^2\varphi$$

oder

$$r = \tfrac{1}{2}\, l \sin 2\varphi$$

als Gleichung des Ortes.

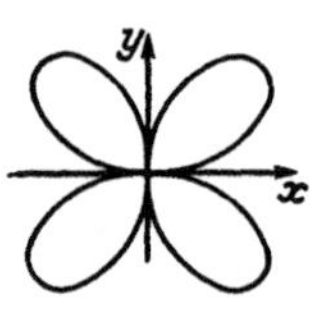

Abb. 386.

r ist eine periodische Funktion von φ, es werden die Werte von r also stets wiederkehren, und zwar immer, wenn 2φ um 2π oder φ um π größer wird. Der größte Wert von r ist $\frac{1}{2}l$. Abb. 386 gibt die Gestalt der Kurve.

11) $F = \frac{1}{2} OB \cdot OA = \frac{1}{2} \cdot \frac{r}{\sin\varphi} \cdot \frac{r}{\cos\varphi} = \frac{r^2}{\sin 2\varphi}$ nach Abb. 387

oder wegen (197k)

$$F = \frac{2a^2\sin 2\varphi}{\sin 2\varphi} = 2a^2.$$

12) Die Druckdichte p erfüllt nach 85 das Gesetz $p = p_0 + \gamma x$, wenn die Tauchtiefe mit x bezeichnet wird. p_0 ist hier gleich 0. Man wird wie im Beisp. 207a) vorgehen und erhält mit $\gamma c = 2a$ die Gleichung

$$r = 2a(1 + \cos\varphi),$$

also eine Herzkurve, Abb. 388.

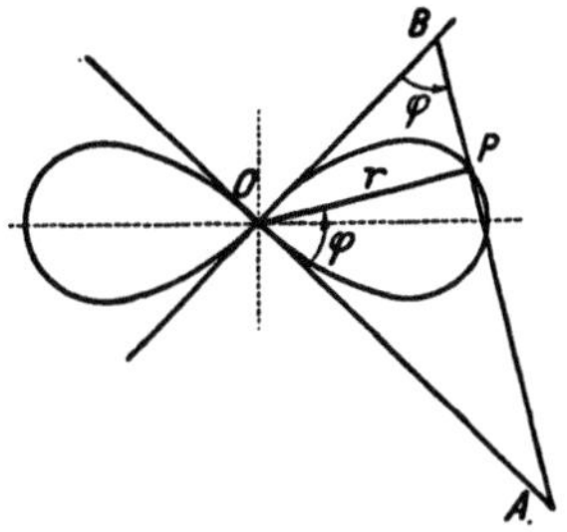

Abb. 387.

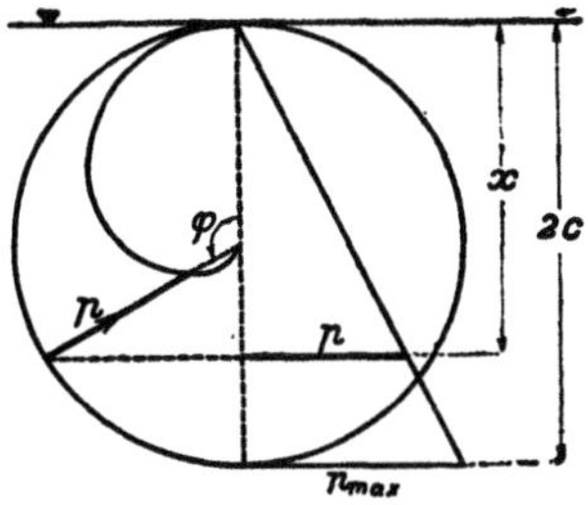

Abb. 388.

13) In (205c) setzt man $d = a - c$ und erhält

$$x = (R + a)\cos\varphi + (c - a)\cos\left(\varphi + \frac{R\varphi}{a}\right),$$

$$y = (R + a)\sin\varphi + (c - a)\sin\left(\varphi + \frac{R\varphi}{a}\right);$$

oder für

$$R\varphi : a = \varepsilon \quad \text{und deswegen} \quad a = R\varphi : \varepsilon$$

$$x = R\cos\varphi + c\cos(\varphi + \varepsilon) + \frac{R\varphi}{\varepsilon}[\cos\varphi - \cos(\varphi + \varepsilon)],$$

$$y = R\sin\varphi + c\sin(\varphi + \varepsilon) + \frac{R\varphi}{\varepsilon}[\sin\varphi - \sin(\varphi + \varepsilon)].$$

Wenn a gegen ∞ konvergiert, dann ε gegen 0, ein Grenzübergang liefert

$$\left.\begin{aligned} x &= (R + c)\cos\varphi + R\varphi\sin\varphi \\ y &= (R + c)\sin\varphi - R\varphi\cos\varphi \end{aligned}\right\}.$$

Diese verallgemeinerte Kreisevolvente wird für $c = 0$ zur gewöhnlichen, wie (210b) angibt.

14) Man denkt an die Beziehungen

$$\sin^2 t + \cos^2 t = 1, \quad \text{und} \quad y : x = \operatorname{tg}\varphi, \quad x^2 + y^2 = r^2$$

und erhält

$$x^2 + y^2 = a^2 e^{-2bt} \quad \text{oder} \quad r = a e^{-bt} \quad \text{und} \quad y : x = \operatorname{tg} t = \operatorname{tg}\varphi \quad \text{oder} \quad \varphi = t.$$

Dann wird die Gleichung der Kurve in Polarkoordinaten $r = a e^{-b\varphi}$, eine logarithmische Spirale.

15) Man schreibt $y = c e^{x \lg a}$ und sieht, daß die Exponentialkurve $y = e^x$ die untersuchte Kurve vorstellt, wenn man auf der x-Achse als Einheit $\lg a$ wählt und auf der y-Achse als Einheit $1 : c$.

Ist aber die Einheit in beiden Richtungen vorgeschrieben, dann kann man sie nach 163 durch homogene Deformation in der x- und y-Richtung aus der Exponentialkurve $y = e^x$ hervorgehen lassen.

Wenn man Tafeln für die Potenzen e^m zur Verfügung hat, kann man sie unmittelbar Punkt für Punkt konstruieren.

Wie bei der Konstruktion der allgemeinen Parabel und Hyperbel kann man die untersuchte Kurve konstruieren, wenn man zwei Punkte P_1 und P_2 bereits hat. Aus

$$y_1 = c a^{x_1} \quad \text{und} \quad y_2 = c a^{x_2} \quad \text{wird} \quad \sqrt{y_1 y_2} = c a^{1/2 (x_1 + x_2)}$$

Man kann dann einen neuen Punkt $\xi \mid \eta$ durch die in Abb. 389 gegebene Konstruktion einschalten, denn mit

$$\eta = \sqrt{y_1 y_2} \quad \text{und} \quad \xi = \tfrac{1}{2}(x_1 + x_2) \quad \text{wird} \quad \eta = c^{a\,\xi}.$$

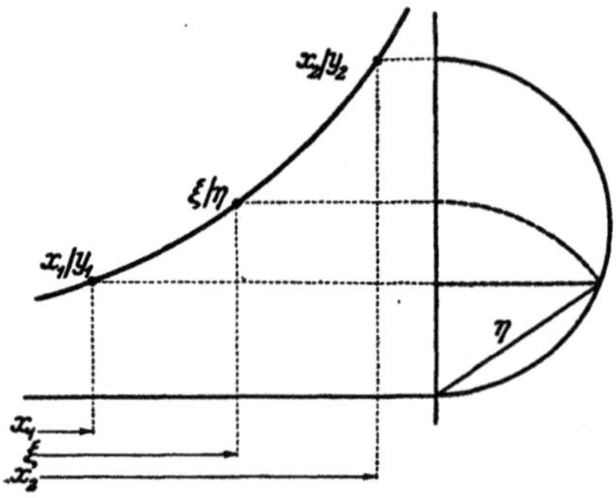

Abb. 389.

In manchen Fällen verwendet man noch eine logarithmische Deformation, indem man die Gleichung umformt,

$$\log y = \log c + x \log a$$

oder

$$Y = \log c + x \log a.$$

Man zeichnet die Kurve $Y = \log c + x \log a$, eine Gerade; aus ihr geht dann durch die logarithmische Deformation in der y-Richtung die untersuchte Kurve hervor, nämlich durch $\log y = Y$ oder $y = 10^Y$.

***16)** Eine bestimmte Systemkurve hat die Gleichung $F(x, y, C) = 0$, wo dann C einen bestimmten Zahlenwert hat. In dieser Gleichung ist y demnach eine unentwickelte Funktion von x, daher die Richtung y' dieser Kurve im Punkt $x \mid y$ bestimmt durch

$$1) \quad \frac{\partial F}{\partial x} dx + \frac{\partial F}{\partial y} dy = 0.$$

Für den nämlichen Punkt $x \mid y$ gilt, wenn man ihn als Punkt der Enveloppe betrachtet,

$$F(x, y, C) = 0 \quad \text{mit} \quad \frac{\partial F(x, y, C)}{\partial C} = 0.$$

Man hat zwei Gleichungen für die drei Größen x, y, C, es können demnach y und C nach x ausgedrückt werden, beide Gleichungen sind unentwickelte Funktionen von x. Die Richtung der Enveloppe im Punkt $x \mid y$ bestimmt sich daher durch

$$2) \quad \frac{\partial F}{\partial x} dx + \frac{\partial F}{\partial y} dy + \frac{\partial F}{\partial C} dC = 0.$$

Der dritte Summand dieser Gleichung verschwindet, da für die Enveloppe $\frac{\partial F}{\partial C} = 0$ ist; dann ist aber die Gleichung 2) die nämliche wie 1) und damit auch die Richtung y' für einen Punkt $x \mid y$ der Enveloppe die gleiche, wie wenn man diesen Punkt zur Systemkurve zählt.

Der Beweis und damit auch der Satz wird hinfällig für singuläre Punkte, also beispielsweise für einen isolierten Punkt der Enveloppe.

Zehnter Abschnitt.

Integralrechnung II.

Vorbemerkuug. Die Ausführung eines vorgelegten Integrals macht auch schon in den einfacheren Fällen recht umständliche Rechnungen erforderlich. Notwendig bei der Integration sind daher Integraltabellen, Zusammenstellungen der gewöhnlich auftretenden Integrale. Auf sie führt man stets ein vorgelegtes Integral zurück, falls es nicht unmittelbar in der Tabelle enthalten ist. Eine solche übersichtliche Zusammenstellung bringt der spätere Teil.

Die Integrationskonstante wird von jetzt ab der Raumersparnis halber meist weggelassen, der Leser mache es sich aber trotzdem zur Grundregel, sie immer anzuschreiben.

A. Integrale rationaler Funktionen.

220. Ganze rationale Funktionen. Rekursionsformeln. Eine ganze rationale Funktion läßt sich stets mit Hilfe der Formel

$$\int x^m\,dx = \frac{x^{m+1}}{m+1} + C \tag{a}$$

entwickeln, indem man sie auf jeden einzelnen Summanden anwendet. Wenn die ganze rationale Funktion zufällig eine Potenz ist, benützt man einfacher die Formel (56a)

$$\int (ax+b)^m\,dx = \frac{(ax+b)^{m+1}}{a(m+1)} + C. \tag{b}$$

Ohne weitere Erklärungen ist ersichtlich:

Die Integrale ganzer rationaler Funktionen sind wieder ganze rationale Funktionen. (c)

Beim Integral $\int x^m (ax+b)^n\,dx$ wendet man besser eine Rekursionsformel oder Reduktionsformel an, die das Integral auf ein einfacheres der gleichen Art zurückführt. Für solche Rekursionen kommt mit Vorteil meist die partielle Integration zur Anwendung. Im vorliegenden Fall wählt man

$$u = x^m, \quad \text{also} \quad du = m x^{m-1} dx, \quad dv = (ax+b)^n dx,$$

$$v = \frac{(ax+b)^{n+1}}{a(n+1)},$$

dann wird

$$\int x^m (ax+b)^n dx = \frac{x^m (ax+b)^{n+1}}{a(n+1)} - \int \frac{(ax+b)^{n+1} m x^{m-1} dx}{a(n+1)}.$$

Das zweite Integral ist nicht einfacher als das erste, man kann es aber umformen, wenn man in ihm von der ersten Potenz einen Faktor $ax+b$ absondert und mit ihm multipliziert, dann erhält man

$$\int = \frac{x^m (ax+b)^{n+1}}{a(n+1)} - \int \frac{(ax+b)^n x^m a + (ax+b)^n x^{m-1} b}{a(n+1)} m dx.$$

Wenn man noch beiderseits mit $a(n+1)$ multipliziert und das Integral auf der rechten Seite spaltet, so daß der erste Summand dem gesuchten Integral gleich ist,

$$a(n+1)\int = x^m (ax+b)^{n+1} - am\int \quad - bm\int (ax+b)^n x^{m-1} dx,$$

und dann die gleichen Integrale zusammenfaßt, wird

$$\int x^m (ax+b)^n dx = \frac{x^m (ax+b)^{n+1}}{a(m+n+1)}$$

$$- \frac{bm}{a(m+n+1)} \int x^{m-1} (ax+b)^n dx. \qquad \text{(d)}$$

Man sieht, das gesuchte Integral ist auf ein einfacheres zurückgeführt, das statt der $m$ten Potenz von x nurmehr die $m-1$ te hat. Genau so kann man dieses Integral auch auf ein anderes reduzieren, das statt der $n$ten Potenz der Klammer nur mehr die $n-1$ te hat,

$$\int x^m (ax+b)^n dx = \frac{x^{m+1} (ax+b)^n}{m+n+1}$$

$$+ \frac{bn}{m+n+1} \int x^m (ax+b)^{n-1} dx. \qquad \text{(e)}$$

Beispiel a) Nach den letzten Regeln findet man

$$\int x^3 (ax+b)^4 dx = \frac{x^3 (\;)^5}{8a} - \frac{3b}{8a} \int x^2 (\;)^4 dx,$$

$$\int x^2 (ax+b)^4 dx = \frac{x^2 (\;)^5}{7a} - \frac{2b}{7a} \int x (\;)^4 dx,$$

$$\int x(ax+b)^4\,dx = \frac{x(\;)^5}{6a} - \frac{b}{6a}\int(\;)^4\,dx,$$

$$\int (ax+b)^4\,dx = \frac{(\;)^5}{5a}$$

damit wird, abgesehen von der Konstanten,

$$\int x^3(\;)^4\,dx$$

$$= \frac{1}{8a}\left\{x^3(\;)^5 - \frac{3b}{7a}\left[x^2(\;)^5 - \frac{2b}{6a}\left(x(\;)^5 - b\left[\frac{(\;)^5}{5a} + C\right]\right)\right]\right\},$$

wenn man abkürzend ( ) statt $ax+b$ setzt.

221. Rationale echt gebrochene Funktionen ersten Grades. Wenn sie unecht gebrochen ist, wird man sie ausdividieren und in die Summe einer ganzen und einer echt gebrochenen Funktion verwandeln. Die gesuchten Integrale werden alle nach (55c) gefunden.

$$\int\frac{dx}{x} = \lg x + C \quad \text{oder} \quad \int\frac{dx}{x} = \lg cx; \tag{a}$$

$$\int\frac{dx}{x+a} = \lg(x+a) + C \quad \text{oder} \quad \int\frac{dx}{x+a} = \lg[c(x+a)]; \tag{b}$$

$$\int\frac{dx}{ax+b} = \frac{1}{a}\int\frac{a\,dx}{ax+b} = \frac{1}{a}\lg(ax+b) + C$$

oder

$$\int\frac{dx}{ax+b} = \frac{1}{a}\lg[c(ax+b)]. \tag{c}$$

Die miterscheinende Konstante C kann man ja in jeder beliebigen Form anschreiben, also auch $\lg c$ oder bei der dritten Formel $\frac{1}{a}\lg c$. Man erhält also:

Die Integrale echt gebrochener rationaler Funktionen ersten Grades sind Logarithmen. (d)

Beispiel a) bis c)

$$\text{a)} \int\frac{x-1}{x+1}\,dx, \qquad \text{b)} \int\frac{x^2-4x+2}{x-2}\,dx, \qquad \text{c)} \int\frac{t^3\,dt}{t+1}.$$

Die drei zu integrierenden Funktionen sind alle unecht gebrochen und zwar die erste vom ersten Grad, die zweite vom zweiten und die dritte vom dritten Grad; man wird ausdividieren und erhalten

a) $\int \frac{x+1-2}{x+1}\,dx = \int\left(1-\frac{2}{x+1}\right)dx = x - 2\lg(x+1) + C;$

b) $\int \frac{x^2-2x-2x+4-2}{x-2}\,dx = \int\left(x-2-\frac{2}{x-2}\right)dx$

$$= \tfrac{1}{2}x^2 - 2x - 2\lg(x-2) + C;$$

c) $\int = \int \frac{t^3+t^2-t^2-t+t+1-1}{t+1}\,dt = \int\left(t^2-t+1-\frac{1}{t+1}\right)dt$

$$= \frac{t^3}{3} - \frac{t^2}{2} + t - \lg(t+1) + C.$$

222. Rationale echt gebrochene Funktionen zweiten Grades. Jede unecht gebrochene Funktion wird man ausdividieren und in die Summe einer ganzen und einer echt gebrochenen Funktion verwandeln. Von den praktisch vorkommenden Fällen werden die meisten nach (221 b) integriert; zuweilen wird man deswegen die zu integrierende Funktion noch umformen müssen, um auf sie diese Formel anwenden zu können. Wenn man in der Formel

$$\int \frac{dx}{x^2} = \int x^{-2}\,dx = -\frac{1}{x} + C \tag{a}$$

$x + a = u$ oder $dx = du$ setzt, wird

$$\int \frac{dx}{(x+a)^2} = \int \frac{du}{u^2} = -\frac{1}{u} = -\frac{1}{x+a}. \tag{b}$$

Durch Partialbruchzerlegung findet man

$$\frac{1}{x^2-a^2} = \frac{1}{(x-a)(x+a)} = \frac{A}{x-a} + \frac{B}{x+a} = \frac{1}{2a(x-a)} - \frac{1}{2a(x+a)}$$

und damit

$$\int \frac{dx}{x^2-a^2} = \frac{1}{2a}\int\left(\frac{dx}{x-a} - \frac{dx}{x+a}\right) = \frac{1}{2a}\left[\lg(x-a) - \lg(x+a)\right] + C$$

$$= \frac{1}{2a}\lg\frac{x-a}{x+a} + C. \tag{c}$$

Anm. Im Sonderfall $a = 0$ würde diese Formel als Ergebnis $0 + C$ liefern, was ja wegen der Unbestimmtheit der Konstante C nicht falsch ist; die Formel ist aber nicht zu gebrauchen, man hat dafür (a). Nach (c) wird, wenn man aus dem Integral „—“ ausscheidet und dann $a = 1$ setzt,

$$\int \frac{dx}{1-x^2} = -\frac{1}{2}\lg\frac{x-1}{x+1} + C$$

$$= \frac{1}{2}\lg\frac{x+1}{x-1} + C = \lg\sqrt{\frac{x+1}{x-1}} + C. \qquad \text{(d)}$$

Im nachfolgenden Integral wird man aus dem Nenner a als Faktor aussetzen und $b:a$ statt a^2 oder $\sqrt{b:a}$ statt a in (c) einsetzen, dann hat man, a und b als positiv vorausgesetzt,

$$\int \frac{dx}{ax^2-b} = \frac{1}{a}\int \frac{dx}{x^2-b:a} = \frac{1}{a}\cdot\frac{1}{2\sqrt{b:a}}\lg\frac{x-\sqrt{b:a}}{x+\sqrt{b:a}} + C$$

$$= \frac{1}{2\sqrt{ab}}\lg\frac{ax-\sqrt{ab}}{ax+\sqrt{ab}} + C. \qquad \text{(e)}$$

Wenn man $x+a=u$ oder $dx=du$ setzt, wird nach (c)

$$\int \frac{dx}{(x+a)^2-b^2} = \int \frac{du}{u^2-b^2} = \frac{1}{2b}\lg\frac{u-b}{u+b} + C$$

$$= \frac{1}{2b}\lg\frac{x+a-b}{x+a+b} + C. \qquad \text{(f)}$$

Die vorstehenden Integrale sind alle derart, daß man den Nenner in zwei reelle Faktoren zerlegen kann. Wenn diese Zerlegung bereits ausgeführt ist, wird man die Partialbruchzerlegung anwenden:

$$\frac{1}{(x+a)(x+b)} = \frac{1}{(b-a)(x+a)} + \frac{1}{(a-b)(x+b)} \qquad \text{(g)}$$

und damit

$$\int \frac{dx}{(x+a)(x+b)} = \frac{1}{b-a}\int\left(\frac{dx}{x+a} - \frac{dx}{x+b}\right) = \frac{1}{b-a}\lg\frac{x+a}{x+b} + C. \qquad \text{(h)}$$

Die nachstehenden Integrale sind bereits in 56 entwickelt:

$$\int \frac{dx}{x^2+1} = \operatorname{arctg} x + C; \qquad \text{(i)}$$

$$\int \frac{dx}{x^2+a^2} = \frac{1}{a}\operatorname{arctg}\frac{x}{a} + C; \qquad \text{(k)}$$

$$\int \frac{dx}{ax^2+b} = \frac{1}{\sqrt{ab}}\operatorname{arctg}\left(x\sqrt{\frac{a}{b}}\right) + C; \qquad \text{(l)}$$

$$\int \frac{dx}{(x+a)^2+b^2} = \frac{1}{b}\operatorname{arctg}\frac{x+a}{b} + C. \qquad \text{(m)}$$

Wenn die Koeffizienten a, b, c im nachfolgenden Integral alle von Null verschieden sind, wird man den Nenner quadratisch ergänzen und dann eine der Formeln (b), (f) oder (m) anwenden. Oder man sieht die Zerlegung des Nenners in zwei lineare Faktoren unmittelbar, dann ist Formel (h) zu benutzen,

$$\int \frac{dx}{ax^2+bx+c} = \int \frac{dx}{a(x+\alpha)^2+e} = \int \frac{dx}{a(x+\alpha)(x+\beta)}. \qquad \text{(n)}$$

Beispiel a) Nach (e) wird das bei der Fallbewegung auftretende Integral

$$\int \frac{m\,dv}{mg-cv^2} = -m \int \frac{dv}{cv^2-mg} = \frac{-m}{2\sqrt{cmg}} \lg \frac{cv-\sqrt{cmg}}{cv+\sqrt{cmg}}.$$

Beispiel b) bis d)

$$\text{b)} \int \frac{dx}{3x^2+4x+5} \qquad \text{c)} \int \frac{dx}{3x^2+4x+1} \qquad \text{d)} \int \frac{dx}{3x^2+4x+1\frac{1}{3}}$$

In allen drei Fällen kann man die quadratische Ergänzung im Nenner vornehmen. Unschwer kann man auch sehen, daß man in den beiden letzten Fällen den Nenner zerlegen kann,

$$3x^2+4x+1 = (3x+1)(x+1) = \tfrac{1}{3}(x+\tfrac{1}{3})(x+1);$$

$$3x^2+4x+1\tfrac{1}{3} = \tfrac{1}{3}(9x^2+12x+4) = \tfrac{1}{3}(3x+2)^2 = 3\,(x+\tfrac{2}{3})^2.$$

Damit werden die Integrale:

$$\text{b)} \int \frac{dx}{3x^2+4x+5} = \frac{1}{3}\int \frac{dx}{x^2+\frac{4}{3}x+\frac{5}{3}} = \frac{1}{3}\int \frac{dx}{(x+\frac{2}{3})^2+\frac{11}{9}}$$
$$= \frac{1}{\sqrt{11}} \operatorname{arctg} \frac{3x+2}{\sqrt{11}};$$

$$\text{c)} \int \frac{dx}{3x^2+4x+1} = \frac{1}{3}\int \frac{dx}{x^2+\frac{4}{3}x+\frac{1}{3}} = \frac{1}{3}\int \frac{dx}{(x+\frac{2}{3})^2-\frac{1}{9}}$$
$$= \frac{1}{2} \lg \frac{3x+1}{3(x+1)};$$

$$\text{d)} \int \frac{dx}{3x^2+4x+\frac{4}{3}} = \frac{1}{3}\int \frac{dx}{x^2+\frac{4}{3}x+\frac{4}{9}} = \frac{1}{3}\int \frac{dx}{(x+\frac{2}{3})^2}$$
$$= -\frac{1}{3x+2}.$$

223. Fortsetzung. In der vorausgehenden Nummer hatten die zu integrierenden gebrochenen Funktionen alle 1 als Zähler. Solange der Zähler konstant bleibt, ändert sich an der Entwicklung nichts weil man ihn ja vor das Integral setzen kann. Wenn er aber veränderlich ist, dann wird er, da die zu integrierenden Funktionen alle echt gebrochen sein sollen, höchstens linear in x sein. Es sind sonach Formeln anzugeben für die verschiedenen Fälle des Integrals

$$\int \frac{(Px+Q)\,dx}{ax^2+bx+c}.$$

In praktisch vorkommenden Fällen wird der Zähler meist das Differential des Nenners sein oder sich zu dessen Differential umwandeln lassen. Trifft aber dieser Fall nicht zu, so wird man den Nenner ax^2+bx+c durch die quadratische Ergänzung auf die Form $(x+a)^2 \pm b^2$ bringen und dann das Integral auf eine der drei nachfolgenden Formeln zurückführen.

$$\text{I.} \quad \int \frac{Px+Q}{(x+a)^2}\,dx = \int \frac{Px+Pa-Pa+Q}{(x+a)^2}\,dx$$

$$= P\int \frac{x+a}{(x+a)^2}\,dx + \int \frac{Q-Pa}{(x+a)^2}\,dx$$

$$= P\lg(x+a) - \frac{Q-Pa}{x+a} + C \qquad \text{(a)}$$

nach (222b).

Die nachfolgenden Integrale zerlegt man ohne weitere Kunstgriffe in zwei Summanden und wendet die Formeln der vorigen Nummer an,

$$\text{II.} \quad \int \frac{Px+Q}{x^2-a^2}\,dx = P\int \frac{x\,dx}{x^2-a^2} + Q\int \frac{dx}{x^2-a^2}$$

$$= \frac{P}{2}\lg(x^2-a^2) + \frac{Q}{2a}\lg\frac{x-a}{x+b} + C. \qquad \text{(b)}$$

Entsprechend findet man

$$\text{III.} \quad \int \frac{Px+Q}{x^2+a^2}\,dx = P\int \frac{x\,dx}{x^2+a^2} + Q\int \frac{dx}{x^2+a^2}$$

$$= \frac{P}{2}\lg(x^2+a^2) + \frac{Q}{a}\operatorname{arctg}\frac{x}{a} + C. \qquad \text{(c)}$$

Durch die Substitution $x+a=u$ oder $dx=du$ führt man die beiden nachfolgenden Integrale wieder auf die eben entwickelten zurück,

$$\int \frac{Px+Q}{(x+a)^2-b^2}\,dx = \int \frac{Pu-Pa+Q}{u^2-b^2}\,du$$

$$= \frac{P}{2}\lg(u^2-b^2) + \frac{Q-Pa}{2b}\lg\frac{u-b}{u+b} + C$$

$$= \frac{P}{2}\lg[(x+a)^2-b^2] + \frac{Q-Pa}{2b}\lg\frac{x+a-b}{x+a+b} + C; \qquad \text{(d)}$$

$$\int \frac{Px+Q}{(x+a)^2+b^2}\,dx = \int \frac{Pu-Pa+Q}{u^2+b^2}\,du$$

$$= \frac{P}{2}\lg(u^2+b^2) + \frac{Q-Pa}{b}\operatorname{arctg}\frac{u}{b} + C$$

$$= \frac{P}{2}\lg[(x+a)^2+b^2] + \frac{Q-Pa}{b}\operatorname{arctg}\frac{x+a}{b} + C. \qquad \text{(e)}$$

Beispiel a) und b) Gesucht

$$\int \frac{(x+2)\,dx}{3x^2+4x+5} \quad \text{und} \quad \int \frac{(x+2)\,dx}{3x^2+4x+1}.$$

a) Nach Beispiel 222b) wird das Integral zu

$$\frac{1}{3}\int \frac{(x+2)\,dx}{(x+\frac{2}{3})^2+\frac{11}{9}} = \frac{1}{3}\cdot\frac{1}{2}\lg[(x+\tfrac{2}{3})^2+\tfrac{11}{9}]$$

$$+\frac{1}{3}\cdot\frac{2-\frac{2}{3}}{\sqrt{\frac{11}{9}}}\operatorname{arctg}\frac{x+\frac{2}{3}}{\sqrt{\frac{11}{9}}}$$

$$= \frac{1}{6}\lg[x^2+\tfrac{4}{3}x+\tfrac{5}{3}] + \frac{4}{3\sqrt{11}}\operatorname{arctg}\frac{3x+2}{\sqrt{11}}.$$

b) Beispiel 222c) macht das Integral zu

$$\frac{1}{3}\int \frac{(x+2)\,dx}{(x+\frac{2}{3})^2-\frac{1}{9}} = \frac{1}{3}\cdot\frac{1}{2}\lg[(x+\tfrac{2}{3})^2-\tfrac{1}{9}]$$

$$+\frac{1}{3}\cdot\frac{2-\frac{2}{3}}{\frac{2}{3}}\lg\frac{x+\frac{2}{3}-\frac{1}{3}}{x+\frac{2}{3}+\frac{1}{3}}$$

$$= \frac{1}{6}\lg[x^2+\tfrac{4}{3}x+\tfrac{1}{3}] + \frac{2}{3}\lg\frac{3x+1}{3(x+1)}.$$

224. Rationale echt gebrochene Funktionen höheren Grades. Wenn die Funktion unecht gebrochen ist, wird man sie wieder ausdividieren und in die Summe einer ganzen und einer echt gebrochenen Funktion verwandeln. Letztere kann man nach 128 immer in eine Summe von Partialbrüchen zerlegen, deren jeder einzeln integrierbar ist, wie die nachfolgenden Zeilen entwickeln sollen. Es ist sonach jede rationale Funktion integrierbar, vorausgesetzt allerdings, daß man den Nenner der gebrochenen Funktion immer in lineare Faktoren zerlegen kann. Je nachdem diese linearen Faktoren reell oder imaginär sind, unterscheiden wir zwei Fälle.

I. Die linearen Faktoren des Nenners der zu integrierenden Funktion

$$\frac{\varphi(x)}{f(x)} = \frac{\varphi(x)}{(x-a)^{\alpha}(x-b)^{\beta}\ldots}$$

sind reell, dann nehmen alle Partialbrüche im allgemeinsten Falle die Form $\frac{A}{(x-a)^n}$ an. Das Integral eines solchen Partialbruches geht von

$$\int \frac{dx}{x^n} = \int x^{-n}\,dx = \frac{-1}{(n-1)\,x^{n-1}} + C \tag{a}$$

aus und setzt $x - a = u$ oder $dx = du$. Dann wird

$$\int \frac{dx}{(x-a)^n} = \int \frac{du}{u^n} = \frac{-1}{(n-1)(x-a)^{n-1}} + C. \tag{b}$$

Mit $ax + b = u$ oder $a\,dx = du$ wird ebenso

$$\int \frac{dx}{(ax+b)^n} = \frac{1}{a}\int \frac{du}{u^n} = \frac{-1}{a(n-1)(ax+b)^{n-1}} + C. \tag{c}$$

Beispiel a) Gesucht $\int \frac{3x^3 + 3x^2 - 5x + 3}{(x-1)^2(x+1)^2 x}\,dx.$

Nach Beispiel 131a) liefert die Partialbruchzerlegung

$$\frac{3x^3 + 3x^2 - 5x + 3}{(x-1)^2(x+1)^2 x} = \frac{3}{x} + \frac{1}{(x-1)^2} + \frac{1}{2(x-1)} - \frac{2}{(x+1)^2} - \frac{7}{2(x+1)},$$

so daß das gesuchte Integral übergeht in

$$3\int \frac{dx}{x} + \int \frac{dx}{(x-1)^2} + \frac{1}{2}\int \frac{dx}{x-1} - 2\int \frac{dx}{(x+1)^2} - \frac{7}{2}\int \frac{dx}{x+1}.$$

Auf den zweiten und vierten Summanden wendet man die vorausgehenden Formeln an,

$$\int \frac{dx}{(x-1)^2} = \frac{-1}{x-1} \quad \text{und} \quad \int \frac{dx}{(x+1)^2} = \frac{-1}{x+1},$$

womit das ganze Integral wird

$$3\lg x - \frac{1}{x-1} + \frac{1}{2}\lg(x-1) + \frac{2}{x+1} - \frac{7}{2}\lg(x+1) + C.$$

225. Fortsetzung. II. Die linearen Faktoren des Nenners der zu integrierenden Funktion sind teilweise imaginär, dann nehmen im allgemeinsten Fall einzelne der Partialbrüche die Form $\frac{Px+Q}{[(x+a)^2+b^2]^n}$ an. Das Integral eines solchen Partialbruches geht aus vom Integral der Funktion $\frac{x^2}{(x^2+c)^n}$, das durch partielle Integration zu berechnen ist. Man setzt

$$u = \tfrac{1}{2}x, \qquad \text{so daß} \qquad du = \tfrac{1}{2}dx,$$

$$dv = \frac{2x\,dx}{(x^2+c)^n}, \qquad v = \frac{-1}{(n-1)(x^2+c)^{n-1}}$$

nach (224a) wird, und erhält

$$\int \frac{x^2\,dx}{(x^2+c)^n} = \frac{-x}{2(n-1)(x^2+c)^{n-1}} + \frac{1}{2(n-1)}\int \frac{dx}{(x^2+c)^{n-1}}. \tag{a}$$

Aus

$$\frac{c}{(x^2+c)^n} = \frac{c+x^2-x^2}{(x^2+c)^n} = \frac{1}{(x^2+c)^{n-1}} - \frac{x^2}{(x^2+c)^n}$$

erhält man durch Integration

$$\int \frac{c\,dx}{(x^2+c)^n} = \int \frac{dx}{(x^2+c)^{n-1}} - \int \frac{x^2\,dx}{(x^2+c)^n},$$

und wenn man das zweite Integral der rechten Gleichungsseite nach (a) auswertet,

$$\int \frac{dx}{(x^2+c)^n} = \frac{x}{2c(n-1)(x^2+c)^{n-1}} + \frac{2n-3}{2c(n-1)}\int \frac{dx}{(x^2+c)^{n-1}}. \tag{b}$$

Man hat für das auf der linken Gleichungsseite stehende Integral eine Rekursionsformel geschaffen, nach der man es vollständig auswerten kann. Auf dieses Integral führt man das nachfolgende zurück, indem man

$$x + a = bu \qquad \text{setzt, also} \qquad dx = b\,du$$

erhält und damit

$$\int \frac{dx}{[(x+a)^2+b^2]^n} = \int \frac{b\,du}{b^{2n}(u^2+1)^n} = \frac{1}{b^{2n-1}}\int \frac{du}{(u^2+1)^n}. \tag{c}$$

Beispiel a) Als Sonderfall des vorausgehenden Integrals wird

$$\int \frac{dx}{[(x+a)^2+b^2]^2} = \frac{1}{b^3}\int \frac{du}{(u^2+1)^2} = \frac{u}{b^3\cdot 2\,(u^2+1)} + \frac{1}{b^3\cdot 2}\int \frac{du}{u^2+1}$$

$$= \frac{u}{2b^3(u^2+1)} + \frac{1}{2b^3}\operatorname{arctg} u + C$$

$$= \frac{x+a}{2b^2[(x+a)^2+b^2]} + \frac{1}{2b^3}\operatorname{arctg}\frac{x+a}{b} + C. \qquad \text{(d)}$$

Beispiel b) Für den Fall $a = -1$, $b = 2$ wird das vorausgehende Beispiel

$$\int \frac{dx}{[(x-1)^2+4]^2} = \frac{x-1}{8[(x-1)^2+4]} + \frac{1}{16}\operatorname{arctg}\frac{x-1}{2} + C.$$

Unter der Voraussetzung $n > 1$ zerlegt man

$$\int \frac{(Px+Q)\,dx}{[(x+a)^2+b^2]^n} = \int \frac{P(x+a) - Pa + Q}{[(x+a)^2+b^2]^n}$$

$$= \int \frac{P(x+a)\,dx}{[(x+a)^2+b^2]^n} + (Q-Pa)\int \frac{dx}{[(x+a)^2+b^2]^n}$$

und findet das gesuchte Integral der linken Seite als die Summe von zwei einfacheren. Das erste Integral der rechten Gleichungsseite wird durch die Substitution

$$(x+a)^2+b^2 = v \qquad \text{oder} \qquad 2(x+a)\,dx = dv$$

weiter vereinfacht, das zweite Integral ist bereits durch (b) und (c) gelöst, indem man

$$x+a = bu \qquad \text{oder} \qquad dx = b\,du$$

setzt. Man erhält dann

$$\int \frac{(Px+Q)\,dx}{[(x+a)^2+b^2]^n} = \frac{P}{2}\int \frac{dv}{v^n} + \frac{Q-Pa}{b^{2n-1}}\int \frac{du}{(u^2+1)^n}$$

$$= \frac{-P}{2(n-1)[(x+a)^2+b^2]^{n-1}} + \frac{Q-Pa}{b^{2n-1}}\int \frac{du}{(u^2+1)^n}. \qquad \text{(e)}$$

Für das letzte Integral hat man in (b) eine Rekursionsformel. Als Ergebnis der bisherigen Überlegungen kann man aussprechen:

Jede beliebige rationale Funktion, die im allgemeinsten Fall von der Form $\frac{\varphi(x)}{f(x)}$ ist, kann durch die vorausgehenden Formeln berechnet werden und führt immer auf rationale, logarithmische und Arcustangensfunktionen.

Vorausgesetzt wird, daß man $f(x)$ in seine Einzelfaktoren zerlegt hat. (f)

Beispiel c) Man ermittle $\int \frac{x\,dx}{(x^2+1)^n}$.

Man erinnert sich sofort, daß $2x\,dx$ das Differential von x^2 ist, wird also nicht das vorausgehend angegebene Verfahren anwenden, sondern setzt

$$x^2+1=u \qquad \text{oder} \qquad 2x\,dx=du$$

und erhält

$$\int = \frac{1}{2}\int \frac{du}{u^n} = \frac{1}{2}\int u^{-n}\,du = \frac{-1}{2(n-1)u^{n-1}} + C.$$

B. Integrale irrationaler Funktionen.

226. Allgemeines und Einteilung. Die Integration irrationaler Funktionen unterscheidet folgende Fälle, indem sie von den einfacheren zu den schwierigeren fortschreitet:

I. Die zu integrierende Funktion enthält in rationaler Form neben x nur noch die $p$te, $q$te, $r$te, ... Wurzel aus der nämlichen linearen Funktion $\frac{ax+b}{cx+d}$; p, q, r, ... dürfen dabei positiv oder negativ, ganz oder gebrochen sein. Die Funktion ist also von der Form $F(x, P, Q, R, \ldots)$, wo $F(\;)$ eine rationale Funktion von $x, P, Q, R, \ldots$ ausdrücken soll; dabei ist abkürzend gesetzt

$$P=\sqrt[p]{\frac{ax+b}{cx+d}}, \quad Q=\sqrt[q]{\frac{ax+b}{cx+d}}, \quad R=\sqrt[r]{\frac{ax+b}{cx+d}}, \ldots$$

II. Die zu integrierende Funktion enthält in rationaler Form neben x nur noch eine zweite Wurzel der quadratischen Funktion ax^2+bx+c, sie ist also von der Form $R(x, X)$, wo abkürzend

$$X=\sqrt{ax^2+bx+c}$$

steht und $R(\;)$ eine in x und X rationale Funktion ausdrücken soll.

III. Die zu integrierende Funktion enthält in rationaler Form neben x noch eine zweite Wurzel der Funktion

$$G=ax^4+bx^3+cx^2+dx+e,$$

sie ist also von der Form $R(x, \sqrt{G})$. Das Integral einer solchen Funktion ist ein elliptisches Integral. Der Sonderfall $a=0$, $b=0$ ist durch II gegeben.

IV. Die zu integrierende Funktion enthält in rationaler Form neben x noch eine zweite Wurzel aus einer ganzen rationalen Funktion von höherem als viertem Grad, oder eine dritte, vierte Wurzel aus nichtlinearen Funktionen usw., hyperelliptische Integrale, Abelsche Integrale usw.

227. $\int R(x, X)\,dx,$ wo $X = \sqrt[n]{ax+b}$

und $R(x, X)$ eine rationale Funktion von x und X vorstellt. Als Integrationsregel gilt:

Man setzt für die Wurzel eine neue Veränderliche. (a)

also $$z = \sqrt[n]{ax+b}$$

oder $$x = \frac{z^n - b}{a} \quad \text{und} \quad dx = \frac{n z^{n-1}\,dz}{a}. \tag{b}$$

Damit geht die zu integrierende Funktion über in eine rationale von z, und das Integral nimmt die Form an

$$\int R(x, X)\,dx = \int R\left(\frac{z^n - b}{a}, z\right) \frac{n z^{n-1}\,dz}{a}. \tag{c}$$

Für den praktisch am meisten vorkommenden Fall $n = 2$ wird

$$\int R(x, \sqrt{ax+b})\,dx = \int R\left(\frac{z^2 - b}{a}, z\right) \frac{2z\,dz}{a}. \tag{d}$$

Beispiel a) bis c) Nach der angegebenen Regel ermittle man

$$\text{a)} \int \sqrt{ax+b}\,dx \qquad \text{b)} \int \frac{dx}{\sqrt{ax+b}} \qquad \text{c)} \int \frac{Px+Q}{\sqrt{ax+b}}\,dx.$$

Man setzt $\sqrt{ax+b} = z$, so daß $x = \frac{z^2 - b}{a}$ und $dx = \frac{2z\,dz}{a}$ wird, und erhält

$$\text{a)} \int \sqrt{ax+b}\,dx = \int z \frac{2z\,dz}{a} = \frac{2}{a} \cdot \frac{z^3}{3}$$

oder

$$\int \sqrt{ax+b}\,dx = \frac{2}{3a} (\sqrt{ax+b})^3 + C; \tag{e}$$

$$\text{b)} \int \frac{dx}{\sqrt{ax+b}} = \int \frac{2z\,dz}{az} = \frac{2}{a} z$$

oder

$$\int \frac{dx}{\sqrt{ax+b}} = \frac{2}{a} \sqrt{ax+b} + C; \tag{f}$$

c) $$\int = \frac{1}{a}\int \frac{P(z^2-b)+aQ}{z}\cdot\frac{2z\,dz}{a} = \frac{2}{a^2}\int (Pz^2-Pb+aQ)\,dz$$

$$= \frac{2}{3a^2}[Pz^3+3(Qa-Pb)z]$$

oder

$$\int \frac{Px+Q}{\sqrt{ax+b}}\,dx = \frac{2}{3a^2}\sqrt{ax+b}\,[Pax+3Qa-2Pb]+C. \qquad \text{(g)}$$

Beispiel d) und e) Man ermittle

d) $\int \sqrt[n]{ax+b}\,dx$ e) $\int \frac{dx}{\sqrt[n]{ax+b}}$.

Man setzt z statt $\sqrt[n]{ax+b}$ und $nz^{n-1}dz:a$ statt dx und erhält

d) $$\int \sqrt[n]{ax+b}\,dx = n\int \frac{z^n\,dz}{a} = \frac{nz^{n+1}}{a(n+1)} = \frac{nz^n\cdot z}{a(n+1)}$$

$$= \frac{n}{a(n+1)}(ax+b)\sqrt[n]{ax+b}+C; \qquad \text{(h)}$$

e) $$\int \frac{dx}{\sqrt[n]{ax+b}} = \frac{n}{a}\int z^{n-2}\,dz = \frac{nz^{n-1}}{a(n-1)}$$

$$= \frac{n(ax+b)}{a(n-1)\sqrt[n]{ax+b}}+C. \qquad \text{(i)}$$

Beispiel f) und g) Gesucht der Wert der bestimmten Integrale

f) $\int \sqrt{a-x}\,dx$ g) $\int \sqrt{a-x}\cdot x\,dx$

zwischen den Grenzen 0 und a.

Man ermittelt zuvor die unbestimmten Integrale. Nach (e) wird

f) $\int \sqrt{a-x}\,dx = -\frac{2}{3}\sqrt{(a-x)^3}+C$

$$\int_0^a = -\tfrac{2}{3}[\sqrt{(a-x)^3}]_0^a = -\tfrac{2}{3}[0-\sqrt{a^3}] = \tfrac{2}{3}a\sqrt{a}.$$

g) Man setzt

$\sqrt{a-x}=z$, so daß $a-x=z^2$ und $-dx=2z\,dz$

wird, und erhält

$$\int x\sqrt{a-x}\,dx = -2\int (a-z^2)z^2\,dz = -2a\int z^2\,dz + 2\int z^4\,dz$$

$$= -\tfrac{2}{3}az^3+\tfrac{2}{5}z^5 = \tfrac{2}{15}\sqrt{(a-x)^3}\,[3(a-x)-5a]$$

$$= -\tfrac{2}{15}(2a+3x)\sqrt{(a-x)^3}.$$

$$\int_0^a = -\tfrac{2}{15}[0-2a\cdot\sqrt{a^3}] = \tfrac{4}{15}a^2\sqrt{a}.$$

228. $\int R(x, X)\,dx,$ wo $X = \sqrt[n]{\frac{ax+b}{cx+d}}$

und $R(x, X)$ eine rationale Funktion von x und X ist. Als Integrationsregel gilt wieder:

man setzt für die Wurzel eine neue Veränderliche ein, (a)

also $$\sqrt[n]{\frac{ax+b}{cx+d}} = z \quad \text{oder} \quad x = \frac{z^n d - b}{a - cz^n}. \tag{b}$$

und daraus

$$dx = \frac{n z^{n-1}(ad - bc)}{(a - cz^n)^2}\,dz. \tag{c}$$

Dann geht die zu integrierende Funktion über in eine rationale von z und das Integral nimmt die Form an

$$\int R(x, X)\,dx = \int R\left(\frac{z^n d - b}{a - cz^n}, z\right)\frac{n z^{n-1}(ad - bc)}{(a - cz^n)^2}\,dz. \tag{d}$$

Für den recht häufig vorkommenden Fall $n = 2$ wird

$$\int R\left(x, \sqrt{\frac{ax+b}{cx+d}}\right)dx = \int R\left(\frac{z^2 d - b}{a - cz^2}, z\right)\frac{2z(ad - bc)}{(a - cz^2)^2}\,dz. \tag{e}$$

Beispiel a) und b) Auf Integrale rationaler Funktionen führe man zurück

$$\text{a)}\ \int \sqrt[n]{\frac{ax+b}{cx+d}}\,dx \qquad \text{b)}\ \int \sqrt{\frac{ax+b}{cx+d}}\,dx.$$

Das zweite Integral ist ein Sonderfall des ersten, man hat nur $n = 2$ zu setzen. Nach (d) wird

$$\text{a)}\ \int \sqrt[n]{\frac{ax+b}{cx+d}}\,dx = \int z\,\frac{n z^{n-1}(ad - bc)}{(a - cz^n)^2}\,dz = n(ad - bc)\int \frac{z^n\,dz}{(a - cz^n)^2}, \tag{f}$$

das Integral ist damit auf jenes einer rationalen Funktion in z zurückgeführt. Dieses neue Integral wird man im allgemeinen Fall durch Partialbruchzerlegung auffinden. Mit $n = 2$ löst man das zweite Beispiel,

$$\text{b)}\ \int \sqrt{\frac{ax+b}{cx+d}}\,dx = 2(ad - bc)\int \frac{z^2\,dz}{(a - cz^2)^2}. \tag{g}$$

229. $\int R(x, X)\,dx,$ wo $X = \sqrt{a^2 - x^2}$ bzw. $X = \sqrt{x^2 \pm a^2}$

und R eine rationale Funktion von x und X ist.

I. **Erster Sonderfall:** Gesucht sind Reduktionsformeln für

$$\int \frac{x^m dx}{\sqrt{a^2 - x^2}} \quad \text{und} \quad \int \frac{x^m dx}{\sqrt{x^2 \pm a^2}}.$$

Für den Fall $m = 0$ und $m = 1$ sind die Integrale bereits nach (55l) und (57d, e) ermittelt. Abgesehen von der Konstanten ist darnach

$$\int \frac{dx}{\sqrt{a^2 - x^2}} = \arcsin \frac{x}{a}, \quad \int \frac{dx}{\sqrt{x^2 \pm a^2}} = \lg (x + \sqrt{x^2 \pm a^2}), \tag{a}$$

$$\int \frac{x\,dx}{\sqrt{a^2 - x^2}} = -\sqrt{a^2 - x^2}, \quad \int \frac{x\,dx}{\sqrt{x^2 \pm a^2}} = \sqrt{x^2 \pm a^2}. \tag{b}$$

Im allgemeinen Fall wendet man die teilweise Integration an und wählt

$$u = x^{m-1}, \quad \text{also} \quad dv = \frac{x\,dx}{\sqrt{a^2 - x^2}},$$

dann wird

$$du = (m-1)x^{m-2}\,dx \quad \text{und} \quad v = -\sqrt{a^2 - x^2},$$

$$\int \frac{x^m dx}{\sqrt{a^2 - x^2}} = -x^{m-1}\sqrt{a^2 - x^2} + (m-1)\int x^{m-2}\sqrt{a^2 - x^2}\,dx.$$

Das neue Integral ist von anderer Form wie das gegebene, man wird es noch umformen müssen, indem man Zähler und Nenner mit der Wurzel multipliziert,

$$\int \frac{x^m dx}{\sqrt{a^2 - x^2}} = -x^{m-1}\sqrt{a^2 - x^2} + (m-1)\int \frac{a^2 x^{m-2}\,dx}{\sqrt{a^2 - x^2}} - (m-1)\int \frac{x^m dx}{\sqrt{a^2 - x^2}},$$

oder wenn man die beiden gleichen Integrale zusammenfaßt und die ganze Gleichung mit m dividiert,

$$\int \frac{x^m dx}{\sqrt{a^2 - x^2}} = -\frac{x^{m-1}\sqrt{a^2 - x^2}}{m} + \frac{(m-1)\,a^2}{m}\int \frac{x^{m-2}dx}{\sqrt{a^2 - x^2}}. \tag{c}$$

Genau so entwickelt man

$$\int \frac{x^m dx}{\sqrt{x^2 \pm a^2}} = \frac{x^{m-1}\sqrt{x^2 \pm a^2}}{m} \mp \frac{(m-1)\,a^2}{m}\int \frac{x^{m-2}dx}{\sqrt{x^2 \pm a^2}}. \tag{d}$$

Beispiel a) Für $m=2$ werden die beiden letzten Formeln

$$\int \frac{x^2 dx}{\sqrt{a^2-x^2}} = -\frac{x\sqrt{a^2-x^2}}{2} + \frac{a^2}{2}\int \frac{dx}{\sqrt{a^2-x^2}}$$

$$= -\tfrac{1}{2} x \sqrt{\ } + \tfrac{1}{2} a^2 \arcsin \frac{x}{a} + C, \tag{e}$$

$$\int \frac{x^2 dx}{\sqrt{x^2 \pm a^2}} = \frac{x\sqrt{x^2 \pm a^2}}{2} \mp \frac{a^2}{2}\int \frac{dx}{\sqrt{x^2 \pm a^2}}$$

$$= \tfrac{1}{2} x \sqrt{\ } \mp \tfrac{1}{2} a^2 \lg (x + \sqrt{\ }) + C. \tag{f}$$

Beispiel b) Gesucht ist der Wert des bestimmten Integrals

$$\int_0^a \frac{x^m dx}{\sqrt{a^2-x^2}}.$$

Es kann gefunden werden, auch ohne daß man das unbestimmte Integral ganz ermittelt. Es ist

$$\int_0^a \frac{x^m dx}{\sqrt{a^2-x^2}} = \left[-\frac{x^{m-1}\sqrt{a^2-x^2}}{m}\right]_0^a + \frac{(m-1)\,a^2}{m}\int_0^a \frac{x^{m-2} dx}{\sqrt{a^2-x^2}}$$

$$= \frac{(m-1)\,a^2}{m}\int_0^a \frac{x^{m-2} dx}{\sqrt{a^2-x^2}}. \tag{g}$$

Wenn man das Verfahren wieder auf das neue Integral anwendet und immer wiederholt, erscheint schließlich unter dem Integral entweder die nullte oder erste Potenz von x, es wird nach (a, b)

$$\int_0^a \frac{dx}{\sqrt{a^2-x^2}} = \frac{\pi}{2}, \qquad \int_0^a \frac{x\,dx}{\sqrt{a^2-x^2}} = a.$$

Man muß also unterscheiden, ob m eine gerade oder ungerade Zahl ist. Je nachdem wird

$$\int_0^a \frac{x^{2n} dx}{\sqrt{a^2-x^2}} = \frac{2n-1}{2n}\cdot\frac{2n-3}{2n-2}\cdots\frac{1}{2}\cdot\frac{\pi}{2}\cdot a^{2n}$$

oder umgekehrt

$$\int_0^a \frac{x^{2n} dx}{\sqrt{a^2-x^2}} = \frac{1\cdot 3\cdot 5\,\ldots\,(2n-1)}{2\cdot 4\cdot 6\,\ldots\,2n}\, a^{2n}\cdot\frac{\pi}{2}. \tag{h}$$

Auf die gleiche Weise erhält man

$$\int_0^a \frac{x^{2n+1}dx}{\sqrt{a^2-x^2}} = \frac{2\cdot 4\cdot 6\ldots 2n}{1\cdot 3\cdot 5\ldots(2n+1)}a^{2n+1} \qquad \text{(i)}$$

230. Fortsetzung. Zweiter Sonderfall. Die Integrale

$$\int x^m\sqrt{a^2-x}\,dx \qquad \text{und} \qquad \int x^m\sqrt{x^2\pm a^2}\,dx$$

entwickelt man, indem man die Wurzel in den Nenner schafft, man erhält dann

$$\int x^m\sqrt{a^2-x^2}\,dx = a^2\int\frac{x^m dx}{\sqrt{a^2-x^2}} - \int\frac{x^{m+2}dx}{\sqrt{a^2-x^2}}. \qquad \text{(a)}$$

Das zweite Integral der rechten Seite wird nach (229c)

$$\int\frac{x^{m+2}dx}{\sqrt{a^2-x^2}} = -\frac{x^{m+1}\sqrt{a^2-x^2}}{m+2} + \frac{(m+1)a^2}{m+2}\int\frac{x^m dx}{\sqrt{a^2-x^2}},$$

und damit

$$\int x^m\sqrt{a^2-x^2}\,dx = \frac{x^{m+1}\sqrt{}}{m+2} + \frac{a^2}{m+2}\int\frac{x^m dx}{\sqrt{}}, \qquad \text{(b)}$$

oder nach (229c)

$$\int x^m\sqrt{a^2-x^2}\,dx = \frac{x^{m-1}(mx^2-a^2)\sqrt{}}{m(m+2)} + \frac{(m-1)a^4}{m(m+2)}\int\frac{x^{m-2}dx}{\sqrt{}}. \qquad \text{(c)}$$

Genau so entwickelt man

$$\int x^m\sqrt{x^2\pm a^2}\,dx = \frac{x^{m+1}\sqrt{}}{m+2} \pm \frac{a^2}{m+2}\int\frac{x^m dx}{\sqrt{}}$$

$$= \frac{x^{m-1}(mx^2\pm a^2)\sqrt{}}{m(m+2)} - \frac{(m-1)a^4}{m(m+2)}\int\frac{x^{m-2}dx}{\sqrt{}} \qquad \text{(d)}$$

Beispiel c) Für $m=0$ werden beide Formeln (b, d)

$$\int\sqrt{a^2-x^2}\,dx = \frac{x\sqrt{}}{2} + \frac{a^2}{2}\int\frac{dx}{\sqrt{}} = \tfrac{1}{2}x\sqrt{} + \tfrac{1}{2}a^2\arcsin\frac{x}{a} + C \qquad \text{(e)}$$

bzw.

$$\int\sqrt{x^2\pm a^2}\,dx = \frac{x\sqrt{}}{2} \pm \frac{a^2}{2}\int\frac{dx}{\sqrt{}} = \tfrac{1}{2}x\sqrt{} \pm \tfrac{1}{2}a^2\lg(x+\sqrt{}) + C. \qquad \text{(f)}$$

Beide Formeln wurden bereits durch (59g, h) entwickelt.

Beispiel d) Für $m=1$ wird wegen $m-1=0$

$$\int x\sqrt{a^2-x^2}\,dx = -\tfrac{1}{3}(a^2-x^2)\sqrt{a^2-x^2} + C,$$

$$\int x\sqrt{x^2\pm a^2}\,dx = \tfrac{1}{3}(x^2\pm a^2)\sqrt{x^2\pm a^2} + C.$$

Beispiel e) Für $m=2$ wird

$$\int x^2\sqrt{a^2-x^2}\,dx = \frac{x\sqrt{a^2-x^2}\,(2x^2-a^2)}{2\cdot 4} + \frac{a^4}{2\cdot 4}\int\frac{dx}{\sqrt{a^2-x^2}}$$

oder

$$\int x^2\sqrt{a^2-x^2}\,dx = \tfrac{1}{8}x\sqrt{a^2-x^2}\,(2x^2\pm a^2) - \tfrac{1}{8}a^4\arcsin\frac{x}{a}; \qquad \text{(g)}$$

$$\int x^2\sqrt{x^2\pm a^2}\,dx = \frac{x\sqrt{x^2\pm a^2}\,(2x^2\pm a^2)}{2\cdot 4} - \frac{a^4}{2\cdot 4}\int\frac{dx}{\sqrt{x^2\pm a^2}}$$

oder

$$\int x^2\sqrt{x^2\pm a^2}\,dx = \tfrac{1}{8}x\sqrt{x^2\pm a^2}\,(2x^2+a^2)\mp\tfrac{1}{8}a^4\lg\left(x+\sqrt{x^2\pm a^2}\right). \qquad \text{(h)}$$

Beispiel f) Bei welchen Kurven gilt für die Bogenlänge s, von einer bestimmten Abszisse x_0 aus gemessen,

$$s^2 = y^2 - a^2.$$

Man bildet die Differentialgleichung der gegebenen Bedingung,

$$2s\,ds = 2y\,dy \quad \text{oder} \quad s\,dx\sqrt{1+y'^2} = y\,dy \quad \text{oder} \quad s\sqrt{\ } = yy'$$

$$\text{oder} \quad (y^2-a^2)(1+y'^2) = y^2y'^2 \quad \text{oder} \quad \sqrt{y^2-a^2} = a\frac{dy}{dx}.$$

Diese Differentialgleichung separiert man,

$$dx = a\frac{dy}{\sqrt{y^2-a^2}},$$

und erhält durch Integration die Gleichung der gesuchten Kurve

$$x = a\lg\left(y+\sqrt{y^2-a^2}\right) + c. \qquad \text{(i)}$$

Die Konstante c bestimmt man aus der gegebenen Anfangsbedingung, daß nämlich der Bogen von x_0 aus gemessen ist, also muß $y_0 = a$ sein wegen $s^2 = y^2 - a^2$, da ja im Punkt P_0 selbst $s = 0$ wird. Ferner muß der Punkt $P_0 = x_0 \mid a$ ein Punkt der Kurve sein, also gilt

$$x_0 = a\lg\left(a+\sqrt{a^2-a^2}\right) + c \quad \text{oder} \quad c = x_0 - a\lg a.$$

Damit wird die gesuchte Kurve

$$x - x_0 = a\lg\frac{y+\sqrt{y^2-a^2}}{a},$$

das ist eine Kettenlinie, siehe 198.

231. Fortsetzung. III. Dritter Sonderfall. Gesucht sind Reduktionsformeln für

$$\int\frac{dx}{x^m\sqrt{a^2-x^2}} \quad \text{und} \quad \int\frac{dx}{x^m\sqrt{x^2\pm a^2}}.$$

Die vorausgehenden Formeln gelten für jedes beliebige m, man könnte sie daher ohne weiteres auf die vorliegenden Integrale anwenden, aber die entstehenden Formeln würden auf keine einfacheren Integrale zurückführen. Man erhielte nämlich nach 229, wenn man $-n$ statt $+m$ setzt,

$$\int \frac{dx}{x^n \sqrt{a^2-x^2}} = \frac{\sqrt{a^2-x^2}}{n x^{n+1}} + \frac{(n+1)a^2}{n} \int \frac{dx}{x^{n+2}\sqrt{a^2-x^2}}.$$

Das Integral auf der rechten Seite ist also nicht einfacher, im Gegenteil schwieriger geworden. Durch den Ersatz

$$n+2=m \qquad \text{oder} \qquad n=m-2,$$

und wenn man das Integral auf der rechten Seite nach links schafft und umgekehrt das Integral der linken Seite nach rechts, erhält man

$$\int \frac{dx}{x^m \sqrt{a^2-x^2}} = \frac{-\sqrt{a^2-x^2}}{(m-1)a^2 x^{m-1}} + \frac{m-2}{(m-1)a^2} \int \frac{dx}{x^{m-2}\sqrt{a^2-x^2}}. \tag{a}$$

Ebenso entwickelt man

$$\int \frac{dx}{x^m \sqrt{x^2 \pm a^2}} = \mp \frac{\sqrt{x^2 \pm a^2}}{(m-1)a^2 x^{m-1}} \mp \frac{m-2}{(m-1)a^2} \int \frac{dx}{x^{m-2}\sqrt{x^2 \pm a^2}}. \tag{b}$$

Beispiel a) Für $m=0$ kommt man auf die Formeln (229a). Für $m=1$ sind die entwickelten Formeln unbrauchbar; in diesem Fall entwickelt man die Integrale dadurch, daß man Zähler und Nenner mit x multipliziert und $\sqrt{\ }=u$ setzt,

$$\int \frac{dx}{x\sqrt{a^2-x^2}} = -\frac{1}{a} \lg \frac{a+\sqrt{\ }}{x} + C, \tag{c}$$

$$\int \frac{dx}{x\sqrt{x^2+a^2}} = -\frac{1}{a} \lg \frac{a+\sqrt{\ }}{x} + C, \tag{d}$$

$$\int \frac{dx}{x\sqrt{x^2-a^2}} = -\frac{1}{a} \arcsin \frac{a}{x} + C. \tag{e}$$

Beispiel b) Für $m=2$ erhält man

$$\int \frac{dx}{x^2\sqrt{a^2-x^2}} = -\frac{\sqrt{a^2-x^2}}{a^2 x}, \qquad \int \frac{dx}{x^2\sqrt{x^2 \pm a^2}} = \mp \frac{\sqrt{x^2 \pm a^2}}{a^2 x}. \tag{f}$$

IV. Vierter Sonderfall. Die Integrale

$$\int \frac{\sqrt{a^2-x^2}}{x^m} dx \qquad \text{und} \qquad \int \frac{\sqrt{x^2 \pm a^2}}{x^m} dx$$

entwickelt man wie beim zweiten Sonderfall, indem man die Wurzeln in den Nenner schafft,

$$\int \frac{\sqrt{a^2-x^2}}{x^m}\,dx = a^2\int \frac{dx}{x^m\sqrt{a^2-x^2}} - \int \frac{dx}{x^{m-2}\sqrt{a^2-x^2}}.$$

Auf das erste Integral der rechten Gleichungsseite wendet man die Formel (a) an und erhält so

$$\int \frac{\sqrt{a^2-x^2}}{x^m}\,dx = \frac{-\sqrt{a^2-x^2}}{(m-1)x^{m-1}} - \frac{1}{m-1}\int \frac{dx}{x^{m-2}\sqrt{a^2-x^2}}. \qquad \text{(g)}$$

Auf die gleiche Weise entwickelt man

$$\int \frac{\sqrt{x^2\pm a^2}}{x^m}\,dx = \frac{-\sqrt{x^2\pm a^2}}{(m-1)x^{m-1}} + \frac{1}{m-1}\int \frac{dx}{x^{m-2}\sqrt{x^2\pm a^2}}. \qquad \text{(h)}$$

Beispiel c) Für $m=1$ führt die Formel zu keinem Ergebnis, man wendet die allgemeine Regel an, die Wurzel in den Nenner zu schaffen, und erhält

$$\int \frac{\sqrt{a^2-x^2}\,dx}{x} = a^2\int \frac{dx}{x\sqrt{a^2-x^2}} - \int \frac{x\,dx}{\sqrt{a^2-x^2}}$$

$$= -a\lg\frac{a+\sqrt{a^2-x^2}}{x} + \sqrt{a^2-x^2}, \qquad \text{(i)}$$

$$\int \frac{\sqrt{x^2+a^2}\,dx}{x} = a^2\int \frac{dx}{x\sqrt{x^2+a^2}} + \int \frac{x\,dx}{\sqrt{x^2+a^2}}$$

$$= -a\lg\frac{a+\sqrt{x^2+a^2}}{x} + \sqrt{x^2+a^2}, \qquad \text{(k)}$$

$$\int \frac{\sqrt{x^2-a^2}\,dx}{x} = -a^2\int \frac{dx}{x\sqrt{x^2-a^2}} + \int \frac{x\,dx}{\sqrt{x^2-a^2}}$$

$$= a\arcsin\frac{x}{a} + \sqrt{x^2-a^2}. \qquad \text{(l)}$$

Beispiel d) Für $m=2$ werden die Formeln (g) und (h) zu

$$\int \frac{\sqrt{a^2-x^2}}{x^2}\,dx = \frac{-\sqrt{a^2-x^2}}{x} - \int \frac{dx}{\sqrt{a^2-x^2}}$$

$$= \frac{-\sqrt{a^2-x^2}}{x} - \arcsin\frac{x}{a}; \qquad \text{(m)}$$

$$\int \frac{\sqrt{x^2 \pm a^2}}{x^2} dx = \frac{-\sqrt{x^2 \pm a^2}}{x} + \int \frac{dx}{\sqrt{x^2 \pm a^2}}$$

$$= \frac{-\sqrt{x^2 \pm a^2}}{x} + \lg (x + \sqrt{x^2 \pm a^2}). \qquad \text{(n)}$$

Beispiel e) Gesucht ist der durch r_1 und r_2 begrenzte Bogen der hyperbolischen Spirale $r\varphi = a$.

Mit

$$\varphi dr + r d\varphi = 0 \quad \text{oder} \quad r\varphi dr + r^2 d\varphi = 0 \quad \text{oder} \quad a dr + r^2 d\varphi = 0$$

wird

$$d\varphi = -\frac{a dr}{r^2} \quad \text{und} \quad \frac{dr}{d\varphi} = r' = -\frac{r^2}{a}$$

und deswegen

$$ds = d\varphi \sqrt{r^2 + r'^2} = -\frac{a dr}{r^2} \sqrt{r^2 + \frac{r^4}{a^2}} = -\frac{dr \sqrt{a^2 + r^2}}{r}.$$

also

$$s = -\int \frac{\sqrt{a^2 + r^2}}{r} dr = \left[a \lg \frac{a + \sqrt{a^2 + r^2}}{r} - \sqrt{a^2 + r^2} \right]_{r_1}^{r_2}$$

$$= a \lg \frac{a + \sqrt{a^2 + r_2^2}}{r_2} - a \lg \frac{a + \sqrt{a^2 + r_1^2}}{r_1} - \sqrt{a^2 + r_2^2} + \sqrt{a^2 + r_1^2}$$

oder

$$s = a \lg \frac{r_1 (a + \sqrt{a^2 + r_2^2})}{r_2 (a + \sqrt{a^2 + r_1^2})} + \sqrt{a^2 + r_1^2} - \sqrt{a_2 + r_2^2}.$$

***232. Fortsetzung.** V. Fünfter Sonderfall. Gesucht sind Reduktionsformeln für

$$\int \frac{dx}{(x-b)^n \sqrt{a^2 - x^2}} \quad \text{und} \quad \int \frac{dx}{(x-b)^n \sqrt{x^2 \pm a^2}}.$$

Die zu integrierenden Funktionen werden durch Einführung einer neuen Veränderlichen z auf die vorausgehenden Formeln zurückgeführt und zwar durch die Substitution

$$x - b = \frac{b^2 - a^2}{z - b} \quad \text{und} \quad x - b = \frac{b^2 \pm a^2}{z - b} \qquad \text{(a)}$$

im ersten bzw. zweiten Fall. Man erhält nach Durchführung der Rechnung

$$\int \frac{dx}{(x-b)^n \sqrt{a^2 - x^2}} = \frac{1}{(b^2 - a^2)^{n-1} \sqrt{a^2 - b^2}} \int \frac{(z-b)^{n-1} dz}{\sqrt{z^2 - a^2}}, \qquad \text{(b)}$$

$$\int \frac{dx}{(x-b)^n \sqrt{x^2+a^2}} = \frac{-1}{(b^2+a^2)^{n-1}\sqrt{b^2+a^2}} \int \frac{(z-b)^{n-1}\,dz}{\sqrt{z^2+a^2}}, \tag{c}$$

$$\int \frac{dx}{(x-b)^n \sqrt{x^2-a^2}} = \frac{-1}{(b^2-a^2)^{n-1}\sqrt{a^2-b^2}} \int \frac{(z-b)^{n-1}\,dz}{\sqrt{a^2-z^2}}. \tag{d}$$

Nach der Lösung dieser einfacheren Integrale geht man zur alten Veränderlichen x zurück durch die Beziehung

$$z - b = \frac{b^2-a^2}{x-b} \quad \text{bzw.} \quad z - b = \frac{b^2 \pm a^2}{x-b}$$

oder

$$z = \frac{bx-a^2}{x-b} \quad \text{bzw.} \quad z = \frac{bx \pm a^2}{x-b}. \tag{e}$$

Beispiel a) Gesucht $\int \frac{dx}{(x+3)\sqrt{x^2+4x}}$.

Die quadratische Ergänzung im Nenner und dann die Substitution $x+2=y$ liefert

$$\int = \int \frac{dx}{(x+3)\sqrt{(x+2)^2-4}} = \int \frac{dy}{(y+1)\sqrt{y^2-4}}.$$

Nach (d) wird mit $b=-1$, $a=2$ und $n=1$ das gesuchte Integral

$$\int = \frac{-1}{(1-4)^0\sqrt{4-1}} \int \frac{(z+1)^0\,dz}{\sqrt{4-z^2}} = -\frac{1}{\sqrt{3}} \int \frac{dz}{\sqrt{4-z^2}}$$

und nach (229a)

$$\int = -\frac{1}{\sqrt{3}} \arcsin \frac{z}{2} \quad \text{oder wegen} \quad z = \frac{-y-4}{y+1} = \frac{-x-6}{x+3}$$

$$\int = -\frac{1}{\sqrt{3}} \arcsin \frac{-x-6}{2(x+3)}.$$

***233. Fortsetzung.** VI. Allgemeiner Fall. Jedes Integral

$$\int R(x, X)\,dx, \quad \text{wo} \quad X = \sqrt{a^2-x^2} \quad \text{bzw.} \quad X = \sqrt{x^2 \pm a^2} \tag{a}$$

und R eine beliebige rationale Funktion in x und X ist, läßt sich auf einen der vorangehenden Sonderfälle zurückführen. Im allgemeinen Fall ist R von der Form

$$R(x, X) = \frac{AX+B}{CX+D}, \tag{b}$$

wo A, B, C, D ebenso wie die noch folgenden Funktionen E, F, H, g, f, φ rational und ganz in x sind. Wenn man Zähler und

Nenner mit $CX - D$ multipliziert, wird der Nenner rational und damit die Funktion R von der Form

$$R(x, X) = \frac{(AX + B)(CX - D)}{C^2 X^2 - D^2} = \frac{ACX^2 - BD}{C^2X^2 - D^2} + \frac{BC - AD}{C^2X^2 - D^2} \cdot X$$

oder

$$R(x, X) = E + F \cdot X = E + \frac{FX^2}{X} = E + \frac{H}{X}, \tag{c}$$

denn X^2 ist ja rational und ganz. Man hat also die zu integrierende Funktion zerlegt in zwei Summanden, von denen der erste E rational ist und der zweite der Quotient aus einer rationalen Funktion H und der Wurzel X. Im allgemeinsten Fall ist H gebrochen; man kann sie, wenn sie unecht gebrochen ist, verwandeln in die Summe einer ganz rationalen Funktion g und einer echt gebrochenen Funktion $\varphi : f$. Damit ist dann das vorgelegte Integral zurückgeführt auf die Summe von drei Integralen

$$\int R(x, X)\,dx = \int E(x)\,dx + \int \frac{g(x)}{X}\,dx + \int \frac{\varphi(x)\,dx}{f(x) \cdot X}. \tag{d}$$

Das erste Integral ist das einer rationalen Funktion; da g eine ganze rationale Funktion ist, sind die einzelnen Summanden des zweiten Integrals von der Form

$$\frac{a_0 x^n}{X}, \quad \frac{a_1 x^{n-1}}{X}, \quad \ldots \quad \frac{a_{n-1} x}{X}, \quad \frac{a_n}{X}$$

und deswegen nach (229 c, d) zu integrieren. Die echt gebrochene Funktion $\varphi : f$ läßt sich in Partialbrüche zerlegen, somit die unter dem dritten Integral stehende Funktion in Summanden von der Form $\frac{L}{(x - l)^n X}$ zerlegen, wenn man keinen Unterschied macht zwischen den reellen und imaginären linearen Faktoren der Funktion $f(x)$. Das Integral eines jeden dieser Summanden ist nach (232 b, c, d) zu ermitteln. Will man komplexe Zahlen vermeiden, so wird man am einfachsten nach der in der folgenden Nummer angegebenen trigonometrischen Weise verfahren.

Beispiel a) Gesucht $\int \frac{\sqrt{2 - x^2} + x}{\sqrt{2 - x^2} - 1}\,dx$.

Hier ist $A = 1$, $B = x$, $C = 1$, $D = -1$, $X = \sqrt{2 - x^2}$, $a^2 = 2$. Man wird Zähler und Nenner der zu integrierenden Funktion mit dem Nenner $\sqrt{2 - x^2} + 1$ multiplizieren.

$$\int = \int \frac{(\surd + x)(\surd + 1)}{(\surd - 1)(\surd + 1)} dx = \int \frac{2 - x^2 + x + (x+1)\surd}{2 - x^2 - 1} dx$$

$$= \int \frac{x^2 - x - 2}{x^2 - 1} dx + \int \frac{x+1}{1-x^2} \surd \cdot dx .$$

Hier ist geworden

$$E = \frac{x^2 - x - 2}{x^2 - 1} = 1 - \frac{1}{x-1} \quad \text{und} \quad F = \frac{x+1}{1-x^2} = \frac{1}{1-x} .$$

Man setzt fort

$$\int = \int \left(1 - \frac{1}{x-1}\right) dx + \int \frac{\surd \cdot \surd}{(1-x)\surd} dx$$

$$= x - \lg(x-1) + \int \frac{2 - x^2}{(1-x)\sqrt{2-x^2}} dx .$$

Die neu entstandene Funktion H ist unecht gebrochen, man zerlegt sie

$$H = \frac{2 - x^2}{1 - x} = \frac{x^2 - 2}{x - 1} = \frac{x^2 - x + x - 1 - 1}{x - 1} = x + 1 - \frac{1}{x-1} ,$$

so daß also

$$g = x + 1 , \qquad \varphi = -1 , \qquad f = x - 1$$

wird. und das gesuchte Integral

$$\int = x - \log(x-1) + \int \frac{x+1}{\sqrt{2-x^2}} dx - \int \frac{dx}{(x-1)\sqrt{2-x^2}} .$$

Das erste Integral der rechten Seite zerlegt man in zwei Summanden und erhält nach (229b, c)

$$\int \frac{x+1}{\sqrt{2-x^2}} dx = \int \frac{x\,dx}{\surd} + \int \frac{dx}{\surd} = -\surd + \arcsin \frac{x}{\sqrt{2}} .$$

Das zweite Integral wird nach (232b), da hier $a^2 = 2$. $b = 1$, $n = 1$,

$$\int \frac{dx}{(x-1)\sqrt{2-x^2}} = \int \frac{dz}{\sqrt{z^2 - 2}} = \lg(z + \sqrt{z^2 - 2})$$

$$= \lg\left(\frac{x-2}{x-1} + \sqrt{\frac{2-x^2}{(x-1)^2}}\right) = \lg\left(\frac{x-2}{x-1} + \frac{\sqrt{2-x^2}}{x-1}\right)$$

$$= \lg \frac{x - 2 + \sqrt{2-x^2}}{x-1} .$$

Damit wird insgesamt

$$\int = x - \lg(x-1) - \sqrt{2-x^2} + \arcsin\frac{x}{\sqrt{2}} - \lg\left(x - 2 + \sqrt{2-x^2}\right) + \lg(x-1)$$

$$= x - \sqrt{2-x^2} + \arcsin\frac{x}{\sqrt{2}} - \lg\left(x-2+\sqrt{2-x^2}\right) + C.$$

234. $\boldsymbol{\int R(x, X)\,dx}$, wo $X = \sqrt{ax^2+bx+c}$ und R eine rationale Funktion von x und X. Am einfachsten und in den meisten Fällen führt zum Ziel ein

I. Erster Weg: Zurückführung auf bekannte Integrale nach vorausgegangener quadratischer Ergänzung. Durch diese Ergänzung geht der Radikand durch passende Substitution über in $u^2 \pm a^2$ oder $a^2 - u^2$, die umgewandelten Integrale lassen sich meist auf eine oder mehrere der Formeln der vorangehenden Nummern zurückführen.

Beispiel a) Gesucht ist $\int \frac{x+4}{\sqrt{x^2-1}}\,dx$.

Der Radikand ist schon quadratisch ergänzt; man trennt das Integral und erhält

$$\int = \int \frac{x\,dx}{\sqrt{x^2-1}} + 4\int \frac{dx}{\sqrt{x^2-1}} = \sqrt{x^2-1} + 4\lg\left(x+\sqrt{x^2-1}\right)$$

nach 229.

Beispiel b) Gesucht ist $\int \frac{dx}{\sqrt{x^2+2x}}$.

Durch die quadratische Ergänzung wird

$$x^2+2x+1-1 = (x+1)^2 - 1;$$

die Substitution $x+1 = u$ oder $dx = du$

liefert $\int = \int \frac{dx}{\sqrt{(x+1)^2-1}} = \int \frac{du}{\sqrt{u^2-1}}$

$$= \lg\left(u+\sqrt{u^2-1}\right) = \lg\left(x+1+\sqrt{x^2+2x}\right).$$

Beispiel c) Gesucht ist $\int \frac{(x+2)\,dx}{\sqrt{x^2+4x-5}}$.

Man kann die quadratische Ergänzung vornehmen. Einfacher wird die Rechnung, wenn man nicht übersieht, daß der Zähler gleich ist der Hälfte des Differentials des Radikanden,

$$d(x^2+4x-5)=2(x+2)\,dx\,.$$

Man setzt

$$x^2+4x-5=u \qquad \text{oder} \qquad 2(x+2)\,dx=du$$

und erhält

$$\int = \tfrac{1}{2}\int\frac{du}{\sqrt{u}}=\sqrt{u}=\sqrt{x^2+4x-5}\,.$$

II. Zweiter Weg: trigonometrische Lösung nach vorausgegangener quadratischer Ergänzung. Man geht aus von den bekannten Formeln

$$\sin^2 u+\cos^2 u=1\,. \qquad 1+\operatorname{tg}^2 u=\frac{1}{\cos^2 u}\,. \qquad 1+\operatorname{cotg}^2 u=\frac{1}{\sin^2 u}$$

und setzt

$$\text{a)}\quad x=a\cos u \quad \text{oder} \quad x=a\sin u\,, \quad \text{wenn} \quad X=\sqrt{a^2-x^2}\,. \tag{a}$$

$$\text{b)}\quad x=a\operatorname{tg} u \quad \text{oder} \quad x=a\operatorname{cotg} u\,, \quad \text{wenn} \quad X=\sqrt{x^2+a^2}\,, \tag{b}$$

$$\text{c)}\quad x=\frac{a}{\cos u} \quad \text{oder} \quad x=\frac{a}{\sin u}\,, \quad \text{wenn} \quad X=\sqrt{x^2-a^2}\,. \tag{c}$$

Diese Substitutionen bezwecken, X als eine rationale Funktion der trigonometrischen Funktionen $\sin u$, $\cos u$, $\operatorname{tg} u$, $\operatorname{cotg} u$ darzustellen; man erhält im Fall

$$\text{a)}\quad x=a\cos u\,, \qquad dx=-a\sin u\,du\,, \qquad X=a\sin u$$

$$\text{bzw.}\quad x=a\sin u\,, \qquad dx=a\cos u\,du\,, \qquad X=a\cos u\,; \tag{d}$$

$$\text{b)}\quad x=a\operatorname{tg} u\,, \qquad dx=\frac{a\,du}{\cos^2 u}\,, \qquad X=\frac{a}{\cos u}$$

$$\text{bzw.}\quad x=a\operatorname{cotg} u\,, \qquad dx=-\frac{a\,du}{\sin^2 u}\,, \qquad X=\frac{a}{\sin u}\,; \tag{e}$$

$$\text{c)}\quad x=\frac{a}{\cos u}\,, \qquad dx=\frac{a\sin u\,du}{\cos^2 u}\,, \qquad X=a\operatorname{tg} u$$

$$\text{bzw.}\quad x=\frac{a}{\sin u}\,, \qquad dx=-\frac{a\cos u\,du}{\sin^2 u}\,, \qquad X=a\operatorname{cotg} u\,. \tag{f}$$

Beispiel d) Gesucht ist $\int\frac{dx}{(x-b)\sqrt{x^2-a^2}}$.

Nach (f) wird

$$\int=\int\frac{a\sin u\,du}{\cos^2 u\left(\frac{a}{\cos u}-b\right)a\operatorname{tg} u}=\int\frac{du}{a-b\cos u}\,.$$

Dieses neue Integral einer trigonometrischen Funktion wird in 236 ausgewertet. Eine einfachere Lösung hätte (232d) ergeben.

Beispiel e) Gesucht ist $\int \frac{dx}{(x^2-1)\sqrt{x^2+1}}$.

Man substituiert $x = 1 \cdot \operatorname{tg} u$ und erhält nach (e) und (222e)

$$\int = \int \frac{du \cos u}{\cos^2 u\,(\operatorname{tg}^2 u - 1)} = \int \frac{du \cos u}{2\sin^2 u - 1} = \int \frac{dv}{2v^2 - 1}$$

$$= \frac{1}{2\sqrt{2}} \lg \frac{2v - \sqrt{2}}{2v + \sqrt{2}} = \frac{1}{2\sqrt{2}} \lg \frac{\sin u \cdot \sqrt{2} - 1}{\sin u \cdot \sqrt{2} + 1}$$

$$= \frac{1}{2\sqrt{2}} \lg \frac{x\sqrt{2} - \sqrt{x^2+1}}{x\sqrt{2} + \sqrt{x^2+1}}.$$

Beispiel f) Gesucht ist $\int \frac{x\,dx}{\sqrt{x^2+x+1}}$.

Man wird zuvor den Radikanden quadratisch ergänzen,

$$x^2 + x + \tfrac{1}{4} + \tfrac{3}{4} = (x + \tfrac{1}{2})^2 + (\tfrac{1}{2}\sqrt{3})^2 = z^2 + a^2,$$

wenn man $x + \frac{1}{2} = z$ und $\frac{3}{4} = a^2$ setzt; es wird

$$\int = \int \frac{(z - \frac{1}{2})\,dz}{\sqrt{z^2+a^2}} = \int \frac{z\,dz}{\sqrt{z^2+a^2}} - \frac{1}{2}\int \frac{dz}{\sqrt{z^2+a^2}}$$

$$= \sqrt{z^2+a^2} - \tfrac{1}{2}\lg\left(z + \sqrt{z^2+a^2}\right)$$

$$= \sqrt{x^2+x+1} - \tfrac{1}{2}\lg\left(x + \tfrac{1}{2} + \sqrt{x^2+x+1}\right)$$

nach (229a, b).

C. Integrale transzendenter Funktionen.

235. Integrale trigonometrischer Funktionen. Ein allgemeiner Weg, so wie er für die rationalen und irrationalen Funktionen angegeben war, fehlt für die Integrale transzendenter und insbesondere trigonometrischer Funktionen. Die Kenntnis zahlreicher trigonometrischer Formeln ist eine wesentliche Unterstützung; deswegen braucht man diese trigonometrischen Formeln aber nicht auswendig wissen, wenn man nur Kenntnis von ihrem Vorhandensein hat. Es sei beispielsweise nur erinnert an die oft gebrauchten Formeln

$$1 + \cos x = 2\cos^2\frac{x}{2}, \quad 1 - \cos x = 2\sin^2\frac{x}{2}, \quad \sin x = 2\sin\frac{x}{2}\cos\frac{x}{2} \quad \text{(a)}$$

$$\left.\begin{aligned} 2\sin ax \sin bx &= \cos(a-b)x - \cos(a+b)x, \\ 2\cos ax \cos bx &= \cos(a-b)x + \cos(a+b)x, \\ 2\sin ax \cos bx &= \sin(a+b)x + \sin(a-b)x \text{ usw.} \end{aligned}\right\} \tag{b}$$

So wird beispielsweise nach (55 i), wenn man $x = 2z$ setzt,

$$\int \frac{dx}{\sin x} = \int \frac{2\,dz}{2\sin z \cos z} = \lg \operatorname{tg} z + C_1 = -\lg \operatorname{cotg} z + C_2$$

oder

$$\int \frac{dx}{\sin x} = \lg \operatorname{tg}\frac{x}{2} + C_1 = -\lg \operatorname{cotg}\frac{x}{2} + C_2. \tag{c}$$

Durch die Substitution $x = \frac{1}{2}\pi - z$ erhält man

$$\int \frac{dx}{\cos x} = \int \frac{-dz}{\sin z} = -\lg \operatorname{tg}\frac{z}{2} + C_1 = \lg \operatorname{cotg}\frac{z}{2} + C_2$$

$$= -\lg \operatorname{tg}\left(\frac{\pi}{4} - \frac{x}{2}\right) + C_1 = \lg \operatorname{cotg}\left(\frac{\pi}{4} - \frac{x}{2}\right) + C_2. \tag{d}$$

Nach (a) werden die beiden nachfolgenden Integrale, wenn man $x = 2t$ setzt,

$$\int \frac{dx}{1+\cos x} = \int \frac{dx}{2\cos^2\frac{x}{2}} = \int \frac{dt}{\cos^2 t} = \operatorname{tg} t$$

oder

$$\int \frac{dx}{1+\cos x} = \operatorname{tg}\frac{x}{2}; \quad \text{ebenso} \quad \int \frac{dx}{1-\cos x} = -\operatorname{cotg}\frac{x}{2}. \tag{e}$$

Auf sie wieder führt man durch die Substitution $x = \frac{1}{2}\pi - z$ zurück

$$\left.\begin{aligned} \int \frac{dx}{1+\sin x} &= \int \frac{-dz}{1+\cos z} = -\operatorname{tg}\frac{z}{2} = -\operatorname{tg}\left(\frac{\pi}{4} - \frac{x}{2}\right); \\ \int \frac{dx}{1-\sin x} &= \int \frac{-dz}{1-\cos z} = \operatorname{cotg}\frac{z}{2} = \operatorname{cotg}\left(\frac{\pi}{4} - \frac{x}{2}\right). \end{aligned}\right. \tag{f}$$

Die Beziehung

$$\sin x + \cos x = \sqrt{2}\sin\left(x + \tfrac{1}{4}\pi\right)$$

und die Substitution

$$x + \tfrac{1}{4}\pi = z$$

liefern

$$\int \frac{dx}{\sin x + \cos x} = \int \frac{dx}{\sqrt{2}\sin\left(x + \frac{1}{4}\pi\right)} = \frac{1}{\sqrt{2}}\int \frac{dz}{\sin z}$$

$$= \frac{1}{\sqrt{2}} \lg \operatorname{tg}\frac{z}{2} = \frac{1}{\sqrt{2}} \lg \operatorname{tg}\left(\frac{x}{2} + \frac{\pi}{8}\right). \tag{g}$$

Die Anwendung der Formel (b) gibt

$$\int \sin ax \sin bx\, dx = \tfrac{1}{2}\int \cos(a-b)x\, dx - \tfrac{1}{2}\int \cos(a+b)x\, dx,$$

und wenn man beim ersten bzw. zweiten Integral substituiert

$$(a-b)x = u \quad \text{oder} \quad dx = \frac{du}{a-b} \quad \text{bzw.} \quad (a+b)x = v \quad \text{oder} \quad dx = \frac{dv}{a+b},$$

$$\int = \frac{1}{2(a-b)}\int \cos u\, du - \frac{1}{2(a+b)}\int \cos v\, dv$$

oder

$$\int \sin ax \sin bx\, dx = \frac{\sin(a-b)x}{2(a-b)} - \frac{\sin(a+b)x}{2(a+b)}; \qquad \text{(h)}$$

ebenso findet man noch

$$\int \cos ax \cos bx\, dx = \frac{\sin(a-b)x}{2(a-b)} + \frac{\sin(a+b)x}{2(a+b)}; \qquad \text{(i)}$$

$$\int \sin ax \cos bx\, dx = -\frac{\cos(a+b)x}{2(a+b)} - \frac{\cos(a-b)x}{2(a-b)}. \qquad \text{(k)}$$

Mit Anwendung der partiellen Integration setzt man beim nachfolgenden Integral

$$u = \arcsin x \quad \text{und} \quad dv = dx, \quad \text{also} \quad v = x, \quad du = \frac{dx}{\sqrt{1-x^2}}$$

und erhält $\displaystyle\int \arcsin x\, dx = x \arcsin x - \int \frac{x\, dx}{\sqrt{1-x^2}}$

oder

$$\int \arcsin x\, dx = x \arcsin x + \sqrt{1-x^2}. \qquad \text{(l)}$$

Nach dem gleichen Verfahren erhält man

$$\int \operatorname{arccos} x\, dx = x \operatorname{arccos} x - \sqrt{1-x^2}; \qquad \text{(m)}$$

$$\int \operatorname{arc\,tg} x\, dx = x \operatorname{arctg} x - \tfrac{1}{2}\lg(1+x^2); \qquad \text{(n)}$$

$$\int \operatorname{arc\,cotg} x\, dx = x \operatorname{arccotg} x + \tfrac{1}{2}\lg(1+x^2). \qquad \text{(o)}$$

Beispiel a) und b). Gesucht der Wert der bestimmten Integralen

$$\text{a)} \int_{\frac{3}{4}\pi}^{\pi} \frac{\cos 2\varphi}{\cos\varphi}\, d\varphi \qquad \text{b)} \int_0^{\pi} \sin u \cdot \sqrt{3\cos^2 u + 1}\, du.$$

$$\text{a)} \int = \int \frac{2\cos^2\varphi - 1}{\cos\varphi}\, d\varphi = 2\int \cos\varphi\, d\varphi - \int \frac{d\varphi}{\cos\varphi}$$

$$= 2\sin\varphi + \lg\operatorname{tg}\left(\frac{\pi}{4} - \frac{x}{2}\right) + C.$$

Das bestimmte Integral wird

$$\int_{\frac{5}{4}\pi}^{\pi} = 2\sin\pi + \lg\operatorname{tg}\left(\frac{\pi}{4}-\frac{\pi}{2}\right) - 2\sin\tfrac{3}{4}\pi - \lg\operatorname{tg}\left(\frac{\pi}{4}-\frac{3\pi}{8}\right)$$

$$= 0 + \lg(-1) - 2\cdot\tfrac{1}{2}\sqrt{2} - \lg(1-\sqrt{2}) = -\sqrt{2} + \lg\frac{1}{\sqrt{2}-1}$$

$$= -\sqrt{2} + \lg(1+\sqrt{2}).$$

b) Neben $\cos u$ tritt nur mehr das Differential von $\cos u$ auf man setzt $\cos u = x$,

$$\int = -\int\sqrt{3x^2+1}\,dx = -\sqrt{3}\int\sqrt{x^2+\tfrac{1}{3}}\,dx$$

$$= -\sqrt{3}\left[\frac{x}{2}\sqrt{} + \tfrac{1}{6}\lg(x+\sqrt{})\right],$$

nach (230f) für $a^2 = \frac{1}{3}$. Die Grenzen $u = 0$ und $u = \pi$ gehen über in $x = 1$ und $x = -1$, so daß das bestimmte Integral wird

$$\int_{u=0}^{u=\pi} = \int_{x=1}^{x=-1} = -\tfrac{1}{6}\sqrt{3}\left[3x\sqrt{x^2+\tfrac{1}{3}} + \lg\left(x+\sqrt{x^2+\tfrac{1}{3}}\right)\right]_1^{-1}$$

$$= -\tfrac{1}{6}\sqrt{3}\left[-3\sqrt{\tfrac{4}{3}} + \lg\left(-1+\sqrt{\tfrac{4}{3}}\right) - 3\sqrt{\tfrac{4}{3}} - \lg\left(1+\sqrt{\tfrac{4}{3}}\right)\right]$$

$$= 2 - \tfrac{1}{3}\sqrt{3}\lg(2-\sqrt{3}).$$

236. Fortsetzung. Eine für viele Integrale trigonometrischer Funktionen brauchbare allgemeine Regel sagt aus:

$$\int f(\sin x,\quad \cos x,\quad \operatorname{tg} x,\quad \operatorname{cotg} x)\,dx$$

geht durch die Substitution $\operatorname{tg}\frac{x}{2} = u$ über in

$$\int\left(\frac{2u}{1+u^2},\quad \frac{1-u^2}{1+u^2},\quad \frac{2u}{1-u^2},\quad \frac{1-u^2}{2u}\right)\frac{2\,du}{1+u^2}. \tag{a}$$

Denn

$$\operatorname{tg}\frac{x}{2} = u \quad \text{bedingt} \quad \sin\frac{x}{2} = \frac{u}{\sqrt{u^2+1}}, \quad \cos\frac{x}{2} = \frac{1}{\sqrt{u^2+1}},$$

also

$$\sin x = 2\sin\frac{x}{2}\cos\frac{x}{2} = \frac{2u}{1+u^2};$$

und daraus wieder ergibt sich

$$\cos x = \frac{1-u^2}{1+u^2}, \qquad \operatorname{tg} x = \frac{2u}{1-u^2}, \qquad \operatorname{cotg} x = \frac{1-u^2}{2u}.$$

Aus $\operatorname{tg}\frac{x}{2} = u$ oder $x = 2\operatorname{arctg} u$ wird noch $dx = \frac{2\,du}{1+u^2}$.

Beispiel a) Nach dieser Regel berechnet man

$$\int \frac{dx}{a+b\cos x} = \int \frac{2\,du}{\left(a+b\,\frac{1-u^2}{1+u^2}\right)(1+u^2)} = \int \frac{2\,du}{(a-b)\,u^2+a+b} \tag{b}$$

und hat das Integral der trigonometrischen Funktion auf ein solches einer rationalen Funktion zurückgeführt. Je nach den Werten von a und b kommt entweder (222e) oder (222l) zur Anwendung; die erste Formel setzt $|a| < |b|$ voraus, die zweite umgekehrt $|a| > |b|$. Man erhält demnach, wenn man $b-a$ statt a und $a+b$ statt b in (222e) setzt und vereinfacht,

$$\int \frac{dx}{a+b\cos x} = \frac{1}{\sqrt{b^2-a^2}} \lg \frac{b+a\cos x+\sin x\cdot\sqrt{b^2-a^2}}{a+b\cos x} \quad \text{für } a^2 < b^2, \tag{c}$$

und wenn man $a-b$ statt a und $a+b$ statt b in (222l) einsetzt und wieder vereinfacht,

$$\int \frac{dx}{a+b\cos x} = \frac{2}{\sqrt{a^2-b^2}} \operatorname{arctg}\left(\sqrt{\frac{a-b}{a+b}}\operatorname{tg}\frac{x}{2}\right) \quad \text{für } a^2 > b^2. \tag{d}$$

Von der Richtigkeit der Formel überzeugt man sich am einfachsten durch Differenzieren.

Beispiel b) Gesucht ist der Wert des bestimmten Integrals

$$\int_0^{\frac{\pi}{2}} \frac{dx}{a+b\cos x}$$

und zwar für jeden der drei Fälle, daß nämlich $a^2 > b^2$ oder $a^2 < b^2$ oder $a = b$.

Die unbestimmten Integrale sind bereits durch die Formeln (d), (c) und (235e) entwickelt, man erhält sonach im ersten Fall mit Benützung von Aufg. 10 in 31

$$\int_0^{\frac{\pi}{2}} = \frac{2}{\sqrt{a^2-b^2}} \operatorname{arctg}\sqrt{\frac{a-b}{a+b}} = \frac{1}{\sqrt{a^2-b^2}} \arccos\frac{b}{a},$$

im zweiten Fall

$$\int_0^{\frac{\pi}{2}} = \frac{1}{\sqrt{b^2-a^2}}\left[\lg\frac{b+\sqrt{b^2-a^2}}{a} - \lg\frac{b+a}{a+b}\right] = \frac{1}{\sqrt{b^2-a^2}}\lg\frac{b+\sqrt{b^2-a^2}}{a},$$

und im dritten $$\int_0^{\frac{\pi}{2}} = \frac{1}{a}\left[\operatorname{tg}\frac{\pi}{4} - \operatorname{tg} 0\right] = \frac{1}{a}.$$

Alle drei Formeln werden gleich, wenn man imaginäre Zahlen benützt, also für den Fall $b^2 > a^2$ auch setzen kann $\sqrt{a^2-b^2} = i\sqrt{b^2-a^2}$.

Beispiel c) Wenn man $x = \frac{1}{2}\pi - z$ setzt, wird

$$\int\frac{dx}{a+b\sin x} = -\int\frac{dz}{a+b\cos z}$$

nach der vorausgehenden Formel ausgewertet.

Beispiel d) Man ermittle $\int\frac{dx}{1-a^2\sin^2 x}$ durch die Substitution $\operatorname{tg} x = t$.

Diese Substitution bedingt

$$\sin x = \frac{t}{\sqrt{1+t^2}},\quad \cos x = \frac{1}{\sqrt{1+t^2}},\quad dx = \frac{dt}{1+t^2};$$

dann wird $$\int = \int\frac{dt}{(1+t^2)\left(1-a^2\frac{t^2}{1+t^2}\right)} = \int\frac{dt}{1+t^2(1-a^2)}$$

oder nach (222 l)

$$\int\frac{dx}{1-a^2\sin^2 x} = \frac{1}{\sqrt{1-a^2}}\operatorname{arctg}\left(t\sqrt{1-a^2}\right)$$

$$= \frac{1}{\sqrt{1-a^2}}\operatorname{arctg}\left(\sqrt{1-a^2}\cdot\operatorname{tg} x\right). \qquad \text{(e)}$$

Dabei ist a als echter Bruch vorausgesetzt; für $a^2 > 1$ erscheint das Integral in imaginärer Form; um es in reeller Form zu erhalten, wendet man (222 e) an.

237. Fortsetzung. Die meisten der für den Ingenieur wichtigen trigonometrischen Integrale lassen sich mit Hilfe der nachfolgenden Reduktionsformeln lösen. Diese selbst werden gewöhnlich mit

Hilfe der partiellen Integration gefunden. Bei all den gefundenen Formeln werden die Exponenten m und n, wenn nicht anders angegeben, als ganz und positiv vorausgesetzt.

Wenn man beim ersten der nachfolgenden Integrale

$$u = \sin^{m-1} x \quad \text{wählt, wird} \quad dv = \sin x\, dx,$$

also

$$du = (m-1)\sin^{m-2} x \cos x\, dx \quad \text{und} \quad v = -\cos x\, dx,$$

und deswegen

$$\int \sin^m x\, dx = -\sin^{m-1} x \cos x + (m-1)\int \sin^{m-2} x \cos^2 x\, dx.$$

Das Integral der rechten Gleichungsseite zerlegt man in zwei neue mit Hilfe der Beziehung $\cos^2 x = 1 - \sin^2 x$ und erhält

$$\int \sin^m x\, dx = -\sin^{m-1} x \cos x + (m-1)\int \sin^{m-2} x\, dx - (m-1)\int \sin^m x\, dx.$$

Dann schafft man das zweite Integral auf die linke Seite und dividiert mit m,

$$\int \sin^m x\, dx = \frac{-\sin^{m-1} x \cos x}{m} + \frac{m-1}{m}\int \sin^{m-2} x\, dx. \tag{a}$$

Ebenso erhält man

$$\int \cos^m x\, dx = \frac{\cos^{m-1} x \sin x}{m} + \frac{m-1}{m}\int \cos^{m-2} x\, dx. \tag{b}$$

Für die Sonderfälle $m = 2$ wird

$$\left.\begin{aligned} \int \sin^2 x\, dx &= -\frac{\sin x \cos x}{2} + \frac{x}{2}, \\ \int \cos^2 x\, dx &= \frac{\sin x \cos x}{2} + \frac{x}{2}. \end{aligned}\right\} \tag{c}$$

Beispiel a) und b) Man entwickle die Integrale der Formeln (a) und (b) ohne Reduktionsformel für den Fall eines ungeraden m.

Man berücksichtigt

$$\sin x\, dx = -d\cos x, \quad \cos x\, dx = d\sin x, \quad \sin^2 x + \cos^2 x = 1,$$

und erhält

$$\int \sin^{2n+1} x\, dx = \int (\sin^2 x)^n \sin x\, dx = \int (1 - \cos^2 x)^n \sin x\, dx,$$

oder mit $\cos x = u$ und deswegen $-\sin x\, dx = du$

$$\int \sin^{2n+1} x\, dx = -\int (1 - u^2)^n\, du. \tag{d}$$

Ebenso erhält man für $\sin x = u$

$$\int \cos^{2n+1} x\, dx = \int (1 - u^2)^n\, du. \tag{e}$$

Durch partielle Integration wie oben erhält man die Reduktionsformeln

$$\int \mathrm{tg}^m x\,dx = \frac{\mathrm{tg}^{m-1} x}{m-1} - \int \mathrm{tg}^{m-2} x\,dx, \tag{f}$$

$$\int \mathrm{cotg}^m x\,dx = -\frac{\mathrm{cotg}^{m-1} x}{m-1} - \int \mathrm{cotg}^{m-2} x\,dx. \tag{g}$$

Für den Sonderfall $m = 2$ wird

$$\left.\begin{aligned} &\int \mathrm{tg}^2 x\,dx = \mathrm{tg}\,x - x, \\ &\int \mathrm{cotg}^2 x\,dx = -\mathrm{cotg}\,x - x. \end{aligned}\right\} \tag{h}$$

Man kann die beiden Integrale (f, g) durch die Substitution

$$\mathrm{tg}\,x = u \quad \text{oder} \quad x = \mathrm{arctg}\,u, \quad \text{sonach} \quad dx = \frac{du}{1+u^2},$$

auch auf solche rationaler Funktionen zurückzuführen:

$$\int \mathrm{tg}^m x\,dx = \int u^m \frac{du}{1+u^2} = \int \frac{u^m\,du}{1+u^2}; \tag{i}$$

ebenso

$$\int \mathrm{cotg}^m x\,dx = -\int \frac{u^m\,du}{1+u^2}. \tag{k}$$

Beispiel c) und d). Gleichfalls mit Hilfe der partiellen Integration erhält man das nachfolgende Integral; wenn man setzt

$$u = \sin^m x \cos^{n-1} x, \quad \text{wird} \quad dv = \cos x\,dx, \quad v = \sin x,$$

$$du = \sin^{m-1} x \cos^{n-2} x\,[m\cos^2 x - (n-1)\sin^2 x]\,dx,$$

$$= \sin^{m-1} x \cos^{n-2} x\,[(m+n-1)\cos^2 x + 1 - n]\,dx,$$

sonach

$$\int \sin^m x \cos^n x\,dx = \sin^{m+1} x \cos^{n-1} x$$
$$- \int \sin^m x \cos^{n-2} x \cdot [(m+n-1)\cos^2 x + 1 - n]\,dx.$$

Das Integral der rechten Seite wird, wenn man ausmultipliziert,

$$-(m+n-1)\int \sin^m x \cos^n x\,dx + (n-1)\int \sin^m x \cos^{n-2} x\,dx.$$

Wenn man noch die gleichen Integrale auf die linke Seite schafft und dann mit $m+n$ dividiert, wird

$$\int \sin^m x \cos^n x\,dx = \frac{\sin^{m+1} x \cos^{n-1} x}{m+n} + \frac{n-1}{m+n}\int \sin^m x \cos^{n-2} x\,dx. \tag{l}$$

Wenn man aber $dv = \sin x\,dx$ wählt, erhält man nach dem gleichen Verfahren

$$\int \sin^m x \cos^n x\,dx = \frac{-\sin^{m-1} x \cos^{n+1} x}{m+n} + \frac{m-1}{m+n}\int \sin^{m-2} x \cos^n x\,dx. \qquad \text{(m)}$$

Beispiel e) und f). Wie wird man die Integration vereinfachen, wenn m oder n eine ungerade Zahl ist?

Man geht wie bei Beispiel a) und b) vor und erhält

$$\int \cos^m x \sin^{2n+1} x\,dx = \int \cos^m x \sin^{2n} x \cdot \sin x\,dx$$

$$= -\int u^m (1-u^2)^n\,du, \qquad \text{(n)}$$

wenn man nämlich $\cos x = u$ setzt; und ebenso

$$\int \sin^m x \cos^{2n+1} x\,dx = \int u^m (1-u^2)^n\,du \qquad \text{(o)}$$

für die Substitution $\sin x = u$.

238. Fortsetzung. Beispiel a) und b). Wie wird die Formel (l) der vorausgehenden Nummer für negative m oder n?

Die Formeln gelten selbstverständlich für jedes m oder n; wenn man m durch $-m$ in (l) setzen würde, hätte man

$$\int \frac{\cos^n x\,dx}{\sin^m x} = \frac{\cos^{n-1} x}{(n-m)\sin^{m-1}} + \frac{n-1}{n-m}\int \frac{\cos^{n-2} x}{\sin^m x}\,dx.$$

Die erhaltene Formel ist für recht viele Zwecke weniger brauchbar, weil im Integral der rechten Gleichungsseite die m-te Potenz im Nenner geblieben ist. Man wünscht eine Formel, die das Integral der linken Seite auf ein anderes reduziert, bei der nicht die Zähler-, sondern die Nennerfunktion einfacher ist als vorher. Man verfährt wie unter 231 und ersetzt n durch $-r$, so daß

$$\int \frac{\sin^m x}{\cos^r x}\,dx = \frac{\sin^{m+1} x}{(m-r)\cos^{r+1} x} - \frac{r+1}{m-r}\int \frac{\sin^m x}{\cos^{r+2}}\,dx.$$

Die Gleichung bleibt richtig, wenn man $r+2$ durch n ersetzt und deswegen r durch $n-2$,

$$\int \frac{\sin^m x}{\cos^{n-2} x}\,dx = \frac{\sin^{m+1} x}{(m-n+2)\cos^{n-1} x} - \frac{n-1}{m-n+2}\int \frac{\sin^m x}{\cos^n x}\,dx.$$

Oder wenn man nach dem Integral der rechten Seite auflöst,

$$\int \frac{\sin^m x}{\cos^n x}\,dx = \frac{\sin^{m+1} x}{(n-1)\cos^{n-1} x} + \frac{n-m-2}{n-1}\int \frac{\sin^m x}{\cos^{n-2} x}\,dx. \qquad \text{(a)}$$

Ebenso erhält man

$$\int \frac{\cos^n x}{\sin^m x}\,dx = \frac{-\cos^{n+1} x}{(m-1)\sin^{m-1} x} + \frac{m-n-2}{m-1}\int \frac{\cos^n x}{\sin^{m-2} x}\,dx. \tag{b}$$

Von beiden Formeln sind Sonderfälle

$$\int \frac{dx}{\sin^m x} = \frac{-\cos x}{(m-1)\sin^{m-1} x} + \frac{m-2}{m-1}\int \frac{dx}{\sin^{m-2} x}, \tag{c}$$

$$\int \frac{dx}{\cos^n x} = \frac{\sin x}{(n-1)\cos^{n-1} x} + \frac{n-2}{n-1}\int \frac{dx}{\cos^{n-2} x}. \tag{d}$$

Beispiel c) und d). Man entwickle die beiden letzten Integrale ohne Reduktionsformeln, falls m oder n eine gerade Zahl ist.

Man berücksichtigt

$$\frac{dx}{\cos^2 x} = d\,\mathrm{tg}\,x \quad \text{und} \quad \frac{1}{\cos^2 x} = 1 + \mathrm{tg}^2 x$$

und erhält

$$\int \frac{dx}{\cos^{2n} x} = \int \frac{1}{(\cos^2 x)^{n-1}} \cdot \frac{dx}{\cos^2 x} = \int (1 + \mathrm{tg}^2 x)^{n-1}\, d\,\mathrm{tg}\,x$$

oder

$$\int \frac{dx}{\cos^{2n} x} = \int (1 + u^2)^{n-1}\, du, \tag{e}$$

wenn man $\mathrm{tg}\,x = u$ setzt. Ebenso erhält man

$$\int \frac{dx}{\sin^{2n} x} = -\int (1 + u^2)^{n-1}\, du, \tag{f}$$

wenn man $\mathrm{cotg}\,x = u$ setzt.

Beispiel e). Gesucht ist der Schwerpunkt des über der x-Achse gelegenen Bogens der Herzkurve

$$r = 2a(1 + \cos\varphi).$$

Aus Beispiel 67 b) weiß man, daß die Bogenlänge $s = 8a$. Dann wird nach (73) und Beispiel 31 d)

$$8a \cdot \xi = \int_0^{\pi} 2a(1 + \cos\varphi)\cos\varphi\, 4a\cos\frac{\varphi}{2}\,d\varphi = 16a^2 \int_0^{\pi} \cos^3\frac{\varphi}{2}\cos\varphi\,d\varphi$$

oder mit $\varphi = 2u$ und nachher $\sin u = x$,

$$\xi = 4a\int_0^{\frac{1}{2}\pi} \cos^2 u\,(1 - 2\sin^2 u)\cdot\cos u\,du = 4a\int_0^1 (1 - x^2)(1 - 2x^2)\,dx$$

$$= 4a\left[x - x^3 + \tfrac{2}{5}x^5\right]_0^1 = \tfrac{8}{5}a.$$

Man beachte den Wechsel der Grenzen beim Übergang von der Veränderlichen φ zu u und dann zu x. Ebenso erhält man

$$\eta = a \int_0^\pi (1 + \cos\varphi) \sin\varphi \cos\frac{\varphi}{2}\, d\varphi = 2a \int_0^\pi \cos^3\frac{\varphi}{2} \sin\varphi\, d\varphi$$

$$= 8a \int_0^{\frac{1}{2}\pi} \cos^4 u \sin u\, du = -8a \int_1^0 x^4\, dx = -\tfrac{8}{5} a \left[x^5\right]_1^0 = \tfrac{8}{5} a$$

239. Fortsetzung. Beim Integral $\int x^m \sin x\, dx$ setzt man

$$u = x^m, \quad \text{so daß} \quad dv = \sin x\, dx,$$
$$du = mx^{m-1}, \quad v = -\cos x\, dx$$

wird, und erhält

$$\int x^m \sin x\, dx = -x^m \cos x + m \int x^{m-1} \cos x\, dx. \tag{a}$$

In der gleichen Weise ergibt sich

$$\int x^m \cos x\, dx = x^m \sin x - m \int x^{m-1} \sin x\, dx. \tag{b}$$

Beispiel a und b) Wie werden die vorausgehenden Formeln, wenn m negativ ist?

Die Formeln gelten selbstverständlich für alle m; setzt man $-r$ statt m, so wird

$$\int \frac{\sin x\, dx}{x^r} = -\frac{\cos x}{x^r} - r \int \frac{\cos x\, dx}{x^{r+1}}.$$

Nun kann man $r+1$ durch n und deswegen r durch $n-1$ ersetzen und nach dem Integral der rechten Gleichungsseite auflösen. Dann wird

$$\int \frac{\cos x\, dx}{x^n} = \frac{-\cos x}{(n-1)x^{n-1}} - \frac{1}{n-1} \int \frac{\sin x\, dx}{x^{n-1}}. \tag{c}$$

Ebenso erhält man

$$\int \frac{\sin x\, dx}{x^n} = \frac{-\sin x}{(n-1)x^{n-1}} + \frac{1}{n-1} \int \frac{\cos x\, dx}{x^{n-1}}. \tag{d}$$

Beispiel c) und d) Man gebe die Sonderfälle der vorausgehenden Integrale für $m = 1$ und $n = 1$ an.

Die Formeln (a) und (b) gehen für $m = 1$ über in

$$\left.\begin{aligned} \int x \sin x\, dx &= -x \cos x + \sin x, \\ \int x \cos x\, dx &= x \sin x + \cos x. \end{aligned}\right\} \tag{e}$$

Die Formeln (c) und (d) würden für $n=1$ unbrauchbare Werte annehmen, weil in beiden Summanden $n-1$ im Nenner auftritt. Die Berechnung dieser Integrale siehe unter 243.

Beispiel e) Man ermittle $\int \frac{x+\sin x}{1+\cos x}\,dx$.

Man geht auf 236 zurück und setzt $\operatorname{tg}\frac{x}{2}=u$. Dann wird $x=2\operatorname{arc\,tg} u$ und wegen (235m)

$$\int=\int \frac{2\operatorname{arc\,tg} u+2u:(1+u^2)}{1+(1-u^2):(1+u^2)}\,\frac{2\,du}{1+u^2}=2\int\left[\operatorname{arc\,tg} u+\frac{u}{1+u^2}\right]du$$

$$=2\int \operatorname{arc\,tg} u\cdot du+\int\frac{2u\,du}{1+u^2}$$

$$=2\left[u\operatorname{arc\,tg} u-\tfrac{1}{2}\lg(1+u^2)\right]+\lg(1+u^2)=2u\operatorname{arc\,tg} u$$

oder

$$\int \frac{x+\sin x}{1+\cos x}\,dx=x\operatorname{tg}\frac{x}{2}. \tag{f}$$

Beispiel f) Durch die Substitution

$$x=\sin u \quad \text{oder} \quad dx=\cos u\,du \quad \text{und} \quad u=\arcsin x$$

wird

$$\int x\arcsin x\,dx=\int \sin u\cdot u\cos u\,du.$$

Das neue Integral kann man mit Hilfe der teilweisen Integration auswerten; oder man setzt

$$2u=v \quad \text{sonach} \quad 2\,du=dv,$$

und erhält nach (e)

$$\int u\cdot\sin u\cos u\,du=\tfrac{1}{8}\int v\sin v\,dv=-\tfrac{1}{8}v\cos v+\tfrac{1}{8}\sin v$$
$$=-\tfrac{1}{4}u(1-2\sin^2 u)+\tfrac{1}{4}\sin u\cos u$$

oder

$$\int x\arcsin x\,dx=\tfrac{1}{4}\left[\arcsin x\cdot(2x^2-1)+x\sqrt{1-x^2}\right]. \tag{g}$$

Ebenso wird mit $\cos u=x$, bezw. $\operatorname{tg} u=x$, $\operatorname{cotg} u=x$

$$\int x\arccos x\,dx=\tfrac{1}{4}\left[\arccos x\cdot(2x^2-1)-x\sqrt{1-x^2}\right]; \tag{h}$$

$$\int x\operatorname{arc\,tg} x\,dx=\tfrac{1}{2}\left[\operatorname{arc\,tg} x\cdot(x^2+1)-x\right]; \tag{i}$$

$$\int x\operatorname{arc\,cotg} x\,dx=\tfrac{1}{2}\left[\operatorname{arc\,cotg} x\cdot(x^2+1)+x\right]. \tag{k}$$

240. Integrale von Exponential- und Logarithmusfunktionen. Zu beachten sind die Beziehungen

$$e^{a x} = (e^a)^x \quad \text{oder umgekehrt} \quad a^x = (e^{\lg a})^x,$$

$$\overset{a}{\log} x = \lg x : \lg a,$$

$$d a^x = a^x \lg a \, dx, \quad d \overset{a}{\log} x = \frac{dx}{x \lg a}.$$

Von früher her sind bereits bekannt die Integrale

$$\int e^x \, dx = e^x, \tag{a}$$

$$\int a^x \, dx = \frac{a^x}{\log a}. \tag{b}$$

Auf das letzte Integral führt man zurück

$$\int e^{a x} \, dx = \int (e^a)^x \, dx = \frac{e^{a x}}{a}. \tag{c}$$

Das nachfolgende Integral löst man durch partielle Integration. Man setzt

$$u = \lg x, \quad \text{so daß} \quad dv = dx, \quad du = \frac{dx}{x}, \quad v = x$$

wird, und erhält

$$\int \lg x \, dx = x \cdot \lg x - \int x \cdot \frac{dx}{x} = x \lg x - x$$

oder

$$\int \lg x \, dx = x (\lg x - 1). \tag{d}$$

Wegen $\overset{a}{\log} x = \lg x : \lg a$ wird

$$\int \overset{a}{\log} x \, dx = \frac{1}{\lg a} \int \lg x \, dx = \frac{x}{\lg a} (\lg x - 1) \tag{e}$$

Beispiel a) Man ermittle $\int \frac{dx}{\lg x}$.

Man setzt $\lg x = u$, sonach $\frac{dx}{x} = du$, und erhält

$$\int \frac{dx}{\lg x} = \int \frac{x \, du}{u} = \int \frac{e^u \, du}{u}. \tag{f}$$

Die Entwicklung dieses neuen Integrals bringt 243.

Durch partielle Integration findet man das nachfolgende Integral. Man setzt

$$u = x^m, \quad \text{so daß} \quad dv = e^x \, dx,$$

$$du = m x^{m-1} \, dx, \qquad v = e^x$$

wird, und erhält

$$\int x^m e^x \, dx = x^m e^x - m \int x^{m-1} e^x \, dx. \tag{g}$$

Wenn man die gleiche Formel nochmal auf das rechtsstehende Integral anwendet und immer wiederholt, erhält man

$$\int x^m e^x\,dx = x^m e^x\left[1-\binom{m}{1}\frac{1!}{x}+\binom{m}{2}\frac{2!}{x^2}-+\ldots+(-1)^m\frac{m!}{x^m}\right] \tag{h}$$

Auf dieses Integral führt man das nachfolgende zurück, indem man schreibt

$$\int x^m a^x\,dx = \int x^m e^{x\lg a}\,dx$$

und $x\lg a = u$ substituiert. Dann wird

$$\int x^m a^x\,dx = \frac{1}{(\lg a)^{m+1}}\int u^m e^u\,du; \tag{i}$$

und wenn man ausrechnet,

$$\int x^m a^x\,dx = \frac{x^m a^x}{\lg a}\left[1-\binom{m}{1}\frac{1!}{x\lg a}\right.$$

$$\left.+\binom{m}{2}\frac{2!}{(x\lg a)^2}-+\ldots+(-1)^m\frac{m!}{(x\lg a)^m}\right]. \tag{k}$$

Beispiel b) Für die Sonderfälle $m=1$ und $m=2$ erhält man die Formeln

$$\int x e^x\,dx = e^x(x-1), \tag{l}$$

$$\int x a^x\,dx = \frac{a^x(x\lg a-1)}{(\lg a)^2}, \tag{m}$$

$$\int x^2 e^x\,dx = e^x(x^2-2x+2), \tag{n}$$

$$\int x^2 a^x\,dx = \frac{a^x}{(\lg a)^3}[(x\lg a)^2-2x\lg a+2]. \tag{o}$$

Die Formeln (g, i, k) gelten zwar für beliebige m, müssen aber zuvor noch umgewandelt werden, wenn sie für negative Exponenten brauchbar sein sollen. Setzt man $-n$ statt m, so wird

$$\int x^{-n} e^x\,dx = x^{-n}e^x + n\int x^{-n-1}e^x\,dx;$$

oder wenn man $n+1$ durch m ersetzt, sonach n durch $m-1$,

$$\int\frac{e^x\,dx}{x^{m-1}} = \frac{e^x}{x^{m-1}} + (m-1)\int\frac{e^x\,dx}{x^m},$$

oder umgekehrt

$$\int\frac{e^x\,dx}{x^m} = \frac{-e^x}{(m-1)x^{m-1}} + \frac{1}{m-1}\int\frac{e^x\,dx}{x^{m-1}}. \tag{p}$$

Diese letzte Formel wird für $m = 2$

$$\int \frac{e^x\,dx}{x^2} = \frac{-e^x}{x} + \int \frac{e^x\,dx}{x} \tag{q}$$

Für $m = 1$ führt die Formel zu keinem Ergebnis, siehe 243.

241. Fortsetzung. Ebenfalls durch partielle Integration erhält man die nachstehenden beiden Integrale. Man wählt beim ersten

$$u = e^{ax}, \quad \text{so daß} \quad dv = \cos bx \cdot dx,$$

$$du = a\,e^{ax}\,dx, \quad v = \frac{1}{b}\sin bx$$

wird, und

$$\int e^{ax}\cos bx\,dx = \frac{1}{b}\,e^{ax}\sin bx - \frac{a}{b}\int e^{ax}\sin bx\,dx.$$

Das neue Integral ist nicht einfacher, es ist von der gleichen Art wie das gegebene. Man wendet auf es noch einmal die partielle Integration an,

$$u = e^{ax}, \quad \text{also} \quad dv = \sin bx\,dx,$$

$$du = a e^{ax}\,dx, \qquad v = -\frac{1}{b}\cos bx,$$

und erhält

$$\int e^{ax}\sin bx\,dx = -\frac{1}{b}\,e^{ax}\cos bx + \frac{a}{b}\int e^{ax}\cos bx\,dx.$$

Man hat so zwei Gleichungen für zwei Integrale; wenn man nach ihnen auflöst, erhält man

$$\int e^{ax}\cos bx\,dx = e^{ax}\,\frac{a\cos bx + b\sin bx}{a^2 + b^2}, \tag{a}$$

$$\int e^{ax}\sin bx\,dx = e^{ax}\,\frac{a\sin bx - b\cos bx}{a^2 + b^2}. \tag{b}$$

Für den oft auftretenden Sonderfall $a = 1 = b$ gehen die beiden Formeln über in

$$\int e^x\cos x\,dx = \tfrac{1}{2}\,e^x(\cos x + \sin x); \tag{c}$$

$$\int e^x\sin x\,dx = \tfrac{1}{2}\,e^x(\sin x - \cos x). \tag{d}$$

Gleichfalls durch partielle Integration wertet man das nachstehende Integral aus. Man setzt

$$u = \lg x, \quad \text{so daß} \quad dv = x^m\,dx,$$

$$du = \frac{dx}{x}, \qquad v = \frac{x^{m+1}}{m+1}$$

wird, und

$$\int x^m \lg x\, dx = \frac{\lg x \cdot x^{m+1}}{m+1} - \int \frac{x^m\, dx}{m+1}$$

oder

$$\int x^m \lg x\, dx = \frac{x^{m+1}}{m+1}\left(\lg x - \frac{1}{m+1}\right). \tag{e}$$

Für $m = 1$ erhält man den Sonderfall

$$\int x \lg x\, dx = \tfrac{1}{2} x^2 \left(\lg x - \tfrac{1}{2}\right) = \tfrac{1}{4} x^2 \left(\lg x^2 - 1\right). \tag{f}$$

Für negative m würde die Formel (e) lauten

$$\int \frac{\lg x\, dx}{x^m} = \frac{x^{1-m}}{1-m}\left(\lg x - \frac{1}{1-m}\right)$$

$$= \frac{-1}{(m-1)\, x^{m-1}}\left(\lg x + \frac{1}{m-1}\right). \tag{g}$$

Diese letzte Formel würde für $m = 1$ einen unbrauchbaren Wert geben, so daß man sie für diesen Fall nicht anwendet; man wird rechnen

$$\int \frac{\lg x\, dx}{x} = \int \lg x \cdot d \lg x = \tfrac{1}{2} (\lg x)^2. \tag{h}$$

Beispiel a) und b) Gesucht

$$\int \sin(\lg x)\, dx \quad \text{und} \quad \int \cos(\lg x)\, dx.$$

Nach den Regeln der partiellen Integration setzt man im ersten Fall

$$u = \sin(\lg x), \quad \text{so daß} \quad dv = dx$$

$$du = \cos(\lg x)\frac{dx}{x} \qquad v = x$$

wird, und

$$\int \sin(\lg x)\, dx = x \sin(\lg x) - \int \cos(\lg x)\, dx.$$

Auf das neue Integral wendet man wieder die partielle Integration an und setzt

$$u = \cos(\lg x), \quad \text{so daß} \quad dv = dx$$

$$du = -\sin(\lg x)\frac{dx}{x}, \qquad v = x$$

wird, und

$$\int \cos(\lg x)\, dx = x \cos(\lg x) + \int \sin(\lg x)\, dx.$$

Die beiden erhaltenen Gleichungen wird man einmal addieren, das anderemal subtrahieren, und erhält

$$\int \cos(\lg x)\,dx = \tfrac{1}{2}x\,[\sin(\lg x) + \cos(\lg x)]; \qquad \text{(i)}$$

$$\int \sin(\lg x)\,dx = \tfrac{1}{2}x\,[\sin(\lg x) - \cos(\lg x)]. \qquad \text{(k)}$$

Beispiel c) Mit partieller Integration erhält man, wenn man

$$u = \lg(\lg x), \quad \text{also} \quad dv = dx, \quad du = \frac{1}{\lg x}\cdot\frac{dx}{x}, \quad v = x$$

setzt,

$$\int \lg(\lg x)\,dx = x\lg(\lg x) - \int \frac{dx}{\lg x}. \qquad \text{(l)}$$

Das auf der rechten Seite stehende Integral ist nach Beisp. 240a) auszuwerten.

Beispiel d) Wieder durch partielle Integration, indem man

$$u = \lg(\lg x), \quad \text{also} \quad dv = \frac{dx}{x}, \quad du = \frac{1}{\lg x}\cdot\frac{dx}{x}, \quad v = \lg x$$

setzt, erhält man

$$\int \frac{\lg(\lg x)\,dx}{x} = \lg x\cdot\lg(\lg x) - \lg x. \qquad \text{(m)}$$

Zum gleichen Ergebnis wäre man gekommen, wenn man $\lg x = u$ gesetzt hätte.

Beispiel e) Gesucht ist $\displaystyle\int \frac{\lg x\,dx}{(a+bx)^n}$.

Man wendet die partielle Integration an und setzt

$$u = \lg x, \quad \text{so daß} \quad dv = dx\,(a+bx)^{-n}$$

$$du = \frac{dx}{x}, \quad v = \frac{-1}{b(n-1)(a+bx)^{n-1}}$$

wird und damit

$$\int \frac{\lg x\,dx}{(a+bx)^n} = \frac{-\lg x}{b(n-1)(a+bx)^{n-1}} + \frac{1}{b(n-1)}\int \frac{dx}{x(a+bx)^{n-1}}. \qquad \text{(n)}$$

Für den Fall $a = 0$, $b = 1$ erhält man die Formel (g).

Beispiel f) Durch die Substitution $\lg x = u$ erhält man

$$\int \frac{(\lg x)^n\,dx}{x} = \int u^n\,du = \frac{(\lg x)^{n+1}}{n+1}. \qquad \text{(o)}$$

Wenn unter dem Integral eine Exponential- oder eine Logarithmusfunktion auftritt und die bisherigen Formeln nicht ausreichen, wird in recht vielen Fällen die Integration dadurch ermöglicht, daß man für die Exponential- bezw.

Logarithmusfunktion eine neue Veränderliche einsetzt. (p)

Es wird beispielsweise durch die Substitution

$$e^x = u \quad \text{oder} \quad x = \lg u \quad \text{und} \quad dx = du : u$$

$$\int f(e^x)\,dx = \int f(u) \cdot \frac{du}{u}. \tag{q}$$

Entsprechend wird

$$\int f(a^x)\,dx = \int f(u) \frac{du}{u \lg a}, \tag{r}$$

wenn man $a^x = u$ substituiert. Ebenso wird mit $\lg x = u$

$$\int f(\lg x)\,dx = \int f(u) \cdot e^u\,du. \tag{s}$$

Beispiel g) Durch die Substitution

$$1 + e^x = u \quad \text{oder} \quad e^x = u - 1 \quad \text{oder} \quad e^x\,dx = du$$

wird

$$\int \frac{dx}{1 + e^x} = \int \frac{du}{(u-1)\,u} = \lg \frac{u-1}{u}$$

nach (222h); also

$$\int \frac{dx}{1+e^x} = \lg \frac{e^x}{1+e^x} = x - \lg(1 + e^x). \tag{t}$$

Beispiel h) Genau so findet man durch die Substitution $a + b e^{mx} = u$

$$\int \frac{dx}{a + b e^{mx}} = \frac{1}{am} [mx - \lg(a + b e^{mx})]. \tag{u}$$

Beispiel i) Die Substitution

$$e^{mx} = u \quad \text{oder} \quad m u\,dx = du$$

liefert

$$\int \frac{dx}{a e^{mx} + b e^{-mx}} = \frac{1}{m} \int \frac{du}{a u^2 + b}.$$

Das neue Integral ist nach (222 l) weiter zu behandeln, so daß

$$\int \frac{dx}{a e^{mx} + b e^{-mx}} = \frac{1}{m\sqrt{ab}} \operatorname{arc\,tg} \left[e^{mx} \sqrt{\frac{a}{b}}\right]. \tag{v}$$

Beispiel k) Wenn man $\lg x = u$ nach (s) substituiert, wird

$$\int \lg^m x\,dx = \int u^m e^u\,du = u^m e^u - m \int u^{m-1} e^u\,du$$

oder

$$\int \lg^m x\,dx = x \lg^m x - m \int \lg^{m-1} x\,dx. \tag{w}$$

***242. Fortsetzung.** Von den Integralen der hyperbolischen Funktion sind durch Umkehr der entsprechenden Differentialformeln ohne weiteres bekannt

$$\int \operatorname{Sin} x\, dx = \operatorname{Cos} x, \tag{a}$$

$$\int \operatorname{Cos} x\, dx = \operatorname{Sin} x \tag{b}$$

nach (39 f). Daraus findet man

$$\int \operatorname{Tg} x\, dx = \int \frac{\operatorname{Sin} x\, dx}{\operatorname{Cos} x} = \int \frac{dN}{N}$$

oder

$$\int \operatorname{Tg} x\, dx = \lg \operatorname{Cos} x, \tag{c}$$

ebenso

$$\int \operatorname{Cotg} x\, dx = \lg \operatorname{Sin} x. \tag{d}$$

Weiter wird mit $\operatorname{Sin} x = u$, also $\operatorname{Cos} x\, dx = du$

$$\int \operatorname{Sin} x \operatorname{Cos} x\, dx = \int u\, du = \tfrac{1}{2} u^2$$

oder

$$\int \operatorname{Sin} x \operatorname{Cos} x\, dx = \tfrac{1}{2} \operatorname{Sin}^2 x + C = \tfrac{1}{2} \operatorname{Cos}^2 x + C', \tag{e}$$

welches Ergebnis auch der Formel

$$\operatorname{Cos}^2 x = 1 + \operatorname{Sin}^2 x$$

entspricht. Wegen $\operatorname{Sin} 2x = 2 \operatorname{Sin} x \operatorname{Cos} x$ kann man auch setzen

$$\int \operatorname{Sin} x \operatorname{Cos} x\, dx = \tfrac{1}{2} \int \operatorname{Sin} 2x\, dx = \tfrac{1}{4} \operatorname{Cos} 2x + C''. \tag{f}$$

Die Umkehr der Formel (39 g) liefert

$$\int \frac{dx}{\operatorname{Sin}^2 x} = -\operatorname{Cotg} x \tag{g}$$

und

$$\int \frac{dx}{\operatorname{Cos}^2 x} = \operatorname{Tg} x. \tag{h}$$

Mit beiden letzteren Integralen erhält man

$$\int \frac{dx}{\operatorname{Sin} x \operatorname{Cos} x} = \int \frac{dx : \operatorname{Cos}^2 x}{\operatorname{Tg} x} = \lg \operatorname{Tg} x + C$$

oder

$$= \int \frac{dx : \operatorname{Sin}^2 x}{\operatorname{Cotg} x} = -\lg \operatorname{Cotg} x + C',$$

also

$$\int \frac{dx}{\operatorname{Sin} x \operatorname{Cos} x} = \lg \operatorname{Tg} x + C = -\lg \operatorname{Cotg} x + C'. \tag{i}$$

Wenn man in diesen Formeln $\frac{1}{2}x$ statt x setzt, wird

$$\int \frac{dx}{\operatorname{Sin} x} = \lg \operatorname{Tg} \frac{x}{2} + C = -\lg \operatorname{Cotg} \frac{x}{2} + C'. \tag{k}$$

Dagegen wird durch die Substitution $e^x = t$ oder $t\,dx = dt$

$$\int \frac{dx}{\operatorname{Cos} x} = \int \frac{2\,dx}{e^x + e^{-x}} = \int \frac{2\,dt}{t^2+1} = 2 \operatorname{arc\,tg} t + C$$
$$= 2 \operatorname{arc\,tg} e^x + C;$$

oder auch, weil $\operatorname{Sin} x + \operatorname{Cos} x = e^x$,

$$\int \frac{dx}{\operatorname{Cos} x} = 2 \operatorname{arc\,tg} e^x + C = 2 \operatorname{arc\,tg} (\operatorname{Sin} x + \operatorname{Cos} x) + C. \tag{l}$$

Das nachfolgende Integral entwickelt man wie (237 c) mit partieller Integration, indem man $\operatorname{Cos} x = u$ setzt und erhält

$$\int \operatorname{Cos}^2 x\,dx = \operatorname{Cos} x \operatorname{Sin} x - \int \operatorname{Sin}^2 x\,dx$$
$$= \operatorname{Cos} x \operatorname{Sin} x - \int (\operatorname{Cos}^2 x - 1)\,dx;$$
$$= \operatorname{Cos} x \operatorname{Sin} x - \int \operatorname{Cos}^2 x\,dx + x;$$

das Integral rechts schafft man auf die linke Seite, dann wird

$$\int \operatorname{Cos}^2 x\,dx = \tfrac{1}{2} \operatorname{Sin} x \operatorname{Cos} x + \tfrac{1}{2} x. \tag{m}$$

Auf die gleiche Weise entwickelt man $\int \operatorname{Sin}^2 x\,dx$ und erhält

$$\int \operatorname{Sin}^2 x\,dx = \tfrac{1}{2} \operatorname{Sin} x \operatorname{Cos} x - \tfrac{1}{2} x. \tag{n}$$

Die Formel $\operatorname{Sin}^2 x = \operatorname{Cos}^2 x - 1$ hätte noch schneller zum Ziel geführt.

Gleichfalls mit partieller Integration, indem man $u = x$ setzt, so daß $dv = \operatorname{Sin} x\,dx$ wird, erhält man

$$\int x \operatorname{Sin} x\,dx = x \operatorname{Cos} x - \int \operatorname{Cos} x\,dx$$

oder

$$\int x \operatorname{Sin} x\,dx = x \operatorname{Cos} x - \operatorname{Sin} x, \tag{o}$$

und

$$\int x \operatorname{Cos} x\,dx = x \operatorname{Sin} x - \operatorname{Cos} x. \tag{p}$$

Beispiel a) Gesucht ist der Schwerpunkt des Bogens $P_1 P_2$ einer Kettenlinie.

Wenn die Bogenlänge zwischen den Punkten P_1 und P_2 mit s bezeichnet wird, ist der Schwerpunkt $\xi \mid \eta$ nach (73 f) bestimmt durch

$$\xi s = \int x \sqrt{1 + y'^2}\,dx, \qquad \eta s = \int y \sqrt{1 + y'^2}\,dx$$

zwischen den Grenzen x_1 und x_2. Nach (198 a) ist die Gleichung der Kettenlinie

$$y = h \operatorname{Cos}\frac{x}{h} \quad \text{und ihre Ableitung} \quad y' = \operatorname{Sin}\frac{x}{h}.$$

Dann wird
$$1 + y'^2 = 1 + \operatorname{Sin}^2\frac{x}{h} = \operatorname{Cos}^2\frac{x}{h}$$

und
$$ds = dx\sqrt{1+y'^2} = \operatorname{Cos}\frac{x}{h}\cdot dx.$$

Setzt man $x:h = u$, dann wird

$$s = h\int \operatorname{Cos} u \cdot du = h\left[\operatorname{Sin}\frac{x}{h}\right]_{x_1}^{x_2} \text{oder } s = h\left[\operatorname{Sin}\frac{x_2}{h} - \operatorname{Sin}\frac{x_1}{h}\right] = h\varphi, \quad \text{(q)}$$

wenn φ eine Abkürzung für die Klammer ist.

Die Schwerpunktformeln werden mit der Substitution $x = hu$

$$\xi s = \int_{x_1}^{x_2} x \operatorname{Cos}\frac{x}{h}\,dx = h^2\int_{x_1}^{x_2} u \operatorname{Cos} u\,du \quad \text{oder} \quad \xi\varphi = h\left[u \operatorname{Sin} u - \operatorname{Cos} u\right]_{x_1}^{x_2}$$

oder

$$\xi\varphi = \left[x_2 \operatorname{Sin}\frac{x_2}{h} - h\operatorname{Cos}\frac{x_2}{h} - x_1 \operatorname{Sin}\frac{x_1}{h} + h \operatorname{Cos}\frac{x_1}{h}\right]. \quad \text{(r)}$$

Ebenso erhält man mit der Substitution $x = hu$

$$\eta s = \eta h \varphi = \int_{x_1}^{x_2} h \operatorname{Cos}^2\frac{x}{h}\,dx = h^2\int_{x_1}^{x_2} \operatorname{Cos}^2 u\,du$$

oder nach (m)
$$\eta\varphi = \tfrac{1}{2} h\left[\operatorname{Sin} u \operatorname{Cos} u + u\right]_{x_1}^{x_2}$$

oder

$$\eta\varphi = \tfrac{1}{2}\left[h \operatorname{Sin}\frac{x_2}{h}\operatorname{Cos}\frac{x_2}{h} + x_2 - h\operatorname{Sin}\frac{x_1}{h}\operatorname{Cos}\frac{x_1}{h} - x_1\right]. \quad \text{(s)}$$

Beispiel b) Man wende die entwickelten Formeln auf den Fall an, daß der Bogen durch die Punkte $x_1 = -h$, $x_2 = +h$ begrenzt wird.

Hier ist

$$\varphi = \operatorname{Sin} 1 - \operatorname{Sin}(-1) = 2 \operatorname{Sin} 1 = e - 1 : e.$$

Dann wird

$$\xi\varphi = h\left[\operatorname{Sin} 1 - \operatorname{Cos} 1 + \operatorname{Sin}(-1) + \operatorname{Cos}(-1)\right] = 0,$$

$$\eta\varphi = \tfrac{1}{2} h\left[\operatorname{Sin} 1 \operatorname{Cos} 1 + 1 - \operatorname{Sin}(-1)\operatorname{Cos}(-1) + 1\right] = h\left[\operatorname{Sin} 1 \operatorname{Cos} 1 + 1\right];$$

also hat der Schwerpunkt die Koordinaten

$$\xi = 0, \qquad \eta = h(\operatorname{Sin} 1 \operatorname{Cos} 1 + 1) : 2 \operatorname{Sin} 1.$$

D. Verschiedene Sätze über Integrale.

243. Integration durch Reihenentwicklung. Führt keines der in den vorausgehenden Zeilen augegebenen Verfahren zur Auswertung eines vorliegenden Integrals, so wird man oft mit Vorteil die zu integrierende Funktion in eine Reihe verwandeln und jedes Glied einzeln integrieren. Voraussetzung ist natürlich, daß die Reihe innerhalb des Untersuchungsbereiches konvergent ist.

Beispielsweise führt keines der bisher angegebenen Verfahren zur Lösung des Integrals $\int \frac{\sin x\, dx}{x}$. Man wird daher $\sin x$ in eine Reihe entwickeln und erhält nach 109

$$\frac{\sin x}{x} = 1 - \frac{x^2}{3!} + \frac{x^4}{5!} - \frac{x^6}{7!} + - \cdots$$

und damit

$$\int \frac{\sin x\, dx}{x} = x - \frac{x^3}{3\cdot 3!} + \frac{x^5}{5\cdot 5!} - \frac{x^7}{7\cdot 7!} + - \cdots \qquad \text{(a)}$$

Dieses Integral ist natürlich wieder eine Funktion von x; sie hat viele Eigenschaften, die den Mathematiker interessieren; man gibt ihr deswegen einen eigenen Namen und nennt sie den Integral-Sinus von x.

Ebenso erhält man durch Reihenentwicklung den Integral-Kosinus von x, nämlich

$$\int \frac{\cos x\, dx}{x} = \int \left(1 - \frac{x^2}{2!} + \frac{x^4}{4!} - + \cdots\right) \frac{dx}{x}$$

$$= \lg x - \frac{x^2}{2\cdot 2!} + \frac{x^4}{4\cdot 4!} - + \cdots \qquad \text{(b)}$$

Auf die gleiche Weise entsteht der Integral-Logarithmus von x,

$$\int \frac{e^x dx}{x} = \int \left(1 + \frac{x}{1!} + \frac{x^2}{2!} + \frac{x^3}{3!} + \cdots\right) \frac{dx}{x}$$

$$= \lg x + \frac{x}{1!} + \frac{x^2}{2\cdot 2!} + \frac{x^3}{3\cdot 3!} + \cdots \qquad \text{(c)}$$

Beispiel a) Für welche Werte von x sind die drei Funktionen (a, b, c) konvergent?

Der Integral-Sinus wechselt das Vorzeichen periodisch, auch nehmen seine Glieder von einer bestimmten Stelle an immer ab, welchen Wert auch x haben mag, s. Aufg. 22 in 31, die Reihe ist daher für jeden Wert x konvergent. Genau die gleiche Überlegung sagt aus, daß auch der Integral-Kosinus für jeden endlichen Wert von x konvergent ist. Die Reihe für den Integral-Logarithmus vergleicht man mit der Exponentialreihe. Dem Glied $x^n : n!$ der letzteren entspricht das Glied $x^n : (n \cdot n!)$ der untersuchten Reihe, so daß also schon vom dritten Glied an jedes Glied der untersuchten Reihe kleiner ist als das entsprechende Glied der konvergenten Exponentialreihe. Es ist daher auch die untersuchte Reihe für jeden Wert von x konvergent. Die letztere Überlegung hätte man auch auf die beiden anderen Funktionen anwenden können.

244. Graphische Integration. Das Integral $\int_a^b f(x)\,dx$ hat folgende geometrische Deutung: Es wird dargestellt durch jene Fläche, die von der Kurve $y = f(x)$ und der x-Achse zwischen den beiden Ordinaten bei $x = a$ und $x = b$ begrenzt wird.

Beispiel a) Auf graphischem Wege ermittle man den Wert des bestimmten Integrals $\int_0^{0,6} \frac{dx}{\sqrt{1-x^3}}$.

Man zeichnet die Kurve $y = 1 : \sqrt{1 - x^3}$ im angegebenen Bereich. Durch Abb. 390 ist ihre ungefähre Gestalt wiedergegeben. Man wird für die Werte $x = 0{,}0,\ 0{,}1, \ldots 0{,}6$ die zugehörigen Ordinaten ermitteln und auftragen. Am besten eignet sich für solche Zwecke das sogenannte „Koordinatenpapier". Will man einigermaßen genau zeichnen, so genügt im vorliegenden Fall allerdings die Genauigkeit des Rechenschiebers nicht mehr, die Zahlenwerte der Ordinaten sind ebenso wie jene des Beisp. b) einer der üblichen Formelsammlungen der technischen Handbücher und Kalender entnommen. Der Zahlenwert der von der Kurve und der x-Achse gebildeten Fläche F zwischen den Ordinaten $x = 0$ und $x = 0{,}6$, die man am einfachsten mit Hilfe eines Planimeters mißt, ist gleich dem Zahlenwert des gesuchten Integrals. Es wurden die Strecken alle im Längenmaßstab 10 : 1 eingetragen und bei dreimaliger Anwendung des Planimeters gefunden $F = 0{,}62$, welchen Wert das vorgegebene Integral hat.

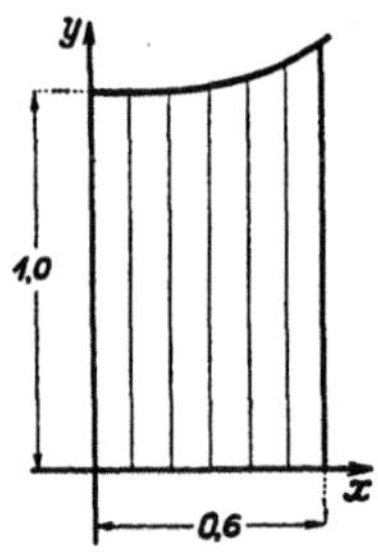

Abb. 390.

Eine ganz gute Genauigkeit wird auch noch erreicht, wenn man die durch Zeichnung gefundene Fläche ausschneidet und wiegt. Freilich ist dabei Voraussetzung, daß man ein vollkommen gleichartiges Papiermaterial hat.

245. Näherungsweise Integration. Sie geht auf die graphische zurück und verwendet in passender Weise die Rechteckformel oder Trapezformel oder die Simpsonsche Regel der Nummer 66. Will man also den Wert des bestimmten Integrals $\int_a^b f(x)\,dx$ ermitteln, so zerlegt man den vorgeschriebenen Bereich $b-a$ in n gleiche Teilbereiche h. Der erste geht von a bis $a+h$, der zweite von $a+h$ bis $a+2h$ usw. An den Stellen a, $a+h$, $a+2h \ldots b-h$, b nimmt die Funktion $f(x)$ die Werte

$$y_0 = f(a), \quad y_1 = f(a+h), \quad y_2 = f(a+2h), \ldots y_n = f(b)$$

an. Dann ist nach der Rechteckformel

$$\int_a^b f(x)\,dx = h(y_0 + y_1 + y_2 + \ldots y_{n-1})$$

oder

$$\int_a^b f(x)\,dx = h(y_1 + y_2 + \ldots + y_{n-1} + y_n).$$

Nach der Trapezformel wird

$$\int_a^b f(x)\,dx = \tfrac{1}{2} h (y_0 + 2y_1 + 2y_2 + \ldots + 2y_{n-1} + y_n),$$

und nach der Simpsonschen Regel, wenn man $2n$ Teilbereiche wählt,

$$\int_a^b f(x)\,dx = \frac{h}{3}(y_0 + 4y_1 + 2y_2 + 4y_3 + 2y_4 + \ldots + 4y_{2n-1} + y_{2n}).$$

Über die Fehler, die bei dieser näherungsweisen Rechnung gemacht werden, folgen weitere Betrachtungen im dritten Band.

Beispiel a) Man ermittle näherungsweise $\int_0^{0,6} \frac{dx}{\sqrt{1-x^3}}$.

Den Bereich von $a=0$ bis $b=0,6$ teilt man in 6 gleiche Teilbereiche $h=0,1$; an den Stellen 0, 0,1, 0,2, 0,3, 0,4, 0,5, 0,6 sucht man die Werte der Funktion $\frac{1}{\sqrt{1-x^3}}$ auf, so wie die beistehende Tabelle angibt, und findet $y_0, y_1, y_2, y_3, y_4, y_5, y_6$.

x	a 0	$a+h$ 0,1	$a+2h$ 0,2	$a+3h$ 0,3	$a+4h$ 0,4	$a+5h$ 0,5	$a+6h$ 0,6
x^3	0	0,001	0,008	0,027	0,064	0,125	0,216
$1-x^3$	1	0,999	0,992	0,973	0,936	0,875	0,784
$\sqrt{1-x^3}$	1	0,9995	0,9960	0,9864	0,9675	0,9354	0,8854
$1:\sqrt{1-x^3}$	1	1,0005	1,0040	1,0138	1,0336	1,0691	1,1294

Dann wird nach der Rechteckformel

$\int = 0{,}1 \cdot 6{,}1210 = 0{,}61210$; oder auch $\int = 0{,}1 \cdot 6{,}2504 = 0{,}62504$;

und nach der Trapezformel

$$\int = \tfrac{1}{2} \cdot 0{,}1\,(6{,}1210 + 6{,}2504) = 0{,}61857.$$

Nach der Simpsonschen Regel wird

$$\int = \tfrac{1}{3} \cdot 0{,}1\,[y_0 + 4\,y_1 + 2\,y_2 + 4\,y_3 + 2\,y_4 + 4\,y_5 + y_6]$$
$$= \tfrac{1}{3} \cdot 0{,}1 \cdot 18{,}5382 = 0{,}61794.$$

Beispiel b) Man löse die vorausgehende Aufgabe mit Hilfe der Binomialreihe.

Nach (112d) wird in erster Annäherung

$$\frac{1}{\sqrt{1-x^3}} = 1 + \tfrac{1}{2}x^3;$$

und in zweiter Annäherung

$$\frac{1}{\sqrt{1-x^3}} = (1-x^3)^{-\frac{1}{2}} = 1 + \tfrac{1}{2}x^3 + \tfrac{3}{8}x^6.$$

Also

$$\int\limits_0^{0,6} \frac{dx}{\sqrt{1-x^3}} = \int\limits_0^{0,6} (1 + \tfrac{1}{2}x^3 + \tfrac{3}{8}x^6)\,dx = \left[x + \frac{x^4}{8} + \frac{3\,x^7}{56}\right]_0^{0,6}$$
$$= 0{,}6 + \tfrac{1}{8} \cdot 0{,}6^4 + \tfrac{3}{56} \cdot 0{,}6^7 = 0{,}6\,[1 + 0{,}027 + 0{,}002499]$$
$$= 0{,}6162 \quad \text{bzw.} \quad 0{,}6177,$$

je nachdem man die erste oder zweite Annäherung wünscht.

Will man noch eine genauere, eine dritte Annäherung, so überlegt man: das vierte Glied in der Binomialreihe wird

$$-\binom{-0{,}5}{3} x^9 = \frac{5}{16} x^9,$$

also
$$\frac{5}{16} \cdot \frac{x^{10}}{10} = \frac{5 \cdot 0{,}6^{10}}{160} = 0{,}00019$$

beim Integrieren. Bei einer gewünschten Genauigkeit auf vier Dezimalstellen erhält man dann

$$F = 0{,}6179,$$

den gleichen Wert, den auch die Simpsonsche Regel des vorigen Beispiels gibt.

Eine andere Näherungsrechnung geht davon aus, daß sie den gesuchten Wert zwischen zwei Werte einschließt und benützt den Satz:

Wenn im Bereich von a bis b die Kurve $f(x)$ stets zwischen den Kurven $\varphi(x)$ und $\psi(x)$ liegt, so daß an jeder Stelle

$$\varphi(x) \leqq f(x) \leqq \psi(x),$$

dann liegt in dem vorgeschriebenen Bereich die durch die x-Achse und die Kurve $y = f(x)$ gebildete Fläche stets zwischen den beiden Flächen, die durch die Kurve $y = \varphi(x)$ bzw. $y = \psi(x)$ und die x-Achse begrenzt sind; d. h. es gilt in diesem Bereich

$$\int_a^b \varphi(x)\,dx \leqq \int_a^b f(x)\,dx \leqq \int_a^b \psi(x)\,dx. \tag{a}$$

Beispiel c). Man ermittle nach diesem Satz $\int_0^{0,6} \frac{dx}{\sqrt{1-x^3}}$.

Im vorgeschriebenen Bereich ist x stets ein positiver echter Bruch; unter dieser Voraussetzung gilt für jedes x

$$0 \leqq x^3 \leqq x^2 \quad \text{oder} \quad 1 \geqq 1 - x^3 \geqq 1 - x^2$$

oder

$$1 \leqq \frac{1}{\sqrt{1-x^3}} \leqq \frac{1}{\sqrt{1-x^2}}$$

und damit
$$\int_0^{0,6} dx < \int_0^{0,6} \frac{dx}{\sqrt{1-x^3}} < \int_0^{0,6} \frac{dx}{\sqrt{1-x^2}}.$$

Die Werte der beiden bestimmten Integrale, zwischen die man das gesuchte eingegrenzt hat, sind bekannt; der Wert des ersten ist 0,6, der des zweiten ist nach (229a)

$$\arcsin 0{,}6 = \operatorname{arc}(36^0\,52') = 0{,}6424.$$

Man hat somit
$$0{,}6 < \int_0^{0,6} \frac{dx}{\sqrt{1-x^3}} < 0{,}6424.$$

Wie man sieht, geben die vorausgehenden Verfahren, selbst das graphische, wenn man nicht allzu ungenau zeichnet, bessere Näherungswerte.

246. Integration, wenn die Funktion oder die Grenzen unendlich groß werden. Bei allen unseren bisherigen Rechnungen war Voraussetzung, daß die zu integrierende Funktion im untersuchten Bereich endlich und stetig ist; der Bereich war gleichzeitig als endlich vorausgesetzt. Recht häufig kommt es vor, daß eine der beiden Grenzen oder auch beide den Wert ∞ haben. Die Kurve $y = f(x)$ der Abb. 391 verläuft nach rechts ins Unendliche und hat eine zur x-Achse parallele Gerade als Asymptote. Die durch die Kurve, die x-Achse und die Ordinate bei $x = a$ begrenzte Fläche kann unendlich groß oder auch endlich sein, selbst wenn man ihre rechte Grenze erst bei $b = \infty$ wählt. Um den etwaigen endlichen Flächeninhalt zu finden, wird man eine Grenzbetrachtung vornehmen und

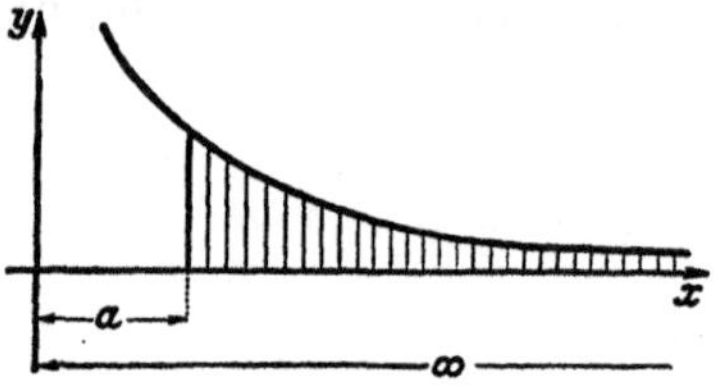

Abb. 391.

$$\int_a^{b=\infty} f(x)\,dx = \lim_{b=\infty} \int_a^b f(x)\,dx \qquad \text{(a)}$$

setzen, also zuerst den Flächeninhalt unter der Voraussetzung bestimmen, daß b eine beliebige noch unbekannte Zahl ist, und dann erst mit $b = \infty$ zur Grenze übergehen.

Beispiel a) Gesucht ist der Inhalt der Fläche, den die Kurve $y = e^x$ mit der x-Achse zwischen $x = -\infty$ und $x = 0$ bildet.

Diese Fläche ist

$$F = \int_{-\infty}^{0} e^x\,dx = \lim_{a=\infty} \int_{-a}^{0} e^x\,dx = \lim_{a=\infty} \left[e^x\right]_{-a}^{0} = \lim_{a=\infty} \left[1 - e^{-a}\right] = 1 - 0 = 1\,.$$

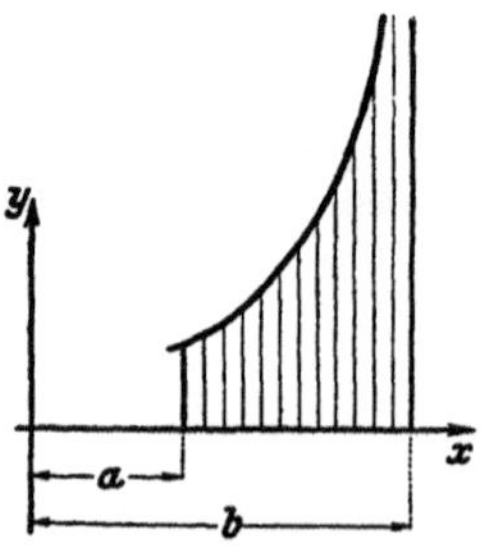

Abb. 392.

Abb. 392 zeigt den Fall, daß die zu integrierende Funktion $y = f(x)$ selbst an der rechten Grenze unendlich groß wird, daß also $f(b) = \infty$. Man wird den durch die Kurve, die x-Achse und die beiden Ordinaten bei a und b begrenzten Flächeninhalt wieder durch einen Grenzübergang erhalten, wenn man zunächst als begrenzende Ordinaten nicht a und b, sondern a und $b - \delta$ wählt und dann mit $\lim \delta = 0$ die wirkliche rechte Grenze einführt. Es ist sonach unter der Voraussetzung $f(b) = \infty$.

$$\int_a^b f(x)\,dx = \lim_{\delta=0} \int_a^{b-\delta} f(x)\,dx. \tag{b}$$

Beispiel b) Gesucht ist der Inhalt der Fläche, den die Kurve $y = \lg x$ mit der x-Achse zwischen $x = 0$ und $x = 1$ bildet.

Diese Fläche ist die gleiche wie die im Beispiel a) gefundene, denn die Kurve $y = \lg x$ liegt symmetrisch zur Kurve $y = e^x$ gegenüber der Mediane. Wenn man aber diese Beziehung nicht kennt, berechnet man nach (240 d)

$$F = \int_0^1 \lg x\,dx = [x(\lg x - 1)]_0^1 = 1 \cdot (0 - 1) - 0 \cdot (\infty - 1),$$

man würde also einen unbestimmten Wert erhalten. Deswegen setzt man

$$F = \lim_{\delta=0} \int_\delta^1 \lg x\,dx = \lim_{\delta=0} [x(\lg x - 1)]_\delta^1$$

$$= \lim_{\delta=0} [-1 - \delta(\lg \delta - 1)] = -1 - \lim_{\delta=0} \delta \lg \delta + \lim_{\delta=0} \delta.$$

Der letzte Grenzwert ist 0, der zweite ist gleichfalls 0 nach Beispiel 136 a) also ist $F = -1$. Das „—" erklärt sich, weil die Fläche unterhalb der x-Achse liegt.

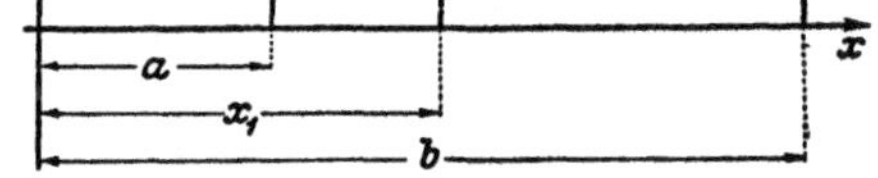

Abb. 393.

Wenn schließlich im untersuchten Bereich selbst die Funktion $y = f(x)$ den Wert unendlich annimmt, also beispielsweise nach Abb. 393 $f(x_1) = \infty$ wird, dann wird man das bestimmte Integral als Summe von zwei neuen Integralen erhalten,

$$\int_a^b f(x)\,dx = \int_a^{x_1} f(x)\,dx + \int_{x_1}^b f(x)\,dx.$$

Auf jedes der beiden Integrale ist die Formel (b) anzuwenden, so daß unter der Voraussetzung $f(x_1) = \infty$ gilt

$$\int_a^b f(x)\,dx = \lim_{\delta=0} \int_a^{x_1-\delta} f(x)\,dx + \lim_{\varepsilon=0} \int_{x_1+\varepsilon}^b f(x)\,dx. \tag{d}$$

***247. Differentiation von Integralen.** Wenn die Funktion $f(x)$ außer von x auch noch von t abhängig ist, dann wird im allgemeinen Fall das Integral aus $f(x)$ auch eine Funktion von t sein; desgleichen wird dann beim unbestimmten Integral die Integrationskonstante C von t abhängig sein, und ebenso beim bestimmten Integral im allgemeinen Fall auch noch die Integrationsgrenzen a und b. Schreibt man $f(x, t)$ für die zu integrierende Funktion $f(x)$ und $\varphi(x, t)$ für das Integral, so daß also das unbestimmte Integral

$$\int f(x, t)\, dx = \varphi(x, t) + C(t), \tag{a}$$

dann ist im allgemeinen Fall die Konstante C auch eine Funktion von t. Das bestimmte Integral wird dann

$$\int_a^b f(x, t)\, dx = \varphi(b, t) - \varphi(a, t), \tag{b}$$

wo auch noch a und b von t abhängig sein können. Wenn die neue Veränderliche t um Δt sich ändert, geht das unbestimmte Integral

$$J = \int f(x, t)\, dx + C(t)$$

über in

$$J + \Delta J = \int f(x, t + \Delta t)\, dx + C(t + \Delta t),$$

und wenn man von dieser neuen Gleichung die ursprüngliche abzieht und mit Δt dividiert,

$$\frac{\Delta J}{\Delta t} = \int \frac{f(x, t + \Delta t) - f(x, t)}{\Delta t}\, dx + \frac{C(t + \Delta t) - C(t)}{\Delta t};$$

oder wenn man zur Grenze übergeht,

$$\frac{\partial J}{\partial t} = \int \frac{\partial f(x, t)}{\partial t}\, dx + \frac{dC}{dt} \tag{c}$$

J ist das Integral der Funktion $f(x, t)$ und zwar bezieht sich das Integral nur auf die Veränderliche x, so daß C zwar eine Konstante bezüglich x, nicht aber bezüglich t ist; d. h. C ist eine ganz beliebige Funktion von t. Dann ist aber auch $dC : dt$ eine ganz beliebige Funktion von t. Es läßt sich also die Formel (c) auch noch anschreiben

$$\frac{\partial}{\partial t} \int_a^b f(x, t)\, dx = \int_a^b \frac{\partial f(x, t)}{\partial t}\, dx, \tag{d}$$

d. h.

ein Integral wird nach einer nicht mit der Integrationsveränderlichen identischen neuen Veränderlichen differenziert, indem man die Funktion unter dem Integralzeichen nach dieser neuen Veränderlichen differenziert.

Beispiel a) Statisch unbestimmte Aufgaben löst man in der Festigkeitslehre meist mit Hilfe des Satzes von Castigliano,

$$\frac{\partial A}{\partial X} = 0,$$

wo A die in einem statisch unbestimmt gelagerten Körper aufgespeicherte Formänderungsarbeit und X die statisch unbestimmte Auflagerkraft ist. Nun ist in einem auf Biegung beanspruchten Stab diese Formänderungsarbeit A bestimmt durch die Formel

$$A = \int \frac{M^2\,ds}{2\,EJ},$$

so daß in diesem Fall der obige Satz übergeht in

$$\frac{\partial}{\partial X}\int \frac{M^2\,ds}{2\,EJ} = 0 \quad \text{oder} \quad \int \frac{ds}{2\,EJ}\,\frac{\partial M^2}{\partial X} = 0 \quad \text{oder} \quad \int M\,\frac{\partial M}{\partial x}\,\frac{ds}{EJ} = 0,$$

da E und J von X unabhängig sind.

Beispiel b) Die Formel (d) verwendet man vielfach, um mit Hilfe von bekannten Integrationsformeln neue Integrale auf dem Weg der Differentation zu finden. So ist etwa nach Beispiel 246 a)

$$\int_0^\infty e^{-xt}\,dx = \frac{1!}{t}.$$

Wenn man die beiden Gleichungsseiten nach t partiell differenziert, erhält man einerseits

$$\frac{\partial}{\partial t}\int_0^\infty e^{-xt}\,dx = \int_0^\infty \frac{\partial}{\partial t}(e^{-xt})\cdot dx = -\int_0^\infty x e^{-xt}\,dx,$$

andrerseits ist $\frac{\partial}{\partial t}\left(\frac{1}{t}\right) = -\frac{1}{t^2}$, woraus sich ergibt $\int_0^\infty x e^{-xt}\,dx = \frac{1}{t^2}$.

Das Verfahren setzt man fort,

$$\int_0^\infty x^2 e^{-xt}\,dx = \frac{2!}{t^3}, \qquad \int_0^\infty x^3 e^{-xt}\,dx = \frac{3!}{t^4} \quad \text{usw.},$$

allgemein wird, wenn man $t = 1$ setzt,

$$\int_0^\infty x^n e^{-x}\,dx = n! \tag{e}$$

***248. Fortsetzung.** Ist J ein bestimmtes Integral der Funktion $f(x, t)$, so werden im allgemeinen Fall auch die Integrationsgrenzen a und b Funktionen von t sein,

$$J_a^b = \int_a^b f(x, t)\,dx = [\varphi(x, t)]_a^b = \varphi(b, t) - \varphi(a, t).$$

Die totale Ableitung dieses bestimmten Integrals J nach t wird

$$\frac{dJ}{dt} = \frac{\partial J}{\partial t} + \frac{\partial J}{\partial a} \cdot \frac{da}{dt} + \frac{\partial J}{\partial b} \cdot \frac{db}{dt}$$

oder weil

$$J = -\varphi(a, t) + \varphi(b, t),$$

$$\frac{dJ}{dt} = \frac{\partial J}{\partial t} - \frac{\partial \varphi(a, t)}{\partial a} \cdot \frac{da}{dt} + \frac{\partial \varphi(b, t)}{\partial b} \cdot \frac{db}{dt}.$$

Der erste Summand der rechten Gleichungsseite ergibt sich nach (247 d), die beiden anderen Summanden durch die Voraussetzung

$$\frac{\partial \varphi(x, t)}{\partial x} = f(x, t).$$

Wenn man statt des Symbols J wieder das Integral selbst schreibt, wird

$$\frac{d}{dt} \int_a^b f(x, t)\,dx = \int_a^b \frac{\partial f(x, t)}{\partial t}\,dx - f(a, t)\,\frac{da}{dt} + f(b, t) \cdot \frac{db}{dt}. \quad \text{(a)}$$

Wenn a und b von t unabhängig sind, ergibt sich der erste Sonderfall

$$\text{I.} \qquad \frac{d}{dt} \int_a^b f(x, t)\,dx = \int_a^b \frac{\partial f(x, t)}{\partial t}\,dx. \quad \text{(b)}$$

Ebenso erhält man als zweiten Sonderfall

$$\text{II.} \quad \frac{d}{da} \int_a^b f(x)\,dx = -f(a) \quad \text{und} \quad \frac{d}{db} \int_a^b f(x)\,dx = f(b), \quad \text{(c)}$$

wenn die zu integrierende Funktion unabhängig ist von t, dagegen eine der Grenzen, a bzw. b, veränderlich.

Sind beide Grenzen a und b gleichzeitig von einer Veränderlichen t abhängig, die zu integrierende Funktion aber nicht, dann erhält man als einen dritten Sonderfall

$$\text{III.} \qquad \frac{d}{dt} \int_a^b f(x)\,dx = -f(a) \cdot \frac{da}{dt} + f(b) \cdot \frac{db}{dt}. \quad \text{(d)}$$

249. Wiederholungsaufgaben. 1) Man führe

$$\int R(x, \sqrt[p]{ax+b}, \sqrt[q]{ax+b}, \sqrt[r]{ax+b}, \ldots) dx$$

auf das Integral einer rationalen Funktion zurück und wende das Verfahren an auf den Sonderfall

$$\int \frac{1+\sqrt{2x-5}+\sqrt[3]{2x-5}}{\sqrt{2x-5}+\sqrt[3]{2x-5}} dx.$$

2) Zu integrieren $\int \sqrt{\frac{ax+b}{cx+d}}\, dx$.

3) Bei welchen Kurven gilt für die Bogenlänge s, wenn sie von $x=0$ aus gemessen ist,

$$s^2 = ay\,?$$

4) Gesucht $\int\limits_0^{-a} \frac{x(a+x)\,dx}{\sqrt{a^2-x^2}}$.

5) und 6) Man berechne die beiden Integrale

$$U = \int \sin u \sqrt{3\cos^2 u + 1}\, du, \qquad T = \int \cos^4 t \sin t \sqrt{1+\operatorname{tg}^6 t}\, dt.$$

7) Gesucht ist der Schwerpunkt der durch die Herzkurve

$$r = 2a(1+\cos\varphi)$$

gebildeten Fläche.

8) und 9) Gesucht die Werte der bestimmten Integrale

$$8)\ \int\limits_0^1 x^2 \arcsin x\, dx, \qquad 9)\ \int\limits_0^1 x^2 \operatorname{arc\,tg} x\, dx.$$

10) Gesucht ist der Inhalt und Schwerpunkt jener Fläche, die durch die Kettenlinie und die x-Achse gebildet und die Ordinaten bei x_1 und x_2 begrenzt wird.

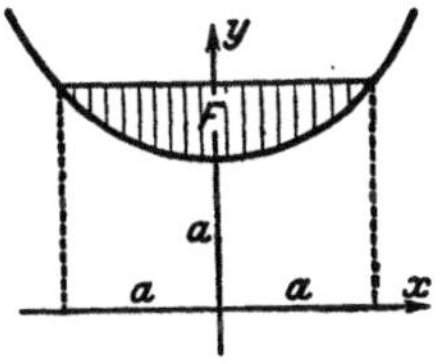

Abb. 394.

11) Gesucht ist der Inhalt und Schwerpunkt der in der Abb. 394 schraffiert gezeichneten (durch eine Kettenlinie mit dem Parameter a gebildeten) Fläche F.

12) Auszuwerten ist das in der Festigkeitslehre auftretende Integral

$$\int\left(1 - e^{-\frac{C}{b}\lg\frac{B}{B-y}}\right) dy.$$

13) und 14) Man ermittle die Werte der bestimmten Integrale

$$\int\limits_{-\infty}^{0} (a e^{x:a} - b e^{x:b})\, dx \quad \text{und} \quad \int\limits_0^{\infty} \frac{dx}{(1+x)\sqrt{x}}.$$

15) Man stelle das Integral

$$\int \sqrt{1+u^2}\, dx, \quad \text{wo} \quad u = f(x),$$

als eine begrenzte Linie dar; das Verfahren wende man dann auf den Fall $\int \sqrt{1+\sin^2 x \sin^2 \alpha}\, dx$ an.

16)
$$\int\limits_{1/2}^{2} \frac{\log(1+x)}{x}\, dx$$

ist mit Hilfe einer Reihenentwicklung auf zwei Dezimalstellen genau auszuwerten. Zur Kontrolle mache man noch eine Skizze.

250. Lösungen. 1) Wenn n das kleinste gemeinschaftliche Vielfache aus den Wurzelexponenten $p, q, r, \ldots$ ist, dann führt nach (227) die Substitution

$$ax+b=z^n \quad \text{oder} \quad x=\frac{z^n-b}{a} \quad \text{und} \quad dx=\frac{n z^{n-1}\, dz}{a}$$

das in x irrationale Integral auf ein in z rationales Integral zurück.

Bei dem vorgelegten Sonderfall sind die auftretenden Wurzelexponenten 2 und 3, ihr kleinstes gemeinschaftliches Vielfaches ist 6, man setzt

$$2x-5=t^6 \quad \text{oder} \quad 2\,dx=6\,t^5\,dt$$

und erhält, wenn man Beispiel 221 c) anwendet,

$$\begin{aligned}\int &= \int \frac{1+t^3+t^2}{t^3+t^2}\, 3\,t^5\,dt = 3\int\frac{t^3\,dt}{t+1}+3\int t^5\,dt\\ &= t^3-\tfrac{3}{2}t^2+3\,t-3\lg(t+1)+\tfrac{1}{2}t^6\\ &= \tfrac{1}{2}(2x-5)+\sqrt{2x-5}-\tfrac{3}{2}\sqrt[3]{2x-5}+3\sqrt[6]{2x-5}-3\lg\left(\sqrt[6]{2x-5}+1\right)+C.\end{aligned}$$

2) Nach Beispiel 228 b) wird

$$\int = 2\,(a\,d-b\,c)\int\frac{z^2\,dz}{(a-cz^2)^2}, \quad \text{wo} \quad z=\sqrt{\ }.$$

Das neue Integral wird entweder mit Hilfe der Partialbruchzerlegung gefunden, oder man erinnert sich an (225 a); zu diesem Zweck formt man um, indem man $a=c\,k^2$ setzt und c aus der Klammer ausscheidet,

$$\begin{aligned}\int\frac{z^2\,dz}{(a-cz^2)^2} &= \frac{1}{c^2}\int\frac{z^2\,dz}{(z^2-k^2)^2}=\frac{-z}{c^2\,2\,(z^2-k^2)}+\frac{1}{2\,c^2}\int\frac{dz}{z^2-k^2}\\ &= \frac{-z}{2\,c\,(cz^2-a)}+\frac{1}{2\,c^2}\cdot\frac{1}{2\,k}\lg\frac{z-k}{z+k},\end{aligned}$$

vorausgesetzt, daß k^2 positiv, d. h. daß a und c gleiches Vorzeichen haben; es wird dann schließlich

$$\int = (ad-bc)\left[\frac{z}{c\,(a-c\,z^2)}+\frac{1}{2\,c\sqrt{ac}}\lg\frac{z\sqrt{c}-\sqrt{a}}{z\sqrt{c}+\sqrt{a}}\right].$$

Oder wenn man für z seinen Wert einsetzt

$$\int\sqrt{\frac{ax+b}{cx+d}}\,dx=\frac{1}{c}\sqrt{(ax+b)(cx+d)}+\frac{ad-bc}{2\,c\sqrt{ac}}\lg\frac{\sqrt{c\,(ax+b)}-\sqrt{a\,(cx+d)}}{\sqrt{c\,(ax+b)}+\sqrt{a\,(cx+d)}}.$$

Wenn aber a und c ungleiches Vorzeichen haben, setzt man $c=-a:k^2$ und erhält entsprechend

$$\int \frac{z^2\,dz}{(a-cz^2)^2} = \frac{1}{c^2}\int \frac{z^2\,dz}{(z^2+k^2)^2} = \frac{-z}{2\,c^2\,(z^2+k^2)} + \frac{1}{2\,c^2}\int \frac{dz}{z^2+k^2}$$

$$= \frac{-z}{2\,c\,(cz^2-a)} + \frac{1}{2\,kc^2}\,\text{arc tg}\,\frac{z}{k}$$

und damit

$$\int \sqrt{\frac{ax+b}{cx+d}}\,dx = \frac{1}{c}\,\sqrt{(ax+b)\,(cx+d)} + \frac{ad-bc}{c\sqrt{-ac}}\,\text{arc tg}\sqrt{-\frac{c\,(ax+b)}{a\,(cx+d)}}\,.$$

3) Die Aufgabe ist von der gleichen Art wie Beispiel 230f).

$$2\,s\,ds = a\,dy \qquad \text{oder} \qquad 2\,s\,\sqrt{1+y'^2} = ay'\,;$$

oder wenn man quadriert und $s^2 = ay$ berücksichtigt, dann ordnet und separiert,

$$4\,y = y'^2\,(a-4\,y) \qquad \text{oder} \qquad 2\,dx = \sqrt{\frac{a-4\,y}{y}}\,dy\,.$$

Man integriert und erhält nach der vorausgehenden Aufgabe, wenn man a durch -4, b durch a, c durch 1 und d durch 0 setzt, als Kurvengleichung

$$2\,(x+C) = \sqrt{(a-4\,y)\,y} + \frac{0-a}{\sqrt{4}}\,\text{arc tg}\sqrt{\frac{a-4\,y}{4\,y}}$$

oder

$$4\,(x+C) = 2\,\sqrt{ay-4\,y^2} - a\cdot\text{arc tg}\sqrt{\frac{a-4\,y}{4\,y}}\,.$$

Die Integrationskonstante C ist durch die Anfangsbedingung bestimmt, daß der Bogen von $x=0$ ab zu zählen ist. An dieser Stelle muß die Ordinate 0 sein, damit die gegebene Bedingung $s=\sqrt{a\,y}$ stimmt, die Kurve geht also durch den Punkt $0\,|\,0$, sonach muß gelten

$$4\,(0+C) = 2\cdot 0 - a\,\text{arc tg}\,\infty \qquad \text{oder} \qquad 4\,C = -\,a\,\frac{\pi}{2}\,,$$

so daß die Gleichung der gesuchten Kurve lautet

$$4\,x - \tfrac{1}{2}\,a\,\pi = 2\,\sqrt{a\,y-4\,y^2} - a\,\text{arc tg}\sqrt{\frac{a-4\,y}{4\,y}}\,.$$

4) Man kann das vorgelegte Integral entweder in zwei Summanden zerlegen und dann Formeln benützen,

$$\int = a\int \frac{x\,dx}{\sqrt{a^2-x^2}} + \int \frac{x^2\,dx}{\sqrt{a^2-x^2}} = -\,a\,\sqrt{} - \tfrac{1}{2}\,x\,\sqrt{} + \tfrac{1}{2}\,a^2\,\text{arc sin}\,\frac{x}{a}$$

nach (229b, e).

Oder man formt um,

$$\int = \int \frac{x\,(a+x)\,dx}{\sqrt{(a-x)\,(a+x)}} = \int \sqrt{\frac{a+x}{a-x}}\,x\,dx$$

und setzt nach (227a) für die Wurzel eine neue Veränderliche ein, da sie x linear enthält. Natürlich ist mit Benutzung der Formelsammlung der erste Weg der einfachere. Das bestimmte Integral wird dann

$$\int_0^{-a} = -\,a\cdot 0 - \tfrac{1}{2}\,x\cdot 0 + \tfrac{1}{2}\,a^2\,\text{arc sin}\,(-1) + a\cdot a + \tfrac{1}{2}\cdot 0 - \tfrac{1}{2}\,a^2\cdot 0$$

$$= \tfrac{1}{2}\,a^2\cdot -\tfrac{1}{2}\,\pi + a^2 = \tfrac{1}{4}\,a^2\,(4-\pi)\,.$$

5) Mit $\cos u = x$ oder $-\sin u\, du = dx$ wird

$$U = -\int \sqrt{3x^2+1}\, dx = -\sqrt{3}\int \sqrt{x^2+\tfrac{1}{3}}\, dx = -\tfrac{1}{2}\sqrt{3}\,[x\sqrt{} + \tfrac{1}{3}\lg(x+\sqrt{})]$$

$$= -\tfrac{1}{2}\sqrt{3}\,[\cos u\sqrt{\cos^2 u + \tfrac{1}{3}} + \tfrac{1}{3}\lg(\cos u + \sqrt{\cos^2 u + \tfrac{1}{3}})]\,.$$

6) Man vereinfacht zuvor, indem man $\cos^3 t$ in die Wurzel bringt und dann aus dieser $\sin^2 t + \cos^2 t = 1$ ausscheidet,

$$T = \int \cos t \sin t \sqrt{\cos^6 t + \sin^6 t}\, dt$$

$$= \int \cos t \sin t \sqrt{\cos^4 t - \cos^2 t \sin^2 t + \sin^4 t}\, dt$$

$$= \int \cos t \sin t \sqrt{\cos^4 t - \cos^2 t\,(1-\cos^2 t) + (1-\cos^2 t)^2}\, dt$$

$$= \int \cos t \sin t \sqrt{3\cos^4 t - 3\cos^2 t + 1}\, dt = \int \cos t \sin t \sqrt{3\cos^2 t\,(-\sin^2 t) + 1}$$

oder wenn man $\sin t \cos t = \tfrac{1}{2}\sin 2t = \tfrac{1}{2}\sin x$ und später $\cos x = y$ setzt,

$$T = \int \tfrac{1}{2}\sin x \sqrt{1 - \tfrac{3}{4}\sin^2 x}\,\tfrac{1}{2}\, dx = \tfrac{1}{8}\int \sqrt{4 - 3(1-\cos^2 x)}\,\sin x\, dx$$

$$= -\tfrac{1}{8}\int \sqrt{1+3y^2}\, dy\,.$$

Von hier ab geht die Lösung wie bei der vorausgehenden Aufgabe.

7) Er liegt auf der Symmetrieachse im Abstand ξ vom Nullpunkt und ist nach (74 l) bestimmt durch

$$\xi F = D_y = \tfrac{2}{3}a^3 \int_0^{\pi} (1+\cos\varphi)^3 \cos\varphi\, d\varphi\,.$$

F ist hier, wie ja auch die obere Grenze π angibt, die oberhalb der x-Achse gelegene Flächenhälfte; nach Beisp. 63a) ist $F = 3a^2\pi$.

$$3a^2\pi\xi = \frac{8}{3}a^3 \int_0^{\pi} 8\cos^6\frac{\varphi}{2}\left(2\cos^2\frac{\varphi}{2} - 1\right) d\varphi = \frac{128}{3}a^3 \int_0^{1/2\,\pi} \cos^6 w\,(2\cos^2 w - 1)\, dw$$

$$= \frac{128}{3}a^3\left[2\int \cos^8 w\, dw - \int \cos^6 w\, dw\right]_0^{1/2\,\pi} = \frac{128}{3}a^3\left[2\,\frac{1\cdot 3\cdot 5\cdot 7}{2\cdot 4\cdot 6\cdot 8} - \frac{1\cdot 3\cdot 5}{2\cdot 4\cdot 6}\right]\frac{\pi}{2}$$

nach (237 b). Man vereinfacht und erhält $\xi = \tfrac{5}{8}a$.

8) Man wendet die partielle Integration an und setzt

$$u = \arcsin x\,, \qquad \text{so daß} \qquad dv = x^2\, dx\,, \qquad v = \tfrac{1}{3}x^3, \qquad du = \frac{dx}{\sqrt{1-x^2}}\,.$$

$$\int = \tfrac{1}{3}x^3 \arcsin x - \tfrac{1}{3}\int \frac{x^3\, dx}{\sqrt{1-x^2}} = \tfrac{1}{3}x^3 \arcsin x - \tfrac{1}{3}\left[-\tfrac{1}{3}x^2\sqrt{} + \tfrac{2}{3}\int \frac{x\, dx}{\sqrt{}}\right]$$

$$= \tfrac{1}{3}x^3 \arcsin x + \tfrac{1}{9}(x^2+2)\sqrt{1-x^2}.$$

Das bestimmte Integral wird dann

$$\int_0^1 x^2 \arcsin x\, dx = \frac{1}{3}\cdot\frac{\pi}{2} + 0 - 0 - \frac{2}{9} = \frac{1}{18}(3\pi - 4)\,.$$

9) Man wendet die partielle Integration an und setzt

$$u = \operatorname{arc\,tg} x\,, \qquad \text{so daß} \qquad dv = x^2\, dx\,, \qquad v = \frac{1}{3}x^3, \qquad du = \frac{dx}{1+x^2}\,.$$

$$\int = \frac{1}{3} x^3 \operatorname{arc\,tg} x - \frac{1}{3}\int x^3 \frac{dx}{1+x^2} = \frac{1}{3} x^3 \operatorname{arc\,tg} x - \frac{1}{3}\int\left(x - \frac{x}{1+x^2}\right) dx$$

$$= \frac{1}{3} x^3 \operatorname{arc\,tg} x - \frac{1}{6} x^2 + \frac{1}{6} \lg(1+x^2).$$

Das bestimmte Integral ist dann

$$\int_0^1 x^2 \operatorname{arc\,tg} x\, dx = \frac{1}{3}\cdot\frac{\pi}{4} - \frac{1}{6} + \frac{1}{6}\lg 2 - 0 + 0 - 0 = \frac{1}{12}(\pi - 2 + 2\lg 2).$$

10) Die Gleichung der Kettenlinie ist

$$y = h \operatorname{Cos}\frac{x}{h}, \qquad \text{so daß} \qquad F = \int h \operatorname{Cos}\frac{x}{h}\, dx$$

oder mit der Substitution $x = hu$

$$F = h^2 \int \operatorname{Cos} u\, du = h^2 \operatorname{Sin} u + C = h^2 \operatorname{Sin}\frac{x}{h} + C$$

wird. Zwischen den Ordinaten bei x_1 und x_2 ist die Fläche

$$F = h^2\left[\operatorname{Sin}\frac{x}{h}\right]_{x_1}^{x_2} = h^2\left[\operatorname{Sin}\frac{x_2}{h} - \operatorname{Sin}\frac{x_1}{h}\right] = h^2\varphi,$$

wenn man die Klammer mit φ bezeichnet.

Die Koordinaten $\xi \mid \eta$ des Schwerpunktes sind nach (74g, h) bestimmt durch

$$\xi F = \int_{x_1}^{x_2} xy\, dx, \qquad \eta F = \tfrac{1}{2}\int_{x_1}^{x_2} y^2\, dx.$$

Hier wird mit der Substitution $x = hu$

$$\xi F = \int x h \operatorname{Cos}\frac{x}{h}\, dx = h^3 \int u \operatorname{Cos} u\, du = h^3[u \operatorname{Sin} u - \operatorname{Cos} u]$$

oder wegen $F = h^2\varphi$

$$\xi\varphi = [h u \operatorname{Sin} u - h \operatorname{Cos} u]_{x_1}^{x_2} = \left[x \operatorname{Sin}\frac{x}{h} - h \operatorname{Cos}\frac{x}{h}\right]_{x_1}^{x_2}$$

$$= \left[x_2 \operatorname{Sin}\frac{x_2}{h} - h \operatorname{Cos}\frac{x_2}{h} - x_1 \operatorname{Sin}\frac{x_1}{h} + h \operatorname{Cos}\frac{x_1}{h}\right]. \tag{a}$$

Genau so findet man

$$\eta F = \eta\varphi h^2 = \frac{1}{2}\int h^2 \operatorname{Cos}^2\frac{x}{h}\, dx = \frac{1}{2} h^3 \int \operatorname{Cos}^2 u\, du$$

oder

$$\eta\varphi = \frac{1}{4} h [\operatorname{Sin} u \operatorname{Cos} u + u]_{x_1}^{x_2} = \frac{1}{4}\left[h \operatorname{Sin}\frac{x}{h}\operatorname{Cos}\frac{x}{h} + x\right]_{x_1}^{x_2}$$

$$= \frac{1}{4}\left[h \operatorname{Sin}\frac{x_2}{h}\operatorname{Cos}\frac{x_2}{h} + x_2 - h \operatorname{Sin}\frac{x_1}{h}\operatorname{Cos}\frac{x_1}{h} - x_1\right]. \tag{b}$$

11) Die Gleichung der Kettenlinie ist nach (198)

$$y = a \operatorname{Cos}\frac{x}{a}.$$

Dabei ist a die Ordinate des tiefsten Punktes, wodurch sich das Koordinatensystem bestimmt. In der vorausgehenden Aufgabe ist der Inhalt und Schwer-

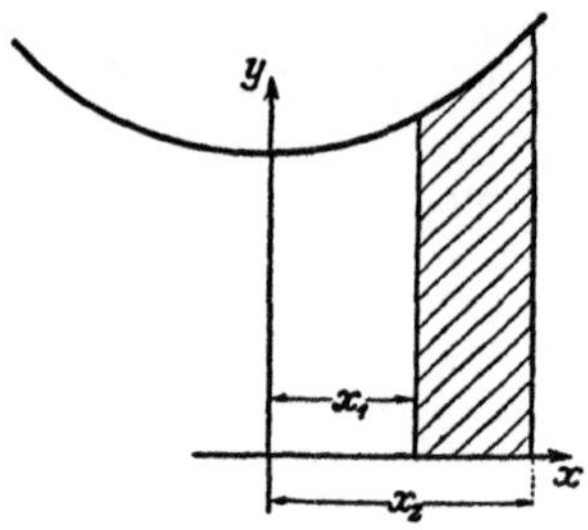

Abb. 395.

punkt jener Fläche F' gefunden worden, die durch die Kurve und die x-Achse gebildet und durch die Ordinaten bei x_1 und x_2 begrenzt wird, Abb. 395. Wählt man entsprechend der gegebenen Skizze $x_1 = -a$ und $x_2 = +a$, so gehören zu ihnen die Ordinaten

$$y_1 = a \operatorname{Cos} \frac{-a}{a} = a \operatorname{Cos} 1,$$

$$y_2 = a \operatorname{Cos} 1.$$

Dann ist nach der vorigen Aufgabe

$$F' = a^2 \left(\operatorname{Sin} \frac{a}{a} - \operatorname{Sin} \frac{-a}{a}\right) = 2\, a^2 \operatorname{Sin} 1\,;$$

das Rechteck R mit den Seiten $2\,a$ und y_1 oder $R = 2\,a y_1$ oder $R = 2\,a^2 \operatorname{Cos} 1$ ist die Summe der Flächen F und F', so daß

$$F = 2\,a^2 \operatorname{Cos} 1 - 2\,a^2 \operatorname{Sin} 1 = 2\,a^2 (\operatorname{Cos} 1 - \operatorname{Sin} 1),$$

oder wenn man ausrechnet $F = 2\,a^2 e^{-1}$.

Auf das aus F und F' zusammengesetzte Rechteck R wendet man den Schwerpunktsatz an,

$$R s = F r + F' r',$$

wo s, r und r' die Schwerpunktsabstände von der x-Achse sind, siehe (72d). Aus der vorigen Aufgabe ist der Abstand r' oder η bekannt,

$$r' = \frac{a}{4} [\operatorname{Sin} 1 \operatorname{Cos} 1 + 1 - \operatorname{Sin}(-1) \operatorname{Cos}(-1) + 1] : [\operatorname{Sin} 1 - \operatorname{Sin}(-1)]$$

$$= \frac{a}{4} [2 \operatorname{Sin} 1 \operatorname{Cos} 1 + 2] : 2 \operatorname{Sin} 1 = \frac{a}{4} (\operatorname{Sin} 1 \operatorname{Cos} 1 + 1) : \operatorname{Sin} 1\,.$$

Mit diesen Werten wird der obige Schwerpunktsatz

$$2\,a^2 \operatorname{Cos} 1 \cdot \frac{1}{2} y_1 = 2\,a^2 (\operatorname{Cos} 1 - \operatorname{Sin} 1) \cdot r + 2\,a^2 \operatorname{Sin} 1 \cdot \frac{a (1 + \operatorname{Sin} 1 \operatorname{Cos} 1)}{4 \operatorname{Sin} 1}$$

oder

$$2\,a \operatorname{Cos}^2 1 = 4 (\operatorname{Cos} 1 - \operatorname{Sin} 1) \cdot r + a (1 + \operatorname{Sin} 1 \operatorname{Cos} 1),$$

woraus sich ergibt

$$r = a (2 \operatorname{Cos}^2 1 - \operatorname{Sin} 1 \operatorname{Cos} 1 - 1) : 4 (\operatorname{Cos} 1 - \operatorname{Sin} 1)\,.$$

Man prüft noch: mit den Näherungswerten $\operatorname{Sin} 1 = 1{,}18$, $\operatorname{Cos} 1 = 1{,}54$ erhält man

$$r \approx a (2 \cdot 2{,}37 - 1{,}18 \cdot 1{,}54 - 1) : (4 \cdot 0{,}36) \approx a \cdot 2{,}02 : 1{,}44 \approx 1{,}4\, a\,,$$

welches Ergebnis der Zeichnung entspricht.

12) $$\int = \int dy - \int e^{\lg \frac{B-y}{B} \cdot \frac{C}{b}} dy = y - \int \left(e^{\lg \frac{B-y}{B}}\right)^{\frac{C}{b}} dy$$

$$= y - \int \left(\frac{B-y}{B}\right)^{\frac{C}{b}} dy\,.$$

Man setzt $B - y = Bu$ oder $-dy = B\,du$ und erhält

$$\int = y + B\int u^{C:b}\,du = y + B\,\frac{u^{C:b+1}}{C:b+1}$$

$$= y + Bb\,\frac{u^{(C+b):b}}{C+b} = y + \frac{Bb}{C+b}\left(\frac{B-y}{B}\right)^{\frac{C+b}{b}},$$

abgesehen von der Konstanten.

13) Nach (240c) wird

$$\int = a\int (e^{1:a})^x\,dx - b\int (e^{1:b})^x\,dx = a^2 e^{x:a} - b^2 e^{x:b} + C;$$

$$\int_{-\omega}^{0} = \lim_{\omega=\infty}\int_{-\omega}^{0} = \lim_{\omega=\infty}\left[a^2 e^{x:a} - b^2 e^{x:b}\right]_{-\omega}^{0} = a^2 - b^2 - \lim_{\omega=\infty}(a^2 e^{-\omega:a} - b^2 e^{-\omega:b})$$

$$= a^2 - b^2.$$

14) Nach (227a) setzt man $x = z^2$ oder $dx = 2z\,dz$ und erhält

$$\int = \int \frac{2z\,dz}{(1+z^2)\,z} = 2\int \frac{dz}{1+z^2} = 2\,\mathrm{arc\,tg}\,\sqrt{x} + C,$$

$$\int_0^\infty = 2\left[\mathrm{arc\,tg}\,\sqrt{x}\right]_0^\infty = 2\left(\frac{\pi}{2} - 0\right) = \pi.$$

15) Man denkt an die Formel

$$s = \int dx\,\sqrt{1+y'^2}, \qquad \text{so daß} \qquad y' = u \qquad \text{oder} \qquad y = \int u\,dx$$

ist. Man zeichnet also die Kurve $y = \int u\,dx$, dann ist der Bogen dieser Kurve, gemessen in Längeneinheiten, das gesuchte Integral.

In dem besonderen Fall ist

$$u = \sin\alpha \sin x$$

und damit

$$y = \sin\alpha \int \sin x\,dx$$

oder

$$y = c\cos x$$

die zu zeichnende Kurve, wenn man die Konstante $-\sin\alpha$ mit c bezeichnet.

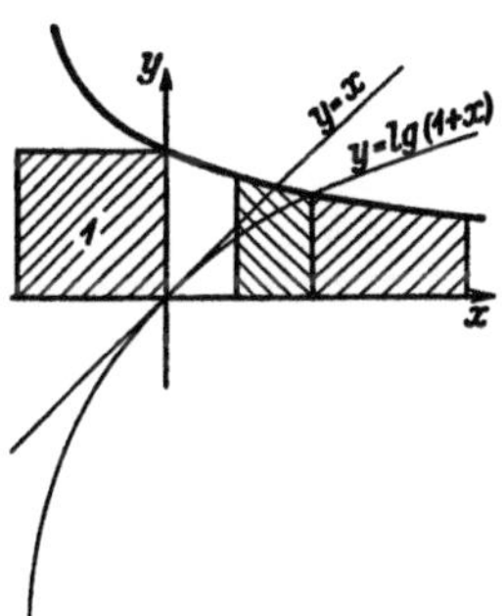

Abb. 396.

16) Die Reihe für $\lg(1+x)$ gilt nur, wenn $x \leq 1$. Nun ist aber die obere Grenze 2, man wird also das Integral zerlegen in

$$\int_{1/2}^{2} = \int_{1/2}^{1} + \int_{1}^{2}$$

und noch

$$\lg(1+x) = \lg\left[x\left(1+\frac{1}{x}\right)\right]$$

für die obere Grenze anwenden. Man erhält dann

$$\int_{1/2}^{2} = \int_{1/2}^{1}\left(\frac{x}{1}-\frac{x^2}{2}+\frac{x^3}{3}-+\ldots\right)\frac{dx}{x}+\int_{1}^{2}\left(\lg x+\frac{1}{x}-\frac{1}{2x^2}+\frac{1}{3x^3}-+\ldots\right)\frac{dx}{x}$$

$$=\left[x-\frac{x^2}{4}+\frac{x^3}{9}-+\ldots\right]_{1/2}^{1}+\left[\frac{1}{2}\lg^2 x-\frac{1}{x}+\frac{1}{4x^2}-\frac{1}{9x^3}+\ldots\right]_{1}^{2}$$

$$=\left(1-\frac{1}{4}+\frac{1}{9}-\frac{1}{16}+\ldots\right)-\left(\frac{1}{2}-\frac{1}{16}+\frac{1}{72}-\frac{1}{256}+\ldots\right)$$

$$+\left(\frac{1}{2}\lg^2 2-\frac{1}{2}+\frac{1}{16}-\frac{1}{72}+\frac{1}{256}-\ldots\right)-\left(0-1+\frac{1}{4}-\frac{1}{9}+\frac{1}{16}-\ldots\right)$$

$$\approx 0{,}799-0{,}408+(0{,}240-0{,}408)+0{,}799=0{,}391+0{,}631=1{,}022\approx 1{,}02\,.$$

Die Skizze der Abb. 396 zeigt die ungefähre Richtigkeit der Lösung.

Elfter Abschnitt.

Technische Aufgaben II.

251. Vorbemerkungen. Die praktischen Aufgaben, die mit Hilfe der Differential- und Integralrechnung gelöst werden, sind in der Hauptsache zweifacher Art.

Einmal sind es Summierungen, so wie sie der vierte Abschnitt brachte. Sie führen auf bestimmte Integrale, deren Grenzen durch den Beginn und das Ende der Summierung gegeben sind. Wenn beispielsweise nach Abb. 397 das Trägheitsmoment des Rechteckes gesucht ist, so wird man dieses als Summe der Trägheitsmomente der einzelnen Rechteckstreifen ermitteln. Man wird dann, wenn y die Integrationsveränderliche ist, unten beginnen und oben aufhören, $y = a$ wird die untere Grenze sein und $y = b$ die obere.

Gleich wichtig sind für den Ingenieur jene Aufgaben, die ein Gesetz aufsuchen sollen. Das einzuschlagende Verfahren ist fast immer folgendes: man geht von einem untersuchten Zustand U zu einem (zeitlichen oder räumlichen) Nachbarzustand N über und stellt eine Beziehung zwischen den sich ändernden Größen auf. Man hat dann eine Differentialgleichung aufgestellt. Diese kann man nun allerdings schon als das gesuchte Gesetz betrachten, in vereinzelten Fällen wird es auch gar nicht notwendig sein, weiter zu gehen. Gewöhnlich aber wird man von der aufgestellten Differentialgleichung zur gewünschten Integralgleichung übergehen.

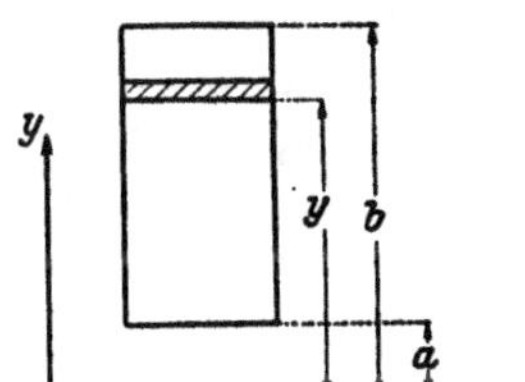

Abb. 397.

Die einzelnen Verfahren zur Lösung solcher Differentialgleichungen im Zusammenhang bringt der dritte Band; der vorausgehende Abschnitt bietet eine Einleitung zum Wesen und zur Lösung der Differentialgleichungen. An dieser Stelle sollen nur solche Aufgaben gestellt werden, daß die Lösung der Differentialgleichung mit einfachen Mitteln erfolgen kann. Für diese Lösung ist hauptsächlich zu beachten, daß man nur von $f(x)\,dx$ das Integral angeben kann oder nur von $F(y)\,dy$ usw. Und daß man, um die in den aufgestellten Differentialgleichungen auftretenden Differentiale zur Integration bringen zu können, die Differentialgleichung separieren muß.

Bei jeder Lösung einer Differentialgleichung tritt eine Konstante auf, die Integrationskonstante, die durch die sog. Anfangsbedingungen bestimmt wird. Da man nämlich die durch die Lösung dargestellten Beziehungen an ganz allgemeiner Stelle gefunden hat, gelten sie offenbar an jeder Stelle. Wenn es nun eine bestimmte Stelle gibt, an der die einzelnen auftretenden untersuchten Größen bestimmte Werte haben, dann kann man auf diese bestimmte Stelle die gefundene Lösung anwenden und die so erhaltene Beziehung zur Ermittlung der Integrationskonstanten verwenden. Fängt man an der bestimmten Stelle zeitlich oder räumlich zu zählen oder zu messen an, dann spricht man von einem Anfangszustand; die untersuchten Größen im Anfangszustand nennt man gewöhnlich auch Anfangsgrößen.

Beispiel a) Ein Punkt bewegt sich nach dem Gesetz

$$ds = au \cos ut\, dt;$$

gesucht ist die Integralgleichung.

Die Differentialgleichung ist schon separiert, man integriert und erhält

$$s = a \sin ut + C. \tag{a}$$

Die Größen a und u sind bekannt, es handelt sich um die Bestimmung des Wertes von C. Die vorstehende Gleichung ist eine Bewegungsgleichung, die den Weg s zur Zeit t angibt. Man setzt nun fest, daß man den Weg im gleichen Augenblick zu zählen beginnt, wenn man die Zeit zu zählen anfängt, d. h.

$$s = 0, \quad \text{wenn} \quad t = 0.$$

Diese Vorschrift ist eine Anfangsbedingung. Sie gestattet den Wert von C zu ermitteln, denn die aufgestellte Bewegungsgleichung gilt für jedes s und t, also auch im Anfangspunkt; sonach ist

$$0 = a \sin 0 + C \quad \text{oder} \quad C = 0$$

und deswegen die gewünschte Integralgleichung

$$s = a \sin ut.$$

252. Fortsetzung. Beispiel a) Wie wird die Integralgleichung der vorigen Aufgabe, wenn man die Zeit erst zu zählen beginnt, nachdem der Punkt den Weg $s = s_0$ zurückgelegt hat?

In der Dynamik nennt man Anfangsstelle oder Anfangspunkt oder Anfangslage meist jene, an der der bewegte Punkt oder Körper zur Zeit $t = 0$ war. Im vorliegenden Fall hat also der bewegte Punkt, wenn er zur Anfangsstelle kommt, bereits den Weg s zurückgelegt, es gilt sonach für ihn

$$s = s_0, \qquad \text{wenn} \qquad t = 0$$

und deswegen

$$s_0 = a \cdot \sin 0 + C \qquad \text{oder} \qquad C = s_0.$$

Dann ist die gewünschte Integralgleichung

$$s = s_0 + a \sin ut.$$

Beispiel b) Wie wird man sich am einfachsten über das Wesen einer Konstanten klar?

Wenn sie eine Additionskonstante ist, dann ist sie von der gleichen Art (in der Sprechweise der Physik, sie ist von der gleichen Dimension) wie die übrigen Summanden der Gleichung, in der sie auf tritt. Beispielsweise ist sofort ersichtlich, daß C in der Gleichung (251a) ein Weg sein muß, weil C nur als Summand auftritt und einer der Summanden, nämlich s, einen Weg vorstellt.

Ist dagegen C eine Multiplikationskonstante, dann kann man zunächst die Dimensionen und damit oft die Bedeutung von C feststellen. Gelingt diese Feststellung nicht, dann wird man meist die in der Gleichung auftretenden Faktoren bis auf zwei gleich der Einheit setzen und daraus die Bedeutung der Konstanten erkennen. In der Gleichung

$$P = cx$$

ist P als Kraft und x als Weg eines mathematischen Punktes vorgeschrieben, folglich kg/m die Dimension von c. Der Anfänger wird sich daraus wohl kaum ein Bild vom Wesen der Konstanten c machen können. Anders, wenn man $P = c \cdot 1$ setzt und dann sagt, c ist die Kraft, die auftritt, wenn der materielle Punkt den Weg 1 zurückgelegt hat, c ist die Kraft beim Weg 1.

Beispiel c) In der Gleichung

$$m \frac{d^2 x}{dt^2} + k \frac{dx}{dt} + cx = P \sin \eta t$$

ist P eine Kraft, x der Weg eines materiellen Punktes mit der Masse m, t die Zeit. Gefragt ist nach der Bedeutung von k und c.

Da $\sin \eta t$ dimensionslos ist, ist der rechte Teil der Gleichung eine Kraft, folglich sind es auch alle einzelnen Summanden. Wenn cx eine Kraft ist, dann hat c die gleiche Bedeutung wie im vorausgehenden Beispiel. Auch der zweite Summand ist eine Kraft, man kann setzen

$$kv = K$$

und erhält k, wenn man $v = 1$ setzt, in der Form $k \cdot 1 = K$, d. h. k ist die Kraft, die auftritt, wenn die Geschwindigkeit des materiellen Punktes die Geschwindigkeit 1 erreicht hat. Die Dimension von k ist deswegen

Kraft : Geschwindigkeit oder kg : m/sek oder kg sek/m.

253. Natürliche Änderung einer Größe. Zwei Größen U und W seien voneinander abhängig,

$$W = f(U).$$

U ist die Unabhängige; wenn man will, kann man sie auch die Ursache nennen; W ist die von ihr abhängige Größe, wir nennen sie auch die Wirkung. Einer Änderung dU entspricht eine bestimmte Änderung dW. Der Zusammenhang zwischen U und W wird durch eine Differentialgleichung zwischen dU und dW gegeben. Die einfachsten Fälle für diese Zusammenhänge sind

$$dW = c\,dU, \qquad \frac{dW}{W} = c\,\frac{dU}{U}, \qquad \frac{dW}{W} = c\,dU, \qquad dW = c\,U\,dU.$$

Nennt man $dU : U$ die relative Änderung von U, so ändert sich im ersten Fall die Wirkung im gleichen Verhältnis wie die Ursache; im zweiten Fall sind die relativen Änderungen der Wirkung und der Ursache proportional, im dritten Fall ist die relative Änderung der Wirkung proportional der Änderung der Ursache usw.

Uns interessiert besonders der Fall, der sehr viele Nebenerscheinungen in der einfachsten Weise beschreibt,

$$dW = c\,W\,dU \quad \text{oder} \quad \frac{dW}{W} = c\,dU, \tag{a}$$

d. h. die Änderung der Wirkung ist in jedem Augenblick proportional der Wirkung selbst und proportional der Ursacheänderung,

oder

die relative Änderung der Wirkung ist proportional der absoluten Änderung der Ursache, (b)

und nennen diesen Zusammenhang das Gesetz der natürlichen Änderung einer Größe.

Der Name ist einfach zu erklären. Wenn beispielsweise eine Größe G in jeder Sekunde um $1\,^0/_0$ ihres Anfangswertes G zunimmt, so wird sie nach 100 Sekunden um $100 \cdot 0{,}01\, G_0$ oder um G_0 zugenommen haben und somit doppelt so groß geworden sein. Wenn sie umgekehrt in jeder Sekunde um 1 % von G_0 abnimmt, dann wird sie nach 100 Sekunden um G_0 abgenommen haben und somit verschwunden sein. Eine solche Änderung nennen wir eine lineare. Der natürliche oder logarithmische Fall einer Ab- oder Zunahme einer physikalischen Größe ist aber meist der, daß die Abnahme oder Zunahme in einem bestimmten Verhältnis nicht zu G_0, sondern zu dem augenblicklichen Wert G steht. Wenn also beispielsweise diese sekundliche Abnahme 1 % vom jeweiligen G ist, dann wird G_0 nicht schon nach 100 Sekunden, sondern erst nach unendlich langer Zeit verschwunden sein. Und umgekehrt wird G_0 in einem ganz anderen Maßstab wachsen, wenn die Änderung immer im gleichen Verhältnis zu G selbst steht.

Das Gesetz der natürlichen Änderung wird von einzelnen auch das „Gesetz des logarithmischen Wachsens" genannt, zuweilen auch (allerdings nicht ganz richtig) „Zinseszinsgesetz" oder „Sparkassenformel". Die beiden letzten Bezeichnungen werden durch das nachfolgende Beispiel erklärt.

Beispiel a) Man gebe den Unterschied zwischen der gewöhnlichen Zinsrechnung und der Zinseszinsrechnung durch Aufstellung von Differentialgleichungen an. Weiter stelle man diesen Unterschied auch graphisch dar.

Die untersuchte Funktion ist das Kapitel K, das sich mit der Zeit t ändert. Als Einheit der Zeit dient das Jahr, der Zinsfuß p ist vom Hundert genommen, das anfängliche Kapital sei mit K_0 bezeichnet. Bei der gewöhnlichen Zinsberechnung, die Jahr für Jahr oder allgemein jedesmal nach einem bestimmten Zeitabschnitt den Zins nimmt und ihn zwar zum Kapital hinzufügt, aber in der Folgezeit nicht an der weiteren Verzinsung teilnehmen läßt, gilt

$$dK = K_0 \frac{p}{100} dt, \tag{c}$$

und wenn man integriert,

$$K = K_0 \frac{pt}{100} + C.$$

C ermittelt man aus der Bedingung, daß bei Beginn der Zeitzählung $K = K_0$ ist,

$$K_0 = K_0 \cdot 0 + C \qquad \text{oder} \qquad C = K_0.$$

Damit wird

$$K = K_0 + K_0 \frac{pt}{100} \qquad \text{oder} \qquad K = K_0 \frac{100 + pt}{100}. \tag{d}$$

$K_0 \frac{pt}{100}$ ist der Zins, den das Kapital K_0 in t Jahren trägt. Natürlich hätte man zur Aufstellung dieser Zinsformel keine Differentialgleichung gebraucht, sondern sie auf ganz elementarem Wege finden können.

Bei der theoretisch reinen Zinseszinsberechnung, auch stetige Verzinsung genannt, wird in jedem Augenblick der Zins zum Kapital geschlagen und nimmt von diesem Augenblick an auch an der weiteren Verzinsung teil. Es gilt sonach für diese stetige Verzinsung die gleiche Formel (c), nur daß die Zinsen vom augenblicklichen Kapital K und nicht von K_0 genommen werden. Die Differentialgleichung der stetigen Verzinsung ist demnach

$$dK = K\frac{p\,dt}{100} \qquad \text{oder} \qquad \frac{dK}{K} = \frac{p}{100}\,dt. \tag{e}$$

Man sieht, der Zinseszins befolgt das Gesetz der natürlichen Änderung. Statt $p:100$ setzt man c und integriert beiderseits, nach (55) erhält man

$$\lg\frac{K}{C} = ct \qquad \text{oder} \qquad K = Ce^{ct}.$$

C bestimmt sich aus der Bedingung, daß K zur Zeit $t = 0$ den Wert K_0 hatte.

$$K_0 = C\cdot e^{c\cdot 0} \qquad \text{oder} \qquad C = K_0.$$

C ist also das Anfangskapital K_0. Damit wird die Formel für die stetige Verzinsung

$$K = K_0 e^{ct} \qquad \text{oder} \qquad K = K_0 e^{\frac{pt}{100}}. \tag{f}$$

Bei der in der Praxis gebräuchlichen abgesetzten Zinseszinsrechnung schlägt man die Zinsen immer nach einem bestimmten Zeitabschnitt, etwa nach einem Jahr oder einem halben Jahr, zum Kapital. Die Elementarrechnung findet auf einem etwas umständlichen Weg

$$K = K_0 k^{rt}, \qquad \text{wo} \qquad k = 1 + \frac{p}{100r},$$

wenn die Zinsen jeden $r$ten Teil des Jahres zum Kapital geschlagen werden sollen.

Stellt man die drei verschiedenen Gesetze durch Schaulinien dar, so wird der Unterschied der Kapitaländerung recht deutlich ersichtlich. Für die Darstellung der Abb. 398 wurde gewählt

$$K_0 = 1, \quad p = 4, \quad r = 1, \qquad \text{also} \qquad k = 1{,}04.$$

Die drei ersten Gesetze sind mit diesen Werten

$$K = 1 + 0{,}04\,t, \qquad K = e^{0{,}04\,t}, \qquad K = 1{,}04^t.$$

Man sieht, daß nach 50 Jahren das Kapital bei Zinseszinsberechnung rund zweieinhalbmal so groß geworden ist, wie wenn nur einfache

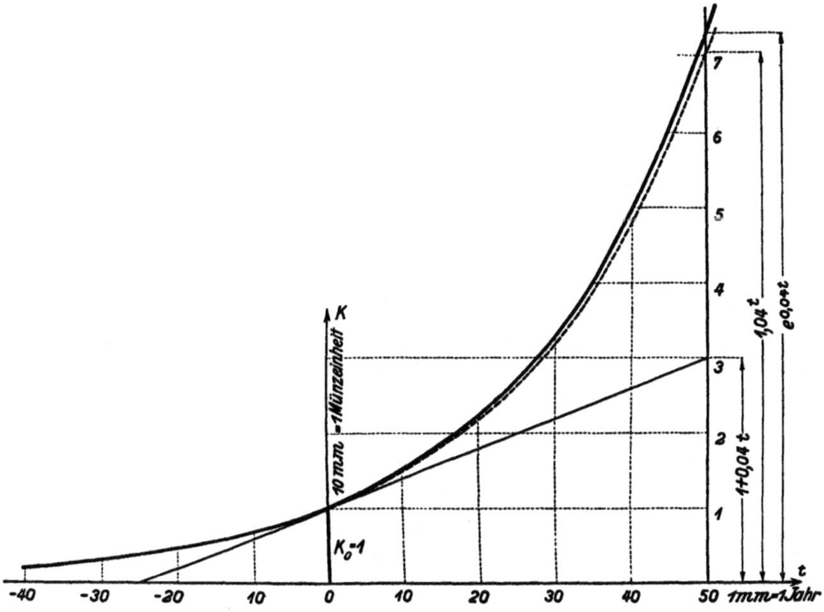

Abb. 398.

Zinsen berechnet werden. Der Unterschied zwischen der theoretisch reinen und der praktisch gebräuchlichen Zinseszinsberechnung kommt erst nach größeren Zeiträumen zur Geltung.

Beispiel b) Ein Kapital wird alljährlich um 4% des Anfangswertes K_0 verringert. Man gebe den Unterschied zwischen dieser und der natürlichen Verringerung an.

Im ersten Fall wird das Kapital nach 25 Jahren aufgebraucht. Im zweiten Fall wird die Verringerung von 4% immer vom augenblicklichen Kapital genommen, man hat wie bei der reinen Zinseszinsrechnung, nur negativ,

$$dK = -K\frac{p\,dt}{100}, \tag{g}$$

und sonach als Integralgleichung

$$K = K_0 e^{-\frac{pt}{100}}. \tag{h}$$

Es wird also K erst nach $t = \infty$ vielen Jahren verbraucht sein. Abb. 398 gibt den Unterschied zwischen der linearen und der natürlichen Verringerung an.

254. Fortsetzung. Für das Gesetz der natürlichen Änderung ist

$$dW = cW\,dU \qquad \text{oder} \qquad \frac{dW}{W} = c\,dU \tag{a}$$

die Differentialgleichung. Die Integralgleichung

$$W = W_0 e^{cU} \tag{b}$$

wird wie beim vorausgehenden Beispiel gefunden. Es ist sonach die Wirkung mit der Ursache durch ein Exponentialgesetz verbunden. Man erinnert sich wieder an die charakteristischen Eigenschaften der Exponentialfunktion e^x: äußerst rapides Anwachsen, wenn erst x einmal groß geworden ist; den Wert 0 erreicht die Funktion für $x = -\infty$, oder umgekehrt die Funktion e^{-x} wird für $x = \infty$ zu Null; man sagt auch, sie nähert sich asymptotisch dem Wert 0, oder sie „klingt asymptotisch" aus.

Gelegentlich soll noch bemerkt werden, daß der Exponent cU dimensionslos ist. Das geht übrigens auch aus der Differentialgleichung hervor, wo der Quotient links $dW : W$ dimensionslos ist, so daß es auch die ganz rechte Gleichungsseite $c\,dU$ und damit auch cU sein muß. Die Dimension von c ist also reziprok zu jener von U.

Eine Eigenschaft des Gesetzes der natürlichen Änderung ist besonders bemerkenswert:

> bilden die einzelnen Werte der Ursache eine arithmetische Reihe, dann die entsprechenden Werte der Wirkung eine geometrische. (c)

Bilden nämlich die aufeinanderfolgenden Werte $U_1, U_2, U_3 \ldots$ eine arithmetische Reihe mit der konstanten Differenz d, so daß also

$$d = U_2 - U_1 = U_3 - U_2 = \ldots,$$

dann gilt für die entsprechenden Werte W

$$\frac{W_1}{W_0} = e^{cU_1}, \qquad \frac{W_2}{W_0} = e^{cU_2}, \qquad \frac{W_3}{W_0} = e^{cU_3}, \ \ldots$$

oder

$$\frac{W_2}{W_1} = e^{cd} = \frac{W_3}{W_2} = \frac{W_4}{W_3} = \ldots$$

e^{cd} ist sonach der konstante Zahlenfaktor, mit dem die Glieder dieser geometrischen Reihe $W_1, W_2, W_3 \ldots$ fortschreiten.

Die Logarithmen einer geometrischen Reihe

$$W_1, \quad W_2 = f W_1, \quad W_3 = f^2 W_1, \ldots$$

bilden bekanntlich eine arithmetische Reihe,

$$\lg W_1, \quad \lg W_1 + \lg f, \quad \lg W_1 + 2 \lg f. \ldots$$

Man nennt dann den konstanten Unterschied $\log f$ dieser neu entstandenen Reihe logarithmische Abnahme, so daß man für das Gesetz der natürlichen Änderung $dW = cW dU$ auch sagen kann:

einer konstanten Abnahme der U entspricht eine konstante logarithmische Abnahme der W. (d)

Beispiel a) Man stelle die Differentialgleichung und Integralgleichung für das Gesetz der linearen Änderung einer Größe auf.

Bei ihr ändert sich die Wirkung im gleichen Verhältnis wie die Ursache.

$$dW = cW_0 dU \quad \text{oder integriert} \quad W = cW_0 U + C. \tag{e}$$

C ermittelt man aus der Anfangsbedingung, daß für $U = 0$ die Größe W den Wert W_0 hat. Sonach $W_0 = cW_0 \cdot 0 + C$ oder $C = W_0$. Damit wird die Integralgleichung

$$W = W_0 cU + W_0$$

oder

$$W = W_0(1 + cU). \tag{f}$$

Beispiel b) Unter welcher Voraussetzung läßt sich die natürliche Änderung durch die lineare ersetzen?

Wenn man in der Formel $W = W_0 e^{cU}$ die Exponentialfunktion nach einer Reihe entwickelt, erhält man

$$W = W_0\left[1 + \frac{cU}{1!} + \frac{(cU)^2}{2!} + \ldots\right].$$

Unter der Voraussetzung, daß cU ein kleiner echter Bruch ist, wird $\frac{1}{2}(cU)^2$ erst recht klein und noch vielmehr die nachfolgenden Glieder, die man also gegenüber den ersten beiden Summanden der Klammer in erster Annäherung vernachlässigen kann. Damit ist das angenäherte Gesetz

$$W = W_0(1 + cU)$$

das gleiche wie bei der linearen Änderung,

Beispiel c) Man beurteile die Längenänderung eines geradlinigen homogenen Stabes unter dem Einfluß einer Temperaturänderung, wenn man einmal das Gesetz der linearen Änderung und dann der natürlichen Änderung annimmt.

Wenn l_0 die Stablänge bei der Temperatur 0^0 und l die Länge bei der Temperatur t^0, ferner α die Temperaturdehnungszahl ist, dann hat man bei der linearen Änderung

$$dl = \alpha l_0 dt \quad \text{oder} \quad l = l_0(1 + \alpha t). \tag{g}$$

Bei der natürlichen Änderung wird

$$dl = \alpha l\, dt \quad \text{oder} \quad l = l_0 e^{\alpha t}. \tag{h}$$

Nun ist α ein sehr kleiner Wert; für Eisen beispielsweise $\alpha = 1:80000$. Nimmt man die Temperaturänderung etwa bis zu 100^0 an, dann wird αt erst den Wert $1:800$ erreichen. Innerhalb dieser Grenzen ist also nach Beispiel b) der Unterschied der Werte von l aus beiden Gesetzen sehr klein.

255. Fortsetzung. Beispiel a) Man beurteile die unter dem Einfluß einer Spannungsdichte σ hervorgerufene Dehnung eines homogenen geradlinigen prismatischen Stabes von der Länge l_0 bei spannungslosem Zustand. Für die Beurteilung nehme man zuerst an, daß die Änderung linear sei und dann, daß sie natürlich ist.

Unter dem Einfluß einer Änderung $d\sigma$ der Spannungsdichte wird der Stab eine Dehnung dl erfahren, das Verhältdis $dl:l_0$, das ist die bezogene Dehnung, bezeichnet man mit ε und nimmt es nach Hooke proportional der Spannungsänderung, setzt also

$$\frac{dl}{l_0} = \alpha d\sigma \quad \text{oder} \quad dl = \alpha l_0\, d\sigma. \tag{a}$$

α ist die Dehnungszahl; nach der Festigkeitslehre ist $\alpha = 1:E$, wo E der Elastizitätsmodul. α ist eine sehr kleine Zahl; für die verschiedenen Eisensorten ist rund

$$\alpha \approx 0{,}000\,000\,5 \text{ cm}^2/\text{kg}.$$

Wie bei der Dehnung unter dem Einfluß einer Temperaturänderung, Beisp. 254c), erhält man die Integralgleichung

$$l = l_0(1 + \alpha\sigma), \tag{b}$$

oder wenn man $l - l_0 = \Delta l$ setzt, und $\Delta l : l_0 = \varepsilon$,

$$\varepsilon = \alpha\sigma. \tag{c}$$

Bei dieser Betrachtung ist α als konstant angenommen. Die entwickelte Formel gibt einen der Hauptsätze der Festigkeitslehre wieder, das Hookesche Gesetz,

die Dehnungsdichte ist proportional der Spannungsdichte. (d)

Nimmt man aber die natürliche Änderung für dl an, so erhält man

$$dl = \alpha l\, d\sigma \tag{e}$$

als Differentialgleichung und als Integralgleichung nach (254b)

$$l = l_0 e^{\alpha\sigma} \quad \text{oder} \quad l - l_0 = l_0 (e^{\alpha\sigma} - 1);$$

oder wenn man wieder $l - l_0 = \Delta l$ und $\Delta l : l_0 = \varepsilon$ setzt,

$$\varepsilon = e^{\alpha\sigma} - 1. \tag{f}$$

Für die gewöhnlichen Fälle der Praxis ist es gleichgültig, welches der beiden Gesetze man anwendet. Entwickelt man nämlich die Exponentialfunktion nach einer Reihe, so kann man auch schreiben

$$\varepsilon = \left(1 + \frac{\alpha\sigma}{1!} + \frac{\alpha^2\sigma^2}{2!} + \ldots\right) - 1 \quad \text{oder} \quad \varepsilon = \alpha\sigma + \frac{\alpha^2\sigma^2}{2!} + \frac{\alpha^3\sigma^3}{3!} + \ldots$$

Nun ist α ein sehr kleiner Bruch, wie oben angegeben wurde; andererseits wird die Spannungsdichte auch bei hochwertigem Eisen nicht höher als 20000 kg/cm² kommen, das Produkt $\alpha\sigma$ somit einen Maximalwert von 0,01 nicht überschreiten. Man wird also einen Fehler von nicht viel über 1⁰/₀ begehen, wenn man nur das erste Glied der Reihe berücksichtigt und schreibt

$$\varepsilon = \alpha\sigma.$$

Man kommt sonach wieder zum nämlichen Gesetz wie oben. Innerhalb der in der Praxis gebräuchlichen Spannungen ist es somit belanglos, ob man (c) oder (f) als Gleichung des Elastizitätsgesetzes annimmt.

Beispiel b) Man versuche eine Aufstellung des Elastizitätsgesetzes, indem man von der Tatsache ausgeht, daß bei einem auf Zug belasteten Stab innerhalb der gebräuchlichen Spannungswerte die Dehnung ε proportional ist der Spannung σ, daß aber bei starker Beanspruchung die Dehnung viel rascher wächst als die entsprechende Spannung, bis schließlich kurz vor der Zerstörung ε im Verhältnis zu σ ganz unverhältnismäßig groß wird.

Wenn man die Bruchfestigkeit des Stabes mit K bezeichnet, sind im Ansatz

$$d\varepsilon = \frac{c\, d\sigma}{K - \sigma}$$

die angegebenen Eigenschaften des belasteten Stabes enthalten. Wenn σ weit unter der Bruchgrenze liegt, ist $K - \sigma$ wenig von K verschieden, also der Nenner nahezu konstant; es wächst also ε ungefähr im gleichen Verhältnis wie σ. Später aber wird der Nenner immer kleiner, also wird die Dehnung rascher zunehmen als die Spannung. Wenn σ schließlich gleich der Bruchfestigkeit wird, steigert sich die Dehnung unendlich, der Stab beginnt zu fließen. Der Nenner $K-\sigma$ hat folgende Bedeutung: K ist das anfängliche Tragvermögen; wird der Stab durch σ belastet, so wird das jetzt noch vorhandene Tragvermögen um eben diesen Wert σ noch verringert; es ist daher $K-\sigma$ das in jedem Augenblick vorhandene oder noch nicht ausgenützte Tragvermögen. Der obige Ansatz kann also auch so ausgesprochen werden:

> die Dehnung wächst einmal im gleichen Verhältnis wie die Spannung, andererseits im umgekehrten Verhältnis zum augenblicklich noch vorhandenen Tragvermögen.

Die Integration des gemachten Ansatzes würde liefern

$$-\varepsilon = c \lg C(K-\sigma).$$

C bestimmt man: bei Beginn war $\sigma = 0$ und $\varepsilon = 0$,

$$0 = c \lg CK \quad \text{oder} \quad C = 1 : K.$$

Dann wird die Integralgleichung

$$-\varepsilon = c \lg \frac{K-\sigma}{K} \quad \text{oder} \quad \varepsilon = c \lg \frac{K}{K-\sigma}. \tag{g}$$

Man kann auch elementar nach σ auflösen, und erhält die andere Form

$$\sigma = K\left(1 - e^{-\varepsilon:c}\right). \tag{h}$$

Für sehr kleine Werte ε wird sich σ als proportional mit ε ergeben müssen. In der Tat, wenn man die Exponentialfunktion nach einer Reihe entwickelt, wird

$$\sigma = K\left[1 - \left(+1 - \frac{\varepsilon}{c} + \frac{\varepsilon^2}{2c^2} - \dots\right)\right].$$

$\varepsilon : c$ ist ein sehr kleiner Wert, erst recht klein wird $0{,}5\ \varepsilon^2 : c^2$ und noch viel kleiner sind die nachfolgenden Summanden. Man wird daher in erster Annäherung schreiben dürfen

$$\sigma = \frac{K}{c}\varepsilon, \tag{i}$$

d. i. wieder das Elastizitätsgesetz in der Form des Hookeschen Gesetzes. Für gewöhnliches Flußeisen kann man etwa setzen $K = 6000$ at und wenn man σ nicht höher als 1500 at nimmt, würde $\varepsilon : c$ für den gewöhnlichen Anwendungsbereich den Wert $\frac{1}{4}$ nicht überschreiten.

Für $\varepsilon = \infty$ erreicht σ den Wert K, d. h. der Stab wird zerstört.

Zur Zeichnung der Kurve benötigt man noch den Wert c. In der Nähe des Nullpunktes gilt nach der obigen Formel

$$\sigma = \frac{K}{c}\,\varepsilon, \quad \text{andrerseits} \quad \sigma = E\varepsilon$$

nach dem Hookeschen Gesetz, woraus sich

$$c = K : E$$

ergibt. Für den oben gewählten Fall wird $E \approx 2 \cdot 10$ at, sonach $c \approx 0{,}003$.

Die Abb. 399 bringt die durch (g) dargestellte Kurve, ihre Konstruktion wurde bereits unter 166 gezeigt.

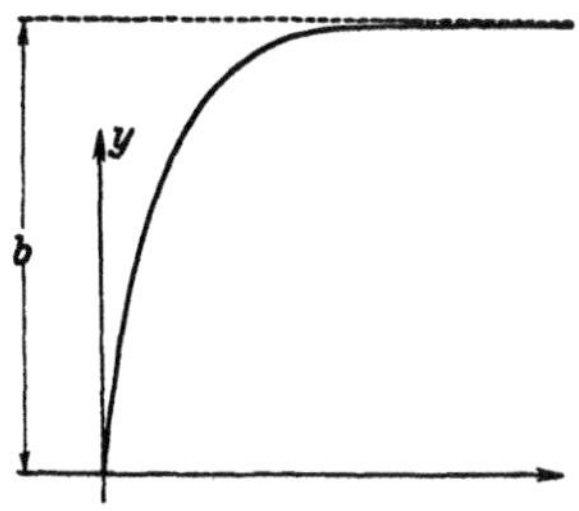

Abb. 399.

256. Fortsetzung. Beispiel a) Bei den gewöhnlichen Festigkeitsaufgaben ist der Einfluß des Eigengewichtes so verschwindend, daß es nie berücksichtigt wird. Anders bei einer hohen Mauer oder Säule oder bei einem sehr langen Förderseil, dessen oberste Teile außer der Nutzlast P noch das recht große Eigengewicht zu tragen haben. Man soll dem Seil eine solche Gestalt geben, daß alle seine Querschnitte gleich beansprucht werden, Abb. 400.

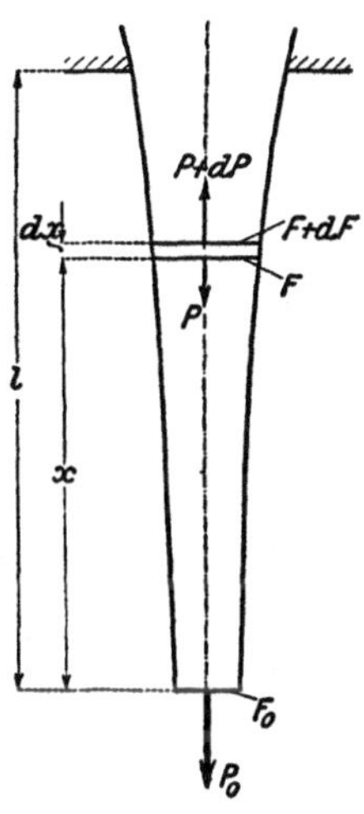

Abb. 400.

Wenn in dem Querschnitt F die Spannung P herrscht, dann ist sie im unendlich benachbarten Querschnitt $P + dP$. Die Änderung dP rührt von dem Gewicht des Seilelementes dx her, so daß

$$dP = F\,dx\,\gamma,$$

wo γ die Gewichtsdichte ist. Die Ausgangsbedingung ist, daß in allen einzelnen Querschnitten F_0, F, $F + dF$ usw. die Spannungsdichte konstant ist, also

$$P : F = k = \text{konstant}. \tag{a}$$

Mit dieser Bedingung wird die erste Gleichung

$$dP = \frac{P}{k}\,\gamma\,dx \quad \text{oder} \quad \frac{dP}{P} = \frac{\gamma\,dx}{k}.$$

Man sieht, die Änderung der Belastung ist eine natürliche, die Integralgleichung wird nach (254b)

$$P = P_0\,e^{\frac{\gamma x}{k}}. \tag{b}$$

Mit $P = Fk$ und $P_0 = F_0 k$ wird daraus

$$F = F_0 e^{\frac{\gamma x}{k}} \tag{c}$$

als Gesetz für die Querschnittsgestalt.

Beispiel b) Die starke Wirkung der Bandbremse ist darin zu erblicken, daß die Zunahmen der Reibung für jedes neue an der Bremsung beteiligte Bogenelement das Gesetz der natürlichen Änderung befolgt.

Sei ds an der untersuchten Stelle ein Element des Bremsbandes, beiderseits greifen an ihm an die Kräfte P und $P + dP$ und drücken es mit einer Kraft dN normal an den Bremsbacken; folglich erhält

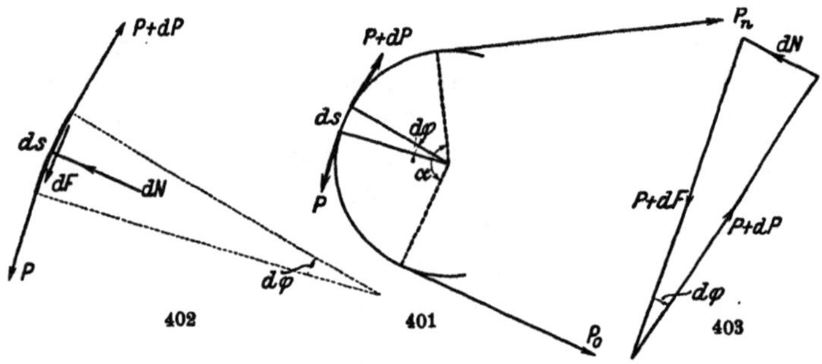

Abb. 401—403.

das Bandelement wieder einen Gegendruck dN; weiter wird durch diesen Gegendruck eine Reibung $dF = f\,dN$ erzeugt. In Abb. 402 sind alle diese an dem Bogenelement ds angreifenden Kräfte eingetragen; der hierdurch bedingte Kräfteplan gibt an, daß

$$dN = P\,d\varphi, \quad \text{woraus} \quad dP = dF = f\,dN = f\,P\,d\varphi$$

oder

$$\frac{dP}{P} = f\,d\varphi \tag{d}$$

folgt. Die Integralgleichung ist nach (254 b)

$$P = P_0 e^{f\varphi} \quad \text{oder} \quad P_0 = P\,e^{-f\varphi}, \tag{e}$$

wenn man P_0 als den Zug betrachtet, der die Reibung hervorrufen soll. Ist P_n die auf dem Kreisbogen α abzubremsende Kraft, so ist der zur Bremsung notwendige Zug

$$P_0 = P_n e^{-f\alpha}. \tag{f}$$

Wenn beispielsweise $f = 0{,}5$ und $\alpha = 2\pi$ entsprechend einer einmaligen Umschlingung des Bremszylinders angenommen wird, dann ist

$$P_0 = P_n e^{-\pi} \approx \frac{1}{23} P_n.$$

Eine zweimalige Umschlingung würde ergeben

$$P_0 = P_n e^{-2\pi} \approx \frac{1}{534} P_n.$$

Der Zug, den ein am Ufer anlegendes Schiff noch ausübt, darf also schon sehr gewaltig sein, wenn er nicht durch zweimaliges Umschlingen eines festen Bremsbaumes mit dem Bremsseil aufgehalten werden soll.

Beispiel c) Man erkläre den bemerkenswerten Unterschied der archimedischen und der logarithmischen Spirale mit Hilfe ihrer Differentialgleichungen.

Die archimedische Spirale hat als Integralgleichung

$$r = a\varphi \quad \text{und deswegen} \quad dr = a\,d\varphi$$

als Differentialgleichung. Entsprechend gilt für die logarithmische Spirale

$$r = c\,e^{a\varphi} \quad \text{und} \quad dr = a\,c e^{a\varphi}\,d\varphi \quad \text{oder} \quad \frac{dr}{r} = a\,d\varphi.$$

Es ergibt sich sonach: Bei der archimedischen Spirale hat man eine lineare Änderung des Fahrstrahles, bei der logarithmischen aber eine natürliche Änderung. Daraus ergibt sich, daß letztere sehr rasch wächst, wenn einmal der Bogen φ größer geworden ist, und umgekehrt mit kleiner werdendem φ der Fahrstrahl sich asymptotisch dem Nullpunkt nähert.

257. Bewegungsaufgaben. Fast bei allen Bewegungsaufgaben beginnt man oder nimmt wenigstens als Grundlage die dynamische Grundgleichung

$$P = mb \quad \text{oder} \quad P = m\frac{dv}{dt} \quad \text{oder} \quad P = m\frac{d^2x}{dt^2}. \tag{a}$$

Dabei sind natürlich geradlinige Bewegungen vorausgesetzt; x ist der Weg, v die Geschwindigkeit nach t Zeiteinheiten. Man wird meist derart vorgehen, daß man über die treibenden oder erzeugenden Kräfte entsprechend der gestellten Aufgabe eine Aussage macht und dann für die Kraft einen der in der obigen Gleichung angegebenen Werte einsetzt, oder umgekehrt mit der dynamischen Grundgleichung beginnen und für P den durch die Aufgabe gestellten Wert einsetzen.

In diesem Abschnitt werden nur solche Bewegungen behandelt, deren Gleichungen mit Hilfe der vorausgehenden Abschnitte besprochen werden können. Für den Ingenieur wichtigere Bewegungsaufgaben bringt der dritte Band, nachdem die Differentialgleichungen eingehender behandelt worden sind.

Beispiel a) Bewegung unter dem Einfluß eines konstanten Widerstandes. Die Bewegung geschieht nach dem Gesetz

$$P = m\frac{d^2x}{dt^2}, \quad \text{wo} \quad P = -C$$

der von der Zeit unabhängige Widerstand ist. Damit wird die Bewegungsgleichung

$$m\frac{d^2x}{dt^2} = -C \quad \text{oder} \quad \frac{d^2x}{dt^2} = -\frac{C}{m},$$

d. h. die Beschleunigung ist gleichfalls konstant. Man erhält also die gleichförmig beschleunigte Bewegung, deren Gesetz

$$b = b_0, \quad v = v_0 + bt, \quad x = v_0 t + \tfrac{1}{2}bt^2$$

als bekannt vorausgesetzt wird. Die Beschleunigung b ist hier eine Verzögerung, wie das negative Vorzeichen angibt,

$$b = -C : m,$$

und mit diesem Wert in die Integralgleichungen einzusetzen.

Beispiel b) Bewegung unter dem Einfluß eines Widerstandes W, der sich im gleichen Verhältnis wie die Geschwindigkeit ändert. Der Aufgabe entspricht der Ansatz

$$W = -cv, \tag{b}$$

wo das „—" angibt, daß der Widerstand entgegen der Geschwindigkeit wirkt. W ist die die Bewegungsänderung hervorrufende Kraft, für sie gilt nach (a)

$$W = m\frac{dv}{dt},$$

also ist

$$m\frac{dv}{dt} = -cv \qquad \text{oder} \qquad \frac{dv}{v} = -\frac{c}{m}dt \tag{c}$$

die Differentialgleichung der Bewegung. Die Bedeutung der Konstanten c ergibt sich aus (b), wenn man $v = 1$ setzt: c ist der Widerstand, den der materielle Punkt bei der Geschwindigkeit 1 erfährt. Die Dimension von c ist

kg : m/sek oder sek kg : m.

Eine Verwechslung der Dimension m mit der Masse m ist wohl ausgeschlossen. Die Differentialgleichung (c) gibt an, daß bei der vorliegenden Aufgabe v das Gesetz der natürlichen Änderung befolgt, also ist nach (254b)

$$v = v_0 e^{-\frac{ct}{m}}. \tag{d}$$

Man weiß aus früheren Erörterungen, daß v nach unendlich langer Zeit erst zu Null wird, daß sich der bewegte materielle Punkt asymptotisch seiner Endlage nähert. Um den Irrtum, als müßte auch der vom bewegten Punkt zurückgelegte Weg s unendlich groß sein, auch zahlenmäßig nachzuweisen, ist nur notwendig, die letzte Gleichung zu integrieren. Man setzt

$$v = \frac{dx}{dt}, \quad \text{so daß} \quad dx = v_0 e^{-\frac{ct}{m}} dt$$

wird. Die Integralgleichung liefert

$$x = -\frac{v_0 \cdot m}{c} e^{-\frac{ct}{m}} + C.$$

C bestimmt sich aus der Anfangsbedingung:

für $t = 0$ ist auch $x = 0$, so daß $0 = -\frac{v_0 m}{c} \cdot 1 + C$

und damit C bestimmt ist. Dann ist

$$x = \frac{v_0 m}{c}\left(1 - e^{-\frac{ct}{m}}\right). \tag{e}$$

Nach $t = \infty$ Zeiteinheiten wird der zweite Klammersummand Null und deswegen

$$x_\infty = \frac{v_0 m}{c}, \tag{f}$$

d. i. die oben berechnete Konstante C, die sonach den vom materiellen Punkt überhaupt zurückgelegten Weg bedeutet. Zur Zurücklegung dieses endlichen Weges x braucht der materielle Punkt eine unendlich lange Zeit, er nähert sich, wie oben bereits angegeben, asymptotisch seiner Endlage.

Beispiel c) Bewegung unter dem Einfluß eines Widerstandes, der sich proportional dem Quadrat der Geschwindigkeit ändert. Entsprechend dem vorigen Beispiel hat diese Bewegung

$$m \frac{dv}{dt} = -cv^2 \quad \text{oder} \quad -m \frac{dv}{v^2} = c\,dt \tag{g}$$

als Differentialgleichung, und deswegen als Integralgleichung für v

$$\frac{m}{v} = ct + C \quad \text{oder} \quad m = v(ct + C).$$

C ermittelt man aus der Anfangs-Bedingung:

$$v = v_0 \quad \text{wenn} \quad t = 0, \quad \text{so daß} \quad m = v_0(0 + C),$$

oder

$$C = m : v_0.$$

Damit wird die Integralgleichung für die Geschwindigkeit

$$m v_0 = v(c v_0 t + m) \quad \text{oder} \quad v = v_0 \frac{m}{m + c v_0 t}. \tag{h}$$

Man entnimmt der Gleichung, daß v erst nach $t = \infty$ Zeiteinheiten zu Null wird, daß der materielle Punkt erst nach unendlich langer Zeit zur Ruhe kommt. Um den Weg x zu erhalten, setzt man

$$\frac{dx}{dt} = \frac{m v_0}{m + c v_0 t} \quad \text{oder separiert} \quad dx = \frac{m v_0 \, dt}{m + c v_0 t}$$

oder

$$\frac{c}{m} dx = \frac{c v_0 \, dt}{c v_0 t + m} \quad \text{und} \quad \frac{c}{m} x + C' = \lg(c v_0 t + m). \tag{i}$$

Die erhaltene Gleichung ergibt für C' zunächst, daß es dimensionslos sein muß, da ja die rechte Seite, die Logarithmusfunktion, gleichfalls dimensionslos ist. Zur Kontrolle kann man auch nachprüfen. Aus (g) ergibt sich, daß c die Dimension von $P : v^2$, also kg sek^2 : m^2 hat; dann hat der erste Summand der linken Gleichungsseite (i) die Dimension von

$$\frac{c \cdot \text{Weg}}{\text{Masse}} \quad \text{oder} \quad \frac{\text{kg sek}^2}{m^2} \cdot m \cdot \frac{m}{\text{kg sek}^2} \quad \text{oder} \quad 1,$$

wie es auch der Fall sein muß. C' ist also eine unbenannte Zahl. Ihren Wert findet man aus der Anfangsbedingung:

$$x = 0 \quad \text{zur Zeit} \quad t = 0, \quad \text{also} \quad 0 + C' = \lg m.$$

Damit wird die Integralgleichung für den Weg

$$\frac{c}{m} x = \lg(c v_0 t + m) - \lg m = \lg \frac{c v_0 t + m}{m}$$

oder

$$x = \frac{m}{c} \lg\left(1 + \frac{c v_0}{m} t\right). \tag{k}$$

Aus ihr ergibt sich zum Unterschied von der vorher behandelten Bewegung, daß nach $t = \infty$ Zeiteinheiten der Weg $x = \infty$ zurückgelegt wird. Das Ergebnis darf nicht verwundern: wird nämlich

v sehr klein, dann wird der Widerstand W erst recht klein, da er sich ja proportional dem Quadrat von v ändert. Wenn beispielsweise

$$v = 0{,}001 \quad \text{dann wird} \quad W = -0{,}000\,001\, c.$$

Es wird also bei sehr kleiner Geschwindigkeit der Bewegungswiderstand so klein werden, daß er die weitere Bewegung nicht mehr beeinflußt, daß sich also der bewegte materielle Punkt von da ab in erster Annäherung mit konstanter wenn auch unendlich kleiner Geschwindigkeit weiter bewegt.

258. Fortsetzung. Beispiel a) Freier Fall und lotrechter Wurf. Die Erdschwere ist als konstant angenommen, der Luftwiderstand proportional dem Quadrat der Geschwindigkeit. Auf den materiellen Punkt wirkt das Gewicht $G = \pm mg$ ein und der Luftwiderstand $W = -cv^2$. Wenn man das Vorzeichen „+" in Richtung der Bewegung wählt, dann ist beim freien Fall G positiv, dagegen beim Wurf nach aufwärts negativ, Abb. 404 u. 405. Wie in der vorigen Nummer ist die Differentialgleichung dieser Bewegung

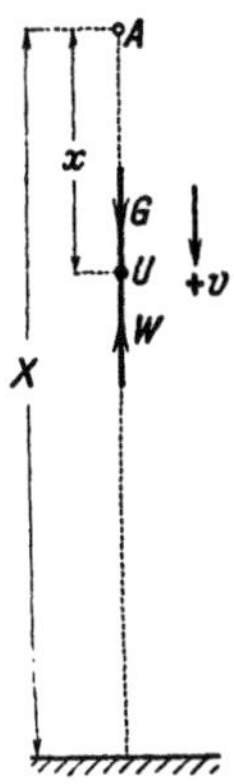

Abb. 404.

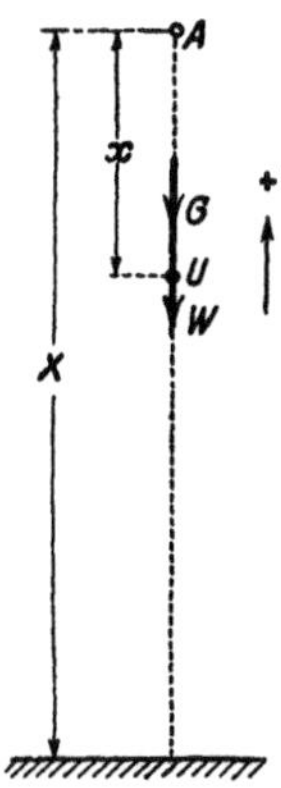

Abb. 405.

$$m\frac{dv}{dt} = \pm mg - cv^2$$

oder

$$\frac{dv}{dt} = \frac{1}{m}(\pm mg - cv^2). \tag{a}$$

Man separiert die Gleichung,

$$dt = \frac{m\,dv}{\pm mg - cv^2} \quad \text{oder} \quad \frac{c\,dt}{m} = \frac{dv}{\pm a^2 - v^2}, \tag{b}$$

wenn man $mg : c = a^2$ setzt. Bis hierher konnte man den freien Fall und den lotrechten Wurf gemeinsam behandeln. Die Integration der Differentialgleichung verlangt eine Trennung.

I. Freier Fall: Nach (60c) wird die Integralgleichung

$$\frac{ct}{m} = \frac{1}{2a}\lg\frac{a+v}{a-v} + C.$$

C bestimmt sich aus der Anfangsbedingung:

$$\text{für } t = 0 \text{ ist } v = v_0, \quad \text{also} \quad 0 = \frac{1}{2a}\lg\frac{a+v_0}{a-v_0} + C.$$

Man subtrahiert die Bedingungsgleichung von der Bewegungsgleichung und erhält

$$\frac{2\,act}{m} = \lg\frac{(a+v)(a-v_0)}{(a-v)(a+v_0)} \quad \text{oder} \quad \frac{(a+v)(a-v_0)}{(a-v)(a+v_0)} = e^{\frac{2act}{m}}. \tag{c}$$

Oder wenn man noch v auflöst,

$$v = a\,\frac{e^{2act:m}(a+v_0)-(a-v_0)}{e^{2act:m}(a+v_0)+(a-v_0)},$$

oder wenn man Zähler und Nenner mit $e^{act:m}$ dividiert,

$$v = a\,\frac{e^{act:m}(a+v_0)-e^{-act:m}(a-v_0)}{e^{act:m}(a+v_0)+e^{-act:m}(a-v_0)}. \tag{d}$$

Für den **Sonderfall**, daß die Anfangsgeschwindigkeit $v_0 = 0$ ist, vereinfacht sich die Formel, wenn man noch $ac:m = h$ setzt, zu

$$v = a\,\frac{e^{ht}-e^{-ht}}{e^{ht}+e^{-ht}}, \quad \text{oder nach (39)} \quad v = a\,\mathrm{Tg}\,ht. \tag{f}$$

Die Konstante a ist eine Geschwindigkeit und zwar jene, die der materielle Punkt nach unendlich langer Zeit annimmt, wie sich aus (d) für $t = \infty$ ergibt. Der materielle Punkt wird also im Verlauf seiner Bewegung seine Geschwindigkeit unter dem Einfluß der Erdanziehung mehr und mehr vergrößern, bis schließlich einmal der Widerstand W der Erdanziehung G Gleichgewicht hält. Von da an bewegt sich der Punkt gleichförmig weiter und zwar mit der Geschwindigkeit

$$a = \sqrt{mg:c} = \sqrt{G:c}. \tag{g}$$

Allerdings geht der Punkt zu dieser gleichförmigen Bewegung erst nach unendlich langer Zeit über.

Die Integralgleichung für den Weg x findet man aus (f)

$$\frac{dx}{dt} = a\,\mathrm{Tg}\,(ht) \quad \text{nach (242) zu} \quad x = \frac{a}{h}\lg[\mathrm{Cos}\,ht] + C'.$$

C' bestimmt sich aus der Anfangsbedingung:

$$x = 0 \text{ für } t = 0, \quad \text{also} \quad 0 = \frac{a}{h}\lg\frac{e^0+e^{-0}}{2} + C'.$$

Mit diesem Wert $C' = -\frac{a}{h}\lg 1 = 0$ wird dann die Gleichung für den Weg oder die Fallhöhe x in t Zeiteinheiten

$$x = \frac{a}{h}\lg\mathrm{Cos}\,ht \quad \text{oder} \quad x = \frac{a}{h}\lg\frac{e^{ht}+e^{-ht}}{2}. \tag{h}$$

Löst man nach t auf und beseitigt a und h, so ist

$$t = \sqrt{\frac{m}{gc}} \lg \left[e^{cx:m} + \sqrt{e^{2cx:m} - 1}\right] \tag{i}$$

die Zeit, in der der Punkt einen vorgeschriebenen Weg x durchfällt.

II Lotrechter Wurf. Die Gleichung für ihn verlangt ein „—" in Gleichung (b),

$$-\frac{c\,dt}{m} = \frac{dv}{a^2 + v^2},$$

so daß nach (56c) die Integralgleichung

$$-\frac{ct}{m} + C = \frac{1}{a} \operatorname{arc\,tg} \frac{v}{a}$$

oder mit $ac:m = h$

$$v = a \operatorname{tg}(Ca - ht) \quad \text{oder} \quad \frac{v}{a} = \frac{\operatorname{tg} Ca - \operatorname{tg} ht}{1 + \operatorname{tg} Ca \cdot \operatorname{tg} ht}$$

wird. C bestimmt sich aus der Anfangsbedingung:

$$v = v_0 \text{ für } t = 0, \quad \text{also} \quad v_0 = a \operatorname{tg} Ca.$$

$\operatorname{tg} Ca = v_0 : a$ in die obige Gleichung eingesetzt liefert

$$v = a \frac{\frac{v_0}{a} - \operatorname{tg} ht}{1 + \frac{v_0}{a} \operatorname{tg} ht} \quad \text{oder} \quad v = a \frac{v_0 \cos ht - a \sin ht}{a \cos ht + v_0 \sin ht}. \tag{h}$$

Nach welcher Zeit T wird $v = 0$?

Man geht von der oben aufgestellten Gleichung

$$v = a \operatorname{tg}(Ca - hT)$$

aus. $v = 0$ verlangt, daß

$$Ca = hT \quad \text{oder} \quad T = \frac{a}{h} C \quad \text{oder} \quad T = \frac{m}{c} C$$

wegen $ac = mh$ ist. Mit Rücksicht auf den Wert von C wird

$$T = \frac{m}{ac} \operatorname{arc\,tg} \frac{v_0}{a} \quad \text{oder} \quad T = \frac{1}{h} \operatorname{arc\,tg} \frac{v_0}{a} \tag{i}$$

die zur Erlangung der Steighöhe notwendige Zeit.

Vor allem ist die Steighöhe X gewünscht. Man geht von (h) aus,

$$dx = a \frac{v_0 \cos ht - a \sin ht}{a \cos ht + v_0 \sin ht} dt,$$

und beachtet, daß die Ableitung des Nenners des Bruches das h-fache des Zählers ist. Dann wird nach (55c)

$$x = \frac{a}{h} \lg (a \cos h t + v_0 \sin h t) + C'.$$

Die Anfangsbedingung

$$x = 0 \text{ für } t = 0 \quad \text{oder} \quad 0 = \frac{a}{h} \lg (a + 0) + C'$$

liefert C'; wenn man beide Gleichungen subtrahiert, erhält man die Gleichung für den Weg

$$x = \frac{a}{h} \lg \left(\cos h t + \frac{v_0}{a} \sin h t \right). \tag{k}$$

Die Steighöhe X ergibt sich für $t = T$ zu

$$X = \frac{a}{h} \lg \left[\cos h T + \frac{v_0}{a} \sin h T \right]. \tag{l}$$

Man kann diese Formeln noch vereinfachen, wenn man berücksichtigt

$$h T = \operatorname{arc\,tg} \frac{v_0}{a} \quad \text{oder} \quad \frac{v_0}{a} = \operatorname{tg} h T = \frac{\sin h T}{\cos h T}$$

oder

$$\sin h T : \cos h T : 1 = v_0 : a : \sqrt{v_0^2 + a^2}.$$

Es wird mit diesen Werten

$$X = \frac{a}{h} \lg \frac{a + v_0^2 : a}{\sqrt{a^2 + v_0^2}} = \frac{m}{c} \lg \frac{\sqrt{a^2 + v_0^2}}{a} = \frac{m}{c} \lg \sqrt{1 + \frac{v_0^2}{a^2}}$$

oder

$$X = \frac{m}{2c} \lg \left(1 + \frac{c v_0^2}{m g} \right). \tag{m}$$

259. Bewegung von Kurbelzapfen und Kreuzkopf, Abb. 406. Als Normalfall der Bewegung ist jener angenommen, bei dem die Drehung des Kurbelzapfens Z eine gleichförmige ist, so daß also gilt

$$\varphi = u t, \quad \frac{d\varphi}{dt} = u, \quad \frac{d^2 \varphi}{dt^2} = 0, \quad \text{wo} \quad u = \frac{n \pi}{30}$$

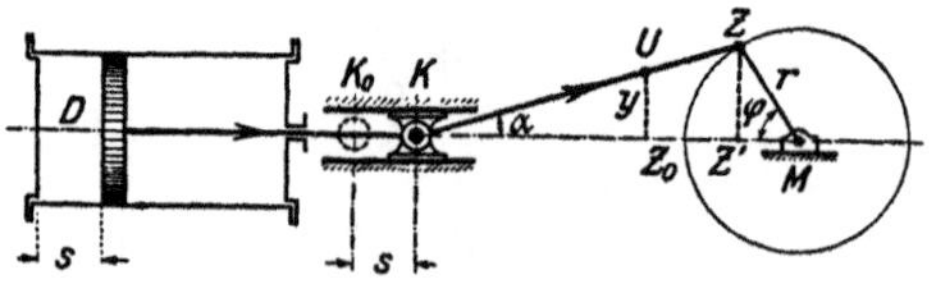

Abb. 406.

und n die Umdrehungszahl ist. In Wahrheit wird sich sowohl im Lauf einer einzelnen Umdrehung wie auch im Verlauf einer Reihe von Umdrehungen die Umdrehungszahl n und damit auch die Winkelgeschwindigkeit u ändern. Die Gleichmäßigkeit der Drehung während eines einzelnen Umganges möglichst konstant zu halten, ist der Zweck des Schwungrades; die infolge des stets wechselnden Arbeitsbedarfes auch mitwechselnde Umdrehungszahl n möglichst gleich während einer längeren Zeitperiode zu halten, ist Aufgabe des Regulators, der je nach Bedarf die Dampfzufuhr regelt. Diese Abweichungen von der gleichmäßigen Drehung untersucht die theoretische Maschinenlehre. Dabei geht sie natürlich ebenfalls vom Normalfall der Bewegung aus.

Durch die Bewegung von Z ist auch jene des Kreuzkopfes K mitbestimmt; denn der Kurbelmechanismus, wie man das System von Dampfkolben D, Kolbenstange DK, Kreuzkopf K, Schubstange oder Pleuelstange KZ, Kurbelzapfen Z, Kurbelstange ZM nennt, ist ja zwangläufig, so daß aus der Lage irgendeines dieser Teile sich auch jene der übrigen bestimmt. Es ist sonach der Weg des Kreuzkopfes durch den Winkelweg φ des Kurbelzapfens gegeben. Die Gerade DM oder KM heißt man auch eine Achse des Systems.

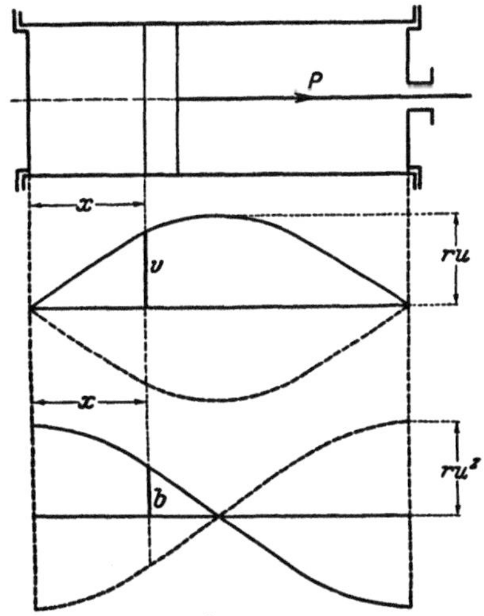

Abb. 407.

I. Angenäherte Rechnung für die „unendlich lange Schubstange". Man drückt die Länge r der Kurbelstange gewöhnlich nach jener der Schubstange l aus und setzt $r = \lambda l$. Die angenäherte Rechnung geht von $\lambda = 0$ aus. Für diesen Fall wäre die Schubstange KZ parallel der Achse und der Kreuzkopfweg immer gleich der Projektion $Z_0 Z'$ des Kurbelweges, also

$$x = r(1 - \cos\varphi). \tag{a}$$

Dann wäre die Geschwindigkeit und Beschleunigung des Kreuzkopfes

$$\frac{dx}{dt} = r \sin\varphi \frac{d\varphi}{dt} \qquad \text{oder} \qquad v = \frac{dx}{dt} = ru \sin\varphi, \tag{b}$$

$$\frac{d^2x}{dt^2} = r\cos\varphi \left(\frac{d\varphi}{dt}\right)^2 \qquad \text{oder} \qquad b = \frac{d^2x}{dt^2} = ru^2 \cos\varphi. \tag{c}$$

Abb. 407 gibt die Schaulinien für die Geschwindigkeit und die Beschleunigung des Kreuzkopfes an. Dabei wird der Rückgang, also die Kolbenbewegung von rechts nach links durch die gestrichelte Linie angegeben. Kennt man die Beschleunigung b eines bewegten

Körpers in irgendeinem Augenblick, dann ist $P = mb$ die in diesem Augenblick an ihm angreifende Kraft, oder genauer die Resultierende sämtlicher an ihm angreifenden Kräfte. Man sieht also aus der Schaulinie, daß bei jedem Wechsel der Bewegungsrichtung die am Kolben angreifende Kraft P, der Kolbendruck, am größten ist. Und zwar sieht man weiter, daß dieser Kolbendruck bei jedem solchen Wechsel, also in jeder der beiden Totpunktslagen, auch seine Richtung wechselt; daß er also im Augenblick des größten Druckes auf das Gestänge des Kurbelmechanismus in einen ebenso großen Zug übergeht und umgekehrt. (Dieser Kolbendruck darf natürlich nicht verwechselt werden mit dem Dampfdruck; er ist ja die Resultierende aus allen am Kolben angreifenden Kräfte, also aus Dampfdruck, Reibung, Druck vom Gestänge her.)

II. Genauere Rechnung für die „endliche Länge der Schubstange". Hier ist λ von Null verschieden vorausgesetzt. Nach Abb. 406 ist

$$x = K_0 K = K_0 M - KZ' - Z'M$$

$$x = r(1 - \cos\varphi) \pm l(1 - \cos\alpha), \tag{d}$$

wenn man den Rückgang auch gleich mitnimmt. Aus der Beziehung

$$l \sin\alpha = ZZ' = r\sin\varphi \qquad \text{oder} \qquad \sin\alpha = \lambda \sin\varphi \tag{e}$$

kann man $\cos\alpha$ berechnen,

$$\cos\alpha = \sqrt{1 - \lambda^2 \sin^2\varphi} \approx 1 - \tfrac{1}{2}\lambda^2 \sin^2\varphi \tag{f}$$

nach (112); in der Praxis ist gewöhnlich $\lambda = \frac{1}{6} \sim \frac{1}{8}$. Die Annäherung ist für praktische Zwecke genau genug. Dann wird

$$x = r(1 - \cos\varphi) \pm \frac{1}{2}\frac{r^2}{l}\sin^2\varphi. \tag{g}$$

Daraus ergibt sich die Geschwindigkeit und Beschleunigung des Kreuzkopfes

$$\frac{dx}{dt} = ru\sin\varphi(1 \pm \lambda\cos\varphi), \qquad \frac{d^2x}{dt^2} = ru^2(\cos\varphi \pm \lambda\cos 2\varphi). \tag{h}$$

Für den Fall $\lambda = 0$ erhält man wieder die erste Annäherung

260. Arbeit, Wucht. Wie die Mechanik lehrt, sind diese Größen ebenso wie die Wärme verschiedene Energieformen.

Legt ein bewegter materieller Punkt unter dem Einfluß einer an ihm angreifenden Kraft P in der Zeit dt den Weg ds zurück, so ist, nach Mech. I 23, die in dieser Zeit von der Kraft P geleistete Arbeit, wenn φ der von P nach ds gemessene Bogen ist,

$$dA = P\,ds\cos\varphi \qquad \text{oder} \qquad dA = P\,dx, \tag{a}$$

wo dx die in Richtung der Kraft P gemessene Wegprojektion ist, Abb. 408. Wenn also beispielsweise, wie die Abb. 409 zeigt, ein schief empor geworfener Massenpunkt in der Zeit dt vom untersuchten Punkt U zum unendlich benachbarten Punkt N ge-

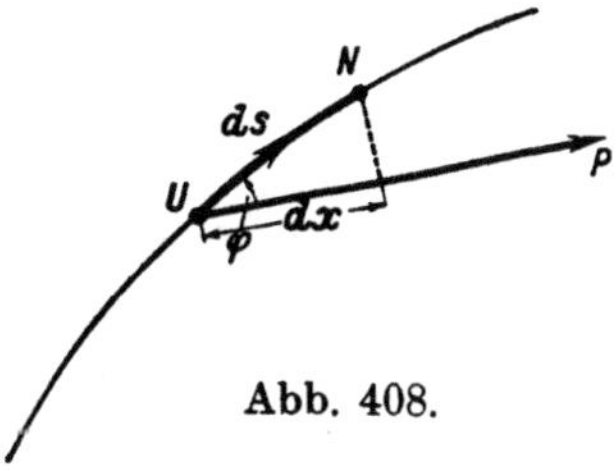

Abb. 408.

Abb. 409.

langt, so ist die vom Gewicht G auf dem Weg ds geleistete Arbeit $dA = -Gdx$, weil dx in entgegengesetzter Richtung geht wie G.

Die Wucht oder Bewegungsenergie oder lebendige Energie L eines mit der Geschwindigkeit v sich bewegenden materiellen Punktes ist

$$L = \tfrac{1}{2} m v^2.$$

Zwischen der Wucht L eines bewegten Punktes und der von der bewegenden Kraft geleisteten Arbeit A besteht ein einfacher Zusammenhang, der zunächst unter der Vosaussetzung einer gerad-

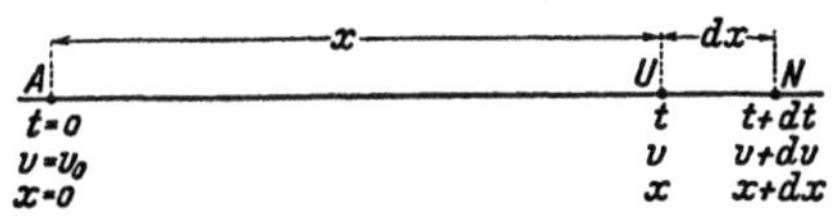

Abb. 410.

linigen Bewegung, Abb. 410, mit Hilfe der dynamischen Grundgleichung abzuleiten ist. Diese

$$P = mb \quad \text{oder} \quad P = m\frac{dv}{dt},$$

wird man umformen und zwar so, daß sie einen Zusammenhang zwischen der Bewegungsänderung dx und der Geschwindigkeitsänderung dv gibt. Also

$$Pdx = m\frac{dv}{dt}dx \quad \text{oder} \quad Pdx = m\frac{dx}{dt}dv$$

oder

$$Pdx = mvdv. \tag{b}$$

Nun ist $d(\frac{1}{2}mv^2) = mv\,dv$ das Differential oder die Änderung der Wucht, so daß diese Gleichung aussagt:

> Die in der Zeit dt von der bewegenden Kraft geleistete Arbeit ist gleich der Änderung der Wucht des materiellen Punktes.

Integriert man die Gleichung, so wird sie

$$\int P\,dx = \int mv\,dv + C.$$

P ist natürlich eine veränderliche Funktion der Zeit t, so daß man den Wert des links stehenden Integrals erst dann angeben kann, wenn man das Gesetz der Änderung von P kennt. Man weiß aber jedenfalls, daß es die von der Kraft P während eines gewissen Weges x oder während einer gewissen Zeit t geleistete Arbeit ist. Das rechts stehende Integral kann man dagegen, abgesehen von der Konstanten C, sofort angeben, so daß

$$\int P\,dx = \tfrac{1}{2}mv^2 + C$$

ist. C ermittelt man aus der Anfangsbedingung: wenn man die von P geleistete Arbeit erst vom Anfangspunkt A aus, Abb. 410, zu messen beginnt, also von der gleichen Zeit ab, wo man die Zeit zu zählen beginnt, dann ist im Anfangspunkt, zur Zeit $t = 0$, die von der Kraft geleistete Arbeit 0; die Geschwindigkeit ist v_0 zur Zeit $t = 0$, so daß

$$0 = \tfrac{1}{2}mv_0^2 + C.$$

Man zieht die zweite Gleichung von der ersten ab und erhält mit

$$\int_{t=0}^{t=t} P\,dx = \tfrac{1}{2}mv^2 - \tfrac{1}{2}mv_0^2. \qquad \text{(c)}$$

Die Integrationsgrenzen 0 und t anzugeben, ist nicht notwendig, da sie ja schon durch die vorausgehenden Bemerkungen bestimmt sind.

Die gewonnene zweite Form der dynamischen Grundgleichung spricht man aus:

> Greift an einem materiellen Punkt eine Kraft P an, so ist die von P in einer gewissen Zeit t geleistete Arbeit gleich der in dieser Zeit erfolgten Änderung der Wucht des bewegten Punktes. (d)

Der Satz wird in entsprechender Weise für jede beliebige Bewegung des materiellen Punktes bewiesen.

Beispiel a) Ein als materieller Punkt zu betrachtender Körper bewegt sich von einer Stelle A aus unter dem Einfluß seines Gewichtes G in lotrechter Ebene längs einer beliebigen reibungsfreien

Kurve, Abb. 411. Gefragt ist nach seiner Geschwindigkeit an einer um h tieferen Endstelle E. Am einfachsten wird die Lösung mit

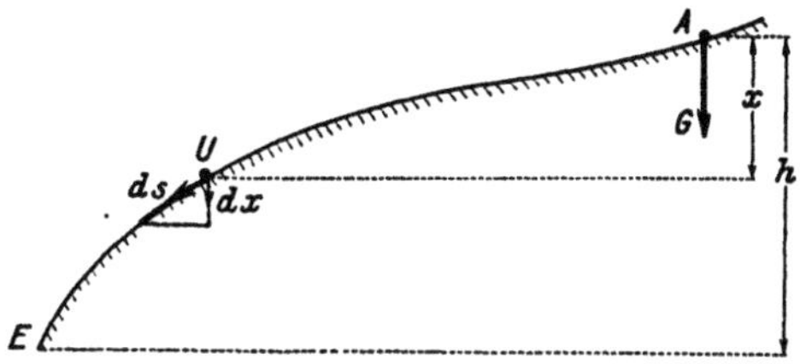

Abb. 411.

Anwendung des vorausgehenden Satzes. Hier ist dann $P = G$ konstant, so daß gilt

$$G \int_0^h dx = \tfrac{1}{2} m v^2 - \tfrac{1}{2} m v_0^2.$$

Oder

$$m g h = \tfrac{1}{2} m v^2,$$

wegen $G = mg$ und $v_0 = 0$. Man erhält als Endgeschwindigkeit

$$v = \sqrt{2 g x}. \tag{e}$$

261. Fortsetzung. Beispiel a) bis d) Die in lotrechter Ebene liegende Kurve der Abb. 412 geht an der Stelle B in eine kreisförmige Bahn über. Vom höchsten Punkt A rollt ein materieller Punkt reibungsfrei die Kurve herunter. Liegt A noch hoch genug, so wird dieser Punkt die Kreisbahn ohne Zwang von innen beschreiben. Gesucht ist

a) die Geschwindigkeit des Punktes an den Stellen B, D, E;

b) die Wucht an diesen Stellen;

c) die Zentrifugalkraft dortselbst;

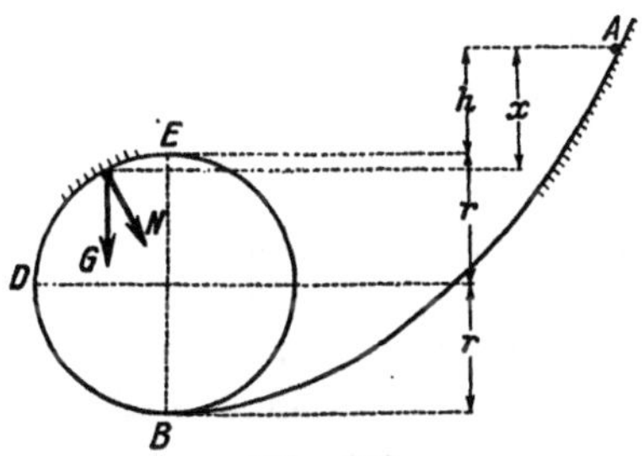

Abb. 412.

d) der Bahndruck N, mit dem der materielle Punkt an dieser Stelle gegen die Kurve gepreßt wird, vorausgesetzt $h = r$;

e) die Mindesthöhe h, wenn der materielle Punkt nicht aus dem Kreise herausfallen soll.

a) Man verwendet die letzte Formel und erhält

$$v_B = \sqrt{2 g (h + 2r)}, \quad v_D = \sqrt{2 g (h + r)}, \quad v_E = \sqrt{2 g h}.$$

b) Es ist

$$L = \tfrac{1}{2} m v^2 = \tfrac{1}{2} m\, 2 g x = G x,$$

also

$$L_B = G(h + 2r), \quad L_D = G(h + r), \quad L_E = G h.$$

c) Nach 47 ist

$$C = \frac{m v^2}{r} = \frac{m \cdot 2 g x}{r} = 2 G \frac{x}{r},$$

sonach $C_B = 2G\frac{h+2r}{r}, \quad C_D = 2G\frac{h+r}{r}, \quad C_E = 2G\frac{h}{r}.$

d) An dem materiellen Punkt greifen an jeder Stelle an sein Gewicht G und der Bahndruck N. Beide haben eine Mittelkraft P, für deren Komponenten C und T an der beliebigen Stelle man die Formeln (47h, i) hat. Es ist, wenn man N zum Kreismittelpunkt gerichtet positiv zählt,

$$C_B = 2G\frac{h+2r}{r} = N_B - G, \quad C_D = 2G\frac{h+r}{r} = N_D.$$

$$C_E = 2G\frac{h}{r} = N_E + G.$$

Mit $h = r$ wird dann

$$N_B = C_B + G = 7G, \quad N_D = 4G, \quad N_E = G.$$

e) Solang der materielle Punkt gegen die Bahn gepreßt wird, verläßt er die Bahn nicht. Solang also ein wirklicher Bahndruck vorhanden, d. h. N_E positiv ist, fällt der Punkt aus dem Kreis nicht heraus, es muß also im Grenzfall $N_E = 0$ oder $2h = r$, also h mindestens $0{,}5\,r$ sein.

262. Wucht und Drall eines um eine feste Achse drehenden Körpers. Irgendein Massenteilchen m_i des Körpers, das als materieller Punkt zu betrachten ist, hat die Wucht $L_i = \tfrac{1}{2} m_i v_i^2$. Bei der Drehung um eine feste Achse führt man die für alle Einzelpunkte gemeinsame Winkelgeschwindigkeit u ein und erhält

$$L_i = \tfrac{1}{2} m_i v_i^2 = \tfrac{1}{2} m_i u^2 r_i^2 = \tfrac{1}{2} u^2 \cdot m_i r_i^2,$$

oder weil $m_i r_i^2$ das Trägheitsmoment des Massenteilchens m_i für die Drehachse ist,

$$L_i = \tfrac{1}{2} u^2 J_i.$$

Dann ist die Wucht des ganzen Körpers

$$L = \Sigma L_i \quad \text{oder} \quad L = \tfrac{1}{2} u^2 \int m_i r_i^2$$

oder

$$L = \tfrac{1}{2} J u^2, \tag{a}$$

wo $J = \Sigma m r^2$ das Trägheitsmoment des ganzen Körpers für die feste Drehachse ist. Man beachte aber wohl, daß diese Formel nur für die Drehung um eine feste Achse gilt.

Die Bewegungsgröße eines einzelnen Massenteilchens ist $m_i v_i = m_i r_i u$. Sie ist eine vektorielle Größe in der Richtung der Geschwindigkeit. Wenn man sie genau wie eine Kraft behandelt, kann man von ihr auch ein Moment für die Drehachse angeben, also

$$B_i' = m_i v_i r_i = m_i r_i^2 u = u J_i,$$

wenn man B_i' als Abkürzung für dieses Moment einführt. Es ist wie das Moment einer Kraft gleichfalls eine vektorielle Größe, auch ein Momentenvektor, der durch das Momentendreieck vollständig dargestellt wird.

Man nennt dieses Moment der Bewegungsgröße $m_i v_i$ auch den **Drall** des bewegten Massenteilchens m_i für die feste Drehachse, und spricht von einem Drallvektor und einem **Dralldreieck**, in Abb. 413 schraffiert gezeichnet. Die Bewegungsgröße $m_i v_i$ ist tangential zur Bahn, das Dralldreieck liegt in der Bewegungsebene. Wie bei einem gewöhnlichen Moment gilt: die Maßzahl des Dralles ist gleich der doppelten Maßzahl des Dralldreiecks, der Drall steht senkrecht zum Dralldreieck, der Drallvektor ist gegen den Beschauer gerichtet, wenn dieser eine Rechtsdrehung von v wahrnimmt. Bei der Drehung des Körpers um eine feste Achse ist jedes Dralldreieck senkrecht zur Drehachse, also jeder Einzeldrall parallel zur Drehachse; dann ist auch der **Drall des ganzen Körpers** parallel der Drehachse und hat den Zahlenwert

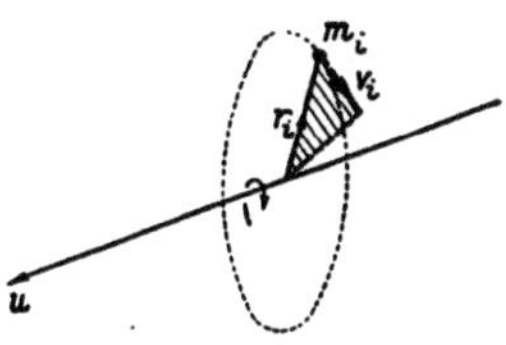

Abb. 413.

$$B' = \Sigma B_i' \quad \text{oder} \quad B' = \Sigma u J_i \quad \text{oder} \quad B' = uJ. \tag{b}$$

Man beachte aber wohl, daß diese Formel nur für die Drehung um eine feste Achse gilt. Und weiter beachte man: genau wie man das Moment einer Kraft für eine Achse und für einen Punkt unterscheidet, Achsenmoment und Punktmoment, so unterscheidet man auch das Moment der Bewegungsgröße für eine gewählte Achse von jenem für einen gewählten Punkt, und spricht im ersten Fall von einem **Achsendrall**, im zweiten von einem Punktdrall. Der Drall der Formel (b) ist natürlich ein Achsendrall.

Beispiel a) Der Körper der Abb. 414 dreht sich um die feste Achse DD und zwar von rechts gesehen rechtsum. Man wählt einen beliebigen Punkt O auf der Drehachse als Bezugpunkt und bildet für ihn den Drall eines beliebigen Massenteilchens m_i. Man gebe die Projektion dieses Einzeldralls auf die Achse an und dann noch die Projektion des Gesamtdralles auf diese Achse. In welchem Zusammenhang steht diese Projektion des Punktdralles mit dem Achsendrall?

Man legt durch die Drehachse und das Massenteilchen m_i eine Ebene, die Bildebene der Abb. 414. Dann steht die augenblickliche Geschwindigkeit und auch die Bewegungsgröße $m_i v_i$ senkrecht zu dieser Ebene und projiziert sich sonach als Punkt. Das Dralldreieck steht gleichfalls senkrecht zur Bildebene und projiziert sich als Strecke Om_i. Der Drallvektor B_i, der ja völlig frei ist, kann in einem beliebigen Punkt errichtet werden, nach Abbildung im Punkt O selbst; er steht senkrecht zum Dralldreieck und damit parallel zur Bildebene, die Abbildung gibt ihn sonach in wahrer Größe. Sein Zahlenwert ist gleich der doppelten Maßzahl des Dralldreiecks, $B_i = m_i v_i s_i$, die Projektion auf die Drehachse ist dann, Abb. 415,

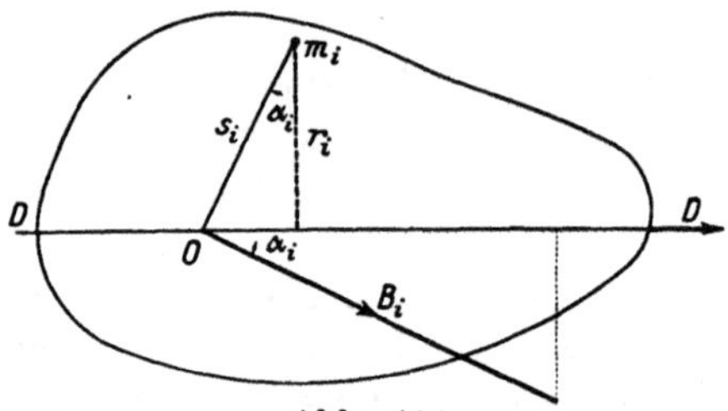

Abb. 414.

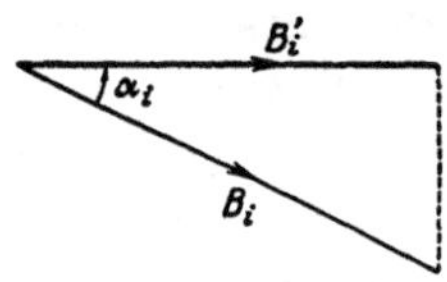

Abb. 415.

$$B_i' = B_i \cos \alpha_i = m_i v_i s_i \cos \alpha_i = m_i \cdot r_i u \cdot r_i$$

oder

$$B_i' = u \cdot m_i r_i^2 \qquad \text{oder} \qquad B_i = u J_i. \tag{c}$$

Es ist also die Projektion des Punktdralles auf die feste Drehachse gleich dem oben angegebenen Achsendrall; der Bezugpunkt O ist dabei auf der Drehachse vorausgesetzt.

Genau so erhält man die Projektion des Gesamtdralles

$$B' = \Sigma B_i' \qquad \text{oder} \qquad B' = \Sigma u J_i$$

oder

$$B' = u J, \tag{d}$$

die also gleich ist dem Achsendrall des ganzen Körpers. Die Formel gilt unabhängig von der Wahl des Bezugspunktes O, solange er auf der Drehachse liegt.

263. Dynamische Grundgleichung für einen um eine feste Achse sich drehenden Körper. Für einen ganz beliebig bewegten Massenpunkt m gilt die dynamische Grundgleichung

$$\mathfrak{P} = m\mathfrak{b}.$$

Wenn ein Körper sich um eine feste Achse dreht, dann beschreibt jeder einzelne Punkt m_i einen Kreis, die Beschleunigung b_i dieses Punktes und damit die Mittelkraft P_i aller an ihm wirkenden Kräfte liegen also in der Ebene dieses Kreises. Sie ist die Ebene der Abb. 416, die einen Schnitt des Körpers quer zur Drehachse durch den bewegten Punkt m_i vorstellt; die Drehachse DD projiziert sich als Punkt, r_i ist der Abstand des Punktes m_i von der Drehachse. Die Kraft P_i hat nach 47 die Komponenten

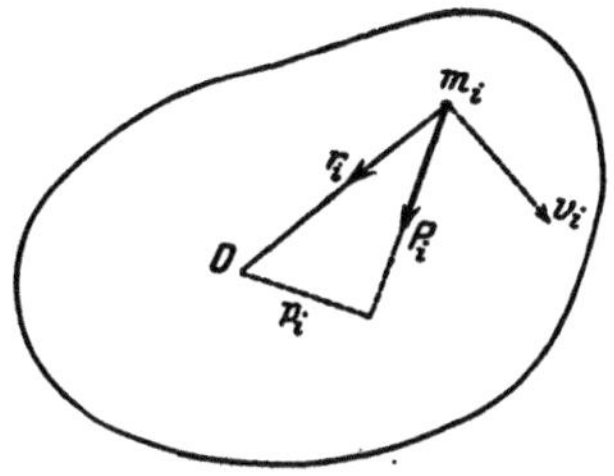

Abb. 416.

$$m_i u^2 r_i \quad \text{und} \quad m_i r_i \frac{du}{dt}$$

in radialer und tangentialer Richtung. Die erstere schneidet die Drehachse und hat kein Moment für diese, also ist das Moment der Kraft P_i gleich dem Moment der zweiten Komponente

$$K_i = m_i r_i \frac{du}{dt} r_i = m_i r_i^2 \frac{du}{dt} = m_i r_i^2 \frac{d^2\varphi}{dt^2}.$$

Schreibt man diese Gleichung für jeden Einzelpunkt des Körpers und addiert, dann wird $K = \Sigma K_i$ das Moment des am Körper angreifenden Kräftesystems für die Drehachse,

$$K = \Sigma m_i r_i^2 \frac{du}{dt} = \frac{du}{dt} \Sigma m_i r_i^2 = \frac{du}{dt} \cdot J,$$

also

$$K = J \frac{du}{dt} \quad \text{oder} \quad K = J \frac{d^2\varphi}{dt^2} \quad \text{oder} \quad K = J\omega. \tag{a}$$

Man kann diese Formel die **dynamische Grundgleichung** für einen um eine feste Achse sich drehenden Körper nennen. Sie ist hervorgegangen aus der entsprechenden Gleichung für einen materiellen Punkt $P = mb$ und aus dieser zu konstruieren, wenn man Moment statt Kraft setzt, Trägheitsmoment statt Masse, Winkelbeschleunigung statt Beschleunigung. Es wird sich ganz allgemein in der Mechanik zeigen, daß man zu jedem Gesetz für den geradlinig bewegten materiellen Punkt ein entsprechendes Gesetz für den sich um eine feste Achse drehenden Körper erhält, wenn man setzt

$$\varphi,\ u,\ \omega,\ J,\ K,\ B \quad \text{statt} \quad s,\ v,\ b,\ m,\ P,\ mv,$$

wie ja schon das Gesetz für die Kreisbewegung eines materiellen Punktes ersehen läßt.

Nach dieser Regel müßte also die zweite Form der dynamischen Grundgleichung nämlich

$$\int P\,dt = mv - mv_0 \quad \text{übergehen in} \quad \int K\,dt = Ju - Ju_0$$

und die dritte Form

$$\int P\,ds = \tfrac{1}{2}mv^2 - \tfrac{1}{2}mv_0^2 \quad \text{in} \quad \int K\,d\varphi = \tfrac{1}{2}Ju^2 - \tfrac{1}{2}Ju_0^2.$$

Beispiel a) In der Tat kann man die erste Form, die eben abgeleitet wurde,

$$K = J\frac{du}{dt} \quad \text{auch} \quad K\,dt = J\,du \quad \text{oder} \quad \int K\,dt = Ju + C$$

schreiben. Die Konstante C bestimmt sich aus der Anfangsbedingung: wenn man die Summe der $K\,dt$ von der Zeit $t = 0$ an zu zählen beginnt, dann ist im Anfangszustand, zur Zeit $t = 0$, dieses Integral $\int K\,dt$ natürlich 0; die Winkelgeschwindigkeit in diesem Augenblick ist mit u_0 bezeichnet, also gilt $0 = Ju_0 + C$ und damit

$$\int_0^t K\,dt = Ju - Ju_0 \quad \text{oder} \quad \int K\,dt = B' - B_0'. \tag{b}$$

Man hat $\int P\,dt$ als das Zeit-Integral der Kraft oder auch als den Impuls der Kraft im Verlauf der untersuchten Bewegung bezeichnet. Entsprechend kann man $\int K\,dt$, von $t = 0$ bis $t = t$ zusammengezählt, als den Impuls bezeichnen, den das Moment K im Verlauf der untersuchten Bewegung erhält, und hat dann den Satz:

> Der Impuls, den das Moment der an einem Körper angreifenden Kräfte während der Bewegung dieses Körpers um eine feste Achse erhält, ist gleich der durch diese Bewegung erfolgten Änderung des Achsendralles. (c)

Beispiel b) Die erste Form (a) kann man auch noch schreiben

$$K\,d\varphi = J\frac{d\varphi}{dt}du = Ju\,du$$

und integrieren,

$$\int K\,d\varphi = \tfrac{1}{2}Ju^2 + C'.$$

Dabei ist $K\,d\varphi$ die während einer unendlich kleinen Drehung $d\varphi$ vom Moment K geleistete Arbeit. Denn

$$K_i\,d\varphi = m_i r_i \frac{du}{dt}\cdot r_i \cdot d\varphi = m_i r_i \frac{du}{dt}\cdot r_i\,d\varphi = T_i\,ds_i$$

ist die von der Kraft P_i während dieser Bewegung geleistete Arbeit, da ja die Radialkomponente von P_i keine Arbeit leistet: also ist die vom Einzelmoment K_i geleistete Arbeit gleichzeitig auch die von der Einzelkraft P_i geleistete Arbeit. Die Konstante C' der Integralgleichung bestimmt die Anfangsbedingung: wenn man die von den Kräften geleistete Arbeit von der Zeit $t=0$ an zählt, dann ist bei Beginn der Zeitzählung $\int K d\varphi = 0$ und $u = u_0$, also gilt $0 = \frac{1}{2} J u_0^2 + C$ und damit

$$\int_{t=0}^{t=t} K d\varphi = \tfrac{1}{2} J u^2 - \tfrac{1}{2} J u_0^2, \tag{d}$$

d. h.

> Die Arbeit, die das Moment der an einem Körper angreifenden Kräfte während der Bewegung dieser Körper um eine feste Achse leistet, ist gleich der durch diese Bewegung erfolgten Änderung der Wucht.

Beispiel c) Man gebe einen Zusammenhang zwischen dem Achsendrall B' eines um eine feste Achse sich drehenden Körpers und dem Moment K der am Körper angreifenden Kräfte an.

Man hat nach den vorausgehenden Formeln

$$B' = J u \quad \text{und} \quad K = J \frac{du}{dt}.$$

Solange sich der Körper um die nämliche feste Achse dreht, ist sein Trägheitsmoment J für diese Achse konstant, also kann man auch schreiben

$$K = \frac{d(Ju)}{dt} \quad \text{oder} \quad K = \frac{dB'}{dt}, \tag{e}$$

d. h.

> Die zeitliche Änderung des Achsendralles eines um eine feste Achse sich drehenden Körpers ist gleich dem Moment der an diesem Körper angreifenden Kräfte.

264. Wiederholungsaufgaben. 1) Es geht eine bestimmte Lichtmenge L_0 bei A in einen Raum über, der dem Licht einen Widerstand entgegensetzt, so daß ein mit der Tiefe x des Eindringens veränderlicher Lichtverlust entsteht. Man gebe die in der Tiefe x noch vorhandene Lichtmenge an.

2) Ein Körper vom Gewicht G und der Temperatur τ_1 wird in einen Raum von der tieferen Temperatur τ_2 gebracht; der anfangs vorhandene Temperaturunterschied $W_0 = \tau_2 - \tau_1$ wird allmählich zu 0, es wird in jedem Augenblick ein anderer Unterschied W vorhanden sein. Man stelle das Gesetz für die Abkühlung als Funktion der Zeit t auf, indem man als Abhängige den jeweiligen Unterschied W einführt.

3) Man wandle die Formel für die Steigzeit T und die Steighöhe X beim lotrechten Wurf so um, daß T und X in der Hauptsache vom Gewicht G des Körpers sowie dem Widerstand W_0 beim Beginn der Bewegung abhängig gemacht werden.

4) Man wende die bei der vorausgehenden Aufgabe gefundenen Formeln auf den Fall an, daß der Luftwiderstand 0 ist.

5) Man zeige, daß die nach oben geöffnete Zykloide eine Tautochrone ist, d. h. daß ein auf ihr widerstandsfrei sich bewegender materieller Punkt unter dem Einfluß der Schwere immer nach der gleichen Zeit in die tiefste Lage T der Kurve kommt, unabhängig davon, wo er seine Bewegung auf ihr beginnt.

6) Ein Fußgänger hat einen Weg w zurückzulegen und beginnt mit einer Anfangsgeschwindigkeit v_0. Im Verlauf der Bewegung nimmt sie verhältnisgleich mit dem zurückgelegten Weg ab, so daß sie $v = v_0 - \alpha s$ zur Zeit t ist. In welcher Zeit wird der Weg w zurückgelegt? Die allgemeine Lösung wende man an auf den Fall $w = 40$ km, $v_0 = 6$ km/Stunde, $\alpha = 0{,}05$.

7) Man denke sich einen Schacht durch die Erde gebohrt, der mit einem Durchmesser zusammenfällt, und einen als mat. Punkt betrachteten Körper unter dem Einfluß der Erdschwere durch diesen Schacht bewegt. Man gebe die Bewegungsgleichung an, wenn der Körper zur Zeit $t = 0$ an der Erdoberfläche war.

8) Ein mat. Punkt m kann sich widerstandsfrei auf einer Geraden bewegen, Abb. 417. Auf ihn wirkt eine Kraft $P = c\,\frac{m}{r^2}$ von einem festen Punkt O aus; zur Zeit $t = 0$ ist der Punkt an der Stelle A und hat die Geschwindigkeit 0. Wie groß ist eine Geschwindigkeit an der Stelle U? Welche

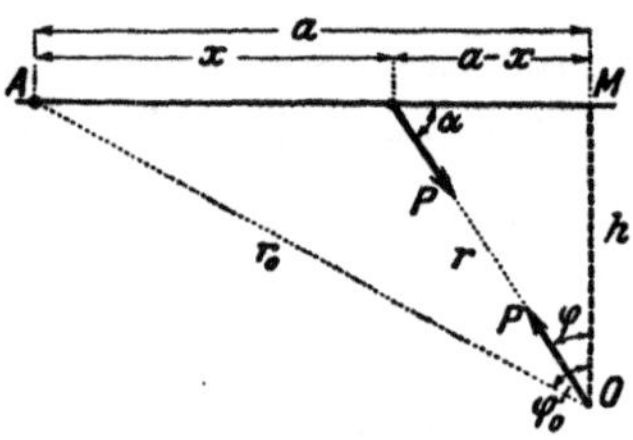

Abb. 417.

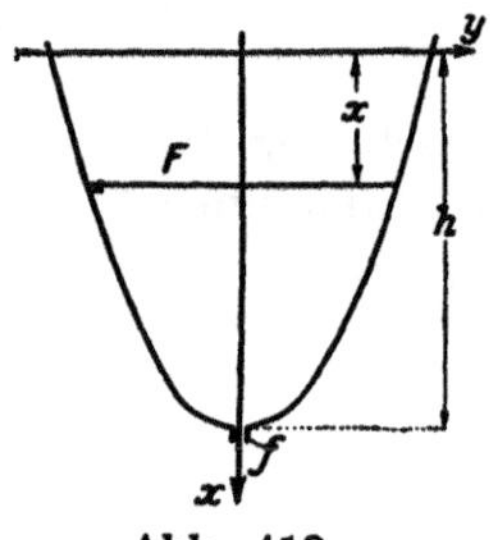

Abb. 418.

Arbeit leistet die ihn bewegende Kraft auf dem Weg von A nach U? Und welche auf dem Weg von A nach M, sowie auf dem Weg von M nach dem unendlich fernen Punkt der Geraden?

9) Die Ausflußgeschwindigkeit von Wasser ist $v = \sqrt{2gh}$, wenn h die Höhe des Wasserspiegels über der Ausflußöffnung ist und dabei keine Reibung angenommen wird. Nach wieviel Sekunden hat sich bei einem zylindrischen Gefäß der Spiegel um x gesenkt?

10) Eine Wasseruhr soll folgender Bedingung genügen: die Senkung x des Wasserspiegels, Abb. 418, ist verhältnisgleich der Zeit. Welche Form muß das Gefäß haben, aus dem das Wasser ausströmt?

265. Lösungen. 1) Man setzt den Lichtverlust dL auf dem Weg dx verhältnisgleich mit diesem Weg; andererseits wird der Lichtverlust auch verhältnisgleich der noch vorhandenen Lichtmenge sein. Man erhält sonach als Ansatz

$$dL = -cL\,dx, \qquad \text{(a)}$$

wo das „—“ wieder die Abnahme des Lichtes angibt, c ist eine aus Versuchen zu bestimmende Konstante. Die Integralgleichung des Problemes wird nach (254 b)

$$L = L_0 e^{-cx}. \tag{b}$$

2) Man nimmt die natürliche Änderung von W an, setzt also

$$dW = -cW\,dt \qquad \text{und erhält} \qquad W = W_0 e^{-ct}$$

nach (254 b). Das „—“ entspricht der Tatsache, daß dW eine Abnahme von W ist. Man sieht, daß nicht die Temperatur des Körpers und des Abkühlungsraumes, sondern nur ihr Unterschied W_0 maßgebend ist.

3) Setzt man W_0 statt cv_0^2 und G statt mg, dann werden die aus (258) zu entnehmenden Größen

$$T = \frac{1}{h}\operatorname{arc\,tg}\frac{v_0}{a} = \sqrt{\frac{m}{cg}}\operatorname{arc\,tg}\frac{v_0\sqrt{c}}{\sqrt{mg}} = \sqrt{\frac{mgv_0^2}{g^2cv_0^2}}\operatorname{arc\,tg}\sqrt{\frac{cv_0^2}{mg}}$$

$$= \frac{v_0}{g}\sqrt{\frac{G}{W_0}}\operatorname{arc\,tg}\sqrt{\frac{W_0}{G}} = \frac{v_0}{g\tau}\operatorname{arc\,tg}\tau.$$

$$X = \frac{m}{2c}\lg\left(1+\frac{cv_0^2}{mg}\right) = \frac{mgv_0^2}{2cv_0^2g}\lg\left(1+\frac{W_0}{G}\right) = \frac{v_0^2}{2g}\frac{G}{W_0}\lg\left(1+\frac{W_0}{G}\right)$$

$$= \frac{v_0^2}{2g\tau^2}\lg(1+\tau^2).$$

4) Mit $W = 0$ wird auch $\tau = 0$. Dann werden aber die Ausdrücke für T und X unbestimmt. Man wird demnach den Grenzwert ermitteln.

$$T = \lim_{\tau=0}\frac{v_0}{g\tau}\operatorname{arc\,tg}\tau = \frac{v_0}{g}\lim_{\tau=0}\frac{\operatorname{arc\,tg}\tau}{\tau} = \frac{v_0}{g}.$$

$$X = \frac{v_0^2}{2g}\lim_{\tau=0}\frac{\lg(1+\tau^2)}{\tau^2} = \frac{v_0^2}{2g}\lim_{\tau=0}\frac{2\tau}{(1+\tau^2)2\tau} = \frac{v_0^2}{2g}.$$

5) Für die durch Abb. 419 gegebene Wahl des Koordinatensystems ist die Gleichung der Zykloide nach (203)

$$x = a(\varphi - \sin\varphi)$$

mit

$$y = a(1-\cos\varphi).$$

Es ist

$$dx = a(1-\cos\varphi)\,d\varphi$$

und

$$ds = dx\sqrt{1+y'^2}$$

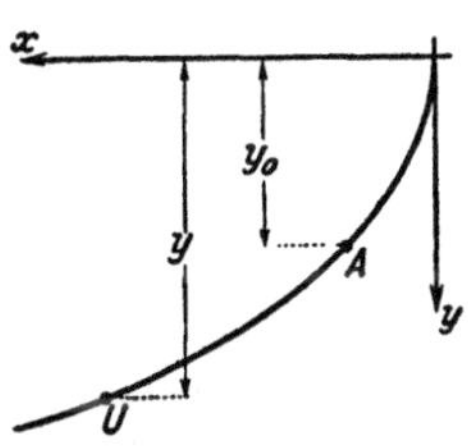

Abb. 419.

oder nach (204 b)

$$ds = a(1-\cos\varphi)\,d\varphi\sqrt{\frac{2}{1-\cos\varphi}} = a\sqrt{2(1-\cos\varphi)}\,d\varphi.$$

φ ist der Parameter an der untersuchten Stelle U; im Anfangspunkt A, bei Beginn der Bewegung, ist er φ_0. Der Höhenunterschied zwischen A und U ist $y - y_0$. Dann ist nach (260 e) die Geschwindigkeit im untersuchten Punkt U

$$v = \sqrt{2g(y-y_0)} = \frac{ds}{dt} \qquad \text{oder} \qquad ds = dt\sqrt{2g(y-y_0)} = dt\sqrt{2ga(\cos\varphi_0 - \cos\varphi)}.$$

Setzt man

$$1+\cos\varphi = 2\cos^2\frac{\varphi}{2}, \qquad 1+\cos\varphi_0 = 2\cos^2\frac{\varphi_0}{2},$$

dann hat man für ds zwei verschiedene Formeln,

$$ds = 2a \sin\frac{\varphi}{2}\,d\varphi$$

und

$$ds = dt\,\sqrt{2ga(1+\cos\varphi_0 - 1 - \cos\varphi)} = dt\sqrt{2ga\left(2\cos^2\frac{\varphi_0}{2} - 2\cos^2\frac{\varphi}{2}\right)}.$$

Man faßt beide Formeln zusammen und erhält

$$2a\sin\frac{\varphi}{2}\,d\varphi = 2\,dt\sqrt{ag\left(\cos^2\frac{\varphi_0}{2} - \cos^2\frac{\varphi}{2}\right)}$$

oder

$$dt = \sqrt{\frac{a}{g}}\,\frac{\sin\frac{\varphi}{2}\,d\varphi}{\sqrt{\cos^2\frac{\varphi_0}{2} - \cos^2\frac{\varphi}{2}}}.$$

Die Substitution

$$\cos\frac{\varphi_0}{2} = c, \qquad \cos\frac{\varphi}{2} = u, \qquad \text{oder} \qquad -\frac{1}{2}\sin\frac{\varphi}{2}\,d\varphi = du$$

liefert

$$dt = \sqrt{\frac{a}{g}}\,\frac{-2\,du}{\sqrt{c^2-u^2}} \qquad \text{oder} \qquad t = -2\sqrt{\frac{a}{g}}\int\frac{du}{\sqrt{c^2-u^2}} + C.$$

Oder

$$t = -2\sqrt{\frac{a}{g}}\arcsin\frac{u}{c} + C.$$

C bestimmt sich aus der Anfangsbedingung, daß zur Zeit $t=0$ der Parameter $\varphi = \varphi_0$ oder $u = c$ ist,

$$0 = -2\sqrt{\frac{a}{g}}\arcsin 1 + C \qquad \text{oder} \qquad C = \pi\sqrt{\frac{a}{g}}.$$

Damit wird die Zeit, die der bewegte Puukt von A nach U braucht,

$$t = -2\sqrt{\frac{a}{g}}\arcsin\frac{\cos\frac{\varphi}{2}}{\cos\frac{\varphi_0}{2}} + \pi\sqrt{\frac{a}{g}}. \tag{c}$$

An der tiefsten Stelle T ist $y = 2a$ oder $\varphi = \pi$; somit wird die Zeit t_e, in der der bewegte Punkt von A nach T kommt, wegen $\cos\frac{1}{2}\pi = 0$

$$t_e = \pi\sqrt{\frac{a}{g}}, \tag{d}$$

also vollständig unabhängig von der Wahl des Parameters φ_0, d. h. vollständig unabhängig von der Wahl des Anfangspunktes A.

6) Die Differentialgleichung der Bewegung ist

$$\frac{ds}{dt} = v_0 - \alpha s \qquad \text{oder} \qquad \frac{ds}{v_0 - \alpha s} = dt;$$

man formt um und integriert,

$$\frac{-\alpha ds}{v_0 - \alpha s} = -\alpha dt \qquad \text{oder} \qquad \lg\left[(v_0 - \alpha s)C\right] = -\alpha t.$$

Die Konstante C bestimmt man aus der Anfangsbedingung, daß $s = 0$ zur Zeit $t = 0$ ist,

$$\lg C v_0 = 0 \qquad \text{oder} \qquad C = 1 : v_0,$$

und erhält dann

$$t = \frac{1}{\alpha} \lg \frac{v_0}{v_0 - \alpha s}. \tag{e}$$

Für den Sonderfall erhält man

$$t = 20 \lg \frac{6}{6 - 0{,}05 \cdot 40} = 20 \lg 1{,}5 = 20 \cdot 0{,}4055 = 8{,}11.$$

Der Fußgänger braucht also 8,11 Stunden für den Weg; hätte er die Anfangsgeschwindigkeit beibehalten, dann würde er den Weg in $40 : 6 = 6\,^2|_3$ Stunden zurückgelegt haben.

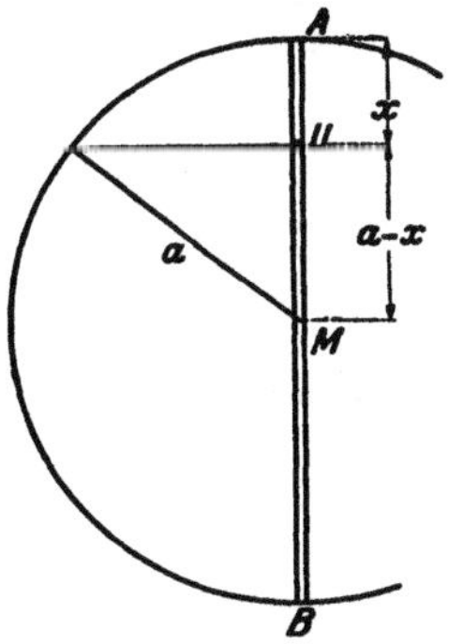

Abb. 420.

7) Die Lösung der Aufgabe setzt die Erde als kugelförmig und homogen voraus. Dann ist an der untersuchten Stelle U, in die der Körper nach t Sekunden kommt, Abb. 420, der zurückgelegte Weg x und deswegen nach (93 d) die anziehende Kraft P verhältnisgleich mit $a - x$. Ist g die Beschleunigung in A und b jene in U, so ist

$$b : g = (a - x) : a, \qquad \text{also} \qquad \frac{dv}{dt} = \frac{g}{a}(a - x).$$

Diese Bewegungsgleichung enthält drei Veränderliche, v, t und x. Will man diese Differentialgleichung lösen, so muß man eine von ihnen beseitigen. Man denkt an $dx = v\,dt$ und erhält

$$a v\,dv = g\,(a - x)\,dx \qquad \text{oder integriert} \qquad a v^2 = g\,(2ax - x^2) + C.$$

Für C hat man als Anfangsbedingung: an der ersten Stelle A ist $v = 0$, $x = 0$. Man erhält $C = 0$, so daß die Gleichung wird

$$a v^2 = g\,(2ax - x^2) \qquad \text{oder} \qquad v = \sqrt{\frac{g}{a}}\,\sqrt{2ax - x^2}.$$

Die Geschwindigkeit wird graphisch dargestellt durch die zum Durchmsser AM senkrechte Sehne an der untersuchten Stelle, denn diese ist $\sqrt{a^2 - (a - x)^2} = \sqrt{2ax - x^2}$. Im Mittelpunkt der Erde ist die Geschwindigkeit $v = \sqrt{ag}$, im Endpunkt B ist sie wieder 0; der Körper wird also zwischen den Endpunkten A und B des Durchmessers eine pendelnde Bewegung ausführen.

Mit $dx = v\,dt$ geht die Gleichung für v über in

$$\sqrt{\frac{a}{g}}\,\frac{dx}{\sqrt{2ax - x^2}} = dt \qquad \text{oder} \qquad t = \sqrt{\frac{a}{g}} \arcsin \frac{x - a}{a} + C'$$

nach 234 und (229a). Für C' hat man die Anfangsbedingung: an der Stelle A ist $t = 0$, $x = 0$. Man erhält

$$0 = \sqrt{\frac{a}{g}} \arcsin(-1) + C' \qquad \text{oder} \qquad C' = \tfrac{1}{2}\pi \sqrt{\frac{a}{g}}$$

und damit die Gleichung für t,

$$t = \sqrt{\frac{a}{g}} \left(\arcsin \frac{x - a}{a} + \tfrac{1}{2}\pi \right).$$

Man kann die Formel noch vereinfachen, wenn man an

$$\arcsin\alpha + \arccos\alpha = \frac{\pi}{2}, \quad \arcsin\alpha = -\arcsin(-\alpha)$$

denkt, und erhält

$$t = \sqrt{\frac{a}{g}} \arccos\frac{a-x}{a}. \tag{f}$$

Zum Durchfallen des Halbmessers a der Erdkugel braucht der Körper die Zeit

$$t_a = \sqrt{\frac{a}{g}} \arccos 0 \quad \text{oder} \quad t_a = \tfrac{1}{2}\pi\sqrt{\frac{a}{g}}. \tag{g}$$

8) Von der Kraft P kommt nur der Beitrag $P' = P\sin\varphi$ für die Bewegung zur Wirkung; also gilt

$$mb = \frac{cm}{r^2}\sin\varphi \quad \text{oder} \quad b = \frac{c(a-x)}{r^3}$$

oder

$$\frac{dv}{dt} = \frac{c(a-x)}{\left[h^2+(a-x)^2\right]^{3/2}} \quad \text{oder} \quad v\,dv = \frac{c(a-x)\,dx}{\left[h^2+(a-x)^2\right]^{3/2}},$$

wenn man $dt = dx:v$ setzt. Das Integral wird für $h^2+(a-x)^2 = r^2$ oder $-(a-x)\,dx = r\,dr$

$$\int v\,dv = -c\int\frac{r\,dr}{r^3} \quad \text{oder} \quad \frac{1}{2}v^2 = \frac{c}{r} + C.$$

C bestimmt man aus der Anfangsbedingung: an der Stelle $x=0$, also für $r=r_0$ ist $v=0$; es wird dann $0 = \frac{c}{r_0} + C$ und damit

$$\frac{1}{2}v^2 = c\left(\frac{1}{r} - \frac{1}{r_0}\right).$$

Wenn man mit 2 multipliziert und dann die Wurzel zieht, erhält man v. Die gesuchte Arbeit findet man am einfachsten mit Hilfe der dynamischen Grundgleichung in der Form (260 c).

$$A_0^x = \int P'\,dx = \frac{1}{2}mv^2 - 0 = mc\left(\frac{1}{r} - \frac{1}{r_0}\right).$$

Auf dem Weg von A nach M wird $r = h$, also die geleistete Arbeit

$$A_0^a = mc\left(\frac{1}{h} - \frac{1}{r_0}\right).$$

Wenn der Punkt über M hinaus ins Unendliche sich bewegt, wird

$$A_0^\infty = mc\left(\frac{1}{\infty} - \frac{1}{r_0}\right) = -\frac{mc}{r_0},$$

sonach die auf dem vorgeschriebenen Wege von der treibenden Kraft geleistete Arbeit

$$A_a^\infty = A_0^\infty - A_0^a = -\frac{mc}{h}.$$

9) Der Ausflußquerschnitt sei f. Dann legt das ausfließende Wasser in einer Sekunde den Weg v zurück, so daß also in dieser Zeit $t=1$ die Menge vf ausfließen würde, wenn v konstant bliebe. Sicher gilt diese Be-

ziehung in der Zeit dt, in der also die Menge $dQ = vf\,dt$ ausfließt. Bei Beginn des Ausflusses ist $v = \sqrt{2gh}$, nach t Sekunden $v = \sqrt{2g(h-x)}$. In der Zeit dt senkt sich der Spiegel um dx, so daß also die Menge $F\,dx$ ausgeflossen ist. Dann ist

$$F\,dx = f\sqrt{2g(h-x)}\,dt \qquad \text{oder} \qquad dt = \frac{F}{f}\frac{dx}{\sqrt{2g(h-x)}},$$

oder wenn man nach (227f) integriert,

$$t = \frac{-F}{gf}\sqrt{2g(h-x)} + C.$$

Wegen der Anfangsbedingung $x = 0$ für $t = 0$ wird

$$0 = \frac{-F}{gf}\sqrt{2gh} + C, \qquad \text{also} \qquad t = \frac{F}{gf}\left[\sqrt{2gh} - \sqrt{2g(h-x)}\right] \tag{k}$$

die Zeit, in welcher sich der Spiegel um x gesenkt hat. Wenn $x = h$ geworden ist, fließt kein Wasser mehr aus, also nach

$$T = \frac{F}{f}\sqrt{\frac{2h}{g}} \text{ Sekunden.}$$

10) Wie bei der vorausgehenden Aufgabe erhält man, Abb. 421,

$$F\,dx = f\sqrt{2g(h-x)}\,dt.$$

Dabei ist aber zu beachten, daß F veränderlich, daß es eine Funktion von x ist. Es kommt noch die gegebene Forderung hinzu: t verhältnisgleich x, oder $dt = c\,dx$, wo c der Verhältnisfaktor. Die vorausgehende Gleichung wird dann

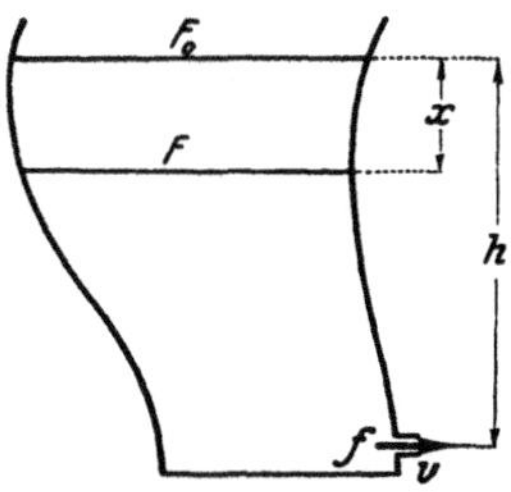

Abb. 421.

$$F = cf\sqrt{2g(h-x)} \qquad \text{oder} \qquad F^2 = a(h-x), \tag{l}$$

wo $a = 2gc^2f^2$ ist. Will man das Gefäß als Drehfläche ausbilden, Abb. 418, dann ist an der Stelle x der Querschnitt $F = y^2\pi$, also

$$y^4\pi^2 = 2gc^2f^2(h-x),$$

die Gleichung des Meridians des Gefäßes. Die Kurve ist eine Parabel vierter Ordnung, die sich nach oben öffnet und im Punkt $x = h$, also im tiefsten Punkt, ihren Scheitel hat.

Zwölfter Abschnitt.

Hauptsätze der Raumgeometrie.

266. Gleichungen räumlicher Gebilde. Als Grundlage der nachfolgenden Überlegungen dienen die allgemeinen Erörterungen des ersten Bandes (58, 192, 197) über Koordinaten, Freiheitsgrade usw. in der Ebene und im Raum.

Darnach sind es nur verschiedene Sprechweisen, wenn man sagt: ein Punkt im Raum ist durch drei Zahlenangaben bestimmt; oder ein Punkt im Raum hat drei Koordinaten oder drei Freiheitsgrade; oder im Raum gibt es ∞^3 Punkte. Wenn man einen bestimmten Punkt im Raum haben will, so muß man für die Koordinaten $x \mid y \mid z$ dieses Punktes bestimmte Zahlenangaben machen; oder was auf das Gleiche hinauskommt, man muß drei Bedingungen oder Bedingungsgleichungen für diese drei Koordinaten aufstellen, aus denen man dann die einzelnen Werte x, y, z ermitteln kann. Man sagt dann, man hat dem Punkt seine drei Freiheitsgrade genommen, man hat ihn festgelegt. Gibt man nur eine einzige Bedingung für die Koordinaten des Punktes an, etwa $x^2 + y - 2yz = 0$, oder im allgemeinen Fall $F(x, y, z) = 0$, so hat man ihm nur einen einzigen Freiheitsgrad genommen, er hat also noch zwei Freiheitsgrade, er muß sich daher auf einer Fläche bewegen, d. h. durch diese einzige Gleichung zwischen den Koordinaten x, y, z eines Punktes ist eine Fläche bestimmt, auf der sich der Punkt bewegen muß. Wir merken also:

> eine Gleichung $F(x, y, z) = 0$ stellt im Raum eine Fläche vor. (a)

Oder:

> wenn man einem Punkt im Raum nur eine einzige analytische Bedingung vorschreibt, dann bildet er eine Fläche. (b)

Beispiel a) Man gebe noch andere Erklärungen dafür, daß eine Gleichung $F(x, y, z) = 0$ im Raum eine Fläche vorstellt.

Für jede beliebige Wahl von x und y ergibt sich aus der vorgeschriebenen Gleichung $F(x, y, z) = 0$ ein ganz bestimmtes z. Geometrisch gesprochen: durch eine beliebige Wahl von x und y hat man einen bestimmten Punkt der $x|y$-Ebene festgelegt und für ihn aus der gegebenen Gleichung ein bestimmtes z gefunden; es liegt also über jedem Punkt der $x|y$-Ebene ein ganz bestimmter Punkt im Raum. Die Aufeinanderfolge dieser Punkte im Raum gibt eine Fläche.

Schreibt man dem Punkt P oder seinen Koordinaten x, y, z zwei Bedingungen vor, etwa $F(x, y, z) = 0$ nebst $G(x, y, z) = 0$, so hat man dem Punkt zwei Freiheitsgrade genommen, er hat sonach nur mehr einen einzigen, er muß sich also auf einer Kurve im Raum bewegen. Man kann auch anders überlegen: durch jede einzelne dieser Bedingungen hat man dem Punkt eine Fläche vorgeschrieben, auf der er sich bewegen muß; da er sich gleichzeitig auf jeder der beiden Flächen $F(x, y, z) = 0$ und $G(x, y, z) = 0$ bewegen soll, kann er sich nur auf der Schnittkurve der beiden Flächen $F = 0$ und $G = 0$ bewegen. Man merke:

ein zusammengehöriges Gleichungspaar

$$F(x, y, z) = 0 \quad \text{mit} \quad G(x, y, z) = 0$$

stellt eine Kurve im Raum vor, nämlich die Schnittkurve der beiden Flächen $F = 0$ und $G = 0$. (c)

Durch die Gleichungen

$$F(x, y, z) = 0, \qquad G(x, y, z) = 0, \qquad H(x, y, z) = 0,$$

die man dem Punkt P oder seinen Koordinaten x, y, z vorschreibt, hat man ihm seine drei Freiheitsgrade genommen und damit jede Bewegungsmöglichkeit, man hat ihm eine feste Lage vorgeschrieben. Man kann auch derart überlegen: jede einzelne der dreï Gleichungen $F = 0$, $G = 0$, $H = 0$ stellt eine Fläche vor, auf der sich der Punkt bewegen soll; er kann also nur in dem gemeinsamen Schnittpunkt der drei Flächen liegen. Voraussetzung ist natürlich, daß die drei Gleichungen unter sich keinen Zusammenhang haben. Oder man hätte überlegen können: die ersten beiden Gleichungen $F = 0$ nebst $G = 0$ stellen eine Kurve vor, auf der sich der Punkt bewegen soll und die Gleichung $H = 0$ eine Fläche, auf der er gleichfalls liegen soll; er kann also nur im Schnittpunkt der Kurve mit der Fläche liegen, d. h. durch die drei Gleichungen ist ein fester Punkt bestimmt. Oder auch eine endliche Zahl von festen Punkten, wenn die Gleichungen nicht linear sind.

267. Fortsetzung. Die Definition (I 80 a) der Gleichung einer Kurve der Ebene erweitert man:

Gleichung eines geometrischen Gebildes ist der analytische Ausdruck der Eigenschaften des das Gebilde erzeugenden Elementes. (a)

Eine Fläche kann man sich sowohl durch einen Punkt erzeugt denken wie auch durch eine Kurve. Beispielsweise kann man sich die Kugel erzeugt denken durch einen Punkt, der von einem festen Punkt stets den gleichen Abstand hat; oder auch etwa durch einen um einen festen Durchmesser sich drehenden Kreis. In den meisten Fällen läßt man eine Fläche dadurch entstehen, daß eine deformierbare (oder auch nicht deformierbare, sonach stets kongruente) Kurve auf mehreren gegebenen festen Kurven gleitet. Zuweilen ist es praktisch, wenn man die Fläche aus einer anderen bekannten Fläche durch Deformation entstehen läßt, beispielsweise das Ellipsoid aus der Kugel durch homogene Deformation. Die Raumkurven wird man in den meisten Fällen durch einen Punkt erzeugen, und von dieser Entstehungsweise ausgehend die Gleichung aufstellen.

Beispiel a) Gesucht ist die Gleichung einer Kugel mit dem Halbmesser ϱ um den Mittelpunkt $M = a|b|c$.

Als erzeugendes Element wählt man den Punkt P mit der Eigenschaft: seine Entfernung vom Mittelpunkt ist konstant gleich ϱ, also

$$MP = \varrho \quad \text{oder} \quad \sqrt{(x-a)^2 + (y-b)^2 + (z-c)^2} = \varrho;$$

oder wenn man noch umformt,

$$\boldsymbol{(x-a)^2 + (y-b)^2 + (z-c)^2 - \varrho^2 = 0.} \tag{b}$$

Im Besonderen hat die Kugel um den Nullpunkt mit dem Halbmesser ϱ die Gleichung

$$x^2 + y^2 + z^2 - \varrho^2 = 0. \tag{c}$$

Beispiel b) Wie geht das Ellipsoid mit den Halbachsen a, b, c aus der Kugel mit dem Halbmesser ϱ hervor? Man stelle die Gleichung des Ellipsoides auf.

Wenn man die Kugel in einer bestimmten Richtung, etwa in Richtung der z-Achse homogen deformiert, so geht sie in ein Rotationsellipsoid über. Ein allgemeines Ellipsoid erhält man aus der Kugel, indem man diese in drei oder auch nur zwei verschiedenen Richtungen homogen deformiert. Bei dieser Deformation wird sich der Kugeldurchmesser 2ϱ in der x-Richtung deformieren zu $2a$, er wird also im Verhältnis $\varrho : a$ gedehnt und im gleichen Verhältnis auch alle zu ihm parallelen Kugelsehnen. Entsprechend wird der zur y- oder z-Achse parallele Kugeldurchmesser im Verhältnis $\varrho : b$ bzw. $\varrho : c$ gedehnt und im gleichen Verhältnis alle Kugelsehnen, die parallel sind zur y- bzw. z-Achse.

Wenn die Kugel den Nullpunkt als Mittelpunkt hat, geht der Kugelpunkt $\xi \mid \eta \mid \zeta$ durch die homogene Deformation

$$\xi = x\frac{\varrho}{a}, \qquad \eta = y\frac{\varrho}{b}, \qquad \zeta = z\frac{\varrho}{c} \tag{d}$$

über in den Punkt $x \mid y \mid z$ des Ellipsoides, und deswegen die Kugelgleichung

$$\xi^2 + \eta^2 + \zeta^2 - \varrho^2 = 0,$$

über in

$$\left(x\frac{\varrho}{a}\right)^2 + \left(y\frac{\varrho}{b}\right)^2 + \left(z\frac{\varrho}{c}\right)^2 - \varrho^2 = 0$$

oder

$$\frac{x^2}{a^2} + \frac{y^2}{b^2} + \frac{z^2}{c^2} - 1 = 0, \tag{e}$$

d. i. die Gleichung des Ellipsoides.

268. Fortsetzung. Eine Gleichung

$$F(x, y, z) = 0$$

stellt im Raum eine Fläche vor, sonach eine Gleichung mit einem verfügbaren Parameter C,

$$F(x, y, z, C) = 0 \qquad \text{oder} \qquad z = f(x, y, C),$$

ein Flächensystem, auch Flächenschar genannt.

Zwei zusammengehörige Gleichungen stellen im Raum eine Kurve vor, sonach zwei Gleichungen

$$\left.\begin{aligned} F(x, y, z, t) = 0 \\ G(x, y, z, t) = 0 \end{aligned}\right\} \tag{a}$$

mit einem verfügbaren Parameter t ein Kurvensystem, auch Kurvenschar genannt; oder was das gleiche ist, eine Fläche. Denn unendlich viele stetig aufeinanderfolgende Raumkurven bilden in ihrer Gesamtheit eine Fläche.

Ein Punkt auf einer Fläche hat zwei Freiheitsgrade oder zwei Koordinaten. Durch zwei Zahlen ist seine Lage auf dieser Fläche bestimmt. Beispielsweise wird ein Punkt auf der Erdoberfläche durch Angabe seiner (geographischen) Breite und Höhe festgelegt. Diejenigen beiden Zahlen u und v, die die Lage des Punktes auf der Fläche angeben, nennt man auch die Flächenkoordinaten des Punktes. Durch sie ist der Punkt P, oder was das Gleiche ist, sind seine gewöhnlichen Koordinaten x, y, z, bestimmt, es sind sonach x, y, z als Funktionen von u und v ausdrückbar,

$$\left.\begin{aligned} x &= \varphi(u,v) \\ y &= \psi(u,v) \\ z &= \chi(u,v) \end{aligned}\right\}. \tag{b}$$

Die vorausgehenden Betrachtungen kann man zusammenfassen:

Eine Fläche wird dargestellt

a) durch eine einzige Gleichung zwischen x, y und z

entwickelt $z = f(x,y)$,

unentwickelt $F(x,y,z) = 0$; (c)

b) als Kurvenschar durch zwei Gleichungen mit einem Parameter

$$F(x,y,z,t) = 0 \quad \text{mit} \quad G(x,y,z,t) = 0; \tag{d}$$

c) mit Einführung von Flächenkoordinaten durch drei Gleichungen mit zwei Parametern

$$x = (u,v) \quad \text{mit} \quad y = (u,v) \quad \text{mit} \quad z = (u,v); \tag{e}$$

d) durch n Gleichungen mit $n-1$ Parametern.

Wenn man die Parameter beseitigt, kommt man zur gewöhnlichen Darstellung a). Umgekehrt kann man von dieser Form a) zu den andern Formen übergehen und zwar durch Einführen von passenden sonst aber beliebig gewählten Parametern.

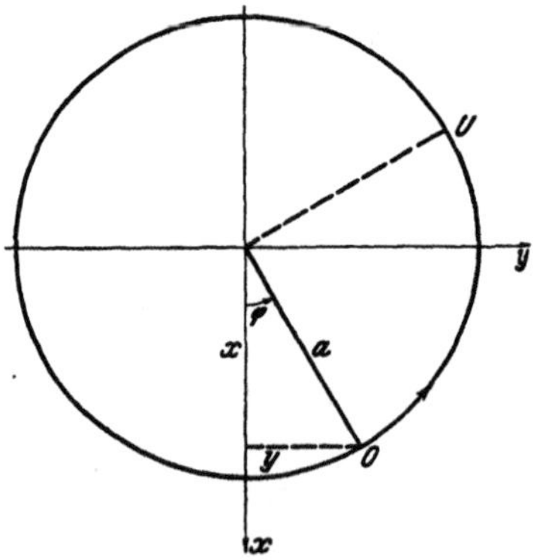

Abb. 422.

Beispiel a) Gegeben sind zwei genau übereinander im Abstand $2h$ liegende parallele Kreise vom Halbmesser a. Man verbinde jeden Punkt des oberen Kreises mit demjenigen Punkt des unteren, der gegenüber dem oberen um 90^0 voreilt und stelle die Gleichung der durch diese Geraden erzeugten Fläche auf.

Man wählt das Koordinatensystem so, daß der Nullpunkt auf der Mitte der beiden Kreismittelpunkte liegt und die z-Ebene parallel den Kreisebenen ist. Irgendein Punkt O des oberen Kreises, Abb. 422, hat die Koordinaten $a\cos\varphi \mid a\sin\varphi \mid h$; jener Punkt U des unteren Kreises, der ihm um 90^0 voreilt, hat dann die Koordinaten

$$a\cos(90^0+\varphi)\,|\,a\sin(90^0+\varphi)\,|\,-h$$

oder

$$-a\sin\varphi\,|\,a\cos\varphi\,|\,-h.$$

Die Gerade durch die beiden Punkte O und U ist die erzeugende Gerade, der Winkel φ spielt die Rolle eines Parameters. Jedem einzelnen Parameter φ ist eine bestimmte Gerade OU zugeordnet, den ∞^1 Parametern φ entsprechen die ∞^1 Verbindungsgeraden, die in ihrer Gesamtheit eine Fläche bilden. Die Gleichung der veränderlichen Verbindungsgeraden wird sonach auch gleichzeitig die Gleichung der erzeugten Fläche sein, und zwar in der Parameterdarstellung.

Die Gerade durch O und U ist nach (I 222 e)

$$\frac{x-a\cos\varphi}{-a(\sin\varphi+\cos\varphi)}=\frac{y-a\sin\varphi}{a(\cos\varphi-\sin\varphi)}=\frac{z-h}{-2h}.$$

Man hat sonach zwei Gleichungen mit einem Parameter φ für die Darstellung der Fläche. Wenn man von Gleichung (I 222 d) ausgeht, erhält man die gesuchte Flächengleichung in der Form

$$x=\frac{-a(\lambda\sin\varphi+\cos\varphi)}{\lambda-1},\qquad y=\frac{a(\lambda\cos\varphi-\sin\varphi)}{\lambda-1},$$

$$z=\frac{-h(\lambda+1)}{\lambda-1}, \tag{f}$$

also durch drei Gleichungen mit zwei Parametern λ und φ dargestellt.

Von jeder der beiden Formen kann man zur gewöhnlichen Darstellung übergehen, wenn man die Parameter beseitigt.

269. Fortsetzung. Beispiel a) Gegeben sind zwei Parabeln mit gemeinsamem Scheitel und Achse. Ihre Ebenen stehen zueinander senkrecht. Es soll eine Ellipse mit veränderlichen Halbachsen diese beiden Kurven so entlang gleiten, daß ihre Ebene stets senkrecht zur Parabelachse und ihr Mittelpunkt auf dieser Achse bleibt, während ihre Scheitel auf den beiden Parabeln selbst gleiten. Man gebe die Gleichung der erzeugten Fläche, eines allgemeinen elliptischen Paraboloides, an, Abb. 423.

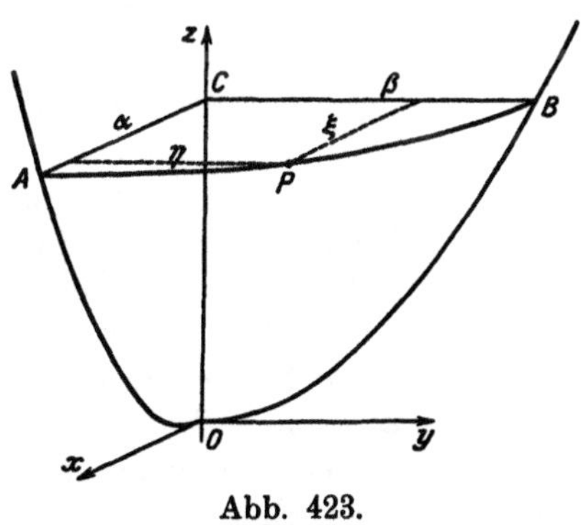

Abb. 423.

Das erzeugende Element ist hier die gleitende Ellipse. Um die Gleichung der gesuchten Fläche zu erhalten, muß man vom erzeugenden Element eine Eigenschaft angeben. Am einfachsten meist seine Gleichung. Man wählt die Achsen CA und CB als Koordinatenachsen auf der Ellipse, dann ist deren Gleichung

$$\frac{\xi^2}{\alpha^2}+\frac{\eta^2}{\beta^2}-1=0. \tag{a}$$

Die beiden veränderlichen Halbachsen α und β, die man auch als Parameter ansprechen kann, sind für jede einzelne Lage der Ellipse aus der Bedingung zu entnehmen, daß die Scheitel der Ellipse auf den gegebenen Parabeln liegen müssen. Der Scheitel der beiden Parabeln liegt im Nullpunkt, die Koordinatenachsen sind Tangenten an die Parabeln, man verwendet sonach die Scheiteltangentengleichung der Parabel. Die in der x-Ebene liegende Parabel hat die Gleichung

$$y^2=2bz \qquad \text{oder genauer} \qquad \left.\begin{array}{l} y^2=2bz \\ x=0 \end{array}\right\},$$

da man ja im Raum arbeitet und die Tatsache, daß die Parabel in der x-Ebene liegt, durch $x=0$ ausdrücken muß. Entsprechend ist die Gleichung der in der y-Ebene liegenden Parabel

$$x^2=2az \qquad \text{mit} \qquad y=0.$$

Der Punkt A der erzeugenden Ellipse mit den Koordinaten $\alpha\,|\,0\,|\,z$ liegt auf der zweiten Parabel, er muß also deren Gleichung erfüllen, ebenso der Punkt B mit den Koordinaten $0\,|\,\beta\,|\,z$ die Gleichung der ersten Parabel, es muß sonach gelten

$$\alpha^2=2az \qquad \text{und} \qquad \beta^2=2bz; \tag{b}$$

damit wird die Gleichung der erzeugenden Ellipse

$$\frac{\xi^2}{2az}+\frac{\eta^2}{2bz}-1=0 \qquad \text{oder} \qquad z=\frac{x^2}{2a}+\frac{y^2}{2b}, \tag{c}$$

da ja die Koordinaten ξ und η des Punktes P in der Ellipsenebene auch gleichzeitig seine Koordinaten x und y im Raume sind. Man hat die Gleichung der gesuchten Fläche in der entwickelten Form $z=f(x,y)$ erhalten. Wenn man will, kann man auch sagen, die Fläche ist durch die drei Gleichungen (a) und (b) mit den zwei Parametern α und β dargestellt. Wenn man diese beiden Parameter, wie auch tatsächlich geschehen, beseitigt, erhält man die gewöhnliche Darstellung.

270. Fortsetzung. Für eine Raumkurve sind zwei Darstellungen üblich; eine erste erzeugt die Kurve als Schnitt zweier Flächen und stellt sie durch zwei Gleichungen

$$F(x, y, z) = 0 \quad \text{mit} \quad G(x, y, z) = 0 \tag{a}$$

dar. Die zweite Darstellung geht von einem erzeugenden Punkt aus und gibt dessen Eigenschaft an; der analytische Ausdruck dieser Eigenschaft ist dann die Gleichung der untersuchten Raumkurve. Ein Punkt auf einer (ebenen oder räumlichen) Kurve hat nur e i n e n Freiheitsgrad oder nur e i n e Koordinate. Durch eine einzige Zahl t ist also die Lage des Punktes auf der Kurve und damit auch im Raum vollständig bestimmt. Also sind vom Punkt P durch diese Koordinate t auf der Kurve auch die Koordinaten $x\,|\,y\,|\,z$ im Raum bestimmt. Es werden sonach die drei Gleichungen mit dem verfügbaren Parameter t,

$$x = \varphi(t) \quad \text{mit} \quad y = \psi(t) \quad \text{mit} \quad y = \chi(t) \tag{b}$$

eine Raumkurve darstellen.

Diese zweite Darstellung einer Raumkurve durch drei Gleichungen mit einem verfügbaren Parameter ist die übliche. Meist ist dieser Parameter die Zeit, so daß also für jeden Zeitpunkt t eine ganz bestimmte Lage des auf der Kurve sich bewegenden Punktes P gegeben ist; die Koordinaten x, y, z sind dann Funktionen der Zeit.

Wenn man den Parameter beseitigt, erhält man die Darstellung (a); umgekehrt wird es sich recht oft verlohnen, durch Einführung eines Parameters von der Darstellung (a) zu jener (b) überzugehen. Eine Darstellung der Raumkurve durch mehr als drei Gleichungen ist nicht üblich; wenn man sie durch n Gleichungen darstellt, müssen natürlich in diesen Gleichungen $n - 2$ Parameter auftreten; ihre vollständige Beseitigung führt zur Darstellung (a); ihre Beseitigung bis auf einen zur Darstellung (b).

B e i s p i e l a) Man stelle die Gleichung der S c h r a u b e n l i n i e auf.

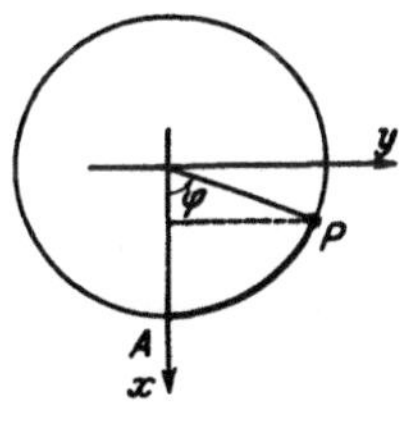

Abb. 424.

Sie wird durch einen Punkt erzeugt, der eine gleichmäßige Drehung um eine feste Achse ausführt und gleichzeitig eine gleichmäßige Verschiebung in ihrer Richtung. Er hat sonach eine konstante Verschiebungsgeschwindigkeit v und eine konstante Winkelgeschwindigkeit u. Dann ist sein Verschiebungsweg in Richtung der Achse, die man als z-Achse wählt, Abb. 424,

$$z = v\,t. \tag{c}$$

Sein Winkelweg um die z-Achse ist $\varphi = ut$. Zur Zeit $t = 0$ hat er die Lage A; durch diesen Anfangspunkt legt man die x-Achse, dann ist

$$\left.\begin{aligned} x &= a\cos\varphi \\ y &= a\sin\varphi \end{aligned}\right\} \quad \text{oder} \quad \left.\begin{aligned} x &= a\cos ut \\ y &= a\sin ut \end{aligned}\right\}. \tag{d}$$

Die drei Gleichungen

$$x = a\cos ut \quad \text{mit} \quad y = a\sin ut \quad \text{mit} \quad z = vt \tag{e}$$

bilden dann die übliche Darstellung der Schraubenlinie.

Vielfach führt man die Ganghöhe h der Schraubenlinie ein, d. i. der Verschiebungsweg des erzeugenden Punktes nach einer Umdrehung. Wenn $\varphi_0 = ut_0 = 2\pi$ geworden, dann ist eine Umdrehung vollendet, dann gilt auch $h = vt_0$, wo t_0 die für eine Umdrehung notwendige Zeit. Aus dieser Beziehung ergibt sich

$$h = 2\pi\frac{v}{u} = 2c\pi. \tag{f}$$

Die Schraubenlinie liegt auf einem Kreiszylinder vom Halbmesser a und schneidet, am einfachsten aus der Abwicklung zu ersehen, alle Parallelkreise des Zylinders unter dem konstanten Winkel α, so zwar daß

$$\operatorname{tg}\alpha = \frac{h}{2a\pi} = \frac{c}{a}$$

ist.

Beispiel b) Wie wird in Vektorkoordinaten die Gleichung einer Raumkurve dargestellt?

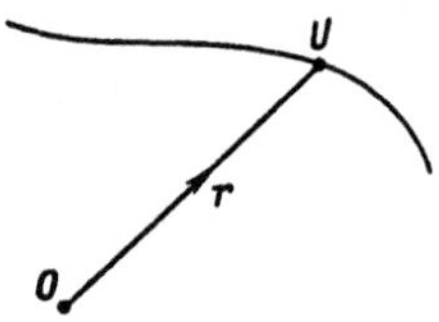

Abb. 425.

Wie in der ebenen Geometrie durch eine Gleichung

$$\mathfrak{r} = f(t),$$

wo t ein verfügbarer Parameter ist. Denn für jeden Wert von t erhält man einen bestimmten Vektor r und damit auch einen bestimmten Endpunkt U desselben, also ∞^1 Punkte, die in ihrem Gesamtpunkt eine Raumkurve bilden, Abb. 425.

Beispiel c) Wie stellt man in Vektorkoordinaten die Gleichung einer Fläche dar?

Durch

$$\mathfrak{r} = f(u, v), \tag{g}$$

wo u und v verfügbare Parameter sind. Denn für jedes der ∞^2 Wertepaare $u\,|\,v$ erhält man einen bestimmten Vektor r und damit auch einen bestimmten Endpunkt U dieses Vektoren, also insgesamt ∞^2 solche Punkte, die in ihrer Gesamtheit ein Fläche bilden.

271. Erzeugung der Flächen. In den vorausgehenden drei Nummern wurde als Weg für die Aufstellung der Gleichungen von Flächen und Raumkurven vorgeschlagen, daß man die Eigenschaft des erzeugenden Elementes angibt. Bei einer Fläche ist dieses gewöhnlich eine bewegte Kurve. Man teilt die Flächen deswegen nach der Art der erzeugenden Kurve ein und betrachtet insbesonders jene Flächen eingehender, deren erzeugendes Element eine Gerade ist, d. s. die Linien- oder Regelflächen. Die bewegliche Gerade heißt man kurz die Erzeugende, die festen Kurven, auf denen sie gleitet, heißen Leitlinien.

Je nachdem zwei unendlich benachbarte Erzeugende sich schneiden oder windschief sind, teilt man die Regelflächen noch ein in abwickelbare Regelflächen und nicht abwickelbare (auch gekrümmte oder windschiefe genannt). Durch je zwei unendlich benachbarte Erzeugende werden nämlich im ersten Fall aufeinanderfolgende Flächenstreifen gebildet, deren jeden einzelnen man in die Ebene des vorausgehenden Streifens dadurch bringen kann, daß man ihn um die begrenzende Gerade dreht, Abb. 426. Setzt man dieses Drehen von Streifen zu Streifen fort, so wird schließlich die ganze Fläche in einer Ebene ausgebreitet, sie ist auf dieser Ebene abgewickelt. Besondere Fälle solcher abwickelbarer Regelflächen sind die gleich nachher zu besprechenden Zylinder- und Kegelflächen.

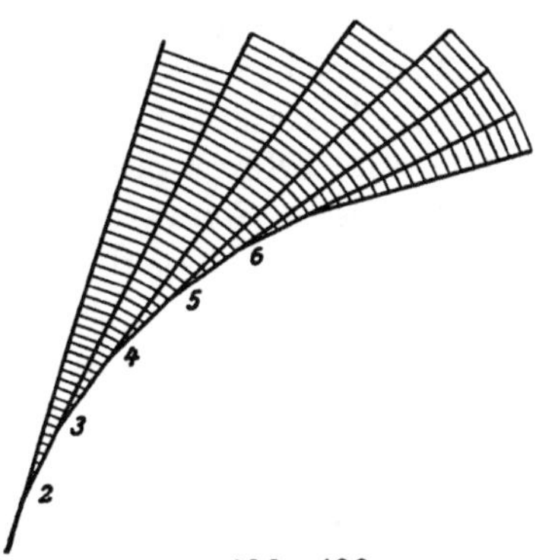

Abb. 426.

Eine andere Entstehung für abwickelbare Regelflächen ist auch jene durch eine Schar von stetig aufeinanderfolgenden Ebenen. Je zwei unendlich benachbarte Ebenen der Schar scheiden sich in einer Geraden, die ∞^1 Schnittgeraden bilden dann die Regelfläche. Von ihnen schneiden sich auch wieder je zwei aufeinanderfolgende, Abb. 426, sonach ist die entstehende Regelfläche abwickelbar.

Die Zylinderflächen sind besondere abwickelbare Regelflächen. Ihr Kennzeichen ist: die Erzeugende bleibt sich stets parallel, die Leitlinie ist eine beliebige Kurve. Wählt man beispielsweise als Leitlinie eine Ellipse, so erhält man einen elliptischen Zylinder, von dem der Kreiszylinder wieder ein Sonderfall ist. Eine Hyperbel liefert einen hyperbolischen Zylinder, eine Parabel einen parabolischen, eine Sinuslinie einen Sinuszylinder usw.

Beispiel a) Man beweise den Satz:

Jede Gleichung $F(x, y) = 0$ stellt im Raum einen Zylinder parallel der z-Achse vor, (a)

entsprechend natürlich die Gleichung $F(y, z) = 0$ oder $F(z, x) = 0$ einen Zylinder parallel zur x- bzw. y-Achse.

Wenn nämlich z in der Flächengleichung fehlt, so liegen alle Punkte $a|b|z$ mit beliebigem z auf der Fläche, sobald der Punkt $a|b|c$ der Fläche angehört; diese Punkte $a|b|z$, die sich also nur durch verschiedene z unterscheiden, liegen aber selbst wieder auf einer Geraden parallel zur z-Achse, es muß sich sonach die Fläche $F(x, y) = 0$ aus lauter Geraden parallel zur z-Achse zusammensetzen, sie bildet tatsächlich einen Zylinder parallel der z-Achse. Die gleiche Betrachtung gilt, wenn x oder y in der Flächengleichung fehlt.

Die Kegelflächen sind besondere abwickelbare Regelflächen. Ihr Kennzeichen ist: die Erzeugenden gehen alle durch den gleichen Punkt, die Kegelspitze, die Leitlinie ist eine beliebige Kurve. Wählt man eine Ellipse als Leitlinie, so erhält man einen elliptischen Kegel, dessen Sonderfall der Kreiskegel ist; die Hyperbel als Leitlinie liefert den hyperbolischen Kegel, die Parabel den parabolischen Kegel usw.

Beispiel b) Man beweise:

Eine in den Veränderlichen homogene Gleichung stellt einen Kegel mit der Spitze im Nullpunkt vor. (b)

Wenn die Gleichung in x, y, z homogen ist, dann müssen nach (150a) alle Punkte $\varrho a|\varrho b|\varrho c$ der Fläche angehören, sobald der Punkt $a|b|c$ auf ihr liegt; dabei ist ϱ jede beliebige Zahl. Alle die Punkte $\varrho a|\varrho b|\varrho c$ mit beliebigen ϱ liegen aber auf dem gleichen durch den Nullpunkt gehenden Strahl, es setzt sich deswegen die untersuchte Fläche aus lauter solchen Strahlen zusammen, d. h. sie ist ein Kegel mit der Spitze im Nullpunkt.

Besonders oft auftretende abwickelbare Flächen sind ferner die Konoidflächen mit dem Kennzeichen: die Erzeugende schneidet stets eine gegebene feste Gerade, die Leitgerade oder Direktrix, und bleibt einer gegebenen festen Ebene, der Leitebene, stets parallel, während sie auf einer gegebenen festen Kurve, der Leitlinie, gleitet.

272. Fortsetzung. Beispiel a) Eine besondere Konoidfläche ist die Schraubenfläche; man stelle ihre Gleichung auf.

Sie entsteht aus der Schraubenlinie folgendermaßen [das Koordinatensystem ist wie im Beisp. 270a gewählt]: eine Gerade bewegt sich so, daß sie stets die Schraubenlinie und die z-Achse schneidet, während sie gleichzeitig zur z-Ebene parallel bleibt. Es ist sonach die Schraubenlinie Leitlinie, die z-Achse Leitgerade und die z-Ebene Leitebene. Stellt man die Gleichung der Erzeugenden auf, so hat man damit auch gleichzeitig die Gleichung der Schraubenfläche aufgestellt. Von der Erzeugenden liegt ein Punkt P_2 immer auf der Schraubenlinie, der zugehörige Punkt P_1 auf der z-Achse. Nach (270 e) ist

$$x_2 = a \cos ut, \quad y_2 = a \sin ut, \quad z_2 = vt$$

und deswegen

$$x_1 = 0, \quad y_1 = 0, \quad z_1 = vt.$$

Die Gleichung der Geraden $P_1 P_2$ ist dann nach (I 222e)

$$\frac{x}{a \cos ut} = \frac{y}{a \sin ut} = \frac{z - vt}{0}$$

oder umgewandelt

$$x \sin ut = y \cos ut \quad \text{mit} \quad z = vt,$$

oder nach Beseitigung des Parameters t

$$\frac{y}{x} = \operatorname{tg}\left(z \frac{u}{v}\right) \quad \text{oder} \quad z = c \operatorname{arc\,tg} \frac{y}{x}, \tag{c}$$

wenn man wieder den Quotienten der beiden konstanten Zahlen $v : u = c$ setzt.

Beispiel b) Über dem Mittelpunkt einer gleichseitigen Hyperbel im Abstand h von deren Ebene liegt der Punkt P_0. Man stelle die Gleichung jener Fläche auf, die durch eine die Hyperbel entlang gleitende und stets durch P_0 gehende Gerade gebildet wird, Abb. 427.

Man macht die Ebene der Hyperbel zur z-Ebene, die Senkrechte zu ihr durch P_0 zur z-Achse; in der z-Ebene selbst wählt man die Asymptoten der Hyperbel als x- und y-Achse, dann ist ihre Gleichung $xy = c^2$. Die erzeugenden Geraden bilden einen Kegel, für den die gegebene Hyperbel die Leitkurve ist; also einen hyperbolischen. Die Gleichung der erzeugenden Geraden ist auch gleichzeitig die Gleichung der Fläche, denn diese ist eben nichts anderes als die Gesamtheit der Geraden. Natürlich wird in der Gleichung der erzeugenden Geraden ein Parameter auftreten, entsprechend der Tatsache, daß man ∞^1 Gerade hat. Von den Gleichungen einer Geraden im Raum ist die brauchbarste jene der Geraden durch zwei Punkte P_1 und P_2. Im vorliegenden Fall wählt

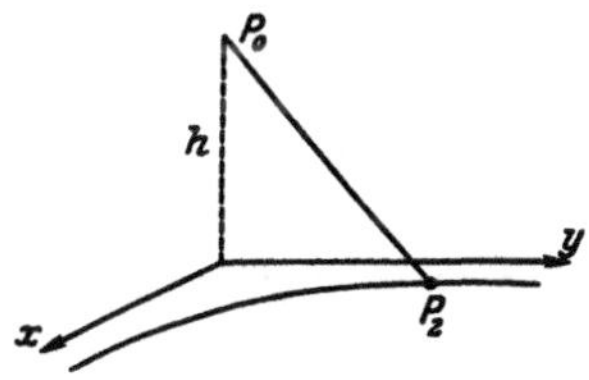

Abb. 427.

man P_0 als den ersten Punkt P_1 und einen beliebigen Punkt der Hyperbel als zweiten P_2. Und zwar in der Weise, daß man etwa sein x als Parameter einführt und mit ξ bezeichnet. Dann gilt

$$\xi y_2 = c^2 \quad \text{oder} \quad y_2 = \frac{c^2}{\xi}, \quad \text{also} \quad P_1 = 0 \,|\, 0 \,|\, h, \quad P_2 = \xi \left| \frac{c^2}{\xi} \right| 0 .$$

Die Geradengleichung wird dann

$$\frac{x-0}{\xi-0} = \frac{y-0}{c^2:\xi-0} = \frac{z-h}{0-h} \quad \text{oder} \quad \frac{x}{\xi} = \frac{y\xi}{c^2} = 1 - \frac{z}{h} .$$

Vorstehende Gleichung stellt die Erzeugende dar; oder genauer wegen des Parameters ξ die ∞^1 Geraden, die möglich sind; also auch die Fläche selbst, deren Erzeugende diese Gerade ist. Wenn man noch ξ beseitigt, erhält man die Flächengleichung in der gewöhnlichen Form

$$\frac{xy}{c^2} = \left(1 - \frac{z}{h}\right)^2 .$$

273. Fortsetzung. Eine Drehfläche entsteht auf zweierlei Weise: entweder man dreht eine ebene Kurve um eine gegebene feste Achse; oder ein sich stets parallel bleibender Kreis mit im Raum unveränderlicher Symmetrieachse aber veränderlichem Halbmesser gleitet auf einer vorgeschriebenen Kurve, der Leitlinie. Um die Gleichung der Drehfläche anzugeben, wird man bei der ersten Erzeugung die Gleichung des sich drehenden Meridians aufstellen, die dann nach Entfernung aller auftretenden Unbekannten die gesuchte Flächengleichung ist. Im zweiten Fall ist die Gleichung des erzeugenden Kreises auch gleichzeitig die Gleichung der untersuchten Drehfläche, wenn man alle Unbekannten beseitigt hat.

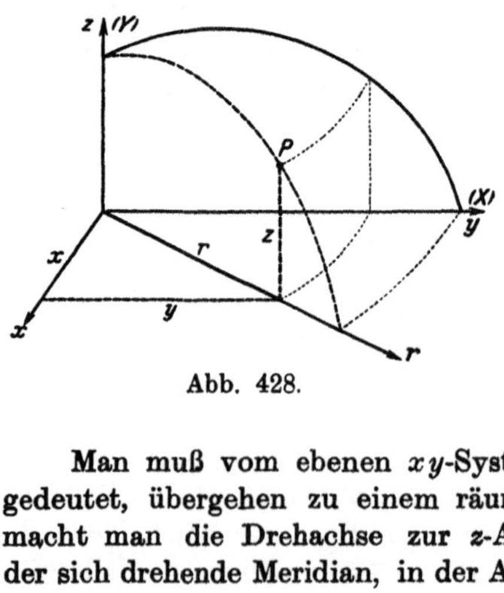

Abb. 428.

Beispiel a) Die Kurve $F(x, y) = 0$ der xy-Ebene dreht sich um die y-Achse. Gesucht ist die Gleichung der entstehenden Drehfläche.

Man muß vom ebenen xy-System, in Abb. 428 durch X, Y angedeutet, übergehen zu einem räumlichen xyz-System. Gewöhnlich macht man die Drehachse zur z-Achse. Erzeugendes Element ist der sich drehende Meridian, in der Abbildung gestrichelt eingezeichnet.

Da er kongruent ist der gegebenen Kurve $F(X, Y) = 0$, so hat er auch die nämliche Gleichung

$$F(r, z) = 0. \tag{a}$$

Denn die X-Achse ist ja übergegangen in die sich mitdrehende r-Achse und die Y-Achse in die Drehachse, die z-Achse.

r ist wie das frühere X die Entfernung des Kurvenpunktes von der Drehachse, mit $r = \sqrt{x^2 + y^2}$ wird dann die Gleichung des rotierenden Meridians, die ja auch die Gleichung der untersuchten Fläche ist,

$$F(\sqrt{x^2 + y^2}, z) = 0 \tag{b}$$

Beispiel b) Die Ellipse $b^2 x^2 + a^2 y^2 = a^2 b^2$ dreht sich um die y-Achse. Gesucht ist die Gleichung des entstehenden Rotations-Ellipsoides.

Bei der Drehung geht die x-Achse über in die rotierende r-Achse, die y-Achse in die z-Achse und deswegen die Gleichung der gegebenen Kurve in die Gleichung des rotierenden Meridians

$$b^2 r^2 + a^2 z^2 = a^2 b^2, \quad \text{wo} \quad r^2 = x^2 + y^2.$$

Dann wird die gesuchte Gleichung, wenn man umformt,

$$b^2 (x^2 + y^2) + a^2 z^2 = a^2 b^2 \quad \text{oder} \quad \frac{x^2}{a^2} + \frac{y^2}{a^2} + \frac{z^2}{b^2} - 1 = 0. \tag{c}$$

Beispiel c) Die Kurve $F(x, y) = 0$ der xy-Ebene dreht sich um die x-Achse, gesucht ist die Gleichung der entstehenden Drehfläche.

Man sucht zuerst die Gleichung des erzeugenden Meridians. Hier geht die y-Achse über in die sich mitdrehende r-Achse und die x-Achse in die Drehachse, die man meist wieder als z-Achse bezeichnet. Die Gleichung des rotierenden Meridians ist sonach

$$F(z, r) = 0, \quad \text{oder} \quad F(z, \sqrt{x^2 + y^2}) = 0 \tag{d}$$

wegen $r^2 = x^2 + y^2$ die Gleichung der Fläche.

Beispiel d) Die Parabel $y^2 = 2px$ dreht sich um die x-Achse. Gesucht ist die Gleichung des entstehenden Rotationsparaboloides.

Bei der Drehung geht die y-Achse über in die rotierende r-Achse, die Gleichung des erzeugenden Meridianes,

$$r^2 = 2pz \quad \text{oder} \quad x^2 + y^2 = 2pz \tag{e}$$

ist sonach auch die Gleichung des Rotationsparaboloides. Sie ist nur ein Sonderfall der Gleichung (269c) des allgemeinen Paraboloides.

Beispiel e) Man gebe ein Kennzeichen für eine Rotationsfläche, die eine der Koordinatenachsen als Drehachse hat.

Die Gleichung des sich drehenden Meridianes ist

$$F(r, z) = 0, \quad \text{wo} \quad r^2 = \sqrt{x^2 + y^2},$$

wenn die z-Achse Drehachse ist. In diesem Fall treten sonach in der Schlußgleichung die beiden Koordinaten x und y immer nur in der Verbindung $x^2 + y^2$ auf. Entsprechend wird die Aussage, wenn die x- oder y-Achse Drehachse ist. Man hat sonach:

Wenn in einer Flächengleichung zwei der Koordinaten immer nur in der Verbindung $x^2 + y^2$ bezw. $y^2 + z^2$ oder $z^2 + x^2$ auftreten, so stellt die Gleichung eine Drehfläche mit der z-Achse bzw. x- oder y-Achse als Drehachse vor. (f)

274. Flächenschnitte. Höhenlinien. Eine Fläche wird von jeder Ebene nach einer ebenen Kurve geschnitten. Wenn die Gleichung der Fläche

$$F(x, y, z) = 0 \quad \text{ist und} \quad E \equiv Ax + By + Cz + D = 0$$

die Gleichung der schneidenden Ebene, so ist die Gleichung der Schnittkurve

$$\left.\begin{aligned} F(x, y, z) = 0 \\ Ax + By + Cz + D = 0 \end{aligned}\right\} \quad \text{oder abgekürzt} \quad \left.\begin{aligned} F = 0 \\ E = 0 \end{aligned}\right\} \tag{a}$$

Insbesonders sind die Schnitte der Fläche mit den Koordinatenebenen durch

$$\left.\begin{aligned} F(x, y, z) = 0 \\ x = 0 \end{aligned}\right\} \text{ bzw. } \left.\begin{aligned} F(x, y, z) = 0 \\ y = 0 \end{aligned}\right\} \text{ und } \left.\begin{aligned} F(x, y, z) = 0 \\ z = 0 \end{aligned}\right\} \tag{b}$$

dargestellt.

Beispiel a) Man gebe von der Fläche

$$y^2 z + x^2 - y = 0 \tag{c}$$

die Schnittkurven mit den drei Koordinatenebenen an und diskutiere sie.

Sie sind nach (b)

$$\left.\begin{aligned} y^2 z + x^2 - y = 0 \\ x = 0 \end{aligned}\right\}, \quad \left.\begin{aligned} y^2 z + x^2 - y = 0 \\ y = 0 \end{aligned}\right\}, \quad \left.\begin{aligned} y^2 z + x^2 - y = 0 \\ z = 0 \end{aligned}\right\};$$

oder wenn man vereinfacht,

$$\left.\begin{aligned} y(yz - 1) = 0 \\ x = 0 \end{aligned}\right\} \text{ bzw. } \left.\begin{aligned} x^2 = 0 \\ y = 0 \end{aligned}\right\} \text{ und } \left.\begin{aligned} x^2 - y = 0 \\ z = 0 \end{aligned}\right\}.$$

Es ist sonach die Schnittkurve mit der x-Ebene, dem Aufriß, gegeben durch die z-Achse $y = 0$ und die gleichseitige Hyperbel $yz = 1$;

die Schnittkurve mit der y-Ebene, mit dem Seitenriß, durch die doppelt zählende z-Achse $x^2 = 0$; und die Schnittkurve mit dem Grundriß, der z-Ebene, durch die Parabel $x^2 = y$, Abb. 429.

Eine Fläche heißt von der $n$ten Ordnung, wenn sie von jeder Ebene in einer Kurve $n$ter Ordnung geschnitten wird. (d)

Nach dieser Festlegung ist eine Ebene eine Fläche erster Ordnung, und die Kugel eine Fläche zweiter Ordnung. Bei ebenen Kurven wurde der Satz bewiesen: eine Gleichung $n$ten Grades in Parallelkoordinaten stellt eine Kurve $n$ter Ordnung dar. Eine entsprechende Beweisführung für die Raumgeometrie, die übrigens im dritten Band noch nachgeholt wird, liefert den Satz:

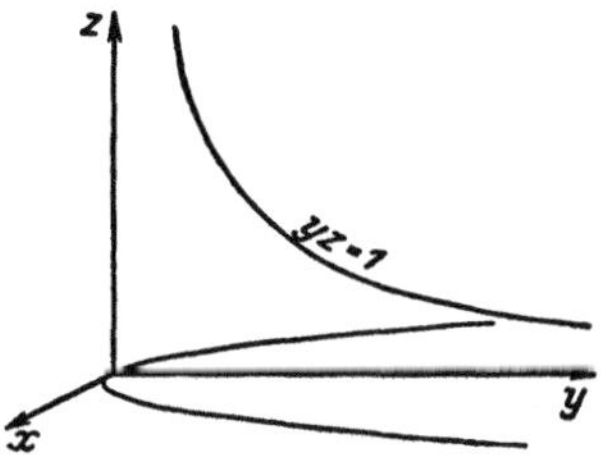

Abb. 429.

eine Gleichung $n$ten Grades in Parallelkoordinaten stellt eine Fläche $n$ter Ordnung dar. (e)

Darnach werden also durch Gleichungen zweiten Grades Flächen zweiter Ordnung dargestellt. Die Gleichung (c) stellt eine Fläche dritter Ordnung vor, die von jeder Ebene in einer Kurve dritter Ordnung geschnitten wird. Beispielsweise von der x-Ebene nach der Kurve $y(zy - 1) = 0$. [Scheinbar wird sie von der y- und z-Ebene in Kegelschnitten, also in Kurven zweiter Ordnung geschnitten; indes nur scheinbar, denn die vollständige rechnerische Durchführung liefert für jede dieser beiden Ebenen auch noch die unendlich ferne Gerade als Schnittkurve].

Meist stellt man sich die z-Achse als lotrecht im Raum stehend vor. Dann ist die z-Ebene und jede zu ihr parallele Ebene eine Horizontal- oder Niveau-Ebene. Ihre Gleichung ist $z = c$, wo c jeden beliebigen Wert haben kann. Die Schnitte solcher Ebenen mit der untersuchten Fläche bezeichnet man als Horizontalschnitte der Fläche oder auch als Horizontallinien, Niveaulinien (auch Höhenlinien oder Höhenschichtlinien oder Schichtlinien, zuweilen Isokoten).

Die Gleichung einer Höhenlinie der gegebenen Fläche $F(x, y, z) = 0$ ist demnach

$$\left.\begin{aligned} F(x, y, z) &= 0 \\ z &= c \end{aligned}\right\} . \tag{f}$$

Die Höhenlinien einer Fläche dienen besonders für die Ermittlung der Gestalt einer durch ihre Gleichung gegebenen Fläche.

Beispiel b) Man mache sich von der Fläche des Beisp. a) ein ungefähres Bild durch Diskussion ihrer Höhenlinien. Zu untersuchen ist nur der über der z-Ebene liegende Teil der Fläche.

Deren Gleichung ist

$$y^2 z + x^2 - y = 0 \quad \text{mit} \quad z = c$$

oder

$$y^2 c + x^2 - y = 0,$$

wenn man sich ein ebenes Koordinatensystem parallel der z-Ebene denkt. Die untersuchten Kurven sind alle Kegelschnitte symmetrisch zur y-Achse, ihre Mittelpunkte liegen sonach alle auf dieser Achse. Die auf ihr liegenden Scheitel der einzelnen Kegelschnitte sind gegeben durch

$$x = 0, \quad \text{also} \quad y^2 c - y = 0 \quad \text{oder} \quad y(yc - 1) = 0$$

oder

$$y_1 = 0 \quad \text{und} \quad y_2 = 1 : c.$$

Der Mittelpunkt hat sonach die Lage $0 \left| \frac{1}{2c} \right.$.

Ob die Kegelschnitte Ellipsen oder Hyperbeln sind, entscheidet man am einfachsten durch Bestimmung der beiden anderen Scheitel; sind diese reell, so hat man Ellipsen, sind sie imaginär, Hyperbeln. Die zur x-Achse parallele Gerade durch den Mittelpunkt schneidet die beiden anderen Scheitel aus; für sie gilt

$$y = 1 : 2c \quad \text{nebst} \quad y^2 c + x^2 - y = 0,$$

also

$$x^2 = 1 : 4c \quad \text{oder} \quad \pm x = 1 : 2\sqrt{c}.$$

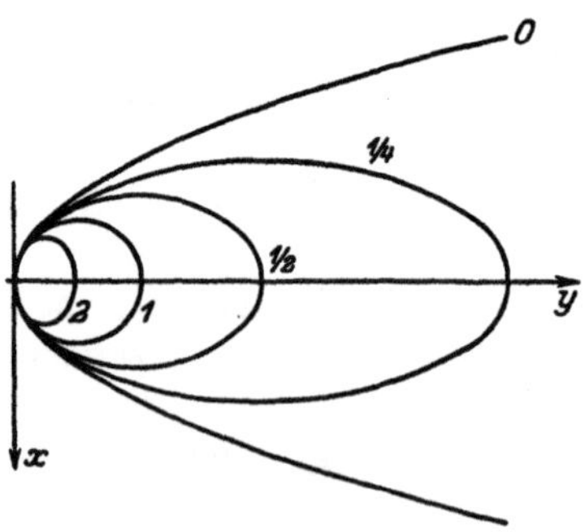

Abb. 430.

Die einzelnen Niveaulinien sind sonach Ellipsen, mit dem Mittelpunkt auf der y-Achse; ihre Halbachsen sind

$$a = \frac{1}{2\sqrt{c}} \quad \text{und} \quad b = \frac{1}{2c}.$$

Sie berühren alle die x-Achse im Nullpunkt. Die Formel für die Halbachsen läßt ersehen, daß diese Ellipsen um so größer sind, je kleiner z ist, d. h. je benachbarter die Höhenkurve der z-Ebene ist. Das vorausgehende Beispiel hat bereits gezeigt, daß die mit der z-Ebene zusammenfallende Niveaulinie eine Parabel ist. Umgekehrt werden die Ellipsen kleiner und kleiner, je mehr sich die Niveau-Ebene von der z-Ebene entfernt, Abb. 430.

275. Diskussion von Raumkurven. Die gestaltlichen Verhältnisse einer Raumkurve werden in den allermeisten Fällen bestimmt durch ihre Projektion auf zwei Koordinatenebenen. Legt man durch jeden Punkt U der Raumkurve eine Gerade parallel der Projektionsrichtung, etwa der z-Richtung, so bilden diese Geraden in ihrer Gesamtheit den Projektionszylinder. Dessen Gleichung wird gefunden als Gleichung der erzeugenden Geraden, nämlich der durch den Raumkurvenpunkt gehenden Geraden parallel zur z-Achse, wenn die Projektion auf die z-Ebene gesucht ist. Die Gleichung der Raumkurve sei

$$x = \varphi(t) \quad \text{mit} \quad y = \psi(t) \quad \text{mit} \quad z = \chi(t). \tag{a}$$

Jedem Parameter t ist ein bestimmter Punkt $U = x \mid y \mid z$ der Raumkurve zugeordnet und deswegen auch eine bestimmte Projektionsgerade. Eine Gerade parallel zur z-Achse durch den Punkt $P_0 = x_0 \mid y_0 \mid z_0$ hat die Gleichung $x = x_0$ mit $y = y_0$, die Projektionsgerade durch den untersuchten Punkt U also die Gleichung

$$x = \varphi(t) \quad \text{mit} \quad y = \psi(t). \tag{b}$$

Da nun t ein verfügbarer Parameter ist, stellt vorstehende Gleichung alle Projektionsgeraden und somit gleichzeitig den Projektionszylinder in der z-Richtung vor. Will man nicht die Parameterform, so muß man t aus beiden Gleichungen entfernen.

Entsprechend ist die Gleichung des Projektionszylinders in der x- oder y-Richtung

$$\left.\begin{aligned} y &= \psi(t) \\ z &= \chi(t) \end{aligned}\right\} \quad \text{bzw.} \quad \left.\begin{aligned} z &= \chi(t) \\ x &= \varphi(x) \end{aligned}\right\}. \tag{c}$$

Wenn die Gleichung der Raumkurve gegeben ist durch

$$F(x, y, z) = 0 \quad \text{mit} \quad G = (x, y, z) = 0, \tag{d}$$

so kann man sich diese Gleichung auf die Form (a) zurückgeführt denken, wenn man $z = t$ setzt. Die drei Gleichungen

$$F(x, y, t) = 0, \qquad G(x, y, t) = 0, \qquad z = t \tag{e}$$

ersetzen dann in unentwickelter Form die drei Gleichungen (a). Man kann sich ja die ersten beiden Gleichungen nach x und y aufgelöst denken. Dann stellen wieder die beiden ersten Gleichungen den Projektionszylinder in der z-Richtung vor und zwar in der Parameterdarstellung. Von ihr aus kann man zur gewöhnlichen Darstellung übergehen, wenn man den Parameter t entfernt. Es ergibt sich daraus die einfache Regel für die Aufstellung der Gleichung des Projektionszylinders in der z-Richtung:

Die Projektion der Raumkurve

$$\left.\begin{aligned} F(x, y, z) = 0 \\ G(x, y, z) = 0 \end{aligned}\right\}$$

in der z-Richtung geschieht durch den Projektionszylinder in dieser Richtung. Dessen Gleichung $f(x, y) = 0$ erhält man, wenn man z aus den beiden Gleichungen $F = 0$ und $G = 0$ beseitigt. (f)

Die Projektion der Raumkurve auf die z-Ebene ist deren Schnitt mit dem Projektionszylinder in der z-Richtung; ihre Gleichung ist sonach

$$\left.\begin{aligned} f(x, y) = 0 \\ z = 0 \end{aligned}\right\}. \tag{g}$$

Entsprechend erhält man die Projektion auf die x- und y-Ebene.

Beispiel a) Man gebe die Projektionen der Schraubenlinie auf die drei Koordinatenebenen an.

Ihre Gleichung ist nach (270 e)

$$x = a \cos ut \quad \text{mit} \quad y = a \sin ut \quad \text{mit} \quad z = vt.$$

Auf die z-Ebene wird sie projiziert durch den Projektionszylinder

$$\left.\begin{aligned} x = a \cos ut \\ y = a \sin ut \end{aligned}\right\} \quad \text{oder} \quad x^2 + y^2 = a^2,$$

einen Kreiszylinder; dessen Schnitte mit der z-Ebene,

$$x^2 + y^2 = a^2 \quad \text{mit} \quad z = 0,$$

ein Kreis um den Nullpunkt mit dem Halbmesser a, ist die z-Projektion.

Auf die x-Ebene projiziert man die Schraubenlinie durch den Projektionszylinder

$$\left.\begin{aligned} y = a \sin ut \\ z = vt \end{aligned}\right\} \quad \text{oder} \quad y = a \sin\left(\frac{u}{v} z\right).$$

Dessen Schnitt mit der x-Ebene,

$$y = a \sin\left(\frac{u}{v} z\right) \quad \text{mit} \quad x = 0,$$

eine homogen deformierte Sinuslinie, ist die Projektion auf die x-Ebene.

Ebenso ist die Projektion auf die y-Ebene eine homogen deformierte Sinuslinie oder Kosinuslinie.

Beispiel b) Gesucht sind die Spurpunkte einer Raumkurve im Grundriß.

Sie liegen sowohl auf der Kurve wie auch im Grundriß, also müssen ihre Koordinaten die Gleichungen beider Gebilde erfüllen, man erhält sonach die Koordinaten der Spurpunkte aus den Gleichungen

$$F(x, y, z) = 0, \qquad G(x, y, z) = 0, \qquad z = 0$$

bzw. (h)

$$x = \varphi(t), \qquad y = \psi(t), \qquad z = \chi(t), \qquad z = 0$$

je nach der Gleichungsform für die Raumkurve.

Entsprechend findet man die Spurpunkte im Aufriß $x = 0$ oder im Seitenriß $y = 0$.

276. Fortsetzung. Beispiel a) Wenn die Gleichung einer Raumkurve

$$\left.\begin{aligned} F(x, y, z) &= 0 \\ G(x, y, z) &= 0 \end{aligned}\right\} \quad \text{ist, dann stellt auch} \quad \left.\begin{aligned} \alpha F + \beta G &= 0 \\ \gamma F + \delta G &= 0 \end{aligned}\right\}$$

die nämliche Raumkurve vor. Beweis!

Es sei P_1 irgendein Punkt der Raumkurve. Dann muß er sowohl auf der ersten Fläche $F = 0$ wie auch auf der zweiten $G = 0$ liegen, seine Koordinaten müssen sowohl F wie G zum Verschwinden bringen, d. h. es muß $F(x_1, y_1, z_1) = 0$ sein und ebenso $G(x_1, y_1, z_1) = 0$. Dann macht der Punkt P_1 aber auch $\alpha F + \beta G$ zu Null und ebenso $\gamma F + \delta G$, d. h. er liegt auf den Flächen $\alpha F + \beta G = 0$ und $\gamma F + \delta G = 0$. Was von P_1 gilt, gilt auch von jedem beliebigen Punkt P der Raumkurve. Es müssen also die beiden erwähnten Flächen sich in dieser Raumkurve schneiden.

Beispiel b) Man beweise mit Hilfe von Vektoren, daß die zusammengehörigen Gleichungen

$$x = a_1 + a_2 t + a_3 t^2, \qquad y = b_1 + b_2 t + b_3 t^2, \qquad z = c_1 + c_2 t + c_3 t^2$$

eine ebene Kurve vorstellen. Was für eine Kurve ist das?

Die drei analytischen Gleichungen kann man als Projektionen einer vektoriellen Gleichung betrachten und zu dieser übergehen,

$$\mathfrak{r} = \mathfrak{i}_1 x + \mathfrak{i}_2 y + \mathfrak{i}_3 z$$
$$= (a_1 \mathfrak{i}_1 + a_2 \mathfrak{i}_2 + a_3 \mathfrak{i}_3) + (b_1 \mathfrak{i}_1 + b_2 \mathfrak{i}_2 + b_3 \mathfrak{i}_3) t + (c_1 \mathfrak{i}_1 + c_2 \mathfrak{i}_2 + c_3 \mathfrak{i}_3) t^2$$

oder $$\mathfrak{r} = \mathfrak{a} + \mathfrak{b} t + \mathfrak{c} t^2,$$

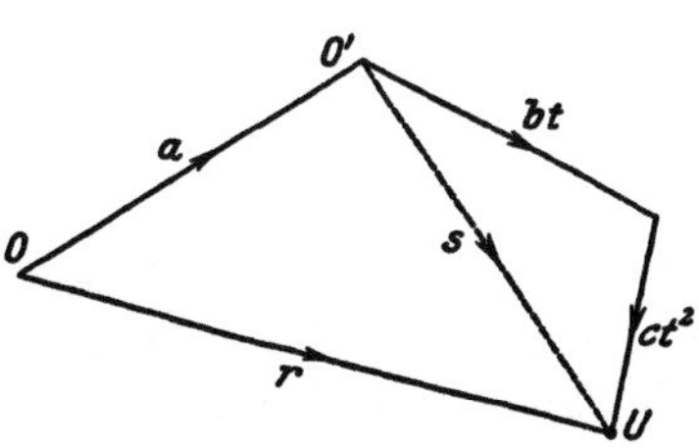

Abb. 431.

wo $\mathfrak{a}$, $\mathfrak{b}$, $\mathfrak{c}$ nach Zahlenwert und Richtung gegebene Größen sind. Man wird die Gleichung zuvor noch vereinfachen, indem man das Koordinatensystem um $\mathfrak{a}$ verschiebt, so wie Abb. 431 angibt. Dann wird

$$\mathfrak{r} = \mathfrak{a} + \mathfrak{s} \qquad \text{oder} \qquad \mathfrak{s} = \mathfrak{b}t + \mathfrak{c}t^2$$

im neuen Koordinatensystem die Kurvengleichung. Sie gibt gleichzeitig auch die Konstruktion der Kurven an: Man trägt von einem Punkt O' aus ein Vielfaches des Vektors b an und an dessen Endpunkt ein Vielfaches des Vektors c. Es muß sonach der Kurvenpunkt U immer in der gleichen Ebene bleiben.

Wenn aber die Kurve eben ist, dann kann man genau so überlegen wie in der Ebene und erhält nach 161, daß sie eine gewöhnliche Parabel vorstellt.

Beispiel c) In 169 war bemerkt worden, daß man eine ebene Kurve

$$x = u(t) \qquad \text{mit} \qquad y = v(t)$$

zuweilen mit recht einfachen Mitteln besprechen und auch zeichnen kann, wenn man t als dritte veränderliche Raumkoordinate betrachtet. Bezeichnen wir sie mit z, dann ist

$$x = u(z) \qquad \text{mit} \qquad y = v(z)$$

die Gleichung einer Raumkurve, Die erste der beiden Gleichungen stellt den Projektionszylinder in der y-Richtung dar, die zweite jenen in der x-Richtung. Die erste Gleichung für sich allein betrachtet

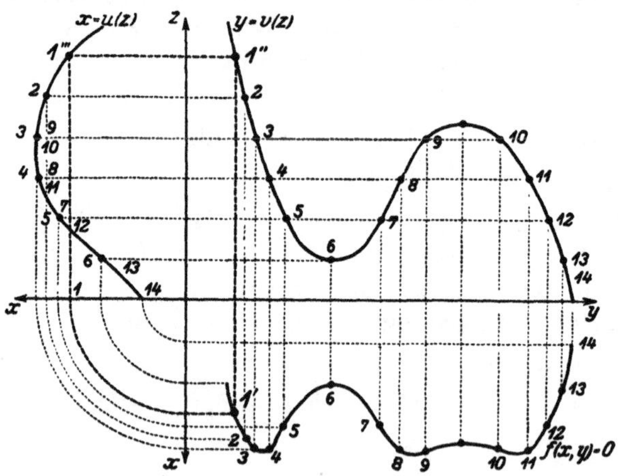

Abb. 432.

ist die Projektion der Raumkurve auf den Seitenriß, die andere die Projektion auf die x-Ebene, auf den Aufriß. Wenn man aus beiden Gleichungen z beseitigt, erhält man die zu untersuchende Kurve in der gewöhnlichen Darstellung $f(x, y) = 0$. Sie ist die Projektion der Raumkurve auf den Grundriß. Man erhält also die zu untersuchende Kurve als eine Kurve in der xy-Ebene, die hervorgegangen ist aus den Kurven $x = u(z)$ im Seitenriß und $y = v(z)$ im Aufriß. Die drei Projektionen gehören natürlich zusammen, so daß jedem zusammengehörigen Punktpaar, P_1'' im Aufriß und P_1''' im Seitenriß, ein zugehöriger Punkt P_1' im Grundriß entspricht, so wie das die bekannte Konstruktion der Abb. 432 angibt.

277. Fortsetzung. An irgendeiner Stelle der Raumkurve

$$x = \varphi(t), \qquad y = \psi(t), \qquad z = \chi(t) \tag{a}$$

ist die Fortschreitungsrichtung der Raumkurve und damit auch jene der Tangente an die Raumkurve gleich der Richtung des Bogenelementes ds an dieser Stelle. Dessen Projektionen sind dx, dy, dz, also seine Richtungskoeffizienten nach (I 193)

$$\cos\alpha : \cos\beta : \cos\gamma : 1 = dx : dy : dz : ds; \tag{b}$$

oder wenn man die Ableitungen

$$\frac{dx}{dt} = x', \qquad \frac{dy}{dt} = y', \qquad \frac{dz}{dt} = z', \qquad \frac{ds}{dt} = s'$$

einführt,

$$\cos\alpha : \cos\beta : \cos\gamma : 1 = x' : y' : z' : s'. \tag{c}$$

Von der Tangente kennt man den Berührpunkt $P = x \mid y \mid z$ und nach der entwickelten Formel die Richtungskoeffizienten der Raumkurve oder der Tangente, sonach ist die Gleichung der Tangente nach (I 222b)

$$\frac{X - x}{\cos\alpha} = \frac{Y - y}{\cos\beta} = \frac{Z - z}{\cos\gamma} \tag{d}$$

oder

$$\frac{X - x}{x'} = \frac{Y - y}{y'} = \frac{Z - z}{z'}, \tag{e}$$

wenn man die Koordinaten des untersuchten Punktes mit x, y, z und die des allgemeinen, des erzeugenden Punktes mit X, Y, Z bezeichnet.

Im untersuchten Punkt steht die Normalebene der untersuchten Kurve senkrecht zur Tangente, sie hat sonach die gleichen Richtungskoeffizienten und deswegen nach (I 212c) die Gleichung

$$(X - x)\cos\alpha + (Y - y)\cos\beta + (Z - z)\cos\gamma = 0, \tag{f}$$

oder nach Berücksichtigung der Werte der Richtungskoeffizienten

$$(X - x)x' + (Y - y)y' + (Z - z)z' = 0. \tag{g}$$

Beispiel a) Man gebe die Gleichung der Tangente und der Normalebene für jenen Punkt der Schraubenlinie

$$x = a\cos ut, \qquad y = a\sin ut, \qquad z = vt$$

an, den sie nach einer halben Umdrehung erreicht.

Bei Beginn und ebenso nach einer vollen Drehung ist $x = a$, $y = 0$, nach einer halben Umdrehung also $x = -a$ und $y = 0$, was für $ut = \pi$ oder $t = \pi : u$ zutrifft. Der untersuchte Punkt hat sonach die Koordinaten

$$x = a\cos\pi = -a, \qquad y = a\sin\pi = 0, \qquad z = \frac{v}{u}\pi = \tfrac{1}{2}h,$$

siehe auch (270e, f). An der untersuchten Stelle ist

$$x' = -au\sin ut, \qquad y' = au\cos ut, \qquad z' = v,$$

oder nach Einsetzung von $t = \pi : u$

$$x' = 0, \qquad y' = -au, \qquad z' = v,$$

sonach die Gleichung der Tangente

$$\frac{X + a}{0} = \frac{Y}{-au} = \frac{Z - \frac{1}{2}h}{v}$$

oder

$$X + a = 0 \quad \text{mit} \quad vY + au(Z - \tfrac{1}{2}h) = 0. \tag{h}$$

Die Normalebene hat die Gleichung

$$(X + a)\cdot 0 + Y\cdot -au + (Z - \tfrac{1}{2}h)v = 0$$

oder

$$auY = (Z - \tfrac{1}{2}h)v.$$

Beispiel b) Wenn die Gleichung der Raumkurve nicht in der Parameterdarstellung (a) gegeben ist, wie ist dann die Gleichung der Tangente zu ermitteln?

Die andere weniger übliche Darstellung einer Raumkurve ist

$$F(x, y, z) = 0 \quad \text{mit} \quad G(x, y, z) = 0.$$

Man kann diese Darstellung auf die Parameterdarstellung überführen, wenn man einen Parameter t einführt, etwa so, wie durch (275e) angegeben. Oder man sagt: die Kurve ist der Schnitt von zwei Flächen $F = 0$ und $G = 0$, es werden sonach im untersuchten Punkt die beiden Tangentialebenen an die Fläche $F = 0$ und $G = 0$ sich in einer Geraden schneiden, die mit der gesuchten Tangente zusammenfällt. Die Gleichung der Tangentialebene selbst ist noch aufzustellen.

Das Bogenelement ds der Raumkurve an der untersuchten Stelle ist gegeben durch seine Projektionen dx, dy, dz und zwar in der Form

$$ds = \sqrt{dx^2 + dy^2 + dz^2} = dt\sqrt{\left(\frac{dx}{dt}\right)^2 + \left(\frac{dy}{dt}\right)^2 + \left(\frac{dz}{dt}\right)^2}; \tag{i}$$

oder wenn man wieder x', y', z' für diese Ableitungen einführt,

$$ds = dt\sqrt{x'^2 + y'^2 + z'^2}. \tag{k}$$

Die Bogenlänge s zwischen zwei Punkten P_1 und P_2 der Raumkurve, die beide durch die Parameter t_1 und t_2 bestimmt sind, ist dann durch Integration zu finden,

$$s = \int_{t_1}^{t_2} dt\sqrt{\left(\frac{dx}{dt}\right)^2 + \left(\frac{dy}{dt}\right)^2 + \left(\frac{dz}{dt}\right)^2}. \tag{l}$$

Beispiel c) Vom Bogenelement der Schraubenlinie gilt nach Beispiel a)

$$x' = -au\sin ut, \qquad y' = au\cos ut, \qquad z' = v,$$

sonach

$$ds = dt\sqrt{a^2u^2 + v^2} \quad \text{und} \quad s = \int_{t_1}^{t_2} ds = \sqrt{a^2u^2 + v^2}\,(t_2 - t_1). \tag{m}$$

Beispiel d) Wie kann man die Bogenlänge der Schraubenlinie mit einfachen Mitteln ausfinden?

Ihr erzeugender Punkt führt zwei Bewegungen aus: eine Drehung um eine feste Achse mit der konstanten Winkelgeschwindigkeit u und eine Verschiebung in Richtung dieser Achse mit der konstanten Geschwindigkeit v. Sie bewegt sich sonach auf einem Kreiszylinder mit dem Halbmesser a. Wenn man diesen längs einer Mantellinie aufschneidet und in eine Ebene abwickelt, wird die Schraubenlinie in wahrer Größe mit abgewickelt, sie wird „rektifiziert". Da wegen der konstant vorausgesetzten u und v der Drehweg und der Verschiebungsweg immer proportional sind, wird die Schraubenlinie auf dem Kreiszylinder als eine Gerade abgewickelt. Es ist, wenn man den Weg s vom Beginn der Zeitzählung aus zählt und den Drehweg mit s_d, den Verschiebungsweg mit s_v bezeichnet, Abb. 433,

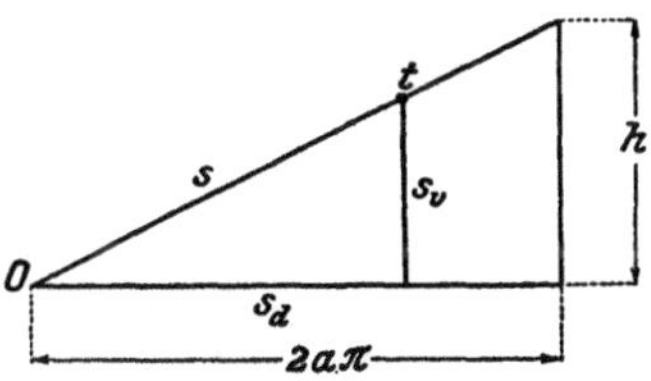

Abb. 433.

$$s_d = au\cdot t, \qquad s_v = v\cdot t,$$

$$s = \sqrt{s_d^2 + s_v^2} = t\sqrt{a^2u^2 + v^2}. \tag{n}$$

Der Weg zwischen zwei Zeiten t_1 und t_2 ergibt sich dann so wie oben schon entwickelt.

278. Richtungsbeziehungen. Wenn die zu untersuchende Fläche durch die entwickelte Darstellung $z = f(x, y)$ gegeben ist, dann ist die geometrische Deutung der partiellen Ableitungen

$$f_1 = p = \frac{\partial f(x, y)}{\partial x} \quad \text{und} \quad f_2 = q = \frac{\partial f(x, y)}{\partial y} \tag{a}$$

nach (141) folgende: Im Punkt $U = x \mid y \mid z$ der Fläche $z = f(x, y)$ stellt

$$\operatorname{tg} \varphi = \frac{\partial f(x, y)}{\partial y} = \frac{\partial z}{\partial y} = f_2 = q \tag{b}$$

die Richtung der Schnittkurve der Fläche mit der zum Aufriß parallelen Ebene durch U vor. Sonach wird, wenn man die erzeugenden Koordinaten mit $\xi \mid \eta \mid \zeta$ bezeichnet, die Gleichung der Tangente in diesem Punkt U

$$\zeta - z = q(\eta - y) \quad \text{mit} \quad \xi = x. \tag{c}$$

Ihr Spurpunkt im Grundriß ist $S_1 = x \,\Big|\, y - \frac{z}{q} \,\Big|\, 0.$

Entsprechend ist

$$\operatorname{tg} \psi = \frac{\partial f(x, y)}{\partial x} = \frac{\partial z}{\partial x} = f_1 = p \tag{d}$$

die Richtung der Schnittkurve der Fläche mit der zum Seitenriß parallelen Ebene durch U. Und die Gleichung der Tangente dieser Kurve im Punkt U wird entsprechend werden

$$\zeta - z = p(\xi - x) \quad \text{mit} \quad \eta = y. \tag{e}$$

Ihr Spurpunkt im Grundriß ist $S_2 = x - \frac{z}{p} \,\Big|\, y \,\Big|\, 0.$

Die Tangentialebene im Punkt $U = x \mid y \mid z$ an die Fläche $z = f(x, y)$ geht durch die eben gefundenen beiden Tangenten hindurch. Also auch durch die drei Punkte U, S_1, S_2, ihre Gleichung ist nach (I 211 a), wenn man die Koordinaten ihres erzeugenden Punktes mit $\xi \mid \eta \mid \zeta$ bezeichnet,

$$\begin{vmatrix} \xi & \eta & \zeta & 1 \\ x & y & z & 1 \\ x & y - \frac{z}{q} & 0 & 1 \\ x - \frac{z}{p} & y & 0 & 1 \end{vmatrix} = 0 \quad \text{oder} \quad \begin{vmatrix} \xi - x & \eta - y & \zeta - z & 0 \\ x & y & z & 1 \\ 0 & -\frac{z}{q} & -z & 0 \\ -\frac{z}{p} & 0 & -z & 0 \end{vmatrix} = 0.$$

Wenn man nach der vierten Kolonne entwickelt und umformt, erhält man

$$\zeta - z = (\xi - x)p + (\eta - y)q \tag{f}$$

als **Gleichung der Tangentialebene** an die Fläche $z = f(x, y)$ im Punkt $P = x \mid y \mid z$.

In diesem Punkt U hat die Fläche oder ihre Tangentialebene die zunächst noch unbekannten Richtungskoeffizienten $\cos\alpha$, $\cos\beta$, $\cos\gamma$; nach (I 212c) ist dann die Gleichung der Tangentialebene

$$(\xi - x)\cos\alpha + (\eta - y)\cos\beta + (\zeta - z)\cos\gamma = 0\,.$$

Diese Gleichung und die Gleichung (f) sind, da sie die nämliche Ebene vorstellen, nur Umformungen, es muß sonach gelten

$$\cos\alpha : \cos\beta : \cos\gamma = p : q : -1\,, \tag{g}$$

oder mit Einführung eines Verhältnisfaktors ϱ

$$\cos\alpha = \varrho p\,, \qquad \cos\beta - \varrho q\,, \qquad \cos\gamma = -\varrho\,. \tag{h}$$

Mit Hilfe der Beziehung

$$\cos^2\alpha + \cos^2\beta + \cos^2\gamma = 1$$

findet man

$$\varrho = 1 : \pm\sqrt{p^2 + q^2 + 1}$$

und daraus

$$\cos\alpha : \cos\beta : \cos\gamma : 1 = p : q : -1 : \pm\sqrt{p^2 + q^2 + 1}\,, \tag{i}$$

wo entweder immer nur das obere oder immer nur das untere Vorzeichen der Wurzel zu wählen ist.

Die **Normale** zur Fläche $z = f(x, y)$ im untersuchten Punkt U steht senkrecht zur Tangentialebene und hat sonach die gleichen Richtungskoeffizienten ϱp, ϱq, $-\varrho$, so daß

$$\frac{\xi - x}{\varrho p} = \frac{\eta - y}{\varrho q} = \frac{\zeta - z}{-\varrho} \quad \text{oder} \quad \frac{\xi - x}{p} = \frac{\eta - y}{q} = z - \zeta \tag{k}$$

die **Gleichung der Normalen** im untersuchten Punkt U ist.

Beispiel a) Man gebe von der Fläche

$$z = \frac{1}{1 + x^2} - \frac{1}{1 + y^2}$$

zuerst die Richtungskoeffizienten an der allgemeinen Stelle an, alsdann im Nullpunkt, schließlich noch die Tangentialebene im Nullpunkt.

Man sucht zunächst die partiellen Ableitungen

$$p = \frac{-2x}{(1 + x^2)^2}\,, \qquad q = \frac{2y}{(1 + y^2)^2}$$

und daraus

$$\sqrt{p^2 + q^2 + 1} = \sqrt{\frac{4x^2}{(1 + x^2)^4} + \frac{4y^2}{(1 + y^2)^4} + 1} = \surd\,,$$

wo $\surd$ ein abkürzendes Symbol für den ganzen Wurzelausdruck ist. Dann wird nach (i) an der allgemeinen Stelle $U = x\,|\,y\,|\,z$

$$\cos\alpha : \cos\beta : \cos\gamma : 1 = p : q : -1 : \surd\,.$$

Im Nullpunkt wird

$$p = 0, \qquad q = 0 \qquad \text{und} \qquad \surd = \pm 1,$$

sonach an dieser Stelle

$$\cos\alpha : \cos\beta : \cos\gamma : 1 = 0 : 0 : -1 : \pm 1$$

oder

$$\cos\alpha = 0, \qquad \cos\beta = 0, \qquad \cos\gamma = \mp 1\,.$$

Im Nullpunkt ist dann die Tangentialebene

$$\zeta - 0 = (\xi - 0)\cdot 0 + (\eta - 0)\cdot 0 \qquad \text{oder} \qquad \zeta = 0,$$

d. h. die untersuchte Fläche berührt die z-Ebene im Nullpunkt.

279. Fortsetzung. Wenn die Gleichung der Fläche in der unentwickelten Form $F(x, y, z) = 0$ gegeben ist, dann ermittelt man die Richtungskoeffizienten an der untersuchten Stelle $x\,|\,y\,|\,z$ mit Hilfe der unter 144 aufgestellten Beziehungen, da ja z als Funktion von x und y zu denken ist,

$$\frac{\partial F}{\partial x} + \frac{\partial F}{\partial z}\cdot\frac{\partial z}{\partial x} = 0 \qquad \text{und} \qquad \frac{\partial F}{\partial y} + \frac{\partial F}{\partial z}\cdot\frac{\partial z}{\partial x} = 0, \qquad \text{(a)}$$

oder in der abkürzenden Schreibweise

$$F_1 + F_3 p = 0 \qquad \text{und} \qquad F_2 + F_3 q = 0. \qquad \text{(b)}$$

Mit dieser Formel geht (278 i) über in

$$\cos\alpha : \cos\beta : \cos\gamma : 1 = -\frac{F_1}{F_3} : -\frac{F_2}{F_3} : -1 : \sqrt{\frac{F_1^{\,2}}{F_3^{\,2}} + \frac{F_2^{\,2}}{F_3^{\,2}} + 1}$$

oder

$$\cos\alpha : \cos\beta : \cos\gamma : 1 = F_1 : F_2 : F_3 : \pm\sqrt{F_1^{\,2} + F_2^{\,2} + F_3^{\,2}}, \qquad \text{(c)}$$

wo entweder immer nur das positive oder immer nur das negative Vorzeichen der Wurzel zu wählen ist.

In recht vielen Fällen ist es praktisch, das vorausgehende Verhältnis mit Einführung eines Verhältnisfaktors zu verwenden, also in der Form

$$\cos\alpha = \varrho F_1, \qquad \cos\beta = \varrho F_2, \qquad \cos\gamma = \varrho F_3 \qquad \text{(d)}$$

mit Worten:

Die Richtungskoeffizienten der Fläche $F(x, y, z) = 0$ an der untersuchten Stelle $x\,|\,y\,|\,z$ sind verhältnisgleich den partiellen Ableitungen der Flächengleichung an dieser Stelle. (e)

Mit diesen bekannten Werten der Richtungskoeffizienten wird nach (I 212 c)

$$(\xi - x) F_1 + (\eta - y) F_2 + (\zeta - z) F_3 = 0 \tag{f}$$

die Gleichung der Tangentialebene im untersuchten Punkt $U = x \mid y \mid z$ und

$$\frac{\xi - x}{F_1} = \frac{\eta - y}{F_2} = \frac{\zeta - z}{F_3} \tag{g}$$

die Gleichung der Normalen in diesem Punkt.

Beispiel a) Man gebe von der Fläche

$$xyz = x + y$$

die Richtungskoeffizienten sowie die Tangentialebene und die Normale zuerst an der allgemeinen Stelle und dann für den Nullpunkt an.

Man könnte zwar nach z auflösen und so verfahren wie in der vorausgehenden Nummer angeben. Einfacher wird aber die Lösunng, wenn man von der unentwickelten Form $xyz - x - y = 0$ ausgeht. Man erhält

$$F_1 = yz - 1, \quad F_2 = xz - 1, \quad F_3 = xy$$

und als Gleichung der Tangentialebene und der Normalen

$$(\xi - x) \cdot (yz - 1) + (\eta - y) \cdot (xz - 1) + (\zeta - z) \cdot xy = 0$$

bzw.

$$\frac{\xi - x}{yz - 1} = \frac{\eta - y}{xz - 1} = \frac{\zeta - z}{xy}.$$

Für den Nullpunkt wird wegen $x = 0,\ y = 0,\ z = 0$

$$F_1 = -1, \quad F_2 = -1, \quad F_3 = 0$$

und die Gleichung der Tangentialebene bzw. der Normalen

$$\xi + \eta = 0 \quad \text{bzw.} \quad \xi = \eta \quad \text{mit} \quad \zeta = 0.$$

Beispiel b) Man gebe vom Ellipsoid

$$\frac{x^2}{a^2} + \frac{y^2}{b^2} + \frac{z^2}{c^2} - 1 = 0 \tag{h}$$

die Richtungskoeffizienten an der Stelle $P_0 = x_0 \mid y_0 \mid z_0$ an, ferner dort die Tangentialebene und die Normale.

Hier ist

$$F_1 = \frac{2x}{a^2}, \quad F_2 = \frac{2y}{b^2}, \quad F_3 = \frac{2z}{c^2}$$

und somit an der Stelle P_0

$$\cos\alpha : \cos\beta : \cos\gamma : 1 = \frac{2x_0}{a^2} : \frac{2y_0}{b^2} : \frac{2z_0}{c^2} : \pm\sqrt{4\left(\frac{x_0^2}{a^2}+\frac{y_0^2}{b^2}+\frac{z_0^2}{c^2}\right)}$$

$$= \frac{x_0}{a^2} : \frac{y_0}{b^2} : \frac{z_0}{c^2} : \pm 1$$

oder

$$\cos\alpha = \pm\frac{x_0}{a^2}, \qquad \cos\beta = \pm\frac{y_0}{b^2}, \qquad \cos\gamma = \pm\frac{z_0}{c^2}, \tag{i}$$

wo entweder nur das obere oder nur das untere Vorzeichen gilt. Dann wird die Gleichung der Tangentialebene, wenn man x, y, z statt ξ, η, ζ setzt,

$$(x-x_0)\frac{x_0}{a^2}+(y-y_0)\frac{y_0}{b^2}+(z-z_0)\frac{z_0}{c^2}=0$$

oder

$$\frac{x x_0}{a^2}+\frac{y y_0}{b^2}+\frac{z z_0}{c^2}-\left(\frac{x_0^2}{a^2}+\frac{y_0^2}{b^2}+\frac{z_0^2}{c^2}\right)=0$$

oder

$$\frac{x x_0}{a^2}+\frac{y y_0}{b^2}+\frac{z z_0}{c^2}-1=0, \tag{k}$$

da ja der Punkt $P_0 = x_0 \mid y_0 \mid z_0$ der gegebenen Gleichung des Ellipsoides genügen muß.

Die Gleichung der Normalen wird

$$\frac{x-x_0}{x_0}a^2 = \frac{y-y_0}{y_0}b^2 = \frac{z-z_0}{z_0}c^2. \tag{l}$$

280. Diskussion von Flächen. Aus der Diskussion ebener Kurven lassen sich einige Sätze durch Erweiterung herübernehmen. Wenn beispielsweise das Vorzeichen von z belanglos ist, dann liegt mit dem Punkt $a \mid b \mid c$ auch der Punkt $a \mid b \mid -c$ auf der Fläche, man hat sonach:

> Wenn das Vorzeichen von z (oder von x oder von y) belanglos ist, dann ist die Fläche symmetrisch zur z-Ebene (bzw. x- oder y-Ebene). (a)

Ebenso ist unschwer die Erweiterung des Satzes (163d) einzusehen:

> Wenn man in einer Flächengleichung die Veränderlichen x und y vertauschen kann, ohne daß sich die Gleichung ändert, dann ist die Fläche symmetrisch zur Medianebene $y = x$. (b)

Der entsprechende Satz gilt für die Vertauschung von y und z oder von z und x.

Als Erweiterung von I 105 definiert man:
Mittelpunkt einer Fläche ist jener Punkt, in dem alle Sehnen der Fläche halbiert werden. Im besonderen gilt:

> Der Nullpunkt ist Mittelpunkt der Fläche, falls mit dem Punkt $a|b|c$ auch der Punkt $-a|-b|-c$ der Flächengleichung genügt. (c)

Die Definition und der Satz von 162 wird wiederholt:

> Eine Fläche heißt von der $n$ten Ordnung, wenn sie von jeder Ebene nach einer Kurve $n$ter Ordnung geschnitten wird. (d)

Und

> Eine Gleichung $n$ten Grades in x, y und z stellt eine Fläche $n$ter Ordnung dar. (e)

Wir geben noch die Definition:

> Eine Raumkurve heißt von der $n$ten Ordnung, wenn sie von jeder Ebene in n Punkten geschnitten wird; (f)

und schreiben als bewiesen den Satz:

> Eine Fläche $m$ter und eine Fläche $n$ter Ordnung schneiden sich in einer Raumkurve $m \cdot n$ ter Ordnung. (g)

Außer durch die vorangehenden Sätze gewinnt man durch Diskussion der Schnitte der Fläche mit den drei Koordinatenebenen oder anderen passend gewählten Ebenen sowie der Höhenkurven Einblick und ein Bild von den gestaltlichen Verhältnissen einer Fläche. Naturgemäß ist der Begriff Höhenkurve weiter zu fassen, insofern es gestattet ist, jede der drei Koordinatenachsen im Raum lotrecht zu stellen, und die zu ihr senkrechten Ebenen dann als Horizontalebenen zu betrachten.

Beispiel a) Man diskutiere die Fläche

$$x^2 + y^2 - z^2 + 2xz^2 = 0$$

und suche sich ein ungefähres Bild von ihrer Gestalt zu machen.

Die Fläche ist von der dritten Ordnung, wird also von jeder Ebene nach einer Kurve dritter Ordnung geschnitten. Das Vorzeichen von y und auch von z ist belanglos, die Fläche ist sonach symmetrisch zum Seitenriß, und ebenso auch zum Grundriß. Man hat daher nur den oberhalb des Grundrisses und rechts vom Seitenriß liegenden Teil der Fläche zu untersuchen.

Die Fläche schneidet die drei Koordinatenebenen nach den Kurven

$$\left.\begin{matrix} x=0 \\ y^2-z^2=0 \end{matrix}\right\} \qquad \left.\begin{matrix} y=0 \\ x^2-z^2+2xz^2=0 \end{matrix}\right\} \qquad \left.\begin{matrix} z=0 \\ x^2+y^2=0 \end{matrix}\right\}.$$

Der Schnitt mit dem Seitenriß ist weiter unten eingehend besprochen.

Die Höhenkurven, nach 274

$$x^2+y^2-c^2+2xc^2=0 \quad \text{oder} \quad (x+c^2)^2+y^2-(c^2+c^4)=0,$$

sind Kreise mit dem Halbmesser $\varrho=\sqrt{c^2+c^4}=c\sqrt{1+c^2}$, deren Mittelpunkte alle im Seitenriß liegen, da ja das Vorzeichen von y belanglos ist. Auf die z-Ebene projizieren sich diese Kreise alle so, daß ihre Mittelpunkte auf der x-Achse liegen, Abb. 434. Am einfachsten konstruiert man die Kreise, wenn

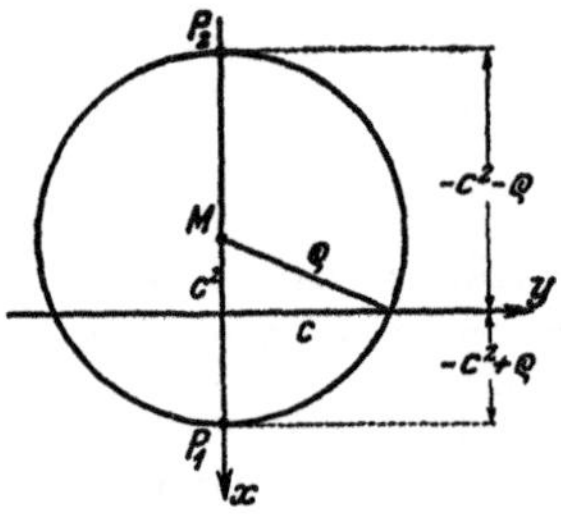

Abb. 434.

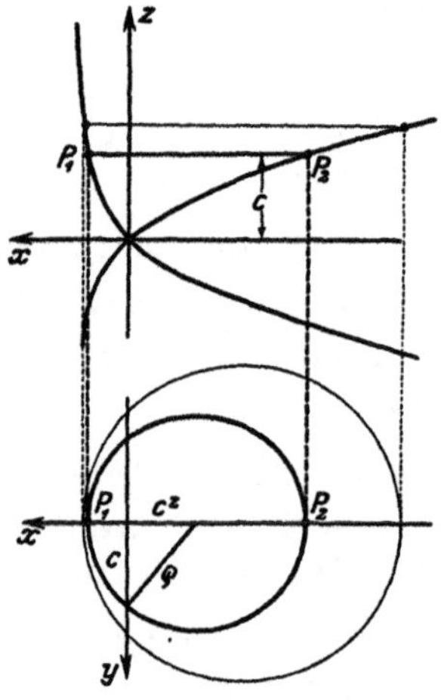

Abb. 435.

man sie in Beziehung setzt zur Schnittkurve der Fläche mit dem Seitenriß, Abb. 435. Ihre Gleichung in diesem Riß ist

$$x^2-z^2+2xz^2=0 \qquad \text{oder} \qquad (x+z^2)^2=z^2+z^4,$$

liefert also in jeder Höhe z die beiden Punkte

$$x_1=+z\sqrt{1+z^2}-z^2, \qquad x_2=-z\sqrt{1+z^2}-z^2.$$

Mit der Hilfskurve läßt sich das System der Höhenlinien, das Kreissystem, recht einfach zeichnen. Eine beliebige Gerade im Abstand c von der x-Achse schneidet zwei Punkte aus der Hilfskurve aus; projiziert man beide auf die x-Achse, so erhält man die Endpunkte des dem Wert c zugeordneten Kreisdurchmessers P_1P_2.

Die Zeichnung des Kreissystems gibt dann ein Bild von der Fläche. Nachdem man einmal weiß, daß die Niveaukurven Kreise sind und die Fläche symmetrisch zur y-Ebene ist, kann man auch einfacher so vorgehen, daß man sich die Fläche dadurch entstanden denkt, daß man einen Kreis mit veränderlichem Durchmesser P_1P_2

auf der Schnittkurve $x^2 - z^2 + 2xz^2 = 0$ der Fläche mit der y-Ebene gleiten läßt; bei dieser Bewegung muß der Kreisdurchmesser P_1P_2 immer in der y-Ebene bleiben und der x-Achse parallel sein; siehe auch Abb. 435.

281. Fortsetzung. Wenn man von Horizontalstellen, von Horizontalebenen oder von lotrechten Geraden usw. im Raum spricht, dann denkt man sich in der Regel die z-Achse lotrecht.

Unter dieser Voraussetzung bedeutet eine Horizontalstelle der Fläche $F(x, y, z) = 0$ jene Stelle, wo die Tangentialebene parallel ist der z-Ebene, wo also $\cos\alpha = 0$ und gleichzeitig $\cos\beta = 0$ ist. Die Formel (279 d) und die Tatsache, daß die Horizontalstelle natürlich der Fläche angehören muß, liefert in

$$F_1 = 0, \qquad F_2 = 0, \qquad F = 0 \tag{a}$$

die Bedingung für eine Horizontalstelle der Fläche $F(x, y, z) = 0$.

An einer Vertikalstelle der Fläche steht die Tangentialebene senkrecht zur z-Ebene, dort ist also $\cos\gamma = 0$ oder $F_3 = 0$. Da diese Stelle natürlich auf der Fläche selbst liegt, gilt auch noch $F = 0$ für sie, d. h.

$$F_3 = 0, \qquad F = 0, \tag{b}$$

ist die Bedingung für die Vertikalstelle der Fläche $F(x, y, z) = 0$.

Man vergleiche: eine Horizontalstelle setzt zwei Bedingungen voraus, eine Vertikalstelle nur eine einzige. Das ist ja auch klar, da eine Fläche im allgemeinen nur eine oder wenigstens eine begrenzte Zahl von Horizontalstellen hat, dagegen im allgemeinen unendlich viele Vertikalstellen. Den geometrischen Ort dieser unendlich vielen Vertikalstellen einer Fläche heißt man ihre Kontur oder ihren Umriß in der z-Richtung. Deren Gleichung ergibt sich aus der Bedingung, daß jeder ihrer Punkte der Fläche angehören und gleichzeitig eine Vertikalstelle sein muß. Also ist die Bedingung (b), d. h. die Vereinigung

$$\left.\begin{aligned} F(x, y, z) &= 0 \\ \frac{\partial F(x, y, z)}{\partial z} &= 0 \end{aligned}\right\} \quad \text{oder abgekürzt} \quad \left.\begin{aligned} F &= 0 \\ F_3 &= 0 \end{aligned}\right\} \tag{c}$$

die Gleichung der Umrißkurve (auch Kontur oder Konturkurve genannt) in der z-Richtung. Man kann natürlich auch von einer Umrißkurve in der x- oder y-Richtung sprechen; ihre Gleichung wäre entsprechend

$$F = 0 \text{ mit } F_1 = 0 \qquad \text{bzw.} \qquad F = 0 \text{ mit } F_2 = 0, \tag{d}$$

Von der Umrißkurve geht man über zum Umrißzylinder oder Tangentialzylinder an die Fläche in der z-Richtung. Er ist nichts anderes als der Projektionszylinder der Umrißkurve, es muß sonach seine Gleichung das Beseitigungsergebnis von z aus den beiden Gleichungen (c) sein; man beseitigt also z aus den beiden Gleichungen $F=0$ und $F_3=0$ und erhält eine Gleichung von der Form $f(x,y)=0$ als Gleichung des Umrißzylinders.

Der Schnitt dieses Umrißzylinders mit der z-Ebene ist dann die Umrißprojektion oder Konturprojektion der gegebenen Fläche auf der z-Ebene, ihre Gleichung wäre also

$$\left.\begin{aligned} f(x,y)&=0\\ z&=0 \end{aligned}\right\}. \tag{e}$$

Entsprechend findet man natürlich auch die Umrißprojektion in der x- und y-Riehtung.

Beispiel a) Man bestimme die in Richtung der x- bzw. y- und z-Achse äußerst gelegenen Punkte der Fläche

$$x^2y^2=x^2+y^2+z^2+2x.$$

Statt zu sagen „die in Richtung der z-Achse äußerst gelegenen Punkte“ wird man einfacher sagen „Horizontalstellen“. Diese sind gegeben durch die Bedingung (a). Wenn man die Flächengleichung umformt

$$x^2+y^2+z^2+2x-x^2y^2=0,$$

werden diese Bedingungen

$$2x+2-2xy^2=0, \quad 2y-2x^2y=0, \quad x^2+y^2+z^2+2x=x^2y^2.$$

Man geht von der zweiten Gleichung $y(1-x^2)=0$ aus und findet $-1\,|\,0\,|\,1$ und $-1\,|\,0\,|\,-1$ als reelle und $1\,|\,\pm\sqrt{2}\,|\,\pm i\sqrt{3}$ als imaginäre Horizontalstellen.

Die äußersten Punkte in der x-Richtung sind gegeben durch die Bedingungen

$$F=0, \quad F_2=0, \quad F_3=0,$$

hier

$$x^2+y^2+z^2+2x=x^2y^2, \quad 2y=2x^2y, \quad 2z=0.$$

Man findet als gesuchte Punkte

$$0\,|\,0\,|\,0, \quad -2\,|\,0\,|\,0, \quad +1\,|\,\infty\,|\,0, \quad -1\,|\,\infty\,|\,0.$$

Entsprechend gilt für die äußersten Punkte in der y-Richtung

$$x^2+y^2+z^2+2x=x^2y^2, \quad 2z=0, \quad 2x+2=2xy^2.$$

Oder wenn man umformt und die dritte Gleichung zur Vereinfachung der ersten verwendet,

$$z=0, \qquad x+1=xy^2, \qquad y^2+x=0.$$

Es sind $-0{,}5\pm 0{,}5\,i\sqrt{3}\,|\pm\sqrt{+0{,}5\mp 0{,}5\,i\sqrt{3}}\,|\,0$ die gesuchten Punkte, wo man die Vorzeichen beliebig wählen kann.

282. Fortsetzung. 'Für die nachfolgende Betrachtung ist nach Belieben entweder die entwickelte Form $z=f(x,y)$ einer Flächengleichung angenommen oder die unentwickelte $F(x,y,z)=0$. Drückt man nun eine Eigenschaft der Fläche $F(x,y,z)=0$ durch eine analytische Gleichung aus, die die Größen F_1, F_2, F_3 enthält, so wird man diese Eigenschaft für die Gleichung $z=f(x,y)$ ohne weiteres dadurch ausdrücken, daß man ersetzt

$$F_1 \text{ durch } p, \qquad F_2 \text{ durch } q, \qquad F_3 \text{ durch } -1.$$

Beim umgekehrten Übergang wird man setzen müssen

$$p=-F_1:F_3, \qquad q=-F_2:F_3.$$

Die Koordinaten des allgemeinen Punktes der noch aufzustellenden Gebilde sollen mit ξ, η, ζ bezeichnet werden, um eine Verwechslung mit den Koordinaten x, y, z des untersuchten Punktes zu vermeiden.

Im untersuchten Punkt $U=x\,|\,y\,|\,z$ der Fläche kann man eine Reihe von wichtigen Geraden und Kurven unterscheiden. Zunächst schneidet die durch U gelegte Horizontalebene die Horizontal- oder Höhenkurve I aus, s. Abb. 436. Die Tangente II an diese Kurve im Punkt U bestimmt die Streichrichtung der Fläche an dieser Stelle. Die Gerade II ist gleichzeitig auch die Schnittgerade der Tangentialebene und der Horizontalebene. Zu beiden Ebenen oder, was das Gleiche ist, zur Streichrichtung steht senkrecht die Profilebene. Sie schneidet aus der Fläche das Flächenprofil III aus und aus der Tangentialebene die Fallrichtung IV. Die Profilebene und die Horizontalebene schneiden sich in einer Geraden V.

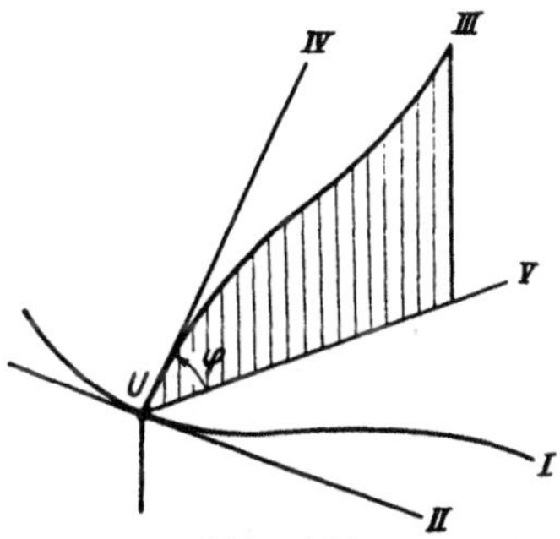

Abb. 436.

Wenn man an jeder Stelle der Fläche die Fallrichtung durch ein unendlich kleines Linienelement andeutet, so erzeugen diese in ihrer Gesamtheit das System der Fallinien der Fläche. Projiziert man die Höhenlinien und die Fallinien auf die z-Ebene, so bilden beide miteinander Orthogonalsysteme.

Als **Böschungswinkel** φ bezeichnet man den Winkel von der Horizontalebene zur Tangentialebene. Er ist gleich dem Richtungswinkel γ der Tangentialebene gegenüber der z-Ebene. Den Tangenswert $\operatorname{tg}\varphi$ des Böschungswinkels nennt man die **Böschung**. Man bestimmt sie nach (278 i) aus

$$\cos\varphi = 1 : \sqrt{p^2 + q^2 + 1} \quad \text{zu} \quad \operatorname{tg}\varphi = \sqrt{p^2 + q^2}, \tag{a}$$

wenn die Flächengleichung in der entwickelten Form $z = f(x, y)$ gegeben ist, und aus

$$\cos\varphi = F_3 : \sqrt{F_1^2 + F_2^2 + F_3^2} \quad \text{zu} \quad \operatorname{tg}\varphi = \sqrt{F_1^2 + F_2^2} : F_3, \tag{b}$$

wenn man für die Fläche die unentwickelte Gleichungsform $F(x, y, z) = 0$ hat.

Beispiel a) Man gebe die Richtungskoeffizienten der Streichrichtung und der Profilebene an.

Die Horizontalebene im untersuchten Punkt hat die Richtungskoeffizienten 0, 0, 1, die Tangentialebene $\cos\alpha$, $\cos\beta$, $\cos\gamma$. Zu beiden Ebenen steht die Profilebene senkrecht, also sind die Richtungskoeffizienten der Profilebene, ebenso wie jene der zu ihr senkrechten Streichrichtung nach (I 196 i) gegeben durch

$$\cos a : \cos b : \cos c = \begin{vmatrix} \cos\alpha & \cos\beta & \cos\gamma \\ 0 & 0 & 1 \end{vmatrix}$$
$$= \cos\beta : -\cos\alpha : 0$$

oder

$$\cos a = \varrho\cos\beta, \qquad \cos b = -\varrho\cos\alpha, \qquad \cos c = 0. \tag{c}$$

Die Werte von $\cos\alpha$ und $\cos\beta$ kann man aus (278) bzw. (279) entnehmen.

283. Fortsetzung. **Beispiel a)** Man gebe die Richtungskoeffizienten der Fallrichtung an.

An der untersuchten Stelle wird die Fallgerade durch die Tangentialebene und die Profilebene ausgeschnitten. Es steht sonach die Fallrichtung senkrecht sowohl zur Richtung der Profilebene wie auch zur Richtung der Tangentialebene. Sonach sind die Richtungskoeffizienten der Fallrichtung nach (I 196 i) und (282 c) gegeben durch

$$\cos\lambda : \cos\mu : \cos\nu = \begin{vmatrix} \cos\beta & -\cos\alpha & 0 \\ \cos\alpha & \cos\beta & \cos\gamma \end{vmatrix}$$
$$= -\cos\alpha\cos\gamma : -\cos\beta\cos\gamma : (\cos^2\alpha + \cos^2\beta)$$

oder

$$\cos\lambda = -\varrho\cos\alpha\cos\gamma, \qquad \cos\mu = -\varrho\cos\beta\cos\gamma,$$
$$\cos\nu = \varrho(\cos^2\alpha + \cos^2\beta). \tag{a}$$

Die Werte von $\cos\alpha$, $\cos\beta$, $\cos\gamma$ kann man wieder aus (278) bzw. (279) entnehmen.

Beispiel b) Man gebe die Richtung der Projektion der Falllinien in der z-Ebene an.

Die Profilebene im untersuchten Punkt schneidet aus der Fläche an der untersuchten Stelle das Linienelement der Fallrichtung aus und aus der z-Ebene dessen Projektion. Die Richtungskoeffizienten der Profilebene kennt man aus (282 c), ihre Gleichung ist sonach

$$(\xi - x)\varrho\cos\beta - (\eta - y)\varrho\cos\alpha = 0.$$

Man kann ϱ wegdividieren und die Werte von $\cos\alpha$ und $\cos\beta$ einsetzen. Die Profilebene schneidet die z-Ebene in der Geraden

$$\left.\begin{aligned}(\xi - x)\cos\beta - (\eta - y)\cos\alpha &= 0\\ z &= 0\end{aligned}\right\},$$

deren Richtung die gesuchte Richtung ist. Man ermittelt nach (I 220 b) ihre Richtungskoeffizienten zu

$$\cos\varphi : \cos\psi : \cos\chi = \begin{vmatrix}\cos\beta & -\cos\alpha & 0\\ 0 & 0 & 1\end{vmatrix}$$
$$= -\cos\alpha : -\cos\beta : 0$$

oder

$$\cos\varphi = \varrho\cos\alpha, \qquad \cos\psi = \varrho\cos\beta, \qquad \cos\chi = 0. \tag{b}$$

Da diese Gerade in der z-Ebene selbst liegt, so ist der von der x-Achse aus zu ihr gezählte Winkel φ der nämliche, den man in der analytischen Geometrie der Ebene gleichfalls mit φ bezeichnete; dann ist $\cos\psi = \sin\varphi$ und sonach

$$\operatorname{tg}\varphi = \frac{\cos\psi}{\cos\varphi} = \frac{\cos\beta}{\cos\alpha}. \tag{c}$$

284. Flächen zweiter Ordnung. Nach (280 e) stellt jede Gleichung zweiten Grades eine Fläche zweiter Ordnung dar. Sie wird von jeder Ebene nach einem Kegelschnitt geschnitten, so daß man auch von Kegelschnittflächen statt von Flächen zweiter Ordnung spricht. Weiter wird sie von jeder Geraden in zwei Punkten geschnitten. Im dritten Band sind die Flächen zweiter Ordnung ausführlicher zu behandeln, an dieser Stelle sollen nur ihre einfacheren Gleichungen besprochen werden.

Das **Ellipsoid** geht aus der Kugel durch homogene Deformation nach drei beliebigen Richtungen hervor, Beisp. 267 b), oder auch entsprechend der Entstehung des Paraboloids nach Beisp. 269 a) dadurch, daß man eine Ellipse mit veränderlichen Halbachsen auf zwei zueinander senkrechten festen Ellipsen mit gemeinsamer Achse gleiten läßt, Abb. 437. Seine Gleichung ist, wenn man den Mittelpunkt als Nullpunkt wählt und die Achsen als Koordinatenachsen,

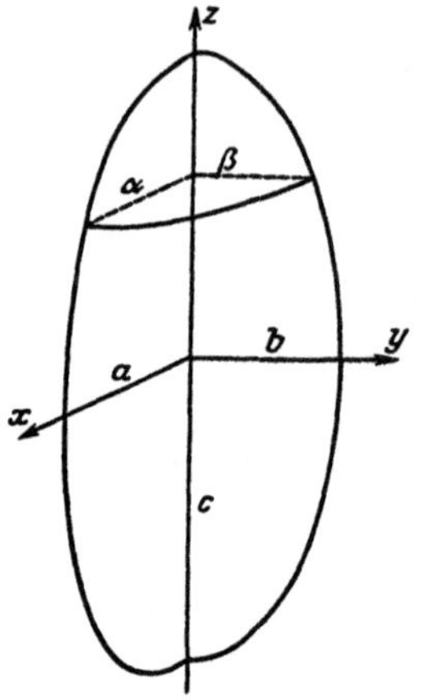

Abb. 437.

$$\frac{x^2}{a^2}+\frac{y^2}{b^2}+\frac{z^2}{c^2}-1=0. \qquad \text{(a)}$$

Die Tangentialebene im Punkt $P_0 = x_0 | y_0 | z_0$ ist bereits gefunden durch

$$\frac{xx_0}{a^2}+\frac{yy_0}{b^2}+\frac{zz_0}{c^2}-1=0. \qquad \text{(b)}$$

Die **Kugel** ist als gleichseitiges Ellipsoid zu betrachten. Ist der Nullpunkt Mittelpunkt, so ist ihre Gleichung

$$x^2+y^2+z^2-\varrho^2=0. \qquad \text{(c)}$$

Beispiel a) Man diskutiere die Fläche zweiter Ordnung

$$\frac{x^2}{a^2}+\frac{y^2}{b^2}+\frac{z^2}{c^2}+1=0. \qquad \text{(d)}$$

Sie ist symmetrisch zu allen drei Koordinatenebenen, also ist der Nullpunkt Mittelpunkt der Fläche. Wenn die drei Koordinaten x, y, z reell wären, so wären alle vier Summanden der Gleichung positiv, dann könnte ihre Summe unmöglich Null sein, weil der letzte Summand allein schon $+1$ ist. Es ist daher immer eine der drei Koordinaten imaginär, die Fläche hat sonach keinen einzigen reellen Punkt. Man nennt die Fläche **imaginäre Fläche zweiter Ordnung** oder wegen ihrer Gleichungsform oft auch **imaginäres Ellipsoid**.

Dreht man eine Hyperbel um ihre Achsen, so entsteht ein **Rotationshyperboloid**, und zwar nach Abb. 438 das einschalige, wenn man um jene Achse dreht, die von der Hyperbel nicht geschnitten wird; um das zweischalige, wenn man um die andere Achse dreht. Durch homogene Deformation geht aus ihnen das gewöhnliche **einschalige** oder **zweischalige Hyperboloid** hervor.

Wie man im Beisp. 269 a) das Paraboloid entstehen ließ, so kann man auch das gewöhnliche einschalige oder zweischalige Hyperboloid entstehen lassen, wenn man auf zwei zueinander senkreckten Hyperbeln mit gemeinsamer Achse eine Ellipse oder Hyperbel mit veränderlichen Halbachsen gleiten läßt.

Die Hyperbel der Abb. 438 hat die Gleichung

$$\frac{x^2}{a^2}-\frac{y^2}{b^2}-1=0.$$

Man läßt sie um die y-Achse rotieren und macht diese im Raum

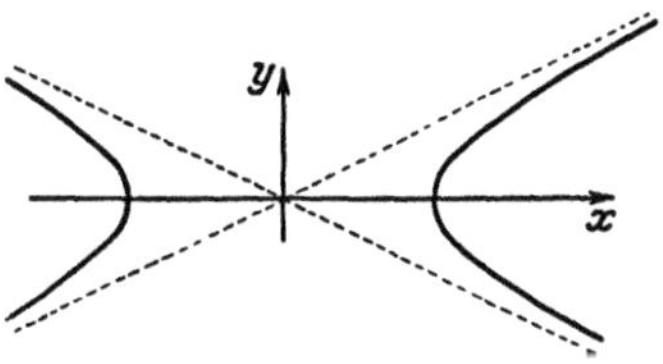

Abb. 438.

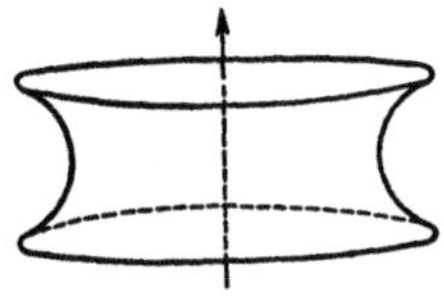
Abb. 439.

zur y-Achse; nach 273 stellt man die Gleichung des rotierenden Meridians auf,

$$\frac{r^2}{a^2}-\frac{z^2}{b^2}-1=0, \quad \text{der wegen} \quad r^2=x^2+y^2$$

als Gleichung des einschaligen Rotationshyperboloides, Abb. 439,

$$\frac{x^2}{a^2}+\frac{y^2}{a^2}-\frac{z^2}{b^2}-1=0 \tag{e}$$

liefert. Man deformiert diese Fläche in der y- und z-Richtung, bis die Abschnitte auf den Koordinatenachsen b und c werden, und erhält sonach als Gleichung des gewöhnlichen einschaligen Hyperboloides

$$\frac{x^2}{a^2}+\frac{y^2}{b^2}-\frac{z^2}{c^2}-1=0. \tag{f}$$

Die Gleichung der Tangentialebene im Punkt $P_0=x_0 \mid y_0 \mid z_0$ findet man wie im Beisp. 279 b) zu

$$\frac{xx_0}{a^2}+\frac{yy_0}{b^2}-\frac{zz_0}{c^2}-1=0. \tag{g}$$

Läßt man die obige Hyperbel um die x-Achse rotieren und macht diese zur z-Achse, so erhält man, wenn man noch die Fläche homogen deformiert, als Gleichung des gewöhnlichen zweischaligen Hyperboloides, Abb. 440,

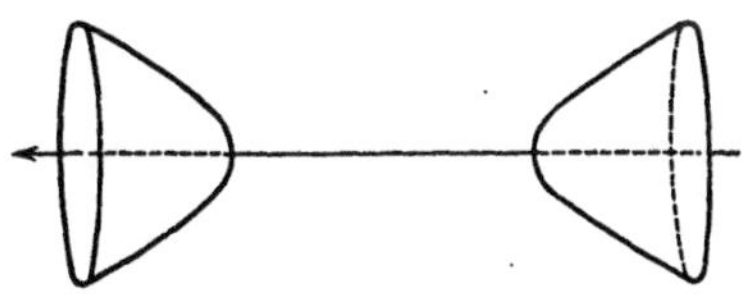
Abb. 440.

$$-\frac{x^2}{a^2}-\frac{y^2}{b^2}+\frac{z^2}{c^2}-1=0. \tag{h}$$

Ihre Tangentialebene im Punkt P_0 wird wie oben

$$-\frac{x x_0}{a^2}-\frac{y y_0}{b^2}+\frac{z z_0}{c^2}-1=0. \tag{i}$$

Die Ellipsoide und Hyperboloide heißen auch Mittelpunktsflächen, weil sie einen Mittelpunkt haben; genauer müßte man sagen, sie haben (im Gegensatz zum Paraboloid) ihren Mittelpunkt im Endlichen. Die Gleichungen (a, d, e, h) nennt man Mittelpunkts-Achsengleichungen.

285. Fortsetzung. Wenn man eine Parabel um ihre Achse dreht, erhält man ein Rotationsparaboloid. Durch homogene Deformation geht daraus das gewöhnliche elliptische Paraboloid hervor. Oder auch so, wie Beisp. 269 a) lehrt, indem man eine Ellipse mit veränderlichen Halbachsen auf zwei zueinander senkrechten Parabeln mit gemeinsamer Achse gleiten läßt. Auf entsprechende Weise entsteht das hyperbolische Paraboloid, auch Sattelfläche genannt: Die zwei zueinander senkrechten Parabeln öffnen sich beide nach entgegengesetzter Richtung. Statt der Ellipse läßt man eine Hyperbel mit veränderlichen Halbachsen a und b auf den beiden Parabeln gleiten, so also daß ihr Mittelpunkt stets auf der gemeinsamen Achse, der z-Achse nach Abb. 441, bleibt, während ihre beiden Scheitel sich auf einer der beiden Parabeln bewegen.

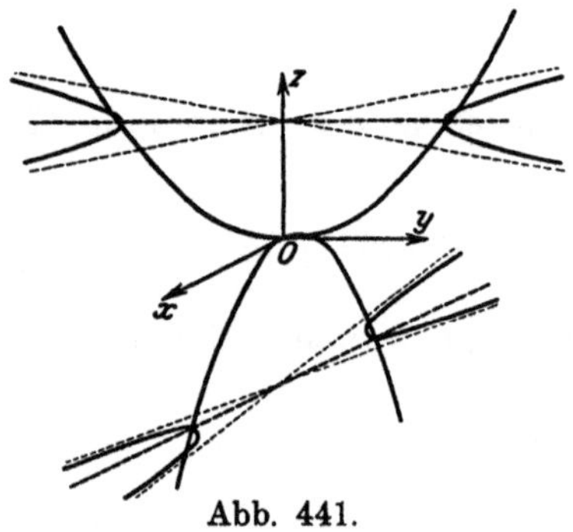

Abb. 441.

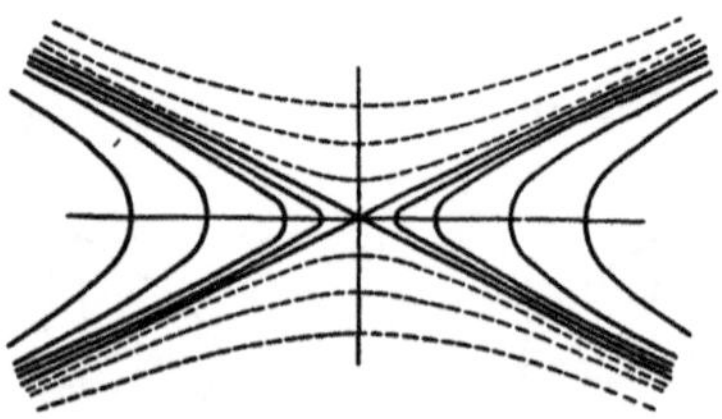
Abb. 442.

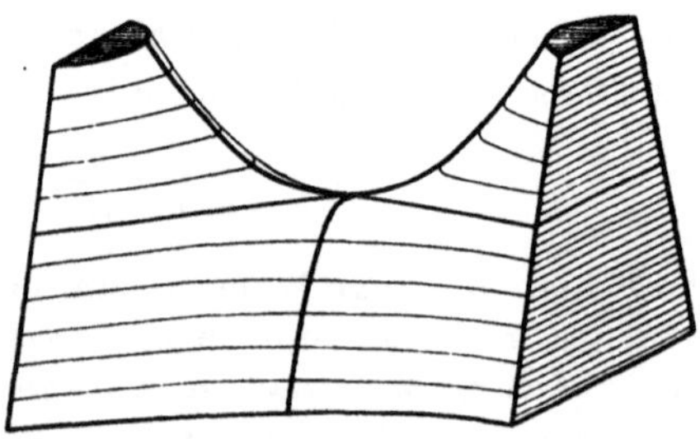
Abb. 443.

Im gemeinsamen Scheitelpunkt beider Parabeln geht die veränderliche Hyperbel von einer Parabel zur andern über. Den gemeinsamen Scheitelpunkt O nennt man den Sattel der Fläche. In Abb. 442

sind noch die Höhenkurven der Sattelfläche angegeben. Es sind lauter Hyperbeln, die stark gezeichneten liegen über dem Sattel, die gestrichelt gezeichneten unter ihm. Abb. 443 bringt noch eine axonometrische Ansicht der Sattelfläche. Die Gleichung des hyperbolischen Paraboloides erhält man genau so wie im Beisp. 269 a) jene des elliptischen, man hat nur $-b$ statt $+b$ zu setzen. Demgemäß stellt die Gleichung (genannt Scheitelgleichung)

$$2z = \frac{x^2}{a} + \frac{y^2}{b} \tag{a}$$

das elliptische Paraboloid vor, wenn a und b gleiches Vorzeichen haben, und das hyperbolische Paraboloid, wenn a und b ungleiches Vorzeichen haben.

Beispiel a) Gesucht ist die Gleichung der Tangentialebene des Paraboloides im Punkt $P_0 = x_0 | y_0 | z_0$.

Der Gleichung (a) entnimmt man an der allgemeinen Stelle U

$$F_1 = \frac{2x}{a}, \qquad F_2 = \frac{2y}{b}, \qquad F_3 = -2,$$

sonach wird die Tangentialebene im Punkt P_0, wenn man x, y, z statt ξ, η, ζ setzt,

$$(x - x_0)\frac{2x_0}{a} + (y - y_0)\frac{2y_0}{b} + (z - z_0)\cdot - 2 = 0$$

oder

$$\frac{x x_0}{a} + \frac{y y_0}{b} + z_0 - z = \frac{x_0^2}{a} + \frac{y_0^2}{b}.$$

Wenn man noch berücksichtigt, daß die Koordinaten $x_0 | y_0 | z_0$ der Gleichung (a) genügen müssen, erhält man als gesuchte Gleichung der Tangentialebene

$$z + z_0 = \frac{x x_0}{a} + \frac{y y_0}{b}. \tag{b}$$

286. Fortsetzung. Wenn die Hyperbel der Abb. 438 zu einem Geradenpaar ausartet, dann geht das durch Drehung erzeugte Hyperboloid in einen Kreiskegel über, und dieser wieder durch homogene Deformation in einen gewöhnlichen reellen Kegel. Seine Gleichung ist sonach

$$\frac{x^2}{a^2} + \frac{y^2}{b^2} - \frac{z^2}{c^2} = 0, \tag{a}$$

er hat seine Spitze im Nullpunkt, schneidet die x- und y-Ebene nach einem reellen, die z-Ebene nach einem imaginären Geradenpaar. Weiter schneidet er alle Ebenen parallel der x- und y-Ebene nach Hyperbeln, alle Horizontalebenen nach Ellipsen. Er ist eine Ausartung des Hyperboloides und zwar des einschaligen sowohl wie auch des zweischaligen, er ist der Übergang vom einschaligen zum zweischaligen Hyperboloid.

Die Tangentialebene in einem beliebigen Flächenpunkt hat die Gleichung

$$\frac{x x_0}{a^2} + \frac{y y_0}{b^2} - \frac{z z_0}{c^2} = 0. \tag{b}$$

Die Gleichung

$$\frac{x^2}{a^2} + \frac{y^2}{b^2} + \frac{z^2}{c^2} = 0$$

stellt nach 271 b) und nach der gleichen Betrachtung wie in 284 einen imaginären Kegel mit der Spitze im Nullpunkt vor; er hat nur einen einzigen reellen Punkt, die Spitze. Er kann als Ausartung des Ellipsoides betrachtet werden, genau so wie in der ebenen Geometrie das imaginäre Geradenpaar eine Ausartung der Ellipse darstellt.

Ein Zylinder zweiter Ordnung kann ebensogut als Sonderfall eines Kegels betrachtet werden, da nämlich die Kegelspitze im Unendlichen liegt, wie auch als Ausartung eines Paraboloides, wenn man sich dessen Scheitel in das Unendliche gerückt denkt. Die Aufstellung der Gleichung geht am einfachsten von einer erzeugenden Geraden aus, die immer parallel bleibend auf einem Kegelschnitt als Leitlinie gleitet. Je nachdem diese Leitlinie eine Ellipse oder Hyperbel oder Parabel ist, hat man den elliptischen Zylinder

$$\frac{x^2}{a^2} + \frac{y^2}{b^2} - 1 = 0, \tag{c}$$

der von jeder Ebene nach einer Ellipse oder nach einem Paar paralleler Geraden geschnitten wird; oder den hyperbolischen Zylinder

$$\frac{x^2}{a^2} - \frac{y^2}{b^2} - 1 = 0, \tag{d}$$

der von jeder Ebene nach einer Hyperbel oder nach einem Paar paralleler Geraden geschnitten wird; oder den parabolischen Zylinder

$$y^2 = 2\,px, \tag{e}$$

der von jeder Ebene nach einer Parabel oder nach einem Paar paralleler Geraden geschnitten wird.

287. Wiederholungsaufgaben. 1) Man untersuche die Schnittkurve der beiden Ellipsoide

$$\frac{x^2}{a^2}+\frac{y^2}{b^2}+\frac{z^2}{c^2}=1 \quad \text{und} \quad \frac{x^2}{c^2}+\frac{y^2}{b^2}+\frac{z^2}{a^2}=1 .$$

2) Die erzeugende Gerade einer Fläche bleibt bei ihrer Bewegung stets einer gegebenen Ebene parallel. Sie erhält eine gleichförmige Schiebung in Richtung senkrecht zu dieser Ebene und eine gleichförmige Drehung um eine feste Achse, von der sie stets den Abstand p hat, Abb. 444. Gesucht ist die Flächengleichung.

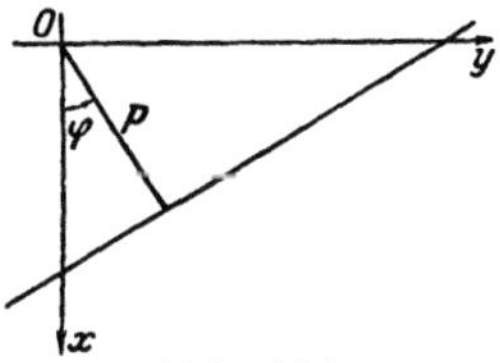

Abb. 444.

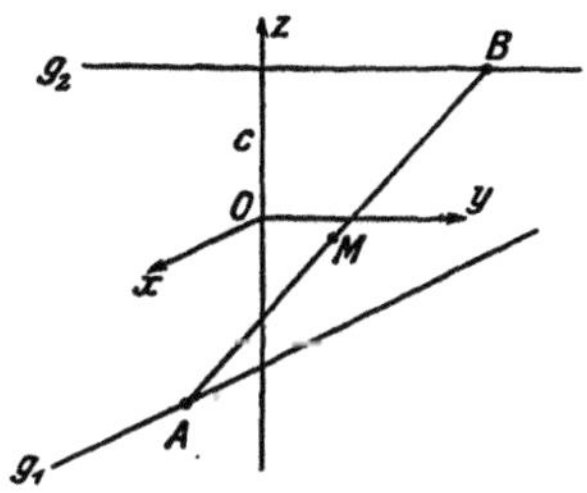

Abb. 445.

3) Zwei im Raum feste Gerade g_1 und g_2 sind windschief, stehen zu einander senkrecht und haben den kürzesten Abstand $2c$, Abb. 445. Der eine Endpunkt A eines Stabes AB von konstanter Länge l bewegt sich mit gleichförmiger Geschwindigkeit v_1 auf g_1, der andere Endpunkt B auf g_2 Nach passender Wahl eines rechtwinkligen Koordinatensystems bestimme man a) die Bewegungsgleichungen beider Punkte; b) die Gleichung der Geraden durch AB zur Zeit t; c) die Bewegungsgleichung der Bahnkurve des Mittelpunktes M der Strecke AB.

4) Gesucht sind die Spurpunkte der Kurve

$$y=z^2+z-2 \quad \text{mit} \quad z=x^2+2x$$

im Grundriß.

5) Im allgemeinen Punkt $x\,|\,y\,|\,z$ der Raumkurve der vorigen Aufgabe gebe man die Gleichung der Tangente an. Dann noch in den Grundrißspurpunkten.

6) Man konstruiere die Kurve

$$y=x^4+4x^3+5x^2+2x-2$$

nach dem unter 276 angegebenen Verfahren.

7) Welche Kurve wird von jenen Punkten des einschaligen Hyperboloides

$$\frac{x^2}{a^2}+\frac{y^2}{b^2}-\frac{z^2}{c^2}=1$$

gebildet, in denen die Tangentialebene parallel der z-Achse ist?

8) In welchem Punkt der Fläche der vorausgehenden Aufgabe ist die Tangentialebene parallel zum Aufriß? Gesucht ist die Gleichung des Geradenpaares, nach denen diese Tangentialebene die Fläche schneidet.

9) Welchen Abstand p hat die Tangentialebene der Fläche

$$\frac{x^2}{a^2}\pm\frac{y^2}{b^2}\pm\frac{z^2}{c^2}=1$$

vom Nullpunkt?

10) Man beweise, daß dieser Abstand p gegeben ist durch

$$p^2 = a^2 \cos^2 \alpha \pm b^2 \cos^2 \beta \pm c^2 \cos^2 \gamma, \tag{a}$$

wenn $\cos \alpha$, $\cos \beta$, $\cos \gamma$ die Richtungskoeffizienten der Tangentialebene sind.

11) Welche Fläche wird durch die Gleichung

$$x^2 + y^2 = 2pz$$

dargestellt? Man bestimme den Parameter p derart, daß die Fläche von der vorgeschriebenen Geraden

$$y = mx + b \quad \text{mit} \quad z = nx + c$$

berührt wird.

12) Gesucht ist der Schwerpunkt eines halben Umlaufes der Schraubenlinie

$$x = a \cos ut, \quad y = a \sin ut, \quad z = vt.$$

288. Lösungen. 1) Wenn man alle Glieder der beiden Flächengleichungen nach links schafft und die linke Seite dann mit F bzw. G abkürzt, dann sind $F = 0$ und $G = 0$ die Gleichungen der beiden Ellipsoide, und $\left.\begin{matrix} F = 0 \\ G = 0 \end{matrix}\right\}$ die Gleichung ihrer Schnittkurve. Nach 276 ist auch $\left.\begin{matrix} F = 0 \\ F - G = 0 \end{matrix}\right\}$ die Gleichung der Schnittkurve, oder wenn man ausführlich schreibt,

$$\left.\begin{aligned} \frac{x^2}{a^2} + \frac{y^2}{b^2} + \frac{z^2}{c^2} - 1 = 0 \\ x^2\left(\frac{1}{a^2} - \frac{1}{c^2}\right) + z^2\left(\frac{1}{c^2} - \frac{1}{a^2}\right) = 0 \end{aligned}\right\} \quad \text{oder} \quad \left.\begin{aligned} \frac{x^2}{a^2} + \frac{y^2}{b^2} + \frac{z^2}{c^2} = 1 \\ x = \pm z \end{aligned}\right\}.$$

Die Gleichung $x = \pm z$ stellt ein Ebenenpaar vor, also ist die Schnittkurve eine ebene Kurve, nämlich der Schnitt dieser beiden Ebenen mit dem ersten oder zweiten Ellipsoid. Mit $x = \pm z$ oder $x^2 = z^2$ kann man die Gleichung der Schnittkurve noch einfacher anschreiben

$$x^2\left(\frac{1}{a^2} + \frac{1}{c^2}\right) + \frac{y^2}{b^2} = 1 \quad \text{mit} \quad x^2 = z^2.$$

Die erste Gleichung stellt einen elliptischen Zylinder parallel der z-Achse vor, die Schnittkurve wird sonach aus diesem Zylinder durch das Ebenenpaar $x = \pm z$ ausgeschnitten.

2) Natürlich muß die feste Achse senkrecht zur Ebene sein, wenn die Erzeugende stets parallel zur Ebene sein soll. Wählt man die feste Achse als z-Achse, jene Ebene, in der die Erzeugende zur Zeit $t = 0$ war, als z-Ebene, und die x-Achse so, daß die Erzeugende zur Zeit $t = 0$ zu ihr senkrecht war, dann gibt die Abb. 444 die Projektion der beweglichen Geraden zur Zeit t. Ihre Gleichung ist

$$x \cos \varphi + y \sin \varphi - p = 0.$$

Der Winkelweg φ und der Verschiebungsweg z sind gegeben durch die konstante Winkelgeschwindigkeit u und die konstante Verschiebungsgeschwindigkeit v,

$$\varphi = ut \quad \text{und} \quad z = vt,$$

woraus sich die Gleichung der Erzeugenden ergibt,

$$x \cos ut + y \sin ut - p = 0 \quad \text{mit} \quad z = vt.$$

Sie stellt auch gleichzeitig die Fläche vor, die sich ja aus den Erzeugenden zusammensetzt; man kann noch den Parameter t beseitigen und erhält

$$x \cos \frac{uz}{v} + y \sin \frac{uz}{v} = p.$$

3) Man wählt den Mittelpunkt des kürzesten Abstandes $2c$ zum Nullpunkt, die x- und y-Achse in Richtung der Geraden g_1 und g_2, s. Abb. 445. Dann sind die Gleichungen der beiden festen Geraden

$$\left.\begin{matrix} y = 0 \\ z = -c \end{matrix}\right\} \quad \text{und} \quad \left.\begin{matrix} x = 0 \\ z = +c \end{matrix}\right\}.$$

a) Wenn man die Zeit von dem Augenblick ab zu zählen beginnt, wo A auf der z-Achse liegt, dann gilt für A zur Zeit t

$$x_1 = v_1 t, \quad y_1 = 0, \quad z_1 = -c.$$

Durch die Bedingung $AB = l$ oder wenn man $l = 2a$ setzt, durch die Bedingung $AB = 2a$ ist die jeweilige Lage von $B = x_2 | y_2 | z_2$ bestimmt. Denn mit $x_2 = 0, z_2 = c$ wird aus $AB = 2a$

$$(x_2 - x_1)^2 + (y_2 - y_1)^2 + (z_2 - z_1)^2 = 4a^2 \quad \text{oder} \quad v_1^2 t^2 + y_2^2 + 4c^2 = 4a^2,$$

also die Bewegungsgleichung von B

$$x_2 = 0, \quad y_2 = \sqrt{4a^2 - 4c^2 - v_1^2 t^2}, \quad z_2 = c.$$

b) Die Gerade durch AB hat nach (I 222) die Gleichung

$$\frac{x - v_1 t}{-v_1 t} = \frac{y}{\sqrt{}} = \frac{z + c}{2c}.$$

t ist der Parameter, in jedem Augenblick hat man natürlich eine andere Gerade; die ∞^1 Geraden bilden eine Fläche, deren Gleichung die vorstehende ist. Wenn man t beseitigt, erhält man die gewöhnliche Darstellung $F(x, y, z) = 0$.

c) Der Mittelpunkt M von AB hat nach (I 194) die Koordinaten

$$x = \tfrac{1}{2} v_1 t, \quad y = \tfrac{1}{2} \sqrt{}, \quad z = 0.$$

Durch diese Darstellung ist die Bewegung von M gegeben. Gleichzeitig auch die Gleichung der Bahnkurve in der Parameterdarstellung. Man sieht, M bewegt sich in der z-Ebene. Dann ist

$$\left.\begin{matrix} 2x = v_1 t \\ 2y = \sqrt{} \end{matrix}\right\} \quad \text{oder} \quad 4y^2 = 4a^2 - 4c^2 - 4x^2 \quad \text{oder} \quad x^2 + y^2 = a^2 - c^2$$

die Gleichung der Bahnkurve in der z-Ebene. Sie ist ein Kreis um den Nullpunkt.

4) Für den Spurpunkt im Grundriß gilt noch $z = 0$, so daß seine Koordinaten sich aus den drei Gleichungen

$$z = 0, \quad y = z^2 + z - 2, \quad z = x^2 + 2x$$

ergeben. Man findet zwei Spurpunkte

$$S_1 = 0 | -2 | 0 \quad \text{und} \quad S_2 = -2 | -2 | 0.$$

5) Entweder nach (277d), wozu die Gleichungsform in der Parameterdarstellung notwendig ist. Man führt $x = t$ ein,

$$x = t, \quad y = (t^2 + 2t)^2 + (t^2 + 2t) - 2, \quad z = t^2 + 2t.$$

Mit

$$x' = 1, \quad y' = (2t + 2)(2t^2 + 4t + 1), \quad z' = 2t + 2$$

wird die gesuchte Gleichung

$$\frac{X-t}{1}=\frac{Y-(t^2+2t)^2-(t^2+2t)+2}{(2t+2)\,(2t^2+4t+1)}=\frac{Z-t^2-2t}{2t+2}.$$

Nach der vorausgehenden Aufgabe entsprechen den beiden Spurpunkten die Parameter $t_1=0$ und $t_2=-2$, demnach die Tangenten

$$\frac{X}{1}=\frac{Y+2}{2}=\frac{Z}{2} \quad \text{oder} \quad 2X=Y+2=Z$$

bzw.

$$\frac{X+2}{1}=\frac{Y+2}{-2}=\frac{Z}{-2} \quad \text{oder} \quad Y+2=Z \quad \text{mit} \quad Y+2X+6=0.$$

Oder man arbeitet, wie in Beisp. 277a angegeben. Die beiden Flächengleichungen $F=0$ mit $G=0$ sind hier

$$x^2+2x-z=0 \quad \text{und} \quad z^2+z-y-2=0.$$

Die partiellen Ableitungen an der Stelle $x\,|\,y\,|\,z$ sind dann

$$F_1=2x+2, \quad F_2=0, \quad F_3=-1$$

bzw.

$$G_1=0, \quad G_2=-1, \quad G_3=2z+1,$$

also die Gleichung der Tangente

$$\left.\begin{aligned}(X-x)(2x+2)+(Y-y)\,0+(Z-z)(-1)&=0\\(X-x)\,0+(Y-y)(-1)+(Z-z)(2z+1)&=0\end{aligned}\right\}$$

oder vereinfacht, mit Benützung der Kurvengleichung,

$$2X(x+1)-Z-x^2=0 \quad \text{mit} \quad Y-Z(2z+1)+z^2+2=0.$$

An den besonderen Punkten $S_1=0\,|\,-2\,|\,0$ und $S_2=-2\,|\,-2\,|\,0$ wird die Tangente

$$2X-Z=0 \quad \text{mit} \quad Y-Z+2=0$$

bzw.

$$2X+Z+4=0 \quad \text{mit} \quad Y-Z+2=0,$$

d. s. die nämlichen Gleichungen wie beim ersten Verfahren gefunden, falls man die zweite Gleichung noch etwas umformt.

6) Man zerlegt

$$y=(x^4+4x^3+4x^2)+(x^2+2x)-2 \quad \text{oder} \quad y=(x^2+2x)^2+(x^2+2x)-2$$

oder

$$y=z^2+z-2 \quad \text{mit} \quad z=x^2+2x.$$

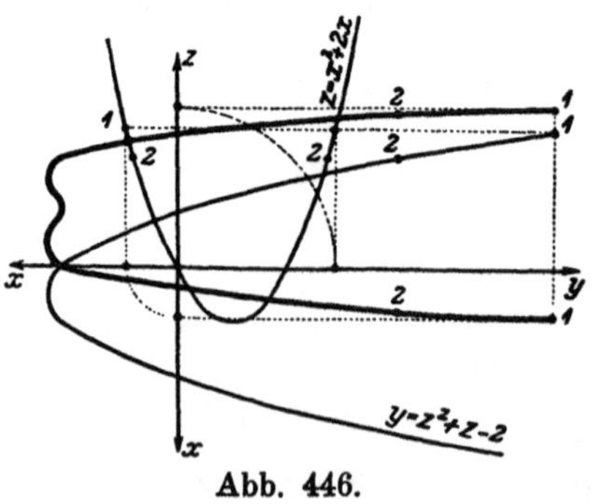

Abb. 446.

Die erste Gleichung stellt eine im Aufriß liegende Parabel vor, die zweite eine Parabel im Seitenriß; dann ist die gesuchte Kurve dargestellt als Grundriß der durch die beiden anderen Risse bestimmten Raumkurve, Abb. 446.

7) In einem beliebigen Punkt P_0 hat die Tangentialebene nach (279d) die Richtungskoeffizienten

$$\cos\alpha=\varrho\,x_0:a^2,$$
$$\cos\beta=\varrho\,y_0:b^2,$$
$$\cos\gamma=-\varrho\,z_0:c^2.$$

Wenn diese Ebene parallel zur z-Achse sein soll, ist $\cos\gamma = 0$ oder $z_0 = 0$, das heißt die gesuchten Punkte liegen alle in der z-Ebene, oder die gesuchte Kurve ist der Schnitt der z-Ebene mit der gegebenen Fläche.

8) Soll die Tangentialebene auch noch senkrecht zur y-Achse werden, dann ist $\cos\beta = 0$ und damit $y_0 = 0$. Der gesuchte Berührpunkt ist dann $x_0 \mid 0 \mid 0$, oder wenn man x_0 aus der Flächengleichung ermittelt, $a \mid 0 \mid 0$. Die Tangentialebene heißt dann nach (284 g)

$$x = a, \quad \text{so daß} \left.\begin{matrix} \frac{x^2}{a^2} + \frac{y^2}{b^2} - \frac{z^2}{c^2} = 1 \\ x = a \end{matrix}\right\} \quad \text{oder} \quad \left.\begin{matrix} \frac{y^2}{b^2} - \frac{z^2}{c^2} = 0 \\ x = a \end{matrix}\right\}$$

die Gleichung jenes Geradenpaares wird, nach dem sie die gegebene Fläche schneidet. Daß es tatsächlich ein Geradenpaar ist, sieht man, wenn man die erste Gleichung noch zerlegt; man erhält dann in

$$\left.\begin{matrix} \frac{y}{b} - \frac{z}{c} = 0 \\ x = a \end{matrix}\right\} \quad \text{und} \quad \left.\begin{matrix} \frac{y}{b} + \frac{z}{c} = 0 \\ x = a \end{matrix}\right\}$$

die beiden Geraden einzeln dargestellt.

9) Ihre Gleichung ist nach (284 b)

$$\frac{x x_0}{a^2} \pm \frac{y y_0}{b^2} \pm \frac{z z_0}{c^2} - 1 = 0 \quad \text{oder} \quad x\cos\alpha \pm y\cos\beta \pm z\cos\gamma - p = 0,$$

wenn man sie auf die Normalform bringt. Dabei sind die Richtungskoeffizienten $\cos\alpha$, $\cos\beta$, $\cos\gamma$ und der Abstand p nach (I 213) bestimmt durch

$$\cos\alpha = \frac{\varrho x_0}{a^2}, \quad \cos\beta = \frac{\varrho y_0}{b^2}, \quad \cos\gamma = \frac{\varrho z_0}{c^2}, \quad p = \varrho.$$

Man erhält

$$\cos^2\alpha + \cos^2\beta + \cos^2\gamma = 1 = p^2\left(\frac{x_0^2}{a^4} + \frac{y_0^2}{b^4} + \frac{z_0^2}{c^4}\right),$$

oder der gesuchte Abstand ist

$$p = 1 : \sqrt{\frac{x_0^2}{a^4} + \frac{y_0^2}{b^4} + \frac{z_0^2}{c^4}}.$$

10) Nach der vorausgehenden Aufgabe wird

$$a\cos\alpha = p x_0 : a, \quad b\cos\beta = p y_0 : b, \quad c\cos\gamma = p z_0 : c.$$

Wenn man die drei Gleichungen quadriert und je nach der gegebenen Fläche mit einem „+" oder „−" versehen addiert, erhält man

$$a^2\cos^2\alpha \pm b^2\cos^2\beta \pm c^2\cos^2\gamma^2 = p^2\left(\frac{x_0^2}{a^2} \pm \frac{y_0^2}{b^2} \pm \frac{z_0^2}{c^2}\right)$$

und damit die vorausgesagte Form für p, da ja die bei p stehende Klammer den Wert 1 hat.

11) Nach 285 ein Paraboloid, nach 267 eine Umdrehungsfläche mit der z-Achse als Drehachse, also ein Drehparaboloid. Im allgemeinen wird eine Fläche zweiter Ordnung von einer Geraden in zwei Punkte geschnitten, deren Koordinaten hier bestimmt sind durch die drei Gleichungen

$$x^2 + y^2 = 2pz, \quad y = mx + b, \quad z = nx + c.$$

Man beseitigt y und z und erhält

$$x^2 + (mx + b)^2 = 2p(nx + c) \quad \text{oder} \quad x^2(1 + m^2) + 2x(mb - np) + b^2 - 2pc = 0.$$

Soll diese Gerade die Fläche berühren, so müssen die beiden Schnittpunkte zusammenfallen zum Berührpunkt, die beiden Wurzeln der letzten Gleichung müssen gleich sein, also muß ihre Diskriminante verschwinden; es gilt nach (I 54)

$$(mb - np)^2 = (1 + m^2)(b^2 - 2pc) \quad \text{oder} \quad n^2 p^2 + 2p(cm^2 - mnb + c) - b^2 = 0,$$

woraus sich ergibt

$$p = [-(cm^2 - mnb + c) \pm \sqrt{(cm^2 - mnb + c)^2 + n^2 b^2}] : n^2.$$

12) Mit

$$x' = -au \sin ut, \quad y' = au \cos ut, \quad z' = v$$

wird nach (277 m)

$$ds = dt\sqrt{a^2 u^2 + v^2} \quad \text{und} \quad s = \frac{\pi}{u}\sqrt{a^2 u^2 + v^2},$$

da nach 270 dem halben Umlauf der Parameter $t = \pi : u$ entspricht. Der Schwerpunkt des Bogens ist bestimmt durch die drei Gleichungen

$$s\xi = \int ds \cdot x, \quad s\eta = \int ds \cdot y, \quad s\zeta = \int ds \cdot z.$$

Als Anfangspunkt des Bogens wählt man den durch den Parameter $t = 0$ bestimmten Punkt, der Endpunkt ist dann durch $t = \pi : u$ bestimmt. Von den drei Gleichungen wird die erste, wenn man $\sqrt{a^2 u^2 + v^2}$ abkürzend mit $\surd$ bezeichnet,

$$\frac{\pi \surd}{u} \cdot \xi = \int_0^{\pi : u} a \cos ut \, dt \surd \quad \text{oder} \quad \frac{\pi \xi}{u} = \frac{a}{u} [\sin ut]_0^{\pi : u},$$

woraus sich $\pi\xi = a \cdot 0$ oder $\xi = 0$ ergibt.

Die zweite Gleichung wird

$$\frac{\pi \surd}{u} \cdot \eta = \int_0^{\pi : u} a \sin ut \, dt \surd \quad \text{oder} \quad \frac{\pi \eta}{u} = -\frac{a}{u} [\cos ut]_0^{\pi : u}$$

und liefert

$$\pi\eta = 2a \quad \text{oder} \quad \eta = 2a : \pi.$$

Die dritte Gleichung

$$\frac{\pi \surd}{u} \cdot \zeta = \int_0^{\pi : u} vt \, dt \surd \quad \text{oder} \quad \frac{\pi \zeta}{u} = \frac{v \pi^2}{2u^2} \quad \text{liefert} \quad \zeta = \frac{v\pi}{2u} \quad \text{oder} \quad \zeta = \frac{1}{4} h$$

nach 270. Damit ist der gesuchte Schwerpunkt $S = 0 \left| \frac{2a}{\pi} \right| \frac{1}{4} h$.

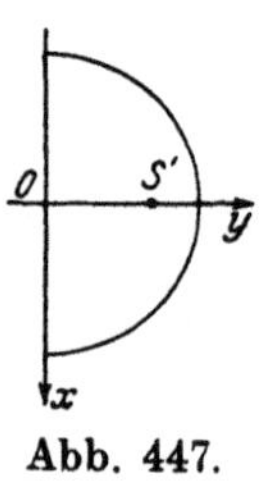

Abb. 447.

Die Lösung wird am einfachsten nach Beisp. 72c). Projiziert man den Bogen auf den Grundriß, dann wird er zu einem Halbkreisbogen, Abb. 447, dessen Schwerpunkt S' die Koordinaten $\xi = 0$, $\eta = 2a : \pi$ nach (731) hat. Den Abstand ζ des Schwerpunktes S über dem Grundriß erhält man am einfachsten, wenn man den Kreiszylinder mit der Schraubenlinie aufwickel; der halbe Bogen wird zu einem Geradenstück, dessen Schwerpunkt in der Mitte liegt. Damit wird der Abstand vom Grundriß $\frac{1}{4} h$, wenn h die Ganghöhe ist.

Dreizehnter Abschnitt.

Hauptwerte (Maxima und Minima).

A. Hauptwerte der Funktion einer einzigen Veränderlichen.

289. Einfache Hauptwerte. In 42 sind die Bedingungen für den Eintritt eines einfachen Hauptwertes der Funktion $y = f(x)$ entwickelt worden. Darnach erreicht sie an der Stelle x einen einfachen Hauptwert, wenn an dieser Stelle $f'(x) = 0$ und gleichzeitig $f''(x)$ von Null verschieden ist, und zwar ein einfaches

$$\begin{matrix}\text{Maximum,}\\ \text{Minimum,}\end{matrix} \quad \text{wenn} \quad f'(x) = 0 \quad \text{und} \quad \begin{matrix} f''(x) < 0 \\ f''(x) > 0 \,. \end{matrix} \tag{a}$$

Oft ist die extrem gewünschte Funktion in der Form eines Quotienten

$$f(x) = \frac{u(x)}{v(x)} \qquad \text{oder abgekürzt} \qquad f(x) = \frac{u}{v}$$

gegeben. Ihre erste Ableitung $f'(x)$ ist wieder ein Quotient. Damit dieser verschwindet, muß im allgemeinen Fall sein Zähler $vu' - uv' = 0$ sein. Unter dieser Voraussetzung wird die erste und zweite Ableitung

$$f'(x) = \frac{vu' - uv'}{v^2}, \qquad f''(x) = \frac{vu'' - uv''}{v^2}. \tag{b}$$

Man beachte, daß der Nenner der zweiten Ableitung auf das Vorzeichen gar keinen Einfluß hat, da er stets positiv ist. Damit also $f''(x)$ entsprechend der Bedingung (a) positiv oder negativ ist, muß einfach der Zähler positiv oder negativ sein. Dann läßt sich die Bedingung (a) für das Eintreten eines Hauptwertes umformen:

Die Funktion

$$f(x) = \frac{u(x)}{v(x)}$$

erreicht an der Stelle x ein

$$\begin{matrix}\text{Maximum,}\\ \text{Minimum,}\end{matrix}\quad \text{wenn}\quad vu' - uv' = 0 \quad \text{und} \quad \begin{matrix} vu'' - uv'' < 0 \\ vu'' - uv'' > 0. \end{matrix} \qquad \text{(c)}$$

Im Sonderfall $u(x) = 1$ erhält man wegen $u' = 0$ und $u'' = 0$: Die Funktion

$$f(x) = \frac{1}{v(x)}$$

erreicht an der Stelle x ein

$$\begin{matrix}\text{Maximum,}\\ \text{Minimum,}\end{matrix}\quad \text{wenn}\quad v' = 0 \quad \text{und} \quad \begin{matrix} -v'' < 0 \\ -v'' > 0. \end{matrix} \qquad \text{(d)}$$

Beispiel a) Bei gegebener Belastung ist nach 90 die Biegungsfestigkeit eines Balkens von rechteckigem Querschnitt, Abb. 448, proportional dem Produkt bh^2. Man soll aus einem Holzstamm mit kreisförmigem Querschnitt einen Balken von möglichst großer Biegungsfestigkeit aussägen. Wie ist er zu gestalten?

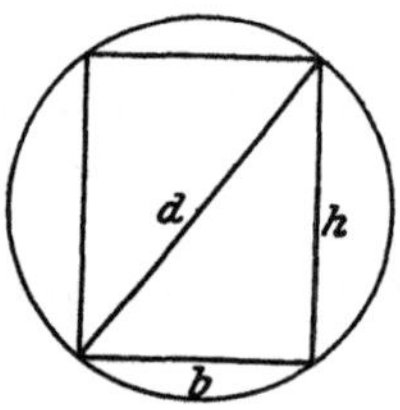

Abb. 448.

Wenn der Stamm nicht zu lang ist, kann er in erster Annäherung als Kreiszylinder betrachtet werden. Gegeben ist der Durchmesser d; bezeichnet man die Breite des Balkens mit x statt mit b, dann ist die Höhe gegeben durch die Beziehung $h^2 = d^2 - x^2$; das Produkt xh^2 soll einen Maximalwert haben; oder wenn man ein Symbol X zur Abkürzung einführt, die Funktion

$$X = x(d^2 - x^2) \qquad \text{oder} \qquad X = xd^2 - x^3$$

soll ein Maximum werden. Dann muß gelten

$$\frac{dX}{dx} = d^2 - 3x^2 = 0 \qquad \text{und} \qquad \frac{d^2X}{dx^2} = -6x < 0.$$

Die Gleichung liefert $x = \frac{1}{3} d\sqrt{3}$, und die Ungleichung wird für diesen Wert erfüllt. Aus x erhält man noch $h = \frac{1}{3} d\sqrt{6}$.

Beispiel b) Damit durch Adhäsion beim Ausgießen möglichst wenig Flüssigkeit verloren gehe, soll ein Gefäß von gegebenem Inhalt V eine möglichst kleine Oberfläche O erhalten. Wenn das Gefäß die Form eines Kreiszylinders hat, wie groß muß man dann Höhe und Halbmesser wählen?

Letzterer sei r, die Höhe h; dann ist V und O gegeben durch

$$V = r^2\pi h, \qquad O = r^2\pi + 2r\pi h,$$

denn das Gefäß ist ja oben offen. V ist gegeben und deswegen auch eine Beziehung zwischen r und h; man beseitigt h und erhält

$$O = \frac{r^3\pi + 2V}{r}.$$

Hier ist

$$u = r^3\pi + 2V, \qquad u' = 3r^2\pi, \qquad u'' = 6r\pi,$$
$$v = r, \qquad v' = 1, \qquad v'' = 0.$$

Nach (c) wird O ein Minimum, wenn

$$2r^3\pi - 2V = 0 \quad \text{und gleichzeitig} \quad 6r^2\pi > 0.$$

Die Gleichung liefert

$$r^3\pi = V \quad \text{oder} \quad r = \sqrt[3]{V:\pi},$$

durch welchen Wert auch die Ungleichung erfüllt ist.

Man wird die erhaltene Bedingung noch umformen, indem man h einführt. Es ist $V = r^2\pi h$ und gefunden wurde $V = r^3\pi$, woraus sich $h = r$ als Bedingung für das Eintreten eines Mimimums ergibt.

Beispiel c) Von welchem Punkt der Geraden im Raum

$$\left.\begin{aligned} y &= mx + b \\ z &= nx + c \end{aligned}\right\}$$

hat der gegebene Punkt $P_0 = x_0 | y_0 | z_0$ den kürzesten Abstand? Das Ergebnis wende man an, um die Entfernung des Nullpunktes von der Geraden aufzusuchen.

Irgendein Punkt P dieser Geraden hat die Koordinaten $x | mx + b | nx + c$, so daß das Quadrat der Entfernung P_0P

$$Q = (x - x_0)^2 + (mx + b - y_0)^2 + (nx + c - z_0)^2$$

ist. Damit sie möglichst klein wird, muß

$$\frac{dQ}{dx} = 0 \quad \text{oder} \quad (x - x_0) + (mx + b - y_0)m + (nx + c - z_0)n = 0$$

sein, woraus sich

$$x = \frac{x_0 + m(y_0 - b) + n(z_0 - c)}{1 + m^2 + n^2}, \qquad y = mx + b, \qquad z = nx + c$$

ergibt.

Bei der Anwendung auf den Nullpunkt ist $x_0 = y_0 = z_0 = 0$, sonach hat jener Punkt P, der von ihm den kürzesten Abstand hat, die Koordinaten

$$x = -\frac{bm + cn}{1 + m^2 + n^2} = -\frac{Z}{N}, \qquad y = mx + b, \qquad z = nx + c,$$

wenn man Z und N als Abkürzung einführt.

Der Nullpunkt hat von diesem Punkt die Entfernung

$$r = \sqrt{x^2 + y^2 + z^2} = \sqrt{x^2(1 + m^2 + n^2) + 2x(mb + nc) + b^2 + c^2}$$

$$= \sqrt{b^2 + c^2 - \frac{Z^2}{N}} = \frac{\sqrt{(b^2 + c^2)N - Z^2}}{\sqrt{N}} = \frac{\sqrt{b^2 + c^2 + (mc - bn)^2}}{\sqrt{1 + m^2 + n^2}},$$

(siehe auch I 230).

290. Fortsetzung. Die rein analytische Ermittlung eines Hauptwertes liefert alle aus der analytischen Aufstellung möglichen Ergebnisse, ohne Rücksicht darauf, ob diese Lösungen einen Sinn haben oder nicht.

Beispiel a) Aus einer gegebenen Kugel schneide man einen Kegel von möglichst großer Oberfläche aus, Abb. 449.

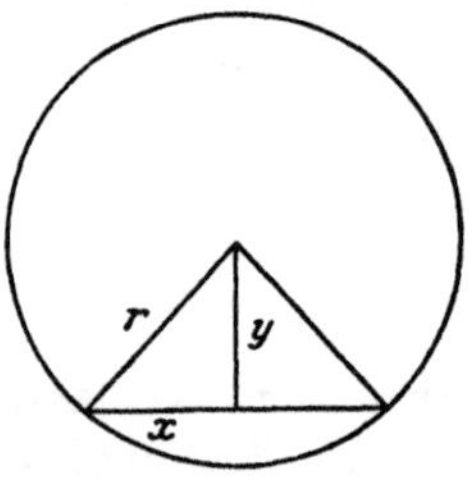

Abb. 449.

Diese ist nach den Regeln der elementaren Mathematik

$$O = x\pi(x + r)$$

oder

$$O = \pi(x^2 + rx).$$

Man sieht hier unmittelbar, daß O um so größer wird, je größer x ist. Es erreicht daher O seinen größten Wert für $x = r$, denn größer kann ja x nicht werden.

Hätte man analytisch die Aufgabe gelöst, so würde man als Bedingung für einen Hauptwert von O haben

$$\frac{dO}{dx} = 0 \quad \text{oder} \quad 2x + r = 0 \quad \text{oder} \quad x = -0{,}5\,r.$$

Die Benützung der zweiten Ableitung würde noch ergeben, daß man für diesen Wert x ein Minimum hat. Physikalisch hat diese Lösung natürlich keinen Sinn, weil eben x nicht kleiner werden kann als 0.

Beispiel b) Man gebe das größte Biegungsmoment an, das im Balken der Abb. 450 auftritt. $P = 4\,t$, $Q = 6\,t$.

Die Aufgabe analytisch zu lösen, ist nicht zu empfehlen. Einmal nämlich hat man in jedem der drei Bereiche I, II, III, die durch die angreifenden Kräfte (Nutzlasten und Auflagerkräfte) gebildet werden, eine verschiedene Formel für das Biegungsmoment M. Man müßte also jeden der drei Bereiche einzeln untersuchen. Ferner weiß man aus früheren Überlegungen (26), daß die Ableitung des Biegungsmomentes M nach x, das ist die Scherkraft V, unstetig ist. All unsere Sätze über Ableitungen sind aber gebildet unter der Voraussetzung, daß diese Ableitungen stetig sind. Wenn man freilich sich immer gegenwärtig hält, daß diese Unstetigkeit der Ableitungen $dM:dx$ nur in den Angriffspunkten der Einzellasten auftritt, kann man allerdings unbedenklich innerhalb des Bereiches zwischen Einzellasten die Ableitungen bilden und mit ihnen arbeiten. Am einfachsten löst man die Aufgabe graphisch mit Hilfe der wenigen

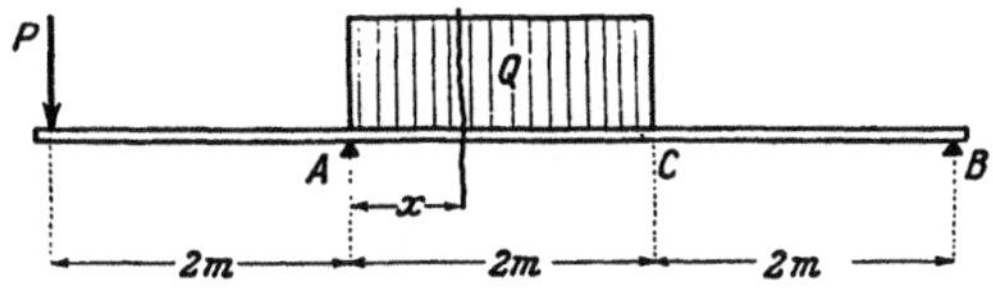

Abb. 450. L. M. 1 : 100.

Hauptsätze über Biegungsmomente. Diese geben bereits an, daß das größte Biegungsmoment an der Grenze der Bereiche I und II auftritt. Wenn man die Biegungslinie in diesem Bereich zeichnet, eine Parabel, findet man ohne Schwierigkeit die Stelle des größten Biegungsmomentes.

Analytisch wird man zunächst die Auflagerkräfte nach Mech. I 44 ermitteln,

$$A = 10{,}5\,t, \qquad B = -0{,}5\,t.$$

Dann ist an der Stelle x

$$M = -P(x+p) + Ax - \tfrac{1}{2}qx^2;$$

p ist der Abstand der Last P vom Aufleger A, in unserem Fall $p = 200$ cm; q ist die Belastungsdichte auf der Strecke AC, in unserem Fall $q = 6000\text{ kg} : 200\text{ cm} = 30\text{ kg/cm}$. Die Stelle des größten M verlangt

$$\frac{dM}{dx} = 0 \quad \text{oder} \quad -P + A - qx = 0 \quad \text{oder} \quad x = \frac{A-P}{q}.$$

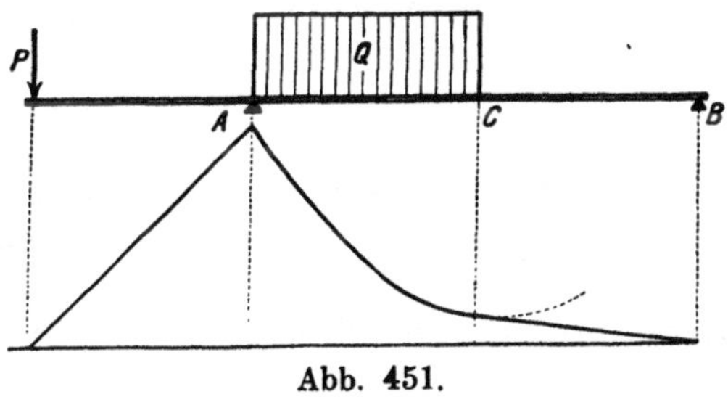

Abb. 451.

Hier wird $x = (10500 - 4000)\text{ kg} : 30\text{ kg/cm} = 216\tfrac{2}{3}$ cm. Die Lösung ist nicht gestattet, weil die gefundene Stelle außerhalb des Bereiches II liegt. Ihr physikalischer Sinn ergibt sich, wenn man die Momentenlinie nach den Lehren der Statik zeichnet, so wie Abb. 451

zeigt. Dann würde die Fortsetzung der Parabel, die im Bereich II das Biegungsmoment darstellt, im Bereich III an der Stelle $x = 216\frac{2}{3}$ cm ihre tiefste Stelle haben. In der Abbildung ist diese Fortsetzung feingestrichelt eingezeichnet.

291. Hauptwerte höherer Ordnung. Die erste Bedingung für das Eintreten eines Hauptwertes der Funktion $f(x)$ an der Stelle x ist immer $f'(x) = 0$; oder in geometrischer Sprechweise: an der Stelle x muß die Kurve $y = f(x)$ eine Horizontalstelle haben. Die weitere Entscheidung hängt dann von den höheren Ableitungen an dieser Stelle x ab. Abb. 452 macht ersichtlich, so wie auch die Formel (42a) schon angab, daß die Bedingung

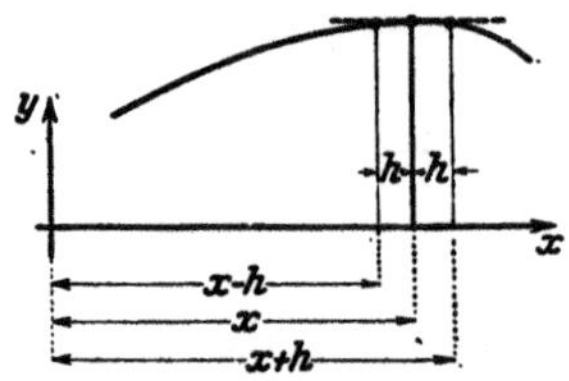

Abb. 452.

$$f(x-h) - f(x) \begin{smallmatrix}<0\\>0\end{smallmatrix} \quad \text{und} \quad f(x+h) - f(x) \begin{smallmatrix}<0\\>0\end{smallmatrix} \quad \text{ein} \begin{matrix}\text{Maximum}\\\text{Minimum}\end{matrix} \tag{a}$$

bedeutet.

Mit Hilfe der Taylorschen Reihe kann man diese Differenzen unter Voraussetzung eines Hauptwertes an der Stelle x anschreiben

$$\begin{aligned} f(x+h) - f(x) &= \frac{h^2}{2!} f''(x) + \frac{h^3}{3!} f'''(x) + \cdots \\ f(x-h) - f(x) &= \frac{h^2}{2!} f''(x) - \frac{h^3}{3!} f'''(x) + - \cdots \end{aligned} \tag{b}$$

Man kann den Zahlenwert h, der die Umgebung der untersuchten Stelle x angeben soll, jedenfalls so klein machen, daß in den beiden Reihen die Summe aller Glieder, die nach dem Glied mit h^2 folgen, gegen dieses verschwinden, dann wird unter dieser Voraussetzung

$$f(x+h) - f(x) = \frac{h^2}{2!} f''(x) \quad \text{und} \quad f(x-h) - f(x) = \frac{h^2}{2!} f''(x). \tag{c}$$

Wenn $f''(x)$ von Null verschieden ist, dann hängt das Vorzeichen der rechten und damit auch der linken Gleichungsseite nur von der zweiten Ableitung $f''(x)$ ab. In diesem Fall geht die Bedingung (a) über in die bereits bekannte Formel, daß nämlich

$$f'(x) = 0 \quad \text{und} \quad f''(x) \begin{smallmatrix}<0\\>0\end{smallmatrix} \quad \text{ein} \begin{matrix}\text{Maximum}\\\text{Minimum}\end{matrix} \tag{d}$$

angibt.

Wenn aber $f''(x) = 0$ ist, dann läßt sich erst mit Hilfe der nächsthöheren Ableitungen das Vorhandensein eines Hauptwertes entscheiden. Denn mit $f''(x) = 0$ gehen die Reihen (b) über in

$$\begin{aligned} f(x+h)-f(x) &= +\frac{h^3}{3!}f'''(x)+\frac{h^4}{4!}f^{(4)}(x)+\cdots \\ f(x-h)-f(x) &= -\frac{h^3}{3!}f'''(x)+\frac{h^4}{4!}f^{(4)}(x)-+\cdots \end{aligned} \tag{e}$$

Man kann wieder wie oben vorgehen: Die Umgebung der untersuchten Stelle x läßt sich so klein machen, daß alle Glieder der beiden Reihen, die dem Glied mit h^3 folgen, verschwinden. Dann haben die auf der rechten Seite verbleibenden Glieder der beiden Reihen entgegengesetztes Vorzeichen. Es könnte also die Bedingung (a), daß die beiden Differentiale, die auf den linken Seiten der Gleichungen (e) stehen, für den Fall eines Hauptwertes entweder gleichzeitig positiv oder gleichzeitig negativ sein müssen, nicht erfüllt sein. Es muß sonach für den Fall eines Hauptwertes an der Stelle x auch noch die dritte Ableitung $f'''(x)$ an dieser Stelle verschwinden, wenn schon die erste und zweite Ableitung den Wert Null haben. Dann nehmen aber die Gleichungen (e) die Form an

$$f(x+h)-f(x)=\frac{h^4}{4!}f^{(4)}(x) \quad \text{und} \quad f(x-h)-f(x)=\frac{h^4}{4!}f^{(4)}(x), \tag{f}$$

wenn man wieder die Umgebung der untersuchten Stelle entsprechend klein macht und damit auch h. Man kann nun wieder die nämliche Folgerung ziehen wie aus den Gleichungen (c), daß nämlich die Vorzeichen der Differentiale der linken Gleichungsseiten nur von $f^{(4)}(x)$ abhängig sind. Die Bedingung (a) geht dann über in die Formel:

Wenn an der Stelle x die beiden ersten Ableitungen $f'(x)$ und $f''(x)$ verschwinden, dann gibt

$$f'''(x)=0 \quad \text{und} \quad f^{(4)}(x)\begin{matrix}<0\\>0\end{matrix} \quad \text{ein} \begin{matrix}\text{Maximum}\\ \text{Minimum}.\end{matrix} \tag{g}$$

Wenn an der untersuchten Stelle außer den beiden ersten Ableitungen auch noch die dritte und vierte verschwinden, dann wird man die eben ausgeführte Betrachtung wiederholen und die fünfte und sechste Ableitung für die Untersuchung heranziehen und so fortsetzen. Man hat dann die allgemeine Regel:

Notwendige aber noch nicht hinreichende Bedingung für das Eintreten eines Hauptwertes der Funktion $f(x)$ an der Stelle x ist $f'(x)=0$. Ein Hauptwert ist wirklich vorhanden, wenn von den folgenden höheren Ableitungen an der untersuchten Stelle x die erste nicht verschwindende

$f^{(n)}(x)$ von gerader Ordnung ist; und zwar hat man ein Maximum, wenn diese Ableitung negativ wird, und ein Minimum, wenn sie positiv wird. (h)

Wenn aber die erste nicht verschwindende Ableitung an der untersuchten Stelle x von ungerader Ordnung ist, dann ist diese Stelle keine Hauptstelle.

Beispiel a) Man ermittle die Hauptwerte der Funktion

$$(x-a)^4+b.$$

Notwendige Bedingung für das Eintreten eines Hauptwertes ist das Verschwinden der ersten Ableitung. Man setzt $f(x)$ als Symbol für die gegebene Funktion und hat

$$f(x)=(x-a)^4+b, \qquad f'(x)=4(x-a)^3.$$

$f'(x)=0$ bedingt $x=a$. An dieser Stelle $x=a$ kann ein Hauptwert vorhanden sein. Man ermittelt weiter

$$f''(x)=12(x-a)^2, \qquad f'''(x)=24(x-a), \qquad f^{(4)}(x)=24.$$

An der untersuchten Stelle $x=a$ verschwinden die zweite und dritte Ableitung. Die erste nichtverschwindende Ableitung $f^{(4)}(x)$ ist von der vierten, also gerader Ordnung. Es ist sonach $x=a$ wirklich eine Hauptstelle. Da diese vierte Ableitung unabhängig von x (also auch für $x=a$) positiv ist, so hat man an der Stelle $x=a$ ein Minimum.

Beispiel b) Gesucht sind die Hauptstellen der Funktion

$$(x-2)^3\cdot(x-1)^2.$$

Man setzt $u(x)$ als Abkürzung für die gegebene Funktion und hat

$$u(x)=(x-2)^3(x-1)^2, \qquad u'(x)=(x-2)^2(x-1)(5x-7).$$

Die erste Ableitung verschwindet an den Stellen

$$x=2, \qquad x=1, \qquad x=1{,}4.$$

Diese Stellen können Hauptstellen sein. Ob sie es sind, entscheiden die höheren Ableitungen, zunächst die zweite

$$u''(x)=2(x-2)(10x^2-28x+19).$$

Für $x=1$ wird die zweite Ableitung -2, daher hat an dieser Stelle die Funktion einen Maximalwert. Für $x=1{,}4$ wird sie 0,72, die Funktion hat an dieser Stelle ein Minimum. Für $x=2$ verschwindet die zweite Ableitung, sie entscheidet also noch nicht, man muß deswegen die nächsthöhere nichtverschwindende Ableitung aufsuchen. Man bildet

$$u'''(x)=6(10x^2-32x+25)$$

und findet, daß sie für $x=2$ den Wert 6 annimmt, also nicht verschwindet. Es ist sonach an der Stelle $x=2$ weder ein Maximum noch ein Minimum vorhanden.

292. Hauptwerte von unentwickelten Funktionen. Wenn die Abhängigkeit zwischen dem Argument x und der Funktion y in unentwickelter Form

$$F(x, y)=0 \tag{a}$$

gegeben ist, dann geht die notwendige Bedingung für das Bestehen eines Extremums, nämlich

$$\frac{dy}{dx}=0, \quad \text{über in} \quad -\frac{F_1}{F_2}=0$$

oder

$$F_1=0 \quad \text{mit} \quad F(x, y)=0 \tag{b}$$

als Bedingung einer Hauptstelle $x|y$. Denn die zweite Gleichung drückt ja nur die Forderung aus, daß das Wertepaar $x|y$ an der Hauptstelle der vorgegebenen Gleichung genügt.

Ob wirklich ein Hauptwert vorhanden ist und ob er ein Maximum oder ein Minimum ist, entscheiden wieder die höheren Ableitungen, zunächst die zweite. Mit Berücksichtigung der Bedingung $\frac{\partial F}{\partial x}=0$ geht die Formel (154b) für die zweite Ableitung über in

$$\frac{dy^2}{dx^2}=-\frac{F_{11}}{F_2}, \tag{c}$$

so daß man die Regel erhält:

Die in der unentwickelten Form $F(x, y)=0$ gegebene Funktion y erreicht an der Stelle x ein

$$\begin{matrix}\text{Maximum,}\\ \text{Minimum,}\end{matrix} \quad \text{wenn dort} \quad F_1=0 \quad \text{und} \quad -\frac{F_{11}}{F_2} \begin{matrix}<\\ >\end{matrix} 0. \tag{d}$$

Die Regel setzt natürlich endliche und stetige Funktionen voraus; weiter ist zunächst auch der Fall ausgeschlossen, daß für das gefundene Wertepaar $x|y$ nicht nur F_1, sondern auch F_2 verschwindet, weil in diesem Fall die erste Ableitung $\frac{dy}{dx}$ unbestimmt würde.

Beispiel a) Man ermittle die Hauptwerte der durch die Gleichung

$$(x^2+y^2)^2-a^2(x^2-y^2)=0$$

gegebenen Funktion y.

Wenn man für die linke Gleichungsseite die Abkürzung F einführt, wird

$$F_1 = 2x(2x^2 + 2y^2 - a^2), \qquad F_2 = 2y(2x^2 + 2y^2 + a^2).$$

Die notwendige Bedingung für einen Hauptwert ist sonach

$$(x^2 + y^2)^2 = a^2(x^2 - y^2) \quad \text{mit} \quad 2x(2x^2 + 2y^2 - a^2) = 0.$$

Man findet als Lösung

$$x = 0, \quad y = 0 \quad \text{und} \quad x = \tfrac{1}{4}a\sqrt{6}, \quad y = \tfrac{1}{4}a\sqrt{2},$$

wo nach Belieben die Wurzel ein positives oder negatives Vorzeichen haben kann. Für das erste Wertepaar wird auch F_2 zu Null, es bestimmt einen Doppelpunkt der Kurve $F = 0$. Für das zweite Wertepaar nimmt die zweite Ableitung

$$-\frac{F_{11}}{F_2} = -\frac{2(6x^2 + 2y^2 - a^2)}{2y(2x^2 + 2y^2 + a^2)}$$

den Wert $-3\sqrt{2} : 2a$ an. Dieses Wertepaar bestimmt sonach ein Maximum oder ein Minimum, je nachdem man das positive oder das negative Vorzeichen von $\sqrt{2}$ gewählt hat.

Geometrisch läßt sich die Betrachtung veranschaulichen, wenn man überlegt, daß die vorgelegte Gleichung $F = 0$ die Lemniskate vorstellt.

B. Hauptwerte der Funktion mehrerer Veränderlicher.

293. Hauptwerte einer Funktion mit zwei voneinander unabhängigen Veränderlichen. Sei diese Funktion

$$z = f(x, y), \tag{a}$$

dann sagt man, z hat an der Stelle x, y einen Hauptwert, wenn in der nächsten Umgebung dieser Stelle überall

$$f(x + h, y + k) - f(x, y) \tag{b}$$

stets positiv oder stets negativ ist; h und k können beliebig gewählt werden, positiv oder negativ, die Werte müssen nur hinreichend klein sein, um der Forderung einer „nächsten Umgebung“ der untersuchten Stelle zu genügen. Und zwar erhält man ein Maximum, wenn die Differenz (b) stets negativ ist, und ein Minimum, wenn sie stets positiv ist.

Die Werte x und y, die z zu einem Hauptwert machen, findet man durch die nachfolgende Überlegung. Man denke sich, das notwendige y sei bereits gefunden; wenn man es in die Gleichung (a) einsetzt, ist z nur mehr eine Funktion von x. Dann muß auch noch x so bestimmt werden, daß z ein Hauptwert wird. Nach den Regeln der vorausgehenden Nummer ist dafür notwendig, daß die Ableitung der Funktion nach x verschwindet; diese Ableitung ist jetzt partiell, die Bedingung lautet also

$$\frac{\partial f(x,y)}{\partial x} = 0 \quad \text{oder abgekürzt} \quad f_1 = 0. \tag{c}$$

Entsprechend findet man auch noch

$$\frac{\partial f(x,y)}{\partial y} = 0 \quad \text{oder} \quad f_2 = 0 \tag{d}$$

als Bedingung dafür, daß z einen Hauptwert erreicht. Man hat sonach:

Damit die Funktion $z = f(x,y)$ an der Stelle x,y einen Hauptwert erreicht, ist eine notwendige aber noch nicht hinreichende Bedingung

$$\frac{\partial f}{\partial x} = 0 \quad \text{und} \quad \frac{\partial f}{\partial y} = 0. \tag{e}$$

Man kann auch eine geometrische Betrachtung vornehmen, wenn man daran denkt, daß die Gleichung $z = f(x,y)$ eine Fläche vorstellt. Soll nun z an der Stelle x_0, y_0 einen Hauptwert z_0 erreichen, so wird die durch die Werte x_0, y_0, z_0 gekennzeichnete Stelle eine Horizontalstelle sein, für die nach (281) die unter (e) aufgestellten Bedingungen gelten müssen. Daß aber diese Bedingungen noch nicht ausreichen, ersieht man daraus, daß eine Horizontalstelle einer Fläche noch nicht einen höchsten oder tiefsten Punkt angeben muß.

Die unter (e) aufgestellten Bedingungen sind zwar notwendig, aber noch nicht hinreichend für das Bestehen eines Hauptwertes. Die Entscheidung darüber, ob die aus (e) gefundenen Werte x und y einen solchen liefern, kann man in recht vielen Fällen schon durch die Art der Aufgabe treffen, entsprechend wie das bereits bei früheren Beispielen geschehen ist.

Beispiel a) Eine Zahl a ist so in drei Teile zu zerlegen, daß deren Produkt ein Maximum wird.

Durch zwei von diesen drei Teilen ist der dritte schon mit bestimmt, man hat sonach nur zwei Veränderliche. Seien die ersten beiden mit x und y bezeichnet, dann ist die dritte $a - x - y$. Das Produkt

$$z = xy(a - x - y) = axy - x^2y - xy^2 \tag{f}$$

erhält einen Hauptwert, wenn die beiden Ableitungen

$$\frac{\partial z}{\partial x} = y(a - 2x - y) \quad \text{und} \quad \frac{\partial z}{\partial y} = x(a - x - 2y) \qquad (g)$$

gleichzeitig verschwinden. Als Lösung findet man die Wertepaare

$$x = 0,\quad y = 0 \quad \text{oder} \quad x = 0,\quad y = a \quad \text{oder} \quad x = a,\quad y = 0$$
$$\text{oder} \quad x = \tfrac{1}{3}a,\quad y = \tfrac{1}{3}a.$$

Die ersten drei Lösungen liefern 0 als Wert des Produktes z, also keinen Maximal-, sondern einen Minimalwert. Ein Maximalwert von z muß aber sicher vorhanden sein, sonach ist dieser durch die letzte Lösung bestimmt, die angibt, daß alle drei Teile gleich groß sein müssen. Siehe übrigens auch noch Beisp. 297a).

Beispiel b) An das Ellipsoid $\frac{x^2}{a^2} + \frac{y^2}{b^2} + \frac{z^2}{c^2} = 1$ ist eine Tangentialebene so zu legen, daß sie mit den drei Koordinatenebenen ein Tetraeder von möglichst kleinem Rauminhalt bildet. Gesucht ist dieser Inhalt.

Der Berührpunkt $P_0 = x_0 \,|\, y_0 \,|\, z_0$ ist unbekannt. Die Tangentialebene in ihm,

$$\frac{x x_0}{a^2} + \frac{y y_0}{b^2} + \frac{z z_0}{c^2} = 1,$$

liefert den Inhalt $T = \frac{a^2 b^2 c^2}{6 x_0 y_0 z_0}$ des Tetraeders, denn sie schneidet die Stücke $a^2 : x_0$, $b^2 : y_0$ und $c^2 : z_0$ auf den Achsen ab. Damit T möglichst klein wird, muß das Produkt $x_0 y_0 z_0$ möglichst groß werden oder auch das Produkt

$$\frac{x_0^2}{a^2} \cdot \frac{y_0^2}{b^2} \cdot \frac{z_0^2}{c^2} = uvw, \qquad \text{wobei} \qquad u + v + w = 1$$

aus der Gleichung des Ellipsoides zu entnehmen ist. Wenn man $w = 1 - u - v$ beseitigt, lautet die Aufgabe jetzt: wie muß man u und v wählen, damit $T = uv - u^2 v - uv^2$ möglichst groß wird? Die Bedingung

$$\frac{\partial T}{\partial u} = 0 \quad \text{mit} \quad \frac{\partial T}{\partial v} = 0 \qquad \text{oder} \qquad \left.\begin{array}{l} v - 2uv - v^2 = 0 \\ u - 2uv - u^2 = 0 \end{array}\right\}$$

liefert eine Reihe von Lösungen: $u = 0$, $v = 0$, $w = 1$ und damit $x_0 = 0$, $y_0 = 0$, $z_0 = c$ würde eine Tangentialebene bestimmen, die parallel ist zum Grundriß und daher ein unendlich großes Tetraeder gibt. Für die Lösungen $v = 0$, $w = 0$, $u = 1$ und $w = 0$, $u = 0$ $v = 1$ gilt das nämliche. Eine andere Lösung ist $u = v = w = \frac{1}{3}$

die offenbar einem Minimum des Tetraederinhaltes entspricht, da ein solches auf alle Fälle auftreten muß, eine andere Lösung aber nicht mehr vorkommt.

294. Fortsetzung. Beispiel a) Gesucht ist der kürzeste Abstand der zwei windschiefen Geraden

$$\left.\begin{aligned} y &= mx + b \\ z &= nx + c \end{aligned}\right\} \quad \left.\begin{aligned} y &= m'x + b' \\ z &= n'x + c' \end{aligned}\right\}. \tag{a}$$

Am einfachsten löst man die Aufgabe so wie in I 230 gezeigt. Will man sie mit den Mitteln der Differentialrechnung lösen, so nimmt man auf der ersten Geraden einen veränderlichen Punkt P an und auf der zweiten Geraden einen veränderlichen Punkt P' und fragt, wie muß man diese beiden Punkte wählen, damit ihr Abstand d ein Minimum wird. Wenn man vom Punkt P die Koordinate x wählt, dann sind durch die gegebenen Gleichungen auch die Koordinaten y und z bestimmt, ebenso durch x' auch die anderen Koordinaten y' und z' des Punktes P'. Es ist sonach d eine Funktion der beiden Veränderlichen x und x'.

Mit

$$P = x \mid mx + b \mid nx + c \quad \text{und} \quad P' = x' \mid m'x' + b' \mid n'x' + c'$$

wird das Quadrat des Abstandes der beiden Punkte

$$Q = (x - x')^2 + (mx + b - m'x' - b')^2 + (nx + c - n'x' - c')^2$$

eine Funktion von x und x'. Natürlich wird d ein Minimum, wenn $Q = d^2$ ein solches ist.

Die Bedingungen für ein Extremum sind

$$\frac{\partial Q}{\partial x} = 0 \quad \text{und} \quad \frac{\partial Q}{\partial y} = 0,$$

hier

$$\left.\begin{aligned} 2\left[x - x' + m(mx + b - m'x' - b') + n(nx + c - n'x' - c')\right] &= 0 \\ 2\left[x' - x + m'(m'x' + b' - mx - b) + n'(n'x' + c' - nx - c)\right] &= 0 \end{aligned}\right\}.$$

Man formt die beiden Gleichungen um zu

$$x(1 + m^2 + n^2) - x'(1 + mm' + nn') + m(b - b') + n(c - c') = 0,$$
$$-x(1 + mm' + nn') + x'(1 + m'^2 + n'^2) - m'(b - b') - n'(c - c') = 0,$$

und findet aus ihnen eine Formel

$$x = \frac{(b' - b)\left[m - m' + n'(mn' - m'n)\right] + (c' - c)\left[n - n' + m'(m'n - mn')\right]}{(mn' - m'n)^2 + (m - m')^2 + (n - n')^2}$$

Die Formel für x' geht aus ihr hervor, wenn man m, n, b, c durch m', n', b', c' ersetzt. Durch x und x' sind auch die anderen Koordinaten y, z und y', z' der beiden Punkte P und P' bestimmt und durch deren Entfernung der kürzeste Abstand d. Die Frage, ob die beiden gefundenen Werte x und x' wirklich ein Minimum bestimmen, ist durch die Art der gestellten Aufgabe schon gelöst. Denn sicher müssen die beiden Geraden einen kürzesten Abstand haben. Gefunden wurde nur eine Lösung, also ist diese auch die richtige.

Die Behandlung der Aufgabe ist im Vergleich zu jener des ersten Bandes eine recht umständliche, wenn man nicht den einfachen Gedankengang als einen Vorzug der Lösung betrachtet.

Beispiel b) Vorteilhaftestes Kanalprofil. Der Querschnitt F sei gegeben. Die Geschwindigkeit v des Wassers hängt wesentlich ab vom Wasserperimeter P d. i. der benetzte Umfang $ACDB$ des Querschnittes; sie ist um so größer, je kleiner P ist. Wenn der Böschungswinkel φ vorgeschrieben ist, Abb. 453, dann ist gefragt: wie groß ist h zu wählen, damit P möglichst klein wird.

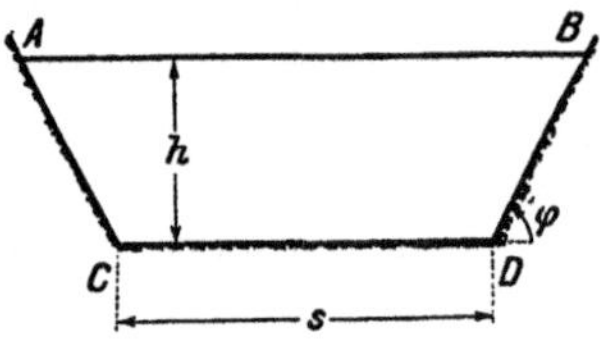

Abb. 453.

Aus

$$F = h(s + h \operatorname{cotg} \varphi) \quad \text{und} \quad P = s + 2h : \sin \varphi$$

ergibt sich
$$P = \frac{F}{h} - h \operatorname{cotg} \varphi + \frac{2h}{\sin \varphi}.$$

Damit P ein Minimum wird, muß

$$\frac{dP}{dh} = 0 \quad \text{oder} \quad -\frac{F}{h^2} - \operatorname{cotg} \varphi + \frac{2}{\sin \varphi} = 0$$

oder
$$h = \sqrt{\frac{F \sin \varphi}{2 - \cos \varphi}} \tag{b}$$

sein.

Wenn der Böschungswinkel φ nicht vorgeschrieben ist, sondern auch möglichst günstig gewählt werden soll, so wird man P als Funktion von h und φ behandeln und erhält ein Minimum, wenn gleichzeitig

$$\frac{\partial P}{\partial h} = 0 \quad \text{und} \quad \frac{\partial P}{\partial \varphi} = 0$$

oder

$$-\frac{F}{h^2} - \operatorname{cotg} \varphi + \frac{2}{\sin \varphi} = 0 \quad \text{und} \quad \frac{h}{\sin^2 \varphi} - \frac{2h \cos \varphi}{\sin^2 \varphi} = 0.$$

Aus der letzten Gleichung erhält man

$$\cos \varphi = \tfrac{1}{2} \quad \text{oder} \quad \varphi = 60^0$$

und dann aus der ersten

$$h = \sqrt{\frac{F \sin \varphi}{2 - \cos \varphi}} \quad \text{oder} \quad \frac{h}{\sqrt{F}} = 0{,}760 \quad \text{und} \quad \frac{P}{\sqrt{F}} = 2{,}632.$$

295. Fortsetzung. Die vorausgehende Entwicklung der Bedingung für das Eintreten eines Hauptwertes soll noch auf einem anderen Weg abgeleitet werden, gleichzeitig kann die Betrachtung auch auf eine Funktion von mehr als zwei Veränderlichen erweitert werden.

Gegeben sei eine Funktion

$$F(x, y, z \ldots) \tag{a}$$

von gegenseitig unabhängigen Veränderlichen $x, y, z \ldots$ und gefragt ist nach jenen Werten dieser Veränderlichen, die die Funktion F zu einem Maximum oder zu einem Minimum machen. Eine erste Antwort ist: es muß in der nächsten Umgebung die Differenz

$$\Delta F = F(x + h,\ y + k,\ z + l, \ldots) - F(x, y, z, \ldots) \tag{b}$$

unabhängig von den Werten $h, k, l \ldots$ entweder stets positiv oder stets negativ sein. Diese Werte $h, k, l \ldots$ dürfen beliebig sein, positiv wie negativ, natürlich hinreichend klein, damit der Begriff der „nächsten Umgebung“ gewahrt bleibt. Nach dem Taylorschen Satz ist

$$\Delta F = \frac{1}{1!}\left[h\frac{\partial F}{\partial x} + k\frac{\partial F}{\partial y} + l\frac{\partial F}{\partial z} + \ldots\right]$$
$$+ \frac{1}{2!}\left[h\frac{\partial F}{\partial x} + k\frac{\partial F}{\partial y} + l\frac{\partial F}{\partial z} + \ldots\right]^{(2)} + \frac{1}{3!}\left[\quad\right]^{(3)} + \ldots \tag{c}$$

Nach (175) kann man die Zahlen $h, k, l \ldots$ so klein wählen, daß die erste Klammer rechts die Summe aller noch folgenden überwiegt, so daß das Vorzeichen der rechten Gleichungsseite bedingt ist durch das Vorzeichen dieser Klammer

$$h\frac{\partial F}{\partial x} + k\frac{\partial F}{\partial y} + l\frac{\partial F}{\partial z} + \ldots \tag{d}$$

Nun soll einerseits für den Fall eines Extremwertes das Vorzeichen von ΔF stets gleich bleiben, also stets positiv oder stets negativ, wie man die Zahlen $h, k, l \ldots$ auch wählen mag. Andrerseits wird das Vorzeichen der Klammer sich mit der Wahl von $h, k, l \ldots$ jedenfalls ändern. Es muß also dieser Klammerausdruck (d) verschwinden, um den Widerspruch zu lösen; es muß

$$h\frac{\partial F}{\partial x} + k\frac{\partial F}{\partial y} + l\frac{\partial F}{\partial z} + \ldots = 0 \tag{e}$$

sein. Diese Bedingung (e) wird aber für jede beliebige Wahl von $h, k, l \ldots$ nur dann erfüllt, wenn gleichzeitig gilt

$$\frac{\partial F}{\partial x} = 0, \quad \frac{\partial F}{\partial y} = 0, \quad \frac{\partial F}{\partial z} = 0, \ldots$$

Man hat sonach als Regel:

Damit $F(x, y, z \ldots)$ an der Stelle $x, y, z \ldots$ einen Hauptwert erreicht, ist eine notwendige aber noch nicht hinreichende Bedingung, daß

$$\frac{\partial F}{\partial x} = 0, \quad \frac{\partial F}{\partial y} = 0, \quad \frac{\partial F}{\partial z} = 0, \ldots \tag{f}$$

Man beachte wohl, man hat nur eine notwendige Bedingung für das Vorhandensein eines Hauptwertes aufgestellt. Ob die aus den Gleichungen (*f*) gefundenen Werte wirklich einen solchen liefern, ist analytisch erst durch die Untersuchung der höheren Ableitungen festzustellen. In den praktisch vorkommenden Fällen ist freilich meist aus der Natur der Aufgabe heraus ohne weiteres die Feststellung möglich, ob die durch das Gleichungssystem (*f*) bedingten Werte $x, y, z \ldots$ einen Hauptwert von F ergeben. Die analytische Untersuchung wird recht verwickelt, wenn es sich um mehr als zwei voneinander unabhängige Veränderliche $x, y, z \ldots$ handelt. Und selbst, wenn man es nur mit zwei unabhängigen Veränderlichen x und y zu tun hat, wird sich die analytische Untersuchung nur auf jene Fälle beschränken, bei denen die Ableitungen zweiter Ordnung zu einem Urteil ausreichen; sie wird sich sonach auf jene Fälle beschränken, die in 289 als einfache Hauptwerte bezeichnet werden.

Beispiel a) Im Raum bilden die Punkte $P_1 = x_1 | y_1, P_2 = x_2 | y_2, \ldots P_n = x_n | y_n$ mit den Massen $m_1, m_2, \ldots m_n$ ein Massensystem. Man soll einen Punkt $S = \xi | \eta | \zeta$ so bestimmen, daß die Größe

$$J = m_1 r_1^2 + m_2 r_2^2 + \ldots + m_n r_n^2, \quad \text{wo} \quad r_i = SP_i,$$

ein Minimum wird.

Die Größe $m_i r_i^2$ ist das Trägheitsmoment des Massenpunktes P_i bezüglich des gesuchten Punktes S, die Summe $J = \Sigma mr^2$ nennt man das polare Trägheitsmoment des Massensystems für den Punkt S.

Mit

$$r_i^2 = (\xi - x_i)^2 + (\eta - y_i)^2 + (\zeta - z_i)^2$$

wird

$$J = m_1[(\xi - x_1)^2 + (\eta - y_1)^2 + (\zeta - z_1)^2]$$
$$+ m_2[(\xi - x_2)^2 + (\eta - y_2)^2 + (\zeta - z_2)^2]$$
$$+ \ldots + m_n[(\xi - x_n)^2 + (\eta - y_n)^2 + (\zeta - z_n)^2]$$

oder

$$J = \Sigma m[(\xi - x)^2 + (\eta - y)^2 + (\zeta - z)^2]$$

oder

$$J = \Sigma m(\xi - x)^2 + \Sigma m(\eta - y)^2 + \Sigma m(\zeta - z)^2,$$

wo das Summenzeichen sich auf die gegebenen Koordinaten $x_i | y_i | z_i$ und die gegebenen Massen m_i der einzelnen Punkte P_i des Massensystems bezieht. Veränderlich sind nur die Koordinaten ξ, η, ζ des Punktes S, insofern man ihn beliebig wählen kann. Wenn er aber so gewählt werden muß, daß J ein Minimum wird, dann müssen für ihn die Bedingungen

$$\frac{\partial J}{\partial \xi} = 0, \quad \frac{\partial J}{\partial \eta} = 0, \quad \frac{\partial J}{\partial \zeta} = 0$$

gelten; oder wenn man ausrechnet,

$$\Sigma m(\xi - x) = 0, \quad \Sigma m(\eta - y) = 0, \quad \Sigma m(\zeta - z) = 0$$

oder

$$M\xi = \Sigma mx, \quad M\eta = \Sigma my, \quad M\zeta = \Sigma mz,$$

wenn man die Gesamtmasse

$$m_1 + m_2 + \ldots m_2 = \Sigma m$$

mit M bezeichnet. Durch die drei gefundenen Bedingungsgleichungen ist der Punkt S als Schwerpunkt des Massensystems erkannt. Man hat nur eine einzige Lösung und diese muß daher auch die richtige sein; denn J ist stets positiv und größer als Null, muß also einen Kleinstwert haben.

296. Fortsetzung. Gefragt ist nach einer nicht nur notwendigen sondern auch hinreichenden analytischen Bedingung für das Bestehen eines Hauptwertes der Funktion $F(x, y)$; oder mit anderen Worten: nach einer brauchbaren analytischen Formulierung der Bedingung, daß die Differenz

$$\Delta F = F(x + h, y + k) - F(x, y) \tag{a}$$

in der nächsten Umgebung der Hauptstelle entweder stets positiv oder stets negativ ist. Mit Benützung des Taylorschen Satzes und der Formel (295f) kann man schreiben

$$\Delta F = \frac{1}{2!}\left[h\frac{\partial F}{\partial x} + k\frac{\partial F}{\partial y}\right]^{(2)} + \frac{1}{3!}\left[h\frac{\partial F}{\partial x} + k\frac{\partial F}{\partial y}\right]^{(3)} + \ldots$$

oder wenn man diese symbolischen Potenzen ausrechnet und gleichzeitig Abkürzungen einführt,

$$\Delta F = \frac{1}{2!}[h^2 F_{11} + 2hkF_{12} + k^2 F_{22}] + \frac{1}{3!}[h^3 F_{111} + \ldots] + \ldots \qquad \text{(b)}$$

Nach (175) kann man wieder die Größen h und k so klein wählen, daß die erste Klammer der rechten Gleichungsseite die Summe aller noch folgenden Glieder übersteigt, daß also das Vorzeichen von ΔF nur durch die erste Klammer bedingt ist. Dann ist die Frage wie müssen die partiellen Ableitungen F_{11}, F_{12}, F_{22} beschaffen sein, damit für jede Wahl von h und k diese erste Klammer das Vorzeichen nicht wechselt? [Dabei ist der Fall

$$F_{11} = 0, \quad F_{12} = 0, \quad F_{22} = 0 \qquad \text{(c)}$$

von vornherein auszuschalten, weil man dann die Ableitungen höherer Ordnung für die Entscheidung zu Hilfe nehmen müßte; wir haben aber einfache Hauptstellen vorausgesetzt, die nur durch erste und zweite Ableitungen beurteilt werden sollen].

Wenn man k^2 aus der ersten Klammer als Faktor aussetzt und gleichzeitig $h : k = \xi$ einführt, wird sie

$$k^2 [\xi^2 F_{11} + 2\xi F_{12} + F_{22}].$$

Das Vorzeichen von k^2 hat keinen Einfluß auf das Vorzeichen der Klammer; die Frage lautet jetzt: welche Beziehung muß zwischen den Größen F_{11}, F_{12}, F_{22} bestehen, damit

$$\xi^2 F_{11} + 2\xi F_{12} + F_{22} \qquad \text{(d)}$$

nie sein Vorzeichen wechselt? Die Antwort wird geometrisch gefunden, wenn man

$$\eta = F_{11}\xi^2 + 2F_{12}\xi + F_{22}$$

als Gleichung einer Kurve in einem rechtwinkligen Koordinatensystem $\xi \mid \eta$ betrachtet. Sie stellt eine Parabel vor, deren Achse parallel zur η-Achse ist. Damit η stets positiv oder stets negativ bleibt, darf diese Parabel die ξ-Achse nicht schneiden; oder in anderer Sprechweise, die aus der Gleichung

$$F_{11}\xi^2 + 2F_{12}\xi + F_{22} = 0$$

sich ergebenden Schnittpunkte der Parabel mit der ξ-Achse müssen imaginär sein. Das werden sie, wenn die Diskriminante der Gleichung negativ ist, wenn also

$$F_{12}^2 - F_{11}F_{22} < 0. \qquad \text{(e)}$$

Diese Beziehung ist also die Bedingung dafür, daß die erste Klammer in (b),

$$h^2 F_{11} + 2hk F_{12} + k^2 F_{22}, \tag{f}$$

und damit auch ΔF das Vorzeichen nicht wechselt; sie ist also eine hinreichende Bedingung für das Vorhandensein eines Hauptwertes der Funktion F.

Unter Voraussetzung der Ungleichung (e) sieht man, daß F_{11} und F_{22} gleiches Vorzeichen haben müssen, weil andernfalls die linke Seite der Ungleichung aus zwei positiven Summanden bestünde. Weiter sieht man: wie man auch h und k wählen mag, die Summe (f) wechselt ihr Vorzeichen nicht; also auch nicht, wenn man $h = 0$ wählt; also hat $k^2 F_{22}$ und deswegen auch F_{22} das gleiche Vorzeichen wie die ganze Summe (f) und damit auch wie die Differenz ΔF. Oder umgekehrt: ΔF hat unter der Voraussetzung (e) das gleiche Vorzeichen wie F_{22} oder F_{11}. Man faßt die vorausgehenden Entwicklungen zusammen:

I. Damit die Funktion $z = F(x, y)$ an der Stelle x, y einen Hauptwert erreicht, ist eine notwendige Bedingung, daß

$$F_1 = 0 \quad \text{und} \quad F_2 = 0.$$

Die aus diesen Gleichungen sich ergebenden Wertepaare x, y bestimmen einen Hauptwert dann, wenn

$$F_{12}^2 - F_{11} F_{22} < 0;$$

und zwar ein

$$\left.\begin{array}{ll} \text{Maximum,} & F_{11} < 0 \quad \text{oder} \quad F_{22} < 0 \\ & \text{wenn} \\ \text{Minimum,} & F_{11} > 0 \quad \text{oder} \quad F_{22} > 0. \end{array}\right. \tag{g}$$

II. Wenn für die aus den Gleichungen

$$F_1 = 0 \quad \text{und} \quad F_2 = 0$$

sich ergebenden Wertepaare x, y

$$F_{12}^2 - F_{11} F_{22} > 0$$

wird, dann liefern sie weder ein Maximum noch ein Minimum. (h)

III. Wenn für die aus den Gleichungen

$$F_1 = 0 \quad \text{und} \quad F_2 = 0$$

sich ergebenden Wertepaare x, y

$$F_{12}^2 - F_{11} F_{22} = 0$$

wird, dann geschieht die Entscheidung, ob die Funktion F ein Extremum hat, im allgemeinen Fall durch die Ableitungen dritter und vierter Ordnung. (i)

Die Aussage (h) ist nichts anderes als eine Umkehr der für die Aussage (g) gemachten Betrachtungen.

297. Fortsetzung. Beispiel a) Man weise analytisch nach, daß die Lösung des Beispiels 293a) richtig ist.

Aus den Bedingungen, denen die Funktion $F = xy(a - x - y)$ genügen muß, nämlich $F_1 = 0$ und $F_2 = 0$, wurde als mögliche Lösung gefunden

$$x = \tfrac{1}{3}a, \quad y = \tfrac{1}{3}a.$$

Für diese Werte nehmen die partiellen Ableitungen

$$F_{11} = -2y, \quad F_{12} = a - 2x - 2y, \quad F_{22} = -2x$$

die Werte

$$-\tfrac{2}{3}a, \quad -\tfrac{1}{3}a, \quad -\tfrac{2}{3}a$$

an. Die Diskriminante (296e) wird

$$F_{12}{}^2 - F_{11}F_{22} = -\tfrac{1}{3}a^2,$$

also negativ, man hat sonach einen wirklichen Hauptwert. Da a als positiv vorausgesetzt wird, ergibt sich aus (296f) wegen $F_{11} < 0$, daß durch die gefundenen Werte x und y ein Maximum bestimmt ist.

Beispiel b) Die Seiten eines Dreieckes von gegebenem Umfange $2s$ sollen so gewählt werden, daß der Flächeninhalt F den größtmöglichen Wert erhält.

Wenn zwei Seiten mit x und y bezeichnet werden, dann ist die dritte $z = 2s - x - y$. Nach der Heronischen Formel ist der Flächeninhalt

$$F = \sqrt{s(s-x)(s-y)(s-z)}.$$

F wird ein Maximum, wenn das Produkt

$$U = (s-x)(s-y)(x+y-s)$$

ein Maximum ist. Für diesen Fall muß

$$U_1 = (s-y)(2s-2x-y) = 0$$

und

$$U_2 = (s-x)(2s-2y-x) = 0$$

sein. Aus beiden Gleichungen ergibt sich

$$x = s, \; y = s, \; z = 0 \quad \text{und} \quad x = \tfrac{2}{3}s, \; y = \tfrac{2}{3}s, \; z = \tfrac{2}{3}s.$$

Die erste Wertegruppe ist keine Lösung, da der Flächeninhalt 0 wird. Die zweite Gruppe ist eine Lösung, denn sicher muß der Flächeninhalt, da er nicht unendlich groß werden kann, einen Maximalwert erreichen. Auch analytisch läßt sich die zweite Wertegruppe als Lösung erweisen, wenn man die partiellen Ableitungen zweiter Ordnung bildet. Es nehmen

$$U_{11} = 2(y - s), \quad U_{12} = 2x + 2y - 3s, \quad U_{22} = 2(x - s)$$

an der Stelle $x = \frac{2}{3}s$, $y = \frac{2}{3}s$ die Werte

$$U_{11} = -\tfrac{2}{3}s, \quad U_{12} = -\tfrac{1}{3}s, \quad U_{22} = -\tfrac{2}{3}s$$

an, so daß die Bedingung (296g) für ein Maximum erfüllt ist, nämlich

$$U_{12}^2 - U_{11}U_{22} < 0 \quad \text{und} \quad U_{11} < 0.$$

298. Hauptwerte mit Nebenbedingungen. Diejenigen Veränderlichen

$$x, y, z \quad \text{einer Funktion} \quad F(x, y, z), \tag{a}$$

die einen Hauptwert dieser Funktion F bestimmen, sind häufig durch das Hinzutreten von einer oder von zwei neuen Bedingungsgleichungen — genannt Nebenbedingungen — erst wirklich bestimmt.

Man denke etwa an das letzte Beispiel; die drei Seiten x, y, z eines Dreieckes von gegebenem Umfange $2s$ so zu bestimmen, daß die Fläche ein Maximum wird. Bei ihm war die Nebenbedingung

$$2s = x + y + z.$$

I. Erstes Verfahren. Man wird in vielen Fällen aus der gegebenen Nebenbedingung

$$G(x, y, z) = 0 \tag{b}$$

eine der Veränderlichen, etwa z, berechnen und in die untersuchte Funktion

$$F(x, y, z) \tag{c}$$

einsetzen, so daß diese nur mehr zwei Veränderliche x und y enthält. Etwa so, wie man beim letzten Beispiel aus der gegebenen Nebenbedingung

$$2s = x + y + z \quad \text{die Veränderliche} \quad z = 2s - x - y$$

in die Funktion einsetzte.

Oder wenn zwei Nebenbedingungen

$$G(x, y, z) = 0 \quad \text{und} \quad H(x, y, z) = 0 \tag{d}$$

vorgeschrieben sind, daß man aus ihnen zwei Veränderliche, etwa und z, nach x ausdrückt und in die untersuchte Funktion F einsetzt, so daß diese nur mehr eine einzige Veränderliche x enthält.

Beispiel a) In Beispiel 289c) war auf der gegebenen Geraden

$$y = mx + b \quad \text{mit} \quad z = nx + c$$

ein Punkt P so gesucht, daß die Entfernung $e = P_0 P$ des gegebenen Punktes P_0 dessen kürzeste Entfernung von der Geraden ist. Diese Entfernung e ist von den drei Koordinaten x, y, z abhängig. Weil aber P auf der gegebenen Geraden liegen soll, hat man für x, y, z noch die zwei Nebenbedingungen

$$y = mx + b \quad \text{und} \quad z = nx + c\,.$$

Man konnte so y und z nach x ausdrücken und die Entfernung e nur von x abhängig machen.

II. Zweites Verfahren. In vielen Fällen ist aber der eben vorgeschlagene Weg nicht gangbar oder doch nur mit Aufwand verwickelter Rechnung. Man wird dann das folgende Verfahren einschlagen.

Es seien die drei Größen x, y, z, die einen Hauptwert der Funktion $F(x, y, z)$ erzeugen sollen, noch durch die zwei Nebenbedingungen

$$G(x, y, z) = 0 \quad \text{und} \quad H(x, y, z) = 0 \tag{e}$$

näher bestimmt. Dann ist in Wahrheit F nur eine Funktion von x, da ja y und z durch die beiden Nebenbedingungen als unentwickelte Funktionen von x gegeben sind. Im allgemeinen wird es aber nicht gelingen, y und z nach x auszudrücken. Man wird dann statt mit den gegebenen Nebenbedingungsgleichungen mit ihren Differentialgleichungen arbeiten, aus ihnen die notwendigen Ableitungen von y und z nach x berechnen und in die Differentialgleichung der zu untersuchenden Funktion F einsetzen. Denn damit F einen Hauptwert hat, muß ja gelten

$$\frac{dF}{dx} = 0 \quad \text{oder} \quad \frac{\partial F}{\partial x} + \frac{\partial F}{\partial y}\frac{dy}{dx} + \frac{\partial F}{\partial z}\frac{dz}{dx} = 0\,; \tag{f}$$

ferner ergibt sich aus den Nebenbedingungen

$$\left.\begin{aligned} G = 0 \quad &\text{oder} \quad \frac{dG}{dx} = 0 \quad \text{oder} \quad \frac{\partial G}{\partial x} + \frac{\partial G}{\partial y}\frac{dy}{dx} + \frac{\partial G}{\partial z}\frac{dz}{dx} = 0\,, \\ H = 0 \quad &\text{oder} \quad \frac{dH}{dx} = 0 \quad \text{oder} \quad \frac{\partial H}{\partial x} + \frac{\partial H}{\partial y}\frac{dy}{dx} + \frac{\partial H}{\partial z}\frac{dz}{dx} = 0\,. \end{aligned}\right\} \tag{g}$$

Aus zweien von diesen drei Differentialgleichungen kann man die Werte von $\dfrac{dy}{dx}$ und $\dfrac{dz}{dx}$ ausrechnen und in die dritte einsetzen;

sie bildet dann mit den beiden gegebenen Nebenbedingungen die drei erforderlichen Gleichungen zur Bestimmung der gesuchten Werte x, y, z. [Statt $\frac{dy}{dx}$ und $\frac{dz}{dx}$ aus zwei von den drei aufgestellten Gleichungen auszurechnen, wird man meist sagen: für die zwei Ableitungen $\frac{dy}{dx}$ und $\frac{dz}{dx}$ hat man drei lineare Gleichungen, es muß sonach deren Resultante

$$\begin{vmatrix} F_1 & F_2 & F_3 \\ G_1 & G_2 & G_3 \\ H_1 & H_2 & H_3 \end{vmatrix} \tag{h}$$

verschwinden.]

299. Fortsetzung. Beispiel a) Von einem Kreiskegel ist die Oberfläche O gegeben; man bemesse ihn so, daß sein Volumen V ein Maximum wird.

Der Halbmesser des Grundkreises sei x, die Höhe y, die Mantelseite z, Abb. 454. Das Volumen

$$V = \tfrac{1}{3} x^2 \pi y \tag{a}$$

ist zunächst eine Funktion von zwei Veränderlichen x und y. Wegen der vorgeschriebenen Oberfläche

$$O = x^2\pi + \pi x z \quad \text{oder} \quad O = \pi x(x + z) \tag{b}$$

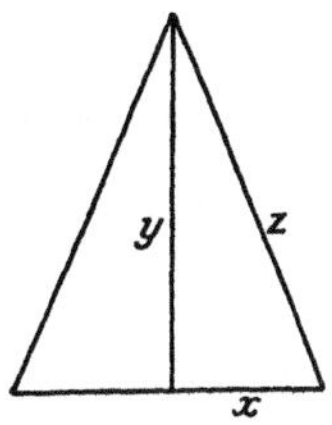

Abb. 454.

besteht aber noch eine Beziehung zwischen x und y, die gestattet, eine der beiden Veränderlichen zu entfernen. Man kann nämlich diese Nebenbedingungen umformen zu

$$O = \pi x(x + \sqrt{x^2 + y^2}) \quad \text{oder} \quad y^2\pi^2x^2 = O^2 - 2\,O\pi x^2 \tag{c}$$

und erhält damit

$$9\,V^2 = \pi^2 x^4 y^2 \quad \text{oder} \quad 9\,V^2 = O^2x^2 - 2\,O\pi x^4.$$

Wenn V ein Maximum wird, dann natürlich auch $9\,V^2$, man wird daher die Bedingung aufsuchen dafür, daß $U = 9\,V^2$ ein Maximum wird. Sie ist

$$\frac{dU}{dx} = 0 \quad \text{oder} \quad 2\,xO^2 - 8\,x^3\pi O = 0 \quad \text{oder} \quad x(O - 4\,x^2\pi) = 0 \tag{d}$$

und liefert $x = 0$ und $x^2 = O : 4\,\pi$. Der erste Wert liefert ein Minimum; der zweite Wert ein Maximum, was ja unmittelbar einzusehen ist, da V einen endlichen Wert und damit auch ein Maximum haben muß. Mit diesem Wert wird dann

$$y^2 = 8\,x^2 \quad \text{oder} \quad y^2 = 2\,O : \pi \quad \text{und} \quad z^2 = x^2 + y^2 \quad \text{oder} \quad z^2 = 9\,x^2.$$

Die drei Größen x, y, z bilden dann das Verhältnis

$$x^2 : y^2 : z^2 = 1 : 8 : 9$$

oder
$$x^2 = \frac{O}{4\pi}, \qquad y^2 = \frac{2\,O}{\pi}, \qquad z^2 = \frac{9\,O}{4\pi}. \tag{e}$$

Nach dem angegebenen neuen Verfahren (Berücksichtigung der Nebenbedingungen durch deren Differentialgleichungen) wird man folgendermaßen vorgehen. Die Funktion

$$V = \tfrac{1}{3} x^2 y \pi$$

soll einen Maximalwert erhalten. Gegeben ist noch, daß die Oberfläche O einen vorgeschriebenen Wert hat,

$$O = x^2\pi + xz\pi, \qquad \text{wo} \qquad x^2 + y^2 = z^2. \tag{f}$$

Man hat sonach zwei Nebenbedingungen für die drei Veränderlichen x, y, z. Die drei Gleichungen (298f und g) werden hier

$$2xy + x^2\frac{dy}{dx} = 0, \qquad 2x + z + x\frac{dz}{dx} = 0, \qquad x + y\frac{dy}{dx} = z\frac{dz}{dx}. \tag{g}$$

Man rechnet aus den beiden ersten $\frac{dy}{dx}$ und $\frac{dz}{dx}$ aus und setzt sie in die dritte ein und erhält

$$x^2 - 2y^2 + 2xz + z^2 = 0 \qquad \text{oder} \qquad 2y^2 = (x+z)^2. \tag{h}$$

Diese neue Gleichung liefert im Verein mit den obigen zwei Nebenbedingungen (f) die notwendigen drei Gleichungen zur Bestimmung jenes Wertesystems, das V zu einem Maximum machen soll. Wenn man diese Gleichungen etwas umformt, werden sie

$$O = \pi x(x+z), \qquad y^2 = (x+z)(z-x), \qquad 2y^2 = (x+z)^2,$$

und liefern genau wie oben

$$x^2 = O : 4\pi, \qquad y^2 = 2\,O : \pi, \qquad z^2 = 9\,O : 4\pi.$$

300. Fortsetzung. Beispiel a) Gegeben sind zwei senkrecht zueinander stehende Gerade und ein Punkt P, Abb. 455. Man soll durch ihn eine Gerade so legen, daß sie mit den beiden festen Geraden ein Dreieck von möglichst kleinem Flächeninhalt bildet.

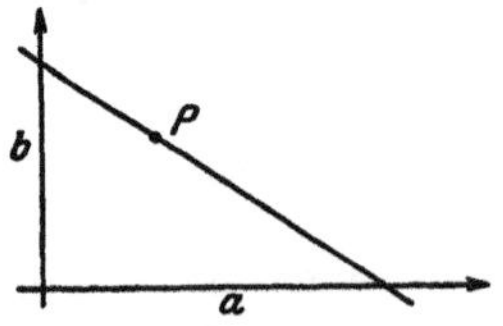

Abb. 455.

Man macht die beiden Geraden zu Koordinatenachsen, die beiden Abschnitte auf ihnen bezeichnet man mit a und b. Dann soll das Dreieck $F = \frac{1}{2}ab$ möglichst klein werden. a und b sind nicht willkürlich veränderlich, beide sind noch durch die Bedingung verbunden, daß der Punkt P mit den Koordinaten $x|y$ auf der Geraden liegen muß, also durch die Beziehung $\frac{x}{a} + \frac{y}{b} = 1$. Man kann a als die Unabhängige betrachten, von der b wegen der gegebenen Bedingung abhängig ist. Der Punkt P ist gegeben, also sind x und y selbstverständlich konstant, sie sind gegebene Größen. Damit F einen Hauptwert erreicht, muß gelten

$$\frac{dF}{da} = 0 \quad \text{oder} \quad \tfrac{1}{2}\left(b \cdot 1 + a \cdot \frac{db}{da}\right) = 0; \quad \text{aus} \quad -\frac{x}{a^2} - \frac{y}{b^2}\frac{db}{da} = 0$$

kann man $\frac{db}{da}$ berechnen und in die erste Gleichung einsetzen; man erhält

$\frac{x}{a} = \frac{y}{b}$; in Verbindung mit $\frac{x}{a} + \frac{y}{b} - 1$ gibt diese Beziehung $a = 2x$, $b = 2y$ und damit $F = 2xy$ als kleinstes Dreieck.

Beispiel b) Die Gerade des vorausgehenden Beispiels soll so gewählt werden, daß das auf ihr von den beiden Koordinatenachsen abgeschnittene Stück möglichst klein wird.

Hier soll $l = \sqrt{a^2 + b^2}$ möglichst klein werden, also auch die Funktion $F = a^2 + b^2$. Zwischen a und b besteht ferner noch die gleiche Beziehung wie bei der vorigen Aufgabe. Man erhält

$$\frac{dF}{da} = 0 \quad \text{oder} \quad 2\left(a + b\frac{db}{da}\right) = 0 \quad \text{mit} \quad -\frac{x}{a^2} - \frac{y}{b^2}\frac{db}{da} = 0.$$

Aus beiden Gleichungen erhält man

$$b^3 x = a^3 y \quad \text{in Verbindung mit} \quad \frac{x}{a} + \frac{y}{b} = 1.$$

Aus diesen beiden Gleichungen wieder findet man

$$a = x + \sqrt[3]{xy^2}, \qquad b = y + \sqrt[3]{x^2 y}$$

und damit

$$l^2 = a^2 + b^2 = x^2 + 3x\sqrt[3]{xy^2} + 3y\sqrt[3]{x^2 y} + y^2$$

oder

$$l^{2/3} = x^{2/3} + y^{2/3}.$$

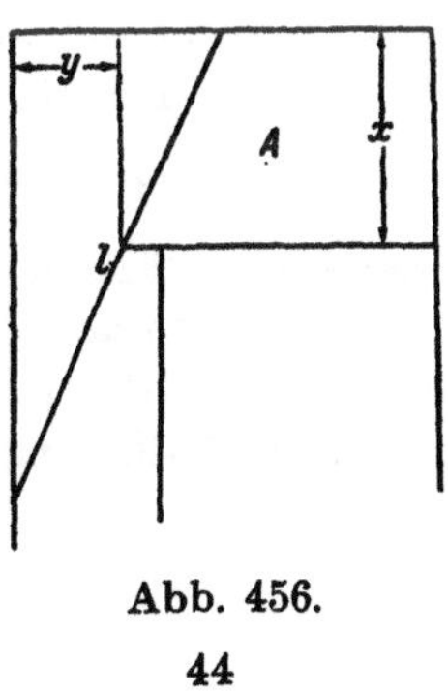

Abb. 456.

Beispiel c) In den Raum A der Abb. 456 soll durch die etwas schmale Tür eine hohe Tafel von gegebener Länge l gebracht werden. Welche lichte Öffnung muß der Türstock mindestens haben, damit die Tafel noch hineingebracht werden kann.

Die Aufgabe ist die Umkehr derjenigen des vorhergehenden Beispiels. Man könnte nämlich auch fragen, wie groß darf l höchstens sein, damit die Tafel noch durch die Tür gebracht werden kann. Es ergibt sich demgemäß als Bedingung für die Mindestbreite y des Türstockes

$$l^{2/3} = x^{2/3} + y^{2/3} \qquad \text{oder} \qquad y_{min} = \sqrt{(l^{2/3} - x^{2/3})^3}.$$

Die Aufgabe wird oft noch in folgender Form gestellt: Gegeben sind zwei sich rechtwinklig kreuzende Straßen von gegebener Breite. Man soll einen Balken von der einen Straße in die andere bringen

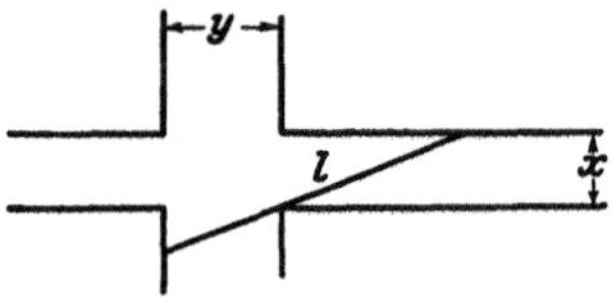

Abb. 457.

und zwar so, daß er bei der Bewegung wagrecht bleibt, Abb. 457. Wie lang darf er höchstens sein? Man erhält die gleiche Lösung wie oben, nämlich $l^{2/3} = x^{2/3} + y^{2/3}$.

301. Fortsetzung. Das für Hauptwerte notwendige Wertesystem kann man nach Lagrange auf die folgende Weise erhalten.

III. Drittes Verfahren. Sei die auf einen Hauptwert zu untersuchende Funktion

$$F(x, y, z) \tag{a}$$

noch mit den zwei Nebenbedingungen

$$G(x, y, z) = 0 \qquad \text{und} \qquad H(x, y, z) = 0 \tag{b}$$

verbunden. Unsere ganze Untersuchung beschäftigt sich nur mit jenen Werten x, y, z, die F zu einem Hauptwert machen und gleichzeitig den Gleichungen $G = 0$ und $H = 0$ genügen. Unter dieser Voraussetzung ist es gleichgültig, ob man die Funktion $F(x, y, z)$ oder die Funktion

$$U = F(x, y, z) + \lambda G(x, y, z) + \mu H(x, y, z) \tag{c}$$

untersucht, weil ja G und H für das gesuchte Wertesystem x, y, z zu Null werden. λ und μ sind dabei willkürliche Parameter, die als unbekannt zu betrachten sind.

Die Bedingung für einen Extremwert von U ist $dU = 0$ oder

$$\frac{\partial U}{\partial x} dx + \frac{\partial U}{\partial y} dy + \frac{\partial U}{\partial z} dz = 0 \tag{d}$$

oder

$$\left.\begin{aligned}&\left(\frac{\partial F}{\partial x}+\lambda\frac{\partial G}{\partial x}+\mu\frac{\partial H}{\partial x}\right)dx\\+&\left(\frac{\partial F}{\partial y}+\lambda\frac{\partial G}{\partial y}+\mu\frac{\partial H}{\partial y}\right)dy\\+&\left(\frac{\partial F}{\partial z}+\lambda\frac{\partial G}{\partial z}+\mu\frac{\partial H}{\partial z}\right)dz=0.\end{aligned}\right\}\tag{e}$$

Wenn man beachtet, daß durch die Nebenbedingungen (b) die Veränderlichen y und z als unentwickelte Funktionen von x gegeben sind, so ist von den drei Veränderlichen x, y, z nur eine einzige, nämlich x, willkürlich veränderlich, und ebenso auch sein Differential dx. Damit also die Gleichung (e) für jedes dx bestehen kann, muß der Koeffizient von dx, nämlich

$$\frac{\partial F}{\partial x}+\lambda\frac{\partial G}{\partial x}+\mu\frac{\partial H}{\partial x}=0\tag{f}$$

sein. Ferner waren λ und μ als ganz willkürliche Zahlen eingeführt worden. Man kann sie daher auch derart wählen, daß sie zusammen die Koeffizienten von dy und dz zu Null machen, so daß also auch noch gilt

$$\left.\begin{aligned}\frac{\partial F}{\partial y}+\lambda\frac{\partial G}{\partial y}+\mu\frac{\partial H}{\partial y}=0,\\\frac{\partial F}{\partial z}+\lambda\frac{\partial G}{\partial z}+\mu\frac{\partial H}{\partial z}=0.\end{aligned}\right.\tag{g}$$

Für die drei gesuchten Werte x, y, z, die der Funktion F einen Extremwert verleihen sollen, und die beiden Parameter λ und μ, zusammen also für die fünf Unbekannten x, y, z, λ, μ hat man die fünf Gleichungen (b), (f), (g), womit die Aufgabe gelöst ist. Es soll noch zusammengefaßt werden:

Soll die Funktion $F(x, y, z)$ einen Hauptwert erhalten, und gelten für die Größen x, y, z noch die Nebenbedingungen

$$G(x, y, z)=0 \quad \text{und} \quad H(x, y, z)=0,$$

so bilde man unter Einführung der beiden als konstant zu betrachtenden Parameter λ und μ die Funktion

$$U=F+\lambda G+\mu H.$$

Dann findet man das gesuchte Wertesystem x, y, z und

die beiden Unbekannten λ und μ durch die fünf Gleichungen

$$G=0, \qquad H=0, \qquad \frac{\partial U}{\partial x}=0, \qquad \frac{\partial U}{\partial y}=0, \qquad \frac{\partial U}{\partial z}=0$$

oder

$$\left.\begin{matrix} G=0 \\ H=0 \end{matrix}\right\} \quad \text{und} \quad \left.\begin{matrix} F_1+\lambda G_1+\mu H_1=0 \\ F_2+\lambda G_2+\mu H_2=0 \\ F_3+\lambda G_3+\mu H_3=0 \end{matrix}\right\}. \tag{h}$$

Beispiel a) Das Beispiel 299a) soll nach diesem neuen Verfahren gelöst werden.

Die zu untersuchende Funktion ist

$$V=\tfrac{1}{3}x^2y\pi,$$

die Nebenbedingungen sind

$$x^2\pi+xz\pi-O=0, \qquad x^2+y^2-z^2=0. \tag{i}$$

Man bildet die Funktion

$$U=\tfrac{1}{3}x^2y\pi+\lambda(x^2\pi+xz\pi-O)+\mu(x^2+y^2-z^2). \tag{k}$$

Die partiellen Ableitungen dieser Funktion nach x, y, z müssen verschwinden,

$$\begin{aligned} \tfrac{2}{3}xy\pi+\lambda(2x\pi+z\pi)+\mu\cdot 2x&=0, \\ \tfrac{1}{3}x^2\pi+\lambda\cdot 0+\mu\cdot 2y&=0, \\ 0+\lambda\cdot x\pi-\mu\cdot 2z&=0, \end{aligned} \tag{l}$$

und bilden mit den zwei Nebenbedingungen (i) die notwendigen fünf Gleichungen zur Ermittlung von x, y, z, λ, μ. Aus den letzten beiden Gleichungen erhält man

$$\mu=-\frac{x^2\pi}{6y} \quad \text{und} \quad \lambda=-\frac{xz}{3y}$$

und setzt sie in die erste Gleichung ein, die dann

$$2y^2=(x+z)^2$$

wird und mit den beiden Bedingungsgleichungen (i) die gesuchten Werte x, y, z genau wie im Beispiel 299a) liefert.

Das Beispiel zeigt, daß im vorliegenden Fall das neue Verfahren dem früheren gegenüber nicht von Vorteil ist.

302. Fortsetzung. Wenn für die drei Veränderlichen x, y, z, die der Funktion $F(x, y, z)$ einen Hauptwert geben sollen, nur eine einzige Nebenbedingung

$$G(x, y, z)=0 \tag{b}$$

vorgeschrieben ist, dann gibt diese die Veränderliche z als unentwickelte Funktion von x und y an und macht damit auch die zu untersuchende Funktion F nur von den beiden Veränderlichen x und y abhängig.

I. Erstes Verfahren. Die Bedingung für einen Extremwert wird dargestellt durch

$$\frac{\partial F}{\partial x} = 0 \quad \text{mit} \quad \frac{\partial F}{\partial y} = 0. \tag{c}$$

Diese beiden Gleichungen im Verein mit der Nebenbedingung (b) sind die drei für die Bestimmung des Wertesystems x, y, z notwendigen Gleichungen. Für die Ausführung der Gleichungen (c) ist natürlich vorausgesetzt, daß man z als Funktion von x und y aus der Nebenbedingung bereits in die zu untersuchende Funktion F eingesetzt hat, so daß diese also die Form

$$F\,[x, y, \; f(x, y)]$$

hat.

II. Zweites Verfahren. Wenn diese Substitution nicht hergestellt werden kann oder zu schwierig ist, dann muß man die beiden partiellen Ableitungen (c) nach 144 entwickeln und erhält

$$\frac{\partial F}{\partial x} + \frac{\partial F}{\partial z} \cdot \frac{\partial z}{\partial x} = 0 \quad \text{mit} \quad \frac{\partial F}{\partial y} + \frac{\partial F}{\partial z} \cdot \frac{\partial z}{\partial y} = 0. \tag{d}$$

Oder abgekürzt

$$F_1 + F_3 p = 0 \quad \text{mit} \quad F_2 + F_3 q = 0;$$

ebenso wird man die gegebene Nebenbedingung (b) partiell nach x und y differenzieren und erhält

$$\frac{\partial G}{\partial x} + \frac{\partial G}{\partial z} \cdot \frac{\partial z}{\partial x} = 0 \quad \text{und} \quad \frac{\partial G}{\partial y} + \frac{\partial G}{\partial z} \cdot \frac{\partial z}{\partial y} = 0 \tag{e}$$

oder in der gewöhnlichen Abkürzung

$$G_1 + G_3 p = 0 \quad \text{und} \quad G_2 + G_3 q = 0.$$

Aus diesen vier Gleichungen wird mau die partiellen Ableitungen p und q beseitigen und erhält zwei Gleichungen

$$F_1 G_3 - F_3 G_1 = 0 \quad \text{und} \quad F_2 G_3 - F_3 G_2 = 0, \tag{f}$$

die im Verein mit der vorgeschriebenen Nebenbedingung (b) die drei notwendigen Gleichungen zur Bestimmung des Wertesystems x, y, z liefern.

Beispiel a) Man löse das Beisp. 297 b) nach dem angegebenen Verfahren.

Es handelt sich um die Bestimmung der Werte x, y, z, die der Funktion

$$F = (s - x)(s - y)(s - z)$$

einen größten Wert geben sollen, wenn gleichzeitig noch als Nebenbedingung gegeben ist

$$x + y + z - 2s = 0.$$

Man bildet die durch (f) vorgeschriebenen partiellen Ableitungen

$$F_1 = -(s - y)(s - z), \qquad F_2 = -(s - z)\,s - x),$$

$$F_3 = -(s - x)(s - y) \tag{g}$$

$$G_1 = 1, \qquad G_2 = 1, \qquad G_3 = 1. \tag{h}$$

Dann werden die Gleichungen (f)

$$x = z, \qquad y = z,$$

und liefern im Verein mit der vorgeschriebenen Nebenbedingung genau so wie an der früheren Stelle

$$x = y = z = \tfrac{2}{3}\,s.$$

303. Fortsetzung. III. Drittes Verfahren. Nach Lagrange sagt man: Das Wertesystem x, y, z, das die untersuchte Funktion $F(x, y, z)$ zu einem Hauptwert macht, muß der Nebenbedingung

$$G(x, y, z) = 0 \tag{a}$$

genügen. Unter Voraussetzung eines solchen Wertesystems wird dann auch die Funktion

$$U = F + \lambda G \tag{b}$$

zu einem Hauptwert, wo λ eine später noch näher zu bestimmende Größe ist. Damit U einen Hauptwert erhält, muß gelten

$$dU = 0$$

oder

$$\left(\frac{\partial F}{\partial x} + \lambda \frac{\partial G}{\partial x}\right) dx + \left(\frac{\partial F}{\partial y} + \lambda \frac{\partial G}{\partial y}\right) dy + \left(\frac{\partial F}{\partial z} + \lambda \frac{\partial G}{\partial z}\right) dz = 0. \tag{c}$$

Nun beachte man, daß wegen der Nebenbedingung (a) eine von den Veränderlichen, etwa z als unentwickelte Funktion von x und y betrachtet werden kann. Dann sind also x und y willkürlich veränderlich. Damit die vorausgehende Gleichung (c) für jedes dx und dy gilt, muß gleichzeitig gelten

$$\left.\begin{aligned} \frac{\partial F}{\partial x} + \lambda \frac{\partial G}{\partial x} = 0, \\ \frac{\partial F}{\partial y} + \lambda \frac{\partial G}{\partial y} = 0 \end{aligned}\right\}. \tag{d}$$

Über den neu eingeführten Parameter λ kann man so verfügen, daß er den Koeffizienten des Differentials dz zu Null macht, daß also auch noch

$$\frac{\partial F}{\partial z} + \lambda \frac{\partial G}{\partial z} = 0. \tag{e}$$

Für die gesuchten Werte x, y, z, die der Funktion F einen Hauptwert erteilen sollen, und den eingeführten Parameter λ, zusammen also für die vier Unbekannten x, y, z, λ hat man nun die vier Gleichungen (a), (d), (e), womit die Aufgabe gelöst ist. Man kann noch zusammenfassen:

Soll die Funktion $F(x, y, z)$ einen Hauptwert erhalten, und gilt für die Größen x, y, z noch die Nebenbedingung

$$G(x, y, z) = 0,$$

so bildet man unter Einführung des als konstant zu betrachtenden Parameters λ die Funktion

$$U = F + \lambda G.$$

Dann findet man das gesuchte Wertesystem x, y, z und den unbekannten Parameter λ durch die vier Gleichungen

$$G = 0, \quad \frac{\partial U}{\partial x} = 0, \quad \frac{\partial U}{\partial y} = 0, \quad \frac{\partial U}{\partial z} = 0 \tag{f}$$

oder

$$G = 0 \quad \text{und} \quad \left.\begin{aligned} F_1 + \lambda G_1 &= 0 \\ F_2 + \lambda G_2 &= 0 \\ F_3 + \lambda G_3 &= 0 \end{aligned}\right\}. \tag{g}$$

Beispiel a) Man löse das Beisp. 297 b) nach dem Verfahren von Lagrange.

Man überlegt wie im Beisp. 302 a), daß

$$F = (s - x)(s - y)(s - z)$$

und die Nebenbedingung

$$G = x + y + z - 2s = 0 \tag{h}$$

ist. Man bildet mit Einführung von λ die neue Funktion

$$U = (s - x)(s - y)(s - z) + \lambda(x + y + z - 2s). \tag{i}$$

Deren partielle Ableitungen nach x, y, z müssen verschwinden,

$$\left.\begin{aligned} -(s - y)(s - z) + \lambda &= 0, \\ -(s - z)(s - x) + \lambda &= 0, \\ -(s - x)(s - y) + \lambda &= 0, \end{aligned}\right\} \tag{k}$$

und bilden mit der Nebenbedingung (h) die notwendigen vier Gleichungen zur Ermittlung von λ, x, y, z. Man erhält aus den letzten drei Gleichungen $x = y = z$ und in Verbindung mit (h) noch

$$x = y = z = \tfrac{2}{3} s.$$

***304. Fortsetzung.** Um die Hauptwerte der Funktion

$$F(x_1, x_2, \dots x_{n+k}) \tag{a}$$

zu suchen, falls zwischen den Veränderlichen $x_1, x_2, \dots x_{n+k}$ noch die k Nebenbedingungen

$$\left.\begin{aligned} G_1(x_1, x_2, \dots x_{n+k}) &= 0 \\ G_2(x_1, x_2, \dots x_{n+k}) &= 0 \\ \dots\dots\dots & \\ G_k(x_1, x_2, \dots x_{n+k}) &= 0 \end{aligned}\right\} \tag{b}$$

bestehen, wird man nach Lagrange folgendermaßen überlegen.

Von den $n + k$ Veränderlichen $x_1, x_2, \dots x_{n+k}$ sind nicht alle willkürlich veränderlich, sondern nur n, da man k von ihnen mit Hilfe der vorgeschriebenen Nebenbedingungen beseitigen kann. Seien diese letzteren etwa $x_{n+1}, x_{n+2}, \dots x_{n+k}$, dann sind also die anderen $x_1, x_2, \dots x_n$ die willkürlichen Veränderlichen.

Die Untersuchung bezieht sich nur auf jene Werte $x_1, x_2, \dots x_{n+k}$, die der Funktion F einen Extremwert geben und gleichzeitig den vorgeschriebenen Nebenbedingungen Genüge leisten sollen, die also die Funktionen $G_1, G_2, \dots G_k$ zu Null machen. Unter dieser Voraussetzung wird mit der Funktion F auch die Funktion

$$U = F + \lambda_1 G_1 + \lambda_2 G_2 + \dots \lambda_k G_k \tag{c}$$

zu einem Hauptwert, also für das gleiche Wertesystem $x_1, x_2, \dots x_{n+k}$, für das F allein ein Hauptwert wird. Die Parameter $\lambda_1, \lambda_2, \dots \lambda_k$ sind zunächst willkürlich gewählt und durch später noch aufzustellende Bedingungen bestimmt. Die Bedingung für einen Hauptwert ist $dU = 0$ oder

$$\begin{aligned} &\left[\frac{\partial F}{\partial x_1} + \lambda_1 \frac{\partial G_1}{\partial x_1} + \lambda_2 \frac{\partial G_2}{\partial x_1} + \dots + \lambda_k \frac{\partial G_k}{\partial x_1}\right] d x_1 \\ + &\left[\frac{\partial F}{\partial x_2} + \lambda_1 \frac{\partial G_1}{\partial x_2} + \lambda_2 \frac{\partial G_2}{\partial x_2} + \dots + \lambda_k \frac{\partial G_k}{\partial x_2}\right] d x_2 \\ + &\dots\dots\dots\dots\dots \\ + &\left[\frac{\partial F}{\partial x_{n+k}} + \lambda_1 \frac{\partial G_1}{\partial x_{n+k}} + \lambda_2 \frac{\partial G_2}{\partial x_{n+k}} + \dots + \lambda_k \frac{\partial G_k}{\partial x_{n+k}}\right] d x_{n+k} = 0. \end{aligned} \tag{d}$$

Von den einzelnen Differentialen $dx_1, dx_2, \ldots dx_{n+k}$ sind wie oben festgestellt, die ersten n willkürlich, so daß in der angeschriebenen Differentialgleichung ihre Koeffizienten verschwinden müssen; die neu eingeführten Parameter $\lambda_1, \lambda_2, \ldots \lambda_k$ können ganz beliebig gewählt werden, also auch derart, daß sie die k Koeffizienten der anderen k Differentiale auch zu Null machen. Dann sind alle $n+k$ Koeffizienten der $n+k$ Differentiale $dx_1, dx_2 \ldots dx_{n+k}$ Null, man hat sonach $n+k$ Gleichungen

$$\left.\begin{array}{l}
\dfrac{\partial U}{\partial x_1}=0 \text{ oder } \dfrac{\partial F_1}{\partial x_1}+\lambda_1\dfrac{\partial G_1}{\partial x_1}+\lambda_2\dfrac{\partial G_2}{\partial x_1}+\ldots\lambda_k\dfrac{\partial G_k}{\partial x_1}=0\\
\dfrac{\partial U}{\partial x_2}=0 \quad \text{,,} \quad \dfrac{\partial F_1}{\partial x_2}+\lambda_1\dfrac{\partial G_1}{\partial x_2}+\lambda_2\dfrac{\partial G_2}{\partial x_2}+\ldots\lambda_k\dfrac{\partial G_k}{\partial x_2}=0\\
\ldots\ldots\ldots\ldots\ldots\ldots\ldots\ldots\ldots\ldots\\
\dfrac{\partial U}{\partial x_{n+k}}=0 \text{ oder } \dfrac{\partial F_1}{\partial x_{n+k}}+\lambda_1\dfrac{\partial G_1}{\partial x_{n+k}}+\lambda_2\dfrac{\partial G_2}{\partial x_{n+k}}+\ldots\lambda_k\dfrac{\partial G_k}{\partial x_{n+k}}=0
\end{array}\right\}. \qquad (e)$$

Diese Gleichungen und die k Bedingungsgleichungen (b), zusammen sonach $n+2k$ Gleichungen, genügen zur Ermittlung der $n+k$ Bestimmungsgrößen $x_1, x_2, \ldots x_{n+k}$ und der eingeführten k Hilfsgrößen $\lambda_1, \lambda_2, \ldots \lambda_k$.

***305. Fortsetzung.** Beispiel a) Man löse das Beispiel 294 a) nach dem Verfahren von Lagrange.

Irgendein Punkt P auf der ersten Geraden hat die Koordinaten $x|y|z$, ein Punkt P' der zweiten Geraden die Koordinaten $x'|y'|z'$. Dann soll der Abstand d der beiden Punkte, oder was das gleiche ist, das Quadrat $Q=d^2$ des Abstandes,

$$Q=(x-x')^2+(y-y')^2+(z-z')^2, \qquad (a)$$

einen Größtwert erreichen. Für die $n+k$ Veränderlichen x, y, z, x', y', z' hat man als Nebenbedingungen noch die Gleichungen der beiden Geraden, auf denen die Punkte P und P' liegen müssen, nämlich die Gleichungen (294 a)

$$\left.\begin{array}{l} G_1=mx-y+b=0\\ G_2=nx-z+c=0\end{array}\right\},\quad \left.\begin{array}{l} G_3=m'x'-y'+b'=0\\ G_4=n'x'-z'+c'=0\end{array}\right\}, \qquad (b)$$

so daß von diesen sechs Veränderlichen nur zwei willkürlich veränderlich sind. In der früheren Lösung waren das x und x'. Hier ist also $n+k=6$, $k=4$, $n=2$. Man führt sonach $k=4$ Parameter $\lambda_1, \lambda_2, \lambda_3, \lambda_4$ ein und sucht den Hauptwert von

$$\begin{aligned} U=(x-x')^2+(y-y')^2+(z-z')^2+\lambda_1(mx-y+b)\\ +\lambda_2(nx-z+c)+\lambda_3(m'x'-y'+b')+\lambda_4(n'x'-z'+c'). \qquad (c)\end{aligned}$$

Die $n+k=6$ Gleichungen (304 e), die man durch partielle Ableitung nach den sechs Veränderlichen erhält, sind

$$\left.\begin{array}{l} 2(x-x')+\lambda_1 m+\lambda_2 n=0 \\ 2(y-y')-\lambda_1=0 \\ 2(z-z')-\lambda_2=0 \end{array}\right\}, \quad \left.\begin{array}{l} -2(x-x')+\lambda_3 m'+\lambda_4 n'=0 \\ -2(y-y')-\lambda_3=0 \\ -2(z-z')-\lambda_4=0 \end{array}\right\}. \tag{d}$$

Zu ihnen treten noch die obigen 4 Nebenbedingungen, so daß man insgesamt 10 Gleichungen für die 10 Unbekannten $x, y, z, x', y', z', \lambda_1, \lambda_2, \lambda_3, \lambda_4$ hat. Man findet

$$\lambda_1=2(y-y'), \quad \lambda_2=2(z-z'), \quad \lambda_3=2(y'-y), \quad \lambda_4=2(z'-z)$$

und setzt sie in die restlichen zwei Gleichungen (d) ein; diese werden

$$\left.\begin{array}{l} x-x'+m\,(y-y')+n\,(z-z')=0, \\ x-x'+m'(y-y')+n'(z-z')=0. \end{array}\right\} \tag{e}$$

Diese beiden neuen Gleichungen genügen mit den vier Gleichungen (b) zur Ermittlung der Koordinaten der beiden Punkte P und P', die den kürzesten Abstand d bilden. Die Rechnung wird weniger umständlich, wenn man die möglichen Vereinfachungen sieht. Man rechnet sich nämlich nicht die Koordinaten selbst aus, sondern nur die in dem Quadrat Q auftretenden Differenzen $x-x'$, $y-y'$, $z-z'$. In den Gleichungen (e) treten sie bereits auf. Die Gleichungen (b) formt man zunächst um, indem man bildet

$$G_3-G_1=0 \quad \text{und} \quad G_4-G_2=0$$

oder

$$\left.\begin{array}{l} m'x'-mx+y-y'+b'-b=0, \\ n'x'-nx+z-z'+c'-c=0. \end{array}\right\} \tag{f}$$

Aus beiden bildet man

$$x'(nm'-mn')+n\,(y-y')+n\,(b'-b)-m\,(z-z')-m\,(c'-c)=0$$
$$x\,(nm'-mn')+n'(y-y')+n'(b'-b)-m'(z-z')-m'(c'-c)=0$$

und daraus wieder

$$\begin{array}{r}(x-x')(mn'-m'n)+(y-y')(n-n')-(m-m')(z-z') \\ -(b-b')(n-n')+(m-m')(c-c')=0.\end{array} \tag{g}$$

Die drei Gleichungen (e) und (g) genügen zur Bestimmung von $x-x'$, $y-y'$ und $z-z'$. Man erhält aus (e)

$$(x-x'):(y-y'):(z-z')=\begin{vmatrix} 1 & m & n \\ 1 & m' & n' \end{vmatrix}$$

oder

$$x-x'=\varrho(mn'-m'n), \qquad y-y'=\varrho(n-n'),$$
$$z-z'=\varrho(m'-m). \tag{h}$$

Diese Werte liefern

$$Q = \varrho^2 [(mn' - m'n)^2 + (n - n')^2 + (m - m')^2] \qquad \text{(i)}$$

oder

$$d^2 = \varrho^2 N^2,$$

wenn man die Klammer mit N abkürzt. ϱ ergibt sich, wenn man die Differenzen (h) in die Gleichung (g) einsetzt,

$$\varrho [(mn' - m'n)^2 + (n - n')^2 + (m - m')^2]$$
$$= -(m - m')(c - c') + (n - n')(b - b'). \qquad \text{(k)}$$

Oder

$$\varrho N^2 = Z,$$

wenn man Abkürzungen einführt. Aus den Gleichungen (i) und (k) wird dann

$$d = \varrho N = \frac{Z}{N} \quad \text{oder} \quad d = \frac{-(n - n')(b' - b) - (m - m')(c - c')}{\sqrt{(mn' - m'n)^2 + (n - n')^2 + (m - m')^2}}, \qquad \text{(l)}$$

das ist die bereits gefundene Formel (I 230a), abgesehen vom Vorzeichen.

306. Wiederholungsaufgaben. 1) Gesucht sind die Hauptwerte von $u = a \sin x + b \cos x$, wenn x die Veränderliche ist.

2) Ermittle den größten Wert der Krümmung der Kurve $y = x^3$.

3) Dem symmetrisch begrenzten Parabelabschnitt der Abb. 458 soll ein gleichfalls zur Achse symmetrisches Rechteck so eingeschrieben werden, daß es möglichst große Flächeninhalt hat.

4) Das Rechteck der vorigen Aufgabe soll einen möglichst großen Umfang haben.

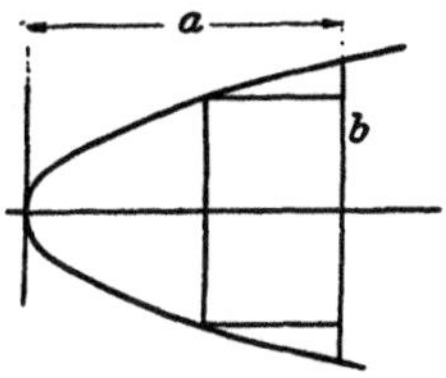

Abb. 458.

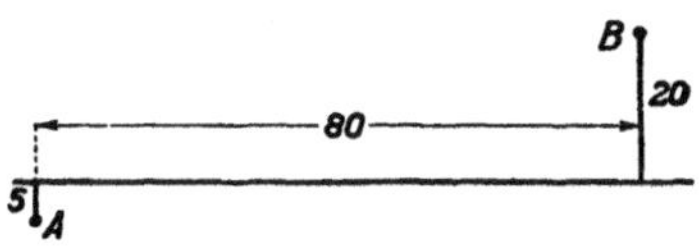

Abb. 459.

5) Aus einer Kugel schneide man einen Kreiskegel von möglichst großem Rauminhalt aus, Abb. 449.

6) Wie groß ist das der Ellipse eingeschriebene größte Rechteck?

7) Man wende den Satz von Fermat „ein Lichtstrahl pflanzt sich so fort, daß er für die Bewegung ein Minimum an Zeit braucht" auf die Brechung und Spiegelung an.

8) Eine Truppe soll in möglicht kurzer Zeit von einem Punkt A zu einem Endpunkt B kommen. Punkt A liegt in einem Gelände, das eine Marschgeschwindigkeit von 6 km in der Stunde gestattet; das Gelände, in dem Punkt B liegt, erlaubt nur 3 km; beide Gebiete sind durch eine Gerade getrennt. Die Entfernungen sind in Abb. 459 in km gegeben. Welchen Weg müßte die Truppe theoretisch einschlagen? Man gebe noch den ungefähren Zeitunterschied bei der geradlinigen Bewegung von A nach B und der untersuchten Bewegung an.

9) Durch eine Brücke sollen zwei Gemeinden A und B in Verbindung mit einer jenseits eines Flusses liegenden Stadt C gebracht werden. Durch eine Zuschußleistung haben sie sich einen Einfluß auf die Lage der Brücke gesichert und zwar soll nach einer zwischen der Stadt und den beiden Gemeinden getroffenen Vereinbarung die Brücke so gelegt werden, daß der Gesamtweg, den die Einwohner beider Gemeinden im Laufe eines Jahres bei ihrem Verkehr mit der Stadt C zurücklegen, ein Minimum ist, Abb. 460. Wie bestimmt man die Lage? Man untersuche noch den Sonderfall, daß die beiden Gemeinden A und B unmittelbar am Flusse liegen.

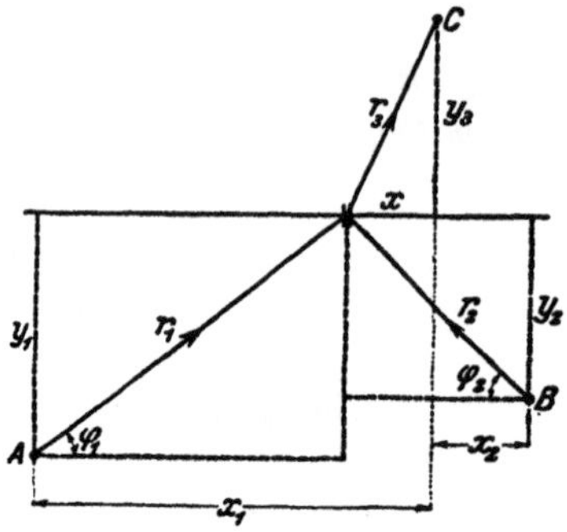

Abb. 460.

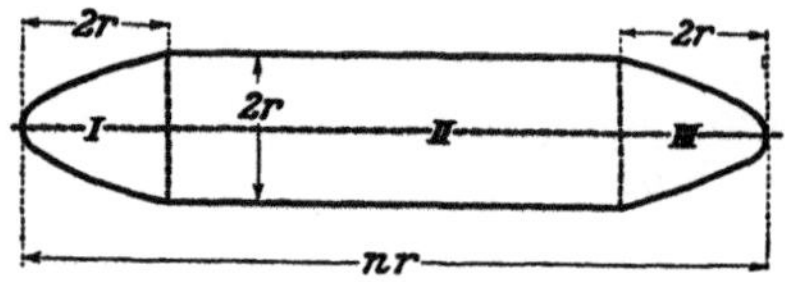

Abb. 461.

10) Ein Luftschiff hat die durch Abb. 461 gegebene Form, wo jeder Querschnitt ein Kreis ist. Die beiden Enden des Schiffes werden durch Paraboloide gebildet. Die Länge des Schiffes ist gleich dem n-fachen Halbmesser. Welches Verhältnis n ist am günstigsten, um bei gegebenen Rauminhalt V eine kleinste Oberfläche O zu erhalten.

11) Aus einer Kreisfläche soll man das in Abb. 462 stark ausgezogene Stück so ausschneiden, daß der aus ihm durch Zusammenbiegen entstehende Kreiskegel möglichst großen Rauminhalt hat.

12) Aus einem rechteckigen Stück Blech soll durch Ausschneiden der Ecken, so wie durch Abb. 463 angedeutet, und durch Umbiegen der Kanten ein Gefäß von möglichst großem Inhalt V hergestellt werden. Gesucht ist V.

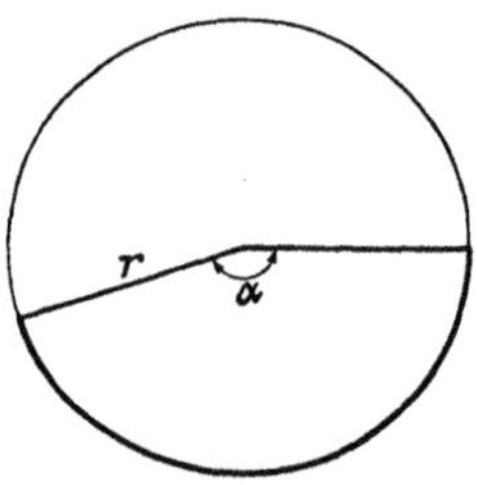

Abb. 462.

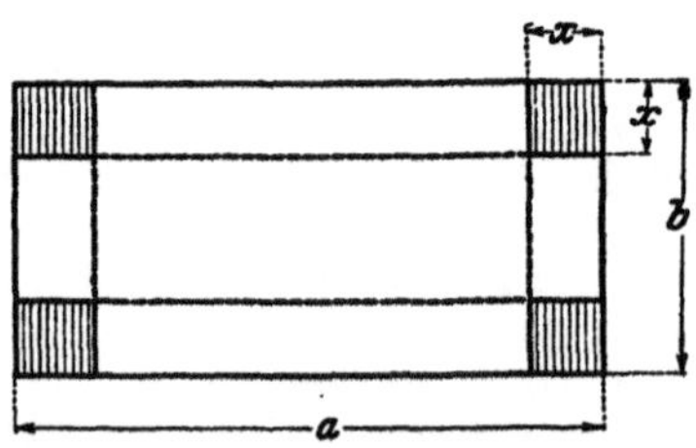

Abb. 463.

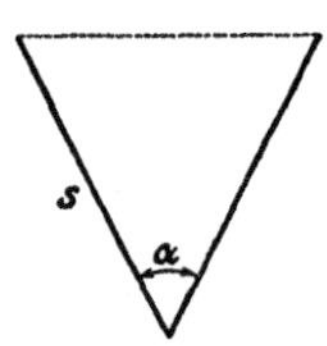

Abb. 464.

13) Der in Abb. 464 gegebene Querschnitt eines Gerinnes soll ein gleichschenkliges Dreieck bilden und eine bestimmte Fläche F haben. Man suche α so, daß der Materialaufwand M möglichst gering ist.

14) Man suche den kleinsten Winkel, den zwei konjugierte Halbmesser der Ellipse mit den Halbachsen a und b unter sich bilden.

15) Durch eine Lichtquelle L wird im Abstand x von L eine Beleuchtungsdichte $c : x^2$ hervorgerufen, wo c eine Konstante ist. An welcher Stelle U einer Strecke AB ist die Beleuchtung am geringsten, wenn deren Endpunkte A und B Lichtmengen von der Stärke J_1 und J_2 aussenden, Abb. 465.

16) In welcher Höhe h an der Wand muß man ein Licht aufstellen, damit ein auf dem Boden wagrecht liegendes Flächenstück F möglichst stark beleuchtet wird? Die Beleuchtungsdichte wie in der vorausgehenden Aufgabe, von der auf die Fläche F auftreffenden Lichtmenge J kommt nur der Teil $J \cos\varphi$ zur Wirkung, Abb. 466.

17) Vom geradlinigen Hauptstrang $P_1 P_2$ einer Wasserleitung soll ein Seitenstrang zu einem Ort P_3 abzweigen, Abb. 467. Der Punkt Z der Abzweigstelle soll so gewählt werden, daß die Kosten des Netzes zwischen P_1, P_2 und P_3 möglichst gering werden. Es kommt 1 m in der Leitung insgesamt auf m_1 für den Hauptstrang vor der Abzweigung, auf m_2 nach der Abzweigung und auf m_3 für den Seitenzweig. Der Ort P_3 hat vom Hauptstrang die Entfernung e. Wenn man die allgemeine Lösung gefunden, wende man sie auf den Fall an: $e = 3$ km, $m_1 = 10$ M, $m_2 = 8$ M, $m_3 = 5$ M.

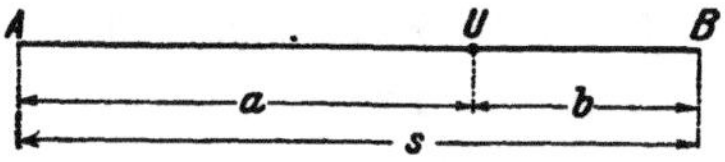

Abb. 465.

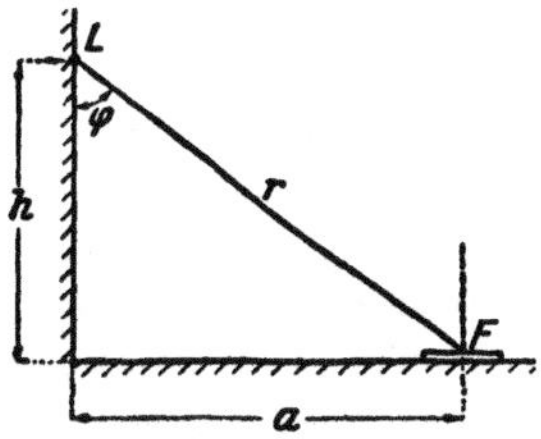

Abb. 466.

18) Drei Ortschaften P_1, P_2, P_3 sollen eine Wasserleitung erhalten. Deren Hauptstrang schneidet das durch die drei Ortschaften gebildete Dreieck. Von einer noch zu ermittelnden Stelle Z des Hauptstranges sollen die drei Einzelleitungen abgezweigt werden, Abb. 468. Man weiß, daß die Wahl der Stelle Z auf die Konstanten des Hauptstranges einen unwesentlichen Einfluß hat; Z soll so bestimmt werden, daß die Gesamtkosten der drei Einzelleitungen möglichst klein werden.

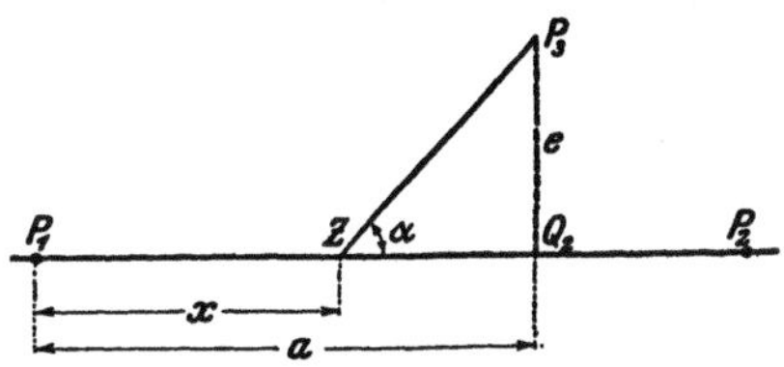

Abb. 467.

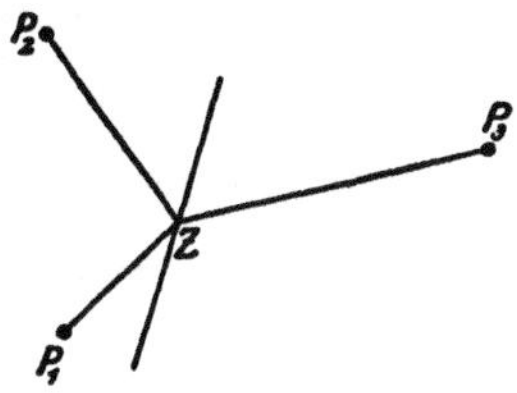

Abb. 468.

19) Gesucht sind jene beiden Punkte P_1 der Parabel $y^2 = 2px$ und P_2 der Geraden $Ax + By + C = 0$, die den kürzesten Abstand haben. Wie groß ist dieser Abstand für die Parabel $y^2 = 2x$ und die Gerade $x + y + 4 = 0$.

20) Man löse den Sonderfall der vorausgehenden Aufgabe nach dem Verfahren von **Lagrange**.

307. Lösungen. 1) $\frac{du}{dx} = 0$ oder $a\cos x - b\sin x = 0$ liefert $\operatorname{tg} x = a : b$ und damit

$$\sin x = \pm\, a : \sqrt{a^2 + b^2}, \quad \cos x = \pm\, b : \sqrt{a^2 + b^2},$$

wo entweder nur das obere oder nur das untere Vorzeichen gilt. Damit werden die Hauptwerte von u

$$u_e = \pm\sqrt{a^2+b^2}.$$

Dem positiven Vorzeichen entspricht ein Maximum, dem negativen ein Minimum

2) $y = x^3,\quad y' = 3x^2,\quad y'' = 6x,\quad \varrho = (1+9x^4)^{3/2} : 6x.$

$$6\frac{d\varrho}{dx} = \frac{x\cdot\frac{3}{2}(\;)^{1/2}\,36x^3 - (\;)^{3/2}}{x^2} = \frac{(45x^4-1)(1+9x^4)^{1/2}}{x^2}.$$

Ein Größtwert der Krümmung d. h. ein Kleinstwert des Krümmungshalbmessers ϱ verlangt $d\varrho : dx = 0$, woraus sich die Stelle

$$x = \pm\sqrt[4]{1:45} \approx \pm\sqrt[4]{0{,}022\,222} \approx \pm 0{,}3861$$

dieser Hauptkrümmung ergibt und damit die größte Krümmung selbst zu

$$1:\varrho_e = 6\cdot 0{,}3861 : (1+9\cdot\tfrac{1}{45})^{3/2} \approx 1{,}76.$$

3) Man führt am einfachsten die Abschnittgleichung der Parabel ein, da ja die Größen a und b bekannt sind. Dann muß der Punkt mit den Koordinaten $u \mid v$, der das Rechteck bestimmt, der Gleichung genügen.

$$\frac{x}{a}+\frac{y^2}{b^2} = 1 \text{ wird erfüllt durch } \frac{u}{a}+\frac{v^2}{b^2} = 1,$$

woraus sich

$$v^2 = b^2\left(1-\frac{u}{a}\right) \quad\text{oder}\quad v = \frac{b}{a}\sqrt{a^2-au}$$

ergibt. Der Flächeninhalt des Rechtecks ist $R = 2uv$, so daß

$$\frac{dR}{du} = 0 \quad\text{oder}\quad \frac{2b}{a}\frac{d}{du}u\sqrt{a^2-au} = 0 \quad\text{oder}\quad \sqrt{} + \frac{-au}{2\sqrt{}} = 0$$

oder $3au - 2a^2 = 0$ die Bedingung für einen Hauptwert von R ist. Man erhält $u = \frac{2}{3}a$. In Abb. 469 ist dieses größte Reckteck gestrichelt eingezeichnet.

4) $S = 2u + 4v = 2u + \frac{4b}{a}\sqrt{a^2-au}.$

Ein Hauptwert von S verlangt

$$\frac{dS}{du} = 0 \quad\text{oder}\quad 2 + \frac{2b}{a}\cdot\frac{-a}{\sqrt{}} = 0 \quad\text{oder}\quad b = \sqrt{},$$

woraus sich

$$au = a^2 - b^2$$

ergibt. In Abb. 469 ist dieses Rechteck strichpunktiert eingetragen.

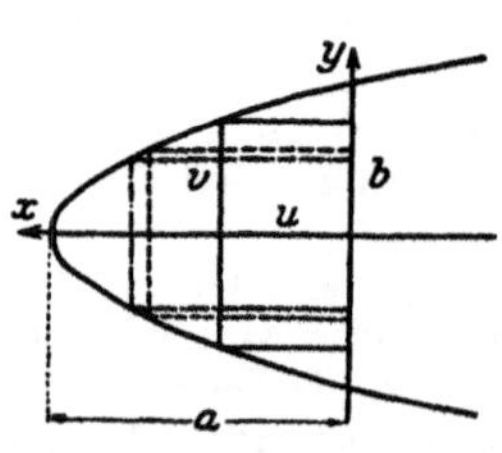

Abb. 469.

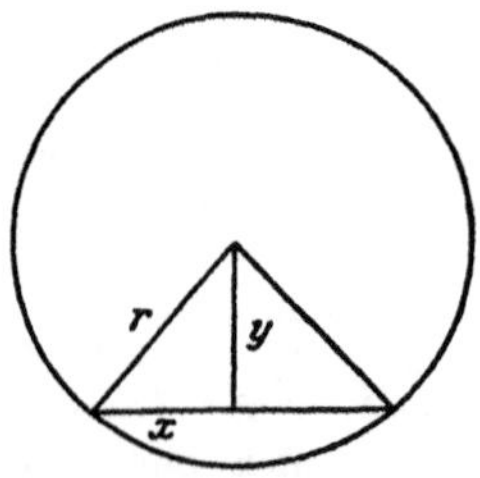

Abb. 470.

5) Die Aufgabe könnte auch heißen: ein Kreiskegel mit gegebener Mantellinie r soll einen möglichst großen Rauminhalt haben, s. Abb. 470. Hier ist

$$V = \tfrac{1}{3}\pi x^2 y, \quad\text{wo}\quad x^2+y^2 = r^2.$$

Man betrachtet x als die Unabhängige und erhält als Bedingung für sein größtes V

$$\frac{dV}{dx}=0 \quad \text{oder} \quad \tfrac{1}{3}\pi(y\cdot 2x+x^2y')=0 \quad \text{mit} \quad 2x+2yy'=0.$$

Als erste Lösung findet man $x=0$, wofür man aber nicht einen größten, sondern einen kleinsten Wert von V erhält. Wenn man aus beiden Gleichungen y' beseitigt, erhält man in Verbindung mit der Nebenbedingung

$$x^2=2y^2 \quad \text{mit} \quad x^2+y^2=r^2 \quad \text{oder} \quad y^2=\tfrac{1}{3}r^2, \quad x^2=\tfrac{2}{3}r^2$$

und damit als größten Wert von V

$$V=\tfrac{1}{3}\pi\cdot\tfrac{2}{3}r^2\tfrac{1}{3}r\sqrt{3} \quad \text{oder} \quad V=\tfrac{2}{27}\pi r^3\sqrt{3}.$$

6) Wenn die Ellipse die Halbachsen a und b hat, wird ihre Gleichung

$$b^2x^2+a^2y^2-a^2b^2=0.$$

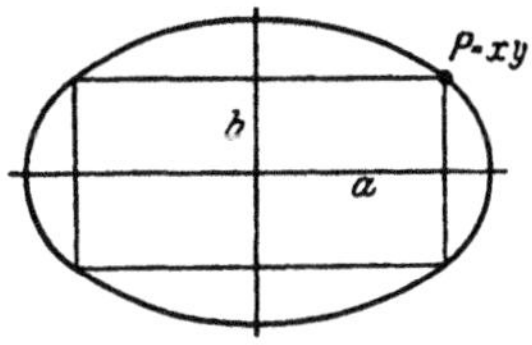

Abb. 471.

Jedes ihr eingeschriebene Rechteck hat die Fläche $F=4xy$, Abb. 471. Weil y durch die Wahl von x bestimmt wird, ist F eine Funktion von x allein. Um x so zu bestimmen, daß F einen Größtwert erhält, kann man entweder aus der gegebenen Ellipsengleichung y nach x ausdrücken, und in die Funktion F einsetzen; dann bestimmt $dF:dx=0$ den Wert von x, der ein Maximum liefert.

Oder man setzt y nicht wirklich ein, sondern denkt es sich nur eingesetzt. Dann erhält man als Bedingung für das Eintreten eines Größtwertes von F

$$\frac{dF}{dx}=0 \quad \text{oder} \quad 4y\cdot 1+4x\frac{dy}{dx}=0, \quad \text{wo} \quad 2b^2x+2a^2y\frac{dy}{dx}=0$$

sich aus der gegebenen Ellipsengleichung ergibt und die Ableitung $dy:dx$ liefert. Dann geht die Bedingung für einen Größtwert von F über in

$$4y+4x\left(-\frac{b^2x}{a^2y}\right)=0 \quad \text{oder} \quad a^2y^2=b^2x^2.$$

Stellt man diese Forderung mit der gegebenen Ellipsengleichung zusammen, so erhält man

$$2b^2x^2=a^2b^2=2a^2y^2 \quad \text{oder} \quad x=a:\sqrt{2}, \ y=b:\sqrt{2}$$

und damit den Größtwert von F zu $F_e=4xy$ oder $F_e=2ab$.

Man kann die Aufgabe auch nach dem Verfahren von Lagrange lösen Die untersuchte Funktion ist

$$F=4xy, \quad \text{während} \quad G=0 \quad \text{oder} \quad b^2x^2+a^2y^2-a^2b^2=0$$

die Nebenbedingung ist. Man bildet die erweiterte Funktion

$$U=4xy+\lambda(b^2x^2+a^2y^2-a^2b^2).$$

Dann sind durch die drei Gleichungen

$$\frac{\partial U}{\partial x}=0, \quad \frac{\partial U}{\partial y}=0, \quad G=0$$

jene drei Werte x, y, λ bestimmt, die F zu einem Größtwert machen. Die drei Gleichungen werden

$$2y+\lambda b^2x=0, \quad 2x+\lambda a^2y=0, \quad b^2x^2+a^2y^2=a^2b^2.$$

Man löst sie auf und erhält wie oben $F=2ab$.

7) Tritt ein Lichtstrahl aus einem Bewegungsmittel I in ein anderes II über, so wird er gebrochen, Abb. 472. Der Zusammenhang zwischen den Winkeln α_1 und α_2 ist durch den Satz von Fermat gegeben. Es muß die Zeit $t_1 + t_2$ während der Bewegung von P_1 nach P_2 ein Minimum sein. In beiden Räumen ist die Bewegung selbst eine gleichförmige, so daß

$$s_1 = c_1 t_1 \quad \text{und} \quad s_2 = c_2 t_2 \quad \text{oder} \quad t_1 = \frac{a_1}{c_1 \cos \alpha_1} \quad \text{und} \quad t_2 = \frac{a_2}{c_2 \cos \alpha_2}.$$

Die Forderung ist dann: Es soll $t = t_1 + t_2$ ein Minimum sein, also

$$\frac{a_1}{c_1 \cos \alpha_1} + \frac{a_2}{c_2 \cos \alpha_2} = \text{Min.}, \quad \text{wobei} \quad b = a_1 \operatorname{tg} \alpha_1 + a_2 \operatorname{tg} \alpha_2$$

noch einen Zusammenhang zwischen α_1 und α_2 angibt. Es ist sonach α_2 ab-

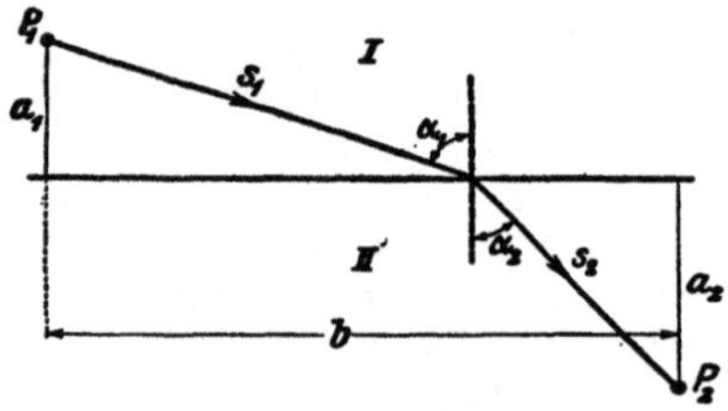

Abb. 472.

hängig von α_1 und diese allein als Veränderliche zu betrachten. Dann geht $dt : d\alpha_1 = 0$ über in

$$\frac{a_1 \sin \alpha_1}{c_1 \cos^2 \alpha_1} + \frac{a_2 \sin \alpha_2}{c_2 \cos^2 \alpha_2} \cdot \frac{d\alpha_2}{d\alpha_1} = 0, \quad \text{wobei} \quad 0 = \frac{a_1}{\cos^2 \alpha_1} + \frac{a_2}{\cos^2 \alpha_2} \cdot \frac{d\alpha_2}{d\alpha_1}$$

die Nebenbedingung angibt. Aus beiden Gleichungen beseitigt man die Ableitung $d\alpha_2 : d\alpha_1$ und erhält in

$$\frac{\sin \alpha_1}{\sin \alpha_2} = \frac{c_1}{c_2}$$

das bekannte Brechungsgesetz.

Bei der Spiegelung geht der Lichtstrahl zur Grenze der beiden Räume und von da aus wieder in den Raum I zurück. Hier ist $c_1 = c_2$ und deswegen

$$\sin \alpha_1 = \sin \alpha_2 \quad \text{oder} \quad \alpha_2 = \alpha_1$$

das bekannte Spiegelungsgesetz, Abb. 473.

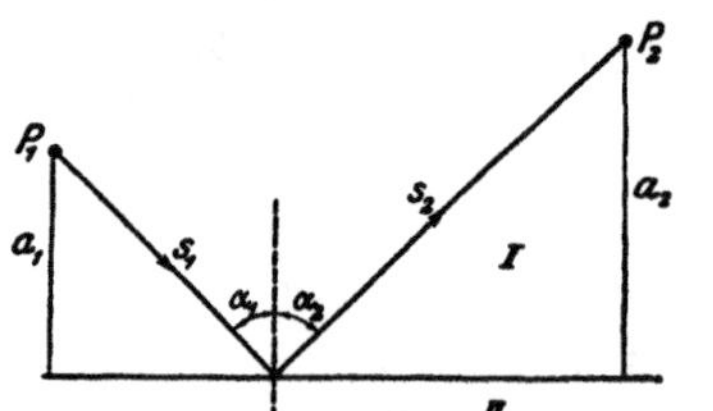

Abb. 473.

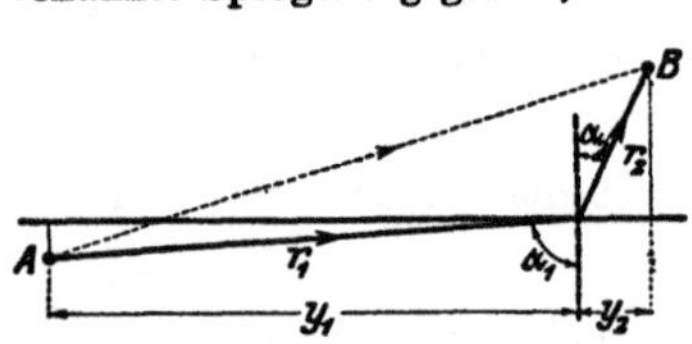

Abb. 474.

8) Die Truppe schlägt den gleichen Weg ein, den ein Lichtstrahl nach dem Fermatschen Gesetz einschlagen würde, s. Aufg. 7. Dann ist

$$\sin \alpha_1 : \sin \alpha_2 = c_1 : c_2 = 2 : 1 \quad \text{oder} \quad \sin \alpha_1 = 2 \sin \alpha_2.$$

Weiter ist, Abb. 474,

$$80 = 5 \operatorname{tg} \alpha_1 + 20 \operatorname{tg} \alpha_2 \quad \text{oder} \quad 16 = \operatorname{tg} \alpha_1 + 4 \operatorname{tg} \alpha_2.$$

Aus den beiden Gleichungen läßt sich α_1 und α_2 ermitteln. Analytisch wird die Ermittlung der beiden Winkel umständlich, man wird sie am besten graphisch aufsuchen, indem man unmittelbar von der Beziehung $\sin\alpha_1 = 2\sin\alpha_2$ ausgeht. Es muß dann nach Abb. 474 gelten

$$y_1 : r_1 = 2\,(y_2 : r_2).$$

Als erste und praktische Annäherung hat man jedenfalls

$$\alpha_1 \approx \tfrac{1}{2}\pi \quad \text{also} \quad \sin\alpha_2 \approx 0{,}5 \quad \text{oder} \quad \alpha_2 \approx \tfrac{1}{6}\pi.$$

Unter Zugrundelegung dieser ersten Annäherung findet man einen Weg von $r_1 = 70$ km und $r_2 = 22{,}5$ km im ersten bzw. zweiten Gelände, so daß der Marsch von A nach B im ganzen $19\frac{1}{8}$ Stunden dauert. Bei der geradlinigen Bewegung unmittelbar von A nach B hat man 17,5 km und 62,5 km im ersten bzw. zweiten Gelände zu marschieren, für welche Bewegung man insgesamt $23\frac{3}{4}$ Stunden braucht.

9) Jeder Einwohner der ersten Gemeinde legt den Weg $r_1 + r_3$ zurück, der Gesamtweg aller m_1 Einwohner ist sonach $m_1(r_1 + r_3)$; entsprechend ist $m_2(r_2 + r_3)$ der Gesamtweg, den die Einwohnerschaft der zweiten Gemeinde im Laufe der nämlichen Zeit zurücklegt. Dabei sind natürlich gleiche Verhältnisse vorausgesetzt. Es soll also der Gesamtweg beider Gemeinden

$$m_1(r_1 + r_3) + m_2(r_2 + r_3) \quad \text{oder} \quad F = m_1 r_1 + m_2 r_2 + (m_1 + m_2)\,r_3$$

ein Minimum werden. Die Lage der Brücke ist durch eine einzige Veränderliche bestimmt. Man wählt x so, wie die Abb. 460 angibt. Dann ist

$$r_1 = \sqrt{(x_1 - x)^2 + y_1^2}, \quad r_2 = \sqrt{(x_2 + x)^2 + y_2^2}, \quad r_3 = \sqrt{x^2 + y_3^2}.$$

Es muß gelten

$$\frac{dF}{dx} = 0 \quad \text{oder} \quad -m_1\frac{x_1 - x}{r_1} + m_2\frac{x_2 + x}{r_2} + (m_1 + m_2)\frac{x}{r_3} = 0,$$

aus welcher Gleichung sich x berechnen läßt. Die Auswertung von x stößt auf Schwierigkeiten, man wird im allgemeinen Fall x angenähert finden. Unter Umständen wird man noch mit Winkeln rechnen und die eben angeschriebene Gleichung umformen zu

$$-m_1\cos\varphi_1 + m_2\cos\varphi_2 + (m_1 + m_2)\cos\varphi_3 = 0.$$

Wenn die beiden Orte A und B am Fluß selbst liegen, dann ist $y_1 = y_2 = 0$. die Gleichung für x wird dann

$$-m_1 + m_2 + (m_1 + m_2)\frac{x}{r_3} = 0$$

und liefert

$$(x^2 + y_3^2)(m_2 - m_1)^2 = x^2(m_1 + m_2)^2 \quad \text{oder} \quad x = \frac{(m_2 - m_1)\,y_3}{2\sqrt{m_1 m_2}}.$$

10) Der Rauminhalt setzt sich aus drei Teilen I, II, III, zusammen, von denen Teil I und III gleich sind. Nach (69f) wird

$$V = 2V_I + V_{II} = 2\cdot\tfrac{1}{2}\,2r\cdot r^2\pi + (n - 4)\,r\cdot r^2\pi$$
$$= r^3\pi\,(2 + n - 4) = (n - 2)\,r^3\pi.$$

Ebenso wird nach Aufg. 47 in 71 die Oberfläche

$$O = 2O_I + O_{II} = 2\frac{r\pi}{6\cdot 4r^2}\left[(4\cdot 4r^2 + r^2)^{3/2} - r^3\right] + (n - 4)\,r\cdot 2r\pi$$
$$= r^2\pi\left[\frac{1}{12}(17^{3/2} - 1) + 2n - 8\right] = r^2\pi\left[\frac{1}{12}(70{,}09 - 1) + 2n - 8\right]$$

oder

$$O = (2n - 2{,}24)\, r^2 \pi.$$

Aus der Formel für V kann man r berechnen und in O einsetzen; man erhält

$$O = (2n - 2{,}24)\, \pi \left[\frac{V}{(n-2)\pi}\right]^{2/3} = \pi^{1/3} V^{2/3} \frac{2n - 2{,}24}{(n-2)^{2/3}}.$$

Das günstigste n ergibt sich aus

$$\frac{dO}{dn} = 0 \quad \text{oder} \quad \frac{(n-2)^{2/3}\, 2 - (2n - 2{,}24)\frac{2}{3}(n-2)^{-1/3}}{(n-2)^{4/3}} = 0.$$

Man vereinfacht diese Bedingung und erhält, wenn man den Fall $n = \infty$ nicht berücksichtigt,

$$3(n-2) = 2n - 2{,}24 \quad \text{oder} \quad n = 3{,}76.$$

Setzt man $n = 4$, so müßte sich also das Luftschiff nur aus den beiden Paraboloiden zusammensetzen.

11) Die Lösung erfolgte bereits in Aufg. 5). Von dem untersuchten Kegel ist die Mantellinie vorgeschrieben. Man erhält wie dort für den Halbmesser x des Grundkreises

$$3x^2 = 2r^2 \quad \text{und daraus} \quad 3\alpha^2 = 8\pi^2 \quad \text{wegen} \quad r\alpha = 2x\pi,$$

denn der Bogen b des Kreisausschnittes wird zum Umfang $2\pi x$ des Kegelgrundkreises.

12) $V = x(a - 2x)(b - 2x)$ wird möglichst groß, wenn

$$\frac{dV}{dx} = 0 \quad \text{oder} \quad 12x^2 - 4(a+b)x + ab = 0.$$

Man erhält

$$6x = a + b - \sqrt{a^2 - ab + b^2}.$$

13) Bezeichnet man die schiefen Seiten mit s, dann ist

$$F = \tfrac{1}{2} s^2 \sin\alpha \quad \text{und} \quad M = 2 s l \cdot c,$$

wo l die Gerinnlänge und c ein Verhältnisfaktor. M soll möglichst klein werden, also

$$\frac{dM}{d\alpha} = 0 \quad \text{oder} \quad \frac{ds}{d\alpha} = 0; \quad 0 = \sin\alpha \cdot s \frac{ds}{d\alpha} + \frac{1}{2} s^2 \cos\alpha = 0$$

ist die Nebenbedingung. Man erhält $\cos\alpha = 0$ oder $\alpha = \frac{1}{2}\pi$.

14) Für diesen Winkel ϑ gilt nach (I 148, 149)

$$\alpha\beta \sin\vartheta = ab \quad \text{und} \quad \alpha^2 + \beta^2 = a^2 + b^2.$$

a und b sind gegeben, damit also ϑ möglichst klein wird, muß das Produkt $\alpha\beta$ möglichst groß werden. Man betrachtet α als die Veränderliche, von der β wegen der oben gegebenen zweiten Gleichung abhängig ist. Dann gilt

$$\beta \cdot 1 + \alpha \frac{d\beta}{d\alpha} = 0 \quad \text{nebst} \quad 2\alpha + 2\beta \frac{d\beta}{d\alpha} = 0,$$

oder nach Beseitigen der Ableitung $\alpha^2 = \beta^2$ und damit $\alpha^2 = \beta^2 = \frac{1}{2}(a^2 + b^2)$ oder

$$\sin\vartheta = \frac{ab}{\alpha^2} = \frac{2ab}{a^2 + b^2}.$$

15) Der Punkt U der Strecke erhält von A und B die Beleuchtungsdichte $\lambda_1 = c_1 : a^2$ bzw. $\lambda_2 = c_2 : b^2$, so daß die gesamte Beleuchtungsdichte

$$\lambda = (c_1 b^2 + c_2 a^2) : a^2 b^2, \quad \text{wo} \quad a + b = s\,.$$

Man kann a als Veränderliche betrachten, von der b wegen der Nebenbedingung abhängig ist. λ erreicht einen kleinsten Wert für

$$\frac{d\lambda}{da} = 0 \quad \text{oder} \quad \frac{a^2 b^2 (2\,c_1\,b\,b' + 2\,c_2\,a) - (c_1\,b^2 + c_2 a^2)(b^2 \cdot 2\,a + a^2\,2\,b\,b')}{a^4\,b^4} = 0\,,$$

wo aus der Nebenbedinguug sich $1 + b' = 0$ oder $b' = -1$ ergibt. Dabei ist b' eine Abkürzung für $db : da$. Man erhält als Bedingung für einen Kleinstwert von λ

$$a\,b\,[a^3 c_2 - b^3 c_1] = 0 \quad \text{mit} \quad a + b = s\,.$$

Die Lösung $a = 0$ und ebenso $b = 0$ hat physikalisch keinen Sinn, es würde $\lambda = \infty$, was ausgeschlossen ist; denn sicher kann der beleuchtete Punkt mit der Lichtquelle nicht zusammenfallen. Bleibt nur mehr die Lösung

$$a^3 c_2 = b^3 c_1 \quad \text{oder} \quad a : b = \sqrt[3]{c_1} : \sqrt[3]{c_2}\,,$$

woraus sich die Lage des gesuchten Punktes U bestimmt.

16) Die Beleuchtungsdichte ist $\lambda = \frac{c}{r^2} \cos\varphi = \frac{c\,h}{r^3}$, wo $r^2 = a^2 + h^2$. Man betrachtet h als Veränderliche, von ihr ist r abhängig wegen der Nebenbedingung. Man erhält

$$\frac{d\lambda}{dh} = 0 \quad \text{oder} \quad c\,\frac{r^3 - 3\,h\,r^2 r'}{r^6} = 0 \quad \text{mit} \quad r\,r' = h\,,$$

wo r' als Abkürzung für $dr : dh$ steht. Man beseitigt r' und erhält

$$r^2 = 3\,h^2 \quad \text{mit} \quad r^2 = a^2 + h^2 \quad \text{oder} \quad 2\,h^2 = a^2$$

als Lösung.

17) An der Überlegung ändert sich nichts, ob man nun das Netz $P_1\,P_2\,P_3$ oder das Netz $P_1\,Q_2\,P_3$ betrachtet. Wird $P_1\,Q_2$ mit a bezeichnet, dann ist $P_1\,Z = x$ gesucht. Die gesamten Kosten K der Leitung sind für das Netz $P_1\,P_3\,Q_2$

$$K = m_1 x + m_2 (a - x) + m_3 \sqrt{(a - x)^2 + e^2}\,.$$

Damit sie möglichst gering werden, muß $dK : dx = 0$ sein oder

$$m_1 - m_2 - m_3\,\frac{a - x}{\sqrt{}} = 0 \quad \text{oder} \quad m_1 - m_2 = m_3 \cos\alpha\,,$$

wenn α der Winkel der Zweigleitung gegen die Hauptleitung. Man erhält

$$\cos\alpha = \frac{m_1 - m_2}{m_3}\,.$$

Für den angegebenen Sonderfall wird

$$\cos\alpha = 0{,}4\,, \quad \operatorname{cotg}\alpha = 2 : \sqrt{21}\,, \quad a - x = 3 \operatorname{cotg}\alpha \quad \text{oder} \quad a - x = 6 : \sqrt{21} \approx 1{,}31\,.$$

Die Abzweigstelle Z hat sonach vom Punkt Q_2 die Entfernung 1,31 km.

18) Wenn die Abzweigstelle Z von den einzelnen Ortschaften die Entfernungen r_1, r_2, r_3 hat und die Kosten der drei Einzelleitungen für den laufenden Meter m_1, m_2, m_3 sind, werden die Gesamtkosten, Abb. 475,

$$K = m_1 r_1 + m_2 r_2 + m_3 r_3\,, \quad \text{wo} \quad r_i^2 = (x - x_i)^2 + (y - y_i)^2$$

die Lage der Ortschaften für ein beliebig gewähltes Koordinatensystem ausdrückt; dabei ist $P_i = x_i \,|\, y_i$ und $Z = x \,|\, y$. Hier hängt K von den Veränderlichen x und y ab. K wird am kleinsten, wenn

$$\frac{\partial K}{\partial x} = 0 \quad \text{oder} \quad \Sigma m_i \frac{\partial r_i}{\partial x_i} = 0 \quad \text{oder} \quad \Sigma m_i \frac{x - x_i}{r_i} = 0$$

und gleichzeitig

$$\frac{\partial K}{\partial y} = 0 \quad \text{oder} \quad \Sigma m_i \frac{\partial r_i}{\partial y_i} = 0 \quad \text{oder} \quad \Sigma m_i \frac{y - y_i}{r_i} = 0\,.$$

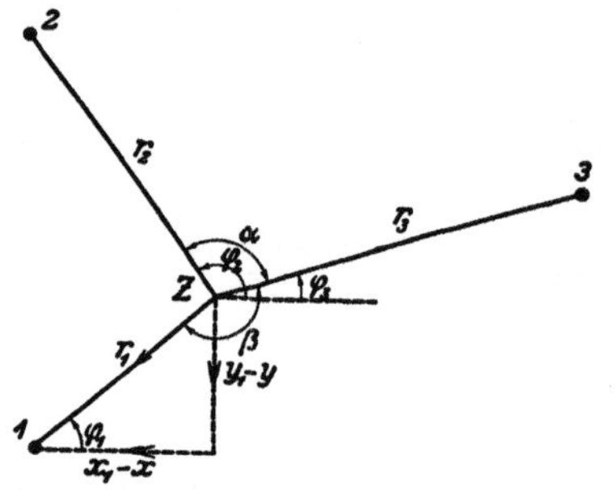

Abb. 475.

Weil

$$x - x_i = r_i \cos \varphi_i$$

und

$$y - y_i = r_i \sin \varphi_i\,,$$

kann man die beiden Bedingungsgleichungen auch schreiben

$$m_1 \cos \varphi_1 + m_2 \cos \varphi_2 + m_3 \cos \varphi_3 = 0\,,$$
$$m_1 \sin \varphi_1 + m_2 \sin \varphi_2 + m_3 \sin \varphi_3 = 0\,.$$

Man multipliziert die erste Gleichung mit $\sin \varphi_3$, die zweite mit $\cos \varphi_3$, und zieht die zweite von der ersten ab, dann wird

$$m_1 (\cos \varphi_1 \sin \varphi_3 - \cos \varphi_3 \sin \varphi_1) + m_2 (\cos \varphi_2 \sin \varphi_3 - \cos \varphi_3 \sin \varphi_2) = 0$$

oder

$$m_1 \sin (\varphi_3 - \varphi_1) + m_2 \sin (\varphi_3 - \varphi_2) = 0\,.$$

Führt man die Winkel α, β, γ ein, die die drei Leitungen unter sich bilden, dann sieht man, daß

$$\varphi_3 - \varphi_1 = \pi - \beta \quad \text{und} \quad \varphi_3 - \varphi_2 = -\alpha\,,$$

so daß die obige Bedingungsgleichung übergeht in

$$m_1 \sin \beta = m_2 \sin \alpha \quad \text{oder} \quad \sin \alpha : \sin \beta = m_1 : m_2\,.$$

Genau so zeigt man, daß auch

$$\sin \alpha : \sin \gamma = m_1 : m_3\,.$$

Man kann dann zusammenfassen

$$\sin \alpha : \sin \beta : \sin \gamma = m_1 : m_2 : m_3\,, \quad \text{wo} \quad \alpha + \beta + \gamma = 2\pi\,.$$

Aus diesen drei Gleichungen bestimmt man α, β, γ und hat damit die Lage des Punktes Z. Graphisch wird man ein Dreieck mit den Seiten m_1, m_2, m_3 zeichnen, dessen Winkel nach dem Sinussatz α, β, γ sind, Abb. 476. Man erhält dann zunächst die Relativlage der drei Einzelleitungen. Diesen Verteilungsplan, auf Pauspapier gezeichnet, wird man dann im Felde der drei Ortschaften so verschieben, bis jede Einzelleitung durch den zugehörigen Ort geht, und dann den Punkt Z vom Pauspapier aus durchstechen.

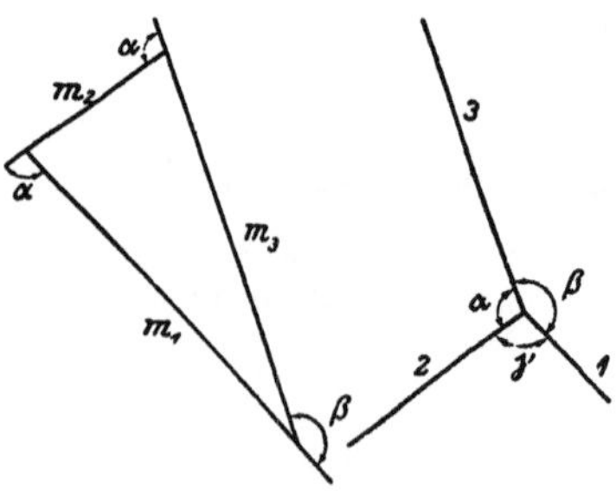

Abb. 476.

19) Durch die Ermittlung der Ordinate ist auf jeder der beiden Kurven der Punkt bestimmt. Zur Ordinate u gehört auf der Parabel der Punkt P_1 und zur

Ordinate v auf der Geraden der Punkt P_2, Abb. 477. Dann ist

$$P_1 = \frac{u^2}{2p}\Big| u, \quad P_2 = \frac{Bv + C}{-A}\Big| v \quad \text{und} \quad Q = \left(\frac{Bv+C}{-A} - \frac{u^2}{2p}\right)^2 + (v-u)^2$$

das Quadrat der Entfernung, das einen kleinsten Wert erreichen soll. Q ist eine Funktion von u und v; damit es einen Kleinstwert erreicht, müssen die partiellen Ableitungen nach u und v verschwinden, es muß gelten

$$-K_1 \frac{u}{p} - K_2 = 0$$

und

$$-K_1 \frac{B}{A} + K_2 = 0,$$

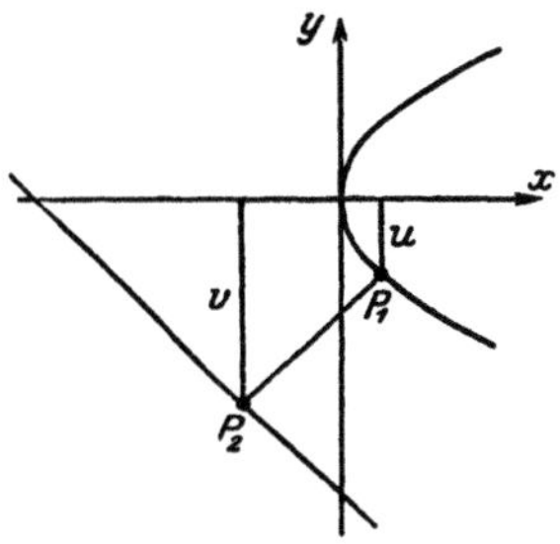

Abb. 477.

wenn man den Inhalt der beiden Klammern, die in Q auftreten, abkürzend mit K_1 und K_2 bezeichnet. Man formt um und erhält

$$uK_1 + pK_2 = 0 \quad \text{mit} \quad BK_1 - AK_2 = 0 \quad \text{oder} \quad u = -\frac{B}{A}p.$$

u in eine der beiden Gleichungen eingesetzt liefert noch v, zusammen

$$y_1 = u = -\frac{Bp}{A}, \qquad y_2 = v = \frac{-B(2AC + 2A^2p + B^2p)}{2A(A^2+B^2)},$$

$$x_1 = y_1^2 : 2p, \qquad x_2 = -(By_2 + C) : A.$$

Für den gegebenen Sonderfall ist $p = 1$, $A = 1$, $B = 1$, $C = 4$, sonach $y_1 = -1$, $y_2 = -2\frac{3}{4}$, $x_1 = \frac{1}{2}$, $x_2 = -1\frac{1}{4}$ und die kürzeste Entfernung zwischen der Geraden und der Parabel $e = \frac{7}{4}\sqrt{2}$.

20) Die Punkte $P_1 = x_1 \,|\, y_1$ der Parabel $y^2 = 2x$ und $P_2 = x_2 \,|\, y_2$ der Geraden $x + y + 4 = 0$ sollen einen kürzesten Abstand e haben. Dann gilt

$$e^2 = (x_2 - x_1)^2 + (y_2 - y_1)^2 = \text{Minimum}, \quad y_1^2 - 2x_1 = 0, \quad x_2 + y_2 + 4 = 0.$$

e^2 ist von den 4 Veränderlichen x_1, y_1, x_2, y_2 abhängig, die noch durch zwei Nebenbedingungen verbunden sind. Hier ist, wenn man die Bezeichnungen von 301 gebraucht,

$$F = (x_2 - x_1)^2 + (y_2 - y_1)^2, \qquad G = y_1^2 - 2x_1, \qquad H = x_2 + y_2 + 4.$$

Man bildet

$$U = F + \lambda G + \mu H$$

oder

$$U = (x_2 - x_1)^2 + (y_2 - y_1)^2 + \lambda(y_1^2 - 2x_1) + \mu(x_2 + y_2 + 4)$$

und hat für die 6 Unbekannten x_1, y_1, x_2, y_2, λ, μ die 6 Gleichungen

$$\frac{\partial U}{\partial x_1} = 0, \quad \frac{\partial U}{\partial x_2} = 0, \quad \frac{\partial U}{\partial y_1} = 0, \quad \frac{\partial U}{\partial y_2} = 0, \quad G = 0, \quad H = 0$$

oder

$$2(x_1 - x_2) - 2\lambda = 0, \qquad 2(x_2 - x_1) + \mu = 0,$$
$$2(y_1 - y_2) + 2\lambda y_1 = 0, \qquad 2(y_2 - y_1) + \mu = 0,$$
$$y_1^2 - 2x_1 = 0, \qquad x_2 + y_2 + 4 = 0.$$

Man findet die Lösung $x_1 = {}^1/_2$, $y_1 = -1$, $x_2 = -1\,{}^1/_4$, $y_2 = -2\,{}^3/_4$, $\lambda = {}^7/_8$ $\mu = 1\,{}^3/_4$.

Sachverzeichnis.

(Die Zahlen sind Seitenzahlen.)

GPSR Compliance

The European Union's (EU) General Product Safety Regulation (GPSR) is a set of rules that requires consumer products to be safe and our obligations to ensure this.

If you have any concerns about our products, you can contact us on ProductSafety@springernature.com

In case Publisher is established outside the EU, the EU authorized representative is:

Springer Nature Customer Service Center GmbH
Europaplatz 3
69115 Heidelberg, Germany

Batch number: 10682269

Printed by Printforce, the Netherlands